郑大玮等 著

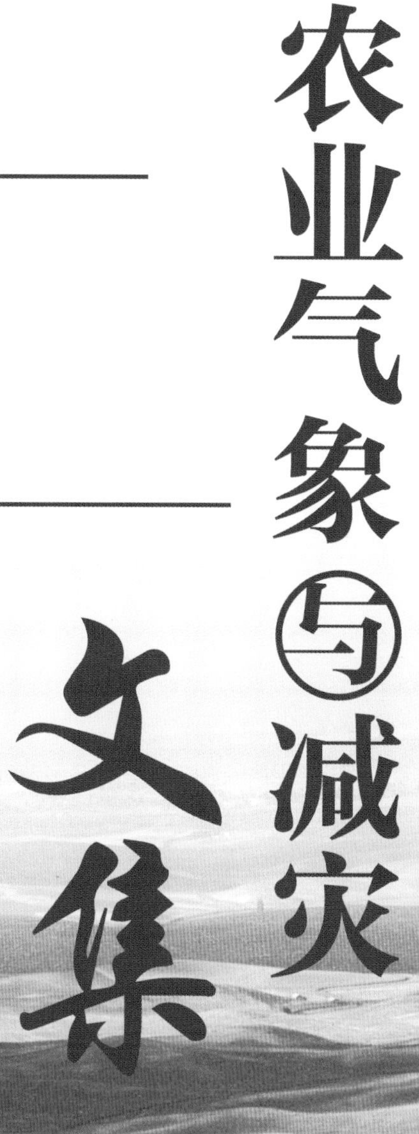

内 容 简 介

本书收集了郑大玮教授20世纪70年代以来陆续撰写和发表，有代表性的80多篇文章，并对部分文章的发表背景做了说明，其中有些文章为首次公开发表（过去曾在内部发表）。按照内容分为8个部分：北京市农业生产；农业生态与区域发展；农业气象研究；农业减灾；小麦冻害研究；城市减灾；气候变化影响与适应对策；农业、气象与减灾教育。本书比较全面地反映了作者在上述领域的主要研究成果，有些文章还具有一定的资料价值。本书可供从事农业气象、农业减灾、城市减灾、农业区域发展、气候变化适应对策等方面的研究人员和农业教育工作者参考。

图书在版编目(CIP)数据

农业气象与减灾文集/郑大玮著.
—北京：气象出版社，2015.5
ISBN 978-7-5029-6129-9

Ⅰ.①农… Ⅱ.①郑… Ⅲ.①农业气象—文集②农业气象灾害—灾害防治—文集
Ⅳ.①S16—53②S42—53

中国版本图书馆CIP数据核字(2015)第081610号

农业气象与减灾文集
郑大玮 等 著

出版发行：气象出版社
地　　址：北京市海淀区中关村南大街46号　　**邮政编码**：100081
总 编 室：010-68407112　　**发 行 部**：010-68409198
网　　址：http://www.qxcbs.com　　**E-mail**：qxcbs@cma.gov.cn
责任编辑：王元庆　　**终　　审**：袁信轩
封面设计：易普锐　　**责任技编**：吴庭芳
印　　刷：北京天来印务有限公司
开　　本：787 mm×1092 mm　1/16　　**印　　张**：38.75
字　　数：1005千字　　**彩　　插**：4
版　　次：2015年5月第1版　　**印　　次**：2015年5月第1次印刷
定　　价：190.00元

◆ 2014 年 7 月在北京召开的郑大玮学术思想与农业气象发展研讨会参会人员合影（二排右 6、右 7 分别为郑大玮教授及夫人张淑珍女士）

◆ 2003 年在北京召开的全国第一届农业气象教育研讨会合影（前排左 3 至右 2 分别为申双和、Stigter、吕学都、郑大玮和韩湘玲）

◆ 2006 年郑大玮教授（右 3）陪同中国农业大学党委书记瞿振元（左 3）检查内蒙古武川旱农试验站工作

◆ 1998 年郑大玮教授（后排左 3）参加中国农业大学博士生答辩

◆ 2003 年郑大玮教授（左 3）在内蒙古武川县为农民进行农业科技咨询和指导

◆ 2002 年郑大玮教授（右 1）在内蒙古武川县旱作田间进行土壤水分速测

◆ 2003 年郑大玮教授（右 3）考察内蒙古旱作农业

◆ 2004 年郑大玮教授(左 2）与潘志华（右 2）等中国农业大学师生在内蒙古草原

◆ 2005 年郑大玮教授(右 1)与世界气象组织农业气象委员会前主席 Stigter(左 1)及印尼农业气象学会主席在日本农业气象学术会议上

◆ 2006 年郑大玮教授在北京举办的荒漠化防治国际学术会议发言

◆ 2007 年郑大玮教授考察指导津巴布韦国营农场时，与农场孩子在一起合影

◆ 2011 年 9 月郑大玮教授考察帕米尔高原

◆ 2012 年郑大玮教授（右 4）参加多哈“中国角”系列边会

◆ 2014 年郑大玮教授参加在巴西召开的第三届世界适应气候变化大会

序　言

郑大玮先生是“文革”前我国培养的农业气象本科大学生，在上大学期间正值中央批准《高教60条》，纠正了1957—1960年期间一些“左”的政策，稳定了教学秩序，在老教师们的精心培育下，使他得以打下比较坚实的专业基础。“文革”期间我国的农业气象科研、教育和业务一度中断甚至取消。“文革”后期以来，郑大玮先生在老农业气象科技工作者带领下，坚信中国农业的发展离不开农业气象。他们通过在农村长期蹲点，进行田间试验和农业气象实用技术研究与开发，在十分艰苦的条件下取得了不少成果，受到北京郊区农民和基层农业技术推广人员的欢迎，同时也积累了丰富的实践经验，为改革开放以后，随着农业气象科研、业务的恢复与发展，进行更加深入的研究打下了一定的基础。在20世纪80年代初期，曾先后参加中国科学院举办的农业系统工程高级研修班和到英国诺丁汉大学农学院师从J. Monteith进修，开阔了视野和思路。经过40多年来的科研、教学和业务实践，郑大玮先生已经成为我国农业气象与农业减灾的学术带头人之一。先后获10项省部级科技奖励和国务院颁发政府特殊津贴，2010年被中国科协评为全国优秀科技工作者。在减灾领域，郑大玮先生首次系统总结了冬小麦防冻保苗技术体系，拓展了灾害链的概念，初步总结了科学抗旱的原则，通过发表十几部著作和大量论文，初步提出了农业减灾的理论和技术体系框架。在国内首先开设了农业减灾课程，长期担任北京市和农业部减灾专家顾问，多次为农业减灾和城市减灾提出重要决策建议，其中2002年“关于做好2008年北京奥运会安全保障工作的建议”被采纳，并促成奥组委加强安保工作和北京奥运会延期两周举办，2006年获中国科协优秀建议一等奖。

在农业气象领域，郑大玮先生长期担任有关学会的领导职务，曾任世界气象组织咨询工作组成员，为促进中国农业气象学科发展和扩大国际影响做了大量工作，1997年被中国气象局和中国气象学会评为全国气象科普工作先进工作者。发起召开全国农业气象教育研讨会并多次组织教材编写出版，在校团结全系教师，在困难的条件下坚持办好农业气象教学。

在气候变化领域，郑大玮先生较早开展了气候变化对中国农业影响及适应对策研究，先后参与科技部《适应气候变化国家战略研究》和国家发改委《适应气候变化国家战略》的编写，是主要执笔人之一，初步提出了适应气候变化机制和理论框架。

在农业区域发展与生态治理领域，郑大玮先生先后主持北京石灰岩山区、内蒙古农牧交错带防沙型农业技术、黄土高原北部砒砂岩地区集雨水补灌等重大项目，分别构建了不同类型生态脆弱贫困地区生态治理与农业发展的理论框架与技术体系，获一项北京市科技进步二等奖和两项内蒙古科技进步一等奖。

郑大玮先生在七十华诞之际，为大家呈献了《农业气象与减灾文集》。从文集收录的80多篇论文看，比较明显的特点：一是郑大玮先生具有强烈的事业心，能够深入实践，抓住生产中的农业气象问题。二是郑大玮先生善于运用辩证法和系统科学方法分析问题，抓住问题症结和主要矛盾，提炼和归纳形成理论和技术体系。相信该文集对农业气象与减灾事业的发展将起到重要的启示与引领作用。

郑大玮先生先后在中国农业科学院、北京市农林科学院、北京市气象局从事农业气象与减灾研究与业务工作，积累了丰富的理论与实践经验，1995年被引入中国农业大学承担起传承农业气象教育与科研事业的重任，曾担任气象系主任、资源与环境学院副院长、中国农学会农业气象分会副理事长等多种职务，为农业气象教育和科研事业发展做出了重要贡献。值得称道的是，郑大玮先生已逾古稀之年，目前仍然活跃在科研和教学的第一线，活到老、学到老、做到老，生命不息，奋斗不止，值得后辈们学习和敬仰。

潘学标

（中国农业大学农业气象系主任潘学标）

2015年春

目　录

第三部分　农业气象研究

第四部分　农业减灾

第五部分　小麦冻害研究

第六部分　城市减灾

第七部分　气候变化影响与适应对策

第八部分 农业、气象与减灾教育

/ 第一部分 / The first part

北京市农业生产

合理搭配作物品种　争取三茬早熟增产*

北京市农科院农业气象室

三种三收耕作制度适合北京郊区目前的生产水平，增产潜力较大。但目前三茬作物产量低而不稳，是其中最薄弱的一环。高产地块可达亩①产一二百千克，但大面积生产上每年都有相当大的面积不熟"砍青"，亩产只有几十千克甚至失收，要争取三茬作物高产，首先就要保证三茬作物在种麦以前正常成熟。

造成三茬作物不熟的原因是多方面的，包括品种选配不当，播种、管理不及时，前期干旱影响出苗和幼苗生长，有的年份苗期遇涝或后期低温，连阴雨、延期成熟，有的地块中下茬搭配不合理，中茬欺下茬等等。总的来看，三茬作物生育期间热量不足是一个突出的矛盾，三茬作物在麦收后 6 月中下旬播种，为了不误种麦，9 月中下旬又必须收获，只有 90 多天生长期，加上三夏、三秋大忙，时间相当紧迫。而现有品种有不少要求热量较多，不能满足，稍一晚播便不能在适时种麦之前成熟，这是造成三茬作物不熟的重要原因，因此，必须按照不同品种、不同播期合理搭配品种，才能达到早熟增产的目的。

1　各种作物不同品种对热量条件的要求

农作物由播种到成熟的生育期长短受温度、光照、水肥条件、栽培管理等许多因素的影响，一般认为温度是影响作物发育进度的主导因素，日照长度虽然也有较大影响，但用作三茬夏播的品种一般都相对早熟，对光照的反应不如中晚熟品种那样敏感，因此我们暂且只考虑温度因子，通常用大于 10 ℃积温作为衡量喜温作物要求热量条件的指标，从资料分析，采用有效积温作指标比活动积温②更为稳定些。根据目前收集到的一些生育期资料推算出主要三茬作物品种要求的有效积温见表 1。

* 本文原载于《农业科技资料》1976 年第 5 期。本文内容获北京市农林科学院 1978 年科技成果四等奖。

① 1 亩 = 1/15 hm^2，后同。

② 活动积温是指喜温作物生育期大于 10 ℃的日平均气温的总和；有效积温是将大于 10 ℃的日平均气温减去10 ℃以后的总和。

表 1　三茬各种作物不同品种所需有效积温

积　温 (℃・d)	1000 ～1100	1100 ～1150	1150 ～1200	1200 ～1250	1250 ～1300	1300 ～1350	1350 ～1400	1400 ～1450	1450 ～1500
高 粱				早熟 1 号	朝阳红	唐革 6 号	原杂 10、11、12 号	康拜因 60	
玉 米				京黄 105	朝阳 105	京早 2、6 号，京黄 113，朝阳 103			
谷 子	小早谷	“2122”	杨村谷	小白谷 北郊 12		丰收红			
花 生								狮油 14、15 号	伏花生
大 豆	黑河 3 号、101 号								

注：由于各地有的标准不严格，资料不完整，种植年代较短，以上数据有一定误差，只能做参考

2　北京平原地区三茬作物生育期间热量条件

据各县气象站 1961—1970 年资料，按照不误种秋分麦的要求，不同夏播期有效积温值如表 2(即三茬作物就在 9 月 20 日以前成熟)。

表 2　各县区不同夏播期至 9 月 20 日的有效积温

起止日期	天数 (d)	通县 (℃・d)	朝阳 (℃・d)	大兴 (℃・d)	顺义 (℃・d)	昌平 (℃・d)	怀柔 (℃・d)	房山 (℃・d)	平谷 (℃・d)	密云 (℃・d)	丰台 (℃・d)
6 月 15 日—9 月 20 日	97	1390	1390	1390	1382	1394	1405	1417	1415	1372	1389
6 月 20 日—9 月 20 日	92	1329	1318	1321	1313	1326	1335	1345	1345	1304	1321
6 月 25 日—9 月 20 日	87	1249	1238	1240	1234	1246	1256	1262	1263	1225	1242
6 月 30 日—9 月 20 日	82	1169	1159	1160	1153	1166	1174	1179	1180	1143	1163

准备移栽小麦或种早春作物、春播作物的地块则可延至霜前收获(即三茬应在 10 月 10 日以前成熟)，则不同夏播期所具有的有效积温值如表 3。

表 3　各县区不同夏播期至 10 月 10 日的有效积温

起止日期	天数 (d)	通县 (℃・d)	大兴 (℃・d)	顺义 (℃・d)	昌平 (℃・d)	怀柔 (℃・d)	房山 (℃・d)	平谷 (℃・d)	密云 (℃・d)	丰台 (℃・d)
6 月 15 日—10 月 10 日	117	1513	1508	1501	1520	1536	1541	1541	1486	1512
6 月 20 日—10 月 10 日	112	1446	1439	1432	1452	1466	1469	1471	1415	1444
6 月 25 日—10 月 10 日	107	1366	1358	1353	1372	1387	1386	1389	1336	1365
6 月 30 日—10 月 10 日	102	1286	1278	1272	1292	1305	1303	1306	1254	1286

由表 2 看出，北京平原大部地区在不误秋分麦的情况下，6 月 15 日播种，有效积温有 1380～1410 ℃・d，6 月 20 日播种有 1310～1340 ℃・d，6 月 25 日播种有 1230～1260 ℃・d，

6 月30 日播种则只有 1140～1180 ℃·d,7 月 10 日播种则只有 1000 ℃·d 上下。如不考虑腾地种麦则 6 月 15 日播种到霜前有效积温有 1500～1540 ℃·d,6 月 20 日播种有1440～1470 ℃·d,6 月 25 日播种有 1360～1380 ℃·d,6 月 30 日播种有 1280～1300 ℃·d,7 月 10 日播种有 1120～1140 ℃·d,7 月 20 日播种不足 1000 ℃·d。

地区之间也有差异,房山、平谷、怀柔等山前暖区比平原大部地区积温多 20～40 ℃·d,密云则比平原大部地区少 20～30 ℃·d。

不同年份之间热量条件有一定差异,据北京气象台 1949—1975 年 27 年资料,6 月 20 日到 9 月 20 日的大于 10 ℃有效积温平均为 1315 ℃·d,最多 1418 ℃·d(1963 年),最少 1198 ℃·d(1954 年),相差 220 ℃·d。根据有效积温多少划分为五种不同类型年份(表 4)。

表 4　五种不同类型年份

类 型	热量充足	热量偏多	热量正常	热量偏少	热量不足
6 月 20 日—9 月 20 日有效积温(℃·d)	≥1 370	1330～1369	1300～1329	1260～1299	<1260
年数	7	5	3	8	4
代表年	1975	1972	1964	1974	1973

从近几年的情况看,1973 年、1974 年热量不足或偏少,1975 年热量充足,比常年约多 64 ℃·d,相当于夏播提前 5 d 或成熟提早 6～7 d,但这样的年份只有 5 年一遇。

表 5　6 月 20 日到 9 月 20 日有效积温超过某一范围的保证率

有效积温	>1250 ℃·d	>1280 ℃·d	>1300 ℃·d	>1330 ℃·d	>1350 ℃·d	>1380 ℃·d
保证率(%)	92	82	58	45	38	11

3　夏播三茬作物品种搭配的建议

目前许多社队三茬品种较为单一、不利于正常成熟夺取高产和及时腾地种麦。根据表 1、表 2、表 3 我们可以就常年气温对北京平原地区夏播三茬作物品种适宜播期界限推算如下(表 6):

表 6　三茬作物品种适宜播期界限推算

播期	不误种秋分麦		不误种秋分尾麦		下霜前成熟	
	至 9 月 20 日有效积温(℃·d)	可种作物品种	至 9 月 30 日有效积温(℃·d)	可种作物品种	至 10 月 10 日有效积温(℃·d)	可种作物品种
6 月 15 日	1390		1460		1510	丰收 105 玉米
6 月 16 日	1376	原杂 10、12 号高粱	1446		1496	丰收 103 玉米
6 月 17 日	1362	原杂 11 号高粱	1432		1482	伏花生
6 月 18 日	1348		1418	康拜因 60 高粱	1468	
6 月 19 日	1334	京早 2 号玉米	1404	狮油 14、15 花生	1454	
6 月 20 日	1320		1390		1440	

续表

播期	不误种秋分麦		不误种秋分尾麦		下霜前成熟	
	至9月20日有效积温(℃·d)	可种作物品种	至9月30日有效积温(℃·d)	可种作物品种	至10月10日有效积温(℃·d)	可种作物品种
6月21日	1304	唐革6、8高粱,京早6号京黄113玉米	1374	原杂10、12号高粱	1424	康拜因60高粱
6月22日	1288	朝阳红高粱	1358	原杂11号高粱	1408	狮油14、15花生
6月23日	1272		1342		1392	
6月24日	1256		1326	京早2号玉米	1376	原杂10、12号高粱
6月25日	1240		1310	唐革6、8号高粱	1360	原杂11号高粱
6月26日	1224	京黄105玉米	1294	京早6号,京黄113玉米	1344	
6月27日	1208	早熟1号高粱,北郊12号谷子	1274	朝阳红高粱	1328	京早2号玉米
6月28日	1192		1262		1312	唐革6、8号高粱
6月29日	1176		1246		1296	京早6号,京黄113玉米
6月30日	1160	"2122",杨村谷	1230	京黄105玉米	1280	朝阳红高粱
7月5日	1080		1150	早熟1号高粱	1200	早熟1号,北郊12号谷子
7月10日	1000	黑河3号、101号大豆,小早谷	1070	北郊12,"2122",杨村谷	1120	"2122",杨村谷
7月15日	920		990	黑河3号、101号大豆,小早谷	1040	黑河3号、101号大豆,小早谷
7月20日	840		910		960	

注:1. 以上是根据北京平原大部地区常年气温估算的,房山、平谷、怀柔等山前暖区可将表中夏播期延后2~3 d,密云应提早2 d左右。

2. 考虑到有些年份积温不足,按照表5具有80%保证率的有效积温(6月20日—9月20日)约1284 ℃·d,相当于常年气温情况下6月22日到9月22日的有效积温,也就是说如果要有80%的把握,播期应按表6的日期提前2天左右。

3. 本表未考虑到地形土壤造成的小气候条件的差异,在具体掌握时应根据本社队的具体条件适当提前或错后,有条件的最好进行不同品种分期播种试验,以鉴定适应本地区的三茬作物品种对热量条件的要求

平谷县岳各庄等大队的经验证明,只要合理搭配品种争取三茬早熟高产是可以实现的,如果全种特早熟品种固然不误种麦,但产量太低。若全种生育期较长的品种,增产潜力虽大,但因热量不足,晚播的那部分不熟,产量也不高。如果不同播期分别采用中早熟、早熟、特早熟品种搭配,改变三茬品种单一化的做法,就可以既保证三茬高产,又不误种麦。

除了合理搭配品种外,还必须积极采取促早熟措施,例如删秋浅锄、喷磷酸二氢钾等,力争加快三茬作物灌浆速度,这不但是为了赶在种麦之前及时收获,而且整个灌浆期提前处于较高温度条件下,灌浆充足,可以提高千粒重。

从农业气象角度谈三茬作物合理布局*

北京市农林科学院农业气象室

在间作套种、三种三收耕作制度的各茬作物中，下茬作物产量上不去，影响了全年产量的进一步提高。特别是1976年三茬成熟较差，不少地块提前砍青或不能成熟。如何因时、因地制宜搞好三茬，是个重要问题。这里从农业气象角度做简要分析。

1 1976年三茬生长期间的农业气象条件

(1)麦收晚，播种推迟。1976年小麦生育期推迟，麦收普遍比上年晚3～5 d，不少地区三茬作物的播种比上年推迟，迟播使三茬作物有限的生长期又缩短了几天。但麦收前已下过几场雨，墒情一般较好，有利于播后出苗。

(2)气温低，阴雨天数多，日照少，生长慢。据西郊气象资料，6月下旬气温比常年偏低1.7 ℃，7月上中旬气温分别比常年偏低3.4 ℃和2.7 ℃。6—7月份虽然雨量并不太多，但阴雨天数多，特别是7月份，日照时数是几十年来最少的一年。1976年降水条件对中茬玉米有利，普遍长势旺。但也造成下茬作物通风透光条件不良，而且湿度大，昼夜温差小，不利于光合作用正常进行和物质积累。因此三茬作物生长速度慢。据观测，"原杂10号"高粱6月18日播种，8月20日才有80%的植株挑旗。而1975年同一品种同一播期到8月10日已有70%挑旗株。两年相比发育期相差9天。

(3)积温少，抽穗晚。1976年三茬作物生育期间(6月21日至9月20日)大于10 ℃的有效积温(将大于10 ℃的日平均气温减去10 ℃以后的总和)只有1187.8 ℃·d。和常年(1326.2 ℃·d)相比，偏少138.4 ℃·d，和热量条件较好的1975年(1374.9 ℃·d)相比，偏少187.1 ℃·d。是自1940年以来热量条件最差的一年。所以1976年三茬作物抽穗期普遍晚，常年6月18日播种的"原杂10号"高粱可于8月20—21日抽穗，赶在"处暑"以前，而1976年却要到8月25日左右抽穗；往年6月20—23日播种的"原杂10号"高粱，能在10月1日前成熟，赶上种秋分麦，而1976年到10月10日仍未能达到正常千粒重，没有正常成熟。

(4)灌浆期条件稍有利。三茬作物灌浆期间适温一般为18～25 ℃，后期要渐降。1976年9月上旬气温高于常年，气温下降慢。初霜迟至10月21日出现，比上年晚了10天，有利

* 本文原载于《农业科学资料》1977年第2期。

于晚熟三茬的灌浆。据观测，1976 年 10 月 16－20 日，高粱千粒重仍能日增 0.5 g 左右，到 10 月 20 日后不仅不增，反而下降。

2 三茬生长期间的农业气候条件分析

(1)热量条件。根据目前收集到的一些生育期资料推算出某些三茬作物、品种所需要的大于 10 ℃的有效积温如下：

1350～1400 ℃・d:高粱“原杂 10”、“原杂 12 号”。

1300～1350 ℃・d:高粱“唐革 6 号”、玉米“京黄 113”、“京早 2 号”。

1200～1250 ℃・d:高粱“早熟 1 号”、玉米“京黄 105”、谷子“北郊 12”。

1150～1200 ℃・d:谷子“杨村谷”。

1100～1150 ℃・d:谷子“京谷一号”。

1000～1100 ℃・d:大豆“黑河 3 号”。

据统计，北京平原大部分地区在不误种秋分麦的情况下，6 月 15 日播种的，平均有效积温为 1380～1410 ℃・d，6 月 20 日播种的有 1310～1340 ℃・d；6 月 25 日播种的有1230～1260 ℃・d；6 月 30 日播种的则只有 1140～1180 ℃・d；7 月 10 日播种的则只有 1000 ℃・d 上下。如不考虑腾地种麦，则 6 月 15 日播到霜前有效积温为 1500～1540 ℃・d；6 月 20 日播有 1440～1470 ℃・d；6 月 25 日播有 1360～1380 ℃・d；6 月 30 日播有 1280～1300 ℃・d；7 月 10 日播有 1120～1140 ℃・d。

地区间也有差异，房山、平谷、怀柔等山前暖区比平原大部分地区积温多 20～40 ℃・d，密云则比平原大部分地区少 20～30 ℃・d。

根据不同地区各时段的有效积温多少，参考作物有效积温的要求，可以因时制宜地安排作物和品种。

但不同年份热量条件存在一定的差异。据北京气象台 1949—1976 年 28 年的资料，6 月 20 日—9 月 20 日大于 10 ℃的有效积温平均为 1315 ℃・d。其中热量充足(有效积温＞1370 ℃・d)有 7 年，代表年 1975 年。热量偏多(1330～1369 ℃・d)有 5 年，代表年 1972 年。热量正常(1300～1329 ℃・d)有 3 年，代表年 1964 年。热量偏少(1260～1299 ℃・d)有 8 年，代表年 1974 年。热量不足(＜1260 ℃・d)有 5 年，代表 1976 年。总之，热量正常、偏多、充足的有 15 年，占 53.6%；热量不足或偏少的有 13 年，占 46.4%。

实行三种三收耕作制度以来，1973 年、1974 年热量不足或偏少，1975 年热量充足。1975 年较常年有效积温约多 64 ℃・d，相当于夏播提前 5 天或成熟提早 6～7 天，但这样的年份只 5 年一遇。而像 1976 年这样的热量条件，是 1940 年以来最差的一年，出现的可能性在十分之一左右，因此，既不能因为 1975 年三茬作物普遍成熟而忽视三茬作物在成熟期等方面存在的问题，也不能由于 1976 年的不熟而全盘否定三种三收。在 1976 年这种不利的条件下，也出现一批三茬收成较好的社队和地块，这就充分说明事在人为、人定胜天。三茬作物种植还大有增产潜力。

(2)降水条件。北京地区多年平均的降雨季节分布完全能够满足三茬作物正常生长发育的需要。但降水季节分配不均，容易造成旱涝危害，对于缺乏灌溉条件的地块和低洼易涝地区有一定威胁。

干旱有三种类型。初夏旱是在春旱基础上6月下旬到7月上旬仍干旱少雨，使三茬作物不能正常播种，推迟成熟或不熟。初夏旱约三年一遇，典型年份有1972年和1974年。伏旱是7月中、下旬少雨，这时，三茬作物营养生长和生殖生长并进，受旱株高降低，株型减小。严重伏旱年约十年一遇，如1960年和1975年。秋旱是8月、9月少雨影响秋粮灌浆成熟，千粒重显著降低并早枯，严重秋旱约十年一遇，如1960年和1975年。

涝亦分几种类型。初夏涝指6月下旬到7月上中旬有的年份雨水过多，三茬作物幼苗被淹，形成芽涝，苗越小抗涝能力越差，播后若田间积水甚至发生种子霉烂不能出苗，严重影响产量。这种年份三年一遇，典型年份如1973年。夏涝指7月下旬、8月上旬为北京的雨季高峰，两旬降雨即占全年总雨量的35%以上。在一次降雨过程大于200 mm或旬降雨量大于300 mm，或7—8月中累计雨量大于500 mm时，将有相当一部分低洼地区受涝，约三年一遇，典型年份为1959年和1969年。夏播作物拔节时和抽雄前受涝，生长缓慢，矮小，早枯，秃尖秕粒多。秋涝是8月中下旬至9月份在夏季雨水偏多的基础上仍然连阴雨，有时地表虽无积水但土壤水分长期饱和。一般五年一遇，典型年份是1959年、1973年。秋涝影响玉米后期灌浆，千粒重下降，不能及时腾茬种麦。

近年来，随着灌溉面积的扩大和灌排系统的配套，已使旱涝的危害大大减轻。

3　因地制宜，合理布局，搞好三茬

北京不同类型地区的地形、气候都有相当大的差异，因此，间作套种三种三收制度应有适当的灵活性，必须因地制宜，合理布局，搞好三茬。

影响三茬作物生长发育的农业气象条件主要有光、热、水等，其中光照条件各地差异不大，远不如中茬遮阴的影响显著。雨量虽然每年都分布不均，但除山前迎风坡多雨区外，各地的多年平均降雨量在平原地区差别不大，此外是地形和土质的差异，造成部分地区旱涝。山脉影响温度的分布，由于对冷空气的阻挡，山前平原往往气温偏高些。另外，由于城市的影响，近郊气温也偏高，降雨偏多。从农业气候条件看，除北部山区和延庆川区因热量不足和丘陵山坡、高岗旱地因水源不足外，平原绝大部分地区都是可以发展间作套种三种三收耕作制度。延庆川区和北部山区麦收后至适时种麦只有70～80天，有效积温800～1100 ℃·d，麦收后如种土豆或小日期作物糜子等虽有收成但赶不上种麦，在人多地少条件较好地区可适当发展，一般仍应以麦套玉米两种两收为主。

适宜三种三收耕作制度的平原地区又可分为以下4种类型。

(1)山前暖区和近郊。包括房山、昌平、平谷等县山前平原和门头沟东部，怀柔南部。由于山脉阻挡背风向阳，日平均气温比平原其他地区高0.3～0.5 ℃，6月下旬至9月中旬有效积温多20～30 ℃·d。加上小麦成熟较早(一般6月13—15日开镰，房山南部有的早到6月8—10日)，三茬作物生育期间的热量条件是比较充足的。这类地区土质较肥，人多地少，生产条件好，相对而言是旱涝保收稳产高产的，其中只有平谷、昌平的局部地区易受冰雹、大风危害。山前暖区产量水平较高，有的典型队如许家务、岳各庄、南韩继等大队全年亩产已达 800 kg 左右，三茬作物产量在全年亩产中占有相当的比重。

近郊处于山前，加上城市影响，气温同样偏高，而且条件优越。

这类地区在三茬作物上应选用高粱、玉米、白薯等高产粮食作物；选用增产潜力大的品种，如高粱可用原杂号、唐革号，少用“早熟 1 号”；麦收前钻裆套种一部分（但套种行不要超过 25 cm），麦收后抢播一部分，6 月底以前移栽一部分；早定苗、早追肥，培育壮苗，早发快长促早熟；调节中茬品种播期，使中下茬协调生长。

（2）平原一般地区。小麦常年 6 月 14—16 日开镰，6 月下旬至 9 月中旬有效积温1320～1330 ℃ · d，按现有三茬高粱、玉米品种的要求看，勉强能够满足。除 1975 年这样的暖年外，由于劳动紧张或安排不当，每年都有一部分三茬不熟。这类地区首先需要保证三茬正常成熟稳产，在此基础上进一步提高产量。

①按不同播种期合理搭配品种。

②合理安排不同作物比例。可根据地区土壤特点，适当种植一定比例的早熟品种高粱、谷子、大豆、白薯、小豆等作物，调剂茬口、劳动力。做到高产稳产，同时增加粮食品种，增加牲畜的饲草饲料。

（3）低洼易涝地区。包括通县南部、大兴大部、房山东南部、顺义中部、平谷西南部、昌平南部、海淀北部、朝阳东北部、海拔在 30 m 以下，地下水位 1～1.5 m。该地区稻麦两熟是稳产高产的耕作制度，但目前因水源不足大部分仍实行三种三收。气温比平原一般地区稍低，有效积温少 10～20 ℃ · d，由于地湿地寒，小麦收获晚，一般 6 月 16 日、17 日开镰（通县、大兴南部沙土地收获稍早），三茬生育期间热量条件不足。夏秋易涝，三茬产量低而不稳。这类地区人少地多，土壤肥力差，实行三种三收应从现有基础出发，首先确保上中茬的增产，三茬在兼顾养地保证适时腾茬的前提下，争取逐年多收一点。

①部分地块实行两粮一肥，当年三茬少收几十千克，但中茬可以增产，次年小麦还可增产几十千克，搞好了，全年产量并不比三收低，还可以逐步培肥地力。

②条件比较好的地块搞三种三收，三茬以耐涝的高粱和豆类为主。

③种麦时留套种行（25 cm），麦收前套一行玉米，这样小麦略受影响，但三茬增产显著。

（4）密云盆地。由于冷空气自潮白河谷南下，该县平原地区比其他平原地区气温都低，积温少 20～30 ℃ · d，库南小麦一般 6 月 20 日才收获；库北一般在夏至节后。三茬生育期间热量不足。该县人多地少，地势高，怕旱不怕涝，不少地区水浇条件差，水源不稳定，特别是库东、库北。小麦产量低于平原各县，在三种三收中主攻中茬。三茬应在不影响上中茬的前提下挖掘潜力。库北、库东三茬只能移栽早熟品种玉米、高粱和种特早熟品种。由于地势高燥土质偏砂，劳力充足，可发展部分三茬白薯，但也要与其他作物特早熟品种搭配。

此外，油料作物花生、芝麻，以及豆类、谷子、白薯等都是人畜不可缺少的。近年来由于春播面积减小，这些作物的播种面积都有较大幅度下降，今后应在三茬布局中适当安排一定的比例。据密云、房山的经验，套种这些作物以大小畦为好。

谈北京郊区的农业节水战略*

郑大玮
（北京市农林科学院，北京　100097）

1　京郊农业水资源形势十分严峻

北京是水资源不足的地区，没有大的江河湖泊，年降水量 600 mm 多，比年土壤和植被蒸发力 800～850 mm 要少约 200 mm，除 7、8 两个月外，月降水量都少于植被蒸发力，其中又以春末夏初水分亏缺最为严重（图 1）。如无灌溉难以保证作物正常生长。

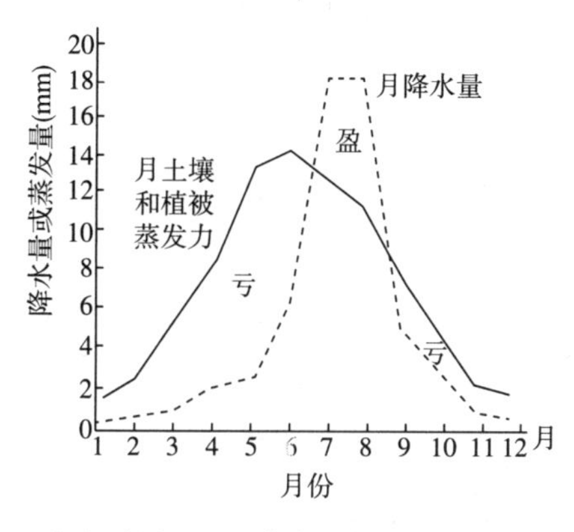

图 1　北京平原地区月降水量与土壤和植被蒸发力

新中国成立以来特别是近十几年北京城市生活和工业用水剧增，而自然降水却趋于减少，上游来水减少使水库蓄水下降。预计到 20 世纪 90 年代本市又将进入一个相对旱期。而城市和工业用水还将继续增长，郊区农业用水的形势将变得更加严峻。

涝害长期以来是北京地区的主要灾害，但新中国成立以来经过多年的水利建设和平整土地，加上地下水位连年下降，涝害已大大减轻，干旱缺水成为主要矛盾。

由于复种指数提高，上下茬作物交接期成为干旱对产量影响最大的时期之一，不但影响

* 本文原载于《北京水利科技》1990 年第 1 期和《北京农业科学》1989 年增刊。本文被评为北京市农林科学院“八五”期间优秀论文。

上茬作物的灌浆与产量，而且影响下茬作物的播种和齐苗。

2 节水农业是唯一出路

干旱半干旱地区发展农业的对策有三：

(1)灌溉农业　需要有充足水源，北京地区显然是不能保证进行充分灌溉的。新中国成立以来，北京一直在发展灌溉农业，平原地区水浇地已经饱和，地下水已超量开采多年，山区地面水可拦蓄量也近于饱和，进一步发展潜力不大。

(2)旱作农业或雨养农业　20世纪50年代以前郊区以旱作春播一熟为主的种植制度，虽然较好地适应北京的气候，但产量不高，不能满足向首都市场提供充足副食品的要求。北京郊区人多地少，新中国成立以来人口又成倍增长，生活水平迅速提高，如果倒回去搞旱作农业，连郊区农民自给自足都将是困难的。

(3)节水农业　以尽可能少的耗水量获得较高的产量，这是唯一的出路。

3 节水与高产一致

虽然许多文献列出不同作物干物质生产的蒸腾系数，而实际上蒸腾系数是随条件变化的。在产量水平较高时，亩耗水量有所增加。但单位产量的耗水量是下降的。水分利用效率是提高的(表1)。这是因为高产时作物叶面覆盖较严，蒸腾较多，但对作物产量形成基本无效，通过土面蒸发而浪费的水分却显著减少了。从这个意义上可以说节水与高产是一致的。因此，在生产安排上应保证高产农田的灌溉，对于水分流失、渗漏严重的低产田，应改种耐旱作物。

表1　美国艾奥瓦州水分利用率与产量关系

耗水量(mm)	＜444	445～505	506～569	570～632	＞632
单产(kg/hm^2)	2884	3010	4872	5687	5975
水分利用率(kg/mm)	6.5	6.4	9.1	9.5	9.5

4 农业节水要采取综合措施

节水农业是一项复杂的系统工程，涉及的因素很多，必须采取综合措施。既要注意调节外部环境改善作物的水分状况，也要注意调节作物本身使之适应水资源相对不足的环境。宏观战略与微观战略相结合，长期战略与中短期战略相结合，工程措施和生物措施相结合，既要考虑经济效益，又要考虑社会效益和生态效益。与节水有关的各因子之间有着相互作用，如山区造林一方面改善了山区小气候，但又增加了蒸腾和对降水的截留，在近期内反而要减少进入水库的水量，只有在大范围内植被状况根本改观后，才可望通过增加降水量而涵养水源。又如喷灌可防止地面径流并避免土壤板结减少土面蒸发，但喷灌的当时水分蒸发损失是加大的。渠道衬砌减少了渗漏损失，而地下水的补给却减少了。上游农田的径流、渗漏减少了，下游农田的地上、地下水源也将会减少。因此，对各种节水措施的效果不可满打满算估计过高。对重大节水工程不能只看一地一时的效果，应该估计整个系统多年运转总的效益。近年来郊区挖鱼塘养鱼发展迅速，应计算一下挖鱼池多耗用的水，在工农业生产上所造成的影响，适当控制新开水面，重点放在提高单位水面产鱼量。

5　农业节水的宏观战略和微观战略

宏观战略以整个郊区农业系统和水循环系统为研究对象，从大范围的水利工程和调整作物布局等入手。

微观战略以农田生态系统为研究对象，从农田基本建设、田间水利工程、保墒耕作和栽培措施等着手。

微观战略是宏观战略的组成单元，并应服从宏观战略的指导。

6　从水循环原理看农业节水的宏观调控

水循环系统是全球生态系统的一个子系统，研究北京农业节水问题，可局限于地区水循环系统角度，以平原农区作为系统的中心（图 2）。水库由于总面积不大，本身的降水截留和蒸发渗漏可忽略不计。

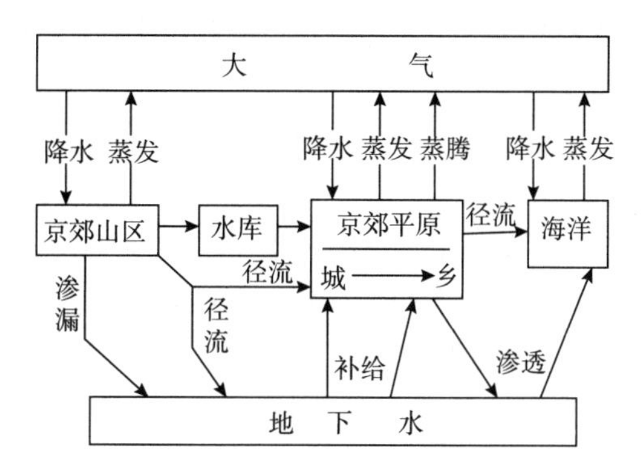

图 2　北京地区水循环系统图

改善京郊平原农业利用水的途径不外乎增收和节支，京郊平原的水分收入主要是降水、径流、水库蓄水和地下水补给；支出主要是蒸发、蒸腾、径流、渗漏。在目前条件下可考虑采取的措施有：

（1）水库上游人工降雨　密云水库由于库容很大而上游集流面积太小，多年来从未蓄满，近年来只能蓄 20%～40%。人工降雨虽然成本较高，但在雨季选择有利天气，适当进行人工降雨，可增加蓄水量。如浙江省新安江水库上游多年来一直在进行人工降雨，取得满意效果。在密云水库北进行人工降雨，要注意山区农民的安全，易发生山洪和泥石流的地段，村民应预先转移到安全地带。

(2)建设地下水库　京郊出现地下水位下降已多年,加上水库拦蓄,使郊区大多数河流经常处于断流状态。只在雨季高峰,短期出现径流。在淡水资源十分宝贵的地方,应尽量不让水白白流入大海,可在较大河流的河床分段筑暗坝,拦蓄径流形成地下水库,促使地下水位回升。这样虽有可能在多雨年份延缓洪峰下泄速度,但这个影响不会太大,计算多年总的经济效益是合算的。

(3)控制山区的灌溉发展　新中国成立以来山区到处筑坝建库,虽然促进了山区农业的发展,同时却又减少了水库来水和平原农业用水。山区土层大多较薄,保水能力差,而蒸发量又大,农田耗水量比平原农田大得多,从水分利用效率的角度是不经济的。因此,在水资源不足的情况下,对山区的灌溉必须有所限制,山区农业用水应首先保证人畜饮用,灌溉应限于山间河谷。坡岗地应以旱作农业为主,采取春播地膜覆盖、等雨晚播等适应春旱夏雨季风气候的旱作技术。

(4)提高城市和工业废水的可利用率。

7　从农田土壤水分平衡原理看作物的节水栽培措施

农田土壤水分平衡原理是节水栽培措施的理论依据,平衡式为:

$$\Delta S=P+I+N-D-T-E-R$$

式中:ΔS 为土壤水分增量;P 为降水量;I 为灌溉水量;N 为毛管上升水量;D 为渗漏量;T 为作物蒸腾量;E 为土壤蒸发量;R 为地面径流量。

考虑多年平均和地下水较深等情况,ΔS 和 N 可看作零,较平整的农田中 R 也可忽略不计,P 可看作常数,则灌溉量 I 为:

$$I=D+T+E-P$$

所以,农田节水的途径有:

(1)减少渗漏量 D　渠道渗漏常可达农田耗水总量的30%～50%,渠道衬砌后可基本消除这部分损耗。此外,沙土地要少浇、勤浇,不要一次过量灌溉。

(2)减少植被蒸腾量 T　主要是调整作物布局。京郊水稻面积应严格控制,只宜在低洼地和工业退水区视水资源多少而安排。在整个粮食生产系统中,应重点挖掘玉米等水分利用效率高作物的增产潜力。

(3)减少土面蒸发量 E　除浇冻水和高温干热天气时浇水降温等生态需水外,土面蒸发对作物生长是不起作用的。通常土面蒸发要占田间作物耗水量的30%～40%。苗期叶面积小蒸腾所占比例小,蒸发所占比例大。而作物生长旺盛叶面积覆盖严密时则反之。减少土壤蒸发失水主要在苗期,这时作物需水不多,只要底墒充足就不必浇水,如小麦返青恰逢化冻返浆,一般都不必浇水,除高岗沙土地外,都可推迟到起身和拔节前。切断土壤毛管,利用作物残茬或秸秆粉碎免耕覆盖,地膜覆盖,增施有机肥提高土壤团粒保水性等都能有效地减少土面蒸发。

农田防护林可减轻林网内水分蒸发,并可调节小气候减少风害、热害,林木本身又是重要的农副产品。但防护林本身也蒸腾不少水分,单从节水角度看作用是不大的。

8 农业节水必须有相应的经济法规和政策

水资源和矿产、土地一样是国家的宝贵财富。目前京郊各地大量抽取地下水，这同滥伐森林、滥占耕地等破坏生态平衡的短期行为一样，无异于杀鸡取蛋、竭泽而渔，不但砸子孙的饭碗，而且当代人也已开始尝到自己种下的苦果。不少机井已经抽不出水，多数机井出水量下降。对地下水应实行经济管理，开采地下水如同开矿一样应取得许可证，所有水井应一律安装水表适当收费。城市生活和工业用水应提高收费标准，虽然不必像海湾产油国那样水比油贵，但 1 t 水不如一根冰棍值钱，而水利经费却严重短缺的现象不应再继续下去了。

9 京郊农业节水的长期和中、近期战略

北京作为全国政治文化中心和著名的国际都市，又是重要的工业城市和全国交通枢纽，城市还将扩展，也需要经济的繁荣发展来支持城市的运转和建设。北京的水资源不足，从长远来看应从系统外引水以弥补不足。我国的季风气候使得南方和北方的雨季和旱季是错开的，因此南水北调的长远经济效益应该是巨大的。但限于国力，要根本改善华北水资源紧张局面的南水北调西线或中线的宏伟工程至少要 30 年后才可能实施。

中期战略为一二十年内的地区性水利工程，包括大河床筑暗坝建设地下水库，密云水库上游集流区河道清障和人工降雨增加水库蓄水，在郊区平原和山区河谷普遍推广地下暗管和喷灌，实现郊区农业向节水型的转化。

近期战略指 3～5 年内，着重推广现有节水高产技术，完善农田水利设施，健全水资源管理法规，建立平原节水灌溉高产样板。

首都生态经济圈的资源配置和京郊农业的发展方向*

郑大玮

（中国农业大学资源环境学院，北京　100094）

1　京郊农业的功能

虽然郊区农业生产在北京市国民生产总值的比例不断下降，但基础地位仍是不可代替的，具有其他产业所不具备的特殊功能：

（1）副食品生产。充分满足城市居民对优质鲜活副食品的需求，这是社会经济稳定发展的一个基本前提。

（2）农民自养功能和农村工业化的基础。农业是郊区农民赖以生存的基本产业，其稳定发展又为农村工业化开辟了道路。

（3）中国农业现代化的样板和橱窗。

（4）生态屏障。没有广阔的农田和青山绿水，北京的风沙和大气污染将是非常可怕的。

（5）旅游观光。郊区田园风光既是发展旅游观光不可缺少的环境条件，又成为城市居民休闲度假的新内容。

2　京郊农业近年出现徘徊的原因

北京郊区的农业生产40多年来取得了巨大成就，农业现代化水平居全国前列，但是近年来出现徘徊，其原因是多方面的：

（1）自然资源的局限，特别是水资源和农用土地资源日益紧缺。

（2）农业生产成本高，与周边农区竞争中处于不利地位。

（3）乡镇企业处于困境支农能力明显下降。农业投入长期依赖国家和集体，农户没有成为扩大再生产的投入主体。

（4）随着农村劳动力大量转移和农业中大量雇工，务农劳动力的素质明显下降。

（5）传统技术成果已较充分利用，农业科技发展后劲不足，缺乏新的突破。

（6）近年来自然灾害也比20世纪80年代更为频繁和严重，如1991、1994和1996年的

---

* 本文是1996年5月13日北京市政协科教委员会、北京农学会主办的“北京现代化农业发展对策研讨会”上的发言。

洪涝，1992、1994和1996等年的春旱，1992、1995和1996等年的夏季阴害和冷害，都给农业生产带来了很大损失。

出路在于深化改革和科教兴农提高劳动者素质，从主要追求产量指标的“计划农业”转移到以效益为中心的“市场农业”轨道上。

3 首都农业生态经济圈的资源配置现状

北京处于环渤海经济圈的中心和京九经济带的端点。首都农业生态经济圈是服务于上述经济圈或带的一个子系统。

作为一个超级特大都市，北京对农产品的市场需求数量巨大与有限的农业自然资源形成了尖锐的矛盾。国外特大城市的食物供应都不是仅靠郊区来解决的。在市场经济条件下，京郊与周围农区的资源必然要经过合理配置重新组合，形成一个首都农业生态经济圈。由于京津是相邻的两个特大都市，其农业腹地相重叠，首都农业生态经济圈也就是京津农业生态经济圈，主要包括京津、河北、山东、内蒙古、辽西、晋北等地，并辐射到东北、华北、华南和西北各地。其中京津两市的土地资源和水资源都十分紧缺，不同的是京郊具有广大的山区和丰富的人文历史景观，发展果林业和旅游观光农业的潜力较大；天津则低洼临海，在水产业和航运上具有优势。华北平原气候条件较好但水资源亏缺，劳动力资源丰富素质也较好，农业生产水平较高。内蒙古和东北土地资源丰富，目前单产和投入水平较低，抗灾能力弱，产量年际波动大，但增产潜力很大。冬季劳动力大量闲置基本未开发。农牧过渡带还存在土地荒漠化问题，对北京的环境构成威胁。

随着市场放开，周围的农区都在努力打入北京市场。大路菜主要产区在河北周边地区和山东，早春淡季蔬菜依靠太行山麓和鲁南的保护地以及华南的露地生产，秋淡季主要靠塞外高海拔地区生产。内蒙古和东北近年来粮食生产迅猛发展，占1996年全国粮食增产量的2/3，将成为北京饲料粮的主要基地。环渤海丘陵平原和燕山山地是传统的北方果树带，目前大路货鲜果的市场需求已趋饱和，优质名牌干鲜果生产还有很大发展余地。虽然北京的猪鸡规模饲养还有一定优势，但经济效益也在下降，南方的猪肉和华北的蛋鸡也在打入北京市场。

4 按照资源优化配置的原则确定京郊农业的发展方向

在计划经济体制下，确保城市副食品供应是郊区农业的首要任务，使得京郊农业带有很大的“政治农业”的色彩，对保持首都的稳定功不可没，但也容易产生忽视经济效益和资源合理配置的倾向。

在市场经济条件下，必须按照资源优化配置的原则来确定京郊农业的发展方向，具体包括以下几个原则：

(1)扬长避短和最佳经济效益原则。凡是外地农区能够生产，经济效益又比在京郊生产要好的，就不要勉强在京郊生产。同样，在北京郊区生产具有优势，即使是供应北京以外市场的，也应大力发展。

(2)服从于城市生态环保的原则。北京的食物可以由其他农区来供应，但如果生态环境破坏了，是其他农区无法代替的。

(3)有限规模的原则。农业生产的规模不能超越自然资源的承载力和环境容量。

根据上述原则，京郊农业生产应突出以下重点：

(1)粮食生产。远郊平原具有现代化水平较高和经营规模较大的优势，应继续建成我国北方粮食节水高产稳产的样板。

(2)蔬菜生产。以无公害优质和特色菜为主。早春蔬菜可向东北销售。着重发展大型保护地设施、全盘机械化蔬菜生产和无土栽培。

(3)畜牧生产。以国营农场为主确保鲜奶供应，猪鸡生产规模要控制，防止过分集中，适度发展优质肉牛生产以减少进口，发展特种养殖业。

(4)瓜果生产。适度控制大路货鲜果生产规模，大力发展名特优新品种，恢复山区干果生产。保持早熟西瓜的优势，发展优质甜瓜。

(5)大力发展花卉、草坪和观赏植物生产。发展旅游观光农业要防止过分的人工雕琢，努力保持自然的田园风光和区域特色，增加知识性、趣味性和教育功能。

(6)发挥农业科技密集优势，发展良种繁育引种、脱毒苗木、农用微生物、饲料添加剂、农用化学品和生物制品等高科技含量的生产。

(7)北京应成为北方最大的农产品集散中心和社会化服务中心。

(8)利用首都对外开放的有利地位发展创汇农业和旅游观光农业。

5 关于京郊农业持续发展战略的思考

学习荷兰和以色列等人均耕地少和水资源不足国家的经验，发展知识密集型的高科技农业。从资源节约，保护生态环境，适应国内外市场需求和依靠科教四个方面来实现京郊农业的可持续发展。

(1)克服土地资源不足的对策：严格控制占用农田，农村城镇化集中居住，土地重新规划还田，联合开发内蒙古和东北的土地资源。

(2)克服水资源不足的对策：完善喷灌节水技术，小麦立足于促进根系发育利用深层水分。

(3)控制农业自身污染：控制大型畜禽场数量与规模，适当分散布局，进行无害化处理，鼓励农民施用畜禽粪便。

(4)结合乡镇企业资产重组使布局相对集中，促进农村人口城镇化和劳动力向非农产业特别是第三产业的转移，进一步扩大经营规模。

(5)浅山区以果林和旅游业为主，深山区逐渐减少人口，以涵养水源和造林护林为主，建成首都的生态屏障。

(6)农产品大路货市场基本上让给周围农区，发挥北京的科技、工业和对外开放的优势，发展创汇农业。

(7)加快农业专业化和产业化的步伐，急需加强北京农业科技的后劲，大力扶植农民技术协会这一新生事物，促进其与农业科教单位的结合。逐步创造条件成立农协，农村党组织要主动支持和领导。

北京地区喷灌小麦生产的问题及对策*

郑大玮

（中国农业大学，北京　100094）

自20世纪80年代中期以来北京市粮田大面积推广喷灌，迄今已达12万 hm^2，并取得一定的社会、经济和生态效益，但近年来喷灌也存在某些缺点和不足，已成为发展小麦生产的障碍。为此，必须全面地评价喷灌小麦的利和弊，并分析其原因，找出对策。

1　喷灌小麦的利和弊

喷灌无埂无渠，利于大型机械作业，还可同时施肥喷药，极大地提高了劳动生产率，比大畦平播节省土地10%～15%，比渠灌节水40%～50%，秋旱播种后少量喷灌可保证全苗，喷灌后土壤不板结。灌浆期喷灌可改善田间小气候，显著提高小麦产量。但喷灌后的土壤过于疏松，冬季易跑墒形成旱冻，加重死苗；喷灌难以湿润深层土壤，不利于小麦根系下扎，使灌浆后期的抗逆性有所减弱。现行喷灌方式存在漏喷和重叠，加上滴漏和水压不足，使田间水量分布不均，不利于平衡增产。此外在生产成本、运行安全等方面也存在一些问题。

2　小麦旱、冻问题

20世纪80年代以来北方冬季明显变暖，北京地区冬季平均气温约提高1 ℃。全国大部分地区小麦越冬冻害有所减轻，但北京地区冻害频繁，中等以上的冻害约5年2遇，其中较重冻害约5年1遇，给生产带来了很大损失。20世纪80年代初期以前以冷冬年受害为主，20世纪80年代中期以后暖冬年也频繁发生，且以旱冻和变温型为主。

冻害频繁发生的原因，首先是现有当家品种的丰产性虽有改善，但抗寒性比过去下降了2～3 ℃；其次，冬季变暖后初冬和早春气温的变化更加剧烈，冬季麦田跑墒严重。但近年来北京地区的冻害比天津及河北省相邻地区严重，与大面积推广喷灌有一定的关系。喷灌带来的隐患是：喷灌后表土过于疏松，轮压处易浅播，其他地方又易深播，使小麦地中茎伸长，表土塌实后分蘖节易偏浅。有的乡村误认为地不平也可喷灌，轻视播前平地，使小麦播种深浅不一。喷灌浇冻水水量往往不足。土壤过松冬季跑墒，干土层一般要比渠灌的厚1～2 cm，干旱的表土昼夜温差大，如1996年2月中下旬地表温差持续保持在30 ℃以上，封浆的湿润土壤只有10 ℃左右。

由于冻旱是一种生理干旱，不能用常规的灌溉措施来解决。喷灌水量易于控制，运用得

* 本文原载于1997年第3期《作物杂志》。

当可显著也减轻冻旱。但不同土壤、不同天气和不同苗情下的喷灌,尚无系统地试验和明确的指标。喷灌播种深浅不一的问题可通过播前整地解决。

3 喷灌小麦灌浆期的早衰问题

瘪熟或早衰是北京小麦生产的又一严重的问题,一是小麦灌浆期间雨后暴热和连阴雨。如1991年6月10日特大暴雨后出现高温天气。小麦普遍枯熟,损失严重。二是高温逼熟和干旱、干热风。三是风雨、冰雹造成倒伏等。

同一品种同等肥力下喷灌小麦的粒重往往低于渠灌,其原因是:后期正处于旱季,地下水位和早春相比明显下降,水压偏低使喷灌水量不足,难以渗入深层土壤,并诱导小麦根系集中于土壤上层,抗旱能力下降。喷灌大多存在漏喷和滴漏,水分不均匀,导致籽粒发育不整齐,缺水处易逼熟,多水处易贪青,均导致粒重下降。喷灌的强度并不亚于暴雨,如再遇风雨可加重倒伏。但在高温干旱天气喷灌又有改良田间小气候的作用,喷灌水量也容易根据需要来控制。如能改进喷灌技术,克服上述不足,看天、看墒、看苗合理喷灌,小麦粒重并非注定要低于渠灌麦。

4 改进小麦喷灌技术

(1)减轻冬季旱冻的措施。喷灌时间和喷量应根据秋季气象条件灵活掌握,秋暖秋旱年应迟喷量足,秋凉湿润年应早喷量小。并趁初冬回暖之际的白天少量补喷,以表土湿润又不形成明显积水为度。冬季在表土干土层达2～3 cm时压麦以防止干土层继续加厚。在干土层达5 cm以上时选择回暖天气(白天气温升至0 ℃以上)喷灌1小时,干土层很厚时喷灌也不要超过2小时。

(2)减轻后期早衰的措施。在培育冬前壮苗的基础上,尽量推迟早春头次喷灌的时间,并控制水量,起身期深松土壤促根下扎。拔节到孕穗期至少足喷一次,使水分能渗入深层土壤。灌浆后期日夜适量轮喷,防止干旱。

(3)提高喷灌均匀度的措施。喷灌麦田的土地要平整,喷头错位布局,按离泵远近调节喷头旋钮,使水压尽可能均匀分布。小麦灌浆期间的大风天气一般多在傍晚雷雨后的西北大风和高压后的午后西南大风,因此,高产易倒伏麦田宜在上午和后半夜喷灌。倒伏危险较大的麦田可间歇喷灌,现行圆形扫描式的喷灌设施难以完全克服不均匀问题,有条件的可引进试验自走式喷灌设施。

(4)研究喷灌与渠灌或渗灌双保险的灌溉体系。喷灌是从地上给水,又难以一次喷洒较大量水分,对深层土壤水分的补给作用不大,容易诱导根系集中分布在上层土壤。小麦灌浆后期的养分主要来自茎叶养分转移,雨后暴热易青枯及其他灾害造成小麦早衰粒重不高,其根本原因在于贮存养分不能充分转移。有些年份灌浆后期天气干热,只要底墒充足小麦仍能获得较高粒重。但喷灌在播种、冬末、返青等时期的效果又好于其他灌溉方式,因此,需要研究弥补喷灌弱点的综合灌溉体系。可试验研究渗灌与喷灌相结合,以形成最能节水又有利于高产的灌溉体系。但造价昂贵,非短期内可推广。目前可试验管灌与喷灌相结合的方式,即在拔节孕穗期使用管灌以浇透水,其他时期仍以喷灌为主。

北京农业的未来*

郑大玮
（中国农业大学资源与环境学院，北京　100094）

1　发达国家的农业布局和我国“城郊农业”

关于城郊农业或都市农业问题，我检索了一下国外文献，没有找到“suburb agriculture”的资料，只是有一次会议上以色列一位气象学家曾提到这个问题。国外之所以很少提到，可能有以下一些原因。

1.1　对“城郊”的理解不同

在国外“suburb”指城市边缘的住宅区和由城市到农村的过渡地带。我们的“郊区”则往往指城市以外的农区，市区和郊区加在一起实际上相当于国外城市所在的省或州。我国现在一些市辖县，除城市边缘具有郊区属性外，大多只是受城市经济一定程度辐射的农区。有些不大的城市，辖县人口比城市多数倍到十几倍，很难起到经济带动作用。

1.2　中西城郊农业的不同地位

西方国家自古重视贸易，城市的发育主要与商品交易相联系，城市生活必需品供应不完全依赖附近地区的生产。中国的传统经济自给性极强，城市作为行政管理中心的作用往往超过商贸作用，城市生活有赖于附近农区的产品供应。

1.3　“食物”与“粮食”概念之差异

英语中没有与粮食、主食、副食等完全对应的名词，只有食物（food）或谷物（cereals）。以至硬要把 FAO 翻译成“粮农组织”。中国除牧区外畜牧业居附属地位，农户养猪鸡有什么喂什么，剩多少养多少，很难讲究饲料营养。只在城市附近才有必要形成相对密集的畜牧业产区。

---

* 本文原载于 2001 年第 1 期《科学决策》。

1.4 市场经济条件下形成的区域化专业化农业布局

城乡分离和对立是资本主义发展初期原始积累的产物，在发达的市场经济条件下，生产要素的优化配置导致城乡一体化发展。城市不再单纯是统治乡村的中心，而是以城市为经济增长极，以交通干线为增长轴，以城镇网络体系带动整个区域的社会经济发展。市场引导还使自然资源与社会经济要素优化配置，形成农业的专业化、区域化生产布局，有利于获得最大经济效益。城市居民所需农产品由国内外最适产地提供，不一定非得来自城市附近的“郊区”。如美国的蔬菜、瓜果主要来自南部各州，中部大平原从北向南依次是春小麦带、玉米和大豆带(同时也是肉牛带)、冬小麦带、棉花带，东北部是奶牛带，西北部也是冬小麦带。西、北欧冬季蔬菜、瓜果基本来自非洲和以色列。

1.5 计划经济体制下的城郊农业布局

我国长期以来在计划经济体制下强化了地区和城乡分割的二元经济结构，使城乡差别和地区差别被人为固定和扩大，跨行政区域的经济联系被基本割断，行政边界内的“郊区”把向城市提供副食品作为政治任务，甚至与粮食定量、布票、工业卷、售芝麻酱等挂钩，北京郊区的“政治农业”尤其突出。郊区以外的农区则以交售商品粮为最大政治任务。山区除粮食自给性生产外以林果为主，形成环状的布局模式，城郊农业与农区农业的界限十分鲜明。

1.6 改革开放以来城郊农业的逐渐淡化

改革开放初期，大多数副食品的市场尚未放开，行政分割仍很普遍，广大农民的注意力还放在增产粮棉以解决温饱。随着城市居民开始告别贫困，副食品的供需矛盾十分尖锐。在这种形势下，发展城郊农业的问题曾一度提得很响，北京市也提出了“服务首都，富裕农民”的口号。因此，国内讨论城郊农业在20世纪80年代前期曾形成一个小高潮。随着农产品市场的逐步放开和农业结构的逐步调整，全国绝大多数城市的副食品供应已经不再主要依靠附近农村。与郊区农业随着城市扩展地位不断下降相呼应，国内对于发展“城郊农业”的研究和呼声也逐渐淡化了。

2 北京城市的发展趋势

2.1 北京城市迅速扩展和加速现代化势不可挡

北京作为全国的政治文化中心和高新技术及知识产业的中心，必然会继续扩展。未来10年环渤海经济区很可能将成为新一轮对外开放的焦点，并以中关村为中心的高新技术产业作为龙头。申办奥运如获成功，必将大大促进北京的对外开放和城市现代化建设的进程。北京市的建成区很快将从现有的约700 km^2 扩展到整个1040 km^2 的规划区，然后再向远郊卫星城和京津公路方向伸展，形成密集的城市群和发达的经济带。尽管采取严格措施控制外来人口的迅速增长，但1982年到1998年仍以每年2.47%的速率增加。按此速率，2010年北京人口可达1817万。为了加速农村人口城镇化的进程，近年来各地都放松了城市户口的控制，涌入北京的暂住人口增长势头更猛，如无有力措施，北京市的人口会很快突破2000万。

2.2　资源承载力和环境容量严重制约着北京城市的扩展

首先是土地资源的限制，北京郊区面积虽然有1.68万km^2，但平原面积只有0.6万km^2多。1998年旧城区人口密度已达31850人/km^2，居世界城市最高水平。按城8区1998年人口和规划市区面积1040 km^2计，人口密度也将达到6702人/km^2。而发达国家的老城市中心区的人口密度一般在1万人/km^2左右，新城市只有每平方千米几千人。像墨西哥这样的发展中国家首都人口多达1560万，人口密度也只有4134人/km^2。发达国家人均居住面积为30～50 m^2，北京只有10 m^2多，老城区内尤其狭窄。北京要在2030年左右达到国际一流大都市的设施水平，必须打破目前摊大饼式的扩展模式，在郊区建设一大批卫星城镇，人均占地必然要大大超过旧城区。发达国家20世纪70年代人均绿地就在20 m^2以上，联合国1969年报告要求达到60 m^2，北京市目前只有7 m^2左右，扩大绿地提高植被覆盖率势在必行。北京目前交通堵塞严重，必须加强基础设施建设，增加停车场和拓宽道路。1982—1998年北京市耕地面积已减少120多万亩，未来10年还将加速减少。

水资源是制约北京城市发展的又一瓶颈。北京是严重缺水的城市，人均仅300 m^3，人均约为世界1/30和全国的1/7。近两年的连续干旱使得水资源紧缺更加严重。如果人口增加到2000万，即使可利用水资源能够维持在40亿m^3，人均水资源也将下降到200 m^3，甚至低于大多数中东国家。预计未来10年北京地区又将进入一个相对少雨周期，水库上游来水在比20世纪70年代减少一半的基础上将继续减少甚至枯竭，加上人口增长，人均水资源将只有100 m^3多，难以维持现代都市经济和生活的正常运行。

北京的农业环境容量也十分有限，目前郊区单位面积化肥用量接近世界最高水平，牲畜粪便上千万吨，大量农药残留未经检测的蔬菜水果天天上市，农业自身污染不可轻视。

2.3　北京城市发展的基本趋势和远景设想

城乡一体化将是北京未来城市发展的一个显著特点。改革开放以来经济重心已由老城区向郊区转移。80%以上工业产值和近3/4的GDP已转移到近郊和中郊。其中中郊的GDP所占比例高于人口所占比例，表明已成为主要的生产基地。近郊GDP所占比例与人口所占比例几乎相等，但消费所占比例大大超过人口所占比例，表明已取代旧城区成为商业和服务业中心。老城区在北京市的经济总量中的比重只占1/9，工业产值更微不足道，第三产业也已低于人口所占比例，所占消费与人口所占比例相当，表明主要是满足本区市民的消费。老城区、中郊和边远郊区的人口比重都在下降，反映了人口城市化趋势和老城区的空心化趋势。未来北京中郊和远郊的非农化和城镇化趋势还将继续发展。

由于高新技术产业和知识经济的迅速发展，原规划城市边缘集团的设计已落后于形势。未来北京市的发展应参考日本东京首都地区的城市规划，跳出中心区，在远郊建设若干个高新技术产业城和大学城、科学城，与中心区通过高速公路、轻轨铁路和信息网保持快捷联络。中心区应恢复古都风貌，基本不承担工业生产功能，也不作为主要的居民区，主要是国家机关、国际交流、金融、商业、服务业和旅游区。

郊区应保持田园风光，京郊应加快农村人口城镇化的步伐，远郊平原大田作物规模经营与技术密集型设施农业、精品农业、创汇农业并举。为首都环境绿化美化服务的苗圃、草坪和花卉业应有一个较大发展。严格限制单位面积化肥、农药的用量和畜禽粪便的排放量。山区保持山野情趣，主要起到生态屏障的作用。山区人口应尽量减少，留在山区的主要从事水源涵养、植树造林和旅游业，只在条件有利的山间河谷适度发展特色农业。

3 北京郊区农业的发展方向

3.1 郊区和郊区农业的功能

郊区作为城市系统的一个子系统，郊区农业作为城市经济系统的一个子系统，都必须服从和服务于城市系统的功能和需要。北京郊区及农业的功能主要有：城市发展腹地、生态屏障、副食品供应基地、农民自给需要。在市场经济逐步完善和城乡一体化发展的今天，过去十分强调的后两项功能的地位已经明显下降，逐步为外地农区所替代。现在北京市场上的大部分副食品都来自京外，转向非农产业的农民和兼业农户的粮食和副食品都主要靠购买。但郊区的前两项功能是外地农区无法替代的。由于北京的土地资源和水资源在可预见的将来更加紧缺，等量土地资源或水资源用于工业，特别是高新技术产业或城市建设的价值要比用于农业高出数十到数千倍，大部分土地资源和水资源将不可阻挡地转向非农产业。

3.2 北京市的农业不会完全消失

城市化是世界发展的必然趋势。但发达国家已进入城乡一体化发展的阶段，中心城市不再无限制膨胀，而是形成城市群和网络。乡村的生活条件城市化，又由于环境质量好，乡村越来越成为人们向往和乐于居住的地方。北京市应避免目前一些发展中国家的中心城市无限制膨胀，带来严重的环境问题和城市管理困难的教训。在城市中心区扩展到一定程度后，尽快将城市发展的重点转向远郊平原甚至河北省的邻近县。由于我国人均耕地不足，卫星城镇之间应留出足够的绿色空间间隔，农田也应包括在内。西欧国家的经验表明，人工绿地与田园风光的巧妙组合，要比单纯绿地经济的生态效益更高。土地的农业应用价值虽然不如工业和城市生活用地价值，但也不是绝对的。况且土地的农业利用除经济效益外还有一定的生态效益。城市外围完全取消农田是不可取的。

3.3 北京郊区农业近期的调整方向

加入世界贸易组织后，耗水耗地的大宗农产品在我国不占优势，将面临国外农产品进口的冲击。但劳动密集型优质农产品将面临发展的极好机遇。北京郊区由于劳动力成本较高，必须发展既是劳动密集，又是技术密集的农产品，才能在国内外市场具有竞争优势。郊区农业也不再以农产品产量指标为主要目标，而是针对市场需求，以提高效益和品质，促进农民致富为主要目标。具体说，有以下几种类型：

（1）打时空差的精品农业。

（2）观光农业和休闲农业。发达国家大城市居民经常在郊外租小片土地利用假日种植蔬菜、瓜果和花卉，成为一种乐趣。

(3)绿色安全食品。充分利用北京市的技术密集优势，加强对鲜活农产品的检测，产地与定点市场挂钩，实行优质优价和安全食品的信誉保证。

(4)适度发展草食畜牧业和牧草。加入世贸对发展畜牧业是一个机遇，也是迅速提高农民收入的重要渠道。但畜牧业又是主要的农业环境污染源，必须将畜牧业的总体规模控制在环境容量许可的范围以内，否则将因小失大。过去北京郊区发展规模猪鸡场是背离了我国国情和北京市情的，特别是采取水冲式排粪污染严重、后患无穷。发达国家目前都已放弃了大规模饲养方式，欧洲国家普遍对饲养规模与农田面积的匹配和厩肥施用量及次数、时间制定了严格的限制办法。台湾一度大规模养猪赚日本和美国的钱，很快闹得不可收拾，又向大陆转移。猪、鸡不是不能养，而是不能过分集中，特别是在大城市附近。草食动物的污染要轻于猪、鸡，但饲养总量也不能超过环境容量。在北京的自然条件下和目前的科技水平下，北京市的畜牧业环境容量究竟是多少，应该参考国外的做法通过专题研究进行测定。

(5)粮食等大田作物仍将占一席之地。以粮食为主的大田作物单位面积经济效益虽然较低，但机械化水平和劳动生产率很高。发达国家的粮农、棉农凡实行规模经营的都很富裕。北京郊区的农田全部种精品是不现实和不可能的，大家都种也就不是精品了。北京郊区有实行粮食规模经营的经验，在具备条件的地方，通过土地使用权的合理有偿转让，使种田能手能够经营上千亩粮田，也是能够富裕起来的。

(6)结构调整主要靠市场信息引导、信贷和技术服务，不能强迫命令。许多致富信息在传递到农民时往往已经过时。

3.4　北京郊区农业的未来发展随着城市的扩展和日益现代化，北京郊区的农业规模将进一步缩小

北京农业一是向精深和都市特色发展，二是跳出北京发展。

(1)与城市绿化美化融为一体。生态屏障将成为郊区及其农业的首要功能，苗木、草坪、花卉和观赏动植物将成为北京郊区农业的主要成分。其中，培育和筛选适应北京气候和土壤的耐旱、节水和美观的草坪草品种已是当务之急。

(2)与农业高新技术相结合，如生物技术、优良品种繁育等。现在已经初露头角，但不能拔苗助长，应该建立在技术可靠性和成熟度的基础上。

(3)发挥首都对外开放和技术密集的优势，组织北京市和邻近农区的优质特色农产品出口创汇。

(4)农产品生产、加工、包装、贮藏、运输、销售形成完整的产业链。

(5)跳出北京、发展为首都服务的农业。在市场经济条件下，不同区域之间的自然资源和社会经济资源必然朝着优化的方向合理配置。日益缩小的郊区早已不能满足北京这个超级特大城市的市场需求，北京的资金、市场信息、技术、人才(包括农业科技人员、经营管理人员、种田能手)等优质资源与京外的土地、水、廉价劳力等优势资源相结合，能够创造出更高的生产力。由于华北平原和辽宁的城市密集，北京应把发展潜力较大的冀北和内蒙古作为最重要的农业发展腹地，组织合作开发。

构建低碳都市型农业技术体系势在必行*

郑大玮[1,2]

（1. 北京减灾协会，北京 100089；2. 中国农业大学，北京 100094）

1 气候变化对北京农业的影响

全球气候变化已是不争的事实。由于农业的生产对象是生物和主要在露天进行，农业是对气候变化最为敏感和脆弱的产业。中国农科院初步估算，温度升高、农业用水减少和耕地面积下降会使中国2050年的粮食总产较2000年下降14%～23%。主要的不利影响包括某些灾害和病虫害加重，高温使作物生育期缩短导致减产，海平面上升，生物多样性减少，土壤肥力下降，近地面紫外辐射和臭氧浓度增大对作物的直接伤害。

气候变化对农业有利的方面包括二氧化碳浓度增加有利于提高光合速率和某些作物的水分利用效率，气温升高使无霜期延长，有利于提高复种指数或改用增产潜力更大的品种，农作物种植区可向高寒地区扩展，但需要与其他环境条件及相应物质投入的配合。

气候变化对不同地区农业的影响，有些地区利大于弊，但多数地区弊大于利。但如采取趋利避害的适应措施，多数地区有可能争取较好的结果，如东北成为最大粮仓与无霜期延长不无关系，黄淮小麦持续增产与冬季变暖冻害减轻有关。但如气候变化过于剧烈，有可能超出农业生物和农业系统的适应能力，导致灾难性的后果。

北京是一个多灾地区。近几十年北京气候变化的主要特征是暖干化，虽然风沙、洪涝和冷害有所减轻，但干旱缺水日益严重，高温热害和病虫害加重，冰雹、霜冻、冻害、阴害和冰雪灾害仍时有发生。

虽然农业占北京地区生产总值比重已下降到1.1%，耕地面积也比20世纪70年代以前减少近半；但农业的生态和社会功能却日益突出。据不完全测算，2007年包括森林在内的北京农业生态服务价值为5813.96亿元。

都市农业是在城市地区及其周边，充分利用大城市提供的科技成果及现代化设备进行生产，并紧密服务于城市的高层次、多形态的绿色产业。是以现代科技为基础，以农业产业化为依托，以规模经营为条件，集生产、服务、消费于一体，经济、社会和生态等多种功能并存的现代农业。

---

* 本文是2010年1月5日在华北六省市减灾研讨会的发言。

都市农业以高档鲜活产品为主，同时向城市居民提供观光、休闲、体验、生态教育等多种服务，讲究安全和营养，是高投入、高产出的集约化现代农业。与常规农业相比，对环境条件的要求更加严格，受气候变化的影响也更加复杂。

2 温室气体排放的农业源

表 1 不同温室气体的增温潜力（IPCC，2001）

温室气体	二氧化碳	甲烷	氧化亚氮	氢氟碳化物	全氟化碳	六氟化硫
分子式	CO_2	CH_4	N_2O	HFCs	PFCs	SF_6
增温潜力（CO_2 当量）	1	20～60	290～310	140～11700	6500～9200	23900
生命周期（年）	20～200	12～17	120	13.3	50000	?

导致气候变化的主要温室气体有二氧化碳、甲烷、氧化亚氮和某些氟化物，其中二氧化碳的效应约占一半，其他温室气体的含量虽然远低于二氧化碳，但单位体积的温室效应却要高出几十到上万倍（IPCC，2001），在计算温室气体排放总量时，其他温室气体要折算成二氧化碳当量。甲烷主要来自畜牧业和湿地，氧化亚氮则有 75%～80%来自农业，联合国估计农业源温室气体约占总量的 1/3，其中畜牧业排放占 18%，但最近的研究表明人们可能大大低估了畜牧业特别是养牛对于温室气体排放的贡献。

中国 2004 年温室气体排放量约 56 亿 t 二氧化碳当量，其中农业排放占 1/5，甲烷和氧化亚氮各占 7.2 亿 t 和 3.3 亿 t 当量。

农业温室气体排放源包括农机作业、灌溉和农产品加工运输和耗能，农机、化肥、农药、农膜等生产资料制造耗能，草食牲畜饲养和粪便降解、化肥和有机肥硝化过程、稻田释放甲烷、秸秆燃烧等。我国目前的农业经营规模狭小，小型农机具的能源效率较低。农产品质量和安全度不高，加工程度也低，使得单位农业产值耗能和排放明显偏大。灌溉水、化肥和农药利用率低也增大了排放强度。

3 气候变化的农业减缓对策

气候变化已成为当前世界头号环境问题，农业对策包括减缓与适应两个方面，其中减缓对策指农业领域的节能减排和增汇。

3.1 二氧化碳减排对策

淘汰落后农机，提高能源效率，延长使用寿命，推广复合作业和免耕、少耕、覆盖等保护性耕作技术。土地平整和实行规模化经营都能降低能耗和提高农机的使用效率。农田水利工程和推广节水农业技术可减少灌溉与排水耗能。改善农村道路和完善农产品市场体系可以减少农产品贮藏、运输和销售的能耗。提倡合理施肥和生物防治可减少化肥、农药等生产资料制造的耗能。此外，还要结合新农村建设，推广利用太阳能、风能、沼气和节能炉。

3.2 甲烷减排对策

稻田实行水旱轮作或半旱栽培，选用释放甲烷少的品种，推广沼气综合利用，施用甲烷抑制剂，在分蘖末到幼穗分化前的排放高峰期蹲苗晒田。草食动物饲料添加抑制甲烷排放剂，加强防疫，改进配方和加工以提高饲料转换率和缩短饲养周期，减少单位畜产品排放量。

3.3 氧化亚氮的减排对策

改进化肥生产工艺，以复合肥、缓释肥和丸粒化肥替代速效化肥；按照作物需肥规律适量配方施肥；与有机肥配合，增大碳氮比；减少耕作次数，禁止焚烧秸秆。

3.4 农业增汇对策

增施有机肥，培肥土壤；推广秸秆还田和保护性耕作，增加土壤碳储存；生态脆弱地区退耕还林还草和营建农田防护林；利用非耕地种植能源植物。

4 气候变化的农业适应对策

4.1 适应的本质

适应的本质是协调农业系统与气象环境的关系，核心是趋利避害。通过适应措施增产增收而并不增加能耗，可看作是一种间接减排。

4.2 适应的意义

适应对策对于农业尤其重要，这是因为农业生产的对象是生物，生物进化过程中适应不同环境形成了不同物种，人类也有意识地培育适应不同气候条件的品种。农业气候资源与灾害都具有一定的相对性，对此种生物不利的气象条件，对于彼种生物却可能是有利的。采取调整作物种类、布局、品种和栽培技术，气候变化带来的有利因素有可能成为主导方面。但无论生物或人类的适应能力都是有限的，一般认为全球每百年升温如大于 2 ℃就有可能超出生物、生态系统和人类的适应能力。

4.3 适应的类型和层次

农业适应包括生物自身的适应和人为措施的适应两个方面，并包括遗传基因、生物个体、群体、生态系统、农业生产系统、区域农业系统等不同层次。

4.4 适应的具体措施

(1)培育和使用适应区域气候变化的抗逆优质高产品种。

(2)抗逆锻炼，特别是增强耐热、耐旱性和抗病虫能力。

(3)调整播期、移栽期、收获期、作物种植区域或品种布局，从时间和空间上趋利避害。

(4)调整轮作或间套作方式，适当提高复种指数。

(5)改善局部环境：如畜舍夏季遮阴通风降温，营建农田防护林，实行节水灌溉等。

(6)开发应变栽培技术，根据气象条件和作物生育状况及时调整栽培技术措施。

(7)加强农业基础设施建设和改善生产条件，包括农田基本建设、水利、运输、仓储等。

4.5　构建区域性适应气候变化的农业技术体系

由于气候变化和农业系统都具有明显的地区性，需要根据不同区域的气候变化与农业生态、经济特点分别构建。20 多年来各地已采取不少有效的适应措施并收到显著效果，如四川“水路不通走旱路”，东北的作物品种布局精细气候区划，华北西北节水农业和北方旱区的集雨补灌，南方夏季蔬菜栽培遮阳网技术，内蒙古牧区与农区合作易地育肥技术等。

5　高碳都市农业不可持续

现代农业在向人类提供大量产品的同时，也成为重要的面污染源和温室气体排放源，实践证明，依赖高碳排放维持的石油农业是不可持续的。

京郊农业要比常规农业的能量投入更高，据统计 2007 年北京市每公顷农机总动力、农用电、化肥用量和产肉量都明显高于全国平均，单位面积化肥用量更达到世界平均(109.8 kg/ hm^2)的 5.5 倍，这意味着排放强度要比全国平均成倍高出。尽管每公顷农业产值比全国平均高 38%，北京市的农业能源效率仍低于全国平均。

表 2　北京市农业每公顷能耗和产值与全国平均的比较

地区	耕地 (万 hm^2)	农机总动力 (kW/ hm^2)	农用电 (kWh/ hm^2)	化肥 (kg/ hm^2)	猪牛羊肉 (kg/ hm^2)	农业地区产值 (元/ hm^2)
全国	12173.5	6.285	4525.5	419.6	433.5	23079.0
北京市	23.22	12.95	17715.0	602.9	1486.5	31936.5

高碳都市农业不仅经济效益差，而且还带来严重的环境污染。另据北京市农科院文化等的调查，除大白菜和国营、集体奶牛场外，绝大多数农产品生产成本高于周边省区。北京郊区的水污染也相当严重。

虽然我国温室气体历史排放量很低，目前人均排放量也刚达到世界平均水平，仅为发达国家的 1/3 到 1/4，但由于全球环境容量已非常有限，中国排放总量又已跃居世界第一，近 10 年增排量超过全球一半，国际对中国减排压力日益增大。我国目前正处于高能耗的工业化与城市化中期，既要加快社会经济发展，又要承担负责任大国的义务，北京作为首都，必须在包括低碳农业在内的低碳经济建设上做出榜样和向世界体现中国的庄严承诺。

6　构建低碳都市农业技术体系

低碳农业是继石油农业替代传统农业之后的又一次农业革命，与生态农业、循环农业一起构成农业第二次现代化的基本内涵。低碳农业的核心是遵循物质循环与能量转换原理，运用现代生物和与信息高新技术，最大限度减少农业废弃物和农业源温室气体排放，实现自然资源和能源的高效利用和清洁安全生产。联合国估计，生态农业系统可以抵消掉80%的因农业导致的全球温室气体排放量。

建设低碳农业，需要政策扶持、必要的物质投入和对常规农业技术进行改造和创新。

低碳农业技术体系几乎涉及农业技术的所有领域，需要对常规农业技术体系按照应对气候变化的要求进行改造和创新，主要包括前述减缓与适应两大方面，这里不再重复，现结合北京市低碳都市型农业建设提几点建议：

(1)参照联合国IPCC的方法，对北京市农业源温室气体排放现状进行系统调查评估，明确减排重点和途径，逐步建立监测网络并纳入常规统计。

(2)由市发改委和农委牵头，编制北京市低碳农业发展规划并组织实施。

(3)由市科委立项，开展构建低碳都市型农业技术体系的研究。

(4)在北京近郊、远郊平原和山区等不同类型地区分别建立若干低碳都市型农业示范区。

(5)继续开展农田基本建设和土地整理，研究适合北京市情的保护性耕作技术和机械，推进适度规模经营，逐步以大型高效农机替代小型农机具，加快农产品加工运输储藏设施的节能改造，提高农业能源利用效率。

(6)突破沼气越冬保温与储气难关，改进大型沼气站管理，逐步实现大部分人畜粪便和秸秆的沼气转化利用。大力开发沼气、太阳能和风能发电并纳入地区电网统筹管理与核算。

(7)提倡和鼓励使用缓释化肥，改进施肥技术，提高化肥利用率和减少氧化亚氮排放。

(8)改进饲料配方和畜舍小气候，缩短饲养周期，减少畜牧业能耗和温室气体排放。

(9)建立应对极端天气、气候事件的预警指标体系和相应农业栽培和饲养技术体系。

(10)全面普及高效节水灌溉与栽培技术，平原利用庭院、场院、路面和屋顶，山区利用坡面集雨，最大限度提高作物水分利用效率。

(11)依托北京科技资源，提升观光农业品位，发展创意农业，提高农产品安全、营养和加工水平，增加农产品附加值以大幅度降低单位产值排放强度。

(12)建立低碳农业技术推广体系，制定和实施减排增汇的生态补偿政策。

世界城市的食物供应安全保障与发展低碳都市农业*

郑大玮[1,2]

(1. 北京减灾协会　北京　100089;2. 中国农业大学　北京　100094)

摘　要　北京市提出了建设世界城市的长远奋斗目标。世界城市应该是宜居和安全的城市,为在世界上发挥重要的政治、经济、文化、科技等辐射作用,还需要充裕的物质供应保障,包括突发事件期间的食物应急供给能力。由于都市农业具有不可替代的生态功能和社会效益,纽约、伦敦、东京等世界城市都十分重视保护和发展都市农业。北京城市的农产品供应经历了由自给性生产为主到计划经济体制下的"就近生产为主,外埠计划调节为辅",再到改革开放以来建立适地适种的全国统筹供销体系的转变,食物供应得到极大改善,但在突发事件期间,国内外大都市的食物供应仍表现出很大的脆弱性。农业不但是全球气候变化最为敏感的弱质产业,而且是重要的温室气体排放源,目前北京市农业仍具有明显的高碳特征,是不可持续的。在建设世界城市的过程中,需要建设相应的都市型低碳农业,能保证本地副食品,特别是蔬菜等鲜活农产品必要的自给能力,并为此提出了若干政策建议。

关键词　建设世界城市;农产品供给;食物应急保障能力;低碳都市型农业

1　都市农业与世界城市的农产品供给

1.1　世界城市需要具备充分的物资应急保障能力

世界城市指在社会、经济、文化或政治层面直接影响全球事务的城市,如纽约、伦敦、东京等大都市,都被公认为国际的金融中心、决策控制中心、国际活动聚集地、信息发布中心和高端人才聚集中心。世界城市一般拥有上千万的庞大人口规模,较高的消费水平和频繁、大量的国际政治、文化、经济事务。

按照《北京城市规划》,北京市将在2020年全面建设现代化国际城市,在2030年初步形成世界城市的基本框架,到2050年基本建成具有时代特征、中国特色和首都特点的世界城市区域体系。[1]

世界城市应是清洁、美丽、安全、交通和服务设施便利的宜居城市,世界城市的功能发挥既需要高度的现代科学管理能力和发达的城市基础设施,也需要充裕的物质供应保障,特别

---

* 本文原载于天津大学出版社2012年出版的《首都综合减灾与应急管理文集》。

是在发生突发事件时的食物等农产品的供给。

世界城市每年需要大量的食物供应,如据估算伦敦的生态足迹为其城市面积的125倍,其中食物供应就占到40%,每年需要240万t。大部分食物要靠全国各地,甚至需要从国外进口。尽管如此,发达国家仍然十分重视都市农业的发展,这是由于都市农业具有特殊的、其他农区不可替代的生态与社会功能。

1.2 都市农业具有不可替代的特殊功能

首先,都市农业使城市区域保留一定面积的绿色空间,可以有效缓解城市热岛效应,改善城市的大气环境质量和城市景观。如日本1974年出台,1991年修订后的《改正生产绿地法》规定,划为市区区域内500 m^2 以上面积的农地,原则上不批准建设住宅、工厂,并按照一定比例绿化。三大都市圈市街化区域内农地生产绿地指定率为35.8%,其中东京和京都为60%。列入保护范围的农地至少30年不变。[2]法国巴黎大区提出城市空间、农业空间和自然空间三个空间协调的指导思想。纽约州也保留了相当多的农田,至今仍是小麦、葡萄、苹果和奶酪的重要生产基地。

其次,都市农业为城市居民提供了观光、休闲、体验、教育和娱乐的重要场所,具有重要的社会效益。

第三,位于都市建筑群附近或相间的农田,为防灾避险提供了就近疏散场所。

第四,远距离运输的鲜活农产品往往质量下降或成本过高,由都市农业生产具有一定优势,在发生突发事件影响外地农产品运输时,都市农业的产品可缓解市场供应的紧缺。如东京都的蔬菜就主要是由近郊生产的。

因此,虽然北京都市型农业的产值已不足全市GDP的1%,但仍然是北京市不可缺少的基础产业。

2 北京市农产品供应格局的变化

2.1 改革开放前北京市的农产品供应格局

辽、金时期北京成为北方政治中心,元代以后更成为全国的政治中心,城市人口迅速增长。古代北京四郊多为沼泽,良田面积有限,难以支持上百万的庞大人口。元代郭守敬主持修通了大运河,京城的粮食主要依靠富庶的江南漕运供应,但蔬菜等鲜活产品仍需就地供应,于是环绕城墙外围形成了蔬菜产区,甚至外城的西南角和东南角也成为菜区,至今尚有菜户营、南菜园等地名,黄土岗则成为供应清宫最主要的花卉产地。

新中国建都北京,城市人口在20多年里从两百多万迅速增加到六七百万。但在计划经济时代,除粮食供应靠国家实行统购统销从全国调拨以外,城市副食品供应先是"就地生产,就地供应",到20世纪70年代提出"就近生产为主,外埠调剂为辅"的方针。由于受到区域气候条件的限制,副食品供应带有明显的季节性。蔬菜供应存在春末夏初和秋末冬初两个大旺季及其间的两个大淡季,瓜果则以夏秋为旺季,在春季十分稀罕。母鸡产蛋也以春季为旺季。由于交通运输不发达和缺乏市场机制,一遇突发重大自然灾害,城市副食品供应就十分紧张,有时只能吃咸菜。为改善夏秋蔬菜供应,曾把夏播菜作为政治任务下达近郊各区,完成任务的农民则在购货本上给予可购买一定数量平价细粮、食油、食糖、芝麻酱等的优惠。即便如此，由于夏季高温多雨气候不利于蔬菜生产，夏播菜的产量仍很低，经济效益很差。为保证首都的副食品供应，有时要靠总理和副总理出面要求外地支援，有时则由北京市领导出面，以北京产的汽车和电视机等产品与四川、湖南等省交换猪肉。

2.2　改革开放以来北京市的农产品供应

改革开放以来，除粮食以外的农产品生产和价格逐步放开，逐步形成了全国性的适地适种淡季蔬菜生产基地，蔬菜、水果及畜产品、水产品的全国购销网络和四通八达的交通运输网，北京城市副食品供应有了极大改善，冬春只有大白菜、萝卜，夏秋之交只有土豆、洋葱和老倭瓜的景象已成为老年人的记忆。蔬菜、瓜果、畜产品和水产品基本实现了全年均衡供应。[3]到20世纪80年代中后期，由于中央狠抓了菜篮子工程，北京郊区蔬菜、水果、肉类及水产品的产量有很大提高，除粮食主要靠外地供应外，主要副食品大部分由郊区提供。

但是自20世纪90年代末以来，随着北京城市规模的迅速扩大，全市人口由近千万迅速膨胀到目前的近两千万，且其中城镇人口的比例从改革开放初期的56%提高到目前的约80%，加上人民生活水平的不断提高，城市对农产品的需求极大增加。与此同时，郊区耕地面积却迅速减少，目前只有历史最高的1957年耕地面积的一半，加上生产成本高于外地，北京郊区自产副食品所占市场份额不断下降，批发市场的农产品绝大部分来自全国各地。[4]

2.3　世界城市突发事件期间的食物供应危机

主要世界城市由于拥有发达的运输与贸易网络，食品供应在正常情况下是不成问题的。但在发生突发事件时，庞大人口的食品供应就有可能出现危机。且不论第二次世界大战期间伦敦、东京、列宁格勒等世界著名大都市曾发生过的饥荒，即使在当代经济最发达的美国，在某些突发事件面前，城市的食品供应也显得十分脆弱。如美国东部在2003年8月14日的大停电事故中，纽约的许多市民和餐馆被迫将数以吨计容易腐烂的食物抛弃，超级市场里，酸乳酪、乳酪、凉拌菜和新鲜糕点都缺货。市政府承诺在停电期间给每个楼层提供备用照明和食物等应急物资，并发放到老人和残疾人手中。美国南部城市新奥尔良在2005年8月25—31日卡特里娜飓风袭击期间，10万人被困避难所，没水、没电、没食物；新奥尔良市内社会秩序完全破坏，暴徒冲上街头，抢劫、放火、杀人。一场天灾进而又演变为一场人祸。[5]北京作为一个发展中国家的首都，城市物资供应在突发事件面前同样也存在着脆弱性。

3. 影响北京城市食品供应安全的因素

3.1　突发事件影响北京城市食物供应的案例

北京作为一个拥有近两千万人口的超级特大都市，城市食品供应是市民最重要的基本生存条件保证。虽然北京具有全国最发达的交通运输网、庞大的批发市场体系和完善的销售网络，但在遭遇各类突发事件时，仍然存在若干不安全因素和脆弱性。

1976 年 7 月唐山地震波及北京期间，通县到北京市区公路上发生西瓜被哄抢事件。1989 年 6 月学潮后的戒严期间，交通一度受阻，市内一度出现抢购食品风潮。2003 年 5 月 SARS* 流行期间，一度流行封城谣言，有些外地农民害怕被传染也不敢运菜进京。中央迅速组织各地向北京运菜才得以缓解北京菜荒。2009—2010 年北京遭遇 40 年来最寒冷的冬季，初冬的暴雪压垮 3000 多个蔬菜大棚，并且阻断交通多日，使外地进京蔬菜数量大减，加上冬季持续严寒、春季低温和霜冻，致使菜价居高不下。水果也因果树严重受冻产量下降，价格比上年猛涨。

3.2 各地城市因灾发生食物供应危机的案例

近年来我国各地城市在遭受巨灾时都发生过不同程度食物危机。

2008 年的汶川地震和 2010 年许多遭受山洪、泥石流袭击的县城，因房屋被毁和交通断绝，国家和地方政府向灾区运送了大量食物。

2008 年初南方低温冰雪灾害期间，由于交通受阻，大棚压垮，田间蔬菜冻坏，6900 万头畜禽受冻死亡，不少城市也发生过食物供应紧张，郴州市场木炭曾卖到 25 元一千克，蜡烛 20 元一根。贵州有的山区由于停电无法使用脱谷机，只好老人、小孩齐上阵，从早到晚用石块砸稻谷，自嘲"几天之内就突然回到了原始社会的石器时代。"蔬菜和肉类更是不可奢求，有的户存谷不多，已面临生存危机。由于通信和交通均已中断，县里并不知情。此时已临近春节，后来还是派人冒着生命危险沿覆盖冰雪的公路下山报信，县政府先后组织几批人推车上山送去粮食、蔬菜和肉类。

2009—2010 年的西南秋冬春干旱期间，本是原产地蔬菜向北方输出的西南各大城市菜价反而比北方城市更贵。

3.3 都市型农业在突发事件期间的应急保障作用

由于北京城市发展受到土地资源和水资源紧缺的严重制约，而农业生产的单位面积土地产出率和单位水利用经济效益都远低于工商业，与房地产业的经济效益更是不可比拟，曾有人主张北京郊区完全放弃农业，把土地腾出来用于房地产开发，省出灌溉用水以弥补城市生活和生产用水之不足。这是一种短视的做法。土地和水资源的农业利用价值远低于工业和服务业是世界各国都存在的普遍现象，但所有发达国家都在努力保护城市周围的基本农田，农业用水仍占第一位。这是由于农业具有不可替代的生态效益和社会效益，日本稻米的生产成本远高于进口，但据测算，水稻生产的生态效益至少是其经济效益的 3 倍。据不完全估算，北京郊区农田的生态效益为直接经济效益的 6 倍以上。[6]从应对突发事件和社会稳定的角度，也要求提高城市食物的应急保障能力。针对 2010 年许多地区低温冰雪和严重洪涝灾害造成的城市蔬菜供应紧张和价格上涨，国务院在 2010 年 8 月 27 日发出《关于进一步促进蔬菜生产保障市场供应和价格基本稳定的通知》，要求"大城市特别是城区人口在百万以上的大城市人民政府要切实采取有效措施，进一步增加投入，稳定和增加郊区蔬菜种植面积，调动和保护菜农的种菜积极性，切实提高本地应季蔬菜的自给能力。"并且要"强化城市

* SARS 是严重急性呼吸系统综合征(Severe acute respiratory syndrome)的英文缩写，是非典型肺炎中的一种。

蔬菜供给应急能力建设。”“提高蔬菜生产水平和重要时节的应急供应能力。”

4　发展郊区都市型低碳农业，提高城市食物安全水平

4.1　北京市发展都市型农业的意义

由于北京市城市建成区的迅速扩大和耕地面积的不断减少，郊区农业已不可能完全满足城市对农产品的需求，无论粮食和副食品的大部分都由外地供应。尽管如此，郊区农业仍然具有重要的地位，除生态效益和社会效益外，在经济效益上主要是提供高档鲜活副食品、作物和畜禽良种及无毒苗木等高科技优质产品以及观光休闲等服务，即发展都市型农业。

都市农业是在城市地区及其周边，充分利用大城市提供的科技成果及现代化设备进行生产，并紧密服务于城市的高层次、多形态的绿色产业。是以现代科技为基础，以农业产业化为依托，以规模经营为条件，集生产、服务、消费于一体，经济、社会和生态等多种功能并存的现代农业。北京市在2005年发布的《关于加快发展都市型现代农业的指导意见》提出，都市型现代农业是指在北京市依托都市的辐射，按照都市的需求，运用现代化手段，建设融生产性、生活性、生态性于一体的现代化大农业系统。在发生突发事件时，都市型农业在应急疏散避险和食物应急供应方面还具有特殊重要的功能。

4.2　北京市必须发展低碳型都市农业

全球气候变化已是不争的事实，近60年来北京气候的暖干化趋势十分明显，给北京郊区的农业生产带来了很大影响，尤其是水资源的趋于枯竭和灾害的频繁发生。农业是受气候变化影响最敏感和脆弱的产业，同时又是温室气体重要的排放源。据董红敏等的估算，1994年中国农业源温室气体排放占全部温室气体排放总量的17%，但其中农业排放甲烷占到总量的50.15%，排放氧化亚氮更占到总量的92.47%。[7]随着农业机械的进一步普及和化肥施用量的继续增加，农业源温室气体的排放量很可能又有很大增长。

现代农业在向人类提供大量产品的同时，也成为重要的面污染源和温室气体排放源，实践证明，依赖高碳排放维持的石油农业是不可持续的。

京郊农业要比常规农业的能量投入更高，据统计2007年北京市每公顷农机总动力、农用电、化肥用量和产肉量都明显高于全国平均，单位面积化肥用量更达到世界平均(109.8kg/hm^2)的5.5倍，这意味着排放强度要比全国平均成倍高出。尽管每公顷农业产值比全国平均高38%，北京市的农业能源效率仍低于全国平均。

表1　北京市农业每公顷能耗和产值与全国平均的比较

地区	耕地 (万 hm^2)	农机总动力 (kW/ hm^2)	农用电 (kWh/ hm^2)	化肥 (kg/ hm^2)	猪牛羊肉 (kg/ hm^2)	农业地区产值 (元/ hm^2)
全国	12173.5	6.285	4525.5	419.6	433.5	23079.0
北京市	23.22	12.95	17715.0	602.9	1486.5	31936.5

高碳都市农业不仅经济效益差，而且还带来严重的环境污染。另据北京市农科院文化等的调查，除大白菜和国营、集体奶牛场外，绝大多数农产品生产成本高于周边省区。北京郊区的水污染也相当严重。

虽然我国温室气体历史排放量很低，目前人均排放量也刚达到世界平均水平，仅为发达国家的 1/3 到 1/4，但由于全球环境容量已非常有限，中国排放总量又已跃居世界第一，近 10 年增排量超过全球一半，国际对中国减排压力日益增大。我国目前正处于高能耗的工业化与城市化中期，既要加快社会经济发展，又要承担负责任大国的义务，北京作为首都，必须在包括都市型低碳农业在内的低碳经济建设上做出榜样和向世界体现中国的庄严承诺。

4.3 加强北京市低碳都市型农业应急保障能力的若干建议

构建都市型低碳农业包括节能、减排、增汇和采取适应措施等方面，从提高食物应急供给能力的角度，需要采取以下措施：

(1)虽然北京郊区生产的农产品远不能满足近两千万人口的日常需求，但从增强食物应急供给的角度，仍需保持适当的自给率水平，特别是不适宜长途运输的青绿叶菜和鲜奶等应保持自给率 30%以上的生产规模。

(2)供应北京的副食品生产基地应多元化，不要过分集中，以免因集中产地受灾而严重影响市场供应。要确保离北京较近且交通受损后容易修复的基地占有较大份额，以防止在发生局部交通障碍时仍能向北京运送。

(3)北京市应建立应急食物储备制度，其中粮食储备应不少于两个月，冻肉、鸡蛋、奶粉等不少于一个月，还应储备至少能供应 10 天的方便面、罐头和干菜等。还应建立在突发事件应急期间向农产品批发市场和仓库的应急征购制度。

(4)北京市应建立若干快速食物应急生产流水线，如豆芽、萝卜芽、豌豆苗等芽菜和水培叶菜的工厂化快速生产，平时可封存或作他用，一旦因突发事件蔬菜供应中断，可以进行快速生产填补市场缺口。

参考文献

[1] 连玉明. 重新认识世界城市. 北京日报. 2010-05-31.

[2] 焦必方. 日本东京大都市农业的现状及启示. 世界经济情况，2007，(01)：1-6.

[3] 郑大玮，唐广. 蔬菜生产队主要气象灾害及防御技术. 北京：农业出版社，1989.

[4]《北京郊区鲜活农产品竞争力研究》简介. www.bjpopss.gov.cn/bjpssweb/n26039c29.aspx 2010-8-7.

[5] 郑琦. 灾难过后的反思：关于美国卡特里娜飓风的研究综述. 中国非营利评论，2008，(02)：241-250.

[6] 杨志新，郑大玮，文化. 北京郊区农田生态系统服务功能价值的评估研究. 自然资源学报，2005，**20**(4)：554-571.

[7] 董红敏，李玉娥，陶秀萍，等. 中国农业源温室气体排放与减排技术对策. 农业工程学报，2008，**24**(10)：269-273.

/ 第二部分 / The second part
农业生态与
区域发展

生态农业就是现代化农业吗?*

郑大玮
(北京市农林科学院农业综合发展研究所,北京　100097)

近年来有一种说法,认为发达国家的农业是所谓石油农业或无机农业,已遇到不可克服的投资大、耗能高、污染重等困难,必须另找出路,转向生态农业。国内甚至有人认为生态农业是我国农业现代化的核心内容或最终目的。我认为,这类看法是值得商榷的。

1　发达国家的现代化病并非单纯石油农业

主张生态农业的一个主要根据是认为目前发达国家的农业是石油农业,已经没有出路。根据笔者在英国的考察和目前世界各国农业的情况看,这是不符合事实的。从英国的情况看,单位农田机械能投入高于我国,但那是实现高生产率(约为我国 160 倍)所必需的,而且主要用于生产资料的生产和产后加工业,田间机械作业次数低于我国已初步实现农业机械化的地区,每亩耗电只有北京郊区的 37%。由于农牧结合和实行轮作,土壤有机质含量高,化肥用量远低于我国的农业高产地区,而小麦平均亩产已突破 500 kg 水平。农业生态环境保护和治理也比我国好。战后英国农业耗能确有大幅度增长,但农业总产值也同步增长,单位农业产值耗能基本不变,但劳动生产率却大幅度提高了。众所周知,目前世界上农产品的主要出口国都是农业人口只占百分之几的发达工业国家,不仅是地广人稀的美、加、澳等,而且国土相对狭小的荷、丹、法、以等国通过发展技术密集型农业,也成为重要的农业出口国,就连战前农产品主要依赖殖民地的英国,现在主要农产品也基本自给,农业总产值按人口平均约为我国的 5 倍。而农业人口占 60%～70%的传统农业国却大多粮食不足甚至不能温饱。我国也只是近几年刚刚基本解决温饱,可出口的农产品不多且常因质量差或污染而受到限制。实践表明,传统农业国的农业生态环境危机除耗能较少外,都要比发达国家的现代农业严重得多,有什么理由说人家是没有出路的石油农业,而落后的传统农业倒是有机农业,可以不经过农业的工业化而直接过渡到所谓生态农业呢?

如果以农产品生物能输出与机械能投入的比值作为指标的话,那么,越是原始的农业,比值越大;而越是现代农业,越是高层次、深加工,则比值越小。用易开采、低成本的化石能源换取人类使用价值大的农产品是值得的。一般来说,人均耗能量是反映一国经济发展水

* 本文原载于《北京农业参考》1986 年第 9 期。

平和生活水平的重要指标。污染和其他生态问题应发展相应的环境科技来解决，而不应因噎废食。

关于能源的前景也不像20世纪60—70年代时那么悲观了，节能技术和新能源开发都有了很大进展。从长远来看，应大力开发水电、沼气和太阳能等无污染的可更新能源，但其建设投资也是相当大的。最好是充分利用廉价化石能源的开发积聚财力和赢得时间，为新能源的开发和取代创造条件。但无论如何在可设想的将来，单纯依靠生物能源是不现实的。

2 生态农业概念及有无发展前景

关于生态农业，Kiley的提法是有代表性的，即建立和维持一个生态上自我维持、低输入、经济上有生命力的小型农业生产系统。Merrill更认为农业应是一个生物的活系统，而不是一个技术或工业的系统。

事实上，农业生产是经济再生产和自然再生产的交叉，农业生产系统既是一个农业生态系统，又是一个农业经济系统。同是农业系统，有生态结构与功能优劣、经济效率与技术水平高低之分，却不存在什么生态与非生态、经济与非经济、技术与非技术之分。所以，生态农业不像现代化农业、灌溉农业、集约农业等概念有着清晰的内涵。对于Kiley等主张的小规模自我维持的生态农场，正如著名农业系统工程专家Spedding所指出的，必然导致生活水准的降低。“我们没有理由要回过头去做苦工，而宁愿改进工具和手段，使我们的工作更简便、迅速和轻松，用同样的动力干更多的活。”即以Kiley所举的英国东南部一个13.6 hm^2 的生态农场为例，人均年收入仅500～600英镑，只相当于英国低薪工人的月薪，恐怕很难找到愿意经营这类农场的傻瓜。在西方，这类生态农场的存在也主要是供科研实验之用，在社会上没有大的影响，很少有人赞同以此作为西方农业的发展方向。

在我国，除西方某些学者提出的生态农业论的影响外，还有人提出生态农业是以生态学理论为指导而建立起来的一种新型农业生产模式。这种提法不像前一提法那么极端，包含了更多的合理成分，因而更易于被人们所接受。但既然农业生产包括经济与生态两个子系统，就不能把农业现代化说成仅仅是建立生态农业。现代化农业应该是开放式的商品经济，决不能实行小规模的自我维持经济，而应是与现代工业密切结合，工业化了的农业。在英语中Agriculture可看成是Industry(工业)的一个部门。现代化的核心是高度的劳动生产率，这正是新社会能战胜旧社会的根本所在。对于人多地少的我国，土地生产率也很重要，但这是不能与劳动生产率的重要性并列的。我国东南沿海的一些地区20世纪70年代粮食亩产已达到750 kg以上，但仍吃红薯稀饭不得温饱，而亩产不高的加、澳等国的农业，我们不能不承认是现代化的。对于中国，八亿农民搞饭吃是永远摆脱不了贫困的，吃饱都不易，更不能吃好。只有改革农村经济体制，发展农村各业，实现农业技术改造，逐步做到一两千万农民搞饭吃，才能真正富起来，包括吃好，这是历史的辩证法。把生态农业说成是现代农业化的核心内容和最终目的，无疑是抽去了农业现代化中十分丰富的社会经济内容，容易使人忽视提高劳动生产率这个根本问题，是不利于农村经济结构改造和农业技术体系的改造的。

3　必须加强农业生态的研究

我们反对把生态农业摆到不恰当的位置，并不是说农业生态学不应予以重视。相反，目前我国农业中（许多发展中国家也是如此）所面临的生态问题，如水土流失、农产品污染、水资源危机等要比发达国家的现代农业严重得多，而我国目前对于农业生态学的研究还刚刚开始，往往带有一些自然生态学的痕迹，而与现代农业经济学的结合不足。提法上是否可考虑建立“良性农业生态”。脱离现代化工业去建立所谓“生态农业”只能是倒退，要解决现存的农业生态危机，也必须与现代化工业、现代化科技相结合。

注：针对当时国内外部分学者反对增加农业投入，把“生态农业”说成是小规模自我维持农业系统和中国农业的发展方向，实际是向传统农业倒退的倾向提出了批评，对北京农业发展适度规模经营和加速农业现代化进程起到一定的促进作用，在学术界也产生了一定影响（参见附件《关于“生态农业”的不同观点》），但当时对全球气候变化的影响估计不足。后来考虑到国内生态农业研究领域的主流已经抛弃了“小规模自我维持”的主张，并不反对适度增加物质投入，在实践中已经消除分歧，本所从事农业生态研究的工作也已取得显著成效，不必再拘泥于“生态农业”这个名词如何正确解释，本文没有向公开刊物投稿。

附件：关于“生态农业”的不同观点①

1　一种观点认为“生态农业”是我国农业现代化的“主要目标”、“核心内容”，是“具有自己特色的新路”、“新型的农业”。

1.1　生态农业是符合我国国情的新型农业

我国农业将走一条具有自己特色的新路。这就是在发展农业生产的同时，建设高效的生态系统和优美的生活环境，建设一个符合我国国情的新型的农业——生态农业。

1.2　生态农业是实现农业现代化的发展方向

在我国应把建设生态农业作为发展农村商品经济、实现农业现代化的发展方向。建设生态农业的目标是：生产上的良性循环，产品不断丰富，生态环境优美。而这正是农业现代化所要求的主要目标，所以生态农业与农业现代化是一致的。前者正是后者的核心内容。

1.3　生态农业的重要途径和作用

（1）生态农业不仅包含农、林、牧、副、渔各业，而且可容纳多种产业，这就利于对本地资源实行循环利用，不断开发新产品，增加多种产品的产出和效益，促使整个农村经济走向全面繁荣。

（2）建设生态农业，将使我国传统农业跳过石油农业的单一生态系统，直接向综合化的生态系统发展，这就可少走许多弯路，避免不少浪费和损失，加速农业现代化进程。

（3）生态农业的生物再循环系统，其中包含将有机废物转化为能源产品，这样，既可从有机废物中提取沼气之类的气体燃料，也可制取酒精及其他液体燃料来代替石油制品，从而为解决我国农村能源问题开辟了新的途径。

（4）生态农业的纵深发展，还可把农业多余劳动力转到以有机废物为原料和动力的复合生物

① 转自“全国农村发展研究工作座谈会参考资料”。

产业及其相关的加工、服务等行业中来，开展综合经营。

(5)生态农业通过不断集约化的生物再循环系统，使动态平衡保持最佳水平，从而把整个农村的生产和生活纳入良性循环的轨道，使土地越种越肥，各种资源得到充分利用，从而保证农业生产和农村经济持续、稳定、协调地发展。

(6)生态农业对有机废物实行循环利用，在生物产品和能源产品的生产中实现无废物化，可以消除污染源，使资源得到充分利用。它是综合解决农村目前面临的环境、资源和发展问题的一个重要途径，也是综合整治国土的一个有效途径。

2　另一种观点不赞成把农业现代化说成是“建立生态农业”

2.1　“生态农业”的概念没有清楚的内涵

农业生产是经济再生产和自然再生产的交叉，农业生产系统既是一个农业生态系统又是一个农业经济系统。同是农业系统，有生态结构与功能优劣、经济效率与技术水平高低之分，却不存在什么生态与非生态、经济与非经济、技术与非技术之分，所以生态农业的概念不像现代化农业、集约农业、灌溉农业等概念有着清晰的内涵。

2.2　如果把生态农业说成是中国式农业现代化的核心内容，等于抽去了丰富的社会经济内容

既然农业生产包括经济与生态两个子系统，就不能把农业现代化说成仅仅是建立生态农业。现代化农业应该是开放式的商品经济，决不能实行小规模的自我维持经济，是与现代工业密切结合的工业化了的农业。现代化的核心是高度的劳动生产率，这正是新社会能战胜旧社会的根本所在。对于人多地少的我国，土地生产率也很重要，但这是不能与劳动生产率的重要性并列的。

把生态农业说成是中国式农业现代化的核心内容和最终目的，无疑是抽去了农业现代化中十分丰富的社会经济内容，容易使人忽视提高劳动生产率这个根本问题，是不利于农村经济结构调整和农业技术体系的改造。

2.3　发达国家的现代化农业并非单纯石油农业

主张生态农业的一个主要根据是认为目前发达国家的农业是石油农业，已经没有出路。根据世界各国农业的情况看，这是不符合事实的。如英国机械能投入高于我国，是实现高度劳动生产率(约为我国 160 倍)所必需的，而且主要用于生产资料的生产和产后加工业，田间机械作业次数低于我国已初步实现农业机械化的地区，每亩耗电只有北京郊区的 37%。由于农牧结合和实行轮作，土壤有机质含量高，化肥用量远低于我国的农业高产地区，农业生态环境保护和治理也比我国好。战后英国农业耗能确有大幅度增长，但农业总产值也同步增长，单位农业产值能基本不变，劳动生产率大幅度提高。众所周知，目前世界上农产品的主要出口国都是农业人口只占有百分之几的发达工业国家，不仅是地广人稀的美、加、澳等，而且国土相对狭小的荷、丹、法等国通过发展技术密集型农业，也成为重要的农业出口国，就连战前主要依赖殖民地农业的英国，现在主要农产品已基本自给，农业总产值按人口平均约为我国的 5 倍。而农业人口占 60%～70% 的传统农业国却大多粮食不足甚至不得温饱。实践表明，传统农业国的农业生态环境危机除耗能较少外都要比发达国家的现代农业严重得多，有什么理由说人家是没有出路的石油农业，而落后的传统农业、有机农业可以不经过农业的工业化而直接过渡成所谓生态农业呢?

如果以农产品生物能输出与机械能投入的比值作为指标的话，那么，越是原始的农业，比值越大；而越是现代农业、越是高层次深加工，则比值越小。用易开采低成本的化石能源换取对人类使用价值大的农产品是值得的。一般来说，人均耗能量是反映一国经济发展水平和生活水平的重要指标。污染和其他生态问题应发展相应的环境科技来解决，而不应因噎废食。

关于能源的前景也不像 20 世纪 60—70 年代时那么悲观了，节能技术和新能源开发都有了很

大进展。从长远来说，应大力开发水电、沼气和太阳能等无污染的可更新能源，但其建设投资也是相当大的。最好是充分利用廉价化石能源的开发积聚财力和赢得时间，为新能源的开发取代创造条件。但无论如何在可设想的将来，单纯依靠生物能源是不现实的。

2.4 不宜把“生态农业”扩大为“整个农业的普遍模式”

如果把“生态农业”这些口号扩大为整个农业的普遍模式或决策，则往往会带来相反的效果。在现代化农业中排除现代化技术手段(化肥、机械等)，对农业系统不加入人工辅助能量与物质，那么农业只能回到低生产力的原始农业状态去。旧中国长时期实行没有无机能投入的“有机农业”，到 1949 年粮食亩产只有 68.5 kg，美国 1920 年前也是“有机农业”，当时小麦亩产只有 40 kg、玉米 100 kg。

农业现代化与农业生态优化*

郑大玮

（北京市农林科学院，北京　100097）

发达国家的农业虽已现代化，但仍面临着资源与环境等问题，十几年来先后出现了“有机农业”、“生态农业”、“生物动力农业”、“再生农业”、“替代农业”、“持久农业”等不同学说。中国的农业向何处去，近年来国内也提出了各种模式和“生态农业”、“庭院经济”、“立体农业”、“精久农业”等理论。国内外的种种学说观点不同，但矛盾焦点却都是在于农业现代化与农业生态优化的关系，本文拟就此问题进行讨论。

1　关于农业的现代化

过去对农业现代化狭窄地理解成就是实现机械化、电气化、化学化等，现在一般都认为应是以现代科技和现代工业装备农业，用现代管理科学经营农业，达到高度的专业化、社会化、商品化。农业现代化最根本的标志应是高度的劳动生产率。单从土地产出率看东南沿海有些农村早已出现粮食亩产 1000 kg，但人多地少生活水平低下，根本谈不上现代化。

所谓中国式的农业现代化道路，不应也不可能背离世界各国实现农业现代化的一些共同规律，必须从传统农业的劳动密集型转向现代农业的能量与技术密集型，必须通过扩大经营规模和专业化生产实现农业的商品化、社会化和劳动生产率的大幅度提高，并且促进农村的城镇化和工业化。所不同的是要结合中国的特殊国情，主要可归结到起点低和人均自然资源贫乏这两点。因而中国从传统农业向现代农业过渡将是十分艰巨和长期的。如能正确认识国情，依靠现代科技，注意充分发挥社会主义制度的优越性和相对和平的有利国际环境，这一过渡是可以加快的。

2　现代农业生态系统的基本特征

农业是一种人工生态系统，人工辅助能的投入打断了自然生态系统从初始态向封闭稳定的顶极态的演替过程，而变为主要随着整个社会经济的发展而由低级、封闭的形态向高

* 本文原载于《北京农业科学》1990 年增刊。

级、开放的形态演替(表1)。

原始农业在西南边疆尚存,生产力极低且严重破坏生态。传统农业在我国已延续数千年,劳动密集、精耕细作使土地生产率一直处于世界较高水平,但商品率很低,生活贫困。现代农业即目前发达国家中的能量密集型农业,有人称之为“常规农业”或“石油农业”,是现代工业发展的必然结果,从生态系统角度看具有以下特征:①高度的开放性。②系统的稳定依赖于大量人工辅助能。③由于生产目的多样化和专业化分工,系统的宏观结构更为复杂,但微观结构都由于生物种群和生产环节的减少而更加简单了。④具有高度的物质能量转化效率。⑤系统具有自我发展的能力。

表1 农业系统的演替及生态特征

类 型	经济特征	技术路线	人工辅助能	生态平衡和系统进化
原始农业	集体劳动勉强自给	刀耕火种掠夺式经营	人力	靠抛荒轮作恢复平衡
传统农业	自给自足小农经济	手工劳动、精耕细作	人畜力和简单农具	封闭式平衡,系统稳定进化慢,慢性恶性循环
现代农业	集约化、专业化、商品经济	现代农业生物技术、农业工程技术	化石能、机械能投入为主	开放式平衡走向良性循环,进化加速但稳定性下降
未来农业	高度发达的商品经济或产品经济	高新农业生物技术和电子机械技术结合	机械能投入但更加节能高效,可更新	适度开放,高效与稳定相协调,保持良性循环持久发展

现代农业存在的主要隐患是化石能源的有限性,其实这更是整个现代工业社会的危机,因为各发达国家的农业耗能只占全社会的1%~4%(我国1987年为5.2%)。但这不是不能解决的,核能、地热、太阳能、水力等无污染或可再生能源正在迅速开发中,节能技术也在发展。

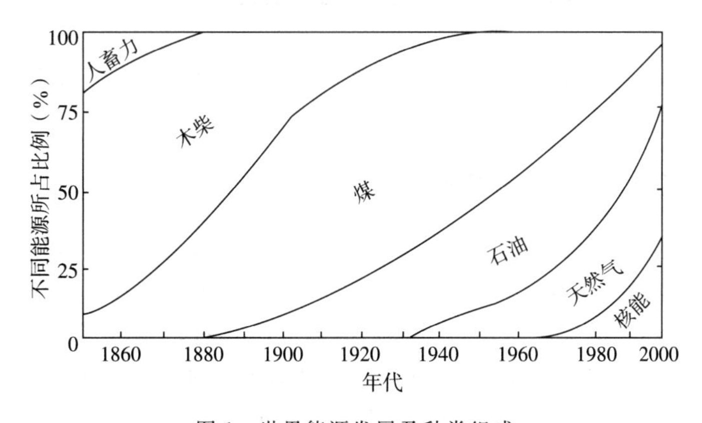

图1 世界能源发展及种类组成

近年来国内有一种思潮,闭眼不看传统农业与现代农业之间巨大的技术差距,仅抓住现代农业的能量密集这一特征,对石油农业的弊病进行夸大和全盘否定式的批判。说石油农业已经走进死胡同，是山穷水尽了。这是不符合事实的。实际上现在仍停留在传统农业的国家，大多生态危机往往要更严重些。从图 2 可以看出，农业人口比例越大往往农产品社会人均占有量越低，而占领世界农产品市场的发达国家农业人口都不过百分之几。从生态危机看。诸如人口膨胀、水土流失、肥力下降、森林滥伐、草原沙化、野生生物资源濒危等无一不是以传统农业国为严重，即使就工业环境污染而言也是以刚开始工业化的发展中国家最严重，而发达国家的生态环境已有明显改善则是众所周知的。

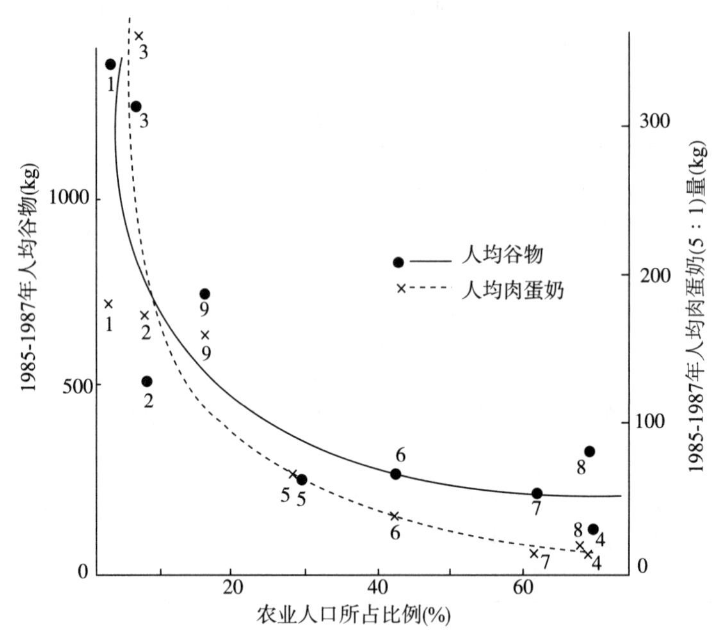

图 2 1985—1987 年世界各地区人均农产品社会占有量与 1987 年农业人口比例的关系

（1. 北美；2. 西欧；2. 大洋洲；4. 非洲；5. 拉美；6. 中东；7. 东亚南亚发展中国家；8. 亚洲社会主义国家；9. 苏联）[3]

3 农业现代化进程中的农业生态问题

我国大部分地区正开始从传统农业向现代农业过渡，既存在传统农业造成的生态恶果，又面临现代化进程中新出现的生态问题。从总体上看前一类生态问题要严重得多。

3.1 人口超载，人均自然资源贫乏

我国的传统农业及其观念意识都是鼓励生育的，以占世界 7％的耕地养活占世界 22％的人口固然是了不起的成就，除了政策的威力外，首先还应归功于现代农业技术的推广和物质或人工辅助能投入的增加。但在付出艰巨劳动之后也只是刚刚维持温饱。由于人口太多，至今人均粮食占有量仍大大低于汉唐盛世。值得注意的是越是商品经济不发达传统农业未得到改造的地区人口越是盲目增长，正在导致灾难性恶果。

表 2　我国和世界人均农业自然资源比较

资源人均量	土地面积(亩)	耕地(亩)	草地(亩)	林地(亩)	地表径流(m^3)
中国人均(1986 年)	13.53	2.0	5.66	1.73	2581
世界人均(20 世纪 80 年代初)	45.20	4.7	10.40	13.60	10380

3.2　农林牧严重失调，土壤贫瘠

由于生产目的主要是为了维持生存，种植业特别是粮食的比重很大，畜牧业和林业比重较低。土壤有机质含量大部农田不足 1%，居世界低水平之列。近年来又出现忽视投入倾向，土地肥力在继续下降。

3.3　水土流失严重

这主要是几千年来盲目垦殖造成的，目前还在发展。

3.4　农村能源紧张

不少地区将秸秆全部用作烧柴，青黄不接之际仍有断炊之虞，更谈不上发展其他农业。这些生态危机的克服离开对传统农业的技术改造是不可能的。

3.5　向现代农业过渡中出现了一些新的农业生态问题

①随着农村非农产业发展，由于比较经济效益差而出现农业特别是种植业萎缩，导致农业生态结构的失调。②农业环境污染加重，除农药和工业污水外，城郊大型畜牧场的水污染也值得注意。③农业自然资源特别是人均水资源和土地资源迅速下降。④农业耗能迅速增加。

这些问题的解决不能采取向传统农业倒退的做法，恰恰要靠现代科技和整个社会经济的发展进一步推进农业的现代化来解决。

4　农业的现代化与农业生态的优化

解决农业生态问题的途径，一种观点是否定现代农业，主张实行“有机农业”、“生态农业”、“生物动力农业”等，运用生态技术解决；另一种观点是推进农业现代化，综合运用现代科技包括农业生态技术，向着节能高效、资源可更新和生态环境优化的方向发展。我们认为后一种提法比较科学和现实可行。

“有机农业”对化学合成物的投入一概持否定态度。其实越来越多的无污染低毒低残留化学品不断问世。在商品化的农业系统中单靠有机投入是不足以弥补输出损失。“生物动力农业”主张将化工石油能代之以生物能，个别人甚至提出将中国的农业机械化建立在生物能利用的基础上以“跨越石油农业”。只要计算一下单位面积可能固定的生物能及转化为机械能的效率和现代农业所需投入的辅助能，就可知这是不可能的。

至于“生态农业”国内外有种种解释，英国的 Kiley Worthington 认为是“自我维持的小型农业生产系统”，这无疑是向传统农业倒退。国外虽有一批生态农场，但大多用作试验研

究，因其经济效益低劳动条件差在生产上推不开。国内则有人把生态农业说成是我国农业现代化的主要目标和核心内容，提出农业现代化等于生态农业加农业系统工程，这无疑抽去了农业现代化丰富的社会经济内容，不利于农村的产业结构调整和技术体系改造。

我国大多数生态农业提倡者现已不再坚持上述提法，也并不否定必要的物质投入，但大多仍对传统农业的严重生态恶果重视不够，而对现代农业或石油农业作夸大的批判，对现代农业的历史必然性估计不足。能量密集是现代农业的重要特征和不可逾越的过程，全盘否定石油农业必然导致否定农业的现代化，实际上近几年这股自然农业思潮客观上已起到了影响农业投入的消极作用。

应该指出，我国绝大多数生态农业工作者在提高农业系统物质能量转化效率改良农业生态结构方面做了不少有益的探索，提出了一些有意义的模式。但毕竟“生态农业”的提法缺乏清晰的内涵，作为农业发展导向的口号提出是欠妥的。如将这些有益的工作称为农业生态工程或生态优化技术，作为农业现代进程中的一个侧面可能要更恰当些。

农业生态工程即应用农业生态学原理结合系统工程的最优化方法设计分层多级利用物质能量的生产工艺，“立体农业”和“庭院经济”中就包含了一些生态工程，需要注意的是：

(1)经济效益、社会效益和生态效益的统一。间作套种立体种植和庭院经济往往适合小规模经济，在农业劳动力较少的发达地区因费工难以推广，而且并非间套作都能增产。如北京地地区的三种三收已被更易于机械化和更高产的两茬平作取代，富裕地区现在讲求的是庭院美化而不是庭院小庄园的经营。对庭院经济如不注意限制还可能导致耕地的剧减。

(2)食物网络中分层利用物能要注意转化效率，任意加环加链往往得不偿失，只有在存在多余废弃物又易于转化经济效益高的节点上加才能取得好的效果。

(3)现代农业是开放系统，要求一切平衡在系统内实现是不可能的，只能在开放中求得客观的动态平衡。

(4)农业生态优化需要综合运用现代科技，单靠生态技术并不能解决一切生态问题。

(5)农业现代化与农业生态优化是一致的，农业现代化水平越高，就越充分具备优化农业生态的物质条件和技术力量。

5 走中国式集约化持久农业的道路

人类对自然的认识经历了反复螺旋上升的过程，在古代由于不认识自然规律感到受自然主宰而产生宗教迷信。近代则迷信机械力或夸大主观能动性以为可以任意改造自然，结果加剧了生态危机。现代生态学的兴起使人们认识到人既是生态系统中的主导，又是依存于整个生态系统的一个单元。在反思中也出现过向传统农业倒退的自然主义思潮，所谓“小规模自我维持的生态农业”即是一例。现在越来越多的有识之士认识到农业的现代化与农业生态的优化是应该而且能够统一的，“持久农业”或“精久农业”的提出，就是要在现在农业的基础上实行技术和能量密集，综合运用现代高新技术确保农业生态的不断优化和农业的持续稳定发展。

由于中国资源强烈约束和农业生态基础十分脆弱的特殊国情，“持久农业”的提出有着特别重要的意义。走中国式集约化持久农业道路，当前要注意以下几点：

(1)目前我国农业上主要的问题是投入不足不是过量。由于人多地少多灾肥力低，又要求较高复种指数，加上农用工业产品质量不高，经营规模小，农业系统的转化效率难以在短期内达到发达国家的水平。如1982年我国每千卡热量粮食生产耗能已比美国1975年高出24%，这主要是传统农业几千年来生态恶化的苦果。应当看到无机投入的积极作用远大于其消极作用，通过增加投入提高单产，再利用多余产品或秸秆发展畜牧业或还田提高土壤肥力。这种有机与无机相结合，以无机带有机的战略能形成良性循环。有的同志提出要搞好石油农业的补课，这是不无道理的。

(2)必须十分珍惜农业自然资源和生物资源，推广“无废弃物农业”，建立适合中国国情的食物结构，指导合理适度的消费。

(3)充分发挥集体经济的优越性和家庭承包的积极性。由于中国人均资源不足，如果像西方那样主要通过家庭农场来实现规模经营和现代化，必然发生农业萎缩，大量农民失业盲目进城和贫富悬殊。中国目前的家庭承包责任制虽然和独立核算的家庭农场不同，但有些地方片面理解中央政策，在执行中实际上削弱甚至瓦解了集体经济，农业后劲不足，生态恶化。如任其自流，这些地区将不会有光明的前景。北京郊区的窦店、南韩继等村依靠集体的力量创造条件实行适度规模经营，同时充分调动承包人的积极性。加速了农村经济发展，农业现代化已具雏形，生态环境也有改善。恢复和发展集体经济不是恢复三级所有的僵化体制。集体经济首先应当形成农业生产的社会化服务体系，同时要发展非农产业壮大农村经济，这也是为了更好地支持家庭承包者发展生产。

(4)因地制宜制定持久农业的发展战略。沿海可发展创汇农业。城郊和工业区附近已具备以工补农和劳动力转移到非农业的条件，这些经济较发达地区可通过适度规模经营推进专业化集约化，率先完成农业技术改造实行农业的初步现代化，同时注意解决宏观的生态平衡和生态优化。经济欠发达地区目前只能适度增加物能投入，推广技术密集和劳动密集的农业生态技术，提高自然资源的利用转化效率，重点放在微观的生态优化上。通过积聚经济实力，为将来实行适度规模经营和农业的全面技术改造创造条件。

参考文献

[1]The Physical Earth. Mitchell Beazley Encyclopaedias Ltd，1977.

[2]石山．生态农业与农业系统工程——发展我国农业的新探索.农业现代研究，1986(1).

[3]联合国粮农组织．1987年生产年鉴．

[4]邓宏海．我们可以跳过石油农业吗？百科知识，1975(3)：7-11.

[5]张壬午．生态农业及有关农业技术．北京：农业出版社，1983.

[6]马世骏，李松华．中国的农业生态工程．北京：科学出版社，1987.

[7]程序．世界持久性农业思潮．世界农业，1989(5)：26-28.

[8]刘巽浩．中国农业现代化与精久农业．农业现代化研究，1990，(1)：5-9.

[9]程序．论中国农业资源的高效利用和深度开发战略．中国农业科学，1989，(3)：3-8.

[10]闻大中．论我国农业生态系统的“石油化”及其改善．中国生态农业．北京：中国展望出版社，1988，240.

食物发展问题和蔬菜生产的发展战略*

郑大玮
（北京市农林科学院，北京 100097）

1 蔬菜在食物发展战略中的地位

蔬菜是人类主要食物之一。人们的食物结构和营养水平取决于社会生产和文明发展水平。在传统农业占支配地位，温饱问题尚未解决时，人们的食物结构单一，营养不良，农区以粮食生产为主，目的是补充维持生命所必需的生物能，其他食物一概称为副食品，比重较小。步入小康社会后对食物消费特别是动物蛋白的需求激增。从图1可以看出随人均国民生产总值提高，日耗食物能和动物食品能增加，约在GNP 1万美元左右达最大，动物食品能可占食物能量的40%。这一消费水平已超过人类健康所需，反而带来肥胖症、心血管病等一系列“富贵病”。因此在社会文明进一步发展，GNP继续提高时，食物能耗反而下降，其中动物食品能耗显著下降，所占比重为25%～30%。

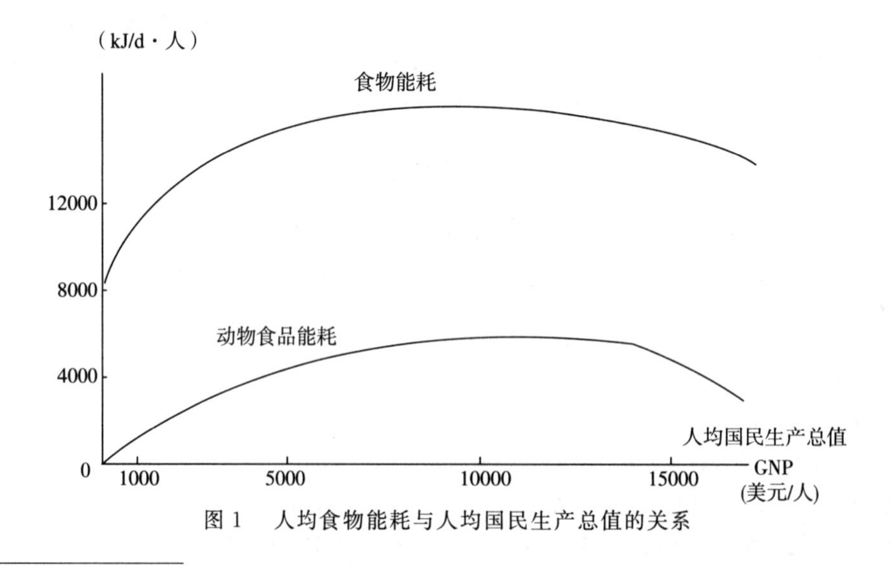

图1 人均食物能耗与人均国民生产总值的关系

* 原载于中国科协编“中国食物分区发展问题探讨”《中国食物分区发展学术研讨会论文集》，由中国科学技术出版社1990年出版。

植物食品能耗在1000美元即小康水平以上变化不大，但其中谷物消费水平下降，蔬菜水果消费增加，从表1可以看出近20年来世界人均蔬菜和瓜类产量持续增加，其中发达国家人均产量约为发展中国家的2倍，考虑到发达国家从发展中国家的蔬菜进口一直在增加，在消费水平上的差异要比产量水平上的差异更大。

表1　世界人均蔬菜和瓜类产量　　单位：kg/(人・d)

年份	1970年	1975年	1980年	1985年
世界平均	71.6	76.7	79.1	83.2
发达国家	112.6	115.5	118.6	125.2
发展中国家	47.7	61.7	65.0	69.2

注：据联合国粮农组织1975—1987年各年年鉴统计数据推算

蔬菜的营养作用包括提供维生素、矿物质、纤维素、维持人体酸碱平衡及补充部分植物蛋白和食物能，其中前4种作用是目前其他食物难以取代的。蔬菜还有丰富食物风味的作用，从而提高了对其他食物的消化吸收能力。

食物结构与政策导向有很大关系，日本、新加坡在达到较高人均国民生产总值时动物食品消费远低于西方水平，却更好地满足了人民的营养需求。许多国家在从小康到富裕的过程中出现过的对食物特别是动物食品的过量消费不是不可避免的。

我国蔬菜消费量估计高于发展中国家平均水平，其中城镇人口消费人均量已接近发达国家的水平，但在质量和周年均衡程度上差距仍较大。在生活贫困时，蔬菜除帮助下饭外还补充一部分食物能，如3年困难时期的“瓜菜代”。随着生活水平的提高，蔬菜消费量也增加，蔬菜的主要作用也改变为补充多种营养和丰富食物风味。从图2可以看出北京市近30年来低档大路菜（大白菜、小白菜、油菜、菠菜、马铃薯、各种萝卜、胡萝卜、南瓜、葱头、芥蓝等）的比例一直在下降，细菜的比例在上升。近年来人均日消费量虽稳定在0.5 kg多的水平，但质量要求却大大提高了。

我国进入20世纪80年代以来随着人民温饱问题的基本解决，人们开始追求和讲究营养，从表2可以看出近10年来蔬菜播种面积在不断扩大。可以预料，蔬菜生产在农业生产中的地位和蔬菜在食物结构中的地位今后会继续提高。

表2　我国蔬菜播种面积和所占作物播种总面积比例

年份	1978年	1979年	1980年	1981年	1982年	1983年	1984年	1985年	1986年	1987年
蔬菜播种面积（万亩）	4496	4844	4743	5172	5831	6153	6480	7130	7956	8359
占作物播种面积（%）	2.2	2.2	2.2	2.4	2.7	2.7	3.0	3.3	3.7	3.8

图 2　北京市历年人均日食菜量和大路菜所占比例的变化

2　目前蔬菜生产和供应中存在的问题

2.1　淡季问题

蔬菜供应淡旺季不均是我国各地蔬菜生产上的普遍问题，从图 3 可以看出北方城市蔬菜本地收购量的淡旺季变化要比南方城市大得多。有时蔬菜上市的绝对量并不太少，但品种单调品质较差，也被认为是淡季，如北京 8、9 月时日均上市可达到人均 0.5 kg 左右，但其中马铃薯、洋葱、南瓜和快熟叶菜比重较大，受欢迎的瓜果类比 6、7 月显著下降，习惯上仍被认为是淡季。

淡季成因有自然条件的原因，也有社会经济条件和栽培方式上的原因，但无可否认，气候是主要原因。

蔬菜对环境气象条件较为敏感，大多数蔬菜要求适中和充足的土壤水分，在干旱的北方可通过灌溉补充水分，但在北方的雨季和南方多雨也可成为限制因素。按对温度的要求，大多数蔬菜属于耐寒蔬菜和喜温蔬菜两大类，耐寒蔬菜生长适温为 10～20 ℃，5 ℃以下生长缓慢；喜温蔬菜生长适温为 15～25 ℃，25 ℃以上除瓜类和少数豆类外易受高温抑制同化作用减弱或早衰。因此，我们可从把空气平均温度 5～25 ℃看作宜菜期，由于我国季风气候雨热同季的特征，高温与暴雨危害时期大体是重叠的。世界上著名的蔬菜生产基地如美国加州、欧洲的荷兰和保加利亚都具有全年气候温和降水均匀的特点，从图 4 可以看出，其适于蔬菜生长的季节都长达 8 个月以上。

我国由于季风气候冬冷夏热，北方冬季非宜菜期比夏季非宜菜期长，南方则反之。华南冬季恰恰是宜菜期，夏季非宜菜期则特别长，高寒地区则冬季非宜菜期很长，夏季是适宜生长期。从图 3 可以看出我国各地都存在蔬菜供应淡旺不均问题，其中高纬度高海拔地区冬春为一大淡季，冬季上市量几乎为零。华北、华中、江南均有春秋两淡季，初夏和冬季则为旺季。华南冬季为旺季，夏秋为大淡季。但总的看来，北方城市蔬菜供应的季节差异较南方城市大，这是因为南方夏季总还可以生产一些耐热菜和水生菜，而北方冬季露地则完全不能进行生产。

由于刚进入宜菜期，蔬菜只是刚播种或移栽不久，而宜菜期结束后又正是前茬菜大量上市之际，因此实际市场供应的淡旺季分别要比非宜菜期和宜菜期滞后一个月出现。

灾害发生年份淡季可加重，如北京市 1979 年大白菜砍收期遭受严重冻害死亡 8 成以上，使 1980 年 4 月上市量剧降，1980 年又遇春寒，早春风障菜上市推迟，直到 5 月中市场供应才好转。夏季雨季来得早雨量大的年份，则秋淡季来得早菜荒更严重。

栽培制度也与淡季形成有关，北方为腾茬种大白菜，多数喜温果菜在 7 月底拉秧，造成北京市 8 月初果菜集中上市，8 月中则形成供应的低谷。由于夏播果菜产量低不稳定，农民不愿种，茬口单一，也加重了市场供应的不均匀，栽培制度的影响看起来是人为原因，但一地栽培制度的形成是适应当地气候的条件多年演变的结果，归根到底仍然是气候条件造成的。因此，在我国的气候条件下完全立足于本地生产，要根本解决淡旺季供应不均的问题是不可能的。

我国交通运输不发达，缺乏贮藏加工设备，也使得对淡季供应缺乏有效的调剂控制手段。

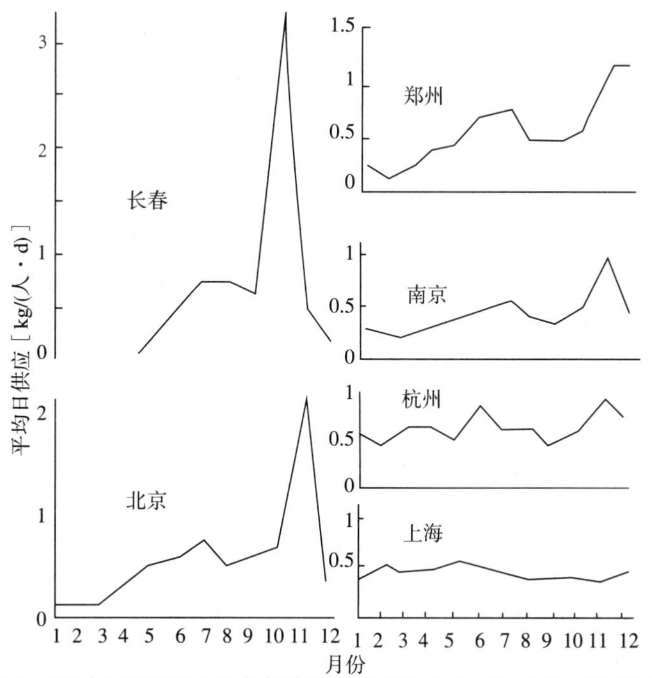

图 3　不同地区蔬菜本地日供应量的季节变化(1978—1981 年平均)

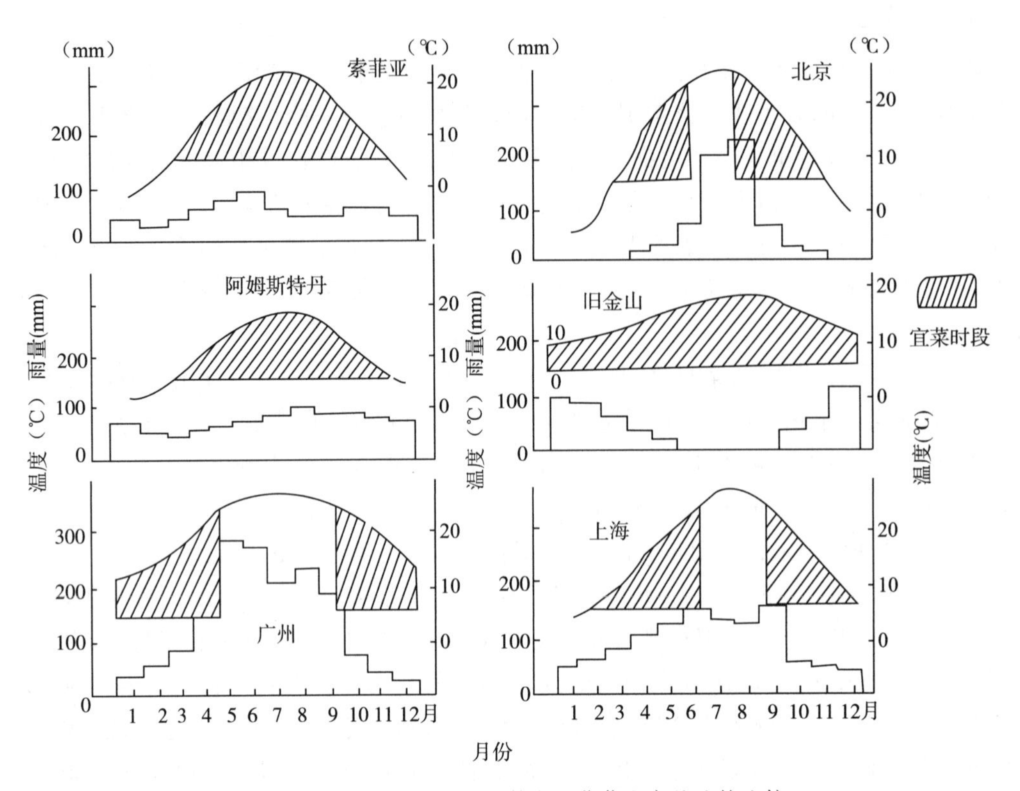

图4 我国各地宜菜期与国外主要蔬菜生产基地的比较

2.2 农村经济搞活后蔬菜生产和供应中出现的新问题

20世纪70年代以前靠行政手段动员城郊农民扩种,保淡季蔬菜和冬季温室生产,在经济上往往得不偿失。在实行承包责任制后已不可能再继续下去了,农民总是选择高产且风险小的茬口种植。在一定程度上影响了淡季供应。城郊工业和其他产业发展起来后,蔬菜生产比较经济效益下降,加上近年来农业生产资料涨价过猛,导致近郊菜农生产积极性下降,蔬菜生产萎缩,不少菜田荒芜。为平抑物价,国家对蔬菜经营予以补贴,北京市20世纪60—70年代初每年补贴数百万元,80年代初达数千万元,目前已达2亿多元,形成沉重的财政负担。城市越大,负担越重,与此同时,菜价仍逐年上涨,越来越超出低收入市民的承受能力。另外,随着城市人民生活水平的提高对蔬菜品种、质量和周年均衡供应的要求越来越高,现有生产水平和运输贮藏能力远不能满足需求。

2.3 城市发展给蔬菜生产带来的新问题

城市发展为蔬菜生产提供了市场、交通和生产资料等,但也带来了一些新问题。城市扩建占去大量的近郊老菜田,许多有经验的菜农转为居民,菜区向远郊转移,新菜田的水肥条件和新菜田的技术水平都比老菜区差得多,蔬菜单产不断下降。城市垃圾和工业废弃物还带来了菜田污染问题。

3　关于发展我国蔬菜生产的若干战略

3.1　蔬菜生产供应体系的演变方向

要实现发达国家那样在任何季节都有丰富多样价廉的蔬菜可供选购，必须用现代化工业和现代科技对传统的蔬菜生产进行改造，建立起现代化的蔬菜生产和供应体系。

在传统农业阶段，与自给自足的农业体系相适应，蔬菜是“就地生产、就地供应”，蔬菜淡旺季差异明显。在农村商品经济发展的初期如美国20世纪初、日本二战前都是“就近主产、就近供应”，仍然受地区气候条件限制，有淡旺季之别。随着农业生产的专业化、社会化和现代化，发达国家形成了全国乃至世界规模的蔬菜适应生产统筹供应体系，如美国是“集中生产、分散供应”，蔬菜生产集中在气候条件最有利的南部加利福尼亚、得克萨斯、佛罗里达各州，经产后处理和高速公路运输供应全国。日本则利用南北各地不同气候条件和发达的运输条件进行“分散生产、集中供应”中部城市和人口密集地区。西欧各国因领土狭小难以在本国实现周年生产供应，除在宜菜时期进行生产外冬春季从南欧、北非和中东进口，形成国际蔬菜生产供应体系。这种“适地生产、统筹供应”的体系充分利用了气候资源，实现了蔬菜生产的专业化和高效率，一个菜农可供应上百消费者，并实现了蔬菜的周年均衡供应，是世界各国蔬菜生产的发展方向。

我国在温饱问题解决之前一直实行的是“就地生产、就地供应”方式，随着农村商品经济的发展和人民生活水平的提高已不能适应需要。但我国工业交通和科技总体水平还不高，根据我国国情需要经过“就近生产为主、外埠调剂为辅”，建立地区性蔬菜淡季补给生产基地到最终建立布局合理的全国性适地种植蔬菜基地等几个不同发展阶段。

3.2　在就近或就地生产条件下改善淡季供应的措施

目前我国广大农村和小城镇的蔬菜仍然是就地生产就地供应，大中城市也仍以就近生产为主。通过排开播期，进行菜田建设提高抗灾能力，采用抗病抗灾品种，安排淡季快速生长菜生产，发展土法贮藏加工等，可以改善淡季供应，但只能适应较低的消费水平。

3.3　进一步实现周年供应的技术措施

在我国交通条件较差长途运输困难时，利用地区气候资料就近建立蔬菜淡季补给基地是较为可行的办法，如北京利用长城以北高寒地区，南方利用高海拔山区建立夏秋淡季蔬菜生产基地。

进行城市间淡旺季蔬菜调剂，如华北、华中、华南广大地区处于夏秋季时，哈尔滨、兰州、太原等城市仍处旺季。北方广大地区进入冬春淡季，江南、华南上市蔬菜却十分丰富，完全可以互通有无。

保护地虽然可在一定程度上调节控制小气候，但目前我国工农业产品剪刀差较大，还不具备像发达国家那样大规模发展保护地生产的条件，特别是北方冬季严寒，加上温室成本过高难以盈利。目前还有选择地发展如地膜覆盖、早春晚秋大棚覆盖,冬季温室只有选择冬季温和向阳多晴天的地区和具备地热和工厂余热资源的地区。

脱水蔬菜、速冻蔬菜和罐头、菜汁等限于国力目前尚不能大量发展,但应着手引进消化这类技术,并发展冷藏库。

采取上述措施后可基本适应小康生活水平的市场需求,基本实现周年均衡供应,但还不能达到发达国家那样全年供应充足、品种丰富、季节差价不大。

3.4 建立我国蔬菜适地种植周年均衡供应体系的设想

适地种植是蔬菜生产现代化的必然趋势,通过自然资源、社会经济资源和生产要素的最佳组合,实现高产、优质、周年均衡供应和最佳经济效益。我国各地都有一段适宜蔬菜生产的时期,由于我国人口多、面积大,凡能在当地发挥优势生产的仍应就近生产,需要建立的是淡季补给基地和解决品种余缺调剂。

(1)华南冬春果菜生产基地。北回归线以南地区温暖无冬,1月平均气温 15～20 ℃,正是果菜生产适宜季节,又无高温暴雨危害,生产成本低,可供应全国特别是春节的市场果菜。

(2)华南越冬叶菜生产基地。广东、广西、云南、福建、台湾等省区冬季基本无霜冻,1月平均气温仍在 10 ℃以上,适于耐寒叶菜生长,可补充东北、华北、西北冬季叶菜供应。

(3)长江流域越冬叶菜生产基地。长江流域冬季气温仍在 0 ℃以上,耐寒菜仍可在露地生产,在 3—5 月陆续上市,可补充东北、华北、西北的春淡季供应。但冬季严寒年产量不高。

(4)高寒地区夏淡季蔬菜生产基地。我国西北高寒地区降雨少、日照足,昼夜温差大,有利于养分积累。当内地广大地区处夏秋蔬菜淡季之际,这里均是旺季。其中比较适宜的地区有:①内蒙古东部可供应东北南部 8—9 月果菜。②坝上高原,可供应华北 8—9 月果菜。③坝下、晋中北、河套平原,可供应华北 8—9 月果菜。④河西走廊、银川平原,可供应黄河流域、长江流域和华南夏秋淡季果菜。

(5)中原冬季温室蔬菜生产基地。南方冬季多阴天采光效果差,北方则过于严寒保温效果不足,中原冬季气温接近 0 ℃,晴天较多。如选择山脉南麓向阳处和煤炭资源丰富处建立温室群可取得较好经济效益和生产出优质蔬菜供应北方。

(6)南方山地秋淡季生产基地。江南海拔 800 m 以上、华南 1000 m 以上山地利用其较低气温和较大的昼夜温差,可建立南方城市就近的秋淡季补给基地。

(7)名特蔬菜生产基地。如南方山区的竹笋、湖南邵阳金针菜、山东章丘大葱、宁夏和内蒙古的发菜、杭州西湖莲藕、四川涪陵榨菜等。

现阶段上述基地的建设规模还不可能很大,主要应补充各大城市的淡季。随着国民经济现代化水平的提高,这些基地的建设将会为我国实行蔬菜周年均衡供应打下基础。

3.5 蔬菜生产的现代化和适度规模经营

北京远郊粮区实行适度规模经营后粮食生产出现了新的飞跃,这给我们一个启发,蔬菜生产要摆脱萎缩也要靠现代技术改造和适度规模经营。目前我国蔬菜生产仍以手工劳动为

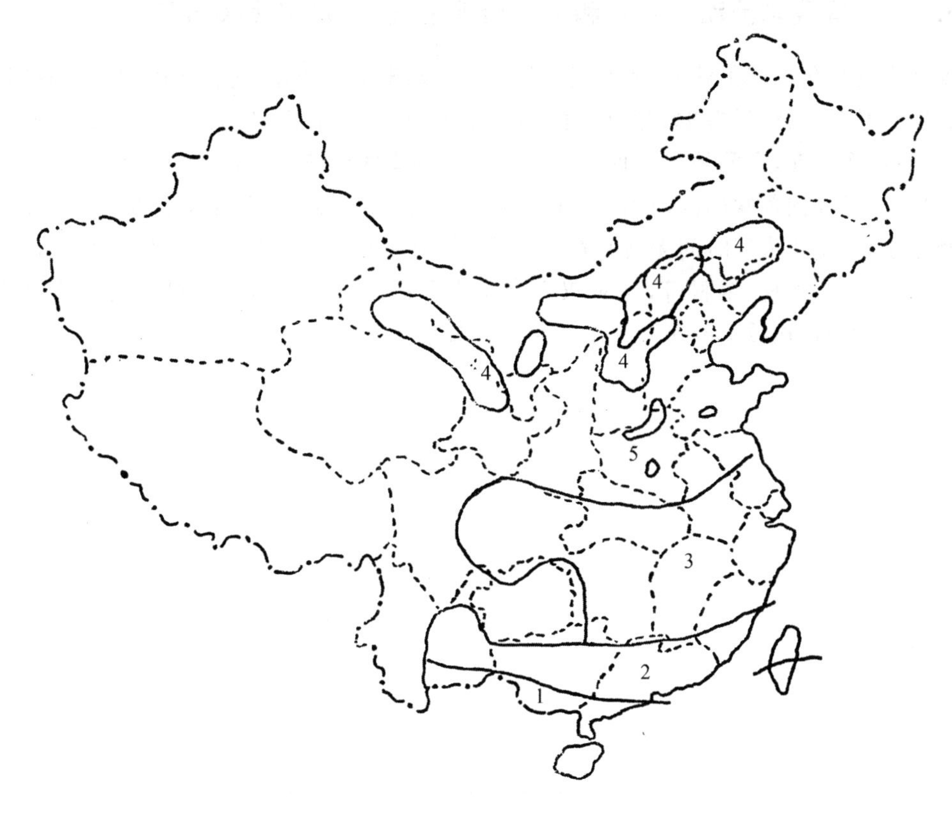

图 5 建立我国适地种植蔬菜淡季补给生产基地的布局设想

（1. 华南冬季果菜生产基地；2. 华南冬季叶菜生产基地；

3. 长江流域越冬叶菜生产基地；4. 高寒地区夏秋淡季蔬菜基地；

5. 中原冬季温室蔬菜生产基地）

主，地块细小，为了充分利用机械，应尽可能简化茬口和栽培，并实现区域化、专业化生产和全过程机械化。由于城郊具备必要的社会经济条件，目前的难点主要是在技术方面。

3.6 逐步放开蔬菜价格体系

20 世纪 70 年代以前靠统购包销维持菜价，实行承包责任制后靠合同订购和价格补贴来调节菜价，财政负担日益沉重，菜价却仍然持续增长。归根到底是由于蔬菜劳动生产率的增长慢于其他产业。鼓励远郊和外地种植蔬菜并开放市场可在一定程度上平抑菜价，但根本出路还是要建立专业化、区域化的蔬菜生产基地，扩大经营规模，进行技术改造，提高劳动生产率。在目前经营规模狭小时可先放开细菜价格，只对大路菜实行价格补贴，以保证人民的基本供应。在大路菜实现适度规模经营获得较高劳动生产率后，就可以进一步放开大路菜价格，将省下来的价格补贴用于灾年风险补贴和运输、包装、加工、贮藏及蔬菜科技方面的投资。

3.7 发挥我国劳动力密集和自然资源的优势，发展蔬菜出口

即使在现代化生产条件下，蔬菜仍然是较为劳动密集的产业，适合我国国情。我国地域辽阔，可利用丰富的气候资源，除供应国内城市外，还可争取出口创汇。一是面向日本、韩国、港澳台和东南亚，主要是利用我国在沿海劳力密集的优势，出口蔬菜以交换工业品和硬通货；另一个是面向苏联的西伯利亚、远东和蒙古，由于气候限制那里只能生产一季耐寒蔬菜到秋季上市，全年大部时间无新鲜蔬菜上市，我国北方是最有利的出口生产基地，可交换我国急需的小麦、木材、钢材等，这对双方都是有利的。为此必须加强对蔬菜采收包装、处理、加工、贮藏和运输技术的研究开发并在提高蔬菜品质上下大力气。

北京市的农业结构调整与无害化生产*

郑大玮
（中国农业大学资源与环境学院，北京　100094）

摘　要　北京将在21世纪建成国际一流现代化城市，作为子系统的郊区农业必须服从和服务于城市系统的总体功能。在新的形势下应对郊区农业重新定位，首先要为优化城市环境服务；其次要为发挥技术密集优势，发展优质高效农业，促进农村致富和城乡一体化服务；最后还应大力发展高新技术农业产业，建成中国特色现代化农业的橱窗。北京农业的发展规模不能超出资源承载力和环境容量。在经济全球化和国内经济市场化的背景下，郊区农业应调整结构，实行国际和国内的资源转换战略，发挥地区优势，大力发展技术密集型农业产业，特别是要按照无害化的要求和国内外市场需求来调整农业结构，严格控制占地多、高耗水和高污染的产业。
关键词　资源承载力；环境容量；农业结构调整；无害化生产

1　北京的城市功能与郊区农业的地位

1.1　21世纪北京的城市功能和发展前景

按照北京城市总体规划的要求，北京要充分发挥政治文化中心和历史文化名城的功能，到21世纪中叶应建成具有第一流水平的现代化国际城市。[1]

根据首都的特殊地位和资源、环境条件，北京市在21世纪前期应成为全国知识经济和高新技术产业中心，实现城乡一体化，并将带动环渤海地区形成新一轮的对外开放高潮。北京还应成为中国和亚洲最大的国际交流中心和旅游城市。

20世纪90年代以来北京市的国民经济发展迅速，首都特色经济的轮廓逐渐明朗，1998年第三产业比重已占56.6%；城市建设努力保持古都风貌，中心区建筑物高度得到控制，郊区加速城镇化；治理环境，还我碧水蓝天初见成效；山区水土流失有所控制，绿地面积增加；人均住房面积增加，生活水平提高，恩格尔系数下降到0.295，文化信息消费水平为全国最高。但另一方面，类似许多发展中国家出现的城市病也日益严重，如环境治理赶不上大气污染的扩展；城乡接合部绿化隔离带被严重蚕食；市区流动人口迅速增加，卫星城镇人口增长

* 本文原载于《北京农业科学》2000年增刊(《北京农业无害化生产科技对策研讨会论文集》)。

不快；重工业比重仍然偏大（1998 年占工业总产值 68.1%），知识产业在规划市区的发展受到有限空间的束缚；道路建设赶不上车辆增加，人均路面低于全国平均，事故频发；水资源形势仍在继续恶化；郊区农业结构调整难度大，山区仍然贫困；社区服务设施和精神文明建设滞后，面临即将到来的老龄社会的挑战。[2]

1.2 郊区在北京城市发展中的地位和作用

郊区作为城市系统的一部分，必须分担城市的若干功能。随着郊区农村的加速城市化，还将越来越多地发挥城市发展腹地的功能。估计在未来 20～30 年内，中心区的人口将有所减少，大部分居民将搬迁到中心区外围、边缘集团和远郊卫星城镇。远郊将兴起一批科学城、大学城和高新技术产业城，建成更多的旅游度假场所。

1.3 郊区农业必须服从和服务于城市的总体功能

未来郊区的农业人口将迅速减少，耕地也不可避免要被继续占用。即使如此，京郊农业仍然是不容忽视的基础产业。郊区农业作为城市社会经济系统的一个子系统，必须服从和服务于城市的总体功能。[3]但与过去所承担的功能有所改变。20 世纪 70 和 80 年代，郊区农业的作用集中体现在“服务首都，富裕农民”的口号上，“服务”主要指提供鲜活农产品。随着全国范围农产品市场的逐步形成和主要农产品告别短缺经济，目前市区所需农产品已大部依靠外地农区提供，而京郊农业却受到劳动力成本过高及资源、环境限制，经济效益下滑。必须根据北京城市建设和社会经济发展的新形势，按照城市总体功能的要求对郊区农业重新定位。首先要为优化城市环境服务。其次，要发挥北京技术密集的优势，发展优质高效农业，促进农村致富和城乡一体化发展。最后，京郊应大力发展高新技术农业产业，建成中国特色现代化农业的橱窗。

2 北京农业的发展不能超出资源承载力和环境容量

2.1 水资源的限制

北京平水年可利用水资源 42 亿 m^3，人均 300 多 m^3，而且在不断减少。据市水利局预测到 2000 年平水年将缺 4.1 亿 m^3，枯水年缺 8.7 亿 m^3，2020 年枯水年将缺 30 亿 m^3。南水北调的成本按现价将是 5 元/m^3，农业无法承受，此项工程也不可能很快上马。目前最大的用户是农业，每年约 20 亿 m^3。增长最快的依次是生活用水、环境用水和工业用水。由于经济利益的驱动，在水资源进一步紧缺的形势下，势必挤占农业用水。[4]

2.2 土地资源的限制

由于人口的迅速增加和城市发展占地，北京郊区的耕地面积已不到 20 世纪 50 年代的 2/3，农民人均耕地由 3.56 亩减少到目前的 1.52 亩。由于原来的耕地统计面积与实际面积相差上百万亩，实际减少更多。未来农村迅速城镇化，耕地面积还将急剧减少。

2.3 环境容量的限制

北京郊区农业的环境胁迫来自城乡两个方面。城市污染源对农业的影响变化不大，农业自身污染却日益严重，成为本市最大的非点有机污染源。据北京市畜牧环境监测站估算，全市畜禽排放粪便总量相当于3000万人当量。1997年每亩化肥用量达38.3 kg纯量，高于大多数发达国家，而且本市施用的大多是速效化肥，极易挥发和流失。加上畜禽粪便中的氮素，将超过联合国确定的对于水污染的化肥使用安全上限用量15 kg/亩纯量的数倍。近年来郊区多数机井的硝态氮含量持续上升，已严重威胁人体健康。[2]

2.4 北京市农业的规模不能超出资源承载力和环境容量的约束

北京郊区农业的规模相对于超级特大城市的市场需求只能是非常有限的，必然受到资源承载力和环境容量，特别是水资源、土地资源和允许污染程度的限制。北京城市需求的农产品，外地农区可以替代；但是北京郊区的生态环境质量搞糟了，非但外地无法替代，而且造成的损失是全国性和巨大的，因为损坏的是国家的形象。

3 加入世贸对北京农业的影响与对策

3.1 加入世贸对我国农业的冲击和发展机遇

加入世界贸易组织是经济全球化和我国改革开放的必然趋势。由于我国的农业自然资源相对贫乏，农业劳动力资源在数量上却占到1/3，又属低收入发展中国家，在世界农产品市场上，劳动密集型产品将具有较强的竞争力和价格优势，而资源密集型产品将处于劣势。与国际农产品市场接轨将促进国内农业结构的调整和技术进步。

3.2 实行农业资源的国际转换战略势在必行

我国的土地资源和水资源的短缺将是长时期的，也不可能通过进口来缓解。但是如果我们出口劳动密集型产品，换取资源密集型产品的进口，实际上就等于用劳动力资源换取土地资源和水资源。国外有的专家就认为与其花巨额资金实施南水北调工程，不如进口耗水多的农产品在经济上更为合算。由于我国地域辽阔人口众多，必须确保主要农产品，特别是粮食的基本自给和食物安全保障。但至少沿海地区可适当多进口一些粮食、棉花、油料等，多出口一些蔬菜、水果、花卉、畜产品、水产品和地方特产等劳动密集型产品。[5]

3.3 根据市场需求，实行农业资源的国内转换战略

国内同样也应该实施经济大循环和资源转换战略。与中西部地区相比，北京郊区属经济相对发达地区，劳动力价格已相当昂贵，土地和水资源又极其紧缺，对环境质量的要求又高于其他地区，使得常规农产品已无法与周围农区竞争。但是京郊农业也有自己的优势，即技术密集和城市支农力量强。耗水多、占地多和污染重的产业必须让位给周围和外地农区，

集中发展技术和资金密集，外地农区无法或难以取代的农产品。

4 按照无害化的要求和国内外市场需求调整农业结构

北京市提出围绕六种农业进行结构调整无疑是对的，但是还不完全，首先应提出发展无公害农业，这不仅是首都城市发展的要求，而且也是一个潜力巨大的市场。

4.1 控制高耗水、高污染和低效益的产业

小麦是目前用水最多，化肥流失最多，经济效益较差的作物，也是入世后国内外差价最大竞争力最差的作物，北京市应首先调减。一般不收购，农民只是按照自食的需要种植。水稻要量水和根据退水可净化程度适量种植。不再开辟新鱼池。大路菜和低质果让位给外地。畜牧业已成为北京市最大的有机污染源，经济效益也在不断滑坡，对其规模必须控制，主要保留奶牛业及一些优质、特种养殖业。

4.2 发展为城市环境服务的园艺业

随着城市建设现代化水平的提高，环境质量越好的地段，房地产越升值，园林绿化美化必将成为重要的产业。为城市环境服务的苗圃、草坪、花卉等产业将有巨大的发展前景，应大力扶持，并逐步使郊区园艺业与都市园林业融为一体。对远郊的农田与卫星城镇的配置也要精心设计。

4.3 发展技术密集型的创汇精品农业

要使京郊成为具有中国特色现代化农业的橱窗，必须充分发挥北京科技密集和信息流大的优势，发展技术密集型的创汇精品农业，包括面向国外市场的优质蔬菜、水果和特产出口，面向国内市场的高新技术作物制种、育苗和微生物生产等。近年来郊区蔬菜出口增长很快，由于北京的技术密集和作为首都的良好信誉，组织蔬菜出口理应具有比外地更大的优势，从单位产值看也等于是节水型的农业。

4.4 发展无污染鲜活农产品市场

目前的农贸市场虽然满足了城市居民对农产品数量和大多数品种的需求，但缺乏严格的质量监测。随着城市居民生活水平的提高，宁可多花一点钱，也要吃个放心。北京市应兴办若干与郊区农村定点签订合同生产，有严格质量检测的鲜活农产品超级市场，以确保无污染来吸引顾客。这个市场将越来越大。无公害产品应该成为北京农业的最大优势，因为外地农区技术力量不足和需要长途运输，难以进行严密的监测和有效的质量控制。农产品出口创汇也必须以无公害为前提。

4.5 平原适度发展大规模经营，节水高效的现代化大田作物生产

即使在大量兴建卫星城镇之后，京郊也仍然至少会留下 300 多万亩农田，不可能都生产

精品和建成设施，总还有相当大的面积要种植大田作物，这也是保持郊区田园风光和形成优美洁净环境的需要。在劳动力价格很高的背景下，京郊大田作物生产必须是大规模经营和节水高效的，否则就没有竞争力。北京市在这方面的基础不能完全抛弃。玉米是水分利用率很高的作物，在压缩小麦的同时，主要推广前茬饲料作物加晚春玉米，可用较少的灌溉和施肥获得高产和良好的经济效益。

4.6　有选择有重点地发展农业高新技术产业和旅游农业

高新技术在农业上的应用有的比较成熟，有的还不成熟，具有较大风险。产、学、研的结合也需要一个过程。旅游农业也必须具有特色和有利的区位优势，还要考虑市场容量。这两类农业产业的规模目前都不可能很大，不宜作为调整结构的普遍号召。

4.7　加快山区的治理和建设

面积广大的山区作为城市发展的腹地是北京的一个特色，但目前大多数山区仍较贫困，与平原和城市的差距不断拉大。全面治理和开发的难度也很大，成本很高。花很多钱在山区筑梯田、修公路、建电网，又要经常维修，在经济上是不合算的。山区人口下山是社会经济发展的必然结果，世界上所有国家的发展过程都是如此。首先可搬迁多灾险区的农民，向山间河谷的较大村镇集中。留在山区的农民以保持水土、涵养水源、植树造林为主，有条件的河谷和缓坡发展优质果树和特色产品。允许农民承包山场开发，必须以不影响水土保持和造林绿化为前提。但在土层薄和自然条件恶劣的山区，要大规模生产优质果品也是不现实的。目前我国内地山区还不具备大量吸引山区农民下山的社会经济条件，除失去生存条件的山区外，一般还应鼓励山民就地挖掘资源潜力脱贫致富。但北京的山区应该先走一步，时机也正在逐步成熟，即郊区农民城镇化的高潮到来之时。

5　确保农业环境质量的几项关键措施

5.1　农业节水技术与农用水的商品化

目前粮田喷灌存在不匀、后期水量不足、抗逆性差、节水有限等问题，采取与管灌配套、调整喷头布局、调节水量与时间等可改善喷灌效果。还应积极示范和推广渗灌、滴灌、微喷等更加有效和先进的节水灌溉技术，做到浇根不浇地。山区应首先解决人畜饮水困难，适度发展基本农田的节水灌溉，不要在土层薄的低产坡梁地盲目发展灌溉。提倡不充分灌溉，应用灌溉管理软件将土壤水分控制在适宜范围之内。

长期以来农业水资源不收费或水费偏低，不利于资源优化培植并造成巨大浪费。当前通过开征农业水资源费，促进资源优化配置，正是一个机遇。改革开放以来的时间表明，包括粮食在内的各种短缺资源或产品，在市场放开之后都陆续解决了。水资源匮乏问题的解决，同样也离不开市场的调节。收取农业水费，有利于促进节水，吸收社会参与水利投资，也有利于政府根据市场信息加强对水资源的宏观调控与管理。

5.2 控制化肥施用量

北京农田化肥用量已是世界之最，平均利用率只有35%左右，对饮用水源安全已构成巨大威胁。应控制速效化肥的用量，确定不同作物和土壤类型施用化肥、农药的安全限量标准。大力推广不易挥发的长效肥和复合肥，以提高肥效。

5.3 发展畜牧业要注意控制对环境的污染

大力发展畜牧业是调整农业结构重要内容和增加农民收入的重要途径。但畜禽场如规模过大，分布过于集中，又容易形成严重的污染。水冲式的大规模畜禽场不符合我国国情和北京市情，已成为最大的有机污染源。北京市发展畜牧业应增加对环境污染较轻的草食动物和特种养殖规模，控制猪、鸡饲养的规模，改水冲式为干出粪。参考发达国家的做法，根据农田的环境容量制定单位面积农田厩肥的允许施用量标准。畜牧业的发展规模取应决于农田的环境容量，提倡所有农田附近都有不至造成环境污染又有利于培肥土壤的适度规模的畜牧业，严格控制兴建大规模的畜禽场。提高畜牧业的经济效益主要在品种、质量和效率上下功夫。

5.4 控制非降解地膜的应用和农药的用量，适当降低复种指数以利实施秸秆还田

目前地膜"白色污染"和农药残留污染已成为严重的环境问题，必须控制其用量的盲目增加，逐步推广易降解地膜和高效、低毒、低残留农药。小麦、玉米连年复种，未充分粉碎的秸秆还田后严重影响下茬作物幼苗生长和土壤结构。适度降低复种指数不但可减轻北京市农用水资源的紧缺状况，而且有利于还田的秸秆充分腐热，可以改良土壤结构。

参考文献

[1] 北京市城市规划设计研究院. 北京城市总体规划(1991—2010年)，1992.
[2] 北京市统计局. 1998年北京统计年鉴. 北京：中国统计出版社，1999.
[3] 颜昌远. 北京的水利. 北京：科学普及出版社，1997.
[4] 王家梁，等. 北京市农业发展战略. 北京：北京科学技术出版社，1987.
[5] 石玉林. 论我国资源的开发战略. 光明日报，1997-10-27.

表面文章做不得*

郑大玮[1]　妥德宝[2]

(1. 中国农业大学资源与环境学院,北京　100094;2. 内蒙古农业科学院植物营养所,呼和浩特　010031)

1　实行精种高产和适度退耕还林还草

内蒙古后山旱农试验区15年来坚持建设以等高田和滩地节水补灌为主的基本农田,推广旱作节水实用技术,提高水分利用效率,大幅度提高单产;同时把不适合耕种的丘陵上部和风蚀沙化严重的耕地退下来种草植灌,逐步恢复农牧交错的本来面目,这是扭转生态和社会经济恶性循环,实现可持续发展的必由之路。以武川县为例,"九五"期间全县人均粮食占有量已稳定超过700 kg,推广"草业冠、等高田、树封沟"的以丘陵为单元的生态治理模式,使水土流失明显减轻;推广麦薯、粮草和灌草带状间作,显著减轻风蚀。乌兰察布盟实行"退一进二还三",由单一种粮转向"为牧而农,为养而种",实行以畜牧业及其加工业为主导产业的发展战略,经济、生态都开始明显好转,在2001年空前严重的干旱中,内蒙古后山地区和河北省坝上地区凡是种养的农户,损失就小得多,有的还能增收,而单一种植的农户损失惨重,生活困难。

2　退耕还林还草中存在的问题

2000年夏秋和2001年春夏,我们考察了内蒙古中部和河北坝上一些旗、县的生态环境建设,也通过一些同行了解西部一些省区的情况,普遍反映当前在退耕还林、还草和生态环境建设中存在急于求成和热衷做表面文章、不顾实效的现象。

2.1　大搞"路边工程"、"形象工程"

许多地方干部急于上项目要经费,在主要公路两边挖树坑,立牌楼,大搞"形象工程"而离公路较远处却很少种树种草,种了也不管理,反正上级检查都是顺着公路转,不会跑老远去爬山。

---

* 本文原载于《科技日报》2002年1月10日第8版。

为了好看，和林格尔县规定山上一律种油松。如果种适应性强的落叶松，成活率会高得多。托克托县规定路边一律植垂柳，后山路边则一律种杨树。可是，阔叶树一年要浇4次水才能成活，尤其是早春必须浇足抚育水。2001年，清水河县有的地方就浇了8次水才保活，成本极高。

后山地区普遍在树坑边撒白灰作标记，坝上地区则垒石涂白漆，只为醒目好看，实则对树苗有害无益。

2.2 盲目追求规范，不惜损害农民利益

不论地形、坡向和土层厚度差别，盲目要求集中连片、形成规模，有的地方还提出要连山连体退耕，造林面积多在30～50 hm^2，甚至上百公顷。其实，丘陵下部土层深厚的完全可以建成基本农田。甘肃省平凉和定西打得很好的水平梯田也拿来种草，还作为样板。

2.3 违背生态适宜性规律

有的地方重乔木，轻灌草；重阔叶树，轻针叶树。不考虑地区差别，一律要求种树占80%，种草占20%，否则就不算达标。几十到上百千米的公路一刀切种乔木，不考虑低地、丘陵和山地的差别。在生态不适合的丘陵和山坡强行植树，成本极高，成活率极低。2000年春夏大旱，许多人私下承认成活率一般都超不过30%，但上报数字成活率都在80%以上。

树种草种单一，极少采取不同乔木混种和采取乔灌、灌草间作的，生态极其脆弱。一味追求整齐好看，要求一律种某种多年生牧草，不许混播。清水河县有的山坡大种耗水多的海棠和山杏，沟里却种了许多耐旱的柠条，完全违背了适地适树的原则。

整地方式不合理，不分树种一律挖大坑。在不能种乔木的地方种植柠条、沙棘等矮小灌木也挖大坑，反而跑了墒。武川县二份子乡常年降水只有280 mm，2000年在一些丘陵铲掉现有的柠条，挖大坑种松树，到2001年春几乎全部死光，回过头来又在坑里种柠条。其实种柠条完全不必挖坑，条播就可以了。

国内和区内还有人鼓吹需要大水大肥的高产饲料作物鲁梅克斯来治沙，如果不是无知，都是企图炒种子发不义之财。

2.4 急于求成的短期行为

热衷于追求眼前的“政绩”，盲目种植速生和耗水耗肥的树种草种，不顾能否巩固和持久。如苜蓿虽是高产优质牧草，但对土壤和水分条件要求很高，有的地方要求在退耕地上种，成活率很低。沙打旺和草木樨生长虽快，但在高寒的后山地区又不能打籽，单一种植四五年便衰退，再种其他草将更加困难，而目前耐干旱和瘠薄的禾草类很少有人种，草籽也严重缺乏。

2.5 生态效益与经济效益脱节

退耕后农业税收减少，种树种草的管护费用高昂，使得财政困难的贫困县不敢多退耕种树草。西部干旱和高寒地区植树种草的生态效益虽然显著，但见到经济效益很慢，甚至要到下一代，退耕还林草远没有成为农民的自觉行动，没有国家补贴和地方政府资助就不干。

3　退耕还林还草应遵循的科学原理和技术对策

3.1　遵循生态适应性原理,实行适地适树适草

植树造林是百年大计,不能操之过急。林业部门说已准备了充足的苗木,据我们了解,真正耐旱和适应性强的树苗、灌木和草种都十分缺乏。干旱、高寒地区和阳坡不能强行种树,应种植耐旱灌木和牧草。

3.2　遵循生态系统演替规律,选用适宜的先锋植物和后续植物

退耕地一般都是沙砾遍地、土层薄、肥力极低的,只能选择耐旱和生长量小,但适应性强的草种。随着环境的改善,再逐渐混播优良牧草并增加其比例,并通过适当的人工干预加速正向生态演替的过程。急于求成,种植高产和高耗水的拔地草种,数年后反而会加速土地退化和荒漠化。武川县当年采用沙打旺、沙蒿、草木樨、箭舌豌豆等混播,以后再混播其他禾本科牧草,效果较好。其中的一年生牧草起到了对多年生牧草幼苗的保护作用,还形成了一定的当年经济效益。利用沙打旺、沙蒿等的高度耐旱性作为先锋植物,在其逐步退化后,其他优良牧草将逐步替代,可以形成稳定的正向演替生态系统。

3.3　风蚀沙化严重地区应普遍推广灌草带状间作

除地下水位高,水源充足地区外,风蚀沙化地区的植被恢复只能以灌、草为主。由于种草初期易受风蚀,应每隔十多米到二三十米一带实行灌草间作,以较窄的灌木带保护较宽的牧草带。

3.4　风蚀沙化严重地区退耕后必须立即种草植灌并加强管护

退耕地如不及时种草,冬季既无植被又无作物残茬保护,将加速荒漠化。我们在武川县西北部看到一块800亩退耕地,退后种草质量不高,又没有进行管护,三年后表土已丧失殆尽遍地砾石。因此,已纳入退耕计划的,如暂时不能种草或植灌,宁可再种一茬作物也不要弃耕。武川县2000年退耕种草凡实行围栏封育的,在2000年的大旱中植被仍有明显恢复。

4　认真研究退耕还林还草的经济政策

4.1　以粮代赈的方式要因地制宜

南方和内地温暖山区以粮代赈5年就足以使植被恢复,但干旱和高寒地区5年时间远远不够,至少需要10年甚至更长时间,但是周期越长的地方,退耕前的单产也越低。如内蒙古后山地区需退耕地的粮食平均单产一般不足50 kg,不必实行每亩100 kg的标准。

4.2 对贫困县的财政应给予特殊照顾

对于二三产业薄弱，主要依靠农业税维持财政的贫困县，在退耕之后应给予所在县乡一定的财政补偿。

4.3 使生态环境建设成为农牧民的主动行为

为了增强农民的责任心，应普遍实行退耕地分片拍卖，一定时期内对植树种草进行生态环境建设的家庭承包，明确建设与管护的责、权、利，由集体和政府根据任务大小发放少量补贴或一定数量的贷款，根据现场验收的统计抽样植被成活和巩固情况决定后补助数量或贷款核销数量。在植被繁茂到能够进行林牧业生产实现经济自立时再取消补贴。

4.4 加强对地方干部生态环境建设业绩的考核

由于生态环境建设的周期长，对地方干部的责任制和政绩考核要着重考虑长远的生态和经济效益，不要只看眼前的表面“政绩”，特别是不能只看当年的成活率，更不能只看种了多少棵树、多少亩草，更要看多年后植被是否恢复和巩固。只顾当前利益，不顾长远利益的干部，若干年后也仍要追究其责任并追加惩处；持之以恒狠抓生态环境建设取得长远成效的干部，若干年后也应追加表彰和奖励。

5 建立生态环境建设的科技支撑体系

(1)应用现代信息技术监测生态脆弱地区的植被恢复状况。(2)不同地区适地适树适草品种的筛选、培育和栽植管护技术。(3)退耕地生态演替规律的研究和先锋植物及和后续植物的优化配置。(4)退耕地生态恢复重建的系统设计和复合种群树种草种的选择。(5)灌草间作的减轻风蚀效应和最佳配比。(6)研究和推广成本低的抗旱保墒、固氮化学制剂和灌草管护机具。(7)按照不同类型地区分别建立退耕还林还草的生态环境建设试验示范区和草种树苗基地，并建立健全抗旱保苗、抚育和植保社会化技术服务体系。

6 组织研讨加强试点总结经验逐步推进

退耕还林还草进行生态环境建设，涉及自然条件、生物规律和社会经济政策等许多方面，各地情况千差万别，不可急于求成一哄而起。过去这方面的经验和科研积累都是不够的，需要召开专题研讨会，分别从政策和技术两个方面研究存在的问题和应采取的对策，制定规划，加强试点工作，分阶段实施，稳步推进，力求取得实效。

阴山北麓农牧交错带带状留茬间作轮作防风蚀技术研究*

赵　举[1]　郑大玮[1]　妥德宝[2]　赵沛义[2]
（1. 中国农业大学，北京　100094；2. 内蒙古农业科学院，呼和浩特　010031）

摘　要　针对内蒙古阴山北麓农牧交错带在冬春季地表大部分裸露、风蚀沙化严重的现状，结合当地实际，试验了小麦与马铃薯带状留茬间作的耕作措施，研究其抗风蚀的效果。结果表明：该种措施在滞留积雪，增大土壤湿度；减少土壤水分蒸发速度，保持土壤墒情；增大地表粗糙度，降低近地面风速等方面比当地传统的秋耕翻地有明显的效果，从而有效地减少了耕地的土壤风蚀量。同时具有轮作培肥土壤和边际增产作用，小麦平均增产 14.4%，马铃薯平均增产 8.1%，是适应当地条件的有效、简单、经济可行的防风蚀方法。

关键词　农牧交错带；带状留茬间作；风蚀；耕作措施；阴山北麓

阴山北麓主要包括武川县、固阳县、达茂旗、四子王旗、察右中旗、察右后旗、商都县、化德县、太仆寺旗、多伦县以及乌拉特中旗的东部。土地总面积 417.3 万 hm^2，草场面积为 211 万 hm^2，耕地面积为 150 万 hm^2（据内蒙古土地勘测院 1996 年数据），东西长近 500 km，呈带状分布，是典型的农牧交错带和严重风蚀沙化区。该地区位于华北和首都的上风向，由于植被破坏使土壤失去保护，风蚀沙化日益严重，扬沙和沙尘暴次数从 20 世纪 80 年代的每年 10 次左右增加到 90 年代的 20～25 次。乌兰察布盟每年因风蚀使表层土壤减少 2～4 mm. 其中农区风蚀量是草原的 2～4 倍[1]。退化草原占草场总面积的 46.4%[2]。全区土壤有机质含量低于 10 g/ kg，全氮量低于 0.75 g/ kg 的耕地都集中分布在这一区域，并以每年 2.5% 的速度扩展[3]。风力侵蚀模数高达 2000～10000 t/(km^2 · a)[1]。风蚀荒漠化已经达到此区潜在荒漠化面积的 78.47%[4]，尤其是冬春裸露耕地沙化甚为普遍，部分地区因土地沙化基本失去了生存条件，大部分地区生产水平低下。其根源除了严酷的自然气候外，沙化面积扩大的成因 94.5%是人为进行自给自足的传统掠夺式经营方式所致[5]。

在阴山北麓地区，春小麦和马铃薯是种植面积最大的作物和主要的轮作组合，约占播种面积的 60%以上。在考察中我们看到有的农民自发地形成春小麦与马铃薯带状间作的格局。由于土质疏松，当地农民习惯在小麦收获后秋耕翻，以蓄积秋雨保证来年春播的底墒。

* 本文是国家“九五”攻关项目“区域综合治理”专题“内蒙古后山旱农区综合治理与农业稳定发展的研究”(962004204208)项目论文。本文原载于 2002 年第 2 期《干旱地区农业研究》杂志。第一作者是郑大玮教授指导的博士生。

这使得冬春近7个月地表裸露，而同期大风日多达40 d以上，造成土壤严重风蚀。由于灭茬后冬春风蚀十分严重，水分严重丧失，春播时的墒情反而较差。还发现有些农民来不及灭茬的留茬地，不仅可拦截雨水和冬雪，而且削弱了留茬带和附近非留茬带的近地面风速，可减轻风蚀，春播时的墒情要好于灭茬地。为此，我们在1997—2001年连续进行了小麦与马铃薯留茬带状间作的试验示范，取得了良好效果。本文通过田间实地试验分析，研究带状留茬间作轮作措施，并对阴山北麓农牧交错带的土壤风蚀问题作进一步的探讨。

1 研究方法

试验设在内蒙古自治区武川县旱农试验区。为利于轮作倒茬，留茬带与间作带必须等宽。目前这一地区多使用四轮拖拉机，播种6行，宽度为1.2 m，因此我们以1.2 m的整数倍来设计带宽。分别设计3.6 m、4.8 m、6.0 m、7.2 m、8.4 m带宽，随机排列，每处理重复3次，横坡种植。秋后收获，小麦留茬15～20 cm，行间距为20 cm，带长100 m。其他田间措施按当地的常规方法进行。

试验期间，在每年的11月到来年的4月份间，当风速达到5 m/s时，利用QDF23型热球式电风速计，测留茬带内不同位置、间作带内不同位置及没有覆盖物的裸地地表(距地面2～5 cm)和2 m处风速。

在秋季收获后，将风蚀盘(面积为490.6 cm^2)，在留茬带及秋天耕翻后的裸露地内放置，盘内放置1250 g土壤，尽量保持原状土样，测量土壤风蚀量及留茬地因聚雪增加的土壤湿度等项目。

2 结果分析

2.1 带状留茬间作对土壤水分的影响

(1)留茬地的聚雪效果　阴山北麓地区冬季虽有一定降雪，但由于风大，没有任何覆盖的裸露耕地上的积雪不能保留，大部分被风吹到低地或沟内，地表很快干燥，易被风蚀。而在留茬地内，由于秸秆立茬的阻挡，使得积雪滞留在茬内，从而增大了土壤湿度，加大土粒间的结合力，可增强土壤的机械稳定性，减轻风蚀。1998年4月16日雪后的实地观测表明，留茬带内0～10 cm土层含水率可比裸地成倍增加，背风面受留茬带保护范围内也有可观的增加。在早春这点增墒是非常宝贵的，往往就决定了播种后能否出苗(表1)。

由表1中也可看出，0～5 cm土壤水分明显高于5～10 cm的水分，这对于坚固表层土壤结构，提高土壤抗风蚀能力相当重要，有利于在多风的春季减轻地表风蚀量。

(2)留茬地的增墒效果　当地农民习惯认为，小麦收获后早耕翻可以蓄积秋雨来保证来年春播的底墒。但由于冬春风蚀十分严重，灭茬后水分严重丧失，春播时的墒情反而较差。1999年4月8日，在60 m的带状留茬间作地与秋耕翻裸露地，对经过一个冬春季后的耕层土壤水分进行了比较分析(图1)。

表 1　留茬地和相邻裸露地雪后表层土壤水分比较　　单位：%

测定位置	0～5 cm 土壤水分		5～10 cm 土壤水分	
	含量	增量	含量	增量
对照裸地	5.5	—	7.7	—
留茬地外 1.5 m 处	9.6	4.1	8.0	0.3
留茬地内	15.3	9.8	13.7	6.0

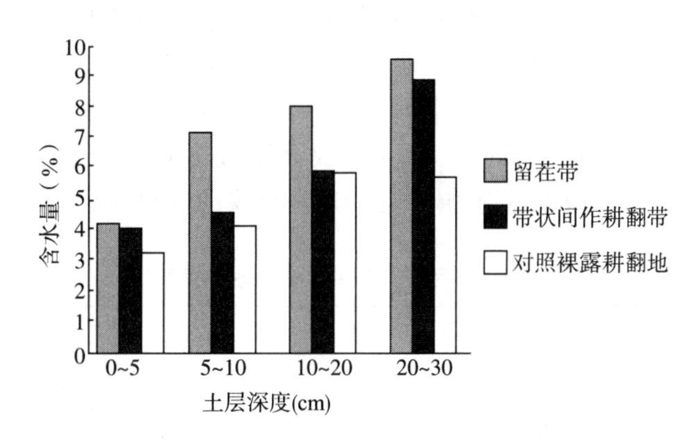

图 1　带状留茬间作与裸露耕翻地耕层土壤水分比较

由图 1 可以看出，经过一个冬春，留茬地和带状间作耕翻地耕层的含水率都高于秋耕后的裸露地。尤其留茬地在各个土层的含水率都明显高出裸露地，依次高出 28.1%、76.5%、41.1%和 74.5%。这主要是因为在冬季和初春，降水多是降雪的形式，结合表 2 对留茬具有聚雪效果的分析，不难看出留茬有利于聚墒，有利于耕层土壤含水量的增加。此外，由于留茬带对带状间作耕翻带起到一定的保护作用，可以降低土壤水分的蒸发速度，减少土壤水分的散失，从而也保证了间作耕翻带土壤含水量的增加。在与留茬带两侧相邻的间作带不同位置设置铝盒，内装原始土样，在田间放置 3 h 后测量铝盒内土壤湿度的变化量以比较水分蒸发快慢。

从表 2 可以看出，与原土样水分含量相比，留茬带的迎风侧 1.5 m 处水分降低了 94.5%，迎风侧 0.6 m 处降低 82.9%，但留茬带背风侧的水分要少降低 12.3%～16.6%。这表明留茬带可明显减慢水分的蒸发速度，使土壤湿度相对增加而减少了风蚀量。

表 2　留茬带两侧不同位置含水量下降率的比较[8]　　单位：%

位置	带北		带南				
	1.5 m	0.6 m	0.6 m	1.2 m	1.8 m	2.4 m	3.0 m
与原土样相比水分含量的降低率	94.5	82.9	81.2	82.2	77.9	82.1	79.4
各位置与茬北 1.5 m 处相比增加的百分数	—	11.6	13.3	12.3	16.6	12.4	15.1

注：与原土样相比的水分含量降低率，即风后土壤含水量降低值与原始土样含水量的百分比

2.2 带状留茬间作减低风速的效果

(1)带状留茬增加地表粗糙度(Z_0) Z_0 为水平风速为零的高度,用于衡量地表的粗糙状况,称为粗糙度(Roughness length)。它可以反映地表对风速减弱作用以及对风沙流的影响,一般取决于地形的起伏,植被及其组成,还与作物播种方向有关。Z_0 可由下式计算:

$$Z_0 = e^{(V_1 \ln Z_2 - V_2 \ln Z_1)(V_1 - V_2)} \tag{1}$$

式中:V_1、V_2 分别为 Z_1、Z_2 高度上的水平风速。因此粗糙度 Z_0 可由任意两个已知高度上的水平风速测定值计算出。一般取风速变化明显的高度计算比较理想。试验中我们在 6.0 m 宽带中取变化明显的 200 cm 和 5 cm 处的风速测算不同处理的粗糙度 Z_0。

由表 3 可以看出,留茬带和带状间作带的地表粗糙度高于对照秋耕裸地,留茬带约是秋耕裸地的 12 倍。这表明收获后田间留茬,可以提高零风速出现的高度,从而增强对近地面层气流的阻碍作用,降低近地面风速,减少起沙风速出现的次数,减少地表风蚀。

表 3 带状留茬间作与裸露耕翻地粗糙度比较

地点	200 cm 处风速(m/s)	5 cm 处风速(m/s)	风速比(V_{200}/V_5)	粗糙度(cm)
对照秋耕裸地	11.4	5.8	1.97	0.11
留茬带	13.3	3.5	3.80	1.34
带间作带	11.4	5.2	2.19	0.23

注:200 cm 和 5 cm 高的风速值是测定 20 次后的平均风速值

(2)带状留茬间作削弱近地面风速 带状留茬间作可以有效地降低近地面风速。从表 4 可以看出,外界 2 m 高处风速在 7.1~17.5 m/s 范围即 6~8 级大风时,留茬带内 5 cm 高处风速比秋耕裸地 5 cm 处风速降低了 50%左右。留茬地除了能降低自身的地表风速外,还对留茬地外背风裸地的风速降低也有很大作用,其中 1.5 m 处风速降低了 27%,3.0 m 处风速降低了 11%,是留茬地带状分布减轻风蚀的重要依据。其中以风速偏小时削弱比例较大。

表 4 不同风速下留茬带内与背风面裸地削弱近地面 5 cm 高处风速的效果 单位:m/s

200 cm 处风速	17.5	13.3	11.5	10.0	8.8	7.1
留茬带内 5 cm 高处风速	4.4	2.9	2.7	2.5	2.1	1.8
带南 1.5 m 5 cm 高处风速	6.8	5.6	4.5	3.7	2.8	2.4
带南 3.0 m 5 cm 高处风速	8.8	6.7	5.5	4.4	3.5	2.8
对照秋耕裸地 5 cm 高处风速	8.9	6.8	5.8	5.1	4.6	3.8

2.3 带状留茬间作对土壤风蚀量的影响

留茬带对带状分布的裸地可形成屏蔽作用,从而可以减少土壤风蚀量。如表 5 所示,3.6 m、6.0 m 和 8.4 m 带裸地中心处的风蚀量分别减少了 81.1%、71.8%和 51.1%。随带宽加大,间作裸地带的削风效果有所减弱,但直到带宽 8.4 m,受留茬带保护的裸地仍可减少风蚀量50%以上。留茬地内则可减少84.9%。结合以上分析结果，由于留茬地可以增加地表粗糙度、减少地表风速、减慢土壤水分蒸发速度，还能增加冬春季的聚雪量，吸附土粒能力强，因而能够显著减少土壤的风蚀量。

表5　带状留茬减轻风蚀的效果

测定项目	裸地	留茬田	3.6 m带中心	6.0 m带中心	8.4 m带中心
风蚀量(t/km^2)	530.0	79.0	98.5	149.0	257.8
比裸地减少(t/km^2)	—	451.0	431.4	388.0	272.2
风蚀降低率(%)	—	84.9	81.1	71.8	51.1

2.4　带状留茬间作对作物产量的影响

试验证明，小麦与马铃薯带状留茬间作有利于增大小麦的边行效应，提高单产。小麦较单一种植增产为0.8%～25.1%，马铃薯单产也略有增加为4.3%～11.6%(表6)。由试验分析还可得出，随着带宽的加大，平均产量呈下降趋势，而且接近单一种植的产量，相反边行效应却随带宽的加大而增大。这主要是因为带宽的加大，使得作物生长环境越来越趋同于单一种植的生长环境，更加能突出边行效应。

表6　作物带状留茬间作与单一种植产量比较

处理	小麦					马铃薯		
	单产	增产		边行效应		单产	增产	
	(kg/hm^2)	(kg/hm^2)	(%)	(kg/hm^2)	(%)	(kg/hm^2)	(kg/hm^2)	(%)
对照	1581.0	—	—	—	—	11334.0	—	—
3.6 m	1978.5	397.5	25.1	2008.5	27.0	11824.5	490.5	4.3
4.8 m	1900.5	319.5	20.2	2050.5	29.7	12175.5	841.5	7.4
6.0 m	1867.5	286.5	18.1	1950.0	23.3	12649.5	1315.5	11.6
7.2 m	1699.5	118.5	7.6	2116.5	33.9	12472.5	1138.5	10.1
8.4 m	1593.0	12.0	0.8	2116.5	33.9	12088.5	754.5	6.7

注：边行效应指带田两边各3行的增产数量

3　结论与讨论

地处季风气候区的阴山北麓农牧交错带，近百年新开垦的农田，以顺坡种植小麦和马铃薯为主的地表干旱裸露耕作制亟须改变。在风蚀严重的旱农区，种植业采用小麦等条播作物留茬与马铃薯穴播带状间作的方式，通过留茬带把裸露农田分割成条田，形成了挡风、截土、拦雪的屏障，与大面积连片地表裸露、风吹土起的黄尘暴形成鲜明对比，明显地减轻了风蚀，控制了沙化的蔓延，增产效果显著。国内外有关留茬免耕能保护耕地的报道也都证明，在风蚀严重地区，留茬免耕保护耕地的作用是非常有效的，特别在尚未实现农田林网化的情况下，带状留茬是一项防止风蚀和沙化简单而有效的措施，应作为继农田林网化之后在干旱、风蚀严重地区行之有效的农田保护模式。

进一步的调查还发现当地生产上小麦与马铃薯相互轮作倒茬非常普遍，只要带宽不影响耕种即可。带过宽，削弱风速和减轻风蚀的效果必然下降，但带过窄在生产上很难操作，要求操作者尽可能走直，减少弯曲。如 4.8 m、6.0 m、7.2 m 等，都不会影响小麦或马铃薯的正常耕作，所以很容易推广。另一关键是小麦的留茬问题。目前大面积小麦产量在 750～900 kg/hm^2，植株较矮，又多采用人工拔的方法收获。随着技术进步和生产条件的改善，产量不断提高，势必需要采用机械收割，留茬问题也就自然解决了，因此该问题与提高产量密切相关。

参考文献

[1]罗荣喜，任爱虎，付存仁. 阴山北麓干旱草原土壤风力侵蚀及其防治//郭连生. 荒漠化防治理论与实践. 呼和浩特：内蒙古大学出版社，1998，134-140.

[2]刘永安. 阴山北麓丘陵区土地荒漠化亟须治理. 内蒙古农业科技，1996，(全区旱作农业研讨会专辑)：3-4.

[3]李绍良. 我区土壤资源管理与旱作农业持续发展. 内蒙古农业科技，1996，(全区旱作农业研讨会专辑)：9-10.

[4]周欢水. 中国风蚀荒漠化土地面积与分布现状研究//郭连生. 荒漠化防治理论与实践. 呼和浩特：内蒙古大学出版社，1998，8-12.

[5]朱震达. 中国沙漠、沙漠化、荒漠化及其治理的对策. 北京：中国环境科学出版社，1999，30-46.

[6]黄泽在. 论大青山北部的压青休闲耕作制. 内蒙古农业科技，1979，(6)：11-14.

[7]王礼先. 水土保持学. 北京：中国林业出版社，1995.

[8]高可华，郑大玮，妥德宝，等. 内蒙古阴山北部抗风蚀措施效应的初步研究. 华北农学报，1998，13：97-102.

Study on the Technique of Strip Intercropping with Stubble for Controlling Wind Erosion at Ecotone in the North Area of the Yinshan Mountains

Zhao Ju[1], Zheng Dawei[1], Tuo Debao[2], Zhao Peiyi[2]

(1. China Agricultural University, Beijing 100094;

2. Inner Mongolia Academy of Agricultural Sciences, Hohhot 010031)

Abstract: According to the status of serious wind erosion in winter and early spring, the effects of strip intercropping with stubble on controlling wind erosion were analysed based on the data of field experiment in the north of Yinshan Mountain, Inner Mongolia. The results showed that this measure can deposit winter snow to increase soil moisture; decrease soil water evaporation to conserve soil moisture content; increase the surface roughness to decrease wind velocity. As a result, the soil erosion was obviously reduced. It is a better method than the local traditional cultivation measure. At the same time, it can also fertilize soil and increase the crop yields. The average yield of wheat was increased by about 14.4% and the average yield of potato was increased by about 8.1 percent. So the measure is a simple, economical and feasible way to reduce wind erosion in this area.

Key words: the north of Yinshan Mountain; ecotone; intercropping with stubble; wind erosion; cultivation measure

关于沙尘暴的若干误区和减轻沙尘风险的途径*

郑大玮[1]　妥德宝[2]　刘晓光[1]

(1. 中国农业大学资源与环境学院，北京　100094；2. 内蒙古农业科学院植物营养所，呼和浩特　010031)

摘　要　近年频繁的沙尘灾害引起全社会的关注，但对于其风险源、风险性质与程度的认识存在若干误区，导致治理的盲目性与主攻方向偏离。防治沙尘战略战术应建立在正确评估沙尘风险的基础上，退化草地与农牧交错带是荒漠化危害的主要区域和影响内地大气环境质量的主要尘源，应作为防治重点。农牧交错带虽属生态脆弱区，但仍具有某些资源优势，充分利用水土资源的时空不均匀性和现代科技，能够承载一定数量人口和支撑区域社会经济系统。全部移民和滥垦过牧均不可取，前者不可行，后者不可持续，应力求生态、经济的双赢。首先应针对主要生态障碍研究关键技术作为突破口；其次要调整系统结构，发挥区域资源优势发展特色产业。开发治理要掌握生态平衡点及其阈值，坚持可持续的资源适度开发原则。发挥农牧交错带的桥梁与纽带作用，促进农区与牧区的耦合，将极大提高系统生产力，为区域生态环境建设与社会经济发展开辟美好的前景。

关键词　沙尘灾害；风险评估；生态环境建设；可持续发展

1　正确估计沙尘灾害及其风险源

1.1　沙尘灾害是在加重还是减轻?

近几年沙尘暴成为科研与公众关注的一个热点。按照一些媒体的炒作和有些科技工作者的轻率推测，似乎沙尘暴日益频繁和严重，大有沙漠即将吞没北京城之势，闹得京城内外一时人心惶惶。其中最引人注目的一组数据是严重强沙尘暴灾害已从 20 世纪 50 年代的发生 5 次增加到 90 年代的 23 次，增加了 4 倍多。[1]但是，包括北京在内的北方大部分气象站的观测记录表明，20 世纪 50 年代到 90 年代，沙尘天气的发生次数和强度，总的趋势是减轻的。前几年适逢北方的干旱周期，沙尘天气日数有所反弹。2003 年以来降水回升，沙尘天气已明显减少。

1979 年《光明日报》曾发表过著名的“风沙紧逼北京城”一文。[2]文章在促使人们重视环

* 本文原载于《应用基础与工程科学学报》，2004 增刊，本文也被 EI 收录。

境保护方面无疑是起了积极作用的，但所引用的北京观象台的沙尘观测数据却存在不可比的因素。北京观象台原来一直在西郊，20 世纪 60 年代中期搬到离永定河泛滥沙区较近的南郊，站址环境比原来开阔且靠近沙源，风沙天数自然要增多。笔者曾统计 1959—1978 年的郊区各气象站资料，表明绝大多数气象站的大风和沙尘天数都是减少的。除气候变化外，主要的原因是郊区绿化、越冬作物与灌溉面积的扩大。北方其他地区的大部分气象台站的情况与北京相似，沙尘天数的趋势在减少。

图 1 所示严重沙尘灾害次数增加应该是实地调查的结果，但我们认为也是缺乏可比性的。在 20 世纪 50 年代到 70 年代，我国西北广大地区人烟稀少，交通与通讯极不发达，许多地区即使发生了严重的沙尘暴，当地居民也习以为常，中心城市未必能得到报告。只有严重到发生人员与牲畜大量伤亡才有可能报告上来。20 世纪 80 年代以后，铁路、公路不断向西部延伸，电话日益普及，气象部门普遍应用雷达与卫星遥感，人类活动已深入到沙漠腹地，人们的环境意识空前增强，只要有沙尘暴发生一般都不会漏网。因此，根据上述缺乏严格规范与标准的调查数据对沙尘暴灾害的估计势必是有所夸大的。

另一方面，气象记录也是有其局限性与不可比性的。由于社会经济发展与人口的不断城镇化，许多原来建在郊外的气象站，周围的建筑物与人工植树越来越多，已经不能完全代表旷野的气象环境。一些退化严重草地附近也缺乏气象观测记录。

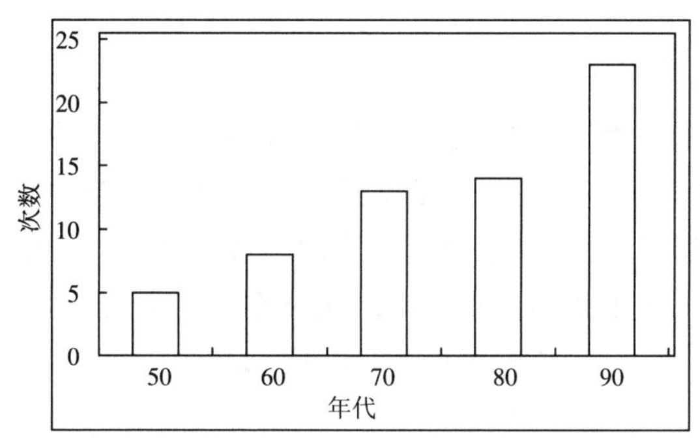

图 1　全国严重沙尘暴灾害次数调查

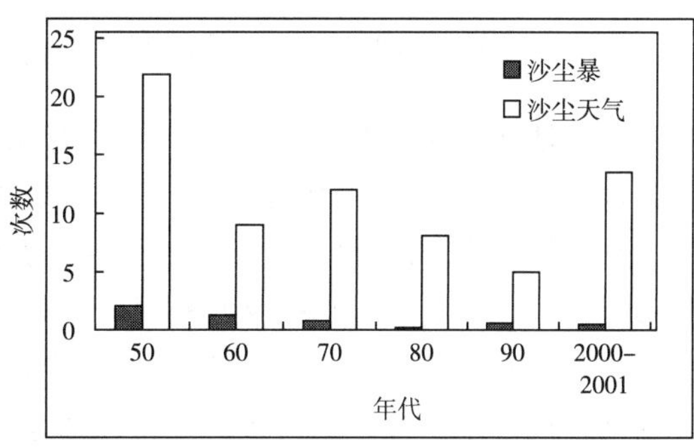

图 2　北京市 50 年来 3—4 月沙尘灾害天数的变化

沙尘灾害的程度，一方面取决于气候的变化，特别是冷空气活动与降水量的多寡；另一方面也取决于人类活动对植被与水资源是破坏还是保护。确切评估我国北方沙尘灾害的严重程度与发展趋势，需要积累更多和更长时间具有可比性的资料。很可能总的趋势是在减轻，但在水资源枯竭的绿洲附近、天然植被严重退化的超载草地与滥垦农区，沙尘灾害确有加重。

1.2　沙尘暴的动力来源与物质来源

一提沙尘暴，人们总认为沙漠与戈壁是其源地。其实沙尘暴的发生有其动力来源与物质来源之分。动力来源一是来自西伯利亚等地的冷空气活动，二是沙漠与戈壁的地表热源，缺一不可。春季沙漠与戈壁极易升温，在较强冷空气经过时易形成强烈对流，卷起地表的沙尘。但沙粒比重较大，只能近地跃迁运动。有人还耸人听闻地说离北京最近的沙丘正以每年数米的速度向北京移动，一旦翻过八达岭或燕山，就将居高临下势不可挡。其实就连年降水不足 200 mm 的巴丹吉林沙漠也没有翻过贺兰山去。小于 0.05 mm 的细小尘粒虽可悬浮空中随风飘移，但在沙漠与戈壁中数量不多。当沙尘暴移动到退化草地与早春裸露农田上空，可卷起地表大量尘土，使空气中的尘粒浓度显著增大，形成沙尘暴的主要物质来源或加强源。

除大风可移动沙尘外，河流冲积的泥沙在水流作用下也能向下游移动，在大水泛滥时可沉积到河床两岸，在刮大风和沙尘暴经过时成为本地区的主要沙源。但其数量不多，且主要是刮向下游，除黄泛区沙源较多外，一般并不构成对周围环境的主要威胁。

人们还常常把"荒漠"与"荒漠化"两个概念相混淆。荒漠指气候干燥、降水稀少、蒸发量大、植被贫乏的地区，包括沙漠、戈壁、石漠、盐漠等不同类型。[1]而"'荒漠化'是指包括气候变异和人类活动在内的种种因素造成的土地退化。"[3]荒漠是干旱气候区的主要景观，在宏观上是不可能改变的。由于气候变异造成的荒漠化也是人类很难扭转的，只是在交通要道和有重大矿产资源需要开发的地方才值得下力气去改变。正是在干旱气候区水资源的时空分布不均衡才导致了绿洲的存在。试图人为调动水资源来绿化沙漠，其结果必然造成现有绿洲的萎缩与灭亡。人们可以，而且应该做到的是扭转由于不合理和超强度的人类开发活动导致的土地荒漠化，至少应该抑制荒漠化的蔓延势头。

1.3 沙尘暴是一种物质迁移的自然现象

只要地球上存在干旱气候，就有沙漠和戈壁等荒漠存在，在一定的气象条件下就必然会发生沙尘暴，这是一种物质迁移的自然现象，在宏观上是不可能消除的。没有沙尘暴就没有黄土高原的风积形成，没有黄土的流失和下游沉积，就没有华北大平原的形成。现代的沙尘飘移还减轻了中国北方和东亚的酸雨，补充了土壤中的钙、硅等养分，从这个意义上看，也并非全都是不利因素。对于沙尘暴，我们只能设法减轻其危害和损失，特别是要防止不合理人类活动造成沙尘灾害的加重和扩大。在防尘治沙工作中要提出科学合理的目标，避免提出如"彻底消除沙尘暴"之类不切实际的目标。

2 纠正治理工作中的若干误区

2.1 防治沙尘暴的主攻方向

根据上述分析，防治沙尘暴应针对主要的物质来源和荒漠化直接威胁所在的退化草地和农牧交错带的裸露农田。但在很长一段时间内，重点却放在沙漠边缘的植树造林和环京津的河道流沙治理上，又赶上连年干旱，成活率很低，造成了资金的极大浪费，而草地与农牧交错带生态治理的投入却严重不足。

2.2 热衷于做表面文章的短期行为

由于缺乏科学的发展观和官本位只向上负责的政绩观，在沙尘暴风险评估和防治工作中出现了许多误区。石元春院士曾精辟地指出林草误区、标本误区、点面误区和天人误区四大误区，批评了在干旱与半干旱区只重视植树而轻视种草，重视治标而忽视治本，重视试点样板建设而忽视面上的治理，重视人为措施而忽视利用植被的自然恢复能力。[4]

我们在2002年针对退耕还林还草中的短期行为和热衷于做表面文章的现象，提出应遵循生态适应性原理和生态演替规律。[5]需要退耕还林草的地方，一般都是水土资源贫乏、立地条件很差，只能种植适应当地条件的耐旱耐瘠树种草种，在大部分年降水400 mm以下地区只能以灌草为主，盲目引种速生耗水植物必然要失败。退耕还林草还要选择好适宜的先锋植物和后续植物，防止因种植高耗水耗肥植物导致植被先盛后衰。

2.3 进和退的辩证统一

作为沙尘物质增强源的退化草地和农牧交错带是我国主要生态脆弱地区之一，土地风蚀沙化的根本原因是由人口压力导致的牲畜超载与滥垦开荒等不合理的人类活动。但从我国的国情出发，除已基本丧失生存条件的地区外，又不可能都采取生态移民的做法。综合治理生态脆弱的沙尘源地，必须兼顾生态效益和经济效益，坚持可持续性与可行性的统一，特别是要处理好“进”与“退”的辩证关系，以进促退，以退保进。

所谓“进”，不是继续垦荒，而是指建设基本农田，包括根据水资源条件和节水潜力适度扩大灌溉面积，坡耕地改造为梯田，旱作农田的培肥改良等。乌兰察布盟20世纪90年代初就提出“进一退二还三”和“念草木经，兴畜牧业”的口号，即农村每人保留建设1亩水浇地或3～5亩旱作基本农田，多余的低产农田退耕还林草，大力发展舍饲草食家畜的畜牧业，人均收入和粮食占有量比滥垦过牧的粗放经营有显著增长。由于畜牧业依靠多年生牧草且产值高，受当年降水的影响相对于种植业要小，在1999年到2001年的连续大旱中，种草养畜户的收入下降较少，而大多数种植业户损失惨重甚至基本失收。

2.4 适度与可持续的治理目标

多年来在生态治理上人们习惯于“人定胜天”的口号，很少考虑与自然的协调与和谐相处。“向沙漠进军、再造绿洲”即是一例。在干旱气候区，上游盲目扩大绿洲往往导致下游河床干涸，绿洲萎缩甚至荒漠化，算总账并不合算。在西北干旱区，除宜农则农、宜林则林、宜牧则牧外，还应提倡宜荒则荒。试图大面积改变荒漠，其结果很可能导致更加严重的荒漠化。荒漠地区的干涸河床与湖床表面的结皮具有保护表土防止起尘的作用，也应该保护。在黄土高原的农田或果园，追求最高产量往往导致土壤深处出现“干层”，是不可持续的。适度的高产即在不出现干层的前提下争取到的较高产量为最佳方案。[6]

3 风险评估与防治沙尘的战略战术——以农牧交错带为例

3.1 农牧交错带的风险度评估——是否已经山穷水尽

农牧交错带既是影响内地的主要沙尘源，又是受荒漠化危害最严重的地区。当前关于农牧交错带的生态治理与发展方向有着不同的认识，有些人认为已经是山穷水尽，大规模生态移民是唯一出路。一些地区发生只讲退耕，不提建设基本农田的政策偏向与这种估计不无关系。宏观上农牧交错带无疑属生态脆弱区，但复杂的地形导致水土资源时空分配不均，又给人类生存与发展留出了一定空间和余地。农牧交错带虽然总体上水土资源不良，应大面积退耕，恢复草原植被；但在一些盆地、河滩与缓坡丘陵下部土层较厚，质地较细，土壤有机质较多，风蚀水蚀均较轻，地下水也较丰富，可以建成基本农田并获得较高产量，又不致明显沙化。又如黄土高原农牧交错带虽然气候条件比较恶劣，但单就作物生长盛期而言却是全球同纬度（39°～41°N）地区光温及降水条件组合最好的地带，在一定技术保障下完全有可能获得作物的高产与优质。[7]此外，农牧交错带还具有农区与牧区耦合、区域特色生物资源、特殊的历史人文及景观资源等潜在优势。除基本丧失生存条件的地方必须实行生态移民外，农牧交错带的大部分地区还是能够承载一定数量的人口与支撑区域社会经济发展的。从图 3 可以看出，20 世纪 50 年代到 80 年代随着人口增长不断开垦草原，土壤风蚀沙化肥力衰退，单产与人均粮食占有量均呈下降趋势，80 年代后期还一度成为缺粮县。90 年代以来则随着先进旱作技术的推广与开展等高田、水浇地等基本农田建设，在部分退耕还林草粮田面积减少的同时，由于单产迅速提高，人均占有粮食持续上升，已恢复到 20 世纪 50 年代多雨期的水平，且远高于全自治区与全国人均占有水平，为进一步调整结构创造了有利条件。

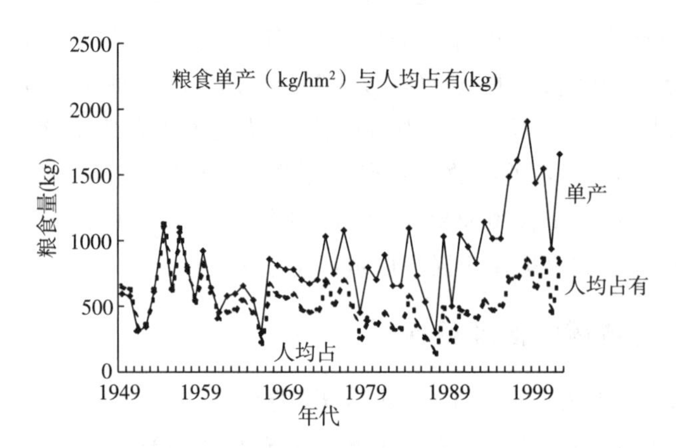

图 3　内蒙古农牧交错带武川县的历年粮食单产与人均占有量的变化

3.2　生态与经济双赢是唯一出路

中国的人口与资源、环境矛盾之尖锐为举世罕见，水土、森林、矿产等人均自然资源均相对贫乏，生态脆弱面大，贫困人口数千万。三峡百万移民的成本达数百亿元之巨，要将全国所有生态脆弱地区的数亿人口全部搬迁到条件较好的中东部地区是根本不可能做到的，即使只将农牧交错带的五六千万人口移民安置，也是目前国家财力所无法做到的。因此，滥垦过牧与全部移民都不可取，前者不可持续，自然风险和长期经济风险太大；后者在经济上不可行，短期的经济风险太大；力求生态、经济双赢是唯一出路。

3.3 找好克服生态障碍的技术突破口

生态脆弱与贫困地区的治理开发，关键是选好突破口。我们的经验是针对影响当地生产与农民增收的主要生态障碍，如在缓坡丘陵地，过去照搬外地建设水平梯田的做法，因减产费工全都失败。我们采取一次打埂，逐年定向翻耕，渐进式建设等高田，每亩地只需两个工，当年增产且逐年递增，已成为内蒙古自治区坡耕地改造的主要形式。在受到风蚀沙化威胁的农田，特别是马铃薯主产区，我们采取条播作物与穴播作物留茬带状间作轮作，以留茬带保护裸露带，有效减轻了风蚀。针对十年九春旱研制了条播作物带水播种机，确保一般旱年全苗。以上述关键技术为骨干，以提高水肥利用率为主线，形成了生态适应性与保护性区域旱作增产配套技术体系。[8]

3.4 调整优化系统结构以降低风险

系统的结构决定功能，通过调整和优化系统结构，增强系统总体抗干扰能力，是降低风险的重要途径。农牧交错带单一种粮的模式导致越垦越荒，越荒越垦的恶性循环。根据农牧交错带的原始植被与水土等自然条件，应恢复以草食畜牧业为主导产业，种植业为畜牧业服务。种植结构调整应按饲经粮的顺序，畜群结构应控制猪鸡等耗粮型动物，发展草食动物。饲料结构应多元化，包括农作物秸秆及副产品利用、饲料作物、人工合成饲料添加剂、人工牧草、天然草地利用等。土地利用结构应以建设基本农田与人工草场为依托，支撑农村社会经济系统。大面积退耕还林草，恢复植被，并为将来扩大草食家畜放牧生产创造条件，近期则以舍饲与以草畜平衡为前提的有控制放牧相结合。总之，农业系统结构调整既要适应市场以降低经济风险，也要适应生态环境，降低自然风险，二者缺一不可。农牧交错带的莜麦、荞麦、胡麻等特色作物由于富含安全氨基酸或不饱和脂肪酸，加工后可制成保健营养食品。冷凉气候适宜马铃薯与油菜籽的种植。无霜期较短和冷凉气候使得各种作物的花期集中，形成独具特色的田园景观，发展避暑观光旅游潜力很大。

3.5 掌握生态平衡点及其阈值

生态平衡是生态系统维持的基本条件，不同生态系统有不同的生态平衡水平及其阈值，体现在系统的各要素上。如风沙区的吹蚀量与降尘量及风化成土量，水蚀区的土壤流失量与沉积量，干旱区的土壤水分蒸散量与降水有效吸纳量，土壤养分消耗流失与施肥量及植物养分回归量，天然草地的生长量与牲畜啃食量，森林砍伐及自然消耗量与生长量，生物种群的数量及构成比例等。对于农业生态系统，应在综合人类利益与自然资源保护的基础上构建生态平衡。有人主张将我国几十亿亩天然草地的 90%都恢复到野生动植物为主导的生态平衡，这显然是违背国情的。应该指出，并非所有的农业活动都在破坏生态平衡，如轻度放牧的草地就比不放牧草地的植被生长更茂密，水土流失和风蚀也相对较轻。[9]

保持生态平衡，最重要的是掌握不同要素的平衡点或阈值。越过阈值，风险会突然增大。远离阈值则往往经济效益太差。如黄土高原农用土地的土壤水分阈值应是在不出现干层前提下尽可能高产时的土壤水分含量，农牧交错带的允许风蚀量应不超过降尘量及母质风化成土量，放牧草地的载畜量以啃食量不超过草地再生能力之半为原则，天然河流的水量利用一般不应超过1/2，至少应预留1/2水量作为冲刷泥沙和入海的生态用水。凡是超过生态平衡阈值的开发利用都是不可持续的。

3.6 依靠科技降低风险——农田防沙尘的技术途径

根据风沙物理学原理，农田起沙尘是由于环境风速大于土粒的起动风速，因此，防止农田起沙尘的技术途径可归纳为以下几条原则：(1)增大地表宏观粗糙度以降低近地面风速；(2)增强土粒团聚性以加大起沙风速阈值；(3)隔离土表与大气；(4)减小土粒的风力作用面。这些人为措施进一步降低了农牧交错带的风沙灾害风险。

根据上述原则，应结合本地区特点分别建立区域性防治风沙技术体系。如不适宜植树的内蒙古后山农牧交错带的做法是推广留茬带状间作轮作、灌草间作和生物篱保护网以削弱近地面风速，通过增施有机肥和微生物制剂增强土粒的团聚性以提高起沙风速阈值，退耕还草以植被或农田以地膜覆盖隔离土表与大气，试验在土表适度镇压和喷洒PAM表面成膜剂形成光滑土面以减小风力作用面。其中留茬带状间作轮作已大面积推广，可降低农田风蚀量50%～80%。坡耕地建成等高田后由于地表粗糙度增大，近地面风速也可降低一半。宁夏在沙坡头铁路两边的沙丘上栽植干草方格，通过削弱近地面风速有效控制了沙丘移动，确保了包兰铁路畅通。依靠科技降低自然风险是农业减灾的又一基本原则。[10]

3.7 通过系统耦合降低风险和释放生产潜力——农牧耦合易地育肥效益显著

农牧交错带地处农区与牧区的过渡地带，作为系统的界面，一方面存在不稳定性和易变异性，另一方面又有可能利用作为农区与牧区两大系统物质、能量与信息交换纽带与渠道的条件，将两个系统的优势耦合起来，形成新的优势，释放出新的生产潜力。易地育肥农牧业生产模式就是应用系统耦合原理，恢复农牧交错带生态系统、发展农牧业生产，实现生态、经济双赢的成功范例。牧区的优势在于夏秋丰富的饲草资源和广阔的草原有利于优良种畜饲养和幼畜的成长。秋季在草原牧区只保留种畜和幼畜，将大量未育成畜转移到农牧交错带和农区，利用秋收后丰富的饲料资源和设施快速育肥，满足内地元旦春节市场需求。易地育肥模式可实现农区与牧区的优势互补，获得很高的经济效益。调查表明易地育肥羊的年纯收入为自繁自养模式的20倍，易地育肥牛则可达6.5倍。由于牲畜承载减轻，可对严重退化的草地实行围封，中度退化草地冬春实行季节性禁牧，有利于保护草地和促进退化草地恢复。

参考文献

[1]卢琦．中国沙情．北京：开明出版社，2000，26-28.

[2]李一功，黄正根，傅上伦，等．风沙紧逼北京城．光明日报(第1版)，1979-3-2.

[3]杨有林，卢琦．国际防治荒漠化评述：1977－1997. 林业科技管理，1997，(2)：13-15.

[4]石元春．走出治沙与退耕误区．科技日报(第8版)，2002-2-25.

[5]郑大玮，妥德宝．退耕还林还草的问题和对策//郝益东．内蒙古实施西部大开发战略评说. 呼和浩特：内蒙古人民出版社，2002.

[6]李裕元,邵明安．黄土高原气候变迁、植被演替与土壤干层的形成．干旱区资源与环境,2001,**15**(1):72-77.

[7] 程序,等．农牧交错带系统生产力的概念及其对生态重建的意义．应用生态学报,2003,**14**(12):2311-2315.

[8]郑大玮,妥德宝,王砚田．内蒙古阴山北麓旱农区综合治理与增产配套技术．呼和浩特:内蒙古人民出版社,2000,50-90.

[9]汪诗平,王艳芬,陈佐忠．放牧生态系统管理．北京:科学出版社 2003,187-203.

[10]赵举,郑大玮,妥德宝,等．阴山北麓农牧交错带带状间作轮作防风蚀技术的研究．干旱地区农业研究,2002,20(2):8-12.

Some Misunderstandings on Sand-Dust Storms and the Technical Ways of Risk Reduction

Zheng Dawei[1], Tuo Debao[2], Liu Xiaoguang[1]

(1. College of Resource Science and Environment, China Agricultural University, Beijing 100094;
2. Institute of Plant Nutrient, Inner Mongolia Academy of Agricultural Sciences, Hohhot 010031)

Abstract: Recent years, the society paid attention to frequent sand-dust storms. But there are something misunderstood about risk sources, characters and degree causing blindness and deviating out of the correct direction of management. In fact, the degenerated pastures and the ecotone between grazing area and cultivated areas with most serious risk of desertification are the biggest dust sources affecting the air quality of the main land, where should be the key of controlling desertification. The management strategies should base on correct evaluation on sand-dust risk. Although the ecotone is a typical ecological fragile area, there are still some special resource advantages. Both total migration and over reclamation or overload are unreasonable, the former is unfeasible, and the latter is unsustainable. Our object is double wins of ecology and economy. Firstly we should select the key techniques to overcome ecological obstacles. Secondly, system restructure is necessary in order to develop predominant special resources and to build regional economical branches. It is important to work out the thresholds of ecological balance and to insist the principle of moderately developing resources. System productive potential can be greatly increase by coupling the areas of grazing and cultivation.

Keywords: sand and dust devil; risk evaluation; ecological construction; sustainable development

集雨补灌示范区建设与黄土高原北部砒砂岩区农村的可持续发展*

郑大玮　张建新

（中国农业大学，北京　100094）

摘　要　黄土高原北部砒砂岩区是我国水土流失最严重的地区，也是内蒙古最主要的生态脆弱和贫困地区之一。干旱缺水是当地农民生存和农业生产最大的威胁。降水时空分布不均既是干旱缺水的成因，也提供了通过雨季集雨旱季利用人为调节的可能性。本文介绍了准格尔旗集雨补灌示范区建设与旱作增产配套技术体系的框架，并分析了发展集雨补灌旱作农业对于砒砂岩区生态环境建设和农村可持续发展的意义。

关键词　黄土高原北部；砒砂岩区；集雨补灌；旱作技术体系；可持续发展

1　黄土高原北部砒砂岩区概况和发展集雨补灌旱作农业的意义

准格尔旗地处鄂尔多斯高原东部，面积 7692 km^2，耕地 5.83 万 hm^2，其中坡耕地占 86.1%，侵蚀模数在 3 万 t/(km^2 · a)以上。年降水 380～420 mm，年平均气温 6～9 ℃，无霜期 145 天。[1]准格尔旗大部位于砒砂岩丘陵区，砒砂岩泛指以红色为主的中生代沉积岩，面积约 1.2 万 km^2。其中以准格尔旗的皇甫川流域分布最为集中，发育最完全。砒砂岩是一种碎屑沉积岩，以砂岩、粉砂岩和泥岩为主，随气候变迁，干热环境下沉积的红色岩层与温湿环境下沉积的白色岩层交错相间。此外，地表还覆盖着黄土和风沙土。

砒砂岩区是我国水土流失最严重的地区，包括水蚀、重力侵蚀和风蚀三种形式。据金争平等研究，砒砂岩区各流域多年平均输入黄河的泥沙达 2.1 亿 t，占黄河流域土壤流失总量 1/8 以上，是黄河粗泥沙主要源地。[2]尤其准格尔旗土壤流失达 1.8 亿 t，为全国之最。

砒砂岩地区坡陡沟深，千沟万壑，耕地主要分布在塬、坡、梁、峁，土壤肥力较低。加上不利的气候条件和粗放经营，作物单产一直处于较低水平，20 世纪 90 年代全旗粮食平均单产仅 1650 kg/hm^2，丰水年与干旱年可相差 3.5 倍。天然草地牲畜超载也十分严重，导致植被退化。到 2002 年，全旗仍有 7.2 万人未解决温饱，9.6 万人和 10.26 万头牲畜饮水困难，农

* 本项研究受到国家“十五”重大科技专项“现代节水农业技术体系与新产品研究与开发”的课题“北方半干旱集雨补灌旱作区（内蒙古准格尔旗）节水农业综合技术集成与示范”资助。本文于 2005 年在印度新德里召开的第十二届国际集雨系统研究会上被评为优秀论文。

村的贫困与旗政府所在薛家湾镇因丰富煤炭资源开发形成的繁荣景象形成鲜明对比。

准格尔旗集雨补灌旱作示范区包括西营子镇与沙圪堵镇的7个村，619农户2337人，面积75.8 km²，为典型的砒砂岩黄土丘陵区。现有人均耕地4.8亩，退耕2.6亩。2002年农民年人均纯收入1478元，比全旗和全自治区平均约低30%，比全国平均低40%以上。

影响示范区农牧业生产的自然因素包括水土流失、风蚀沙化、干旱缺水、低温霜冻、大风冰雹、土壤瘠薄、草地退化等，对农业生存和当地人民生活威胁最大的是干旱缺水。这是因为砒砂岩丘陵区的村舍与耕地集中分布于坡、梁、塬、峁，基本无地表水源，也缺乏地下水。全年降水65%集中在7—9月的雨季且大部流失，沟壑底部水分状况虽较好，但因沟壑陡峭经常崩塌，不适合人类居住和生产活动，与塬、梁的高差过大也使沟壑底部的水分难以提取。春季十年九旱，春末夏初气温猛升，旱情往往急剧发展，首先影响播种出苗，然后影响作物苗期生长并威胁人畜饮水安全。

示范区人均国土面积3.243 hm²，人均雨水资源12974 m³，略高于全旗平均，远高于我国与世界的平均水平。问题是时空分布不均，绝大部分流失和蒸发了。如能将夏季雨水的一部分截获蓄积，留到旱季使用，可以解决人畜饮水和生活用水，多余部分用于关键期灌溉保苗，不但解决了生存问题，而且可促进生产发展和减轻水土流失。

为解决北方半干旱地区的农业干旱缺水问题，2002年国家863"现代节水农业技术体系及新产品研究与发展"重大专项在各地设立了15个示范区，其中准格尔旗等4个示范区的内容是发挥集雨工程效益，组装集成节水补灌旱作增产配套技术，促进示范区农民增产增收，带动黄土高原北部的区域农村经济发展，同时为砒砂岩丘陵区的生态综合治理提供社会经济保障。

2　以集雨补灌为中心的旱作增产配套技术体系

集雨农业在世界范围内已有几千年的历史，[3,4]20世纪70年代以来，随着世界人口的不断增加和大范围干旱灾害的频繁发生，人类对水需求量的增大和水资源紧缺的矛盾日益突出，使得世界上许多国家的人民和政府对集雨农业技术日益重视。

集雨补灌旱作农业是一项复杂的系统工程，包括收集、蓄存、输送、利用等多个环节，目前各地的雨水收集利用技术研究多注重单项技术研究，如雨水汇集技术、雨水蓄存技术、雨水净化技术、雨水利用技术等，缺乏整体性的研究，集成研究不够，导致许多地方出现收集、蓄存、利用、输送各环节相互脱节的现象，工程规划和生产布局有一定的盲目性，影响了集雨工程投资效率和集雨效益的发挥。针对这种情况，我们在示范区建设中开展了以集雨补灌为中心的旱作增产技术体系研究与组装配套，可用图1表示。

上述技术体系包括三个主要环节：

(1)雨水的形态转化阶段：提高雨水的集蓄效率，以信息技术和水利工程技术为主。

运用3S技术估算示范区可能汇集雨水的潜力，在此基础上科学制定集雨工程规划；运用最新集雨材料和技术，精心施工，建设集雨、输水、储蓄工程设施。尽可能将天然降雨集蓄储存到水窖、旱井中，把天然水变成可调控的贮蓄水。

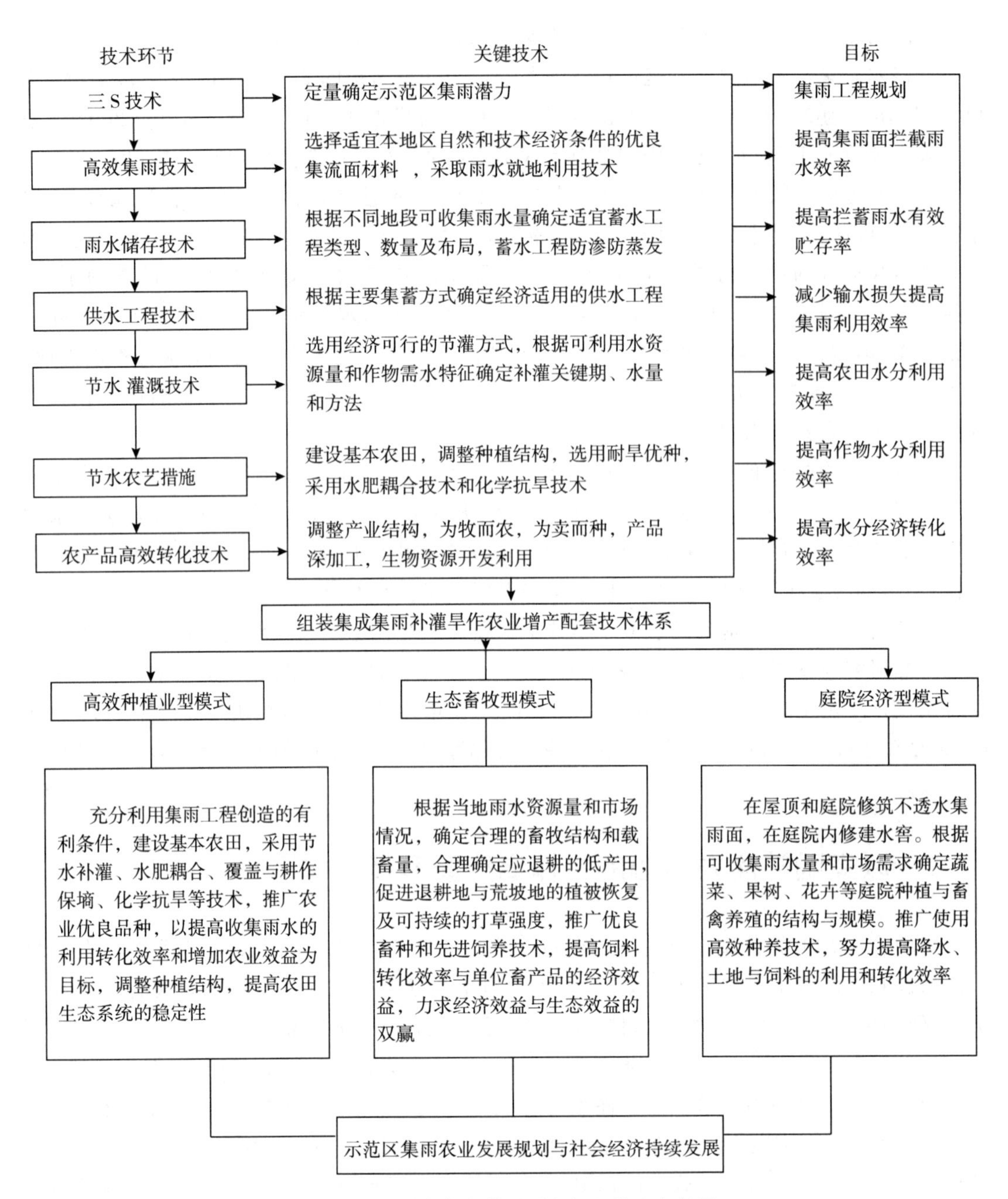

图1　旱作增产技术体系研究与组装配套框图

(2)雨水的生物转化阶段：提高集雨的利用效率，以节水灌溉与节水农艺技术为主。

减少输水和灌溉中的蒸发、渗漏损失，努力提高水分利用效率和生物转化效率，使储蓄雨水转化为人们可利用的生物量。

(3)雨水的经济转化阶段：提高集雨的经济效率，以系统优化和经济调控技术为主。

通过筛选适应市场需求和生态环境的高产优质品种，调整优化种植结构和产业结构，增加农产品的附加值，使有限的集蓄雨水最终转化为尽可能高的经济效益。

每个大阶段又包括若干个小的环节，每个转化步骤都包含着若干技术组合。以雨水收集、利用、转化为主线，以经济效益和生态效益最大化为目标，构成完整的集雨补灌旱作农业技术体系。

根据不同农户的资源优势和生产特点，建立了高效种植业型、生态畜牧业型和庭院经济型三种模式，分别建立不同类型农户的集雨补灌旱作农业技术体系。在生产实践中，有些农户也可能同时兼具其中两到三种模式的特征。

3 黄土高原北部砒砂岩地区生态环境建设与农村经济发展的方向与前景

黄土高原北部砒砂岩地区是我国生态环境最为脆弱，水土流失最严重的地区之一。有些地方已基本丧失生存条件，大部地区在采取集雨补灌措施后，可基本保障人畜饮水和在一定程度上提高作物产量，但由于耕地质量差、分布零散、交通闭塞，难以实现高度的劳动生产率，在人口明显超载的情况下是不可能实现区域经济现代化和使当地人民享受现代文明的。从长远看，这一地区应建成以水土保持为主的生态保护区，大部分农村人口应迁出，转移到城镇和其他条件较好的川滩地农区。留下少数劳力主要从事水土保持为主的生态环境建设，在植被恢复后，在保持草畜平衡的前提下也可适当轻牧，发展适度规模的放牧业。由于创造出很大的生态效益，国家给予留驻农民适当的生态补偿，使其生活水平不低于城镇居民，将是可以和应该做到的。

现阶段由于国家和自治区财力有限和农村人口转移的压力过大，采取简单的行政移民措施，只能适用于基本丧失生存条件的地方。大部分地区仍需采取逐步过渡的办法。否则，大批农民的盲目流动，不仅造成区域社会的巨大压力，废弃的耕地还将成为水土流失新的源地。应通过推广集雨补灌和旱作增产配套技术，保障人畜饮水和粮食安全，较大幅度地提高当地农民的收入水平和生活质量。

有些人以为，在黄土高原地区，凡是农业生产活动都会造成生态的破坏，这种观点是片面的。农业固然是一种人工生态系统，由于改变了原有自然生态系统的物质循环和能量流，有可能对生态环境造成严重破坏，特别是在人口与牲畜超载，滥垦、滥伐和过牧的情况下。但是，如果人们遵循自然规律，建立生态与市场双重适应的农业结构，在保持生态平衡的前提下对自然资源适度开发利用，是有可能实现生态与经济双赢的，关键在于找到兼具生态与经济效益的技术突破口。集雨补灌技术就是既解决人畜饮水安全和增强粮食安全保障，又减轻水土流失的一项关键技术。又如我们在内蒙古后山缓坡丘陵区与砒砂岩缓坡丘陵区推广的渐进式等高田，由于采取一次打埂，逐年定向耕翻整平，不打乱土层，不但有效抑制了水土流失，而且使产量逐年递增，做到了经济效益与生态效益的同步实现。我们推广的马铃薯留茬与麦类等条播作物带状间作轮作，在显著减轻风蚀的同时，由于边行效应和水肥利用互补效应，促进了单产提高和高效作物的扩大种植。[5]我们引进的小香谷、小南瓜等新品种，适应当地春夏干旱升温快的气候和市场需求，增收显著。韩建国等人的研究表明，在植被恢复较好的草地实行轻牧，牧草生长状况明显好于不放牧草地，水土流失也比不放牧草地有所减轻。[6]

要实现经济与生态双赢，砒砂岩丘陵区的农牧业规模应实行总量控制。由于集雨补灌与旱作技术大幅度提高了土地产出水平，有可能在确保粮食安全的前提下，只保留人均2～3亩质量较好的旱作基本农田实行精种高产，以其高效益支撑砒砂岩地区的农村社会经济系统。大部坡耕地退耕还草，在植被恢复后适度发展夏秋放牧、冬春舍饲的季节性草食畜牧业。国家和自治区应加大砒砂岩地区生态环境建设的力度，资助当地农民在荒沟砒砂岩上种植柠条等灌木，控制水土流失。经过几十年的努力，扭转砒砂岩地区的生态恶化趋势，克服中华民族的心腹大患，重建黄土高原的秀美山川是有可能实现的。

参考文献

[1]李厚宽．内蒙古准格尔旗农业资源及合理开发利用研究．呼和浩特：内蒙古人民出版社，1998.

[2]金争平，等．砒砂岩区水土保持与农牧业发展研究．郑州：黄河水利出版社，2003．

[3]赵松岭．集水农业引论．西安：陕西科学技术出版社，1996.

[4]Wesemael B V，*et al*. Collection and storage of runoff from hillslopes in a semi-arid environment：geomorphic and hydrologic aspects of the aljibe system in Almeria Province，Spain. *Journal of Arid Environments*，1998，**40**：1-14.

[5]郑大玮，妥德宝，王砚田．内蒙古阴山北麓旱农区综合治理与增产配套技术．呼和浩特：内蒙古人民出版社，2000．

[6]韩建国，孙启忠，马春晖. 农牧交错带农牧业可持续发展技术. 北京：化学工业出版社，2004.

农牧交错带综合治理及生态保护型农业技术体系与模式研究进展*

郑大玮　王砚田　潘学标　林启美

（中国农业大学资源与环境学院，北京　100094）

摘　要　北方农牧交错带是我国生态脆弱与贫困的主要地区之一，也是影响内地大气环境的主要沙尘源地。中国农大师生与当地科技人员经过近20年的长期攻关研究。针对水蚀、风蚀和春旱等主要生态障碍因素，提出了一系列突破性关键技术，并在此基础上构筑以防沙为主的生态保护型旱作农业技术体系，提出了以丘陵为单元和遵循生态学原理的区域生态综合治理基本模式，总结了农牧交错带系统结构调整与优化的基本途径，同步取得显著的生态效益与经济效益，可供国内其他生态脆弱与贫困地区借鉴。本文还总结了近20年攻关研究取得重大成果的主要经验，并展望了农牧交错带的发展前景与研究方向。

关键词　农牧交错带；综合治理；生态保护型农业技术体系

1　研究背景

1.1　区域概况

内蒙古阴山北麓位于北方农牧交错带中段，包括11个旗县173个乡镇，190余万人口，面积4.17万 km^2，耕地150.06万 hm^2，占全自治区耕地面积20%以上；属中温带大陆性半干旱偏旱气候。年平均气温1.5～3.7 ℃，年较差在30 ℃以上，大于0 ℃积温2241～2900 ℃·d，无霜期83～109 d；年降水量多在250～350 mm，夏季集中且多阵性降水，太阳辐射十分丰富：地貌由南向北依次为低山、缓坡丘陵和波状高原，土层厚度与肥力自南向北递减。[1]

本地区原为纯牧区，近百年来陆续开垦。草原植被破坏导致生态环境不断恶化，1994年自治区调查水土流失面积已占到75%，70%以上耕地草场沙化，并以每年2.5%的速度扩展，少数乡村已丧失生存条件。人均占有粮食从20世纪50年代的685 kg下降到80年代的348 kg，由自治区重要商品粮产区一度沦为缺粮区。每公顷草地生产肉类仅57.5 kg，与发

* 本文为国家重点攻关课题资助项目（2004BA508B10）“北方旱区防沙型农业持续发展模式与技术研究”成果。本文原载于2005年第4期《中国农业大学学报》。

达国家相差几十倍。基础设施和教育、科技事业落后也极大制约了社会经济发展，1994 年国家制定“八七”扶贫攻坚计划[①]时，本地区国家级贫困县占到全自治区的 2/3。

1.2 项目来源和研究意义

旱作农业遍布北方 16 个省、市、区的 741 个县，耕地面积约占全国 38%。“七五”起国家设立“旱地农业增产技术”重点攻关课题，先后建立 8 个试验区。武川旱农试验区代表我国旱农区北部边缘和农牧交错带，生态环境最为严酷，以往研究基础最为薄弱。

农牧交错带综合治理曾被长期忽视，防沙治沙和荒漠化研究把重点放在沙漠边缘的造林固沙，畜牧研究注意力在草原牧区，农业区域发展研究重点在商品粮主产区。近几年沙尘暴频频袭击内地，遥感监测表明，由于失去草原植被保护后的农田裸露时间长达 7～8 个月，已使农牧交错带成为影响内地大气环境的主要沙尘源地之一。发达国家在年降水量 350 mm以下的草地大都只用于放牧，在 350～500 mm 地区采取留茬免耕、秸秆粉碎覆盖、深松耕和化学除草措施，营造防护林，实行保护性耕作。国内丘陵地区主要是打水平梯田。但这些措施简单照搬到我国北方农牧交错带的效果都不好。

本项研究的理论与实践意义在于：首先是建成我国北方最重要的防沙生态屏障，其次关系到近 200 万人民的脱贫致富和区域社会经济发展，第三还关系到民族团结和边疆稳定。本项研究还将丰富我国旱作农业和农田防治风蚀沙化的技术体系。

1.3 研究过程

自 1986 年立项以来，“七五”和“八五”期间在已故龚绍先教授主持下，对本地区旱地农田主要胁迫因素调查分析，研制干旱预测系统，建立了抗干扰技术体系。包括种植结构的小麦、牧草、杂粮“四三三”优化模式、有机无机结合以肥调水的土壤培肥施肥制度、等高耕作和引进、筛选抗旱品种。总结出“三建、六改、五配套”的农牧业综合发展技术体系等，获农业部科技进步三等奖两项。但 3 位课题主持人在 20 世纪 90 年代初中期积劳成疾先后在职去世，给试验区攻关研究带来极大困难。

“九五”和“十五”期间我们调整了技术路线，重点转移到研究克服主要生态障碍的关键技术，构筑防沙型农业技术体系与模式，先后获自治区科技进步一、二等奖各一项，农业部科技进步三等奖一项及丰收计划一、二等奖各一项，各项技术累计推广约 50 万 hm^2，经济效益 6 亿多元，武川县人均粮食占有量达 800 kg 以上，全县整体脱贫。武川旱农试验站被批准为自治区旱作农业重点实验室主要基地，并成为中国农大的野外教学和科研试验重要基地。

2 主要研究进展

2.1 技术路线与研究思路

在生态脆弱和贫困地区开展农业区域发展和生态治理攻关研究，既要进行生态环境建设，又要发展生产脱贫致富，必须坚持可持续性与可行性的统一。我们制订了以下的攻关研

① “八七”扶贫攻坚计划是 1994 年 3 月，国务院制定和发布的关于全国扶贫开发工作的计划，“八七”的含义是针对当时全国农村 8000 万贫困人口的温饱问题，力争 7 年左右的时间（1994—2000 年）基本解决。

究技术路线："以生态经济学和系统科学理论为指导，从分析导致本地区农业低产不稳和贫困落后的生态障碍因子和社会经济因素入手，集中力量试验研究，提出针对主要生态障碍因子的关键技术。组装配套构建生态保护型旱作农业技术体系并大力推广，力求生态、经济效益的同步实现。调整优化系统结构，建立以防沙型农业系统带动县域经济发展的模式。"[2]

2.2　旱作农田防风蚀沙化基本原理

根据风沙物理学原理与生产、科研实践总结出旱作农田防治风蚀沙化的基本技术途径：

(1)营造防风林或农田生物篱网或修建挡风墙，增大下垫面粗糙度，降低近地面风速。使之小于起沙风速阈值[3]。如实测顺坡地迎风面粗糙度 0.004 cm，同一坡面相邻建成等高田粗糙度 0.27 cm，相差 60 多倍，使近地面 2 cm 高度风速比顺坡地降低 55%。留茬带粗糙度 1.34 cm，比裸地增大 12 倍以上。2004-10-20—2005-04-15 在武川旱作试验站的田间试验结果表明，受油葵秆生物篱保护的留茬地和裸地的风蚀量均比对照裸地明显减少(表 1)。

表 1　不同地块距篱网不同位置风蚀量(2004-10-20—2005-04-15，武川)　(单位：t/hm²)

地块地类	距篱网 1.5 m	距篱网 3.0 m	距篱网 4.5 m	距篱网 6.0 m	距篱网 7.5 m (距茬 1.5 m)	距篱网 9.0 m (距茬 3.0 m)	距篱网 10.5 m (距茬 4.5 m)
篱＋草谷子留茬＋裸地	3.15	5.06	7.18	5.5	7.78	5.66	5.02
篱＋油菜留茬＋裸地	9.16	10.3	8.7	2.55	4.35	3.96	6.08
篱＋翻耕裸地＋莜麦留茬	7.81	7.51	5.33	4.56	−1.01	8.56	11.17
对照裸地	10.8						

(2)增施有机肥和耕作保墒。促进土壤团粒结构形成和增强土粒团聚性，使其起沙风速阈值抬高到大于环境风速。风洞试验表明沙质壤土在含水率 4% 时的起沙风速为 11.0 m/s，含水率 10% 时可提高到 15.6 m/s。

(3)镇压或施用表面成膜剂使土面光滑，减小地面微观粗糙度和土粒受风面积。

(4)使用地膜或表面成膜剂将土壤与大气隔离[4](表 2)。

表 2　喷施地膜 PAM 减轻土壤风蚀的效果(2003-10—2004-03，武川)

处　理	起沙风速(m/s)	两年平均风蚀量(t/hm²)
裸露土壤	11.39	6.50
喷施 PAM(2.5%)	12.00	3.15
喷施 PAM(5%)	12.53	1.50

(5)增大风蚀季节的植被覆盖度具有增大下垫面宏观粗糙度、增强土壤结构性、隔离土壤与大气等综合防蚀效应，在农牧交错带以灌木效果最好，多年生牧草次之，乔木林因生长不良效果较差，一年生作物因冬春土壤裸露，风蚀最为严重。

2.3　生态脆弱与贫困地区综合治理的突破口——三项关键技术

(1)针对水蚀——在缓坡丘陵推广渐进式等高田。农牧交错带夏季多阵性降水，丘陵水土流失严重。由于土层薄，适宜施工季节短和人少地多，照搬内地经验修建水平梯田费工耗资，把生土翻上来还造成减产，难以被农民接受。经十余年试验研究提出修筑渐进式等高田的配套技术，要点是：全面规划，实地勘测，等高一次筑埂，逐年定向耕翻，经 3～5 年由坡式梯田渐变为水平梯田。保水保土保肥效应显著，兼有防风蚀效果，耗资少且省工。建成当年增产3成以上，以后逐年递增到8成。受到农民普遍欢迎。自治区1998年发文要求在全区200万 hm^2 丘陵旱坡地全面推广[5]。

(2)针对风蚀——推广以带状留茬间作轮作为中心的保护性耕作技术。由于干旱多风、土壤贫瘠和大量种植马铃薯，内地和国外营造防风林、秸秆粉碎还田、留茬免耕等防风蚀技术在本地区简单照搬的效果不好。经试验研究提出多种形式的带状间作为中心的保护性耕作技术，包括——麦类油菜等条播作物留茬与马铃薯等穴播作物间作轮作技术，以留茬带保护牧草带；灌草间作，以灌木带保护牧草带；粮草间作轮作，以多年生牧草带保护作物带；田间间作向日葵、饲料玉米、草木樨等高秆作物或牧草，秋后留茬作为生物保护篱网。同时还提出了适宜的间作轮作组合及带宽。目前该项技术已推广15万 hm^2，农田被保护带风蚀量减少5～8成，留茬带风蚀基本控制，甚至小于降尘量，并兼有聚雪保墒效果，一般增产15%以上，还促进了种植结构的优化和畜牧业发展[4]。

(3)针对春旱——推广带水带肥伴药机播复合作业。玉米等条播作物座水抗旱播种技术早已在北方普及，但农牧交错带以麦类等条播作物为主。且人少地多，不能实行座水播种。试验在6行播种机安装水箱，每亩注水100～200 kg到播种沟，可使种子周围2 cm土柱含水量在20 d内保持在发芽所需临界水分之上，确保一般旱年全苗。化肥和农药溶解后还可随水入土，既高效省工还解决了春旱年怕烧苗不敢投肥的问题。大面积示范出苗率增加20%以上，带水播种增产26.5%～35.9%，带水带肥又比带水播种增产18.5%，每台播种机安装水箱和注水管只需投资300元。已推广4万 hm^2[6]。

上述三项关键技术在很大程度上克服了本地区的主要生态障碍。且都具有成本低廉、简便易行、增产显著，因而受到当地政府和农民的欢迎，得以在大面积生产上迅速推广。同时也成为我们在生态脆弱与贫困地区生态综合治理与旱作农业发展研究的重要突破口。

2.4 农牧交错带防沙型旱作农业技术体系的基本框架

以三项关键技术为骨架，与其他适用技术组装配套，构筑农牧交错带防沙型旱作农业技术体系的基本框架如下：[2]

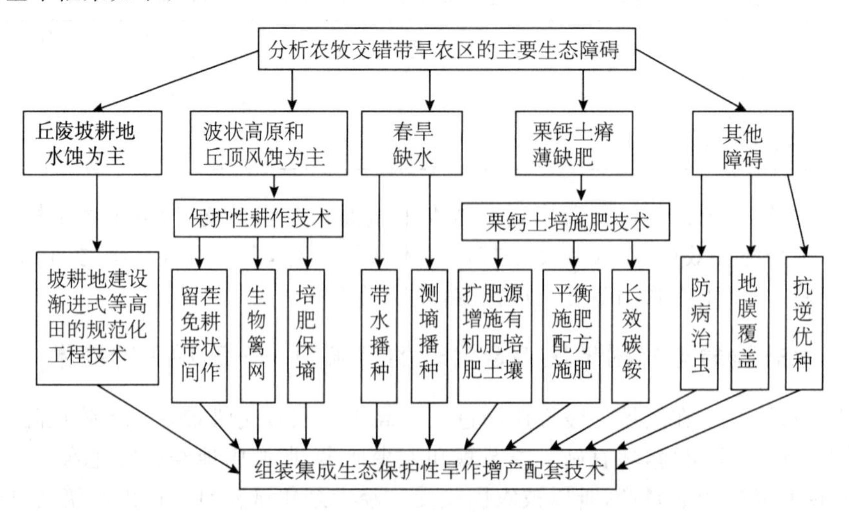

图1 农牧交错带生态适应性旱作增产配套技术框图

2.5　农牧交错带生态综合治理的基本模式

(1)以丘陵为单元的生态综合治理模式

针对农牧交错带丘陵区地貌和土地利用特点，提出以丘陵为单元综合治理的模式，主要内容是“草业冠、等高田、树封沟”[7]。

在试验站附近典型丘陵不同部位分别测定植被生长状况和生物量、土壤质地、肥力与风蚀量等，表明丘陵顶部与北坡中上部风力和风蚀量最大、土层薄，植树一般不能成活，应退耕种草；丘陵中下部土层较厚风蚀减轻，但存在水土流失，应修建渐进式等高田作为基本农田；丘陵底部的冲沟应植树封堵。

农牧交错带的缓坡丘陵是比小流域更小的地貌单元，这一模式与以小流域为单元综合治理水土流失的基本模式并不矛盾，是其重要补充。该模式坚持因地制宜的基本原则，既反对把梯田修到丘陵顶部，也反对把整个丘陵连体退耕，目前在内蒙古阴山北麓已推广 20 万 hm^2。

农牧交错带既不能延续滥垦过牧的掠夺性开发，也不能忽视农民生计全部退耕。要掌握好科学合理退耕的分寸，必须进行实地考察研究。我们根据典型丘陵不同部位生境和作物生长状况的调查观测，提出阴山北麓栗钙土典型缓坡丘陵退耕部位的技术指标：

从土壤水分储量看，退耕应包括阳坡上部 64％和阴坡上部的 24％；从粒级看，退耕应包括阳坡上部 27.50％和阴坡上部的 66.5％；从生物量看，退耕应包括阳坡上部 50％和阴坡上部的 38％。

不同丘陵的土壤质地、肥力和侵蚀程度不同，具体掌握还要因地制宜调整比例。土层厚和坡度缓的可少退耕，土层薄和坡度陡的应多退耕。考虑到农牧交错带兼有水蚀和风蚀。植被稀疏固土能力差，生态环境更加脆弱。气候干寒也不利于植被的恢复，坡度在 15°以上的丘陵或其陡坡部位就应退耕。

(2)遵循生态规律合理退耕的模式

近年来国家实施退耕还林还草，有效遏制了生态脆弱地区水土流失不断恶化的趋势。但有些地区为追求虚假政绩，盲目引种耗水树种或大搞形象工程，成活率很低，造成极大浪费。石元春院士曾尖锐指出，在退耕中存在的“林草、点面、标本、天人”四大误区，即只重树不重草，重视点上树样板而忽视面上见实效，治标不治本，重视人为措施而忽视利用生态系统的自然恢复能力。我们结合在农牧交错带的实地调查，认为还存在“沙尘、进退”两个误区，即片面强调沙漠边缘的防沙，但实际影响内地大气环境的是主要来自农牧交错带裸露农田和退化草地的尘土，应科学确定治理的重点区域。片面强调退耕而忽视基本农田的建设和保护，不利于生态脆弱地区生态治理成果的巩固和可持续发展。只有遵循生态与经济规律，才能处理好生态环境建设与区域社会经济发展的矛盾，实现可持续发展的目标[8]。

遵循生态规律。在空间上，主要是遵循生态适应性原理，即适地适树适草。尽量以本地区或同一生态区域的原生物种为植被恢复重建的基础，引种外地树种草种必须经过生态气候相似分析和严格的植物检疫。在时间上，主要是遵循生态演替规律，选择耐旱耐瘠物种作为先锋植物，并选择适宜的后续植物。而在严重沙化的退耕地上一开始就试图种植高产优质牧草，不但成活率很低，还有可能加速土地的沙化。在结构上，要考虑物种之间的相互关系，应尽可能选择互补互利的物种组合。因为单一物种抗逆性差且不稳定。

我们的书面建议经《科技日报》采用发表和内蒙古自治区副主席郝益东审阅后，对一度出现的短期行为起到了一定遏制作用[9]。

2.6 农牧交错带调整结构、优化系统功能的基本途径

北方农牧交错带原有的生态经济系统结构，既不适应恶劣的生态环境，也不适应当前的市场需求。调整的目标是突出地区优势，建立市场与生态双重适应的生态农牧业结构。

系统科学思想的一条基本原则是结构决定系统的功能，优化结构可以提高系统的总体功能。扭转农牧交错带的恶性循环，首先要通过调整系统结构，抛弃传统的掠夺性开发战略。对于生态环境胁迫不明显的内地，结构调整主要是市场取向。但对于农牧交错带这样的生态脆弱地区，单纯适应市场需求还不够，还必须适应生态环境，只有对市场与生态双重适应的系统才是健康和可持续的。

农牧交错带作为一个复杂的生态经济系统，可分解成若干层次和子系统。结构调整不仅指种植结构或产业结构，也是指全方位的系统结构调整[1]。

(1)土地利用结构。改广种薄收为建设基本农田，实行精种高产，以区域主要农产品基本自给来支撑社会经济系统；中低产田退耕还草，退化草地限牧或禁牧封育，促进生态恢复，并为将来草地畜牧业的大发展创造条件。

(2)产业结构。从单一种植以粮为纲转变为以草食畜牧业及畜产品加工业为主导产业，带动二、三产业的发展，确立为牧而农，即种植业为畜牧业服务的方针。

(3)种植结构。压缩雨热不协调的小麦面积，扩大种植饲料玉米、马铃薯、优质杂粮和油料作物，建立饲经粮三元结构，实行为养为卖而种[10]。

(4)畜群结构。压缩耗粮型畜禽和役畜，发展羊、兔等草食动物，交通沿线重点发展奶牛业。根据饲料资源和转化效率确定牲畜承载量，促进畜牧业从低效数量型向高效优质型的转变。

(5)饲料结构。通过秸秆利用、种植饲料作物、人工种草和农副产品利用扩大饲料来源，弥补天然草地退化造成的草料不足。以舍饲、半舍饲养替代单纯放牧。在技术支撑方面重点推广马铃薯和玉米等粮饲兼用作物的地膜栽培配套技术和秸秆青贮氨化技术。随着天然草地和退耕地植被的恢复，再逐步增加放牧比重。

(6)区域经济结构。发挥农牧交错带作为农区与牧区桥梁和纽带的作用，实行资源优势互补和优化配置。推广北繁南育，易地育肥，促进农区与牧区的共同繁荣。

阴山北麓地区 20 世纪 90 年代后期以来实行上述 6 个层次的系统结构调整已取得初步成效，马铃薯、饲料玉米和经济作物面积迅速扩大；20 世纪 80 年代后期的干旱年农牧交错带曾发生大范围灾民扒火车南下逃荒要饭的风潮；1999－2001 年的持续干旱中，单一种粮农户减产 5～8 成，种植饲料作物，以畜牧业为主的农户收入下降不多甚至仍有增长，加上政府救济及时，社会秩序稳定，农民安居乐业。近几年阴山北麓各旗县已先后整体脱贫。

3　在生态脆弱与贫困地区攻关研究的基本经验

中国农大过去在黄淮海平原中低产田综合治理中曾取得重大成果，但在生态脆弱与贫困地区的农业区域发展与生态治理方面工作基础比较薄弱。武川旱农试验区经过近 20 年的艰苦奋斗，取得了显著进展，积累了丰富的经验，主要是：

(1)以系统科学思想和生态经济学理论为指导，从系统分析入手，克服主要生态与经济发展障碍，发挥区域资源优势，调整和优化系统结构，发展特色产业，增加农民收入。

(2)从当地实际出发，针对主要生态障碍因素，研究简便易行，成本低的关键技术为突破口和骨干技术，组装配套形成以防沙为主的生态保护型适用技术体系，力争生态效益与经济效益的同步实现，坚持可行性与可持续性的统一。

(3)农业生物技术与农业工程技术相结合，以农业生物技术为主：利用自然生态恢复能力和人工物质投入相结合，以利用自然恢复能力为主。

(4)有选择的基础性研究、应用研究与开发研究相结合，以应用研究和开发研究为主；单项研究与多学科综合研究相结合，以多学科综合研究为主。

(5)试验、研究、示范推广相结合，教学与科研相结合，与地方政府、农业技术推广部门相结合，加快攻关研究成果的转化。

(6)中央科研机构与地方科研机构之间，不同学科人员之间和老中青科技人员之间相互尊重，形成各自发挥优势和互补互助的结构与机制。

(7)利用试验区的舞台，对内外开放，吸引更多的相关项目，把农牧交错带的生态治理与区域发展的科技事业逐步做大做强。

(8)心系三农，以为农业科技事业献身的先驱者的事迹教育青年科技工作者，坚持艰苦奋斗、严谨务实和勤俭办科研的工作作风。

4　农牧交错带的发展前景与研究方向

农牧交错带作为农区与牧区两大生态经济系统的过渡地带，既具有系统边界所特有的不稳定性与脆弱性，又具有与外界环境物质、能量、信息交流相对活跃的特征。北方农牧交错带一方面具有干旱少雨、风蚀沙化、水土流失、高寒多灾、植被稀疏、远离经济中心的闭塞等劣势，同时又具有人均土地面积大、盛夏气候宜人以及生物、景观、人文历史等特色资源。特色资源是否能形成优势，很大程度上在于人们能否正确认识、趋利避害、巧妙利用。

(1)全面建成北方最重要的生态屏障。随着科学实施退耕还林还草、退牧还草等工程和生态保护型旱作农业技术的普及，农牧交错带严重的风蚀沙化可望得到有效的遏制，将能重现风吹草低见牛羊的景观。

(2)发展特色产业和生态旅游业。气候冷凉对于种植喜温作物固然是劣势，但对于种植马铃薯一类喜凉作物却是优势；无霜期短热量不足不利于高产，但盛夏凉爽宜人和各种作物花期集中却为农牧交错带发展以田园景观为特色的生态旅游业创造了条件；干旱多风导致多灾，但又提供了丰富的太阳能和风能等可再生能源；远离中心城市和闭塞是导致社会经济发展滞后的根本原因，但现代信息技术在一定程度上可以弥补这一缺陷，基本没有污染的环境本底却有利于发展有机农畜产品和创汇农业，自然景观也因此得以完整保留；再者，许多药用植物和具有特殊营养保健价值的品种资源更是其他地区所没有的。

(3)农牧耦合可以释放出巨大生产潜力。任继周院士指出，农牧交错带在系统学上是大尺度混沌边缘，既有使生命系统产生强烈震荡的新生因素，也有使系统不至于陷于无序状态的稳定因素。农牧交错带要在农林牧三个系统之间找到平衡，其系统空间结构特征是按景观或成分配置的带状或镶嵌状土地利用格局。系统耦合即两个或两个以上性质近似的生态系统具有互相亲和的趋势，条件成熟时可以结合为一个新的高一级结构功能体，可以导致生态系统的进化和系统生产潜力的解放[11]。

我国大多数牧区草原退化相当严重，冬春饲草不足使得人为减少越冬牲畜承载势在必行。根据吕玉华的调查，内蒙古牧区现实载畜量为适宜载畜量 1.15～2.60 倍，而农区大部旗县的现实载畜量仅为适宜载畜量的 35％不到。传统放牧生产的致命弱点是牲畜与牧草生长不同步：夏秋牧草旺盛生长营养丰富，一般不存在超载问题；冬春牧草枯萎，使牲畜普遍掉膘甚至死亡。农区的饲料资源恰好相反：夏季作物生长期间可利用饲料不多，秋收后秸秆和作物副产品等饲料资源却十分丰富。所以。实行北繁南育，易地育肥，可以实现两地资源优化配置高效利用，又有利于减轻负担保护草原。在退耕地和撂荒地恢复草原的本来面貌后，北方农牧交错带的草地畜牧业还将得到更大的发展[12]。

(4)率先实现规模经营。农牧交错带的人均土地面积较大。除少数沙化严重地区已基本丧失生存条件需要移民外，大部地区仍具有一定的承载力；一些盆地与河滩的土壤相对肥沃，增产潜力很大；由于地貌多为缓坡丘陵、波状高原或高平原，基本不影响机械作业。因此，随着区域经济发展和大部农村人口的城镇化，有可能比人均耕地很少的内地提前达到较高水平的机械化，大幅度提高劳动生产率，从而实现区域社会经济的跨越式发展。

本项目准备在武川旱农试验站的基础上进一步建成以防沙型旱作农业技术和农牧交错带生态治理为主要内容的开放式的科研、教学基地，吸收国内外相关学科的研究项目，建成我国北方荒漠化防治与旱作农业研究的重要基地。

参考文献

[1]郑大玮，妥德宝，王砚田. 内蒙古阴山北麓旱农区综合治理与增产配套技术. 呼和浩特：内蒙古人民出版社，2000，176-182.

[2]郑大玮，妥德宝 . 农牧交错带防沙型农业模式与技术体系的初步研究//中国耕作制度研究会、农业部科技发展中心. 区域农业发展与农作制度建设(全国区域农业发展与农作制度建设学术讨论会论文集). 兰州：甘肃科学技术出版社，2002，101-107.

[3]陈广庭. 沙害防治技术. 北京：化学工业出版社，2004，36-63.

[4]妥德宝，段玉，赵沛义，等. 带状留茬间作对防止干旱地区农田风蚀沙化的生态效应. 华北农学报，2002，**17**(4)：61-65.

[5]妥德宝，马思延，郑大玮，等. 内蒙古武川旱农试验区等高田水土保持效应的研究. 华北农学报，1998，13(旱作农业专辑)：53-62.

[6]赵沛义，妥德宝. 带水播种提高旱地条播作物稳产性. 华北农学报，1998，13(旱作农业专辑)：21-25.
[7]妥德宝，郑大玮. 内蒙古阴山北麓农牧交错带农业生态重建模式的研究//高炳德，等. 迈向21世纪的土壤科学—提高土壤质量促进农业持续发展. 中国土壤学会第九次全国代表大会论文集(内蒙古卷). 呼和浩特：内蒙古人民出版社，1999.
[8]郑大玮，妥德宝. 表面文章做不得. 科技日报，2002年1月10日第8版新世纪农业专版.
[9]郑大玮，妥德宝. 退耕还林还草的问题和对策//郝益东. 内蒙古实施西部大开发战略评说. 呼和浩特：内蒙古人民出版社，2002.
[10]郑大玮，妥德宝，赵举，等. 后山地区农业和种植结构调整的思路——以武川县为例. 华北农学报，1998，13(旱作农业专辑)：123-131.
[11]任继周. 系统耦合在大农业中的战略地位. 科学，1999，**51**(6)：12-14.
[12]吕玉华，郑大玮. 北方农牧交错带牧草和作物生态气候适应性研究. 中国生态农业学报，2003(1)：135-138.

Progresses on Integrated Management and Dryland Farming Technical System for Ecological Protection in Ecotone of the North China

Zheng Dawei, Wang Yantian, Pan Xuebiao, Lin Qimei

(College of Resources Environmental Science, China Agricultural University, Beijing 100094)

Abstract: The northern ecotone is one of the ecological fragile and poor regions in China. It becomes the main source of sand and dust storm which deteriorates the environment of Chinese inland. Aiming at the main ecological obstacles. e. g. water erosion, wind erosion and spring drought, a series of key techniques and the system of dryland farming technology for ecological protection were developed and suggested during nearly 20 years' research by CAU and the local scientists. A regional model based on ecological management for a hill as a basic unit was established. And the way of optimizing system structure was also developed and summarized. High bene fit and ecological benefits were obtained during the research project. The experience and techniques obtained have some potentials in ecological management of other fragile and poor areas. The prospect and future research of this area are also discussed in this paper.

Key words: ecotone between agricultural and grazing areas; integrated management; dryland farming technical system of ecological protection.

北京郊区农田生态系统服务功能价值的评估研究*

杨志新[1,2]　郑大玮[1]　文　化[3]

（1. 中国农业大学资源与环境学院，北京 100094；2. 河北农业大学资源与环境学院，河北保定 071001；
3. 北京农林科学院，北京 100097）

摘　要　由于耕地面积显著减少，京郊农田生态系统总服务价值由1996年的4513384.07万元下降到2002年的3426990.22万元，减少1086393.85万元。其中粮食作物的各项服务功能价值在逐年降低，其他作物有不同程度的提高。6年间农业总服务价值平均值大约是其农业增加值的8倍，相当于8元服务价值产出1元经济生产力。6年里间接价值平均为3461605.08万元，大约为直接价值的6倍。农民承担了保护耕地资源的责任，却没有获得相应收益。从构成来看，在京郊现有耕作制度下，提供农产品份额为12.41%；调节大气成分和净化环境价值占据绝对主体，两者之和占农田生态系统总服务价值的77%（净化环境占37.51%，调节大气成分占39.48%）；土壤积累有机质价值为4.4%；农业观光游憩价值为3.8%；维持养分循环为1.27%；蓄水功能为2.21%；而保持土壤服务功能最低，仅占0.01%。

关键词　北京郊区；农田生态系统；服务功能；价值；评估

城市郊区农业（主要指农田生态系统，包括种植业和果园）作为城市的子系统，由于其半自然、半人工生态系统的特殊性，在农业生产活动中，为城市提供了粮食、蔬菜、水果等农副产品，同时也担当着生态服务和社会保障功能。城郊农业对城市环境的生态屏障和社会保障效应在现代化大都市的发展中起着越来越重要的作用。迄今国内外关于资源生态价值评估理论与方法的研究主要集中在森林资源与水资源[1~5]，对于农田生态系统的价值评估目前尚无公认的标准与方法，国内关于独立的农田生态价值评估案例尚少[6,7]。本研究在借鉴自然生态系统价值评估方法的基础上进行相应参数的修正，同时也增加了农田特有的服务功能，进而对北京郊区农田生态系统服务价值进行评估，以期使决策者能够获得比较完整的信息，以高效配置郊区农业资源，有助于京郊农业的正确定位和可持续发展。

1　研究区概况

北京市地处华北大平原的西北边缘，总面积1.64万km^2，其中山区占62%，平原占

*　本文原载于2005年第4期《自然资源学报》。第一作者为郑大玮教授指导的博士生。

38%。属于暖温带半湿润大陆性季风气候，冬季寒冷干燥，夏季高温多雨，多年平均降水量571.9 mm，降水分布极不均匀，主要集中在夏季，多以暴雨形式出现，年蒸发量达1800～2000 mm。年平均气温9.0～12.0 ℃，≥0 ℃积温4000～4600 ℃·d，无霜期50～200 d。自1996年以来，粮食作物占耕地面积的比重大幅下降；蔬菜瓜果发展迅速，饲草等新兴产业初具规模，到2002年粮经饲三元结构基本形成。同时，果园面积及产量也呈现明显增长趋势。

2 京郊农田生态系统各项服务功能价值的评估

本文参考了相关研究[8～12]，并结合京郊农田生态系统的实际评估其服务功能价值。本研究仅考虑了农田生态系统正面服务价值，对于其所带来的负面影响将另文阐述。

2.1 京郊农田生态系统产品服务价值

本文界定的农田生态系统包括粮食作物（小麦、玉米、稻谷、薯类、大豆等）、经济作物（棉花、花生等）、蔬菜、瓜类、饲草的种植以及各种果园的生产经营，以农业增加值表示京郊农田在一定时期内给人类提供的农产品服务价值。从表5中的农业增加值数据看出，北京市1996～2002年农田生态系统产品服务价值呈下降趋势[13]（农业增加值中没有考虑秸秆价值）。

2.2 京郊农田生态系统调节大气成分功能价值评价

本研究只考虑了农田生态系统各类作物在生长期间所提供的调节大气成分功能，至于收获物中碳进入各种生态系统转化中的汇效应或源效应不在本研究考虑之内。

利用北京郊区农田生态系统各类作物的经济产量、经济系数等相关资料，折算作物年净生物量，果树则按果树生产力及果树株数计算年净生长量。根据生态系统每生产1.00 g植物干物质能固定1.63 g CO_2 和释放1.20 g O_2，采用造林成本法（260.9元/t C）和碳税法（150美元/t C，按1美元＝8.28元人民币汇率）估算固定 CO_2 的价值，以其平均值作为农田生态系统固定 CO_2 的价值；采用造林成本法（352.93元/t O_2）和工业制氧法（制氧工业成本400元/t O_2）估算释放氧气的价值[10]，以其平均值作为农田释放 O_2 的价值。农田生态系统各类作物固碳制氧的价值通式为：

作物类： $$V=Q\cdot E\cdot P,Q=B\cdot(1-R)/f$$

果园类： $$V=G\cdot S\cdot E\cdot P$$

饲草类： $$V=Q_n\cdot E\cdot P,Q_n=[(1-W)Q_f\cdot S]\cdot(1+1/R)$$

式中：V 为固碳或制氧价值；Q 为各种作物年净生物量；E 为固碳和制氧系数（固定 CO_2 系数为1.63；释放 O_2 系数为1.20）；P 为固碳或制氧成本；B 为作物经济产量；R 为作物经济产量含水量；f 为经济系数；Q_n 为饲草年净生产量；W 为鲜饲草含水量；Q_f 为单位面积鲜草量；S 为饲草或果园的面积；R 为茎根比（0.38）[14]；G 为果树（以苹果为主）年净初级生产力；各作物参数选取力求符合其各自的特性。

表1、表2说明，京郊农田生态系统固定 CO_2 和释放 O_2 总价值在近6年内明显下降，2002年同比1996年分别减少643799.0万元和229695.4万元。其中影响最大的粮食作物

固定 CO_2 和释放 O_2 的价值同比分别减少 786392.5 万元和 290039.7 万元，经济作物、蔬菜、饲草、果园呈增加趋势，其固定 CO_2 价值增加 142593.5 万元，释放 O_2 增加 60344.3 万元。尽管如此，其增加仍远不能弥补粮食作物因播种面积下降所提供服务价值总量逐年减少的趋势。

表 1　北京郊区农田生态系统固定 CO_2 功能价值　　单位：万元

类型	1996 年	1997 年	1998 年	1999 年	2000 年	2001 年	2002 年
粮食作物	1250882.9	1249378.6	1274793.4	978225.8	688211.1	565176.5	464490.4
经济作物	9223.9	8501.8	8498.2	8348.0	10855.5	13222.2	14246.1
蔬菜	52393.3	53446.2	53353.1	55868.3	64971.3	69681.8	72091.6
饲草	3296.7	3296.7	820.8	23608.2	37495.5	60472.9	62787.4
果园	122414.1	125138.2	128160.2	136204.8	181578.1	181578.1	180769.3
合计	1438183.9	14397345	1465625.7	1202255.2	983111.4	890131.4	794384.9

表 2　北京郊区农田生态系统释放 O_2 的价值　　单位：万元

类型	1996 年	1997 年	1998 年	1999 年	2000 年	2001 年	2002 年
粮食作物	461354.5	460799.7	470173.3	360792.3	253828.2	208450.2	171314.8
经济作物	3402.0	3135.7	3134.3	3079.0	4003.8	4876.7	5254.3
蔬菜	19323.9	19712.2	19677.9	20605.5	23962.9	25700.2	26589.1
饲草	2411.9	2411.9	2411.9	9913.2	18549.7	30676.6	32116.0
果园	45149.1	46153.9	47268.5	50235.5	66970.2	66970.2	66671.9
合计	531641.5	532213.4	542665.9	444625.5	367314.7	336673.9	301946.1

2.3　京郊农田生态系统净化环境功能价值评估

郊区农业特别是种植业，具有降解污染物和清洁环境的显著效应，适量的污水科学灌溉可减少化肥用量并降解有害物质，使污水得到净化；许多农田植物能吸收空气中的有害气体并分解之，如水稻能吸收大气中的 SO_2、NO_2[15]。农田还具有很强的消解畜禽废弃物功能。

2.3.1　净化大气环境价值

因目前京郊农田单位面积净化各种污染物的具体数据难于获取，所以采用马新辉等人研究的参数，取其水浇地和秋杂粮旱作作物对污染物净化的均值作为本研究的计算依据，稻田吸收各种污染气体量分别：SO_2 为 45 kg/(hm^2·a)；HF 为 0.57 kg/(hm^2·a)；NO_x 为 33 kg/(hm^2·a)；滞尘为 0.92 kg/(hm^2·a)。其他农田分别：SO_2 为 45 kg/(hm^2·a)；HF 为 0.38 kg/(hm^2·a)；NO_x 为 33.5 kg/(hm^2·a)；滞尘为 0.95 kg/(hm^2·a)[16,17]。再根据郊区农田生态系统各种主要作物的耕地面积，运用替代法和防护费用法计算出农田作物净化大气环境的价值(表 3)。农田净化污染气体的价值在下降，2002 年同比 1996 年共下降 3394.06万元，平均每年降低 565.68 万元。由于缺乏果园净化污染物量的数据资料，没有做相关估算。稻田净化污染气体的价值6年间降幅较大，与水稻面积的大幅度减少直接相关。由于水稻的耗水量较大，北京未来将逐步退出水稻的种植，水稻田的减少固然会节水，但稻田的消失将会造成相关的经济及生态价值损失。

表3 北京郊区农田生态系统净化大气及污水的价值(万元) 单位:万元

类型	1996	1997	1998	1999	2000	2001	2002
稻田净化气体	471.26	472.62	395.21	391.13	287.23	138.52	90.99
农田净化气体	8329.88	8293.14	8271.62	8131.35	6875.17	5587.36	4935.82
净化污水	22950	22950	22950	22950	22950	22950	22950

注:削减 SO_2 的单位价值为0.6元/kg;净化 NO_x、SO_2 的单位价值为0.6元/kg,HF为0.9元/kg;削减粉尘成本为170元/t[17,18]

2.3.2 农田消纳废弃物功能价值评估(主要针对畜禽粪便)

由于目前对畜禽废弃物的处理与利用还缺少低成本的有效技术，利用粪肥的主要方式还是直接施入农田土壤。不同类型畜禽的粪便，其肥效养分比例差异较大。为具有可比性，可将各种畜禽粪便统一换算成猪粪当量，本研究也以此表示农田的最大畜禽粪便消纳量。根据目前京郊农田生态系统的作物经济产量水平和需氮系数确定各种作物所需氮量(主要养分指标)，再根据畜禽粪便的氮养分含量(假定作物所需氮养分完全由畜禽粪便所提供)，估算目前生产条件下各类作物田所能消纳的最大畜禽粪便量。在这里还假定土壤氮养分保持平衡，且绝大多数为非豆科作物，固氮能力很有限，因而可以忽略土壤的供氮。

如果没有农田这种特有的消纳降解功能，那么为了减少畜禽粪便污染环境，需要对其进行净化处理。目前一般采取资源化处理加工成有机肥料，加以循环利用，其处理成本直接体现在有机肥料价格中。农田对畜禽粪便的消纳净化相当于天然的粪便资源化处理，因此，本研究以有机肥价格作为农田处理废弃物的替代价格，目前有机肥出厂价格在500～1200元/t[18]，按其平均值850元/t计算，估算农田消纳畜禽粪便功能的价值。

如图1，京郊农田生态系统消纳畜禽粪便总价值在降低，由1996年的1642552.5万元减少到2002年的1230933.7万元，其降解畜禽粪便的价值同比减少411618.8万元。其中，粮食作物消纳价值降低幅度最大，同比共降低679579.8万元；而经济作物、蔬菜、饲草、果园呈

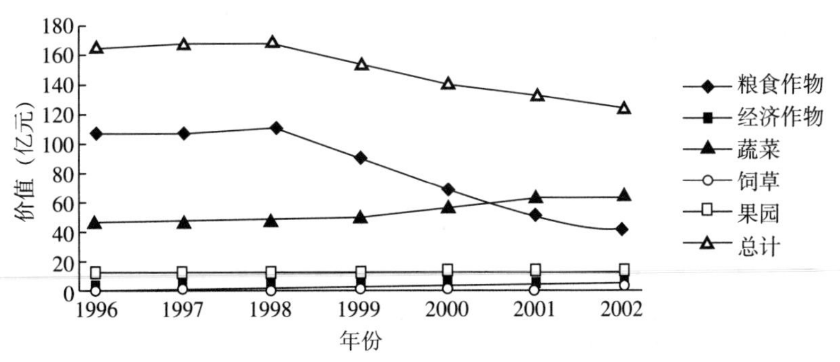

图1 京郊农田消纳畜禽粪便价值变化

缓慢增加趋势，它们合计同比共增加 267960.8 万元。然而由于粮田消纳价值的急剧下降，使得总消纳价值仍呈降低趋势。原因是农用地的大幅度减少使本来具有消纳降解作用的农田转为没有净化价值甚至排放污染物的工业及其他用地，使其净化功能减弱或消失。

2.3.3 京郊农田净化污水功能价值评价

使用适量污水进行科学灌溉一定程度上可缓解农业用水和水资源的短缺，在利用水肥资源的同时还能降解水中的有害物质，使污水得到一定程度的净化。目前北京市污灌面积达 8 万 hm^2，年污灌量 2.55 亿 m^3。污水氮含量北京市平均为 30.2 mg/L，按污灌面积 8 万 hm^2 计算，每年因污水灌溉进入农田的纯氮为 96 kg/hm^2，而目前农田化肥纯氮施入量约为 330 kg/hm^2，污水带入农田的氮量远低于目前农田化肥的平均施用量，可以认为目前的污灌量仍属适宜，对农田净化污水价值的评价可以此为依据。假设 1996—2002 年的农田净化污水价值不变，采用影子工程法计算农田净化污水的价值，计算公式为：

$$V = VOL \cdot P$$

式中：V 为农田净化污水价值；VOL 为郊区农田实际年污灌量 2.55 亿 m^3/a；P 为处理污水的费用(目前北京市居民用水污水处理价格为 0.6 元/t，非居民用水污水处理价格为 1.2 元/t，取其平均值为 0.9 元/t)[19]。自 1996 年来污灌面积变化不大，因此，6 年间每年农田净化污水的价值计算结果为 22950 万元(表 3)。

2.4 京郊农田生态系统保持土壤肥力、积累有机质的功能价值评价

本研究采用土壤有机质持留法对农田生态系统保持的有机质物质量进行量化，而后运用机会成本法将农田系统土壤有机质持留量价值化，从而评价农田生态系统保持土壤肥力、积累有机质的价值。其价值公式为：

$$V = S \cdot T \cdot \rho \cdot OM \cdot P$$

式中：S 为各类作物种植面积；T 为表层土壤厚度(20 cm)；ρ 为土壤容重(北京地区耕地平均为 1.449 g/cm^3)；OM 为土壤有机质含量(%)；P 为有机质价格。根据薪材转换成有机质的比例为 2∶1 和薪材的机会成本价格为 51.3 元/t 来换算[14]。

表 4 表明，农田培肥土壤、积累有机质的价值 6 年间有增有减，基本保持稳定状态。其中粮食作物保持肥力的能力降低明显，由 1996 年的 118156.09 万元下降到 2002 年的 53627.30 万元，

表 4 北京郊区农田土壤积累有机质的价值(万元) 单位：万元

类型	1996 年	1997 年	1998 年	1999 年	2000 年	2001 年	2002 年
粮食	118156.09	120570.85	125288.96	119436.61	93934.01	68192.75	53627.30
蔬菜	19481.38	19697.84	22444.81	33424.99	36995.78	36546.41	43173.01
经济作物	6725.71	6208.35	6208.35	6208.35	9026.25	9588.45	17107.46
饲草	1373.69	1373.69	1373.69	1373.69	3724.22	6288.43	13126.34
果园	29762.32	30452.21	31157.38	33115.39	44149.65	44145.67	43944.93
合计	175499.18	178275.93	186473.19	193559.04	187829.91	164761.71	170972.04

同比下降64528.79万元，大约降低了一半。主要原因并非粮田土壤有机质含量降低，而是粮食耕地面积大量减少。蔬菜、经济作物、饲草、果园积累土壤有机质的能力在提高，同比分别增加了23691.63万元、10381.75万元、11752.65万元和14182.61万元。这些作物类型积累有机质的价值增加与农业结构调整相关，而整个郊区农田积累有机质的衰减直接与农用地面积的变化相关。

2.5　农田生态系统维持养分循环的功能

对于农田生态系统来说，因其凋落物量较小，从生物库方面考虑农田生态系统的养分持留，能动态地表示农田系统维持营养物质循环的功能。利用北京郊区各类作物实际经济产量，所需营养元素N、P、K的含量等数据，估算各类型作物N、P、K的累积量，然后运用影子价格法（目前化肥平均价格为2549元/t）[14]定量评价农田生态系统维持营养物质循环的价值。其表达式为：

$$V=(C_N+C_P+C_K)\cdot P$$

式中：C_N为各类型作物N养分累积量，C_P为各类型作物P养分累积量，C_K为各类型作物K养分累积量，P为肥料价格。图2表明，2002年同1996年相比，农田养分循环价值降低了14005.9万元，其中粮田养分循环价值降低23612.4万元，其他农田养分循环价值都有不同程度的提高。尤其蔬菜增加较快，与其种植面积不断扩大有关。同时粮食和蔬菜养分循环价值占据很大比重，依然处于主导地位。

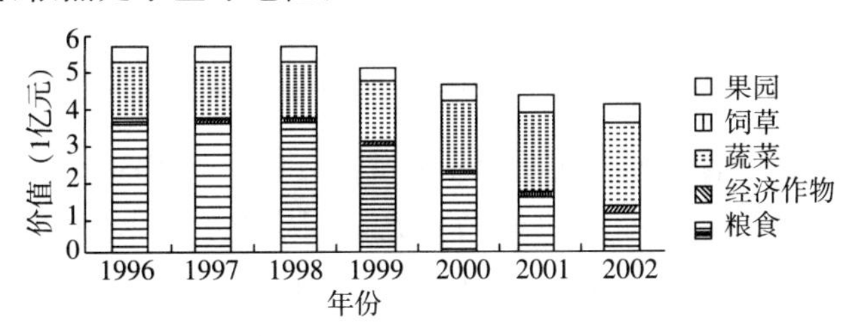

图2　京郊各类农田养分循环价值变化

2.6　京郊农田生态系统保持土壤功能价值评估

利用北京市水利局2001年、2002年对水保措施的监测数据[20]，获得了农田措施（梯田）保持土壤量，然后根据机会成本法、影子价格法、替代工程法分别估算农田保持表土价值、保持养分价值、防止泥沙淤积、滞留价值，最后汇总为农田措施的土壤保持效益价值（表5）。本研究未考虑营造梯田的投资成本。与坡耕地相比较，2001年、2002年北京郊区梯田保持土壤的价值平均为357.49万元，大大减少了由于坡耕地造成的水土流失价值损失。

2.7　京郊农田生态系统涵养水源功能及其观光游憩功能价值评价

以地理信息系统软件Map GIS、Arc View为依托，以北京2000年的土壤图和土地利用现状图为底图，根据不同土壤类型的田间持水量、土壤容重和土地利用等属性[21]，分别对北京郊区耕地（旱地、水田）进行农田持水量的估算。然后运用影子工程法定量评价农田生态系统涵养水源功能价值。其公式为：

$$V=W\cdot C$$

式中：V 为农田蓄水价值；W 为水田和旱田的蓄水量；C 为水库蓄水成本(0.67 元/t)[17]。

根据北京郊区观光农业的直接收入、门票收入、采摘收入累加测算北京观光农业年游憩总价值(表 5)[22,23]。

表 5　北京郊区农田生态系统的各项服务价值　　单位：万元

类型	1996 年	1997 年	1998 年	1999 年	2000 年	2001 年	2002 年
农业增加值	538251	504610.1	515496.8	502430.9	502985	486602.2	493038.2
调节大气成分	1969825.4	1971947.9	2008291.6	1646880.7	1350426.1	1226805.3	1096 331
净化环境	1673832.38	1700802.94	1731981.52	1563662.75	1435965.67	1344049.96	1258819.52
保持土壤肥力	175499.18	178275.93	186473.19	193559.04	187829.91	164761.71	170979.04
维持养分循环	56696.2	57460.6	58429.4	53100.3	48375.6	45238.9	42690.3
蓄水功能	99279.91	98839.44	98652.45	97027.27	94686.17	82411.12	60274.67
保持土壤功能	—	—	—	—	357.49	357.49	357.49
观光游憩价值	—	—	26960	53070	160460	229000	304500
直接经济价值	538251	504610.1	542256.8	555500.9	663445	715602.2	797538.2
间接经济价值	3975133.07	4007326.81	4083828.16	3554230.06	3117640.94	2863624.48	2629452.02
农业总服务价值	4513384.07	4511936.91	4626284.96	4109730.96	3781085.94	3579226.68	3426990.22

由于京郊耕地的减少，涵养水源价值也不断减少，由 1996 年的 99 279.91 万元减少到了 2002 年的 60274.67 万元，同比减少 39005.24 万元。从 1998 年起，农业观光游憩价值在逐年增加。这是城市经济发展到一定阶段、居民收入和消费收入提高到一定程度的必然产物，此项服务功能在未来必将有更大的发展空间。

3　京郊农田生态系统服务功能价值汇总及分析

表 5 是对京郊农田各项生态系统服务功能价值的汇总，京郊农田生态系统服务总价值由 1996 年的 4513384.07 万元下降到 2002 年的 3426990.22 万元，减少 1086393.85 万元。这说明其耕地的减少不仅造成农业产值降低，而且也削弱了农田生态系统对北京市的生态屏障作用。1996—2002 年农业服务总价值平均值为 4078377.1 万元，大约是其农业增加值平均值 506202 万元的 8 倍，即农田在生产 1 元产品的同时却提供了 8 元的服务功能，农田生态系统服务功能总价值远远大于其产品产出价值。当然，在这 8 元的服务功能中并没有包括由于不合理的农业活动所带来的负面影响(关于京郊农田生态系统的负面功能以后将另作专题研究)。但可以肯定，除极少数为严重污染的农田外，绝大多数农田生态系统的正面功能要远大于其负面功能。上述分析表明，京郊农田生态系统在为北京市提供丰富的农产品价值的同时，依然担当着重要的生态系统服务功能。其中产出农产品的价值可以由其

他地区替代，但是农田的这种生态屏障作用或服务功能是其他地区的农田所无法替代的。因此，对于郊区农田不能仅仅重视其农产品的经济产出，而且也要注重和保护其生态服务功能。在服务的总价值中，直接经济价值（农产品价值和游憩价值之和）6 年平均为 616772.03 万元，间接价值（其他功能价值总和）平均为 3461605.08 万元，大约是直接价值的 6 倍。也就是说，如果农田生态服务总价值为 7 元的话，那么也只有 1 元的价值目前能通过市场体现出来，而其余 6 元的价值至今仍无法通过市场体现在农田所有者和生产经营者身上。农民承担了保护耕地资源的责任，却没有获得相应的收益，这是极不合理的。从农田生态系统服务价值组成来看，在京郊现有的耕作制度下，提供农产品的份额较小，仅占 12.41%；调节大气成分和净化环境价值占据绝对主体，两者之和占农田生态系统总服务价值的 77%（净化环境占 37.51%，调节大气成分占 39.48%）；培肥土壤、积累有机质的价值占 4.4%；农业观光游憩价值 3.8%；维持养分循环占 1.27%；蓄水功能占 2.21%；而保持土壤的服务功能最低，仅占 0.01%，尽管很小，但在山区，对于梯田，该项功能应十分突出。此外，还不难看出，农田观光游憩价值在京郊农田生态系统中呈现很强的增长趋势。

4　小结

通过对北京郊区农田生态系统服务价值的估算及随时间的动态变化分析，笔者认为在都市郊区，农田生态系统的服务价值是客观存在的，而且是巨大的，尽管长期以来，人们对此有所忽视。本研究未考虑农业生产过程中所产生的负面影响，农田的实际净服务价值要比本文目前的估算值偏低。但在实际的农田生产活动中，负面影响可通过各种合理措施尽可能降低，除极个别情况，其负面影响要远小于其正面功能。因此，通过服务价值的估算，对于引导和促进农业由负面影响向着正服务价值转化是具有重要意义的。同时也为京郊农业政策的制定提供了科学的价值参数。由于目前受现有科学技术水平、计量方法和研究手段的限制，还无法对农田生态系统的所有服务功能进行精确的定量评价，其价值体现仍然是不完全的。在以后的研究中仍需进行更多的探索。

参考文献

[1]姜文来．水资源价值论．北京：科学出版社，1998.

[2]刘璨．森林资源与环境价值分析与补偿问题研究．世界林业研究，2003，(2)：7-11.

[3]陈应发，陈放鸣．国外森林资源环境效益的经济价值及其评估．林业经济，1995，(4)：65-74.

[4]Daily G C. Natures Service: Societal Dependence on Nature Ecosystem. Washington DC: Island Press. 1997.

[5]Costaza R, d'Arge R, Goot R, *et al*. The value of the world's ecosystem services and natural capital. *Nature*, 1997, **386**: 253-260.

[6]肖玉，谢高地，鲁春霞，等．稻田生态系统气体调节功能及其价值．自然资源学报，2002，(5)：617-623.

[7]赵海珍，李文华，马爱进，等．拉萨河谷地区青稞农田生态系统服务功能的评价——以达孜县为例．自然资源学报，2004，(4)：632-636.

[8]肖寒,欧阳志云,赵景柱.海南岛生态系统土壤保持空间分布特性及生态经济价值评价.生态学报,2000,**20**(4):552-558.

[9]张三焕,赵国柱,田允哲.长白山珲春林区森林资源资产生态环境价值的评估研究.延边大学学报(自然科学版),2001,**27**(2):126-134.

[10]肖寒,欧阳志云.森林生态系统服务功能及其生态价值评估初探.应用生态学报,2000,**11**(4):481-484.

[11]高旺盛,董孝斌.黄土高原丘陵沟壑区脆弱农业生态系统服务评价——以安塞县为例.自然资源学报,2003,**18**(2):182-188.

[12]余新晓,秦永胜,陈丽华,等.北京山地森林生态系统服务功能及其价值初步研究.生态学报,2002,**22**(5):627-630.

[13]年度细览——农业及农村经济.http://www.bjstats.gov.cn/xxcx/index.htm.,2003-12.

[14]肖寒.区域生态系统服务功能形成机制与评价方法研究(博士学位论文).北京:中国科学院生态环境研究中心,2001.

[15]Yoshida K. An economic evaluation of the multifunctional roles of agriculture and rural areas in Japan. Food&Fertilizer Technology Center,2001.

[16]马新辉,任志远,孙根年.城市植被净化大气价值计量与评价——以西安市为例.中国生态农业学报,2004,(2):180-182.

[17]马新辉,孙根年,任志远.西安市植被净化大气物质量的测定及其价值评价.干旱区资源与环境,2002,(4):83-86.

[18]有机肥市场调研报告.http://www.myearth.com.cn/zxrx/dybg/fa04.htm.,2003-12.
[Organic fertilizer market research report http://www.myearth.com.cn/zxrx/dybg/fa04.htm. 2003-12.]

[19]张琪.影响水价调整效果的经济分析.节能与环保,2004,(4):24-26.

[20]北京市农村研究中心.北京市农村年鉴.北京:中国农业出版社,2001.

[21]北京市水务局.北京市水土保持公报,2002.

[22]北京市农村研究中心.北京市农村年鉴.北京:中国农业出版社,2002.

[23]《北京旅游年鉴》编辑部.北京市旅游统计年鉴.北京:中国旅游出版社,2002.

Studies on Service Value Evaluation of Agricultural Ecosystem in Beijing Region

Yang Zhixin[1,2], **Zheng Dawei**[1], **Wen Hua**[3]

(1. College of Resources and Environment, China Agricultural University, Beijing 100094;
2. Agricultural University of Hebei, Baoding 071001;
3. Beijing Academy of Agriculture and Forest, Beijing 100094)

Abstract: The agricultural ecosystem in Beijing rural areas plays a special role in maintaining the environmental function of the city. At present. because area of farmland in the area is decreasing, a series of ecological problems are becoming more and more serious. The accurate valuation of farmland ecosystem services is very important to reserve rational development of agricultural resources. In this paper, the agricultural ecosystem (farmland and orchard) service values are evaluated by various methods such as market value, substitution engineering, shadow price, opportunity cost for various crop types. Some index systems are selected for assessment of agricultural ecosystem services, which consist of 11 service indexes such as agricultural products, CO_2 fixation and O_2 release, environment purifying such as air quality purifying, sewage treatment, dung decomposition, OM accumulation in soil, nutrients cycle, soil conservation, water storage and agriculture tourism. The results showed that the total service value of agricultural ecosystem decreased from 45133.84 million yuan in 1996 to 34 269.90 million yuan in 2002 a decrease of 10 863.93 million yuan, of which various values of food crops decreased and others increased to some extent. The total average value of agriculture services during six years was eight times of the production value. The total average value of agricultural ecosystem services during this period of time added up to 91 567.61 million yuan with indirect values being 34 616.05 million yuan i.e., six times of the direct values. In terms of composition, under present cultivation system, the value of farm products is 12.41%; the total value, including carbon fixation, oxygen production and environment purification, are very great, making up 77% (carbon fixation and oxygen production 39.48% and environment purification 37.51%); the value of soil OM accumulation 4.4%; nutrients cycle maintenance 1.27%; water—holding and agricultural tourism 2.21% and 3.8% respectively; and soil conservation 0.01%. Therefore, agricultural ecosystem has provided huge indirect values to human beings besides direct values.

Key words: Beijing region; agricultural ecosystem; services function; value; evaluation

植被覆盖度的时间变化及其防风蚀效应*

赵彩霞[1]　郑大玮[1]　何文清[2]

（1. 中国农业大学资源与环境学院，北京　100094；　2. 中国农业大学农学与生物技术学院，北京　100094）

摘　要　在防治风蚀过程中过去人们只关注植被覆盖度的空间特性，但对其随时间变化的特性未引起足够的重视。该文着重强调了植被覆盖度随时间变化的特性，并对不同类型植物覆盖度的动态变化特征进行了研究。通过调查研究与理论分析，在土壤风蚀量与植被覆盖度及风蚀气候侵蚀因子三者之间建立了随时间变化的定量关系，并利用该公式计算和比较了不同类型植物防风治沙性能的动态差异、总植被覆盖度及相应的总土壤风蚀量的动态变化。结果表明在防风蚀的作用效应中灌木＞多年生牧草＞林木＞作物＞一年生牧草；总时空植被覆盖度与总土壤风蚀量呈“反相位”的动态变化；风蚀季节总植被覆盖度较低，介于0. 11 ～0. 14之间，低于20％的临界覆盖度，这也是该地区风蚀危害严重的一个重要原因所在。

关键词　植被覆盖度；动态特征；风蚀气候侵蚀因子；风蚀量；防风蚀效应

植物作为地理环境的重要组成部分，着生在大气圈与土壤圈之间，强烈地影响着大气圈与土壤圈之间的能量转换与传递，因而是影响土壤风蚀最活跃的因素之一[1]。所以，植被作为一种有效的防风蚀方法已被国内外广泛采用。人们对加强植被覆盖是防治风蚀输沙的有效措施也已形成了比较一致的认识[2~7]。长期以来，植被覆盖度（C_t）一直被作为评价水土保持功能的主要指标，并把提高 C_t 作为生态恢复和防治风蚀沙化的主要手段。

土壤风蚀的发生与发展取决于侵蚀因子（气候）与可蚀性因子（地形、土壤特性、植物或作物等）之间的相互作用。因此，在研究土壤风蚀发生规律及其防治方面，首先应该了解研究区域的气候条件与可蚀性因子之间的关系及其对风蚀的作用和影响，在此基础上，再考虑人为能够调控或影响的因素，并利用有些因素的可控性与有利性，尽量使土壤风蚀降低到最低程度。本文试图通过试验研究与理论分析相结合的方法，在气候条件、植被覆盖状况与风蚀程度之间建立一种定量关系，为防治风蚀提供理论依据。

武川县是内蒙古大青山以北向蒙古高原的过渡地区，是北方农牧交错带的典型代表地区。该地区地貌以山地和缓坡丘陵为主，属中温带大陆性季风气候，降雨量由南向北逐渐递

* 本文原载于2005年第1期《植物生态学报》。本文也是基金项目：国家“十五”攻关课题（2001BA508B12）和国家重点基础研究发展规划项目（G2000018606），本文英文投稿《Arid Land Research and Management》被SCI收录，第一作者为郑大玮先生指导的博士生。

减，为 400～280 mm，且多以阵雨形式集中在夏季。该区域蒸发力强，年蒸发量高达 1848.3 mm，约为降水量的 5 倍多。年平均气温 1.5～3.7 ℃，其中最热月 7 月为 17.1～20.7 ℃，最冷月 1 月为－16.1～－14.2 ℃。无霜期 90～120 d。年平均风速 3 $m \cdot s^{-1}$ 左右，大于17 $m \cdot s^{-1}$ 的大风日数在 30 d 左右，风大沙多是该地区冬春季节的典型特征。

1　理论依据与试验方法

1.1　C_t 的时间特性

风蚀的发生存在季节性变化，植物生长发育也具有明显的季节性和物候现象，相应地 C_t 也具有随时间变化的特点。过去在防治风蚀沙化过程中人们只关注 C_t 的空间变化，却对其随时间变化的特性未给予足够的重视，而这一点对植被恢复工程来说尤为重要，防治风蚀沙化和生态环境建设工程必须要对植被覆盖地面的状况与风蚀在时间上的匹配给予特别关注。简单地说，C_t 就是指在某段时间内植被覆盖地面的程度。实际上 C_t 的概念不仅能从空间上反映出植被覆盖地面的状况，而且能从时间上反映出植被覆盖地面的动态变化，也间接地反映出风蚀程度的动态变化。所以 C_t 的空间与时间特性是不可分割的，在实际应用中对植被覆盖地面的状况进行描述时必须首先注明时间。

我们根据该地区植物生长的季节性规律，将不同类型植物 C_t 随时间变化的动态特征描述如下：

(1)11 月—翌年 3 月：作物与牧草的 C_t 均处于最低值，因为此期间为作物收获后耕地裸露期与牧草枯草期；

(2)4—5 月：作物播种出苗期和牧草返青期，C_t 逐渐增加；

(3)6—8 月：作物与牧草迅速生长，二者的 C_t 都迅速增加并达到最大值；

(4)9—10 月：作物开始收获，C_t 突然下降，最终成为零；牧草也逐渐进入枯草期，C_t 随着降低。在枯草期牧草保存率很低，一般为 45％～50％[8]。

对于灌木，虽然年 C_t 变化幅度较大，但月 C_t 变化趋势基本与牧草变化趋势相同。而该地区因干旱而不适宜乔木生长，除山地阴坡与河滩地外基本上无成林地，至多形成疏林地，所以乔木的 C_t 较低。

1.2　风蚀气候因子

风蚀气候侵蚀力是气候对风蚀的影响的可能程度的量度，国际上一般用风蚀气候因子(C_{we}①)表示。C_{we} 是过去 20 多年来国内外广泛应用的风蚀预报方程中的 5 个自变量之一[1]，也是荒漠化评价的重要指标[9]。国际上一般采用 C_{we} 来代表风蚀气候侵蚀力去估算一系列气候条件下的土壤风蚀量(E)。本文中 C_{we} 计算采用 1979 年联合国粮农组织(Food and Agriculture Organization，FAO)的修正公式：[10]

① 本文中为避免与植被覆盖度代表符号 C 混淆，特用 C_{we} 来表示风蚀气候因子指数。

$$C_{we}=\frac{1}{100}\sum_{i=1}^{12}u^3\left(\frac{ETP_i-P_i}{ETP_i}\right)d \tag{1}$$

式中：u 为 2m 高处月平均风速（m/s）；P_i 为月降水量（mm）；d 为月天数；ETP_i 为月潜在蒸发量（mm）。其中，潜在蒸发量可采用陈天文和程维新[11]的气温相对湿度公式求得：

$$ETP_i=0.19(20+T_i)^2(1-r_i) \tag{2}$$

式中：T_i 为月平均气温（℃）；r_i 为月相对湿度（%）。

1.3 土壤风蚀与 C_t 及 C_{we} 之间的关系

许多学者都对土壤风蚀与 C_t 之间的关系进行过研究。Fryrear 研究认为土壤风蚀率随 C_t 的增加呈指数函数减少[12]；Wasson 和 Nanninga 也从理论上推导出土壤风蚀率与 C_t 之间具有指数关系[13]。董治宝等曾以植物模型与黄沙土为实验材料，以风洞模拟实验为研究手段研究了土壤风蚀率与 C_t 之间的定量关系，并进一步分析得出了二者的相关关系。[7]

$$F=830.14\times(8.20\times10^{-5})^C \qquad R=0.9998 \tag{3}$$

式中：F 为土壤风蚀率（g/min）；C 为植被覆盖度或植物密度，以百分数表示。

但是对土壤风蚀程度、C_t 与 C_{we} 三者之间的关系尚未有人做过进一步的研究。C_{we} 的动态变化、植被覆盖地面的时空变化及风蚀强弱程度三者之间具有良好的相关性。所以，本文试图以此为基础，根据土壤风蚀程度与植被覆盖状况之间的关系、E 与 C_{we} 之间的关系及 E、C_{we} 与 C_t 都具有随时间变化的特点，利用式(3)中 F 与 C 之间的定量关系，构建以下定量关系，即

$$E=E_0\int_{t_1}^{t_2}C_{wet}(8.2\times10^{-5})^{C_t}dt \tag{4}$$

式中：E 为土壤风蚀量（10^3 kg · km^{-2}），E_0 为无覆盖下单位 C_{we} 下的风蚀量（10^3 kg · km^{-2}），C_{wet} 为风蚀气候侵蚀因子（无量纲），t 为时间（月），t_1、t_2 为上下限（1 ～ 12），C_t 为植被覆盖度，以小数表示。

在式(4)中，对于某一特定的地区，E_0 是一个常数。可根据该地区 C_t 与 C_{we} 的变化，计算出一年内任意一个月或几个月的 E。

本文以武川县为例，于 2002—2003 年对不同植物 C_t 的动态变化进行了研究。研究方法采用随机与样线相结合的方法，同时采用照相的方法以作比较。具体操作方法是在试验点随机选取样点后将两根 10 m 长的米绳等距垂直相交，并分别将米绳 2～3 m 与 7～8 m 处作为取样测定区段，记载所有植物在该区段内所截取的总长度，则群落总盖度＝所有植物在区段内所截总长度/该区段长度，3 次重复。该方法只适用于作物与牧草，灌木的郁闭度则采用灌幅法，即灌木郁闭度＝东西灌幅×南北灌幅/样地面积，林木的郁闭度＝树冠垂直投影面积/样地面积。

2 结果与分析

2.1 不同类型植物 C_t 动态变化

由图 1 可看出不同植物在不同的时间覆盖地面的差异是相当大的，其中作物的 C_t 变化

最剧烈，虽然其最大 C_t 高于其他植物，但是它的最大 C_t 是在 7—8 月，而此时却是风蚀危害最低的时间；1—3 月、11—12 月是风蚀发生的季节，而此时作物的 C_t 却为 0。一年生牧草 C_t 变化趋势与作物基本相同；其他植物则全年覆盖着地面。它们的 C_t 月动态变化表现为灌木＞多年生植物＞林木＞作物＞一年生植物。

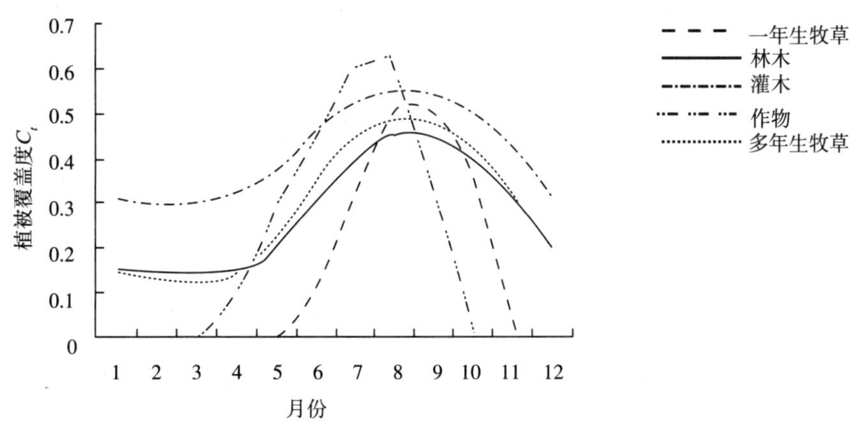

图 1　不同类型植物覆盖度月动态

2.2　C_{we} 的动态变化

为了客观、准确地反映 C_{we} 的状况与特征，利用武川县气象站 1961—2000 年 40 年的气候统计资料，根据公式(1)与(2)计算出每月的平均 C_{we}，结果见表 1。

表 1　武川县 C_{we} 月动态

月份	1	2	3	4	5	6	7	8	9	10	11	12
日天数(d)	31	28	31	30	31	30	31	31	30	31	30	31
日降水量 P(mm)	2.0	3.0	6.3	12.4	22.4	44.7	97	98.4	39.5	17.6	5.1	1.9
2 m 高处月平均风速 u(m/s)	2.6	2.9	3.6	4.4	4.4	3.8	3.1	2.8	3.0	3.1	3.2	2.9
月相对湿度 r(%)	62	57	49	40	40	48	63	68	61	57	59	62
温度 T(℃)	−15.2	−11.2	−4.4	4.6	11.9	16.6	18.7	16.8	11.0	3.7	−5.4	−12.8
风蚀气候因子指数 C_{we}	5.5	6.9	14.5	25.6	26.5	16.5	9.3	6.8	8.1	9.3	9.9	7.6

由表 1 和图 2 可看出，武川县 C_{we} 呈“双峰”曲线变化，最高峰和次高峰分别在 3—5 月和 11 月，但变化最剧烈的是在 3—4 月，主要低谷期在 7—8 月，次低谷期在 12 月—翌年 1 月。

2.3　E 的动态变化

根据武川县试验站 1995—2002 年采用风蚀圈与风蚀盘进行裸地风蚀量测定结果表明，10 月—翌年 4 月裸地风蚀量 E＝3700t/km^2。利用这一结果，根据公式(4)计算得出 E_0＝52.9t/km^2。然后根据表 1 中不同类型植物 C_t 计算出总的 $C_{t总}$，即 $C_{t总}$＝($C_{t草}$×草地面积＋

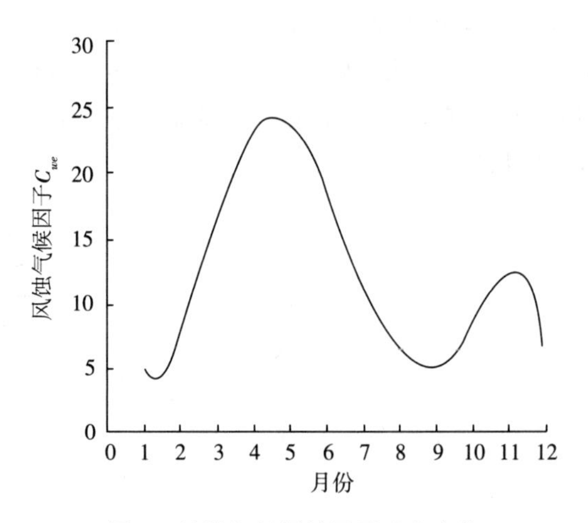

图 2　风蚀气候侵蚀因子动态变化

$C_{t灌}$×灌木地面积＋$C_{t林}$×林地面积)/总土地面积。由此利用公式(4)也可计算得出 $E_{总}$ 与不同植物覆盖下的 E 的月动态。

表 2　不同类型植被覆盖下 E 动态　　单位:t/km²

月份	1	2	3	4	5	6	7	8	9	10	11	12
灌木	16	22	46	67	52	20	4.5	4	8	14	23	20
作物	291	363	767.5	529.5	83	13	2	1	26	490	521	401
林木	71	88	187	331	342	213	120	88	105	120	127	98
一年生牧草	291	363	767.5	1357	1402	341	39	34.5	66	279	521	401
多年生牧草	71	97	226	363	177	52	11	10	26	47	79	74

E:土壤风蚀量

根据表 2 与图 3 可见不同类型植物覆盖下 E 的动态差异较大,其 E 的动态变化表现为

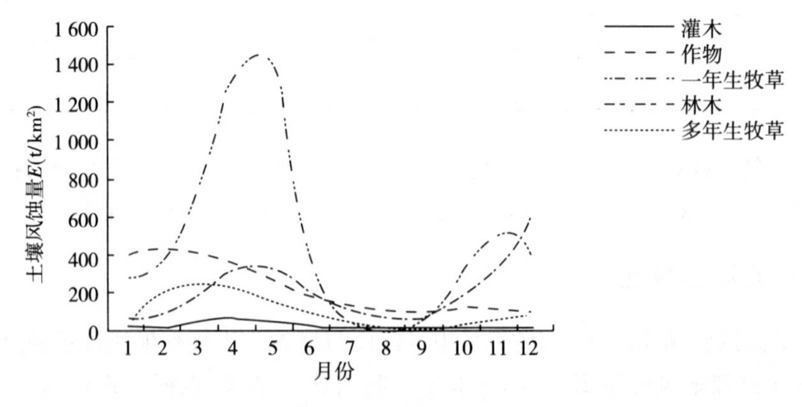

图 3　不同类型植物覆盖下风蚀量的动态差异

一年生牧草＞作物＞林木＞多年生牧草＞灌木，也就是说几种植物的防风蚀作用效应表现为灌木最强，其次分别是多年生牧草、林木、作物，而一年生牧草最弱。

由表 3 与图 4 可看出，$E_{总}$ 与 $C_{t总}$ 基本呈“反相位”变化，这种相反的变化主要发生在两个时间段：3—4 月 $C_{t总}$ 最小，但 $E_{总}$ 却达到最大；7—8 月 $G_{t总}$ 最大而风蚀危害最小。

表 3　武川县 $C_{t总}$ 与 $E_{总}$ 的月动态

月份	1	2	3	4	5	6	7	8	9	10	11	12
$C_{t总}$	0.11	0.11	0.11	0.13	0.22	0.30	0.35	0.37	0.25	0.16	0.14	0.13
$E_{总}$(t/km^2)	103	129	273	399	177	52	19	11	41	109	140	119

$C_{t总}$：总植被覆盖度；$E_{总}$：总土壤风蚀量

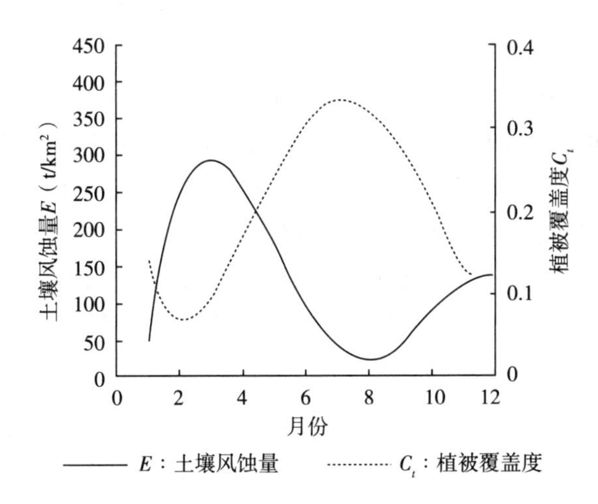

图 4　武川县总土壤风蚀量与总时空植被覆盖度月动态

3　结论

(1)C_t 与 E 之间呈“反相位”的动态变化。这一点对于防治风蚀的植被恢复工程来说特别重要，它提示我们必须对植被覆盖地面的状况与风蚀发生在时间上匹配给予特别关注，也就是说加强风蚀季节植被建设与管理，提高风蚀季节 C_t 才是防治风蚀危害的根本措施。

(2)不同植物防治风蚀的性能是不同的。本试验研究表明，在干旱、半干旱地区灌木的防风蚀作用最大，其次分别是多年生牧草、林木、作物、一年生牧草。

(3)当 C_t 低于 20%时，风蚀率会大幅度突然增加，当 C_t 小于 27.15%时，风蚀开始变得明显[7]。武川县目前的 $C_{t总}$ 很低，尤其是风蚀季节(1－4 月与 11－12 月)的 C_t，仅在 0.11～0.14 之间变化，远低于 20%的临界 C_t。这也是该地区风蚀危害严重的一个主要原因。

4　讨论

(1)在当前的退耕还林、草、灌过程中，有的地方以种植一年生牧草与饲料作物代替多年生牧草，这种做法是很危险的，实际上形成了新一轮的滥垦。因为一年生牧草覆盖地面的时间很短，且在风蚀季节的 C_t 基本为零，这样对防治风蚀一点作用也没有，反而会使土地荒漠化程度越来越严重。

(2)当前的退耕工程中存在重林轻灌、草的行为，从生态学角度来说，这种做法是十分要不得的，尤其是干旱半干旱地区。因为林木生长慢，对近地面的覆盖面积增长幅度也相对较小[14]，从空间上来说防治风蚀的作用相对较小[4]，而且它们在生长过程中需水量大，不宜成活。

(3)对防风蚀植被恢复工程来说，增加风蚀季节 C_t，也就是冬春季节 C_t 才是防治风蚀的根本措施。那么，如何增加冬春季节 C_t，主要就是在退耕地与退荒地面积不断增大的前提下，逐步增大灌木与多年生牧草的种植比例，适当加大林木的比例。具体要根据各个地区各自的自然条件而定。

(4)由于农作物在收获后与播种前的这段时间里(正好是风蚀季节)C_t 较低，此期间风蚀危害最大，而只有增加此时的地面覆盖度才能有效地防治风蚀沙化。宁夏沙坡头以干草方格固沙，保护包兰铁路的成功经验表明，残茬覆盖同样具有显著的防风蚀效应。所以除退耕还草灌林外，我们还可以通过作物留茬，以残茬覆盖地面的形式增加抗风蚀的效应。

(5)van de Ven 和 Fryrear 通过风洞实验表明，与裸地相比，即使低密度的植被也能明显减少土壤流失[15]。所以，还可采用灌草或林草间作的方式来降低风蚀危害，郑大玮和妥德宝通过试验研究也证明了这一点[16]。

参考文献

[1] Woodruff N P, Siddoway F H. A wind erosion equation. *Soil science society of American Proceedings*, 1965, 29: 602-608.

[2] Siddoway F H, Chepil W S, Ambrust D V. Effect of kind, amount and placement of residue on wind erosion control. *Transactions of the ASAE*, 1965, 8: 327-331.

[3] Gibbens R P, Tromble J M, Hennessy J T. Soil movement in mesquite dunelands and former grasslands of southern New Mexico from 1933 to 1980. *Journal of Range Management*, 1983, 36: 145-148.

[4] Brazel A J, Nickling W G. Dust storms and their relation to moisture in the Sonoran－Mojave desert region of the South-Western United States. *Journal of Environmental Managameent*, 1987, 24: 279-291.

[5] Higgitt D. Soil erosion and soil problems. *Progress in Physical Geography*, 1993, 17: 461-472.

[6] Wolfe S A, Nickling W C. The protective role of sparse vegetation in wind erosion. *Progress in Physical Geography*, 1993, 17: 50-68.

[7] Dong Z B, Chen W N, Dong G R, *et al*. Influences of vegetation cover on the wind erosion of sandy soil. *Acta Scientiae Circumstantiae*, 1996, 16: 437-443.

[8] 李博，任志弼，史培军. 中国北方草地畜牧业动态监测研究. 北京：中国农业出版社，1993：129-190.

[9] Dong Y X. Pilot studying on valuing of threatening degree of calamity in desertification. *Nature*

Calamity Transaction, 1993, 2: 103-109.
[10] FAO. A Provisional Methodology for Soil Degradation Assessment. Food and Agriculture Organization of the United Nations, Rome. 1979.
[11]Chen T W, Cheng W X. Method of measuring and calculation of evaporation and evaporation power in farmland. In: Institute of Geographical Science and Natural Resources Researched. *Geography Conglomerate*, *No. 12th*. Science Press, Beijing, 1980: 74-83.
[12]Fryrear D W. Soil ridges clods and wind erosion. *Transactions of the ASAE*. 1985, 28: 781.
[13]Wasson R J, Nanninga P M. Estimating wind transport sand on vegetated surface. *Earth Surface Processes and Landforms*, 1986, 11: 505 .
[14]Lal R. Tropical Ecology and Physical Edaphology. Wiley and Sons. New York. 1987.
[15]van de Ven T A M, Fryrear D W. Vegetation properties and wind erosion. *Water and Soil Conversion and Science and Technology information*, 1991, (3): 45-47.
[16] Zheng D W, Tuo D B. Studies on an agricultural development model and the key techniques preventing the ecotone from desertification. In: Li D J ed. Proceedings of the Second International Conference on Sustainable Agriculture for Food, Energy and Industry, Beijing, CAS. 1974-1980.

Vegetation Cover Changes over Time and Its Effects on Resistance to Wind Erosion

Zhao Caixia[1], Zheng Dawei[1], He Wenqing[2]

(1. College of Resources and Environmental Sciences, China Agriculture University, Beijing 100094, China; 2. College of Agronomy and Biotechnology, China Agriculture University, Beijing 100094, China)

Abstract: Vegetation cover characteristics have both spatial and temporal components. In the past, researchers have paid particular attention to spatial characteristics of vegetation cover in protecting soil from wind erosion, but temporal changes in vegetation have been ignored. In this study, we examined both the spatial and temporal characteristics of vegetation cover. The monthly changes of different plant cover types were studied from June, 2002 to June, 2003 in Wuchuan County of the Inner Mongolia of China using sample thread and random step distance measures combined with photography to compare and correct possible errors.

Quantitative relationships for vegetation cover types, the amount of wind erosion, and a wind erosion climatic factor were determined by field investigation and theoretical analysis. Using a wind erosion formula for different plant types, the total wind erosion was calculated. The results indicated that the effectiveness of different plant types in increasing soil resistance to wind erosion were: perennial shrubs > perennial pasture > forest > annual pasture > forage crops. The dynamic annual change in total vegetation cover was inversely related to the amount of soil wind erosion. The results indicate that low vegetation cover is one of the primary causes of serious soil wind erosion in this region. Planting annual pasture and forage crops instead of perennial pasture will result in a loss of protection from wind erosion and require more land reclamation efforts in the future. Our results also suggest that the current reclamation practice of converting wind eroded landscapes to woodlands is not ecologically sound and planting shrubs or perennial pastures offers greater protection to wind erosion, especially in the more arid and semi arid regions.

Key words: vegetation cover; dynamic character; wind erosion climatic factor; amount of wind erosion; effect of resisting wind erosion

第三部分 / The third part

农业气象研究

小麦分蘖与积温的关系及其在生产实践中的应用*

邓根云　郑大玮

（北京市农业科学院，北京　100097）

摘　要　本文证明小麦分蘖数 y（包括主茎）是叶龄 x 的指数函数

$$y = 10^{bx+c} \text{ 或 } \log y = bx + c.$$

上式可称为分蘖函数，其中 b 和 c 是常数，在正常条件下其理论值分别为 0.213 和 −0.588。

由于分蘖力可能受播深、播期、播种密度、水肥条件、土壤温度和透气性等因素的影响，因此在田间条件下小麦的单株茎数 Y 和平均叶龄 X 的关系可以按照分蘖函数的形式用统计方法确定。根据农大 139 小麦播期不同的 6 块地（播深为 3～6 cm）的资料得出 y 依 x 的回归方程为

$$\log \hat{Y} = 0.238X - 0.625$$

$$r = 0.967^{***}, \text{d.f.} = 20$$

（＊＊＊表示显著性水平为 0.1%）。这与上述分蘖函数很接近。

小麦叶片的生长速度主要受温度的影响，因此叶龄与从播种时算起的积温成正比。据 7 块麦田资料（其中包括一块浅播 1.5～2.0 cm 的麦田）得出叶龄 X 依积温 $\sum T$ 的回归方程为

$$\hat{X} = 0.0120\sum T - 1.22$$

$$r = 0.988^{***}, \text{d.f.} = 38$$

根据前述 6 块正常播深麦田的资料得出单株茎数 Y 依积温 $\sum T$ 的回归方程为

$$\log \hat{Y} = 0.00274\sum T - 0.898$$

$$r = 0.973^{***}, \text{d.f.} = 20$$

上述公式可用以解决小麦栽培中的一些实际问题。

小麦冬前分蘖是高产群体结构的重要构成因素，控制冬前分蘖是控制合理的群体结构以夺取高产的重要环节，因此研究小麦分蘖的数量变化规律不仅有理论意义，而且还有重要的实践意义。关于小麦的分蘖变化过程，群众多年的生产实践和有关专业研究积累了丰富的经验和科学资料，但对于分蘖的数量变化及各种栽培条件对分蘖变化的影响的认识还比较分散和处在定性的阶段。本文在总结群众实践经验和有关专业研究的基础上得出小麦分蘖数与叶龄间的函数关系，并根据实测资料得出分蘖数和从播种时算起的积温之间的函数

＊　本文原载于 1975 年第 9 期《植物学报》。论文撰写以邓根云为主，郑大玮参与了田间试验，后者在邓根云先生的指导下撰写了论文的应用部分。本文为小麦适时适量播种和冬前叶龄促控提供了理论基础，获北京市农林科学院 1978 年科技成果二等奖。

关系，这样就可以根据当地的气候资料准确的预知小麦分蘖数的变化过程，因而也可以有预见性地采取相应的栽培措施，例如调整播种期、播种量或采取促控措施以控制群体合理发展，这对于小麦高产栽培有一定参考意义。

1 “对号入座”——分蘖的同伸关系

小麦分蘖变化是个复杂的过程，受很多因素的影响，例如播期的早晚、温度的高低、播种的深浅、肥力的高低、墒情的好坏、密度的大小，以及土壤松软还是板结等等。因此研究小麦分蘖的数量变化规律必须分析什么是内因，什么是外因，以及影响分蘖变化的外因中什么是主要矛盾，什么是次要矛盾。

分蘖习性是小麦固有的生物学特性之一。小麦从三叶一心开始分蘖，直到起身拔节期以前属于分蘖期。在这段时间内小麦的生长中心和营养分配中心都在新生的小分蘖上，主茎和先长出的大分蘖制造的养分优先供应新生的小分蘖，保证新的分蘖不断产生，这就是小麦分蘖数量变化的内因，由此决定了分蘖变化的基本规律是随着小麦“年龄”的增长分蘖数不断地增加，而温度、播深、水肥条件等则是外因，它通过内因起作用，其效果是加速或延缓、促进或抑制分蘖的增加。有人[1,2]详细观察了小麦的分蘖过程，得出各级分蘖的出现和主茎某一叶片的出现有紧密的关系，称为分蘖的同伸关系。具体来说是主茎长出第 4 片叶时，在第 1 片叶的叶腋长出 1 个分蘖(由主茎上长出的分蘖称为一级分蘖，这是第 1 个一级分蘖)，以后主茎每增加一片叶，依次长出 1 个一级分蘖。一级分蘖在长出第 3 片叶时，它本身又开

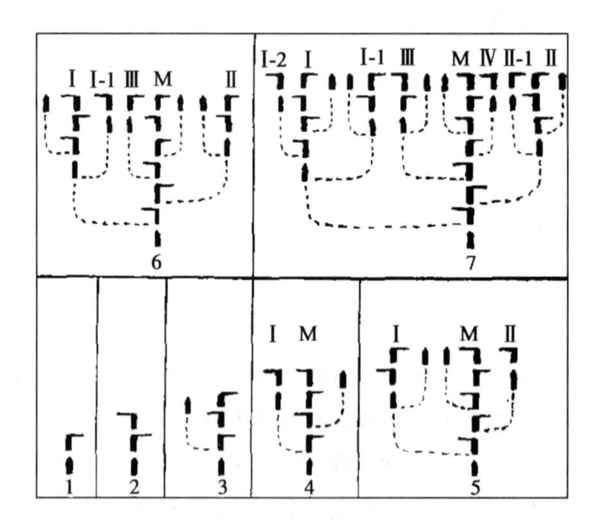

图 1 “分蘖树”——小麦分蘖过程图解

完全叶 不完全叶(即芽鞘)

主茎：M；叶龄：1，2，3…；一级分蘖：Ⅰ，Ⅱ，Ⅲ…；二级分蘖：Ⅰ-1，Ⅰ-2，…；Ⅱ-1，Ⅱ-2，…

前面的罗马字码为一级分蘖的序号，表示二级分蘖是由那个一级分蘖长出的。虚线表示分蘖由某一叶片的叶腋长出。

始长出分蘖，称为二级分蘖。例如主茎长出第 6 叶时，长出第 3 个一级分蘖(Ⅲ)，此时第 1 个一级分蘖(Ⅰ)已长出第 3 叶，同时长出 1 个二级分蘖(Ⅰ-1)。图 1 和表 1 表示分蘖过程中各级分蘖的出现和主茎叶片出现的相互关系。

表 1 小麦分蘖同伸关系表

叶龄	一级分蘖	二级分蘖				三级分蘖		
3	(a)							
4	Ⅰ							
5	Ⅱ							
6	Ⅲ	Ⅰ-1						
7	Ⅳ	Ⅰ-2	Ⅱ-1					
8	Ⅴ	Ⅰ-3	Ⅱ-2	Ⅲ-1		Ⅰ-1-1		
9	Ⅵ	Ⅰ-4	Ⅱ-3	Ⅲ-2	Ⅳ-1	Ⅰ-1-2	Ⅰ-2-1	Ⅱ-1-1

注：有的情况下胚芽鞘腋芽也可以长成分蘖，称为芽鞘蘖，用(a)表示，以区别于从主茎上长出的一级分蘖

2 分蘖的指数增长规律——小麦分蘖函数

分蘖同伸关系说明一个基本事实，分蘖数越多，分蘖的增长速度越快，或者说分蘖的增长速度和分蘖数成正比。用 x 表示叶龄，y 表示分蘖数(包括主茎，故 $y \geqslant 1$)，并且规定 x 和 y 都是连续变量(实际调查中例如三叶一心时，第 4 叶伸出 20%，则 x 记为 3.2，又如已长出 1 个分蘖，第 2 个分蘖已伸出半片叶，则 y 记为 2.5)，以分蘖速度和分蘖数成正比的关系可以表示为下列微分方程

$$\frac{\mathrm{d}y}{\mathrm{d}x} = Ky \tag{1}$$

式中：K 为比例系数。微分方程(1)的解为

$$\log y = bx + c，或\ y = 10^{bx+c} \tag{2}$$

式中：b 和 c 都是常数。(2)式表明分蘖数是叶龄的指数函数，这是分蘖随叶龄不断增加这个基本规律的一般函数形式，因此可称为小麦分蘖函数。用数理统计的安配实验数据的办法可以确定出常数 b、c 的值分别为 0.213 和 −0.588，即小麦分蘖函数为

$$\log y = 0.213x - 0.588$$

或

$$y = 10^{0.213x-0.588} \tag{2a}$$

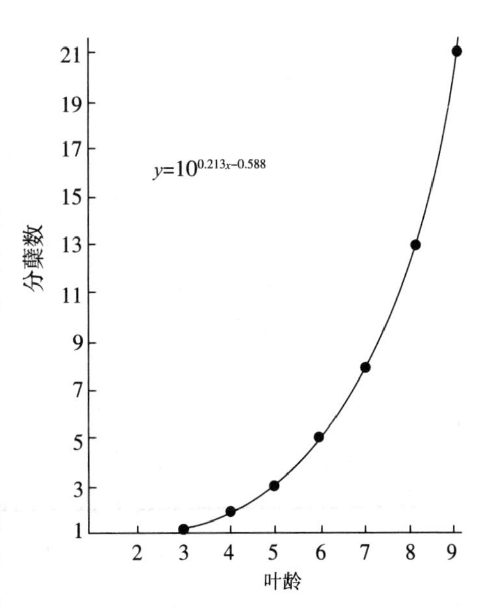

图 2 分蘖叶片间同伸关系的理论曲线

按照分蘖同伸关系表可以推算出不同叶龄时的分蘖数列于表 2 中的第二列，而用分蘖函数(2a)计算的数值列于第三列，图 2 中圆点为表 1 推算值，曲线为分蘖函数公式(2a)，由表 2 和图 1 可以清楚地看出分

蘖函数准确地反映了分蘖数的增长过程，在叶龄小于 9 的范围内两者之差最大不超过±0.3。

表 2　分蘖函数与表 1 推算值的比较

叶龄	表 1 推算值	(2a)计算值	差值
3	1	1.1	0.1
4	2	1.8	−0.2
5	3	3.0	0
6	5	4.9	−0.1
7	8	8.0	0
8	13	13.1	0.1
9	21	21.3	0.3

3　温度是影响冬前分蘖进程的主要矛盾

分蘖的同伸关系和分蘖函数公式(2a)描绘的是正常条件下分蘖数量变化的典型模式。田间条件下，分蘖变化受温度、墒情、肥力、播深、密度、土壤透气性等因素的影响，是个复杂的过程。研究任何过程，如果是存在着两个以上矛盾的复杂过程的话，就要用全力找出它的主要矛盾。抓住了这个主要矛盾，一切问题就迎刃而解了。因此需要进一步研究各种外界条件影响分蘖变化的实质以及它们之中哪一个是主要矛盾。分蘖函数的重要意义不在于是否能用(2a)式来直接描述具体条件下的分蘖变化过程，而在于它提供了研究具体条件下分蘖变化及各种条件对分蘖变化的影响的适宜函数形式。

温度是影响叶片生长和叶龄增加速度的主要因素，温度高叶片长得快，叶龄也增加得快，温度低叶片长得慢，叶龄也增加得慢，温度低于零度，小麦停止生长，叶龄也不再增加。也就是说叶龄是温度的函数

$$x = x(T) \tag{3}$$

式中：T 是温度。温度的高低不影响分蘖的同伸关系，图 3 是播期分别为 9 月 8 日、9 月 12 日、9 月 16 日、9 月 20 日、9 月 28 日、10 月 4 日共 6 块麦田[①]定株调查的结果(播深均在 3～4 cm以下，9 月 28 日一期较深达 6 cm)，纵坐标是群体单株茎数 Y 的对数，横坐标是平均叶龄 X，可见虽然播期相差很大，也就是温度相差很大，但分蘖数和叶龄之间的关系仍然符合于同一个函数关系

$$\log Y = BX + C \tag{2b}$$

此处我们用大写字母 Y，X，B，C 表示群体的分蘖数(即单株茎数)、叶龄，以及与(2)式中的 b、c 相应的常数。用数理统计的方法可以求出样本的相关系数 $r=0.967^{***}$ ($d.f.$ 表示自由度，为样本数减 2)，单株茎数 Y 依 X 的回归方程为

$$\log \hat{Y} = 0.238X - 0.625 \tag{2c}$$

① 本文所用小麦分蘖和叶片的实例资料均为 1974 年秋在通县徐辛庄公社双埠头大队麦田调查的结果。

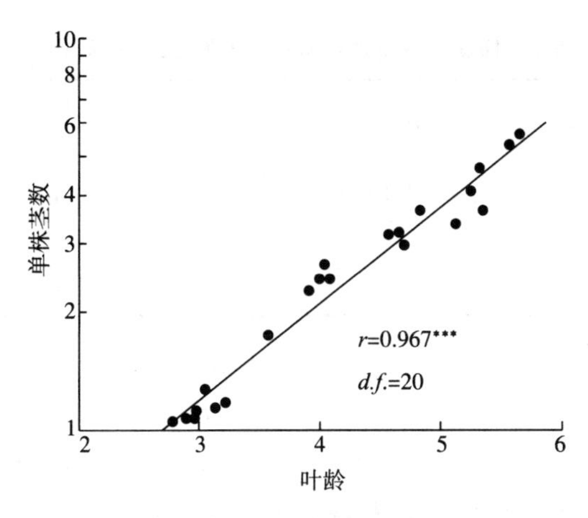

图 3　小麦分蘖与叶龄的关系(农大 139)

比较式(2a)和式(2c),可见两式非常接近,也就是说田间条件下麦田群体的分蘖增长过程和个体植株分蘖增长过程基本上是一致的。

播种深浅对分蘖的影响主要表现在芽鞘蘖是否出现。北京地区适宜播深是 3～4 cm,这种条件下通常很少出现芽鞘蘖。播种较浅在 2 cm 以内时,芽鞘蘖出现较多,在水肥条件比较适宜时最多可达 50%～60%的植株长出芽鞘蘖。芽鞘蘖与主茎之间隔着一段地中茎,关系较不密切,一般生长较弱,不易长出次一级的分蘖,只在水肥条件很好和稀播浅播的条件下才有少数能长出次级分蘖。可以证明,有芽鞘蘖而芽鞘蘖不再长出次级分蘖的植株,其分蘖函数为

$$y = 10^{bx+c} + 1 \tag{2d}$$

芽鞘蘖可以继续长出次级分蘖的植株,其分蘖函数为

$$y = 10^{b(x+1)+c} = 10^{b} \cdot 10^{bx+c} \tag{2e}$$

表 3 和图 3 是两块中上等肥力麦田定株调查的资料,由于浅播麦田有 60%的植株有芽鞘蘖,单株茎数的对数与叶龄的关系仍为一直线,但有一平移。

水肥条件对分蘖的影响主要表现在水肥条件不利时,分蘖芽受抑制处于休眠状态,该长的分蘖长不出来,或者缺水缺肥严重时还会造成已伸出的分蘖枯死。当水肥条件改善后,原先受抑制的分蘖芽仍处于休眠状态,后面的分蘖按照同伸关系继续生长,这叫“过号不补”。因此水肥条件对分蘖的影响主要是条件不利时破坏了分蘖的同伸关系,水肥条件有利时除了可以动用长出鞘蘖及其次级分蘖外,不能额外地多发一些“号”超过同伸关系多长一些分蘖。冬前小麦苗小需水肥不多,要保持同伸关系不受破坏的条件一般容易得到满足。密度过大互相遮阴也会抑制分蘖的生长,但在冬前苗小的情况下,只要不播种过密,这个矛盾也不突出。

表3　播深对分蘖的影响(1974年,品种农大139)

日期(月-日)		10-9	10-22	10-27	10-31	11-10	11-22	11-28	备注
播深(3～4 cm)(9月16日播)	叶龄	3.0	4.7	5.1	5.4	5.7	5.8		无芽鞘蘖
	茎数	1.1	3.0	3.3	3.7	4.4	4.9		
播深(1.5～2 cm)(9月24日播)	叶龄	1.7	3.5	4.2	4.5	4.9	5.3	5.5	60%植株有芽鞘蘖
	茎数	1.0	2.4	3.2	3.6	4.6	5.4	6.0	

综上所述,我们可以得出更普遍意义下的分蘖函数

$$y = 10^{bx+c} + F \tag{2f}$$

式中:F是播深、肥力、墒情、播种密度以及土壤透气性等因素的函数。播种浅有芽鞘蘖但没有次级分蘖时$F=1$,肥水条件好有芽鞘蘖且有次级分蘖时$F=(10^b-1)10^{bx+c}\approx 0.63\times 10^{bx+c}$。一般情况下没有芽鞘蘖时$F=0$。肥水条件不好或播种过深、过密而使某些分蘖受抑制时$F<0$。从上面这个函数中可以清楚地看出,第一项就是前面分析过的正常条件下分蘖随叶龄指数增长的过程,这是普遍的分蘖函数中的主要项,是分蘖过程的主流。温度是影响和决定叶龄增长速度的外界条件,因而也是影响和决定这一项的外界条件,也就是说温度是影响分蘖进程的主要矛盾。F是由播深、肥力、墒情、密度、土壤透气性等因素决定的附加项,从统计上看是随机项,是分蘖过程的支流,亦即播深等条件不是影响分蘖的主要矛盾。

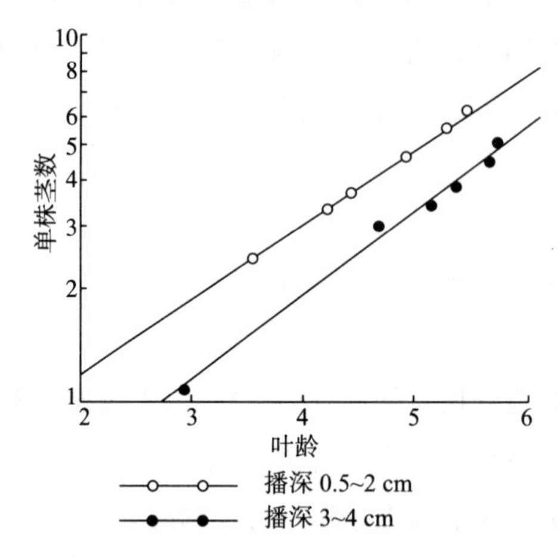

图4　播种深度对分蘖与叶龄关系的影响(农大139)

但是影响分蘖的主要矛盾并不是一成不变的。如上所述,通常播深、水肥等因素对小麦生长发育的速度没有显著的影响,而且一般还不至于破坏同伸关系(这从式(2c)很接近于式(2a)可以得到证实),因而这些因素一般不表现为影响分蘖的主要矛盾。但当这些条件特别不利时,例如播种过深以致不能出苗时,严重缺墒以致"萎蔫"或死苗时,这些因素也可以显著地影响小麦生长速度,甚至停止生长,分蘖大量死亡直至全株死亡,这种情况下播深、水肥等因素又上升为影响分蘖进程的主要矛盾了。

4　叶龄、单株茎数与积温的关系

上面分析了叶龄是温度的函数，而且播深对叶龄增长没有显著影响，我们将上述所有7块麦田(播期包括9月8日、12日、16日、20日、24日、28日和10月4日，播深浅的为1.5～2 cm，深的为6 cm以下)的叶龄资料和积温资料绘于图5，并得出叶龄和积温之间的样本相关系数 $r=0.988^{***}$ ($d.f.=38$)，叶龄依积温的回归方程为

$$\hat{X} = 0.0120\sum T - 1.22 \tag{4}$$

式中：$\sum T$ 表示积温。从式(4)可以得出每增加一个叶龄平均约需83.4 ℃·d的积温。

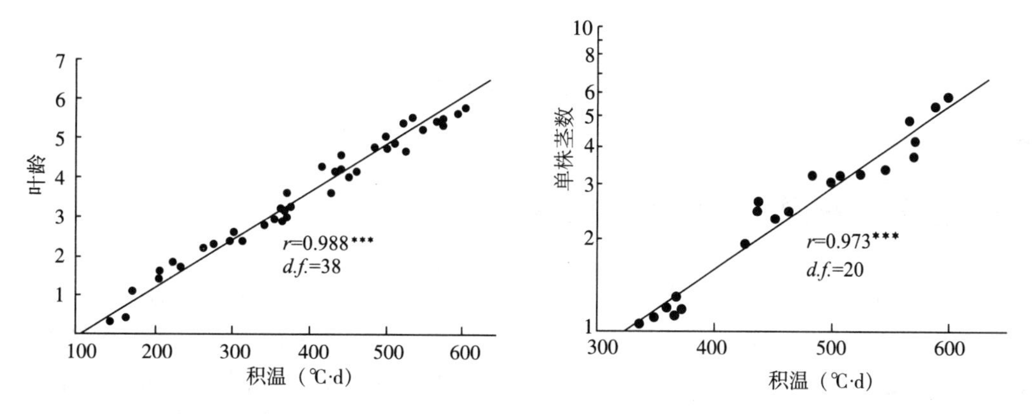

图5　小麦叶龄与积温的关系(品种为农大139)　　图6　小麦分蘖与积温的关系(品种为农大139)

因为浅播麦田有芽鞘蘖，所以我们暂用播深在3～4 cm以下的6块麦田的单株茎数和积温的资料进行统计，得出其样本相关系数为 $r=0.973^{***}$ ($d.f.=20$)，单株茎数 Y 依积温 $\sum T$ 的回归方程为

$$\log \hat{Y} = 0.00274\sum T - 0.898 \tag{5}$$

为了检验式(5)的使用效果，我们用北京地区1973—1974年度高产联合试验的43块地的资料，由基本苗和冬前总茎数算出单株茎数的调查值，由每块地的播种期和当年气候资料查出冬前积温，再由式(5)算出冬前单株茎数的计算值，结果绘于图7。图中虚线是计算值与调查值的相关线，和实线(计算值与调查值相等的对角线)很接近，在肥力、土质等各种条件差别很大的情况下得到计算值与调查值的相关系数达 0.824^{***} 的结果，表明效果是令人满意的，可以在生产实践中应用。

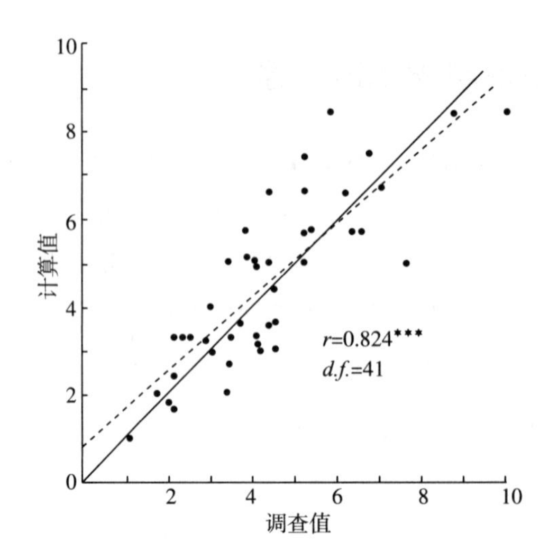

图 7　冬前单株茎数调查值与计算值的比较

（资料引自北京市小麦协作组：1973—1974 高产试验田资料汇编）

5　分蘖与积温关系的实际应用

公式(5)表示的分蘖与积温的关系在小麦栽培管理中主要有以下几个方面的应用：①确定不同播期的基本苗或播种量；②确定苗期促控措施；③确定移栽小麦的适宜育苗期和移栽期。为了使用方便起见，我们把公式(5)计算成表 4，这样只要有了积温值，从表 4 中可以立即查出单株茎数。同时我们还将北京地区从 9 月 1 日开始的每天的冬前积温值列于表 5。

表 4　单株茎数与积温查算表　　　　单位：个

		积温十位、个位值(℃·d)									
		0	10	20	30	40	50	60	70	80	90
积温百位值(℃·d)	300			1.00	1.01	1.08	1.15	1.23	1.31	1.39	1.48
	400	1.58	1.68	1.79	1.91	2.03	2.16	2.30	2.45	2.61	2.78
	500	2.97	3.16	3.36	3.58	3.82	4.06	4.33	4.61	4.91	5.23
	600	5.57	5.93	6.32	6.73	7.17	7.64	8.13	8.67	9.23	9.83
	700	10.5	11.1	11.9	12.6	13.5	14.4	15.3	16.3	17.4	18.5

表 5　北京地区冬前积温(1951—1970 年平均)　　　　单位：℃·d

各旬日序		1	2	3	4	5	6	7	8	9	10	(11)
9 月	上旬	1093	1070	1048	1026	1004	982	961	940	919	898	
	中旬	877	856	836	816	796	776	756	737	716	699	
	下旬	680	662	644	626	608	591	574	557	540	523	
10 月	上旬	507	491	475	459	444	429	414	399	384	370	
	中旬	356	342	328	315	302	289	276	264	252	240	
	下旬	228	217	206	195	184	174	164	154	145	136	127
11 月	上旬	119	111	103	95	88	81	74	68	62	56	

注：冬前积温是从该日起至日平均气温稳定通过 0℃(11 月 25 日)止的逐日平均气温的总和

5.1　确定不同播期的基本苗数

据近两年京郊高产栽培经验，中上等肥力麦田农大139的高产群体结构是冬前总茎数70万～90万，春季最高总茎数110万～130万，成穗55万～60万。为了达到上述冬前总茎数标准，在播种时就应该按不同播种期调节播种量，具体做法如下。例如在10月1日播种，要求冬前茎数达到90万，从表5查出10月1日起的冬前积温为507 ℃·d，再从表4中查出507 ℃·d积温的单株茎数为3.1，因此播种时的基本苗应该是90万/3.1≈29万。再根据种子的千粒重、发芽率、出土率等资料就可以准确定出应当播种量。又如计划搞一块精量播种试验田，基本苗8万，要求冬前达到80万茎，应该什么时期播种合适？按计划冬前单株茎数应达到10个，由表4查出所需积温为694 ℃·d，再由表5查出相当于这一积温值的日期为9月20日，也就是说应在9月20日播种。

上面说的是按多年平均的冬前积温值推算的，实际上每年的气温有可能比常年偏高或偏低，因而使当年的冬前积温高于或低于表5中的数值。例如从10月1日算起的冬前积温多年平均为507 ℃·d，而1974年秋只有449 ℃·d。按多年平均值10月1日播的冬前单株茎数应达3.1个，而按1974年的冬前积温值则只能达2.1～2.2个，比常年平均少一个分蘖，这就是1974年冬京郊普遍反映冬前分蘖比常年少的原因。上述情况表明，我们在用表5的资料来计划播种量时，还应参照当年的气象预报，按照秋季气温是偏高还是偏低而适当降低或增加播种量。

5.2　确定苗期促控措施

表4的资料也可以作为检查苗情是否正常的客观标准。例如一块9月25日播种的麦田到10月23日调查单株茎数平均只有1.5个，但查当时的气象记录，从9月25日至10月23日的积温已有440 ℃·d，按表4查出440 ℃·d积温单株茎数应达2.03个，这说明分蘖没长够数，应检查原因并及时采取浇水施肥或松土等促进措施。又如前面的例子按常年平均的冬前积温确定了10月1日播种的基本苗为29万，但当年秋季气温偏高，至10月31日积温已达420 ℃·d，比常年平均情况已偏多400 ℃·d，而且气象台预报11月气温接近常年或略偏高，估计从10月1日算起的冬前积温将超过550 ℃·d，从表4中查出单株茎数将达4.06个，则冬前总茎数将达到4.06×29万＝118万，超过原计划90万的要求，这就要在11月上旬适时采取深中耕措施刹住分蘖继续增加。

5.3　确定移栽小麦的适宜育苗期和移栽期

移栽小麦必须掌握好育苗和移栽两个关键。近两年的移栽经验表明，10月底以前移栽有利于缓苗生根长蘖，产量比较高，11月上旬以后移栽的冬前长新根少或不能长新根，容易受冻受旱影响产量。由此可以确定移栽适期的下限在10月底，由10月31日算起的冬前积温为127 ℃·d，这一数值便可以作为移栽缓苗所需积温的粗略估计。关于移栽适期的上限问题，虽然10月上旬也能移栽，但太早移栽有几个不利，一是早栽要早育苗，而过早育苗病毒病比较严重；二是缓苗后有较长时间继续长分蘖，此种移栽后再长出的小分蘖多数成不了穗;三是早播早栽有可能冬前开始穗分化而造成越冬大量死苗。因此移栽期的上限最好控制在移栽后长出的叶片不超过两片,亦即缓苗后长出的同伸蘖不超过两期。上面提到过增加一个叶龄平均约需 83.4 ℃·d 积温,则增加两个叶龄约需 167 ℃·d,加上缓苗需 127 ℃·d,合计为 294 ℃·d,由表 5 查出冬前积温接近 294 ℃·d 的日期为 10 月 16 日,即为移栽的适移上限,也就是说北京地区小麦移栽的适宜时期为 10 月 16 日至 10 月 31 日。

育苗期应根据移栽期和预定的单株茎数来安排。一般要求栽大苗,单株茎数 7~8 个以上,这样可以一穴一株,比较省工而且产量高。因此如果计划在 10 月 16 日移栽,栽时麦苗要求达到单株茎数 10 个,则由育苗至移栽的积温由表 4 查出约需 694 ℃·d。下一步的问题是查出由哪一天开始到 10 月 16 日的积温是 694 ℃·d,由表 5 查出 10 月 16 日的冬前积温为 289 ℃·d,则 694 ℃·d+289 ℃·d=983 ℃·d,再从表 5 查出接近 983 ℃·d 的日期为 9 月 6 日,亦即由 9 月 6 日至 10 月 16 日的积温约为 694 ℃·d,这就是我们要确定的育苗日期。如果计划是在 10 月 31 日移栽,则育苗期的冬前积温应是 694 ℃·d+127 ℃·d=821 ℃·d,为 9 月 13 日。因为育苗地播种量一般都比较大,后期分蘖较多时会互相遮阴,可能影响分蘖,为稳妥起见,育苗期可比上述推算日期稍提前几天。

6 几点讨论

(1)小麦分蘖力和叶片生长速度可能与品种有关,本文所得结果是根据农大 139 的观察资料,对于其他品种是否适用,尚需经过实际观察。

(2)本文资料是在亩产 300~350 kg 水平的中上等肥力条件下取得的,对于近郊高肥力园田,由于芽鞘蘖较多,单株茎数应比表 4 所列的数值高一些,因此使用表 4 时应根据芽鞘蘖出现的比例加以适当修正。

(3)分蘖与积温的关系只适用于冬前的情况。春季小麦分蘖变化过程比较复杂,返青后不久,生长锥便开始伸长进入穗分化期,生长中心和营养分配中心逐步地转移到主茎和大分蘖上,内因起了变化,分蘖的同伸关系也就逐步破坏了,因此表 4 的资料不能用来估算春季的分蘖数变化过程。

(4)水稻也和小麦有类似的分蘖同伸关系[2],因此本文关于分蘖函数的理论,以及研究叶龄、单株茎数和积温之间关系的方法也可以在水稻幼苗分蘖期中使用。

参考文献

[1]陆挪生. 华南冬种小麦分蘖与幼穗发育观察初报. 华南农业科学,1958,(3):21-30.
[2]片山佃. 稲麦の分蘖に关する研究. 日作纪,1944,15(3-4):109-118.

坡面日照和日射的理论计算及应用*

郑大玮
（北京市农林科学院农业气象环保研究所，北京　100097）

1　坡面日照和日射的理论计算方法

迄今为止，国内太阳辐射的统计分析大都是利用现有台站的辐射资料建立总辐射与日照百分率的回归方程来研究各地的光能资源分布。它只适用于地势开阔的平原和高原而不适于地形复杂的山地和坡面。

1.1　日照时数计算公式

自然状况下平地晴天日照时数可由下式计算：

$$\sin h = \sin\varphi\sin\delta + \cos\varphi\cos\delta\cos\omega \tag{1}$$

令 $h=0$

$$\omega_o = \arccos(-\tan\varphi \cdot \tan\delta) \tag{2}$$

式中：h 为太阳高度角；φ 为纬度；δ 为赤纬；ω 为时角（正午为 0，下午为正，上午为负。每 15° 相当于 1 小时）。ω_o 即日落时角。$-\omega_o$ 为日出时角。全天平地晴天日照时数 $T_o=\frac{2\omega_o}{15°}$。

和平地比较，坡面只是增加了本身的遮蔽作用，假定坡面是平滑的，坡面方位角为 A'。坡度为 h'。

由天文学已知计算太阳方位角公式是：

$$\sin A = \frac{\cos\delta\sin\omega}{\cos h} \tag{3}$$

或

$$\cos A = \frac{\sin\delta\cos\varphi - \cos\delta\sin\varphi\cos\omega}{\cos h} \tag{4}$$

太阳在天球上的位置可由 h 和 A 确定。只要找出太阳受坡面遮蔽的临照点的 h、A，就可以通过式(1)、(3)或(4)式算出特定 φ、δ 下的临照时角。从而进一步计算日照时数。

图 1 为东坡日照模式。设原点到山脊海拔高差为 H，到山脊水平距离为 L，坡度为 h'。

---

* 本文原载于 1981 年第 5 期《北京农业科技》。

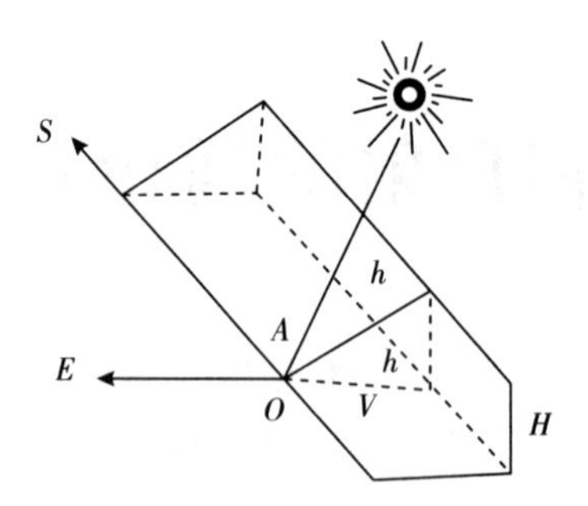

图 1　东坡日照模式

因为 $$L'=L/\sin A,又\ L'=\frac{H}{\tan h}$$

故 $$\tan h=\frac{H}{L}\sin A,又因\ \tan h'=\frac{H}{L}$$

所以 $$\tan h=\tan h'\sin A \tag{5}$$

解式(1),(3),(5)得

$$\omega_{E_2}=\arccos\left[\frac{-\sin\varphi\cos\varphi\sin\delta+\tan h'\sqrt{(\cos^2\varphi+\tan^2h')\cos^2\delta-\sin^2\varphi\sin^2\delta}}{\cos\delta(\cos^2\varphi+\tan^2h')}\right] \tag{6}$$

ω_{E_2} 即东坡终照时角。

由于东坡在上午不受遮蔽。始照时角 ω_{E_1} 即 $-\omega_o$。全天的日照时数为：

$$T_E=\frac{\omega_{E2}+\omega_o}{15^\circ} \tag{7}$$

西坡的情况与东坡对称。

对于南坡可认为是式(5)正向旋转 90°。

$$\tan h=\tan h'\cos A \tag{8}$$

解(1),(6),(8)得

$$\omega_{s_2}=\arccos\left(\tan\delta\frac{\tan h'\cos\delta-\sin\varphi}{\tan h'\sin\varphi+\cos\varphi}\right) \tag{9}$$

ω_{s_o} 即南坡下午终照时角。上午始照时角为 $\omega_{s_1}=-\omega_{s_2}$，全天的日照时数：

$$T_S=\frac{2\omega_{s_2}}{15^\circ} \tag{10}$$

当 ω_{s_2} 无解时表明坡面不存在遮蔽，全天日照时数为 $\frac{2\omega_o}{15^\circ}$。通常出现在冬半年。

对于北坡可认为是式(5)反向旋转 90°：

$$\tan h-\tan h'\cos(180^\circ-A) \tag{11}$$

解(1),(6),(11)得

$$\omega_{N2}=\arccos\left(\tan\delta\cdot\frac{\tan h'\cos\varphi+\sin\varphi}{\tan h'\sin\varphi-\cos\varphi}\right) \tag{12}$$

ω_{N2} 即下午的临照时角。$\omega_{N1}=-\omega_{N2}$ 为上午临照时角。冬半年可照时段为 $\omega_{N1}-\omega_{N2}$，全天日

照时数 $T_N=\frac{2\omega_{N2}}{15^\circ}$。夏半年上午可照时段为$-\omega_o-\omega_{N1}$。下午可照时段为 $\omega_{N2}-\omega_o$。全天可照时数为 $T_N=\frac{2(\omega_o-\omega_{N2})}{15^\circ}$

当 ω_{N2} 无解时。表示全天无遮蔽或全天无日照。夏半年当 $h'<90^\circ-\varphi+\delta$ 时可出现全天无遮蔽。$T_N=\frac{2\omega_o}{15^\circ}$。冬半年当 $h'>90^\circ-\varphi+\delta$ 时可出现全无无日照，$T_N=O$。

任意坡向日照时数理论计算公式：设坡向方位角为 A'。相当于式(1)、(5)旋转 A'角度。

$$\tan h = \tan h'\cos(A-A') = \tan h'(\sin A\cos A' + \cos A\sin A') \tag{13}$$

解式(1)，(4)，(5)，(13)得

$$\begin{aligned}\omega_{A1'} &= \arccos\left(\frac{-b+\sqrt{b^2-4ac}}{2a}\right)\\ \omega_{A'2} &= \arccos\left(\frac{-b-\sqrt{b^2-4ac}}{2a}\right)\end{aligned} \tag{14}$$

式中：$a=\cos^2\delta[(\cos\varphi+\tan h'\sin\varphi\sin A')^2+\tan^2h'\cos^2A']$

$b=2\sin\delta\cos\delta(\sin\varphi-\tan h'\cos\varphi sinA')(\tan h'\sin\varphi\sin A'-\cos\varphi)$

$c=\sin^2\delta(\tan h'\cos\varphi\sin A'+\sin\varphi)^2-\tan^2h'\cos^2\delta\cos^2A'$

$\omega_{A'1}$ 和 $\omega_{A'2}$ 即 A' 坡向的临照时角。当 $\omega_{A'1}$ 和 $\omega_{A'2}$ 中只有一个解时，表明只存在一个临照时角。当 $\omega_{A'1}$、$\omega_{A'2}$ 均无解表明全天遮蔽或全天无日照。前者在坡向偏南冬半年坡度较小时可能出现。这时全天日照时数 $T_{A'}=2\omega_o/15^\circ$小时。后者在坡向偏北冬半年坡度较大时出现，全天照照 $T_{A'}=0$。

由于 arccos 取主值范围在 0～180°，$\omega_{A'_1}$ 和 $\omega_{A'_2}$ 中作为上午临照时角的解应加负号。至于那一个应加负号应结合图判断。$\omega_{A'_1}$ 和 $\omega_{A'_2}$ 计算出来后可照时段的判断仍需结合图解判断。

1.2 坡面日照图解法

太阳在天球上运行轨迹和坡面遮蔽曲线都可以用(Z、A)极坐标图来表示。其中 Z 为天顶距，对于太阳，$Z=90^\circ-h'$。对于坡面 $Z'=90^\circ-h'$。连接相同 W 的各(Z、A)点可得到一组等时线。

太阳运行轨迹如图 2 所示。

由式(8)可给出不同 h'下的一组南坡坡面遮蔽曲线。反向的另一组曲线即北坡遮蔽曲线。

将图 3 绘在透明坐标纸上，与图 2 的极点及 $A=0$、$h=0$ 点重合，两组曲线交点即南坡太阳临照点位置，由等 ω 线与该交点的距离可读出临照时角。将图 3 对准图 2 旋转 A'角度，即可求坡向 A'的临照时角。$A'=90^\circ$或-90°，即可求东坡和西坡临照时角。找出临照点后。太阳运行轨迹曲线的 h 高于坡面遮蔽线的那一段即可照段。可确定相应的日照时数。

过去有人曾使用经验图解法，图 2 仍如前述方法绘制。坡面遮线蔽则以用(Z,A)极坐标中经过(90°,$A'-90^\circ$)，(Z', A')，(90°,$A'+90^\circ$)三点的大圆表示。不难证明，这条大圆弧

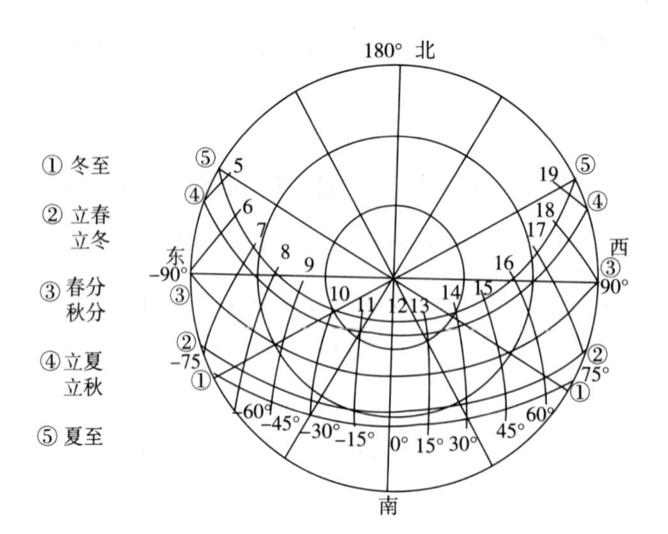

图 2　太阳运行轨迹曲线和等时线

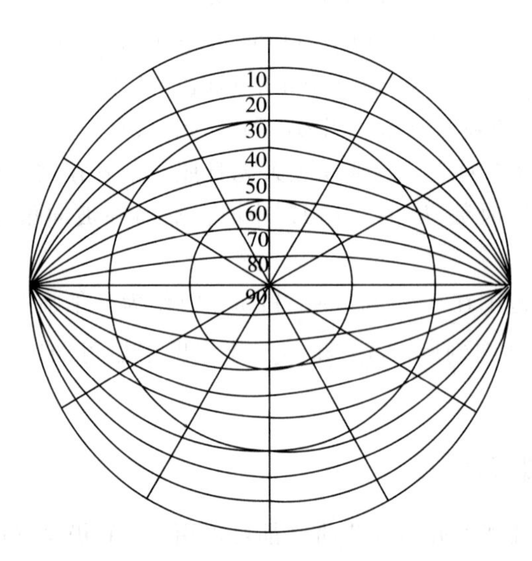

图 3　坡面遮蔽曲线

线与准确的坡面遮蔽曲线是不一致的。

坡面辐射的理论计算：由气候学已知地面上直接辐射强度 I 的计算公式：

$$dI = \frac{I_o}{\rho^2} \cdot P^{\frac{1}{\sin h}} \cdot \sin h d\omega \tag{15}$$

式中：P 为大气透明系数，取决于当时大气的混浊度；I_o 为太阳常数，通常取 $I_o=0.4737$ J/cm^2 · min；ρ 为日地距，当处于日地平均距离时令 $\rho=1$。

如已知日照时段为 $\omega_1-\omega_2$，则全天日照时段内直接辐射总量为：

$$W = \int_{w_1}^{w_2} \frac{I_o}{\rho^2} \cdot P^{\frac{1}{\sin h}} \cdot \sin h d\omega \tag{16}$$

对于坡地，应以 $\cos i$ 代替式中的 $\sin h$：

$$W = \int_{\omega_1}^{\omega_2} \frac{I_o}{\rho^2} \cdot P^{\frac{1}{\sinh}} \cdot \cos i \mathrm{d}\omega \tag{17}$$

式中：i 为入射角即光线与坡面法线的夹角，可由下式计算：

$$\cos i = \sinh \cosh' + \cosh \sinh' \cos(A - A') \tag{18}$$

但是实际上 P 是随季节 δ 和时角 ω 变化的。用式(15)计算时通常假定某 δ 下的 P 在一天中是不变的。I 应在 h 最大的中午达最大。实际上由于大气中水分蒸发需要一定时间，P 在下午达最大。I 则在 h 较高 P 也较大的 13 时前后达最大。因此用式(15)计算误差仍较大。我们采用北京气象台 1958—1976 年实测垂直面上逐时太阳直接辐射强度资料。内插求出 24 个节气的逐时 P 值，并进行多项式回归。其通式为：

$$I(t) = b_o + b_1 t + b_2 t^2 + b_3 t^3 + b_4 t^4 \tag{19}$$

式中：系数 b_o、b_1、b_2、b_3、b_4 随 δ 而改变。

坡面直接辐射总量为：

$$W = \int_{\omega_1}^{\omega_2} (b_o + b_1 t + b_2 t^2 + b_3 t^3 + b_4 t^4) \cos i \mathrm{d}\omega \tag{20}$$

天空不同部位散射辐射强度的分布较为复杂，与太阳视位置有关，是随时间变化的。我们为简化计算假定天空中大气质点散射是各向同性的，则 D 与太阳视位置、坡向方位均无关。只与坡面本身遮蔽的立体角大小有关。

设坡度为 h'，D_o 为平地散射日总量，因半个天球面立体角为 2π。坡面遮蔽立体角占半个天球立体角 $\frac{h'}{180°}$，因此有：

$$D = \left(1 - \frac{h'}{180°}\right) D_o \tag{21}$$

坡面总辐射：

$$Q = W + D \tag{22}$$

上述理论计算和图解法在山区气候区划的光照资源调查分析、农业太阳能利用、间套作畦内作物和防护林网内光分布及风障、畜舍光分布等方面可以有广泛的应用价值。以下我们将分别举例说明。

2　北京地区山地日照和日射的计算

前述理论计算和图解方法可应用于山区气候考察的光能资源调查分析工作。现以北京地区为例说明之。

2.1　低海拔孤立山地坡面日照的计算

从图 4 可以看出北京地区坡面日照的以下特征：

(1)南坡和东南坡、西南坡不同季节日照时数差别较小，而北坡不同季节日照时数差别很大。

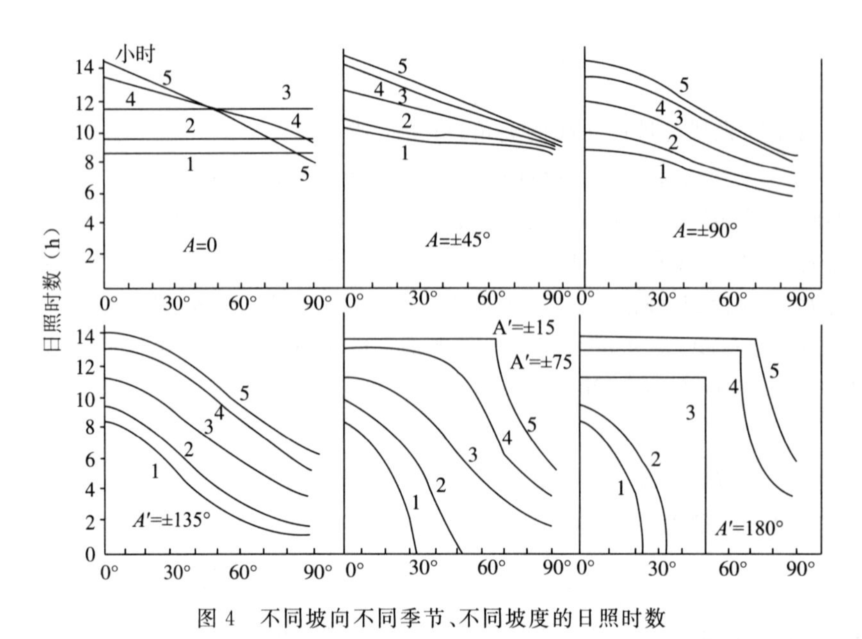

图 4　不同坡向不同季节、不同坡度的日照时数

(1.冬至;2.立春、立冬;3.春分、秋分;4.立夏、立秋;5.夏至;A 和 A' 为坡向,$A=0$ 为正南)

(2)坡度越大日照时数越少。

(3)夏季日照时数比冬季多,但对于南坡则坡度很大时夏季日照反而比冬季还少。东南坡和西南坡坡度越大。不同季节日照时数差别越小,但北坡是坡度越大差别越大。

(4)A' 坡向和 $-A'$ 坡向的日照是对称的。

为便于描述山区不同地形日照特征,我们假定有一个半圆球形山丘如图 5,不同季节山丘各部位日照时数可用前述方法计算并用极坐标图表示,如图 6,其中极点 $h'=0$。从图 6 可以看出以下特征:

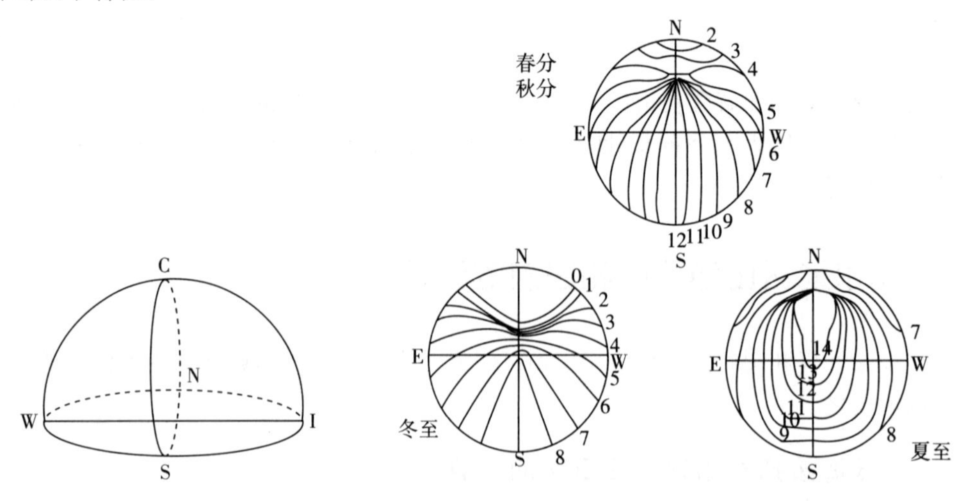

图 5　半球形山丘模型　　　　图 6　不同季节日照时数随坡向坡度的分布

(1)冬至北坡附近有较大范围无日照,除北坡附近,各坡面日照时数随坡度变化不大。坡度较大时各坡面间日照差别很大,南坡附近不论坡度多少都有 8 小时以上的日照。

(2)春分和秋分北坡最陡处也有近 2 小时日照，南坡可达 12 小时，南坡附近日照随坡度变化不大，东西北坡变化较大。

(3)夏至日照最多的不在南坡而在北坡 $h'<66.5°$范围内，可达 14 小时以上。日照最少的在东北坡和西北坡 h'近 90°处。同一坡面不同，不同坡面间日照差别较小，正南坡日照比偏东或偏西 15°～35°处略少一点。夏至等时线大体成环形分布。

(4)不论何季节，在北坡 $h'=90°-\delta$ 处等时线十分密集，日照随坡度加大急剧减少。

2.2　低海拔孤立山地坡面日射的计算

由于一天中以中午前后辐射强度最大，同样 t 小时日照处于不同时段辐射能是很不相同的，因此还需要描述一下坡面日射的分布。

坡面日射的计算方法在本文前面部分已说明。图 7 是根据北京气象台日射资料计算的北京地区不同坡面不同季节总辐射随坡度的变化。东西坡和偏北坡面不同季节日总辐射量均随坡度加大而减少。但南坡和偏南坡都是在某一坡度日总辐射量最大。这个 h'_{max}冬季较大，显然是因为冬季太阳高度角较低的缘故。夏季 h'_{max}值较小。

对于北坡，辐射总量随坡度加大变化同样有一个转折点，其临界 h'_0值与计算日照时数的临界值相同。

图 8 是半球形山丘各部位总辐射的分布，从年总辐射量的分布看，最大值出现在南坡 30°左右，可比平地上多出 10%以上。最小值在北坡垂直坡面上，仅相当于南坡最大值的约 1/5，或相当于平地年总量的不足 1/4 。除南坡外其他坡面总辐射量均随坡度加大而很快减少。

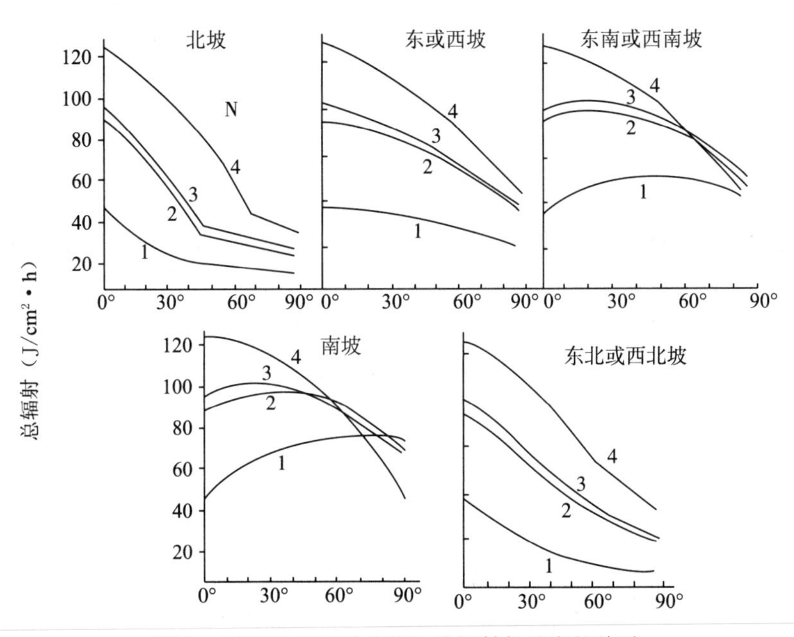

图 7　不同坡面不同季节日总辐射与坡度的关系

不同季节比较，冬季总辐射最大值在南坡 60°左右，春秋在南坡 30°左右，夏季在南坡 10°左右。

由于散射辐射的存在，即使是冬季太阳不能直晒的北坡大部地区，总辐射也不为零，这是与日照时数的分布(图 6)不同的。

由于本文是采用北京市气象台实测资料进行计算，实际总辐射最大值并不出现在正南方向的坡面上。而是正南稍偏西 5°左右的地方，这是因为实际上太阳直接辐射强度并非是正午达到最大，而往往是午后 12:30—13:00 左右达到最大值。

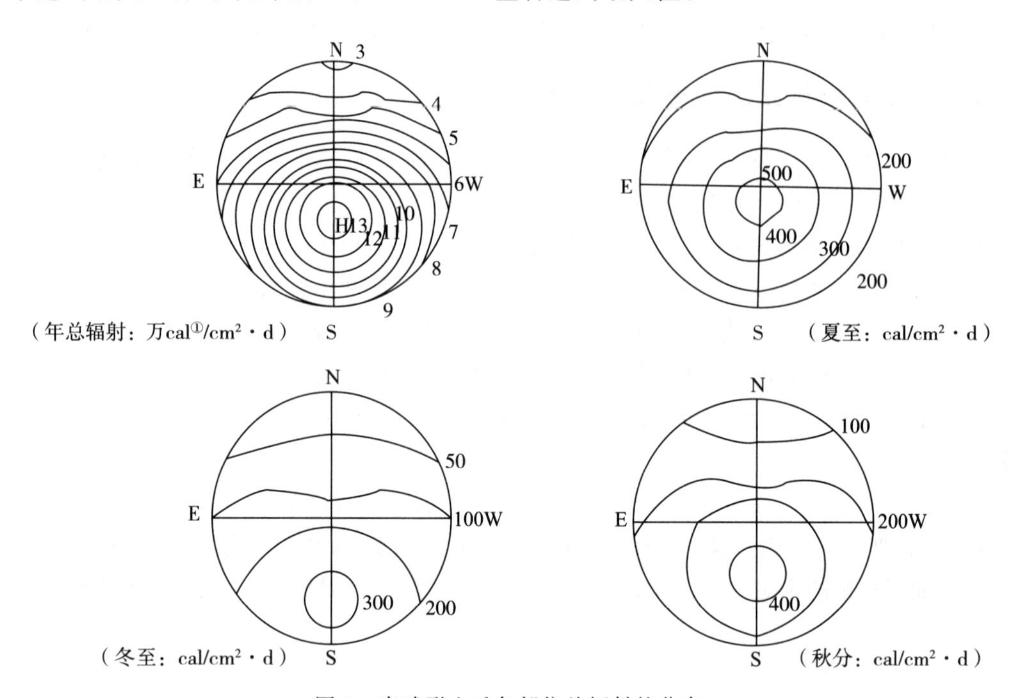

图 8　半球形山丘各部位总辐射的分布

2.3　复杂地形和日照的计算

山地除了坡面本身的遮蔽外，往往还受周围山脉的遮蔽。南京气象学院(现南京信息工程大学)翁笃鸣等的图解法可帮助解决复杂地形日照和日射的计算。在极坐标纸上绘出太阳运行轨迹曲线，并绘出从测点观测到的地形遮蔽廓线(图 9 中虚线)，两线交点即临照时角。如图中有三个可照时段：$\omega_1 \sim \omega_2$、$\omega_3 \sim \omega_4$、$\omega_5 \sim \omega_o$。可根据式(20)计算全天直接辐射总量。

$$W = \int_{\omega_1}^{\omega_2} I(t)\cos i dw + \int_{\omega_3}^{\omega_4} I(t)\cos i dw + \int_{\omega_5}^{\omega_o} I(t)\cos i dw \tag{23}$$

天空散射总量的计算比较复杂，即使假定大气质点散射各面同性天空各部分散射强度相等的话，也还有一个未遮蔽天空的比较(即立体角)如何计算的问题，而球面上不规则图形立体角的计算是相当繁杂的。我们可以利用图 9 那样的极坐标图来图解估算，根据极坐标图上未遮蔽天空所占面积的比例来估算占全天平地上散射总量的比例大小。为了解决平面

① 1 cal=4.18 J。

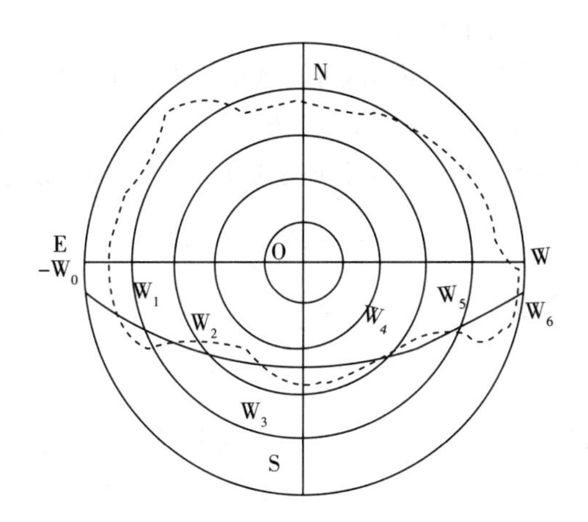

图9　复杂地形下的日照状况

上圆面积和天球半球面的视面积不等的问题，我们把极坐标按每10°间隔分成9个同心圆环，每个圆环相当于天球面上每隔10°h的球台侧面。设各侧面积分别为半球面积的β_1，β_2，…，β_9倍，极坐标图中每个同心圆环由外向里每环被遮蔽部分占该环面积的α_1，α_2，…，α_9倍，则未遮蔽天空的散射日总量为：

$$D=(1-K)D_o=(1-\sum_{j=1}^{9}\alpha_j\beta_j)D_o \tag{24}$$

式中：D_o为平地散射日总量，只随δ变化。$K=\sum_{j=1}^{9}\alpha;\beta_j$为遮蔽系数。$\beta_j$为权重，其数值如下：

j	1	2	3	4	5	6	7	8	9
β_j	0.1736	0.1684	0.1580	0.1428	0.1233	0.1000	0.0737	0.0451	0.0152

如果极坐标图上同心圆环再划得细些，β_j可计算如下：($\sum_{j=1}^{N}\beta_j=1$)

j	1	2	…	m	…	N
β_j	$\sin\frac{90°}{L}$	$\sin\frac{2\times90°}{L}-\sin\frac{90°}{N}$	…	$\sin\frac{m\cdot90°}{N}-\sin\frac{(m-1)90°}{N}$	…	$\sin90°-\sin\frac{(N-1)90°}{N}$

总辐射：$Q=W+D$。

2.4　高海拔山区日射的计算

高海拔山区日射的计算不能不考虑大气透明系数的变化，必须进行高度订正。目前尚无京郊山区大气透明系数的观测资料，由于京郊面积不大，除少数工业烟尘污染较重的地区外，我们沿用假定的均质大气的透明系数高度订正法。在气压为b的等压面高度上，绝对光学质量为：

$$m_o=\frac{b}{b_o}m=\frac{b}{b_o\sinh} \tag{25}$$

式中：b_o 为北京气象台某季节的平均气压。

设 P_o 为北京气象台某季节大气透明系数，则山区 b 等压面高度的大气透明系数为：

$$P' = P^{b/b_o} \tag{26}$$

将 P' 代入式(17)、(18)中并取代 P，即可得出山区 b 等压面高度的直接辐射计算公式：

$$I = \frac{I_o}{\rho^2} \cdot P^{\frac{b}{b_o \sin h}} \cdot \sin h \tag{27}$$

对于坡地，直接辐射日总量为：

$$W = \int_{\omega_1}^{\omega_2} \frac{I_o}{\rho^2} \cdot P^{\frac{b}{b_o \sin h}} \cdot \cos i \mathrm{d}\omega \tag{28}$$

北京平原地区各月的大气透明系数已由中国气象局气象科学研究院算出，这样只需利用山区各气象站的气压和高度资料找出京郊气压随高度变化的规律就可计算出各高度的大气透明系数 P'，从而计算山区各地的直接辐射的日总量。

天空散射强度的计算可以假定为干洁大气的情况。

$$d = \frac{1}{2}(I_o - I)\sin h \tag{29}$$

散射辐射日总量为：

$$D_o = \int_{-\omega_o}^{\omega_o} d \cdot \mathrm{d}\omega = \frac{1}{2}\int_{-\omega_o}^{\omega_o} (I_o - \frac{I_o}{\rho^2} \cdot P^{\frac{b}{b_o \sin h}})\sin h \mathrm{d}\omega \tag{30}$$

对于复杂地形可利用式(24)计算 $D=(1-K)D$。

总辐射为 $Q=W+D$。

怎样做好农业气象情报服务工作*

郑大玮
（北京市农林科学院，北京　100097）

1　农业气象情报工作是可以大有作为的

农业气象情报是对过去一段时期气象条件对农业生产影响的一种报道。许多人往往以为很容易做，不需要多高的水平，也出不了多大成果。当然，如果仅仅罗列一点气象资料，再说几句众所周知的大实话，那确是很容易的。但要真正做到使生产部门感到迫切的需要，并为农业生产做出重大贡献，那就是很不容易了，没有坚实的农业气象理论基础和丰富的科研生产实践是不行的。农业气象情报工作是可以大有作为的：

(1)农业气象情报是农业气象工作直接为生产服务最直接、最经常、最普遍和及时的一种有效手段，是各级领导指挥安排农业生产的重要依据，是最容易受到群众欢迎的。

(2)和预报相比，有更强的可靠性。

(3)开展农业气象情报工作的同时，通过调查研究和观测分析，能不断发现新情况，新问题，许多重要的新发现和新突破正是从这里开始。

2　什么是高质量的农业气象情报服务

一份高质量的农业气象情报，应该是抓住当前生产上的关键问题，对于生产部门是雪中送炭，能够在生产上发挥显著的作用。要求每一期情报都做到是不可能的，但在生产的关键时期和发生重大灾害时应该力争做到。这样的农业气象情报应具有以下特点：

(1)准确性。抓住气象条件对农业生产影响的关键问题，针对性强。

(2)分析问题有充分的科学依据，逻辑性强。

(3)有一定的预见性，对前期气象条件影响的后效能做出准确的估计。

(4)提出的措施建议切实可行，有实效。

(5)不失时机。过早不被重视，过迟则来不及采取措施，最好是刚出现苗头，提出后能引起重视又来得及采取必要的措施。

---

* 本文为1982年8月于国家气象局农业气象情报培训班上的讲座内容，未公开发表。

(6)附有简明的农业气象资料,包括气象条件、田间小气候状况,作物生育状况,要有比较性,至少要和常年及上一年比较。

(7)专题农业气象情报要有醒目的标题,这样的农业气象情报必然是受欢迎的。

3 怎样才能做好农业气象情报服务工作

(1)要有高度的责任心,这是首要的前提。时刻把人民的利益放在心上,就会养成密切注视气象对农业生产影响的习惯,逐步形成敏锐的观察力。

(2)深入生产实际,熟悉作物生产全过程和全年主要农事活动环节及其对气象条件的要求。

(3)深入研究农业生产和气象条件的关系,摸透作物的脾气。

(4)掌握丰富的第一手资料,包括气象资料、历年产量生产情况、作物生育状况和农田小气候资料,随时可以进行比较和统计分析。对常年和典型年的气象条件应熟知,能迅速判断当时气象条件是否正常。

(5)广泛收集现有农业气象指标,熟悉有关科技文献。

(6)和生产部门建立密切的联系,和有关学科特别是作物栽培学密切协作,利用各种渠道主动积极开展服务。

(7)掌握生产动向,善于抓时机。

(8)注意分寸适宜,留有余地,防止服务传递过程中被曲解走样。

(9)不断总结经验,逐步建立周年农业气象服务历和专题农业气象服务工作流程。总的指导思想是边服务边研究、坚持"实践—认识—再实践—再认识"的思想路线,即从生产实践出发,抓住农业气象问题进行情报服务,再有针对性地进行专题农业气象调查和试验研究,在对作物与气象关系深刻认识的基础上更高的水平进行农业气象情报服务。

4 气象条件对农作物的影响

(1)影响发育。主要是温度,其次是日长。对于对日照长度反映迟钝的品种和耐寒作物,通过春化阶段之前,发育过程特别是叶龄与积温有良好的关系。反之以积温作指标效果就不理想。

(2)影响光合积累和生长量。在温度、水分不成为明显的限制因素时,光强是影响光合效率和生长量的主导因子。

(3)光温水对作物品质的影响。多数粮食作物在强光下形成优良的品质,但茶叶、麻类和某些药用植物却需要较弱的光强。鲜嫩多汁的蔬菜对水分的要求则很高。

(4)气象灾害对作物的伤害,包括外表可以立即辨认的伤害和不易辨认的内伤(包括内伤导致的结果),以及当时虽未直接受伤但带来的一系列严重的后果导致减产。农业气象要特别注意研究和识别后两种情况,即人们常说的"哑巴灾。"

(5)影响施肥、喷药、播种、整地、收获等农事活动的进行和效率,主要是风雨天气。

(6)影响土壤结构和土壤小气候,如雨后板结,突然封冻,返浆,水土流失等。

(7)影响土壤养分动态，如早春有机磷的释放主要取决于升温快，土壤离子和硝态氮的流失与降水关系很大。土壤透气性直接决定土壤铵态氮向硝态氮的转化。

(8)影响病虫草害的发生发展，以水分和温度条件的影响最突出。

上述条件影响最终都要反映到对产量的影响上。怎样分析研究气象条件与作物的关系：

(1)历年气候产量与气象条件关系的统计分析

这是目前最常用的方法，能提取较多的信息。但也并不是都那么可靠的，还要注意以下几点：

①产量资料的可靠性。我国多年来农业统计工作不健全，加之多次刮浮夸风，以及其他的人为因素干扰，有些产量资料或者不可靠，或者数字大体可靠但其增减产主要并非气象条件的变化造成的，这些都需要认真调查了解，在进行统计分析前对输入的产量资料进行必要的技术处理。

②出现概率较小的某些灾害和病虫害的影响在对历年产量进行统计分析时往往反映不出来，这主要靠对典型年份进行调查。

③选择因子要有明确的生物学意义，如中选因子与现有作物生理学、栽培学的基本原理相违背，即使相关很好也要持慎重态度，要留待进一步探讨和验证。

④随着生产水平的提高主要因子和次要因子的地位也会发生转化。

(2)进行农业气象试验和观测，鉴定农业气象指标和提出作物气象模式

试验方法包括平行观测、地理播种和人工气象模拟等。主要是为解决或补充前人未解决的农业气象问题，因此只能有重点地进行。农业气象观测和常规气象观测不同，各地生产条件、气候和作物生育特点栽培方式都大不相同，普遍性的问题可参照农业气象观测规范，更多的问题要根据需要自己设计必要的专项观测内容。

(3)在来不及进行农业气象试验和统计分析时主要靠运用现有科技成果

①植物生理和有关作物生物学特性的基本原理可以直接引用，但要注意这些原理从定性上说一般都是无可非议的，但从定量上看，在实验室得出的指标往往与自然条件下大不相同，不可盲目照搬到农业气象上来。如关于冬性品种通过春化阶段的条件文献都说是0～5 ℃几十天，但实际上田间麦苗通过要快得多。

②广泛收集现有的农业气象指标是必要的，但要注意任何指标都有一定的局限性，往往随地区、作物、品种、苗情而变化，没有绝对固定的指标。有的黄河流域麦区照搬北京小麦发生冻害的冬季负积温大于400 ℃·d的指标，认为当地根本不会出现大于400 ℃·d的负积温，于是认为不可能出现冻害，这就明显地脱离生产实际了。此外现有指标也未必都是可靠的，还有的指标则需要在一定条件下才发生作用。

(4)向有经验的干部和老农、技术人员进行调查，总结群众经验

5　运用辩证法分析气象条件的利弊

对气象条件的利弊及其对作物的影响分析是否中肯透彻，常常是农业气象服务成功与否的关键。

(1)对农业气候条件必须综合全面评价

农业气候条件主要是光照、热量、水分有时还要考虑风、湿度等。

我国主要农业区属大陆性季风气候，其有利方面是作物生长季长热量充足，光热水资源配合较好，因而有可能提高复种指数，增产潜力较大。不利的一面是季节和年际变化较大灾害频繁，不利于稳产。我国近年粮食总产的波动似乎不如国外大，这主要是由于我国幅员辽阔，各地气候条件差异大，年年都可以丰补歉，单就各个地区来看，波动还是相当可观的。我国一年生喜温作物如水稻、棉花种植纬度高于世界其他地区，但多年生喜温作物如柑橘、茶树种植纬度又比世界其他地区低。

评价一地的农业气候资源要综合全面分析，如单独计算光能利用潜力，与实际情况往往出入很大，邓根云提出光温生产潜力概念，计算结果与我国农业高产低产区分布大体一致。对于干旱地区，则水分又成为主要限制因子了。

(2)评价农业气候条件还要考虑作物的生物学特性和各茬作物的相互关系

如西藏的气候条件对喜温作物极为不利，但对耐寒作物如麦类十分有利。阴湿气候对棉花不利，对茶叶却有利。

对生长有利的气象条件对发育未必有利，对营养器官生长有利的未必对产量有利。如前期雨水充沛，枝叶茂盛，都可能潜伏着倒伏的危险。对于棉花、番茄等无限生长的植物，营养生长和生殖生长的矛盾更为尖锐，有利于枝叶过分繁茂的气象条件都可能是造成减产的重要因素。还有地上部和地下部生长协调的问题。一般来说，根系发育需要稍低的温度，北京地区同一品种夏播根系发育要比春播的差得多。适期早播的棉花看来没有晚播的棉花封的快，但老农看了喜欢，认为长势敦实，就是因为根系发育好，茎的节位低，有利于以后营养生长和生殖生长协调。

作物生理上的生长最适条件不等于栽培上的理想条件，如小麦根系以20℃生长最快，但分支多，且细弱，生命力不强。以10℃以下生长的根量虽少些，但较为健壮生命力强。在查阅文献时要注意这一点。

总之作物的生物学特性和影响因素是复杂的，气象条件是否有利要以最终经济效果、主要是产量和品质作为依据。

充分利用农业气候资源，包括尽可能利用作物生长季的光热水分和尽可能使外界气象条件和作物的生物学特性配合得好这两个方面。前者主要通过间套复种、合理密植、移栽等手段扩大叶面积减少地面漏光来实现。后者主要通过不误农时适时播种来达到。在劳力紧张机械化程度不高时片面强调提高复种指数，作物生长季虽然利用得很充分，但作物本身因为不能适时播种、管理而生长不良，并不能充分利用作物生长季中的光和热。或者光热利用虽较充分，却未达到理想的经济产量。这在前些年北京推广三种三收和南方推广三熟制中出现过这种情况。

(3)随着生产条件的改变，有利因素和不利因素是可以转化的

春旱是北方小麦的主要灾害，但在水浇条件有保证时，伴随着干旱的光照充足却成了十分有利的条件，有利于提高光合效率和防止倒伏及病害。和旱地小麦春雨贵如油的情况相反，春雨多的年份反倒不利。

一般情况下，在生产条件较差时除高寒地区外，旱涝通常是主要的灾害，经过水利建设和农田基本建设，旱涝威胁有所减轻后，随着复种指数的提高和品种更新，在一些生产条件较好的如北京、上海、江苏等地，低温冷害或冻害已上升为当地的主要灾害。通过育种、调整农业布局和提高机械化水平可以减轻低温冷害和冻害，这时连阴雨和光照不足又将成为更突出的灾害。农业生产水平越高，对光热资源利用得越充分，对其亏缺也就越敏感。对农业气象情报服务也会更加需要。

种植制度的改变也会使气象条件的利弊变化，北京地区过去流传着“有钱难买五月旱，六月连阴吃饱饭”的农谚(指阴历)。这是因为芒种、夏至之际是春玉米拔节前后，需要适当蹲苗。而大喇叭口抽雄到吐丝的小暑、大暑节气是需要充足的水分的供应的。但十余年来的情况恰好相反，公历6月的干旱往往造成严重的后果，如果6月不太旱，苗发起来了，7月干旱不致造成严重的减产。这是因为近十余年来京郊玉米已经是以套种为主，由于共生期间小麦对玉米烤苗的影响，套种玉米苗期耐旱力很弱，不能蹲苗，如再遇干旱不仅缺苗，而且往往形成小老苗。由于小麦烤苗影响，套种玉米发育比同期播种的春玉米延迟十余天，因此虽然是同期播种，对气象条件的反应却大不相同了。

(4)因时因地制宜

同样的农业气象指标，在不同的地区应用效果大不相同。如黄淮麦区用的是弱冬性品种，分蘖节也较浅，如果套用华北北部的负积温大于400 ℃·d，极端最低气温低于−20 ℃等冻害指标，就会脱离生产实际。同一作物或品种，在不同地区、不同年份，原有的气象指标也会发生变化，如有些玉米、谷子品种在生育期间气温较低时会少分化几片叶；感光性强的品种在种植纬度改变(引种)时，生育期的改变往往相当显著，甚至同一种水稻或玉米品种，春播和夏播时全生育期所需积温都可出现较大的差异。

有时两个年份气象条件相似，但对作物的影响却大不相同。如北京地区1980年和1981年都是大旱年，这两年夏季的光热水分条件都很相似，但1980年秋粮获得空前的大丰收，1981年秋粮却减产了。如简单地输入气象资料统计就可能得出错误的结论。为什么同样大旱却有增有减呢？主要原因是①1980年抗旱浇地达200万亩，1981年却因连续干旱，浇地很少。②1979年伏雨充足，1980年大旱但深层土壤还有水分可吸收。1981年旱情缓和比1980年早，但底墒一直较差。③1980年6月旱情稍轻，玉米苗期长势壮，根扎下去了。对于7月份的罕见伏旱抵抗力也较强，而1981年6月干旱严重且水源枯竭，玉米成为小老苗且缺苗严重，耐旱能力不如1980年。④1980年小麦大减产，对玉米苗情影响小，小麦对土壤养分吸收也少。1981年小麦丰收，情况相反。

因此农业气象指标不可没有，也不可绝对化，盲目套用。

(5)正常与反常

在一定意义上气象确实是变化无常的，但无常中包含着有常。气候变化总是有一定范围的，而且气候要素的变化还有一定的周期性，服从一定的统计规律。正常气候应采取正常的措施，反常的气候则应采取反常的措施，才能趋利避害。在生产上最容易犯照搬上一年经验的错误，而次年气象条件往往与上一年相反。作农业气象情报服务要注意生产部门的这种动向。

反常不等于有害，如整个作物生长季气温异常偏高倒是好事，大有利用余地。

(6)利和弊是相对的,关键在于因势利导、趋利避害

农业生产是复杂的,除了那些毁灭性灾害外,通常气象条件往往是有利有弊的。如干旱年的光照条件较好,高温年有利于早熟腾茬,却增加了早衰秕粒的危险。在北京地区 10 月份气温对大白菜包心有决定性的影响,但过暖时早播小麦却可能过旺。11 月中下旬气温偏高对小麦冬前壮苗和抗寒锻炼都有好处,但对大白菜贮藏不利。春雨多对山区旱地春播和小麦拔节抽穗都有利,但又增加了水浇地小麦感染锈病和倒伏的危险。孰利孰弊,都必须具体问题具体分析,农业气象情报就要研究如何因势利导,化不利为有利。

(7)要懂一点农业生态学

气象条件只是农业生态环境因素之一,从整个农业生态系统的角度,还要研究其他各种环境因素及其相互关系,还要研究农业生态系统的结构平衡和物质、能量平衡。仅从气象条件有利时,对于整个农业生态系统未必是有利的。如从光热条件和经济效益看,华北种水稻是很理想的,但从农业生态系统水分平衡的角度来看又是必须严格限制的。从对气象条件的要求和产量上看,杂交高粱应该在北方大力发展,但实际上由于拔地太厉害,又不宜作为饲料,并不受农民欢迎。从光热利用率看,北方种绿肥是利用率不高的,但从保持土壤氮素平衡看,种一部分又是必要的。

过去总是宣传与天"斗",干了不少违背自然规律破坏生态平衡的蠢事。"人定胜天"并不是要处处和老天爷对着干,而是指认识和应用自然规律促进农业生态系统平衡向好的方面转化,除某些灾害有时采取必要的"斗""抗"方针外,更经常的是要考虑如何顺天时趋利避害。另一方面也要看到,除建立少数自然保护区外,在广大的农业区我们要建立的是农林牧协调发展的社会主义大农业的新的生态平衡,而不是要回到原始的自然农业的生态平衡。况且,我国许多地区农业结构不合理,生态平衡破坏是几十年甚至几千年来造成的,而生态系统的各个环节又是牵一发而动全身的,要重新建立良好的生态系统平衡也只能逐步实现。

(8)要懂一点农业经济

对农业生产是否有利要看经济效果。如从恢复生态平衡的角度黄土高原应退耕还林还草,但立刻这样做当地的口粮又解决不了,如靠国家调运成本将是惊人的,因此只能在保证当地粮食基本自给的前提下逐步实现。华北长城以北地区从越冬条件和生产成本看,种冬小麦不合算,但由于国家运输能力有限,运输成本也高,当地农民为了吃细粮,还是要种一部分。又如华北北部雨季集中对棉花是不利的,但北京市不种棉花后,部分地区农民吃油又成问题了。现在随着地膜覆盖技术的推广,又有可能争取棉花早发坐住伏前桃,使雨季到来后也不致疯长。有关部门又在考虑是否恢复种棉花。

(9)要了解农业生产的动向

如果不了解生产,即使分析基本正确,服务效果也仍然有可能事与愿违。

在生产上,从反映、汇总情况到分析判断、做出决策,再到传达贯彻见诸行动是有一个过程的,我们分析气象条件的利弊,提出措施建议,要考虑到这一点。如华北的伏旱旱情发展很快,如果到旱情十分严重才提供有关情报,建议紧急抗旱浇水,往往此时大面积生产上干旱已造成严重的后果,浇水已为时过晚,而且有时刚浇完就下大雨了,没起到抗旱作用却人为地加重了涝害,这类服务的最好时机是干旱发生的初期和中期。

种植制度因地制宜布局的改进解法*

郑大玮
（北京市农林科学院，北京　100097）

1　前言

种植制度的合理布局是农业生产上的一个重要问题，合理的布局有利于稳定增产获得良好的经济效益和生态效益。反之不合理的布局也会在生产上造成重大损失。如 20 世纪 70 年代我国南方一些地区曾盲目扩大双季稻和三热制。华北则盲目推广“三种三收”，虽然在小面积和局部地区取得成功，但在大面积生产上效果并不好。前几年有些地区则复种指数下降过多，也影响了产量。再如 20 世纪 70 年代初我国冬小麦北界的大幅度推进，水稻面积的迅速扩大，也都带有相当大的盲目性。后来遇到严重的冻害和干旱，又不得不退回来。

合理布局的核心是因地制宜，即地区种植制度的配合必须适应当地自然条件和社会经济条件。具体的种植方式需要解决作物的各种组合及其比例，是一个需要定量化的问题，但是目前在生产上还是主要靠经验来进行安排。能不能使“因地制宜”这个模糊的思想原则清晰化并通过数学模型来表达得到定量的解决，使我们在今后的工作中能更科学、更有预见性地计划安排，这是本文所要讨论的问题。

关于这个问题，湖南涟源农科所庄郁华等从系统工程的大系统有限结构模型的原理[1]出发，针对湖南桃源山区种植制度的合理布局问题，找到影响当地种植制度布局的主要因子并确定其测度方法，通过集合取交求出种植制度因地制宜的可行解，并提出具体的调整方案，在这方面做出了很有价值的开拓性工作。本文试图以北京郊区平原粮区的种植制度布局为例，综合运用集合论、大系统有限结构模型理论、模糊评审和线性规划的方法，对庄郁华的模型加以改进，并进而求出一地区各种种植制度搭配的适宜比例。

2　思路和框图

具体步骤如下。

* 本文为 1983 年北京市农科院综合所举办的培训班上的讲座内容，未公开发表。

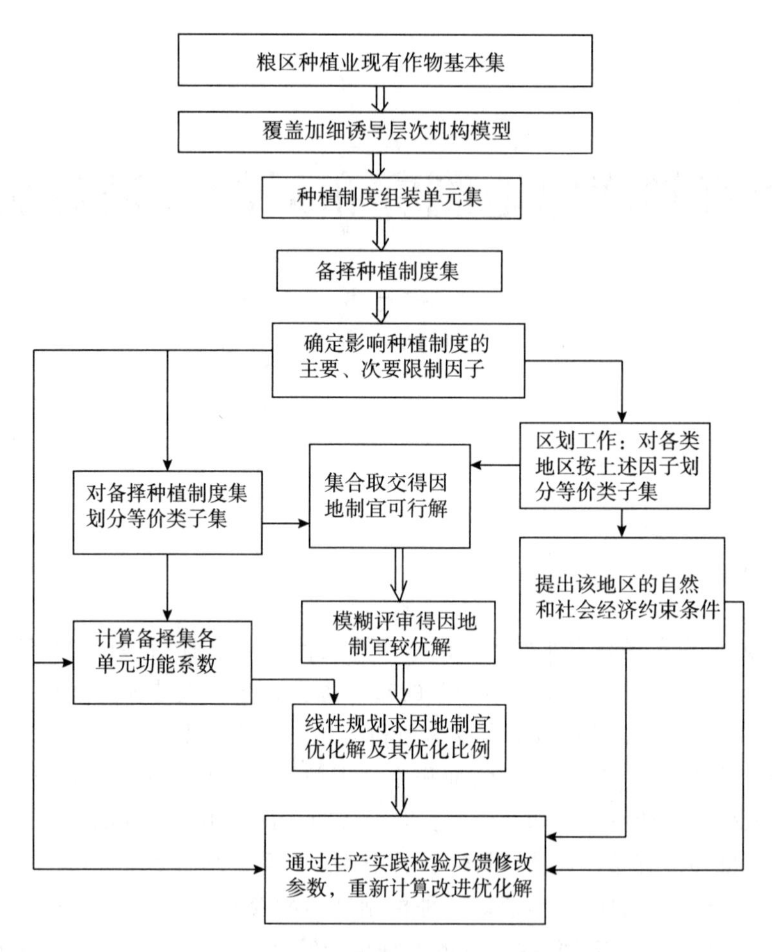

图 1　种植制度因地制宜改进解的框图模型

3　京郊粮区种植业覆盖加细诱导层次结构模型

从现有作物中选出面积较大的 20 种组成作物基本集[①]

$U_P=\{a_1,a_2,\cdots,a_{20}\}$

U_P 的有限覆盖加细序列为

$(COV_o(U_p),COV_1(U_p),COV_2(U_p),COV_3(U_p))$

种植业层次结构为 $H=(\bigcup\limits_{i=0}^{3}COV_o(U_p),C)$

$COV_o(U_p)=V_p$

$COV_1(U_p)=\{A_1,A_2,A_3\}$

① 集合论和逻辑代数的一些符号说明：(1)$\cup$为“并”；(2)$\cap$为“交”；(3)$\subset$为“蕴含”；(4)$\subseteq$为“蕴含或等价”；(5)$\wedge$为“且”；(6)$\vee$为“或”；(7)$\{a_1\cdots a_n\}$为有 n 个单元的集合；(8)$|\Omega|$为集合 Ω 的模数；(9)$\{\forall S_i\in\Omega_o\wedge T\geqslant4600\}$为对于所有的 S_i，S_i 属于 Ω_o 集。且 S_i 的积温大于等于 4600 ℃·d。表示一个集合。

式中：$A_1 = \{a_1, a_2, \ldots, a_{15}\}$为粮食作物集；$A_2 = \{a_{16}, a_{17} a_{18}\}$为经济作物集；$A_3 = \{a_{19}, a_{20}\}$为绿肥作物集。

$$COV_2(V_p) = \{A_{11}, A_{12}, A_{13}, A_{14}, A_{22}, A_{23}, A_{24}, A_{32}, A_{34}\}$$

式中：$A_{11} = \{a_1\}$为秋播夏收粮食作物集；$A_{12} = \{a_2, a_3\}$为春播夏收粮食作物集；$A_{13} = \{a_4, a_5, a_6, a_7, a_8, a_9, a_{10}, a_{11}, a_{12}, a_{13}, a_{14}, a_{15}\}$为春播秋收粮食作物集；$A_{14} = \{a_5, a_8, a_{10}, a_{12}, a_{14}, a_{15}\}$为夏播秋收粮食作物集；$A_{22} = \{a_{16}\}$为春播夏收经济作物集；$A_{23} = \{a_{17}\}$为春播秋收经济作物集；$A_{24} = \{a_{18}\}$为夏播秋收经济作物集；$A_{32} = \{a_{19}\}$为春播夏收绿肥作物集；$A_{34} = \{a_{20}\}$为夏播秋收绿肥作物集。

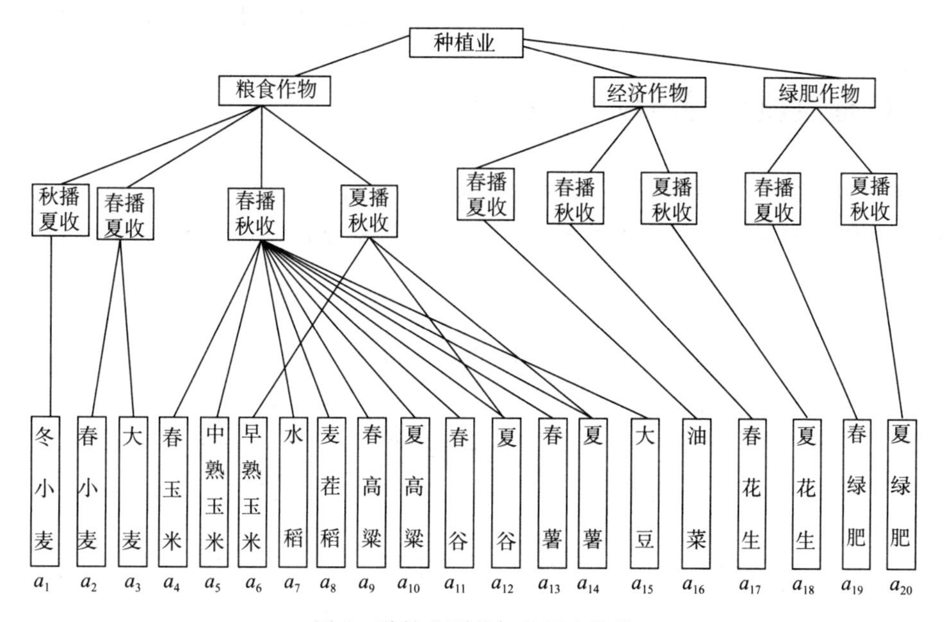

图 2　种植业覆盖加细层次结构

$A_1 = \{A_{11}, A_{12}, A_{13}, A_{14}\}, A_2 = \{A_{22}, A_{23}, A_{24}\}, A_3 = \{A_{32}, A_{34}\}$

$COV_2(V_p) = \{(a_1), (a_2), \cdots, (a_{20})\}$

以上各种夏播秋收作物及品种在高寒地区则成为春播秋收作物。

4　种植制度单元集合组装和备择集的选取

一地区种植制度集，就是作物之间按其生育期衔接关系搭配的各种组合的集合，以北京地区为例。由于自然条件限制，只能实行一熟制或两熟制，因此可能的作物组合为：

(1)一熟制集　$S_1 = A_1 \vee A_2 \vee A_3 \quad |S_1| = |U_p| = 20$

(2)两熟制集　$S_2 = (A_{11} \vee A_{12} \vee A_{22} \vee A_{32}) \times (A_{14} \vee A_{24} \vee A_{34})$

$|S_2| = (1+2+1+1) \times (6+1+1) = 40$

此外还有通过间作套种构成的两熟制形式：

(1)两茬套种：$S_3 = (A_{11} \vee A_{12} \vee A_{22} \vee A_{32}) \times A_{o2}$，式中：$A_{o2}$为适于套种的春播秋收作物集：$A_{o2} = \{a_4, a_5\}$，$|S_3| = (1+2+1+1) \times 2 = 10$

(2)三种三收间套作两熟制：$S_4 = A_{o1} \times A_{o2} \times A_{o3}$　式中：A_{o1}为夏收作物集(上茬)，$A_{o1} = A_{11} \vee A_{12} \vee A_{22} \vee A_{32}$；$A_{o2}$为中茬即套种作物集；$A_{o3}$为下茬即夏播秋收间种作物集，$A_{o3} = \{a_6, a_{10}, a_{12}, a_{14}, a_{15}, a_{18}, a_{20}\}$，$|S_4| = 5 \times 2 \times 7 = 70$

(3)带状间作(只在高寒地区)：$S_5 = \{a_1, a_2,\} \times \{a_5, a_6,\}$，$|S_5| = 4$

因此本地区种植制度作物组装单元合集为

$\Omega = \vee S_i = S_1 \vee S_2 \vee S_3 \vee S_4 \vee S_5$，$|\Omega| = 20+40+10+70+4 = 144$ 种

但其中不少是生产上效果不好并不采用的，为进一步求出种植制度的因地制宜可行解，我们从中选若干种作为备择种植制度集 Ω。选取原则是目前实际存在或曾实行过的，或当地有可能实行的。建立备择集可以简化计算量，并便于估算不同种植制度的有关参数。

5　种植制度布局限制因子的确定

一种种植制度能否在当地实行，取决于一系列自然和社会经济因素，为求得种植制度合理布局的因地制宜解，需要对这些因素进行具体分析，划分若干等价类，特别要区分哪些是限制因子，哪些是非限制因子。

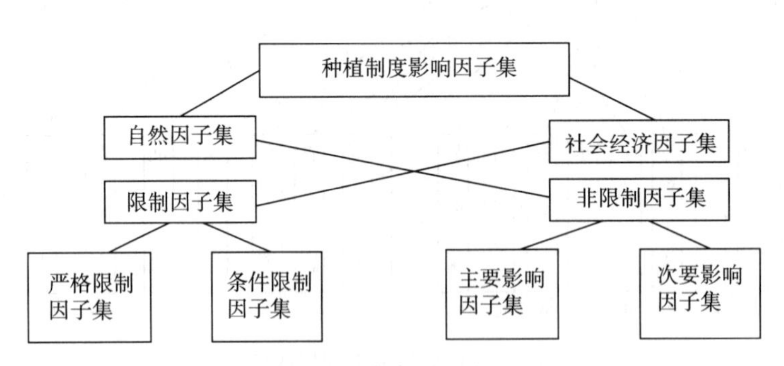

图 3　种植制度影响因子的分类

限制因子决定了某种种植制度能否在当地实行，非限制因子则只影响其实行的效果。限制因子中的严格限制因子指目前生产条件下无法克服的障碍，如无霜期、水源条件等，条件限制因子指只在一定条件下成为限制因子，如劳力较少的地区不宜种植费工较多的经济作物，但如面积不大时则还是可能的，以严格限制因子为测度尺衡量筛去不可行的种植制度单元得到的余集为种植制度因地制宜相对可行解 U_r，再加上条件限制因子为测度尺筛选后得出的为种植制度因地制宜绝对可行解 U_a，$U_a \leqslant U_r$。以每一种限制因子为测度尺都可得到该因子限制下的可行解，所有限制因子的可行解的交集即该地区种植制度的因地制宜可行解。

以北京地区为例，主要的限制因子是：

(1)热量条件(F_1)：我们以 0 ℃以上活动积温为指标，通常热量条件是决定一地区种植制度布局的首要条件，积温少的地区就不能安排复种指数较高的种植制度和生育期较长的作物和品种。计算每种种植制度所需热量时要注意：①加上农耗积温，如一熟制可加 100 ℃·d 左右，两熟制加 200 ℃·d 左右。②一年一熟春播作物对有霜期内的约 600 ℃·d 积温不能利用，以春播夏收作物为前茬的两熟制有约 300 ℃·d 冬前积温不能利用。③冬小麦、中熟

玉米或麦茬稻的种植方式所需积温往往超过北京地区全年总积温，但如经济效益很高，比例不大且有其他需积温较少的种植方式配合，也可列入可行解之列。

(2)水源条件(F_2)：决定能否安排耗水较多的作物组合及其比例。以灌水量(m^3/亩)为指标，通常依赖天然降水并不灌溉的作物灌水量为0。

(3)土壤质地(F_3)：某些作物对土壤质地有严格要求，如花生应在沙土地。

(4)劳力和管理水平(F_4)：通常复种指数高的种植制度和一些经济作物需要较多的投工和较高的管理水平，我们以平均每亩可投工数为指标，机械畜力条件超过当地平均水平的可折算成投工数。管理水平高低突出表现在功效上，可用加权系数 α 表示，管理水平高、较高、中、较低、低五级每亩投工可分别乘2，1.5，1，0.75，0.5。在生产实际上由于农林牧副渔各业劳力可根据需要调剂运筹，一种种植制度能否在当地实行往往不是受总用工数限制，而是受农忙季节可投工数的限制。

在分析限制因子时要注意：①我们只能在条件相近限制因子大体相同的地区内讨论种植制度因地制宜解问题，不同地区应有不同的测度尺。②应在众多因子中找出最重要的限制因子，其他因子可在评定种植制度的模糊功能系数时予以考虑，影响小的因子可忽略。③严格限制因子和条件限制因子有时可相互转化。

6 集合取交求种植制度因地制宜可行解

根据不同限制因子对种植制度的影响可将种植制度备择集 Ω_o 划分为若干等价类(表1)。

表1 种植制度备择集和限制因子

编号	种植制度	所需积温(℃·d)	灌水量(m^3/亩)	土质	需投工
1	春玉米一熟	3400	0	任何	10
2	中熟玉米一熟	3100	50	任何	10
3	早熟玉米一熟	2800	30	二合土沙土	8
⋮					
58	大麦、玉米、谷子	4100	150	二合土沙土	32
59	大麦、玉米、绿肥	4100	150	任何	30
60	大麦、玉米、花生	4300	150	沙土	34

注：因篇幅限制，表1～表4仅列出表头格式

设 $\Omega_o=\{S_1,S_2,\cdots,S_n\}$，$S_i(i=1,\cdots,n)$为备择单元。

可按不同限制因子分别划分为：

(1)按热量条件 $\pi_B(\Omega_o)=\{B_1,B_2,B_3,B_4,B_5,B_6\}$

$$B_1=\left\{\forall S_i \mid S_i\in\Omega_o \wedge \sum T\geqslant 4600\right\}$$

$$B_2=\left\{\forall S_i \mid S_i\in\Omega_o \wedge 4400\leqslant\sum T<4600\right\}$$

$$B_3=\left\{\forall S_i \mid S_i\in\Omega_o \wedge \sum 4200\leqslant\sum T<4400\right\}$$

$B_4 = \{ \forall S_i \mid S_i \in \Omega_o \wedge \sum 4000 \leqslant \sum T < 4200 \}$

$B_5 = \{ \forall S_i \mid S_i \in \Omega_o \wedge \sum 3600 \leqslant \sum T < 4000 \}$

$B_6 = \{ \forall S_i \mid S_i \in \Omega_o \wedge \sum T < 3600 \}$

其中$\sum T$为实行该种植制度所需积温。

(2)按水源条件 $\pi_C(\Omega_0) = \{C_1, C_2, C_3, C_4, C_5\}$

$C_1 = \{ \forall S_i | S_i \in \Omega_0 \wedge Q \geqslant 400 \}$　$C_2 = \{ \forall S_i | S_i \in \Omega_0 \wedge 200 \leqslant Q < 400 \}$

$C_3 = \{ \forall S_i | S_i \in \Omega_0 \wedge 100 \leqslant Q < 200 \}$　$C_4 = \{ \forall S_i | S_i \in \Omega_0 \wedge 50 \leqslant Q < 100 \}$

$C_5 = \{ \forall S_i | S_i \in \Omega_0 \wedge Q < 50 \}$ Q 为需灌水量(m^3/亩)

(3)按土质 $\pi_D(\Omega_0) = \{D_1, D_2, D_3\}$

$D_1 = \{ \forall S_i | S_i \in \Omega_0 \wedge$ 黏土$\}$　$D_2 = \{ \forall S_i | S_i \in \Omega_0 \wedge$ 二合土$\}$

$D_3 = \{ \forall S_i | S_i \in \Omega_0 \wedge$ 沙质土$\}$

(4)按劳力 $\pi_E(\Omega_0) = \{E_1, E_2, E_3, E_4\}$

$E_1 = \{ \forall S_i | S_i \in \Omega_0 \wedge N \geqslant 30 \}$　$E_2 = \{ \forall S_i | S_i \in \Omega_0 \wedge 20 \leqslant N < 30 \}$

$E_3 = \{ \forall S_i | S_i \in \Omega_0 \wedge 10 \leqslant N < 20 \}$　$E_4 = \{ \forall S_i | S_i \in \Omega_0 \wedge N < 10 \}$

N 为每亩需投工数。北京地区通常三夏三秋农忙季节用工可占田间作业总用工量的60%左右,如当地农忙季节需用工量是突出的限制因子可将 N 改为 $N \geqslant 18, 12 \leqslant N < 18, 6 \leqslant N < 12, N < 6$ 等级别。

在解题时可将种植制度备择集按各限制因子分别列出其限制链如表 2 所示。

表 2　种植制度备择集限制链

需积温		需灌水		要求土质		需投工数	
积温(℃·d)	编号	灌水量(m^3/亩)	编号	土质	编号	工数	编号
>4700	19	301～400	19	沙土	13	38	54
4601～4700	20		4		14		55
	17		34		24		19
	18	251～300	43		39		51
	23		49		60		52
	24	231～250	5		56	36	53
	54		23		9		55
3901～4600	56	151～230	54		11	34	60
	…		…		…		…
	…		…		…		…
3001～3900	47		57	黏土和二合土	2	20	36
	40		58		6		37
	42		59		7		41
≤3000	50	≤150	60		8		42

上述限制因子也可作为种植制度区划的依据,设本地区耕地合集为 Ω_f,可分别按上述限制因子划分为不同类型(分级标准同前)。

(1)按热量条件 $\pi_B(\Omega_f) = \{B_1, B_2, B_3, B_4, B_5, B_6\}$

B_1 山前暖区,B_2 平原区,B_3 丘陵区,B_4 浅山区,B_5 低山区,B_6 深山区。

(2)按水源条件 $\pi_C(\Omega_f) = \{C_1, C_2, C_3, C_4, C_5\}$

C_1 富水区，C_2 多水区，C_3 平水区，C_4 少水区，C_5 贫水区。

(3)按土质 $\pi_D(\Omega_f)=\{D_1,D_2,D_3\}$

D_1 黏土，D_2 二合土，D_3 沙土。

(4)按劳力条件 $\pi_E(\Omega_f)=\{E_1,E_2,E_3,E_4\}$

E_1 地少人多，E_2 人均耕地中等，E_3 地多人少，E_4 地广人稀。

已知某地的热量、水源、土质、劳力等条件，可根据上述标准定出每种限制因子约束下的因地制宜可行解子集，设分别为 B_j,C_k,D_l,E_m，其交集即共同限制下的种植制度因地制宜可行解 T：

$$T = B_j \cap C_k \cap D_l \cap E_m$$

例 1：某山区大队年积温 3600 ℃ · d，每亩灌水量可保证 50 m^3，加上当地降雨偏多可按 80 m^3 计，黏土和二合土为主，每亩可投工 18 个，管理水平中等，求种植制度因地制宜可行解。

由表 2 可查出：

$$B_j = B_6 = \left\{ \forall S_i \mid S_i \in \Omega_o \wedge \sum T < 3600 \right\}$$

$$= \sum S_i (j = 1,2,3,4,5,6,7,8,9,11,12,13,14,15,16,47,48,49)$$

$$C_k = \{ \forall S_i \mid S_i \in \Omega_o \wedge Q < 80\} = \sum_i S_i (i = 1,2,3,6,7,8,9,11,12,13,14,15,16,51)$$

$$D_f = D_1 \vee D_2 = \Omega_o - \{S_{13},S_{14},S_{26},S_{40},S_{56}\}$$

$$E_m = \{ \forall S_i \mid S_i \in \Omega_o \wedge N \leqslant 18\} = \Omega_o - \{S_{17},S_{18},S_{20},S_{35},S_{44},S_{52},S_{53},S_{54},S_{55},S_{56},S_{57},S_{58},S_{59},S_{60}\}$$

$$T = B_j \cap C_k \cap D_f \cap E_m = \{S_1,S_2,S_3,S_6,S_7,S_8,S_9,S_{11},S_{12},S_{15}\}$$

即当地有 10 种种植制度可以安排。

7　种植制度功能系数的模糊评审

按上述限制因子对种植制度和地区类型划分价类子集四集合取交只是得到了因地制宜可行解，如果自然条件和社会经济条件均较优越，则至少有几十种种植制度都在可行解之内，这样的解是没有多大实用意义，还需要从中选出若干功能系数较高的作为因地制宜较优解备择集。

评价种植制度的优劣需从多方面综合考察，由于存在一些不可直接定量比较的因素，因此最好采取模糊评审的方法，其步骤如下：

(1)确定评审目标和因子。通常包括经济效益、生态效益和社会需要三方面。具体指标要根据当地情况而定。本文例题中选用了纯收益(元/亩)、亩产、对下茬影响、稳产性、每亩用工数等指标。

表 3　不同种植制度的综合经济效益

种植制编号	亩产(100 kg)					纯收益(元/亩)					对下茬作物影响	稳产性
	y_1	y_2	y_3	y_4	y_5	z_1	z_2	z_3	z_4	z_5		
1	5	4.25	3.5	3	2.5	70	60	50	40	30	20	90
2	5	4.25	3.5	3	2.5	70	60	50	40	30	20	95
3	4	3.5	3	2.5	2	60	50	40	30	25	25	100
4	6	5.25	4.5	3.75	3	200	180	160	140	120	0	80
5	4.5	4	3.5	3	2.5	160	145	130	115	100	5	90

续表

种植制编号	亩产(100 kg)					纯收益(元/亩)					对下茬作物影响	稳产性
	y_1	y_2	y_3	y_4	y_5	z_1	z_2	z_3	z_4	z_5		
⋮												
57	6.5	5.5	4.5	3.75	3.25	80	65	50	35	25	−15	80
58	6	5	4.25	3.5	3	85	70	55	40	30	0	90
59	5.5	4.75	4	3.25	2.5	75	60	45	30	20	25	95
60	7	6.25	5.25	4.25	3.25	85	65	50	35	25	−5	80

注：$y_i(i=1,2,3,4,5)$或$z_i(i=1,2,3,4,5)$指管理水平和肥力水平格图中划分等价类的层级

(2)分别计算每种种植制度按各评审因子的指标值并进行相对化处理。通常取其最优值为100%，次优和劣值在100%以下，对下茬影响有正负之分，可加一常数使最优值交换为100%，并使负值变换为正值。亩投工以最少为优，可取其倒数定为100%，而后再取相对值。

(3)其他影响因素的处理。影响产量、纯收益的因素还很多，我们选取影响最大的管理水平a_i、肥力水平b_j作格图划分等价类，设a_i,b_j各分三等，作出格图后对于高产的影响可分成五个等价类即：$y_1=\{(a_1,b_1)\}$，$y_2=\{(a_2,b_1)(a_1,b_2)\}$，$y_3=\{(a_3,b_1)(a_2,b_2)(a_1,b_3)\}$，$y_4=\{(a_3,b_2)(a_2,b_3)\}$，$y_5=\{(a_3,b_3)\}$。纯收益$z_i$可同样分层。

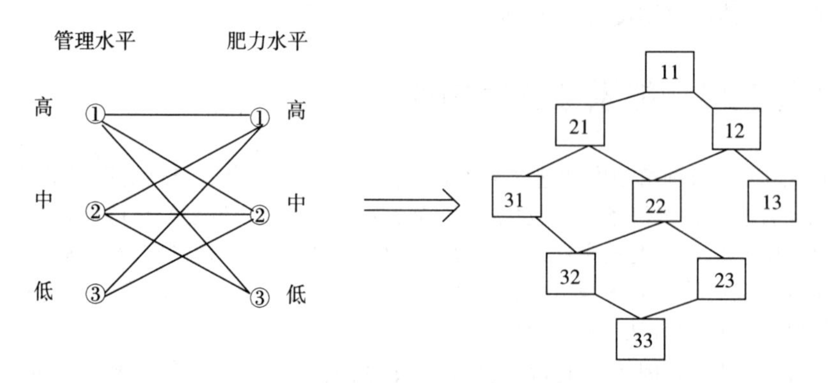

图4 管理水平和肥力水平对于产量或纯收益影响关系的格图

表4中每种种植制度的功能系数都应按这5个等价类分别计算。

表4 不同种植制度各评审因子指标的相对化处理和功能系数计算

编号	相对亩产					纯收益相对值					用工量	对下茬影响	稳产性	功能系数				
	y_1	y_2	y_3	y_4	y_5	z_1	z_2	z_3	z_4	z_5				φ_{y_1}	φ_{y_2}	φ_{y_3}	φ_{y_4}	φ_{y_5}
1	83	70	58	50	41	43	37	31	25	19	40	65	90	61.3	55.6	50.2	40.5	41.5
2	83	70	58	50	41	43	37	31	25	19	40	65	95	61.8	56.1	50.7	46.5	42.0
3	63	55	47	39	31	39	33	26	20	16	50	70	100	57.6	53.4	48.9	44.7	41.1
4	95	83	71	59	47	125	123	100	88	75	16	45	80	81.7	74.5	67.0	59.8	52.3

续表

编号	相对亩产					纯收益相对值					用工量	对下茬影响	稳产性	功能系数				
	y_1	y_2	y_3	y_4	y_5	z_1	z_2	z_3	z_4	z_5				φ_{y_1}	φ_{y_2}	φ_{y_3}	φ_{y_4}	φ_{y_5}
5	71	63	55	47	39	100	90	81	72	62	20	50	90	67.0	61.6	56.5	51.4	46.0
⋮																		
57	107	90	74	62	53	51	42	32	22	16	13	30	80	61.0	53.2	45.4	38.8	34.3
58	99	82	70	58	49	54	45	35	25	19	13	55	90	63.0	55.2	48.6	42.0	37.5
59	87	75	63	51	39	48	39	29	19	13	13	70	95	59.6	53.3	46.7	40.1	34.7
60	121	108	82	73	56	56	43	33	23	17	12	40	80	67.5	60.0	48.9	43.2	36.3

(4)根据当地情况确定各因素的加权系数 α_i(如表4),计算时设高产 $\alpha_1=0.3$,纯收益 $\alpha_2=0.3$,对下茬影响 $\alpha_3=0.2$,亩用工量 $\alpha_4=0.1$,稳产性 $\alpha_5=0.1$。

总功能系数 $\varphi=\sum_{i=1}^{5}\alpha_i\varphi_i$

(5)按功能系数大小排出优化链(表5)。

表5　种植制度功能系数 φ 值优化链

φ_1	最值	70	65			60		57							55				
	次优	49	4	5	19	34	50	33	16	18	22	41	52	53	21	28	23	32	
φ_2	最优		53																
	次优	55	56	1	3	9	10	11	17	20	24	25	35	36	37	38	40	45	46
φ_3	最优				50						48								
	次优	51	54	59	60	26	27	28	29	31	39	67	13	30	32	43	44	47	
φ_4	最优	46		47		41													
	次优	57	12	15	48	14													

(6)将种植制度因地制宜可行解 T 的单元按优化链顺序选出若干 φ 值大的作为因地制宜较优解备择集 T_r,显然 $T_r\leqslant T$。

例2:某近郊粮区生产队年积温4650 ℃·d,亩灌水量可保证400 m^3 以上、二合土,亩投工可达38个,管理水平肥力水平均为上等,求该队种植制度因地制宜解。

根据上述条件 $B_j=\Omega_o-\{S_{20},S_{21},S_{55}\}$; $C_k=\Omega_o-\{a_4,a_{20}\}$

$D_f=\Omega_o-\{S_{13},S_{14},S_{26},S_{40},S_{56}\}$

$E_m=\Omega_o-\{S_{20},S_{52},S_{53},S_{55},S_{56}\}$

由于该队条件优越,在集合取交时可将需积温较多稍超过4650 ℃·d的 S_{20},S_{55},S_{56} 和需水较多的 S_4,S_{20} 考虑在内,但比例不可过大,在线性规划求优化解时可作为约束条件处理。因此

$$T=(B_j+S_{20},S_{55},S_{56})\cap(C_k+S_4,S_{20})\cap D_f\cap E_m$$
$$=\Omega_o-\{S_{13},S_{14},S_{20},S_{26},S_{40},S_{52},S_{53},S_{55},S_{56}\}$$
$$|T|=60-9=51$$

即有 51 种种植制度可在当地安排，这其中必有许多是效果不好的，我们从表 5 中选取 φ 较大的 10 种作为该队因地制宜较优解备择集。

$$T_f = \{S_4, S_{17}, S_{19}, S_{20}, S_{21}, S_{24}, S_{35}, S_{38}, S_{44}, S_{50}\}$$

如当地有某种社会需要，可从包含该作物的子集中择 φ 大者录取。如该队需种部分油菜解决油料供应，可从包含油菜的种植制度子集 $S_i = \{S_{43}, S_{44}, S_{45}, S_{46}, S_{47}, S_{48}, S_{49}\}$ 中选 φ 最大的 S_{46}，S_{48}。

8 线性规划求种植制度因地制宜优化解

仅指出当地可以安排哪些种植制度还不够，生产上更需要回答选择哪些种植制度各按什么比例经济效果最好，这个问题可通过线性规划方法解决。但线性规划只能处理单目标优化问题，我们可以选择一个主要目标，定出目标函数，将次要目标作为约束条件定出其最低限度值。线性规划求种植制度因地制宜优化解的一般形式如下：

求 $x_i(i=1,2,\cdots,n)$，x_i 为第 i 种种植制度所占面积比例。

使 $\sum_i x_i y_i = \max(z_i)$ 为第 i 种种植制度每亩纯收益（元）

$$\text{满足}\begin{cases}\sum_i x_i = 1\text{（总面积约束条件）}\\ x_i \leqslant b_i\text{（资源约束条件）}\\ x_i \geqslant C_i\text{（社会需要约束条件）}\\ x_i \geqslant 0\text{（非负约束条件）}\end{cases}$$

例 3：某地已解得当地种植制度较优解为

$$T_r = \{S_2, S_{11}, S_{13}, S_{23}, S_{26}, S_{27}, S_{34}, S_{37}, S_{39}, S_{40}\}$$

管理水平肥力水平均为中等，耕地共万亩，要求粮食总产不少于 400 万 kg，用作饲料的薯类折干不少于 50 万 kg，谷子不少于 10 万 kg，为兼顾养地绿肥不少于 10%，花生不少于 20 万 kg。由于水源不足，保浇地占 80%即可安排种大麦、小麦，不能种水稻。求各种植制度最优比例。该线性规划问题为：

求：$x_i(i=1,2,\cdots,10)$

使 $50x_1+60x_2+70x_3+80x_4+90x_5+50\times6+70\times7+60\times8+60\times9+70\times10=\max$

$$\text{满足}\begin{cases}x_1+x_2+x_3+x_4+x_5+x_6+x_7+x_8+x_9+x_{10}=1\\ 700x_1+700x_2+1000x_4+500x_5+500x_6+1000x_7+600x_8+900x_9+400x_{10}>800\\ x_4+x_5+x_6+x_7+x_8+x_9+x_{10}<0.8\\ 700x_2+500x_9>100\\ 200x_4+200x_8>20\\ 400x_3+200x_5+200x_{10}>40\\ x_6>0.2\\ x_i\geqslant 0(i=1,2,\cdots,10)\end{cases}$$

简化后：

$$\begin{cases} f=50x_1+60_2+70x_3+80x_4+90x_5+50x_6+70x_7+60x_8+60x_9+70x_{10}=\max \\ x_1+x_2+x_3+x_4+x_5+x_6+x_7+x_8+x_9+x_{10}=1 \\ 7x_1+7x_2+10x_4+5x_5+5x_6+10x_7+6x_8+9x_9+4x_{10}>8 \\ x_4+x_5+x_6+x_7+x_8+x_9+x_{10}<0.8 \\ 7x_2+5x_9>1 \\ x_4+x_8>0.1 \\ 2x_3+x_5+x_{10}>0.2 \\ x_6>0.2 \\ x_i\geqslant 0(i=1,2,\cdots,10) \end{cases}$$

解该线性规划可得各 x_i 值。

9　模式的检验、反馈和优化解的改进

农业生产受许多复杂因素影响，上述限制因子的选择，功能系数评审及有关参数的确定都未必能完全符合实际，而且当种植制度的组合及比例改变后原有参数也会随之改变，如南方双季稻在条件优越地区经济效果是好的，但大面积推广和比例过大时情况就不同了。因此种植制度因地制宜最优解是不可能一次解出的，我们只能争取逐步逼近这个最优解。通过生产实践获得新的信息，将修改后再反馈输入原有的数学模型中，就有可能得到一个逐步完善的种植制度因地制宜解。

参考文献

[1]庄郁华，等. 因地制宜解桃源山丘区大农业系统综合治理、开发论文集，1982.
[2]周曼殊. 大系统有限结构模型. 国防科技大学学报，1981(2):24-25.
[3]周曼殊. 系统模型引论//中国科学院农业现代化研究会，等. 农业系统工程讲义，1981.

从农业气候角度看北京 8—9 月蔬菜淡季的成因和解决途径*

郑大玮

（北京市农林科学院农业环保、气象所，北京 100097）

1 8—9 月淡季的形成与气候条件

淡旺不均是北京蔬菜供应中的“老大难”问题，淡季形成的根本原因是由于北京的大陆性季风气候，春秋两季温度适中、光照充足，宜于蔬菜生长，但漫长严寒的冬季和炎热多雨的盛夏却不利于大多数蔬菜的生长，在非宜菜季节的后期就很容易出现短缺形成淡季。

具体来说，北京 8—9 月淡季形成的气候原因有以下三个方面。

（1）盛夏高温

北京地区夏季上市的大宗蔬菜为喜温的西红柿、黄瓜、茄子、甜椒等菜类，这类蔬菜在高温下生长不良，如一般认为平均气温超过 25 ℃就不利于西红柿的生长，但北京从 6 月下旬到 8 月上旬气温一直在 25 ℃以上。

（2）降雨过分集中

北京夏季降雨非常集中，6—8 月降水量可达全年的 3/4，其中 7 月中旬至 8 月中旬的雨季，高峰降雨量可达全年的一半左右。这样集中的降雨对果菜的生长是很不利的，许多病害的发生与流行都与夏季的暴雨或连阴雨有关。降雨的年际变化是北京不同年份淡季供应有好有坏的主要原因。

（3）热量条件的限制

北京的秋季降温很快，大白菜早播易遇高温感病，晚播则不能顺利包心，适宜播期为立秋前后，回旋余地很小。为了适时播种大白菜，前茬果菜一般都要在 7 月下旬拉秧整地，如种萝卜和贩白菜，则还要提早到 7 月中旬拉秧，这就更加重了 8 月中下旬的缺菜。

大风、冰雹及其他气象灾害也都能造成一定危害，影响 8—9 月的供应，但不如上述三点突出。

* 原载于北京市农科院情报资料室 1983 年 7 月编写的《北京市 8—9 月蔬菜淡季及国外大城市蔬菜供应问题》专辑。

2 果菜类的生产与气象条件的关系

供应 8—9 月的主要蔬菜品种可大体分为两大类：

(1)当家品种

西红柿、黄瓜、茄子、甜椒等果菜类及菜豆、豇豆、冬瓜等，大都是喜温蔬菜，对高温和多雨较敏感，生产的技术难度较大，产量较不稳定。据 1980—1982 年资料，上述当家蔬菜销售量占 8—9 月总量近半，是左右淡季形势的品种。

(2)调剂和应急品种

包括土豆、西葫芦、洋葱、南瓜等。当果菜类不足时，这类菜可作补充调剂。这类菜抗逆性较强，较为稳产，但群众不太欢迎。

因此，所谓 8—9 月淡季，主要指果菜类的不足，即使其他蔬菜充足，只要主要果菜类缺乏，群众仍认为是淡季菜荒 。

西红柿、黄瓜、茄子、甜椒等果菜适宜的同化温度为 20～30 ℃。其中西红柿要求的适温稍低，在 20～25 ℃，茄子、甜椒要求 25～30 ℃，黄瓜居中。超过 40 ℃时各种果蔬菜生长几乎停止。白天温度如超过 35 ℃，夜温连续超过 20 ℃，果菜的坐花、坐果显著不良。上述果菜的生长最低温度为 5～10 ℃。

北京夏季温度相当高，按照果菜类生长和光合作用的要求，并不存在低温的限制，主要是存在高温的限制。北京夏季超过 35 ℃的高温天气平均每年约出现不到 6 天，但夜间最低温度超过 20 ℃的时期可长达两个月之久，此期间平均气温亦维持在 25 ℃以上。

关于夜温过高的影响，杉山认为是由于呼吸消耗加剧，花器机能降低所致，使落花落蕾增多[1]。杉山的实验表明，在不过高的昼温下，单株产量几乎随夜温升高而直线下降。Went 的实验也表明日温固定在 26.5 ℃时，夜温以 16 ℃为最好，过高过低生长率均下降[1]。

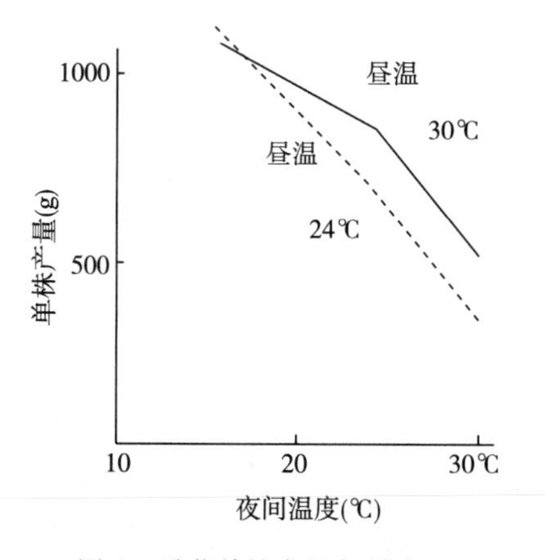

图 1 番茄单株产量与昼夜温度的关系[1]

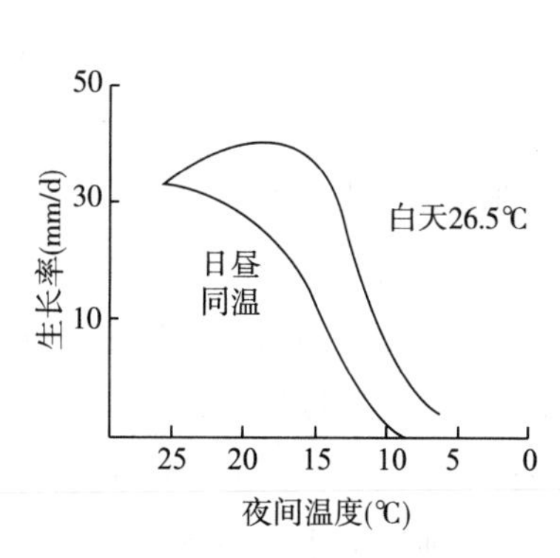

图 2 番茄生长率与昼夜温差的关系[1]

由于高温的限制，7 月份以后果菜类普遍生长不良，落花落蕾。但如病害不过于严重，如不拉秧，进入 8 月下旬和 9 月份天气凉爽之后，仍可能继续挂果。但这样做占地时间太长，经济上未必合算。

降雨是果菜类生产的另一个主要限制因子，其影响主要是降雨过多易诱发病害。特别是果菜类的苗期抗病能力更差，一旦感病，危害更大，因此夏播果菜比之春播果菜更易感病，更为低产不稳。

温度和降水对果菜类生长发育的影响，从果菜类生产的时空分布特征上可以明显反映出来。

从空间分布来看，不同地区夏季温度的差值较为稳定，且往往远大于一地夏季温度的年际变化幅度。果菜类在夏季温凉地区大多病害较轻，在同样的技术水平下更易获得高产。以西红柿为例，太原是北方西红柿较为高产的城市，原因之一就是因为那里夏季极少出现日平均气温超过 25 ℃和夜温连续超过 20 ℃的情况。

从时间分布上看，由于一地降水的年际变率通常大于温度的年际变率，因此同一地区果菜亩产的年际变化往往主要取决于夏季降雨特别是雨季早晚的年际变化。凡雨季来得早或雨量较大的年份，如 1971 年，1973 年，1976 年，1977 年，1979 年等，果菜就歉收减产，淡季更为严重。而夏季干旱的 1972 年，1978 年，1980 年，1981 年等，淡季形势就较好。近几年本市连续干旱，8—9 月淡季供应有所好转，但预计未来十余年将进入相对雨期，对于多雨对果菜生产的威胁不可掉以轻心。

3 从农业气候角度看改善 8—9 月淡季供应的途径

造成 8—9 月淡季有多种原因，解决途径也必须采取综合措施。这里仅从农业气候角度讨论一下改善的途径。

造成淡季的一个根本原因是气候条件，因此要解决这个问题就不能采取违背气候规律的方法，而只能是遵循气候规律，趋利避害充分利用气候资源。包括两个方面，一是改造植物使之能够适应气候条件，但目前可调节的范围较小且难度较大；二是使环境气候条件适合果菜生长的需要。我们着重讨论一下这个方面的问题。

(1)趋利避害合理布局

世界上许多发达国家都是集中在气候最适地区种植果菜向各地运输，我国则由于运输不发达和菜价低廉及保鲜技术差，目前难以做到。但北京的邻近地区有不少适于夏季果菜生产的，表 1、表 2 列举了北京和邻近一些市县夏季气象条件，可以看出京郊和河北、山西长城以北的许多地区夏季气象条件是适于果菜类生长的，最热月平均气温一般不超过 25 ℃，夜间最低气温不超过 20 ℃，昼夜温差大，湿度较低，降水也较北京少，因而病害也较轻。特别是这些地区果菜收获正是北京的淡季，正好可以填补缺口。

表 1　北京和邻近一些市县夏季气象条件的比较

	月平均气温(℃)			最高温度(℃)			最低温度(℃)		
	6月	7月	8月	6月	7月	8月	6月	7月	8月
北　京	24.3	26.1	24.8	30.2	30.8	29.4	17.9	21.5	20.2
延　庆	21.5	23.4	21.9	28.2	29.0	27.5	14.4	18.0	16.9
古北口	23.3	24.9	23.5	29.4	29.9	28.4	17.2	20.5	19.3
承　德	22.4	24.3	23.0						
大　同	20.0	21.7	20.1						
太　原	21.7	23.4	21.9						
张家口	21.5	23.3	21.6						
怀　来	22.4	24.2	22.6						

	日较差(℃)			相对湿度(%)			降雨量(mm)		
	6月	7月	8月	6月	7月	8月	6月	7月	8月
北　京	12.3	11.3	9.2	59	77	80	10.4	196.6	243.5
延　庆	13.8	11.0	10.6				47.1	164.7	166.4
古北口	12.2	9.4	9.1				58.1	214.3	154.7
承　德				57	72	75	93.5	160.6	149.7
大　同				51	60	71	46.3	100.3	94.7
太　原				56	73	76	46.6	124.6	99.3
张家口				50	66	70	54.0	116.1	98.5
怀　来				53	69	73	60.9	123.0	125.2

表 2　北京一些邻近市县夏季高温天数的比较

地　点	最高温度≥30 ℃日数(d)								最高温度≥35 ℃日数(d)							
	6月下旬	7月上旬	7月中旬	7月下旬	8月上旬	8月中旬	8月下旬	合计	6月下旬	7月上旬	7月中旬	7月下旬	8月上旬	8月中旬	8月下旬	合计
北　京	6.8	6.4	6.7	7.4	5.9	4.8	4.9	42.9	2.3	1.8	0.7	0.8	0.1			5.7
大　同	4.0	3.6	3.1	2.8	2.9	1.1	1.1	18.6				0.2	0.1		0.1	0.4
承　德	5.5	5.1	5.0	5.5	4.8	2.8	2.9	31.6	0.8	0.6	0.5	0.5	0.4	0.1		2.9
张家口	5.3	4.4	4.0	4.5	3.5	1.7	1.5	24.9	0.8	0.5	0.2	0.5	0.1		0.2	2.3
怀　来	5.6	5.4	5.5	5.5	4.0	2.5	2.1	30.6	1.2	1.0	0.2	0.5	0.2		0.1	3.2

开辟新的果菜补给基地必须增加运输成本和菜地建设投资，目前可考虑在京包、京承、京通等铁路沿线选择条件较好的地区示范种植，取得经验再逐步扩大。目前延庆等地果菜亩产不高并非气候不利，而是技术、肥力等方面的原因所致，和延庆气候条件极为相似的太原，夏季果菜就能生长良好，延庆和密云库北等地经过努力理应能够达到近郊的水平，而且应能做到更为稳产。由于近年来人民生活水平的提高，对 8—9 月果菜的需求有进一步增长的趋势，而今后近郊菜地还不可避免地要被城市建设继续占用，因此在远郊和邻近市县建

立淡季果菜补给基地应作为北京蔬菜生产的一项战略措施来抓。

(2)调节果菜田间小气候

如利用两侧撩起的透风大棚实行黄瓜遮阴栽培，实行玉米、甜椒间作遮阴降温，起垄栽培以利排水和通风，在行间喷洒白色降温剂等。

(3)抓好调剂品种的生产

冬瓜也是8—9月较受欢迎的品种，平谷带有盆地气候特征，日较差大，光照充足，是传统的大冬瓜生产基地。此外，房山的山前是北京市热量资源最丰富的地区。应是有利于冬瓜生产的。近郊不少水面和低洼积水地区可发展莲藕、茭白等群众喜爱的水生蔬菜，春季施用水面增温剂可显著提高水温促进发育争取早熟。

(4)调节茬口

可适当减少近郊大白菜播种面积改为由远郊种植，远郊采用早熟玉米—大白菜两茬群众乐于接受，大白菜在远郊贮存也比近郊为有利。这样，近郊一部分早衰不严重的果菜可推迟拉秧，还可以发展一些大棚部分遮阴黄瓜的栽培，以延长果菜类的供应期。

参考文献

[1]杉山直仪.蔬菜的发育生理和栽培技术.赖俊铭译.北京:中国农业出版社,1981.
[2]李曙轩.蔬菜栽培生理.上海:上海科学技术出版社,1979.
[3]北京市农科院蔬菜研究所.蔬菜生产手册.北京:北京出版社,1981.
[4]北京市农科院农业气象研究室.北京的气候与农业生产.北京:北京出版社,1977.

作物生长发育及产量形成与气象条件关系的几个问题*

郑大玮
（北京市农林科学院综合所，北京　100097）

1985年作者在英国诺丁汉大学农学院进修环境物理时参加了 Monteith 教授为首的热带半干旱地区作物小气候研究计划。试验是在发芽温床、人工气候箱（风洞）和控制环境温室内进行的。虽然这一年是以高粱为对象的基础性研究，但许多研究结果所揭示的原理对于其他作物也是适用的，现将我所参加承担的部分工作做一初步总结汇报。

1　热当量时间与高粱发芽速率的关系

Monteith 教授提出"积温"（国外又称之为"度・日（℃・d）"即 degree-day）的概念不科学，在本质上它应是经过温度订正的一种时间进程度量，可称为"热当量时间"（thermal time）。根据一些作物种子发芽试验资料得出下式：

$$1/t = (T - T_b)/Q_1 \qquad (1)$$

式中：t 为完成某发育阶段（这里指从播种到芽长 1 cm）所需天数，T 为该阶段平均温度，T_b 为该发育阶段的生物学起点温度，Q_1 即所谓积温：$Q_1 = t(T - T_b)$，可以看出 Q_1 的地位与 t 相似，只是经过了温度订正。

我们对高粱种子（品种 spv 354，来自印度）的发芽试验是在梯度温床上进行的一端为加热端，另一端为冷却端，温床上温度分布为线性，范围从冷端的 5 ℃到热端的 50 ℃，试验区间使床面温度稳定，只随着两端的距离而改变。将水分充足、通气良好的发芽试验盒放在不同位置定期观测，在相应温度下种子达到发芽标准的百分率，并记录达到 50%种子发芽所需时间 t，则 $R=1/t$ 为发芽速率。结果表示发芽速率随温度提高成一直线，如式(1)，图 1 中的斜率的倒数即达到 50%发芽所需热当量时间，对于一固定品种应为常数，图 1 中为 40.8 ℃・d。

值得注意的是温度过高时发芽速率随温度下降也呈线性，这种情况下热当量时间可定义为下式中的 Q_2：

$$1/t = (T_m - T)/Q_2 \qquad (2)$$

* 本文原载于 1988 年 6 月《北京农业科学》。

式中：T_m 为发芽的上限温度，$(T_m - T)$ 和式(1)的 $(T - T_b)$ 一样可看作有效温度，Q_2 也是常数，本例中为 13.8 ℃·d，不过高温发芽速率下降的温度范围是较窄的。

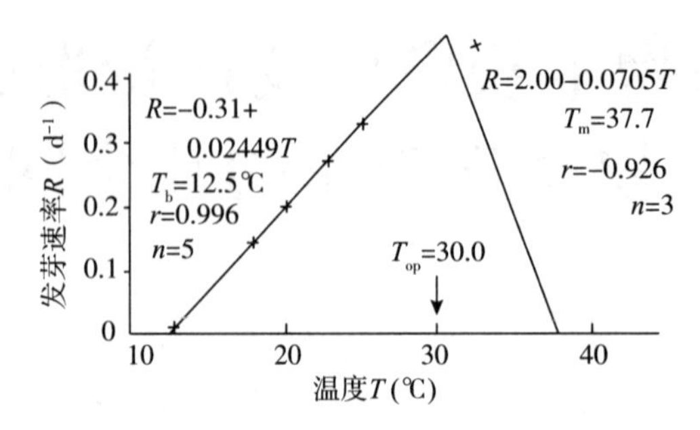

图 1　高粱种子发芽速率与温度的关系

两条回归线的交点即发芽的最适温度 T_{op}：

$$T_{op} = (T_b Q_2 + T_m Q_1)/(Q_2 + Q_1) \tag{3}$$

梯度温床发芽试验不仅用于研究验证热当量时间学说，而且可用于鉴定不同作物品种种子发芽的起点温度，最适温度与上限温度。在生产上也是很有应用价值的。

2　生物学产量形成与辐射截获总量的关系

迄今有许多人研究叶面积动态和叶片光合效率问题。Monteith 提出作物干物质积累不直接取决于叶面积指数，而取决于植被对太阳辐射的有效辐射总量。这样的分析不但抓住了事物的本质，而且把问题大大简化了。

太阳辐射截获率是通过分别安放在植被上方和下方的两个管状辐射仪测值之比来求出的。制成管状是为使观测包括阴影和光斑在内植被内平均辐射状况使之更具代表性。

$$I_c = 1 - \frac{S_d}{S_u} \tag{4}$$

式中：I_c 为植被对太阳辐射截获率，S_d 为植被下接收到的辐射，S_u 为植被上辐射，实际截获辐射强度为 $I_c \cdot S_u$。计算时都取日总量。

英国由于夏季温度太低，上述试验是夏季在加温温室内进行的，S_u 为温室内测得的太阳辐射，设大田太阳辐射为 S，则 $S_u = T_g S$，其中 T_g 为温室的透光率。

从出苗后到收获前定期取样测叶面积、干重，统计分析单位面积干重增长与单位面积太阳辐射截获总量，成良好的线性关系(图 2)：

$$D_m = -65.43 + 0.009146 I_c \cdot S_u \tag{5}$$

如将干物质 D_m 按 4.25 kcal/g 折算成能量单位，则上式中的斜率就成为对所截获光能的利用率，本试验中单位截获辐射的利用率 $\varepsilon = 0.009146 \times 4.25 = 0.0389$，即 3.89%，对于植被上方实际照射的太阳辐射的群体光能利用率则为：

$$E = \varepsilon I_c \tag{6}$$

ε 是较稳定的，仅在幼苗期和成熟前略低，如温度水分能满足要求，可看成是品种的生物

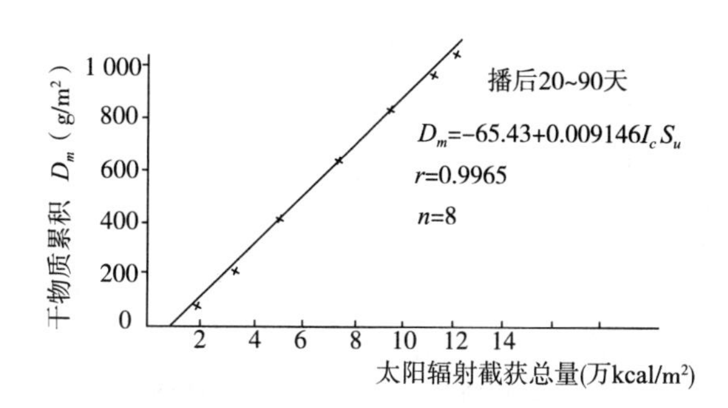

图 2 植株干物质累积与太阳辐射截获总量的关系

学特性，实际的光能利用率 E 主要取决于太阳辐射截获率并与之成正比。截获的辐射总量越多光合积累也就越多。

截获辐射率与叶面积指数有关但并不相同，并不能由式(6)推论出叶面积越大越好，这是因为：①叶面积过大时辐射截获率趋近于 1，基本上不再随叶面积增大了。②式(6)指的是对于生物学产量的光能利用率，而叶面积过大时即使生物学产量仍保持高水平，多数作物的经济产量也将因经济系数降低而减少，一般禾谷类作物截获率达 95%以上即可接近最大经济产量，过于郁密反而风险较大。③一旦倒伏辐射截获率就将急剧下降，尽管叶面积指数仍很高。

从式(6)可看出提高产量的途径，一是提高单位截获辐射的利用率 ε，这主要是通过育种选种和提供较好的环境条件；二是提高全生育期的平均辐射截获率。

$$I_c = 1/T\int_0^T I_c \, \mathrm{d}t \tag{7}$$

式中：T 为生育期天数。外界不利条件的影响也往往首先影响叶面积进而影响辐射截获率，这个影响一般都要大于对净光合效率 ε 的直接影响。

辐射截获率与叶面积指数为复杂的曲线关系，在本试验中，在无倒伏条件下，可由下式拟合：

$$I_c = 1 - e^{-0.719-0.15956L+\frac{0.31065}{L+0.432}} \tag{8}$$

式中：L 为叶面积指数，当 $L\to 0$ 时，$I_c\to 0$。当 $L\to\infty$时，$I_c\to 1$。从图 3 可以看出在 L 较小时叶面积指数的增加可显著提高辐射截获量。

过去国内较多采用叶面积或又称光合势来分析作物的生产潜力，实际上叶面积并不直接反映太阳辐射截获状况。在叶面积较大时等量叶面积对光合积累的贡献要比叶面积较小时差得多，特别是在连阴天，同样的叶面积其光合积累比晴天差多了。

上述试验是温度控制在一定范围内进行的。在不同温度水平下 ε 将是变动的，进行一系列控制环境试验可得出 ε 与温度的函数关系。水分条件往往首先影响叶面积大小，短期内不利水分条件也可直接影响 ε 值。从控制一定温度的试验结果参照图 2 绘制回归线，ε 偏离正常值的程度可判断水分胁迫的严重程度。

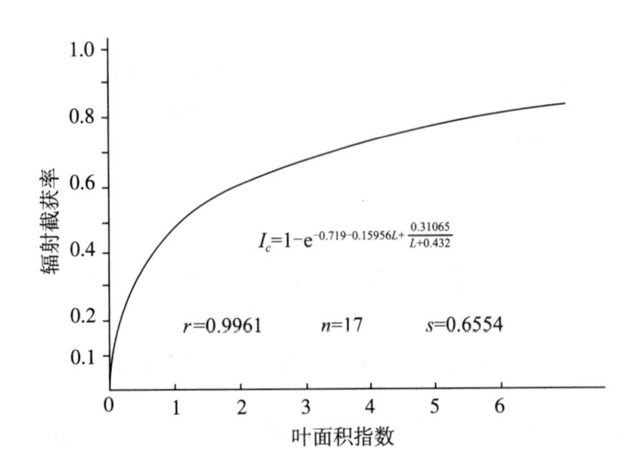

图 3　叶面积指数与辐射截获率的关系

3　灌浆与温度的关系

各处理的温室日平均温度在抽穗后 12 天之前都是 27 ℃，之后分别控制在 21 ℃，25 ℃和 29 ℃。在 21 ℃和 29 ℃处理的两个温室对部分穗进行红外辐射加热处理，并测定穗头不同部位的平均温度和收获粒重，结果表明在 20～30 ℃范围内平均温度偏低的收获粒重高(图 4)。

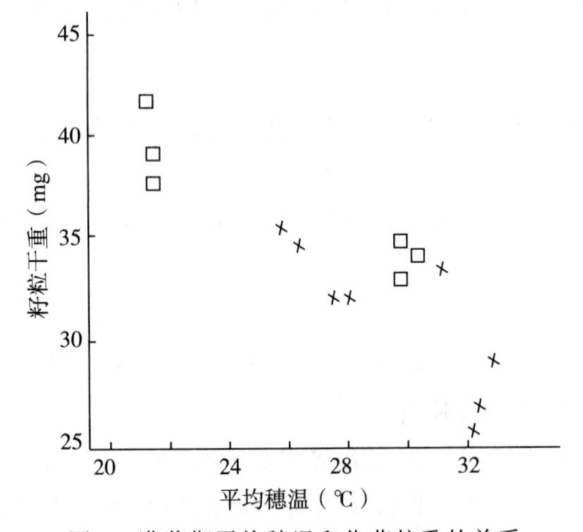

图 4　灌浆期平均穗温和收获粒重的关系

(图中□为 21 ℃和 29 ℃处理温室中测定高粱穗的数据；x为进行红外辐射加热处理高粱穗的数据)

灌浆期间平均温度低的灌浆速度偏低，其所以达到较高的收获粒重是由于灌浆期延长了。

灌浆进程的测定表明高粱粒重增长与其他谷物一样呈 S 形曲线。在不同温度下各处理从抽穗到成熟(籽粒干重达最大值)所需天数不同，但所需热当量时间却是稳定的，按穗积温为 633±36 ℃・d，按空气积温为 600±24 ℃・d，可视作品种的生物学属性(图 5、图 6)。

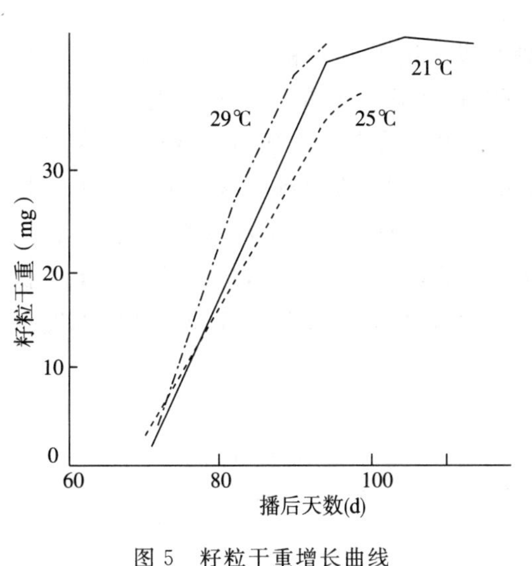

图 5　籽粒干重增长曲线

(25 ℃处理受红蜘蛛危害粒重偏低)

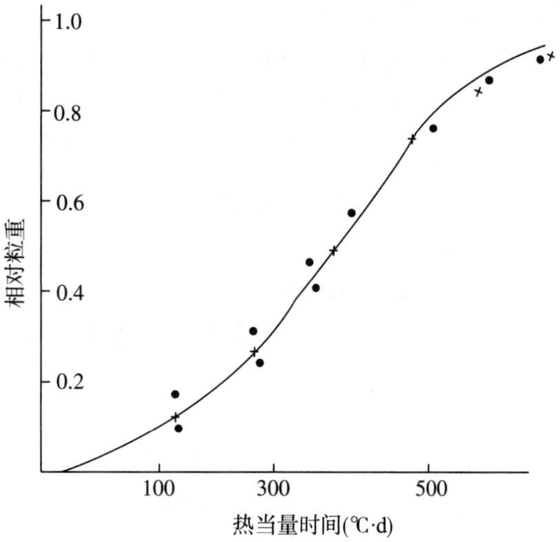

图 6　粒重相对增长与热当量时间的关系

(+为21℃处理温室灌浆数据；•为29℃处理温室灌浆数据)

灌浆期单位面积籽粒随辐射截获总量增重呈S形曲线，但生物学产量仍呈线性增长；灌浆初期籽粒增重慢于全株干重增长，表明光合产物仍能在茎秆中积累。在灌浆高峰期籽粒干重增长快于全株干重增长，表明茎秆由光合作用的库转变成籽粒同化物的源(在图7中表现为曲线中段斜率大于直线斜率)。到灌浆后期曲线斜率变小，说明有多余同化物贮存在茎秆中。

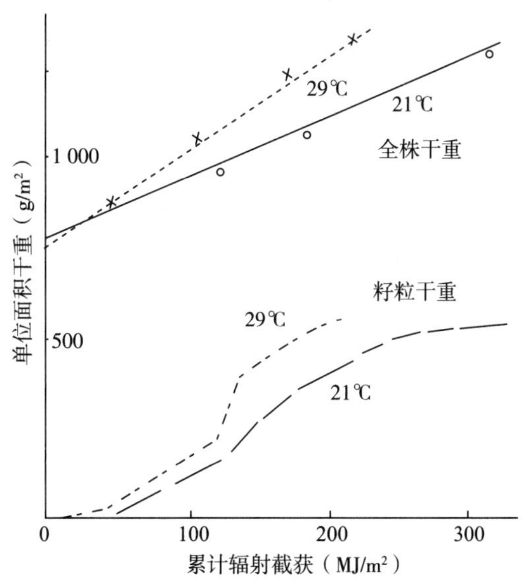

图 7　单位面积植株总干重和籽粒总干重随辐射截获累积量的增长

(×为29 ℃处理温室数据；○为21 ℃处理温室数据)

上述结果和小麦不同，后者据我们在20世纪70年代测定籽粒干重的35%～40%来自茎秆养分转移，而且越接近成熟茎秆养分转移越成为籽粒增重的主要养分来源。这是与小麦到后期叶片加速枯黄有关。杂交高粱、杂交玉米到成熟时仍保持较大绿叶面积、较强光合积累，如适当推迟收割其茎叶作为饲料的营养可更高。

关于高粱种子成熟期标志，通常从种子与枝梗交界面出现黑层来判断，难以定量化。我们统计分析了籽粒相对干重 D_r(指灌浆过程中的籽粒占成熟时干重的百分比)与含水率 W_c 的关系，发现成良好的线性关系，不论灌浆期温度条件和灌浆期长度如何，籽粒开始灌浆的起始含水量和达到生理成熟粒干重最大时的含水量是稳定的，表明籽粒含水量可作为籽粒灌浆进程度量的良好而稳定的指标。我们还收集了我国和日本美国的高粱灌浆资料，各国不同品种在不同环境条件下高粱灌浆的种子初始含水量为 75%～85%，达到最大粒重的含水量为 25%～35%。种子含水量的速测是容易做到的，这样就为灌浆进程和成熟度的度量找到了一个简便的方法。

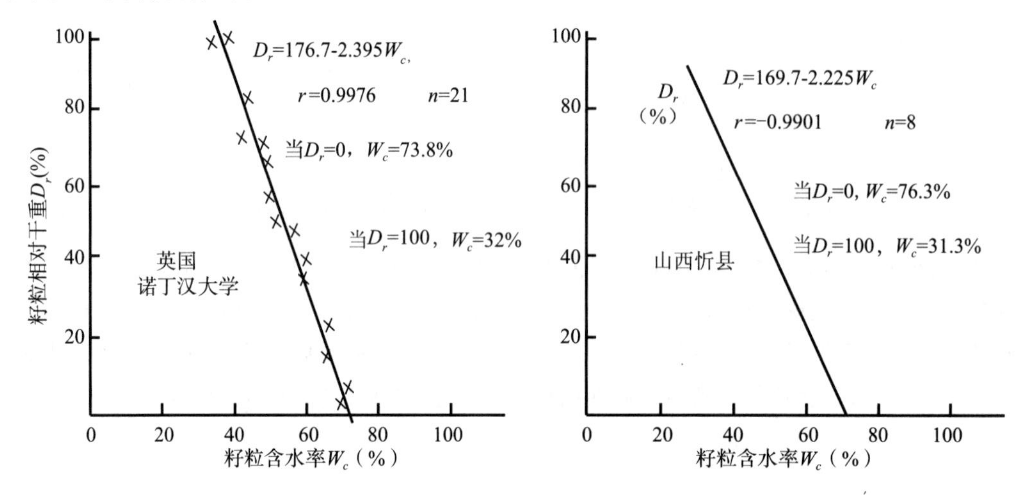

图 8　籽粒相对干重与含水率的关系①

上述试验分析虽然是以高粱为对象得出的，但我们有理由推测其他作物也存在这种类似的规律，其中图 1 和图 2 对于其他作物也已取得过相似的结果。这些结果表明应该重视作物与气象条件关系的研究并作为作物栽培学的一个重要的理论基础来对待。

① 图 8 忻县资料引自山西省忻县地区农业科学研究所编著《高粱》，由科学出版社 1976 出版。

灌浆期气温、穗温对高粱籽粒发育及产量的影响*

郑大玮[1]　D. Harris[2]　J. A. Clark[2]

(1. 北京农林科学院农业气象研究室,北京　100097;
2. 英国诺丁汉大学农学院生理及环境科学家,诺丁汉郡)

摘要:高粱品种 SPV 354 种在三个控制环境的温室中,播后 76 天(抽穗后 12 天)之前日平均气温为 28 ℃,以后进行平均气温 21 ℃,25 ℃,29 ℃处理。红外灯安放在 21 ℃和 29 ℃两温室中以提高供试穗的温度。该品种灌浆需要 633±36 ℃·d 的热当量时间(即积温)。

当穗和叶处于相近的温度时,灌浆速率随植株温度提高,但灌浆期按比例缩短。较低温度下植株在较长的灌浆期内截获了更多的辐射,弥补了(干物质/辐射)之比的下降。籽粒产量与所调查的温度范围相关不显著,在较低温度下抽穗前同化物由营养器官向穗部的再分配要稍多些。粒重与灌浆期平均温度间存在线性关系,从 21 ℃的 42 mg 下降到 31 ℃的 28 mg。

在许多气候条件下谷物产量受灌浆期不利温度的限制,在温带,灌浆速率可因冷凉天气而变慢,使作物在早霜前不能充分成熟[1]。与此相似 Peacock 和 Heinrich 报道了在博茨瓦纳的晚播高粱抽穗到成熟期受较低夜温影响而减产[2]。在半干旱热带地区高温害也可成为高粱生产的主要问题,在那里气温和叶温常可分别超过 40 ℃和 55 ℃,地表温度则可超过 60 ℃[3]。

对于谷类作物,单位面积穗数和每穗粒数主要是在穗分化和抽穗时决定的[4~6],而单位面积的最终粒数决定着产量潜力。然而实际产量受灌浆期环境条件的影响,因为后者决定着粒重。特别是灌浆期的温度通过直接影响籽粒发育速率及籽粒发育期长短而影响最终粒重,并通过其对叶面积持续时间进而对叶丛辐射截获、转换及干物质的再分配的影响而间接发生作用。

在本试验中我们试图通过将其与抽穗前温度效应分解开的方法来说明灌浆期的温度效应。为此,种了三个小区的高粱使之处于特定的相同温度、辐射、光周期、水分供应和饱和差条件下,直到籽粒形成的初期结束,这样在试验开始时植株可看成籽粒灌浆的相同的同化物"潜在源",因为各小区的辐射截获量是相同的。同时由于单位面积和每穗具有相近的粒数,它们还具有所产生同化物的相近的"库"。在籽粒形成后,籽粒灌浆时植株处于不同气温处

* 原载于《国际农业气象学术会议论文集(1987 年)》,《中国农业气象》编辑部,1988 年编。

理下直到收获。

有两种情况应考虑，第一种是较一般的情况，叶丛和发芽籽粒处于相同气温（未加热穗），第二种是较严格限定的情况，解释了作用于穗的不同温度的效应（加热穗）。后一种情况在半干旱热带地区可能发生，已记录到当直接太阳辐射加热紧实穗时，穗温可比叶温高出好几度，并据认为对产量或幼苗的活力有不良的影响[7]。

观测值用热当量时间[8]概念进行分析来考虑温度对植株发育的影响，最终粒重取决于作为温度 T 函数的灌浆速度和与界限温度 T_b 以上的积温成正比的灌浆期长度。设 t 为灌浆期天数，则平均速率 $1/t$ 可表示为：

$$\frac{1}{t}=\frac{T-T_b}{\theta} \tag{1}$$

式中：θ 为某发育阶段所需热当量时间，单位是℃·d。式(1)表明如果单个籽粒的最大粒重是固定的遗传特性的话[9]，则灌浆速度与灌浆期应成反比。因此如果环境条件影响缩短了灌浆期而不影响灌浆速率的话，则由粒数决定的产量潜力将不能达到，反之亦然。本文应用在控制环境温室中种植的具有良好灌溉条件的高粱植株资料，分析了灌浆速率和灌浆期长度的相对重要性。

1　材料和方法

(1)作物管理

高粱（品种 SPV354）于 1985 年 5 月 7 日在英国 Sutton Bonington 的诺丁汉大学农学院三个控制环境的温室内播种，这些温室已由 Monteith 等描述过[10]。约每平方米 24 株，株行距为 15 cm×35cm，各温室日平均气温均为 28 ℃，且在 24 h 内按正弦曲线变化，振幅为±6 ℃，空气最大饱和差 (SD)用转盘增湿器控制在 1.5 kPa(±0.1 kPa)。苗期通过滴灌每周浇水 10～15 mm，播后 60 d 增加到每周 30 mm，整个试验期间没有明显的水分亏缺。CO_2 含量通过与其成正比的通风速率来控制，使注入温室的 CO_2 气体达到室内外差值最小。

在播后 10～36 d 对植株处以 12 h 的日长以诱导生殖发育，这是通过用黑色聚乙烯薄膜完全覆盖来实现的，覆盖时间从格林尼治标准时 20:00—翌日 8:00。从播后 76 d 即抽穗后 12 d 起，平均气温在各温室内分别变为 21 ℃，25 ℃，29 ℃（均具±6 ℃变幅），分别作为处理 A、B 和 C。

同时，用 10 个 300 W 的红外灯分别安置在 21 ℃和 29 ℃温室内，位于温室的某一横行穗部高度上，灯朝北，其邻近行的 25 株的穗受热最多，这些穗固定在与灯平行的棒上，因此灯穗距可保持在 0.9 m。所有灯从播后 6 d 到收获每天 07:00—19:00 打开，平均辐照度大约为1.7 W/穗[11]。

灯的光谱的红外光/红光之比要大于日光。对作物的影响似乎是小的，因为灯只安装在籽粒形成之后，也因为只在白天打开。

(2)植株温度测定

穗温用铜-康铜热电偶测定，分别固定在 21 ℃和 29 ℃两温室内四个穗的前部（即向灯面)、背部、顶部、底部和中心，各温室中都有两个远离灯的对照穗也同样用热电偶进行测定，方法同前。所有热电隅由计算机每分钟自动巡回检测一次，并计算和记录每小时平均温度。平均温度 T 按每测头所监测区的穗表面积加权平均得出。

(3)光截获和生长

每个温室的光截获通过比较三支放在植被下的 90 cm 管状太阳辐射仪及一支放在植被上方的同样的辐射仪的输出值来测定，所有辐射仪的输出都自动记录下来并积分给出逐日太阳辐射总量。三个温室的粒重分别测得，每栋温室在整个试验过程中每 10 d 随机收获 10 株测定全株各部分的鲜重和干重(方法 1)。在灌浆开始时在每个温室中标记 30 个大小和发育阶段相似的不加热穗，从播后 70 d 到收获(对于处理 A,B,C 分别为播后 112 d,104 d,97 d)每 5 d 从 5 或 6 个标记穗中随机采收穗中部籽粒 100～130 粒并称算平均粒鲜重和干重(方法 2)。

最后收获时，所有加热穗及各温室未加热穗样品分解成相应的四部分，即前部、背部、顶部和底部，分别测定各部分的粒重 (方法 3)。

2　结果

处理 B(气温 25℃)发生了红蜘蛛的严重侵染和危害，故该处理的资料虽已分析，但与其他温室的差值不能只从温度上解释。

(1)植株温度和气温

播种后 64～75 d 及从 76 d 到最后收获期间的气温和穗温见表 1 和表 2。播后 76 d 以后气温和未加热穗温差值在处理 A 和 B 中仅为 0.5 ℃，而处理 C 中小于 2 ℃，后者具有更明显的日际变化(表 1)。处理 A 中加热穗温的加权平均比气温高 5.2 ℃，处理 C 中则仅高 3.4 ℃(表 2)。

表 1　播后 76 d 之前和之后的空气及未加热穗日平均温度　　单位:℃

温度	播后 64～75 d			播后 76 d～最终收获		
	处理 A	处理 B	处理 C	处理 A	处理 B	处理 C
设计气温	28	28	28	21	25	29
平均气温	28.5(1.5)	27.8(0.9)	28.1(0.4)	21.0(1.2)	24.3(0.9)	27.4(4.9)
平均穗温	29.1(2.1)	28.4(1.8)	29.0(1.8)	21.5(2.3)	24.8(2.1)	29.1(2.7)

注:括号内值为平均值的标准差

表 2　播后 76 d 到最后收获处理 A 和 C 加热穗的日平均温度(±标准差)　　单位:℃

穗的部位	处理 A	处理 C
顶部	26.9(1.2)	31.2(2.3)
前部	27.3(1.3)	31.1(2.5)
背部	25.1(1.5)	30.0(2.3)
底部	25.3(1.6)	31.5(2.7)

注:括号内值为平均值的标准差

为举例说明加热穗不同部位的相对温度，图 1a 和图 1b 表示处理 A 和 C 在播后 87 d 的气温日变化。加热穗各部位的日变化均大于未加热穗，顶部和前部与对照穗的温差分别为 8.0 ℃、5.5 ℃，在强日照的日子里，加热穗顶部和前部最高温度可达 46 ℃，处理 A 和 C 的加热穗加权平均最高温度比对照穗分别高 0.7 ℃、3.9 ℃，未加热穗顶部和前部(朝南) 平均温度仅比底部和背部稍高，这是由于太阳直接辐射的加热不同。未加热穗加权平均穗温在各温室中都仅比气温高 0.6 ℃，本试验关于穗能量平衡的更详尽的分析见参考文献[11]的文章。

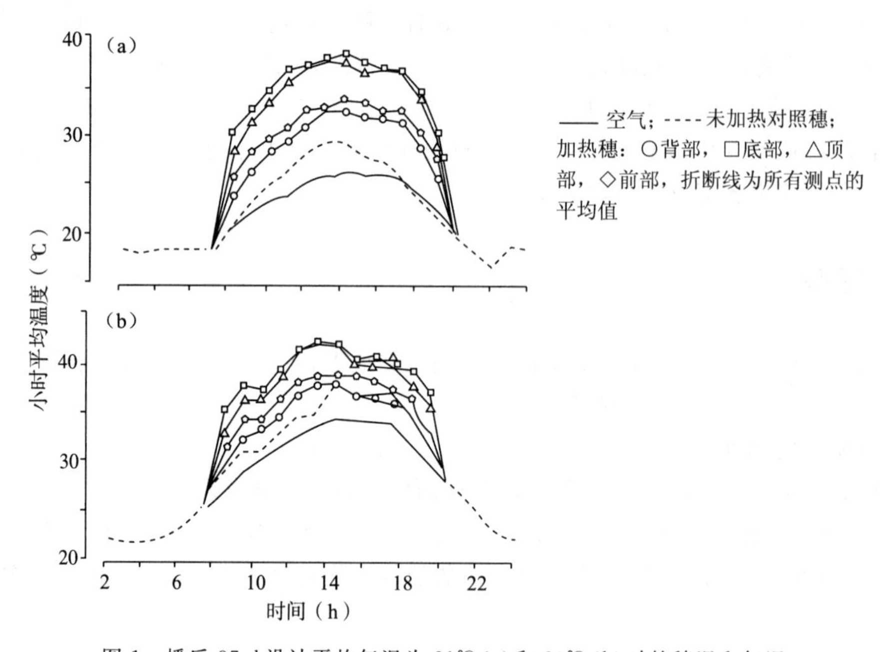

图 1　播后 87 d 设计平均气温为 21℃(a)和 29℃(b)时的穗温和气温

(2)不加热穗

籽粒产量 *W* 可表示为每穗粒数、每平方米穗数、籽粒日平均灌浆速率和灌浆期天数的乘积，表 3 表示收获时的上述数据(方法 1)，与在田间试验中发现的变异性是相同的，且处理间无显著的统计差异。粒数只在最后收获时测定，虽然温室 C 比 A 穗粒数均多 10%，但这一差异并不显著。处理 A 和 C 的茎和粒重及经济系数是相似的，但处理 B 由于红蜘蛛侵染粒重显著下降，根据本试验的资料，两种很不相同的温度处理由于不同的灌浆速率和灌浆期组合形成了相同的产量。籽粒生长可用粒重累积资料进行更详细的说明(方法 2)。

表 3　最后收获的平均干物重(±标准)

处理	A	B	C
播后天数(d)	112	104	97
每穗粒数(个)	>86±199	665±296	871±210
粒数/m²(个)	13720±3474	12570±5595	15380±3708

续表

处理	A	B	C
每粒粒重(mg)	37.2±9.4	30.7±13.7	34.3±8.3
粒重(g/m^2)	510±130	386±150	528±129
总株重(g/m^2)	1530±280	1460±288	1370±206
经济系数	0.33±0.07	0.26±0.07	0.38±0.08

在大多数籽粒逐日生长研究中，生长曲线由短期的对数增长加上一个几乎是线性的阶段直至籽粒干重的90%～95%，此后，灌浆速率减慢直至降到零[12,2]。如预期的那样，每个小区籽粒干重与播种后天数为S形曲线(图2)。显然处理A、B和C籽粒成熟的时间不同，而且从同一抽穗日起(播后64 d)的灌浆速率也各不相同。整个灌浆期的灌浆速率(图2曲线斜率)并非常数，29 ℃温室的最大速率大于21 ℃温室的最大速率且出现更早。25 ℃下的灌浆期长度居中，尽管最终粒重由于红蜘蛛侵染是最低的。

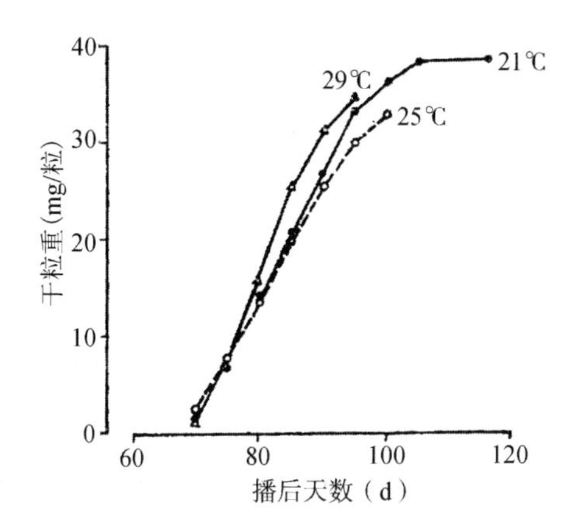

图2　三种平均温度下的籽粒干重与播后时间

籽粒成熟是一个取决于温度的发育过程。高粱的发育起点温度可取10 ℃[13,2]，灌浆期的热当量时间可计算如下：

$$\theta = \int (T - 10)\mathrm{d}t \tag{2}$$

式中：对时间的积分时段为从开花期到成熟期，T为日平均气温(℃)。

为尽量减少不同生长条件的可能影响，籽粒成熟度可用相对干重W_r表示，其中

$$W_r = \frac{W}{W_m} \times 100\% \tag{3}$$

式中：W为粒干重，W_m为生理成熟的最大干重。作W_r与热当量时间的关系图，实际上已消除了不同处理间灌浆曲线的差异(图3)。用直线可拟合除最初和最后一次取样以外的所有

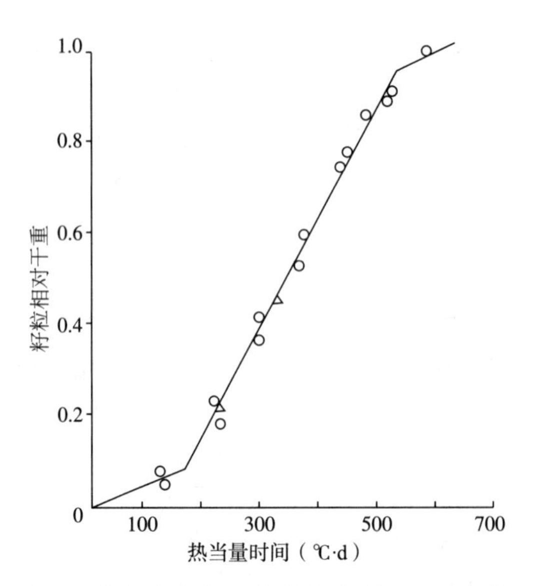

图 3　籽粒相对干重 W_r 与热当量时间（T_b＝10 ℃）

（符号意义同图 2，实线回归方程为 $W_r=-0.353+0.0025\theta$，$r^2=0.987$）

数据，可描述占 85%～90%的粒重增长过程和近 75%的灌浆期热当量时间的关系。即使对于 25 ℃处理，灌浆期长度也表明不受红蜘蛛的影响。对于所有处理从抽穗至达到最大粒重的热当量时间，按穗温计为 633±36 ℃·d，或按气温计为 600±24 ℃·d。

粒重也可以下述积分形式计算：

$$W=\int(S\cdot f\cdot e\cdot P)\mathrm{d}t \tag{4}$$

式中：积分区间为抽穗到最后收获，S 为入射太阳辐射，f 为植株截获 S 的比值，e 为干物质/辐射之比，P 为分配系数包括所有的抽穗前同化物向籽粒的输送。为此目的，W 可作为灌浆期上述变量日平均值与灌浆期天数 d 的乘积。则变量 P 为粒重与灌浆期 $\sum S_i$ 的平均值的比值，是与“贡献指数”相类似的指标[4]。在式(4)中我们将看到这些变量的更多细节。

(3)辐射截获和转化

图 4a 表示灌浆期干重与同期辐射截获累积，拟合线斜率(e，干重/辐射之比)在 27.3 ℃平均气温时比 21 ℃时更大，而 24.3 ℃下这一斜率只比 21 ℃时稍大，但统计差异仍是显著的。红蜘蛛直接吃叶肉细胞，由于叶绿素的破坏而在侵染叶上形成银色表面，可以推测这是伴随着光合速率下降的。因此处理 B 的 e 值在没有红蜘蛛出现时会要大些，干重应与处理 A、C 的观测值相似。

灌浆期的光截获总量 $\sum S_i$ 在本试验中主要取决于灌浆期长度，因此 $\sum S_i$ 在可能与用处理 A 和 C 未加热穗温计算出的热当量时间有关。$\sum S_i$ 的回归系数如表 4 中的 a 列所示。

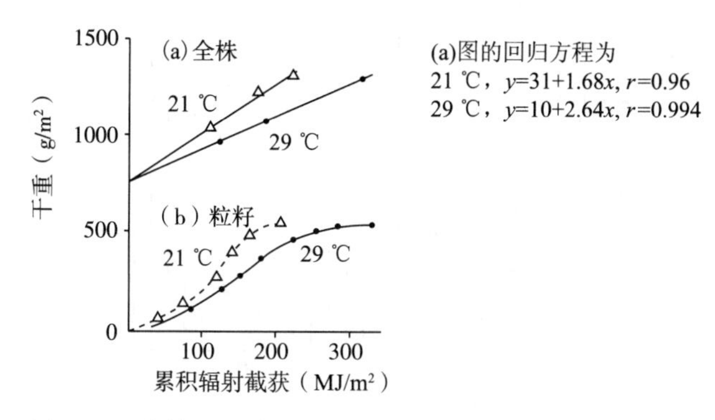

图 4　(a)全株和(b)籽粒干重与灌浆期累积辐射截获的关系

表 4　辐射截获总量 $\sum S_i$ 分别与未加热穗和加热穗的温度计算的灌浆期热当量时间的回归系数

处理	a(MJ/m²)	b(MJ/m²(℃·d))	r	n
i)A 未加热	−45.54	0.568	0.99	36
B 未加热	−10.26	0.445	0.99	28
C 未加热	16.12	0.299	0.98	21
ii)A 加热	−7.57	0.423	0.99	27
C 加热	29.07	0.252	0.98	28

注：$\sum S_i = a + b\theta$，r 为相关系数，n 为数据点数，所有 b 值间的差异都是显著的($P < 0.05$)

(4)同化物再分配

最后，粒重不仅取决于灌浆期的光合作用，而且取决于光合产物向籽粒的再分配及之前贮存在营养器官的同化物的输送。为消除由于 S 的波动引起的变化，图 4 表示处理 A 和 C（忽略 B 以便简化）总干重和粒干重与 $\sum S_i$ 有关的增重类型。图 4a 中和 4b 中任何 $\sum S_i$ 值时 计算的曲线斜率，单位辐射截获的重量增长如图 5 所示，并附有处理 B 的资料作为比较。e 值假定对于总株干重为常数，而粒重采收的次数可使籽粒的 e 值单独按每 5 d 平均计算。图 5 直方面积和虚线矩形面积分别代表籽粒干物质和全株干物质。

来自抽穗前同化物的初始干物重量，可由籽粒直方图上高于总株重矩形 P 点以上的面积差值来计算。该点表示某一 $\sum S_i$ 值，超过该值有多余的同化物被利用。来自抽穗前同化物再输送占最终粒重的比例在处理 A 和 C 中分别是 0.16 和 0.08。

影响籽粒灌浆进程的因子总结在表 5 中，灌浆平均速率和 e 随温度提高，而灌浆期则缩短，28 ℃下灌浆速率的最大值比 21 ℃处理大，并在不同的热当量时间后达到同样的生理阶段。

从选定穗(方法 2，表 5)取样得出的粒干重始终大于从最后收获株取样得出的粒重(方法 1)，如表 3 所示，这一差异可能反映了最初标记时无意识地选择了较大的穗，但表 5 的所有值仍处于表 3 平均值的变化范围内。

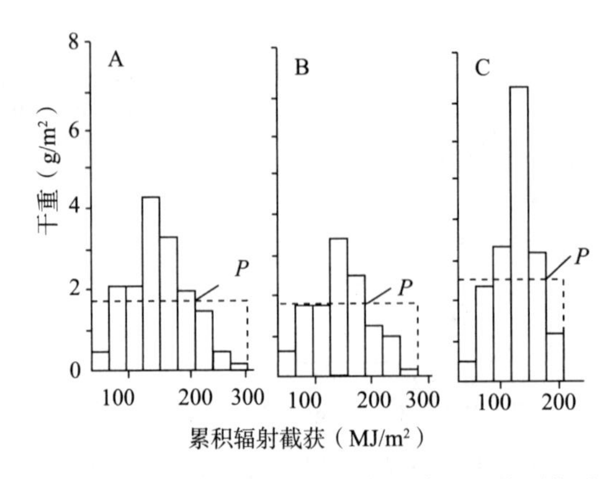

图5　籽粒和全株单位截获辐射生产的平均干物重

（实线直方为每平方米每5日籽粒干重增量，即图4(b)曲线中相应累积辐射截获量的斜率。P所包含面积为每平方米光合作用形成的总干重。直方低于P表明除籽粒增重外有多余的光合作用同化物输往植株其他器官贮存，直方高于P表明有同化物从植株其他器官向籽粒转移。）

表5　影响未加热穗籽粒灌浆进程的因素

处　理	A	B	C
平均穗温 T(℃)	21.5	24.8	29.1
平均干物重/辐射比 e(g/MJ)	1.68	1.77	2.64
平均日入射辐射 s(MJ/m²d)	8.53	8.47	8.72
平均截获率 f	0.80	0.82	0.75
灌浆期(d)	48	40	33
平均灌浆速率(mg/粒·d)	0.79	0.84	1.05
最大灌浆速率(mg/粒·d)	1.32	1.22	1.94
达到最大灌浆速率时间(播后天数)	80～85	80～85	80－85
籽粒干重(g/m²)	527	420	531

(5)加热穗

粒干重也用方法3进行了计算，其中加热穗不同部位籽粒在最后收获时进行加权平均，这种方法测得的单粒重与穗各部位平均温度的关系如图6a(实点)，图中也显示出处理A和

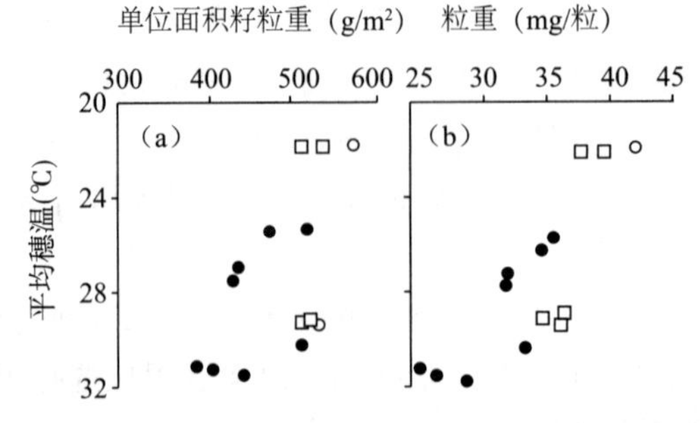

图6　在温室A和C中不同粒温下形成的(a)单位面积籽粒平均重量和(b)单个籽粒

(•为加热穗区，○为未加热穗区的加权平均值，□为根据表3和表5的未加热穗的测值)

C未加热穗的类似数据(圆点),以及用方法1得出的表3和表5中的值(方块)。本图表明最终粒重随平均温度提高而线性增加:平均穗温越低,最终粒重越高。因此32 ℃下粒干重仅为21 ℃下的2/3左右,然而穗温对于每穗粒数的影响,由所看订正数据(图6)表明这一变量比预期的差异更大。但尽管如此,较小粒仍是处于高温穗区形成的,虽然加热穗不同部位籽粒的灌浆速率随温度长高而加快(表4),但这些籽粒是在未加热穗成熟时才收获的,因此由于不再进行灌浆时的呼吸消耗而引起的重量损失应予考虑。

3 讨论

在本试验中我们假定同化物主要“源”在各处理中相同。因为干物质生产已表明是与累积辐射截获成正比[14],且粒重主要取决于抽穗后同化物,表4中回归线斜率是考虑到灌浆期长度的单位发育阶段的同化物的度量,因为抽穗到成熟的热当量时间θ是与温度不相关的。这些斜率与温度成反比,这个事实支持了籽粒产量潜力是遗传性的假说,只要灌浆速率和灌浆期长度以上述形式一起变化,实际产量将仅取决于粒数。

但实际上田间产量在灌浆速率可能单独下降或灌浆期可能单独缩短的情况下减少,一个典型的例子是本试验中的处理B,依据热当量时间这个灌浆期是所预期的在处理A与C之间,但籽粒灌浆速率受红蜘蛛的限制。其他植病如锈病、霉病也将使同化和灌浆变慢,并引起早衰,缩短作物生育期,如果干旱或低温使生长季结束,成熟期提前,也可能发生类似的产量下降[13]。

前期决定最大粒重的进一步的支持证据是由输送分析提供的,有些作者总结[4,13,15]认为粒干重与抽穗后同化物总量相关,除了存在多余可利用同化物的情况外。这一结论是由通常小于1的称为“贡献指数”的籽粒干重,与抽穗后同化物总生产量之比推测出来的,本试验中处理A、B和C的贡献指数分别是0.96、0.85和0.93,图5中P点以后的多余同化产物被浪费了,并且灌浆也与此有关,因为接近成熟时灌浆速率已开始下降了。在整个灌浆期间库容量的变化受籽粒温度控制,平均和最大灌浆速率都随温度提高(表5),但速率的差异被灌浆期的差异所抵消,贡献指数不再考虑P点后的同化效应,因为这已变得对籽粒越来越不可利用。不计抽穗后显示出的过剩,抽穗前同化物对最终粒重贡献的可估量对于处理A和C分别是16%和8%(图5)。这些值与Chamberlin和Wilson 1982年得出的10%及Huaibin等1984年得出的12%~33%的值相近[15,1]。

温度常超过38 ℃的穗部位形成小但仍有生活力的籽粒(图1),在半干旱热带地区常记录到相近和更高的穗温,特别是对于紧实型穗的品种,表明这类品种提高产量要靠增加每穗和单位面积粒数,但如某种形态特征导致穗的某些部分温度提高而形成小粒或籽粒退化的话,预期的产量提高将不能达到,郑大玮等研究高粱穗能量平衡时考虑了这一点[11]。

其他一些生理现象也与高穗温有关,Ougham和Stoddart报道了高温下“热激发”蛋白质提高产量,并与高温下促进发芽的范围相联系[16]。然而Harris等发现高温下形成的籽粒发芽特征并无不同,但总结出当播深超过2 cm时在大田中小粒种子的缺点(相对于较低温下形成的较大籽粒而言)[9]。这种亲本环境的滞后效应在半干旱热带的播深难于控制的大范围内有很大的重要性。

本文中描述籽粒灌浆进程的热当量时间和作为 $\sum S_i$ 函数的生长表达式的应用，表明温度是怎样通过影响灌浆速率和灌浆期及 e 值来控制籽粒灌浆的，似乎粒温主宰着接近成熟时灌浆速率的变化。这类分析对于解释环境条件较不易控制的田间试验的结果是很有帮助的。

粒数对于最大限度提高高粱产量的重要性已在此说明，单位面积上得到大量籽粒的方式是需要仔细考虑的。有三种可能性即：更大的群体；应用分蘖成穗型品种；应用紧实穗型品种。第一种方法的应用在水分供需平衡难以达到的地区是困难的，如半干旱热带的许多地方。分蘖型品种需要额外的时间来达到，而且不少分蘖上的籽粒在成熟前退化了。最后，紧实穗型品种对高温胁迫是敏感的，易引起穗部病虫的严重侵染[9]，并且常形成小籽粒。对于半干旱热带地区的农民，这三者的折中办法似乎更为可取，将维持灌浆速率和灌浆期的农学实践结合起来了。

参考文献

[1]Huaibin L, Yuquan B, Guirui Z, *et al*. Accumulation and distribution of dry matter and formation of grain yield in sorghum at the level of 1000 jin/mu. *Acta Agronomica Sinica*, 1984, **10** (2):87-94, (Chi).

[2]Peacock J M, Heinrich G M. Light and temperature responses in sorghum. *Agrometeorology of Sorghum and Millet in the SemiArid Tropics*. Proceedings of the International Symposium, ICRISAT Center, Patancheru, India, 15—20, Nov. 1982, 143-159.

[3]Peacock J M, Ntshole M R. The effect of row spacing and plant population on the growth, development, grain yield, microclimate and water use of Sorghum bicolor cr. 65D. In Initial Annual Report Phase II, Dryland Farming Research Scheme (DLFRS) Botswana, 1976, 31-44.

[4]Muchow R C, Wilson G L. Photosynthetic and storage limitations to yield in *Sorghum bicolor* (L. Moench). *Australian Journal of Agricultural Research*, 1976, **27**:489-500.

[5]Wright G C, Smith R C G, McWilliam J R. Differences between two grain sorghum genotypes in adaptation to drought stress. I. Crop growth and yield responses. *Australian Journal of Agricultural Research*, 1983, **34**: 615-626.

[6]Ong C K, Monteith J L. Response of pearl millet to light and temperature. *Field Crops Research*, 1985, **11**: 141-160.

[7]Mohamed H A, Clark J A and Ong C K. The influence of temperature during seed development on the germination characteristics of millet seeds Plant. *Cell and Environment*, 1985, **8**:361-362.

[8] Monteith J L. Climate. In Ecophysiology of Tropical Crops (eds. P. de Alvim and T. T. Kozlowski). Academic Press, York, 1977: 1-25.

[9]Harris D, Hamdi Q, Terry A C. Germination and emergence of *Sorghum bicolor* (L): genotypic and environmentally—induced variation in the response to temperature and depth of sowing Plant, *Cell and Environment*, 1987.

[10]Monteith J L, Marshall B, Saffell R A, *et al*. Environmental control of a glasshouse suite for crop physiology. *Journal of Experimental Botany*, 1983, **34**(140):309-321.

[11]Zheng D, Clark J, Terry A C, The heat balance and temperature of the panicle of grain sorghum, 1. Measurement of panicle heat balance. 1987.

[12]Gallagher J N,Biscoe P V, Hunter B. Effects of drought on grain growth. *Nature*,1976. **264**:541-542.

[13]Peacock J M. Response and tolerance of sorghum to temperature stress. Sorghum in the Eighties. *Proceedings of the International Symposium on Sorghum*. ICRISAT, 2—7 Nov. 1981. Patancheru. A. P. India, 1982:143-160.

[14]Gallagher J N,Biscoe P V. Radiation absorption,growth and yield of cereals. *Journal of Agricultural Science. Cambridge*,1978,**91**:47-60.

[15]Chamberlin R J and Wilson G L. 1982. Development of yield in two grain-sorghum hybrids. I. Dry weight and carbon-14 studies. *Australian Journal of Agricultural Research* ,**33**(6):1009-1018.

[16]Ougham H J Stoddart J L. Development of a laboratory screening technique, based on embryo probein synthesis, for the assessment of high temperature susceptibility during germination of Sorghum bicolor. *Experimental Agriculture* ,1986,**21**:343-357.

北京市小麦生产发展新阶段农业气象问题和对策*

郑大玮
（北京市气象局农业气象中心　100089）

北京解放初小麦亩产才几十千克，是全国低产地区之一。20 世纪 60 年代开始突破 100 kg，70 年代突破 200 kg，80 年代已进入全国高产行列，近年亩产突破了 350 kg。

按照余松烈教授的观点，小麦由低产变中产的主要矛盾是生长发育与土肥水等基本环境条件的关系，由中产到高产则是个体与群体的矛盾，由高产向超高产过渡则主要矛盾可能将是源与库的矛盾。北京市小麦单产从极低的亩产几十千克到 20 世纪 80 年代中后期的亩产 300 kg 中产水平，主要靠改善小麦生产的基本条件和增加物质投入，增产主要表现在穗数上。这一时期的主要农业气象灾害是春旱、秋涝、冻害和连阴雨等。从 80 年代末到 90 年代后期，北京市小麦生产将进入一个新的发展阶段。从产量上看将从中产向高产过渡，少数村则将向大面积亩产 500 kg 以上的超高产迈进。对小麦的品质和生产的经济效益也提出了更高的要求。小麦的栽培技术在指导思想上也应有相应的战略转变：从主要靠大量增加物质投入转移到科学合理投入和运筹等；从主要依靠增加穗效转变为稳定穗数、争取穗、粒数及粒重的最佳协调发展。这就要求处理好个体与群体、源与库的矛盾。

与此同时，北京市的农业生产条件和气候条件都有一些新的变化，主要是：

(1)气候变暖。20 世纪 80 年代北京近郊年平均气温约比 60 和 70 年代提高 0.4～0.6 ℃，远郊平原提高 0.2～0.4 ℃，冬季变暖尤为突出。

(2)降水偏少。除东北郊略增外，20 世纪 80 年代年降水量比 60 和 70 年代平均减少 4%～10%，农业水资源紧缺继续发展。

(3)小麦生产机械化水平大幅度提高，农耗时间进一步压缩。

(4)平原地区种植制度以两茬平播为主，加上喷灌面积迅速扩大，小麦占地更充分了。

(5)化肥投入大幅度增加。

由于生产水平的提高和气候的变化，北京小麦生产上的农业气象问题出现了一些新特点，需要研究新的对策。

* 本文原载于 1992 年 10 月《北京农业科学》。

1 秋旱和底墒水

40多年来北京8—9月降水有减少的趋势。20世纪80年代虽比70年代略有回升，但由于水资源持续亏缺，气温偏高蒸发加大，玉米亩产提高了100～200 kg，耗水增加60～80 mm，水分亏缺更趋严重。小麦播种时在水分因子上主要矛盾已不是秋涝而是秋旱，近年晚播麦增加，遇秋旱的概率更增加了。在目前生产条件下约有半数年份需在播前浇底墒水（一般以9月中旬为宜）或播后立即喷灌。渠灌麦田尽量争取播前浇，播后浇蒙头水易造成板结延误出苗。

2 适宜播期的改变

北京地区历来流传“秋分种麦正当时”。20世纪60—70年代曾提出冬前壮苗应达5～7叶龄或550～680 ℃·d积温，相应的最适播期近郊为9月23—28日即秋分头，远郊平原还需提前1～3 d。近年来小麦播种高峰期已从9月下旬推迟到10月上旬，平均推迟8 d。过早播种小麦的产量往往还不如晚播麦，适宜播种期问题又重新提了出来。我们认为由于生产条件的改变和气候的变化，小麦适宜播种期应比过去相应推迟，但绝不是越晚越好。

表1 北京地区秋旱发生情况

年代	1949—1959	1960—1969	1970—1979	1980—1989	1949—1990
8月雨量(mm)	302.2	204.9	153.5	181.9	206.7
9月雨量(mm)	74.2	53.2	43.1	48.6	54.5
严重秋旱年	1949	1963,1967	1976,1978	1980,1981,1983	共8年
轻度秋旱年	1952,1954	1964,1966,1968	1971,1975	1982	共8年

注：西郊资料，下同。严重秋旱年9月降水≤20 mm；轻度秋旱年9月降水≤30 mm，但>20 mm；如8月降水少于历年平均值之半则秋旱加重一等。多出历年平均一半则减轻一等

（1）从西郊冬前积温看，20世纪80年代比50年代增加33 ℃·d，加上冬季变暖越冬伤耗少和早春回暖提前，其效应大致相当于可推迟3 d播期。考虑到近郊变暖有城市热岛效应的因素，远郊可按推迟2 d播期计。

（2）小麦冬前增加一个叶龄所需积温不同肥力水平麦田从70～100 ℃·d不等。近20年来就大面积生产而言，由于土壤肥力提高每增加一个叶龄所需积温大致减少了10 ℃·d，同样达到冬前壮苗可以少用50～60 ℃·d积温，相当于可推迟3～4 d播期。

（3）目前生产上推广的主要品种冬性已比过去下降，过早播易徒长，生长锥提前分化，相应的适播期比过去的冬性极强品种推迟2～3 d。

综合以上因素，单从小麦壮苗的要求看，目前近邻和山前暖区常年适宜播期应比20世纪70年代以前推迟8 d，即10月1—7日为宜，远郊平原则以9月29日—10月5日为宜，密云库南以9月25日—10月2日为宜。根据不同年份秋季冷暖趋势的预报可作适当调整，但

幅度不可过大,有 2～3 d 即可。

如前茬为中熟玉米或水稻,则小麦播期只好适当推迟以争取较高的全年总产。但最好冬前带蘖芽,主茎应达到二叶一心,否则苗情太弱不利于安全越冬和早春生长。相应的晚播下限近郊是 10 月 15 日,远郊平原为 10 月 12 日左右,但遇秋冷年则只有一叶到二叶独秆越冬。

3 对越冬冻害仍不可忽视

20 世纪 80 年代中期以来北京地区小麦冻害发生较轻,特别是 1987 年以后已是连续 6 个暖冬,近几年一直越冬良好。但是冻害的威胁仍未消除。虽然由于播种质量提高和生产条件改善,大面积毁灭性死苗在平原地区已很少出现,但冻伤造成苗情素质下降、部分分蘖死亡导致穗数减少甚至减产仍是常常发生的。如 1981 年、1984 年、1988 年等年的穗数下降都是主要由于冻害造成的。

(1)近几年北京处于相对暖冬周期,以后几年转向冷冬周期的可能性是存在的。

(2)由于城镇热岛效应对气象站的影响,远郊麦田冬季实际变暖程度并不像气象资料反映得那么突出,估计表 2 中冬季负积温的缩小至少被城市热岛效应夸大了 20～30 ℃·d。

(3)现有推广品种丰产性虽有提高,抗寒性却下降了 2～3℃。

(4)由于种植方式的改变,破埂盖土等防冻措施已无法实行。

(5)由于品种冬性下降和秋季变暖,徒长早播麦的冻害比过去突出了。

由于上述原因,北京地区小麦越冬冻害虽有减轻,但威胁仍存在,不可忽视。

表 2 冬前积温、越冬和早春温度条件

年代	10 月 1 日—冬前积温(℃·d)	停止生长日(月-日)	冬季负积温(℃·d)	早春稳定通过 0℃(月-日)
1951—1960	522	11-28	347	03-06
1961—1970	528	11-25	324	03-04
1971—1980	535	11-27	310	02-25
1981—1990	555	12-02	277	02-25

表 3 冬小麦品种的临界致死低温 单位:℃

品种	东方红 3 号	农大 139	京冬 1 号	京双 16	411	农大 146	7563	丰抗 8 号	北农 2 号	3109	京花 5 号	6554
LD_{50}	−18.0	−17.0	−16.8	−16.0	−15.6	−15.0	−14.9	−14.8	−14.8	−14.6	−14.4	−13.3

从图 1 也可以看出,1971—1991 年历年气候产量与旬平均气温的积分回归分析结果表明冬季偏暖显著的正效应,甚至比 1949—1971 年的分析结果更显著。从另一个方面也可以说冬季如偏冷则对产量将有相当大的负效应,表明冻伤对麦苗素质有不利影响。从图 1 还可看出温度正效应的高峰已从深秋移到初冬,这显然是与秋季变暖和品种冬性下降有关。幼苗期温度偏高的负效应变得比过去严重得多,这与肥力提高及品种冬性下降均有关系。

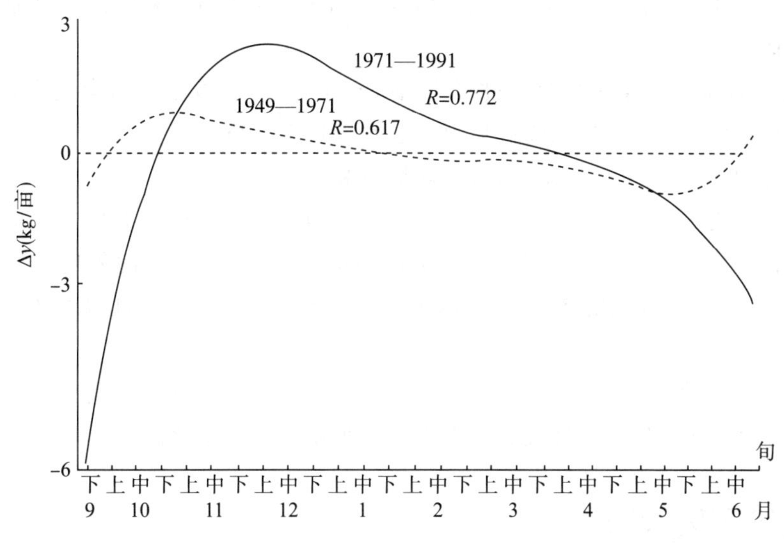

图 1 北京市历年小麦气候产量与旬平均气温积分回归分析

（Δy 为旬平均气温每偏高 1 ℃对北京市冬小麦平均亩产的影响）

目前京郊麦田防冻保苗最有效的措施是推广压轮播种机。由于实现了小垄沟播，可确保越冬安全。在北京地区小麦分蘖节如入土 2 cm，即使在特殊冷冬也能基本安全越冬。压轮播种机要注意防止深播。压轮沟播 2 cm，分蘖节可达 1～1.5 cm，浇冻水和冬季刮风还能淤进播种沟约 1 cm 厚覆土足以保证分蘖节达到安全深度。适当浅播可提早出苗、有利壮苗。有的地方播种偏深，入冬又不适当地镇压填平了播种沟，越冬虽然是够安全了，但返青时分蘖节深达 4～5 cm，对壮苗早发极为不利。因此，压轮播种沟应保持到小麦起身，在壮苗早发的基础上，到分蘖两极分化时再平掉，不影响主茎大蘖生长且有培上和压抑小蘖的作用。

对于普通播种机，冬季仍应抓紧压麦和用树枝盖耱麦。

4 冬季干旱问题

北京常年冬季风多雪少，在喷灌条件下往往冻水量不足，加剧冬旱。旱冻交加比单纯的冻害或干旱对小麦的威胁更大。但是冬旱与其他季节的干旱特点不同，由于冻后聚墒整个耕层水分在越冬期间一般是增加的，仅仅是表土因反复冻融失墒较多。小麦植株在冬季有较强的持水能力，能抵御相当程度的冬旱。但早春萌动后如干土层较厚麦苗根系弱且分布浅，返浆水分达不到分蘖节，对小麦可形成致命的威胁。可因不能及时展叶进行光合作用而呼吸消耗过度衰竭死亡。

由于越冬期间土壤冻结难于取样，以干土层厚度作为冬旱指标更为实用。但到早春要注意将融土层与干土层区分开。小麦分蘖节一般处于 1～2.5 cm 深处，当干土层达到 3 cm 时对小麦开始有不利影响，达 5 cm 时常使根茎皱缩部分脱水，达 8 cm 时分蘖节一般已严重脱水并受伤，干土层达 10 cm 时小麦一般已濒临死亡。

由于冬旱只是表土干旱，下层冻土水分并不一定少，因此不能采取常规渠灌的方法。防御冬旱的对策是：

(1)适时浇好冻水。渠灌宜在日平均气温 3～5 ℃进行，沙土地高岗地则在 0～3 ℃进行。喷灌麦田旱的应争取在封冻前再喷第二遍水。每次应喷 5～6 h。

(2)入冬后压麦再用树枝盖耱麦，可破碎坷垃和弥缝。

(3)后冬干土层达 3 cm 以上的仍应压麦。达 5 cm 以上可选择日平均气温 0 ℃以上天气的白天中午前后几小时喷灌补墒，每次喷 1 h 即可。有寒流侵袭时停喷。干土层达 8～10 cm的也不宜超过 2 h，多喷弊大于利，以表土干土层消失为度。一旦地表开始返浆就没有必要再喷了。

(4)不具备喷灌条件的尽量压麦提墒，除非旱情极重面临大量死苗威胁，不可轻易渠灌。需要提早渠灌的应选择日平均气温达到 0 ℃左右回暖天气小水浇灌。

5 倒伏和风雨天气

高产条件下倒伏成为突出问题，从农业气象角度看防止倒伏要注意以下几点：

(1)冬前积温多、早春回暖早的年份小蘖多、群体易偏大，要适当延长蹲苗期。

(2)4 月上中旬多雨年份不利于分蘖两极分化，基部节间较长，应适当推迟拔节水。

(3)灌浆期喷灌要避开风雨天，通常后半夜到上午很少刮大风。对倒伏危险大的麦田控制喷灌强度，每小时 5 mm 的喷灌速率已接近暴雨强度。因此后期不宜连续喷灌，可采用间歇喷灌方法以减轻穗部负载，如每喷半小时停一二十分钟。

(4)倒伏麦田因地面覆盖严、蒸发少应控制浇水。捆扎费工且捆内不见光多数穗灌浆慢得不偿失，如为机收方便可在临收前再捆扎。

6 雨害和热害

高产条件下粒重不稳定成为进一步提高产量的限制因素。导致粒重下降的原因很多，除 1964 年锈病和 1982 年的蚜虫外，最常见的是雨害和热害。如 1979 年、1983 年连阴雨影响灌浆并造成倒伏，1973 年、1977 年烂场雨损失很大。干热风对粒重影响并不突出，如 1965 年、1972 年等干热风严重年份粒重并不差，主要是干旱缺水麦田粒重受到一定影响。热害对小麦灌浆的影响，一种情况是持续高温缩短了灌浆期，尽管灌浆高峰期粒重增长速度较快，但最终粒重仍偏低，如 1982 年。这种年份和干热风年份勤浇水特别是用水温较低的深井水喷灌可以取得良好效果。另一种情况是雨后暴热死熟，特别是在正常成熟前 5～10 d 的敏感期发生，后果特别严重，如 1971 年、1991 年，粒重可下降 10%～20%，春寒年根系发育不好和灌浆前期连阴天光照不足的年份受害更甚。对雨后暴热死熟的防御措施还不多，除筛选灌浆稳定的品种外，促进返青根系早发是重要措施，喷施生长调节剂促进茎秆养分转移也有良好效果。雨后晴热天气可在午后适量喷灌降温也能起一定缓冲作用。春寒年要控制投肥的氮磷比，防止施氮过量过迟和喷多效唑过量贪青晚熟。

随着生产水平的提高,粒重对产量的影响更大,加上气候的变化,使得热害对小麦的危害变得更突出了。从图1可以看出,20世纪70和80年代灌浆期温度偏高对产量的负效应比50和60年代明显加大了。目前国内对小麦热害的机理研究尚较薄弱。为了进一步挖掘粒重潜力,实现稳定的高产和超高产,需要深入研究影响小麦灌浆的各种因子及相互关系 。

从国际生物气象学的发展看我国的生物气象学研究*

郑大玮[1]，于沪宁[2]
（1. 中国农业大学，北京 100094；2. 中国科学院地理科学与资源研究所，北京 100101）

1 国际生物气象学会成立的背景和宗旨

国际生物气象学会（International Society of Biometeorology，ISB）成立于1956年1月1日，学会章程规定其目的在于"促进物理学家、生物学家、医学家、气象学家和其他科学家的学科间合作，促进与人类、动物和植物有关气象领域的发展"。[1]

国际生物气象学会是适应战后国际经济社会发展的需要而产生的。第二次世界大战前生物气象研究只是作为生物学的一些基础研究课题或纳入应用气象研究领域。20世纪50年代以后西欧各国经济已完成战后恢复，进入一个快速发展时期。为适应国民经济发展和人民生活质量提高的需要，要求从生物与大气环境相互关系的角度开展研究和应用，生物气象学在这一背景下逐渐形成一门独立的新型学科。

国际生物气象学会代表大会约每三年一次，到1996年已召开十四届，其间还常组织一些专题学术讨论会。每次大会联合国世界气象组织（WMO）、粮农组织（FAO）、环境发展署（UNEP）和教科文组织（UNESCO）等均派员出席，足见其国际学术地位是较高的。除第十二届在日本召开外，历次大会都在欧美国家举办。到20世纪70年代学会交流增加了有关环境污染和发展中国家生物气象研究的内容。我国代表参加了近几届大会的交流。学会还创办了《国际生物气象期刊》（International Journal of Biometeorology）。

2 生物气象学的内涵和涉及领域

国际生物气象学会第二次大会论文集的导言中给生物气象学下的定义是：大气环境的地球物理、地球化学因素与生物——动物、植物和人类的直接和间接关系的研究。1969年以后又提出了如下的定义：生物气象学指地球大气及类似的地外环境中的物理、化学和物理化学的，微观和宏观环境对于一般物理化学系统，特别是生物系统（植物、动物和人类）的直接和间接的影响（不规则、波动或节律现象）的研究。

---

* 本文曾在1995年4月在中国生物气象学会筹备会上宣读。

历届国际生物气象大会和学术讨论会的内容涉及范围很广，著名生物气象学家 Tromp 曾在其专著中将生物气象学的分支概括为六个方面：植物生物气象学、动物生物气象学、人类生物气象学、宇宙生物气象学、空间生物气象学和古生物气象学，其中人类生物气象学又涉及建筑居室、城市、医疗、社会、航海、病理、海拔影响等众多领域。

现代生物气象学早已突破了上述范围，特别是扩大到全球及宇观角度，主要是研究在全球变化中生物圈与大气圈两大圈层相互作用及其对人类社会的影响，包括研究生物与气象生境的关系及生物对其的适应方式。因此，生物气象学并不简单地是生物科学或气象科学的分支，而是在这两大科学体系结合部生长出来的一门新兴的边缘科学。

现代生物气象学不仅具有宏观和微观研究的广阔视野，随着科学技术的发展，一些宇观的与沟通宏观和微观的研究也不断取得进展。现代科学中迅速发展备受关注的生态过程、自然地理过程、生物地球化学过程，以及联系这些过程的物质循环和能量传输、人类能动作用的适应与调控，无不与生物和大气的交互作用过程密切相关，既相互干涉，又达到涨落协同，而贯穿于全球变化各个过程的关键环节，是体现了现代科学品格的，既联系自然科学，又联系人文科学的交叉学科。因而与气象学及生态学都有本质的不同。

生物气象学与应用气象学的学科基本范畴不同。大气科学是研究大气运动变化规律的，其分支学科应用气象学则研究这些规律在国民经济和人民生活各方面的应用，主要是从大气环境对观察对象影响的角度进行研究，而生物气象学主要是研究生物圈与大气圈的相互关系，从传统的生物气象学研究主体看，与应用气象学也有很大的不同。生物气象学特别强调从生物体、生物群体、生态系统和人类对气象生境适应机制的角度进行研究，如生物节律和光周期现象、生物对环境的应激反应、动物对体温的调节、生物群体改造生境的本能行为、环境变化诱发的遗传变异和基因突变等。生物气象学所指的生物气象环境也已超出了普通气象条件的范围，如工农业设施、建筑物、航天器、衣着及某些特殊医疗设施内的微气象环境基本上是人为创造的，生物群体的微生境也在很大程度上受到生物的调节控制。在对国民经济和人民生活的具体应用方面，也有许多领域是与应用气象学有所不同的。同时生物气象学在本学科领域研究的深度和广度上也远远超出了普通生物学的范畴，几十年来该学科的蓬勃发展证明了其强大的生命力和巨大的应用前景。

国际生物气象学历次大会和专题研讨会都出版了文集，1963 年国际著名的生物气象权威 S. W. Tromp 发表《医学生物气象学》一书，1979 年发表了《生物气象学回顾 1973－1978》一书，1980 年又发表了《生物气象学——天气和气候对人类（动物和植物）及其环境的影响》一书。[2] 我国虽对生物气象学的若干问题和领域进行过研究并发表不少论著，但至今尚无全面论述生物气象学的专著问世，也没有专门的生物气象学刊物。

3　国际生物气象学会第十三届大会标志生物气象学的发展进入了一个新时代

第十三届大会是在 1993 年召开的，以“适应全球大气的变化与波动”为主题。这是历届大会中第一次对会议内容冠以一个主题，具有深远意义。大会文集第一部分由主题报告和大会报告组成，都是关于全球大气环境变化影响及生物对其适应的内容。以下各部分也有不少论文涉及全球变化及生物的适应机制。第十二部分从能量与气候关系的角度探讨了走向持续发展的途径，第十三部分从方法论角度探索了对气候波动与变化的可能适应对策作为全书的总结。与以往历次大会的文集内容分散各部分自成体系不同，严谨的结构使三卷文集形成了统一整体，主题鲜明，中心突出。[3]

第十三届大会的这一变化不是偶然的，是生物气象科学发展适应全球变化和世界科学潮流的结果。以往的生物气象研究侧重于单个气象环境要素对生物个体的影响，随着世界社会、经济与科技迅猛发展和人口、环境与资源的矛盾日益突出，人们对全球气候变化及其对生物圈和人类社会的影响更加关注。1972 年 6 月 5 日在斯德哥尔摩召开的联合国人类与环境会议发出了“只有一个地球”的呼声，标志着人类对与自然关系新的反思和觉醒。1992 年 6 月在巴西召开的联合国环境与发展世界大会，是人类第一次采取全球一致的协调行动克服自身活动对环境和资源产生的影响和破坏，在人类与自然关系史上具有划时代的意义。可持续发展的概念在会上被普遍接受，并与生物多样性、全球气候变化一起成为当代生态与环境科学的三大前沿研究领域。国际生物气象学会第十三届大会的活动正是贯彻联合国环境与发展世界大会的决议，促进 21 世纪人类社会经济持续发展的一个具体行动。[4] 1996 年在斯洛文尼亚召开的第十四届大会上继续贯彻了这一思想，涉及全球变化及生物适应的论文仍然占有主导地位。

国际生物气象学会主席 Weihe 在向第十三届大会的致辞中指出：生物气象学过去集中在调查生物对大气条件的依赖上，近期发现的大气条件长远变化表明已导致生物气象学家视野的改变，逐渐认识到多因子作用的复杂性，强调生物对大气环境的反应并看作一个动态过程。Weihe 提出“适应”概念是“生物对环境变化产生的应激的被动适应中与不平衡有关的过程。”他认为“生物气象学主要是一门适应的科学，是有关两个动力系统的相互作用的科学：大气设定变化的时期和决定变化的韵律，生物通过斗争调节使其生存本领和所需生存繁殖能力达到最佳”。Weihe 指出作为一门适应科学的生物气象学的新范畴将使之有可能指导对公众的咨询，回答他们能够和应该做些什么来保持最佳适应状态以确保舒适的生活。Weihe 认为生物气象学正进入如第十三届大会主题所表明的一个新时代。[5]

4 关于中国生物气象学的发展

国际科技发展潮流和国内社会经济发展形势都对我国生物气象学的发展提出了紧迫的要求：

首先，中国长期以来是一个落后的发展中国家，为解决温饱问题，生物气象研究主要集中于农、林、医学的一些具体问题，如农业气候资源利用和灾害防御，农田防护林的小气候效应，昆虫生活习性与生态气象条件的关系，常见多发病及劳动效率与气象条件的关系，人体对高原气象的适应和劳动保护等。随着国民经济迅速发展和人民生活水平的大幅提高，产业结构趋向高级化，生活需求趋于多元化和高层化，对生物气象学的发展提出了新的要求。在解决温饱之后，人民要求提高健康水平和充实文化生活，追求更舒适和更安全，对空气质量、居住环境和劳动卫生都提出了更高的要求。这就要求我国的生物气象学针对国民经济各产业发展和人民生活多样化的需求全方位地开展研究。围绕提高工农业生产效率、改善居室小气候、增进健康和防治气象疾病，开发生物气象产品的潜力是很大的，生物气象学研究在解决生物与气象关系的基础理论问题的同时，也必须花大力气面向市场，发展生物气象调控技术和生物气象产业。

同时，我国是在世界许多国家已经实现现代化，全球环境与资源问题十分尖锐的情况下才开始经济起飞的。我们已丧失了许多机会，不再具有发达国家在其工业化过程中曾经拥有的资源优势和环境容量，不可能再走先污染后治理和掠夺其他国家资源发展自己的传统工业化老路。我们必须抓住当前有利的国际形势加快发展，在保持经济高速增长的前提下，实现资源优化配置和持续利用以不断改善环境质量，走可持续发展的道路，使当代人不但能从大自然中获取所需，而且也为中华民族留下子孙后代能满足其需求可持续利用的资源和生态环境。[6]处于社会主义初级阶段的我国社会经济发展与人口、环境、资源的矛盾已相当尖锐，全球变化对我国的影响也已不容忽视。我们必须对中国的环境与资源危机引起高度的重视，同时也决不能以牺牲社会经济的发展权为代价，必须坚持独立自主的环境外交政策。1994 年 3 月 25 日国务院常务会议审议通过了《中国 21 世纪议程——中国 21 世纪人口、环境与发展白皮书》，这是世界上第一部国家级可持续发展战略文件，受到了国际社会的普遍赞扬，也是制定我国“九五”和到 2010 年国民经济和社会发展中长期计划的重要指导性文件。时代要求生物气象学回答有关全球变化对我国经济社会发展影响及采取何种适应战略的问题。

为适应国际生物气象科学发展的潮流，我国生物气象研究工作也有了新的发展，近几届国际生物气象大会我国都派有代表参加。在 1993 年第十三届国际生物气象学会大会上，受中国科协的委托，与会中国代表积极努力争取，“环境与生物气象国际学术讨论会”于 1995 年 7 月在北京成功召开，论文集于 1996 年出版。[7]这是首次在我国举办的生物气象学国际学术讨论会。中国农业大学已正式开设了《生物气象学》课程，应用气象系还将《高级生物气象学》列为硕士学位的必修课之一。最近我国各界生物气象学家还专门开会讨论了中国生物气象学的发展和筹建中国生物气象学会的问题。在这一形势下，成立中国的生物气象学术团体，开展生物气象学的科研和教学，促进生物气象科学在中国的发展和生物气象技术在国民经济和人民生活中的广泛应用，并与国际生物气象学会对口，开展国际科技交流与合作，不仅是适应当前学科发展和现代化建设的需要，还是面向 21 世纪持续发展的要求，也是广大中国生物气象学者的共同呼声。我们相信，生物气象学在不久的将来必将在中国兴起并得到长足的发展，对中国社会经济持续发展做出自己应有的贡献。

参考文献

[1]国际生物气象学会. 国际生物气象学会章程，1956 年 8 月 29 日正式通过，1983 年最后修订.

[2] Tromp S W. Biometeorology—The impact of the weather and climate on human and their environment (animals and plants), Heyden & Son Ltd. 1980.

[3] Maarouf A R, Barthakur N N, Haufe W O. Biometeorology Part 2. Proceedings of the 13th International Congress of Biometeorology, September 12—18, Calgary, Albert, Canada, 1993.

[4]李文华.持续发展与资源对策．自然资源,1994,6(2):97-106.

[5] Weihe W H. The role of biometeorology in society //Biometeorology Part 2. 1993, Calgary, Albert, Canada, 1993.

[6]邓楠.迎接新世纪的挑战,走可持续发展之路//牛文元,于沪宁."二十一世纪中国的环境与发展研讨会"论文选集,1994.

[7] Qian P. Environment and Biometeorology. The Proceedings of International Symposium on Environment and Biometeorology, July 20－22,1995,Beijing,China. China Agricultural Scientech Press. September, 1996.

近年来北京地区气象为农业服务的效益十例*

北京市气象局农业气象中心

1　从优化种植制度角度探索京郊粮食高产稳产高效益途径

这是北京市政府玉米顾问邓根云研究员在1992年北京市科协组织的专家与市领导的首届“季谈会”上所做的发言，邓根云指出在热量不足地区实行单一种植制度、复种指数过高是京郊粮食生产效益低下的重要原因，建议适当发展部分二年三熟制。该建议获1992年度北京市科协优秀建议奖。据统计两年来京郊小麦面积已调减41万亩，复种指数由16.6下降到1.61，夏玉米减少了14.7万亩，1993年秋播小麦集中适时。顺义县的调查表明二年三熟制的亩效益平均比平播两茬每年增加10725元。由此推算北京市新推广的二年三熟制可增加效益2000万元以上。

2　山区等雨晚播的避旱播种增产技术

春旱是北京山区粮食生产的最大威胁，在持续干旱的情况下，除水源较近地块外绝大部分抗旱抢播的实际效果并不理想。近年来邓根云和郊区技术人员一起推广等雨晚播避旱技术，采用早熟品种、提前整地施肥和适当加大密度等配套技术，在大多数年份可望在5月下旬到6月上中旬遇雨播种，仍具较高气候生产潜力，可比传统种植方法每亩增产100 kg以上。按目前已推广面积15万亩计，效益可达1000万元以上。

3　20世纪80年代以来由于冬暖和推广喷灌水量不足，冬旱更为频繁和突出

北京市政府小麦顾问、农业气象中心主任郑大玮分析了冬旱的特征和指标，指出实质上是一种生理干旱，不能用漫灌的方法，除镇压、覆盖外，喷灌麦田可采用少量补墒的办法，后冬选择回暖白天喷0.5～1 h待干土层刚刚消失，即可有效减轻冬旱和冻旱对小麦的威胁，

* 本文于1995年提交中国气象局，全文由郑大玮执笔。

过量喷灌往往有害。我们提倡的喷灌补墒技术已为农村普遍接受,比原方法节水、节电和省工都在一半以上。目前京郊小麦推广喷灌已达130万亩,平均每年出现冬旱时进行补墒的面积约20万～40万亩,经济效益达600万元以上。

4 小麦品种抗寒性鉴定

北京地处我国冬小麦种植北界,冻害发生频繁,对小麦品种的冬性和抗寒性的要求较高。但几十年来小麦育种工作中普遍注意丰产性状而忽视抗逆性,导致推广品种的抗寒性不断下降,尽管冬季变暖生产条件改善,冻害仍经常发生。1990年郑大玮、郭文利等再次进行了品种抗寒性鉴定,提出京冬6号的临界致死温度仅−13 ℃,在中低产田推广时要慎重,而411的抗寒性达到较高水平。在1994年的严重冻害中,大面积当家的411死苗很少,而京冬6号一般都在10%以上。抗寒性鉴定促进了品种的合理布局,由此而减少灾害损失的经济效益估计在2000万元以上。

5 小麦越冬冻害的监测

冻害具有累积和隐蔽的特点,早期识别是补救的关键。1979年以来郑大玮、刘中丽等一直坚持进行冻害监测,除20世纪70年代和80年代已取得的经济效益外,在1993−1994年度的严重冻害中,农业气象中心早在11月23日即已发出简报,提请生产部门警惕小麦和果树的越冬冻害。在经过实地调查基础上,针对许多人对冬暖不会死苗的麻痹思想,在1994年1月中旬提出京郊小麦已经出现严重青枯冻伤,分析了在暖冬年出现冻害的特殊原因,指出必须采取紧急措施补救并提出了具体建议。市政府采纳了这一意见,立即组织调查并采取相应措施,可望比邻近省市条件相同地区少减产5%～10%。上述两项工作的有关成果曾获农业部1988年科技进步二等奖,并已出版专著两部。

6 关于加强大白菜冬贮的建议

1993年11月河北、黄淮大白菜冻害严重,11月下旬市政府蔬菜顾问、农业气象中心的唐广向市政府建议,由于外地调京数量大减,必须加强大白菜的冬贮工作。市政府采纳了这一建议,使北京市大白菜减少了外流,在一定程度上多少抑制了冬季和早春的菜价上涨,也使北京市菜农增加了收入。

7 经常性的农业气象信息服务

1992年以来恢复发行农业气象旬月年报,加上作物、蔬菜、果树、灾情、墒情等专题简报,全年在50期以上,受到北京市政府和郊县生产部门的欢迎。每年参加市政府专家顾问团小麦、玉米、蔬菜组活动二十余次,多次针对当前气象条件对农业的影响提出措施建议。

每年3月和9月举办市农业局和气象局的气象与农情分析联席工作会议，已坚持6年，取得显著成效。参加上述工作的有农业气象中心的科技人员十余人。

8　深入山区以气象科技开展扶贫

1991年起郑大玮等承担了房山区蒲洼小流域综合治理示范研究的农牧业部分。该乡为石灰岩高寒干旱贫困山区。农业气象中心刘中丽推广羔羊冬季补饲和冬季暖圈养猪，比传统的饲养方法增重20%以上。唐广分析了蒲洼与宁夏的气候相似性，试种枸杞取得成功并正在推广，为山区人民提供了一条致富之路。1991年密云等县发生泥石流灾害后，郑大玮、唐广、蔡涤华等深入灾区现场考察，提出密云水库建成后改变了库北地形气候使暴雨增加是泥石流灾害趋于严重的重要原因，在1992年北京市科协组织的专家与北京市领导的首届"季谈会"上作"从北部山区的泥石流灾害看京郊边远石质山区的发展战略"的发言，提出区别不同类型制定山区发展战略，对生存条件极差灾害频繁的山区应吸引农民下山，目前已在逐步实施。

9　山区热量条件的小网格分析和气候资源利用

进行山区热量条件的小网格分析后，能弥补过去农业区划过粗的不足，发现了许多受地形影响形成的局地相对暖区和相对冷区，为山区种植业和果林业的合理布局提供了依据。该项研究获北京市农业区划二等奖，主要贡献者有欧阳宗继、赵有中、赵新平、张连强等。

10　地膜西瓜霜冻与烧苗的防御技术

霜冻与烧苗是京郊地膜西瓜生产上的重大灾害，通县气象局高天才经试验研究提出了这两种灾害的指标、预报方法和防御技术，已大面积推广，获得显著经济效益。该成果获1992年北京市气象局二等奖。

参加世界气象组织“21世纪的农业气象——需求与前景”国际学术研讨会的汇报*

郑大玮

（中国农业大学资源与环境学院，北京　100094）

1999年2月我参加了世界气象组织（WMO）“21世纪的农业气象——需求与前景”国际学术研讨会和农业气象委员会（CAgM）第12届会议，现将概况和体会汇报如下。

1　会议召开的背景和准备工作

为筹备CAgM第12届大会，1997年11月4—7日在日内瓦召开了咨询工作组会议，针对21世纪全球变化和可持续发展的需要，分析了发展中国家面临的农业气象问题，建议在第12届大会前召开主题为“21世纪的农业气象——需求与前景”的国际学术研讨会，回顾百年来农业气象学科的发展历程，展望21世纪社会经济可持续发展对农业气象的需求和学科发展的前景。

我在参加咨询工作组会议期间表示赞成召开这次研讨会，并将努力促成中国召开同类研讨会。1998年11月5—7日在西安由中国农学会农业气象分会召开了以英语为工作语言的小型研讨会，中国科学院地理所、中国农科院农业气象研究所、中国农业大学农业气象系、江苏农科院农业气象研究室等单位的8名代表参加，中国气象科学研究院代表因临时有事未能与会，但最后成文时吸收了王春乙等人文章的主要内容。前CAgM副主席，以色列Lomas博士应邀参加并就农业气象教育培训作专题发言。会后形成了“21世纪的农业气象——在中国的需求与前景”一文，由梅旭荣和郑大玮执笔。

2　“21世纪的农业气象——需求与前景”国际学术研讨会概况

会议于1999年2月15—17日在加纳首都阿克拉举行，50多个国家近百名代表参加，7个国际组织赞助。分16个领域，由一位专家作主题报告并有1～2人作补充发言。

J. L. Monteith教授在“农业气象学——进展和应用”的报告中回顾了百年来农业气象

* 本文原载于2000年第3期《中国农业气象》。

学的发展进程:古代到20世纪初农业气象学只是经验性的描述,20世纪20年代引入统计分析方法后,农业气象学作为一门学科才开始引起注意。20世纪20—60年代由于观测仪器的改进和微气象学理论的发展,对农业气象机理的研究更加深入。自那以后农业气象模式有了很大发展,但认为许多模式离实际应用还有一段距离。

CAgM秘书M. V. K. Sivakumar等在"农业气象学和可持续农业"报告中回顾了近年联合国及各专门机构有关全球可持续发展的重要活动和国际公约,介绍和评述了其中农业气象开展的工作。

其他报告涉及内容包括农业气象信息用户,干旱区农林业的农业气象问题,半干旱热带可持续作物生产对农业气象的需求,亚非湿润和半湿润区的农业气象问题,气候资料在雨养和灌溉作物生产计划管理中的应用,内陆水产业对气象和气候资料的需求,病虫害防治的农业气象问题,农业气象对作物生产模拟的贡献及应用,季节和年际气候预报在农业中的应用,气候波动和气候变化的农业气象适应对策,农业气象数据采集、数据库管理和分配技术及方法,GIS和遥感在农业气象中的应用,农业气象信息与社团通信联系,农业气象教育和培训现状和未来需求。

我在大会作题为"21世纪的农业气象——在中国的需求与前景"的报告。内容包括中国农业气象的回顾,农业气象学在中国的进展和成就、面临的挑战,中国21世纪农业气象议程:需求和前景等4部分。发言受到与会代表热烈欢迎。意大利代表指出中国的报告中关于减灾的农业气象对策对发展中国家很有意义。主席表示将此报告收入会议文集出版,在总结中提到中国在农业气象应用特别是减灾实践中有许多成功的例子,对于气候变化提出的适应对策也值得重视。

3 世界气象组织农业气象委员会第12届会议的概况

会议于1999年2月18—26日举行,中国气象局沈国权司长率4人代表团出席了会议,详细情况请参阅王石立研究员的汇报文章,这里只作概要介绍。

(1)本届会议是在世纪之交,全球面临人口、资源、环境的尖锐矛盾和即将进入知识经济时代的背景下召开的,44国、8个国际或区域组织的代表及特邀专家78人出席。

(2)会议共24项议程,审议讨论了25个文件。听取了主席关于第11届工作情况的报告;讨论了秘书处提交的各国进展报告、区域气象活动、第5个长期计划和农业气象项目、咨询工作组提交的农业气象技术规则和业务指南;听取并详细讨论了工作组或报告员提交的12个技术报告,涉及农业气象信息需求、天气气候与农业、农业气象数据管理、农业气象应用、极端气象事件、培训教育等。秘书处通报了有关CAgM培训、学术讨论、签署国际协议的后续行动、与其他国际组织合作的情况。表彰了对CAgM工作做出突出贡献和长期服务的专家。确定了下届工作组和报告员的人选。举办了公开论坛,王石立作重点报告。进行了委员会正、副主席的选举活动。在讨论技术规则修改意见时,我提出应将积温的单位规范化为"℃·d"。

(3)确定以"促进农业气象学和农业气象对于高效、可持续农业、林业和水产业的应用以应付日益增长的世界人口和环境变化”为下届活动主要内容。建立了7个工作组，设立9个联合报告员。还有2个临时工作组将收集农业气象应用和经济效益范例和对《实用农业气象指南》全面修改。

(4)采取措施加强各区域的工作。中国气象科学研究院王石立研究员被推荐进入新一届咨询工作组。

4 参加会议的收获体会

(1)重视农业气象的实际应用

CAgM成立40多年来虽取得一些成效，但实际应用的进展不理想，会议中有的代表认为许多活动的学术味浓而忽视了实际应用。中国一直重视农业气象与生产的结合。前CAgM主席Baier收集的农业气象应用范例文集中，第7项是中国提供的，包括12个实例，涉及作物、园艺、畜牧、渔业等，主要摘自中国气象局编《气象为高产、优质、高效农业服务一百例》。

(2)农业气象与可持续发展

发展中国家普遍面临人口增长、资源紧缺和环境恶化的困扰，在防治荒漠化、减轻自然灾害、保护生物多样性和农业可持续发展方面，农业气象有许多工作要做。CAgM在21世纪将把农业气象工作的重点放在促进发展中国家的农业可持续发展。

(3)重视对于气候波动与变化的农业适应对策研究

会议十分重视气候变化与波动的农业适应对策。长期以来农业气象主要研究气象环境对农业生物的影响，前国际生物气象学会主席Weihe认为生物气象学本质上是一门适应的科学，这一观点值得我们深思。中国过去20年各地气候和灾害出现一些新的特征，各地采取了一系列适应性的调整措施，充分利用气候变化带来的资源增量并减轻其负面效应。总结上述经验，可以找到适应未来中短期气候变化和波动的正确对策。

(4)信息技术的应用

人类即将进入知识经济时代。不少报告论及气象信息在农业中的应用和改进农业气象信息服务的技术和手段，对于遥感、GIS、GPS、因特网等技术在农业气象上的应用前景给予了充分注意，我国应注意抢占这一技术制高点。

(5)季节和年际气候预测

正逐步实现业务化，如何利用短期气候预测为农事作业服务已成为农业气象服务的一项重要内容，我们应跟上这一发展趋势。

(6)农业气象模式

会议充分肯定农业气象模式是农业气象学发展到新阶段的显著标志，但也指出不少模式离实际应用还很远。如何使农业气象模式具有可操作性是今后努力的方向。

5 跨世纪的中国农业气象面临新的发展机遇

我国农业和农村经济现已进入一个新的发展阶段。加入世贸组织对我国农业，特别是粮棉生产将形成很大的冲击，同时也将给劳动密集型的蔬菜、畜牧和名、特、优产品的生产和出口带来新的机遇。经过一段时期的结构调整，中国的农业必将迎来一个新的发展高潮。农业气象工作者必须适应市场需求，探索农、气、科、教结合的最佳形式和途径；积极培育农业气象的开发手段，提供物化成果，进入市场交换；必须改造和更新农业气象的研究手段；适应国家加大西部开发力度的形势，为进行生态治理、重建秀美山川和农业的可持续发展开展服务。

中国农业气象走向世界的时机正在逐步成熟。Stigter，Baier 和 Lomas 等都对中国农业气象的成就，特别是对为 21 世纪食物安全提供农业气象保障的技术服务给予高度评价，认为对其他发展中国家十分有益，前 CAgM 主席荷兰的 Stigter 教授最近再次访华，希望把中国农业气象的成就译成英语让世界了解。中国是当今世界人口、资源、环境的矛盾最突出的国家，中国能够实现现代化和可持续发展，将对其他发展中国家起到巨大的示范作用，是对人类的最大贡献。

中国农业气象怎样适应经济全球化和全球变化[*]

郑大玮

（中国农业大学资源与环境学院，北京　100094）

1　21世纪的全球变化与可持续发展战略

1.1　20世纪是人类社会生产力空前大发展和取得巨大社会进步的世纪

20多年来中国和其他社会主义国家摆脱扭曲、僵化的社会主义模式，坚持改革开放，取得巨大成就，使世界社会主义事业第三度辉煌。

马克思指出资本主义的致命病根在于生产社会化与资本不断高度私人垄断化的矛盾，为此开出高额累进所得税、高额累进遗产税、社会事业保障制三个药方。20世纪初的帝国主义发展阶段曾呈现腐朽、没落、垂死的迹象，表现在严重的经济危机、法西斯统治和帝国主义战争。20世纪30年代美国罗斯福总统为摆脱经济危机，排除垄断财团的激烈反抗，采纳凯恩斯政府干预经济的理论，把三者变成可操作的法律法规，后被资本主义国家普遍接受。加上实行股份制使所有权与经营权分离和实施反垄断法，使生产更加高度社会化，家族垄断财团萎缩消失，社会阶层结构也从金字塔形变成纺锤形，三大差别迅速缩小，使资本主义基本消除了垂死迹象。1999年剑桥大学文理学院教授投票推选和BBC广播公司在全球互联网公开征询结果，公认马克思是世界千年的第一思想家。虽然资本主义的本质尚未改变，但不可否认社会主义因素已在发达资本主义国家内部大量涌现，当代世界离马克思设想的未来社会是更近而不是更远了。

1.2　21世纪是经济全球一体化和生产力高速发展的世纪

20世纪生产的社会化水平一直不断提高。首先在资本主义国家冲破内部壁垒，形成国内统一市场。20世纪下半叶又涌现大批跨国公司，形成了一系列区域经济组织，在西欧形成了统一市场。1995年成立世界贸易组织（WTO），中国在2001年12月正式成为世界贸易组织的成员，标志着全球经济高度一体化的时代正在到来。

虽然还存在剧烈的市场竞争和不合理的国际政治经济秩序，但不可否认，生产社会化水

---

* 本文为2002年8月11－15日在“全国气象服务与农业可持续发展学术研讨会”上的论文。

平的每一次大提高，贸易壁垒的每一次冲破和统一市场范围的扩大，都在更大范围带来资源的优化配置和生产力的解放。虽然加入 WTO 对我国有利有弊，但某些领域近期内还可能弊大于利，就生产社会化进程而言，对于中华民族几乎可以说是最后一次机遇，不能再错过了。[1]

1.3 21 世纪是人类社会可持续发展的世纪

20 世纪人类改造自然虽然取得了重大胜利，建立了高度的物质文明和精神文明，但人口增长和经济发展与资源、环境的矛盾也日益尖锐。环境污染和生态破坏迫使人类反思，改变对自然界的态度。1972 年的斯德哥尔摩联合国人类与环境会议提出“只有一个地球”，标志着人类自然观的转变，是一次伟大的觉醒。1992 在里约热内卢召开的环境与发展世界大会制定了全球在 21 世纪可持续发展的战略，将采取全球一致的协调行动，对人类社会的未来产生深远的影响。作为人口与资源、环境的矛盾最为尖锐的一个发展中国家，中国如果能实现社会经济的可持续发展和飞跃进步，那么世界上就没有哪个发展中国家不能做到。中国应当而且能够对人类做出较大的贡献就在于此。

中国农业气象必须根据上述时代特征来确定 21 世纪的任务和发展战略。

2 全球经济一体化与农业气象

2.1 我国加入 WTO 的背景和在农业方面的承诺

WTO 是世界唯一处理各国间贸易规则的国际组织，其宗旨是促进公平竞争和自由贸易；提高贸易规则的透明度；提供谈判场所，解决贸易争端。其基本原则包括非歧视、市场开放、公平竞争、权利与义务平衡、鼓励发展和经济改革等。

中国加入 WTO 经历了漫长的 15 年，为了达成协议做出了一些让步，但维护了我国的根本利益和基本权益，是改革开放的一次新胜利。

我国加入 WTO 的承诺包括扩大市场准入，农产品关税从 21％下降到 2004 年的 17％；粮油棉糖取消外贸计划管理，改为关税配额制，扩大非国有贸易配额；削减出口补贴和国内支持。同时还承诺改善动植物卫生措施和技术标准；放弃采取特殊保障措施的权利；开放服务贸易；加强知识产权保护等。

2.2 加入 WTO 对我国农业的冲击和利弊

(1)对不同产业的影响。加入 WTO 对棉花、油料等经济作物受影响相对较大。粮食作物中对玉米、大豆、大麦冲击最大，对小麦、大米冲击较小。有利的是水果、蔬菜和畜牧产品。

(2)对于不同地区的影响。东部沿海机遇多，特别是蔬菜、水果和畜产品生产。运输便利、管理组织能力强、产业化水平较高和农户多种经营承受能力强。中西部粮棉油糖集中产区挑战多，尤其新疆的棉花和甜菜、西南的糖，吉林、黑龙江、内蒙古的玉米。

(3)关于对农业国内支持的承诺。一度成为最后关头争议焦点。美国要求中国按发达国家标准，允许国内支持量不超过农业总产值5%，我国政府坚持获得适用于发展中国家的标准，即10%。成为入世争议的焦点，最后协议规定采用8.5%标准，并承诺在基期内国内支持为零。

上述承诺使我国今后扶持农业支出强度受到限制，但目前各级政府缺乏财政能力和意愿利用WTO规则允许的扶持空间，特别是根本不受限制的绿箱政策。过去实行的保护价格等黄箱政策不仅造成经济损失，而且引起严重的寻租行为。

所谓绿箱政策即对生产和贸易不造成扭曲影响或影响非常微弱的政策。包括研究、植保、培训、推广咨询、检验、营销促销、基础设施建设等政府一般性服务；食物安全储备；国内食品援助；不挂钩的收入支持；收入保险补贴；自然灾害救济；对生产者退休计划的机构调整资助；资源停用计划的结构调整援助，如休耕补贴和减少畜产品数量的补贴；对结构调整提供的投资补贴；为保护环境所提供的补贴，如退耕还林补贴；对贫困地区的地区性援助等。

WTO认可我国基期1996—1998年的综合支持量包括农药、化肥、农膜补贴和玉米专项产品支持等仅303.37亿元，扣除农业税费1200亿。总综合支持量－900亿元，约为－5%，单算种植业为近－7%。我国是世界上唯一还在征收农业税费的国家，而且绿箱政策投入严重不足。

(4)加入WTO对我国农业影响总的估计。加入WTO对农业的影响，无论机遇和挑战都不像一些媒体渲染得那么大。

挑战方面。我国农业外贸依存度仅10%，低于国民经济总体的35%～40%，商品率低，特别是内陆进口产品的运费高；入世后农业生产结构将发生变化，但价格和农业生产总量不会有太大变化；由于大国效应，不大的进口可使世界市场价格大提高，抑制进一步进口。对农产品价格和农民收入的影响大于对生产和就业的影响。加入WTO的影响比棉花价格、粮食部门补贴、农业税费、土地政策、农村劳动力流动等国内政策的影响小得多。对营销部门冲击大于生产部门，特别是垄断性部门。非国有部门将获得更多贸易权利。政策风险降低，市场风险加大。

机遇方面。由于享受无歧视贸易待遇，可降低成本，减少壁垒；可发挥我国比较优势，扩大劳动密集型产品出口；可吸引更多国外资金技术和管理进入我国农业；促进农业政策和经营管理体制改革，改变条块分割提高流通效率；农业投入部门和生产服务部门竞争加强，价格降低服务改善，推动农业发展。

更重要的是思想观念和体制上的影响，带有根本性。包括促进政府管理部门改变思维方式，增强市场经济观念，尊重法律法规。改革垄断、低效和腐败的贸易体制，所有企业只要具备基本经营条件，均可通过登记自动获得外贸许可证。促进国内市场政策改革，粮棉流通减少中间环节有利农民增收。促进健全食品质量标准和安全体系。由于土地密集型产品进口增加，将促使生态脆弱地区土地退出耕作，有利生态恢复。将推动中西部劳动力向东部和非农产业流动。将引发金融、营销、保险等其他经济部门的竞争，促使上述部门提高运行效率和服务质量。

2.3 我国农业的应对思路

微观：企业和生产者练好内功，提高价格、质量、信誉三方面竞争力。

宏观:政府做好该管的事。WTO 成立以来主要国家对农业的支持都增加了,但并未违背规则,只是支出方式由价格支持变为各种直接补贴。我国应首先减少和取消农村税费,还应扶持生产者和营销加工企业提高竞争力;提供法律法规服务;创造良好的国内政策环境;减少流通环节补贴,增加支持农民收入的支出;加强农业科技工作和农业信息体系建设;健全食品质量安全标准和卫生检疫;扩大基础设施建设、扶贫、环境污染治理、生态脆弱地区保护等绿箱政策的支持[1]。

2.4　农业气象怎样应对经济全球一体化

(1)全球范围内的气候资源与其他资源的优化配置。加入 WTO 后,实行开放型的两个市场、两种资源和国内区域资源转换战略势在必行。在世界经济系统中,我国的优势在于劳动力价格低,有利于劳动密集型产品的生产与出口。劣势在资金不足、技术落后、劳动力素质差和土地、水等大部分农业自然资源的人均数量较少。这决定了在相当一段时期内,我国将以输出劳动密集型产品交换国外的资源密集型及技术密集型产品,从而分享国外的各类资源和实现全球范围的资源优化配置。

我国的农业自然资源人均数量总体不足,但对于气候资源却是一个例外。

我国的气候类型丰富多样,不但有利于自然生物多样性的保持,而且有利于农业生物多样性的保持,有利于地方名优特产品的生产和出口。

我国雨热同季的季风气候有利于提高复种指数,对人均土地资源不足有所补偿。

我国各地气候和作物生育期差异极大,有利于在时间和空间上互补和调剂,提高自给能力和利用季节差生产对于国外是反季节或错季节的农产品。

由于不同农业生物对环境气象条件的要求各异,农业气候资源具有相对性。除非农业生物根本不能生存,对于各地农区,没有绝对有利的气候,也没有绝对不利的气候。关键在于使农业生物能够适应所处的环境并表现出较高的生产能力。

(2)开展世界主要农产品的产量预测。发达国家通过作物气象模式与遥感开展产量预测,从而控制世界农产品市场。我国过去多次出现丰收年大量进口,歉收年大量出口粮食,吃了很大的亏。除对外贸体制进行根本性改革外,今后农业气象界也再不能坐视这种事情发生了。

(3)气候相似分析理论与方法的应用。我国过去盲目引种导致经济损失的例子很多,如 20 世纪 60 年代北京郊区大种罗马尼亚玉米,70 年代在全国盲目引种墨西哥小麦,80 年代号召全国青少年向西北寄树种草种,引进苹果螺在华南稻田成灾。科学引种获得成功的例子也不少,如 20 世纪 50 年代新疆北部在积雪稳定地区引进冬小麦,在云南西双版纳利用坡地逆温效应引种橡胶,80 年代利用滑动相似技术在西南适宜地区引种油橄榄成功等。

除引进良种外,在动植物检疫中气候相似分析也有很大用处。在不可能以价格壁垒保护时,需要巧妙运用绿色壁垒来保护我国农产品贸易中的合法权益。如中美农产品贸易争议焦点之一的进口美国西北部 7 个州矮腥黑穗病疫区小麦问题。美方认为我国华北的气候条件下不可能发生此种病害,而我国科学家根据华北小麦多在灌溉地,浇冻水后麦田小气候与美国西北小麦产区相似,认为进口美国小麦将带来严重的病害威胁,而且在麦田模拟试验中得到了证实。双方妥协的结果，可以进口美国小麦，但须全部运到我国海南磨成面粉。

2.5 农业气象要为农业结构调整做贡献

(1)指导思想。结构调整是我国农业摆脱短缺经济，进入发展新阶段和应对加入世界贸易组织的必然结果。与其被动调整，不如主动迎战。

对于整个农业系统，调整的内容应包括区域农业结构、农业产业化链、土地利用结构、种植结构、畜群结构、品种结构、饲料结构等不同层次。有的地区只看到加入世贸有利于畜产品出口，忽视了饲料资源的配置、畜产品安全质量检验和畜牧环境污染问题，并不能达到促进农村经济发展和农民增收的目的。

调整结构必须以农民为主体，尊重农民的经营自主权。有的地方强迫农民改种，提出要实现无粮县和无粮乡，脱离实际，事与愿违。

调整结构必须适应市场需求，同时还必须适应包括气象条件在内的生态环境，双重适应对于生态脆弱地区尤其重要，但往往被忽视。

市场需求和生态环境都是不断变化的，适应也必须是动态的。许多地方干部根据过时的市场信息赶潮流指导生产甚至强迫命令，谁跟着干谁倒霉。

(2)东中西部的农业布局、资源优化配置与农业气候区划。在经济全球一体化，资源趋于优化配置的背景下，我国东部沿海将以创汇农业为重点。较多进口饲料粮和棉花等土地密集型农产品，出口蔬菜、水果、花卉、畜产品等劳动密集型农产品和纺织品。中部地区将建成粮棉油生产基地。西部治理农业生态环境的任务紧迫，要退耕还林还草，同时大力发展特色农业。我国东中西部的农业布局特点决定了气候资源与社会经济资源及其他自然资源优化配置的方向。今后的农业气候区划和农业气候资源利用将具有以下特点：

①细化。运用 3S 和小网格技术细划到乡村和复杂地形的土地利用单元，使之更加实用和具可操作性。

②深化。不仅考虑光、温、水等主要生态因子，还要考虑其相互关系，考虑农业生物对气象环境的适应能力。

③动态。随着市场变化与生态环境条件演变，区划的内容和要求也要与时俱进。

④必须考虑与社会经济资源及其他自然资源的优化配置，否则必然脱离实际。

(3)从假种子案件看生物气象基础研究的重要性。近年来有关假种子的官司不断，媒体也大肆炒作。有些确是营销者坑农行为，但相当大部分是气象异常或灾害所致，由于农民和基层科技人员缺乏生物气象知识，不会判别。只是简单地与上年或其他地块比较，断定是假种子作祟。这类案件通常由地方法院处理，司法人员不但缺乏科技素养，而且地方主义盛行，经常使育种单位和种子公司蒙受巨大损失。

目前的植物医院只是单科医院，只管部分生物灾害，不管气象、土壤、生理等其他胁迫与灾害。由于生物气象的基础研究工作薄弱，还没有建立起一门农业气象胁迫与灾害诊断学，尚无条件建立植物医院的气象胁迫与灾害科并开展门诊或巡回医疗。农业生物灾害的发生演变也与气象条件有密切的关系。随着农业结构调整的深入，农业气象在胁迫与灾害诊断及防治方面有很多工作要做。

(4)以效益为中心的农业气象研究与服务。在短缺经济年代,农业气象主要为增产服务。在农业结构调整中则要突出经济效益这个中心,农业气象的研究与服务将涉及农业生产纵向与横向的所有环节。

从横向看,农产品质量与气象环境关系研究将首当其冲,特别是特色名优产品质量形成的气候机制。作物生产潜力研究仍然重要,高产毕竟是高效的前提。

从纵向即农业生产过程看,农业气象的产前服务主要涉及种植结构和品种选择决策与气象条件的关系,局地气候与作物优化布局,适宜播种期、移栽期预报等。产中服务包括根据气象条件决定施肥品种、数量、时机和方式,确定灌溉时间和数量及节水灌溉的潜力,选择机械作业、防病治虫的合适时机和方式等。产后服务包括农产品产后生物气象特征运输、贮存、包装的小气候调控技术等。

由于设施农业节水节地,适合小型机具,带有劳动密集型与技术密集型的特点,以生产蔬菜、瓜果和花卉为主,加入 WTO 将有利于我国设施农业的发展。对其环境调控的研究必须放到重要的位置。

为高效利用土地,发达国家正在研究和示范精确农业或精准农业,我国也已开始研究。目前已能根据同一地块不同地点收获量及作物和土壤养分含量信息 GIS 处理,根据每平方米精确配比按需施肥,既降低了成本,又避免了多余肥料流失对环境的污染。按土壤水分分布节水补灌也在进行。但对如何按照不同微地形和土质下的微气候差异因地管理尚缺乏研究。

(5)主要服务对象由政府部门转向农户。随着现代通讯与传媒技术的发展,农业气象信息可通过广播、电视、互联网、手机等方式传递到农民手中。目前最重要的是如何把气象信息与市场信息紧密结合起来,如何迅速传递到农民手中和提高农业气象信息的有效性。

3　生态环境建设与可持续发展

3.1　中国在 21 世纪面临严峻的资源与环境问题

中国 20 多年在改革开放取得巨大成就的同时,经济发展和人口增长与资源、环境的矛盾也在加剧,20 世纪 90 年代的严重自然灾害就是这一矛盾激化的反映。由于主要在露天作业和以生物为生产对象,与其他产业相比,农业对于自然资源与生态环境的依赖性更强。未来数十年内,中国农业将面临严峻的资源与环境形势[2]:

(1)农业水资源。人均水资源少且分布不均。北方严重缺水,未来华北气候干暖化,工业和城市用水剧增,农业用水濒临枯竭;南方呈污染型水资源匮乏。

(2)土地资源。我国人均耕地面积不足世界人均耕地面积的 1/3,今后二三十年随着城镇化进程加快,还将有大量良田被占用。

(3)生物资源。森林蓄积量仍在下降,草原退化严重,2 亿多公顷天然草场生产肉类不足全国总产量的 4%。生物多样性锐减使可利用遗传资源日益枯竭。

(4)气候资源。大部地区匹配不良,南方缺光,东北和青藏高原缺少热量,西北缺水。未来气候变化很可能使南方洪涝与北方干旱同时加重。

(5)水土流失和荒漠化。我国水土流失和荒漠化是世界上最严重的国家之一,其造成的经济和生态损失巨大。近年来沙尘暴频繁发生,许多地方不尊重科学盲目治理,投资效益很差。

(6)农业环境污染日益严重。除工业和城市污染外,农业废弃物污染日益加重,畜禽粪便成为最大有机污染源,铵盐成为城市大气可吸入颗粒物主要成分,食物安全问题堪忧。

(7)农业自然灾害有增无减。中国是世界自然灾害最严重国家之一,年直接经济损失占GDP的4%左右,农业是受灾害影响最大和承受力最脆弱的产业。

(8)若干重要的矿产资源趋于枯竭。

3.2 近年关于全球生态问题的一些研究热点

(1)全球变化与全球生态学。近十年国际范围深化了对全球变化和陆地生态系统相互作用的研究。全球变化已不再局限于气候变化,逐渐扩展到包括人口剧增、土地利用和覆盖的改变、生物多样性丧失、大气成分改变、气候变化以及生物地球化学循环改变等多个方面,这些方面相互独立又相互影响。人类社会或人类文化系统已成为地球表层系统的一个特殊组成部分。人类活动已经并且继续改变地球生物圈的性质,地球表层系统未来的状态越来越依赖于人类社会的自觉行动。其中土地利用和覆盖改变被认为是未来30～40年中最能影响陆地生态系统结构和功能的全球变化[3]。

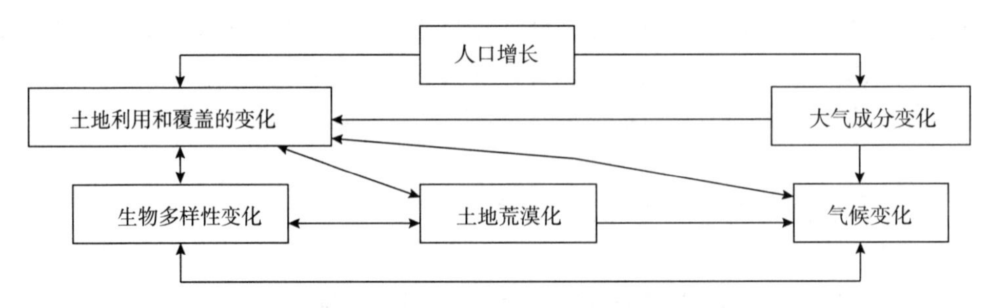

图1 全球变化的主要内容及驱动力[4]

农业气象向生态环境建设扩展必须站在全球生态的高度拓展视野。

(2)生物圈二号失败给人类的启示。1991年建在美国亚利桑那荒漠的生物圈二号,面积1.28 hm^2,与外界完全隔绝。内装淡水、空气、绿藻、低等动物、一些浮游生物和植物、微生物,两年半的实验积累了大量数据。失败原因包括元素化学平衡、物种关系和水循环的失调及食物短缺等。

尽管如此,生物圈二号实验的经验十分宝贵:①迄今尚未发现一种其环境与功能像生物圈一号地球那样完美的可替代的生态系统。地球上即使最恶劣的环境也比完全脱离地球环境的人工生态环境更易适应生物的生存。尽管地球上有各种灾害,有一些生产力相对低下的生态系统,但地球是唯一能够支持生命的地方。②在长期演化过程中动植物与其生存环境是相依为命的,人类能够改变局部环境,或靠高技术与投资试图彻底改善环境,都将是有代价的。任何大规模的生态环境工程与人类改变自然的活动都要慎重。要充分研究预防人类活动对生态系统过程可能造成的不良影响。③只要遵守生态系统的规则，加以合理的人工措施，理论上和实践上是能够实现高效持续发展的农业生态系统良性循环的。

(3)生物气象本质是一门适应的科学。1993 年召开的第十三届大会以"适应全球大气的变化与波动"为主题，这是历届大会中第一次对会议内容冠以一个主题，1996 年第十四届大会的主题是"天气和气候变化对生物圈的影响"，这是生物气象科学发展适应全球变化和世界科学潮流的结果。前国际生物气象学会主席 Weihe 在向大会的致辞中指出："适应"概念是"生物对环境变化产生的应激的被动适应中与不平衡有关的过程。""生物气象学主要是一门适应的科学，是有关两个动力系统的相互作用的科学：大气设定变化的时期和决定变化的韵律，生物通过斗争调节使其生存本领和所需生存繁殖能力达到最佳"。认为生物气象学正进入如大会主题所表明的一个新时代。[7]

目前关于全球气候变化的研究也从气候变化对生态环境和社会经济的影响拓展到研究生物和人类社会对气候变化的适应对策。

(4)全球生态安全问题。生态安全指一个国家或人类社会生存发展所需生态环境处于不受或少受破坏与威胁的状态，即使生物与环境，生物与生物，人类与地球生态系统之间保持着正常的功能与结构。20 世纪 80 年代以来全球生态安全问题逐步受到重视。

在安南倡导下由联合国大学美国委员会为首，十余国共 550 人参加的新千年项目于 1999 年发表了《未来展望》年度报告，指出全球面临的 15 个挑战：

①怎样才能使大家都实现可持续发展？②如何在保证人人有水可用的同时防止为水资源爆发战争？③怎样才能使人口增长与资源保持平衡？④怎样才能由专制政权进化到真正的民主？⑤怎样才能将全球长远观点经常用于政策制定中？⑥如何实现信息与通信技术全球化和一体化使所有人均可受益？⑦如何利用合乎职业道德标准的市场促进经济发展，缩小贫富之间的差距？⑧怎样才能减少新的和再度出现的疾病，以及不断增加的免疫微生物数量的威胁？⑨随着制度与工作性质的不断变化，如何才能提高正确决策的能力？⑩怎样让共同的价值观和新的安全战略来减少冲突和恐怖主义？⑪怎样通过不断增长的妇女和其他团体的自主权来改善人类的生存条件？⑫怎样才能制止有组织的犯罪，使其不致成为势力更大和更复杂的全球性行业？⑬怎样使不断增长的能源需求可靠地得到满足？⑭加速科学突破与技术应用，改善人类生存条件的最有效办法是什么？⑮如何将理论上的考虑更经常地纳入全球决策之中？

国际专门小组认为 21 世纪最初 10 年最重要的全球生态系统安全威胁来自人口增长与生物多样性减少、水资源缺乏及污染、食品缺乏、生态难民、森林砍伐、空气和海洋工业污染、土地保护/侵蚀、核安全问题、臭氧层耗竭、全球变暖。

(5)关于生态系统服务功能和绿色 GDP 的估算。Lubchenco 在《科学》发表"进入环境的新世纪"，精辟阐述了生态服务及其价值。[5]生态服务功能指生态系统与生态过程所形成与维持的人类赖以生存的自然环境条件与效用，包括食物、医药、原料，更重要的是支撑维持了地球生命保障系统，是人类生存与现代文明的基础。科学技术能够影响，但不能代替自然生态系统的服务功能。1997 年《自然》刊登了 Costanza 等 13 人的论文"全球生态系统服务与自然资本的价值估算"[6]，引起学术界和社会的强烈反响，使人类对全球生态系统认识发生转变。论文将生态系统服务功能分为17大类，不包括不可再生的燃料、矿物及大气。估算结果，全球生态系统服务总价值至少33万亿美元，为GNP 18万亿美元的1.8倍。主要部分未进入市场，如气体调节、干扰调节、废弃物处理、养分循环。其中63%来自海洋，大多是海岸；38%来自陆地，主要是森林和湿地。

欧阳志云等对我国陆地生态系统服务功能及生态价值的初步估算结果，有机质生产间接价值1.57×10^{13}元/年，固定CO_2总经济价值7.73×10^{11}元/年，释放O_2间接经济价值2.74×10^{12}元/年，养分循环储存间接经济价值3.24×10^{11}元/年，减少土壤侵蚀间接经济价值5.69×10^{12}元/年，涵养水源间接经济价值2.71×10^{11}元/年，植物净化大气潜在经济价值4.89×10^{12}元/年[9]。仅上述7项部分功能合计的价值就约为3×10^{13}元/年，为2000年全国国内生产总值的3.6倍以上。

由于衡量经济过程中通过交易的产品与服务之总和的现行GDP指标把造成社会无序和倒退的“支出”均视为社会财富；忽略非市场经济行为，不计自然资源的消耗和逐渐稀缺，不能反映环境缓冲、自净、抗逆能力的下降，却将产生污染的经济活动计入并累加；不能反映贫富悬殊和分配不公等发展瓶颈，未计入总量增长过程中由于人际不公平所造成的破坏性后果；只考虑数量增长而不计增加部分的质量等，单纯以GDP为干部考核指标容易诱导短期行为，不利于可持续发展。

绿色GDP＝现行GDP－自然部分虚数－人文部分虚数

式中：自然部分虚数包括污染造成环境质量下降、自然资源退化与配比的不均衡、长期生态质量退化所造成损失、自然灾害引起的经济损失、资源稀缺性引发的成本、物质能量不合理利用所导致损失。人文部分虚数包括疾病和公共卫生条件所导致支出、失业所造成损失、犯罪所造成损失、教育水平低下和文盲状况导致的损失、人口数量失控所导致损失、管理不善所造成损失。目前绿色GDP已在我国试行。

3.3 农业气象在生态环境建设中的作用

(1)对农业系统生态效益的认识。G. Daily和R. Costanza以及欧阳志云的估算都是针对自然生态系统。农业生态系统与自然生态系统有相同之处，也有不同之处。在讨论整个全球自然生态系统的服务价值时，基本上可以忽略自然生态系统对人类利益的某些不利影响，如野兽对人类的伤害和自然灾害的损失等。但农业作为一种人工生态系统，既有与自然生态系统相同或类似的为人类服务的功能，又存在人类农业生产活动带来的对自然生态系统的破坏，以及最终造成对人类利益的损害，包括农业的自身污染，对能源和资源的消耗和对生物多样性的影响。对于农业系统生态效应和服务功能的估计不足，是导致轻视农业或盲目开发的短期行为重要的思想根源。

农业气象在研究农业生态系统效应方面有大量工作可做。正面效应如绿地和农田对城市气候的调节、对大气污染物质的降解、增加负氧离子含量、固定二氧化碳、控制冬春裸露农田起沙尘的措施等，负面效应如畜禽养殖、过量化肥和农药、焚烧秸秆对大气环境的污染，农业活动释放二氧化碳、甲烷等温室气体等。在农业中也应引入绿色GDP的核算机制。

(2)生态农业的区域模式。现有生态农业模式通常是利用食物链加环加支以提高物质转化效率,一般需要劳动密集型生产条件,主要适合中部农区。东部沿海和城郊等相对发达地区的生态农业当前最需要解决的是农业自身污染问题和城市绿化美化。西部农区的生态农业则主要应解决土地退化、水土流失、风蚀沙化、生物多样性丧失等。

(3)农业气象减灾。国际减灾十年活动已发展成为国际减灾战略行动并将长期延续下去。值得注意的是1994年横滨世界减灾大会已将国际减灾的内容从单纯的自然灾害扩展到技术灾害和环境灾害。加入WTO将逐步改变中国农业灾害保险事业停滞局面,气象灾害通常占农业灾害损失的70%以上,减灾技术服务对象将从政府转向农户。

(4)荒漠化防治中的几个误区。近年沙尘暴频繁发生引起社会普遍关注,荒漠化蔓延扩展已经成为中华民族的巨大灾难。西部大开发中把生态环境建设放在首位,但当前退耕还林还草和荒漠化防治中仍存在明显的部门利益化和短期行为,在认识和舆论导向上也存在不少误区。如不顾地形、土壤和气候的差异,在不适宜种树的地方强行种植,成活率很低,造成极大浪费。不适当地夸大植树的作用,轻视草的作用。把河流沉积泥沙说成是威胁北京的风沙源头,忽视草原退化和农牧交错带裸露农田的更大危害。一味强调人工造林,轻视生态系统的自然恢复能力。树立了少数样板,忽视了面,治理赶不上沙化。强调退耕,忽视以建设基本农田消除后顾之忧来保障生态环境建设。凡此种种,农业气象工作者都应在理论和实践上做出回答。新疆研究生物结皮固沙的效应及生物学规律,就是巧妙利用生态恢复能力的一例[8]。

(5)关于水资源的优化配置。人均水资源不足是制约我国经济发展的重要因素。但发达国家也有人均水资源数量更少的。我国现有水资源要保障社会经济的可持续发展,关键在于高效利用和优化配置。在高效利用方面,农业气象科技人员积极参与了旱作节水农业和集雨补灌技术研究开发与推广。在水资源优化配置方面则参与不够。许多工程在上游和本地是"水利工程",对于下游和外地则是"水害工程"。上游低产田充分灌溉,中下游高产地区超采地下水直至无水可用已是普遍现象。必须从全流域统筹安排水利工程和作物灌溉,提高水资源的总体利用效率。

4 新世纪的农业气象队伍和基础设施建设

4.1 基础性工作

宏观研究——应加强气候变化、波动与全球生态经济系统关系的研究,落实到农业对于全球变化和经济一体化的适应对策与措施。

微观研究——应加强生物气象基础研究和3S等信息技术应用,为农业结构调整和高产优质高效服务。

气象为生态环境建设服务方面,首先要建立气象生态监测系统,除常规气象因子外还应包括光合有效辐射、紫外辐射、CO_2 及 CH_4 等温室气体、大气污染物质、城市和工业热污染、噪声、大气沙尘含量、绿地降温增湿效应、空气离子等。

4.2 应用研究

需要开展的研究很多，比较急需的是：

研究中国与世界气候资源与其他自然资源及社会经济资源的关系，在经济全球化的过程中实现资源的优化配置，即高效利用我国的优势资源，通过贸易分享国外的优势资源。

名特新优动植物品种对气象条件要求的鉴定和相似气候分析，制止盲目引种。

通过气象信息与市场信息的耦合把农业气象信息服务提高到一个新水平。

4.3 基础设施与队伍建设

把现有的农业气象站扩展为生态气象环境监测站。东部沿海和城市重点针对污染治理和城市绿化美化。中部地区重点在主要农产品基地的生态气候。西部主要进行生态脆弱地区的治理。

随着国民经济现代化水平的提高，农业在国民经济中的比例不断下降。农业气象工作者除继续搞好本职业务工作外，要积极参与经济全球化和投入生态环境建设，不断拓宽业务领域和生存空间。

为此，培养农业气象与生态环境建设复合人才是当务之急。

参考文献

[1]柯炳生，何秀荣，田维明，等. WTO与中国农业简明读本. 北京：中国农业出版社 2002.

[2]杨京平，卢建波. 生态安全的系统分析. 北京：化学工业出版社，2002.

[3]方精云. 全球生态学—气候变化与响应. 北京：高等教育出版社，2000.

[4]Vitousek P. Beyond global warming：ecology and global change. *Ecology*，1994，**75**：1861-1876.

[5]Lubchenco J. 1998. Entering the century of the environment：A new social contract for science. *Science*，**279**：279-291.

[6]Constanza R，d'Arge R，Rudolf de groot，*et al*. The value of the world's ecosystem service and natural capital. *Nature*，1997，(387)：253-260.

[7] Weihe W H. The role of biometeorology in society. Biometeorology Part 2. Proceedings of the 13th International Congress of Biometeorology，September 12－18，1993，Calgary，Albert，Canada. Editors：A. R. Maarouf，N. N. Barthakur，W. O. Haufe. 1993.

[8]郑大玮，妥德宝. 表面文章做不得. 科技日报，2002-01-10(第 8 版).

[9]欧阳志云，王效科，苗鸿. 中国陆地生态系统服务功能及其生态经济价值的初步研究. 生态学报，1999，**19**(5)：607-613.

关于积温一词及其度量单位科学性问题的讨论*

郑大玮[1]　孙忠富[2]

（1. 中国农业大学资源与环境学院农业气象系，北京　100094；
2. 中国农业科学院农业环境与可持续发展研究所，北京　100081）

摘要：积温是农业气象及相关学科常用的一个基本概念，但长期以来对于其科学意义和度量单位的认识很不一致。本文回顾了积温概念的由来和发展，评述了积温概念在科学性上存在的问题，介绍了国内外的有关修正和改进工作，特别是英国学者 J. L. Monteith 应用热时理论对于积温本质做出的科学阐述。通过对文摘数据库 CAB 中 1990－2008 年 10 月发表的科技文献检索结果的统计分析，比较了积温及其同义词在文献题目中的应用频率和地域分布特征，表明国际学术界的主流正在日益摈弃传统积温概念的不科学表述形式。为改变目前农业气象界在积温概念及其度量单位上的混乱状态，结合第二届科学名词审定工作，建议赋予“积温”和“热量资源”名词以新的表述方式，使之既不违背物理学原理，又能照顾目前已被广泛使用而约定俗成的现状，以利农业气象学科的健康发展和促进农业气象科技的广泛应用。

关键词：积温及其度量单位；科学性；热时；℃ · d；热量单位

积温是农业气象学的一个基本概念，在科技论文中出现频率很高，在农业气象业务中也经常使用。据粗略查询，1980－2008 年 10 月国内期刊全文中出现“积温”一词的文章有 78520 篇之多。但对于该词及其度量单位的科学意义与翻译，学术界历来争议很大，在不同书刊和论文中的表达也很不一致。本文拟通过对积温概念的由来、发展与国内外应用情况的调查分析。提出对积温概念的含义及科学表述的新想法，以便为第二届科学名词审定工作提供参考。

1　积温概念的由来与发展

植物完成某种发育进程需要具有一定温度条件的时间积累，这一现象很早就引起了人们的注意。但在很长一个历史时期，人们却理解成要求一定的温度积累。早在 1735 年，法国 A. F. de Réaumur 就提出植物从种植（P）到成熟（M）要求一定量温度（T）的累积，从而首先提出了积温 K 的概念[1]其定义式为：

---

* 本文原载于 2010 年第 2 期《中国农业气象》。

$$\sum_{P}^{M} T = K \text{（当 } T < 0\ ℃ \text{ 时按 0 累加）} \quad (1)$$

积温学说的根据来自生物三基点温度理论和化学反应中的 V an't Hoff 定律。在植物生命活动的最低温度与最适温度之间，由于生物化学反应速率随环境温度线性加快，导致植物发育速率也随环境温度线性加快，即

$$\frac{1}{N} = \frac{t-B}{A_t} \text{ 或 } A_t = (t-B) \cdot N \quad (2)$$

式中：A_t 为积温；N 为某发育期的日数，$1/N$ 即发育速率；t 为该阶段的日平均气温，B 为该种植物生长发育的下限温度[1]。

从 19 世纪到 20 世纪上半叶，国外农业气象学家对积温的类型、计算和订正方法陆续进行了改进。1837 年 Boussingault 用基本相同的方法计算谷物播种所需“热量”总值，称此期间天数与日平均气温乘积为“度・日”(degree-day，℃・d)。1923 年 Houghton 和 Yaglou 提出了有效温度的概念，开始作物有效温度、生物学零度和有效积温的研究。目前国内流行的积温计算公式有[2]：

活动积温 A_n（高于生物学零度 B 的日平均温度 t_i 的总和）：

$$A_n = \sum_{i=1}^{n} t_i (t_i \geqslant B\text{；当 } t_i < B \text{ 时 } t_i \text{ 计为 0}) \quad (3)$$

有效积温 A_e（日平均温度减去生物学零度 B 的差值，即 $t_i - B$ 的总和）：

$$A_e = \sum_{i=1}^{n} (t_i - B)(t_i \geqslant B\text{；当 } t_i < B \text{ 时 } t_i - B \text{ 计为 0}) \quad (4)$$

20 世纪 50 年代 B. 西涅里席柯夫把积温学说归纳为三点[3]，即在其他条件基本满足的前提下，温度对发育起主导作用；开始发育要求一定的下限温度；完成发育要求一定的积温。20 世纪下半叶，中国农业气象学家又先后提出负积温、当量积温、有害积温、地积温、积寒等概念，在温室小气候研究中还提出“度・小时(℃・h)”的概念，丰富了积温学说的内容[2]。

实际上，积温并非唯一影响植物发育的气象要素，所以出现了一些对积温学说的补充和订正的方法。针对长日照植物，1875 年 Tisserand 提出对植物生长发育具有贡献的是日均温与日出日落间时数的乘积即温光积[4]；潘铁夫等针对短日照作物还提出了大豆发育的动态模型[5]；高亮之等在水稻、小麦等作物模型的研制中也都对应用积温计算发育进程的方法进行了订正[6,7]。

尽管影响植物发育的气象要素不只是温度，光照长度对于许多植物的发育具有显著影响，温度的变化及水分因子也对植物发育进程具有一定的影响。但由于在光照、水分及其他因子处于正常范围或非敏感时期时，使用积温指标推算许多植物发育进程的效果较好，加上积温指标便于计算，使用方便，仍然在各国农业气候资源利用与农业气候区划中得到广泛的应用，取得了丰硕的成果。除植物外，人们还发现许多变温动物完成某些发育进程也需要一定量的积温。目前，在植物虫害测报和鱼卵人工孵化中也都利用了积温[8~11]。此外，积温还成为城市冬季供暖耗能测算的重要参考指标[12]。

2　积温概念在科学性上存在的问题

关于积温的定义和科学含义，学术界历来有较大争议。迄今绝大多数著作都把积温定义为某一时段内逐日平均气温的总和或累加[13]。传统的积温计算方法都是把逐日的有效平均气温累加，但根据物理学原理，温度是物质分子平均动能的一种表现形式，温度本身是不能相加的。由于以摄氏度(℃)为单位的积温一词的传统定义式(1)违背物理学原理，所有的物理学和绝大多数植物生理学教材及工具书中都不使用这一概念，各国百科全书也都没有收入，《大美百科全书》一书中只收入了 degree-day 一词。

目前绝大多数农业气象教材和专著以积温作为农业热量资源的主要指标。但在严格的物理学意义上，积温所反映的"热量资源"也与物理学上以 J(焦耳)为单位的热能完全不同。如"热量资源"丰富的四川盆地全年 0 ℃以上积温可达 6000 ℃·d 以上，青藏高原大部只有 1000～2000 ℃·d；但能够转化为热能的地面接收年太阳总辐射量，青藏高原大部为 7000～8000 MJ/m^2，而四川盆地仅为 3400～4000 MJ/m^2，只有前者的一半。明显看出，两种评价指标的计算结果大相径庭。

学术界关于积温这一科学名词的争议和思想混乱突出表现在对其度量单位的规定上。《中国大百科全书精粹本》和《大气科学辞典》虽然沿用了传统的定义，但又使用"度·日"或"℃·d"为单位[14]。《中英法俄西国际气象词典》在列入"积温(accumulated temperature)"词条并以"℃"为单位的同时，也列入了"度·日(degree-day)"的词条，前后自相矛盾。全国自然科学名词审定委员会 1988 年公布的大气科学名词，既列出了积温(accumulated temperature)，也列出 degree-day 和 degree-hour，但未提及单位，因此，造成目前学术期刊上用法不统一。《中国农业气象》在专家的建议下，一直以来明确规定统一使用"℃·d"为积温单位，但有些气象期刊仍使用"℃"，还有一些刊物没有明确规定，两者混用。

按不同时期形成的积温计算公式推出的积温的量纲也是相互矛盾的。比如，按照式(3)和式(4)温度逐日累加的结果，积温的单位应是"℃"；但按式(2)，积温应使用复合单位"℃·d"。

对于已出现两百多年，并且一直在广泛应用的一个科学名词，在其定义诠释和单位的规定上如此模糊和混乱，这在科学史上是不多见的，在其他学科领域内也极少发生类似的现象。这种混乱严重阻碍着学科理论水平的提高。农业气象学科在中国学术界的地位不高，与学科自身的基础理论建设欠完善不无关系。

3　J. Monteith 对于积温本质的阐述

英国的 J. Monteith 是世界杰出的农业气象、微气象和生理生态学家，以著名的 Panman-Monteith 公式闻名于世。20 世纪 80 年代初期，他通过梯度温床的控制温度发芽实验，论证了所谓积温不过是经过温度有效性订正的生物发育时间进程的一种度量，并提出以 thermal time(热时或热力学时间)来代替 accumulated temperature(积温)一词[15～16]。

J. Monteith 给出的计算发芽速率公式为：

$$\frac{1}{t}=\frac{T-T_b}{\theta_1} \text{ 或 } \theta_1=(T-T_b)\cdot t \tag{5}$$

式中：$1/t$ 为发育速率，T_b 为作物的生物学零度，T 为该阶段的日平均气温，t 是完成某一阶段发育所需天数，θ_1 为热时。此式实际与式(2)类似。从等号两侧看，热时 θ_1 与时间一样位于分母，因此，位于分子的有效温度($T-T_b$)可看成是热时生物学有效性的温度订正项。θ_1 的计算可变换为右式，其生物学意义是经过温度有效性订正即以($T-T_b$)为权重的生物发育时间。有效温度($T-T_b$)越大，时间 t 越长，订正后的生物发育时间即热时就越大。

Monteith 还把热时概念推广到最适温度与上限温度之间的温度范围，并给出了最适温度与最高温度之间完成发芽所需热时 θ_2 的计算公式。即

$$\frac{1}{t}=\frac{T_m-T}{\theta_2} \text{ 或 } \theta_2=(T_m-T)\cdot t \tag{6}$$

式中：T_m 为发芽的上限温度，(T_m-T)为发芽适宜温度与上限温度之间的有效温度。显然，环境温度 T 越高，有效温度值越低，发芽所需时间反而更长。由此不难看出，不能把积温或热时解释成一种热量资源。

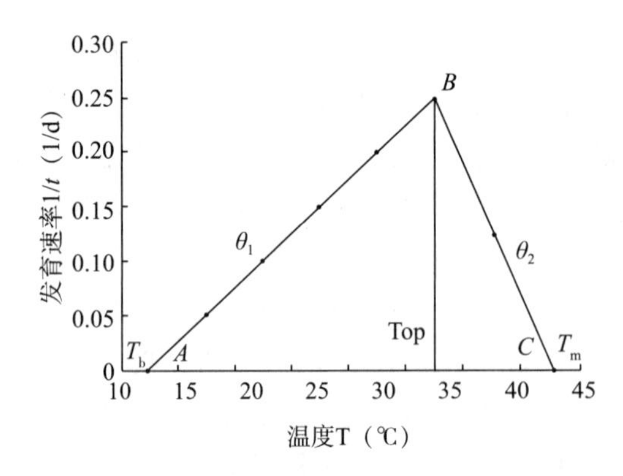

图 1　根据发育速率计算热时(仿 Monteith)

根据 Monteith 的热时理论，可以得出图 1。由图 1 可见，θ_1 的几何意义为直线 AB 斜率的倒数，θ_2 的几何意义为直线 BC 斜率倒数的绝对值。具体解释为，在生物学零度与发芽适宜温度之间，温度越高热时越大、发育越快，而在发芽适宜温度与上限温度之间，温度越高有效热时越小、发育越慢。

本文第一作者 1985 年曾有幸到英国进修，听到 Monteith 讲到积温的实质不过是经过温度有效性订正的生物发育进程的时间度量，顿感豁然开朗。回顾国内应用积温概念，无非是由于以天数衡量生物发育进程和简单地以无霜期衡量区域热量条件不够准确，改用积温测算往往能明显提高精确度，更能体现出规律性。回国后作者曾介绍过 Monteith 的热时学说，但未能引起国内同行的充分重视。

4　国内外对于积温及类似概念的应用趋势

目前国际使用的与积温(accumulated temperature)同义的科学名词,除热时(thermal time)外,还有度·日(degree-day)和热量单位(heat unit)。

为了解国际学术界对于积温及相同含义科学名词的使用情况,检索了国际农业和生物科学中心编辑的CAB文摘数据库,该库由从150多个国家和地区50多种文字发表的11000种期刊、书籍、报告,以及其他国际出版的各种专著中选录的英文文摘组成,具有极高的权威性。检索结果见表1和表2。

由表1可以看出,在1990—2008年10月发表的论文中,以积温及其同义词用于论文标题的共有353篇,其中使用传统的积温(accumulated temperature)(单位为℃或℃·d)的论文54篇,只占15.3%;使用单位为℃·d的其他三个词占84.7%,其中以degree-day最多,占40.5%;估计仍以"℃"为单位的已不足10%。

表1　积温及其同义词在1990—2008年10月出版论文题目中出现的篇数及其分布
(检索时间2008年10月,CAB文摘数据库)

用词和单位	论文作者所属国家						国际刊物	合计	占百分比(%)
	中国	印度	日本	美国	英国	巴西			
Thermal time(℃·d)	3	15	0	8	13	4	23	80	22.7
Accumulated temperature(℃)	45	0	5	1	0	0	1	54	15.3
Degree-day (℃·d)	7	16	3	21	2	16	33	143	40.5
Heat unit(℃·d)	1	30	7	7	1	0	19	76	21.5
合计	56	61	15	37	16	20	67	353	100

注:统计中国时包括中国学者在国外刊物上发表的论文

表2　积温及其同义词在不同时期发表论文题目中出现的篇数及分布

用词和单位	1988—1989	1990—1994	1995—1999	2000—2004	2005—2008	合计
Thermal time(℃·d)	5	9	18	24	24	80
Accumulated temperature(℃)	1	10	8	18	17	54
中国	1	7	6	16	15	45
其他国家	0	3	2	2	2	9
Degree-day (℃·d)	5	33	28	41	36	143
Heat unit(℃·d)	1	14	24	21	16	76
合计	12	66	78	104	93	353

注:检索时间为2008年10月

由表2可以看出,目前主要是中国仍把"积温"用作学术名词,其他国家很少使用,国际学术刊物基本不用。各国的习惯不同,印度和日本以使用heat unit为主。英国以thermal time为主。国际学术刊物首选使用degree-day,thermal time次之,accumulated temperature几乎不被使用。

总体上看,积温及其同义词出现频数有增长趋势,表明随着全球气候变化,温度对生物发育的影响日益引起各国重视。其中以thermal time使用频率增加最明显,degree-day使用频率保持稳定，heat unit 的使用频率先增后略降，accumulated temperature 使用频率虽也在增加，但主要是中国作者近年向国际刊物的投稿量迅速增加。

综上所述，四种表述的优缺点总结见表 3。不难看出，积温一词的科学性问题日益引起国际学术界的注意，尽管世界气象组织迄今未做出明确规定，但各国学者都在自觉或自发地向着更为科学的表述方式倾斜，违背物理学原理的两种表述，使用频率都有下降趋势。

表 3　积温及其同义词的优缺点比较

中文	英文	科学性	使用范围	发展趋势
积温	Accumulated temperature	违背物理学原理	基本在中国，四种表述中最少使用	国内稳定略增，国外下降
热时	Thermal time	严密严谨	西欧占优势	迅速增加
度・日	Degree-day	以单位名称代替科学名词	频率最高，南北美与国际刊物占优	稳定略增
热量单位	Heat unit	违背物理学原理	印度和日本为主，南北美次之	下降趋势

5　科学名词审定的建议处理方案

根据国际学术界的主流发展趋势，兼顾国内农业气象工作的需要和使用习惯。根据约定俗成的原则，在第二届全国科学名词审定工作中，除初稿新增补国际已流行的“度・日”和“热时”两个词条外。考虑到已在国内广泛应用并取得大量成果的现实，仍沿用“积温”一词，但将其英译改为“integrated temperature”，指某一时段内日平均气温对时间的积分，单位为“℃・d”。虽然积分的数值计算仍要通过累加（$\sum$）来实现，但其含义已有根本区别，而且必须使用复合单位。这样既体现了 Monteith 关于积温是经过温度有效性订正的时间进程度量的思想，又可以使积温一词在科学性上能通得过并继续使用。国内论文中的积温一词在英译时可使用 thermal time 或 integrated temperature。

与此相关，对于“热量资源”词条也赋予了新的定义。《中国农业百科全书农业气象卷》中解释热量资源是“农业生产可利用的热量”[13]，本次审定建议修改为“一种气候资源，指农业生产上可利用的温度条件及其持续时间的综合指标，通常以温度对时间的积分表示，与物理学意义上的热量不同。”

国际上早在 20 世纪 50 年代就已开始研制积温仪并使用积分电路进行运算，首先绘制温度随时间变化的函数曲线 $T(t)$，当 $\Delta t \to 0$ 时，每个 Δt 直方的面积可表示为：[13]

$$\frac{1}{t-t_0}=\int_{t_0}^{t_n}T(t)\mathrm{d}t \tag{7}$$

式中：等号右端为$[t_0,t_n]$区间所有 Δt 直方面积叠加的结果，即整个时段的积温值。这正是积分数值计算的基本方法，那么，对于整个时段，完全可以使用积分形式将式(3)和式(4)修改为：

活动积温：

$$A_n=\int_{t_1}^{T_n}T(t)\mathrm{d}t \quad (T(t)\geqslant T_0\text{；当 }T(t)<T_0\text{ 时计为 }0) \tag{8}$$

有效积温：

$$A_e = \int_{t_1}^{T_n} [T(t) - T_0] \mathrm{d}t \quad (T(t) \geqslant T_0;\text{当 } T(t) < T_0 \text{ 时 } T(t) - T_0 \text{ 计为 } 0) \qquad (9)$$

式中：t_1 为该时段或发育期的起始日，t_n 为该时段或发育期的终结日，T_0 为生物学零度。积温 A 的计算如图 2 所示，活动积温的几何意义为从 t_1 到 t_n 时间段内图 2 中梯形 $ABCD$ 的面积，有效积温则为曲边三角形 EFC 的面积。按照积分公式计算的结果，在数值上与式(3)或式(4)相同，但单位应取℃・d。

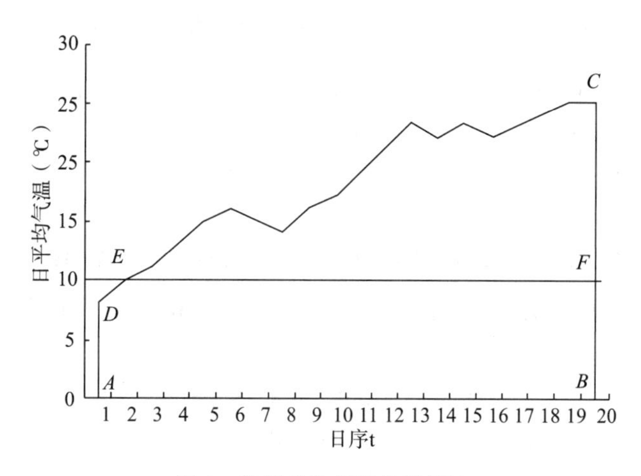

图 2　积温的数值积分计算法

通过本文分析，希望在对积温这一科学名词赋予新的解释后，使其文字定义更加严谨、物理意义更加明确，并能够被国内外自然科学界的主流所接受，从而有利于农业气象学及相关学科的发展，并促进积温方法在生产上更加科学和有效地应用。至少期望达到统一规范使用"℃・d"作为积温的单位，改变目前不同的书刊和论文中各行其是的混乱状态及其造成的不便。

参考文献

[1]北京农业大学农业气象专业．农业气象学．北京：科学出版社，1982：67-77.

[2]中国农业科学院．中国农业气象学．北京：中国农业出版社，1999：57-58.

[3]西涅里席柯夫 B B. 普通农业气象学．北京农业大学译．北京：高等教育出版社，1959：84-95.

[4]Wang J Y. A critique of the heat unit approach to plant response studies. *Ecology*, 1960, **41**(4): 785-790.

[5]潘铁夫，李德明．中国大豆发育的计算机模型．中国农业气象，1993，**14**(3)：1-7.

[6]高亮之，金之庆，黄耀，等．水稻栽培计算机模拟优化决策系统(RCSODS)．北京：中国农业科技出版社，1992：21-26.

[7]冯利平，高亮之，金之庆，等．小麦生长发育模拟模型的研究．作物学报，1997，**23**(4)：418-424.

[8]许昌燊．农业气象指标大全．北京：气象出版社，2004：139-156，86.

[9]史为良，韦铁梅，李久奇，等．积温和放养规格对网箱养殖罗非鱼的影响．齐鲁渔业，1997，**14**(4)：31-33.

[10]洪万树，刘昌欣．斑节对虾幼体发育的有效积温、生物学零度和耐温实验研究．福建水产，1997，

(3):1-6.
[11]广州市气象局,广州市农业局.畜牧水产与气象.广州:广东省地图出版社,2005:354.
[12]Wibig J. Heating Degree Days and Cooling Degree Days Variability in Lodz in the Period 1931-2000. Fifth International Conference on Urban Climate. Poland Lodz,2003:471-474.
[13]中国农业百科全书总编辑委员会,畜牧业卷编辑委员会,中国农业百科全书编辑部.中国农业百科全书农业气象卷.北京:农业出版社,1986:104-105.
[14]大气科学辞典编委会.大气科学辞典.北京:气象出版社,1994:303.
[15] Garcia-Huidobro J, Monteith J L, Squire G R. Time,temperature and germination of pearl millet (Pennisctum typhoides S. & H.) Ⅰ. constant temperature. *Journal of Experimental Botany*, 1982,**133**(33): 288-296.
[16] Garcia-Huidobro J, Monteith J L, Squire G R. Time,temperature and germination of pearl millet (Pennisetum typhoides S. & H.) Ⅱ. alternating temperature. *Journal of Experimental Botany*, 1982,**133**(33): 297-302.

Discussion on Scientificalness Problem of Accumulated Temperature and Its Unit

Zheng Dawei[1], **Sun Zhongfu**[2]

(1. Department of Agrometeorology China Agricultural University,Beijing 100094;
2. Institute of Environment and Sustainable Development in Agriculture,
Chinese Academy of Agricultural Sciences, Beijing 100081)

Abstract: Accumulated temperature is a basic specialized term in agrometeorology and other relative subjects which of ten occurs in papers of different journals. But there has been a big confusion of its scientificalness and unit for hundred years. Its origin, development, problem of scientificalness and improvement were reviewed in this paper. J. L. Monteith's theory was particularly introduced, in which the essential aspect of thermal time was discovered and explained. Paper titles with term of accumulated temperature and other terms with the same meaning. i. e. thermal time, degree-day and heat unit in CAB Literature from 1990 to Oct. 2008 were retrieved. Results showed that there were less and less scientists using accumulated temperature, most using degree-day but more and more using thermal time. Considering the term of accumulated temperature had been using in China for dozens years and was very popular, in order to solve the problem of scientificalness and to keep agreed with physical principles, it was suggested to be replaced by "integrated temperature", which had the same Chinese characters and pronunciation, and the unit of "℃" should be also replaced by "℃ · d". At the same time, the term explanation of "heat resource" in revised edition of Chinese Agronomic Terms (1993) was renewed as the following a type of climatic resource different with heat energy in physics, i. e. combination of usable temperature conditions in agriculture and its continued time, usually expressed as integration of temperature to time.

Key words: accumulated temperature and its unit; scientificalness; thermal time; degree-day; heat unit

我国农业气象 60 年发展回顾与展望*

郑大玮　魏淑秋
（中国农业大学农业气象系，北京　100094）

农业气象学是研究各种生物生长发育和产量、品质形成，以及农业生产与气象、气候环境条件之间的相互关系和相互作用，由生物和农业科学与气象科学相互交叉形成的一门边缘学科。

随着农业生产水平的不断提高，人类越来越多的要求合理利用各种自然资源，特别是对生物生长发育和农业生产影响最大的气候资源。如何能使各种生物生长在适宜的气候环境之中，如何按照科学规律去指导农业生产的每个环节，如何按照科学方法巧妙地趋利避害、如何科学地进行人工干预，改造与创造条件，不断地提高产量和品质。对于千变万化的天气和随时空变异的气候状况，从消极的靠天吃饭到人类依靠科技手段积极调控局地气候条件和充分利用各种自然资源，以满足人类日益增长的需求，农业气象逐渐形成了一门不可或缺的独立学科。

1　农业气象的创立和发展

1.1　古代的农业气象知识

世界的古代文明发源地都积累了许多农业生产与气象条件相互关系的知识和经验。如古埃及人对天文和历法有很深的造诣，能够根据雨季和洪水到来的时间安排尼罗河流域的作物播种和收获期。中国商代的甲骨文中就已发现有关季节和天气现象的象形文字和自然灾害影响收成的记载。春秋、战国时期的《尚书》和《吕氏春秋》中都有物候与农事关系的记载，到西汉已形成完整的二十四节气并广泛应用于农业生产实践。公元前 1 世纪的《氾胜之书》记载了区田法和耕作保墒等抗旱技术，公元 6 世纪的《齐民要术》还专门记载了霜冻发生规律和防霜措施。清代乾隆年间编撰的大型农书《授时通考》标志着古代根据农时与气象安排生产的知识已经有了初步的系统化认识。

* 本文写作于 2010 年 1 月。

1.2　农业气象学科的产生和发展

随着近代工业革命以后对农产品需求的增加，农业科学与大气科学理论的发展与学科体系的形成，随着各种气象观测仪器发明应用、气象观测站网形成和气象预报业务的出现，作为农业基础学科与大气科学分支的农业气象学也应运而生。

早在1735年法国De Reaumur提出热量常数的概念，指出各种作物完成每个发育期都需要相应的温度总和。1854年L. Blodge在美国政府的农业报告中发表了一篇农业气象报告。同年俄国Д. Рутович出版了世界第一本《农业气象学》，标志着农业气象学科理论体系的初步萌芽。1872年起美国国家气象局开始发布每周天气和作物公报，这是最早开始规范的农业气象业务工作。1880年在奥地利举行了首次国际农业和森林气象学会议。1881年德国R. Assmann发起成立了农业气象协会，并根据250个观测站的资料编印《农业气象月报》。1885年俄国建立了世界上第一批12个农业气象站，И. И. Броунов于1897年成立了俄国的农业气象机构，组建了农业气象站网，按照作物生长发育过程与相应的气象条件进行平行观测，制定了农业气象观测与研究方法。国际气象组织(IMO)于1913年设立了农业气象委员会(CAgM)。从1922年起编制农业气象旬报。

在农业气象学科和业务体系形成以及观测资料逐渐积累的基础上，农业气象基础理论也取得了一些进展。1854年L. Blodge首次提出农业气候相似理论，1875—1978年F. Haberlandt给出了大多数作物的积温指标。1906年德国H. Mayr将北半球划分了六个林带，提出以气候相似理论指导欧洲各地林木引种活动和区域划分概念，开创了农业气候区划的先河。1919年美国W. W. Garner和H. A. Alard发现了光周期现象并逐步形成了光周期理论。1927年德国R. Geiger出版了《近地面气层气候》。1937年苏联Г. Т. Селянинов出版了《世界农业气候手册》。1939年G. Azzi将农业气象学与农业生态学联系起来，划分了意大利小麦自然地理区。1945年日本大后美保发表了《日本作物气象的研究》。1948年英国H. L. Penman综合了辐射平衡和空气动力学方程得出了蒸发量计算公式。从1947年开始美国M. Y. Nuttonson用毕生精力研究世界范围内的气候与农业气候相似问题。利用气候与农业气候指标，找出美国与世界各国相似地方，作为可以相互引种的依据。直接服务于第二次世界大战战后恢复农业生产的活动中。农业气象与农业气候研究与实践的作用越来越被更多的人所关注。

中国最早进行农业气象研究的是竺可桢和涂长望，1922年中国大气物理学家竺可桢发表了“气象与农业之关系”，1945年涂长望发表《农业气象之内容及其研究语境述要》，详细论述了农业气象学科的四个主要研究内容的意义、任务和方法途径。20世纪30—40年代我国气象学家陆续发表了一批农业气象论文，编写出版了《农业气象学》。

1.3　近代农业气象学的发展

第二次世界大战以后，随着世界经济的恢复与发展，特别是20世纪70年代以来新技术革命的迅猛发展，农业气象科学在理论和技术上都有了迅速的发展。

20世纪50年代以后农业气象学家对作物与气象关系进行了更加深入的研究，热量平衡和空气动力学方法开始应用于农用水分平衡与灌溉管理，英国的 J. L. Monteith 在 Penman 公式的基础上进一步提出了可用于植被蒸散量估算的 Penman-Monteith 公式。20 世纪 60 年代以后各国开展了土壤-植被-大气连续体 SPAC 和人工气候室模拟实验研究。70 年代以来，随着计算机技术、卫星探测技术、地理信息系统、全球定位系统及电子测试技术的发展和广泛应用，农业气象学研究在观测方法、实验手段、数据采集与数据分析到理论模式研究方面都有了很大的发展，达到了一个新的水平。近半个世纪以来国际上出版的重要农业气象著作有美国 O. G. Sutton 1953 年的《微气象学》，苏联 М. И. Будко 1956 年的《地面热量平衡》，Ё. С. Уланова 1959 年的《农业气象预报方法》，英国 J. L. Monteith 1973 年的《环境物理学原理》，80 年代初日本坪井八十二的《新编农业气象手册》，1982 年美国 N. J. Rosenberg 的《小气候—生物环境》，80 年代到 90 年代国际水稻所的《气候与水稻》、世界气象组织的《玉米农业气象学》、《农业气象业务指南》等。

1953 年原国际气象组织改名世界气象组织（WMO）并成为联合国专门机构之一，农业气象委员会是其中 8 个专业委员会之一。50 多年来组织各国农业气象工作者对共同关心的农业气象问题进行了广泛的调研，编辑出版了一系列技术报告专辑，在世界各地进行了一系列技术培训，并与联合国粮农组织和教科文组织的农业气象组密切联系与合作，对世界农业气象事业的发展起着重要的作用。1964 年荷兰 Elsevier 出版公司开始编辑《农业气象学》（现《农林气象学》）和《生物气象学》国际期刊。各国先后建立了一批农业气象研究机构，在大学开设农业气象课程或设立农业气象专业。农业气象业务在世界大多数国家已成为气象部门一项稳定和相对独立的气象业务工作。如美国农业部和国家海洋大气局 1988 年成立了联合农业气象办公室，负责编制每周天气和作物公报及农业气象简报，并成立了环境鉴定服务中心。

1.4 农业气象的现代化发展

20 世纪 80 年代以来，由于系统论、信息论、控制论以及计算机科学的飞速发展与普及，计算机技术和信息技术、卫星遥感技术、地理信息系统、全球地面定位系统和自动化测试手段等科学理论和现代技术在农业气象业务中得到广泛应用，成为农业气象预报和生态环境、植被状况及灾害监测的有力工具。信息的获取由定性走向定量，由手工操作发展到自动化。各国普遍建立了基于现代信息技术的新型农业气象信息服务系统。农业气象业务产品生成和向用户提供服务的效率和效果得到极大的提高。3S 技术与现代电子测试技术的结合使农业气候区划更加精准和细化，已能对复杂地形和群体内部的气象环境、要素分布和变化规律进行精确的描述和区划，为生产布局、宏观调控提供切实有效的科学依据。

由于人工气候箱和人工气候室等环境要素模拟实验手段的改进和普及，大大缩短了农业气象研究的试验周期。80 年代以来，作物模式研究有了长足的进步，特别是在荷兰和美国，农业气象模式的机理性和准确性明显增强，并已广泛应用于栽培管理、产量预报和设施环境精确调控与优化。

80 年代以来以全球变暖为主要特征的气候变化更加明显，为适应农业可持续发展的需要，各国开展了气候变化对农业影响和适应对策的研究。为应对极端天气、气候事件增加的挑战。在联合国国际减灾十年活动的推动下，农业气象减灾研究的重点由灾害机理与分布规律研究扩展到风险评估与管理及减灾新技术的研究。

2 新中国农业气象事业的创建与初期发展

2.1 中国农业气象科研机构的创建与初期发展

新中国成立以后，国民经济经过几年的恢复，从1953开始执行第一个五年计划，开始了大规模的经济建设。为适应农业发展的需要，1952年夏季中国科学院竺可桢副院长与地球物理研究所赵九章所长商定，邀请吕炯研究员负责筹建中国的农业气象研究机构。1953年，竺可桢副院长与华北农业科学研究所（中国农业科学院前身）陈凤桐所长共同倡议，经中国科学院与农业部协议，由中国科学院地球物理研究所与华北农业科学研究所合作，于3月6日建立了中国第一个农业气象研究机构——华北农业科学研究所农业气象组，成员有7人，由吕炯为主任。1957年，经农业部、中国科学院、中央气象局三方协议，在华北农业科学研究所农业气象研究组的基础上，联合组建成立了中国农业科学院农业气象研究室，仍由吕炯为主任（1990年改为研究所）。1953年9月，中国科学院林业土壤研究所组建了森林气象组，1958年成立森林气象研究室，1956年中央林业科学研究所成立森林水文气象研究组。1957年中国科学院地理研究所成立农业气候组，中国科学院在组织自然资源综合考察时也配备了农业气候专业人员。1958年中央气象局成立了农业气象研究室（后改为所）。1958年10月中央气象局和中国农科院在南京召开了第一届全国农业气象会议，推动了全国农业气象科技工作与服务工作的开展。

2.2 农业气象培训与教育事业的开端与初期发展

1953年9月，农业部委托华东气象处在江苏丹阳举办了农业气象讲习班。学员70余人，主要来自农业高等院校和农业科研机构，并于1954年结业，培养了新中国的第一批农业气象工作者。1953—1956年，北京农业大学委托中国科学院、中央气象局和中国农业科学院资深专家培养了我国第一批农业气象研究生，他们是刘汉中、韩湘玲、郑剑非、贺令萱、鹿洁中。其中贺令萱、鹿洁中赴苏联留学。所培养的五位农业气象研究生都成为中国第一个农业气象专业的领军和骨干师资力量。1954年南京大学气象系幺枕生教授编著《农业气象学原理》由科学出版社出版。1954年9—12月，华北农业科学研究所农业气象研究组举办了全国农林气象讲习班，学员50余人。1955年开始，一些气象学校中开始设农业气象观测、农业气象学等课程。

根据竺可桢与涂长望的建议，1956年北京农业大学正式创办了中国第一个农业气象专业并开始招生。由杨昌业教授为主任，季学录为助理。

1957年9月，苏联农业气象专家西涅里席柯夫应农业部聘请来华讲学，1958年和1959年在北京农业大学举办了两期全国农业气象讲习班，分别讲授农业气象学、农业气象观测方法和农业气象预报情报方法、农业气候学，全面介绍了苏联的农业气象工作和研究成果。学员200余人主要来自全国农业高等院校、农业科研单位和气象部门。这几批学员后来大都成为各地方、各单位农业气象工作的创始人或骨干力量。

1958 年 9 月，广西农学院、沈阳农学院相继设立农业气象专业，1959 年安徽农学院、吉林大学气象系也设置了农业气象专业。1960 年经国务院批准成立南京气象学院，设有农业气象系，冯秀藻为主任。

20 世纪 50 年代中后期，中央气象局北京气象学校、成都气象通信学校、湛江气象学校等先后成立，并陆续开办了农业气象专业。各省农业高等院校都设立了农业气象教研室，开设农业气象课。

2.3　农业气象业务的创立与初期发展

1953 年 8 月 1 日，气象部门由军队建制转为政府建制，经竺可桢副院长与涂长望局长反复研究，确定农业气象业务和服务工作由气象部门负责。1954 年在台站管理处配备了农业气象管理人员，开始着手筹备建立农业气象业务机构。1955 年 1 月成立农业气象组，3 月建立农业气象科。1956 年 10 月中央气象局（现中国气象局）成立农业气象处，编制 10 人。各省、市、自治区气象局也陆续配备专职农业气象管理人员，建立相应的农业气象管理机构。

1957 年 5 月 23 日中央气象局和农业部、农垦部联合下文，在全国建立了第一批 9 个农业气象试验站。以后各省、自治区又陆续建立了一批农业气象试验站。

1954 年 7 月，参照苏联并吸取华北农科所气象站的观测经验编写了《物候观测简要》，1955 年修改为《农作物物候观测暂行规定》。1955 年 3 月中央气象局与农业部联合发出通知，要求凡建立在农场内的气候站都要进行物候观测。4 月 16 日下发《土壤湿度测定方法暂行规定》。1957 年将下发的各项农业气象观测方法汇总修改，编写成《农业气象观测方法》于 1 月 5 日下发供各站使用。1957 年 9 月又编写了《土壤农业水文特性观测方法意见》和《田间小气候观测方法的意见》，先在 9 个农业气象试验站试用。到 1957 年年底，各项农业气象观测已在全国普遍展开，其中进行物候观测有 560 个站，土壤湿度观测有 261 个站，土壤蒸发观测有 78 个站，田间小气候观测有 17 个站，土壤农业水文特性常数测定有 5 个站。1957 年下发《关于审核农业气象观测的意见》。1958 年 6 月下发了《农业气象工作制度和评分办法》。

1955 年中央气象局和各省、市、自治区气象局开始编制气候旬报和雨量报，主要为农业生产服务。经 1956 年在部分省市试点后，1957 年 5 月 25 日下发《关于开展农业气象旬报服务工作及改变气候旬报的通知》，当年全国有 14 个省开展了省级农业气象情报服务工作，235 个站开始单站农业气象旬报编制和服务。部分地区还开展了农业气象灾害预报和服务工作。1956 年 11 月 28 日中央气象局决定，黑龙江、吉林和内蒙古三省（区）从 1957 年起开展森林易燃预报工作。到 20 世纪 50 年代末，中国已形成比较完整的农业气象科研、业务、教育和管理系统，标志着中国农业气象事业已经形成并初具规模。

3　中国农业气象事业的曲折发展过程

3.1　过热的大发展

1958 年在全国“大跃进”的形势下，截至 11 月底，全国已有气象站 2760 个，气象哨

28762个,看天小组48万多个。农村气象员168万多人。到1958年年底,有23个省编发了省的农业气象旬报,到1959年开展单站农业气象旬报服务的站达到1805个;从1958年到1960年,超前开展了农业气象预报工作,在有关试验研究基础还很薄弱的情况下,采取"四结合,过两关"的办法,即编制预报要在补充天气预报的基础上,结合农民经验、历史气候资料和实况观测记录,即"四结合";预报编制前到群众中进行农业气候调查,预报后征求群众意见的"两关",过分强调土法上马,排斥了其他预报方法,束缚了对农业气象预报方法的科学研究和探索,有些农业气象预报项目还脱离了中国当时的农业生产实际,脱离了科学轨道和群众。

1958年11月20日到12月8日,中央气象局和中国农业科学院召开了第一届全国农业气象会议,提出要进一步解放思想、明确方向,提出了今后的工作意见和计划。"大跃进"期间开展了大量农业气象试验、考察和研究,虽然积累了大量的资料,取得了一些成果,但也有一些研究和技术服务工作为当时的浮夸风起到了推波助澜的作用。

到1960年,农业气象试验站由1957年的9个发展到1960年的211个,业务范围扩展到农、林、牧和热带作物,有的省还在每个专区都建立农业气象试验站,并建立若干专业试验站。各地农业科研机构也纷纷建立农业气象科研所或室,各地农林高等院校的农业气象专业也纷纷扩大招生。队伍迅速扩大。农村气象哨到1959年3月发展到3.8万个。但由于观测人员大量增加,大多数人员没有经过专业培训,导致新增的大量观测项目还很不成熟,业务管理跟不上,导致观测质量下降,大量观测资料无法使用。由于办气象哨是一哄而起,除少数拥有较高素质知识青年负责和当地气象站指导得力的气象哨外,绝大多数气象哨由于不具备条件,在1959年4月以后陆续停办和撤销了。

3.2 纷纷下马

"大跃进"中的浮夸风和盲目发展造成了极大浪费,1959—1961年三年自然灾害中农业大幅度减产,使国民经济出现空前的困难。从1960年秋季开始,中央采取了一些应对困难的紧急措施。由于各地各级农业气象机构组织庞大,学校盲目扩大招生,不仅质量下降,还远远超出了当时气象部门和农业部门对农业气象专业人员的需求数量。1961年1月,中央决定实行"调整、巩固、充实、提高"的方针,前期过热的农业气象成为气象部门调整的重点。1961年9月15日,中央气象局撤销了农业气象研究室,精简了80%的人员并陆续下放。根据1961年12月的全国气象局长会议精神,各省贯彻农业气象工作量力而行的方针,有些省的农业气象工作完全或基本下马,农业气象专业人员下放或改行。多数省做出调整后仍保留了农业气象工作,但全国农业气象试验站和物候观测点的数量都有明显的下降。中国农业科学院农业气象研究室的人员被精简80%,编制由50人减少到10人。各大区和各省的农业气象研究机构也纷纷撤销或精简。农业气象科研工作被大大削弱。高校农业气象专业的招生规模也大大压缩,并一度出现就业困难。除北京农业大学、南京气象学院和沈阳农业大学外,其他高校的农业气象专业陆续被撤销。农业气象机构和人员的过分压缩极大影响了气象为农业服务作用的发挥,不利于农业生产的恢复和发展。

3.3　短暂的复苏

三年困难时期过后，中央采取了加强农业基础的一系列措施，中央气象局在1963年年初提出，把气象事业进一步纳入以农业为基础的轨道。毛主席在与竺可桢谈话时提出，看来“八字宪法”还应增加光、气二字。在这一背景下，全国的农业气象科研和业务又逐渐恢复和发展起来。1963年12月中央气象局颁布了重新编写的《农业气象观测暂行规范》，1964年4月又在全国选定549个站组成农业气象基本观测站网，1962年10月转发了中国科学院地理所编印的《中国物候观测方法》，要求气象系统组织自然物候观测试点。三年困难时期农业气象工作下马的各省也陆续恢复了农业气象观测和业务。

农业气象科研也有一定拓展。农业气象灾害研究20世纪50年代集中在霜冻，60年代前半期扩展到干旱、干热风、寒露风、湿害等领域。农田小气候研究涉及间套作、蒸发蒸腾机理、调控与水分平衡和温室小气候。中国科学院森林土壤研究所开展了防护林效应的风洞实验研究。农业气象科研开始摆脱照搬苏联的模式，开始形成一些中国的特色。

1956—1965年，北京农业大学、南京气象学院、沈阳农业大学及其他一些院校的农业气象专业先后招生千余人，各地气象专科学校也培养了一批农业气象毕业生，这批“文革”前毕业的学生成为20世纪后半叶农业气象科技队伍的中坚力量。

经过三年多的调整、恢复和充实，全国的农业气象业务、科研与教学工作基本稳定下来，虽然总体规模比“大跃进”时期有所缩小，但质量有显著提高，工作基本走上了轨道。

3.4　摧残与抗争

1966年“文化大革命”开始后，农业气象工作受到极大摧残。农业气象业务、科研和教学均陷于瘫痪。中国气象科学研究院的农业气象研究室被解散；1970年中央气象局与总参气象局合并，未设机构承担农业气象任务；各省、自治区、直辖市的农业气象工作除上海市以外都已停止或处于瘫痪；全国78个农业气象试验站绝大多数被撤销；绝大多数农业气象观测基本站也停止了观测。观测和试验资料大量散失，有些站连设备也大量流失或损坏。有的省虽然还在坚持农业气象预报和情报服务工作，但项目大大减少，由于政治运动不断，人员极不稳定，严重影响了服务的质量与效果。

中国农业科学院农业气象室于1971年下放北京市农科所，人员由1966年的79人减少到1974年的34人。省级农科院的农业气象科研机构大多被合并或撤销，研究人员被下放农村，大量流失。

各高校在“文革”期间停止了招生，虽然在20世纪70年代招收了一批工农兵大学生，但由于取消了入学考试，加上动乱不已，教学秩序混乱，普遍质量不高。北京农业大学迁移下放到陕北的地方病疫区，由于缺乏起码的生活与教学条件，加上大批教师感染克山病和大骨节病，健康受到极大摧残，校址几经迁移，设备、资料、人员流失严重。沈阳农业大学等其他高校在迁移下放过程中也受到很大损失。

“文化大革命”后期，国民经济和各项事业开始恢复，1973年国务院、中央军委批准总参气象局与中央气象局分开，使气象部门的农业气象工作开始出现转机。

由于生产的需要，“文革”期间下放到各地的农业气象科技工作者，仍然自发地结合所在岗位工作，开展了一些农业气象试验与技术服务，也取得一些经济效益，受到农民和地方政府的欢迎。如宁夏永宁农业气象试验站坚持了“小麦青干”和“水稻冷害”的研究，山东省绝大多数台站坚持发农业气象旬报，江苏省农科院进行了确定水稻安全播栽期以防御冷害的研究，中国科学院地理所与北京市农林科学院农业气象研究室进行了保墒增温剂的研究与开发。上海市农科院与上海市气象局进行了利用河水调节稻田水温，防御寒露风的研究，取得良好效果。山东省农科院调查了冰雹灾害发生及危害规律，写出《冰雹砸了怎么办?》的小册子，深受农民欢迎。1970 年以后随着全国四级农业科技网的建立与发展，气象哨恢复到上万个，其中有些气象哨在生产上还发挥了积极作用。北京市双桥农场气象站在水稻气象灾害防御和丰产气象条件保障上做出了显著成绩。中国科学院自然资源综合考察委员会与中央气象局气象科学研究所等单位合作，组织了对内蒙古自治区及东西毗邻地区的综合考察。1975 年 10 月，中国农业科学院在北京召开干热风科研协作碰头会，成立了有 14 个省、市、自治区的 20 个单位参加的干热风科研协作组，并委托华北农业大学(原北京农业大学)主持。

3.5 农业气象工作的春天

1978 年，中国共产党的十一届三中全会做出把党和国家工作中心转移到经济建设上来，实行改革开放的决策。紧接着召开“全国科学技术大会”，明确指出：“科学技术是生产力”“知识分子是工人阶级的一部分”“我国现代化的关键是科学技术现代化”。制定了“1978—1985 年全国科学技术发展规划纲要”，确定了 108 个基础研究项目。这次大会解放了中国人民的思想，极大地调动和激发了广大知识分子的积极性，极大地促进了中国科学事业的发展。在这个科学的春天里，农业气象科研与业务工作也迅速得到重建和蓬勃发展。

1978 年由中央气象局牵头，有中央气象局气象科学研究所与中国农业科学院农业气象研究所、北京农业大学农业气象系、中国科学院地理所和综考会、南京气象学院农业气象系五个单位联合组织开展了“全国农业气候资源调查及农业气候区划”工作，这是 1978—1985 年“全国科学技术发展规划纲要”108 项中的第一项任务——“全国自然资源调查及区划”的重要组成部分。从中央试点到全国各地普遍开展工作，历时 5～6 年，完成从县级、地区级、省级直到国家级的逐级农业气候、作物气候、各地各种特产、各种农业气候灾害调查报告和农业气候区划、作物气候区划、农业气候灾害区划及各种特种经济作物区划等。这是中国有史以来乃至世界上规模最大、项目最多、种类最全、层次最完整、参加人数最多的农业气候区划工作，也是一项极为重要的摸清资源家底的基础性科学工作，获得了一批珍贵的第一手资料。为国家各级部门制定农业规划与调整农业结构、为后来的农业气象科研和业务工作走向正确的科学轨道奠定了重要基础。不但取得许多科研成果，还培训了大批农业气象科技人才，促进了农业气象业务和科研机构的恢复与发展，凝集和锻炼了农业气象科技队伍，提高了技术和业务水平。1988 年，《全国农业气候资源调查及农业气候区划》获得国家科技进步一等奖。

1977 年中央气象局在全国局长会议上形成关于加强农业气象工作的意见，并发至各气象台站。

1978年5月，已下放北京市的中国农科院农业气象研究室恢复原建制。12月中国农业科学院在邯郸市召开了全国农业气象科技规划会议，修订了《1978—1985年全国农业气象科技规划（草案）》，确定了8项重点研究项目，提出要恢复和健全科研机构，加强队伍建设，改善科研条件，组织科研协作，加强情报和学术交流等措施。会议纪要由农业部转发全国农业部门。此后，有十多个省、市、自治区的农科院及热带作物研究所恢复了农业气象研究机构。到1986年全国有农业气象研究机构43个，农业气象试验站67个，专业科技人员3000余人。

1978年11月国务院批准华北农业大学恢复北京农业大学的原校名（1995年与北京农业工程大学合并后称中国农业大学）。恢复高考后，北京农业大学、南京气象学院（现名称为南京信息工程大学）和沈阳农业大学的农业气象专业的教学工作逐步走上正轨，1979年开始，中国农科院农业气象研究所、北京农业大学、南京农学院、南京气象学院、安徽农学院、华中农学院、西南农学院、江苏省农科院等先后招收了大批硕士研究生。改革开放以后较早（1977－1985年）培养的一大批农业气象专门人才大多已成为目前全国农业气象工作的骨干。

农业气象业务工作也迅速重建和发展，到1979年中央气象局在全国选定了338个国家一级农业气象基本观测站。重新编写了《农业气象观测方法》，1980年编绘了《物候图谱》。1981年中央气象局颁发了《农业气象规章制度》。1981—1982年中央气象局组织开展了农业气象工作普查，到1985年有国家级站43个，省级站412个。调整后的农业气象情报站点增加到587个。经1983年7月起试编，1984年正式编发《全国农业气象旬（月）报》，中断17年之久的国家级农业气象情报服务得以恢复。到80年代中期，从国家、省、地市到县，各级业务单位都已建立起农业气候评价业务工作并逐年编写出版。到1982年年底，全国开展各种农业气象预报的台站达到929个，产量预报也逐步开展起来。

1979年10月，中国农业科学院农业气象研究室正式创刊《农业气象》（1987年改名《中国农业气象》）。1981年4月中国农学会农业气象研究会召开成立大会（1994年改名中国农学会农业气象分会），吕炯任名誉理事长，林山为理事长，设立6个学科组，召开了第一届全国农业气象学术讨论会。中国气象学会在1962年成立了农业气象专业委员会，冯秀藻为主任委员。

1979年世界气象组织农业气象委员会在保加利亚召开第七次会议，中国首次参加，代表为冯秀藻、王馥棠。国际科研合作与学术交流陆续开展，日益增多。走出去，请进来，一批批中青年科技人员到国外深造，其中大部分已回国，许多人已成为新一代农业气象业务与学术带头人，中国农业气象事业开始走向世界。

4 向现代化迈进的中国农业气象

20世纪80年代中后期以来，中国农业气象取得了长足的发展和进步。科研工作不断向纵深扩展，不断迈向新台阶和新水平。

改革开放以来的30多年，中国农业气象工作者认真总结了过去所走过的曲折道路，更加实事求是，稳步前进，认识到必须紧密结合中国农业生产的实际；有效地吸收国内外的新理论和新技术，走自己的路。

改革开放以来，国内外交流十分活跃，由于广大知识分子激发了无限的爱国热情，要把“文革”中损失的时间夺回来。系统论、信息论、控制论，以及计算机科学和技术、信息技术、卫星遥感技术、地理信息系统、全球定位系统和自动化测试手段等现代科学理论和现代先进技术广泛运用到农业气象业务和科研中。各种农业气象科技交流会和科技培训班风起云涌。各种有关的科技书籍、译文、译著层出不穷。这些先进的科学理论和技术在中国农业气象领域得到广泛的引用和应用，大大提高了科研和业务工作效率、效果，提高了服务质量和水平，大大促进了中国农业气象现代化的进程。

20 世纪 80 年代以前使用的计算工具大多是算盘、乘除计算表或对数表、计算尺，手摇计算机就算是先进的了。90 年代以来，计算机软硬件更新换代极快，为农业气象工作和研究处理大量的气候数据和复杂、庞大的农业数据提供了有力的工具，极大地提高了工作效率和研究水平。

20 世纪 80 年代以来，我国自动测试手段发展也极为迅速，先进的数据分析方法、动力学方法、概率论及数理统计方法、运筹学方法、最优化技术，特别是源于控制论的模糊数学方法以及先进的正交试验方法得到广泛应用，数学模型构造方面也有了长足的发展，由原来的定性描述发展到定量分析；由于系统论、信息论、控制论等先进理论和技术的指导与应用，各种新型农业气象信息服务系统层出不穷，大大提高了农业气象科学研究和服务的效率和水平。农业气象业务产品生成和向用户提供服务都得到极大的提高，部分实现了自动化，取得显著的社会效益、生态效益和经济效益。

研究领域从大田主要粮食作物拓展到农、林、牧、渔各业和产前产后服务业，加强了与地学、农业学科、系统科学、生态学、农业经济等自然科学与社会科学相关学科的相互渗透，试验研究条件也有很大改进。中国农科院、中国气象科学研究院和南京信息工程大学利用人工气候箱和人工气候室开展了各项模拟实验，中国科学院地理所在各生态站建立观测塔，开展了近地气层与作物冠层小气候要素与通量的梯度观测，中国气象科学研究院利用开顶式气室开展了气候变化对作物影响的控制试验。研究手段从以常规仪器和田间试验为主，扩展到充分利用电子化隔测遥测自动监测仪器、人工控制环境模拟、3S 技术、作物模式等现代信息技术与生物技术，与发达国家的差距有明显缩小。中国目前拥有由气象部门、农业科研机构、高等院校、中国科学院及相关研究机构等四个方面组成，约 4000 多人的世界上规模最大的农业气象科技队伍，建立了世界上规模最大和服务内容最丰富的农业气象业务系统，建立了包括中等专业学校、大学本科、硕士点、博士点和职业教育等，层次完整的农业气象教育体系，培养规模世界最大。世界气象组织认为中国的农业气象工作在发展中国家是做得最好的。

5 中国农业气象的主要成就

5.1 农业气象业务的拓展与服务效果

(1)农业气象情报预报业务的规范化与现代化

1986 年组织编写和印发了新的《农业气象观测规范》，内容包括作物、土壤水分、自然物候、畜牧、果树、林木、蔬菜、养殖和渔业、农业小气候等。1994年正式颁发新的《农业气象观测规范》。1987年开始开展了省级粮食总产或主要作物农业气象产量预报业务服务，中国气象科学研究院开展了全国农业气象产量预报业务研究，建立了一套综合运用数理统计模式、农业生物气象模式与遥感监测资料，适合中国国情的产量预报模式和软件。

1983年国家经委开始组织由北京市农科院牵头，与河北省气象局、天津市气象局合作的京津冀地区冬小麦遥感测产研究，后扩大到北方11省、市、自治区，由中国气象局组织协调，中国气象科学研究院牵头，国家卫星气象中心、北京市农科院和10省市气象局参加，并于1988年起纳入气象部门业务工作。此后，遥感在农业气象业务中的应用逐步扩大到作物长势与灾害监测、产量预报、生态环境评价等许多领域，取得一大批科研成果和巨大的经济效益。1987年以后，森林火险气象预报也在全国开展起来。1989年5月，将国家级基本站网由2342个调整到402个，省级观测站由412个减少到317个。实行观测资料、情报分析和预报(包括气象卫星综合测产)三网合一。

1985年国家气象局在全国农业气象工作会议上提出“加速建设具有我国特色的农业气象业务服务体系，逐步实现科技现代化”。1989年以后，逐步建立了省级农业气象数据库。1991年起，运用现代信息技术和装备，在全国开展了农业气象监测和情报预报服务系统建设，并实现了国家农业气象中心与省级农业气象实体联网，具有自下而上传送观测资料和自上而下送指导产品的双向传递功能，做到农业气象信息快速收集、传输和服务查询制作自动化、多样化。90年代在各地农业气象试验站配备了先进仪器，包括测定土壤水分的中子仪和时域反射仪(TDR)、农田小气候综合遥测仪、光合有效辐射仪、光谱仪、土壤蒸散仪等，农业气象地面监测现代化系统于1995年基本完成了建设任务。中国气象局还在河北省固城建立了国家级的农业气象试验基地。中国农业科学院已将全国若干野外农业试验基地联网，能将农业气象要素观测与作物实况图像通过互联网远程视频传输。

各地充分利用现代通信工具开展多种形式的农业气象咨询服务。传播方式有电视、广播、报纸、网络等，近几年手机短信服务异军突起，特别是在防灾避灾中发挥了不可替代的作用。

各地气象部门还将3S(遥感、地理信息系统、全球定位系统)技术组合应用于国土资源综合调查与生态环境监测评估，取得了突破性进展，一些省、市、自治区编制了1 km^2 乃至更小网格的精细化农业气候专题区划。

(2)农业气象业务工作取得显著的社会经济效益

中国气象局建立了包括农业气象旬(月、年)报、专题报、灾情报和产量预报等项目，比较完整的农业气象情报预报业务系统，王馥棠等主持的农业产量预报研究获1987年国家科技进步三等奖，李郁竹等主持的全国冬小麦遥感综合估产研究获1991年国家科技进步二等奖，为气象部门正式开展农业气象产量预报业务提供了理论与方法基础。1987年大兴安岭森林大火以后，气象部门主动与林业部门合作，开展了全国森林火险气象服务，并从东北林区扩大到全国。此项业务综合运用了气象卫星遥感、地面气象观测、林场实地观测与火险气象模式，能够早期监测森林火险及初起火点，为1987年以后未再发生特大森林火灾和一般森林火灾的早期监测和扑灭做出了重要贡献。20世纪90年代初运用现代信息技术建立的国家级农业气象情报业务服务系统实现了农业气象信息快速收集、传输和服务产品制作自动化、多样化，1994 年获国家气象局科技进步二等奖。各省、市、自制区也先后建成了现代化的农业气象情报系统。2008 年中国气象局与农业部种植业司签署了合作协议，共同组织农业气象灾害考察和农情会商，提供决策咨询。

各地农业气象试验站和农业气象基本站积极参与当地的农业科技社会化服务体系，据 20 世纪 90 年代不完全统计，有 14 个农业气象试验站主持的 4 项为当地生产服务的课题获得省或国家气象局的奖励。90 年代初期还开展了建设农村气象服务网的工作，到 1994 年，全国已有 1/3 以上的县建成信息能及时到达乡镇一级的气象科技服务网，有近 10 万台气象警报接收器。近年来，各地气象台站普遍开展了手机短信农业气象灾害预警服务。

各地开展的农业气象专题服务有许多案例创造了显著的经济效益与生态效益。如河南省气象局黄淮平原土壤水分预报及农田节水灌溉服务，研制了黄淮平原土壤水分预报模型，建立了小麦-玉米相衔接的周年性土壤水分预报服务系统和黄淮平原农业干旱预警服务系统。省、市、县三级气象部门通过农业气象周报、旬报、月报、土壤水分监测公报(每旬一次)和农业干旱预报(每旬一次)等农业气象业务产品形式为各级政府部门提供定期服务；通过电视天气预报、“12121”农业气象信息、农业实用技术讲座、报纸、网络和其他传媒手段向社会公众发行农业气象灾害预警、灌溉决策建议、农业生产建议、干旱防御措施、灾情评估等；制作“干旱综合防御措施明白卡”直接发放农户；2006—2007 年在黄淮平原的河南、山东、安徽、江苏四省选择典型地区推广各项节水农业技术，面积 100 万亩以上。八个示范点的小麦、玉米平均分别增产 6.07%和 6.81%，节约水资源约 7737.7 万 m^3。又如宁夏回族自治区气象局在年降水量仅 200 多 mm 的中部干旱带进行沙田西瓜种植示范并开展农业气象服务，向地方政府和农民提供种植区划、土壤墒情监测分析、适宜播种期、人工补水保苗作业、应急防霜和全国主要销售城市天气预报等服务，减少了盲目种植、销售和气象灾害造成的损失。内蒙古巴彦淖尔盟土壤返浆是影响春小麦播种的主要障碍，盟气象局根据试验确定合理播种期的指标，开展了春小麦播种期渍害预报服务，通过纸质材料或电子文档向党政机关和有关部门领导及业务人员传送，涉农单位业务服务人员再将气象信息传递给农户；通过麦播现场会直接介绍给农民；同时通过广播电台、电视台、报纸等媒体向更多受众传播。由于做到了及时播种，在春潮严重发生年未受明显损失。

5.2 农业气象科研取得丰硕成果

(1)农业气象学基础研究取得进展

①学科理论体系的建设

20 世纪 80 年代以来，中国农业气象工作者对学科的理论和技术体系进行了全面的梳理，先后编写出版了《中国农业百科全书农业气象卷》、《中国农业气象学》、《中国农业气候学》、《中国的气候与农业》(分中、英文版)、《中国林业气象学》等国家级的农业气象学专著，并于 1993 年编辑了《农学名词》的农业气象分支条目共 286 条，2009 年在第二届科学名词审定中修订扩展到 600 多条并增加了释义。各高校编写出版了刘汉中、韩湘玲等主编的《农业气象学》、《农业气候学》等一系列农业气象专业教材，完全摆脱了 20 世纪 50—60 年代初期基本照搬苏联教材的格局，形成了具有中国特色农业气象学科理论体系的框架。

②农业小气候研究及应用

农业小气候学和农业生物气象学是农业气象学科的基础理论。20世纪80年代以来，针对中国农业生产中间套复种“立体农业”、群体结构设计与优化、节水农业、设施农业发展中的小气候问题及山区地形气候等，开展了大量研究。在农田小气候领域，中国科学院地理所从农田热水平衡研究发展到农田水热传输、农田生态系统物质能量交换、SPAC系统物质能量传输、湍流传输中的混沌理论，群体结构到产量形成重点负熵流理论，高产栽培中各要素的协同理论等方面进行了探索。2009年《农业小气候学》出版。

中国农科院在现代生物技术环境调控领域，中国气象局各地农业气象机构在特色农业小气候调控的理论与技术方面都取得了不少进展，研究内容从农田和防护林扩展到温室、大棚、地膜、秸秆覆盖、遮阳网、畜舍、鱼塘、贮藏等众多领域，调控手段包括设施、植被营建、耕作、冠层与株型设计、覆盖技术、化学制剂等，特别是20世纪70年代以来地膜覆盖、日光温室和遮阳网在我国设施农业上大面积推广，极大促进了蔬菜、果树、花卉、药材等园艺业和畜牧养殖业的大发展，有关研究成果为农业设施的小气候合理调控，争取高产优质高效提供了依据和气象保障。

中国科学院地理所于沪宁、于强等于1982—1992年在北京大屯试验站，采用先进的测试仪器，开展40多人的大规模农田小气候观测；1993—2004年在栾城农业现代化研究所继续进行了又一个10年的农田小气候观测，在这之前的1980—1982年还做了三年预研究，总共长达23年之久。进行了农田生态过程、辐射效应、二氧化碳传输等基础研究，研究内容包括协同、混沌和有序性等基础理论问题，节水农业应用基础，水分和二氧化碳传输，作物水分胁迫机制在节水农业中的应用，光能利用率等基础研究，并取得一系列重要成果。于沪宁、刘昌明撰写了《以水为中心的农业生态研究》、《农业气候资源分析与利用》等著作和百余篇科学论文。

③农业生物气象研究

在农业生物气象学领域，中国农业气象工作者在引进、消化、吸收国外作物模式的同时，也开始进行原创性研究。以高亮之“水稻生物钟的叶龄模式”为代表，一批具有比较坚实理论基础，具有中国特色的自主原创作物模式先后研制并在生产上得到应用。动物、果林、鱼类、养虫业与气象的关系一直是我国农业生物气象研究中的薄弱环节，20世纪80年代以来，结合发展高产优质高效农业就结构调整的需要开展了一系列研究，出版了《家畜气候学》、《中国森林气象学》、《水产气象》等著作。

(2)农业气候资源开发利用

20世纪70年代末到80年代，在50年代竺可桢率先提出光能潜力理论的基础上，把温度、水分和土壤肥力等因素引入，建立了比较完整的光合生产潜力、光温生产潜力、作物生产潜力的理论体系，为科学编制农业气候区划和开展农业气候资源开发利用工作奠定了一定的理论基础。中国气象局气象科学研究院与有关省的农业气象机构开展了综合应用3S技术和构建气候学方程进行山区地形气候规律的研究，取得了丰硕的成果，已能编制出千米网格的精细化农业气候区划。崔读昌等编写出版了《世界农业气候与作物气候》，提供了世界农业气候图集和作物适宜性区划。魏淑秋在引进国外气候相似理论的同时，总结了国内外经验，创造性地提出“生物气候分布滑移过程相似”的分析方法，变指标相似为过程相似，走出了传统区划相似比较的 4 个误区。并建立了“生物适生地分析系统”和一些针对玉米、烟草等专题适生地分析系统等。为农业生物和优良品种的引种和区划及合理布局提供了科学依据。1994 年，魏淑秋等著述了《中国与世界生物气候相似研究》一书。2007 年起，中国农科院农业环境与可持续发展研究所梅旭荣主持的“中国农业气候资源数字化图集编撰”被列为国家科技基础性工作专项。

20 世纪 50 年代初，中国科学院江爱良参与橡胶种植带北移的研究，利用地形气候差异在云南等地发现适宜的种植区域，破除了国际上断言北纬 18°N 以北不能种植橡胶的定论，为打破帝国主义的物资封锁做出了贡献。

1978—1983 年，开展了全国规模的“农业气候资源调查与区划研究”，以程纯枢为代表的 15 位科技工作者获 1988 年国家科技进步一等奖，为我国农业的合理布局和自然资源开发利用提供了科学依据。促进了区划工作由区划向规划和向实用技术的转化。张养才、沈国权等完成的亚热带丘陵山区农业气候资源开发利用研究提出了山区农业气候资源的立体层次概念和立体农业开发策略，利用坡向种植反季节蔬菜和利用冬季逆温等，均取得显著经济效益，获 1991 年国家科技进步二等奖。

在 20 世纪 90 年代的农业气候区划更新工作中，各地应用现代信息技术做出精细化的区划，如东北针对气候变暖后出现的盲目引种偏晚熟品种导致冷害抬头的问题，按每 100 ℃·d 等值线绘制了积温分布与品种区划图，实现了主要作物品种的合理布局。内蒙古气象部门研制的兴安盟玉米及其品种布局气候咨询服务系统软件，可以向不同用户提供操作简单、界面友好的作物品种布局气候咨询，所提出品种调整建议的试验比当地原有品种布局每公顷增收 592.52 元。江西省气象局研究了种植脐橙的适宜气候指标，应用 3S 技术和野外考察编制了精细化的脐橙气候适应性区划和可种植土地利用类型区划，在此基础上实现了气候-土地利用综合区划，可细化到每一面山坡，由于充分利用了地形气候资源和积极开展脐橙种植过程的气象服务，使脐橙成为赣南的优势产业。

(3)农业气象灾害与减灾对策

20 世纪 50—60 年代的农业气象灾害研究主要围绕霜冻和干旱，70 年代扩展到干热风、冷害、寒露风、湿害和小麦冻害等，80 年代以来扩展到大农业各产业的几乎所有主要农业气象灾害。在对策研究方面从主要依靠传统农艺技术发展到构建防灾减灾的综合配套体系，并广泛应用现代生物技术、信息技术和物理、化学调控技术，从主要着眼于抗灾转变到风险评估、预测、预警和调控技术，从减灾技术扩展到应急管理，并初步构筑起农业灾害学的理论和技术体系的框架。农业气象减灾方面代表性的著作有张养才、何维勋、李世奎主编的《中国农业气象灾害概论》、信乃诠主编的《北方旱区农业研究》、王春乙主编的《重大农业气象灾害研究进展》、郑大玮主编的《农业灾害学》、《农业减灾实用技术手册》以及《冬小麦冻害及其防御》等。由秦大河、丁一汇院士主编的气象灾害丛书全套 21 本已在 2009 年出版，其中多数分册由农业气象工作者主编或参编。

气象部门的农业气象灾害监测与预报水平有很大提高，各地都在所编制的主要气象灾害应急预案中确定了各级预警标志的相应指标和及响应行动。同等强度的台风，近 10 年来因灾死亡人数大幅度下降；发生同等程度旱、涝等气象灾害的因灾减产幅度也有明显下降。

干旱是对农业生产影响最大到气象灾害，尤其是北方。气象部门开展了华北农业干旱综合应变防御技术研究，安顺清、朱自玺等完成的“华北平原作物水分胁迫与干旱研究”1990 年获国家科技进步二等奖，已成为华北平原小麦玉米生产的有效节水增产措施。中国农科院信乃诠、梅旭荣主持，有北方 8 个试验区参加的“北方旱农区域治理与综合发展研究”经过四个五年计划的持续努力，建立起北方旱地农业抗旱减灾的技术集成体系，取得 10 多亿元的经济效益，2001 年获国家科技进步二等奖，各试验区还先后获得省部级一二等科技奖励数十项。20 世纪 80 年代小麦干热风防御技术研究获国家科技进步三等奖，北方冬小麦冻害防御措施研究在北方 8 省、市自治区减少小麦损失的经济效益 2 亿多元，两次获得农业部科技进步二等奖和多项省级奖。此外，在东北冷害、南方柑橘冻害、长江流域小麦湿害、水稻寒露风等灾害的发生规律与防御技术研究方面也取得许多成果，获得多项省部级科技进步奖。

在“九五”、“十五”前期研究基础上，由中国气象局主持，中国农科院等单位参加，国家“十一五”科技支撑计划设置了“农业重大气象灾害监测预警与调控技术研究”重点项目，在北方农业干旱、低温冷害、南方寒害、长江中下游高温热害、森林火灾、南方季节性干旱、霜冻等灾害的监测与调控技术方面都取得了显著进展，为实现重大农业气象灾害实时监测、动态预警、综合调控和业务服务提供了科学基础，必将显著提升农业气象防灾减灾的保障能力。

地方气象部门与农业科研机构开展防灾减灾的农业气象服务和技术咨询，涌现出许多成功的范例。如江苏省农科院通过挖三沟降低稻茬麦田水位来防治湿害。北京市农科院调查了主要作物推广品种所需积温，编制出不同日期下透雨解除旱情后能够种植的作物与品种；邓根云通过不同播期试验，发现浅山区在同等栽培条件下以 5 月下旬到 6 月上旬播种的玉米作物生产潜力最高，建议缺乏灌溉水源的易旱山区春播要准备两三套不同熟期的品种，根据旱情分别采取抢墒播种、抗旱播种和等雨播种的不同策略。河北省气象局通过试验观测确定了日光温室内黄瓜、西红柿和叶菜类等发生低温寡照灾害的关键农业气象指标，根据前期气象条件和未来天气预报开展了日光温室低温寡照灾害的监测预警并提出措施建议，提供生产部门组织农民采取防灾措施，或通过互联网、手机短信、电视天气预报节目和电话等直接通知到农民。近年多次服务累计面积 300 万亩，经济效益 1.2 亿元以上。2007 年 12 月下旬出现连续阴雾天气，农民根据气象预警，采取延长草苫覆盖时间、清洁棚膜、中午前后适当揭苫补光等防护措施的，蔬菜产量损失减少 50%以上。宁夏气象局研究了枸杞黑果病发生和爆发流行的农业气象预报方法，建立了枸杞炭疽病发生程度的早期(果实成熟前 1 个月以上)农业气象预报模型和短临(5～7 天)农业气象预警模型，并开发了综合防治技术，仅 2007 年的准确预警和及时防治就使宁夏枸杞产业避免病害损失 5.4 亿元左右。

(4)气候变化与农业对策研究

20 世纪 80 年代后期以来，气候变化对农业的影响及对策逐渐成为农业气象研究的一个热点。中国农科院农业气象研究所在 2002 年改称农业环境与可持续发展研究所后，专门设置了气候变化研究室，与中国气象局一道积极参与了国家有关气候变化对农业影响和对策以及相关的国际环境外交工作，并与美国环保协会合作成立“农业与气候变化研究中心”，目前正结合有关国家科技支撑计划项目组织编制适应气候变化的国家方案。林而达主持“全球气候变化对农业、林业、水资源和沿海海平面影响和适应对策研究”1998年获国家科技进步二等奖。中国农科院还研究了包括动物 CH_4 和 N_2O、稻田 CH_4、农田 N_2O 的排放规律，编制出1990年和1994年中国动物和动物废弃物温室气体排放清单，并探索了畜牧业减排的技术途径。中国气象科学研究院研究了不同GCM模式输出合成气候背景下我国植被与种植制度分布的格局，并在固城基地进行了OTC－I型开顶式气室不同浓度下 CO_2、O_3、N_2O 等温室气体对作物影响的实验。中国科学院大气物理所黄耀等研究了中国稻田甲烷排放的规律。南京信息工程大学应用气象学院郑有飞等进行了紫外辐射UVB增加对作物影响的研究。

“十一五”中国农科院农业环境与可持续发展研究所林而达等主持了国家科技支撑重大科研项目“全球环境变化应对技术研究与示范”的02课题“气候变化影响与适应的关键技术”研究，并与中国农业大学农业气象系、中国林科院森林生态环境与保护所分别承担了其中农业、牧业和林业部分。中国气象局、中国农科院和中国科学院有关科技人员参加了《气候变化国家评估报告》和《应对气候变化国家方案》的编制工作，为国家应对气候变化的宏观决策做出了重要贡献。

各地农业科研机构和气象部门自20世纪80年代以来研究和采取了一系列适应气候变化的农业对策，其中效果比较显著的有：四川省针对盆地中东部丘陵区干旱加重冬水田难以保持水层，提出“水路不通走旱路”，大力发展小麦、红薯、玉米等多种形式的旱三熟制，取得显著的减灾增产效果。20世纪90年代初期针对气候变暖后黄淮海平原棉铃虫危害加重和日照减少的趋势，实施棉花主产区西移的大战略，取得了良好效果。东北充分利用气候变暖后热量资源增加的有利条件和运用一系列促早发早熟措施，在生产上使用熟期更长的品种，东北之所以成为我国最大的粮仓，与气候资源的充分合理利用不无关系。气候变暖也使华北平原的夏玉米生产得以巩固和发展，小麦品种冬性的适度降低也具有一定的增产效果。南方季节性干旱的防御措施一直很薄弱，随着气候变化，江南的高温伏旱有加剧趋势，近年来四川和湖南等地研究了季节性干旱的发生规律和抗旱措施，初步构筑了技术体系。

5.3 农业气象教育事业的发展

目前全国以农业气象为主要内容的应用气象专业有中国农业大学、南京信息工程大学、沈阳农业大学三所大学拥有师资60余人，每年招生近百人，自1956年设立农业气象学专业以来共培养3千多名毕业生，其中2/3以上是改革开放以后培养的。全国多数农林高等院校和部分农林和气象中等专业技术学校设有农业气象课，农业气象课专任教师估计有上百人。中国农业大学、南京信息工程大学和中国农科院农业环境与可持续发展研究所分别设有以农业气象为主要内容的“气候资源利用与农业减灾”、“应用气象学”和“作物气象”等博士点，中国科学院、南京农业大学和其他农业院校或科研机构也在气象学、地理学、农学或生态学等博士点中有农业气象研究方向的招生。上述三所院校、中国农科院和各地部分农林高等院校还先后建立了以培养方向为农业气象的十多个硕士点，先后培养数百名硕士和数十名博士。中国气象局原北京气象学院改为培训中心后，负责对全国农业气象工作者进行定期或不定期的在职专题培训。

5.4 广泛开展了农业气象学术交流与国际合作

中国农学会农业气象分会在1985年、1989年、1994年、2004年等年先后召开会员代表大会并换届，自首届理事长林山之后，何广文、高亮之、信乃诠和梅旭荣先后当选为第二至第五届理事长。中国气象学会农业气象学委员会改名生态与农业气象学委员会后，现任主任为申双和。两个学会都组织了大量的学术活动。2007年《中国农业气象》由季刊改为双月刊，版面扩为大16开。

改革开放以来，农业气象国际交流与合作日益活跃。自1979年冯秀藻和王馥棠首次参加世界气象组织(World Meteorological Society, WMO)农业气象委员会(Committee of Agrometeorology, CAgM)在保加利亚召开第七次会议以后，中国代表参加了历次届会，沈国权、郑大玮、王石立、赵艳霞、翟盘茂先后担任过世界气象组织农业气象委员会核心的咨询工作组成员。1987年和1993年中国农学会农业气象分会先后组织了两次农业气象国际学术研讨会，2008年2月中国气象局与世界气象组织农业气象委员会在京联合举办了农业气象灾害国际研讨会。此外，各单位还组织了多次专题性的农业气象国际学术活动，并积极参加国外的重大农业气象学术会议。1995年在国际生物气象学会支持下，在北京召开了“环境与生物气象学”国际学术研讨会。

各农业院校、气象院校和农业气象科研机构先后派出上百人次出国进修和交流，其中不少人获得国外博士或硕士学位，有些已成为国际著名的农业气象学家，南京气象学院1982年毕业的陈镜明于2006年被评为加拿大皇家科学院院士。南京信息工程大学应用气象学院还承担了世界气象组织委托的国际农业气象培训任务。20世纪80年代中期汪永钦被推荐为世界气象组织专家援助马达加斯加建立农业气象业务系统。由中国国家减灾委员会和联合国国际减灾战略合作建立的国际减轻旱灾风险中心2007年4月2日在北京成立，主要职能是加强世界各国和地区间，尤其是亚洲国家和地区间在减轻旱灾风险方面的合作，推动各国和各地区的干旱减灾能力建设。2009年中国农业大学等单位承担了该中心与国家减灾中心委托的《中国减轻旱灾风险报告》的编制工作。

世界气象组织农业气象委员会前主席Stigter自1997年以来、先后10次来华访问和考察，认为中国的农业气象工作具有特色，与西方国家相比更值得其他发展中国家借鉴。2007年年底中国气象局设立“中国农业气象服务典型案例总结”业务项目，由气象科学研究院马玉平主持，在Stigter教授指导下，总结了河南、江西、河北、内蒙古、宁夏等五个省、自治区的10个农业气象服务典型案例，并翻译成英文。2000年Stigter发起成立了以网上活动为主，主要面向发展中国家的“国际农业气象学会”(International Society of Agrometeorological, INSAM)，中国会员现有50余人，李春强、魏玉荣等先后参加了近年该学会组织的农业气象业务范例竞赛并获奖。

6 21世纪中国农业气象发展的展望

6.1 农业发展形势与需求

由于农业生产的对象是生物和主要在露天生产，使农业成为对环境气象条件最为敏感和依赖性最强的产业部门，从事农业生产和经营，不能不研究气象与农业的关系。

特别是近几十年全球极端天气与气候事件不断发生给农业生产造成了很大的损失，全球的气候变化趋势更对未来的农业可持续发展带来巨大的潜在威胁，越来越引起世界各国的关注。社会需求是农业气象学科发展的根本动力。我国农业气象学科在近几十年虽然经过一些曲折，仍然取得了很大发展。总体水平稳居发展中国家的前列，在气象为农业生产的服务效果上处于世界较先进水平。但我国的农业气象工作的起点仍然较低，基础理论研究比较薄弱，对农业发展新阶段的市场需求和建设社会主义新农村的需要还很不适应。根据国家制定的中长期科技发展规划的精神，我国农业气象学科也应确定自身的发展战略和制定相应的发展规划，力争到2020年在农业气象业务体系建设和气象为农业服务的效果方面达到同期的国际先进水平，同时在与国情密切相关的若干农业气象基础理论研究领域取得重要突破。到2050年在农业气象业务、技术、仪器装备和基础理论研究等方面全面赶超世界先进水平。

中国在改革开放以来的30年来经济发展迅速，正在满怀信心地向着在21世纪前期全面建成小康社会和在21世纪中期基本实现现代化的宏伟目标前进。但我们也要清醒地认识到，我国的经济、社会发展水平与发达国家仍有很大的差距，并将长期处于社会主义的初级发展阶段。特别是城乡分割的二元社会经济结构严重阻碍着经济效益的提高和社会的全面发展。在由基本解决温饱到初步实现小康，快速工业化与农村人口城市化的经济发展阶段，通常也是社会矛盾及人与自然的矛盾相对尖锐化的发展阶段。特别是对于绝大多数人均自然资源的数量都明显低于世界平均水平的中国，人口与经济总量的迅速增长与资源短缺和环境容量有限的矛盾非常突出，全球变化更加剧了这一矛盾。由于人类大量排放温室气体导致的气候变化已成为全球十大环境问题之首，农业气象工作者应该为中国农业的减缓和适应气候变化，确保农业的可持续发展做出贡献。

我国人均农业自然资源，特别是水土资源明显短缺，加上农业的超小规模经营，对农业的机械化、现代化和农民增收极为不利。农业自然条件和生产条件的这些特点，决定了中国农业必须十分珍惜水土资源，而实现水土资源高效利用的基本途径之一是充分合理利用农业气候资源并实现其与农业水土资源的优化配置，通过提高复种指数、精耕细作、发展精准农业、设施农业和名特优产品，可以在一定程度上弥补水土资源不足的弱点。

与其他农业技术不同，农业气象技术服务尤其强调及时，尤其是防灾减灾机不可失和农事活动不可误农时。与其他社会化服务体系相比，农业气象服务系统的信息化水平较高。目前许多地区的农业气象信息服务已深入到基层农村和农户，促进了农村合作经济组织的发展和农民科技素质的提高，农村气象服务网络已成为许多地区社会主义新农村建设的一项重要内容。随着社会主义新农村建设的深入开展，农业气象学还要为农村基础设施，农村安全减灾、农舍节水节能、改善农村环境质量和提高生活质量提供服务。

农业是国民经济的基础，农村是中国社会稳定的基础。由于长期以来的二元社会经济结构造成的后果和目前处于社会转型期，城乡收入差距过大，农民增收缓慢。今后一个时期随着农村人口的加速城镇化和非农化，还会产生一些新的社会问题。因此，中央已把三农问题作为当前全党工作的重中之重。农业关系到国家安全和社会经济的可持续发展，主要体现在生态安全、食物安全、能源安全和社会安全等诸多方面。农业气象学科在这些方面都能够发挥积极的作用。

6.2 未来中国农业气象科学的重大问题和学科发展任务

未来我国农业气象科学的重大问题可概括为12个方面：

(1)农业气候资源高效利用与食物、能源安全。

(2)农业气候资源生产潜力评估与农业结构调整及产地优化布局。

(3)主要粮食作物高产优质高效生产的农业气象保障。

(4)中国与世界短期气候预测、产量预报及农产品贸易对策。

(5)气象能源、生物能源生产与气象条件的关系及调控原理。

(6)农业气象在现代生物技术开发中的应用。

(7)农业气象减灾与生态安全，包括：①主要农业气象灾害的发生机理、减灾对策、预警预报与补救技术；②农业气象灾害的风险管理与农业灾害保险；③农业气象学与水土保持及土地资源高效利用；④有害生物入侵与气象的关系及防治对策；⑤气候鉴定在农业工程、生态安全及生物多样性保护中的应用。

(8)农业气象学在应对水资源危机及高效用水中的作用，包括：①农业气象学在农业节水中的应用；②农业气象学在旱作农业中的应用；③农业气象学在非常规水资源开发利用中的应用；④农业气象学在流域水资源优化配置与高效利用中的应用。

(9)生物气象与特色农业，包括：①生物气象基础指标鉴定与生物气象模式创建；②植物生物气象原理与发展特色农业；③动物生物气象原理与畜牧气象服务；④鱼类生物气象原理与渔业气象服务；⑤昆虫生物气象原理与虫害预报；⑥微生物生物气象原理与发展微生物产业。

(10)农业小气候调控与设施农业及农业产业化，包括：①农田小气候与调节改良；②林地小气候与调控；③设施小气候与设施农业；④地形气候与气候资源利用；⑤农机作业与农事活动的气象要求与调控技术；⑥农产品运输贮藏加工中的小气候调控。

(11)气候变化对农业的影响与对策，包括：①气候变化对作物、林木和动物生理的影响；②中国与世界农产品产量与市场的影响及贸易对策；③农业源温室气体排放规律、清单编制与减排技术途径；④农业生物与农业系统对于气候变化的适应原理及调控措施；⑤不同气候区应对气候变化的农业适应对策研究；⑥气候变化对中国农业气象灾害发生的影响与减灾对策；⑦农业气象与低碳农业建设。

(12)农业气象与农业信息化现代化，包括：①3S技术在气候资源保护、利用中的应用；②农业气象环境要素的精确遥测与隔测技术;③作物模式在产量预报、精准农业管理和农产品贸易中的应用;④农业气象灾害与农业生态环境可视远程自动监测预警系统建设。

6.3 需要采取的保障措施

面对21世纪初期全面建成小康社会和在中叶基本实现社会主义现代化的战略目标和建设社会主义新农村,实现农业现代化的历史任务,目前我国农业气象学科的状况在许多方面还不能适应形势,需要采取以下措施:

第一,稳定机构与队伍,积极开展协作,科研、业务、教学、推广形成良性互动的有机整体;第二,加强农业气象观测试验网络建设,重视基础性技术工作;第三,加快引进国际先进仪器设备的国产化和国产仪器的创新研制;第四,大力开发调控农业小气候与减灾的物化实用技术;第五,能实现业气象信息资源共享与提供向农民服务的有效手段;第六,制定鼓励农业气象科技人员深入生产第一线的政策;第七,引进人才和加快农业气象科技队伍建设,培养一批国际一流的农业气象学术带头人;第八,中国农业气象科技要走向世界,积极参与国际农业气象交流与合作,促进世界农业气象事业的发展,特别是为促进发展中国家的农业气象事业发展做出贡献。

参考文献

[1]中国农业科学院.农学基础科学发展战略.北京:中国农业科技出版社,1993.

[2]秦大河.中国气象事业发展战略研究.北京:气象出版社,2005.

[3]中国农业百科全书编委会.中国农业百科全书(农业气象卷).北京:中国农业出版社,1986.

[4]中国农业科学院.中国农业气象学.北京:中国农业出版社,1999.

[5]中国农学会农业气象分会.农业气象学科发展战略与规划,2006.

[6]温克刚.中国气象史.北京:气象出版社,2004.

[7]崔读昌,徐师华.中国农业气象现状、任务和发展趋势.中国农业气象,1993,**14**(1):7-11.

[8]林而达,张厚瑄,孙忠富,等.创新是农业气象所生存和发展的必然.中国农业气象,2003,**24**(1):2-4.

[9]王馥棠.中国气象科学研究院农业气象研究50年进展.应用气象学报,2006,**17**(6):134-141.

[10]王春乙,张雪芬,孙忠富,等.进入21世纪的中国农业气象.气象学报,2007,**65**(5):155-164.

/ 第四部分 / The fourth part

农业减灾

我国蔬菜生产的气象灾害和减灾对策*

郑大玮
（北京市农科院综合所，北京　100097）

我国气候对蔬菜生产的影响，有利方面是：①气候多样利于合理布局调剂余缺；②大部地区露地生长季超过9个月适于多茬种植；③雨热同季较好地满足了作物需求。不利方面是：①没有像荷兰和美国加州那样全年温和、降水适中、可均衡生产的集中蔬菜基地；②降水年际变化大、旱涝频繁，北方水资源不足；③北方多低温灾害，南方多高温灾害。此外由于我国南北温差夏小、冬大使得喜温果菜露地栽培北界纬度明显高于欧美，而北方露地蔬菜生长季又比世界同纬度地区要短。上述气候因素是造成我国各地蔬菜供应淡旺季的根本原因，淡季通常在气象条件不利季节之后出现，气象灾害可加剧淡季，不但影响产量且影响品质、上市期。

蔬菜生产的气象灾害包括由温度因子引起的霜冻（如春菜定植期）、冻害（如北方大白菜砍菜期、华北华中叶菜越冬期）、冷害（如春寒导致甘蓝先期抽薹、秋寒大白菜包心不足）、热害（如番茄越夏早衰、窖存菜伤热烂菜）；由水分因子引起的干旱、雨涝、湿害（如土壤过湿导致茄果豆类烂根、空气高湿导致黄瓜霜霉病）、雪害（冬雪压垮大棚、春雪捂黄叶菜）；由光照因子引起的灼伤（茄果类日烧病）、阴害（连阴天光照弱易感病倒伏），以及冰雹、大风等。由多因子引起的复合灾害有台风、连阴雨、干热风等。上述灾害中对北方蔬菜生产危害大的有春寒、春霜冻、春夏旱、初夏雨害、冻害等，对南方危害大的有湿害、伏旱、台风、夏季高温等。长城以南都存在由于夏季高温多雨果菜越夏不利导致的秋淡季问题，而南岭以北则都存在由冬季低温导致的早春淡季问题。

依靠科技减轻气象灾害损失是可以做到的。减灾是一项系统工程，包括灾前防灾、灾期抗灾和灾后救灾三个环节。防灾措施包括调整作物、品种、播期、栽期和打顶期等避灾措施，保护地、林网、菜田建设等环境调控措施和培育壮苗、施生理调节剂等提高菜苗抗逆性的措施。抗灾措施包括排水、灌水、覆盖、加固、熏烟等应急调控措施。救灾措施包括受害苗补救管理、安排速生菜生产、挖掘贮藏加工菜、外埠调剂和保险赔偿、救济等。

但是要像发达国家那样实现周年均衡供应且差价不大，基本消除气象灾害对蔬菜供应的影响，根本出路是实现蔬菜生产过程的现代化和建立全国性的适地种植周年均衡供应的产销体系。蔬菜生产过程的现代化应体现在高标准的园田，全过程高度机械化，完善的良种繁育、加工处理、贮藏、供应体系、现代生物技术，发达的贮藏加工和保护地设施及先进的管

* 本文原载于1991年第6期《蔬菜》杂志。

理等。目前我国蔬菜产销已由传统农业的“就地生产、就地供应”发展成“就近生产、就近供应、外埠调剂”的模式，仍受地区气候条件限制有淡旺季之别。而发达国家已形成“适地种植、统筹供应”的产销体系，甚至已具国际规模，可以实现气候资源与经济资源及市场的优化组合，实现蔬菜生产的专业化高效率和市场周年均衡供应，这是蔬菜生产的发展方向。我国各地气候差异大，南北方在淡旺季分布上有一定互补性，应进一步巩固发展现有的淡季蔬菜生产基地，逐步建成全国性的适地种植蔬菜基地体系。

北京地区的农业自然灾害和农业减灾系统工程*

郑大玮
（北京市农林科学院，北京　100097）

1　北京地区的农业减灾工作具有特殊重要意义

自然灾害给人类带来巨大的损失，第42届联合国代表大会通过决议将20世纪最后十年定为“国际减轻自然灾害十年”，我国已成立中国国际减灾十年委员会并提出了到20世纪末减少自然灾害损失30％的战略目标。

北京是我国的政治文化中心，北京郊区农业的首要任务是为首都市场提供丰富优质的副食品，京郊农村还应成为首都良好的生态屏障和中国式农业现代化的橱窗和样板。因此，做好北京地区的农业减灾工作具有特殊重要的意义。

1.1　对自然灾害给京郊农业带来的影响不可低估

北京郊区尽管自然条件在北方农区中相对较好，又具有依托大城市的有利社会经济环境，但自然灾害对农业的影响仍然是很大的，例如今年6月上旬北部山区的暴雨山洪和泥石流给当地人民生命财产造成重大损失，给当地农业生态环境造成的巨大破坏更是短期内难以恢复的。

北京地区的自然灾害较多，除与我国几千年来森林植被严重破坏、大部农区至今未完全摆脱生产力水平低下的传统农业特征有关外，还与北京所处的特殊地理条件和生态环境有关。从地理条件看，北京处于从蒙古高原、黄土高原到燕山、太行山地，再到华北平原的过渡地带；从气候条件看，北京位于我国半湿润到半干旱的过渡带和暖温带的边缘地区，这就使得北京地区的农业自然灾害具有多样性和复杂性。

1.2　京郊农业较高的现代化水平要求具有更加有力的减灾保障机制

由于社会经济环境较有利和积极推进适度规模经营，京郊农业机械化水平、农业劳动生产率和农产品商品率已居全国前列。农业现代化水平的提高固然加强了农业抗灾能力，但另一方面也对减灾保障机制提出了更新的要求：

(1)在商品经济条件下，由于自然灾害对农产品产量质量的影响很快在市场上反映出

* 本文原载于北京市科学技术协会编写的《首都圈自然灾害与减灾对策》，气象出版社1992年出版。

来，为保障人民需求和市场繁荣，要求各种防灾、抗灾和补救措施尽可能及时有效。

(2)集约化农业使生产单元的生态结构单一化而增加了系统的不稳定性，要求强大的人工辅助系统来支持。如耐肥丰产作物品种通常抗逆性下降，要求良好的栽培措施保证。工厂化大规模畜禽场要求极严格的防疫措施，如果疫病一旦蔓延就会导致毁灭性的后果。

(3)对某种自然资源利用得越充分，对其亏缺也就更加敏感。如京郊扩大灌溉面积已近极限，水库蓄水或地下水位下降不仅对当年，而且对以后几年的农业生产都会带来不利影响。复种指数提高后遇到低温年作物就不易充分成熟。

(4)农业劳动力大量转移后，使得妨碍机械作业的灾害如连阴雨、倒伏等危害更加重了。

1.3 北京应成为我国农业减灾工作的样板

北京是我国首都，工业和科技力量雄厚，京郊农业现代化水平相对较高。北京的地形也是从西北向东南倾斜的，京郊农业常被看成是中国农业的缩影。因此，北京地区有必要，也完全可能成为全国农业减灾工作的样板。

2 北京地区农业自然灾害概况

2.1 北京地区农业自然灾害的分类

农业生产基本上是在自然条件下进行的，人工控制环境的范围程度较小。凡不利自然条件对农业产量、品质或农事活动带来较明显的经济损失或较严重的生态恶化，都可看作农业自然灾害。

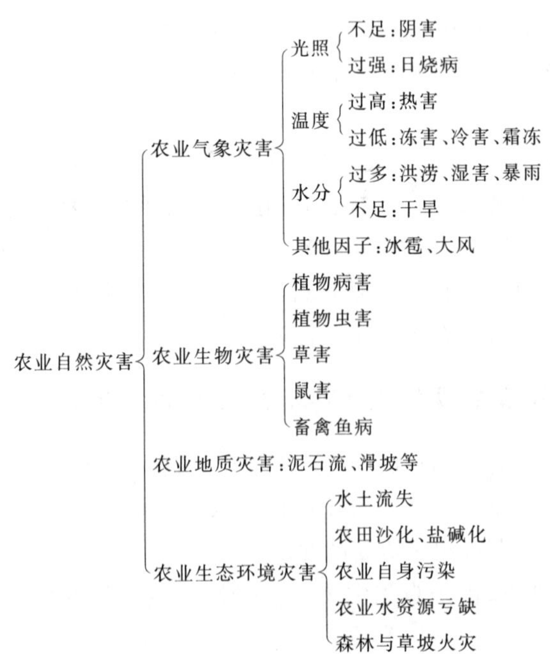

农业自然灾害按其发生特征有累积受害型和突发型两种，前者如冷害、冻害、干旱、湿害和大多数病害，后者如暴雨、山洪、霜冻、冰雹、蝗虫等。从涉及因素复杂程度可分为单一灾害、复合灾害和次生灾害等。从灾害成因看可分为农业气象灾害、农业生物灾害、农业地质灾害和农业生态环境灾害四类，后者虽有人为因素，但已成为一种自然现象也可看作属于自然灾害之列。

2.2 北京粮食生产上的主要自然灾害

北京自新中国成立以来粮食减产的年份几乎都与自然灾害的发生有关。

秋粮的主要灾害是涝害、干旱和冷害，大风冰雹等虽在局地造成严重摧残，但一般不是导致北京市减产的主要原因。严重涝害年有1954年、1956年、1959年、1963年、1966年、1969年、1977年、1979年等，因旱减产的有1961年、1972年、1981年、1983年等，冷害年有1969年、1979年等且往往与涝害相联系。水稻对冷害比玉米更敏感。

夏粮的主要灾害有小麦越冬冻害，如1957年、1961年、1968年、1977年、1980年等都曾发生大面积严重死苗。此外，1960年、1961年、1982年春旱严重，1964年锈病大发生又加上热害，1982年蚜虫大发生，1991年雨后暴热死熟，1979年风雨造成大面积倒伏也都对产量造成很大影响。

各种灾害中，20世纪50年代和60年代涝害是最大威胁，70年代以后干旱的威胁加重。冻害和冷害以50年代末到80年代初为严重，近年有所缓和。

随着复种指数的提高，上下茬交接期即初夏和初秋发生旱涝的威胁比过去加大了。随着生产条件的改变和品种改良，小麦锈病减轻，白粉病危害加重，秸秆还田后金针虫也有上升，但夏平播玉米黏虫钻心虫危害比间套作或春玉米减轻。

2.3 北京蔬菜生产上的主要自然灾害

蔬菜是北京市民最重要的副食品。北京的春秋两季温和，适于蔬菜生长，在初夏和秋末形成旺季。但冬季严寒无法进行露地生产，夏季炎热雨量集中不利于喜温果菜越夏，在早春和初秋形成淡季。在气候反常年份这种不利条件更为突出而形成灾害，淡季缺菜更为严重。

(1)加剧早春淡季的灾害。大白菜是北京冬半年的当家菜，影响大白菜产量、品质和贮藏的灾害均可加剧早春淡季甚至进入隆冬就开始缺菜，如苗期高温干旱致病毒病，中后期过湿致霜霉病、软腐病，后期低温包心不足减产，砍菜期冻害，窖存期异常回暖伤热烂菜等。

以根茬菠菜为主的越冬菜在1980年、1981年、1984年等年曾因旱冻交加死苗严重而影响4月份的供应。如早春持续低温则不仅菠菜减产且风障菜上市延迟使淡季可延长到5月中旬。

(2)加剧秋淡季的灾害。春季霜冻、大风、冰雹可影响果菜定植和苗期生长，如初夏暴雨和连阴雨可使果菜感病提前拉秧进入淡季。夏涝使夏播菜生长不良而加剧秋淡。

(3)其他时期灾害的影响。春季低温致甘蓝先期抽薹和番茄畸果而降低食用价值，1991年的春寒影响番茄花芽分化畸果增加，品质下降。春季和初夏干旱可诱发番茄病毒病，夜间结露多可诱发黄瓜霜霉病，冰雹大风可造成机械损伤，大风还常刮坏大棚和地膜，冬季大雪可压垮部分拱棚，冬季和早春连阴天保护地不易升温且菜苗嫩弱。

(4)菜田生态环境灾害。近郊菜田长期施炉灰渣会影响土壤结构，地膜残留积累对土壤水分运转会产生不利影响，污水灌溉和施大量农药的菜田存在残毒问题，过量施用化肥也会对蔬菜品质产生影响。

此外由于保护地扩大和茬口增加，病虫害交叉传播感染，发生规律变得更加复杂了。

2.4 北京瓜果生产上的主要自然灾害

霜冻、大风可造成西瓜幼苗死亡或生长不良，冰雹可造成局地毁灭性后果，后期多雨可导致西瓜甜度下降甚至开裂。

冬季严寒大风干旱使果树幼枝枯死即“抽条”，1977年、1980年京郊都曾严重发生。春季果树开花期和坐果期遇霜冻、大风造成不育或落花落果，1991年4月底至5月初的大风就造成了相当大的损失。干旱使枝叶生长不良，还影响板栗下一年的产量。冰雹可造成落果或斑痕。涝害导致生长不良，枣树在水分过多时易疯长枝叶不坐果。山区果树还常受山洪和泥石流的威胁。

2.5 北京畜牧养殖业的主要自然灾害

京郊畜牧业以舍饲为主，具备一定人工调节环境的能力，但仍受到环境条件很大影响，如炎热可造成奶牛产奶量和品质下降，冬春低温易造成仔猪白痢和母猪流产。规模畜禽场由于密集饲养，对疫病十分敏感，一旦流行可能造成毁灭性后果。

放牧条件下受自然条件影响更大，如1990年春雪过多房山饲料和饮水贮备不足的山区就发生过羊只冻饿死亡，又如1991年6月10日怀柔北部山洪泥石流冲走猪羊1700多头。

低气压天气下鱼塘缺氧水浊易发生翻塘死鱼。持续干旱导致水源紧缺也会影响水产业。

春夏干旱影响蜜源植物，生长不良、开花少而降低蜂蜜产量，同样也可因影响桑叶生长而导致蚕茧减产。

2.6 农业生态环境灾害

由于农业生态环境恶化给农业生产带来严重不利影响可称为农业生态环境灾害。其中由于二氧化碳等气体增加的温室效应对农业生产的影响有利有弊，其后果尚难预料，但如增加过多特别是破坏了高空臭氧层后，对人类健康和农业生产的不利影响将是非常严重的。

(1)水土流失。由于多年的植树绿化和平原复种面积扩大、灌溉面积增加，北京郊区农田风蚀已大为减轻，但延庆西部和永定河谷等风廊地带仍存在风蚀问题。京郊水土流失主要发生在深山区，又以密云库北、怀柔中北部和延庆东部为最严重，这一带也是北京地区的暴雨中心，1991年6月上旬的特大洪灾后部分村庄的耕地已荡然无存。

(2)农业水资源亏缺。由于城市和工农业用水剧增和连年干旱，加上上游拦蓄使水库来水减少，京郊农业水源趋于紧张，地下水位显著下降。近几年处于相对多雨周期、水资源紧缺稍有缓解，但今后进入相对少雨期时矛盾必将进一步加剧，发展节水农业势在必行。

(3)京郊农业的自身污染。大型畜牧场污染地下水源已有成灾趋势，农用地膜残留破坏土壤结构的问题也日益突出，近年来大面积推广小麦喷施多效唑化学防倒伏，其残毒问题也值得注意。

(4)森林和草坡火灾。既有人为因素,与自然条件关系也十分密切,冬季和早春少雪又反常回暖时如空气干燥,枯枝落叶多,发生火灾的危险就更大,特别是含油脂较多的松林。

3　北京地区的农业减灾系统工程

人类目前还不能完全控制和消除自然灾害的影响,但是依靠科技减轻自然灾害是完全可能的,减灾同样有着巨大的经济效益。

减灾工作包括防灾、抗灾和救灾,是巨大的社会系统工程。做好北京地区的农业减灾工作,要发挥政府农业主管部门的主导作用,要增加减灾投入特别是科技投入,要增强社会的减灾意识调动全社会的力量。

(1)建立健全减灾组织机构。北京市也应成立减灾十年委员会,可设在现有政府业务部门中,负责组织协调各局各部门的减灾工作。农业减灾工作可由市农办负责组织协调。

(2)制定北京地区农业减灾十年规划并提出奋斗目标。北京地区的农业减灾工作应走在全国前列,可考虑到20世纪末提出将农业因自然灾害造成的损失降低40%~50%,高于全国减灾30%的目标。

(3)制定北京地区农业减灾工程的十年规划。重点是农业节水工程、水土保持工程、防洪排涝工程,农产品贮藏加工设备、植物保护、动物疫病防治等。

(4)制定北京地区农业减灾科技十年规划。影响京郊农业生产的重大自然灾害均应列入"八五"和今后十年的科研攻关计划,要逐个研究这些灾害的发生规律、危害机理、预报监测、灾情评估、减灾对策、技术措施及效益分析等。与减灾相联系的综合研究项目如节水农业、山区小流域综合治理,抗逆育种和抗逆栽培等都应列为重点。目前危害尚不突出,但潜在威胁严重的农业生态问题如温室效应,农业自身污染等也应及早着手研究,不要等到发展成灾才考虑对策。

(5)建立完整的农业自然灾害监测预警系统。除健全现有的水文、气象、病虫和疫情测报系统外,还应按不同生态区建立作物、蔬菜、果林的生态监测站进行系统观测。要建立灾害数据库和灾情信息网络,形成完善高效的农业自然灾害监测预警系统。

(6)将遥感与地面抽样技术相结合,总结科学合理的灾情评估办法,改进灾害保险和救灾工作。

(7)宣传普及农业减灾科技知识。北京市科协和市农业部门要组织各有关学会在十年中陆续召开各种农业减灾学术讨论会,组织编写各类减灾科普读物和文章,向农民传授各种农业减灾实用技术。

(8)积极开展国内外农业减灾科技合作与交流。

关于北京北部山区泥石流灾害成因分析和治理开发的几点意见*

郑大玮　关篷第　唐　广　蔡涤华
（北京市农林科学院综合所，北京　100097）

1　北部山区泥石流灾害发展加重的原因

1.1　泥石流是京郊山区最具有破坏性的严重灾害

占全市面积62%的京郊山区的地质条件多松软风化堆积物，降雨又集中在盛夏，地质地形和气候条件使京郊部分山区泥石流灾害频繁并具有极大破坏力，新中国成立以来已造成468人死亡，是北京地区死亡人数最多的一种自然灾害（参见表1）。

表1　京郊山区的严重泥石流灾害

时间	过程降雨量（mm）	暴雨中心	灾区	死亡人数（人）
1951年8月1—4日	322	上清水	斋堂、清水	84
1959年7月19日	约200	冯家峪	冯家峪	3
1969年8月10日	447	枣树林	怀柔中部4乡 密云石城	147
1972年7月26—28日	518	枣树林	怀柔中部	
			延庆四海	52
1976年7月23日	358	田庄	密云库北6乡	104
1977年7月29日—30日	>100	番字牌	北部三县多处	14
1989年7月21日	362	番字牌	密云库北3乡	18
1991年6月7日—10日	535	四合堂	密云库西北5乡	28
			怀柔北部2乡	

* 本文原载于北京市科学技术协会编写的《首都圈自然灾害与减灾对策》，气象出版社1992年出版。

1.2　北部山区泥石流灾害有发展加重的趋势

除1950年门头沟清水泥石流外，新中国成立以来严重的泥石流几乎全部发生在北部山区，且有日益频繁加重的趋势。

1.3　北部山区泥石流灾害加重的原因

泥石流灾害形成需要物质基础、地形条件和水流动能三方面的因素，北部山区的地形坡度和松软堆积物的存在是多少万年来形成的，短期内不可能有大的变化，20世纪60年代以来泥石流加重主要是由于气候的变化。从图1可以看出20世纪50年代以前北京特大暴雨中心主要出现在城区和西部山区，60年代以后则主要出现于北部山区，特别是密云水库的西、北面，特大暴雨造成山洪暴发，为泥石流的形成提供了强大的动力条件。

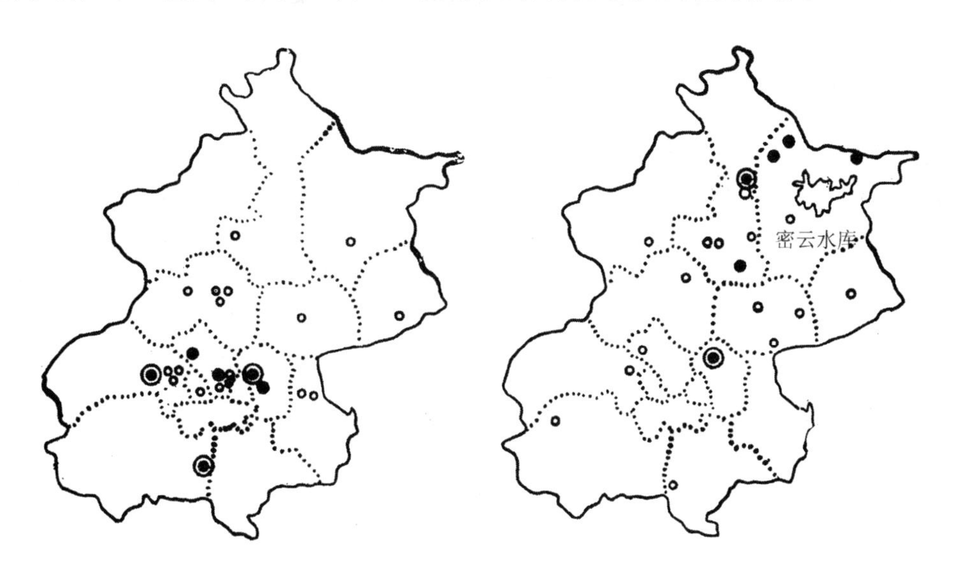

图1　北京市暴雨中心的分布(左:1883—1960年;右:1961—1991年)

1.4　北部山区暴雨增加与密云水库的建成有关

密云水库是占地22万亩的特大型水库，于1960年建成。国内外研究表明大型水体上气层相对稳定对流受抑制，暖季降水少于邻近陆地，而水体周围高处陆地则降水增加，迎风面尤为突出。我国新安江水库、三门峡水库都观测到了这一现象。

水库影响周围陆地降水增加主要是由于:①水库上方稳定气层与周围陆面气层的不稳定形成明显反差，当不稳定天气系统经过时，陆面气流更易上升形成对流云雨，而且由于水面有一定阻隔作用，对流云雨在周围陆面滞留的时间也较长。②水面和周围陆面的湖岸风及山坡与库岸的山谷风构成了局地对流系统，当不稳定天气系统经过时与之叠加，可大大加强对流强度。③云雨天气之前多刮东南风，水库的西、北方向正处于迎风坡，气流经水面再沿坡爬升，水汽更为充沛。

燕山南麓本来就是迎风坡相对多雨区，水库的建成进一步加重了这一地区的局地气候特点，另外周围的怀柔水库、海子水库、于桥水库和潘家口水库的陆续建成，对这一地区降雨的增加也起了一定作用。

密云水库建成后周围生态环境的变化表明改造自然是要付出代价的。1991 年的灾情表明现有措施尚不足以从根本上制止山洪和泥石流的发生，对这一地区的治理开发需要重新认识和探索。

2 北部山区泥石流重灾区如何治理和开发

2.1 泥石流重灾区的生态条件

北部山区的泥石流重灾区包括密云水库西北的 5 个乡、怀柔中北部 8 个乡和延庆的四海、珍珠泉。从考察情况看，这一地区的生态条件恶劣、地质复杂、坡陡土薄碎石层厚，泥石流易发区比例很大，大部分农民居住已无安全感。这一带人均自然资源特别是耕地也较贫乏，如密云冯家峪镇原有耕地 6759 亩，人均 0.78 亩，经过 1989 年、1991 年两次泥石流重灾，现只剩下约 4000 亩，减少 40%，已冲毁的大多无法再造，现行耕地生产条件也相当差，难于机械作业。降水虽较多，但大多注入水库，可灌溉面积很小。从实际可利用资源看，人口是严重超载的。

2.2 泥石流重灾区的社会经济发展现状

以密云水库西北灾情最重的 5 个乡为例，在近 2 次重灾之前的 1988 年人均纯收入即比密云全县低 200 元左右，比北京市农村低 300 多元(参见表 2)。其中集体分配部分普遍少于自营收入，表明集体经济弱小。由于大部分劳力务农，人均农业产值与全县比差距不太大，但由于交通闭塞信息不畅，工业和第三产业产值与全县比差距很大，这是山区贫困的主要原因。即使在农业上，由于人均耕地少和生态条件差，不仅人均占有粮食蔬菜显著偏低，就连干鲜果品生产也是低于全县平均水平的，唯有人口出生率大多偏高，势必要影响到人口素质。

表 2 密云水库北 5 乡的经济发展水平(1988 年) 单位:元

地区	人均社会总产值(元)	人均农业产值(元)	人均工业产值(元)	人均建筑、运输、服务业产值(元)	人均纯收入(元)	来自集体收入(元)	自营收入(元)	务农林牧渔劳力占总劳力百分比(%)
密云县	3414	907	1889	618	760	476	284	68.3
四合堂	1967	818	991	158	556	133	164	92.3
石　城	1588	810	603	175	571	166	258	79.3
番字牌	1883	656	1025	202	535	209	236	89.3
冯家峪	2565	646	1525	195	624	203	225	75.8
半城子	1898	925	794	179	598	195	208	78.6

1988年以后经过两次大灾，这一地区的生态条件更为恶化，与全县和全市的农村社会经济发展水平的差距进一步拉大了(表3)。

表3 1988年后密云水库北5乡与全县经济水平对比

地区	人均耕地(亩)	灌溉面积(亩)	人均占有(kg)				人均返销粮(kg)	人口出生率(‰)
			粮	菜	干果	鲜果		
密云县	1.09	0.76	373	230	5.3	6.8	59	17.8
四合堂	0.80	0.21	103	146	6.7	3.7	187	20.93
石　城	0.48	0.27	109	108	4.1	6.1	218	18.22
番字牌	0.91	0.05	108	65	0.7	6.1	181	15.99
冯家峪	0.78	0.46	188	173	1.6	5.3	122	21.00
半城子	0.52	0.23	176	91	2.3	4.8	162	18.55

在现有资源和生态条件下，这一地区在可预见的将来要稳定脱贫都相当困难，实现小康更不可能。

2.3 彻底治理和全面开发的成本极高

泥石流是可以治理和减轻的，在松软堆积物不太集中地带的水力型稀性泥石流应以植被措施为主，水力型黏性泥石流则应工程措施和植被措施并重，对于重力型泥石流即大滑坡应以工程措施为主，植树的抑制作用甚微。问题是北部山区后两类泥石流相当普遍，而工程措施护坡的造价极高，国内外一般只都应用于铁路沿线和重大工程建设项目。

这一地区的全面开发代价也是极大的，治沟造田往往隔几年冲毁重建，石城乡为一个百户山村修路就用去国家140万元，1991年冲毁重修至少需40万元。加上通电、通信、返销粮、扶贫、救灾，投资几乎是无底洞，但这一地区的生产水平和人民生活并无很大提高，与平原差距越拉越大，终非长久之计。

2.4 库西北山区应该成为密云水库的水源涵养区

从北京市社会经济总体发展的要求和库西北山区的生态经济条件看，应将发展密云水库上游的水源涵养区作为该地区的发展方向。

由于工农业和城市用水剧增，水资源不足已成为困扰首都经济建设和社会发展的重要问题。上游层层拦蓄又使来水减少，水库大多数年份蓄水不足。库西北泥石流重灾区包括三县约1000 km^2，常年降水达700～900 mm，如通过植树造林和人工增雨使其中400～500 mm降水入库，即可达4亿～5亿m^3，其生态效益和社会经济效益要远大于目前这一地区就地发展各业的经济效益。

2.5 实现这一设想的措施

要使库西北成为密云水库的水源涵养区，就需要将超载人口迁到平原落户，留下少数农民转移到安全地带，除少数确较安全的农田、果林可继续从事果牧业生产外，大部劳力转向造林护林，雨季则实施人工增雨作业。防治泥石流的工程措施由于造价太高，只宜用于保护公路干线和控制密云水库入库泥沙的关键地段，不必全面铺开。要提高劳力素质，加强培训管理，可基本避免人员伤亡。

2.6 受益地区应分担人口外迁和治理投资

密云县和北部山区人民为修建密云水库造福首都人民付出了巨大代价，包括占地 22 万亩，其中良田 16 万亩，搬迁库区十多万人口，二三产业发展受阻和灾害的加重，可以说是用生命和血汗保障着密云水库的“一盆清水”，为下游人民减轻了洪涝威胁，提供了水源保障。现在提出将库西北作为水库的水源涵养区，最终受益的还是下游城乡人民。因此无论是搬迁，还是水源涵养区的治理投资，都应由受益地区分担。北部山区各县特别是密云县已经负担过重，应予以重点扶持。在将来水费调整后，可从用水地区和部门征收的水费中提取部分作为水源涵养区经营和治理开发经费。

投资方向由救灾扶贫和就地发展工农业为主转变为生态建设为主，投资效果可大大提高。留下少数劳力在实行规模营林和人工增雨后，实际劳动生产率可大幅度提高，同样有可能奔向小康。

3 从北部山区的泥石流灾害看京郊山区的发展方向

3.1 灾害给我们的启示

北部山区泥石流灾害一再发生，表明自然规律是不可抗拒的，山区建设必须从当地生态和地质地貌条件出发，因地制宜、全面规划，不可盲目开发。对于改造自然的大型工程项目不但要计算其正效益，也要分析可能产生的副作用，正如恩格斯指出的“对于每一次这样的胜利，自然界都报复了我们”，如修建大型水库对周围气候带来了影响，造林地点不当可能影响泄洪或增加山洪滑坡的冲击破坏力，在泥石流易发区闸沟垫地可能人为增加松软堆积物而加重灾害……只有认识自然、趋利避害，才能成为大自然的主人，单凭主观愿望蛮干难免受大自然的惩罚。

3.2 山区脱贫难与北京市奔小康的巨大反差

北京市委市政府提出了京郊提前 5 年全面实现小康的宏伟目标，但是京郊还有三十多个贫困乡且全部位于深山区，山区脱贫难与全市奔小康构成巨大的反差，形成尖锐的矛盾，且差距还在不断拉大。山区大多生态条件恶劣，可利用人均农业自然资源贫乏，交通和信息闭塞又不利于发展二三产业，就山区总体而言，按照平原农村的经济发展模式要实现小康奔向富裕基本上是不可能的。

3.3 京郊山区应成为首都良好的生态屏障

京郊山区是首都圈的组成部分，山区开发应从整个首都城乡一体化发展的高度来考虑山区的地位与功能，山区首先应该成为首都良好的生态屏障，把恢复和保护山区生态环境放在第一位。如果山区生态破坏严重，即使当地工农业取得某些成就，从全市来看也是得不偿失的。从发达国家的山区看，除了矿山和旅游胜地外，广大山区都是作为林区或自然保护区，由于经济发展势差的存在，山区人口大部已迁入平原和城市。

3.4 因地制宜分类指导制定山区发展战略

京郊山区可分为以下类型：

(1)山间河谷川区

如延庆妫水河川区、怀柔汤河川区等，地势开阔土地平坦、无泥石流灾害，但少数年份可发生洪涝。应建设基本农田，种植业逐步推行适度规模经营和机械化作业，同时发展多种经营和乡镇企业，参照平原地区的发展模式实现小康。

(2)浅山丘陵

如昌平北部、怀柔西南部、平谷北中部、密云东北部等，灾害相对较轻，以发展干鲜果品生产为主。由于近年北方果树发展很快，旺季市场大宗鲜果有趋于饱和的趋势，京郊果树生产必须向优质和均衡上市的方向发展，同时大力发展果品贮藏加工。以果为主，兼营他业。如在果品质量和产后加工方面有大的突破，实现小康奔富裕也是大有希望的。

(3)深山区

除少数矿山和旅游胜地外生态条件和社会经济环境不利，人口已严重超载，应逐步搬迁减少人口，转向规模营林和保护生态效益。留下少数劳力经过培训素质提高后，签订有关部门按照规划制定的年度开发治理合同，按照治理效果和生态效益付酬，也能实现小康。在保护生态的前提下，有条件的深山区可大力发展优质干果生产。

3.5 关键是要改变观念和提高劳动力素质

传统农业自然经济的模式是摆脱不了山区的生态恶性循环的(见图 2)，必须跟上农业现代化的潮流。

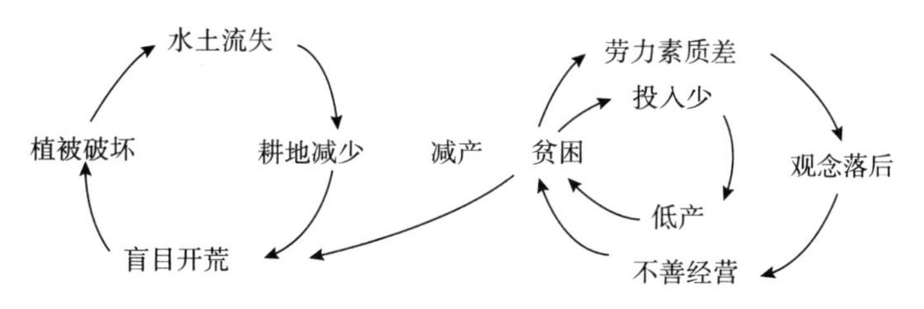

图 2 传统农业模式下山区农业生态的恶性循环

改变山区面貌的关键是改变观念和提高劳动力素质。首先要跳出传统农业自给自足的框框，树立商品意识和开放意识、生态意识和减灾意识，把扶贫的重点由物力财力转向智力，用现代科技特别是生态工程技术和生物技术武装山区农民，依靠科技治理和开发山区。

3.6 加强对京郊山区治理开发的组织领导

(1)在广泛深入讨论的基础上统一规划制订京郊各类山区的发展战略。

(2)制订山区治理开发的科研规划,重点是不同类型山区发展战略研究,小流域综合治理示范研究、山区主要自然灾害发生规律和减灾对策研究、山区生态工程和林牧业实用技术的开发研究等。

(3)制定鼓励科技人员进山的政策。

(4)与市政府科技顾问团的工作相结合,建立山区开发专家咨询组,包括聘请一部分已参加其他专业顾问组的与山区开发有关的专家兼职。

(5)组织京郊山区开发的科研协作与交流。

北京山区的自然灾害和减灾对策*

郑大玮　明发源
（北京气象学会，北京　100089）

1　北京山区贫困和多灾的原因

北京山区占全市总面积62%，人口占京郊农村近1/3，与山区占全国面积人口比例相近，地势也是西北高东南低，可说是全国的缩影。

北京山区的生态条件并不好，而且是平原许多自然灾害的源头。作为首都城乡生态经济的一个子系统，山区的首要功能是成为城市和平原的良好生态屏障，净化环境、涵养水源，并作为市民休假的乐园。做好山区的减灾工作有着重要的意义。

北京山区多灾有自然的原因，也有历史的原因。

1.1　北京处于我国的地理和气候的过渡带

北京地处华北平原北部到内蒙古高原和黄土高原的过渡带，从西部海拔2303 m的东灵山到东南部最低处的10 m，坡降达1.9%，甚至超过了从珠穆朗玛峰到孟加拉湾的坡降1.3%。这就给泥沙、洪水、大风等形式的物质迁移提供了潜在势能。山区地貌在垂直和水平方向都很不均匀，地表物质能量转移时在山区会发生由地形重力因素引起的再分配，以大规模超常态发生时就形成了灾害。

北京又是从暖温带半湿润气候向温带半干旱或干旱气候过渡地区：东邻渤海，北望戈壁；夏季常受副热带高压控制，冬季靠近北半球的冷中心。季风进退早晚势力强弱稍有变动，就可能酿成旱、涝、冷、冻、热等多种灾害。山区由于地形影响气候多变灾害也更加频繁。

1.2　传统农业对生态的长期破坏造成了山穷水尽的恶劣环境

据考证北京山区森林破坏主要是辽金建都以后，植被发生逆向演替，大部分山坡退化为灌丛和草丛，严重的甚至成为裸岩。1958年大炼钢铁又形成更多的荒山秃岭，目前北京山区的原始森林已基本消失，仅有少量次生林。北京最大的永定河史称“清泉河”，辽代以前史籍罕见泛滥记载，近代自卢沟桥以下已成为地上河，年年泛滥成灾，成为威胁北京城安全的

* 本文为1994年9月22—24日四川省广元市召开的全国贫困地区减灾工作交流会论文。

一条悬河。目前北京山区的水土流失面积约占60%以上，西部山区土层不足30 cm，如笔者亲见西部山区一棵古树长了五百多年也只有碗口粗。十余亩山场才养活一头羊，植被生产力之低可见一斑。山区现实可利用的人均自然和社会经济资源都相对贫乏，劳动生产率极低且劳动力大量过剩，实际上处于人口超载状态。

1.3 山区封闭落后的经济使得抗灾的能力和技术都较差

山区与外界长期隔绝。形成一种狭隘封闭低层次的区域经济，生产力水平低下，缺乏扩大再生产的能力。交通不便，信息不灵，教育科技不发达，劳动力的素质差，经济落后和生活贫困又造成山区的减灾技术落后和综合减灾能力的薄弱。

2 北京山区的主要自然灾害及减灾对策

2.1 北京山区自然灾害的种类

(1)气象灾害

种类多、范围广、危害重且发生频率高。包括干旱、山洪、冻害、冷害、霜冻、大风、冰雹、雪害、雷击等。

(2)地质灾害

在地质不稳定地区发生严重，包括地震、滑坡、泥石流、地陷、水土流失、风蚀等。

(3)生物灾害

包括植物和动物的病害、虫害及鼠害等。

(4)人为灾害

山林火灾有人为的因素，但也与气象条件有关。

2.2 北京山区自然灾害的地区分布

北部山区属燕山山脉，多为花岗岩和片麻岩，山脉较为破碎。其中东北部因迎风坡效应降水偏多较为湿润，年降水650～700 mm，多山洪泥石流灾害。西部属太行山脉，多石灰岩，山脉较为完整。其中西南部山区石灰岩地形更为典型完整，山高谷深、土层薄、干旱缺水，年降水500～600 mm，但热量条件相对较好。西北部延庆川区有五十多万亩，地势较平坦，适宜作物生长，但少雨多风，年降水仅400～500 mm，冬季严寒，多旱、冻、风、雹等灾害。

2.3 干旱

干旱是北京山区最常见的灾害，春旱几乎年年发生，全年大旱大约3～4年就发生一次。近30多年来北京山区的降水有减少的趋势，尤以西部山区为严重。各大水库来水逐年减少，干旱日益严重。除兴修水利、平整土地、培肥加厚土层、抗旱播种、耕作保墒等常规抗旱措施外，近年来北京山区主要抓了以下措施：

(1)建造农户家用水窖

历次大旱都有部分山村需到远处拉水维持饮用水来生活。近十年来北京山区普遍推广了户用水窖,雨季存满可够冬春用水,极大地方便了山区人民的生活。

(2)推广等雨晚播配套技术

除离水源较近仍在早春抢墒播种外,大部在春季提前整地施肥并备好两套种子,一旦下15～20 mm的中雨就集中劳力抢播。下得早就采用中熟品种,下得晚则使用早熟品种并适当加大密度。这一办法看似消极,但由于光热水匹配良好,仍能增产且节省了劳力。等雨晚播适于海拔较低山区,高寒山区仍应以抗旱抢墒早播,否则会延误播种不能在霜前正常成熟。

(3)建设基本农田

近年来已基本实现陡坡退耕还林,缓坡地改造成水平梯田,沟谷建谷坊坝、闸沟垫地。减轻了水土流失和旱情。

2.4 冷害

北京城区和平原自20世纪60年代以来气候明显变暖,山区夏季气温反而略有下降,冷害时有发生。除根据不同海拔山区的热量条件合理布局品种外,近年来在山区推广了地膜覆盖技术,有显著的保墒增温和增产效果。但覆盖地膜成本较高且不能解决春末夏初的干旱问题。经测算海拔500 m以上推广地膜的经济效益随海拔增加,500 m以下则增产效果较差经济效益不突出,仍应以调整品种布局为主。

2.5 冻害与霜冻

山区的粮食作物和蔬菜虽也受霜冻与冻害威胁,但不及果树的经济损失大。1993年4月下旬的霜冻使怀柔西部山区的杏花一夜之间冻落殆尽,1994年5月初北部山区的小雪和霜冻使许多苹果的花和幼果冻死。1993年11月中旬的大幅度降温使果树未经抗寒锻炼入冬树叶青枯脱落,次年早春幼龄果树严重抽条,尤以富士苹果为突出。

防御霜冻与冻害关键是按照山区的地形气候合理布局果树生产,我们近年来开展了北京山区1 km^2网格的气候分析,划出了复杂地形山区的相对暖区和相对冷区,为果树合理布局提供了依据。后冬早春涂抹防抽条剂也有良好的防冻防旱效果。近年中国农科院发现霜冻程度与冰核活性细菌的存在和浓度有关,提出可通过喷药杀死或抑制这类细菌来减轻霜冻与冻害。

2.6 冰雹

冰雹一般分布在山前与平原交界处成带状分布,在多发地区要种植不易倒伏掉粒和耐砸的作物。对于葡萄等经济作物可笼罩防雹网。打炮震荡或发射火箭化雹为雨虽有一定效果但不稳定且成本高,目前尚处于试验阶段,不要一哄而起盲目上,否则不但浪费而且相邻地区间互相干扰抵消效果不大。

2.7 大风

狭长的喇叭形山谷因狭管效应风速特大,北京的风廊一条是从康庄到八达岭,沿关沟南下，另一条是从古北口沿潮白河谷南下。此外高山上的风速也很大。风速最小的地区是西南部山区有东北西南向山脉屏障的大石河谷和拒马河谷。在风廊地带要营造防护林体系，种植抗倒伏的作物和品种。

2.8 山洪泥石流

北京的东北部山区和西南山区的东段是相对多雨区，岩石易风化，水土流失重，历史上山洪、滑坡、泥石流等灾害多次发生。其中泥石流在1949－1991年间造成山区累计死亡达515人，超过了北京全市其他所有自然灾害死亡人数的总和。1991年6月10日北部山区特大暴雨引发的山洪泥石流造成28人和1700头牲畜死亡，毁地81万亩，毁树150万棵，直接经济损失2.65亿元。

20世纪60年代以后暴雨中心由西部山区转到北部山区，可能与京东北一系列大中型水库建成有关。其中密云水库西北方多为花岗岩和片麻岩易风化成松散堆积，地势也较为陡峭，是泥石流灾害最严重的地区。西南部石灰岩地形水土流失更加严重，但山势极陡难以堆积，不会形成严重的成灾泥石流。

不合理的人为活动、植被破坏、水土流失可加重山洪泥石流灾害，但松散堆积物下存在不透水基岩的重力型滑坡泥石流单靠生物措施是不够的，而工程措施造价太高只能用于关键地段。较可行的办法是进行全面勘察确定泥石流险区，对居住危险很大的山村居民要组织搬迁到安全地带，对有一定危险的山区要做好泥石流的监测预报，1991年6月10日泥石流爆发前北京气象台就根据雷达回波判断密云西北部有特大暴雨，紧急通知当地政府，乡村干部冒雨连夜通知村民转移到安全地带，大大减少了伤亡人数。

2.9 山区林火

北京的冬半年空气干燥为森林火险期，仅1983－1988年就发生813起，多在浅山区。起火原因以人为为主，但也与气象条件密切相关。11月—翌年5月为火险期，其中3、4两月发生率占61%。北京森林防火灭火的条件总体来说比东北、西南人烟稀少的重点林区要好，但也存在地形复杂、次生林分散、技术设备不足等困难。山林防火的关键是加强宣传、组织和依靠法制以杜绝火源。由于北京的森林分散，不宜像国家重点林区那样建设连续网络，而应以辐射网络为主，完善了望、巡逻、通信、交通等设施，健全军民防火专业队伍，配备灭火器材。由于地表火、荒火多且大多发生在浅山区人口较密集地区，人工及时扑火十分重要，在火势较大时则采取隔离带法、风力灭火、化学灭火等方法。

2.10 山区林木病虫害

种类繁多各有具体的防治技术，这里不去详述，需要注意的是采取综合防治。单一树种的生境脆弱，营造混交林可以明显减轻病虫害。封山育林有助形成多层次植被，增强生态系统的稳定性。目前各种虫害的天敌数量剧减，除必要的化学防治外，应大力发展生物防治，如赤眼蜂防治松毛虫就有很好的效果。

3 北京山区的社会经济发展与综合减灾

北京市提出全市要提前三年全面实现小康,最大的难点在边远山区。北京有60个相对贫困的边远山区乡镇,1993年人均收入将近1200元,不到平原农村的一半,其中还有80个村人均劳动所得不足700元,8500户不到350元。为此,市领导提出"四四攻坚计划",即用四年时间,到1997年实现60个山区边远乡镇的40万人劳动所得超过1600元,基本消除人均收入1500元以下的乡镇和1200元以下的村。使山区人民和全市人民同步迈向小康。

实现"四四攻坚计划",关键是发展山区经济,而做好山区的减灾工作则是发展山区经济的重要保障和促进山区社会发展文明进步的重要措施之一。另一方面也只有发展经济实现社会进步才能增强减灾的物质力量,提高技术水平。除常规减灾措施外,从发展经济增强减灾能力的角度应抓好以下几件事:

3.1 按照市场需求和山区的资源条件调整产业结构

山区农业最大的不利条件是地形复杂难于机械作业,劳动生产率低,常规种植业难以与平原农区竞争。过去在山区实行"以粮为纲"到处开荒,破坏了生态平衡,加剧了自然灾害,粮食仍然不能过关。除条件较好的川区可建设粮食生产基地外,山区的基本农田应根据农业区划以适应当地气候土壤的干鲜果品和土特产品为主,山场则以林业和草食动物饲养为主。1994年起北京市已不再向山区乡镇下达粮食种植计划,鼓励因地制宜发展多种经营。当然目前我国粮食还未过关运输仍不发达,山区仍应种植一定面积的粮食以保证口粮的自给水平。

3.2 发展季节性畜牧业,解决保护植被和饲养草食动物的矛盾

北京山区畜牧业以养羊为主,过去是"夏壮秋肥冬瘦春死",饲养周期长,出栏率低,春季对植被破坏最严重,造成林业与畜牧业的矛盾。在11亩山场养一头羊的情况下还出现了草场的超载和退化。如在秋季将大部分羔羊转移到平原农区,可利用秋收丰富的饲料资源快速育肥,赶上元旦春节的消费高峰。山区只保留种畜母畜,可备足饲料安全越冬,又可大大减轻春季草场的负担。羔羊的食量增长与牧草的生长同步,即使多养一些在饲料丰富的夏秋也不会超载。这种山区与平原相结合的优势互补的季节性畜牧业对山区和平原是两利的,也符合发展市场经济的要求,还兼顾了保护山场的生态环境。

3.3 按照市场经济的规律分流山区超载人口

在自然条件很差的地方,走出山区是脱贫致富的上策。但采取简单行政命令的方式让山区农民搬迁后遗症很多。应大力促进劳务市场的发育,引导山区多余劳动力下山务工或务农经商,逐步与当地居民融合,实现人口的自然分流。世界各国人口流动和城市化都经过这样的过程。山上的人少了,就用不着种那么多粮田,还能实现造林护林和涵养水源的规模经营,其生态效益应由平原受益地区予以补偿。目前北京市正在组织基本失去生存条件的7万山区农民搬迁平原。

3.4 培养人才，培训减灾综合技术和知识，加强救灾组织工作

山区的开发人才是关键。劳动力向平原和城市分流要注意培养和留下一批能人治理和开发山区。要加强救灾的社会组织工作，要让农民了解当地自然灾害的时空分布规律，懂得如何趋利避害减轻损失。如1991年6月的泥石流灾害密云县番字牌乡就吸取了1989年受灾的教训，及时组织农民冒雨躲到安全地带无一伤亡，而同等灾情的相邻怀柔山村伤亡惨重。北京市现已组织地矿部门对山区全面勘察划定了各级险区和安全区。此外发展交通、通讯、广播也是与减灾密切相关的。

慎重对待“假种子”案件*

李船江[1]　郑大玮[2]

（1.北京市种子管理站，北京　100088；2.中国农业大学，北京　100094）

近年来，“假种子”案件不断发生，其中不乏非法经营伪劣种子坑害农民者。新闻媒体予以揭露曝光，执法部门进行经济制裁都是必要的。但是也要看到，种子与工业产品不同，良种是有区域性的，而且只有与良法配套才能增产。因种子问题造成的经济损失，确有欺骗谋财等人为原因，但也可能是技术性原因，还有可能是自然因素所造成。农业生产受自然条件的影响很大，良种都具有自身的遗传特性，只有与外界环境如生态、气候、土壤与品种要求的条件相一致时才能获得高产。因此，再好的良种如遇到不利气候条件、自然灾害或栽培技术不当，均会造成减产。不能一出问题就认定是“假种子”，但是目前，各地的新闻媒体几乎都是一边倒地“为民请命”，好像只要减了产就一定是“假种子”，就得追究种子经营部门的责任，很少有人去研究一下自然和技术方面的原因，更没有人去探讨一下农民自己有没有责任。国家种子条例明文规定要保护种子生产者、经营者和使用者的合法权益，但有些地方只要一打官司，总是农业科技部门败诉赔款。反正是国家事业单位，不吃白不吃。长此下去不仅将严重挫伤广大农业科技人员的积极性，更助长了某些低素质、不懂科学种田的人自以为是，还会适得其反地增加社会的不安定因素。

例如，轰动全国的上百万千克湖南杂交晚稻种子卖到皖西不抽穗的“假种子”事件，销售种子的单位是无照经营，理应受罚，但种子并不假，在湖南南部确是杂交晚稻良种。殊不知杂交晚稻对光照长度和温度都十分敏感，北移 6～7 个纬度后日照变长了，温度也下降了，注定是不能抽穗的。但是，电视、广播、报刊的报道都没有提到这一点。几十年来某些领导盲目决策，从不同生态区引进“良种”，造成损失的事件恐怕有成千上万起。最近，京郊某县领导完全未经试验就试图从外国大量引进优种马铃薯大面积种植，在场的笔者对此进行了劝阻。如果轻率决策，造成的经济损失恐怕不在皖西水稻种子事件之下。20 世纪 60 年代北京市就曾因从罗马尼亚盲目引进大量杂交玉米种子，导致大斑病流行而付出了沉重代价。

还有一类情况是异常自然条件引起的。如 1994 年山东潍坊某地因小麦死苗状告种子部门，《中国电视报》的节目预告也说这是一起假种子坑害农民的事件。经笔者查阅有关技

* 本文由郑大玮执笔，李船江修改。原载于 1997 年 7 月《科技导报》和 1996 年 11 月《种子世界》。1996 年 12 月在参加姜春云副总理主持的科教兴农专家座谈会上提交农业部长刘江，转交《农民日报》发表，对当时盛行的把良种推广中出现的问题一概作为“假种子”事件处理，严重伤害育种与良种推广工作的倾向起到一定的遏制作用。

术资料，发现主要是由于该年华北小麦普遍发生越冬冻害造成的。育种单位烟台农校(现中国农业大学烟台校区)在介绍该品种时已说明是冬性品种，表明其抗寒性要比当地常用的强冬性品种差，并指出该品种应适当晚播。推广部门的责任是仅试种了几年就认定该品种在当地可以安全越冬，予以推广。农民也有责任，不该种那么早。电视台采纳了笔者的意见，在播出时没有定之以“假种子”，而是分析了造成该品种死苗的各种因素，让各方都从中吸取教训。新闻界还报道过1996年北京及河北等地部分菜豆品种出现“只开花不结荚”、河南某小麦品种败育、某地甘蓝抽薹等“假种子”事件，农业气象工作者一看便知与春寒等异常气象条件有关，品种抗逆性不过硬也是一个因素。再如前一段河北、北京等地出现的架豆角不结荚的现象，主要是气候异常和栽培管理不当两方面的原因。1996年4月份北京地区低温，本应松土提温，而有的农民却浇水施氮肥；5月份北京又出现高温干旱，本应浇水降温增湿，却又没有这样去做。不适合架豆生长的条件，加上雪上加霜的栽培管理，结果可想而知。最近京郊平原玉米区又出现了部分品种粗缩病现象，经组织专家会诊，是蚜虫等侵害，带毒传染，导致春玉米病毒病流行，最终造成玉米生长发育不良，上述例证提醒我们，对待这一类问题首先应该吸收各方面的专家到现场考察调研，轻率扣上一个“假种子”的帽子并不能解决问题。1995年4月，北京某县曾有数百农民到镇政府请愿，要求对“假农药”造成小麦枯黄进行赔偿，经农业技术部门与气象部门调查是霜冻所致.幸亏当时北京市的新闻媒体采取了慎重态度，如果也按“假农药”事件报道，不知会增加多少不安定因素。

综上所述，我们认为，目前新闻媒体报道“假种子”案件温度应该降一降了。不要一听说哪里种子出了问题就跑去采访，仓促见报，而又多是一面之词。科学的问题来不得半点马虎，北京市海淀区法院由外行审判断言邱氏鼠药无害的教训还不深刻吗？技术性案件必须有科技部门参加，种子案件则应由权威的种子技术部门鉴定是人为原因、技术原因还是自然因素所造成的。需要报道的也应在结案之后，而且报道应增加科学性、客观性和公正性。

为减少伪劣种子坑害农民、盲目引种及良种良法不配套造成的经济损失，促进种子市场健康繁荣发展，我们建议应开展以下工作：

(1)加快实施种子产业化工程，使种子的生产、鉴定、供应、销售实现规范化、标准化、区域化，杜绝非种子部门和非农业科技开发机构非法经营种子。

(2)制定和完善关于种子质量的鉴定方法和规章制度。对于良种、劣种、假种、变质种等提出明确的定义和鉴别原则，先科学鉴定再进行处理。

(3)修订和完善《中华人民共和国种子法》。对种子的非法生产与经营、假冒良种等违法行为应与盲目引种的失职行为以及技术性失误等区别对待，分别确定法律制裁、行政处分与经济赔偿的原则。对自然因素造成的经济损失，应通过发展灾害保险事业来解决。

(4)各地应成立兼职的种子鉴定技术委员会，吸收有实践经验的多学科专家参与，在发生“假种子”案件时。对其中自然因素和技术性因素进行鉴别，所需费用由败诉方支付。但与案件有关单位的专家应实行回避。

(5)国家和省市区应支持对品种抗逆性鉴定方法和作物胁迫诊断技术的研究工作，以便增加鉴别判断是人为因素还是自然因素或技术因素的能力，并促进抗逆性品种的选育。

中国农业自然灾害和减灾对策*

郑大玮
（中国农学会，北京　100125）

1　中国农业自然灾害的概况

1.1　农业自然灾害的特点[1]

（1）农业是受自然灾害影响最大的产业。

（2）农业自然灾害以农业生物为直接受灾体。

（3）受到生态系统诸因子的复杂影响，具有相对性，同一条件对有些农业生物可能成为灾害，对另一些农业生物则可能是有利条件。

（4）农业自然灾害与人类活动有着密切的关系，不合理的生产活动，如盲目引种可人为导致或加重农业自然灾害。

（5）地震、山洪、冰雹、霜冻等突发型灾害的农业经济损失相对较小，缓发型或累积型灾害如干旱、沥涝、冷害、冻害等，由于受害面积大、时间长和具有累积效应，对产量和产值的影响往往更大。

（6）群发性和周期性。大灾之年往往祸不单行，丰年之后往往出现灾年，要求人们保持清醒的头脑，可惜历史上丰收之后就经常忘乎所以，使农业造成损失，并出现粮食外贸中的丰年进口，灾年外销的咄咄怪事。

1.2　中国农业自然灾害严重的原因

我国是世界上农业自然灾害最严重的国家之一，常年受灾人口2亿，农田6亿～7亿亩，成灾近3亿亩，直接经济损失占国内生产总值的4%，高于世界平均水平。1951—1980年全国粮食平均单产年际波动5.1%，最高17.6%，最小0.5%。虽因地域辽阔丰歉互补，使得全国粮食总产年际波动不太大，但具体地区的年际波动很大。值得注意的是20世纪90年代以来直接经济损失迅速增加[2]（表1）。

* 本文原载于李振声主编的《中国减轻自然灾害研究——全国减轻自然灾害研讨会文集(1998)》，中国科学技术出版社1998年出版。

表 1 灾害直接经济损失 单位:亿元

1950—1959	1960—1969	1970—1979	1980—1989	1990—1996
476	564	835	760	1440

(1)地理气候条件导致众多致灾因素

受大陆性季风气候影响,气候的季节和年际变率都较大。又由于地处环太平洋和地中海—喜马拉雅两大构造带交汇部,地壳活动强烈,高差大,物质迁移强烈,山地灾害和地质灾害频繁。生态环境复杂多样,生物灾害种类多。

(2)社会经济发展水平制约着抗灾能力

农业的设施化水平较低,社会化服务不完善,大部仍带有传统农业特征,经营规模狭小,加上国家财政困难,减灾投入不足,至今还不能摆脱靠天吃饭的局面。

(3)历史上的生态环境持续破坏

原始森林丧失殆尽,森林覆盖率不及世界平均一半,水土流失日益严重。近年来许多地方以掠夺性开采资源和牺牲环境为代价发展地区经济,更使生态环境迅速恶化。

(4)人口与资源、环境矛盾尖锐化的突出表现

人均自然资源拥有量迅速下降使得中国农业对自然灾害更加敏感。

1.3 灾害对农业和国民经济的影响

(1)对农业生物的直接伤害。

(2)使农业生物发生不利于人类利益的变化,虽未使农业生物受伤,但导致农业的产值和收益下降。

(3)次生灾害和衍生灾害影响下茬生长发育,或诱发病虫害。

(4)土地退化和污染等对生态环境的破坏。

(5)对农业设施的破坏和对农事活动的影响。

(6)灾害使农业生产的成本增加、效益下降。

(7)影响整个国民经济,甚至社会安定和国际关系。

新中国成立以来,除个别年份主要由于政策错误外,农业减产都是由自然灾害引起的,重大灾害的后效可持续数年,国民经济被迫调整。近年来实现经济高增长、低通胀,也是与灾害相对较轻农业连年丰收分不开的。

2 中国农业自然灾害发生和分布[3]

2.1 从灾害种类看以气象灾害对农业的危害最大

农业因气象灾害造成的损失通常占70%以上,其他灾害特别是生物灾害的发生也与气象条件有很大关系。干旱受灾面积最大,占到全部气象灾害损失的一半。洪涝发生频度低于干旱,但受灾集中、成灾率高,在局部地区可造成毁灭性破坏。1996 年以洪涝灾害为主,直接经济损失创历史新高,但干旱较轻,全国粮食空前丰收;1997 年全国洪涝灾害不重,但

北方大范围持续干旱导致粮食减产，经济损失却少于上年。

2.2　东部地区农业受灾损失大于西部

西部生态条件虽差，但多为灌溉农田一熟制，自然灾害以干旱、荒漠化、低温、冰雪为主，损失相对较小。东部为季风气候区，又是多熟制，对气候波动敏感，又因人口密集经济总量大，损失大、灾情重，灾害种类多而频繁，气象灾害、生物灾害和环境灾害都较重。

2.3　农业过渡地带灾害严重

淮河流域是亚热带与暖温带、湿润与半湿润地区的过渡带，既有雨养农业，又有灌溉农业，还有水田，旱涝灾害都很严重。农牧交错带处于半湿润与半干旱、暖温带与温带、寒温带的过渡带，季风进退和强弱的年际变化对农业的影响都较大。沿海是水陆过渡带和一切污染物及流失土壤的归宿，对于海洋灾害又是首当其冲，也是多灾地区。沿海一般都是经济发达地区，受灾后的经济损失绝对量也更大。

2.4　农业生态脆弱地区多灾

生态脆弱带的基本特征是生态系统的稳定性和抗干扰及恢复能力差。中国的生态脆弱区主要有黄土高原、西南喀斯特地区和北方的农牧交错带，这里的贫困人口最为集中，其共同点是水土流失严重。

3　中国农业自然灾害的演变趋势

3.1　农业自然灾害的经济损失有增加的趋势

新中国成立以来减灾能力有很大增强，因灾死亡人数下降，但经济损失绝对量仍在增大。三个灾害高峰分别为：1959—1963 年，即国民经济困难时期，峰值在 1960 年；1976—1980 年，为“文革”结束后的经济相对困难时期，峰值在 1977 年；1988—1994 年，与中央财政困难，水利设施多年失修有关，峰值在 1991 年。

20 世纪 50 年代成灾率最高，与减灾能力薄弱有关。经过十多年的水利和农田基本建设，60 年代后期至 70 年代前中期出现一个成灾率相对较低的时期。70 年代末以后，成灾率又有回升，近十年基本稳定在 50%上下，这和人口增长与资源、环境的矛盾继续加剧有关，也与 60—70 年代的相对旱期结束，全国进入一个相对多雨期，水灾加重有关。

3.2　南涝北旱的基本格局有发展加重的趋势

北方灌溉面积迅速扩大和城市、工业用水剧增，持续多年超量开采地下水和降雨减少使水资源日益枯竭，干旱加重；南方洪涝则与上游水土流失、中游湖泊水库围垦、下游河道淤塞和水利工程多年失修有关。

3.3　种植方式改变和生产水平提高带来的灾害新特点

对自然资源利用得越充分，对其亏缺和变动也就更加敏感。如人均耕地减少，轮作休闲

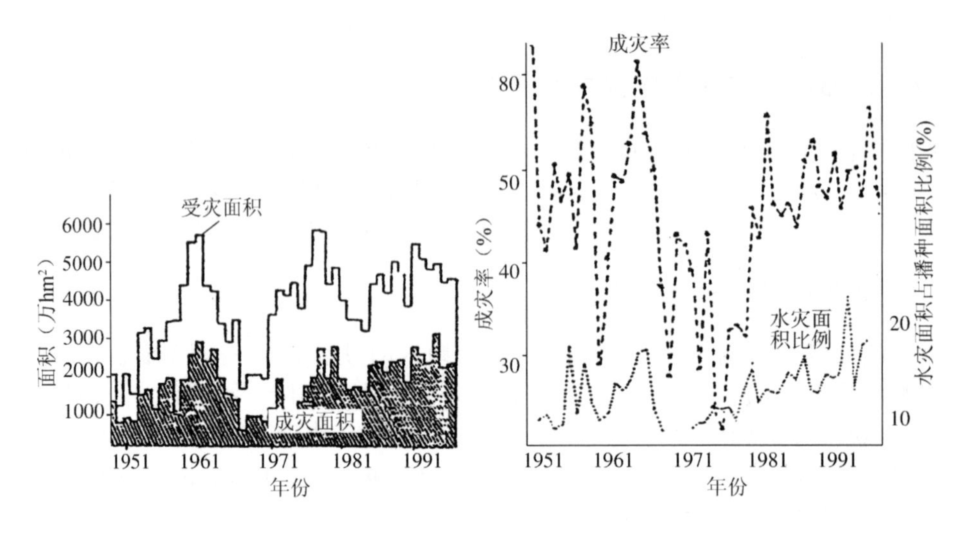

图 1　1949—1996 年全国受灾、成灾面积和成灾率的年际变化

图 2　1949—1996 年全国成灾率和水灾所占比例

难以实施，灌溉面积扩大后对干旱更加敏感，复种指数提高使温度变异对产量的影响加大，并使上下茬作物交接期成为对灾害最敏感时期。间作套种和保护地使有害生物世代重叠防治难度加大。生产水平较低时以水旱灾害为主，农田建设水平较高地区温度异常成为产量波动主因，高产条件下则阴害和病害相对突出。

3.4　经济发展带来的农业自然灾害新特点

经济实力增强有利于提高减灾能力，但在农村迅速工业化的时期容易出现忽视减灾能力的建设和生态环境保护的短期行为，最终酿成苦果。如滥伐森林和滥垦草原，乡镇企业污染扩散，超量投肥和草原超载使土地性状恶化、产出下降等。

3.5　全球变化对中国农业自然灾害的影响

中高纬度的气候变暖使东北、华北的冷害和冻害减轻，但干旱明显加重；南方变暖不明显，降雨增加，使洪涝加重，西南甚至有变冷的趋势。气候变暖还使植物病虫害发生提早和北移。复种指数和作物布局调整过分也会人为加重灾害，如广东热带作物大量北移，在 1996 年 2 月遭受严重的冻害，不少果园毁灭。

人类活动和大量使用化学合成品导致污染日益严重，生物多样性锐减，有害生物的抗药性不断增强，而天敌却大量消亡。

4　农业自然灾害的减灾对策

4.1　加强农业自然灾害的监测、预报和灾情统计

监测与预报是有效减灾的前提。气象、水利、地震、植物保护、环境保护等部门目前都在

进行各类自然灾害的监测预报，但农业自然灾害的影响因子众多且关系复杂，建议农业部每年春夏组织有关部门的专家会商和研讨，分析灾害趋势，确定综合减灾对策。北京减灾协会每年早春都要召开一次年度农业自然灾害研讨会，编写年度综合报告书。统计部门应与地方行政部门脱钩，否则难以根治浮夸、瞒产和谎报灾情。

4.2　健全农业减灾管理体制

农业部的减灾委应明确其职责和挂靠司局，把全国的农业减灾工作抓起来。国家减灾规划即将正式公布和实施，农业部门也应制定本部门和区域性的农业减灾规划。

4.3　制定减灾预案

有了预案就不至于在灾害面前惊慌失措，减灾工作可以事半功倍。要像当年抓区划那样针对不同区域不同灾种组织编制减灾预案。

4.4　开展全方位的动植物保护

现有的植物医院只防治有害生物，只能算专科医院。应研究全方位的动植物灾害和胁迫诊断，开展全方位的动植物保护。

4.5　发展减灾教育

为了中华民族有一个光明的未来，必须全面落实可持续发展的战略，使之深入人心，首先要使《中国 21 世纪议程》真正成为各级政府制定社会经济发展计划的指导方针[4]。

除了对干部、农民和中小学生进行农业减灾知识的普及外，发展我国农业减灾专业的教育也提到日程上来了，中国农业大学已开设农业灾害学选修课，并准备把农业气象专业扩展到农业减灾，以适应加强农业减灾工作和发展灾害保险产业的社会需求。

4.6　合理规划减灾工程

有些所谓的减灾工程只顾眼前而不顾长远，只顾本地而不顾大局，甚至可以说是致灾工程。如上游拼命引水，导致下游水源枯竭；山区盲目发展灌溉，使水库来水逐年减少；平原超密度打深井，使地下水位急剧下降；筑坝拦水，以邻为壑；把污染水排外地等。因此对减灾工程必须经过严格的论证和进行合理的宏观规划。

4.7　加快发展农业灾害保险事业

长期以来，农业灾害保险受行政干预亏损严重已难以为继，现在许多地方农业灾害保险几乎停止，农村高利贷却乘人之危，乘虚而入。我国必须尽快参考国外的做法加快发展农业灾害保险事业，由国家、集体合作与农户共担风险，增强对自然灾害的承受能力。

5 农业减灾和中国农业的发展前景

5.1 社会经济发展的不平衡与农业基地重点区域的战略转移

布朗的《谁来养活21世纪的中国人》一书曾轰动一时，其观点虽有其片面性，但也促使了中国领导人认真思考，采取对策，防患于未然。布朗对中国国情的不了解，除许多文章已指出的以外，还表现在他对中国各地社会经济发展的不平衡缺乏了解。

在计划经济体制下，中国农村的温饱问题长期没有解决，20世纪60年代和70年代初期商品粮基地主要在沿海几个三角洲和内地条件较好的平原，70年代南方推广双季稻和杂交水稻更加大了南粮北调的趋势。80年代随着家庭联产承包制的推行，黄淮海平原迅速脱贫，成为最大的商品粮基地，东南沿海的耕地却迅速减少，农业严重萎缩，形成了北粮南调的局面。进入90年代，黄淮海地区的粮食增长速度放慢，东北和内蒙古异军突起，成为全国粮食产量增长最快的地区和最大的商品粮基地。沿海有些发达地区则已开始用高科技装备农业生产，农业开始复兴。

农业萎缩主要发生在农村工业化的初期和中期，但如政策得当，是可以大大减轻的，这与发达国家走过的道路很相似。中国的国土辽阔，东西部社会经济发展不平衡，不大可能出现全国范围的农业萎缩。但目前应警惕农业萎缩向中部地区扩展的趋势。最近几年内，东北和内蒙古由于土地辽阔，原有产量水平较低，仍是增产潜力较大的地区。到21世纪前叶，西北很可能成为中国商品粮迅速增长的主要动力，这是因为那里土地和光热资源丰富，增产的潜力更大，关键是集水和节水灌溉技术要有新的突破并普遍推广。同时，东部经济发达地区用现代科技和工业装备农业，也会出现新的飞跃。

5.2 贫困地区的扶贫减灾战略[1]

贫困地区一般都是生态脆弱和多灾区，贫困与灾害互为因果，扶贫与减灾能力建设是密切相关的。贫困地区的农业仍停留在传统农业阶段，具有封闭系统的特征，系统无序化，灾害频繁，普遍存在生态、经济和社会发展的恶性循环，转向良性循环必须使系统开放和引进负熵。生态循环实质上是自然物能流转换问题，扭转的关键在于恢复植被，通过光合作用吸收太阳能负熵来增加有序性。为此必须进行生态治理和减灾能力的建设，为植被生长创造条件。经济循环实质上是商品货币形态的物能流，扭转的关键是形成商品生产和交换的能力，这就是人们常说的要建立造血功能，血就是商品流。社会循环实质上是一个信息流的问题，扭转的关键是对外开放，通过教育、培训和“走出去请进来”，引进先进技术和管理，以及市场信息。物质能量流、商品货币流和信息流发展壮大的过程，就是脱贫致富的必由之路。

5.3 农产品生产布局和进出口战略

由于人多地少，中国不大可能在谷物、肉类等大宗农产品上与美国、加拿大等自然资源丰富的国家竞争。但人均自然资源较少的国家也是能够实现农业现代化的，荷兰和以色列以生产高附加值的蔬菜、水果、花卉、种子等技术密集型农产品为主，也实现了较高的农业生产率。中国应在保证主要农产品基本自给的同时，发挥农业历史悠久和生态类型多样的优势，发展名优特农产品出口，以换取必需的大宗农产品进口。与大田作物相比，蔬菜、水果、土特产品和加工品相对劳动密集和技术密集，比较适合中国的国情，应建立出口创汇农业基地。其中蔬菜相对于俄罗斯和东南亚，中国具有得天独厚的气候优势[5]。

5.4　希望在于新的科学技术革命

由于人口与资源、环境的矛盾尖锐，减轻农业自然灾害，使中国农业真正过关和实现现代化将是一个长期和艰巨的任务。家庭联产承包的政策效应基本稳定下来和物质投入接近饱和后，发展农业"三靠"的重点必然越来越多地转移到依靠科技上来。必须大力发展高新减灾技术，特别是3S监测灾害技术、人工影响天气、生物防治病虫、基因工程抗逆育种、集水和节水灌溉技术等。江泽民同志提出"农业科技要率先赶超世界先进水平"。中国的国情要求我们必须做到，否则就难以从根本上解决中国的农业问题。但实际情况是中国的农业科研和农业教育都处于十分困难的局面，如不认真解决，不但谈不上赶超，还可能出现严重的滑坡。

参考文献

[1]金磊，明发源. 责任重于泰山——减灾科学管理指南. 北京：气象出版社，1996：265-268，430-431.

[2]国家科委全国重大自然灾害综合研究组. 中国重大自然灾害及减灾对策(总论)，北京：科学出版社，1994.

[3]韩渊丰，等. 中国灾害地理. 陕西：陕西师范大学出版社，1993.

[4]郑大玮. 发展我国的农业减灾教育事业. 中国减灾，1997，(7)：3-5.

[5]郑大玮，等. 蔬菜生产的主要气象灾害及防御技术. 北京：中国农业出版社，1989.

假种子的识别与“假种子”事件的处理*

郑大玮

（中国农业大学，北京　100094）

1　假种子事件

1.1　什么是假种子和劣种子

（1）良种

具有优良种性的优质种子。包括品种特性与种子质量两个方面。

（2）种子质量

决定种子的使用价值。包括色泽、饱满度、均匀度、包装、标识、证明种子属性的说明资料及使用方法。

国际标准对质量的定义：质量是指产品或服务满足规定或潜在需要的特征和特性的总和。

我国种子质量指标：纯度、净度、发芽率、水分，并作为分级依据。

（3）品种特性

丰产性、品质（口感气味、外观、营养价值、耐贮和加工）、抗性、适应性、繁殖率等。广义的种子质量包括品种特性在内。

（4）假、劣种子的定义

《中华人民共和国种子法》2000 年 7 月 8 日第九届全国人大常委会第 16 次会议通过，其中的第 46 条为禁止生产、经营假、劣种子。

1）下列种子为假种子：

①以非种子冒充种子或者以此种子冒充他种品种种子的；

②种子种类、品种、标签与标注的内容不符的。

2）下列种子为劣种子：

①质量低于国家规定的种用标准的；

②质量低于标签标注指标的；

③因变质不能用作种子使用的；

---

* 本文为 2003 年 8 月 27 日给中国农业大学研究生所作的专题讲座。

④杂草种子的比率超过规定；

⑤带有国家规定检疫对象的有害生物的。

(5)生产上和种子经营中往往难以鉴别，矛盾错综复杂

由于其复杂性，种子质量与品种特性易混淆，种子质量与非种子质量问题易混淆。种子是有生命的，其活力随时间变化。

影响种子质量的因素众多，涉及从制种到播种的各个环节。必须形成专业化社会化的种业。

影响良种效果因素复杂，有品种和种子质量因素，更有环境因素和人为因素。现有科技工作薄弱，农民素质低，许多情况下难以鉴别。

法制、规章、技术标准均不健全，各方与各地利益冲突。

1.2　“假种子”案例剖析

(1)假劣种子坑农事件

种植业管理司统计自2001年12月1日种子法实施和2001年2月26日农业部“农作物种子生产经营许可证管理办法”等5个配套法规颁布后的一年中，假劣种子案件举报100多起，绝大多数受害者是农民，现举一例：

2001年3月19日湖南会同县岩头乡墓脚村林某到县城摆摊售稻种，告诉广坪镇么哨村伍某等二人有金优207，全生育期130天，纯种高产。伍某等花8元价购4.5 kg。4月底5月初播，8月18日已成熟，穗小秕多。另一村民购自县种子公司同时插播，才开始灌浆，预计9月5日成熟。向县农业局举报，经鉴定亩产240 kg，为早熟组合金优298。9月20日依法处罚400元给伍某等二人。林拒不交，已申请法院强制执行。

(2)责任事故

标签、技术说明不清楚或缺乏。2003年4月3日杭州市萧山区农业局农业行政执法大队接坎山镇围垦种植户俞某、丁某等8户投诉，从党山镇某农场购入日本春姿大根萝卜种子86罐，2002年1月7日播种146.2亩，3月底已全部抽薹开花无商品价值，损失10万多元。执法大队查明由党山镇某农场经销员提供，从杭州种苗有限公司购入，后者又从广州某种苗进出口公司购入。邀请农业专家田间鉴定结论“播种期过早，不按规定播种条件所致”。气温偏低易通过春化，3月底温度高迅速进入生殖生长抽薹开花。执法大队7次调解，由于供种方未经试验示范盲目引种和未说明品种特性，应一次性赔偿8户每亩损失720元，合计10526元。

(3)盲目引种

轰动全国的数百万斤湘南杂交晚稻种子卖到皖西不抽穗的“假种子”事件，销售方无照经营，理应惩罚。但该种子在湖南南部确是杂交晚稻良种。殊不知杂交晚稻对光照长度和温度都十分敏感，北移6～7个纬度后日照变长，温度下降，是注定不能抽穗的。但电视、广播、报刊报道都没有提到。20世纪60年代北京市就曾因从罗马尼亚盲目大量引进杂交玉米种子，导致大斑病流行而付出了沉重代价。80年代初中央某领导提出西北应反弹琵琶种树种草，扭转了单一种植破坏生态的趋势，但他号召全国青少年向西北寄树种草种却是违背生态适应性原理的。

(4)自然灾害

更常见的是环境变异特别是自然灾害所引起。如 1996 年媒体报道过的河南某小麦品种败育、某地甘蓝抽薹等,显然是遇春寒和霜冻。北京市农科院培育的耐旱节水品种京核 8 号小麦在干旱的 1997 年表现良好,1998 年推广到几十万亩。但 1998 年春季多雨,灌浆期间连阴雨、湿度大,导致穗发芽,并感染了弯孢镰刀菌,受害籽粒发黑且有毒,不能食用。农民强烈要求育种单位赔偿损失。2003 年南方盛夏空前酷热导致许多地方的早稻空壳瘪粒。

(5)措施不当

2002 年河北省沧州市东光县反映所种植的农大 108 玉米有假,并邀请了衡水地区的 5 位农艺师鉴定。该县邀请了一位参与农大 108 育种的农业部玉米顾问组成员李船江和我前往鉴定,发现主要是由于密度过大和夏秋干旱导致单株生长偏弱,秃尖率加大。但一户农民反映他的地块不缺水肥,植株仍偏矮。经了解是苗期 6 月底 90 多 mm 暴雨之后仍然浇水,人为导致了"芽涝"所致。

1.3 慎重鉴别和处理"假种子"案件

(1)"假种子"事件的危害和社会影响

"假种子"事件的不断发生不但冲击着社会的稳定,而且影响农业生产、农民增收和种业。但"假种子"案件又十分复杂,必须在实事求是科学分析的基础上正确诊断和处理各种矛盾,既要保护农民的利益、制止坑农行为,也要保护育种者、经营者的合法权益,遏止一出问题就是"假种子",借故敲诈育种单位和种子企业的行为,保障种子产业的健康发展。

(2)种子经营中的问题

从种子经营者看,目前种子市场多元化、无序和流动化,问题突出。无种子经营许可证、种子代销委托书、无营业执照经营种子,甚至直接到经销点批发在家销售。超范围经营和再委托经营的现象还相当多。有的种贩无固定经营场所,多点经营,走村串户,甚至不出具或无发票,未建立种子经营档案或不齐全。福建某县检查 5 个公司 21 个销售点,有 80%未建档案或不齐全,有的只载明种子去向,无其他项目。包装不规范。未标明种子质量或所标注种子质量大大低于国家种子质量标准。有的劣质种子包装标注合格甚至优质。经营者缺乏基本种子和农业基础常识。销售者盲目夸大所兜售品种的产量、抗逆性和适应性,误导农民购种。有农民曾问弱感光品种能否做双季晚稻品种种植,销售商竟毫不犹豫说行。非法生产杂交种子重新抬头,制种户向种子公司或种贩购买亲本种子非法制种。不法经营者只要领取营业执照后在售种季节销售,季后关门或店铺转租,不必到种子管理单位备案,出现问题根本找不到种子经营者。农民只知找工商局和技术监督局,又推给种子管理站,后者无执法权和强制措施,难以对违法生产和经营者形成威慑。

(3)非种子质量问题的干扰

在"假种子"案件中,克服行政和司法部门的地方主义倾向和新闻媒体的盲目炒作也十分重要。"假种子"事件,有可能确是以伪劣种子坑农敛财,也有可能是技术性原因,还有可能是自然因素所造成。农业生产受自然条件的影响很大,再好的良种在遇到异常气象或自然灾害时也会减产,不能一出问题就认定是种子不好。但是目前各地的新闻媒体几乎都是一边倒地“为民请命”，好像只要减了产就一定是“假种子”，就得追究种子经营部门的责任。很少有人去追究一下自然和技术方面的原因，更没有人去探讨一下农民自己有没有责任。有些地方只要一打官司，总是农业科技部门败诉赔款，反正是国家事业单位，不吃白不吃。长此下去将严重挫伤广大农业科技人员的积极性，还将增加社会的不安定因素。有些地方法院基本上是地方主义法院，如 1995 年山西因严重干旱，使北京市种子公司在当地的玉米制种减产，当地经营者为减轻自身经济损失，竟指使两名农民用十指按出号称 100 多人的手印制造伪证，状告北京市种子公司。而地方法院竟予以采信，派人到北京银行冻结该种子公司的 80 万元流动资金，导致无法维持经营。后内幕披露，证人不敢到庭，此案才被取消。但地方法院并未追究制造伪证者的责任和应予的赔偿。

因此，新闻媒体对“假种子”案件的报道应该降温。不要一听说哪里种子出了问题就只报道一面之词。要吸取北京市海淀区法院由外行审判断言邱氏鼠药无害的教训，技术性案件必须有科技部门参加，由权威种子技术部门鉴定是否种子质量责任，对质量事故减产减收中种子应承担份额估算、调解。但是目前对此尚缺乏准确的计算方法与标准，估算损失也缺乏必要的科学依据，导致对许多责任事故说不清。

2 关于非种子质量问题的鉴别

2.1 品种的遗传性状与非遗传性状

品种的遗传性状通常表现在株型、叶形、叶片数、籽粒形状、生育期、光周期和温周期特征等。至于株高、叶面积、叶色、粒重、蛋白质或脂肪含量、分蘖数等，遗传因素虽然也能导致品种间的差异，但更多的是受水分、营养、光、温等环境因素的影响。不能简单地凭印象判断所种植作物像不像某品种。

如近年杂交水稻纯度和发芽率不达标的很少，有的年几乎空白，真正的种子质量问题并不多见，而非质量问题屡见不鲜。但一些用户不分青红皂白，任意漫骂，卡车扣人，砸物打人，使有些市县的种子公司处于困境。杂交水稻的非种子质量问题有多种，常见的有：

(1)早穗

症状：插后不久出野鸡毛，剑叶比正常长宽 1/3～1/2，分蘖就开始抽穗，早半月以上。成熟时株矮 20 cm。凡是早穗都矮小，分蘖少。应整兜拔起看是否插的是老秧。

原因：一是秧龄弹性小，与品种特性有关。威优 647 和威优 46 作为双季晚稻超过 32 天一般会出现早穗。如 2001 年湖南双峰县梓门镇 18.5 hm^2 威优 647 普遍早穗，市农业局调查秧龄达 34～36 天，早穗 16.2%。二是超龄老化。插后主茎分蘖和吸收养分能力下降，为维持生长剑叶伸长被迫抽穗，植株矮，穗小粒少。高密度和低肥下更为严重。三是受高温影响，叶片生长快，叶龄增加迅速，使幼穗分化提前。2001 年 6 月 20 日到 7 月 25 日积温 1026.2 ℃·d，日均 29.3 ℃，比 2000 年同期高 0.6 ℃，早穗突出，减产 1 到 2 成。

措施：合理搭配早晚稻品种。早稻早熟种配晚稻迟熟种，早稻中熟搭配晚稻中熟，早稻迟熟搭配晚稻早熟。严格控制秧龄。以天数计忽略了温度、密度、低肥影响，应以叶龄计。

早稻早熟组合 4.0 叶龄适宜,中熟组合 4.5 叶龄,晚熟组合 5.0 叶龄。喷施多效唑可培育多蘖壮秧,提高秧龄弹性 7～10 d。一叶一心后排干秧田,每亩 60 g 兑 50 kg 水喷施,保持一昼夜不进水。补救:割 1/4 长叶后重施氮肥,插后 5 日每亩 10 kg 尿素。已发生早穗速施穗肥,普施粒肥,防治病虫害,提高结实率,增加千粒重,以弥补损失。

(2)徒长

症状:标枪禾。1999 年涟源市种子公司在荷塘镇计划制种威 20 组合 28 hm^2,6 月 26 日播,7 月 9 日徒长苗占 32.1%,全部改插单本外被迫压缩制种面积 3.8 hm^2,损失近 10 万元。一般发生在秧田,比正常叶长 1/3,浅绿,1～4 叶,无气生根,可结实,外源菌寄附引起。恶苗病叶片比正常叶长 2/3 以上,淡绿,整株发生,有气生根,不结实,内源菌寄附引起。

原因:一是感病。藤仑赤霉病,代谢产生赤霉素、赤霉酸,促进徒长抑制叶绿素形成。二是由于农药 920 残效。制种超量使用,特别是喷施遇阴雨低温,或母本打时出穗多,花期调节用多效唑更增农药 920 量。遇适宜气温发生作用,威 20 系组合更重,威 20A 品种对农药 920 较迟钝,繁殖时用量更多,残留时间与外部环境有关。威优 288 做中稻徒长,作晚稻不徒长。

措施:种子消毒,清水洗净沥干,5 g 强氯精兑 2.5 kg 水,浸种 1～1.5 kg,常温早稻 12 h,中稻 10 h,晚稻 8 h,拌匀后不再搅动,封闭。包装消毒,每 1～1.5 kg 种子复合膜袋放 5 g 强氯精小包,浸种。合理施肥,秧田要肥力高,氮肥不可过迟过量,应搭配磷钾肥促健壮。

(3)包颈

症状:杂交一代种子从母本遗传固有特性,不良天气下表现突出。威优 647 组合 1996 年引入丰产抗病,1998 年列入重点推广,2000 年涟源市种植该品种农田面积 4667 hm^2,其中晚稻 3335 hm^2。6 月 18 日播,9 月 5 日始穗,6—12 日寒露风,抽穗不出,一般包颈 3 cm,空壳率高,减产 2～3 成。

原因:主要是寒露风影响。杂交籼稻抗寒力弱,连续 3 天气温≤23 ℃不能正常抽穗。

措施:避开寒露风影响。当地寒露风出现最早时是在 1972 年 9 月 3 日,最迟时是在 1960 年 9 月 30 日。过去,农业部门要求 9 月 15 日前齐穗,风险很大。现提出 9 月 12 日前齐穗,仍不保险。寒露风在 9 月 9 日和 10 日出现的概率最大,9 月 8 日为安全齐穗期,应搭配品种,合理施肥,而目前只重视氮肥。

补救:作好寒露风预报,灌深水保温,增磷钾肥,寒露风后转晴即喷农药 920。

(4)发芽率低

原因:①浸种太久或太短。制种不育系开颖时间长孢子易落、病菌增多,浆片维管束发育不良,颖壳闭合乏力,种子裂壳多壳薄吸水快。同等条件下浸 10 h 杂交稻种子吸水为常规稻 2 倍。有的农民按常规稻浸 3 d,种子开始腐烂。有的浸泡太短吸水不足。②催芽温度过高或过低。超过 38 ℃烧芽,但早春低温下时间长易发生霉口滑壳。③缺氧。周围种子破胸,中间种子不发芽。一般中间种子应先发芽。

措施:搞好浸种催芽。3 月底 4 月初,温度 10～20 ℃时杂交早稻播种。遇低温则自然水温 36 h,高温 24 h,一般 30 h,包括强氯精消毒时间。催芽破胸温度 35～36 ℃,催芽温度 30～32 ℃,摊芽温度 12 ℃。煤灰催芽最好,香两优 68 不用煤灰催芽很难成功,因种子要经预热启动，催芽时间应减半。晚杂种子 6 月 25 ℃左右时播种，浸种 20 h 再用编织袋装，应少浸多露、夜浸日露。

2.2　品种的生态适应性

每种作物或品种对生态环境都有其固定的要求，只能适应一定的区域。在此地是良种，到异地就可能表现不出其优良种性。

光周期现象：有的作物和品种需要在长日照条件下开花结实，有的则需要在短日照条件。长日照作物及品种从高纬向低纬和短日照作物及品种从低纬向高纬引种趋向晚熟，反之趋向早熟。早熟品种反应不敏感。

温周期现象：有的作物和品种需要通过较长时期的较低温度才能开始穗或花芽分化，有的只需较短时间，甚至不需通过低温。有些作物或品种对光照或温度不敏感。冬性强的品种要求较长时期低温诱导才能开始生殖器官分化。

温光综合影响：光温积、积温、生长期常用以衡量生育进程。许多品种完成其生长发育需要满足一定数量的积温、积光，许多作物的种子发芽还需满足一定数量的积湿。

水分对发育进程的影响：玉米抽雄前受旱延迟，之后早衰。雌雄穗因反应不一而失调。

抗逆性：耐旱、耐冻、耐碱、耐瘠、耐湿、耐热、耐阴。

有的能够适应干旱环境，有的则适应湿润环境。寒温带因热量不足一般不能种植玉米、棉花等喜温作物，冬季严寒地区一年生作物一般不能越冬。番茄等在夏季炎热的南方一般不能越夏。不搞清楚作物或品种的生态适应性而盲目推广新品种或盲目引种，往往会给生产带来严重的损失。

湖北省咸宁市嘉鱼县一名菜农购散装萝卜种子，误将春萝卜品种当作冬萝卜种植，导致 2 hm^2 提前开花。1998 年春寒也导致北方不少地方甘蓝提前抽薹不能食用。

甘蓝于 0～10 ℃易发生早薹，50～90 d 通过春化，最适温度 2～5 ℃。早熟种茎大于 0.6 cm，最大叶宽大于 6 cm，7 叶以上真叶接受低温刺激。中晚熟种茎大于 1 cm，最大叶宽大于 7 cm，10～15 叶以上真叶接受低温刺激。中心柱长的品种冬性弱，短的冬性强，早播易发生先期抽薹。苗床温度高、发育快，易赶上低温敏感阶段。气候冬暖春寒和定植早的也易出现先期抽薹。

江西省气象局制止井冈山地区盲目引种琯溪蜜柚，挽回数百万元损失。

2.3　作物的气象胁迫

(1)气象胁迫与灾害

光、温、水、气等气象条件，既为作物的光合作用提供了必需的能量和营养物质，又为作物的生长发育提供了必要的环境条件。适宜的生态气象条件对于农业生产是一种资源，称为农业气候资源，是农业生产最宝贵的自然资源之一。与其他自然资源不同，具有非线性特征。并非多多益善，多了、少了、强了、弱了，都会形成胁迫，甚至成灾。首先必须善于识别和诊断气象胁迫及灾害，然后才能提出正确的防御和减灾对策。主要气象因子对作物的胁迫和灾害可分为以下类型：

气象胁迫或灾害
- 水分因子
  - 水分不足：大气干旱、土壤干旱、生理干旱、草原黑灾
  - 水分过多：洪水、涝害、湿害、凌汛、冻涝、草原白灾
- 温度因子
  - 温度过低
    - 零下低温：冻害、霜冻
    - 零上低温：寒害、冷害（延迟型、障碍型）
  - 温度过高热浪中暑、高温逼熟、雨后暴热
- 光照因子
  - 光照不足：阴害
  - 光照过强：灼伤、日烧病
- 冰雪因子：雪害、冰凌、冻融、冰雹
- 其他因子：大风、龙卷风、雷电、雾灾
- 复合灾害：台风、干热风、连阴雨、沙尘暴、暴风雪

（2）影响气象胁迫的因素

前期与后期气象条件的配合好坏常导致胁迫或灾害的加重或减轻。如前期温度与延迟型冷害，抗寒锻炼与越冬冻害，前期降水与后期抗旱能力，前期阴雨与抗干热风能力，基部节间与抗倒伏能力等。

轻度的气象胁迫采取措施后可以克服，不一定影响产量或品质，但可能会增加成本。严重的气象灾害通常会造成明显的经济损失。除北方的春旱和南方的连阴雨外，大多数气象灾害的发生是小概率事件，具有一定的时空分布特点。不同作物或品种对于气象胁迫或灾害的躲避和抵抗能力也各不相同。有些农民常误将气象胁迫或灾害看成是种子质量问题。如2002年北京市农林科学院京农2号小麦冷害或霜冻事件。1994年山东潍坊某地农民因小麦死苗状告种子部门，《中国电视报》的节目预告也说这是一起假种子坑害农民的事件，经笔者查阅有关技术资料，发现主要是由于该年华北小麦普遍发生越冬冻害造成的，育种单位烟台农校在介绍该品种时已说明是冬性品种，表明其抗寒性要比当地常用的强冬性品种差，并指出该品种应适当晚播。推广部门的责任是仅试种了几年就认定该品种在当地可以安全越冬予以推广，农民也有责任不该种那么早。电视台采纳了笔者的意见，在播出时没有定之以“假种子”，而是分析了造成该品种死苗的各种因素，让各方都从中吸取教训。

（3）栽培措施不当加重气象胁迫

1998年北京郊区有的农民种植大豆光长秧不结豆，怀疑是假种子。实际是因为春季反常低温多雨，又只施氮肥不施磷肥，越不长越着急、越浇水追肥，反而因土地板结，更不生长。温度升高后，水肥发挥作用，枝叶旺长，与生殖生长失调，更不结豆了。入秋时上部枝条才开始结豆。同样的种子夏播都可以结豆，可见与种子无关，而是异常气象和栽培措施不当所致。

1999年笔者考察内蒙古托克托县玉米，农民反映盖膜后晚出苗的玉米反而受冻，早出苗的却未受冻。其实，不同玉米品种出苗对霜冻的抵抗力差异并不大。薄膜只能保护膜下幼苗，清晨膜上气温更低。钻出膜时是最脆弱的时期，晚播如正好赶上低温也会受冻，但恢复能力很强。

2001年棉种风波触及半个中国，凡植棉地区都发生过。山东宁阳为热点。去秋收获时阴雨低温，凡种植的夏棉因迟收不能及时晒干脱绒，水分高是发芽率低的主要原因。其中以抗虫

棉为主，休眠期长，发芽率低于常规种。非专用机械脱绒，不合格包衣加重。盲目早播，导致4月遇两次寒流，有些地方低于0℃，阴天多。不法商趁种子短缺之机以劣充好、以假乱真。

2.4 群体结构与栽培措施不当

良种与良法配套才能充分发挥其优良种性。2002年9月河北沧州东光县反映种植的玉米不像农大108，还请了衡水地区的5位农艺师鉴定。与参与农大108育种的李船江一起赶赴现场鉴定，发现主要是密度过大使株型改变，秃尖变长。当地干旱严重也是导致秃尖较长的重要原因。一农民反映苗期浇了水，不缺水、不缺肥，植株仍然不高。实地考察发现在出苗不久经历90 mm大暴雨后又浇了一水，导致人为的芽涝、“红裤腿”、基部节间短，后来才长起来。鲜食玉米迟收，口感不好商品性差。

2.5 土壤、营养和污染胁迫

黏土地不利于块根、块茎类作物和花生的发育。马铃薯和油菜都不适宜连作，多好的品种也不能克服连作带来的土传病害和养分失衡问题。

玉米对锌敏感。缺锌易出现叶失绿、白化花叶、节短、叶窄、株矮、严重的节间矮缩、叶短扩厚簇生、生长慢等现象。株高仅为正常的70%，抽雄、吐丝、成熟分别延迟8 d，6 d，4 d，粒数减10%～15%，粒重减12%，空秆增加10%～15%，单产减小20%～30%甚至无收。

2.6 有害生物：病、虫、草、鼠害

桧柏可助长梨树锈病菌蔓延，武汉东湖国道边的桧柏竟然导致两旁62万株梨树逐渐枯死，农民已起诉公路局要求赔偿。干旱的1997年北京市农林科学院推广的京核3号小麦表现良好，秋季扩种到数十万亩。不料1998年多雨，灌浆期间连阴潮湿，出现当地从未发生过的弯孢镰刀菌，受害穗发黑，籽粒染黑粉有毒，甚至不能作饲料。媒体炒作，农民要求赔偿。我们坚持不能开此先例。要求良种能抗所有病虫是不可能的，要求育种时要预计到当地从未发生过的灾害更是勉为其难。

3 假种子问题的防范与处理对策

3.1 育种和引种

原种选育及其在应用中的问题：早代应用时种性不稳定，发生分离，保纯措施不严，导致繁殖应用中混杂退化。亲本标准，随意选择，形成各家所持同名亲本，性状各异，引起争端。已审品种应用过程中，繁殖过程对亲本又选择出有差异品系用于制种，造成同名杂交种性状有异。有的随意更换亲本或采用姐妹交，制出的杂交种或叫原名，或冠以“改良”、“新”，但性状已变。制种过程中，正交、反交，组合使用同一名称。

区分品种的遗传特征与非遗传特征。科学合理布置区域试验，掌握品种的生态适应性。生态气候相似分析方法确定品种适宜种植区域和适宜引种范围。

过渡期问题。辽宁省丹东市1999年冬至2000年春推广的42个玉米品种中仅5个经审定,有的未参加区试。过渡期未审定先推广的品种应有严格的要求规定,不能把未经区试和区域表现差的品种列入超前管理或试验示范范围进入市场。

引种前必须进行科学论证,主要是进行气候相似分析和试验示范。决定引种成败的因素是生态适应性,作物或品种的适应性有些很广,有些则很窄。

气候相似分析方法:包括相似距与模糊聚类。成功案例包括橡胶、油橄榄、美国小麦矮化腥黑穗病(TCK)。

20世纪50年代初我国只有海南岛西部种植橡胶树,经农业气象工作者实施调查,发现云南南部低海拔坡地的气候与海南相似,且由于逆温效应寒害较轻,引种成功后扩大繁殖,已成为稳定的橡胶产区。

油橄榄原产巴尔干半岛,为地中海气候,与我国的大陆性季风气候不同。但经魏淑秋教授进行滑动相似分析,发现云南和贵州的许多地区冬春气候与巴尔干半岛相似,可以引种油橄榄。该项研究已在油橄榄引种试点中得到应用。

TCK是我国禁止进境的一类危险性病害,根除十分困难。由于我国小麦主产区与美国小麦主产区的气候相似,必须严防美国小麦种子进入我国小麦产区。但鉴于海南无冬小麦种植,并与大陆有琼州海峡作为天然隔离屏障,在确保我国小麦生产安全,并使我国全面获得美国小麦质量和利用其出口港获益的原则下,经报国务院批准,兹将海南省作为接受TCK疫粮的特殊地区。疫粮仅限在海南省内加工,严禁将其原粮和麸皮运往大陆其他省、区、市。加工后麸皮的处理,应受动植物检疫部门的严格监管。加工后的面粉已不再传播TCK病害,即使进入内地也只在消费领域流通,不会进入生产领域。

3.2 实施种子产业化工程

使种子生产、鉴定、供应、销售规范化、标准化、区域化,杜绝非法经营。

(1)制种

要依法制种。严格参照生产技术规程、制种合同,禁止自行大面积繁育,并具备隔离条件。

把好亲本种子质量关。种子质量因素有陈米、顶部小粒、未成熟、受捂受冻、种皮胚乳受损虫蛀、感病、劣质种衣剂、拌药不当等。非种子质量因素有管理、墒情、整地、肥力不匀、播种过深过密、地膜覆盖未及时将膜下苗放出、水肥气热不协调等。措施有保证亲本质量、及时收获、剔除病穗霉变株、去杂去劣、使用优质农药、提高播种质量、注重水肥管理等。异地制种问题如冀承单3号到高温区株矮早熟减产,掖单4号夏播区一叶一心播父本,春播区二叶一心。海拔每升高100 m生育期延迟3~4 d。

杂交玉米制种中应注意的问题:①基地落实。大多是多数山区和贫困地区的农户拼命多种,导致劳力不足抽雄不及时。②认真抓好抽雄期去杂去劣。去优势株、弱株、小株、异型株、杂色株,保留具有典型性状、大小一致的植株。而农民往往舍不得去掉优势株,必须赶在抽雄期深入制种基地指导监督。③科学抽雄。识别父母本,抽去母本雄穗。组织农民现场培训,临田观察要注意区别开。第一次去雄在母本露出顶叶时,带叶去雄。摸到雄蕊较大即可带顶叶一起拔掉,带3～5叶会影响产量。围布裙两手去雄快速,走十几步应回头看防止漏拔。

(2)种子活力与收获贮存

陕西千阳高粱种子多年来发芽率不高,且逐年下降。2000年抗四高粱的发芽率平均降低2.27%,抗七降低21.66%,2001年抗四降低9.78%。原因有收前冻害、高温霉变、收前穗发芽、粉质型种子单宁少易霉变、角质型种子发芽率高等,另外小拖拉机碾压脱粒导致发芽率低,含水多的种子易损。措施:应适时收获、脱粒方式以人工甩打最好、及时晾干、覆膜栽培早熟避雨,如此发芽率可提高2.5%。

种子活力是指在广泛的田间条件下,决定种子迅速整齐出苗并长成正常幼苗的潜在能力的总称。种子活力影响发芽、成苗、健康、抗逆能力及子代产量。活力下降原因如下:

①保存过久。部分年份供应紧张,多数年份供过于求,经营者留作次年,发芽率下降不大,但活力大幅下降。

②高温高湿环境。含水5%～14%时每降低1%,温度0～50 ℃时,每降5℃,种子寿命延长一倍。越夏管理不善或根本无越夏条件的仓库可形成高温环境。收获水分超标或中途吸湿,会使运输贮藏形成高温高湿环境。北方玉米制种产量高,气候干燥对水分要求不高。运输中高温高湿,令种子到南方后活力下降。

③不规范小袋包装。目前常用聚乙烯塑料袋,如不留孔可造成种子窒息,活力迅速下降。同时,袋中水分过高,蒸发不能扩散,加剧活力下降。

④晾晒不及时。收获时水分达30%以上,代谢旺盛,若晾晒烘干不及时,升温会影响种子活力甚至萌发。

⑤烫伤、破损。水泥、柏油地面温度高,晾晒不当会烫伤种子。玉米种子在50℃下比35℃活力明显下降。同时脱粒、暴晒、机械加工都可造成破损。

⑥陈种应转商。环境温度过高,应将种子保存在低温仓库,配备除湿机。种子必须干燥到规定水分含量以下才能收购。调运或贮藏中发现水分过高应及时干燥。小袋应留孔。新收种子应及时晾晒烘干,阴雨天保持种堆通风。严格控制烘干温度。尽量使用晒席,避免水泥柏油地面直接接触种子。玉米脱粒尽量手工操作。

⑦收获、脱粒、加工机械混杂和损伤。

⑧包装、贮藏、运输不当造成质量变化。

种子活力测定方法:生理、生化、抗逆法等,测定方法较复杂,需特殊设备。发芽初可根据《农作物种子检验规程》“初次计数天数”计,发芽率高的种子活力高,结合发芽、水分检验结果,找出活力下降的诱因及下降程度,采取适当处理办法。

(3)改进种子经营

发展经营网络,扩大业务,方便农民,减少更换种子成本,提高商品种子采用率。企业建立信誉,加强促销。经营者直接倾听用户意见,了解需要。向用户介绍、推销、引导购买。有助于迅速、有效、准确、持久发挥良种的增产和优质化作用。

经营者必须严格执行法规,引种新品种要到农业行政管理部门登记备案。跨区引种要经过试种成功才可推广。引种进口种子必须附中文标签以便识别。要告知农民播种时间、条件、栽培技术和注意事项。

改善种子公司及其代销点服务态度。从卖种到收获跟踪服务，特别是优质麦，急需管理上的指导。价格和质量上，必须了解农民心态，坚持微利经营原则。

加强监督力度，规范种子市场。杜绝一品种多名现象，学会保护自己。

严把质量关，增强品牌意识，争创名牌，让农民买得起、买得到、信得过。

经销人员在购种高峰前做好宣传。不同地区经济、知识水平和自然条件差异导致购种高峰期差异，应详细调查。

3.3 健全种业法制

现行的种子法律法规仍有不足。品种知识产权法律保护包括专利权、品种权、商标权、商业秘密保护。保护品种权人的独占、使用、受益、转让、处分权利。应制止未经授权非法制种，禁止炒作“太空种”，禁止无照经营杂交水稻种，流动摊点无发票、无固定经营场所，也无法理赔，应取缔。应建立种子质量保证金制度。

修订和完善种子法，对种子的非法生产与经营、假冒良种等违法行为，与盲目引种的失职行为，以及技术性失误等要区别对待，分别确定法律制裁、行政处分与经济赔偿的原则。使得在处理种子案件时有法可依。对自然因素造成的经济损失，应通过发展灾害保险事业来妥善解决。“假种子”官司必须经过技术鉴定，严格公正执法。

自繁自育，剩余种子量不应大大超过自有土地用种量，不应超过自用量的 2 倍。只限常规种子，不允许售杂交种。

3.4 建立健全种子质量鉴定标准和规范

研究制定种子质量鉴定方法和标准，对于良种、劣种、假种、变质种等提出明确的定义和鉴别原则。成立兼职的种子鉴定技术委员会，吸收有实践经验的多学科专家参与，在发生“假种子”案件时，对其中的自然因素和技术性因素进行鉴别，所需费用由败诉方支付。但与案件有关单位的专家应实行回避。

3.5 加强相关的科研工作

国家和省市区应支持对品种抗逆性鉴定方法和作物胁迫诊断技术的研究工作，以便增强鉴别判断是人为因素，还是自然因素或技术因素的能力。建立全方位的作物诊断技术体系和植物医院。现有的植物医院实际只是单科医院。

水稻“翘穗头”不能误认为是种子问题。1965 年太湖地区种植的农垦 58 普遍发生“翘穗头”。20 世纪 90 年代末句容、泰州、淮安，以及近几年的苏中均有发生。翘穗水稻穗粒小，灌浆后内外颖张裂，部分米粒外露。亩产减 100 kg，最多 250 kg。幼穗-抽穗生长失调阻碍穗分化。残毒、早穗、光照不足、病虫、过量农药、肥水不当、干旱等与种子质量无必然联系，翘穗种子次年播种均基本恢复正常。

3.6 提高农民素质，增强法制观念

(1)农民购种行为

河南省调查了14个地级市和40个县，以村为样点，户为基本抽样单位，汇总户数1798户。购种时大多数人考虑质量、价格、产品销路，少数人注意产品出处和品牌，故最担心假种子问题。购种时间以播前一月集中，经济水平高的不集中、持续长，经济水平低的非常集中，多在播前一月甚至播前10天。一些看天吃饭的地区看天买种，什么时候下雨再买，其盲目性表现在不知"三证一照，两证一标签"、不索取发票、担心假种子但无以识别、对品种审定无丝毫认识、渴望售后服务和品种信息。

(2)购种须知

购买合法种子。应注意品种优质和时效，种子需审定过，并适宜本地区种植。应到正规、合法、可靠，有一定经济实力的种子经营单位购买。购买时查看种子经营许可证、标签、质量标准、净含量、生产年月、生产商联系方式、许可证编号、品种审定编号等。找生产商核实可到中国种业信息网查询，索要相关说明及发票。看清名称、产地、质量指标、生产日期等中文标签，问明播种时间、使用条件、简明特征及适应性。了解如何栽培，不可轻信广告宣传。引种必先试验示范，留少量种子以备检验。

(3)依法维权索赔

如实记录受害情况，保护现场证据，与农业技术部门、农业行政主管部门、技术监督部门联系，做出鉴定说明，不要错过最佳检验时机。分析原因，要求种子经营者派人到现场，申请工商部门、农业部门、消费者协会调解仲裁。必要时可到法院起诉，按种子法协商、投诉、调解、仲裁、起诉、判决。非种子质量问题责任自负，申请灾害保险并做好预防。如系经营者干预，因指导不当导致发生种子事故须有证据。

3.7　建立种子风险基金，发展农业灾害保险事业

建立灾害保险是大势所趋，应学习发达国家的灾害保险事业。

农业减灾与粮食安全*

郑大玮　郭　勇

（中国农业大学气象系，北京　100094）

摘要：虽然2004年我国粮食生产恢复性增长，但影响粮食安全的基本因素，特别是粮食生产的比较效益低下和抗灾能力脆弱并未根本解决，全球气候变化还带来了农业灾害的某些新特点。未来农业发展与资源、环境的矛盾将不断尖锐，农民承受风险的能力下降，必须给予农业减灾高度的重视。国务院在全国组织开展"一案三制"工作，建立健全突发公共事件应急机制，标志着我国减灾管理进入新的阶段。中国气象事业发展战略研究也把应对气候变化和减灾提高到国家安全保障的高度。在新的形势下应该加强农业减灾的基础工作，全面启动农业减灾规划和预案的编制，开展农业气象诊断和全方位的植物保护，开展农业风险评估和灾害保险业务试点，主动防御有害生物入侵，因地制宜进行生态环境建设，加强农业减灾研究，依靠科技确保粮食安全。

关键词：全球变化；粮食安全；农业减灾管理

1　全球变化与影响粮食安全的自然灾害

1.1　粮食安全形势严峻

1983年4月，联合国粮食及农业组织通过了总干事爱德华・萨乌马提出的粮食安全概念，即"粮食安全的最终目标应该是，确保所有人在任何时候既能买得到又能买得起他们所需要的基本食品。"1985年11月联合国粮农组织又通过《世界粮食安全协约》，认为各国政府负有确保本国人民粮食安全的基本责任。发展中国家应避免对进口粮食特别是对本国不能生产的基本粮食的依赖。在莱斯特・布朗发表"谁来养活21世纪的中国人"一文后，[1]1996年国务院发表了《中国的粮食问题》白皮书，[2]提出立足国内资源，实现粮食基本自给，是中国解决粮食供需问题的基本方针。20世纪90年代后期，我国粮食生产能力已达5亿t以上，人均超过400 kg。但由于结构调整和退耕还林还草，1999年以来我国粮食耕种面积逐年减少，2002年比1998年减少了1.48亿亩以上，加上自然灾害的影响，粮食产量从1998年的51230万t跌至2003年的43065万t，粮食库存不足当年消费量的30%，处于1974年以来的最低水平，供求缺口高达当年消费量的13.4%。虽然2004年我国粮食产量有所回升，

* 本文为2004年11月18日举行的中国农学会农业气象分会第五次代表大会上的论文。

但很大程度上是恢复性的，而且与当年风调雨顺和粮价上涨有关，影响粮食安全的基本因素，特别是粮食生产的比较效益低下和抗灾能力脆弱并未根本解决。农业仍然是受自然灾害影响最大的产业，五十多年来，年均受灾面积 4569 万 hm^2，成灾 2324 万 hm^2，绝收 526 万 hm^2。[3] 近 5 年农业受灾直接经济损失和近 3 年受灾面积都超过常年，尤其是 2003 年受灾 6002 万 hm^2，创历史新高。全球气候变化还带来了农业气象灾害的某些新特点。

虽然经济全球化提供了通过出口劳动和技术密集型农产品，进口资源密集型农产品，从而实现全球范围自然资源优化配置和间接共享的可能，但由于中国人口众多，粮食向内地和山区运输贮藏成本又高，荷兰、以色列等小国依靠贸易解决粮食安全的成功模式只适用于我国部分沿海地区，不适于内地和全国。

1.2 旱涝灾害

五十多年来，全国年均受旱面积 2108 万 hm^2，成灾 889 万 hm^2，影响人口 11.5%，大旱年平均减产 5%。北方以春夏连旱为主，影响春播、夏粮灌浆和秋粮生长；长江流域以伏旱为主，主要影响水稻。全国年均受涝面积 1000 万 hm^2，成灾 500 万 hm^2，以夏秋涝为主。虽然洪涝灾害的经济损失大于干旱，但对粮食生产的威胁却以干旱最为严重。这是因为洪涝受灾通常是狭长带状且时间较短，而干旱受灾面积广，且持续时间长，最易遭受旱灾的东北和华北早已取代南方，成为粮食生产的主要基地。如 1998 年是历史上自然灾害经济损失最大的一年，但粮食产量创历史最高纪录。1999 年以来的灾害经济损失都低于 1998 年，但粮食连年减产。除政策原因外，北方连年干旱是一个重要原因。随着未来北方水资源形势的继续恶化和气候的干暖化，干旱对粮食生产的威胁将更加突出。

1.3 低温、高温与变温胁迫

随着全球气候变暖，低温灾害本应减轻，但人们往往企图超量利用所增加的热量资源，这反而会人为导致低温灾害，20 世纪 90 年代华南空前严重的寒害和东北有些年份粮食成熟度差、含水过高都是如此。气候变暖还使作物抗寒锻炼不足，温度骤降时，同样强度的低温可造成更加严重的灾害损失。随着气候变暖，华北小麦与长江中下游早稻的灌浆期热害也日益突出。

1.4 土地退化与荒漠化

气候变暖使东北的黑土地有机质含量迅速下降，水土流失和风蚀沙化导致边际土地生产力不断下降，近年来的连续大旱使内蒙古草原和农牧交错带的荒漠化有蔓延扩展的趋势。

1.5 生物多样性与生物灾害

全球气候变化导致生物多样性锐减可能带来的灾难性后果可能要过许多世纪才被人类充分认识。最近欧盟主动援助中国西部省区，保护农家品种资源，很可能与美国国防部关于全球气候变化可能威胁国家安全和国际社会稳定的报告有关。

在全球变暖和经济全球化的背景下，病虫害等生物灾害的发生也出现了新的特点，原有病虫害世代交错北移西扩。

我国有害生物入侵的现状严峻，据统计，20 世纪 70 年代外来侵入有害生物仅 1 种，80 年代为 2 种，90 年代增加到 10 种，其中森林病虫害外来有害生物几乎占据一半。目前我国所有省市区均发现了外来入侵种，据国家环境保护总局（现中华人民共和国环境保护部）统计，主要外来入侵物种造成的经济损失平均每年达 574 亿元。

2　农业减灾的新形势

2.1　农业发展与资源环境的矛盾日益尖锐

未来二三十年由于农村人口加速城镇化和经济发展对土地、水资源及能源消耗的急剧增加，将人为加重某些自然灾害。如 20 世纪 80 年代初华北北部旱年粮食大多增产，涝年无例外都要减产。现在由于地表水和地下水资源都濒临枯竭，一遇干旱少雨，首先牺牲的就是农业。不但密云水库不再向农业供水，为保证城市供水还关闭了一些农用机井。随着城市人口比例的加大，农业灌溉主要靠城市污水将是大势所趋。

城市化过程和建设开发区滥占耕地使 20 世纪 90 年代后期以来，我国耕地面积每年减少几百万亩，盲目开垦边际土地造成生态环境恶化。如内蒙古 90 年代大面积开荒使耕地面积比 80 年代末扩大 50%以上，导致沙尘暴频发；黑龙江大量开垦湿地，导致气候趋于干旱，黑土地加速退化。

2.2　农民承受农业风险的能力不断减弱

中国农民的土地经营规模为世界最小，又缺乏社会保障机制，对农业风险的承受能力很低。近年来进城打工已成为多数农民的主要收入来源，在农业特别是粮食生产上投入的积极性仍然不高。

2.3　世界与中国减灾的新阶段

国际减灾管理经历了三个发展阶段。20 世纪前中期为分灾种管理。60 年代以后发达国家大多制定了灾害基本法，进入灾害综合管理阶段，我国和大多数发展中国家则是在 90 年代联合国开展国际减灾十年活动的推动下逐步开始了减灾综合管理，1989 年成立了中国国际减灾十年委员会（1999 年改名中国国际减灾委员会），1998 年全国人大常委会通过了《中国减灾规划（1998—2010 年）》。[4] 90 年代后期以来，日本经历阪神大地震、美国经历“9·11”恐怖袭击、中国经历 SARS 灾难之后，都先后进入了危机管理阶段。温家宝总理在十届人大二次会议上的政府工作报告中特别指出：要加快建立健全突发公共事件应急机制，这是我们在经历了许多大的灾害磨难以后，从国家安全战略的高度做出的重大决策。2003 年下半年以来，国务院办公厅组织开展了“一案三制”工作，即制定完善应急预案，建立健全突发公共事件应急机制、体制和法制。2004 年 1 月 15 日国务院召开了部署突发事件应急预案有关工作会议，春季又先后向国务院各有关部门、单位和各省（区、市）印发了制定和修订突发公共事件应急预案框架指南及其说明，目前省级预案已上报国务院备案。国务院还多次召开专家学者座谈会，听取对我国应急突发公共事件体制、机制、法制及预案框架指南的意见和建议。6月3日国务院审核《国家防汛抗旱应急预案》和《自然灾害应急救助预案》并原则通过，《紧急状态法》也正在抓紧制定，即将提交全国人大常委会讨论。

国务院的在对《框架指南》的说明中指出：突发公共事件是指突然发生，造成或者可能造成重大人员伤亡、重大财产损失、重大生态环境破坏，影响和威胁本地区甚至全国经济社会稳定和政治安定局面的，有重大社会影响的涉及公共安全的紧急事件。根据突发公共事件的性质、演变过程和发生机理，主要分为自然灾害、事故灾难、突发公共卫生事件、突发社会安全事件四类。

2.4　中国气象事业发展战略研究

中国的自然灾害70%以上为天气和气候灾害，大多数生物灾害和地质灾害的发生也与气象异常有关。2003年10月美国五角大楼给布什政府提供《气候突变的情景及其对美国国家安全的意义》的秘密报告，全球变暖可能导致气候突变，并由此引发全球性骚乱、冲突和核战争，对国家安全产生重大影响。报告认为20年后人类的头号威胁不再是恐怖主义，而是气候变化。因此，适应、减缓和应对气候变化及相关自然灾害已成为人类社会发展不可回避的重大问题。我国气象专家认为，虽然美国国防部提出的2010年前后可能发生气候突变是一个小概率事件，但这是人类历史上第一次把气候变化提升到国家安全的高度。

中国气象局一年来组织《中国气象事业发展战略研究》，[5] 提出21世纪前20年中国气象事业的历史使命是“促进经济、社会、人口、资源和环境协调发展，减轻天气气候灾害的影响，应对气候变化，开发利用气候资源，实现人与自然和谐”。明确了建设具有世界先进水平的新一代气象现代化体系，实现从气象大国向气象强国跨越，为全面建设小康社会提供更加优质的气象服务的战略目标。指出中国气象事业发展必须“坚持公共气象的发展方向，大力提升气象信息为国家安全的保障能力，大力提升气象资源为可持续发展的服务能力”，并凝练为“公共气象、安全气象、资源气象”的新理念。提出加强能力建设的八大工程：综合观测系统工程、气象灾害预警系统工程、公共气象服务系统工程、气候观测系统工程、气候变化应对工程、航空航天气象保障工程、人工影响天气工程和气象科技创新工程。提出要构建气候系统观测、气象信息共享、公共气象服务、气象科技创新等四大平台。还提出了促进资源共享、推进科技创新、实施人才战略、完善投入机制、推进法制建设、加强国际合作，健全公众参与机制等七项战略措施。在整个战略研究中，应对未来气候变化和减灾放在十分突出的地位。

2.5　应把农业减灾放在突出地位

农业是受自然灾害影响最大和最为脆弱易损的产业部门，全国农田年均受灾3400万hm^2，影响人口6亿人次，年均经济损失约占GDP的3%～6%，而发达国家一般只占0.5%～1%。20世纪90年代末以来的粮食短缺与旱涝等严重自然灾害有密切关系，2003年贫困人口反弹上升也主要发生在重灾区。新中国成立以来水利、林业和农田基本建设等减灾工程和气象、水文、地质及生物灾害的监测预报能力建设都取得了巨大成就，因灾死亡人数从20世纪50年代年均数万下降到近几年的平均3000人以内。但人口增长、经济发展与资源承载力及环境容量的矛盾仍在加剧，农业生态环境局部好转，整体继续恶化。中国长期以来农业减灾管理薄弱，农业减灾科技投入尤其不足。估计我国农业减灾管理比发达国家落后15～20年，农业灾害监测预警与减灾技术在不同领域落后5～15年不等，减灾技术普及的差距更大。

与其他领域和部门的减灾工作相比，农业减灾的基础工作相当薄弱，至今尚无专门的管理和研究机构，农业部的减灾委形同虚设。虽然气象、水利、地质、地震等部门承担着各类自然灾害的监测、预报和防灾工程，但其重点日益转向城市。农业部门只抓生物灾害防治是不够的，必须从农业生产的整体安全保障和农业生物的全方位保护出发，制定农业减灾对策，落实减灾增效的措施。农业自然灾害的发生通常难以避免，但采取防范措施可以大大减轻灾害损失。通常减灾投入与减轻灾损收益比可达1∶20～1∶30，应该树立减灾科技也是第一生产力的观念。

3 加强农业减灾，保障粮食安全

3.1 加强农业减灾的基础工作

首先应该加强农业减灾的基础性研究。对于农业减灾技术的研究几十年来已取得不少进展，但缺乏应用现代系统科学与灾害学理论指导下的农业减灾管理研究，使得农业减灾技术停留在不同灾种的分散技术上，没有形成完整的理论与技术体系。对于一些农业灾害发生机制的研究也很不够，在农业灾害分类上也没有一个成熟的标准。例如，低温灾害的分类在国内期刊和论文中就比较混乱，我们认为低温灾害应分为冷害、寒害、冻害与霜冻四类。前两种为零上低温危害，把热带、亚热带作物寒害与冷害区分开来，是考虑到热带、亚热带作物饱和脂肪酸含量高，在零上较高温度就可凝固而导致生理障碍，其危害机制与冻害相似。冻害与霜冻虽同属零下低温危害且与细胞结冰相联系，但前者由越冬前后的零下强烈低温引起，与抗寒锻炼及越冬休眠有关，具有累积受害特征；而后者发生在作物活跃生长期且具有突发性。不同类型的低温灾害在防治原理与措施上有很大差别。又如把小麦雨后暴热枯熟说成是干热风的第二种类型，既不干，也无风，完全是荒谬的。

对于各种灾害应进行系统的指标鉴定。各地应建立农业灾害风险评估、现场会诊、预测会商、年度总结和编写农业灾害志等制度。农业减灾应进入农业院校的教学课程体系，随着农业减灾管理的不断健全和农业灾害保险业务的试点运行，有条件的院校应开设农业减灾的专业方向。

在农业减灾技术上，除总结传统的防抗和补救措施外，还应重视应用现代生物技术、信息技术探测、理化控制技术和生态工程技术。

3.2 编制农业减灾规划与预案

1998年公布的《中国减灾规划》曾要求各地和各部门编制相应的规划，但除地震、气象等少数部门和试点省(区、市)外大多没有落实。农业是受自然灾害影响最大的产业,更应该率先编制减灾规划。

农业生产上的各种自然灾害,不论突发性的还是累积型的,都应该编制预案。有了预案,一旦灾害发生可以高效率地防灾和减灾,事半而功倍。建议农业部根据国务院建立健全突发公共事件应急机制的精神,全面启动农业自然灾害的减灾预案编制。首先组织有关部门和专家对农业自然灾害进行科学分类和区划,编制农业减灾预案的编制指南,选择技术力量较强的地区和灾种先行试点。在总结试点经验的基础上,全面启动各省、市、自治区针对主要农业灾害逐项编写减灾预案。编制完成后应组织专家评审验收,并在试行一两年后再修订完善,各地也可结合具体情况编写本地区主要农业灾害的减灾预案。

3.3　农业气象诊断与全方位的植物保护

近年来,“假种子”官司层出不穷,许多是特殊气象条件或灾害导致作物生长发育异常,有的则是盲目引种造成的,但农民却误认为是“假种子”。现有植物医院只管病虫草害,最多加上鼠害,实际上是专科医院。但农作物除有害生物胁迫外还存在外界不利环境及种群结构、内部养分结构与分配失衡等造成的其他多种胁迫,不但农民无法识别,许多专业技术工作者也难以识别。因此,有必要构建包括农业气象胁迫诊断在内的作物诊断方法技术体系,并逐步构筑全方位的植物医院,形成大植保系统。[6]

3.4　农业风险评估与灾害保险

农业风险包括自然、市场和社会三类。实行灾害保险,由社会共担风险,是保持农业生产和社会稳定的最佳选择和必然趋势。与其他保险业务不同,农业灾害保险带有很强的公益性。但中国农业灾害保险业务一直在不断萎缩,1982 年开办农业保险以来累计收入仅 90 多亿元,2002 年更下降到 6.4 亿元,仅占全国财产保险保费收入的 8.82%和农业生产总值的 0.04%。险种也由 60 多个下降到不足 30 个。在小康社会的建设进程中,传统的人道主义救济已不能满足需要,SARS 灾难更暴露了中国农村和农业抗御风险能力的脆弱,构建农村社会保障体系势在必行。农业保险属于政策型保险业务,发达国家一般都采取国家扶持、社会集资、合作经济组织共保与农民投保相结合的办法。中国应尽快研究制定相应的政府补贴和税收优惠政策,探索适合国情的农业灾害保险制度。中国保监会已正式批准上海安信农业保险股份有限公司筹建。这是我国第一家专业性的股份制农业保险公司。法国安盟保险公司也已获准在我国上市。在开展有关经济政策研究的同时,也需要开展农业灾害诊断识别、风险与灾损评估、农业灾害防御和减灾技术的研究,将极大地推动中国农业减灾事业的发展。

3.5　防御生物入侵

首先应摸清有害生物入侵的现状及途径,建立世界危险性有害生物和已入侵中国有害生物的数据库与信息查询系统;制定有关政策法规、完善管理机构、加强监测、预警和风险分析,变被动检疫为主动防御;同时要研究气候与天气变化诱导生物灾害发生的规律,提高生物灾害的预测与综合防治水平；通过优化生态环境，提高农业生态系统抵御有害生物入侵的能力。

要运用生态气候相似原理进行已入侵有害生物对农业危害的风险评估，建立国际和国内地区间有害生物入侵的普查与检疫制度，开展控制有害生物入侵的国际合作与交流。

3.6 生态环境建设要因地制宜

开展生态环境建设，重建秀美山川是全国人民的共同心愿，也是消除灾害源的根本途径。但生态环境建设必须因地制宜，否则不但不能促进生态好转，反而会造成极大浪费，甚至造成新的生态破坏。如黄土高原和半干旱丘陵的许多地方，过去把梯田筑到山顶，近年又强调连山连体退耕，把基本农田都荒废了。有的地方强迫农民栽植高耗水的速生树种，由于无法灌溉而基本不能存活。年降水 400 mm 以下地区不适宜植树，但近年来退耕只讲还林不提还草，或补贴年限很短、标准很低，不能调动农民的积极性。现在有许多似是而非的提法，如植树“涵养水源”在干旱和半干旱气候区是没有科学根据的。“保持水土”也不能绝对化，上游山区都把雨水截留了，下游怎么活？不少水利工程于局地有利，对他处对全局却是水害工程。土地利用宜农则农，宜林则林，宜牧则牧，还应加上宜荒则荒。在西北干旱区正是水资源时空分布不均才造就了人类能够生存发展的绿洲空间。

4 加强农业减灾研究，依靠科技保障粮食安全

确保十几亿人民的粮食安全，归根到底要依靠科技，加强农业减灾研究尤为重要。2003年以来参加《国家中长期科学与技术发展规划战略研究》04 专题“农业科技问题研究”中的0406 课题“可持续农业和农业安全战略研究”的农业减灾子课题中，我们提出了以下项目建议，可供大家参考。

4.1 提高粮食作物生产水分利用效率途径的研究

(1)提高主要粮食作物水分利用效率机理的基础研究。

(2)粮食主产区按流域水资源保障与优化配置的研究。

(3)旱作粮区水分资源适度开发与可持续利用的研究。

4.2 粮食作物自然胁迫诊断技术与响应农作系统的研究

(1)主要粮食作物自然胁迫诊断技术体系研究与全科植物医院的建设。

(2)粮食生产重大自然灾害减灾预案的编制。

(3)粮食作物品种抗逆性鉴定及其在抗逆育种中的应用。

(4)调节改良农田微生境的减灾新技术(物理、化学、生物等)研究。

(5)基于灾害监测预报与对策研究的响应农作物系统建设。

4.3 粮食生产重大病虫害与有害生物入侵的防御和减灾技术

(1)全球变化与市场开放条件下粮食生产病虫害发生趋势与特点研究。

(2)粮食生产年主要病虫害的生物防治与生态控制新技术的研究。

4.4　粮食减灾安全保障体系的研究

(1)商品粮基地开拓粮食灾害保险业务的可行性与政策研究。

(2)基于自然与市场风险评估的粮食生产预警系统及应急对策研究。

(3)严重水土流失与荒漠化等生态脆弱地区解决粮食问题的途径与对策。

确保粮食安全的战略还涉及屯粮寓田、出口替代、仓储产业、基地建设和粮食生产的技术进步等,其实施都需要与农业减灾相结合,这里就不一一论述了。

参考文献

[1]Brown L R. Who will feed China? NewYork:W. W. Norton and Company. 1995.

[2]Information Office of the State Council of the People′s Republic of China. The Grain Issue in China. 1996.

[3]郑大玮. 中国农业自然灾害和减灾对策//李振声. 中国减轻自然灾害研究—全国减轻自然灾害研讨会论文集. 北京:中国科学技术出版社,1998.

[4]中国国际减灾十年委员会. 中华人民共和国减灾规划(1998－2010 年),1997 年 12 月 18 日,国发[1998]13 号文件. 中国减灾,1998,**8**(3):1-8.

[5]秦大河,孙鸿烈. 中国气象事业发展战略研究 . 北京:气象出版社,2004.

[6]臧士国. 庄稼诊所——农作物的田间诊断与调控. 北京:中国农业科技出版社,1995.

Disasters Reduction in Agriculture and Food Security of China

Zheng Dawei,Guo Yong

(China Agricultural University,Beijing 100094)

Abstract:Although the cereal output recovered increased in 2004, the basic factors affected food security i. e. lower benefit and ability of disasters reduction are still existing. Global climate change also caused some new characters of natural disasters. The contradiction between agricultural development and resources/environment will become more serious in the future and the ability of farmers to bear risks is decreasing. Therefore, more attention should be paid to agricultural disasters reduction. The Chinese National Council are organizing the tasks of preparedness mechanism, management system and legal system of public incidents, which indicated the management of disasters reduction in China is turning into a new stage. Studies on developmental strategies of meteorological project suggested that it is important to cope with climate change and natural disasters for the national security. Under the new situation, the basic research and the task of establishing the pre-plan of disasters reduction should be strengthened. Agrometeorological diagnose and complete plant protection, risk evaluation and agricultural insurance should be developed. It should be more active to prevent harmful invaded living things and to recover environment by adjusting measures to local conditions. Food security should be guaranteed by agricultural sciences and technology.

Keywords:global change; food security; management of agricultural disasters

创建中国的农业减灾科技体系*

郑大玮
（中国农业大学资源与环境学院，北京　100094）

摘要：中国是世界上农业灾害严重和频繁的国家，中国社会经济发展、经济全球化和全球气候变暖给农业灾害的发生带来了许多新的特点，创建中国的农业减灾科技体系势在必行。分析了农业灾害与一般灾害的不同特点，提出农业减灾科技体系应由农业灾害学与农业减灾系统工程两大部分组成；分别论述了农业灾害学的理论与内容框架，和农业减灾系统工程的基本内涵。最后，对如何创建中国的农业减灾科技体系提出了若干建议。

关键词：农业灾害；减灾科技体系；农业灾害学；减灾系统工程

由于农业是以生物为对象的生产活动，且主要在露天进行，故决定了农业对自然灾害的敏感性与弱质性。发展中国家普遍存在从农业中进行原始积累来发展工业的现象，形成二元社会经济结构，更导致了农业的地位低下与抗灾能力的薄弱。

中国是世界上农业灾害比较频繁和严重的国家，其原因是：①中国位于环太平洋和北半球中纬度的两大灾害带交叉部；②中国由西向东的地势倾斜度和气压梯度都很大，导致物质迁移的强度大，水蚀与风蚀强度都很大；③大陆性季风气候的特征之一是降水与温度的季节与年际变化都很大；④中国的人均水土资源贫乏，对气候资源的利用强度大，因而对其亏缺也更加敏感，农事活动对农时的要求极严格；⑤人口众多，长期生态破坏的积累；⑥当前处于人与自然的矛盾相对尖锐的社会经济发展阶段[1]。

中国的农业自然灾害具有种类多、频率高、强度大、影响范围广、成灾比率高的特点。由于国土辽阔和气候类型多样，世界上几乎所有自然灾害的类型中国都有，而且大多数灾种的发生要比世界其他地区更为严重。但另一方面，由于国土辽阔和各地灾害的发生不同步，每年总有一些地区丰收，一些地区歉收。

随着中国的社会经济发展，农业灾害也呈现出新的特点：

（1）因灾死亡人数减少，但灾损绝对值不断增大。

（2）随着人口增长，人均自然资源日益短缺和环境容量的缩小，资源掠夺性开采诱发的生态恶果与灾害更加突出。

（3）目前中国农村合作经济组织数量很少，严重制约着农业减灾能力建设。

* 本文原载于2006年第6期《自然灾害学报》（增刊）。

(4)在经济全球化的背景下,发展中国家既存在利用先进技术的后发优势,同时也存在全球环境容量制约的后发劣势,农业在自然灾害与生态恶化面前要比资本主义国家在工业革命时期更加脆弱。经济全球化还使农业自然灾害的后效在全球迅速波及,减灾已不仅是一国的国内事务。

(5)全球变化,特别是气候变化使中国农业灾害的发生类型及特点产生许多新的变化,尤其是华北、东北的干暖化和南方热害伏旱的加剧。

发达国家在20世纪60年代以前,发展中国家在20世纪90年代以前的减灾管理基本上处于单灾种管理阶段。联合国国际减灾十年活动促进全球进入了综合减灾管理阶段,21世纪初又发展到风险管理阶段,以“9·11”,SARS和印度洋地震海啸等重大事件为标志,全球世界已进入风险社会。减灾的风险管理强调对于突发公共事件的整体风险防范与应急处置。善治(Good Governance)理论认为,未来社会的善治主体是“政府+企业+公民社会”,部分政府职能向民间社团(非营利或非政府组织)转移,将有利于更好地应对各类风险[2]。

国际减灾十年活动极大促进了世界与中国的减灾管理水平提高与技术进步,但与其他领域相比,中国目前在农业减灾领域的进展相对滞后。SARS事件促使中国领导人高度重视突发公共事件的防范与应对,国务院从2003年起狠抓三制一案建设,已取得显著进展,在近年来的减灾工作中发挥了巨大效益,同等强度灾害下的死亡人数显著减少。目前应急机制建设与应急预案编制正向各地区各行业及社区全面深入开展。中央提出以科学发展观统揽全局,以人为本,建设和谐社会,为农业减灾指明了方向。农业灾害保险已在20多个省、市、自治区设立试点。

新中国成立以来,农业减灾取得了巨大成就,包括灾害预测与若干灾种的防减技术与救援等,在条件类似的发展中国家中是做得最为突出的,但仍不能令人满意。突出表现在始终没有建立农业减灾管理与农业减灾科技的完整体系。

科学技术是第一生产力,减灾科学技术则是从减少灾害损失的角度来保护和发展生产力,同样属于第一生产力。由于农业的基础地位和三农已成为全党全国工作的重中之重,创建中国的农业减灾科技体系势在必行。

农业减灾科技体系=农业灾害学+农业减灾系统工程

农业灾害学是关于农业灾害规律与农业减灾原理的理论体系,农业减灾系统工程包括农业减灾技术、农业减灾工程和农业减灾管理三大部分。以下我们分别论述一下这两个方面的内涵。

1 创建农业灾害学的理论体系

1.1 农业灾害学的科学内涵

灾害学是研究灾害发生演变规律和寻求有效防灾减灾途径的学科,是自然科学与社会科学的交叉学科。[3]农业灾害学则以农业灾害为研究对象,是灾害学的分支学科,同时也是农业科学与灾害科学的交叉学科。具体地,农业灾害学是研究农业灾害的发生和演变规律,并寻求有效的防灾减灾途径，确保农业高产、优质、高效、生态、安全与可持续发展的一门新兴学科。

1.2　农业灾害的危害对象、特点与分类

(1)灾害与农业灾害

灾害泛指对人类生命财产和生存条件造成危害的各类事件。未对人类造成明显危害的自然事件一般不称灾害，而称灾变事件。

一般灾害主要以人为直接受灾体。农业灾害则以农业生物、农业设施、农业生产过程和生产条件为直接受灾体，人类为间接和最终的受灾体。农业灾害的许多特点都是由此引出来的。

(2)农业灾害的特点

农业灾害以自然灾害为主，除具有一般自然灾害的周期性、群发性和灾害链等共同特征外，还具有某些独有的特点：

①农业自然灾害具有很强的地区性与季节性，具有复杂性、多样性和关联性。

②多数农业自然灾害具有非线性，灾害与资源在一定条件下可以相互转化。

③累积性灾害往往甚于突发性灾害。

④生态脆弱带与农业过渡地带多灾。

⑤由于农业的弱质性，政策变动与市场波动往往也可以酿成人为农业灾害。

(3)农业灾害的驱动因素

主要包括以下四类驱动力或影响因素：

①自然驱动力——主要取决于致灾因子的强度、范围与作用时间。

②经济驱动力——取决于农业经济系统的脆弱性、外来经济干扰与冲击的强度。

③技术驱动力——技术应用不当、应变和抗逆能力不足可加重或人为诱发灾害。

④生物驱动力——农业生物自身适应性和抗逆性差、生物之间相互作用可以致灾。

(4)农业自然灾害的分类

自然灾害可按照成因、机理、现象、状态、范围、强度、演变过程、产业等多种方法分类，取决于研究的需要，但最基本的是按照致灾因子分类。农业自然灾害可以大致划分为以下五大类，其中生态环境灾害带有人为因素，但一般以自然现象的形式出现且与各种自然条件关系密切，故仍与其他自然灾害一起讨论。

①农业气象灾害：旱、涝、冷、冻、热、风、雹、雷电、阴、日灼、沙尘等，进一步划分如图1。

②农业地质与土壤灾害：地震、地面下沉、山地灾害、土壤退化等。

③农业生物灾害：植物病虫害、动物疫病与寄生虫、鸟兽害、有害生物入侵等。

④农业生态环境灾害：生物多样性减少、土地荒漠化、水土流失、环境污染、温室效应、臭氧层空洞、海平面上升等。

⑤农业海洋灾害：风暴潮、赤潮、海冰、海啸、海侵等。

- 农业气象灾害
  - 水分因子
    - 水分不足　大气干旱、土壤干旱、生理干旱、草原黑灾
    - 水分过多　洪水、涝害、湿害、凌汛、冻涝、草原白灾
  - 温度因子
    - 温度过低　冻害、霜冻、冷害、寒害
    - 温度过高　热浪中暑、高温逼熟、雨后暴热
  - 光照因子
    - 光照不足　阴害
    - 光照过强　灼伤、日烧病
  - 冰雪因子　雪害、冰凌、冻融、冰雹
  - 其他因子　大风、龙卷风、雷电、雾灾、沙尘
  - 复合灾害　台风、干热风、连阴雨、沙尘暴、暴风雪

图 1　农业气象灾害的分类

其中气象灾害的发生频率最高，危害最大，通常可占到农业灾害损失的60%～70%，其次是生物灾害。

非线性与相对性是农业气象灾害最显著的特点，这是由于农业生产的对象是生物，生物对光、温、水等环境气象条件的要求有一个范围，而不同生物所要求的范围又是很不相同的。对于大多数气象要素，过多过少、过强过弱，都可以成灾。对于此种生物成为灾害的气象条件，对于另一种生物却可能是有利条件。

1.3　农业灾害系统及灾害系统的三要素

一般的灾害系统由灾害源、灾害载体与受灾体三者组成。对于大多数灾害，受灾体通常指人类，凡灾害都是指对人类的生命、健康、财产或利益造成的损害。但农业灾害的情况有所不同，其直接受灾体是农业生物(栽培植物、饲养动物、农用微生物等)、农业设施(温室、畜舍、仓库、水利工程、农机等)、农事活动(播种、施肥、喷药、收获、加工等)与农业生态环境(土壤、林草植被、农业水资源、生物多样性、农业气候等)，即整个农业社会—经济—生态系统。人类是间接受灾体，也是最终的受害者。

因此，农业灾害学很少讨论灾害对于人身的直接伤害，主要是研究灾害对农业系统的影响，既包括经济损失，也包括生态与社会的损失。

1.4　农业灾害过程与减灾潜力

农业灾害与一般灾害一样，可分为以下几个发展和演变阶段：孕育期、潜伏期、征兆显露期、爆发期、高潮期、消退期、恢复期。

减灾的全过程包括灾前防，灾中抗，灾后补救与恢复。

由于农业生产的对象是生物且主要在露天进行，相当部分自然灾害存在不可抗性，但并不意味着不能减灾。对于可抗灾害要立足于防，对于不可抗灾害，尤其是突发性灾害，则应以风险管理和时空规避为主，充分利用灾害的自然消减因素。

一般灾害学注重突发性自然灾害对生命财产的危害及防灾减灾对策研究。但对于农业灾害，累积性灾害如干旱、沥涝、湿害、冷害、冻害、荒漠化和大多数病虫害，所造成的危害并不比突发性灾害轻，甚至往往更重。另一方面，由于累积性农业灾害从孕育到爆发、消退和恢复所经历的间隔时间较长，采取预防和补救措施的余地，以及减灾潜力也要比突发性灾害

大，应作为农业减灾技术研究的重点。

1.5 农业灾害学的学科范畴与分支领域

农业灾害学也可参考灾害学的学科体系逐步形成自身的分支学科体系。

(1)基础农业灾害学

包括农业自然灾害学、农业人为灾害学、农业灾害历史学、农业灾害地学、农业灾害生态学、农业灾害环境学、农业灾害社会学、农业灾害经济学、农业灾害管理学、农业灾害法学、农业生物抗性生理学等。

(2)应用农业灾害学

包括农业减灾工程学、农业灾害预测学、农业灾害评估学、农业灾害区划学、农业灾害风险评估与农业保险理论等。

(3)分类农业灾害学

按灾害类型：包括农业气象灾害学、农业水文灾害学、农业土壤地质灾害学、农业生物灾害学、植物病理学、昆虫灾害学、动物防疫学、农业职业灾害与安全学。

按产业划分：包括作物灾害学、水产灾害学、畜牧灾害学、林业灾害学、草地灾害学、设施农业灾害学等。

按区域划分：包括山地农业灾害学、绿洲农业灾害学、高原农业灾害学、岩溶地区农业灾害学等。

1.6 农业灾害学的内容框架

我国在20世纪90年代后期已先后出版过两本《农业灾害学》专著或教材，现在看来，体系尚不够完整。可考虑将农业灾害学划分为以下篇章：

(1)灾害学与农业灾害概论。

(2)农业灾害各论：气象灾害、地质灾害、生物灾害、环境灾害、农业技术灾害。

(3)行业灾害与减灾技术原理：大田种植业、林果业、园艺业、畜牧业、养殖业、水产业、微生物业。

(4)区域灾害与减灾技术原理：按东北平原、华北平原、西北内陆、黄土高原、长江中下游平原、东南丘陵、华南热带亚热带、四川盆地、云贵高原、岩溶地区、青藏高原等地区分别论述。

(5)农业减灾工程技术原理：水土保持、农田建设、植被营建、水利工程、有害生物综合防治、生态综合治理、人工影响天气、荒漠化防治。

(6)农业减灾管理：风险评估、监测预报预警、备灾、抗灾、救援、恢复重建、减灾机制能力建设、减灾机构体制、减灾法制、预案编制、科普培训、救灾演练、灾害保险。

(7)农业灾害学研究方法论。

2 关于农业减灾系统工程

农业减灾是一项复杂的系统工程，这是由于农业是一个生态-经济-社会复合系统，而且农业灾害又具有系统性，农业减灾本身也是一个系统。可以把农业减灾系统工程划分为农业减灾技术、农业减灾工程、农业减灾管理3个子系统，其中农业减灾工程是具有一定规模和有计划的综合减灾行动，既包括所需减灾技术的综合运用，也包含减灾组织与管理，但并不涵盖所有的减灾技术与减灾管理。

2.1　从控制论反馈原理看农业减灾的基本途径

农业减灾系统可看成作用于农业系统的反馈器，根据所接受灾情信息与减灾效果，经减灾管理系统做出分析，选择适用的减灾技术与管理措施，通过减灾工程或技术措施的形式，或直接作用于受灾体，或调节改良农业系统所处局部环境，或抑制灾害载体。有的农业灾害如病虫害或林草火灾，在萌芽状态或初始阶段有可能直接扑灭灾害源或改变孕灾环境。有些管理措施也具有减轻灾害损失的效果。其中直接针对受灾体的减灾途径又包括时空避灾措施、育种改良基因增强抗逆性、诱导生物增强抗逆性与栽培技术增强生物抗灾耐灾能力等四个方面。农业减灾的反馈原理与减灾基本途径如图2所示。

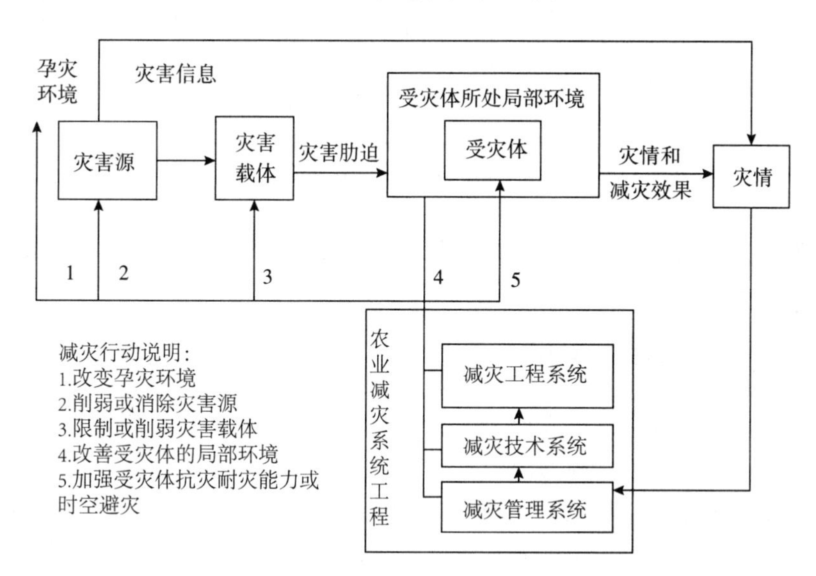

图2　农业减灾的反馈原理与减灾基本途径

2.2　农业减灾的管理体系

农业减灾管理既要充分发挥各地政府的主导作用，又要充分发挥非政府组织的特殊作用，还要调动广大农民的积极性广泛参与，如图3所示。

2.3　农业减灾工程

农业减灾行为的很大部分需要通过工程的形式来实施，主要包括农田基本建设、水利、水土保持、林草植被营建、保护地设施建设等。人民公社体制的瓦解一方面调动了农户的生产积极性，但合作经济组织的缺失也使农业减灾能力建设受到极大影响，水利与农田基本建设等农业减灾工程多年失修。20世纪90年代以后虽然对大型水利工程的投入有所增加，但

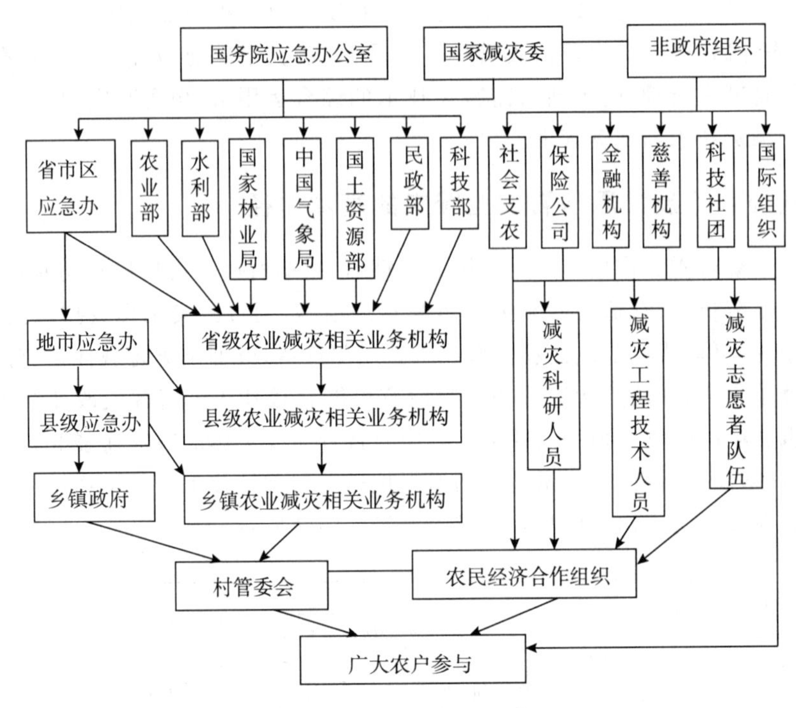

图 3　中国农业减灾管理体系

农民仍缺乏对小型减灾工程的主动投入。重建农村经济合作组织作为农村减灾的主体势在必行。

2.4　农业减灾的预案编制

国务院组织编制突发公共事件应急的总体及专项预案已取得重要进展,但各地在编制时存在形式雷同与可操作性不强的问题。

农业灾害的对象不同,决定了农业减灾预案与一般突发公共事件预案的编制具有不同的特点,侧重对农业生物、农业设施而不是对人身的保护,要求更强的技术可操作性、针对性与区域性。主要目标是减少农业经济利益与农业生态环境的损失,确保农村社会稳定则是其间接效应。

应按照不同灾种、不同区域、不同生物,先易后难分批分级逐步编制,而且每隔几年要修订完善。越到农村的基层,越要强调预案的针对性与可操作性。

2.5　农业灾害风险与灾损评估及农业灾害保险

农业保险是通过分散与转移来减轻灾害风险的有效途径。但由于农业的弱质性和基础地位,农业保险只能是公益性和非营利的,不能采取商业保险的做法,需要政府和社会扶持,并与农民合作经济组织相结合。

目前大多数省、市、区已开始农业灾害保险试点,技术难点在于灾害风险评估与灾损界定。由于农业生产的对象是生物,影响灾损的因素多且复杂,灾害风险识别与灾损界定的难度比一般商业保险大得多，这方面的专业人才国内几近空白，急需大量培养。由于市场机制不完善，经营规模狭小和减灾能力弱，发展中国家农业灾害保险的难度要比发达国家大得多。所以，要从我国实际出发，选择灾损较易界定的灾种与生物，以及诚信较好的农村，经过试点取得经验后再稳步推广。

2.6 生态治理与农业减灾

脆弱生态是灾害之源，生态治理是减灾之本。应一手抓生态综合治理，创造可持续发展的环境条件，一手抓特色优势资源开发与生计开拓，增强可持续发展的物质基础，力争实现生态、经济双赢。

生态脆弱与贫困地区的社会恶性循环，实质是信息流细小不畅。通过信息流可以调动农业生态经济系统的物质流和能量流，实现资源优化配置。因此，智力扶贫成本最低而效益显著。办法是通过教育培训提高农民素质，输入正确的政策信息、先进的科技信息和及时准确的市场经济信息。生态脆弱地区应注重研究选择针对主要灾害和生态障碍，既有生态效益，又能增产增收的关键技术为突破口。

2.7 农业灾害的诊断技术与假种子案件辨析

现有植物医院实际是专科医院，只处理生物灾害。应建立全方位的植物医院，影响作物生育和产量、品质的各类胁迫与灾害都有责任诊治。但另一方面，目前只有植物病虫害的诊治体系比较成熟和完整，急需建立健全其他各类胁迫与灾害的诊治技术体系，包括农业气象灾害、农业地质灾害、土壤结构与养分不良、农业环境污染等，关键是发展各类农业灾害的诊断系统与减灾的物化技术手段。

目前“假种子”事件已成为影响农村社会稳定与农业生产发展的重要因素。其中有些确是以假劣种子坑农，必须予以法律制裁；但也有不少案例实际是农业自然胁迫与灾害所致，鉴别的关键是区分导致植株形态表现异常的是遗传性状还是非遗传性状，需要尽快建立起一整套的技术标准。[4]

2.8 建设农业灾害的监测预警系统

虽然气象、水文、地质灾害与生物灾害都已建立比较完整的监测系统，但除植物保护与动物疫病监测系统外，都不是专门针对农业需要而建立的，对于某些特殊农业灾害的预警仍不能满足需要。健全农业灾害的监测预警系统，首先是进行农业灾害的辨识与诊断，尤其是许多累积型灾害在其孕育期与初现期，征兆往往不明显，等到原形毕露则为时已晚，如小麦发生越冬冻害后就往往存在假生长现象。

现有农业气象观测不能满足特殊灾害监测防治需要，应在主产区设计特殊观测项目，如小麦越冬冻害观测分蘖节地温、果树霜冻观测花器温度等。

2.9 建立适应和应对胁迫与灾害的农作系统与栽培体系

常规的作物模式化栽培技术不能适应受灾条件下的栽培管理需要。应建立针对不利环境条件的应变减灾栽培技术体系，并根据灾害风险评估，制定区域适应性农作制度。

许多农民与基层干部容易简单照搬上年教训，盲目和过度地调整技术措施，往往人为加大损失。因此，需要对基层干部与农民不断进行灾害风险评估与防范的基本知识与减灾技术的培训。

2.10 密切注视全球气候变化带来的农业自然灾害的新特点

以温室效应为主要特征的全球气候变化给农业带来很大影响，并成为国际科研的热点与前沿。但现有研究对于当前农业生产指导作用很不够。许多文章言必称极端天气气候事件增加，又不作具体分析。实际情况有些事件增加，有些减少。需要具体分析不同灾种的演变趋势及对农业生产的利弊，才能拿出正确措施。还有一些文章以现有作物种类、品种、甚至播期和发育进程都不变为前提分析气候变化对农业的影响，所得结论必然是偏离实际的。只要认真总结一下20世纪80年代以来各地农民和技术人员针对气候变化自发或自觉采取的生产措施，我们可以从中总结出一些对于未来气候变化有价值的农业适应对策。由于农业气候资源与农业气象灾害有其相对性，在农作制度、作物种类和品种，以及栽培技术不适应气候时，可以酿成灾害；但如选择适应气候条件的农作制度、作物种类和品种，以及栽培措施，就有可能减轻气候变化带来的负面影响，甚至化不利因素为有利因素。

3 关于创建中国的农业减灾科技与教育体系的几点建议

（1）在重点农业科研机构和农业院校建立农业减灾研究中心

20世纪90年代以来，尤其是2003年SARS危机以后，减灾与公共安全成为新兴的研究领域并迅速发展。但作为受灾害影响最大的产业——农业部门，却始终没有建立综合减灾的研究机构。大量事实证明，仅有气象、水利、地质等各专业部门的减灾研究并不能代替从农业系统自身角度的减灾研究。

（2）建立中国的农业减灾教育与培训体系

大学专业设置与办学规模归根到底取决于社会需求。近年来，扩招后不少专业毕业生供过于求，但目前农业风险评估仅在科研机构通过少数人进行，灾损鉴定技术人员几乎空白，减灾专业技术人员只在生物灾害领域相对齐备，其他领域人才奇缺。缺乏农业减灾管理与技术人才，创建中国的农业减灾科技体系就是一句空话。

建议首先在重点农业院校建立农业减灾硕士点，取得经验后进而兴办博士点和本科专业。本科重点培养农业减灾技术人员、管理人员、灾害风险评估与灾损鉴定人员，以及农业保险业务人员。博士点重点培养农业灾害理论与高新技术研究人员及农业减灾教育师资。硕士点培养目标介于二者之间。

（3）系统组织编制各类农业灾害的减灾预案

要像20世纪80年代开展农业区划那样重视农业减灾预案编制工作。由于一地的资源、环境动态在一定时段具有相对稳定性，农业区划通常需要10年左右更新一次，目前各地的农业区划办没有太多的事情可做。但目前随着国家与省级突发公共事件预案编制工作的开展，全面编制农业减灾预案也应提到日程上来，应充分利用农业区划办及其技术力量，并与相关专业的技术人员相结合，来完成这项任务。

(4)制定有利于东西部生态环境均衡治理与经济同步发展的政策

应建立对西部生态环境建设生态效益补偿机制和对东部地区农业环境污染的负绿色GDP赋税征收机制。

参考文献

[1]郑大玮，张波．农业灾害学．北京：中国农业出版社，1999.

[2]钱正明．善治城市．北京：中国计划出版社，2005.

[3]国家科委全国重大自然灾害综合研究组．中国重大自然灾害与减灾对策(总论)．北京：科学出版社，1994.

[4]李船江，郑大玮．慎重对待"假种子"案件．种子世界，1996，(11)：4-5.

Establishment of Scientific and Technical System for Agricultural Disaster Reduction in China

Zheng Dawei

(College of Resources and Environment, China Agricultural University, Beijing 100094, China)

Abstract: China is a country suffering frequent and serious agricultural disasters. There have been many new characters due to rapid development of Chinese society and economy, economical globalization and global climate warming. Therefore, it is necessary to establish scientific and technics. system of disasters reduction in Chinese agriculture. In this paper, characters of agricultural disasters different from other disasters were analyzed. It was suggested that agricultural scientific and technical disaster reduction system should consist of agricultural catastrophology and agricultural system engineering of disasters reduction, and those theory and content frame were also discussed. At last, some suggestions on establishing Chinese scientific and technical disasters reduction system in agriculture were presented.

Key words: agricultural disasters; scientific and technical system of disasters reduction; agricultural catastrophology; system engineering of disasters reduction

中国粮食安全的风险分析与对策*

郑大玮

（中国农业大学资源与环境学院，北京　100094）

摘　要：本文回顾了粮食安全概念提出的过程及其内涵的历史演变，指出中国不同历史阶段的粮食安全问题具有不同的特点。对中国当前影响粮食安全的自然风险、政策风险、市场风险、技术风险和资源环境风险等各类风险因素进行了辨析，分析了中国的大国效应对于粮食安全的利弊，指出虽然我国总体保持较高的粮食安全水平，但最近国际粮价猛涨为我国的粮食安全敲响了警钟。针对影响粮食安全的不同类型风险分别提出了风险管理的若干对策。

关键词：粮食安全；风险分析；风险管理对策

1　粮食安全的内涵

1.1　粮食安全概念的提出

粮食是社会全体成员必需的商品，也是国民经济的战略物资，粮食涨价几乎能带动所有商品的涨价。粮食生产既受到自然风险，又受到人为风险的影响，是一种弱质产业。粮食安全是社会稳定的基本前提和国家安全最重要的组成部分。

1974 年 1 月联合国召开的世界粮食大会首次提出粮食安全的概念，即“保证任何人在任何时候都能得到为生存和健康所需要的足够食品。”1983 年 4 月联合国粮食及农业组织世界粮食安全委员会通过总干事萨乌马提出的粮食安全新概念，即“粮食安全的最终目标应该是确保所有人在任何时候既能买得到又能买得起他们所需要的基本食品。”1985 年 11 月通过《世界粮食安全协约》，指出各国政府负有确保本国人民粮食安全的基本责任。[1]

1.2　粮食安全内涵的历史演变

农业社会早期由于生产力水平的低下，尽管绝大多数人从事粮食生产，仍不能保证充足的粮食供应，由自然灾害和战争引发的饥荒经常发生且具有明显的季节性。

农业社会后期生产力水平有了一定提高，但仍保持自给自足的经济特征。在人地矛盾

* 本文为 2007 年 11 月 24 日在“减轻农业灾害风险学术研讨会”上的论文。

不十分突出和气候较适宜的时期，能够基本保证粮食安全；当人地矛盾突出，发生重大自然灾害或战争时，经常发生粮食危机且往往具有周期性。由于已初步建立了粮食仓储和赈灾制度，饥荒程度有所减轻。

工业化初期，资本主义国家的农业严重萎缩，粮食安全问题开始带有国际性，一方面取决于粮食输出国的农业生产能力，同时也取决于粮食输入国的商品交换能力，运输和储存对于粮食安全具有重要意义，除战争时期外一般不会发生饥荒。

后工业社会的资本主义各国通过工业反哺建立发达的农业，粮食安全在数量上已不成问题，关心食品质量和卫生成为主要重点。而广大发展中国家仍处于工业化初中期，有的仍处于农业社会。与前殖民地宗主国的经济分工和不合理的国际经济秩序，导致绝大多数发展中国家的粮食不能自给。粮食安全受到多种风险因素制约，包括自然灾害、战争与内乱、人口的无序增长、收入水平所决定的购买能力、国际市场波动与国际救援能力等。低收入国家普遍存在营养不良，在社会动乱时甚至发生大规模的饥荒。

1.3 中国粮食安全的历史演变

中国古代尽管农业技术长期领先于世界，但自然灾害频繁严重，饥荒死亡人数远高于其他地区。通常朝代更换初期政治比较开明，气候也较适宜，农业生产迅速恢复和发展；后期政治腐败，人地矛盾突出，气候恶化灾害频发，粮食危机和饥荒具有一定的周期性。[2]

封建社会晚期到民国时期由于人口压力陡增和社会矛盾尖锐，死亡数百万乃至过千万的饥荒不断发生。即使在正常年份，人均粮食占有量也只有 200 多 kg，不及两汉和唐宋等封建社会鼎盛时期人均粮食占有量的一半。

新中国成立以后，依靠计划经济的粮食统购统销，除个别年份政策失误和发生重大自然灾害外，未再发生严重的饥荒(图 1)。但二元社会结构严重制约了农业发展，人均粮食占有量长期徘徊在 250～300 kg，副食品消费水平也很低，只能维持低水平的粮食安全。[3]

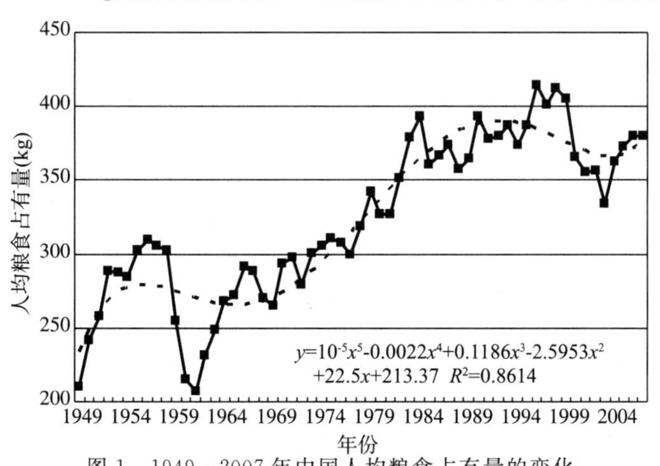

图 1 1949—2007 年中国人均粮食占有量的变化

改革开放以来农业生产水平迅速提高，粮食生产销售逐步走上市场经济的轨道，人均粮食占有量很快跃上 350 kg 台阶，副食品消费量大幅增长，营养状况改善很大。但粮食生产的经营规模狭小和比较效益低下的状况仍未得到根本改变。随着农村人口的非农化和城镇化，沿海地区的粮食生产明显萎缩。耕地锐减，水资源紧缺和灾害频发也严重威胁着粮食生产。口粮消费虽然大幅度下降，但饲料和工业用粮迅速增加，粮食增产赶不上社会需求的增长。加入世贸组织后，在经济全球化的背景下，国际粮食市场对国内的影响日益加大。一方面，粮食安全水平有了很大提高和质的变化，另一方面又出现大量影响粮食安全的不稳定和不确定因素。特别是 2006 年以来国际市场粮价猛涨，一些发展中国家发生抢购风潮甚至政治动乱，给我们敲响了粮食安全的警钟。[4,5]

2 影响中国粮食安全的风险源辨析

粮食是自然再生产和经济再生产相结合产物，影响粮食安全的主要风险归纳如图 2 所示：[6,7]

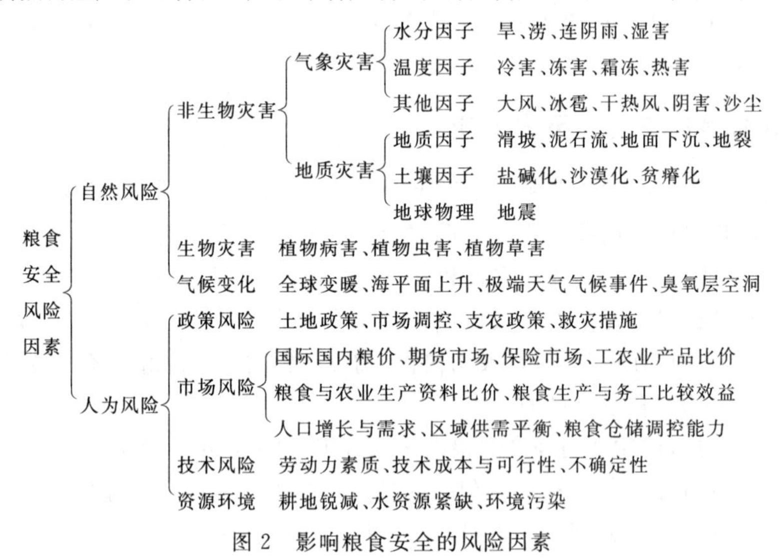

图 2 影响粮食安全的风险因素

2.1 自然风险

农业是受自然灾害影响最大的产业，各类自然灾害中又以干旱对粮食产量的危害最大。

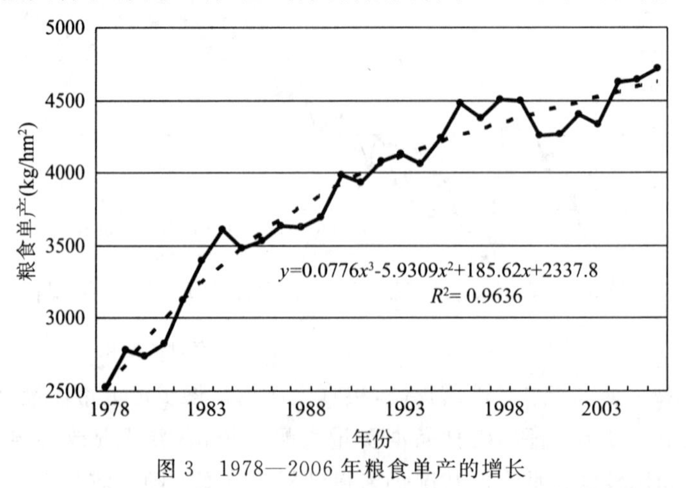

图 3 1978—2006 年粮食单产的增长

图 3 显示 1978 年以来的粮食单产基本按幂函数或指数曲线增长。实际单产对于回归曲线的偏离值主要由气候因素决定，称为气候单产，与受灾面积间存在显著性水平(5%)不高的相关(图 4)，但与受旱面积间存在显著相关(1%水平)(图 5)，其他灾害与气候单产的相关不显著。表明 1978 年以来干旱已成为粮食生产年际波动的首要因素和最大灾害。

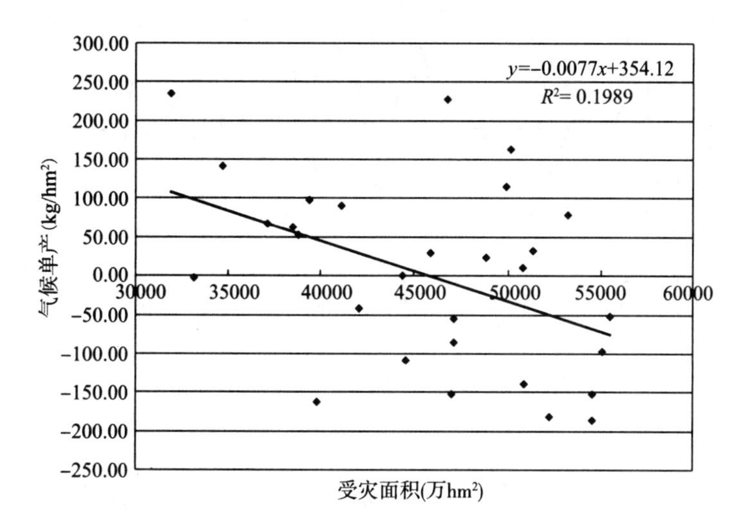

图 4　1978—2006 年全国粮食气候单产与受灾面积的关系

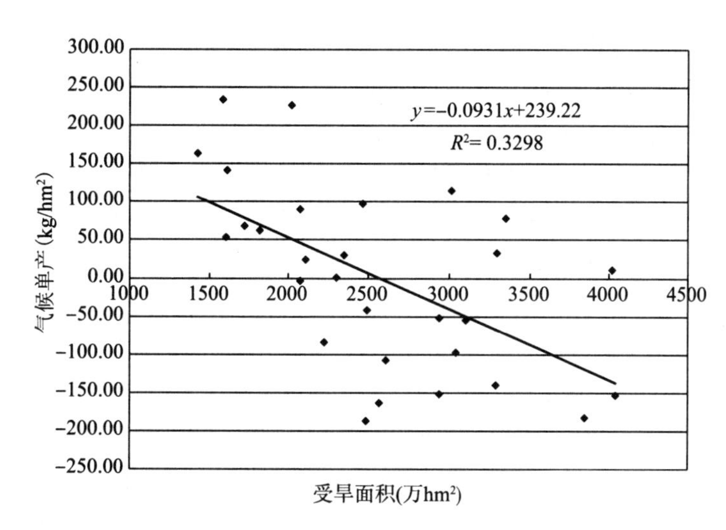

图 5　1978—2006 年全国粮食气候单产与受旱面积的关系

图 6 也表明粮食单产与受旱面积存在明显的反相位变化趋势。干旱之所以突出是由于其他气象灾害的发生面积相对较小、时间较短。洪涝虽然对生命财产威胁极大，但通常呈带状分布，局部受涝的同时往往大面积雨水充沛有利增产，因而年受涝面积与气候单产的相关性并不显著，甚至存在微弱的负相关($R=-0.095$)。地质灾害主要发生在山区，且面积不大。病虫害给粮食生产造成平均每年上千万吨的损失，但种类多，每年都有较大面积发生，灾害损失的年际变化相对较小，多数虫害的发生还往往伴随着干旱。

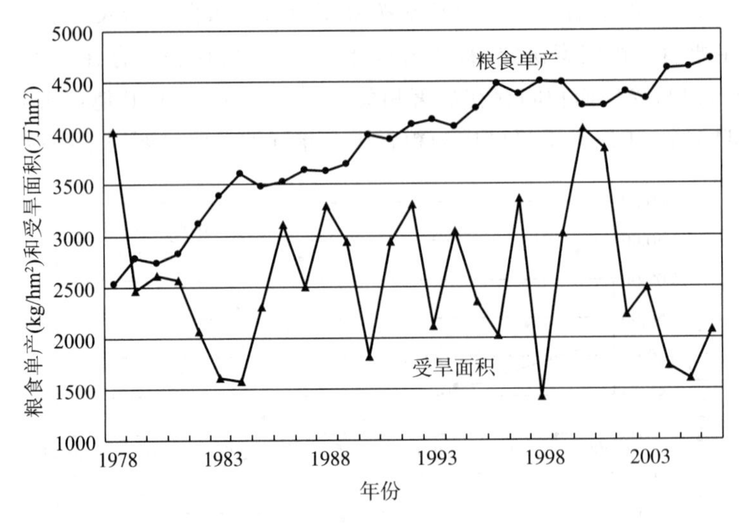

图6　粮食单产与受旱面积的反相变动

气候变化给未来的粮食安全带来若干不确定因素。国内外主流学者认为，“模拟结果表明，如不采取措施，到21世纪后半期，小麦、水稻、玉米等几种主要农作物产量最多可能下降37%，气候变化将直接威胁中国粮食安全。”“在2030—2050年之间，为了适应2.5 ℃的升温，我们还必须每年多生产3000万～5000万t粮食来克服气候变化的不利影响，也就是说未来的粮食安全不但要考虑满足新增人口的粮食需要，还要克服气候变化的不利影响。”[8]但近20多年来的实践证明，如能充分利用气候变暖所带来的热量和二氧化碳浓度增加等有利因素，克服极端天气、气候事件增加等不利因素，是能够趋利避害，争取农业持续增产的，东北在气候变暖的背景下迅速成为我国最大粮仓就是一例。[9]但如气候变化过于剧烈，不利因素就会超过有利因素，对全球粮食生产造成巨大的威胁。目前威胁粮食安全最大的自然风险是华北和东北气候干暖化造成的水资源危机。

2.2　政策风险

从图1可以看出，新中国成立以来，人均粮食占有量增长经历了两个大马鞍形。第一次是“大跃进”失败和三年自然灾害造成的饥荒，第二次是世纪之交对于粮食形势过于乐观，采取压缩面积和降低粮价等措施造成。20世纪50—70年代人均粮食占有量的长期徘徊则是由于城乡分割的二元经济体制严重束缚农村经济发展和人民公社大锅饭抑制了农民的生产积极性。粮食生产的快速发展，第一次是20世纪50年代初期的土改与合作化，第二次是80年代初期实行家庭承包责任制，都极大调动了农民积极性。20世纪60年代初期和21世纪初的增长则带有恢复性质。

随着市场经济体制的逐步确立，导致饥荒和粮食危机的重大政策失误不再发生，但仍有可能出现一些小的政策失误，如20世纪80年代中期和90年代末调整种植结构幅度过大曾导致中等程度的粮食产量波动，90年代中期成倍提高粮价一度造成粮食生产过剩和卖粮难，继而又成倍压低粮价和减少面积使粮食生产迅速萎缩。粮食贸易中有时还出现追求部门短期利益而损害国家利益的情况，多次发生丰年高价进口和歉年低价出口。近年来各地在工业化和城镇化过程中违法滥占耕地已成为威胁我国粮食安全的严重问题。

2.3 市场风险

改革开放以前国内市场与国际市场基本没有联系，粮价完全由政府严格控制，基本不存在粮食的市场风险。随着国内粮食流通市场的逐步建立和加入世贸，市场风险日益凸显。20 世纪 90 年代中后期粮食生产的大起大落，固然与对粮食形势的判断失误有关，也与当时世界粮食市场的大幅度波动有关。2006 年以来世界粮价猛涨，虽然国家采取了一系列稳定国内市场的措施，但国际市场风险仍然通过不同渠道影响国内市场。隔离国内外市场只能是抑制通胀的短期应急措施，长期维持势必会影响农民的种粮积极性，反而不利于粮食安全。[10]

国际市场粮价疯长既有周期性波动因素，也有人为投机炒作。本轮涨价风潮还与发达国家将粮油产品用于发展生物燃料，减少了粮食作物播种面积或减少了出口量有关。

除粮食市场的直接风险外，粮价与化肥、农机、农药、农膜等生产资料的比价，粮食生产与其他产业之间的比较效益也都对粮食生产构成重大的风险源。由于我国农户经营规模狭小，导致粮食生产的经济效益很差。尽管政府采取了许多扶助粮食生产的惠农措施，农村青壮年劳动力仍然大量进城务工，从事粮食生产的基本上都是弱劳力。

从粮食消费角度看，随着畜产品消费水平的提高，玉米、大豆等饲料用粮需求剧增，工业用粮也增加很快。发达国家维持富裕水平的粮食消费至少需要人均 500 kg 以上。

2.4 技术风险

农业科技进步是我国保障十几亿人口粮食安全的根本原因，目前粮食生产的科技进步贡献率已达到 45%以上。但仍然存在某些技术风险，如推广先进技术的区域适用性、成本提高、环境效应、某些新技术的不配套和农民的错误选择等。以农业机械化、水利化和化学化为标志的上一次农业技术革命成果的利用曾支撑了 20 世纪 70 年代到 90 年代的粮食增产，但目前已接近饱和。以生物技术和信息技术为标志的新一轮农业技术革命的成果尚未进入大规模实用化阶段，从图 7 可以看出近年粮食单产的增长势头已经趋缓。

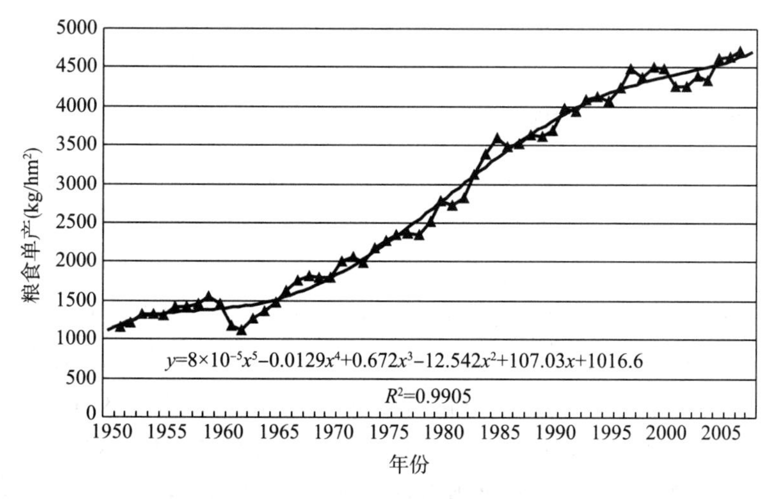

图 7 新中国粮食单产的增长

2.5 资源与环境风险

在全球变化背景下，粮食生产的资源与环境风险日益增加，最突出的是土地资源与水资源的紧缺。尽管中央三令五申，1996 年到 2006 年的十年中违规占地仍屡禁不止，耕地已从 19.57 亿亩减少到 18.27 亿亩，很快就要突破原定要死守到 2020 年的 18 亿亩耕地红线。图 8 显示粮食作物播种面积以平均每年 38.7 万 hm^2 的速度递减，主要是由于工业和城镇建设占地，种植结构调整、水土流失、退耕还林草和务工农民抛荒也起到一定作用。[11]

在耕地和粮食播种面积减少的同时耕地质量也在下降，这是因为城镇化和工业化占用都是土质和区位条件良好的土地，而新垦复垦土地大多分布在生态环境较差的边远地区。

降水减少和超量开采地下水使华北和东北中西部水资源状况迅速恶化，以至干旱时往往无水可浇。我国单位面积化肥和农药用量分别是世界平均的 2.8 倍和 3 倍，已经带来了严重的环境问题。农业源温室气体排放占到全国排放总量的 20%，能源利用效率也很低。

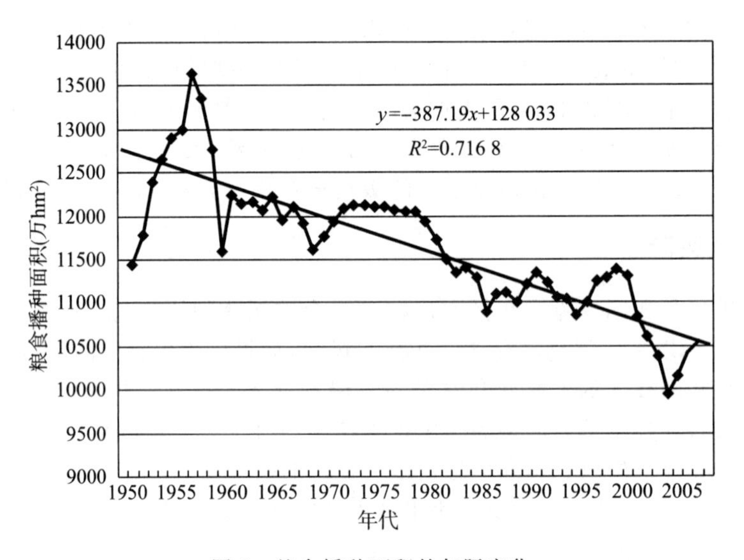

图 8　粮食播种面积的年际变化

2.6 大国效应与粮食风险

中国是拥有 13 亿以上人口的发展中大国，与人口规模和幅员较小的国家不同，具有明显的大国效应，既有对粮食安全有利的因素，也有若干不利因素。

有利因素：①丰歉补偿。由于地域辽阔，区域气候差异大和复种指数高，每年总有一些地区和某茬作物受灾减产，同时又有一些地区和茬口增产，尽管中国是一个多灾国家，但 1978—2006年全国粮食总产的年际波动平均只有 2.56%，而世界多数国家的年际波动一般是 5%～10%。俄罗斯、加拿大和澳大利亚等虽然国土辽阔，但农业区域集中，气候类型单一，粮食总产年际波动比中国大得多。②调控能力强。能够集中相当数量储备粮用于区域调剂、灾区救济或干预粮食市场。最近国家紧急调运上千万吨东北大米南下就是一例。

不利因素：①受国际市场的制约更加明显。由于粮食生产量和需求量巨大，中国的粮食丰歉和进出口数量变化都会极大牵动国际市场粮价，往往使中国在国际粮食市场竞争中处于不利地位。②虽然温室气体人均排放量远远低于发达国家，但排放总量已接近世界第一。中国在遏制全球气候变化战略中的地位举足轻重，温室气体减排的国际压力日益增大，对增加粮食生产的物质投入将产生不利影响。

3 确保粮食安全的风险管理对策

3.1 粮食安全的风险管理目标

风险是风险因素与风险损失的综合。风险管理是研究风险发生规律和风险控制技术的一门管理科学。风险管理包括建立风险管理目标、风险分析、风险决策、风险处理等步骤。

粮食生产是一个多风险的弱质产业，其风险管理十分复杂。由于粮食是全体社会成员的必需品，粮食安全的首要目标必须是确保全体人民能够随时买得到和买得起所需要的粮食和其他食物。另一方面，固然“手中有粮，心中不慌”，但粮食生产过多卖不出去也会成为另一种风险。我国是一个农业自然资源十分紧缺的发展中大国，目前既不可能达到发达国家那样高的粮食安全水平，也不可能像一些小国那样主要依靠贸易解决国内粮食需求。基于上述考虑，现阶段我国粮食安全的风险管理目标应是确保人均粮食占有量达到并保持400 kg以上水平，主要立足于挖掘国内生产潜力，使粮食自给率保持在95%以上。

3.2 粮食安全风险分析的基本结论

前面我们已经对影响粮食安全的各类风险因素进行了分析。可以看出改革开放以前，影响我国粮食安全的主要是政策风险，其次是多种灾害的自然风险；改革开放的前20年，市场风险比重逐渐增大，政策风险仍然存在但逐步减小，自然风险中干旱的威胁逐渐增大；近10年，市场风险因素进一步增加，国际市场风险开始明显影响国内，政策风险进一步减小，干旱成为最大的自然风险。预计未来市场风险将上升到首位，资源环境风险制约将日益凸显。气候变化对粮食安全带来一些不确定因素，关键在于能否采取合理的适应对策。

3.3 粮食安全的风险对策[12~14]

(1)针对自然风险

非生物灾害：研究建立灾害指标体系，健全粮食生产的灾害预警机制，编制减灾预案，建立粮食作物减灾技术体系，加强粮食生产基础设施建设，逐步推行粮食生产灾害保险。

生物灾害：建立健全有害生物的综合防治体系，推广高效低毒农药和生物防治技术，防范有害生物入侵。

气候变化：评估气候变化对区域粮食生产的利弊，研究和建立粮食主产区主要作物适应气候变化的技术体系，编制区域农业适应气候变化的发展规划，调整作物与品种布局。

(2)针对市场风险

近期采取隔离国内外粮食市场的关税对策，以减轻国际粮价飞涨对国内市场的冲击。

在国际粮价涨势趋缓时适当提高国内粮价，同时提高城市居民的工资水平。

开展对主要出口国粮食作物产量与气候关系及产量预报研究，掌握国际市场动向，为制定正确的粮食贸易对策提供依据。

加强粮食仓储产业的培育。以国家储备为主导，鼓励粮食主销区发展民营粮食企业，藏粮于民。鼓励粮食主产区与主销区建立促进粮食生产和仓储业的互利合作关系。

除坚决保护基本农田外，在不影响生态安全的前提下，适当规划部分轮休地和退耕地在粮食紧缺时临时开垦为粮田。

确定合理的粮食与农业生产资料比价，建立二者同步协调涨落的机制。

城市兴建廉租房，促进部分农村人口向城市转移。建立健全承包土地流转制度，逐步推进粮食生产的适度规模经营，提高种粮的比较经济效益。

促进粮食主产区农村合作经济组织的健康发展，增强农民抵御各类风险的能力。

(3)针对技术风险

以粮食主产区为重点，建立依托农业科研机构与农业院校试验示范基地的新型农业科技推广体系，有计划地培养一大批种田能手，促进粮田向种田能手集中。

加快农业科技进步，培育高产优质抗逆低耗良种，推广高效低残留化肥和农药，推广低耗能农机，推动现代生物技术与信息技术最新成果在农业上的转化与应用。

(4)针对资源环境风险

严厉制裁违规滥占耕地，特别要控制南方平原优质耕地的占用。结合新农村建设进行土地整理，严格把关各地城镇建设规划，坚持紧凑型城市的建设方针。

在经济全球化背景下，未来随着我国综合国力的增强，可选择土地与水资源丰富，开发潜力大和诚信较好国家，投资垦荒建设粮食生产基地，以弥补国内农业自然资源的不足。

按照流域统一规划，兼顾上中下游，量水而行，合理开发利用水资源。加快南水北调等全国性水资源调配工程建设。实行最严格的城市与工业节水政策与措施。推广先进的农业节水灌溉与农艺技术。

推广资源节约和环境友好型的循环农业，努力使农业废弃物减量化、无害化、资源化，降低农业源温室气体排放量。改革餐饮陋习，杜绝食物浪费现象。

将狭义的粮食安全观念转变为广义的食物安全观念，充分开发草地畜牧业、林果业、水产业和微生物产业，广辟食物来源和以粮食为工业原料的替代品。引导全民建立科学的食物与营养结构，控制高耗粮畜产品的消费。[15]

上述风险对策、有的是预防、有的是削弱、有的是规避、有的是分散、有的是转移，各种风险管理措施是相辅相成的，需要根据情况具体掌握。只要全党全民高度重视和采取保护粮食生产的配套措施，中国十几亿人口的粮食安全是能够得到充分保障的。

参考文献

[1]翟虎渠．粮食安全的三层内涵．瞭望，2004，(13)：60.

[2]卜风贤．传统农业时代乡村粮食安全水平估测．中国农史，2007，(4)，19-30.

[3]梁世夫，王雅鹏．我国粮食安全政策的变迁与路径选择．农业现代化研究，2008，(1)：1-5.

[4]丁声俊.国际粮价飙涨，中国需积极应对.粮食科技与经济，2008，(1)：4-6.
[5]肖连兵.粮食供应安全考验国际社会.光明日报，2008-04-15(第8版).
[6]刘淑华.我国粮食安全的制约因素与化解对策.经济问题探索，2007(12)：18-21.
[7]蒋明敏.必须消除中国粮食的不安全因素.江苏农村经济，2008(1)：63-64.
[8]林而达.气候变化威胁农业生产，适应减缓要依靠科技发展.科技日报，2008-04-25.
[9]郑大玮，潘志华.中国气候变化与波动的农业适应对策//吕学都.全球气候变化研究：进展与展望.北京：气象出版社，2003.
[10]肖瑛.市场经济条件下的粮食安全问题.财会研究，2008，(3)：75-76.
[11]王学斌.农村土地抛荒现象与中国的粮食安全问题.世界经济情况，2007，(3)：53-60.
[12]王宏广，等.中国粮食安全研究.北京：中国农业出版社，2005.
[13]肖振乾，贡冯保.国家粮食安全新战略研究和政策建议(上).中国粮食经济，2005，(03)：8-13.
[14]肖振乾，贡冯保.国家粮食安全新战略研究和政策建议(下).中国粮食经济，2005，(04)：20-23.
[15]卢良恕.积极发展现代农业，确保粮食与食物安全.中国食物与营养，2008，(1)：4-7.

Risk Analysis and Strategies of Food Security in China

Zheng Dawei

(College of Resources and Environmental Sciences, China Agricultural University, Beijing 100094)

Abstract: Historic evolution of the concept and connotation of food security was reviewed in this paper. There are different characters of food security in different stages of Chinese history. The current main risk factors affecting food security e. g. natural risks, policy risks, market risks, technical risks, resource and environmental risks, were recognized and discussed. The effects of big country of China, and both advantages and disadvantages were also analyzed. It is pointed that although China has a higher level of food security, the recent international price skyrocketed of cereals has still rung the alarm bell of food security. Finally, some strategies of risk management were suggested for different risk patterns affecting food security.

Keywords: food security; risk factors; risk analysis; risk management strategies

2008年南方低温冰雪灾害对农业的影响及对策*

郑大玮[1]　李茂松[2]　霍治国[3]
（1. 中国农业大学，北京　100094；2. 中国农业科学院，北京　100081；
3. 中国气象科学研究院，北京　100081）

摘　要：本文结合参加农业部组织的分省灾害评估调查活动，分析了2008年南方低温冰雪灾害的成因，指出其是一系列天文、地球物理和大气环流异常因素构成的复杂灾害链所诱发。论述了低温冰雪灾害对南方农业生产的影响，总结了抗灾和补救的对策与措施。反思灾害中的经验教训，提出应健全预警机制和建立救灾物资储备，加强减灾和应急救援的技术储备，积极探索适合国情的农业灾害保险制度，通过提高公众素质和健全法制实现调动全社会力量减灾。

关键词：低温冰雪灾害；对农业的影响；减灾对策；农业灾害保险

1　南方低温冰雪灾害发生的原因

1.1　灾害特点

2008年1月中旬至2月中旬，我国南方连续发生低温雨雪冰冻天气过程，具有范围广、强度大、持续时间长的特点，大部分地区为50年一遇，个别地区为100年一遇。总体上看为新中国成立以来所罕见，多项指标超出历史极值。受影响的省市区有20多个，河南、四川、陕西、甘肃、宁夏降水量达1951年以来同期最大值，南方大部地区气温比常年同期偏低2～4℃，部分地区偏低4℃以上；长江中下游和贵州雨雪日数超过1954—1955年冬，为历史同期最大值；冰冻日数接近1954—1955年冬，为历史同期最大值。

1.2　灾害形成的环流形势和天文、地球物理背景

近年我国学者提出灾害链理论并以此解释了一些巨灾的形成和影响因素[1~2]，2008年南方低温冰雪灾害也是由一系列天文、地球物理和大气环流因素耦合形成的复杂灾害链所诱发的。造成这次大范围灾害性天气过程的主要成因有三个：①去年8月以来赤道太平洋海温发生拉尼娜事件，副热带高压异常偏强，有利于水汽向我国南方输送。乌拉尔山长时间

* 本文原载于2008年第2期《防害科技学院学报》。

维持阻塞高压，引导冷空气不断沿西路南下侵袭我国。青藏高原南麓维持超强的西风急流，引导印度洋水汽向我国南方输送。②目前正处于太阳活动的低谷期，到达地球表面的辐射能减少容易出现冷冬。③青藏高原连续发生地震，地面温度异常偏高，可能也是形成灾害的重要诱因。

还有人认为目前已进入拉马德雷现象，即太平洋十年涛动的冷相位，冷冬将频繁出现[3]。

1.3 与全球气候变化的关系

全球气候由于温室效应变暖的同时，极端天气、气候事件也在增加，并非因为全球变暖就不再发生低温灾害了。2008 年南方的灾害与 1954—1955 年冬相似，但极端最低温度不但比 1954—1955 年冬高得多，也要比 1968—1969 年、1976—1977 年、1990—1991 年等年度的冬季高得多。灾害期间西太平洋副热带高压和青藏高原南侧西风急流之强，也是历史上的冷冬年所没有的，但仍然显露出全球变暖的痕迹。

1.4 承灾体脆弱性分析

任何灾害都是由致灾因子的冲击破坏与承灾体的脆弱性交互作用的结果。2008 年南方低温冰雪灾害之所以造成严重的损失，一方面是由于持续的强烈低温，雨雪量大和冻雨时间长等致灾因素的冲击破坏力强，另一方面也是由于承灾体的脆弱性十分突出，这主要表现在以下几个方面。

(1)现代社会高度依赖市场和生命线系统

与传统的自给性社会不同，现代社会高度依赖市场和生命线系统[4]。同样的灾害发生在 20 世纪 50—70 年代，损失会比现在轻得多。因为当时绝大多数人口在农村而且家家贮粮备荒，通电、通路、通邮的村庄很少，基本维持自给自足。这次灾害首先摧毁了大部地区的电网和通信系统，交通长时间陷于瘫痪，商品流通一时中断，因而造成了巨大的经济损失。贵州有的山区农村因停电不能碾米，又与山下的交通和通信全部中断无法供应食物而发生了生存危机，不得不用石头砸和用手剥谷，农民说几天之内就回到了原始社会。

(2)与我国社会经济发展的阶段性有关

目前我国处于加速农村工业化和人口城市化的发展阶段，基础设施建设全面铺开但并不完善，仍十分脆弱；大量农民涌入城市务工，但又不能在城市落户，在每年春节前后形成世界上空前规模的人口流动高潮；各地城市迅猛扩建，一味追求表面政绩，忽视城市安全减灾，缺乏灾害预警和应急机制。

(3)某些政策调整也加剧了灾害

灾害发生恰逢节假日调整，增大了春节客流高峰；各地召开两会，疏于防范；整顿小煤矿，许多地方采取一刀切和连坐惩罚措施，导致电煤供应紧张。

上述种种外因与内因、必然因素与偶然因素的结合，导致了这场空前严重的灾害。

2 灾害对农业的影响

2.1 农业受灾情况

2008 年 2 月中下旬农业部组织由李茂松牵头的专家组到 20 个省区调查评估灾情，初步汇总农作物受灾面积 2.17 亿亩，成灾 1.2 亿亩，绝收 3076 万亩，种植业直接经济损失 670 亿元。其中大棚等生产设施损失 215 万亩，可能影响油菜籽产量 160 万 t，蔬菜损失 2600 万 t，柑橘产量损失 200 万 t，食糖损失 100 万 t，并对春茶、春蚕和橡胶产量造成一定影响，但小麦受害不重。畜牧业死亡畜禽 7900 万头只。农业部统计农业的直接经济损失 940 亿元。据报道林业的直接损失 1014 亿元。农林业合计近 2000 亿元(表 1)。

表 1 不同作物的受灾、成灾和绝收面积 单位:万亩

种类	作物	油菜	小麦	蔬菜	果树	茶树	甘蔗
受灾面积	22000	5837	1448	4784	2895	659	1133
成灾面积	12000	3223	509	2374	1202	277	736
绝收面积	3076	562	69	875	348	38	107

注:数据为农业部专家组调查汇总，其中甘蔗仅为广西数据

2.2 灾害分布特点

从受灾地区看，受灾较重的有湖南、湖北、江西、贵州、广西、云南、四川、浙江、安徽、广东等省区，海拔越高受灾越重。西南丘陵山区以冻雨灾害为主，长江中下游以雪灾和湿害为主，华南中北部以热带、亚热带作物寒害为主。

从受灾作物看，以蔬菜损失最大，其次是油菜、柑橘和茶树，小麦受害较轻。热带、亚热带果林的种苗损失惨重。一年生作物虽然受灾较重，但周期短，生产恢复快。多年生林木虽然整株冻死的很少，但影响将延续数年，恢复时间较长。

从危害机制看，包括低温冻害、冻雨和积雪机械损伤，以及湿害和雪害等五类，以前两类为主。低温对田间生长的作物和畜禽造成了直接冻伤，冰雪使农业设施受到极大破坏，还使林木发生严重倒折。停电和交通中断造成的次生灾害和衍生灾害也很严重，特别是农业生产资料的生产和运输，农产品的运输、贮藏、销售等的间接经济损失也相当大。

2.3 不同产业和作物的受灾特点

油菜:过早播种已进入抽薹和开花期的油菜受冻减产严重，有的根茎冻死，有的主茎冻裂。适时和偏晚播种的油菜受冻较轻，尚能恢复。

蔬菜:大量露地蔬菜冻烂，导致菜价猛涨。大棚倒塌严重，棚内普遍死苗，将严重影响下茬育苗移栽，加重春淡季。

小麦:大部地区积雪具有保护作用，仅西南少数地区因播种过早和以冻雨为主，发生少

量死苗和叶片冻伤。

果树：以柑橘受害最重，其中橙类损失大于宽皮橘类。赣南—湘南—桂北和浙南—闽西—粤东两片主要是树体受损或冻死，长江上中游除树体受损外还有大量挂树保鲜果受冻和已收获果品不能外运蒙受经济损失。荔枝、龙眼、芒果、香蕉等南亚热带果树损失也很大，特别是幼龄苗木死亡较多。

茶树：上层茶蓬普遍冻枯，春茶开采延迟半月以上，产量大减，茶园设施损坏。

甘蔗：尚未收获蔗株冻死，糖分下降，宿根蔗根兜受冻需翻种，发芽率降低，还将影响下年生产。

马铃薯：西南地区受害较重，西南高海拔地区和西北不少种薯冻坏。

花卉：虽然得到精心保护，仍有不少因受寒萎蔫或因温室内持续低温寡照茎秆矮缩不能用作插花而失去商品价值。

其他作物如麻类、毛竹、木薯、橡胶等也都有不同程度的损失。

蚕桑：广西桑树苗圃严重受冻，使春蚕饲养推迟 15～25 d，产量降低。

林木：江南西部和西南丘陵因冻雨凝冰使大量树木倒折，有的地方甚至整个迎风坡全部倒折。幼树主要是韧皮部冻死，苗圃的损失尤为惨重。残枝落叶还极大增加了春季森林火灾的风险。

畜牧业：主要是停电后规模畜禽场无法保温，猪仔和幼禽大量死亡，正在孵化的禽蛋停电后都成了冰蛋。农家养畜也有不少因防护不周和饲料紧缺而受冻或感病死亡的。

水产养殖业：鱼塘冻冰导致设施损坏，水面结冰导致鱼类窒息，喜温鱼类大量冻死。

2.4　某些有利影响

如黄河流域积雪有利小麦越冬，冷冬有利于减轻虫害，江南西部和西南地区的严重秋旱得以缓解，黄土高原的墒情较好，有利春播，但这些有利条件远不足以抵消灾害的严重损失。

3　农业减灾对策与补救措施

3.1　蔬菜生产的防范与补救措施

低温到来前要抢收露地蔬菜。加固大棚，必要时采取加温措施，及时清扫棚顶积雪或敲落积冰。

受冻后首先清理露地叶菜和根菜，将可食部分上市供应。其次，尽快修复大棚，加温快速育苗，力争露地适时移栽不耽误下茬蔬菜的生产。受冻蔬菜利用完毕后，灾区会出现淡季，要迅速组织芽菜和温室快速叶菜生产，天气转暖后可进行露地快速菜生产。还要组织非灾区扩大蔬菜生产向灾区供应。

3.2　越冬作物的补救措施

重点检查过早播种冬前过旺的油菜和小麦苗以及冬性弱抗寒性差的品种，死苗严重、无保留价值的要尽快翻耕，适时改种其他作物，如西南地区改种马铃薯，长江中下游改种大麦、蔬菜和绿肥等。点片死苗的可插花补种或移栽收获期相近的作物。大部油菜受冻较轻仍有保留价值，要及时清理受冻枝叶和花薹，喷药防病，适当追肥促进恢复生长，依靠新生分枝结荚。小麦受冻较轻，低洼地要及时排水，返青后及时追肥。

3.3 果林与茶树

林木主干倒折的经批准方能砍伐，枝干折断的要及时锯除，断口涂抹防腐剂。妥善清理枯枝落叶，加强森林防火。

果树和茶树按照轻冻轻修剪，重冻重修剪的原则整枝，争取尽快恢复树势。受冻轻的果树和茶树及时追肥喷药，促进恢复生长。组织轻灾区向重灾区支援苗木，回暖后及时移栽。

3.4 畜牧水产养殖业的防范和补救措施

堵塞漏洞，及时清除畜舍顶部积雪和积冰并加固防倒；采取临时加温措施，覆盖薄膜；增加精饲料。重点保护仔母畜禽；尽快恢复倒塌畜舍，及时清理冻死畜禽，抓好防疫。向灾区提供种畜禽和种蛋，促进畜牧业尽快恢复生产；喜温鱼塘采取加温措施，封冻鱼塘及时破冰化水增氧。

3.5 其他措施

增设绿色通道，方便灾区农产品外运和调运种子、种苗、种畜、种蛋和生产资料等农业救灾物资运输；对生存条件受到威胁的山区空投救灾物资，尽快恢复山区交通、通信设施；优先恢复灾区农业生产资料的生产和农产品加工业；向灾区提供民政救济和小额贷款，对投保户迅速理赔。

4 灾害过后的反思

由于持续时间长和涉及面广，南方低温冰雪灾害的影响之深之广和复杂程度超过新中国成立以来的历次大灾。中央果断决策，采取了一系列紧急措施，到春节前灾情已迅速缓解。与美国卡特里娜飓风后及苏门答腊地震海啸之后的混乱失控形成鲜明对比。尽管如此，仍有不少经验教训值得总结。

4.1 健全预警机制和建立救灾物资储备

气象部门对于这次灾害的短期预报服务较好，至于月以上的长期预报目前国内外都还很不成熟，但各地都应总结对于冰雪灾害所造成的严重后果估计不足、反应迟缓的教训，致使灾害发生后许多农村特别是山区一度陷入生存危机。今后各地都应建立包括食物、医药、应急照明、应急通信、抢险排障等救灾物资储备，建立和健全灾害预警机制。

4.2 加强减灾和应急救援的技术储备和人才培养

虽然科技部紧急组织力量编写科普读物[5]，各地也迅速组织科技人员深入灾区，但有效技术措施仍感缺乏。长期以来减灾与应急救援技术的研究项目较少,不能适应全球气候变化背景下极端事件加重的形势。各地应组织力量,针对本地区常见的重大灾害,充分挖掘现有成果,建立应急抗灾和补救技术的知识库。同时制定规划,按照不同区域、不同灾种、不同作物或对象,分别编制减灾预案,并在实践中不断修订和完善。农业始终是受自然灾害影响最大的弱质产业,必须加强农业灾害学理论与农业减灾实用技术的研究,发展农业减灾教育事业,大力培养农业减灾技术与管理人才[6~7]。

4.3　积极探索适合国情的农业灾害保险制度

发达国家灾害损失的大部分可通过保险赔付获得补偿,使社会生活和生产秩序得以很快恢复,极大减少了冰冻灾害的后续影响和次生、衍生灾害的损失。我国这次灾害的保险赔付不足直接经济损失的1%,其中农业保险赔付不足4%。假定农业灾害占损失总量的1/4,获得补偿的部分大约只有千分之一。由于农业生产的高风险和以社会效益为主,农业灾害保险不能采取商业保险的模式,目前农业灾害保险在发达国家早已普及,但在发展中国家由于经营规模小、保险业务成本高,农业灾损评估技术难度大和存在道德风险等问题,农业灾害保险还很不普及。应该积极探索适合国情的政策性农业灾害保险制度,实行政府救灾救济与保险市场相结合,实现减灾资源的优化配置和高效减灾。

4.4　调动全社会力量减灾的关键是提高公众素质和健全法制

与一些发达国家相比,我国抗灾救援的社会动员还显得不足,有的地方还发生了哄抬物价、发国难财等不良行为。为有效应对各类突发事件,应健全减灾法制和各类行业规范,明确规定在重大灾害事故面前各类人员的岗位职责和公民的救援义务。建立各类专业或业余的救灾志愿者队伍,经常进行减灾和应急救援科普培训,对救灾中的先进人物与事迹进行公开表彰和奖励,对渎职、失职与不道德行为分别给予惩处、批评和教育,增强干部和公民的社会责任感与职业道德,树立全社会相互关爱和同舟共济的良好氛围。

参考文献

[1]肖盛燮.灾变链式理论及应用.北京:科学出版社,2007.

[2]高建国.苏门答腊地震海啸影响中国华南天气的初步研究—中国首届灾害链学术研讨会文集.北京:气象出版社,2007.

[3]杨学祥.灾害链规律不容忽视.文汇报,2008-03-02.

[4]金磊.城市灾害学原理.北京:气象出版社,1997.

[5]中华人民共和国科学技术部.南方地区雨雪冰冻灾后重建实用技术手册.2008.

[6]郑大玮,张波.农业灾害学.北京:中国农业出版社,2000.

[7]郑大玮.农业减灾实用技术手册.杭州:浙江科学技术出版社,2005.

Effects of 2008 Snow Disaster in Southern China on Agriculture and Countermeasures

Zheng Dawei[1], **Li Maosong**[2], **Huo Zhiguo**[3]

(1. China Agricultural University, Beijing 100094;

2. Chinese Academy of Agricultural Sciences, Beijing 100081;

3. Chinese Academy of Meteorological Sciences, Beijing 100081)

Abstract: Based on provincial disasters investigation and assessment organized by Ministry of Agriculture, the causes of the disaster of cold wave, ice and snow storm in Southern China in 2008 are analyzed, and it is indicated that there was a complex disaster chain composed by a series astronomical, geophysical and abnormal atmospheric circulation factors. The effects of the disaster on different crops, forestry, animal husbandry and fishery in Southern China, and the strategies or countermeasures for disaster reduction are also summarized. To reflect the disaster, we should set up a prewarning mechanism and relief materials storage, strengthen technical storage of disaster reduction and relief, actively search an agricultural insurance system suitable for Chinese conditions, and encourage the whole society to reduce disasters by promoting the public education and improving the legal system.

Keywords: disaster of cold wave and ice-snow storm; effects on agriculture; countermeasures for disaster reduction; agricultural insurance for disasters

论科学抗旱
——以 2009 年的抗旱保麦为例*

郑大玮

（中国农业大学资源与环境学院，北京　100094；北京减灾协会，北京　100089）

摘　要：干旱是影响我国农业生产最严重的灾害之一。2009 年初北方冬麦区出现了严重的气象干旱，但由于苗情基础好和底墒充足，以作物长势为标准的农业干旱大部地区较轻、仅局部较重。虽然河南、安徽两省抗旱保麦取得一定成效，但从整个北方冬麦区看，仍有不少经验教训值得总结和吸取。对干旱的认识与对策存在一系列误区，特别是混淆了气象干旱与农业干旱、冻害与干旱、突发型灾害与累积型灾害的区别，把抗旱简单等同于浇水，轻视农艺抗旱，一些媒体的过分炒作违背科学且不符实际。分析 2009 年北方小麦仍然获得丰收的原因时，指出少数麦田受旱受冻较重的根源在于播种质量差，并对今后如何提高科学抗旱水平提出了若干基本原则和具体建议。

关键词：冬旱；小麦生产；科学抗旱；经验教训；2009 年

1　我国农业生产上的干旱

1.1　干旱概念及其类型

干旱指因降水减少或入境水量不足，造成工农业生产和城乡居民生活以及生态环境正常用水需求得不到满足的供水短缺现象[1]。按照干旱的成因或影响对象，可分为气象干旱、水文干旱、土壤干旱、农业干旱、城市干旱、社会经济干旱和生态缺水等类型。其中气象干旱以受旱期间降水量与历史同期平均降水量减少程度为标准；水文干旱以区域可利用水资源量比多年平均下降程度为标准；土壤干旱以土壤水分亏缺程度为指标；农业干旱以可利用水分与作物需水的亏缺度为标准；城市干旱以可供水资源量与需水量的差额为标准；生态干旱以生态用水与生态需水的供需差为标准。各类干旱并不一定同步，有时气象干旱十分严重，但农业干旱并不明显。有的年份并不存在气象干旱，但由于水资源短缺仍可发生严重的城市干旱。按照干旱发生时期和持续时间还可分为春旱、夏旱、秋旱、冬旱、连季干旱、全年大

* 本文原载于 2010 年第 1 期《灾害学》杂志。

旱、连年大旱等。

1.2 干旱的特点及对农业的危害

干旱虽然不是突发型灾害，但对社会经济和人民生活的影响往往要超过其他自然灾害。历史上因连年或特大干旱造成农业严重减产、饥荒和瘟疫蔓延、大量人口死亡、社会动乱乃至国家衰亡不乏先例[2]，特大干旱无疑应属巨灾之列[3]。干旱是影响我国农业生产的最严重的灾害。这是由于主要农区为季风气候，降水量年际变化很大。以北京为例，年降水量最多年与最少年相差5倍多。降水时空分布不均，北方人口与耕地面积分别占全国的47%和65%，但水资源只占19%。其中海河流域人均水资源只有300多 m^3，不足全国人均的15%[4]。20世纪80年代以来，我国农业生产的重心转移，形成北粮南调的格局。从图1可以看出，全国粮食平均单产的气候产量与受旱面积呈显著的负相关。虽然洪涝灾害造成的人员死亡和财产损失往往大于干旱，但由于洪涝受灾大多成狭窄的带状，而干旱受灾是一大片，所以干旱给农业生产造成的损失更大。气候变化导致东北和华北干暖化，加上乡村人口的加速城镇化，使得北方的干旱和水资源紧缺的问题日益突出。

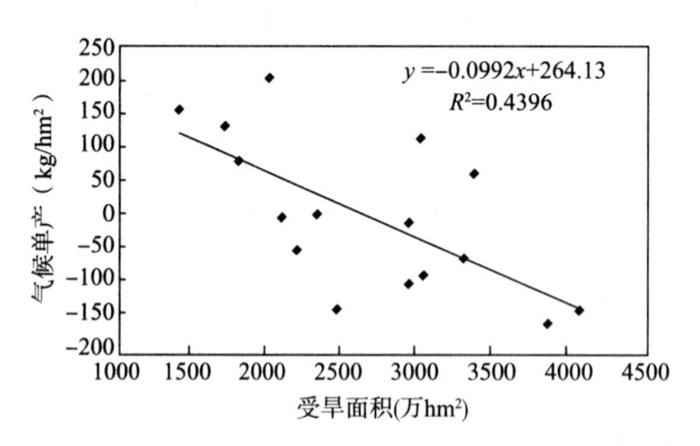

图1 1989—2004年全国平均粮食气候单产与受旱面积的相关

（气候单产指逐年实际单产与历年单产回归曲线上相应年单产的差值，主要受当年气候的影响）

与其他灾害相比，干旱具有作用时间长，影响范围广，过程深远复杂，时空分布差异大等特征，干旱还是一种典型的累积型灾害，其对农业生产造成的危害要超过大多数突发型灾害。

干旱虽然不具有突发性，但如严重威胁作物生育和人畜饮水时，也能造成一定的紧急事态，需要制定相应的应急预案和采取必要的应急措施，尤其是春夏连旱和连年大旱。

伴随干旱，通常光照充足，昼夜温差大，病害较轻。如能克服缺水的不利影响和利用作物的补偿机制，干旱年仍有可能获得丰收。

2　2008—2009 年秋冬的小麦干旱与冻害

2.1　2008—2009 年秋冬干旱和冻害概况

自 2008 年 10 月末以后，我国冬麦区降水量明显偏少，旱情持续时间之长、受旱范围之广是历史少见的。华北、黄淮、西北、江淮等地 3 个多月未见有效降水，较常年同期减少 70％～90％，部分地区降水偏少接近或突破历史极值。据统计，到 2009 年 2 月 7 日最大受旱面积达 1073.3 万 hm^2，约占全国冬小麦播种面积的一半，其中严重受旱面积 2 月 2 日上报达 354.67 万 hm^2，以河南和安徽两省的旱情较重，极少数农村还发生了人畜饮水困难。同时，冬季平均气温偏高和多风也加速了土壤水分的蒸发。

整个冬季虽然平均气温偏高，但波动剧烈。2008 年 12 月初和下旬初以及次年 1 月下旬的 3 次强寒潮袭击，降温幅度达 8～12 ℃，局部可达 17～20 ℃，小麦叶片普遍受冻，局部发生死苗，部分麦苗发黄。华北北部小麦地上部分叶片大部青枯。

面对历史少见的冬旱，各地提高了预警等级，采取了各种抗旱措施，取得了一些成效。

2.2　小麦仍然取得丰收的原因

奇怪的是，这次干旱对小麦产量并未造成明显的影响。根据 2009 年 4 月中下旬农业部和中国气象局联合组成专家组到河南、安徽两省的实地调查，绝大部分麦田长势喜人，虽然穗数略少于上年，但每穗粒数明显增加。由于茎秆粗壮，根系发育好，抗倒伏能力增强，多数地区有望比丰收的 2008 年继续增产。如果不是由于麦收前部分地区发生暴雨、风雹和高温等灾害，产量还会更高。

秋冬干旱没有造成很大的危害，原因如下：

(1)播种质量好，冬前苗情素质较好

2008 年各地小麦播种比较适时，播前大多有雨，出苗及时。冬前积温略偏多，在播期适宜的前提下有利于培育壮苗。虽然后秋持续干旱，但同时促进了根系下扎。据调查，河南省入冬前苗情好于历史上任何一年。

(2)麦苗实际受旱并不严重

虽然黄河以北地区秋冬降水偏少幅度更大，但都有冬前浇冻水的习惯，整个土层并不缺水。加上小麦处于越冬休眠期，耗水不多。

黄淮麦区秋冬降水偏少程度轻于华北，但由于没有浇冻水习惯和越冬小麦仍在继续生长，实际旱情反而重于华北。但由于 2008 年夏季雨水充沛，底墒好，只要根扎下去了，就能够抗御一定程度的干旱。河南、安徽两省小麦最大受旱面积分别曾达 401 万 hm^2 和186.93 万 hm^2，但据统计，河南省因旱黄苗面积 24 多万 hm^2，即 3％～4％，发生点片枯死的只有 2.67 多万 hm^2，略多于 0.4％，安徽省也只有 4.67 多万 hm^2 出现点片死苗，而且后来大部麦田恢复较好。民政部门的统计和保险理赔对灾情的核实也表明并不严重。

(3)水资源状况较好

北方水资源状况主要取决于上年雨季的降水量和蓄存量,由于整个冬季的降水量占全年降水量的比重,华北北部只有2%,黄河中下游为3%～5%。冬季气温又处于全年最低,蒸发量不大,即使完全没有降水,也不会造成当地的水资源危机。虽然个别地区发生了人畜饮水困难,但由于2008年夏季雨水充足,无论地表水还是地下水资源量都有所改善。根据国家防汛抗旱总指挥部的统计,除西北东部外,冬小麦主产区水资源状况普遍好于往年,冬旱期间人畜饮水困难数量比历年同期平均减少2/3。

(4)严重受旱受冻麦苗及时采取补救措施促进了恢复生长

我们在河南与安徽调查,各地都有少数麦田出现黄苗或点片死苗。凡是及时采取小水补灌或镇压措施的,都能迅速恢复生长。

(5)早春雨雪解除了旱情,春季气象条件总体有利

2009年2月上旬到下旬初北方冬麦区雨雪持续,除西北东部外,绝大部分麦田的旱情基本解除,气温也稳定回升,对前期受旱受冻小麦的恢复十分有利。春季除华北北部后春一度干旱和山东部分地区霜冻较重外,气象条件总体有利,降水也比较及时和适量。初夏仅部分麦区收获前发生风雹、暴雨和高温,造成了一定损失。

(6)小麦自身补偿机制发挥作用

虽然前期干旱和冻害导致平均穗数略减,但无效分蘖的减少和促进根系下扎却有利于粒数和粒重的增加,足以弥补穗数的损失还有余。当然,这种补偿机制也必须是在后期气象条件有利和人为措施得当的前提下才能发挥作用。

2.3 少数麦苗受冻受旱严重的原因

农业部和中国气象局组织的调查表明,少数麦田发生黄苗、死苗,主要原因如下:

(1)旋耕播种后没有镇压

2008年黄淮麦区夏季气温偏低,雨量偏多,玉米成熟延迟。为抢农时,有些麦田没有耕翻,因地湿旋耕播种后又没有及时镇压,表土过于疏松。后秋降水明显偏少,表土水分迅速散失,小麦出苗后根系发育不良,没有扎到底下的湿土层。

(2)秸秆还田数量太大又未能耕翻入土

欧美国家人少地多,耕地大多实行轮作休闲,秸秆粉碎,还田并不影响下年播种。我国北方的秸秆只是切成小段,还田后大量堆积在表层土壤,严重阻碍麦苗根系下扎。

(3)不少地区仍实行落后的撒播技术

除水稻茬麦因地湿不得不实行撒播外,河南中南部和安徽北部许多旱地也实行撒播,分蘖节和冬前根系分布很浅,对干旱和低温的抵抗能力都很弱,尤其是秋旱年。

(4)黄河故道风廊上的沙土地冻害与干旱都较重。

(5)部分丘岗地土层薄,易受旱,尤以豫西为严重。

(6)极少数麦田播种过早,冬前过旺,或使用了抗寒性很差的品种。

上述原因中以前三种原因,即播种质量差为主。

3　抗旱中的几个误区

2009年初的抗旱保麦虽然取得了一些成效，尤其是河南、安徽两省，但从整个北方麦区看，存在思想认识上的混乱和以下几个误区。

3.1　干旱与冻害的混淆

小麦专家普遍认为，由于麦苗需水很少，蒸发量也不大，冬旱一般不会造成死苗。干旱主要是抑制小麦生长，因旱死苗通常只在春旱严重时出现。北方冬小麦冻害科研协作组研究了小麦越冬的十余种死苗原因，并提出小麦越冬冻害有6种类型，即入冬剧烈降温型、冬季长寒型、冬前过旺型、旱冻交加型、冬末早春融冻型和积雪不稳定型[5]，2009年黄淮麦区主要是入冬剧烈降温与旱冻交加的复合型冻害。冻害苗与受旱苗在形态特征上是很容易区分的，干旱首先抑制生长，叶片偏小，自下而上逐渐枯黄，严重时自上部叶片开始依次萎蔫，植株矮小。而冻害植株轻者上部叶尖或向上弯曲部受冻枯白，较重者大部叶片甚至叶鞘冻枯，严重的可冻透心叶和生长锥。由于叶片所含水分结冰时膨胀和融解时缩水，严重受冻后的叶片呈现卷曲状，冬前过旺的麦苗叶片的枯萎和卷曲更加严重。抗旱期间媒体刊载的照片，大多是把冻害麦苗误认为受旱苗。

3.2　不同干旱类型的混淆

由于2008年10月末到翌年2月初与历史同期相比，冬小麦主产区降水量偏少了50%～90%，可以认为属几十年不遇的严重气象干旱。但水资源数量优于往年同期，人畜饮水困难数量比同期偏少66%，因此基本不存在水文干旱。从作物生长状况看，主要受害症状是冻害造成的，大部分麦苗能够经受住冬旱的考验，最多只能算局部偏重，总体偏轻的农业干旱。中国气象局提供的分布图也表明气象干旱与土壤干旱的分布并不一致，绝大多数麦田只是表层干燥，底墒普遍良好。在实际工作中人们判断旱情轻重往往只看与同期降水量的距平，没有考虑作物的实际生长状况和对深层土壤水分的利用能力，导致对旱情的夸大。国家防汛抗旱应急预案虽然提出以受旱面积占播种面积比例来确定干旱预警的等级，但对于什么是“受旱”却缺乏明确的规定。

3.3　不了解冬旱与春夏旱的区别

冬旱与作物活跃生长期间的干旱不同，一是降水量占全年总量的比例很小，一般不会影响到水资源的格局；二是黄河以北麦区普遍存在冻土层，冬季还存在冻后聚墒效应；三是小麦处于越冬休眠期，生理需水量很小。虽然冬季下雪有利于小麦安全越冬，但华北和黄淮等主产区大多数年份没有稳定积雪，生态需水主要靠夏季降水的底墒和冬前浇冻水维持。冬季土壤封冻和严寒期间灌溉的风险很大，稍有不慎，会人为造成伤害。

冬旱和反复融冻形成的表层干土能否对麦苗造成威胁，取决于干土层厚度和小麦根系状况。2009年发生部分黄苗和死苗，主要是由于播种质量差，根系过浅和太弱。凡是根系发育良好的一类苗，即使是在河南、安徽旱情较重的地区，冬季未浇水的也仍然获得了丰收。

在表土干旱、底墒良好的情况下，最佳抗旱措施是通过镇压使下层水分沿毛细管上升到表土，还可以压碎坷垃和弥缝，减少风袭引起的表土和植株水分蒸发。只有在干土层特别厚或植株根系太浅的情况下才需要适当补水。通常 5 cm 干土层只需 5 mm 水分或每公顷 45～60 m^3，即喷灌 1 h 即可消除；消除 10 cm 干土层也只需要补水 15 mm 或喷灌 3 h，浇多了反而会形成湿害，但媒体上却多次出现大水漫灌的照片。

遥感只能测定土壤表面干湿与辐射温度，无法测定冻土层的底墒。有的部门以冬季土壤干封面积作为旱情的依据更是脱离实际的，我国北方大部分地区冬季地表干封是一种常态。

3.4 把抗旱简单等同于浇水

抗旱是一项复杂的系统工程，首先要立足于防旱并充分利用作物自身耐旱与适应能力。我国是一个水资源不足的国家，北方水资源尤其紧缺，宝贵的水资源应用在关键时空。耕作保墒、土壤培肥、节水栽培往往是更重要和更有效的抗旱措施，有时人为控制灌溉和中耕散墒，使作物适度受旱以促进根系下扎和控制基部茎节，却是非常有效的抗旱措施，如玉米的蹲苗和水稻的烤田[6]，但农艺抗旱目前却不被重视。从 2009 年初的情况看，大多数麦田本来是可以通过镇压和耱麦来缓解旱情的，但大部分农村现在都找不到用于镇压和耱麦的石碌碡和树枝盖了。有的地方要求所有麦田浇水，而且要浇大水，浇几遍。似乎浇的面积越大，次数越多，抗旱的政绩就越突出。这样不但造成水资源的浪费和生产成本的提高，而且对于旱情并不明显的麦田还带来了负面效应。

3.5 在减灾对策上混淆了累积型灾害与突发型灾害的区别

自然灾害按照发生和演变的过程可分为突发型和累积型两大类[7]，对人民生命财产构成巨大威胁的突发型灾害，往往需要采取果断的决策和某些强制性措施。2008 年的冰雪灾害，虽然原生灾害是累积性的，但造成电力、交通和通信系统瘫痪的次生灾害具有很强的突发性，同样威胁到人群的短期生存。但对于农业生产，干旱、湿害、冷害、冻害和大多数病虫害等累积型灾害所造成的损失并不亚于，甚至要大于绝大多数突发型灾害。由于累积型灾害一般不威胁生命，酝灾、发展和演变过程较长，完全可以更加从容地应对，根据灾害的严重程度和扩展范围，确定相应的行动级别和减灾力度。除发生严重的人畜饮水困难需要紧急调水外，一般没有必要采取强制性措施。由于实际旱情还受到地形、作物种类与品种、苗情和生长状况、水资源状况、土壤结构与墒情等许多因素的影响，分布极不均匀。采取一刀切和强迫命令的做法，往往事倍功半，甚至带来许多负面效应。

值得注意的是，干旱虽然不具有突发性，但却可以在一场透雨之后突消。2009 年在 2 月中下旬透雨之后，有些机构仍然要求各小麦麦区，甚至仍处于冬闲的非冬小麦产区如东北和内蒙古逐日上报旱情和灌溉进度，令人啼笑皆非。

3.6 过分和荒唐的媒体炒作

在抗旱期间，一些媒体迎合某些人追求虚假政绩的需要，大肆炒作，不少报道是违背科学和夸大事实的。如某网站曾耸人听闻地宣扬小麦干旱的后果将要比2008年的南方冰雪灾害更加严重,有的媒体空穴来风宣传大灾之后要防大疫,并把个别地点的人畜饮水困难夸大成全局性现象。多数受旱麦苗的照片实际是冻害,甚至还刊登出土壤明显潮湿的照片,并多次出现大水漫灌和明显作秀的镜头。有的地方扬言抗旱不力要就地免职,给坚持科学抗旱的基层干部与农民造成极大政治压力。有些不负责任的报道甚至在制造社会恐慌,如提出要提高水价和限量供水,预言小麦将减产20%以上,引起国内外期货市场哄抬粮价。有的地方和部门多年来,凡增产都是自己的功劳,减产则是老天爷的责任,不惜编造数据以追求虚假政绩,已成为一种顽症。虽然这些炒作只延续几天就得到了有效控制,但已造成恶劣影响。

4 科学抗旱应遵循的基本原则

关于科学抗旱,国家防汛抗旱总指挥部前几年已提出要从单一干旱向全面抗旱,从被动抗旱向主动抗旱转变;农业部迅速组成专家组实地指导,强调因地制宜依靠科技;中国气象局的土壤水分观测也表明与气象干旱并不一致,但仍有不少经验教训需要总结。从2009年抗旱保麦的实践看,实行科学抗旱应遵循以下原则。

(1)正确评估旱情,有针对性地采取适当的抗旱力度

首先要了解干旱的类型、时空分布范围、危害对象,实事求是地评估旱情程度,确定适当的预警等级,既不要夸大,也不要缩小。抗旱力度要适当,麻痹大意会造成灾难性后果,夸大旱情盲目抗旱也会造成巨大的浪费和负面效应。

(2)因地、因时、因苗制宜

农业生产受自然因素影响很大,各地气候、农时季节、地形水文、土壤状况、作物品种、苗情长势都不相同,必须因时、因地、因苗制宜,分类指导,不能一刀切和强迫命令。

(3)充分利用作物自身的适应能力、补偿机制和深层土壤水分

抗旱不等于就是浇水,更不是浇得越多越好。通过选用耐旱作物和品种,根据水资源分布、地形和土壤条件合理布局,充分利用作物自身的适应能力和补偿机制,努力使作物需水高峰与雨季相匹配;通过耕作措施促进根系发育,旱季充分利用深层水分和减少土壤蒸发,雨季尽量保蓄土壤水分。从2009年少数严重受旱的麦田看,提高播种质量对于增强植株抗御冬旱的能力具有决定性的作用。

(4)量水而行,节水抗旱,长期抗旱

我国是水资源不足的国家,北方尤其缺水,农业和整个经济布局都必须量水而行,抗旱也应如此。有限的水资源要用在关键地区和时期,不能有点干旱就不计成本一律大水漫灌。在水资源有限的情况下,必须实行节水灌溉,同时还要注意留有余地,树立长期抗旱的思想,不能把水库的蓄水一下子都用光,也不能无限制地开采地下水。发生干旱时要组织抗旱,没有发生干旱时也要抓好蓄水保墒和培育壮苗,只有增强抗旱的物质基础和提高作物的抗旱能力,才能争取抗旱工作的主动。

(5)立足于防灾,灌溉抗旱与农艺抗旱并重

2009年的抗旱保麦实践证明,立足于防灾,提高播种质量和培育壮苗,对于越冬抗旱防

冻具有决定性作用。并非只有灌溉才是抗旱，许多情况下农艺措施更为重要也更加有效，如调整种植结构，选用适应干旱缺水条件的作物和品种；调整播种期和移栽期，使需水临界期避开易旱期；培肥土壤，平整土地，开展农田基本建设，耕作和覆盖保墒，提高土壤保蓄水分能力；应用保水剂、抗旱剂、抑制蒸发剂等化学抗旱技术；播前种子处理与蹲苗锻炼等。

（6）按流域统一分配利用水资源，突出重点，有保有弃

目前有些地区的干旱缺水与水资源的无序开发有关，上游过多拦蓄水分，对于局地是"水利工程"，对于全局却往往是"水害工程"。必须按流域统筹管理，统一分配与合理使用，确保水资源的可持续利用。干旱缺水时要有保有弃，首先确保人畜用水，重点保证高产、优质、高效农田的灌溉，必要时可放弃一部分低产田，改种耐旱作物或等雨补种。黄淮麦区的南部历来没有灌溉习惯，当地吸取这次干旱的教训，提出要建立农田灌溉系统，但一定要吸取华北长期超采地下水导致水资源枯竭和生态环境恶化的教训。黄淮麦区与华北和西北不同，多年平均降水量能够满足作物需要，只在少数年份发生季节性干旱时需要补充灌溉。

（7）部门间统筹协调，调动全社会的力量

干旱缺水影响到整个社会、经济的可持续发展，必须调动全社会的力量，实现抗旱资源的优化配置。要实现科学、高效的抗旱，必须实行各部门之间的协调联动。切忌以抗旱为名片面追求部门利益和虚假政绩。

5 几点建议

（1）在总结2009年经验教训的基础上修订旱情等级标准，改进旱情监测评估技术与方法。

（2）建立有农业、水利、气象、生态等方面的资深专家组成的国家级和省级的抗旱顾问组，改进部门间的旱情会商制度，以减少盲目决策的失误和扯皮，提高科学抗旱的决策水平。

（3）吸取简单照搬国外技术的教训，研究和建立适合国情的区域性保护性耕作技术体系。

（4）研究和建立小麦抗旱防冻的区域性农艺技术体系，研制耙耱、镇压、覆盖等耕作保墒措施的复合作业农机具，并制定操作规程。

（5）在黄淮麦区全面推广旱地条播技术和建立农田节水补灌系统。

（6）研究建立主要推广品种抗寒性和耐旱性鉴定技术和方法体系。

参考文献

[1]中华人民共和国水利部. 旱情等级标准(SL 424-2008). 北京：中国水利水电出版社，2009.

[2]曾早早，方修琦，叶瑜，等. 中国近300年来3次大旱灾的灾情及原因比较. 灾害学，2009，**29**(2)：116-122.

[3]李茂松. 从旱灾看农业环境——访中国农科院农业减灾研究室主任. 光明日报，2009-02-18(第4版).

[4]石玉林. 资源科学. 北京：高等教育出版社，2006：346.

[5]郑大玮，龚绍先，郑维，等. 冬小麦冻害及其防御. 北京：气象出版社，1985：20-25，49-55.

[6]中国农业科学院农业气象研究室.北方抗旱技术.北京:农业出版社,1980:67-81,236-248.
[7]郑大玮,张波.农业灾害学.北京:中国农业出版社,1999:14.

Anti-Drought Based on Scientific Principles
——A Case Study on Combating Drought and Protecting Wheat in 2009

Zheng Dawei
(China Agricultural University,Beijing 100094, China;
Beijing Association of Disasters Reduction, Beijing 100089, China)

Abstract:Drought is one of the most serious disasters that affect agricultural production in winter wheat region in northern China experienced a severe meteorological drought in early 2009. But because of good seedling growth before the winter and adequate bottom soil moisture the crop drought except some areas was not so serious. Although certain successes are achieved in combating drought to protect wheat in Henan and Anhui provinces, for the entire winter wheat region in northern China, some experiences and lessons should be summarized and learned. There exist some misunderstandings for drought and countermeasures, for instance confusion of meteorological drought with agricultural drought, freezing damage with drought and unexpected disasters with accumulated disasters. In some areas people only pay attention to irrigation instead of agronomic techniques. In fact the latter is more effective sometimes. The unrealistic media hype deviates sciences. The analysis on the reasons of bumper harvest of winter wheat in northern China in 2009 indicates that the most important cause of serious damage of drought and freezing in some areas is poor sowing quality. Some basic principles and suggestions for improving combating drought in scientific way are proposed.

Key words: winter drought; wheat production; a combating drought in scientific way; experiences and lessons; 2009

从极端天气看农业减灾的紧迫性*

郑大玮

（中国农业大学资源与环境学院，北京　100094）

1　极端天气与农业减灾

2009 年秋季以来，我国西南部分地区遭受了 60 年不遇的特大旱灾，农作物大面积绝收，千百万人和大牲畜饮水困难，经济损失巨大；而去年冬季以来，北方地区却经历了低温、多雪的天气，农作物遭受不同程度的冻害。在当前春耕备耕的关键时期，联系到近年来发生的一系列重大灾害，某些极端天气事件频繁发生，人们痛感加强农业减灾工作的必要性和迫切性。

2　中国是农业自然灾害频繁而严重的国家

自然灾害特别是气象灾害，是造成农业歉收和波动的主要原因。以旱灾为例，水利部门测算 1949 年到 2001 年我国由于旱灾平均每年损失粮食 1388.8 万 t，占总产的 4.68%；损失最多的 2000 年因旱减产 5996 万 t，占当年粮食总产的 13%。世界气象组织的资料显示，1992—2001 年期间全球水文气象灾害事件占各类灾害的 90%左右，导致 62.2 万人死亡，20 多亿人受影响，估计经济损失 4500 亿美元，占所有自然灾害损失的 65%左右。

中国是世界上农业自然灾害比较严重的国家，这是因为中国处于环太平洋和中纬度欧亚大陆两大灾害带的交汇部，多地震与地质灾害；大部分国土为大陆性季风气候，季节与年际变化都很大，旱、涝、冷冻、风雹、热浪等气象灾害频繁；土地和水等农业自然资源的人均占有量不足，对气候资源的变化与波动十分敏感；社会发展处于工业化和人口城镇化中期，农业的脆弱性更加突出。

农业自然灾害具有明显的周期性、群发性与灾害链现象。我国粮食生产具有大致 4～5 年的准周期波动，大灾之年往往多种灾害相继发生。干旱、洪涝、低温冰雪等灾害还具有复杂的灾害链，其影响可延续到灾害衰减之后相当时期和下游产业。各种自然灾害中，对农业产量和粮食安全威胁最大的是干旱，其次是冷冻与洪涝，造成生命财产损失最大的则是洪涝与台风。

* 本文原载于 2010 年 3 月 22 日《光明日报》。

3　值得注意的农业灾害新特点

20 世纪 90 年代以来，中国农业自然灾害的发生出现了一些新特点。

首先，对自然资源的高强度利用导致对其亏缺更加敏感。对水资源的超量开采是许多地区干旱日益加重的主要成因，如华北地下水位不断下降，西北不少河流的上游扩大灌溉导致中下游水源枯竭。对热量资源的过度利用则导致许多地区的低温灾害在全球变暖的背景下反而加剧，如华南热带作物的过度北移导致 20 世纪 90 年代寒害的大发生，北方有些地区使用生育期过长的晚熟玉米品种导致冷害，冬性过弱小麦品种导致冻害，春季蔬菜过早移栽导致霜冻等。

其次，气候变化使得某些极端天气、气候事件频繁发生，尤其是南涝北旱态势的发展。如最近十多年发生的 1998 年长江与嫩江洪涝、1999—2000 年的大范围干旱、2006 年的川渝高温干旱、2008 年的南方雨雪冰冻、2009—2010 年冬的云南干旱和华北低温冻害都是几十年不遇的极端事件。由于东北和华北已取代东南沿海成为粮食主产区和主要商品粮输出地，自 20 世纪 80 年代后期以来，几乎所有的粮食减产年都是严重干旱年，而 1996 年、1998 年等典型洪涝年虽然沿江沿河损失惨重，但大面积农田却因雨水充沛而获丰收。过去的干旱主要发生在北方的春季，现在扩展到北方的春夏与南方的夏秋或秋冬，并与高温结合使危害加重。气候变化还使作物病虫害的发生扩展北移，世代增加和重叠。

第三，经济全球化使得有害生物入侵及人兽共患病风险急剧增大，由于农产品贸易量的迅速扩大，国内外农业灾害的影响可以相互波及和放大。

第四，由于处在工业化和农村人口城镇化中期，不少地区农村劳动力素质与农业比较效益下降，农业经营规模狭小又使得农业技术进步缓慢和农业灾害保险推行困难重重，加上农业防灾减灾基本建设和基础设施投入不足，使得农业对于自然灾害的脆弱性更加突出。

2003 年以来由于国务院狠抓“一案三制”（突发公共事件应急预案和应急体制、机制、法制建设），我国农业减灾管理水平有了很大提高，但农业灾害形势仍然严峻，农业减灾工作仍然存在一定盲目性。如 2009 年初由于混淆了气象干旱与农业干旱的区别，有些地区夸大了小麦旱情，出现了一律浇水盲目抗旱的倾向。对于东北西南部和华北北部的严重夏旱，则因前期多雨玉米长势良好而盲目乐观。“有钱难买五月旱，六月连阴吃饱饭”的农谚表明，作物苗期适度干旱蹲苗有利于根系发育，前期多雨恰恰带来了根系发育不良，抗旱能力削弱的隐患。由于对旱情发展迅猛估计不足，导致抗旱措施不力和偏迟。这些事例表明，要实现科学高效的农业减灾，还需要做出长期艰苦的努力。

4　让农业减灾更加科学高效

我国农业虽然实现了连续 6 年粮食增产，但单产和人均占有量增加不多，大豆、油料和棉花严重依赖进口，农产品安全和粮食安全的基础并不牢固。近期由于太阳活动异常偏弱和地质、海洋活动异常，农业自然灾害有可能频发。如何让农业减灾工作更加科学高效，是一项十分紧迫的任务。

首先，要建立健全农业减灾的各级管理机构。由于农业灾害的特殊性，其他业务部门的减灾业务并不能代替农业部门自身的减灾管理。农业部门主要应加强农业生产过程的减灾管理，包括产前预防、产中抗灾和产后补救。

其次，各地应针对当地主要灾害逐级逐项编制应急预案。现有国家和省级应急预案是针对全社会的，在农业生产中还需要有针对性和可操作性更强的应急预案。

第三，由于许多农业灾害的孕育期和发生初期具有一定的隐蔽性，除加强现有气象、水文、地质和植保监测工作外，急需建立农田远程灾害监视系统，同时要建立农业部门与气象、水利、地质、民政等部门的灾害信息共享与防灾减灾协调、联动机制，以加强农业灾害的监测和预警工作。

第四，充分挖掘和集成现有农业减灾实用技术并向广大农村推广普及。特别是要研制和推广一大批减灾专用设备和器具，如北方的注水播种机和集雨贮水装置可推广到南方季节性干旱地区。2009 年初黄淮麦区冬旱期间，绝大多数麦田只是表土干旱，底墒仍充足，只要赶制大批镇压器(碌碡)和耱麦器具就可基本解决冬旱。

第五，品种抗逆性减退是灾害加重原因之一，急需建立主要作物品种抗逆性鉴定制度并编制品种适宜种植区划，制止盲目引种和跨区种植。

第六，加强农业备灾，除民政部门贮备的救灾物资外，农业部门应建立种子、饲草、化肥、农药、柴油、水泵等抗灾物资储备制度。种子储备除当地主栽品种外，还要储备一些绝收后改种能成熟的救灾作物种子。

第七，在全国普遍建立按流域统筹分配水资源的制度和编制节水农业发展规划，加快北方病险水利工程的检修，加大南方季节性干旱地区水利工程实施力度，使有限的水资源得以优化配置和高效利用。

最后，推进农业灾害保险试点，加大投入，首先在主要商品粮基地全面普及农业灾害保险制度，确保粮食安全。

5 加强农业减灾能力建设的中长期措施

针对我国社会经济发展和全球气候变化带来的农业自然灾害新特点，农业减灾的中长期措施应立足于减灾能力建设。

首先，要根据气候变化的区域影响与灾害特点，构建我国各主要农区适应气候变化的防灾减灾农业技术体系，并向广大农民普及。

其次，要加强农业灾害机理与减灾技术途径的基础性研究，在条件较好的科研机构尽快建立国家级的农业减灾重点实验室，建立农业灾害与减灾理论体系。由于长期以来农业减灾基础性研究薄弱甚至缺失，导致发生重大灾害时，或束手无策听任减产，或盲目行动造成资源浪费。

第三，在气候变化背景下，应加强高光效和耐旱耐热作物品种的选育。

第四，制订北方集雨节水农业中长期发展规划和南方季节性干旱地区水利工程建设规划。

第五，目前我国农业减灾技术和管理人才奇缺，应尽快在重点高等农业院校建立农业减灾专业，并逐步建立硕士点、博士点和博士后工作站。培养方向包括农业减灾技术开发、减灾管理和农业灾害保险。

第六，国内外经验表明，在超小规模经营条件下，农业灾害保险的常规做法成本高，风险大。要积极推进农村合作经济组织的发展，增强集体抗御与分散转移自然风险的能力，积极试验和推广天气指数保险，探索建立农业巨灾保险的途径。

灾害链概念的扩展及在农业减灾中的应用*

郑大玮

（中国农业大学资源与环境学院，北京　100094）

摘　要　灾害链已成为减灾研究的一个热点，但长期以来灾害链的概念局限于灾害的发生。为实现全面和高效减灾，本文对灾害链的定义进行了扩展，进而提出广义灾害链的概念和灾害链的分类方法，指出在减灾中应用灾害链理论，要充分利用广义灾害链中的负反馈机制来降低减灾成本。以农业为例说明农业系统的特点决定了农业灾害和农业灾害链的特点及其基本模式，分析了农业灾害链网中的各种关系，对农业灾害风险控制的策略与断链减灾技术途径进行了探讨。

关键词　灾害链；负反馈机制；农业灾害；减灾对策

1　前言

灾害链是近年来灾害学研究的一个新热点。根据高建国提供的资料，国外关于灾害链的研究主要集中在地震—海啸与地震—火灾关系的研究，有人还进行了气象异常与地震关系的研究，但都没有用于实际的灾害预报和形成系统的理论。我国学者 20 世纪 70 年代以来在旱震关系、地温与降水关系、日地关系、日食与旱涝关系、引潮力和地气关系等研究领域取得重要进展，80 年代以来在开展了天地生相互关系学术研讨的基础上，逐步形成了灾害链理论，其中旱震链、震洪链和震台链等研究已多次应用于巨灾预报获得成功。1987 年郭增建提出灾害链的理论概念[1]，2006 年 2 月肖盛燮等发表了《灾变链式理论及应用》[2]，2006 年 11 月在北京召开了全国首届灾害链学术研讨会并出版了文集[3]。2007 年 12 月在赣州以城市灾害链及其防治对策为主题召开了全国第二届灾害链学术研讨会。

目前，灾害链已成为国内灾害学领域的研究热点，正如高建国所指出“是研究自然灾害预测预报的重要生长点，也是地球科学新的重要领域。”但是，目前对于灾害链概念的认识还很不一致，多数研究把灾害链局限于孕灾和诱发过程，对灾害链的延伸重视不够，研究较少，不能充分满足重大灾害的预测和减灾管理的需要。

---

* 本文为 2011 年所修改的“2008 年中国科协第 16 期新观点新学说学术沙龙(03 月 31 日—04 月 2 日)”的发言“重大灾害链演变过程、预测方法及对策研究”。

2 灾害链概念的扩展与分类

2.1 灾害链概念的扩展

(1)关于灾害链的定义。灾害链最初只是简单地归纳为原生灾害—次生灾害—衍生灾害的序列。后来不同学者从不同角度对灾害链的内涵做了扩充。

郭增建指出“灾害链是研究不同灾害相互关系的学科,是由这一灾害预测另一灾害的学科”。[3]肖盛燮在所著《灾害链式理论及应用》一书中定义灾害链为“将宇宙间自然或人为等因素导致的各类灾害,抽象为具有载体共性反映特性,以描绘单一或多灾种的形成、渗透、干涉、转化、分解、合成、耦合等相关的物化流信息过程,直至灾害发生给人类社会造成损失和破坏等各种链锁关系的总和。”[2]

(2)灾害链概念的扩展。以上定义多是将灾害链归纳为两种以上灾害具有某种联系,同时或相继发生的现象。可称为狭义灾害链。实际在灾害形成之前,链式效应就已经在孕灾环境及致灾因子与承灾体之间出现;在灾害过程基本结束之后,灾害所造成的各种影响仍然在很长时期内存在并链式传递,尽管有些后果已经不能再称为灾害。陈兴民提出“灾害链的类型分为灾害蕴生链、灾害发生链、灾害冲击链。”[4]

在减灾实践中,特别是对于城市减灾和农业减灾,次生灾害和衍生灾害所造成的损失往往不亚于,甚至远大于原生灾害。因此,有必要把对灾害链的概念进行扩展。

灾害链是指孕灾环境中致灾因子与承灾体相互作用,诱发或酿成原生灾害及其同源灾害,并相继引发一系列次生或衍生灾害,以及灾害后果在时间和空间上链式传递的过程。

(3)广义灾害链。灾害虽然给人类带来重大的危害和损失,但任何事物无不具有两重性,灾害在孕育、发生、演变和消退的全过程中,存在与诸多致灾因子及影响因子之间的相互作用及复杂的反馈关系,特别是在灾害链的若干环节或支链结点上。其中有些属正反馈,即使灾害破坏力增大或使灾害损失加重的效应;也有一些属负反馈,即消减灾害破坏力或减轻灾害损失的效应。前者可促使灾害损失放大并引发次生灾害和衍生灾害,人们比较熟悉;后者具有减灾效应,在特定情况下甚至有可能变害为利。灾害演变过程中的减灾机制或效应有以下几种情况:

①灾害破坏力的自然衰减。如随着可燃物的消耗火势逐渐减小,随着风化堆积物的下泄滑坡和泥石流逐渐停止,冷空气控制后受下垫面加热逐渐变性等。

②生物自身的适应机制。如越冬作物在冬前的抗寒锻炼,旱生植物的耐旱机制,生物的休眠、迁徙等。

③灾害过程中的某些有利因素在一定条件转化为主导方面。如棉铃虫造成10%以下的蕾铃脱落具有增产效应,寒冷刺激促进荔枝花芽分化有利于当年增产。

④同时存在的两种灾害相互抵偿使灾害减轻。如久旱之后的暴雨虽造成局部洪涝,但大面积生产上利大于弊。

⑤灾害刺激对某些商品的需求增长,促进相关产业的发展。

⑥吃一堑长一智，总结灾害经验教训促进人类减灾科技与管理水平的提高。

⑦将灾害破坏力转化为人类所需要的物质和能量。如风能、潮汐能、水力发电、利用生物天敌等。

充分利用灾害链中的上述各种负反馈机制，可以用较低的成本获得较大的减灾效益。考虑到灾害链式反应中存在的多种反馈机制。从减灾的实际需要出发，可以把灾害链的定义进一步扩展如下：

广义灾害链指灾害系统在孕育、形成、发展、扩散和消退的全过程中与其他灾害系统之间，各致灾因子和影响因子相互之间，以及这些因子与承灾体之间各种正反馈与负反馈链式效应的总和。

2.2 灾害链的分类

郭增建、高建国、肖盛燮等从不同角度提出了灾害链的分类，如：

高建国提出“灾害链是自然界各种事物相互联系的一种。一般的理解是地震后伴生的滑坡、泥石流、火灾、瘟疫等次生灾害，我们称其为第一类灾害链。另外一种是，除了科学界公认的海气相互作用外，还有地气耦合。我们称其为第二类灾害链。”

陈兴民 1998 将“灾害链的类型分为灾害蕴生链、灾害发生链、灾害冲击链。”[3]

(1)主链和支链。重大灾害链通常有一个主链和若干支链，每个链又由若干环节组成，各链及各环节之间具有复杂的相互联系，研究其相互关系是做好减灾工作的前提。

同时发生的几种灾害，通常其中某种灾害处于原生或主导地位，孕育到危害成灾形成主链，同源次要灾害或原生灾害的次生灾害及其后果则构成了支链。

重大灾害链由于存在主链和若干支链，同时存在复杂的相互联系和反馈，实际形成了灾害链网。

(2)按灾害过程的分类。陈兴民将灾害链分为三段，我认为前两段可以合并。灾害链的前半部分，即由孕灾环境中的致灾因子开始作用于承灾体到灾害高潮期为灾害发生链；由灾害高潮期到灾害完全消退为灾害影响链。

(3)按构成灾害链的不同灾害之间的相互关系。郭增建分为因果、同源、互斥和偶排四类。[5]此外还应有互促一类，如低温冰雪链，低温使冰雪不易融化，雪面强烈辐射又使气温进一步下降。干旱与森林火灾之间也是一种互促关系。

(4)按各圈层相互作用。地气链、气地链、海气链等，目前已取得研究进展的有旱震链、震洪链、震台链等。

(5)按地域、产业分类。如城市灾害链、河流灾害链、农业灾害链、交通灾害链等。

(6)按灾害成因分类。如地震灾害链、地质灾害链、泥沙灾害链、冰雪灾害链、台风灾害链、暴雨灾害链等。

(7)按照链式效应的形态特征。肖盛燮按照链式效应的形态特征划分为崩裂滑移链、周期循环链、支干流域链、树枝叶脉链、蔓延侵蚀链、冲淤沉积链、波动袭击链、放射杀伤链等 8 种[2]，涵盖了地质灾害、山地灾害、生物灾害、火灾、侵蚀、洪灾、地震、海啸、有毒有害物质扩散等多种灾害类型。但上述分类中，有些具有更普遍的意义，使用于许多灾种，如周期循环链、树枝叶脉链、蔓延侵蚀链等；有些则只只适用于个别灾种，如崩裂滑移链和冲淤沉积链。

随着人们对灾害本质与对灾害链特征认识的不断深入，灾害链分类将逐渐变得越来越科学和准确。

(8)按照灾害链表现形式与流的特征。灾害作用于物质实体、经济系统、社会系统的角度，可以分别表现为物质能量流、经济流和社会信息流。

自然灾害和工程事故在孕育时通常关注的是其物质能量流，当致灾因子物质所携带破坏力能量超过承灾体抗力时，就将形成灾害。随着破坏力能量的衰减，灾害或事故趋于消退，灾害链主要以物质能量流的形式表现出来，减灾对策也主要是对抗、消减、疏导或规避灾害破坏力的能量。

经济系统受灾时，人们主要考虑的是如何防止和减少经济利益的损失，往往要对灾害的经济流进行分析，这也是灾害评估的核心内容。经济流本质上是商品、货币形态的物质能量流。在灾害孕育、形成、蔓延扩散和消退的过程中，灾害损失不断放大，减灾救灾成本不断增加。分析灾害链的经济流，可以帮助我们找到以最小成本防御灾害发生的关键孕灾环节，以及灾害损失经济流最容易放大的应重点保护的环节。

灾害作用于社会系统，伴随着灾害链的物质能量流，还同时形成了灾害链的信息流。信息虽然要依托具体的物质而存在，且本身并不具有能量，但信息却可以调动物质和能量。正确的信息能有助于预测灾害的发生和演变，帮助人们采取正确的防灾减灾决策，保持正常的社会秩序与心理健康，减轻次生和衍生灾害。扭曲的信息则可以使人做出错误的预测和决策，导致心理恐慌和社会秩序失控，从而使灾害损失放大，产生一系列次生和衍生的社会灾害。

2.3　灾害链研究在减灾中的应用

(1)应对灾害链的策略。包括断链、削弱、转移、规避、接受等不同策略。

断链只能是在灾害孕育期能量微小或灾害载体尚未形成，具备可断性时才能采取。对于能量极大的灾种是不可能采取断链策略的。

削弱则是指在灾害链形成后，抓住其薄弱环节消减其能量或冲击力。如利用水库削减洪峰，在起火林地外围烧出隔离带以约束火势等。

转移指将灾害链设法转移到对人类安全威胁较轻的地域，如海河流域兴修减河直接引洪入海，设置黑光灯诱蛾，以小面积易感病虫作物或林木保护大面积作物或林木等。

规避指在灾害未来临前将承灾体转移到安全地带使之与灾害链隔离，对于地震、滑坡、洪水、超强台风等不可抗拒的巨灾通常采取这一策略。

对于损害不太严重的灾害链，如果采取上述策略的成本高于可能发生的灾害损失，则对于该灾害链可以采取接受的策略。

(2)采取断链减灾措施的两种情况。对于灾害发生链，减灾的关键是找到诱发灾害的关键致灾因子或触发条件，在孕灾阶段，当成灾物质还很少或能量还很小的时候，从源头断链以阻止灾害的发生，适用于火灾和病虫害等。

对于灾害影响链，减灾的关键是要保护承灾体受影响最大的关键环节，或在灾害影响链的薄弱环节采取断链措施。如在城市灾害链中最重要的是保护好生命线系统，一旦因灾发生某种故障要在蔓延扩散之前迅速排除。

(3)提高灾害预测的准确率。灾害链在灾害预测中的应用有两种情况:

一种是发生概率较低的巨灾,用常规预报方法很难报出。但巨灾的发生通常与地球各大圈层的相互作用有关,其能量有一个积累的过程,有些征兆会提前表现出来。开展跨学科的灾害链有可能发现孕灾因素之间的相互关系,从而提高减灾预测的准确率。

另一种是对次生灾害、衍生灾害及灾害后效的预测。研究灾害影响链将有助于提高这类预测的准确率。如对于2008年南方低温冰雪灾害,气象部门虽然做出了比较准确的短期预报,但有对其可能产生的严重后果估计不足,在中央采取果断决策之前在防灾减灾中仍然处于被动。

(4)正确开展灾害评估。根据灾害链形成、发展、分支、蔓延和消退过程的研究,可帮助我们正确进行灾害损失的评估。灾前的预评估有助于确定重点防范保护对象和需要动用的减灾资源,灾中评估有助于确定重点抢险地点或救援对象,灾后评估有助于明确优先救助、恢复对象和需要动员的救灾资源。2008年南方低温冰雪灾害的直接经济损失从1月26日的62.3亿元积聚增加到2月19日的1516.5亿元。截至2月25日,仅林业直接经济损失就达1014亿元,比19日上报573亿元几乎翻番。前后悬殊固然与灾害损失的累积过程有关,更重要的是对灾害的链式连锁反应估计不足。

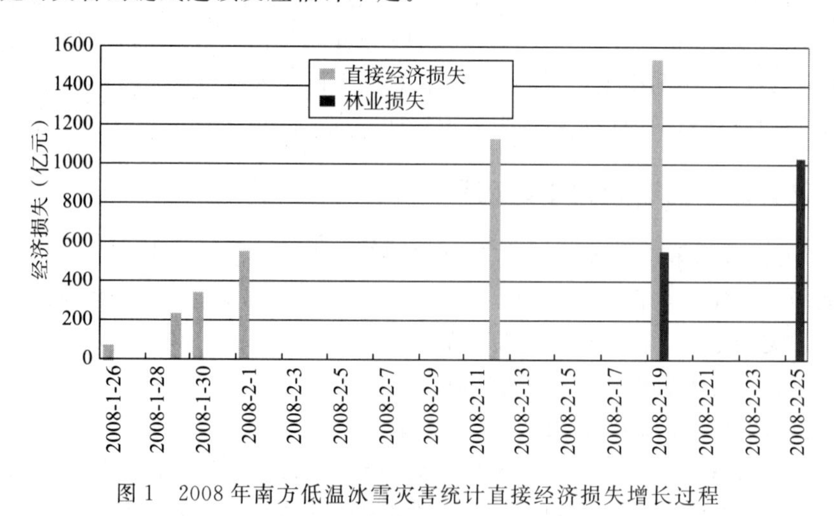

图1 2008年南方低温冰雪灾害统计直接经济损失增长过程

3 灾害链在农业减灾中的应用

3.1 农业系统的特点决定了农业灾害的特点

农业系统的特点:①以农业生态经济系统为作用对象和直接承灾体,包括农业生物、农业设施、农业生产过程和农业生态环境,核心是农业生物,人类是间接和最终承灾体。②农业生产主要在露天条件下进行,受到多种环境因素与人类活动的交叉影响,生产周期也比较长。③农业系统作为一种人工生态系统,生物性与人工干预二者共同决定着整个系统的脆弱性与承灾能力。[6]

由此形成农业灾害的特点：①非线性。②相对性。③脆弱性与适应性。④累积型农业灾害的危害不亚于突发型灾害。⑤致灾因素之间的耦合性与抵偿性。⑥自然性与人为性。⑦区域性。

3.2　农业灾害源的类型与致灾因素

农业灾害源分为自然源和人为源。

(1)农业灾害的自然源。包括气象水文类、地质土壤类、有害生物类、海洋类和天文类等。气象灾害往往是其他灾害的原生或上游灾害，种类最多，危害最大，通常占全部农业自然灾害损失的70%以上。

农业灾害自然源的分类：

- 气象异常 气象灾害
  - 水分因素
    - 水分过多　暴雨洪水、山洪、内涝、湿害、白灾
    - 水分不足　土壤干旱、大气干旱、黑灾
    - 水分相变　冻雨、雪灾、冰雹、雾凇、冻融
  - 温度因素
    - 温度过低　冷害、霜冻、冻害、寒害、冷应激
    - 温度过高　热害、热浪、动物热应激
  - 光照因素
    - 光照不足　阴害
    - 光照过强　灼伤、日烧病
    - 辐射成分　紫外线过强
  - 气流因素　大风、龙卷风、静风
  - 大气成分　大气污染、酸雨、沙尘
  - 复合灾害　台风、干热风、暴风雪、沙尘暴、雨后枯熟
  - 大气物理现象　雷电
- 地质土壤 地质灾害
  - 地质结构　局部不稳定　滑坡、崩塌、泥石流
  - 板块运动　地震、火山
  - 土壤
    - 物理结构　板结、侵蚀、障碍层
    - 化学成分　盐碱地、潜育化、酸化、贫瘠化
- 有害生物 生物灾害
  - 植物类　植物病害、植物虫害、植物草害、植物鸟兽害（主要是鼠害）
  - 动物类　动物疫病、动物寄生虫
- 海洋因素→海洋灾害　风暴潮、海浪、海冰、海啸、海温异常
- 天文因素→天文灾害　太阳活动异常、陨石、小行星撞击、宇宙线

图2　农业灾害链的灾害源与分类

(2)生态环境破坏引起的人为自然灾害

人为气象灾害　大气污染、酸雨、臭氧层空洞、阳伞效应

人为水文灾害　水体污染、水体富营养化、地下水漏斗、水资源枯竭

人为地质灾害　土地退化、水土流失、荒漠化、地面下沉、生物地球化学循环断裂

人为生物与环境灾害　有害生物入侵、生物多样性锐减、森林火灾、草原火灾

人为海洋灾害　海平面上升、风暴潮加剧、赤潮

自然源与人为源相结合，有可能造成更严重的灾害后果。

3.3　农业灾害链的基本模式与特点

(1)农业灾害链的基本模式

农业灾害中人类不仅是间接和最终承灾体，而且是农业系统的管理者，采取减灾措施作用于灾害链和各个环节，其反馈作用具有增强承灾体稳定性的减灾效应。

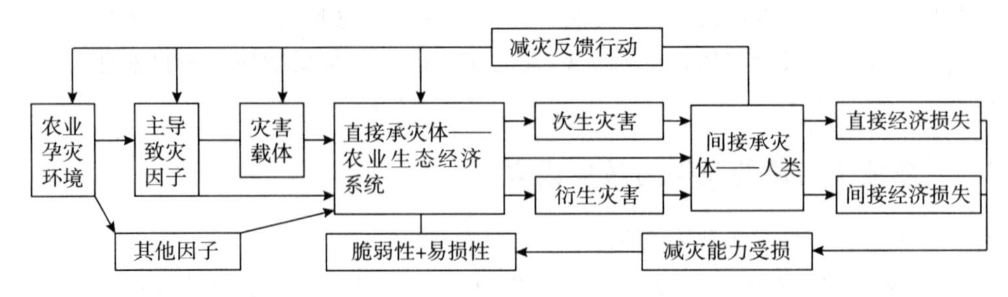

图 3　农业灾害链的一般模式

(2)农业灾害链的特点

①灾害链长,具有长周期和多环性。

②灾害链的网络性,往往形成多个致灾因素与人为措施交互与耦合作用。

③一定条件下的双向性。

一般自然灾害,特别是巨灾一旦形成,必然沿着破坏性能量释放的方向演化,直至达到新的稳态。但农业除毁灭性灾害外,前期致灾因素在受到一定约束的情况下也有可能演变为有利因素,使得灾害链具有双向特征。

例如,棉铃虫在虫株率<10%时能起到疏花疏铃的作用,反而具有增产效果。

冬前过旺麦苗在发生轻中度冻害死苗后,如后期管理恰当,由于底脚利落,通风透光好,倒伏轻,往往要比未受冻的旺苗还要增产。

伴随干旱出现的光照充足和温差大有利于光合积累,在干旱年往往可以出现常年难以达到的高产,如北京市的第一块亩产 500 kg 以上的小麦田就是在大旱的 1972 年实现的。

(3)复合灾害的灾害链网特点

对于多种致灾因素形成的复合灾害,既要找出主导因素,又要注意各因素耦合放大效应。如干热风和雨后枯熟,热是主导因子,减灾的关键是促进根系发育。又如暴风雪由大风、低温、冰雪三因素形成,低温是主导因子,保暖是关键。

3.4　农业灾害链网中的各种关系

(1)生态环境破坏孕育多种致灾因素和影响农业系统承灾能力;

(2)灾害源和致灾因素对于农业灾害的诱发关系;

(3)原生灾害诱发次生灾害;

(4)原生灾害导致衍生灾害;

(5)一种致灾因素导致多种灾害后果;

(6)多个致灾因子诱发复合农业灾害;

(7)人为措施正确与否减轻或加重灾害损失;

(8)同时存在的不同灾害源或致灾因素相互耦合使破坏作用放大;

(9)同时存在的不同灾害源或致灾因素相互抵偿使灾害减轻;

(10)致灾因素受到抑制时,往往被有利因素所超越,使灾害链向相反的方向演化。

大多数农业灾害很难用单一灾害链说明,往往由多条灾害链与支链构成复杂灾害链网。

以小麦越冬冻害为例，在冻害孕育、形成和发展过程中有多个演化方向，图4中向上为致灾因素作用小于消灾因素，系统向灾害减轻的方向演化；向下为致灾因素作用大于消灾因素，系统向成灾的方向演化。[7]

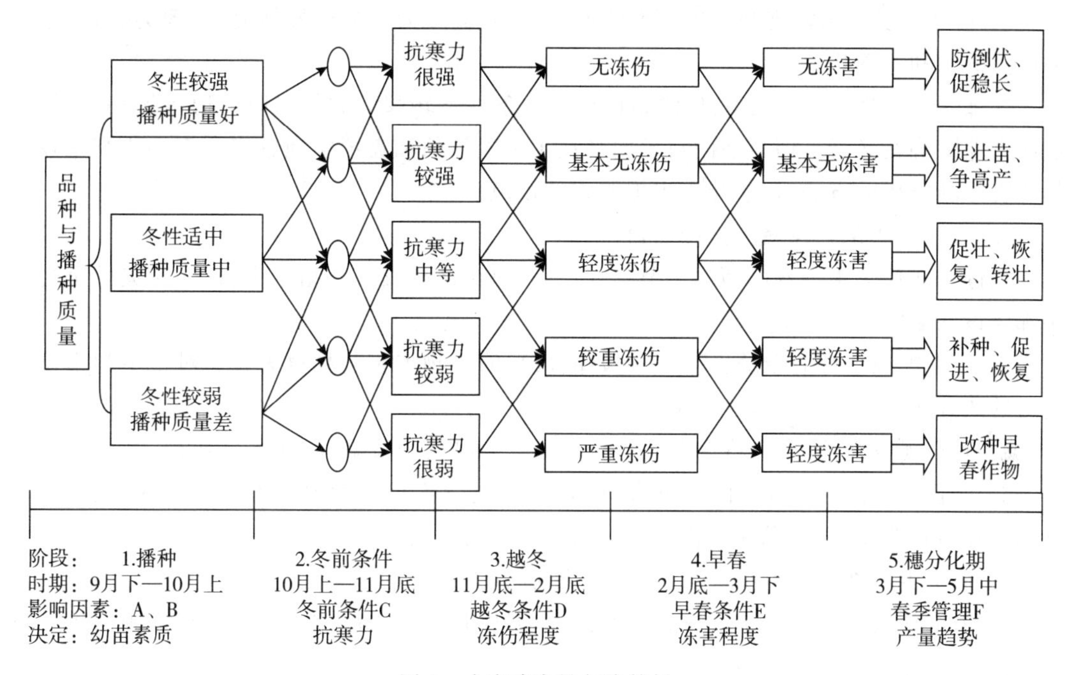

图4　小麦冻害链与决策树

3.5　农业灾害风险控制策略与断链减灾技术途径的探讨

(1)农业风险的控制策略

风险＝风险可能性与危害程度的乘积，即 $R=P\times S$。

农业是高风险的产业，灾害频率高，危害重。针对农业自然风险可采取以下策略：

① 接受风险：风险可能性较大，但危害较轻且减灾成本较高时，可采取接受策略。

② 清除或削弱风险源：孕育期能量很小的灾害源有可能及早发现，及时清除或削弱，如植物病虫害初期和森林草原火灾初起时很容易扑灭，还可以利用病虫害的天敌。

③ 消除灾害载体：如病毒病由蚜虫、灰飞虱等传播，消灭害虫也就截断了病毒传播途径。

④ 规避风险：主要针对能量巨大具有毁灭性灾害，如地震、滑坡、泥石流、特大洪水等。空间规避指转移承灾体或调整作物布局，时间规避指调整播种期移栽期。

⑤ 控制风险的扩散转移：对于传染性风险，如有害生物，要特别注意早期防治和防疫。

⑥ 增强承灾体的抗性与适应能力：破坏力中等以下的灾害，采取规避对策在经济上不合算时，增强承灾体的抗性与适应能力是成本较低和效果较好的选择。

培育抗灾耐灾品种是成本最低的减灾措施，但育种的周期长，品种的抗逆性与丰产性往往存在矛盾，在生产中要兼顾二者，使总的收益最大，适度抗灾即可。但也要注意，在育种中很难做到同一品种同时兼抗两种相反的灾害，如既抗旱又抗涝，既耐低温又耐高温。因此，在生产上要因地制宜，合理搭配品种。

抗逆锻炼，如种子处理和苗期的蹲苗能够增强抗寒性或抗旱性。

⑦ 切断诱发次生灾害与衍生灾害的灾害链：如潮湿天气易诱发细菌、真菌类病害，干旱易诱发蝗虫和病毒病。

⑧ 转移、分散与共担风险：保险是市场经济条件下转移和共担风险的通行做法，发展农业灾害保险势在必行。但目前的技术困难在于风险评估和灾损实地鉴定。需要研究农业自然灾害诊断分析的方法，逐步建立灾损鉴定的规范。

(2)农业灾害的断链减灾途径探讨

关键是抓住灾害链网的薄弱环节寻求突破，对于次生灾害和衍生灾害，在减灾的全过程中都要设法断链：

① 在灾害源孕育期断链：适用于初始能量小的生物灾害与林草火灾。对于不超出抗逆能力的风险源可选用抗逆作物和品种。

② 时空规避断链：采取将灾害源与承灾体时空隔离的策略，尤其适合巨灾。

③ 增强承灾体的抗性来阻止灾害链的延伸：能量不很巨大但仍不可避免的灾害，以增强承灾体抗性为主，如蹲苗可增强后期的抗旱力和抗风力。

④ 从次生灾害与衍生灾害的触发条件断链。

⑤ 采取补救措施以阻止灾损的扩大：包括灾后管理、安排后续作物、救灾资源向灾区倾斜、支持灾区农民外出打工等。

3.6 小麦冻害链在防冻保苗中的应用

我们以小麦越冬防冻保苗为例，探讨灾害链在农业中的应用。

小麦冻害的发生虽然具有某些突发因素，如入冬剧烈降温和隆冬强寒潮袭击，但总的看，冻害的形成需要从播种到春末的长时期中，植株内部与麦田环境多种不利因素的配合，才能最终酿成灾害。在这个过程中，外界条件的有利与否与人为管理措施的是否恰当，都会关系到小麦生长状况的发展趋势。

在图 4 的框图中，针对华北北部的情况，有关参数可设定如下：

(1)阶段划分

表 1 华北北部冬小麦不同生育阶段影响冻害程度的因素

阶段	时期	主要影响因素
播种	9 月下旬—10 月上旬	A 为品种类型；B 为播种质量
冬前生长期	10 月上旬—11 月底	C 为冬前热量、土壤水分和抗寒锻炼
越冬期	11 月底—2 月底	D 为越冬温度和积雪状况
返青起身期	2 月底—3 月底	E 为升温是否平稳，返青管理
穗分化期	3 月底—5 月中旬	F 为气温、水分、光照匹配，水肥管理

(2)各影响因素的赋值

图 4 中每个节点有上中下三个发展方向，分别以各影响因素的下标表示，条件有利时赋以大于 1 的值，条件不利时赋以小于 1 的值。

品种因素 A：

$A_1=1.2$，冬性较强，丰产性状好，分蘖节临界致死温度低于－16 ℃。

$A_2=1.0$，冬性适中，产量潜力中等，分蘖节临界致死温度－16～－13 ℃。

$A_3=0.8$，冬性较弱且恢复能力差，分蘖节临界致死温度－13～－10 ℃。

目前北京市推广品种分蘖节临界致死温度为－16～－13 ℃，冬性较弱品种多为从相对较南地区盲目引进，种植面积不大。20 世纪 70 年代以前的推广品种抗寒性强，分蘖节临界致死温度低于－16 ℃，但因产量潜力不大，现已淘汰。

播种质量因素 B：

$B_1=1.3$，播种质量好。播期适中，在 10 月 1—8 日，播种深度 3～4 cm，播量按照播期早晚在 20 万～30 万基本苗，出苗齐全均匀。

$B_2=1.0$，播种质量中等。播期偏早，在 9 月 25—30 日易形成旺苗，或播期偏晚，在 10 月 8—15 日，易形成弱苗；播种深度偏浅在 2～3 cm 或偏深在 4～5 cm；播量偏小或偏大，出苗欠整齐，缺苗率小于 10%。

$B_3=0.6$，播种质量差。播期过早，在 9 月 25 日之前，将形成旺苗，或播期过晚，在 10 月 8 日以后，冬前基本无分蘖；播种深度过浅，小于 2 cm，或过深，大于 5 cm；播量太小或太大，出苗很不整齐，缺苗率 10%～30%。

冬前环境因素条件 C：

$C_1=1.3$，冬前条件很有利。冬前积温 500～600 ℃ · d，满足 5～6.5 叶龄和 3～5 个分蘖的壮苗要求；播后气温略偏低，有适量降水，深秋气温偏高，入冬推迟到 12 月上中旬，平稳降温，抗寒锻炼充分；基部积累养分多，冻水适时、适量均匀。

$C_2=1.0$，冬前条件尚好。冬前积温偏少，为 400～500 ℃ · d，易形成弱苗，或冬前积温偏多，为 600～700 ℃ · d，易形成旺苗；播后气温略偏高，深秋气温略偏低，入冬接近常年为 11 月底 12 月初，降温较突然，抗寒锻炼尚可；降水偏少或偏多；冻水略偏早或略偏迟，不够均匀。

$C_3=0.8$，冬前条件较差。冬前积温不足 400 ℃ · d，没有分蘖，次生根很少，或冬前积温大于700 ℃ · d，已形成旺苗，导致分蘖节过浅，基部分蘖缺位，叶片徒长；降水过少或过多；入冬提早到 11 月上中旬且突然大幅度剧烈降温，抗寒锻炼很差；未浇冻水或浇得过晚形成冰盖。

越冬环境因素条件 D：

$D_1=1.1$，越冬条件好。冬季偏暖，温度平稳，无强寒潮袭击，负积温值比常年偏少 100 ℃ · d以上；降雪偏多集中在隆冬，积雪期偏长；越冬管理好，麦田无裂缝和坷垃，干土层小于 2 cm；小麦叶片基部保持深绿色，仅叶尖枯萎。

$D_2=1.0$，越冬条件中等。冬季温度接近常年，有寒潮但不过强；降雪略偏少，基本无积雪；越冬有管理，但麦田仍有少量裂缝和坷垃，干土层 3～5 cm；叶片枯萎较重，但死苗不太多。

$D_3=0.8$,越冬条件差。冬季严寒,有多次强寒潮袭击,负积温接近常年,或出现剧烈变温,即反常回暖冻土融化后的剧烈降温;冬季不下雪,且多大风,麦田管理很差,裂缝和坷垃多,干土层超过 5 cm;地上部叶片叶鞘均严重枯萎,死苗较多。

早春因素条件 *E*

$E_1=1.1$,早春条件好。气温平稳回升且偏高,返青提早到 2 月下旬,返青后无强冷空气袭击;土壤水分充足但不过分泥泞;麦田管理恰当;基本无死苗,次生根发育好。

$E_2=1.0$,早春条件中等。气温接近常年,返青期在 3 月上旬,返青后有冷空气袭击但不太强;返青管理欠佳,死株率不超过 3%,死茎率不超过 5%。

$E_3=0.8$,早春条件差。气温明显偏低,返青推迟到 3 月中下旬,返青后有强冷空气袭击造成严重枯萎;返青管理很差,死株率超过 10%,死茎率超过 20%。

春季管理因素 *F*

$F_1=1.1$,春季管理好。浇水施肥及时适量;气温平稳上升,前期偏高,后期偏低,有利于延长穗分化期;降水前期正常略偏少,光照充足,拔节以后有充足降水;麦苗稳健生长。

$F_2=1.0$,春季管理中等。浇水施肥稍偏晚或偏早,量偏大或偏小;气温、降水和光照均接近常年,拔节以后降水不能满足小麦需要,群体偏大或偏小。

$F_3=0.8$,春季管理较差。过早浇返青水不利于根系发育,或过晚使麦苗受旱生长量不足,拔节水肥量不足且不够均匀;春寒使发育延迟,后期升温突然,使穗分化期缩短;春旱严重;群体明显不足。

(3)计算方法

按照冻害灾害链将各阶段有利和不利的不同影响下,所赋值的各参数相乘即可得出最终结果,即产量指数 Y 为:

$$Y=A_i\times B_i\times C_i\times D_i\times E_i\times F_i$$

最好的结果,即 $Y_{max}=A_1\times B_1\times C_1\times D_1\times E_1\times F_1=2.70$ 为特大丰收年景。

最坏的结果,即 $Y_{min}=A_3\times B_3\times C_3\times D_3\times E_3\times F_3=0.20$ 为毁灭性灾害。

平均状况,即环境条件和管理水平均为中等时,各参数赋值均为 1,最终产量指数为当地多年平均水平 1。

由于各参数的赋值为经验判断,实际生产上还有种种复杂因素,可以根据实际情况对各参数的赋值进行适当修正,如引进长江流域生产上使用的春性品种,则 A_1 可赋值为 0,越冬将全部冻死,即使后期条件再有利,最终产量也是 $Y=0$。但在有利条件下各参数的赋值不可过高。本例中最好结果为当地平均单产的 2.7 倍,一般不大可能更高。如果当地平均单产已经很高,则有利条件下的参数赋值还应适当调低,以免发生严重脱离生产实际的计算结果。

如针对其他地区,则还应对发育阶段、品种类型等参数及其赋值适当修正。

参考文献

[1]郭增建,秦保燕.灾害物理学简论.灾害学.1987(2).

[2]肖盛燮,等.灾变链式理论及应用.北京:科学出版社,2007.

[3]高建国．苏门答腊地震海啸影响中国华南天气的初步研究——中国首届灾害链学术研讨会文集．北京:气象出版社,2007.
[4]陈兴民．自然灾害链式特征探论．西南师范大学学报(人文社会科学版),1998,(02):122-125.
[5]郭增建,秦保燕,郭安宁．灾害互斥链研究．灾害学,2006,(3):25-33.
[6]郑大玮,张波．农业灾害学．北京:中国农业出版社,2000.
[7]郑大玮,龚绍先．冬小麦冻害及其防御,北京:气象出版社,1985.

Concept Extension of Disaster Chain and Its Application in Agricultural Disasters Reduction

Zheng Dawei
(Beijing Agricultural University, Beijing　100094)

Abstract: Disaster chain has been the focus of the research field of disasters reduction. But the concept is still limited in the causes. In order to realize comprehensive disasters reduction with high efficiency, the concept of disaster chain is extended and the concept with broad sense and its classification is also discussed. It is suggested that the theory of disaster chain should be used in disasters reduction and the negative feedback mechanism can be used to decrease the cost. For example, the characters of agricultural disaster and its chain depend on the nature of agricultural system. Based on the basic model and different relationships in the agricultural disaster chain and net, the strategies of controlling agricultural disaster risk and techniques of chain cutting ways are also studied.

Keywords: disaster chain and net; mechanism of negative feedback; agricultural disasters; strategies of disasters reduction

农业干旱的灾害链研究*

郑大玮　韦潇宇

（中国农业大学资源与环境学院，北京　100094）

摘　要　从减灾的实际需要出发，在前人研究基础上提出广义灾害链的概念：指灾害系统在孕育、形成、发展、扩散和消退的全过程中与其他灾害系统之间，各致灾因子和影响因子相互之间，以及这些因子与承灾体之间各种正反馈与负反馈链式效应的总和。干旱是影响最广泛和深远的累积型灾害，具有与其他灾害不同的若干特点。并由此带来抗旱工作的若干特点。以农业抗旱为例，提出根据农业灾害链原理，充分利用农业干旱链中的负反馈机制和通过努力遏制正反馈效应，克服盲目和被动抗旱，实现科学高效抗旱的途径。

关键词　农业干旱；灾害链；正反馈与负反馈；科学高效抗旱

1　广义灾害链概念的提出

1.1　灾害链概念的由来

灾害链是近年来灾害学研究的一个新热点。国外灾害链研究集中在地震-海啸与地震-火灾关系，我国学者 20 世纪 70 年代以来在旱震关系、地温与降水关系、日地关系、日食与旱涝关系、引潮力和地气关系等领域的研究取得重要进展，并逐步形成灾害链理论。1987 年郭增建首次提出灾害链的理论概念[1]，2006 年 2 月肖盛燮等发表《灾变链式理论及应用》[2]，2006 年 11 月在北京召开了全国首届灾害链学术研讨会并出版文集[3]。2007 年 12 月在赣州以城市灾害链及其防治对策为主题召开了全国第二届灾害链学术研讨会。但是，目前对于灾害链概念的认识很不一致，多数研究把灾害链局限于孕灾和诱发过程，对灾害链的延伸重视不够，研究较少，不能充分满足重大灾害预测和减灾管理的需要。

郭增建指出“灾害链是研究不同灾害相互关系的学科，是由这一灾害预测另一灾害的学科”。[3] 肖盛燮定义为“将宇宙间自然或人为等因素导致的各类灾害，抽象为具有载体共性反映特性，以描绘单一或多灾种的形成、渗透、干涉、转化、分解、合成、耦合等相关的物化流信息过程，直至灾害发生给人类社会造成损失和破坏等各种链锁关系的总和。”[2] 以上定义都

* 本文为 2011 年 8 月 15 日在敦煌举行的中国农学会农业气象分会农业环境峰会报告。

是将灾害链归纳为两种以上灾害具有某种联系，同时或相继发生的现象，可称为狭义灾害链。实际在灾害形成之前，链式效应就已经在孕灾环境及致灾因子与承灾体之间出现；在灾害过程基本结束之后，灾害造成的各种影响仍然在很长时期存在并链式传递，尽管有些后果已经不能再称为灾害。陈兴民提出“灾害链的类型分为灾害蕴生链、灾害发生链、灾害冲击链。”[4]

1.2　广义灾害链概念的提出

在减灾实践中，特别是对于城市减灾和农业减灾，次生灾害和衍生灾害所造成的损失往往不亚于，甚至远大于原生灾害。另外，灾害虽然给人类带来重大危害和损失，但任何事物无不具有两重性，灾害在孕育、发生、演变和消退的全过程中，存在与诸多致灾因子及影响因子之间的相互作用及复杂的反馈关系，特别是在灾害链的若干环节或支链结点上。其中有些属正反馈，即使灾害破坏力增大或使灾害损失加重的效应；也有一些属负反馈，即消减灾害破坏力或减轻灾害损失的效应。前者可促使灾害损失放大并引发次生灾害和衍生灾害，人们比较熟悉；后者具有减灾效应，在某些特定情况下甚至有可能变害为利。这些机制包括灾害破坏力的自然衰减；生物自身的适应机制；灾害过程中的某些有利因素在一定条件转化为主导方面；同时存在的两种灾害相互抵偿使灾害减轻；灾害刺激对某些商品的需求增长，促进相关产业的发展；总结灾害经验教训促进人类减灾科技与管理水平的提高；将灾害破坏力转化为人类所需要的物质和能量等。充分利用各种负反馈机制，可以用较低的成本获得较大的减灾效益。考虑到灾害链式反应中存在多种反馈机制。从减灾的实际需要出发，可以把灾害链的定义进一步扩展如下：

广义灾害链指灾害系统在孕育、形成、发展、扩散和消退的全过程中与其他灾害系统之间，各致灾因子和影响因子相互之间，以及这些因子与承灾体之间各种正反馈与负反馈链式效应的总和。

2　干旱灾害与抗旱工作的特点

干旱指因降水减少或入境水量不足，造成工农业生产和城乡居民生活以及生态环境正常用水需求得不到满足的供水短缺现象。[5]

按照干旱的成因或影响对象，可分为气象干旱、水文干旱、土壤干旱、农业干旱、城市干旱、社会经济干旱和生态缺水等类型。其中气象干旱以受旱期间降水量与历史同期平均降水量减少程度为标准；水文干旱以区域可利用水资源量比多年平均下降程度为标准；土壤干旱以土壤水分亏缺程度为指标；农业干旱以可利用水分与作物需水的亏缺度为标准；城市干旱以可供水资源量与需水量的差额为标准；生态干旱以生态用水与生态需水的供需差为标准。各类干旱并不一定同步，有时气象干旱十分严重，但农业干旱并不明显。有的年份并不存在气象干旱，但由于水资源短缺仍可发生严重的城市干旱。

从字面上看，干旱是指一种气候或水文现象，旱灾则指缺水对人类社会、经济活动造成危害的一种自然灾害，由持续少雨引起，又与人类活动密切相关，但在实际生活中，干旱也常常作为旱灾的代名词。

干旱除具有与其他自然灾害相同的破坏性、准周期性、连锁性等特征外，还具有与一般自然灾害不同的若干特征，由此也就决定了抗旱工作与其他减灾工作的不同特点：

2.1 累积性

干旱是典型的累积型灾害，通常要持续相当长时期降水量偏少和空气干燥，导致可利用水资源不断减少，以至给人畜饮水和工农业生产造成较大影响。有的媒体报道“一场突如其来的干旱”的提法是不科学的。由于干旱的累积性，在应对时不能简单照搬突发型灾害以应急处置为主的做法，而要以事前的风险管理为主。

2.2 隐蔽性

由于干旱的形成有一个不断累积的过程，在其初期具有一定的隐蔽性。早期主动抗旱事半功倍，到发生人畜饮水困难和作物枯死等紧急事态时再应急抗旱则事倍功半。

2.3 持续性

干旱一旦形成，通常会持续相当长时间，甚至连季或连年大旱。因此，在资源性缺水易旱地区必须坚持长期抗旱。

2.4 季节性

干旱通常发生在降水偏少的旱季，农业干旱还与农事活动密切相关，农闲季节对于作物无所谓旱灾，作物旺盛生长期即使有相当数量降水，如不能满足作物需求仍然会发生干旱。为此，农业抗旱必须抓住关键作物和关键发育期的重点。

2.5 频发性

与其他灾害相比，干旱的发生频率特别高。中国北方的春季有“十年九旱”之说，长江流域几乎每年都有部分地区发生伏旱。对于干旱频发区，必须有常年抗旱的思想准备，在农业灾害保险中，对于干旱这类频发灾害需要制定特殊的政策。

2.6 广域性

干旱的影响范围比一般自然灾害大得多。洪涝虽能造成严重损失甚至对于局地具有毁灭性，但绝大多数情况下成灾范围要比旱灾小。因此，近几十年中国的偏涝年往往全国粮食总产增加，如 1998 年和 2010 年，而减产年大多是全国偏旱年。因此，在发生大面积干旱时，在可利用水资源有限时需要有保有弃，重点保高产高效田和地势较低处。对于旱情特别严重地区，首先要保人畜饮水安全，同时通过多种渠道保民生。

2.7 长链性

与其他自然灾害相比，干旱具有特别长和复杂的灾害链，危害特别严重，影响深远。这是由于水分不但是农业的命脉，而且是人类最基本的生存要素。水资源的匮乏，除影响农业、工业和服务业外，还影响到城市功能运行、人民生活与生态环境；不但影响当年，还可影响下年甚至多年。上游干旱导致径流减少会影响到中下游。在经济全球化的背景下，一些国家的大面积严重干旱还会对世界粮食安全和经济发展产生很大影响。因此，在抗旱工作中要统筹全局，兼顾当前和长远，兼顾城乡，兼顾上中下游和左右岸，以全局利益最大化和保持社会经济稳定发展为目标函数。

2.8　相对性

由于不同承灾体对于干旱环境的适应能力不同，同等程度的干旱对于谷子等耐旱作物可能影响不大，但对于喜湿的蔬菜、水稻等影响极大。干旱年由于光照充足和气温日较差大，灌溉农田的产量往往高于正常年。同等程度的旱灾在现代社会虽能造成减产和经济损失，但一般不会发生饥荒和死亡；但在古代社会和当代最不发达国家，干旱却是饥荒和人口大量死亡的主要原因。由于农业生产与城市地区的水分供需平衡特点不同，气象干旱、农业干旱、城市干旱的发生不一定同步。如 2010 年 11 月到 2011 年 2 月上旬北方持续 100 多天基本无雨雪，发生了严重的气象干旱；但由于黄淮麦区夏秋雨水充沛底墒良好和华北平原冬前普遍浇灌冻水，绝大多数麦田并不干旱。又如 2002 年北京全年降水偏少近 3 成，但都降在作物需水关键期且点滴入土有效性高，农业生产并不显旱。正因为没有形成径流补充水源，城市干旱却更加严重。干旱的这种相对性给抗旱工作提供了许多可利用的机遇。

2.9　突消性

干旱虽然需要较长时间累积形成并持续相当长时间，但却可以在一场暴雨或连阴雨之后突然解除，2011 年 5—6 月长江中下游就经历了旱涝急转的过程。干旱可能突消的事例警示我们，对于延伸到雨季的严重干旱，在抗旱时千万不要放松防汛的准备。

由于上述特征，旱灾几乎是所有自然灾害中最为复杂的，脱离实际的抗旱措施往往事倍功半甚至事与愿违，必须遵循自然规律与经济规律，实行科学抗旱。近年来曾多次发生对于干旱形势的误判，导致盲目和被动的抗旱，造成一定的经济损失或抗旱资源的浪费。[6] 如 2009 年 1—2 月和 2011 年 1—2 月对于北方冬小麦主产区旱情都有所夸大，并与冻害发生混淆，实际这两年只是少数地区冬旱较重，大部分麦田由于底墒充足或浇过冻水长势良好仍获丰收。2009 年对于辽宁西部和内蒙古东部的严重夏旱却反应迟钝，抗旱不力，导致大面积绝收。

3　灾害链在农业抗旱中的应用

由于人均水资源短缺和北方气候暖干化，我国的农业干旱呈现逐年发展加重的态势。从图 1 可以看出，农业受旱面积与全国粮食总产之间存在反相的变化。

农业干旱在发生发展过程中存在一系列的正反馈和负反馈链式效应，在农业抗旱工作中必须研究干旱链系统的结构，从灾害孕育过程就要设法控制其成灾因素，努力遏制正反馈过程，充分利用负反馈机制，同时做好灾害后果的处理工作，以实现科学高效的减灾。

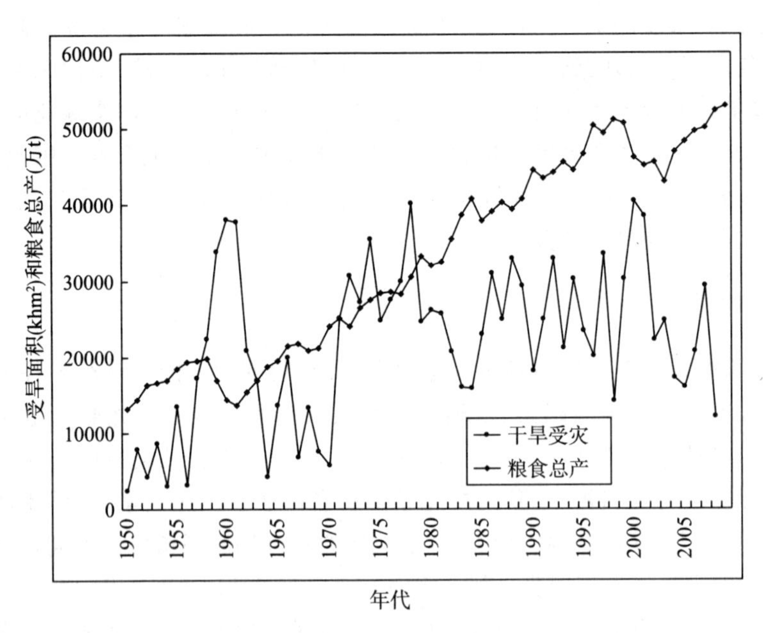

图1 全国粮食总产与受旱面积的关系

3.1 农业干旱的孕灾因素

(1)环境因素　气候干旱化导致降水减少。缺乏灌溉水源和设施。土壤结构不良。

(2)作物因素　选用不耐旱作物和品种。抗旱锻炼不足,根系发育不良。

改善孕灾环境因素需要实施一系列水利工程和农业生态工程,改善孕灾作物因素需要实施一系列抗旱育种和旱作节水农艺措施。

3.2 农业干旱的正反馈和断链措施

正反馈过程促使系统走向不稳定甚至崩溃。农业干旱灾害孕育发展过程中存在一系列正反馈链,可使灾害不断扩大延伸。必须在适当环节采取断链措施以阻止正反馈过程的发展。

表1　农业干旱的正反馈链与断链关键措施

农业干旱的正反馈链	断链关键措施
气候干旱—生态恶化—植被退化—气候更加干旱	农业生态工程
干旱缺水—超量提水—水源不足—更加超采—水源枯竭	农业节水
干旱缺水—减产减收—贫困—水利失修—缺水减产	水利扶贫
干旱缺水—无序争夺水资源—更加缺水	按流域统一严格管理

3.3 农业干旱的负反馈链与转化条件

负反馈可促进系统的稳定。农业干旱的发展过程中还存在某些负反馈链,充分利用这些负反馈因素可减轻干旱损失甚至变害为利，关键在于创造其转化条件。2011年北京地区先后经历了比较严重的冬旱与春旱，窦店村适时适量节水喷灌克服了干旱影响，使有利的光热条件得以充分利用，创造了亩产581 kg的北京地区小麦单产最高纪录。但在干旱严重时，这些负反馈因素的作用十分有限且往往被掩盖，必须首先克服干旱胁迫。

表2 农业干旱的负反馈链与转化关键措施

农业干旱的负反馈链	转化关键措施
适度干旱—促进根系发育基部茁壮—抗旱抗倒能力强	蹲苗锻炼
克服干旱—充足光照较大温差—高产优质增收—增加抗旱投入	抗旱技术
适度干旱—耐旱作物品种生长良好—高产优质节水高效	结构调整
适度干旱—低洼地水分状况改善—高产优质—抗旱能力增强	因地制宜管理

3.4 农业干旱后果的消除

严重的农业干旱可造成人畜饮水与生存困难、减产减收、返贫、农村社会经济发展滞后、生态恶化等一系列后果，需要分别采取开辟饮用水源，抓好下茬生产或副业生产，组织外出打工增收，加大扶贫力度，实施农业生态恢复工程等多种措施来帮助灾区保民生和恢复生产。

由于干旱是一种频发灾害，商业保险一般不愿开展违背大数定律的保险业务，但干旱又是对农业生产危害最大的灾害，农业灾害保险如剔除旱灾就基本失去了意义。为此，需要研究扶持旱灾保险的特殊政策，至少应对重大到特大旱灾开展政策性农业保险业务。

参考文献

[1]郭增建，秦保燕. 灾害物理学简论. 灾害学. 1987，**2**(2).

[2]肖盛燮，等. 灾变链式理论及应用 . 北京：科学出版社，2007.

[3]高建国. 苏门答腊地震海啸影响中国华南天气的初步研究——中国首届灾害链学术研讨会文集. 北京：气象出版社，2007.

[4]陈兴民. 自然灾害链式特征探论. 西南师范大学学报(人文社会科学版)，1998，(2)：122-125.

[5]中华人民共和国水利部. 旱情等级标准(SL 424—2008). 北京：中国水利水电出版社，2009.

[6]郑大玮. 论科学抗旱——以2009年的抗旱保麦为例. 灾害学. 2010，**25**(1)：7-12.

Studies on Disaster Chain of Agricultural Drought

Zheng Dawei，Wei Xiaoyu

(China Agricultural University，Beijing 100094)

Abstract：Based on practical needs of disasters reduction and research of predecessors，disaster chain in broad sense was defined as the sum total of different positive and negative feedback chain effects between different disaster systems，different causing or affecting factors，and between factors and suffering bodies during the inoculation, forming, developing, diffusion and vanish process of disaster system. As a case, characters of agricultural drought and anti-drought were discussed. And based on the principles of agricultural disaster chain, the pathways of scientific drought management with high efficiency by application of feedback effects were also put forward.

Keywords: agricultural drought; disaster chain; positive and negative feedback; scientific anti-drought with high efficiency

正确认识和科学应对小麦冬旱*

郑大玮[1] 孟范玉[2] 王俊英[2] 周吉红[2]
（1. 中国农业大学资源与环境学院，北京 100094；2. 北京市农业技术推广站，北京 100029）

摘 要 气候变化导致近年来我国北方冬麦区冬旱频发，但冬旱与作物活跃生长期间的干旱不同，由于北方小麦处于休眠或半休眠期需水量很少，华北土壤又处于封冻状态，在有灌溉的情况下，气象干旱与农业干旱往往并不一致。应区别不同气候区的小麦生育状况与土壤实际墒情，因地制宜科学应对。在实际生产上，冬旱严重甚至发生死苗的麦田，大多是由于整地和播种质量较差，且冬季旱冻交加造成的。与突发型灾害以应急处置为主不同，干旱是典型的累积型灾害，首先要立足于创造良好的土壤环境和提高麦苗自身的抗旱能力，主动抗旱事半功倍；等到旱情严重时再应急被动抗旱往往事倍功半；不分苗情墒情一律灌溉的盲目抗旱不但浪费资源，甚至事与愿违人为制造灾难。

关键词 北方冬小麦；冬旱；累积型灾害；科学抗旱

1 北方冬旱频发的原因

我国北方冬麦区的北部整个冬季多年平均降水量仅 10 mm 左右，不到全年总量的 2%；南部也只有 50～60 mm，只占全年总量的 7%～8%[1]，冬旱可以说是气候常态。近年来北方冬旱有加重发生的趋势，一方面是由于总的趋势冬季变暖，土壤水分蒸发加大，另一方面是由于华北是中国近半个世纪以来降水量减少最显著的区域[2]，同时，生产、生活用水增加也使得区域农用水资源日益紧缺。

2 冬旱是一种特殊的干旱

与农作物活跃生长期间不同，我国北方小麦冬季处于休眠或半休眠状态，土壤封冻或冻融交替，无论是作物蒸腾耗水或土壤水分蒸发都很少。小麦越冬期耗水量只占全生育期的百分之十几[3]。由于雨季刚过和冻土层聚墒作用，通常底墒较好，只要根系扎下去，麦苗一

* 本文为 2012 年 9 月在国际科学理事会灾害风险综合研究计划（IRDR）举办的“干旱半干旱环境对地观测国际研讨会”的发言。

般不会缺水，即使在冬旱较重年份需要补充的水分也不多。在低温和土壤封冻情况下，盲目浇水风险很大，如时机或水量不当很容易造成死苗，弱苗即使不死也不利于根系发育，旺苗则有可能造成徒长。因此，在北方冬旱的应对策略应与作物活跃生长季的抗旱有所区别。

3 冬旱在不同冬小麦产区的表现

我国冬小麦产区按照越冬条件可分为有稳定冬眠区、不稳定冬眠区和无冬眠区三类(图1)。按照有无灌排条件又可分为完全依靠灌溉区(如我国的西北干旱区)、灌溉为主区(华北平原)、补充灌溉区(黄淮平原、西南河谷盆地)、雨养旱作区(黄土高原、西南丘陵)、排水为主区(长江中下游平原)。[4,5]冬旱在我国冬小麦不同产区的表现有很大差异。

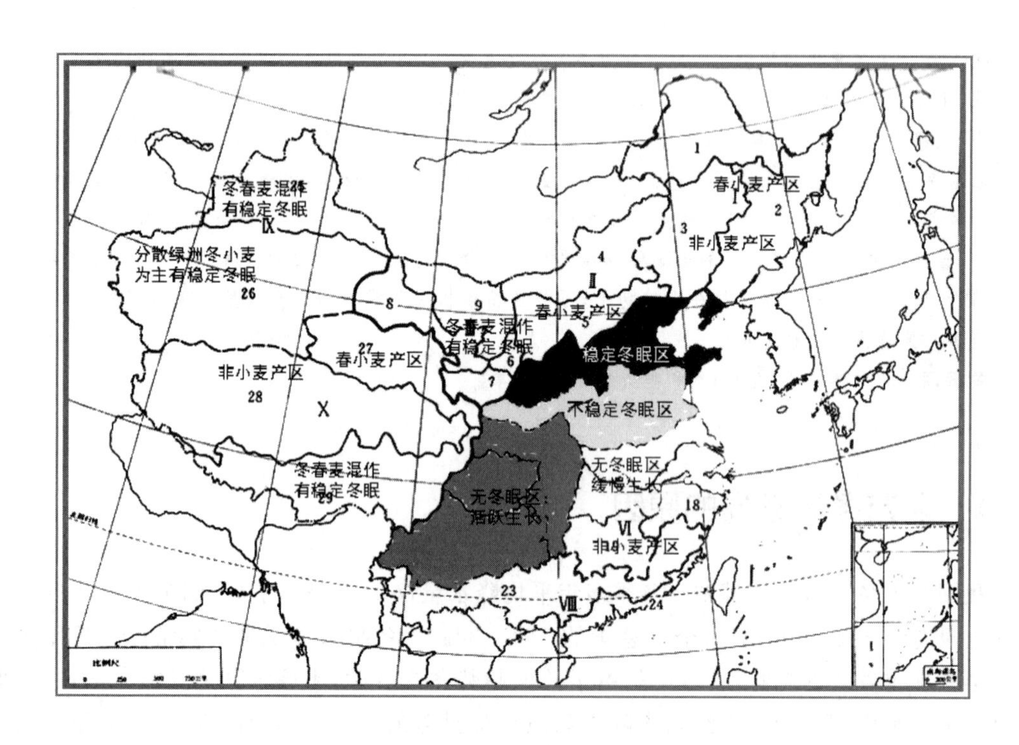

图1 中国小麦越冬休眠状况的区划

3.1 稳定冬眠区

包括河北大部、北京、天津、山西中部、辽宁南部、山东北部和东部、陕西的渭北到陕北、甘肃东部、新疆南部。此外，新疆北部、甘肃中西部与西藏河谷地区为冬春麦混作区，其中的冬小麦也具有稳定的越冬休眠期。越冬期间土壤稳定封冻，小麦冬眠期1～4个月不等。北部为强冬性品种，南部为冬性品种。适宜播期由北往南分别为9月下旬至10月上旬末。常年麦苗地上部叶片受冻青枯1/3至全部，越冬生物量损耗1/4到1/2。冬季干燥寒冷，1月平均气温－1～－8 ℃，12月—翌年2月平均降水量自北向南为8～20 mm，除新疆北部外冬季一般都没有稳定积雪。常年夏秋降水较多，土壤底墒较好。除旱地小麦外，平原地区都有灌溉，一般有在冬前浇冻水的习惯。常年麦田可出现 2～3 mm 的干土层，对小麦越冬影响不大。如未浇冻水或浇得过早水量过少，冬季少雪多风年份可形成 3～6 cm 的干土层，由于冻层水分在化冻返浆前无法利用，对小麦越冬可形成一定威胁，如超过 6 cm 且冻旱交加，在抗寒锻炼不足年份有可能造成死苗或返青过程中退化衰亡。黄土高原以旱地小麦为主，夏秋雨水决定底墒好坏和抗御冬旱的能力。

3.2　不稳定冬眠区

包括河南大部、山东中南部、陕西关中地区、安徽与江苏两省淮北地区，以及山西运城南部，为我国小麦主产区。北部以冬性品种为主，搭配弱冬性品种；南部以弱冬性为主，搭配冬性品种。适宜播期由北往南分别为 10 月中旬初到下旬初。1 月平均气温 －1—1 ℃，冬季只在寒潮袭击时形成薄冻土层，寒潮过后即融化。小麦冬季不完全停止生长，处于半休眠状态，根系则继续生长，生物量有所增加，农民称“上闲下忙”。寒潮袭击时叶尖冻枯，但不久被新叶遮盖影响不大。早播旺苗易受冻，适时播种的小麦在抗寒锻炼差和严寒年份可发生较重冻害，但死苗不如稳定冬眠区严重，极少发生冬旱死苗。12 月—翌年 2 月平均降水量 20～50 mm，自北向南渐增。常年夏秋雨水充沛，一般无须浇冻水。由于南部缺乏灌溉设施，许多麦田受到冬旱影响反而重于北部。少数年份秋冬连旱，部分麦田发生旱情主要有以下几种情况：①撒播或过浅播，播后受旱根系发育很差；②旋耕播后未镇压又遇秋旱，疏松的表土入冬后迅速风干；③玉米秸秆还田作业质量差且数量太大，阻碍小麦正常出苗和根系下扎；④高岗地和沙土地水分易蒸发或渗透。但土地平整肥沃麦田和壮苗在底墒良好情况下对冬旱有很强的抵抗力，适度冬旱还有利于抑制无效分蘖控制倒伏争取高产。如 2011—2012 年冬季偏冷少雪反而有利于抑制冬前过旺麦苗的徒长。

3.3　无冬眠区

包括秦岭、淮河以南，以长江中下游平原、四川盆地与云贵高原为主。北部以弱冬性品种为主，南部春性品种为主。适宜播期从 10 月下旬到 11 月。冬季日平均气温始终保持在 0 ℃以上且经常处于 5 ℃以上，长江中下游平原大部 1 月平均气温为 1～5 ℃，麦苗仍在缓慢生长，冬末可接近拔节；西南大部 1 月平均气温在 5 ℃以上，处于活跃生长状态，到冬末已经拔节甚至开始孕穗。无冬眠区小麦的生物量在冬季有显著增长，如管理得当弱苗可以转化为壮苗。过早播种的春性品种严冬可发生冻害和严重的死苗，但只在个别年份。一般年份强寒潮袭击时叶尖轻度冻伤影响不大。长江中下游 12 月—翌年 2 月降水量自北向南由 50 mm 增加到 200 mm 以上，常年冬季雨雪较多不利于根系发育，降水偏少时对越冬壮苗有利，一般不存在冬旱问题。西南麦区 12 月—翌年 2 月降水量大多在 20～70 mm，因冬季温暖蒸腾蒸发量大，多数年份水分不能满足需要，尤其缺乏灌溉的丘陵地区在降水偏少年极易严重冬旱，像 2009—2010 年那样的大旱可造成部分麦田的绝收。

江南中南部与华南因冬季气温过高或春季雨水过多不适宜种植冬小麦。

4 冬旱的科学应对

由于不同地区的麦苗生长与冬旱特点不同，应采取不同的冬旱应对措施。

4.1 稳定冬眠区

关键措施是提高播种质量，适时适量浇好冻水和越冬保墒保苗。播前平整土地，适时适量播种以培育壮苗是麦苗形成抗御冬旱能力的基础。压轮沟播兼具保墒防冻与后期防倒效果，应大力推广。除新疆北部具有稳定积雪外，绝大多数北方麦区都必须在停止生长前的日消夜冻之际适时浇足冻水，水量通常可达冬季平均降水量的 3～5 倍，即使整冬无雪也不会发生严重的冬旱。个别秋雨充沛年份如土壤含水量达到田间持水量 80%以上，也可以不浇冻水。土壤封冻后如麦田有裂缝与坷垃，可在地表见干见湿时用树枝盖耱麦并镇压。冬季如干土层加深，可在初冬和后冬以及隆冬午后地表温度在 0 ℃以上，表土轻微化冻时镇压，可抑制土壤水分蒸发，减少植株失水和促进冻层上部土壤水分沿毛细管上升到分蘖节，这是防御冬旱最有效，也是最廉价的措施。但表土和植株处于冻结状态时不可镇压，以免加重机械损伤。目前许多农村已找不到镇压用的碌碡，北京市在 2010 年初决定每亩补助 10 元用于镇压，并要求农机部门迅速赶制一批镇压器。田间试验表明保墒增产效果显著。

表 1 镇压对土壤重量含水率的影响　　单位：%

镇压方式	CK	V 型镇压器镇压一遍	V 型镇压器镇压两遍	平型镇压器镇压一遍	平型镇压器镇压两遍
0～5 cm	3.08	3.47	3.57	3.44	4.21
5～10 cm	6.64	7.94	8.03	7.33	8.14
10～20 cm	9.41	9.83	9.97	9.46	9.84

注：北京市农业技术推广站在轻壤土上测定品种为农大 211，2010 年 9 月 28 日播种，2011 年 2 月 18 日镇压，之前有 108 天无降水。CK 为对照，V 型镇压器重 750 kg，平型镇压器重 500 kg。表中数据为镇压后 24 h 测定

虽然镇压后短时间内土壤水分的增加很有限，但在镇压后的长时期内都减少了土壤与植株的水分损失，保苗增产效果十分显著，镇压器较重的镇压两遍效果更好（图 2），据房山区反映，冬旱年镇压过的小麦返青可提早 2 天。

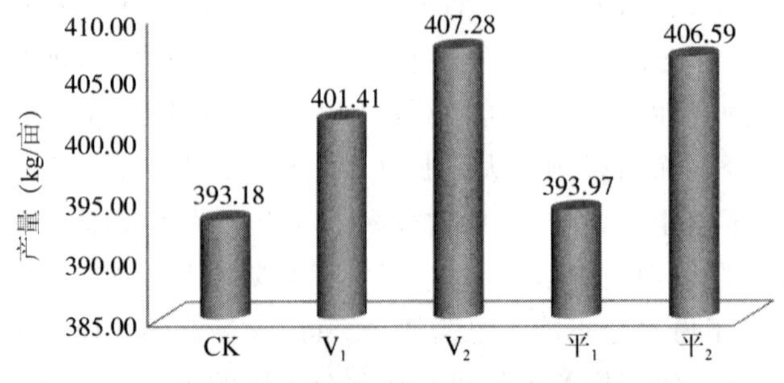

图 2 麦田镇压对小麦产量的影响

（V_1 表示 V 型镇压器镇压一遍；V_2 表示 V 型镇压器镇压两遍；$平_1$ 表示平型镇压器镇压一遍；$平_2$ 表示平型镇压器镇压两遍；CK 为对照）

干土层特别厚严重威胁麦苗生存时，具有喷灌条件的可利用回暖天气，气温在 3 ℃以上的中午前后浇“救命水”，水量一般掌握在 5～8 mm，即喷 1 到 2 小时。通常 1 mm 喷灌水量或自然降雪量可消除 1 cm 干土层。管灌麦田如浇“救命水”须边浇边撤，确保地面不形成积水，更不能形成冰盖。渠灌只要一浇水，量必然过大，一般不提倡[6]。

表 2　补水对土壤重量含水率的影响

单位：%

补水量(mm)		0	2.45	3.55	4.84	5.97	7.17	8.10
土壤深度	0～5 cm	3.64	10.71	11.18	13.33	15.86	17.04	18.75
	5～10 cm	8.06	12.42	13.18	13.24	15.52	15.98	16.20
	10～20 cm	10.73	11.69	12.50	12.65	14.16	14.35	14.82

注：北京市农业技术推广站，2011 年 2 月 18 日补水，24h 后测定，其他同表 1

从表 2 可以看出，未补水的麦田，分蘖节所在土壤已处于风干状态。稍补水分即可恢复到适宜的土壤水分状况。图 3 表明以补水 2 小时，即刚刚使表层干土层消失的增产效果最好，再增加水量的效果不大。

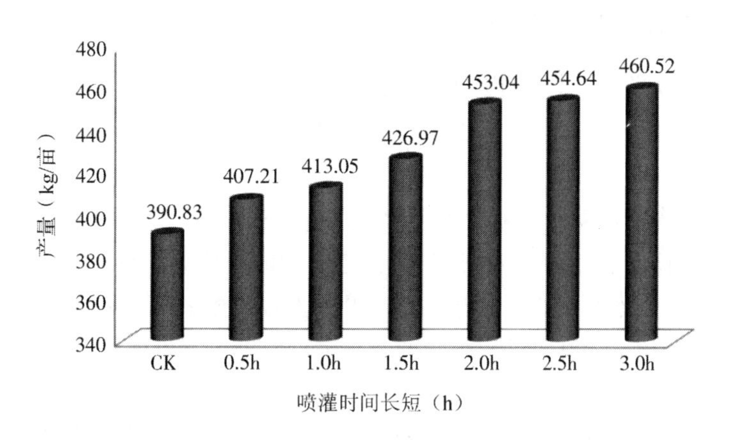

图 3　早春补水对小麦产量的影响

4.2　不稳定冬眠区

防御冬旱的关键是培育冬前壮苗。这是因为黄淮麦区麦田冬季不存在稳定冻土层，包括 2008—2009 年和 2010—2011 年在内，绝大多数年份的夏季雨水充沛麦田底墒良好。冬旱至多只能影响到 10～20 cm 土层的水分含量，只要根系能够吸收深层土壤水分，冬旱就不会有很大影响。调查表明秋冬连旱影响较大的都是播种质量差或丘陵高岗麦田。前者冬前就应采取弥补措施，如播后镇压，冬前适当补水，浅锄和增施磷肥等。虽然本地区常年没有浇冻水的习惯，但在明显秋旱年并预测冬季可能偏旱的情况下，可在入冬前适量浇冻水。南部和丘陵山区要加强农田水利建设，推广遇旱适量补灌。旱情严重必须浇水抗旱的，应掌握在冬季回暖天气，白天最高气温在 5 ℃以上时浇小水。本区南部由于多数年份降水能够满足需要，有些年份还发生渍害，许多麦田根本没有灌溉设施，又实行撒播，在秋旱年易受旱，冷冬年易受冻，以至产量水平明显低于本区的中北部。这一地区除稻茬麦外都应以条播替代撒播。如农田水利能建立排水与灌溉两套沟渠体系，由于气候条件有利，产量水平逐渐赶上中北部地区是应该能够做到的。

4.3 无冬眠区

长江中下游小麦越冬的主要矛盾是降水过多形成的湿害，冬季降水偏少年份反而有利，基本不存在冬旱问题。

西南麦区冬季气温较高，小麦仍处于活跃生长，历史资料表明冬春连旱是影响该地区小麦产量的主要灾害。除成都平原等少数灌区外，小麦普遍为雨养，对冬干旱十分敏感。应大力开展农田水利建设，保证遇旱能够及时灌溉。随着气候变暖，小麦要避免过早播种造成冬前过旺消耗土壤水分过多，加剧冬春干旱。

5 澄清几个认识误区

5.1 不同类型干旱的混淆

气象干旱通常以降水量与多年平均同期降水量的距平来衡量。

水文干旱通常以径流量、湖库蓄水量、地下水位等可利用水资源数量与多年平均值比较来衡量。

农业干旱以作物生长发育实际受干旱影响的程度来衡量。[7]

在作物活跃生长季节，大多数情况下三者是同步的。但对于冬旱则往往不同步。虽然气象干旱十分严重，但北方大部小麦越冬需水量很少且主要来自夏秋土壤蓄水和浇冻水，无论 2009 年还是 2011 年，气象干旱最严重的北部麦区农业干旱并不严重，而气象干旱相对较轻的豫南、鲁南和淮北反而农业干旱较重。

小麦生长发育与冬旱在不同地区的表现很不相同，不同地区的抗旱对策与技术也不能简单照搬。如稳定冬眠区的镇压措施在土壤潮湿的长江中下游就不可能采用，冬季灌后结冰致死的风险在西南麦区也根本不存在。

5.2 干旱与冻害的混淆

冻害是北方冬麦区主要的越冬灾害，其危害往往超过冬旱。很多人经常把冻害误认为干旱，从而将防冻措施与抗旱措施混淆。如小麦叶片青枯是冻害的典型症状，因强烈零下低温而直接冻枯，以叶片上部冻枯最重，如天气干冷可一直维持到冬末，但气温回升和雨雪融水打湿后可逐渐变褐黄。冬旱绝不会导致青枯，而是首先抑制叶片生长，然后从基部开始逐渐发黄，最后从叶尖开始逐渐枯萎，变色顺序与冻害相反。旺苗受冻后叶片扭曲也是冻害特有的症状。2008 年 12 月 21 日的寒潮袭击曾导致中原小麦叶尖普遍受冻，回暖后一片枯黄，一时被误认为冬旱，不久即被长出的新叶所遮盖。[8]但在 2009—2010 年，有些人又盲目吸取上年对北方冬旱反应过度的教训，对西南地区冬春干旱的迅猛发展估计不足响应迟缓。

5.3 突发型灾害与累积型灾害的混淆

干旱是典型的累积型灾害，有的媒体报道“一场突如其来的严重干旱”的提法是不科学的[9]。累积型灾害具有较长的孕育、发展、蔓延、消退过程，既有影响复杂深远和减灾难度大的一面，也有采取预防与补救措施余地较大的一面。应对突发型灾害的关键是采取正确的应急处置措施，而应对累积型灾害的关键是做好灾前预防和在灾害发生发展的初中期采取有效减灾措施，可争取主动和事半功倍。虽然干旱严重发展时也可出现人畜饮水等紧急事态需要应急，但对于农作物，等到旱情十分严重再紧急动员大多已贻误时机，而且往往已临近天气转折期，使得抗旱效果大打折扣、事倍功半。

5.4 抗旱与浇水的混淆

抗旱是一个系统工程，浇水只是其中一个环节。[10]更重要的是充分利用小麦自身的适应能力和吸收深层土壤水分的能力以度过干旱时期。我国人均水资源不足，北方尤其紧缺，有限的水资源应尽量用在作物需水关键期。不因地因苗制宜的盲目抗旱会造成水资源的低效利用和严重浪费，有的情况下甚至事与愿违，严寒时大水漫灌反而会人为造成死苗。在深层土壤墒情有利的情况下，通过培育壮苗、镇压、耙耱、覆盖等措施，效果要比冒险浇水好得多，成本也要低得多。

5.5 局部与全局的混淆

有些媒体为吸引受众眼球往往把局部旱情夸大成全局，如 2009 年曾报道冬旱导致部分农村饮水困难。目前我国仍有少数农村存在人畜饮水困难，通常以雨季来到之前为最严重。北方由于冬季降水稀少且大多为降雪，无论是地表水资源或地下水资源都基本起不到补给作用；同时，冬旱所需水资源消耗也非常有限，与农村饮水困难基本无关。由于夏季降水充沛，2009 年和 2011 年初的北方冬旱期间，人畜饮水除个别地区外，总体明显好于常年。尽管农业部危朝安副部长明确指出：“南北、东西气候条件不同，水利设施各异，苗情千差万别，必须查清旱情、墒情、苗情，分类指导，科学抗旱。”[11]但许多媒体在发生冬旱时往往只宣传受旱严重地区，把个别饮水困难的山村夸大成整个地区，把局部地区受旱较重的麦田夸大为全局，很少报道大面积长势良好的麦田，使人误认为整体长势糟糕。小麦的生长期长，具有很强的自身补偿能力。即使前期受旱对生长有一定影响，中后期如管理得当或条件有利，还有可能通过分蘖成穗补偿主茎死亡或退化的损失，或通过增加粒数或粒重弥补穗数减少的损失。除少数灾情严重的地块外，在收获前三四个月就轻率断言大面积成灾减产，往往会加重市场的减产预期，在一定程度上助长了物价上涨的势头。

干旱是最复杂的一种农业灾害，长期以来人们对冬旱和小麦冬季生育规律的研究较少，尽管近年来在抗御冬旱上取得了一些成绩，但也还存在一定的盲目性。应吸取正反两方面的经验教训，开展该领域的基础科学与实用技术研究，加强冬旱敏感脆弱区的农田基本建设与水利建设，特别是要下大力提高播种质量，以实现科学与高效的抗旱。

参考文献

[1]程纯枢. 中国农业百科全书农业气象卷. 北京:农业出版社,1986,414-422.

[2]第二次气候变化国家评估报告编写委员会. 第二次气候变化国家评估报告. 北京:科学出版社,2011,46-47.

[3]信乃诠,等. 中国北方旱区农业研究. 北京:中国农业出版社,2002,414-415.

[4]金善宝. 中国小麦学. 北京:中国农业出版社,1996,39-56.

[5]郑大玮,龚绍先. 冬小麦冻害及其防御. 北京:气象出版社,1985,5-9.

[6]郭文利,郑大玮,秦志生. 麦田早春喷灌补水的效果分析. 中国农业气象,2001,**22**(2):46-50.

[7]张强,潘学标. 干旱. 北京:气象出版社,2010,2-3.

[8]郑大玮. 论科学抗旱——以 2009 年的抗旱保麦为例. 灾害学,2010,**25**(1),7-12.

[9]中国农业信息网. 农业部要求:因地制宜分类指导大力推进科学抗旱. 贵州农业科学,2009,(8):107.

[10]水利部水利水电规划设计总院. 中国抗旱战略研究. 北京:中国水利水电出版社 . 2008,231-234.

[11]徐明. 唱响科学抗旱主旋律. 农村工作通讯,2009,(8):14-15.

Correctly Understanding and Coping with Winter Drought of Wheat Scientifically

Zheng Dawei[1], Meng Fanyu[2], Wang Junying[2], Zhou Jihong[2]

(1. China Agricultural University, Beijing,100094;2. Beijing Agricultural Extension Station, Beijing 100029)

Abstract:Winter drought of wheat in North China is becoming more frequent due to climate change. But it is different from droughts in other seasons when crops are actively growing. Because wheat seedlings need very less water during winter dormancy or semi-dormancy period and the soil in North China is frozen in the winter. Sometimes meteorological drought is not coordinate with agricultural drought in irrigated fields. It needs distinguish different situation of wheat growth, development and soil moisture in different climatic regions to cope with winter drought according to the local conditions. In practice, most wheat fields suffering winter drought are caused by poor quality of sowing and soil preparation combining with winter freezing. Drought is a typical accumulated disaster and is different from sudden disasters which need emergent treatment. The most important thing of anti-drought is to create a good soil environment and strong seedling resistance before winter. Thus, double effects can be obtained by half of early and initiative efforts, but only half effects could be obtained by double passive and emergent efforts. Regardless of different seedling growth and soil moisture, blind irrigation will waste resources and even make artificial disasters.

Key words: winter wheat in the North; winter drought; accumulated disaster; anti-drought scientifically

科学抗旱的研究*

郑大玮

（中国农业大学资源与环境学院，北京　100094）

摘　要　干旱是最复杂和影响最广泛深远的自然灾害，虽然长期以来对干旱规律和抗旱对策有不少研究，但仍存在不少误区，经常发生盲目和被动抗旱。本文系统论述了科学抗旱的基本原理。第一部分提出干旱与其他灾害不同的若干特点——累积性（或持续性）、季节性、频发型、广域性、长链性、相对性和突消性，对干旱进行了系统分类，分析了气候变化带来的干旱新特点。第二部分列举了盲目抗旱的各种表现，分析了产生误区的原因，包括误判旱情，对不同类型干旱及与其他灾害的混淆，不考虑承灾体状况，追求短期利益和虚假政绩，照搬突发型灾害的应急处置策略等。第三部分阐述了科学抗旱的基本原理，包括依据农田水分平衡方程确定的抗旱节水微观战略，根据水循环原理确定的流域单元抗旱节水宏观战略，多种水资源优化配置策略，干旱灾害链在抗旱减灾中的应用。第四部分阐述了科学抗旱应遵循的原则：正确评估旱情，有针对性的适度抗旱；因地因时因苗制宜；充分利用作物自身适应能力、补偿机制和深层土壤水分；量水而行，节水抗旱，长期抗旱；立足防旱，灌溉措施与农艺措施并重；按流域统一分配利用水资源，突出重点，有保有弃；部门间统筹协调，调动全社会的力量抗旱。第五部分阐述了不同类型区域的科学抗旱对策。第六部分指出国家防汛抗旱总指挥部提出的“两个转变”（由单一抗旱向全面抗旱转变，由被动抗旱向主动抗旱转变）是科学抗旱的指导方针，并对其内涵做了进一步的阐述和补充。

关键词　干旱特点与类型；灾害链分析；气候变化；科学抗旱；战略转变

干旱是对农业生产威胁最大的自然灾害。虽然长期以来对干旱规律和抗旱对策有不少研究，但仍存在不少误区，在生产上经常发生盲目和被动抗旱的情况。为实现高效和经济的抗旱，必须搞清楚干旱的基本规律，遵循科学抗旱的基本原则。

1　干旱类型与干旱链

1.1　干旱灾害的特点

干旱指因水分的收入与支出或供求不平衡而形成的持续的水分短缺现象。[1]旱灾指由于缺水对人类社会经济造成损失的一种自然灾害，是干旱气候环境与承灾体脆弱性及易损性相互作用的结果。但在实际生活中干旱往往作为灾害名称直接使用。

* 本文为2013年1月28日在昆明举办“水在历史上的角色：历史智慧与当代水治理”国际会议上的报告。

干旱除具有与其他自然灾害相似的破坏性、周期性、连锁性等特征外，还具有与一般自然灾害不同的若干特征：

(1)累积性、隐蔽性和持续性　干旱是典型的累积型灾害，其形成需要一个不断累积的过程，在其初期具有一定的隐蔽性。干旱通常持续相当长时间，甚至连季、连年大旱。

(2)季节性　我国季风气候区干旱大多发生在冬半年，但农业干旱还与农事活动有关，农闲季节无所谓旱灾，作物旺盛生长期即使具有相当数量的降水，如不能满足作物需求，仍然会发生旱灾。

(3)频发性　中国北方春季有“十年九旱”之说，南方的季节性干旱每年都有部分地区发生。

(4)广域性　干旱影响范围比一般自然灾害大得多，洪涝虽然冲击性强，但危害区域呈条带状，近几十年中国偏涝年往往全国粮食总产增加，而减产年大多是全国偏旱年。

(5)长链性　干旱具有特别长和复杂的灾害链，危害广泛和深远。除影响农业外，还影响工业、服务业、城市功能、人民生活与生态环境，不但影响当年，还可影响下年甚至多年。上游干旱可影响到中下游，一国的严重干旱还会影响到全球经济。

(6)相对性　不同承灾体对干旱环境的适应能力不同，农业干旱的发生与城市干旱不一定同步。干旱年由于光照充足和气温日较差大，在水源有保证的前提下，灌溉农田产量往往高于常年。

(7)突消性　一场暴雨或连阴雨之后干旱可突然解除，甚至急转为洪涝。

由于上述特征，旱灾是最为复杂的一种自然灾害，脱离实际的抗旱措施往往事倍功半甚至事与愿违，必须遵循自然规律与经济规律，实行科学抗旱。

1.2　干旱的类型

近年来多次发生因混淆不同干旱类型导致盲目抗旱和资源浪费，正确划分干旱类型是科学抗旱的前提。

(1)按照致灾因子可分为气象干旱、土壤干旱、大气干旱和水文干旱。[1]

气象干旱指某一时段由于蒸发量和降水量的收支不平衡，水分支出大于水分收入而造成的水分短缺现象。

土壤干旱指土壤水分不能满足植物根系吸收和正常蒸腾所需而造成的干旱。

大气干旱指由于大气干燥对植物和农业生产造成的损失。

水文干旱指河道径流量、水库蓄水量和地下水等可利用水资源的数量与常年相比明显短缺的现象。

虽然气象干旱、土壤干旱、大气干旱与水文干旱都是由于长时期降水不足所造成，但它们之间并不完全一致。中国北方冬季多风少雪空气干燥，但如上年夏季降水充沛，土壤底墒充足，加上冻后聚墒效应，土壤不一定显旱。西北干旱区河川径流主要来自高山融雪，春季阴湿年由于气温偏低，高山融雪少，反而径流偏小，绿洲容易缺水受旱。

(2)从承灾体的角度可分为农业干旱、城市干旱(或社会经济干旱)与生态干旱。

农业干旱指长时期降水偏少或缺少灌溉，土壤水分不足，使作物生长受抑，减产甚至绝收，或牧草生长不良，牲畜缺乏饮水甚至死亡。

社会经济干旱指区域可利用水资源数量不能满足需求而造成区域社会经济的重大损害，其中发生在城市系统的通常称为城市干旱。由于城市需水来源和耗水方式与农业不同，两者不一定同步，但发生特大干旱时一般同步。

生态干旱指区域生态系统由于缺水导致的系统退化和功能衰减。

(3)按照灾害严重程度可分为轻度、中度、重度和特大干旱等。

(4)按照干旱发生季节，可分为春旱、夏旱、秋旱、冬旱、连季旱、全年大旱和连年大旱等。

1.3　气候变化带来的干旱新特点

《联合国气候变化框架公约》中的气候变化指自然气候变化之外由人类活动直接间接改变全球大气组成所导致的气候改变。[2]气候变化已成为人类面临的最大环境挑战，尤其是带来自然灾害的新特点。在中国，干旱的发生有以下几个新特点[3]：

(1)北方气候暖干化　近几十年华北、东北和黄土高原地区气温显著升高，降水量不断减少，干旱日趋严重，尤其海河流域的大部分支流长期断流，地下水位持续下降，京津等特大城市人均水资源已不足 100 m^3。

(2)南方季节性干旱加剧　长江流域降水虽有增加，但夏季伏旱趋重发生；西南年降水量下降不多，但冬春干旱日趋严重，云南迄今已连续四年干旱。

(3)干旱与高温相结合使抗旱更加艰巨。

(4)气候变化导致极端天气、气候事件增加，频繁发生旱涝急转。

(5)气候变化与社会经济发展导致生产、生活与生态用水量的增加，干旱影响由农业向城市、生态和社会经济扩展。

(6)气温升高与蒸散下降的悖论　理论上气温升高应促进水分蒸发与植物蒸腾，由于太阳辐射与风速的减弱，绝大多数气象站与水文站的实测蒸发量却呈下降趋势，但实际情况是大多数地区的干旱缺水在加重。这一悖论需要通过对气候与生态要素的变化与人类活动影响的归因研究来求得破解。

2　抗旱中的若干误区

2.1　盲目抗旱的种种表现

(1)夸大旱情，过度反应　2009 年和 2011 年我国北方秋冬雨雪偏少 6～9 成，但由于土壤底墒充足和播种质量较高，大部分麦田的实际旱情并不重，黄河以北麦田普遍浇了冻水，实际旱情并不重。把局部麦田的干旱扩大到全局，盲目灌溉不但造成资源与人力的浪费，有的地方在隆冬浇水还人为加重了冻害。[4]

(2)估计不足，反应迟钝　2009 年东北西南部严重夏旱，媒体很长时期内毫无反应，当地采取抗旱措施也为时偏晚。2010 年的西南大旱实际从 2009 年秋就已经开始，但到翌年 2 月份才形成抗旱的高潮。

(3)不同干旱类型的混淆　最常见的是对气象干旱、水文干旱与农业干旱的混淆，不考虑作物与土壤状况，仅根据降水量的负距平或水资源量的亏缺就发布干旱预警。对于城市系统，如上游来水或水库蓄水或地下水充足，当年的气象干旱也不一定会造成社会经济干旱现象。

(4)与其他灾害的混淆　如2008年12月21日的强寒潮造成小麦叶片上部枯萎，有的地方政府误认为是干旱所致。

(5)掠夺性开发　如华北平原由于长期超采地下水导致地下水源濒临枯竭，即使在轻度干旱年工农业也仍然严重缺水。

(6)无序争夺水资源　上游过度拦截用水导致中游缺水和下游水资源枯竭已经成为北方各地的普遍现象，有的地区甚至相邻村庄因争水发生械斗。

(7)短期行为　只顾眼前利益，许多地区的水利工程多年失修，隐患严重。

(8)把农业抗旱简单等同于浇水　抗旱是一个系统工程，我国是一个缺水的国家，节水灌溉技术应与抗旱农艺措施相结合，努力提高水分利用效率。如2009年和2011年初北方部分麦田发生的冬旱，大多数可以通过适当镇压来缓解。

2.2　产生误区的原因

既有缺乏科学认识的原因，也有利益驱动因素。

(1)对干旱形势的错误判断　包括对干旱类型、程度和灾害种类的误判。如2011年初有的媒体把冬季小麦叶片青枯的典型冻害症状误认为是干旱所致。

(2)忽视承灾体脆弱性分析　只看外部环境因素，不注重分析作物、土壤、社会经济系统等承灾体的状况。

(3)追求虚假政绩　通常初期对干旱发展估计不足，为保持连增政绩有意无意缩小灾情；干旱严重发展时为推卸责任或争取物质资金支持往往夸大灾情。

(4)短期或局地利益驱动　农田基本建设与水利工程耗资大、周期长、见效慢，往往不愿意投入，甚至将上级下拨经费挪作他用；或局地利益驱动实施危害他人的“水利”工程。

(5)媒体的过度炒作　媒体往往喜欢抓典型吸引受众，不考虑发生干旱地点的代表性。如2009年和2011年初的北方冬旱，个别农村的饮水困难被突出报道，实际由于上年夏季雨水充沛，人畜饮水困难程度明显轻于常年。但有时又怕负面影响，不敢报道已经发生的严重干旱，如2009年夏秋的辽西大旱。

(6)以突发型灾害应急管理策略抗旱　近10年来我国突发事件应急体制、机制、法制建设和预案编制取得巨大进展，同等强度灾害的人员伤亡与经济损失显著降低。但干旱是一种累积型灾害，虽然严重发展时也会出现人畜饮水困难或城市居民断水等事态需要应急处置，但并非抗旱工作的主体。抗旱的关键在于灾前和初期，早期抗旱事半功倍，应急抗旱事倍功半甚至事与愿违。

3　农业水资源高效利用与科学抗旱的原理

3.1　根据农田水分平衡原理制定微观节水策略

微观抗旱策略以农田为研究对象，以农田水分平衡原理为依据。

$$W = P + I + N - R - D - T - E$$

式中：W 为土壤水分亏缺或增量，P 为降水量，I 为灌溉量，N 为土壤毛管上升水，R 为径流损失量，D 为土壤渗漏损失量，T 为植被蒸腾量，E 为土壤蒸发量。

所有抗旱节水技术措施都可以归结到对上式各项增收节支的干预。P：人工增雨和集雨；I：适时适量灌溉；N：镇压提墒；R：平整土地、梯田以减少径流损失；D：改良和培肥土壤，渠道衬砌以减少渗漏损失；E：耕作保墒、覆盖地膜或秸秆；T：控制适当的密度和叶面积，喷施抑制蒸发剂。

除上述措施以外的所有增产措施，由于可提高单位水量的产出即水分利用效率，也都具有间接节水抗旱的效果。

3.2　根据流域水循环原理制定宏观农业节水抗旱策略

以区域农业系统和流域为对象，以水循环原理为依据。

$$P + R_{in} + G = E + T + R_{out} + D + W$$

式中：P 为降水量，R_{in} 为流入径流量，G 为地下水补给量，E 为土壤蒸发量，T 为植物蒸腾量，R_{out} 为流出径流量，D 为土壤渗漏量，W 为非农耗水。

宏观节水战略从大型水利工程、跨流域调水、国土整治和调整种植结构入手，当务之急是实行按流域管理水资源和制定合理的水价。[5]

3.3　多种水资源的优化配置

(1)传统水资源的优化配置　包括地表水资源和地下水资源，旱季可适当利用地下水资源，雨季回补，但不得超出可补给能力。

(2)非传统水资源的适度开发利用　包括微咸水、中水、海水利用和淡化、空中水资源等。

(3)土壤水调控　主要是雨季尽量蓄墒，在促进根系发育和培肥土壤的基础上，旱季适度利用深层土壤水分。

(4)生物水和虚拟水的利用　多年生作物由于有生物质的积累，可看成是由水分转化而成，具有比一年生作物更强的干旱适应能力。虚拟水指通过调整种植结构，压缩耗水作物或进口耗水农产品，增加耐旱作物或出口节水农产品所间接增加或节约的水资源量。

3.4　干旱灾害链在抗旱减灾中的应用

狭义灾害链指原生灾害在一定条件下引发次生灾害和衍生灾害的现象。广义灾害链指灾害系统在孕育、形成、发展、扩散和消退的全过程中与其他灾害系统之间,各致灾因子和影响因子相互之间,以及这些因子与承灾体之间各种正反馈与负反馈链式效应的总和。[4]正反馈可形成恶性循环,甚至导致系统崩溃。负反馈有利于系统稳定和可持续发展。

(1)农业干旱灾害链的若干正反馈现象及减灾对策

气候干旱—植被退化—生态恶化—气候更加干旱;对策:农业生态工程。

干旱缺水—超量提水—水源不足—更加超采—水源枯竭;对策:旱作节水农业技术。

干旱缺水—减产减收—贫困—水利失修—缺水减产;对策:水利扶贫。

干旱缺水—无序争夺水资源—更加缺水;对策:按流域统一管理水资源。

抓住关键环节采取断链措施可最大限度减轻干旱的损失。

(2)农业干旱灾害链的若干负反馈现象及利用途径

适度干旱—促进根系发育基部茁壮—抗旱抗倒能力强;措施:蹲苗锻炼。

克服干旱—充足光照较大温差—高产优质增收—增加抗旱投入;措施:抗旱技术。

适度干旱—耐旱作物品种生长良好—高产优质节水高效;措施:结构调整。

适度干旱—低洼地水分状况改善—高产优质—抗旱能力增强;措施:因地制宜管理。

在农业生产上要充分利用负反馈机制来减轻干旱损失甚至化害为利。

4 科学抗旱的基本原则

4.1 正确评估旱情,有针对性地采取适当的抗旱力度

首先要了解干旱类型、时空分布和承灾体状况,准确把握旱情,确定恰当的预警等级。抗旱力度要适当,麻痹大意会造成灾难性后果,夸大旱情盲目抗旱会造成资源浪费和负面效应。

4.2 因地、因时、因苗制宜

农业生产受自然因素影响很大,各地气候、农时季节、地形水文、土壤状况、作物品种、苗情长势都不相同,必须因时、因地、因苗制宜,分类指导,不能一刀切和强迫命令。

4.3 充分利用作物自身适应能力、补偿机制和深层土壤水分

抗旱不等于只是浇水,更不是浇得越多越好。选用耐旱作物和品种,根据水资源分布、地形和土壤条件合理布局;充分利用作物自身的适应能力和补偿机制,努力使作物需水高峰与雨季相匹配;通过耕作措施促进根系发育,旱季充分利用深层水分和减少土壤蒸发,雨季尽量保蓄土壤水分;都能收到良好的抗旱节水效果,实现科学高效的抗旱。

4.4 量水而行,节水抗旱,长期抗旱

我国水资源不足,尤其是北方,农业和经济布局都必须量水而行。有限的水资源应用在关键的地区和时期,不能有点干旱就不计成本大水漫灌,必须实行节水灌溉。要树立长期抗

旱的思想，不能把水库蓄水一下用光，也不能长期超采地下水。发生干旱时要积极抗旱，没有发生时也要蓄水保墒和培育壮苗。只有增强抗旱物质基础，提高作物抗旱能力，才能争取抗旱工作的主动。

4.5　立足于防，灌溉抗旱与农艺抗旱并重

2009 年和 2011 年的抗旱保麦实践证明，立足于防灾，提高播种质量和培育壮苗，对于越冬抗旱防冻具有决定性作用。并非只有灌溉才是抗旱，许多情况下农艺措施更为重要也更加有效，如调整种植结构，选用节水耐旱作物和品种；调整播种期和移栽期，使需水临界期避开易旱期；培肥土壤，平整土地，开展农田基本建设，耕作和覆盖保墒，提高土壤保蓄水分能力；应用保水剂、抗旱剂、抑制蒸发剂等化学抗旱技术；播前种子处理与蹲苗锻炼等。

4.6　按流域统一分配利用水资源，突出重点，有保有弃

目前有些地区的干旱缺水与水资源的无序开发与争夺有关，有些对于局地的“水利工程”，对于全局却是“水害工程”。所有河流都必须按流域统筹管理与合理分配水资源，确保水资源的可持续利用。干旱缺水时要有保有弃，首先确保人畜用水，重点保证高产、优质、高效农田的灌溉，必要时可放弃一部分低产田，改种耐旱作物或等雨补种。

4.7　部门间统筹协调，调动全社会的力量抗旱

干旱缺水影响到整个社会、经济的可持续发展，必须调动全社会的力量，实行各部门之间的协调联动。切忌以抗旱为名片面追求部门利益和虚假政绩。

5　不同类型区域的科学抗旱对策

5.1　常年干旱缺水区

属资源性缺水，以量水而行的适应对策为主。根据水资源数量与承载力合理布局人口与经济发展，转移耗水产业，压缩耗水作物，发展节水产业与耐旱作物。

5.2　半干旱气候缺水易旱地区

既有资源性缺水，又存在季节性干旱。以适应对策为主，兼有抗御对策。旱地采取集雨补灌抗旱模式，平原实行节水灌溉，选用节水耐旱作物与品种，压缩或转移耗水产业。旱季适当开采地下水，利用雨季蓄水和回补地下水。

5.3　湿润气候季节性缺水干旱区

水资源总量不少，属结构性与工程性缺水，适应对策与抗御对策并重。旱季利用蓄水和地下水，种植节水耐旱作物，压缩耗水产业与作物。大力兴修水利，尤其是在水利工程欠账较多的西南地区，水库、塘坝和土壤在雨季尽可能蓄水。

5.4 污染型缺水地区

水资源总量不缺，由于被污染而导致结构性缺水，以工程抗御措施为主，针对污染源采取综合治理措施，不能把农田作为污染降解地，但经过处理的污水可用于灌溉抗旱。

5.5 牧区

以适应对策为主，根据湿润度与草场承载力确定牲畜数量，保持草畜平衡；利用河滩地种植人工牧草和饲料作物以弥补天然草场产草不足；夏秋打草增加冬季储备，改善饮用水源以防御黑灾。

6 抗旱战略的两个转变

制定抗旱战略必须以科学发展观为指导，坚持“以防为主、防重于治、抗重于救”的抗旱工作方针，注重社会、经济和生态效益的统一，综合运用行政、工程、经济、法律、科技等手段，最大限度地减少干旱造成的损失和影响，实现水资源的可持续利用和经济社会的可持续发展，为国家粮食安全、城市供水安全、生态环境安全提供有力的支撑和保障。

为全面落实科学发展观，国家防汛抗旱总指挥部提出要由单一抗旱向全面抗旱转变，由被动抗旱向主动抗旱转变。[6]“两个转变”是科学抗旱的指导方针，为进一步阐述“两个转变”的科学内涵，我们对其内涵作了如下阐述和补充。

6.1 从单一抗旱向全面抗旱转变

长期以来中国传统的抗旱集中在农村和农业生产领域，这是由于当时绝大多数人口居住在农村，以务农为主。经过60多年的发展，中国已建成比较完整的现代经济体系，社会主义市场经济体制基本确立，城市化进程加速。为实现全面建设小康社会的战略目标，必须由原来的单一抗旱向全面抗旱转变，具体包括以下内容：

从单一的农业抗旱向覆盖所有领域和产业的全面抗旱转变；从单一的农村抗旱向城乡一体化的全面抗旱转变；从单一的生产抗旱向生产、生活、生态的全方位抗旱转变；从单一依靠专业部门抗旱向部门间协调联动和发动全社会节水抗旱转变；从单一的水资源统筹分配计划体制向按流域统一管理水资源与水权交易、水价调节、生态补偿等市场机制相结合转变。

6.2 从被动抗旱向主动抗旱转变

传统的抗旱思路以危机管理为主，重工程措施，轻非工程措施；重应急，轻预防；重开发和配置水资源，轻高效利用与保护；重水利工程，轻农艺抗旱和风险管理，从而导致抗旱工作的被动，部分地区甚至陷入严重的水资源枯竭危机。从被动抗旱向主动抗旱转变应包括以下内容：

从应急抗旱为主向以风险防范为主转变；从掠夺性开发与无序争夺水资源向水资源优

化配置高效利用和保持水生态平衡转变；从改善外界环境的灌溉措施为主向合理灌溉与增强承灾体适应与抗御能力并重转变；从工程抗旱为主向工程措施与非工程措施并重转变；从对抗自然、人定胜天向顺应自然规律、人与自然和谐相处的理念转变。

参考文献

[1]张强，潘学标，等. 干旱. 北京：气象出版社，2009，1-4.

[2] IPCC. Group 1：The physical science basis of climate change. 2007：237-238.

[3]张强，高歌. 我国近50年旱涝灾害时空变化及监测预警服务. 科技导报，2004，(7)：21-24.

[4]郑大玮. 论科学抗旱——以2009年的抗旱保麦为例. 灾害学，2010，**25**(1)：7-12.

[5]郑大玮. 谈谈北京郊区的农业节水战略. 北京水利科技，1990，(1)：25-28.

[6]水利部水利水电规划设计总院. 中国抗旱战略研究. 北京：中国水利水电出版社，2008：228-231.

[7]郑大玮. 中国农业灾害链网与风险控制的途径//中国科协学会学术部. 重大灾害链的演变过程预测方法及对策. 北京：中国科学技术出版社，2009：137-141.

Studies on Scientifically Drought Relief

Zheng Dawei

(College of Resources and Environmental Science, China Agricultural University, Beijing 100094.)

Abstract: Drought is the most complex natural disaster with broadest and far-reaching impacts. In spite of huge research work, there are still many misunderstandings and passive blind actions of drought relief. In this paper, the basic principles of scientifically drought relief are suggested.

In Part Ⅰ, characters of drought different from other disasters are introduced including accumulated (or continuity), seasonal, frequent, broad, long chain, relative and sudden disappearing. Drought types are divided systematically and the new situation due to climate change is also analyzed.

In Part Ⅱ, different blind actions are listed and the causes are analyzed which including misunderstanding drought information, confusion from different type of drought or other disaster, omitting characters of suffering body, short term effects and false achievement, using strategies of sudden disasters to cope with accumulated disaster.

In Part Ⅲ, the theory of scientifically drought relief is discussed, e.g. micro strategies with field unit based on water balance equation, macro strategies with river basin unit based on water cycle theory, optimum allocation of multiple water resources, and application of disaster chain theory.

In Part Ⅳ, the principles of drought relief are suggested which include correct drought evaluation; suitable action degree based on time, location and seedlings growth; sufficiently application of crop adaptation ability, compensation mechanism and deep soil moisture; water saving irrigation according to water quantity; paying more attention to long term prevention; laying equal stress to irrigation and relief cultivation; unifying water resource distribution in the whole river basin, supporting key areas and giving up some areas during serious drought; coordinating between departments and mobilizing the whole society coping with drought.

In Part Ⅴ, strategies of drought relief in different region are discussed.

In Part Ⅵ, it is pointed that Double Transitions of drought relief developed by the National Headquarter of Flood Prevention and Drought Relief, i. e. transition from single relief to comprehensive relief and from passive relief to initiative relief, is the guiding policy of drought relief. In this part, it is further stated and supplemented.

Key words: drought characters and types; disaster chain analysis; climate change; drought relief scientifically; transition of strategies

/ 第五部分 / The fifth part

小麦冻害研究

冬前积温和冬季负积温与小麦产量的关系*

郑大玮

（北京市农科院农业环境保护、气象研究所，北京　100097）

1　气象条件是引起小麦产量波动的主要因素

北京地区新中国成立以来小麦的栽培技术水平有了很大提高，亩产从 1949 年到 1978 年提高了 5.1 倍，平均每年提高 6.2%，总的趋势是逐年增长的。但是各年之间又有较大波动。图 1 中，我们通过正交多项式回归求出历年小麦亩产的平均增长曲线，用下式表示：

$$\hat{y} = 0.013729t^3 - 0.150328t^2 + 4.5668t + 67.103 \quad (1)$$

式中：t 为年份，令 1949 年 $t=1$，则 1978 年 $t=30$。$\hat{y}$ 可称为小麦亩产的趋势项或趋势产量。

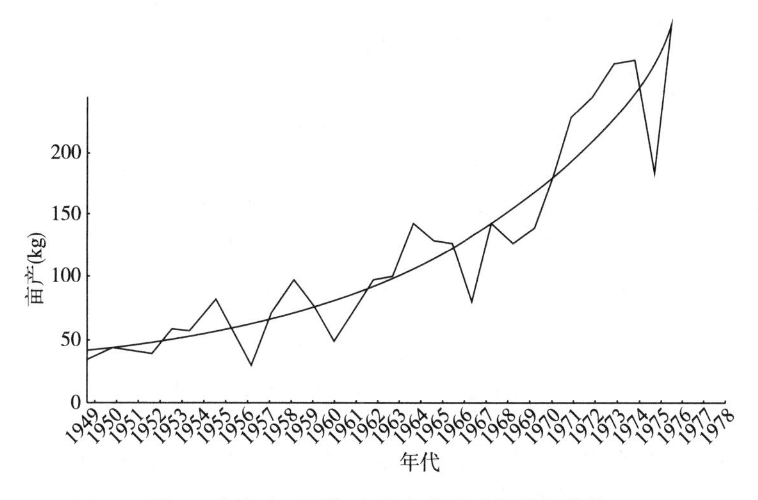

图 1　北京地区历年小麦亩产及平均增长曲线

实际亩产与 $\hat{y}$ 之差 $\Delta y = y - \hat{y}$ 称为小麦亩产的波动项或气候产量。我们假定生产条件的改变和栽培技术水平提高的增产效果体现在历年亩产总的增长趋势上，由于外界条件（主要是气候条件）的年际变化造成的产量波动则主要体现在产量波动即气候产量上，这也是目前国内外所公认的。实际亩产大于趋势产量的为气候增产年，$\Delta y > 0$。反之为气候减产年，$\Delta y < 0$。这样我们就可以对气候产量与气象条件的关系进行统计分析。

---

* 本文根据 1973 年发表于北京市农科所内部的“冬前积温与小麦产量的关系”一文基础上修改，并作为“北京作物学会 1980 年年会”的报告。

2 小麦气候产量与冬前积温和冬季负积温的统计关系

小麦全生育期各阶段光、热、水以及其他气象因子无疑对小麦产量都会有不同程度的影响，但是其中那些因子起到主导作用，这是长期以来人们所关心的问题，回答这一问题，对于北京地区小麦生产的发展是具有重大意义的。

过去有人统计过春雨对华北地区小麦的增产效应，这在 20 世纪 50 年代水浇条件较差的情况下是不难理解的。但北京的麦田是随水浇条件改善逐渐扩大面积的，据中国农科院王世耆等的分析，降水虽对小麦产量有一定影响，但关系不甚密切。1973 年我们曾统计分析北京地区 1949—1972 年小麦气候产量与冬前积温（10 月 1 日至稳定降低通过 0 ℃止）的关系。单因子相关系数达 0.60，相当显著。后来在分析历史上冻害情况时发现几个大减产年都是冬季负积温绝对值很大的年份。因此我们考虑选择冬前积温和冬季负积温两个因子统计其与小麦气候产量的关系。

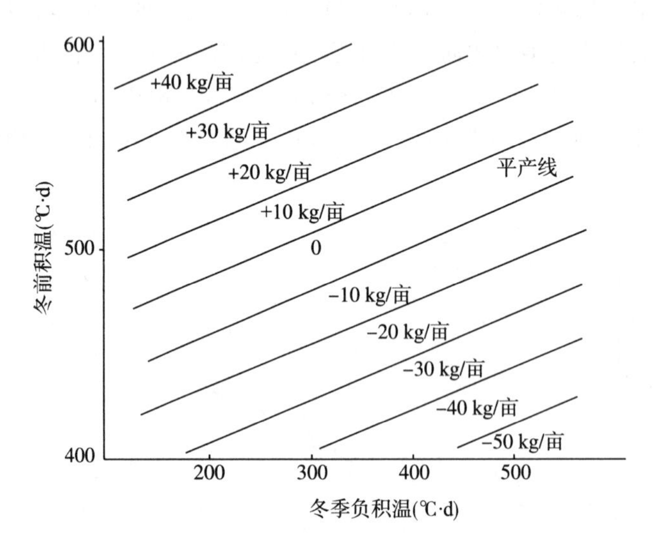

图 2　冬前积温、冬季负积温对小麦亩产的影响

令 x_1 为 10 月 1 日至停止生长（气温稳定降低通过 0 ℃止）的冬前积温，x_1 反映了冬前的热量状况。x_2 为整个冬季负积温的绝对值，x_2 反映了冬季的严寒程度。

经过统计分析建立小麦气候产量与冬前积温，冬季负积温的二元线性回归方程：

$$\Delta y = -297.4 + 0.628717x_1 - 0.083612x_2 \tag{2}$$

$n=30$，复相关系数 $R=0.833$，偏相关系数 $\gamma_1=0.781$，$\gamma_2=-0.420$，R，γ_1，γ_2 均极显著。

为了比较冬前积温和冬季负积温哪个因子作用更大，计算二者的标准化回归系数如下：

$$b_1' = 0.7206, b_2' = -0.1902, \left|\frac{b_2'}{b_1'}\right| = 26.4\%$$

可以看出，冬前积温偏多，冬季负积温少有利于增产，反之则可能减产。b_1' 约为 b_2' 的 4 倍，表明冬前积温对产量的效应约为冬季负积温的 4 倍左右。

新中国成立初的几年水浇地少，三者的复相关较差，如只取合作化以后的 23 年资料（1956—1978），则相关更为显著。冬季负积温的影响也更大些。

$$\Delta y = -333.86 + 0.7465x_1 - 0.1476x_2 \tag{3}$$

$n=23, R=0.91, \gamma_1=0.87, \gamma_2=-0.58$ 均极显著。$b_1'=0.7596, b_2'=-0.2880, \left|\frac{b_2'}{b_1'}\right|=37.9\%$。

根据式(3)计算，冬前积温每增加 27 ℃·d 或冬季负积温减少 130 ℃·d，小麦亩产可增加 10 kg 左右，反之，冬前积温每减少 27 ℃·d 或冬季负积温增大 130 ℃·d，小麦亩产可减少 10 kg。当然这只是北京市平均结果，具体到某一块地情况就各不相同了。

3　冬前积温对小麦产量的影响

冬前积温与小麦冬前苗情基础有着密切的关系，在水肥有起码的保证时，冬前主茎叶龄与 0 ℃以上积温成直线关系，单株分蘖则在密度不太大尚未封垄前随积温按指数关系增长。"农大 139"冬前主茎每增加一片展开叶需 82～83 ℃·d，"东方红 3 号"、"京作 348"等多数品种在 80 ℃·d 左右，"红良 4 号、5 号"约 68～70 ℃·d。

冬前积温多，也就是说小麦冬前生长的时间长而且热量充足，可以多长叶片、多分蘖、巩固冬前大蘖，多制造养分(因单株叶面积大)，分蘖节多积累养分，根系发育也较好。而且冬前积温多的年份大都入冬较晚，小麦经受较充分的抗寒锻炼，有利安全越冬。总之，冬前积温多的年份，大面积苗情基础都比较好，返青后的管理也相当主动。当然，对于少数地肥又播种过多、积温很多的麦田冬前会长得过旺，秋暖年份对这类麦苗并不有利，但我们是用北京市平均亩产来统计的，从大面积生产看，旺苗毕竟只占少数，左右不了全局。

冬前积温和小麦产量有如此密切的关系，说明冬前苗情基础对于小麦产量特别是穗数有着决定性的作用。这对我们确定栽培技术的主攻方向是很有启发的：①争取冬前壮苗是小麦高产的前提。②目前大面积生产上小麦播种期偏晚，应尽可能争取在 9 月下旬内播完(延庆应在 9 月中旬播完)。③中等以下地力麦田，争取穗数是主要矛盾。而增穗又主要靠冬前的主茎和大蘖。因此地力差的麦田应适当早播，晚播的要加大播量增加主茎以弥补分蘖之不足。④晚播麦田积温不足，应增施底肥尽量弥补之。

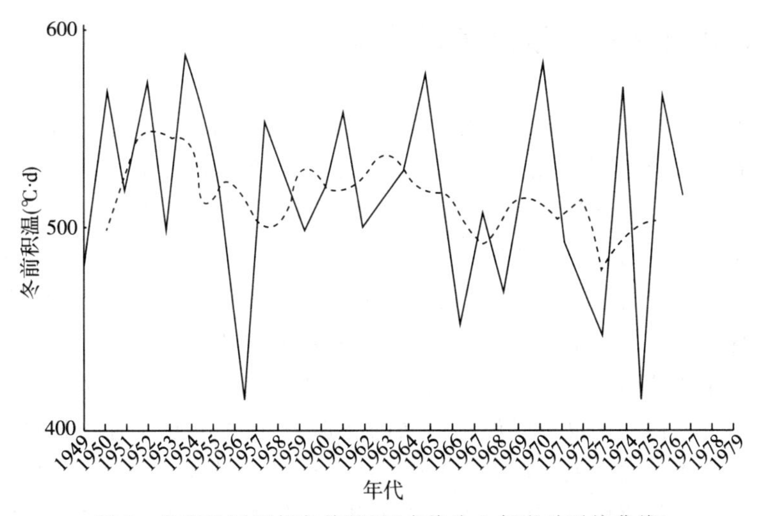

图 3　北京地区历年冬前积温(虚线为 5 年滑动平均曲线)

但是冬前积温是有年际变化的，平均变率为 37.4 ℃・d 或 7.23%。积温最多为 1953—1954 年为 586 ℃・d，最少为 1956—1957 年为 415 ℃・d，相差 171 ℃・d。

从图 3 冬前积温的年际变化可以看出：

(1)积温最多年比平均值多 69 ℃・d，即主茎多长不到 0.9 叶的积温，相当于 9 月下旬提早 4 天播种。积温超过 580 ℃・d 的特暖年 30 年中只有 3 年。积温最少年比平均值少 102 ℃・d，相当于主茎少长 1.2～1.3 叶或 9 月下旬晚播 5 天。三十年的平均变率为 37.4 ℃・d，只相当于主茎长 0.4～0.5 叶的积温或 9 月下旬播期调整 2 天多。因此，如估计秋季偏冷或偏暖，播期适当往前提或后错 2～3 天就可以了，没有必要作太大的调整。如果上一年秋冷，后一年盲目早播，比常年提前 5 天以上，则绝大多数年份要冬前过旺。反之如上一年秋暖，下一年盲目搞精量播种或迟播，要吃更大的亏。

(2)三十年来冬前积温有下降的趋势，1950—1959 年十年平均为 529.5 ℃・d，1960—1969 年为 518.0 ℃・d，1970—1979 年降到 505.5 ℃・d。预计近年内冬前积温可略有回升，但总的趋势未来 20 年还是继续下降的，如果保持近 20 年的下降速度，则 20 世纪末可减少到 480 ℃・d 左右，相当于播期应提前不到 2 天。一般认为要获得小麦冬前壮苗应具有 500～600 ℃・d 积温，相应播期近郊应为 9 月 24 日到 10 月 1 日，远郊应为 9 月 22 日至 9 月 29 日，延庆应为 9 月 10 日—9 月 16 日。因此，就平原地区而论，应该是“白露早，寒露迟，秋分头种麦正当时”。也就是 9 月下旬最适宜。秋分中后期播种已不利于壮苗。

(3)冬前积温主要包括 10 月和 11 月的积温，早播麦田还包括 9 月下旬的积温，秋暖年可延续到 12 月上中旬。其中 11 月平均气温的变率比 10 月份大 0.3 ℃，12 月份变率又比 10 月份大近 1 ℃。这就是说，播种越晚，与往年同期相比的冬前积温波动越大，越不容易稳产。

(4)从不同积温值的分布看，80%将以上年份 10 月 1 日起至停止生长的积温在 440～570 ℃・d。以“农大 139”为例，如要求冬前至少有一个分蘖，至多主茎不超过 8 片叶(否则易冬前穗分化不利于安全越冬)，则具有 80%保证率的安全播种期平原地区应为 430～710 ℃・d，相当于常年 9 月 19 日—10 月 5 日播种。

4　冬季负积温对小麦产量的影响

冬季负积温标志着冬季严寒的程度。国内外多数文献均认为严寒低温是小麦越冬死苗的根本原因。新中国成立以来北京地区几个小麦大幅度减产年如 1956—1957 年，1967—1968 年，1976—1977 年都是冬前积温少且冬季严寒负积温很大的年份。至于冬季严寒负积温大但冬前积温并不少的年份如 1967 年、1969 年、1971 年、1972 等年，由于苗壮抗寒性较强未发生严重死苗。但这些年份也并不是产量很高的年份。说明严冬仍然有限制增产的作用。北京平原地区大面积严重死苗年份虽不多，但麦苗越冬总要有所伤耗，即使是暖冬，叶片上部也冻枯。常年越冬叶片大部冻枯。冷冬不仅叶片基本冻枯，植株越冬贮藏养分的主要器官叶鞘也部分冻枯。这也可以说是广义的冻害，直接影响到返青的长势。小麦亩产和冬季负积温存在较密切的相关的现象(1956—1978 年共 23 年，$\gamma=-0.58$)也反映了这种广义的冻害的影响。在冬前积温少抗寒锻炼差的年份，冬季严寒造成冻害死苗对小麦产量的影响就更大。

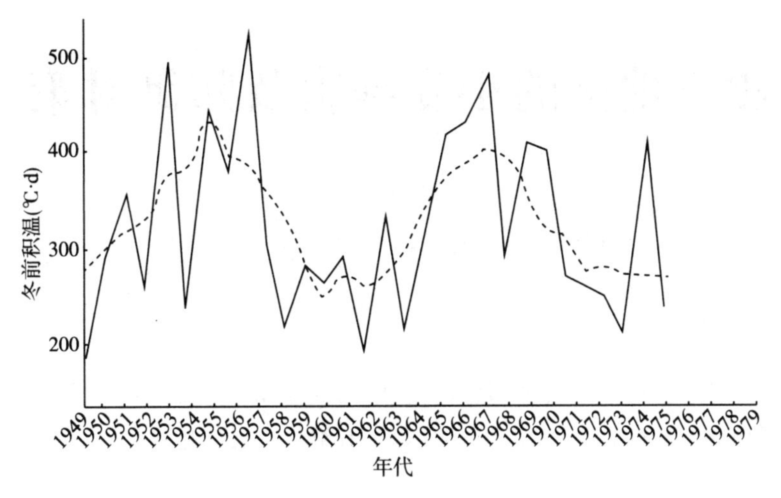

图 4 北京地区历年冬季负积温

(虚线为 5 年滑动平均曲线)

由于北京所处大陆性季风气候的特点，冬季气温年际变化较大，30 年平均冬季负积温变率为 79.6 ℃·d 或 24.3%，比冬前积温的变率大得多。最冷年和最暖年相差 337 ℃·d。

从图 4 可以看出三十年来冬季冷暖有一定的周期性，近几年以内还是冬暖年较多，但也要看到，暖冬周期即将过去，冷冬周期即将来到，对可能发生的冻害必须警惕，要从栽培技术和育种两方面做好准备。

5 结论

(1)通过三十年来小麦产量与气候条件的分析，冬前积温和冬季负积温对小麦产量有显著的影响，秋暖冬暖有利于增产，反之易导致减产。

(2)冬前积温和小麦产量有密切关系表明冬前壮苗是争取高产的基础。调节冬前积温主要靠调节播种期，考虑到冬前壮苗的要求和来来 20 年冬前积温将继续减少，应适当提早播种，应该是“白露早，寒露迟，秋分头种麦正当时”。为了保证小麦适时早播，有必要对耕作制度，作物种类和品种进行调整，改变目前三夏三秋农活过分集中耽误农时的局面。

(3)从冬季负积温与小麦产量的密切关系看，冻害是小麦生产上的重大灾害。由于冬暖周期即将过去，从育种和栽培上都应对此有所警惕，提前采取措施。

(4)上述统计是依据过去三十年的产量和气象资料，主要是反映了过去三十年大面积生产上和目前中下等地力的主要矛盾所在，随着生产条件的改善，栽培水平的提高，有相当多的麦田主要矛盾已经转到防止倒伏争取粒重上。对此问题本文就不准备在此讨论了。

北京地区的小麦冻害及防御对策*

郑大玮
（北京市农科院农业气象研究所，北京 100097）

冻害是北方冬小麦的重大灾害，北京自新中国成立以来小麦减产三成以上的五年都是主要由于冻害死苗造成的。20 世纪 70 年代以来有继续发展的趋势。

1 北京地区小麦冻害发生的原因

1.1 小麦冻害的生理机制和影响冻害的因素

冬小麦虽是抗寒力较强的越冬作物，但在越冬条件过于严酷时仍可发生死苗。近代的大量实验表明，在自然条件下一般不会发生原生质内结冰，细胞受冻死亡是由于冰冻引起原生质膜的损伤，但怎样进一步导致死亡的机理尚不十分清楚。冻害的轻重，一方面取决于植株本身抗寒力的强弱，另一方面取决于越冬条件的严酷程度。外界不利条件也能影响植株的抗寒力。

1.2 北京郊区和华北北部是世界小麦主要产区中越冬条件最严酷的地区之一

北京属暖温带北界，冬季气温并不太低，但少雪多风，这种越冬生态条件在世界小麦产区是独特的，带来下述不利影响。

（1）由于无稳定积雪覆盖，实际上土温较低。

（2）由于纬度不高，又靠近冬季北半球冷中心，冬季气温变化剧烈。

（3）表土反复冻融，旱冻交加突出。

（4）叶片裸露，冬季冻枯，返青恢复力差，世界上发生小麦越冬冻害的地区中，我国华北北部、黄土高原，新疆北部和苏联欧洲部分中南部，同为冻害最严重的地区。

1.3 从历史上的典型冻害年看影响冻害的因素

北京地区历史上最严重的冻害年有 1957 年、1961 年、1968 年、1977 年、1980 年五年。

---

* 本文原载于 1982 年第 5 期《北京农业科技》。本文全面论述了北京地区小麦防冻保苗的原理与技术，该项研究获 1982 年农业部技术改进二等奖。

发生过中度冻害的有 1966 年、1974 年、1980 年三年。

可以看出，凡冻害严重年份冬前锻炼大多较差或冬前苗弱，冬季严寒或某段时间严寒。但出现强倒春寒的年份并不都是冻害最严重年份。

干旱是影响冻害程度的一个重要因子，但如没有一定的低温条件，也不致发生严重冻害，如 1962—1963 年，1981—1982 年都是历史上罕见的秋冬连旱年，但因抗寒锻炼较好，死苗都很轻。

至于冬季极端最低气温，因为大多发生在有雪覆盖时，所以与冻害发生关系并不密切。

1.4　冬小麦产量和冻害预报方程

由于冻害是北京地区小麦生产上的最大灾害。因此越冬气象条件与小麦亩产的波动之间有密切的关系。我们将北京自新中国成立以来 33 年的小麦亩产，滤掉时间趋势项后的气候产量，与下述 4 个气象因子进行多元性回归得出以下结果：

$$Y=-11.8-0.14X_1+15.12X_2-2.98X_3+2.025X_4$$

$n=33$，$R=0.816$，$S=26.5$，显著性水平 0.01。

式中：$Y=Y_t-\hat{Y}$，Y_t 为历年北京市小麦亩产。$\hat{Y}$ 为趋势产量；X_1 为冬季负积温，反映了冬季严寒的程度；X_2 为 11 月平均气温，反映了冬前热量状况；X_3 为入冬降温幅度；X_4 为冬前锻炼天数。

表 1　冬小麦冻害预报方程各因子的单相关系数和标准化回归系数

各因子	相关系数(r)	标准化回归系数(b')
X_1	0.5076	−0.3027
X_2	0.6090	0.4432
X_3	−0.4060	−0.2120
X_4	−0.4707	0.3188

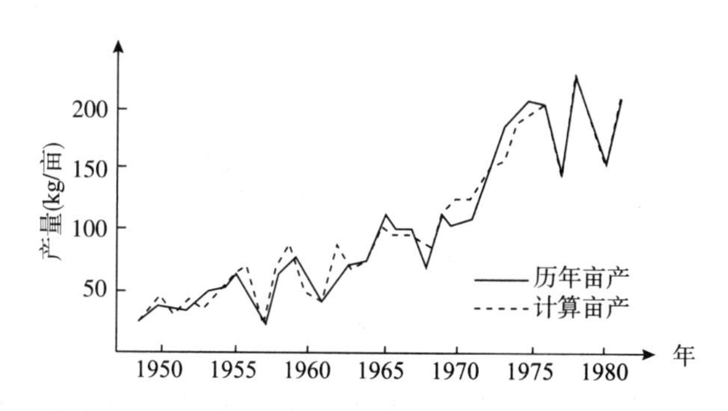

图 1　北京地区历年小麦亩产和按冻害预报方程计算产量拟合情况

各因子的单因子相关系数和标准化回归系数如表 1，可以看出，11 月平均气温对产量影响最大，其他三个因子也都有不可忽视的影响。

将历年越冬气象条件代入上式计算理论气候产量，与实际气候产量拟合较好，特别是几个大幅度增减产年。这样就从统计上验证了冬前和越冬条件不但在发生冻害的年份起很大作用,而且在一般年份也对小麦越冬消耗和苗情基础有很大作用。

1.5 冻箱模拟试验

我们在冬季利用冻箱对盆栽小麦进行低温模拟试验结果表明:

(1)存在一个小麦分蘖节临界致死温度,在抗寒锻炼不同的年份有相当大的差别,锻炼好的麦苗除浅播外,在自然条件下很难出现低于临界值的低温,但锻炼极差的麦苗则很容易达到临界值的低温。

(2)临界致死温度在冬前锻炼第二阶段结束后达到最大,以后抗冻能力缓慢下降,在日平均气温通过 0 ℃以后显著下降。但自然条件下可能出现的低温强度也是与小麦的抗冻能力同步的。锻炼良好年份在自然条件下即使出现强烈反复变温也不会造成明显死苗,但锻炼很差的已受冻害麦苗,再受中等以上倒春寒天气即可大大加重死苗。

(3)对于壮苗,冬季直到−30 ℃处理后都可以出现假生长现象,处理的温度越低,反复次数越多,假生长株的比例越少。

(4)长期持续低温处理的临界致死温度高于一次降温处理的临界致死温度。

1.6 越冬前后植株的一些生理变化和形态特征变化

(1)单株干重的变化:播种后单株干重先下降,要到 2.5 叶才恢复到播种时水平,以后随叶龄按指数曲线增长,入冬后因叶片冻枯和呼吸消耗干重下降,返青后达最低点,以后再上升。经过一冬单株干重约下降一半,冬前二叶的晚弱苗返青时单株干重仅为籽粒干重的 40%,这有助于说明为什么许多弱苗在冬季受冻并不重,返青后即使不遇倒春寒仍然也大量衰亡。

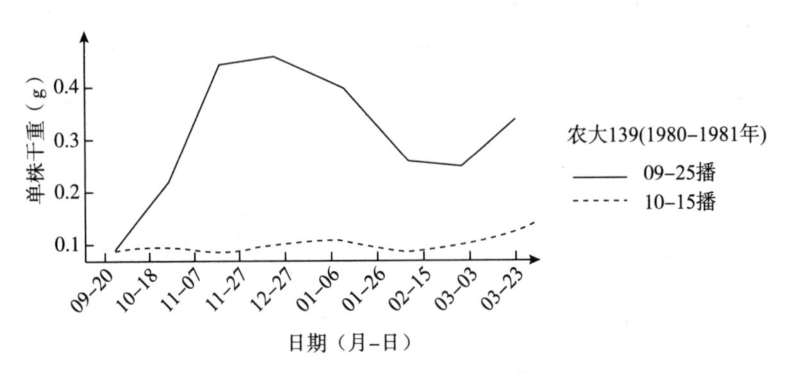

图 2 越冬前后单株干重的变化

(2)植株含糖率的变化:分蘖节含糖率的高低和品种抗寒性之间并无必然的联系。但同一品种越冬期间含糖率的变化仍然是植株抗寒力变化的一个重要指标。

①锻炼好的年份含糖率最大值较锻炼差的年份高出 50%以上,返青时仍显著偏高。

②锻炼好的年份含糖率最高峰出现在严冬,停止生长后含糖率继续增加,锻炼差的年份冬初即达到高峰,以后一直下降。

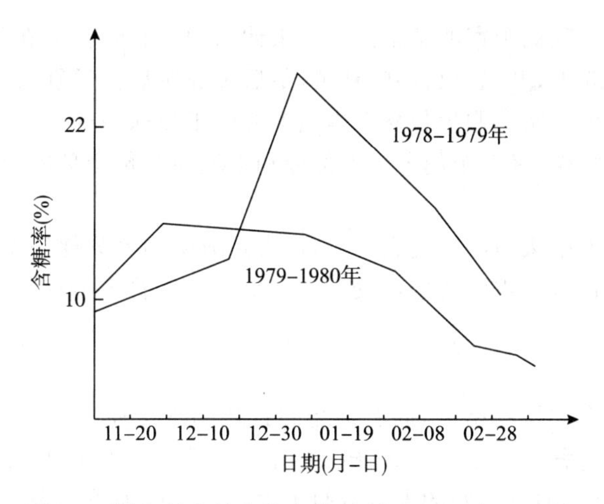

图 3　不同年份含糖率的变化(农大 139、9 月 25 日播)

(3)冬前锻炼与麦苗形态特征:锻炼良好年份随气温下降叶片变暗绿,最低气温－3～－5 ℃时叶尖发紫。－7～－8 ℃叶尖冻枯。常年冬季叶片基部仍能存活,冬前锻炼不好年份则叶片未明显发紫即很快青枯,入冬降温剧烈的年份,入冬后很快由青枯转为枯黄,这种不正常的青枯和枯黄是可能发生冻害的信号。

(4)入冬剧烈降温和麦田表土结构:正常年份冬前反复冻融有利于形成良好表土结构,剧烈降温年麦田坷垃裂缝多,干土层厚与土壤突然封冻有关。

(5)各类麦苗受冻的形态特征:旺苗入冬后不久叶片即冻枯,前冬主茎大蘖即可出现生长锥皱缩心叶软熟,但后冬发展不快,早春因叶鞘束缚返青迟,分蘖大量衰亡。但返青后恢复能力较强。弱苗在前冬叶片冻枯不重,生长锥皱缩也轻,但后冬冻害发展快,返青恢复力差,大量衰亡。

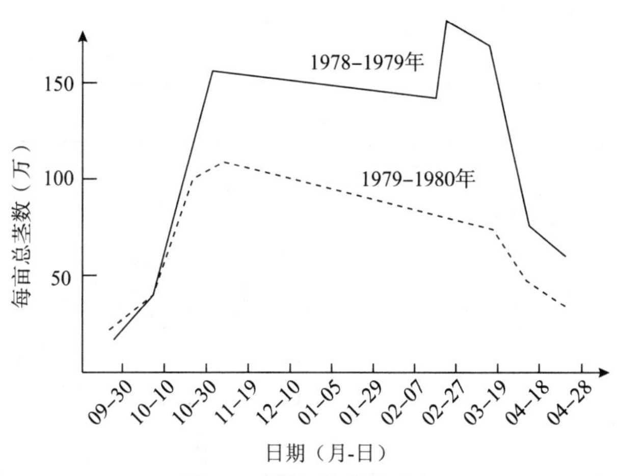

图 4　不同年份群体动态

(平谷农科所于小辛寨调研,品种为 757,9 月 23 日播)

北京地区麦苗在冬季完全枯死的不多,大多是早春仍能长出新叶,以后大量死株,因此长期以来不少人误认为完全是由返青后的倒春寒造成的。返青后的死株有以下情况:

①假生长株。库别尔曼 1936 年曾指出假生长株是分蘖节未冻死的生长点利用分蘖节

残存养分的暂时生长。我们观察的结果是冬前未伸出的大心叶在早春利用叶鞘残存养分继续伸长，可延续15～25天，升温以后心叶枯黄，最后全株腐烂。识别假生长株主要靠观察分蘖节剖面颜色是否变色发暗。假生长株在本质上应归于死株一列。

②更多是冻伤衰亡株，晚弱苗越冬地上部分和近地面叶鞘全部冻死，早春返青生长时因养分枯竭而衰亡。

早播旺苗因叶鞘冻枯束缚心叶迟迟不返青，大量分蘖因养分耗竭而衰亡。

返青存活的弱株还可因株间竞争而衰亡。严重冻害年看不出春季分蘖高峰。

1.7 结论

冻害是多因素综合作用的结果，低温是受冻致死的直接原因，冬前热量条件、抗寒锻炼和严寒程度是决定冻害程度的最主要因子。冬季和早春的反常回暖可降低抗寒力，再遇寒潮可加重冻害，但对抗寒锻炼良好的麦苗威胁不大。干旱可加重死苗，但只有在突然封冻表土结构不良时才能形成严重威胁。北京平原地区多数死苗发生在后冬和早春，但主要是低温的积累效应和冻伤衰亡的后果。

表2 北京地区小麦冻害原因、特点和冻害后果

类型	死苗原因和冻害特点	冻害后果	代表年份
秋冷冬冷	大量晚弱苗、越冬严重青枯，冬季部分死苗，部分虽返青但难以恢复，早播麦冻害轻	晚播麦毁灭性死苗，大幅度减产	1956—1957 1967—1968 1976—1977
冬前锻炼极差旱冻交加	入冬剧烈降温锻炼极差，土壤结构不良，旱冻交加、麦苗枯黄、枯叶鞘束缚死蘖多、过早播、干旱麦田和晚弱苗死苗多	干旱和结构不良麦田毁灭性死苗，大幅度减产	1960—1961 1979—1980
倒春寒	越冬正常，返青后遇强冷空气，浅播和已冻伤麦苗加重死苗	浅播苗死株严重，大部分麦苗返青迟，但减产不重	1965—1966 1973—1974
秋暖过旺	早播麦秋暖年徒长过旺，主茎大蘖生长锥穗分化受冻，叶片叶鞘冻枯束缚心叶	过早播和弱冬性品种死苗重，大部麦田尚好	1975—1976

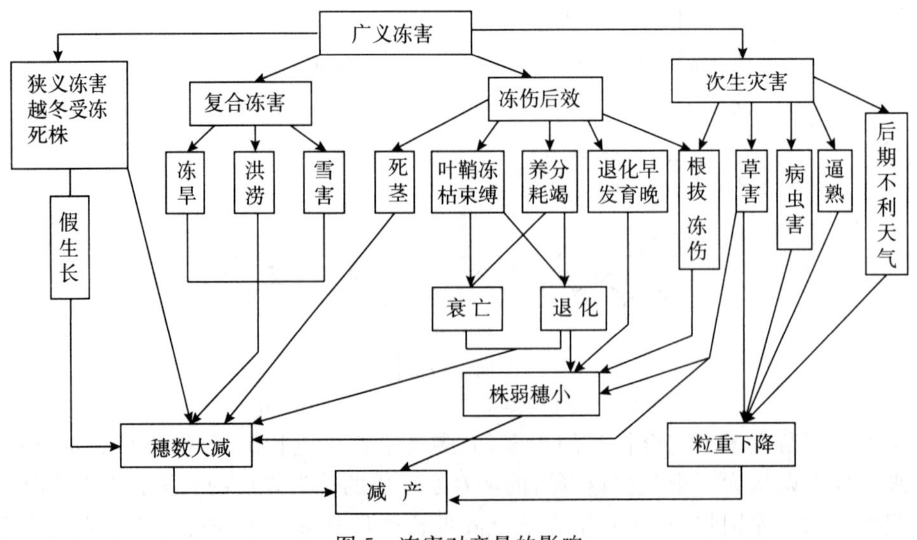

图5 冻害对产量的影响

北京地区的小麦冻害可分为四种类型，其中秋冷冬冷型和冬前锻炼极差早冻交加型可造成毁灭性死苗和大幅度减产。

冻害除直接导致死株死茎外，还可因冻伤的其他后果和次生灾害加重减产。

2　小麦冻害的防御对策

2.1　小麦防冻保苗应从两个方面入手

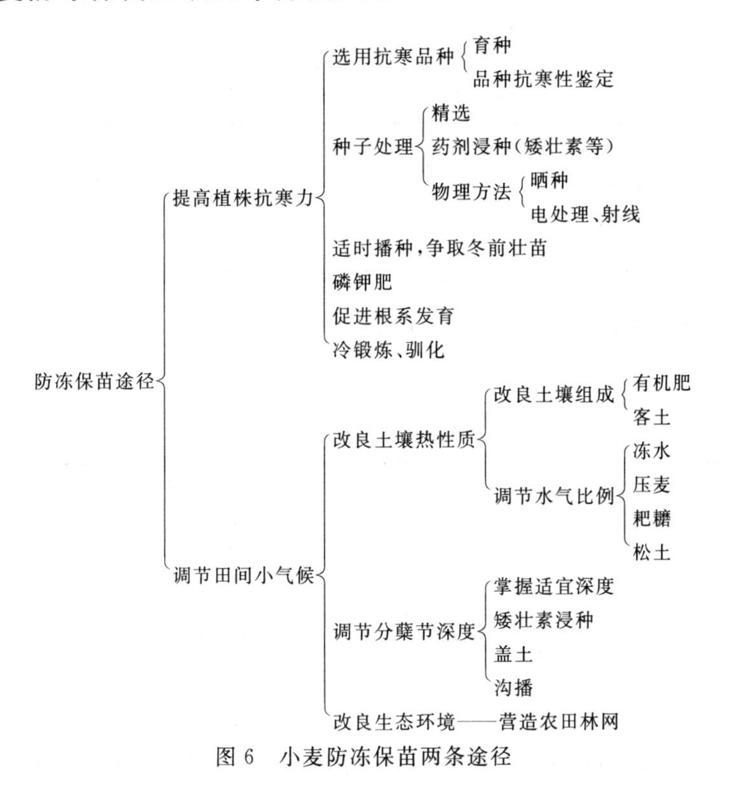

图6　小麦防冻保苗两条途径

2.2　防冻保苗要抓住三个环节

(1)提高播种质量，争取冬前壮苗：包括精细整地、足墒、适时播种，选用适宜品种，进行种子处理，掌握适宜播深，施足底肥种肥等，这是保证植株抗寒力首要的一环。

选用抗寒品种：

表3　北京地区不同品种小麦抗寒性

类 别	抗寒性很强	抗寒性中等	抗寒性较差	抗寒性很差
临界致死温度(℃)	<－16 ℃	－16～－13 ℃	>－13 ℃	
品 种	东方红3号 燕大1817 代177	农大139 有芒白4号 京作348	757 红良5号 鉴26	泰山1号 栾城2号

注：据1982年1月7日冻箱低温处理结果，因苗弱，采用水培返青，临界致死温度偏高

在北京地区大面积种植的品种抗寒力不应低于农大139。在高寒地区驯化可稍微提高抗寒力，但很有限。

安全播种期：冬前要达到壮苗标准应有500～600 ℃・d积温，常年相应的最适播期，对于近郊中上等地力为9月25—30日，远郊大部为9月23日—9月28日，如农大139要求早播的冬前主茎不超过8叶，以防止明显穗分化，晚播的至少冬前有一个分蘖，返青时单株干重至少可达籽粒干重1.5倍以上，不至于过弱难恢复，这样播种至停止生长应有430～710 ℃・d积温，相应的安全播种期为9月19日—10月5日，延庆川区为9月7日—23日。秋暖年和秋冷年可上下调节1～3天。

表4　不同产地东方红3号抗寒性

东方红3号产地	临界致死温度(℃)
沈阳	−18.2
延庆	−17.1
通县	−16.9

沟播：可以很好地解决浅播壮苗和深播保苗的矛盾，使分蘖节达到安全深度，且利于保墒。

表5　沟播小麦优势

处理	播深(cm)	冬前分蘖节深(cm)	冬季分蘖节深(cm)	冬前单株茎数量(个)	次生根数量(个)	死茎率(%)	亩穗数(万)
沟播	1.73	1.73	3.4—4.2	5.6	10.6	20.2	31.25
对照	3.35	2.17	2.17	4.2	9.2	46.1	18.4

注：据延庆农科所1977—1978年数据

(2)越冬防冻保苗：在保证播种质量的前提下冬季防冻保苗是安全越冬的关键，中心是创造一个底墒充足表墒适中上虚下实的良好土壤小气候环境，具有较强的保温保墒性能。主要措施是冬前松土，适时浇好冻水，冬季压麦耙耱，入冬适时盖土，早春适时清垄。各项措施的指标是灌冻水：黏土地在日平均气温通过7 ℃即常年11月上旬初；二合土平地在5 ℃时，常年11月中旬初；沙土地高岗地在3 ℃时，常年11月下旬初；低洼地在10月下旬灌冻水。稻茬麦一般不浇。冬前浇水应能充分渗入并有一定冻融日数。严冬除干旱极重麦田当日平均气温升到0 ℃以上时可小水小面积补墒外，一般情况下浇后易形成冻涝加重死苗。盖土：日平均气温通过0 ℃时，平原地区盖土1 cm即可，保证播种偏浅麦苗分蘖节达到安全深度(2 cm)，延庆川区应盖2 cm，可保证分蘖节达3.5 cm的安全深度。清垄：应选择冷尾暖头天气分次进行，第一次日平均气温通过0～3 ℃时顺垄清出绿叶并不清土，第二次在日平均气温3～5 ℃横搂清土，盖土薄且苗壮的也可不清垄或少清。

(3)早春抢救补救：首先应做好越冬状况的监测工作，根据存活率和苗情决定采取何种补救措施。

每亩存活不足15万茎的应改种春小麦或大麦，不足25万茎可在行间补种大麦，改种补种应尽可能在 3 月 20 日前完成。

干旱较重麦田应尽可能压麦提墒，如压麦后分蘖节仍处于干土层中可提早在 3 月上旬返青初期浇返青水，但量宜小。浅播、过旺苗和弱冬性品种也应适当早浇。一般应在 3 月中旬。

受冻晚弱苗要特别注意防止早春管理中人为加重损伤。返青前应继续压麦，返青初期只能浅松土，清垄应比其他苗稍迟。到 3 月下旬可追适量优质有机肥和磷肥。返青水肥迟应至 3 月底 4 月上，浇后及时松土促进根系发育。

死苗较多地块特别注意防治草荒。

这三个环节抓好了，即使是严重冻害年也完全可以减轻损失争取较好收成。

3　北京地区小麦安全种植的农业气候区划

表 6　北京地区小麦农业气候区划表

地区		山前和近郊暖区	平原冻害较轻区	浅山丘陵冻害较重区	高寒麦区冻害严重区	高寒山区不宜种麦
范围		近郊和西南部山前及昌平北山前	平原大部地区	密云盆地及北部山区<300m，西部山区<600m。	北部山区 300～600 m，西部山区 600～800 m	大部深山区
越冬条件	负积温	<300 ℃·d	300～400 ℃·d	400～500 ℃·d	500～700 ℃·d	>700 ℃·d
	1 月平均气温	-4 ℃	-4.0～-5.4 ℃	-5.4～-7.0 ℃	-7.0～-10.0 ℃	<-10.0 ℃
	最低气温值	-14～-15 ℃	-15～-17.0 ℃	-18～-20.0 ℃	-20～-25.0 ℃	<-25.0 ℃
	越冬期	85 天	90 天	95～100 天	100～130 天	超过 130 天
冻害情况		常年死茎极少，特殊冻害年中度以上死苗	常年死株率 5%，死茎率 10%，冻害严重年部分毁灭性死苗	常年死茎 10%～15%，冷冬年大面积毁灭性死苗	常年不盖土死茎率 20%，盖土 1～2 cm，仍死 10%，冷冬年大面积毁灭性死苗	暖冬年不盖土也难以越冬，常年盖土仍大量死苗
品种布局		本区热量充足，应防止暖冬后大量引种弱冬性品种	兼顾品种的丰产性与抗寒性	在确保抗寒性前提下兼顾丰产性	尽可能采用抗寒性、适应性特强品种	可安排一部分春小麦
适宜播期 安全播期		9 月 25 日—30 日 9 月 20 日—10 月 6 日	9 月 23 日—28 日 9 月 18 日—10 月 4 日	9 月 18 日—25 日 9 月 13 日—30 日	9 月 8 日—18 日 9 月 5 日—25 日	
其他		防止过早播，冬前过旺	提高土壤肥力，防止浅播，入冬有重点破埂盖土，人少地多、地薄地区，复种指数不宜过高，秋旱年注意破板结，耙耱压麦弥缝	入冬应普遍盖土 1 cm，适时浇好冻水，冬季压麦保墒，干旱无水源时不可强种	盖土应达 2 cm，应分次选冷尾暖头天气清垄，麦田应安排在土层深厚水肥条件好的地块，不可盲目扩种，有条件可实行沟播	只能在某些小气候条件优越的地块少量试种即使成功也不可推广

参考文献

[1]личкаки B M. переимовкао зим. ых. културур. Колос,1974.

[2]Куперман Ф M. 小麦栽培生物学基础(第一卷). 北京:科学出版社,1958.

[3]简令成. 植物的寒害与抗寒性. 植物杂志,1980,(6):2-5.

[4]简令成. 小麦越冬期死苗原因分析. 植物学杂志,1974,(4):28-29.

[5]龚绍先. 气象条件与小麦的安全越冬. 气象杂志,1976,(11):23-25.

[6]北京市农科院农业气象研究室. 1976—1977 年小麦生育期间农业气象条件的分析. 农业科技资料,1977,(7).

[7]郑大玮. 小麦冻害和防冻保苗. 北京农业科技,1980,(7).

[8]延庆县农科所小麦组. 沟播小麦防寒保苗效果的探讨. 北京农业,1980,(小麦专辑).

[9]邓根云,郑大玮. 小麦分蘖与积温的关系及其在生产实践中的应用. 植物学报,1975,(3).

[10]北京市农科院农业环保气象所防御小麦冻害课题组. 冬末初春要注意防冻保苗. 北京日报,1980-02-22(第 1 版).

北方冬麦区东部越冬条件和引种问题

北京市农科院农业环保气象所防御小麦冻害课题组

我国幅员辽阔，各地条件差异很大，各地培育的小麦品种适应当地生态气候条件形成其固有的品种特性。从气候相似地区引种容易成功。如果盲目引种，由于品种不适应引进地区的气候条件，往往失败。其中由于盲目引种抗寒力弱的品种造成严重冻害是屡见不鲜的，如有人将山东的泰山四号、河南的偃大25等引种到北京等地，结果越冬大量死苗，甚至毁种。

出现盲目引种的情况与农业科学知识普及宣传不够有关，有的单位在组织到外地参观学习时带有很大的盲目性。一般情况下，冬性弱的品种较早开始穗分化，如能安全越冬，容易形成比强冬性品种更大的穗，容易获得高产。因此在连续几个暖冬后，往往出现弱冬性品种大量盲目向北引种的情况，一遇冷冬，就会发生严重冻害毁灭性死苗。对北方冬麦区越冬条件进行分析和区划，可以有助于品种的合理布局，防止盲目引种。

我国除新疆北部以外的广大北方冬麦区都没有稳定积雪，因此我们主要考虑温度指标。近年来各地的研究大多认为冬季长寒是越冬冻害的主要原因。北方冬麦区除新疆外冬季降水都不多，越冬条件的差异主要表现在冬季的严寒程度上。由于负积温是低温强度和持续时间的综合指标，我们采用整个冬季负积温作为区划的主要指标。

为了减少计算工作量，我们选用20个有代表性的气象站20年资料统计其历年平均一月气温和平均冬季负积温的关系，二者成良好的曲线相关。

$$\sum T = -93.2 + 39.2T - 2.45T + 2 + 0.061T + 3$$

式中：$\sum T$为冬季负积温，T为1月平均气温。

$n=20$，$r=0.999$，相关极显著。

这样就可以推算各地的历年平均冬季负积温值，并划出等值线图。

主要根据冬季严寒程度，再考虑冬季降水量和地形影响，我们把北方冬麦区东部及附近地区划为以下几地区：

1　基本无冻害区（Ⅰ区）

秦岭、伏牛山以南，江南大部。冬季温和多雨，无明显越冬期，以春性品种为主，兼有弱冬性品种。因山脉阻挡冷空气南下冬季基本无冻害发生，仅少数年份早播早抽穗的小麦发生轻度霜冻。

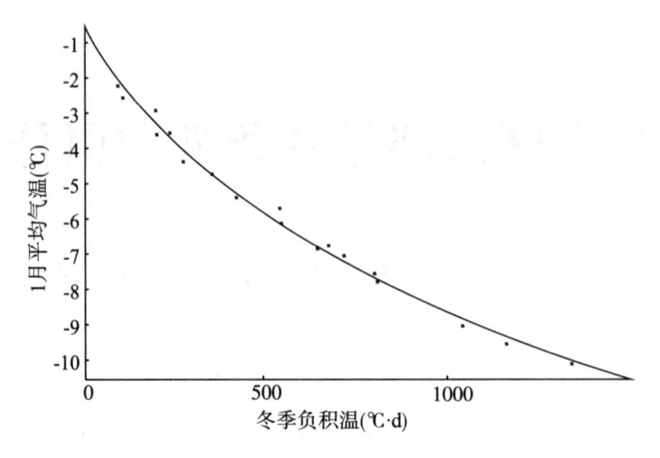

图1　北方冬麦区中各地1月平均气温与冬麦负积温的关系

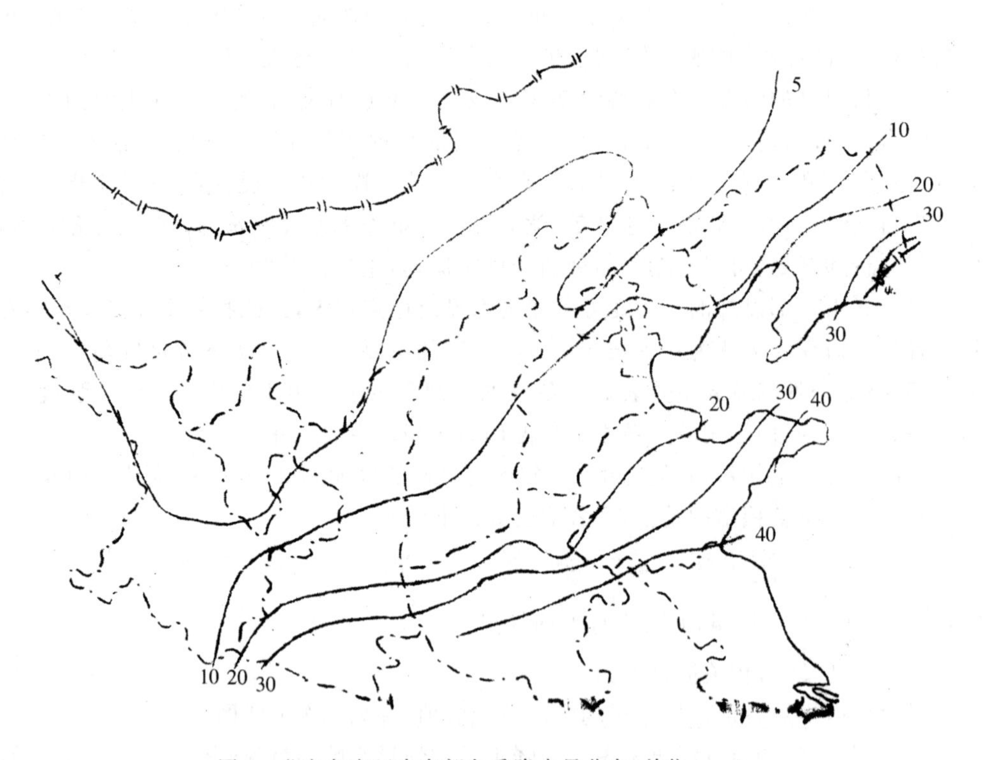

图2　北方冬麦区中东部冬季降水量分布(单位:mm)

2　冻害偶发区(Ⅱ区)

河南中南部、湖北中部、安徽和江苏大部。

越冬条件:冬季负积温不足100 ℃·d,降水40 mm以上。冬季不停止生长,无明显休眠期,一般年份无冻害。但因本区为开阔平原,冷冬年强寒潮可长驱直下,如1976—1977年

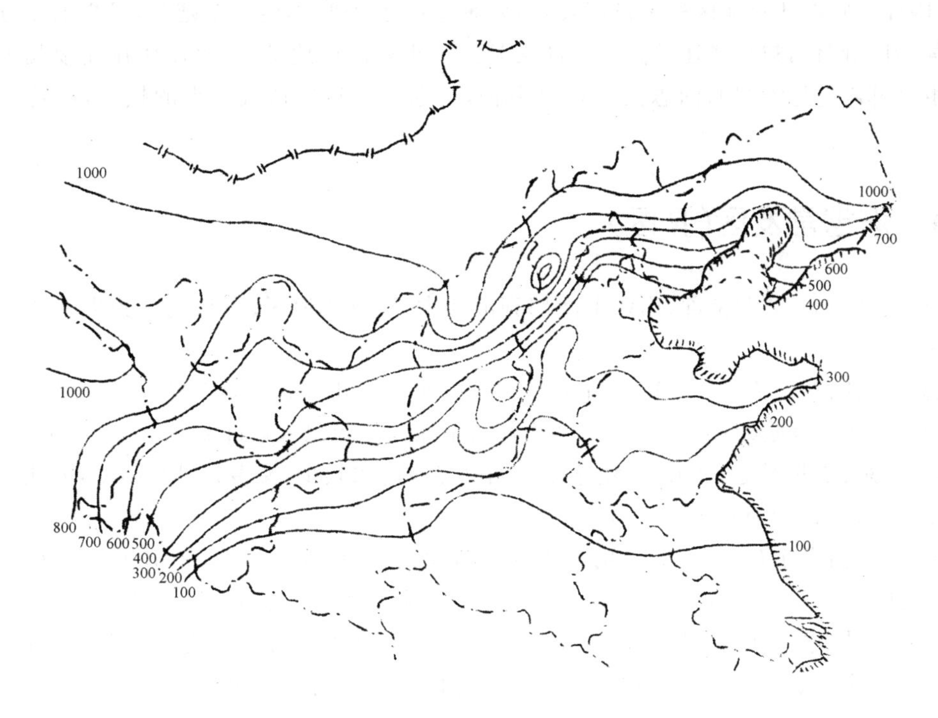

图3　北方冬麦区中东部冬季负积温分布(单位:℃·d)

冬长江中下游最低气温达零下十几度,太湖湖面出现冰冻,小麦遭受较重冻害,部分死苗。常年的一般寒潮只是冻伤叶尖。秋暖和初冬暖的年份麦苗容易旺长,如过早拔节,冬末早春再遇强寒潮袭击就可能发生严重冻害。

品种特性:当地品种多为春性和弱冬性,如郑引一号、扬麦一号等,即使暖冬年在北京也是根本不能越冬的。

3　冻害少发区(Ⅲ区)

范围:陕西关中、豫北豫东、山东大部、河北和山西两省南部。

越冬条件:冬季负积温100～300 ℃·d,冬季小麦停停长长,无稳定休眠期。其中胶东半岛大部虽负积温达300～400 ℃·d,但有海洋调剂温度变幅小,且冬季降雪多,故也划入本区。本区自西向东冬季降水量从10 mm增至40 mm,因冬季不太冷,各地都无稳定积雪,只有胶东积雪天数较多。

冻害情况:本区小麦常年越冬只是叶片上部冻枯,田间极少死苗。但特殊冷冬或冬前过旺和锻炼极差年份也可出现严重冻害,如1976—1977年,1979—1980年。有的冷冬年麦苗虽未发生死苗,但叶片冻伤,冬季生长受抑,影响分蘖成穗率,也可看成是广义的冻害。本区因麦田土壤无稳定封冻期,冬季失墒较快,冬季干旱常使冻害加剧。

品种特性:本区为冬性和弱冬性品种,如泰山4号、济南13号、栾城2号、偃大25号、矮丰3号等,在北京种植只有暖冬年勉强越冬,平常年就发生严重死苗,冷冬年可发生毁灭性死苗，因此不宜在北京地区种植，这类品种易通过春化阶段，如能安全越冬，可提前穗分化形成大穗，且抗倒伏，粒重往往较高。本区又是我国小麦高产地带，因此往往在连续几个暖冬年后由京郊赴外地参观的同志大量盲目引种，一遇冷冬年即造成严重的损失，需特别引起注意。

4 冻害常发区(Ⅳ区)

范围：从陇东、陕北南部、山西中南部到河北中部、京津地区、山东北部到大连的一个狭长地区。

越冬条件：冬季负积温在黄土高原为300～400 ℃·d，平原地区为300～500 ℃·d。小麦有稳定的越冬休眠期(2～3个月)，冬季降水量除大连和胶东超过20 mm外，大部为10～20 mm，陇东、陕北不足10 mm。由于本区西部冬季降水较少，又多为旱地小麦，因此负积温400 ℃·d以下即划为本区。

冻害情况：常年有5%～10%的死茎和少量死苗，严重冻害年约5～7年一遇如1967—1968年、1976—1977年、1979—1980年，大部麦田显著减产，部分麦田毁灭性死苗。

品种特性：本区种植冬性较强品种，有些品种如津丰2号在本区南部越冬尚可以，但到北京仍不安全。农大139、有芒白4号等越冬尚好，但严重冻害年仍不安全。

5 冻害严重区(Ⅴ区)

范围：甘肃中部，原陕甘宁边区大部，山西中部，北京北部和河北省长城附近区域，辽宁南部。

越冬条件：冬季负积温黄土高原为400～700 ℃·d，太行山以东为500～700 ℃·d，冬季极端最低气温常低于−20 ℃。小麦冬季休眠期长达3～4个月。除辽宁南部外，本区冬季降水5～10 mm，但因冬季土壤封冻，如能浇上冻水，冬旱轻于以上两区。

冻害情况：常年有10%～20%的死茎和5%左右的死株，较重的冻害3～4年一遇，毁灭性的冻害7～8年一遇。负积温600～700 ℃·d地区不盖土不能安全越冬。

品种特性：农大139在本区南部勉强可以越冬，但很不安全，东方红3号为目前主要品种，抗寒性仍嫌不足，但目前找不出更好的替换品种。

北京平原大部属于冻害常年发区(Ⅳ区)的北部，北部山区和平谷、密云属冻害严重区(Ⅴ区)，北京地区只能从这两个区域引种，其中Ⅳ区南部引种也是不够安全的，只能在京郊山前暖区试种。由于冬季气温年际变率很大，需要经历一两个冷冬的考验才能对引种是否成功作出判断，切不可只根据一两个暖冬的情况就轻易下结论。此外，引种还应经过严格的检疫。

6 不宜种植冬小麦区(Ⅵ区)

冬季负积温在700 ℃·d以上，小麦越冬期4～5个月以上，冬季极端最低气温在

－25 ℃以下，即使采用强冬性品种冬季盖上土也不能保证安全越冬，以种春麦为宜。其中河西走廊虽然冬小麦越冬也很不安全，但春小麦受干热风危害也很严重，可实行冬春麦各种植一定比例，但必须采用抗寒性最强品种，尽可能采用各种防冻保苗措施，即使这样，冬春麦比例也只能控制在$\frac{1}{3}\sim\frac{1}{2}$。

至于新疆北部，小麦越冬状况与积雪关系极大，与其他地区不同，当地科研机构已作过不少分析，就不在这里讨论了。

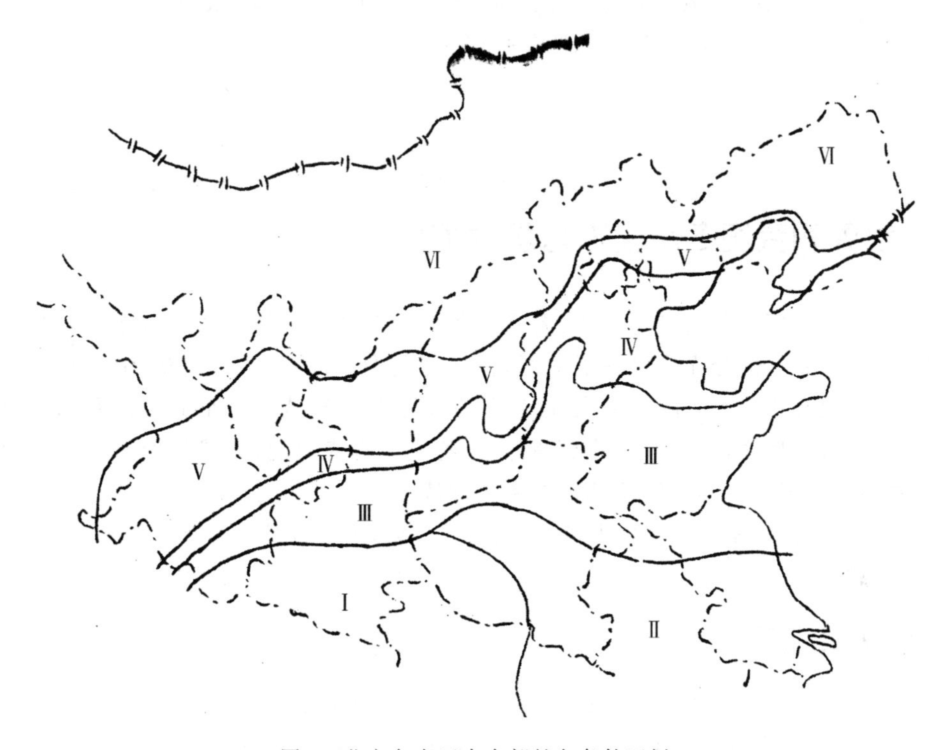

图 4　北方冬麦区中东部越冬条件区划

冬小麦冻害和防御措施研究概况*

郑大玮[1]　龚绍先[2]　郑　维[3]
（1.北京市农科院，北京　100097；2.北京农业大学，北京　100094；
3.新疆乌拉乌苏农业气象站，石河子　832021）

1　世界和我国冬小麦冻害发生情况

世界冬小麦产区可分为稳定冬眠、无稳定冬眠和无冬眠三类地区[1,2]，冻害主要发生在有稳定冬眠地区和一部分无稳定冬眠地区，包括北美中西部大平原、东欧、中欧及我国北方冬麦区。因北美和中欧冬季降雪量大，冻害只在个别积雪晚或化雪早的年份偶尔发生。世界小麦冻害严重的地区，一是苏联的欧洲部分，特别是乌克兰北部、伏尔加河中下游和北高加索，这些地区小麦冻害的发生及其程度主要取决于冬季积雪是否稳定。另一个冻害严重区是我国北方冬麦区，冬季降雪量少，冷空气活动频繁，小麦越冬生态条件严酷，本区有以下四个冻害多发区。

1.1　新疆北部

冻害主要发生在无积雪、积雪晚或化雪早的年份，以暖冬年居多，又以前冬冷后冬暖的年份最重。近20年来较重的冻害平均四年一次，严重冻害年如1968年、1975年、1982年死苗毁种面积占播种面积20%以上。

1.2　黄土高原

包括陇东、六盘山区、陕北、晋中等地。旱塬大多为一年一茬的正茬麦，播种较早，在秋旱、冬前过旺的年份易发生冻害。川地温度变幅大，冻害更甚于旱塬。陇东新中国成立以来较重的冻害年达11次，累计毁种面积为当地两年播种面积的总和。晋中1977年死苗面积占播种面积三分之一，1980年死苗面积为总面积的20%。

1.3　长城内外

包括晋北、冀北、辽宁南部等冬麦种植北界地区，冬季严寒，1月平均气温－10 ℃左右。

* 本文原载于1982年第4期《农业气象》。北方冬小麦冻害科研协作组的研究成果获1988年农业部科技进步二等奖，获奖主要内容反映在本篇论文及另一本书中。

此区为20世纪70年代以来新扩种的冬麦区,1977年、1980年连续发生毁灭性冻害,近年来冬麦种植面积大幅度下降。

1.4　华北平原

包括京、津、冀东、冀中和鲁北等地,冬季气温虽不太低但年际变化大,干燥少雪。北京自新中国成立以来减产三成以上的五个年份主要是由于冻害死苗造成的。唐山地区自新中国成立以来较重的冻害有九次之多。1980年河北省因冻害死苗达三成以上,夏粮减产25亿多kg。

国内其他麦区为黄河流域麦区、长江中下游麦区和西藏高原麦区也时有冻害发生。

值得注意的是北方小麦冻害近年来有进一步发展的趋势,1976—1977年、1979—1980年这两年全国冬小麦冻害死苗面积分别为5000多万亩和3000多万亩,1980年毁种面积达1000多万亩。1981年冀、京、津再次发生较重冻害。1982年新疆北部又发生严重冻害,损失面积达72万亩。

2　国内外小麦冻害及防御措施研究概况

2.1　国外研究概况

国外关于植物冻害的研究已有上百年的历史,苏联由于冻害严重,历来重视这方面的工作。1913年B. A.马克西莫夫提出了保护物质的学说,并认为细胞内结冰所引起的机械损伤是致死原因[3]。1936年杜曼诺夫(И. И. Туманов)提出小麦冬前锻炼的两个阶段学说[4,5],同年库别尔曼(Ф. M. Купсрман)提出分蘖节是小麦越冬存活的关键部位,并指出返青后受冻伤植株的“假生长”现象[6]。苏联还总结出一套较为完整的小麦越冬性鉴定和植株抗寒性测定方法,并出版几本关于小麦冻害的专著[4,7,8,9]。1975年还召开了全苏冬作物抗寒和越冬问题座谈会[10]。

在西方,加拿大的斯卡尔斯(G. W. Scarth)1941年提出植物冻害有细胞内结冰、细胞外结冰和机械损伤、脱水的理化影响等三类,以达到临界低温时的第三类损伤作用最为普遍[11,12]。近年来欧美学者研究冻害生理时把注意力集中到细胞膜上,梁斯(Lyons 1964,1973)提出膜的位相变化(由液晶相变为固相)是细胞发生冻伤的主要原因,这又取决于拟脂中的不饱和脂肪酸与饱和脂肪酸的比值。莱卫特(J. Levitt 1972)、和P. H. Li(1978)指出膜蛋白质变性使主动运输系统钝化是引起膜破坏的原因。帕尔塔(J. P. Palta)和P. H. Li研究了马铃薯叶片形态和解剖学特征与植物抗冻性的关系,抗冻品种通常具有短而强壮的叶脉、较小较厚的叶片、短壮的枝梗和较厚的栅栏薄壁组织[13]。

关于防冻保苗措施,《加拿大植物学》杂志发表过一些文章,论述了小麦抗寒性与水、肥的关系[14,15,16]。苏联的研究者提出了抗寒育种、田间积雪和留茬地播种等方法。1961年、1977年分别在日本和美国召开过两次植物抗寒性国际学术讨论会。

2.2 国内研究工作概况

我国作物越冬冻害的研究基础较为薄弱，20 世纪 50 年代有过一些调查分析[17,18,19]，60 年代后作物越冬冻害有所发展，1961 年华北地区出现严重死苗现象，在京科研单位组织过考察[20]，1965 年中国科学院地理所为探讨冬小麦种植北界从气候学角度分析过小麦冻害问题。新疆在 20 世纪 60 年代发生过两次大范围的严重冻害，引起较多的学者注意[21]。进入 70 年代以来我国小麦冻害发生得更加频繁和严重，1975 年由新疆农科院主持成立了新疆越冬保苗问题研究协作组，组织协作攻关，取得了不少成果[22]。

为了促进小麦冻害及防御措施研究工作的开展和交流，1979 年由新疆农科院、新疆气象局和北京市农科院发起组织北方冬小麦冻害和防御措施科研协作组，并于 1979 年、1981 年召开两次学术讨论会，总结交流了 20 世纪 70 年代以来国内小麦冻害研究成果。总的看来，我们在以下六个方面的工作取得了一定的进展。

(1)关于冻害生理　中国科学院植物所简令成等在细胞抗寒生理方面进行了多年的工作[23,24]，发现不同抗寒品种质膜的稳定性与抗寒力成正相关。抗寒锻炼中细胞含糖量和淀粉量增加。锻炼中 RNA 增加，DNA 平稳，但聚合程度增加。受冻细胞的 DNA 降解。

梅楠等用组织化学的方法对不同抗冻性小麦品种的多酚氧化酶和细胞色素氧化酶的分布和活性进行定位分析研究，结果表明，在越冬初期抗冻性强的品种这两种酶的活性高，到越冬中后期则相反[25]。

(2)关于冻害发生的生态条件　小麦越冬期死苗的生态学原因有多种，如北疆的伊犁等地有雪害问题，南疆和河北省海河下游有碱害问题，各地少部分麦田有时发生冻涝害和掀耸等现象。对我国大面积小麦越冬死苗的原因，多数同志认为是低温冻害[26]，华北平原地区重视入冬前后的剧烈降温和冬末春初的强烈冻融的影响[27]。黄土高原麦区则认为旱冻交加是越冬死苗的主要原因。各地进行了冻箱低温处理、盆栽北移、塑料薄膜增温罩、室内外移盆、人工扫雪、分期清土等各种模拟试验，取得了一些有价值的资料。

(3)关于小麦冻害指标及类型　根据冻害发生的情况和气候特点，各地提出一些地区性的冻害类型和指标。

北京市农科院气象室以 11 月平均气温、冬季负积温、冬前锻炼天数和入冬降温幅度作为冻害指标，并将冻害划为秋冷冬冷，冬前锻炼差，旱冻交加，倒春寒四种类型。

新疆气象局根据积雪状况和形成时间以及极端最低气温将冻害划分为前冬冷干、后冬暖干和冷湿三种气候年型[28]。

新疆农科院等单位测定小麦分蘖节临界致死温度，指出当地耐寒品种的临界值一般为 $-17°\sim-18$ ℃。

由于小麦冻害往往是多因子综合作用的结果，上述指标在应用上都不可避免地有一定局限性。郑维、龚绍先等应用罗杰斯蒂 (Logistic)方程研究冻害死苗率与低温强度的关系，使小麦冻害的研究向定量化方向发展[29]。

(4)关于小麦品种抗寒性鉴定和抗寒育种　新疆和北京市农科院对部分小麦品种的临界致死温度进行鉴定。中国农科院品种资源所进行了幼芽期抗寒鉴定方法的研究。

姚景侠提出要想从外来品种中找到更强的抗寒品种是困难的，应主要从当地农家品种中选育[30]。北京和河北省还注意到品种的冬性并不和抗寒性完全一致。

郑大玮、龚绍先等进行了品种抗寒驯化的试验，发现冬麦品种"东方红3号"在高寒地区种植几年后，再与原产地的种子做小区品比时死苗率有所下降。

(5)关于小麦冻害区划　新疆已做出小麦冻害区划，北京作了小麦安全越冬种植的农业气候区划。山西、甘肃等省在省级农业气候区划中就小麦越冬条件进行专题分析。中国科学院地理所王宏运用冬麦越冬死亡率方程和空间气候方程进行了辽宁、北京、河北冬麦种植北界的研究。

(6)关于防冻保苗技术措施　各地都注意从以下几个方面着手：

①合理布局。包括不同抗寒品种的种植区划，冬春麦的合理种植比例，合理的复种指数和冬麦适宜的栽培北界等。

②冬麦品种抗寒性鉴定和抗寒育种。新疆已筛选并培育出一些抗寒性强的冬麦品种。近年来华北地区当家的冬麦品种抗寒性有下降的趋势，已引起育种单位的注意。

③培育壮苗，提高植株的越冬性，北京地区提出安全播种期和安全播种深度的概念，辽宁、河北都研究了适宜播期的气象指标[31,22]。

④改良麦田小气候。各地对适时浇冻水、返青水、沟播、盖土、清垄等技术和农业气象效应进行了研究[26,31,32,33]。新疆注意研究如何保护雪层，黄土高原地区重视压麦和耙耱保墒技术。

⑤化学药剂。山西、新疆等地试验用矮壮素和氯化钙混合剂处理种子，效果是肯定的，近年来在晋中和北疆等地推广。

⑥种黄芽麦。华北地区称为"土里捂"，新疆部分麦田用这种办法避冻，但华北地区因温度年际变化大，难以控制发芽程度。

以上各项防冻措施都已在生产上示范应用，如河北省廊坊地区农科所在三河县种10万亩"壮苗安全越冬"示范田，取得了显著增产效果。山西省农科院在忻县地区的30万亩示范田比当地一般麦田死苗率减少1～2成。

冬小麦冻害的研究是一项长期的任务，由于我国北方各地的越冬生态条件差别很大，情况复杂，今后在冻害区划、冻害生理、抗冻丰产品种的鉴定和选育、防冻的理论和技术以及冻害长期预报方法等方面尚需有组织地协作攻关。

参考文献

[1]Seemann J，et al. Agro-meteorology. Berlin Heidelberg New York，1979.

[2]Гольцьеря И А. Агроклитичский Атлас Мира，1972.

[3]马克西莫夫 B A. 马克西莫夫院士选集. 周小民，译. 关于植物的抗旱和抗寒(下册). 北京：科学出版社，1962.

[4]Личикаки В М. Перезимовка Озимых Културр. Корос，1974.

[5]杜曼诺夫 И И. 苏联科学家关于植物抗寒性及其提高方法的研究工作. 汤声侠，译. 农业学报，1953，3(2).

[6]库别尔曼 Ф М. 小麦栽培生物学基础(第一册). 北京：科学出版社，1958.

[7]西涅里席柯夫 B B,达维塔娅 Φ Φ.农业气候学研究方法.北京:人民教育出版社,1960.

[8]Моисейчик В А. Агрометеорологические Условия И Перезимовка Озимых Культур. Л. Гцдрометеидат,1975.

[9]Федоров А К. 越冬植物发育的特点.北京:科学出版社,1962.

[10]全苏冬作物抗寒和越冬问题座谈会.气象科技资料.1976.

[11]石大伟.植物的寒害与防寒抗寒.北京:农业出版社,1954.

[12] Scarth G W. New phyto, Vol. 43, 1944.

[13] Palta J P, Li P H. Frost-hardness in relation to leaf anatomy and natural distribution of several solanum species. *Crop Science*, 1979,**19**:9-10.

[14] Fowler D B. *et al*. Influence of fall growth and development on Cold tolerance of rye and wheat. *Con. J. Plant, Sci*. 1977,**57**.

[15]Gusta L V, *et al*. Factors affecting the Cold Survival winter Cereals, *Can. J. Plant Sci*. 1977,**47**.

[16]Alessi J. Power JF. Influence of sowing methods and water to survival and production of winter wheat. *Agron. J.* ,1971,**65**.

[17]李泽蜀.北京极端最低气温的新纪录和冬小麦冻害.农业科学通讯,1951,(2):38.

[18]郑丕尧.小麦分蘖节深度对于冻害的影响.植物生理学通讯,1957,(1):26-32.

[19]华北农科所小麦综合研究组.河北山西冬小麦栽培技术研究.北京:财政经济出版社,1957.

[20]中国科学院北京地区小麦工作组.北京地区 1960—1961 年小麦越冬死苗情况及其原因的探讨.1961 年冬小麦育种及栽培工作座谈会.

[21]张继生,等.冬小麦冻害的研究.新疆农业科学,1963,(7):20-22.

[22]新疆冬小麦越冬保苗问题协作组.冬小麦越冬保苗问题研究资料选编,1976.

[23]简令成,等.小麦原生质体在冰冻—化冻中的稳定性及与品种抗寒力的关系.植物学报,1980,(1):19-23,109.

[24]简令成,等.小麦越冬期间死苗原因分析.植物学杂志,1974,(4):28-29.

[25]梅楠,等.冬小麦抗冻性的研究.北京农业大学,1980 年科研工作进展简报.

[26]冬小麦冻害专集.新疆农业科学,1977,(4).

[27]龚绍先.气象条件与小麦安全越冬.气象杂志,1976,(增刊 1):21-23.

[28]沈雪芳,王安美.新疆冬麦越冬条件的农业气候分析.农业气象,1979,(1)33-42.

[29]郑维.冬小麦越冬冻害的数学模式.农业气象,1981,(3):35-44.

[30]姚景侠.新疆冬小麦育种问题的研究.新疆农业科学,1979,(4):3-8.

[31]陈立人.冬小麦冻害及防预效果//抗预低温冷害.沈阳:辽宁人民出版社,1978.

[32]延庆县农科所小麦组.沟播小麦防寒保苗的效果.北京农业,1980,(小麦专集).

[33]张文柱.唐山地区冬麦冻害初步分析和防御措施,河北农学报,1980,(3).

沟播小麦防冻保苗生态效应的探讨*

郑大玮[1]　雷　鸣[1]　马和林[2]
（1.北京市农科院农业综合发展研究所，北京　100089；2.北京市延庆县农业局，北京　102100）

沟播是我国北方旱地小麦生产上一项传统技术，由于深播浅盖集中施肥保温保墒，加上使用抗逆性强的农家品种，20 世纪 50 年代以前我国北方小麦冻害并不严重。新中国成立后推广机播小垄密植加上生产条件改善，产量迅速提高，但由于失去了沟播的保温保墒作用，加上其他方面的原因，60 年代以来我国北方小麦冻害日趋严重。1976 年以来我们在北京郊区进行了以防冻保苗为主的试验，大多取得了保苗增产效果。小垄沟播栽培技术，具有机播机械作业效率高、均匀一致、密度较高、长势较匀的优点，又具有畜力沟播保温保墒、集中施肥、有利保苗壮苗的优点。特别是在高寒麦区，由于大大降低了死苗率，有着较大的发展前途。沟播保墒增产的效应主要在于其生态效应，即改善了近地面上层的小气候。

1　播深与苗情关系

多年生产实践表明，适当浅播有利于壮苗，但不利于保苗，适当深播有利于保苗而不利于壮苗，过深过浅则既不保苗也不壮苗。

1977 年以来我们进行了多点的不同播深试验，验证了上述情况，并分析了播深与各项苗情指标的定量关系。

1.1　播深与分蘖节深度的关系

由图 1 看出分蘖节深度与播深成双曲线关系，浅播时分蘖节深度几乎等于播深，即地中茎基本不伸长。播种深度加深后分蘖节也随之加深，但由于地中茎长度在播深超过 3 cm 时几乎随播深直线增长，因此当播深超过 5 cm 后分蘖节深度随播深而加深得很有限。（图 1 表明单靠深播分蘖节的加深是有限的）。

不同品种分蘖节深度和播深的关系虽都是双曲线，但系数有差异，从图 1 看出地中茎易伸长的红良 5 号无论怎样深播，分蘖节深度也难以超过 3 cm。

* 本文原载于 1984 年第 1 期《农业气象》。

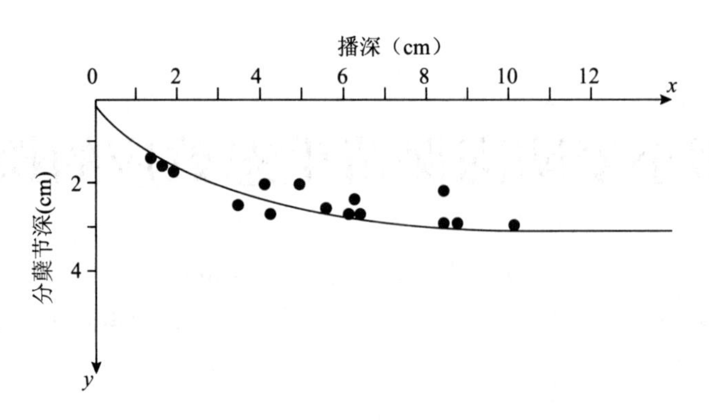

图 1　红良 5 号分蘖节深度随播深的变化

（1978 年 11 月于北京通县双埠头采样，品种为红良 5 号）

1.2　播深与叶龄的关系

实验表明，在延庆上等肥力麦田（相当于平原地区中上等肥力）播深每加深 1 cm，冬前叶龄少 0.36 片，见图 2，相当于少了 30 多℃・d 积温。其原因一是由于深播时出苗晚，二是由于深播苗弱生长速度慢，三是由于深播时生长点较低白天温度低影响长叶速度。

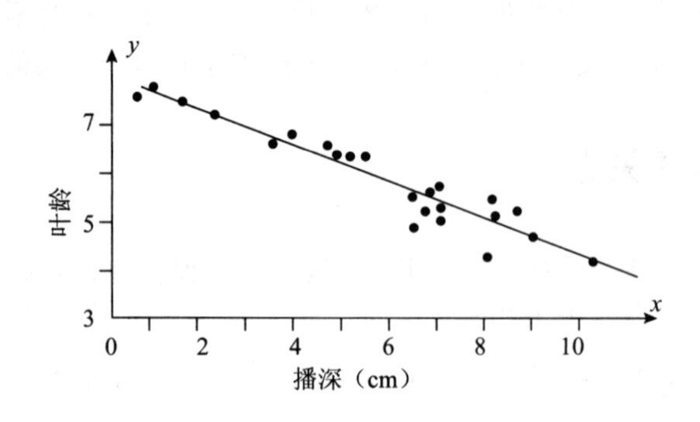

图 2　叶龄与播深的关系

（1977 年 11 月 9 日于延庆常里营大队采样，品种为东方红 3 号）

1.3　播深与植株生长量的关系

从图 3 看出当墒情较好时，播深 1 cm 左右的单株鲜重、单株茎数和次生根数均最大，播种过浅因根系太浅易受旱生长不良。从单株茎数看尚不太少，但分蘖都较小。从 1 cm 往下随播深加大，单株鲜重、茎数、次生根均显著减少。因此，适当浅播，由于出苗快，种子营养消耗少，生长点所在土层白天易升温，生长势强，有利于壮苗。而深播则不利于壮苗，播种越深，苗情越弱。

生长量最大的播种深度与墒情有关，如延庆农科所在秋旱严重的 1979 年曾测得以播深 5 cm 苗情最壮，播种较浅的因受旱长势偏弱。

但是苗最壮的播种深度并不一定是生产上一般的适宜播深，因为还有一个保苗的问题。

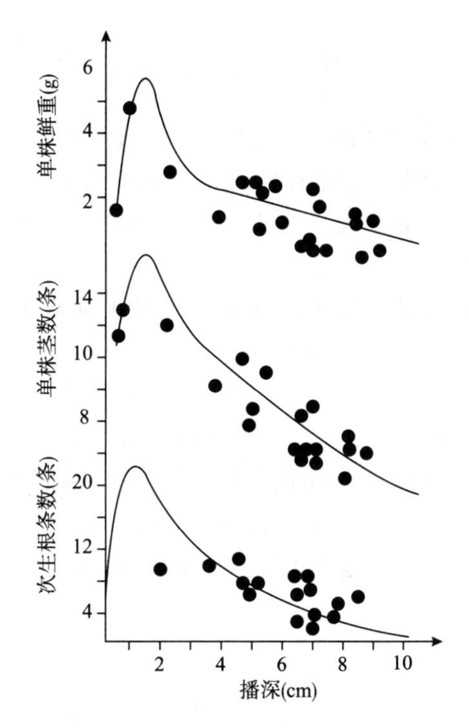

图 3 播深与单株鲜重、茎数、次生根数的关系

(1977 年 11 月 9 日于延庆常里营采样,品种为东方红 3 号)

2 浅层土壤的小气候特征

土壤表层是土壤与大气进行热量、水分交换的交界面,又是接受太阳辐射和夜间发散有效辐射的表面,因此地表附近的温度和水分变化是最剧烈的。小麦分蘖节一般在 1～3 cm,正处于温度、水分变化最剧烈的表土层中,表土层的水热状况直接决定着麦苗能否安全越冬,而防冻保苗的一个重要途径就是设法调节表土层的水热状况以创造一个有利于小麦安全越冬的土壤小气候条件。

2.1 浅层土壤的温度特征

1979—1981 年我们在延庆卓家营、房山窦店和北京市农科院内用改进的尼森可夫箱进行了小麦不同分蘖节深度的地温观测。根据对观测资料的统计分析,表土层最低温度和最高温度随深度的变化都非常接近于对数曲线。除阴天、积雪和大风天外,用下式模拟土温变化相关系数都可达 0.99 以上。

$$T_{\min} = a + b\lg(0.2 + z)$$

式中:z 为深度(cm),$T_{\min}$ 为 z 深度最低温度,a、b 为回归系数。最高温度的经验公式形式与上述相同,只是 b 为负值。

a 的意义:当 z=0.8 cm 时,$T_{\min}=a$。

b的意义:由上式得

$$\frac{dT_{min}}{dz}=-\frac{0.4343b}{0.2+z}$$

表明b越大,z越小则温度梯度越大,b是表示曲线陡度的一个参数。b与土壤性质及天气状况有关。据在京郊二合土麦田观测资料,冬季晴天b通常为4～5,强烈辐射降温天气最高可达7以上,阴雨积薄雪和大风天气为1～2。观测最高温度时b为负值,冬季通常为－14～－17,阴雨风雪天为－3～－5。

如给定初值即地面最高或最低温度,只要知道该种土壤条件和某种天气条件下b的估计值,就可以由下式推算分蘖节深度的土温。

$$T_z=T_o+b\lg(1+5z)$$

反之,也可以通过定期观测地面和某一深度的最高和最低温度来求出b值。

在同样的天气状况下b值越大,表明该麦田土表和下层温差越大,下层土温越稳定。浇冻水和压麦都可以使b值加大,有稳定地温保苗的作用。

从图4可以查算出不同b值下地表和某一深度地温的差值,可以看出b越大,越接近地表等温线越密集。

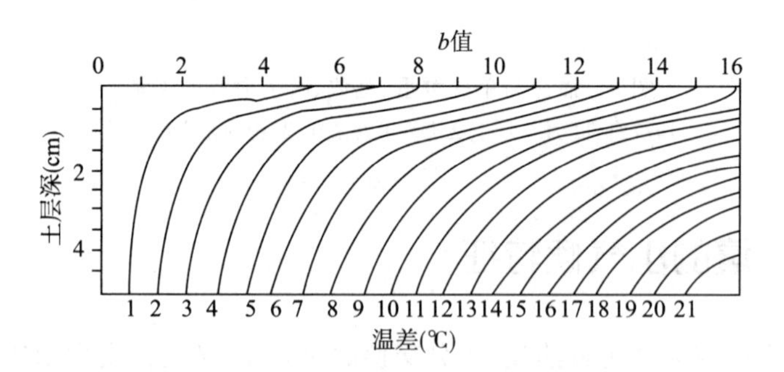

图4　地表与z深度温差与b的关系

京郊麦田在正常播深下分蘖节以2 cm左右的居多,从图4看出越冬期间通常分蘖由1 cm加深到2 cm时,最低温度提高1～2 ℃,最高温度可降低约4 ℃,日较差可缩小5～6 ℃。从2 cm加深到3 cm,最低温度提高约1 ℃,最高温度降低2～3 ℃,日较差缩小3～4 ℃,从3 cm再往下则加深2 cm最低气温度才升高1 ℃。因此加深分蘖节的保温作用主要是在浅层最为显著。

表1　农业技术措施对土壤不同深度最低温度的影响

处　理	浇冻水	未　浇	紧实土壤	疏松土壤
2 cm处最低温度(℃)	－10.1	－11.3	－9.8	－10.7
0 cm处最低温度(℃)	－16.1	－15.3	－14.6	－14.9
b值	5.76	3.84	4.61	4.03

注:数据为房山窦店地区1981年1月平均值

2.2　浅层土壤的水分特征

土壤表面不仅是热量交换的场所，也是土壤与空气进行水分交换的交界面。除了雨雪天由大气层向土壤补充水分和人为灌溉的情况外，通常都是由土壤向大气层蒸发散失水分(凝露结霜是由空气向土壤输入水分，但是量甚微可忽略)。因此在一般情况下，土壤水分都是由表层向深层递增的。

从图6可以看出，土壤含水量随深度的变化在浅层土壤呈与温度变化相似的对数曲线：

$$W = a + b\ln(x + 1)$$

式中：x 为上层深度(cm)，W 为土壤含水量（%），a、b 为回归系数。a 即地表土壤含水量，b 是表示土壤水分垂直变化率大小的一个参数。由上式可得 $\frac{dW}{dx}=\frac{b}{x+1}$，$b$ 与土壤性质及土壤含水量有关，从图6可以看出未浇过水的麦田 b 值大，即上下土层水分含量差别大，即使是浇过水的麦田，分蘖节浅的也很容易达到萎蔫系数以下，甚至处于干土层中，即土壤只含有束缚水。

综上所述，浅层土壤的温度水分状况的变化是十分剧烈的，而且越近表层梯度越大。因此适当加深分蘖节可以达到保温保墒的目的。北京地区发生冻害的年份死株的分布与分蘖节深度有着密切的关系，据我们在1974年、1977年、1980年、1981年等冻害年的田间观察，可初步估计平原地区以农大139为代表分蘖节安全临界深度为1.5～2 cm，延庆川区以东方红3号为代表安全临界深度为3.5～4 cm。从前述播深与苗情关系的分析可知单纯靠深播虽然可加深分蘖节，但加深有限。从图5可以看出过深播种由于苗弱，死苗反而回升，未死的成穗率也降低。因此必须寻找不通过深播而降低分蘖节的办法。

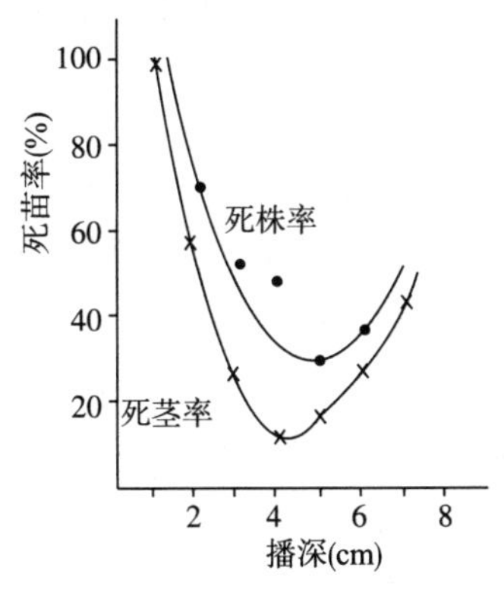

图5　播深与死苗率的关系

(1980年4月5日于延庆农科所调查统计，品种为东方红3号)

图5中死苗率包括死株率和死茎率两种，计算方法：死株率$=\frac{\text{死亡株数}}{\text{调查总株数}}\times 100\%$；死茎率$=\frac{\text{死亡茎数}}{\text{调查总茎数}}\times 100\%$。

3 沟播防冻保苗的生态效应

沟播巧妙地解决了浅播壮苗与深播保苗之间的矛盾，为小麦冬前形成壮苗和越冬保苗创造了一个良好的生态环境条件。

沟播的保温保墒作用在冬前和越冬期有不同的表现。

3.1 冬前

主要是波状微地形的小气候效应。由于在沟内播种一般能接上湿土，能保证全苗，又由于沟播方式切断了大量土壤气管，蒸发量小，因此沟播土壤水分明显好于对照。

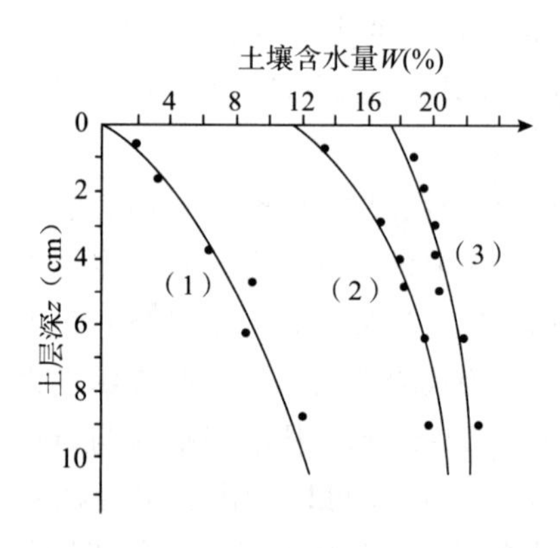

图 6 沟播的保墒效应

(1982 年 11 月 9 日于延庆小营大队测得，小麦品种为东方红 3 号)

得出经验公式如下：

(1)平播未浇水，$W=-1.09+5.7132\ln(z+1)$

$$r=0.97 \quad n=7$$

(2)沟播未浇水，$W=11.34+4.2659\ln(z+1)$

$$r=0.9736 \quad n=7$$

(3)沟播浇水(10 月 29 日浇)，

$$W=17.36+2.2714\ln(z+1)$$

$$r=0.9117 \quad n=7$$

平播未浇水的(1)式中 a 出现负值(−1.09)是由于缺乏地面土壤水分资料造成的统计误差，实际在极度干旱情况下土壤表层仅保留少量吸湿水时，其随深度变化已不适合此公式。

表 2　沟播的保墒效应（土壤含水量）　单位：%

处　理	冬前 9—11 月		春季 3—4 月	
	0～10 cm 土层	10～20 cm 土层	0～10 cm 土层	10～20 cm 土层
沟 播	13.8	18.1	14.4	18.6
平 播	12.4	15.8	12.5	15.6
增 加	+1.4	+2.3	+1.9	+3.0

注：延庆农科所统计 1978—1982 年平均

从图 6 可以看出同样未浇水条件下沟播比平播同一土层的水分含量要大 5%左右，且上下层水分差异较小，沟播浇水的 b 值较小。

由于沟内受垄背遮蔽，沟内温度日较差小于平作地面，比垄背上更小。因此即使冬季沟不搂平，也有一定的提高最低温度，平抑温度日变幅的效果，但比入冬将沟搂平的保温效果要小得多。这种波状微地形还有挡风和集水的作用。

表 3　沟播的保温效果（1981 年 11 月北京市农科院于彰化测量）　单位：℃

地点	沟内	垄背	平作
地面最高	10.9	17.8	12.3
地面最低	−2.3	−5.0	−3.5
日较差	13.2	22.8	15.8

3.2　冬季搂平后

主要是起到加深分蘖节的作用。从图 1 可以看出浅播时地中茎基本不伸长，沟播时在沟内适当浅播有利于壮苗，入冬搂平后分蘖节一般可达到安全临界深度以下，表 4 是播种偏浅的情况，可以看出原来沟播分蘖节比对照浅 0.4 cm，搂平后比对照加深 1.2～2 cm，死苗率下降 130%。

由于延庆川区小麦倒伏的面积极少，如播种不太浅，一般分蘖节只需再加深 2 cm 达到 3.5 cm 以上，安全越冬即不成问题。

表 4　沟播入冬搂平后的保苗效果

处理	播深	冬前分蘖节(cm)	冬季分蘖节(cm)	冬前单株茎(个)	死茎率(%)	穗数(万/亩)
沟播	1.7	1.73	3.4～4.2	5.6	20.2	31.2
对照	3.33	2.17	2.17	4.2	46.1	18.4

注：延庆农科所，1977—1978 年测量

因此我们认为不必开成很大的沟和垄。如沟太大势必行距过大、穗数不足，沟太深覆土太厚虽有利于安全越冬但对返青极其不利。

由于沟播在冬前管理和浇水时就已逐渐淤土入沟，麦苗有一个适应过程，因此保苗效果

要比作业质量高的盖土更好。

3.3 沟播的其他生态效应

沟播不仅由于播的浅冬前苗壮(表5)和由于沟的保护,小麦越冬保苗好(表4),而且其春季生长发育和单株性状也明显优于对照。由于分蘖节加深,地温回升较慢,穗分化期延长;又由于沟内填土压抑小蘖,以主茎大蘖成穗为主,因而穗大、整齐、粒数多。沟播小麦灌浆期由于根系处位置较低,地温稍低于平播且更稳定,因而生命力较强,在同样的高温天气下受害轻得多;又由于沟播小麦基部节间短抗倒伏能力强,穗下节长有利通风透光,因而千粒重也有所提高(表6、表7)。

表5 沟播小麦的冬前植株性状

处理	分蘖节深度(cm)	主茎叶龄	叶面积系数	单株鲜重(g)	地上部干重(g)	地下部干重(g)	细胞液浓度(%)
沟播	1.92	5.54	0.781	1.74	0.423	0.29	1.85
平播	2.40	5.03	0.64	1.31	0.31	0.20	1.62

表6 沟播小麦节间和穗部性状

处理	穗下节(cm)	倒四节(cm)	倒五节(cm)	株高(cm)	各层穗所占比例(%)			穗长(cm)
					一层	二层	三层	
沟播	28.5	7.2	3.8	74.8	68.1	18.7	13.2	7.1
平播	27.5	8.2	4.2	73.8	48.1	27.4	23.8	5.2

注:延庆农科所1980—1982年三年资料平均

表7 沟播增产效应及产量因素构成

处理	穗数(万)	穗粒效	千粒重(g)	亩产(kg)
沟播	23.6	26.6	37.6	162.7
平播	24.0	22.2	36.1	135.5

注:延庆县1978—1982年5年29个点平均

从产量构成因素看,在发生冻害的情况下以穗数的增加为突出(表4),在冻害较轻年份,由于沟播行距加大和填土压抑小蘖降低小蘖成穗率,在一定程度上抵消了保苗越冬死苗率降低的增穗作用,因而穗数变化不大。但由于穗大整齐,粒数增加最为突出;其次表现为粒重的增加。

由于在延庆冬前壮苗和越冬保苗是生产上的关键问题,麦苗春季长势很大程度上也取决于越冬苗情基础,因此关于沟播小麦在春季的生态效应本文就不作重点介绍了。

近年来沟播技术在我国北方高寒地区、盐碱低产地区和黄土高原旱地小麦生产上已经显示出较大的保苗增产效果,正在多点示范,但在平原水肥条件较好麦田上的沟播技术效果尚不理想,尚需进一步研究。从我们六年来在京郊延庆县的试验示范看,只要不是整地质量太差、难于起垄的沙土地和播种太晚冬前不足三叶的地块,都可以推广。目前延庆县沟播机已定型批量生产，沟播面积已达全县麦田五分之一约2万亩。这一技术对我国冬季无稳定积雪的高寒地区冬小麦生产有着深远的意义，如能普遍推广，将有可能使目前处于冬小麦种植北界的长城沿线成为较为稳产的冬小麦产区，并将我国冬小麦种植界限再北推约100 km。

参考文献

[1]北京市农科院农业环保气象研究所. 1976—1977年小麦生育期间农业气象条件的分析. 北京市农科院农业科技资料，1977，(2).

[2]郑大玮. 北京地区的小麦冻害及防御对策. 北京农业科技，1982，(5)：9-16.

[3]延庆农科所小麦组，沟播小麦防寒保苗效果的探讨. 北京农业(小麦专辑). 1980，(增刊14).

[4]郑大玮，龚绍先，郑维. 冬小麦冻害及防御措施研究概况. 农业气象，1982，(4)：3-6.

冬小麦冻害监测的原理与方法*

郑大玮　刘中丽

（北京市农林科学院农业综合发展研究所，北京　100097）

摘　要　冻害是我国北方冬小麦生产的重大灾害。由于冻害具有积累性和隐蔽性，因此冻害的早期诊断和预警对于防冻保苗工作至关重要。20 世纪 80 年代初以来，北方冬麦区进行冻害联合监测是防冻保苗工作中的一个创造。

小麦冻害生态类型的划分、冻害指标、冻害机理、抗冻能力及影响因素、受害形态解剖特征、冻害后效等方面的研究为冻害监测工作奠定了理论基础。冻害监测方法体系是由冻害科研实验方法与农学调查方法、农业气象观测方法相结合而逐步形成和完善起来的。

冻害监测工作的开展，在一定程度上改变了在灾害面前迟迟不能正确识别，贻误补救时机的被动局面。目前我国北方各监测点已能对当地发生的冻害作出较为准确的早期诊断和预测，并提出可行的补救措施建议，取得了重大的经济效益。

关键词　冬小麦；冻害监测；原理与方法

1　开展北方冬小麦冻害联合监测进行早期诊断

以冻害为主要原因的越冬死苗是北方冬小麦生产上的重大灾害。在 20 世纪 70 年代以前，对小麦越冬冻害不能进行早期诊断，往往被早春返青时的假生长现象所迷惑，一直到返青后起身拔节时麦苗明显枯干腐烂才惊慌失措，此时再采取补救措施为时已晚[1]。

小麦越冬冻害的识别不像霜冻、冰雹等灾害那么容易，这是因为小麦冻害有以下特点：

（1）小麦冻害是多因子综合作用的结果，从外因看有强烈低温，初冬突然降温，使麦苗因抗寒锻炼不足而受冻，冬春反复融冻，麦田土壤干旱、掀耸、风害、雪害、冰壳害等。从内因看包括品种抗寒性、苗龄、苗情壮弱、分蘖节入土深度等，因此冻害的发生有多种类型和多种形态，冻害发生的预测难度比较大。

（2）小麦冻害和霜冻、冰雹等短时间内突然发生的灾害不同，小麦越冬冻害具有累积受害的特点。从叶片冻伤至地上部干枯变色，到部分分蘖死亡（生长锥皱缩），以致全株枯死。从分蘖节局部受损至全部变色，到腐烂发黑，往往需要几十天甚至上百天时间。

（3）由于地形小气候、品种、土壤理化性质、苗情、水肥状况、耕作管理措施的不同，发生冻害时受害程度的分布是不均匀的。

---

* 本文原载于 1989 年第 2 期《华北农学报》。

(4)对于植株是否安全越冬，分蘖节是关键部位；对于某个分蘖是否安全越冬，生长锥是关键器官。但其他器官和组织的严重冻伤也可能影响植株恢复，使植株最终死亡。在冻害发生年常可看到外表似乎正常的植株，其分蘖节已经变色冻死，实质上已属死株；有些看似正常的分蘖，其生长锥已皱缩变形，该分蘖实际上已经死亡，也有一些植株地上部叶片的叶鞘已青枯变色，但在早春条件有利时仍能长出心叶和新蘖，还有不少分蘖节已死亡的植株，在早春仍能利用叶鞘贮存养分和土壤返浆水分维持心叶生长达20～30天后最终枯死，呈“假生长”现象[2]。这些都使得小麦冻害的识别较其他农业气象灾害难度大。

(5)不仅死株死蘖能造成成穗率下降减产，因冻伤使养分消耗过多造成长势衰弱，分蘖大量退化，也可导致穗、粒数甚至粒重的下降。

由于小麦越冬冻害的复杂特点，进行小麦冻害监测是十分必要的。

通过对小麦冻害发生程度、类型和分布特征的估计和发展趋势的预测，可以为在冬季和早春采取正确的防御和补救措施提供依据。在非冻害年对麦苗越冬状况特别是养分消耗的监测可作为春季制定正确的管理方案的依据。通过冻害监测可以积累大量科学数据，总结冻害发生规律和防冻保苗措施，提高科学实验和科学种田的水平。

2　冻害监测的原理、内容和方法

小麦冻害监测的内容十分丰富，大致可分为以下几个方面：

2.1　冬前苗情基础调查

目的在于估计麦苗的抗寒力和分析可能导致冻害的各种隐患。调查项目是：

(1)植株发育进程　包括播期、品种、出苗期、三叶期、停止生长期(可认为是日平均气温稳定通过0 ℃日)、冬前叶龄、穗分化状况等。麦苗抗寒力与冬前叶龄有关，适播麦抗寒力较高，3～4叶龄的晚播麦较差，7叶龄以上播种越早、叶龄过大抗寒能力也差[3]。此外，刚萌芽的麦苗即“黄芽麦”或“土里捂”越冬抗寒力却较高(图1)。

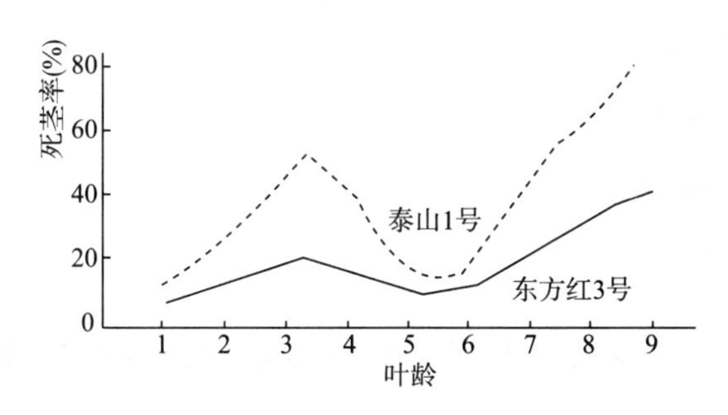

图1　不同冬前叶龄小麦越冬死苗率(河北遵化)

(2)植株生长状况　包括株高、单株次生根、单株茎数、单株干重等。这些取决于播期、水肥条件和冬前积温等气象条件[4]。苗情是决定抗寒力的重要因素。壮苗抗寒力最强，弱苗和过旺苗抗寒力都较差。壮苗的标准是“个体健壮、群体合理”，适中的群体有利于单株健壮和充分覆盖地面并稳定地温，健壮的单株越冬物质基础雄厚，抗冻能力强。过旺苗叶片徒长，养分不易充分转移到叶鞘基部和分蘖节，冬季叶片冻枯严重时，穗分化明显受阻。弱苗由于地面覆盖不充分，地温变化剧烈，容易失墒，植株养分积累少，返青恢复能力差。

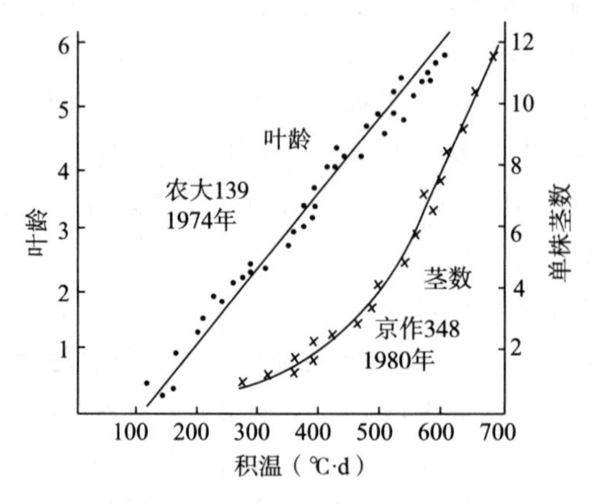

图 2　冬前主茎叶龄和单株茎数与积温的关系

(3)分蘖节深度　分蘖节深度主要取决于品种特性、播种深度和地下茎形成和迅速伸长期(主茎 2～3 叶龄)的温度、光照条件。大多数强冬性品种在同样条件下分蘖节入土深于冬性弱的品种。分蘖节深度随播种深度呈双曲线形加深。浅插时，分蘖节过浅易受冻；过深播种，出苗消耗养分过多，苗细弱，死苗反而上升(图 3)。2～3 叶龄时如遇 18 ℃以上高温，地下茎伸长过多，使分蘖节偏浅(图 4)。分蘖节越浅，越冬生态条件越恶劣，由于变温剧烈和失墒，常造成旱冻死苗。

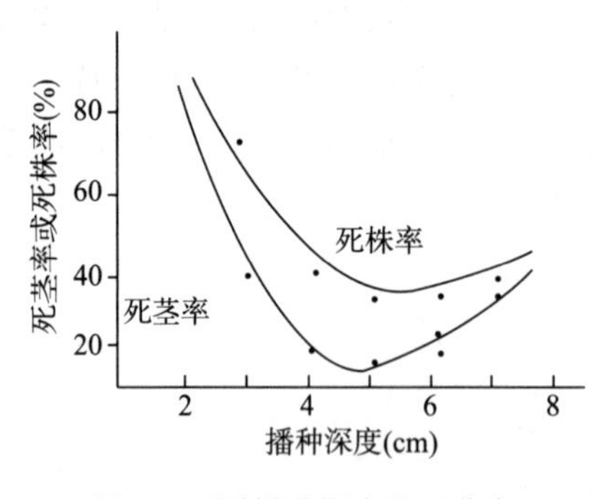

图 3　不同播种深度的死苗率

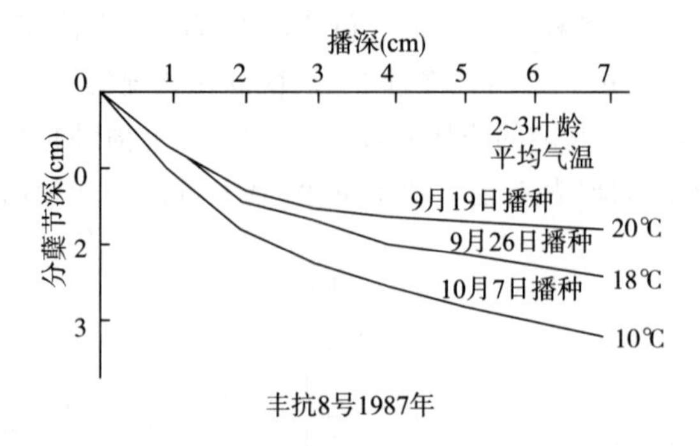

图 4　不同播期不同播深的分蘖节深度

2.2　冬前和越冬气象条件及麦田小气候条件的观测和分析

对冬前和越冬气象及小气候条件的观测与分析，可以帮助我们判断冻害发生的可能性和已发生冻害的发展趋势。着重观测和统计分析以下项目：

(1)出苗—三叶期温度　如持续出现 18 ℃以上的日平均气温可导致分蘖节入土偏浅。

(2)播种—停止生长的冬前积温　如比往年显著偏多，应注意早播麦过旺徒长易遭冻害，如冬前积温明显偏少，则晚播麦因长势弱易受冻害。

(3)秋季降雨　从播前一个月到停止生长期间的雨量,影响冬前苗情和越冬期间麦田底墒和表土结构。对于旱地小麦越冬则更具有决定意义。

(4)停止生长日期及停止生长前后的降温幅度　如停止生长过早且降温幅度很大,则抗寒锻炼差,养分积累和转移不充分,甚至还可能直接形成冻伤。

(5)冬季积雪状况　包括初雪日、初积雪日、积雪天数及厚度、降雪量等,对于新疆北部依赖积雪越冬的地区,5 cm 以上积雪出现早晚和是否稳定对于安全越冬具有决定意义。

(6)冬季气温变化　特别注意极端最低气温、地面极端最低温度及出现日,强寒潮低温持续时间,冬季反常回暖融冻天数,早春倒春寒情况等。

(7)冬季负积温　即整个越冬期间低于 0 ℃的日平均气温的总和,标志着该冬季的严寒程度。

(8)麦田分蘖节深度　土温、麦田冻土状况,麦田土壤结构状况、有无板结、干土层厚度等。

2.3　越冬麦苗形态诊断分析

(1)抗寒锻炼与入冬期苗情　地面覆盖程度,有无缺苗断垄。入冬期叶色,如逐渐加深(有的品种发紫),并随温度下降从叶尖开始逐渐青枯,是正常植株。如叶色未转成暗绿前,在突然降温时叶片大部青枯,表明未经充分抗寒锻炼而受冻伤。

(2)越冬期间地上部枯萎情况　青枯程度,是否枯黄及枯黄面积比例。

(3)心叶状况　特别注意未出现的小心叶,鲜黄饱满为正常茎,心叶皱缩,软熟为冻伤茎。如紧贴生长锥的幼小心叶皱缩软熟,通常生长锥也已受冻。

(4)分蘖节剖面　正常株应为淡绿和白色,分蘖节硬实,如剖面颜色发暗呈水浸状,分蘖节发软,表明已受冻,如剖面黑褐,分蘖节易掰开,表明已开始腐烂。

(5)生长锥状况　在解剖镜或显微镜下观察,生长锥透亮饱满为正常,浑浊透明度差,表明已受冻伤;生长锥表面皱缩,表明已受冻伤并脱水,如用水浸数分钟再观察仍不能复原,表明已冻死,如果生长锥已变形,则水浸也不能恢复。

2.4　早春返青时对假生长株和冻伤衰亡株的识别

早春返青对冻害麦苗的诊断是一项复杂细致的工作,要善于区分死株、正常株和冻伤株。

(1)正常株　长出新叶、新根突起或老根延长。心叶鲜绿,植株基部硬实。

(2)死株　全株青枯不返青也无新根滋生。如果全株枯黄易拔起,表明已死亡多天,并已开始腐烂。

(3)假生长株　分蘖节已死亡,但地上部仍能利用叶鞘贮存养分和返浆水分长出新叶、新蘖,给人以活株的假象。通长可维持 1～20 天,在温度升高土壤变干后迅速枯死。假生长株实质上应属死株。鉴别假生长株关键是看分蘖节剖面,如发黄呈水浸状发软,通常春生叶龄明显落后,一般不滋生新根。

(4)冻伤衰亡株　分蘖节部分死亡,但根系仍能吸收水分,养分由分蘖节存活部分向地上部输送，以维持生长，因长势弱在群体内部株间竞争中处于劣势。

假生长株和冻伤衰亡株的存在，常常是人们低估冻害的严重程度，并误认为是早春冻害的主要原因。

2.5 小麦冻害监测的田间试验方法和鉴定方法

应分别统计死株率和死茎率(注意假生长株应归于死株之列)。大面积冻害程度估计，可按冻害分级标准进行数量化。

冻害监测的田间试验方法包括分期播种、不同播深、分期扫雪和分期清土试验等。实验室方法包括显微镜镜检生长锥，观察分蘖节、心叶颜色、状态，测定干鲜重、细胞液浓度、含糖率、电导率、组织颜色等。具体方法可参阅有关文献[5,6]。

2.6 小麦冻害监测工作流程

表1 小麦冻害监测工作流程表

时间	监测点工作	大面积生产调查	气象条件分析	诊断分析要点	措施建议
播前	试验小区准备	品种布局、底墒、肥底	伏雨和底墒	播种期预测、抗寒性弱的品种分布情况	对品种、播期的建议
冬前	叶龄、单株茎数、分蘖节入土深度	播期、播种质量、苗情	秋雨、冬前积温、出苗后温度	有无过旺苗、晚弱苗、浅播麦、冻害隐患	指出防冻保苗重点
入冬	植株形态特征变化、含糖率、干重	叶片青枯情况、叶色变化、冻水盖土面积	停止生长前后降温幅度、积雪状况	抗寒锻炼好坏、冻害发生可能性	明确防冻保苗重点和措施
严冬	观察外部形态、分蘖节、生长锥状况、分蘖节深度、温度水分观测、人工返青检查	麦田坷垃裂缝状况、干土层厚度、冬季管理、麦苗形态变化	降温和变温、极端最低温度、冻土厚度、积雪厚度、大风	判断已发生冻害范围、程度、特点和发展趋势	提出早春查苗、查墒和补救管理措施
早春	死株率、死茎率、冻伤株率、单株干重损耗、识别假生长	返青期新叶、新根、新蘖生长情况、死株死茎率、返青管理	稳定通过0 ℃、3 ℃、5 ℃日，有无倒春寒、融雪和化冻情况、化通日	准确判断冻害范围、程度或越冬情况、预测苗情动态	提出有针对性的抢救补救措施和早春管理方案
春夏	小区产量及构成因素	受冻害面积及减产幅度、措施效果	本年度发生冻害的气象条件分析	分析冻害发生原因及对产量影响	总结当年防冻保苗措施、效果和经验

3 北方小麦冻害联合监测的开展情况和服务效果

严重冻害的发生往往是大范围跨省区的，不同地区的冻害有其共同规律，又有其地区特点。为了及时掌握冻害和小麦越冬苗情，以便采取防御和补救措施、减轻损失，必须进行大范围的联合监测。

从 1983 年起，北方八省（市、区）组织了北方冬小麦冻害联合监测网，设立了 16 个监测点，采用统一的监测方案，并结合各地情况进行生产考察。及时掌握了北方冬麦区大面积生产上的越冬状况，已能对冻害进行早期诊断。

五年来 16 个监测点共报送监测资料近 200 份，在每月初或强寒潮过后报送主持单位，最后由北京市农林科学院综合所汇总编印《北方小麦越冬情况简报》，报送农业部，发到各协作单位，并向当地生产部门提出建议。五年来该简报共发行了 15 期近 2000 份，及时报道了北方冬麦区小麦长势、越冬状况、冻害的先兆与隐患、受害程度估计、发展趋势、地区分布和特点、防御和补救措施建议等。五年来的冻害监测工作所取得的经济效益是显著的。如 1983 年播种时，北方大部地区气温偏高，秋季和初冬偏暖，早播麦旺长，穗分化提前，分蘖节入土浅。我们在冻害监测简报中及早指出了早播麦的这一隐患。随着冬旱的发展和冬末出现严寒天气，我们在 1984 年 2 月上旬作出判断，发出了在华北可能出现中度到较重冻害的警报。北京市政府立即组织全面调查和采取补救措施，北京市 260 万亩小麦中在发出冻害警报后压麦的达 150 万亩（主要是针对干土层厚达 3～5 cm 的麦田），在返浆前浇“救命水”的达 36 万亩，占应浇面积的 80%。在查清苗情墒情的基础上，对各类麦田进行了分类管理。采取上述措施的麦田死茎减少 5%～20%。山西省、河北唐山、廊坊、衡水等地也进行了大面积的生产调查，返青前基本掌握了冻害情况，并采取了一系列措施，这在当地冬小麦生产上是前所未有的。新疆农科院等单位在 1985 年 1 月下旬和 3 月下旬组织两次考察，对准噶尔盆地南缘可能发生的局部冻害也较早发出了警报，做好了改种的准备，减轻了损失。

参考文献

[1]郑大玮，龚绍先，等. 冬小麦冻害及其防御. 北京：气象出版社，1985.

[2]库别尔曼 Φ M. 小麦栽培生物学基础（第一册）. 崔继林，等，译. 北京：科学出版社，1958.

[3]郝照，等. 冬小麦麦苗不同叶龄的抗寒力. 植物学通报，1985，**3**(5)：4-43.

[4]邓根云，郑大玮，聂景芳. 小麦分蘖函数理论及其应用. 北京农业科技，1981，(6)：6-11.

[5]郑大玮，雷鸣，马合林. 沟播小麦防冻保苗生态效应的探讨. 农业气象，1984，(1)：33-38.

[6]王荣栋. 小麦冻害及其分级方法初探. 新疆农业科学，1983，(6)：9-10.

暖冬年为什么也会发生冻害?*

郑大玮
(北京市气象局农业气象中心,北京 100089)

1 暖冬年为什么也会发生冻害?

小麦越冬冻害是否发生,一方面要看越冬条件的严酷程度,另一方面还要看小麦本身的抗寒能力。所谓越冬条件不仅包括冬季严寒程度,而且还包括抗寒锻炼、冬旱程度、变温幅度等,暖冬年并非越冬条件全都有利。从 20 世纪 50 年代以后发生的几个暖冬年冻害看,有以下几种情况:

1.1 抗寒锻炼极差

从北京历史上暖冬冻害年的越冬条件看(表 1)共同点都是冬前抗寒锻炼极差。表现在抗寒锻炼天数很少且光照不足,入冬降温幅度特大。

表 1 北京西部地区暖冬冻害年的越冬条件

年份	冬前积温 (℃·d)	入冬降温幅度 (℃)/日期	最低气温 (℃)/日期	5~0℃ 间隔天数	11 月日照 时数(h)	12 月—翌年 2 月 降水(mm)	冬季负积温 (℃·d)
1960—1961	518	16.1/11 月 18-27 日	−11.6/11 月 27 日	0	185	9.8	225
1987—1988	567	14.3/11 月 18-29 日	−10.6/11 月 30 日	6	194	6.7	211
1993—1994	568	16.1/11 月 12-22 日	−9.6/11 月 22 日	1	145	5.1	143

注:历年平均日平均气温从 5 ℃到 0 ℃间隔天数为 15 天,入冬降温幅度不到 10 ℃,11 月日照时数为 193 h,12 月—翌年 2 月降水量为 10.8 mm

其中 1993—1994 年是抗寒锻炼最差的一年,不仅入冬降温幅度特大,而且入冬之前光照极差,11 月上中旬雨雪日多达 9 天,日照为零的就有 8 天,日平均气温从 5 ℃到 0 ℃的间隔只有一天且全无日照,起不到锻炼作用。这一年入冬期降温后的最低气温虽不算很低,但在降雪前就已经出现了−7~−9 ℃的低温,叶片已经冻伤 1/2 到 1/3,不能再进行下一阶段的抗寒锻炼。从植株外部形态看,入冬后叶片色浅嫩薄,没有出现正常年份抗寒锻炼后叶尖叶缘常见的深紫色,叶丛稍显直立缺少匍匐状,入冬后青枯迅速发展加重,尽管这一年冬季

* 本文原载于 1994 年第 5 期《作物杂志》。

是40多年来的第二个暖冬，仍然发生了较强的冻害，主要原因即在于此。

1.2 冬旱严重

由于冬季变暖，浇冻水后麦田往往仍不能严实封冻，入冬后遇回暖天气反复跑墒出现干土层。由于下层冻土的水分不能被小麦吸收而出现生理干旱。当干土层厚度超过分蘖节时可使植株脱水加重，干土层很厚时甚至会造成麦苗死亡。高温低温交替冻融和冻旱共同作用下的脱水更加强烈危害更大，上述3个冻害年都有冬季干旱的问题。1983年甘肃陇东的严重冻害也与冬季严重缺墒有关。

1.3 秋暖早播过旺麦苗冻害严重

秋冬变暖和肥力水平提高后有些地区仍按原来的播期习惯，遇秋暖年冬前生长过旺甚至拔节，即使冬季不冷也不能安全越冬，1983年黄土高原的冻害和1988年黄淮平原的严重冻害都是以早播麦受害最重。

1.4 推广品种的抗寒性有下降趋势

30多年来北方小麦生产水平有很大提高，与培育出一批丰产性好的优种有关，但在小麦育种上要实现丰产性和抗寒性的充分结合是很难的，因为抗寒性强的品种冬性强、穗分化晚、分蘖期拉长不易形成大穗。许多育种部门也存在过高估计冬季变暖的效应，而忽视保持品种必要的抗寒性的问题。从表2可以看出，北京地区近30年来主栽品种的临界致死温度不断上升，并有超过冬季变暖程度的趋势，黄淮地区则更为严重。京冬6号在暖冬年叶片冻枯也比较明显，尽管该品种的综合性状良好，但种植的风险也很大，可以说已经是推广品种中抗寒能力可以接受的下限了。

表2 北京地区主栽品种抗寒性的变化

年代	20世纪60年代	20世纪70年代	20世纪80年代	20世纪90年代
代表品种	东方红3号	农大139	丰抗8号，京411	京冬6号
临界致死温度(℃)	−18.0	−17.0	−14.8，−15.0	−13.3

注：临界致死温度指在对经过充分抗寒锻炼的麦苗进行低温处理，在人工返青后死苗率达50%的相应低温值（℃），是品种抗寒性的重要指标

1993年北京地区一些单位看好，准备推广的一些半矮秆大穗型品种在1994年大多死苗严重，幸好只在小面积试种未酿成更大损失。

表3 低温处理后越冬死苗率(北京市农科院，1994年1月上旬)

品种	京411	京冬8号	农大92	京试203	PH85-4	农大95	长丰10号
死株率(%)	13.3	23.3	79.2	64.2	60.0	49.2	30.8

注：京411和京冬8号均为目前北京地区大面积生产上的主要推广品种

近年来有些地区盲目从南向北引进品种，如将铁秆麦和咸阳大穗引进华北北部，结果大

多是全军覆没。

1.5 暖冬年积雪不稳定

新疆北部冬季严寒，全靠积雪保护越冬。但暖冬年积雪少而不稳定，分蘖节最低温度甚至可低于有稳定积雪保护的冷冬年，这是北疆小麦冻害以暖冬年发生居多的主要原因。

2 从今年的冻害中应吸取的教训

2.1 加强品种的抗寒性鉴定和种子管理工作

20 世纪 80 年代以来的历次冻害中损失最大的都是未经审定盲目引种或推广的品种，有的技术人员仅根据几个暖冬或越冬顺利年的结果就轻率决定推广。因此，首先育种部门应该清醒地认识到气候变暖是有一定限度的，冬季变暖有有利的一面，但也带来了变温幅度大，冬季易旱的新问题。冻害仍然是北方小麦生产上的重大灾害，绝不可掉以轻心。新培育品种必须具备与当地越冬条件相适应的必要抗寒性，在推广前应先进行抗寒性的鉴定。其次，技术推广人员必须严格执行种子法规，禁止盲目跨区引种，对新试验品种未经冷冬或越冬不利年份考验不可断言已具备足够的抗寒性。

2.2 平整和培肥土地是抗御自然灾害的一项最基本措施

1994 年死苗和冻伤麦苗的恢复程度在肥地和中低产田差别很大。低产田地不平影响播种质量，特别是深浅不一，墒情不匀，给越冬造成很大隐患，浅播和过深播的麦苗死亡都较多。即使冬季没有冻死、冻伤的分蘖在春季也往往因养分耗竭而大量衰亡。高度平整的麦田播深一致死苗少，肥力水平高的麦田分蘖死亡退化也少且存活蘖的成穗率高，还可通过粒数和粒重增加弥补产量损失，回旋余地大。

2.3 推广压轮沟播机

20 世纪 70 年代到 80 年代初各地曾推广沟播取得一定防冻保苗效果，但畜力开沟行距过大，在高产水平下因穗数减少得不偿失。80 年代后期北京郊区引进了压轮沟播机，保持 15 cm 行距，靠轮压播种行形成深 2～3 cm 的小沟，可使冬季麦苗分蘖节加深 1 cm，越冬死苗率显著下降，且有明显的保墒作用，值得在北方进一步推广。目前北京郊区压轮播种面积已达 74 万亩。

2.4 根据品种和肥力的变化调整小麦播期

过去华北小麦的适宜播期是“白露早，寒露迟，秋分种麦正当时”，这在当时的肥力水平和品种布局条件下无疑是正确的。秋分中播种的小麦冬前可达 6、7 叶龄，具有最强的抗寒性。但 20 世纪 80 年代以来，一方面随着水肥条件的改善，在大面积生产上每增加一片叶龄所需积温比过去减少了近 10 ℃ · d，另一方面新推广品种的冬性减弱，抗寒性和丰产性最好的叶龄下降到5、6叶，这样就需要对最适播期进行调整。从北京地区的情况看，最适播期已从20世纪60—70年代的9月23—28日，推迟到近年的9月30日—10月5日，凡调整了播期的都能获得高产稳产，而仍在过去的最适播期秋分头播种的小麦往往冬前过旺越冬冻害更为严重。这种情况在北方其他地区也很普遍，1994年凡弱冬性品种早播的差不多都遭受到毁灭性的冻害。

2.5　加强对小麦冻害的监测

小麦冻害是一种累积型的灾害，从发生、发展、加重到最终死苗要经过相当长的时期，如能在冬季进行监测争取早期诊断，是可以采取补救措施减轻灾害损失的。从北京地区的情况看，1980年以来我们对历次冻害都进行了较为准确的监测并提出了正确的补救措施意见，虽然不能完全消除灾害，但确在一定程度上减轻了损失。

2.6　冬季麦田补墒的技术要领

在多数情况下北方麦田的冬旱实际上是一种生理干旱，由于存在冻后聚墒效应，冻层的土壤含水量并不低。但冬季经反复冻融表土风干变得十分干燥，对麦苗威胁极大。解决冬旱不能采取大水漫灌的做法，否则会形成冻涝而人为加重死苗，只能采取适量补墒的做法。但在渠灌条件下水量难以控制，除非在冬末干土层已达10 cm麦苗濒临死亡可考虑小水浇灌外，一般都采取镇压提墒的办法。在喷灌条件下水量可以精确控制，适量补墒是解决冬旱最有效的措施。其技术要领是“适时适量”，适时即选择日平均气温回升接近5 ℃时的白天，避免边喷边冻，适量即喷到干土层刚刚消失即可，再多喷有害无益。一般喷1小时就可达到5 mm，足以使5 cm以下的干土层消失。如干土层厚达8 cm以上，喷两小时也就够了。只要干土层一消失就立即转移喷管，喷后要将管内水排尽，防止水管冻裂。青枯的麦苗喷后枯叶会很快枯黄不足为怪，只要分蘖节和叶鞘基部饱满就有希望。实践证明在冬旱情况下适量喷灌补墒的返青生长快、恢复能力强，浇后效果不好的大多是水量过大或遇寒冷天气浇后结冰。浇冻水过早或浇后反常回暖跑墒的麦田可在初冬选择回暖天气补喷1、2小时，以封严地面。冬季出现干旱的可在冬末选晴暖天补喷。

2.7　反常的气候需要反常的管理

在1994年苗情很差的严峻形势下，北京郊区的通县采取了反常的管理措施，在往年需要控制水肥防止倒伏的麦苗，在1994年返青起身猛促，以弥补冬季受冻伤后养分的亏缺，使苗情有迅速好转，到抽穗后大部麦田已看不出受灾迹象，而贻误时机的麦田总茎数一直下降，穗数大减。

北方小麦冻害及防冻保苗技术综述*

郑大玮　龙步菊

（中国农业大学资源与环境学院，北京　100094）

摘　要　冻害是北方冬小麦生产主要灾害之一，本文分析了中国小麦生产上低温灾害频繁严重的原因，指出冻害与霜冻虽同为零下低温灾害，但机制不同。综述了20世纪70年代以来关于小麦冻害研究的进展，介绍了小麦冻害诊断、监测与预报的主要方法和防冻保苗的技术要点。进一步分析了气候变化和农业技术进步背景下小麦冻害发生的新特点和生产上应采取的适应对策，最后还提出了关于加强我国小麦冻害防御研究的几点建议。

关键词　小麦冻害；监测预报；防冻保苗技术体系；气候变化；适应对策

小麦是中国主要粮食作物之一，也是北方的主要细粮。冻害与霜冻等低温灾害是小麦生产上的主要灾害，其危害不亚于干旱，尤其是冬小麦的越冬冻害。研究北方小麦冻害及防冻保苗技术，对于确保我国的粮食安全具有重要意义。

1　小麦生产上的低温灾害

1.1　关于低温灾害的类型划分

目前国内不少农业科技论文对于不同类型低温灾害的概念不清，经常混淆。

划分灾害类型可以有不同的角度，但最基本的划分方法是根据其受害机制，受害机理的不同，在很大程度上决定着防御与减灾技术途径。[1]

按照是否与结冰有关，植物的低温灾害可分为零上低温与零下低温两大类。前者又可分为冷害与寒害，后者又可分为霜冻与冻害。之所以要把寒害与冷害区分开来，是因为热带作物与亚热带作物的寒害虽然也是在零上的相对低温下发生，但受害机制与零下低温灾害的植物组织中水的相变结冰相似，所不同的是由植物组织中的饱和脂肪酸在零上低温下发生凝固而形成的生理障碍。北方由于热带作物与亚热带作物不能生长，因而并不存在寒害。小麦生产上的冷害主要表现为延迟型，即由于气温持续低于常年而导致发育延迟，或缩短冬

* 原载于李茂松、王道龙、吉田久（日）主编的《农业低温灾害研究新进展》，由中国农业科学技术出版社2006年10月出版。

前生长期而不能达到壮苗，或因穗分化期缩短而影响粒数，或因灌浆期后延而不能在初霜冻发生之前成熟。障碍型冷害仅见与花粉母细胞四分体期，最低气温只需降到0.5 ℃就足以导致划分败育而使结实率大大降低。

低温灾害
- 零上低温
  - 冷害　chilling　障碍型、延迟型、生长不良型
  - 寒害　cold damage of tropical & sub-tropical crops
- 零下低温
  - 霜冻　frost　辐射型、平流型，接近0 ℃的零下低温
  - 冻害　freezing　越冬与早春强烈的零下低温危害

图1　低温灾害的分类

在小麦生产上，霜冻与冻害这两种零下低温灾害往往被混淆。我们把二者的区别归结如下表：

表1　霜冻与冻害的区别

类型	霜冻	冻害
发生时期	作物的活跃生长期	作物越冬休眠前后
低温性质	接近0 ℃的零下低温	零下强烈低温和变温
灾害类型	突发型	累积型
危害对象	喜温作物，耐寒作物活跃生长期	越冬作物为主
受冻机制	细胞内结冰	胞间结冰为主
抗寒机理	基本无抗寒锻炼	遗传抗寒性需锻炼诱导

但越冬作物在早春抗寒性明显减弱后发生的零下低温危害，既可以看成是冻害，也可看成是霜冻，二者并无严格界限。

1.2　中国小麦生产的低温灾害频繁严重的原因

中国的大陆性季风气候季节变化和年际变化都很大，导致喜温作物的种植北界高于世界同纬度地区，而越年生与多年生作物的种植北界却明显低于世界同纬度地区。另一原因是我国北方的冬季干燥多风，温度多变。

世界上的小麦产区划分为冬麦区、春麦区与冬春麦区，其中冬麦区又可根据越冬条件分为有稳定冬眠、不稳定冬眠、无冬眠三类种植区。越冬冻害主要发生在冬小麦稳定休眠区、不稳定休眠区和冬春麦区，包括东欧中南部，中国的华北、黄淮与北疆，北美中部。其中国外和中国新疆北部以积雪不稳定型冻害为主，华北与黄淮则大多与旱冻交加及剧烈变温相联系。与世界其他小麦主产国比较，中国的冬小麦冻害是比较严重的，在世界同纬度麦区中则是最严重的。

至于小麦生产上的霜冻灾害：在各类麦区都有可能发生。其中高纬度高海拔地区主要发生在夏季，低纬度地区主要发生在冬季，中纬度地区主要发生在春季。与世界其他麦区相比，中国的小麦霜冻危害也是明显偏重的，尤其是黄淮麦区和青藏高原。

2　小麦越冬冻害的发生机理

2.1　小麦越冬灾害(Winter damage)

小麦越冬灾害是以冻害为主导的一系列灾害的总称,包括冻害、雪害、掀耸、冰壳窒息、冻涝害、病害、干旱、盐碱害等,通常低温起主导作用。

2.2　小麦越冬冻害的年型与地区分布

小麦越冬冻害有入冬剧烈降温、冬季长寒、冬前过旺、融冻、旱冻、积雪不稳定等多种年型,严重冻害年通常同时具有两种以上的年型特征。不同地区的主要冻害年型也有所不同:

华北北部:入冬剧烈降温、长寒、旱冻、融冻;

黄土高原:入冬剧烈降温、长寒、旱冻、冬前过旺;

黄淮平原:冬前过旺、入冬剧烈降温、长寒;

新疆北部:积雪不稳定、雪害、融冻;

新疆南部:旱冻、盐碱。

2.3　植物冻害发生的生理机制

关于植物冻害的发生机理先后出现以下理论及其代表人物:马克西莫夫(B. A. Максимов)的保护物质学说;[2] 杜曼诺夫(И. И. Туманов)的抗寒锻炼学说;[3] 温特(F. W. Went)的温周期或李森科的阶段发育学说;库别尔曼(Ф. М. Куперман)的假生长现象理论;[4] Lyons J. M., Levitt J., Li P, H., Palta J. P. 的细胞膜损伤理论。[5]

气象学家瓦里在 20 世纪 70 年代初发现空气中存在冰核活性细菌,可作为结冰的凝结核而使植物的冰点上升。

植物组织的冰冻临界致死温度(LW50)通常服从 logistic 函数,呈 S 形曲线:

$$P = \frac{1}{1 + e^{aT+b}}$$

式中:P 为死苗率(%);a,b 为常数;T 为试验处理的温度。一般以达到 50%死苗率的低温强度作为临界致死温度。

由于细胞的特殊结构和细胞液中存在保护物质,小麦一般不会发生细胞内结冰。外界温度降到零下,细胞脱水并在细胞间隙结冰;温度继续下降可在细胞壁与细胞液之间结冰形成假质壁分离。抗寒性很弱的品种在强烈低温下可发生原生质结冰而迅速死亡。一般品种的原生质仍然保持过冷却状态,但在强烈低温或变温及干旱条件下,胞间结冰可造成机械损伤,或因水分迅速逸失而在回暖时不能复原,也会造成死苗,但需较长时间。

2.4　影响小麦冻害程度的内部因素

(1)品种类型

通常冬性强即需要更长的零上低温才能开始幼穗分化的品种具有更强的抗寒性,但冬季积雪稳定地区的小麦品种虽具有很强的冬性，但抗寒性却并不太强。还需要注意的是实验室鉴定的品种抗寒力有时与田间的抗寒力表现不完全一致，有些引自俄罗斯或加拿大的小麦品种在实验室低温处理时表现出很强的抗寒性，却因地中茎伸长使分蘖节上抬和不耐旱，在田间表现出越冬能力并不强。

(2)发育阶段

通常植株在通过春化阶段后开始穗分化，抗寒性开始下降；通过光照阶段后冬前锻炼诱导的抗寒性基本丧失。

(3)抗寒锻炼

通常认为冬前日平均气温由 5 ℃下降到 0 ℃为小麦抗寒锻炼的第一阶段，地上部生长逐渐受到抑制，养分向基部转移并贮藏，可形成初步的抗寒力；第二阶段为日平均气温降到 0 ℃以下，已进入休眠期，与细胞脱水有关，可形成最强的抗寒力。但如第一阶段未能进行抗寒锻炼或很不充分，会严重影响第二阶段的锻炼效果。早春随着气温的逐渐上升，冬前抗寒锻炼所形成的抗寒性会逐渐丧失。

(4)个体与群体状态

壮苗贮存的养分充足，叶片光合作用与根系吸收能力都很强，有利于安全越冬；弱苗的要害在于贮存养分不足和恢复能力差，以后冬死株和衰亡为主；旺苗的要害在于穗分化提前，以初冬主茎大蘖死亡为主。

2.5 影响小麦越冬的外部环境因素

小麦越冬死苗是不利环境条件长期作用的结果，主要的不利越冬条件是：

(1)严寒程度

以低温强度与持续时间的乘积即负积温表示。通常冷冬年的冻害更重。

(2)变温与融冻

对小麦越冬威胁最大的强烈变温通常出现在初冬和早春。初冬的剧烈降温很少直接导致麦苗的死亡，但因抗寒锻炼差，地上部冻枯和贮存养分不足，即使是暖冬也难以安全度过。植物在早春解除抗寒锻炼要比秋末接受锻炼更为迅速，反复的强烈融冻可加重死苗，但如越冬良好，不太剧烈的变温对麦苗影响不大。

(3)降温与升温速度

降温速率越大受冻越重，越不易恢复。升温过速也不利于受冻麦苗的恢复。

(4)地温

直接影响小麦越冬的是分蘖节深度的地温而不是气温。浇冻水与镇压可稳定分蘖节处地温。积雪覆盖下分蘖节地温一般都高于临界致死温度，但积雪过久因长期呼吸消耗可导致雪害。

(5)湿度

冬前适度的干燥有利于抗寒锻炼和细胞脱水，但严重的干旱使细胞过度脱水，且干燥地表的温差大也不利于安全越冬。

(6)风速

大风可加速细胞特别是胞间失水，不利于受冻麦苗的恢复和返青生长。

(7)光照

冬前光照充足有利于抗寒锻炼,日照弱将促进叶片伸长,不利于抗寒锻炼。

(8)表土结构

表土上虚下实有利于保温保墒,坷垃和裂缝多易受风袭死苗,板结土壤易产生裂缝,易掀耸断根死苗。

(9)透气

板结土壤、长期积雪和冰壳覆盖下透气不良,麦苗无氧呼吸酒精中毒可导致死亡。中国小麦品种虽然较为耐旱,但大多不如欧美品种耐长期积雪与冰壳覆盖。

(10)养分

过量 N 素不利于麦苗糖分积累,P、Ca 等有促进抗寒锻炼的作用,有利于安全越冬,但缺 N 导致生长不良也不利于越冬。

(11)其他

盐碱可加重死苗,丛矮病、金针虫等病虫害都可以加重越冬死苗。

3 小麦越冬冻害的诊断监测和预报

3.1 小麦冻害的诊断

小麦越冬冻害属累积型灾害,有多种因素的长期作用,从隐患产生到出现冻伤,伤害的逐步积累和养分耗竭导致植株衰亡需要很长的时间。冻死麦苗在早春还常常出现假生长现象,直至最后完全枯死。由于上述种种复杂情况和现象,需要进行田间和实验室的诊断,以准确判别小麦的冻害程度,才能为采取正确的补救措施提供依据。

分蘖节是植株的关键器官。只要分蘖节死亡了,整个植株就必然死亡;相反,即使叶片、叶鞘和根系都严重冻枯,只要分蘖节没有冻死,在良好的环境条件下植株仍有可能恢复成活。生长锥则是单茎的关键器官,只要生长锥皱缩死亡了,该茎的其他部分必然会陆续枯死。

通常把受冻麦苗分为死、伤、活三种情况,其中冻伤株或茎在有利条件下可以恢复,在不利条件下仍可死亡。

死株:分蘖节剖面变暗褐、腐烂;

死茎:生长锥镜检皱缩浑浊,小心叶软熟;

伤株:叶片叶鞘枯萎度,分蘖节剖面黄褐或部分变色;

伤茎:心叶褶皱轻度软熟,生长锥透明度差;

活株:分蘖节剖面浅绿或白色,饱满硬实;

活茎:小心叶挺立黄绿,生长锥透亮饱满。

早春诊断的关键技术是准确识别冻死麦苗的假生长现象及冻伤衰亡株。所谓假生长指分蘖节后生长锥已经死亡,但大心叶仍能依靠叶鞘残余养分和土壤返浆水分继续伸长,给人以返青的假象。但长势衰弱,通常在土壤升温和煞浆后十余天即枯死。积雪较厚的最多可维持一个月左右。

还有一些麦苗的分蘖节或生长锥并未死亡，但叶片、叶鞘和根系均严重冻伤枯萎，植株残存养分不足，早春升温后呼吸消耗与株间竞争激烈，导致植株最终衰亡。还有一种情况是死株虽然不多，但分蘖大量退化且发育延迟，导致穗数粒数减少而减产。因此，在大面积生产上经常可以出现受冻麦田的最终减产率超过死苗率的现象。如能早期诊断，对于冻伤株采取正确补救措施，还有可能降低死苗率而挽回一部分损失。

3.2　冻害监测预报与农业气象服务流程

由于小麦越冬冻害的复杂性与累积性，开展小麦越冬与冻害发生状况的监测是必要和可行的。根据小麦越冬状况监测与未来天气的预报，可以进一步做出小麦冻害的农业气象预报。表2是北京市农科院总结的小麦冻害监测和农业气象预报的工作流程。[6]

表2　小麦冻害监测和农业气象预报的工作流程

时期	监测点	调查	气象分析	诊断要点	措施建议
播前	观测小区	品种布局底墒底肥	伏雨底墒	预测播期品种抗性	选择适宜品种播期
冬前	叶龄、群体单株茎分蘖节深度	播期、播深、整地质量、苗情	秋雨、冬前积温、苗期温度光照	旺弱浅苗，冻害隐患旱情趋势	指出防冻保苗重点
入冬	植株形态、含糖率、干重	叶片青枯叶色变化，冻水覆盖	停长前后降温幅度、积雪时间厚度	锻炼好坏、冻害可能性及类型	明确防冻保苗重点和措施
严冬	内外形态、分蘖节温度、水分，人工返青	苗情、麦田坷垃、裂缝、干土层厚、冬季管理	负积温、极端低温、冻土厚、积雪深、大风、反常融冻	评估已发生冻害范围程度特点和趋势	提出早春查苗查墒补救措施建议
早春	枯叶率、死株茎率、冻伤株茎率、越冬单株干重损耗、识别假生长	返青新叶、根蘖生长与冻伤株恢复情况、返青栽培管理情况	滑动通过0 ℃、3 ℃、5 ℃日期、有无倒春寒、融雪、化冻升温、化通降水与墒情	准确判断冻害类型、程度、范围，预测苗情动态与补救可能性	提出有针对性的改种、抢救、补救和早春因苗管理措施
春夏	小区产量构成要素，形态特征，整理数据，总结分析	冻害面积危害特点、减产幅度、防冻补救措施效果	年度小麦生育期间气象条件及冻害分析，灾情简报	全面分析冻害发生原因特征及对产量的影响	总结当年防冻保苗和补救措施效果及经验教训

3.3　小麦冻害预报的决策树方法

小麦冻害是植株抗逆性与外界不利条件交互作用的结果。从入冬到返青的不同阶段，可以根据植株抗逆性与外界条件的变化应用决策树方法来判断冻害是否发生、发展还是减轻，并决定应采取的措施。

从图2可以看出，由于小麦冻害具有累积的特点，从播种到春季的五个环节，因外界环境条件有利与否和采取不同管理措施后，都有好中坏三种发展趋势，最终决定冻害的程度。

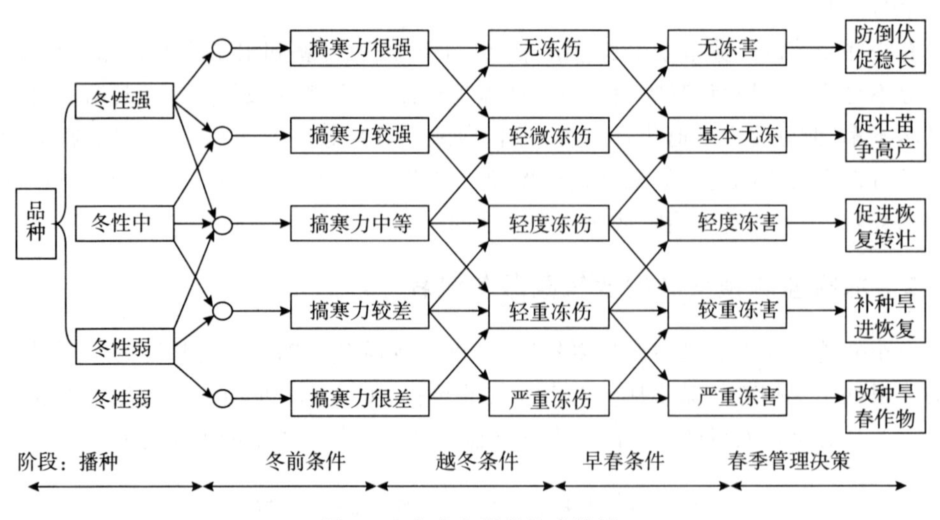

图 2　小麦冻害预报的决策树

3.4　小麦冻害的田间试验与实验室分析方法

(1)冻箱低温处理

通常用于模拟不同的低温强度、持续时间即降升温速率，以测定不同品种、播期麦苗的临界致死温度。取样时应避免伤根，测定临界致死温度的降温速率应< 2 ℃/h，并用湿布裹苗以防止过冷却现象的出现。

(2)人工返青

将冻害试验处理后的麦苗置低于 10 ℃的大棚内，给予充足的光照和适度水分，15 天后检查植株的死活，关键是判别假生长现象。

(3)榨汁测定电导率

植株受冻害后细胞液外渗，电导率增大，可以此作为判断冻伤程度的指标。

伤害率(%)=(冷冻电导率—对照电导率)/(煮沸电导率—对照电导率)×100%

测定速度快、效率高，但有时与田间实测结果有一定差距。

(4)放热分析法

用热电偶温度计的微型测针插入细胞，在降温过程中将出现两次结冰放热的高峰，第一次为细胞间隙结冰，第二次为细胞内结冰，耐寒植物通常以此为临界致死温度。

(5)化验分析

使用茚三酮、TTC、中性红等药剂染色判断死活。

(6)田间试验

采取不同海拔高度或不同地区的地理播种法，或在同一地点采取不同盖土厚度分期清垄或盆栽小麦置于离地不同高度，有稳定积雪地区可采取不同积雪厚度下的不同扫雪厚度处理，以获得不同的越冬温度条件，观察比较早春返青后的死苗率、冻伤率和成活率，以死株率 50%所经历的最低分蘖节土温为临界致死温度。

4 小麦冻害的防减灾对策

4.1 小麦防冻保苗系统工程

小麦冻害的发生是植株抗寒力下降与外部不利环境条件相互作用的结果，因此，小麦防冻保苗必须遵循系统工程的原理。

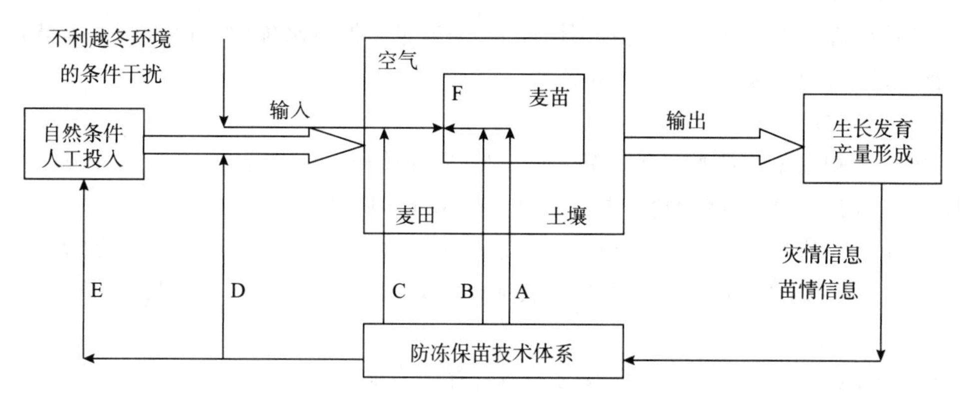

图 3 小麦防冻保苗技术体系的抗干扰反馈机制

（抗干扰反馈机制：A 抗逆育种；B 培育壮苗，抗寒锻炼；C 调节麦田小气候；
D 改善麦田生态环境；E 改进农业系统；F 植株自身适应）

小麦防冻保苗需要抓好播种到冬前培育壮苗，越冬期间防冻保苗和早春诊断与补救三个环节。

4.2 冬前培育壮苗

这是防冻保苗的基础，关键是确保播种质量，主要包括以下措施：

(1)改良农田生态

平整土地、培肥土壤、完善排灌系统、建设农田保护林网等。

(2)播前准备

雨季蓄墒，灭茬耕耙，精细整地，施底肥注意养分平衡和足够的有机肥。

(3)品种和种子

选用高产优质和适度抗寒品种，精选种子，播前晒种拌药处理。

(4)确定适宜播期

过早播易徒长和在冬前过早穗分化而易受冻，晚播苗弱养分积累太少，都不利于越冬。以适时播种的麦苗最耐寒。各地应按照不同类型品种对冬前叶龄数及相应积温的要求确定播期。如华北北部要求采用强冬性品种，冬前达到主茎 6～7 叶龄，需要积温 580～660 ℃·d，黄河流域则要求弱冬性和冬性品种，冬前分别达到 5～6 叶龄，需要积温 500～600 ℃·d。秋暖年可适当推迟 2～3 天，秋凉年适当提前 2～3 天。先播冬性较强品种，后播冬性较弱品种。

(5)确定适宜播深和播量

播种过深因出苗晚且弱，冬前养分积累少，早春返青困难；播种过浅则易受冻受旱，冬季容易死苗，均不利于越冬。

根据品种特性、播期与冬前温度预报，根据冬前积温推算叶龄，再结合麦田肥力水平和冬前要求的群体大小估计可能达到的单株分蘖率，结合种子的发芽率和出土率，计算适宜的播种量。通常早播的必须控制播种量，晚播的则适当加大。

(6)冬前管理

出苗后检查播种质量并对缺苗处补种。冬前通过掌握浇水施肥和镇压松土等措施控制旺苗，促进弱苗，同时做好防病与补墒。

冬前管理的理论基础：

叶龄 x 与积温 y 为线性相关。$Y=ax+b$，通常播种到出苗需要 $b=80\sim100$ ℃·d 积温，出苗后每增加一片主茎叶龄需要 $a=70\sim90$ ℃·d 积温。

由于主茎叶龄与分蘖存在同伸关系，使单株茎数 Y 随积温 x 成指数函数关系增加。$Y=e^{ax+b}$，b 为开始分蘖所需积温，参数 a 表征分蘖力，取决于播量与土壤肥力，播量越小，肥力越高，则 a 值越大。

(7)不同地区对小麦品种、播期及对冬前发育的要求

表 3　不同地区对小麦品种、播期及对冬前发育的要求

地区	品种类型	主茎叶龄	单株茎	穗分化	播期范围
长城以北	冬性极强	6～7 叶	4～6 茎	不伸长	白露一秋分头
华北北部与黄土高原中部	强冬性	6～7 叶	4～5 茎	伸长	秋分中后期
华北中南部、黄土高原南部	冬性	6～7 叶	3～5 茎	单棱	秋分尾寒露头
黄河中下游	半冬弱冬性	5～6 叶	3～5 茎	二棱	寒露中后期
淮河流域	弱冬性春性	5～6 叶	3～4 茎	二棱后	寒露尾至霜降

通常播种越晚，冬前苗情越弱，特别是主茎 3 叶龄尚未分蘖的麦苗，因种子养分已耗竭，光合积累又很少，最不耐寒。还不如更晚播种，经过一冬在早春出土的麦苗成活率高和更壮。因此有农谚“立冬不滋股，不如土里捂”，新疆称为“黄芽麦”。但我国北方初冬气温变化很大，在生产上很难准确掌握黄芽麦的适宜播期，如冬前出土偏早仍容易受冻，迟至早春出土则发育过迟容易贪青。因此通常只作为避灾的一种辅助措施。

(8)调节分蘖节深度与沟播防冻技术

播深 x 与分蘖节深度 y 呈双曲线关系：$y=x/(ax+b)$，y 取决于主茎二三叶龄地中茎伸长期间的温度和品种特性。通常冬性弱的品种和播后温度高的情况下地中茎伸长明显，分蘖节较浅，但原产高纬度冬季积雪稳定地区的品种分蘖节也偏浅。

适当深播分蘖节偏深，有利于土温稳定和保持水分，但返青晚不利于壮苗；适当浅播分蘖节偏浅，有利于提早出苗和冬前苗壮，但冬季易受旱受冻不利于保苗。过深过浅则既不利于壮苗也不利于保苗。通常在华北北部强冬性品种分蘖节达到 1.5 cm 以上在冷冬年一般不会死苗，黄淮麦区达到 1 cm 即比较安全，长城以北要求达到 2 cm 以上。

沟播巧妙地把适当深播与适当浅播二者的优点结合起来，又避开了各自的缺点，做到了趋利避害。其技术要点是推广压轮播种机，播后形成小沟小垄，高差不超过 2 cm，冻水要求细匀，入冬后耙耱镇压，使分蘖节在苗期浅，入冬后加深到安全深度。沟播还具有明显的保墒避盐和后期防倒伏效应。

4.3 冬季保苗

中心目标：创造底墒充足上虚下实的土壤小气候环境。

(1)适时浇好冻水

虽然冻水在北方多数年份只是生态需水，但对于稳定地温封严土壤十分必要。浇冻水应根据苗情、土质、温度、墒情，做到适时适量，浇后应有充分的融冻天数以利抗寒锻炼的进行。

(2)覆盖

麦田破埂盖土、南方麦田泼泥、秸秆和地膜覆盖、冬季聚雪覆盖等都有很好的保苗效果。

(3)耙耱镇压

具有破坷垃与弥缝的作用，可减少失墒和死苗。

(4)冬旱麦田浇救命水问题

旱冻交加比单纯低温的威胁更大。通常干土层 3 cm 以上对越冬有一定威胁，5 cm 以上可能部分死茎，8 cm 以上大部麦苗不能返青，10 cm 以上可造成毁灭性死苗。北方麦田在冬季干土层不超过 5 cm 时尽量采取镇压提墒，干土层太厚可管灌小水，或气温升至 0 ℃以上时喷灌一二小时至干土层消失即停，水过多反而有害。

4.4 早春补救

区别不同苗情决定补救措施，根据存活数量与恢复能力决定改种或补救。

(1)受冻旺苗

以主茎大蘖生长锥死亡为主，外观冻伤严重，植株枯黄损耗大，但贮存养分仍较充足，恢复能力强。应狠搂枯叶促进心叶伸出见光，水肥早促。

(2)受冻弱苗

以弱株弱蘖死亡为主，外观青枯，主茎死亡少但恢复能力差。应细松土，追少量优质肥，随气温升高新根长出节节促进，注意防止压苗、防草荒和防治病虫。

(3)深播弱苗

外观形态同弱苗，应深松土透气，增施磷肥促进根系发育。

(4)旱冻苗

以镇压提墒为主，干土层过厚的早浇小水早补肥。

(5)倒春寒的防御

返青后的强烈降温可加重冻害，但根据我们多年的观察，越冬良好的麦苗对于较重的倒春寒有足够的防御能力，冻伤麦苗再经受较重的倒春寒可明显加重死苗。应对措施主要是培育壮苗，促进根系发育，增施有机肥和磷肥，早春细松土，返青水适当推迟。

5 气候变化与低温灾害

5.1 气候变暖为什么还会发生低温灾害

20 世纪 80 年代以来我国北部冬麦区冬季变暖变干的趋势明显，冬季变暖应该是有利于减轻冻害的，[7~9]但生产实际中冻害仍不断发生。原因有三方面：

(1)气候

冬季虽然变暖，严寒很少出现，但变温和冬旱的威胁也加大了。

(2)生产条件的改变

整地、机播、水肥等条件明显改善有利于减轻冻害，但推广秸秆还田在粉碎不够时易使麦苗在土壤中架空，喷灌麦田往往冻水量不足。

(3)主栽品种的抗寒性下降

由于育种工作中往往难以兼顾抗寒性与丰产性，在冬季变暖的情况下农民和育种家往往都要自发地倾向于使用冬性更弱的品种，目的是充分利用气候变暖所带来的热量资源，但如下降过多则会人为加重冻害风险。以北京地区为例，考虑到冬季平均增温 1 ℃、麦田平整度与肥力提高及栽培技术的进步，品种抗寒性比 20 世纪 70 年代下降 2～3 ℃是合理的，但继续下降则风险很大。

表 4 北京地区主栽品种临界致死温度鉴定值

年代	20 世纪 60 年代	20 世纪 70 年代	20 世纪 80 年代	20 世纪 90 年代
主栽品种	东方红 3 号	农大 139	丰抗 8 号，京 411	京冬 6 号
临界致死温度(℃)	−18.0	−17.0	−14.8，−15.0	−13.3

5.2 小麦冻害发生的新特点

随着气候变暖，北方小麦冻害的发生出现了一些新的特点，冬季长寒型冻害减少，北部冬麦区与黄土高原旱冻型增加，黄河流域麦区冬前过旺型和融冻型冻害增加，但入冬剧烈降温导致抗寒锻炼不足仍起决定性作用，如 2004—2005 年黄河中下游和 2005—2006 年北京等地冻害都与入冬剧烈降温抗寒锻炼不足有关。[10~11]

大范围弱苗和毁灭性死苗已很少见，但冻伤衰亡仍很普遍。因管理水平和品种选择，地块间的差异更大。由于肥力水平提高，受冻麦苗的恢复能力更强。如 2004—2005 年尽管黄河中下游部分麦田死苗严重，但大部麦田仍获丰收。

5.3 小麦生产对于气候变化的适应对策

(1)品种选用与育种目标调整

应兼顾丰产优质与适度抗寒抗逆，根据气候与生产条件的变化调整品种类型以控制风险。严格遵循品种的区域布局，禁止盲目大量从低纬度地区引种。

(2)播期与播量的调整

随着气候变暖和机播推广适当推迟播期,随肥力水平提高和大穗型品种的推广适当降低播量。

5.4　关于冬麦北移问题

根据气候变暖程度、技术进步和市场确定适度北移范围。目前可扩种的只有辽南、辽西的河滩地与完达山以东积雪相对稳定地区,东北的大部地区仍不宜盲目扩种。引进俄罗斯和加拿大等高纬度地区的品种,因不适应中国冬季旱冻交加变温剧烈气候和相对较短的日照,效果并不好。多年来我国北方小麦育种抗寒抗旱基因大多来自黄土高原北部的农家品种。

6　关于加强我国小麦冻害防御研究的几点建议

20 世纪 70—80 年代我国北方小麦冻害研究形成一个高潮,取得了若干成果。但始终未列入国家正式计划。90 年代以来冻害总体有所减轻,但出现一些新特点,黄河流域的一些主产区甚至有发展趋势,需引起注意。

6.1　品种抗寒性鉴定应经常化、规范化、区域化

历次严重冻害的发生都与品种更新有关。现有育种区域试验对于冻害以目测为主分级太粗。由于冻害是多年一遇,不能代替小区田间试验。应探索高效的实验室快速鉴定方法。

6.2　加强小麦冻害的监测预报

冻害预测具有综合性与复杂性,仅依靠常规气象观测是不够的,还应在主产区建立农情观测站并设专项观测。

气象观测项目:分蘖节地温、积雪深度、麦田冻土、冬季干土层厚度及含水率、春季活动面最低温度。

生理测定项目:越冬前后抗寒力或临界致死温度、细胞液浓度及含糖率、光合强度与呼吸强度变化。

农学观测项目:越冬前后基本苗、叶龄、单株茎数及干鲜重、穗分化阶段及幼穗受冻、籽粒结实情况。

6.3　结合天气分析确定冻害的重点防范区域

冻害发生区域的分布与冷空气路径、强度、移速及停顿有关,又与抗寒锻炼及麦苗所处发育阶段有关。综合气象与农情资料的分析可确定重点防范区域。

6.4　研究可行的高效防冻技术

如冰核活性细菌的化学抑菌技术和沟播技术等。

6.5 加强气候变化的影响及适应对策研究

气候变暖后小麦的低温灾害并未消失，但类型、特征和发生区域都有所改变。应适度利用气候变暖带来的热量资源增量，但同时应把风险度控制在可承受的范围内。应研究气候变化条件下我国小麦抗御低温灾害的适应对策与技术体系。

参考文献

[1] 郑大玮，等. 农业减灾实用技术手册. 杭州：浙江科技出版社，2005.

[2]马克西莫夫. 马克西莫夫院士选集，关于植物的抗旱和抗寒(下卷). 周小民，译. 北京：科学出版社，1962.

[3]杜曼诺夫 И И. 苏联科学家关于植物抗寒性及其提高方法的研究工作. 汤声侠，译. 农业学报，1953，**3**(2).

[4]库别尔曼 Φ M. 小麦栽培生物学基础(第一册). 崔继林，等，译. 北京：科学出版社，1958.

[5]Li P H，Sakai A. Plant cold hardiness and freezing stress. New York：Academic Press，1978.

[6]郑大玮，刘中丽. 冬小麦冻害监测的原理与方法. 华北农学报，1989，**4**(2)：8-14.

[7]王飞，姚丽花，等. 暖冬气候对新疆北疆冬小麦的影响. 新疆农业科学，2003，**40**(3)：166-169.

[8]Song Y L. Simelton E，Chen D L，*et al*. Influence of Climate Change on Winter Wheat Growth in North China during 1950～2000. *Acta Meteorologica Sinica*. 2005，**19**(4)：501-510.

[9]程延年. 气候变化对北京地区小麦玉米两熟种植制度的影响. 华北农学报，1994，**19**(1)：18-24.

[10]郑大玮. 暖冬年为什么也会发生冻害？作物杂志，1994，(5)：8-10.

[11]李茂松，王道龙，张强，等. 2004－2005年黄淮海地区冬小麦冻害成因分析. 自然灾害学报，2005，**14**(4)：51-55.

Review on Studies Progress on Freezing Injury and Protective Technology of Winter Wheat in North China

Zheng Dawei

(College of Resource and Environmental Science，China Agricultural University，Beijing，100094)

Abstract Freezing injury is one of the most serious disasters of winter wheat in North china. In this paper，the causes of frequent and serious low temperature disasters in Chinese wheat production are discussed and it is pointed that freezing and frost have different stress mechanism on plant although they are both stress below zero. Studies progresses on wheat freezing injury in China since 1970s are reviewed which includes mechanism of freezing，methods of diagnosis，monitoring，forecast，and the technical system of protection. At last，new characters of freezing injury under the background of climate change and technical progresses，and adaptation strategies of wheat production were analyzed and several suggestions of strengthening research on wheat freezing disaster were developed.

Keywords wheat freezing injury；monitoring and forecast；technical system of seedlings protection from freezing；climate change；adaptation strategies

/ 第六部分 / The sixth part

城市减灾

北京市经济发展与防灾减灾研究*

北京市防灾减灾协会“北京市经济发展与防灾减灾研究”课题组

1　做好北京市的减灾工作具有特殊重要意义

人口、资源、环境和灾害是当今世界面临的四大挑战，联合国为实现全球的社会经济可持续发展而开展的国际减灾十年活动已历程过半。北京是我国的政治文化中心，也是世界上灾害最严重的大都市之一，市内仍存在不少自然灾害和重大突发性事故的隐患。与发达国家的大城市相比，城市减灾管理还相当薄弱。发生在北京的自然灾害或人为灾害，不仅会影响到本地区的社会稳定和经济发展，对全国也会产生重大的影响，有的灾害还可能造成很大的国际影响。因此，必须加强综合减灾，为北京的现代化建设创造一个安全的发展环境，为中央党、政、军首脑机关正常开展工作服务，把北京建成为具有世界第一流水平的国际大城市。

2　北京市的自然灾害和人为灾害概况及减灾工作的现状

2.1　北京市的灾情

以死亡人数和财产损失的相对值计，近 2000 年中大灾 217 年、中小灾 550 年，分别占 1/8和1/3。既有自然灾害，也有带一定人为因素的城市灾害，具有多源性、连锁性、潜在性或突发性。

2.1.1　旱涝灾害频繁

季风气候特点使降水的季节和年际变化都很大。1960 年和 1972 年大旱使农业严重减产，20 世纪 80 年代初连年大旱使水资源濒临枯竭。1939 年大涝造成灾民 318 万，死伤 1.57 万。1959 年和 1963 年大涝死亡都达数十人，经济损失巨大。1994 年京东洪涝又造成很大破坏和农业减产。城市不透水地面增加使同等降水强度下的径流增大 4 倍，近年大雨后多处立交桥下严重积水。今后规划市区主要向东、北和东南方低洼地区扩展，如措施跟不上，将面临严重的城市内涝威胁。

---

* 本文原载于《北京：跨世纪的发展思路 1996—2010 年北京市经济发展战略研究（上册）》，由社会科学文献出版社 1997 年 3 月出版。

2.1.2 地震

北京及附近地区公元前 1831 年至公元 1990 年发生 5 级以上破坏性地震 80 次(8 级 1 次,7～7.9 级 5 次,6～6.9 级 21 次),近千年已经历四次地震高峰期,1057 年固安地震、1679 年平谷三河地震和 1976 年唐山地震都造成北京极大损失。目前可能处于第四个活动期的剩余释放期,未来 30 年内不排除 6 级左右地震的危险,特别是西北方。

2.1.3 泥石流和滑坡

1949 年以来发生灾害性泥石流 22 次,死亡 550 余人,成为北京自新中国成立后死亡人数最多的一种自然灾害。20 世纪 60 年代以后集中发生区从西部山区转移到密云水库西北方的北部山区。

2.1.4 低温和高温灾害

小麦大减产年份都与冻害有关,由于定植提前春霜冻对蔬菜的威胁加重,1968、1976、1979 等年数亿千克大白菜受冻毁于一旦。冰雪对城市交通影响极大。1971 年和 1991 年雨后暴热使小麦提前枯死。气候变暖、热岛效应和缺少绿地使夏季热浪日益严重,湿热天气下老弱病者死亡率显著上升。1994 年夏季高温使秋作物早衰减产,1995 年低温寡照则使秋粮贪青成熟度差。

2.1.5 大风

城市建筑的狭管效应使局部风速加大,1992 年 4 月 9 日的 11 级大风使全市 40 多处广告牌和悬挂物刮倒损坏,北京站前 8 m 高的巨型广告牌倒塌压死 2 人伤 15 人。

2.1.6 冰雹

1969 年 8 月 29 日特大冰雹遍及十个区县,长安街路灯打坏 2/3。一般以山前冰雹发生最为频繁。

2.1.7 雾灾

1992 年 2 月 16 日大雾除交通事故外还造成电网大面积污闪断电,首钢等大型企业不能正常生产。1992 年 8 月 19 日大雾造成京津塘高速公路死伤 20 人封闭数小时。大雾还影响飞机起落机场被迫关闭旅客滞留。

2.1.8 雷击

城市高层建筑和电网增加了雷电灾害的危险,近年来多次发生损坏电力设备、通信和计算机网络的重大事故。

2.1.9 生物灾害

粮食作物的严重危害生物有 20 多种,如不防治可减产 30%～50%。大型畜禽场密集饲养疫病易流行,近年平均每年死鸡 700 万～800 万只,损失 3700 万元以上。未经检疫的病畜禽肉带进市场将严重威胁人民健康并影响我国对外开放的形象。

2.1.10 环境灾害

水资源持续亏缺,官厅水库上游污染使永定河水不能饮用,直接燃煤比例过大,冬季采暖期 SO_2 污染为非采暖期 3.6 倍。1991 年全市畜禽粪便排放 576 万 t,加上化肥用量超过多数发达国家,地下水中致癌的亚硝酸盐含量不断上升。对北京市场蔬菜抽样检测农药超标率达 50%以上。旧城区土壤汞严重超标也是一个极大隐患。

2.1.11　地面沉降

城近郊超采地下水形成 1000 多 km^2 漏斗区，地面沉降面积 800 km^2，东郊下沉 100 mm 以上 260 km^2，最深处 800 mm。

2.1.12　矿山灾害

京西老矿井经多年开采常发生塌冒、冲击地压、地下水聚淹、瓦斯或煤尘爆炸等灾害，对矿工和附近居民生命安全威胁极大。

2.1.13　地下管网设备老化和管理不善产生的严重灾险

管网资料不全事故频发，1967 年复兴门地铁施工切断电缆中断对外广播十多小时。1984 年 9 月 24 日土城沟工地钻探切断专用电话线严重影响了国庆阅兵准备。北京市电网中 30%主变压器属应淘汰产品，80%的开关柜应予改造。热力管线和煤气管道运行 20 年以上的分别占 60%和 27%，1960 年建成向中南海和人民大会堂送气的中压煤气管已严重腐蚀多处接口漏气。全市使用 30 年以上的自来水管长度占 30%，甚至还有清末修建的。1993 年 5 月白云观地面水管爆裂居民区水害损失近千万元。1990 年以来 25 mm 以上自来水管和煤气、热力管线泄漏事故达 2110 起。

2.1.14　城市火险空前加大

高层建筑的烟囱效应、现代房屋的易燃化学装修材料、家用电器和燃气具的普及使现代城市火险隐患剧增，交通拥挤、单元住宅的封闭性、水电管网不健全、消防设施落后和管理薄弱使得火灾一旦发生往往不可收拾，如 1993 年隆福商厦发生大火与管理不善有关，起火后消防车无法接近。

2.2　城市发展带来的灾情和灾险新特点

在城市迅速扩展，总体减灾能力不断提高的同时，也出现了一些新的薄弱环节和致灾源，某些灾害特别是城市灾害和环境灾害的危险加大，并出现了一些新特点：

(1)城市规模扩大、人口增加与资源紧缺的矛盾加剧，突出表现在土地资源和水资源上。

(2)城市气候加大灾害危险，如热岛效应、街道建筑加大局地风速的狭管效应、高层建筑内的烟囱效应、逆温加重雾灾和空气污染等。冬季室内通风不良易使放射性氡诱发肺癌。

(3)城市新能源新材料带来的隐患，如燃气、电器、房屋化学装修材料等都可能引发火灾、电击或中毒。

(4)现代设施和技术带来的污染和灾险。如高速公路对不利天气更加敏感，汽车噪音和尾气在高温下的光化学污染，电力通信设备和家用电器产生的电磁污染等。

(5)城市生命线系统受灾时易产生连锁反应和次生灾害，使得缺乏现代管理的大中城市在灾害面前特别脆弱。

2.3　北京市减灾工作的成绩和存在的问题

2.3.1　北京市减灾工作的成绩

40 多年来北京市的减灾工作中取得了巨大成绩，仅水利工程投资总额就达 40 亿元，产投比至少为 6∶1。民政救灾和灾害保险对社会稳定和恢复生产发挥了重要作用，总的趋势是受灾死亡人数大幅下降，直接经济损失的相对值下降，但由于经济建设和城市发展的总体规模扩大，经济损失的绝对值仍在上升，与国内外趋势基本一致。如过程降雨300～400 mm的成灾暴雨中，1959年和1963年死亡都达数十人，而1994年仅数人。但1994年京东洪涝的经济损失7亿多元就已相当于1959年和1963年两年郊区农副业产值的总和。

北京市40多年来工程减灾能力有很大提高：建成大中型水库20座，小型水库63座，总库容93亿 m^3，各类机电井近5万眼，有效灌溉面积485万亩，其中节水灌溉控制面积270万亩。通过修筑堤防，疏通河道，综合治理东南郊低洼地区，已使洪涝灾害大大减轻。1976年唐山地震前后对城市建筑普遍加固，新建筑均按抗8度烈度要求设计，危旧房改造已完成60%。1989年和1991年北部山区两次严重泥石流灾害发生后对险区进行实地勘察和遥感图像分析，组织失去生存条件的险区农民分批搬迁到下游平原。本市大力发展清洁燃料替代市区直接燃煤，并加强了对工业废水和有害气体排放的监测控制，已形成的污水和垃圾处理能力均达到排放量的1/4，其中工业污水处理率近90%，95%的农村用上了清洁自来水，郊区农村环境质量居全国最高水平。林木覆盖率由解放初不足7%扩大到1993年的33.5%。已建成市消防指挥中心，具备较完善的消防指挥通信系统，基本实现了接警、调度和指挥的现代化。许多大型企业、高层建筑和大商场都具有完整的消防设施。

在减灾的非工程建设方面，气象、水利、地震、植保等部门已建立灾害监测与信息传输系统。对灾害性天气的预报能力和准确率有很大提高。1966年邢台地震后首先在北京建立了有线传输地震台网，后又增设了无线传输系统，1990年对亚运会期间有感地震进行了准确预报。农业整体抗灾能力和综合技术水平有很大提高，旱涝冷冻等灾害造成的产量波动比20世纪50—70年代明显缩小。防治病虫草鼠害取得巨大成效，化学除草全面普及，已淘汰有机氯和剧毒农药。建立了动植物检疫机构，畜禽疫病防治水平有很大提高。近年来减灾科研学术活动日趋活跃，1993年《首都地区主要自然灾害综合分析和对策研究》获市科技进步二等奖。节水农业研究在20世纪80年代取得了显著进展。各业务部门每年在国际减灾日都广泛进行宣传。

在减灾管理方面，20世纪50年代成立了防汛抗旱指挥部，1966年后逐步健全了各级抗震减灾机构，1991年北部山区泥石流灾害发生后，市县政府强化了险区的责任制，从1993年起在市区和近郊禁放烟花爆竹大大减少了城市火险，市消防指挥中心现已投入运行。1994年北京减灾协会正式成立，并酝酿筹建北京减灾中心，加强对全市减灾工作的统一领导。民政部门对历次重大灾害进行了及时救济，保险公司每年赔付额达数千万元。

2.3.2 北京市减灾工作存在的问题

北京市的综合减灾能力与《北京城市总体规划》的要求尚有很大差距，还不能适应现代城市管理的要求，表现在缺乏系统和长期的规划，缺乏综合分析、科学决策和统一协调的管理，市内仍存在一些对灾害敏感的脆弱地区和城市生命线的严重隐患。总的来说，减灾工作的局部强而整体弱，工程建设强而非工程建设弱，灾后救援能力、减灾综合立法、减灾科普教育和全民减灾意识更弱。

(1)减灾指挥和管理是最薄弱的环节

北京市民政局主要从事灾后救济，气象、地震、水利、环保、消防、地矿、农林等部门的监测预报和防灾减灾是各自为战。不少干部将减灾简单视同于救灾和赈灾，重视当前利益，忽视全局长远经济利益和社会、生态效益。北京市领导虽然对历次重大灾害的防御和减灾都进行了直接指挥，但没有一个常设减灾机构，在重大灾害发生时建立的临时机构或领导小组往往缺乏思想物质准备和经验，使减灾工作缺乏统一协调、科学性、连续性和长远性。全市尚未形成准军事行动的灾害急救医疗网，减灾法规和技术规程也很不健全，特别是在报灾、防灾、救灾责任、人为事故责任以及工程建筑设计、城市生命线使用维护更新的防灾标准和规范方面有待完善。

(2)灾害监测、预测能力还不强

目前仅对气象、水文、地震、水污染、地面沉降和某些植物病虫害有“分兵把守”的监测网络，具有基本的技术手段和一定的预报准确率，但对旱涝冷热的长期天气预报，地震的临震预报，对泥石流、林火、局地暴雨、冰雹、大风、大雾，及对大多数城市灾害的预测能力还不强，对灾情的记载很不规范，且带有较多主观因素。

(3)灾害预警和减灾通信网络系统不健全、不统一

有关业务部门都已建立单项防灾减灾通信网络并发挥了重要作用，但尚未统一技术标准和联网，对于涉及多个部门的复合灾害缺乏有力的统一协调。如泥石流涉及气象、水文、地矿、农林等，地震几乎涉及所有部门。只有建立综合性的灾害预警和减灾信息网络，才能形成强有力的减灾指挥中心。

(4)各类灾害的减灾设施与物质基础较差

对于比较明确和单一的灾害已具有一定的减灾设施和物质基础，但标准还不够高，设备较落后。如北京城区的河道排洪按 20～50 年一遇标准设防，远低于国外城市百年到千年一遇的标准，且已多年失修，防洪能力下降。对累积性、隐蔽性灾害的防御技术仍较薄弱，多数环境灾害和城市灾害尚未形成系统完整的减灾技术体系。

城市经济学证实，超过 50 万人口的中等城市，所需公共设施和管理投资包括减灾投入随人口增长的平方递增；超过 500 万人口的特大城市则随人口增长的立方递增。北京人口已超过 1000 万，对城市减灾基础设施建设、生态环境保护和市政管理都造成了很大压力。

(5)灾后救援不足，灾害保险不普遍

主要依靠行政部门的经验决策，缺乏经科学论证的应急预案。在长期以来单一计划经济的管理体制下，救灾主要限于民政部门和临时调动部队，社会救援和受灾群众自救开展得很不够。现有医疗急救归属卫生行政部门，主要是救护危重病人，与国外多属救灾消防系统的体制不同，不能适应灾难救援的需要。国外灾害保险已十分普及，我国仍局限于少数灾种并受地区部门本位主义干扰不能如实反映灾情，对多种灾害的灾损评估方法缺乏系统研究。

(6)减灾科研力量分散重复

重复研究和空白并存，对城市减灾、综合性减灾、灾难医学和减灾管理的研究急需加强。

(7)减灾科普教育和全民减灾意识差

许多居民盲目认为北京是福地，缺乏减灾科学知识，自救能力差，心理脆弱，在突发性灾害发生时易惊慌失措加重灾害损失。

3 国内外大城市的防灾减灾工作

3.1 国内减灾工作的管理体制

1989 年 4 月成立了国家级部际协调机构——中国国际减灾十年委员会，迄今至少有 20 个省市成立了灾害防御协会或研究会，约半数省市成立了减灾委或领导小组，天津、上海等市都由副市长出任灾协会长，统筹全市的减灾工作。上海正在建设中的防灾信息中心是集消防、交通和通讯为一体的综合网络。宝鸡市成立了减灾委、减灾中心、减灾协会和减灾基金会，在该市的文理学院还创办了我国第一个减灾管理专业，直到企业和乡镇都健全了各级减灾管理机构，建设了一批减灾示范企业和示范村，现已作为国家减灾委的综合减灾试验示范区。

3.2 国外城市灾害管理体制

发达国家十分重视减灾管理，日本首相亲任日本政府减灾十年总部主席，根据 1961 年通过的防灾对策基本法的规定设立了国家、县、市各级自然灾害预防局和防灾理事会。美国 1950 年就已通过了民防法和救灾法，大多数州政府通过了州民防法规，1979 年成立于联邦紧急事务管理局，将住房和城市发展部的联邦灾害援助管理局和联邦保险管理局、商务部的火灾管理局等合并到该局，并建立了地区网。该局对总统负责，局长任联邦紧急事务委员会主席，由负责国家安全事务、国内事务和政策、政府间关系、行政管理和预算局长等一些总统助理担任委员。由于美国的减灾管理健全、设备先进，建筑物和城市生命线系统可靠性高，在 1989 年的旧金山 7.1 级地震中损失不大。澳大利亚政府设有专门的减灾部委即国家安全委员会，各州都设有分部，防灾由市长和副市长挂帅，成员由技术人员和州应急服务处官员组成。

3.3 减灾宣传、教育和培训

日本 1959 年起就开展城市减灾研究，现处世界领先水平，每年 9 月 1 日都举行大规模城市防灾演习，各大公司和重点部门也进行定期或不定期的演习，到处可见防灾标语，旅馆备有安全灯，电梯贴有地震应急对策，大楼都安排了避难路线，在兵库县南部大地震后救援迅速、社会秩序井然。澳大利亚安全培训中心具有系统的培训大纲，接受各职能防灾救灾部门和大公司内部防灾救灾专业或兼业人员的培训。香港规定消防人员必须经过专业培训并不惜巨资宣传减灾。

3.4 城市减灾的法规建设

1967 年巴西通过《在不平坦地区的建筑许可法》限制在陡坡和潜在不稳定地区的城市建筑活动。1973 年美国北卡罗来纳州颁布条例规定工程建设必须制定堆积和侵蚀的控制措施。1960 年美国制定《水灾控制条例》，1974 年制定《水资源开发条例》。加拿大政府规定，在20年一遇洪水可能淹没的城市市区不许再修建民用建筑与工业设施，现有建筑须增加防洪设施。不少城市通过立法对现有海岸建筑采取工程保护措施，对海岸进行综合开发，保护海岸湿地。

4　北京市“九五”和2010年防灾减灾规划的思路

根据国家减灾委的部署，在市计委的指导下，我们在1995年上半年组织编写了《北京市1995—2010年减灾规划纲要》，提出了北京市“九五”和2010年防灾减灾规划的基本思路。

4.1　制订减灾规划的指导思想

根据江泽民同志的指示，“继续坚持经济建设与减灾一起抓的指导思想，把减灾纳入国民经济和社会发展的总体规划中去；继续贯彻以防为主，防抗救相结合的基本方针，增加投入，加强防灾建设，提高抵御自然灾害的能力”。根据国务院对《北京城市总体规划(1991—2010年)》批复的要求，从全国政治文化中心的地位和市情出发，与2000—2010年社会经济发展的战略目标相衔接，最大限度地减少灾害损失和人员伤亡，保证安全生产，保持社会稳定，保障首都社会经济的持续发展和现代化城市的建设，更好地为党、政、军首脑机关正常开展工作服务，为日益扩大的国际交往服务，为国家教育、科技和文化的发展服务，为市民的工作和生活服务。

(1)减灾与社会经济发展战略紧密结合，以防为主，防抗救和恢复建设相结合；平战结合，平灾结合，除害与兴利相结合。增加投入，逐步建立城市总体防灾体系，提高综合减灾能力。

(2)从国情和市情出发，主要依靠本市的多渠道投入，同时积极争取国家对重点减灾工程的支持和国际减灾技术合作。

(3)根据城乡一体化的原则，以规划市区为减灾重点设防地区，同时充分重视郊区作为市区生态屏障和减灾缓冲地带的作用。

(4)从全国政治文化中心的地位出发，充分注意到北京的减灾工作对全国和世界的影响，特别注意加强中央领导机关和涉外机构集中地区、人口密集的繁华商业区和集中居民区、重点经济开发区、重要名胜古迹、科技文化设施以及城市生命线系统的防灾保障。

(5)减灾总体规划与行业减灾规划相结合，减灾重点工程优先项目与示范项目、示范区建设相结合，工程项目与非工程项目相结合，加强对减灾投入经济效益的分析，政府行为和民间社团社会公众参与相结合，注重全民减灾意识的增强、城市综合减灾体系的建设和综合减灾能力的提高。

(6)体现科技是第一生产力，减灾首先要依靠科技的思想。

4.2　规划的目标

4.2.1　总体目标

尽快成立北京市减灾中心，2000年以前在各专业局现有设施基础上更新改造联网配套，建立全市灾害监测预警与信息传输的统一网络系统，初步建成较为完整的城市防灾综合体系。在加强减灾工作领导管理和基础设施建设的基础上，使北京市受自然灾害和人为-自然灾害的年损失占国内生产总值的比例比90年代初下降30%～40%。2010年以前建成较为完善的城市总体防灾系统，在技术水平和减灾效果上达到并在某些方面超过中等发达国家首都城市的水平。使北京市受自然灾害和人为-自然灾害的年损失占国内生产总值的比例比90年代初下降40%～50%。

4.2.2 具体目标

(1)建立市和区县两级有权威的减灾组织协调机构和应急抗灾救灾指挥中心，改善减灾管理和灾害救援体制。

(2)加强减灾救灾队伍建设，建立和完善各类灾害的自动监测与预警系统，提高对重大灾害的预测和应急处理能力。

(3)在重大突发性灾害和危害较大的隐蔽性灾害的规律和减灾技术的研究方面取得较大进展，完成本市减灾规划、减灾区划和城市灾害风险图集的编制。推广减灾实用技术和研制自救减灾产品，初步形成减灾产业。

(4)建立健全地方性减灾法规和技术规范，加强减灾科普宣传，提高全民减灾意识和防灾技能，做到在发生灾害时有条不紊，保持良好社会秩序和工作秩序。

4.3 北京市减灾优先项目建议

以抗旱、涝、震、火等灾害为重点，建设一批减灾工程项目和综合减灾示范项目。如完成本市与南水北调配套的水利工程和向节水型城市产业结构的过渡改造，建成环城供水网络系统；全市建成排污管道系统和完善的城市雨水排除管道系统，疏通排水河道，基本解决市内低洼地严重积水问题；修建陈家庄水库，将官厅山峡防洪标准提高到百年一遇，基本解除对门头沟镇、长辛店地区和房山区小清河流域的洪涝威胁；建成市级人工影响天气基地和系统，实施人工增雨、消雹、消雾等减灾作业，建成暴雨监测和预警系统，提高短时预报的准确率；完成市区危房改造工程，对水、电、燃气、通信等生命线系统进行全面抗震加固，对隐患严重的城市生命线系统进行重点更新改造；完成整个山区泥石流灾险的勘察，在重点地区进行综合治理，将库北泥石流多发地区改造成水库的水源涵养区和生态保护带；建立健全突发性污染事故应急系统、工业废物管理中心和放射性废物处置中心，建成花园式文明城市；全面改善城市消防通信指挥系统，逐步将本市公安消防队伍建成一支城市灾害紧急处置的快速反应常备部队；实施西山地面塌陷综合治理工程，减少矿区地质灾害，保护矿工的生命安全和正常生产；实施大型畜禽场粪便污染治理和无害化资源化工程；建设北京市地震监测中心，建成以监测水库诱发地震和矿山地震为主的测震台网等。

4.4 与国际合作的减灾优先项目建议

1996年第一季度联合国召开减灾优先项目招标会议，北京市上报的四个项目分别是：

①北京市减灾规划及综合减灾体系的研究；②北京市综合减灾信息网络系统和数据库的建设；③北京市城市内涝及对策的研究；④缓解北京水资源危机的紧迫减灾措施的研究。

4.5 北京市“九五”科技发展规划减灾研究重点项目建议

在编制《北京市科技发展“九五”计划及2010年规划》的《自然灾害防御》专题规划中提出“九五”期间的重点科研项目：

①北京市主要自然灾害的预警系统及灾后评估方法研究；②北京市重大事故隐患的调研；③北京市重大灾害应急救援行动方案的研究。

5 北京城市防灾减灾近期亟待解决的重大问题

5.1 尽早成立北京市减灾委和减灾中心

为领导和协调各部委的减灾工作，中国国际减灾十年委员会已于1989年4月成立，现正酝酿建立国家减灾中心。十余省市和计划单列市成立了减灾委或领导小组。城市减灾是一项庞大复杂的系统工程，北京减灾协会已向市政府建议尽早成立北京市减灾委和减灾中心，减灾委应负责组织协调和指导各委办；局的减灾工作，主要职能是：

①组织制定北京市减灾规划，制订和完善北京市的减灾法规，建立健全北京市的综合减灾体系；②监督检查防灾减灾重大工程项目和非工程项目及全市减灾救灾设施和城市生命线的管理和维护；③组织指挥和协调全市性的重大减灾和救援行动；④组织减灾科普宣传和教育培训，增强全民减灾意识；⑤发布本市自然灾害、城市灾害及减灾行动的年度报告。

减灾中心是在减灾委领导下的事业单位，负责执行减灾委下达的具体业务和技术工作，尤其是全市减灾综合信息网络运转和减灾事务协调工作。

建议减灾委由主管副市长牵头，市计委负责具体组织协调，由市有关委办局及武警部队、北京减灾协会等单位参加。减灾委只设人数不多的一个办公室，减灾中心聘用一定数量的减灾业务技术和信息管理人员，并聘请若干减灾专家作为中心的技术顾问。区县减灾办公室可挂靠政府办公室并设终端与市减灾委及减灾中心联系。

市减灾委和减灾中心可委托北京减灾协会具体组织有关的减灾技术咨询、灾情和灾险考察、学术交流、科普、培训、宣传等活动，组织编写减灾规划、灾情与减灾行动年度报告书，组织进行重大减灾综合研究。

5.2 组织编制《北京市减灾规划》

5.2.1 编制《北京市减灾规划》的意义

为配合《中国减灾规划》的制订，应在《北京市减灾规划纲要》基础上正式立项编制《北京市减灾规划》。

为将北京的城市减灾纳入社会经济发展总体规划中，《北京市减灾规划》的期限应与《北京城市总体规划》相衔接，确定为1995—2010年。其中前5年和后10年可作为两个阶段，为兼顾长远的建设还可适当规划2050年的长远目标。

5.2.2 《北京市减灾规划》的内容

包括全市减灾总体规划、行业减灾规划、分灾种减灾规划和区域减灾规划等。以全市总体规划为主，专业性和区域性的规划为辅。内容包括历史灾情调查、减灾效益和现有减灾能力评估、存在问题、减灾目标、减灾行动和防灾减灾体系建设、优先项目建议和可行性分析等。通过制订规划全面收集灾情和减灾信息，及有关社会经济信息，为今后全面开展减灾工作建立综合减灾体系打下基础。

5.2.3 规划编写制订的组织

由市计委、科委和有关职能部门领导干部组成领导小组，向有关行业和业务部门及各区县下达编写规划的指令，协调各有关部门并提供各种保障、组织验收。办公室可设在市计委国土处。

委托北京减灾协会组织精干写作班子起草《北京市减灾规划》的总体规划，并指导区域性专业性规划的编写。委托北京减灾协会并要求国家减灾委推荐权威专家作为顾问指导编写和审稿。

5.3 北京市综合减灾信息网络系统和数据库的建设

北京市减灾中心应拥有先进的通信和减灾信息处理设备，并通过综合减灾通信网络与各业务部门及各区县实现灾情监测和信息的双向交流，实现快速高效的减灾决策指挥，这是市减灾中心建立后首先必须进行的一项基本建设。现阶段可在气象、水利、地震等现有网络基础上进行必要的技术改造，由电信部门提供和保障高性能业务网的条件，组成市级防灾远程计算机网络，将各区县局的减灾分中心用无线或有线通信方式沟通联系，组成一个初级综合减灾通信网。在此基础上再逐步建成现代化的北京市综合减灾通信网络。

为发挥综合减灾效果，将建立市级综合减灾数据库和科学的统计分析流程，包括各类灾害的历史数据的统计分析和当前灾害的动态分析，并打破部门封闭割据，实现信息共享。

5.4 北京市主要自然灾害的预警系统及灾后评估方法的研究

只有建立灾害预警系统才能取得防灾的主动权。目前气象、地震、水文、植保、环保、消防等系统已建立专业性的灾害监测网络，但对于重大复合型灾害仅有单一的专业预警不够，还应充分利用现有科技成果，采用现代信息技术，建立完善的灾害综合预警系统，在灾害苗头或先兆出现时就有所警惕防范，能够迅速判断做出正确决策。对不同灾种和等级应确定发布预警的权限和时机。

目前对灾害损失的估计全凭行政部门逐级上报，主观因素较多，对灾害的长期后效和间接损失心中无数，有的还虚报损失给保险赔付造成很大困难。有必要进行主要灾害的灾后评估研究，这对消除灾害后效、工程合理布局和推动灾害保险事业都有着重要意义。

5.5 制定灾害救援应急行动方案

应拟定各种重大突发性灾害的应急救援行动预案，以免在突发性灾害中束手无策，其内容包括：

(1)基础工作。划分灾害等级，完成城市灾害风险图编制和灾害区划。分析可能危害的地区、部门和对象，预测可能产生的次生灾害和衍生灾害，估计可能的生命和财物损失，调查可以动员的抗灾救灾力量和资源，了解可能影响灾情的自然和社会经济因素。

(2)针对洪涝、地震、泥石流、城市火灾等危害严重的突发性灾害，制定灾害救援应急行动方案，包括人员避灾场地和路线的选择，抗灾救灾人力物力的来源和动员方式，救助方案的确定和物资投放途径，通往灾区的道路选择和应急修复方案，城市生命线和关键部位维护的岗位责任制和修复方案，灾民医治、自救互助的组织和技术培训，灾后赈济、恢复和援建的方案等。

(3)物质和组织保障。建立救灾物资、器材贮藏库，建立各级救灾志愿人员队伍，组织进行救灾抢险、修复和救护技术培训。在目前急救中心的基础上扩大建成全市的灾害医疗救助中心，根据全市的统筹安排与全市的军民两类医疗机构协商制订紧急情况下的灾区伤病员分配救治方案，并面向华北，辐射全国，沟通世界各国的救灾中心和各大都市的赈灾运输网络。

5.6　北京市重大事故隐患的调查研究

北京市城市生命线和工业、城建系统中存在不少隐患，急需组织调研摸清底数，以便区别轻重缓急分期治理，消除可能的灾害源。

以上是近期急需着手抓的几件事，在市减灾委和减灾中心建立后还应逐步健全各级减灾机构、制定减灾的工程实施计划、进行减灾法制建设和减灾监测预测网络的建设、开展减灾科研和科普培训、组织防灾救灾演习、发展灾害保险等多项工作。通过全面实施减灾规划，把北京建设成为一个环境清洁、优美和安全的现代化国际大都市。

生态环境建设是北京城市可持续发展和安全减灾的根本保障*

郑大玮[1,2]

（1.北京减灾协会，北京　100089；2.中国农业大学资源与环境学院，北京　100094）

摘　要　作为中国的政治文化中心、知识经济中心和21世纪对外开放的世界大都市，影响北京城市可持续发展的制约因素主要是自然资源短缺和环境容量狭小。20世纪90年代城市灾害的严峻形势就是人口增长、经济发展、城市扩建与资源短缺、环境恶化矛盾的尖锐表现，尤以水资源紧缺、大气污染、城市热岛效应以及生命线系统事故隐患等为突出。郊区则以旱、涝和山区泥石流危害最重，沙尘暴还与西北的土地退化和荒漠化有关。加强生态环境建设是北京城市可持续发展和安全减灾的根本保障。

北京城市21世纪安全减灾是宏大的系统工程。首先需要按照城乡一体化的现代化都市标准，以生态环境建设为基础和前提，进行新一轮的城市总体规划。由于资源承载力和环境容量的制约，应该加快产业结构调整升级步伐，建立以高新技术产业和知识经济为主体的资源节约型经济和节水型社会。郊区农业的生态功能已上升到第一位，应与都市园林业逐步融合。应向北拓宽经济发展的腹地，以缓解资源紧缺和环境容量限制。环绕北京建成四道生态防线：城市绿地和城乡接合部绿化带、郊区平原园林和田园风光带、山区水源涵养和森林保护带、冀北和内蒙古防风固沙生态保护带。为提高城市安全水平和减灾能力，必须加强社区建设和减灾综合管理，并通过扩大对外开放和国际交往促进城市环境建设和加强减灾管理。

关键词　生态环境建设；城市可持续发展；安全减灾

1　北京21世纪的城市发展目标和制约因素

1.1　北京21世纪的城市发展目标

关于北京21世纪的城市发展目标，国务院1993年10月6日在《关于北京城市总体规划的批复》中指出："北京是我们伟大社会主义祖国的首都，是全国的政治中心和文化中心。城市的规划、建设和发展，要保证党中央、国务院在新形势下领导全国工作和开展国际交往的需要；要不断改善居民工作和生活条件，促进经济、社会协调发展，成为全国文化教育科学

* 本文为21世纪京津沪城市减灾研讨会重点报告。本文原载于北京市科学技术协会编《新世纪、新科技、新北京——2001年北京科技交流学术月论文集》，由科学技术文献出版社2002年1月出版。

技术最发达、道德风尚和民主法制建设最好的城市。""要将北京建成经济繁荣、社会安定和各项公共服务设施、基础设施及生态环境达到世界第一流水平的历史文化名城和现代化国际城市。"《北京城市总体规划(1991—2010年)》中更具体地规定"到2010年,北京的社会发展和经济、科技的综合实力,达到并在某些方面超过中等发达国家首都城市水平,人口、产业和城镇体系布局基本得到合理调整,城市设施现代化水平有很大提高,城市环境清洁优美,历史传统风貌得到进一步的保护和发扬,为在21世纪中叶把北京建设成为具有第一流水平的现代化国际城市奠定基础。"[1]

1996年北京市组织进行了1996—2010年北京市经济发展战略研究,指出未来北京城市发展的重点是进一步强化和完善城市功能,在经济发展的基础上,不断提高城市的整体素质和现代化水平。作为首都,北京首先应进一步加强和完善政治中心和文化中心功能。作为综合性特大城市,北京应重点发展和完善服务功能、产业功能、承载功能、集散功能和示范功能。还应逐步增强国际城市功能。[2]

20世纪90年代以来国内外社会经济发展出现了一些新特点:国民经济告别短缺时代,高新技术产业和知识经济迅速发展,产业结构调整加快;农村人口城镇化速度加快,北京市将率先进入老龄社会和信息社会;综合国力进一步增强,国际地位上升,加入世界贸易组织将促进进一步对外开放,申办奥运将极大促进北京的城市现代化建设等。展望新的世纪,北京市将以高新技术产业和文化、教育、科研等知识经济产业作为主体,带动环渤海地区和全国,与实施西部大开发战略相呼应,形成新一轮现代化建设和对外开放的高潮。21世纪人们的休闲时间还将增多,要求旅游业和服务业的大发展。北京以其3000年的悠久历史和文化底蕴,应该成为全国和世界的主要旅游城市之一。

1.2　影响北京城市可持续发展的制约因素

新世纪的发展前景要求北京必须加强城市的生态环境建设,实施可持续发展战略。

尽管50多年来作了巨大努力,北京城市目前的状况仍然远远不能满足发挥国际一流现代化大都市功能的需要。影响北京城市可持续发展的制约因素主要是:

(1)资源制约

北京是严重缺水的城市。作为一千几百万人口的超级特大城市,后备土地资源也并不丰富。森林和矿产资源不足,但旅游资源和劳动力资源比较丰富。

(2)环境制约

作为发展中国家的首都和迅速发展的经济中心城市,长期受到环境问题的困扰,尤以大气污染为最严重。水体污染、垃圾和噪声污染也很突出。其中又以城乡接合部的环境质量最差。人均绿地面积在世界大城市中居较低水平。

(3)其他制约因素

道路建设赶不上车辆增加,公众环境意识和减灾意识不强,长期以来忽视社区基础设施和精神文明建设,外来流动人口管理难度大,城市现代化管理总体水平不高。

2 北京市资源、环境和灾害的严峻形势

2.1 水资源紧缺和干旱加剧

北京市附近没有大的河流和湖泊，1981 年普查水资源，年均降水总量 105 亿 m^3，其中山区降水 65 亿 m^3，入渗补给地下水 16 亿 m^3，剩下 49 亿 m^3 部分被水库蓄积和土壤吸收，大部随径流流失。实际可供分配水资源为 40 亿～42 亿 m^3，人均 350 m^3，为世界人均的 1/30 和全国人均的 1/7。40 年来北京市的水资源形势不断恶化，20 世纪 50 年代入境水量年均 35 亿 m^3，到 80 年代只有 12 亿～13 亿 m^3，其中密云和官厅两大水库上游来水量 70 年代为 208 亿 m^3，80 年代 105 亿 m^3，90 年代前 5 年只有 50 多亿 m^3。20 世纪 70 年代以来大量开采地下水，城区和近郊每年下降 0.5～1 m，形成 1000 多 km^2 的漏斗，水位平均下降 4.3 m，中心地区下降 40 m，并导致东郊地面下沉。20 世纪 50 年代许多地区地下水位埋深极浅，甚至大片溢出，泉流广布。如今泉群消失，湖泊沼泽干涸，一些湖泊只得依赖地面水库补给。全市污水集中处理率仅 40%，加之农药化肥过量，地下水和河湖严重污染，下游河道多为超五类水体，基本没有生物存活。官厅水库 1997 年因上游污染严重已被迫退出饮用供水系统。[3]

继 1999 年的百年一遇大旱后，2000 年又是枯水干旱年，连续两年大部分地区年降水量不足 400 mm。1999 年是历年来入库水量最少的一年，比上年少 8.76 亿 m^3，2000 年汛期结束时全市唯一的饮用水源密云水库蓄水量仅 16.4 亿 m^3，比上年同期减少 7.5 亿 m^3，只相当于规划市区的一年需水量，已接近启动应急预案的临界值。目前的人均水资源已不足 300 m^3，低于大多数中东国家。1949 年以来先后出现三次水危机：20 世纪 60 年代中期依靠开挖京密引水渠缓解，70 年代中期依靠大量打井超采地下水勉强度过，80 年代初期连续 5 年干旱，依靠压缩 200 万亩灌溉面积和把密云水库作为北京市的专用水源而度过。近 20 年北京市的人口和经济规模有了新的空前增长，90 年代北京地区的相对多雨期过后，很可能又将进入一个新的相对干旱期，届时水资源紧缺将更加严峻。

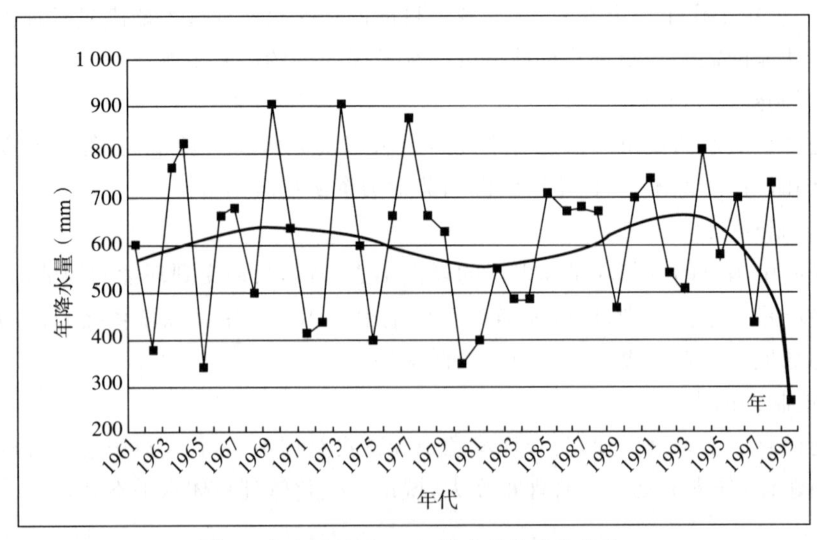

图 1 北京城区近 40 年降水量的变化趋势

（数据来自北京观象台 1961—1999 年降水资料）

2.2. 环境污染

(1)大气污染

世界卫生组织1998年对53个国家272个大城市的大气总悬浮颗粒物、二氧化硫、氮氧化物等三种完全污染物浓度进行测定,北京被列入全球十大污染城市之一。根据北京市环保监测中心公布的数据,1998年全市空气污染指数4级以上有23周,占全年的42.2%,其中有2周达到严重污染的5级。轻度污染的3级为21周,其中二氧化硫超过世界卫生组织标准的5倍。北京的大气污染属于典型煤烟型污染和汽车尾气污染并重的复合型污染。造成北京市大气污染严重的原因是多方面的。

一是北京的地理环境形似大"簸箕"。三面环山,二环路以外高楼林立使中心区形成"盆"状。北京的山谷风和城郊风等地方性风发挥主导作用,平时风力较小,空气在"簸箕"中打旋,使污染空气难以扩散出市区。只有在刮大风和下雨后才有大量的外界新鲜空气进入。

二是经常出现逆温和静风天气,尤其是冬季,不利于污染物的扩散。

三是燃料结构不合理。北京市燃料长期以煤为主,年消耗2800万t,其中采暖期的日消耗量为非采暖期的2.5倍,加重了冬季污染。据调查90%的二氧化碳和40%的总悬浮颗粒物都来自燃煤。

四是经济快速发展和城市化进程加快。北京市的汽车数量以每年15%的速度递增,目前机动车已达160万辆。路检59%以上的汽车尾气严重超标,25%的新车超标,造成氮氧化物居高不下。据检测74.8%碳氢化合物和40%的氮氧化物都来自尾气。由于工艺落后,目前我国生产的每辆汽车排出污染物相当于国外的8辆。1998年以前制定的限制尾气排放标准仅是西方20世纪70年代初的水平。交通拥堵车速慢也增加了尾气污染。据调查时速20 km的碳氢化合物和一氧化碳排放比时速50 km要高出50%。

五是城市布局不尽合理,占面积7%的市区集中了50%以上人口,80%的建筑和60%的工业产值及80%能源消耗,使得污染物十分集中。目前市内有大小工地5000多个,由于管理不善经常扬尘,导致总悬浮颗粒物常年严重超标。

六是由于内蒙古草原的退化和农牧交错带的土地退化,导致荒漠化蔓延扩大,沙尘暴日益严重,频繁侵入北京,20世纪90年代以来更是急剧发展。

(2)水污染

1999年监测的河段中,清洁河段占45.84%,其余54.16%的河段受到不同程度的污染,主要污染物为高锰酸盐、生化需氧量、氨态氮,其次是石油类和挥发酚。监测水库17座,65.2%符合相应功能水体水质要求,官厅水库水质属中度污染水体,已不符合饮用水源水质要求。监测湖泊19个,清洁湖泊占总容量的67.27%。水库、湖泊的主要污染物是总氮,其次是高锰酸盐、生化需氧量、氨态氮和总磷。远郊区地下水质相对较好,由于近年来乡镇企业迅速发展和人类活动的影响,部分地区存在污染加重趋势。1999年城近郊区日排污水量261.4万t,其中生活污水142.02万t,比上年增加约2个百分点;工业污水104.22万t,比上年减少0.54个百分点。城市污水日处理率仅为25.04%。1999年统计范围内1211家企业工业废水排放量为2.8亿t,处理率为95.6%,达标排放率75.6%,主要污染物排放量除砷有较大上升外，其他都有明显下降。[4]

(3)固体废物

统计1211家企业的工业固体废物产生量为1161万t，其中综合利用839万t，综合利用率72.2%；危险废物处理处置率达97.3%，历年累计堆存量达11672万t，占地面积290万m^2。1999年城市生活垃圾产生量为450.1万t，比上年增加1.3%，平均日产生量为12551 t，清运率100%。垃圾无害化处理率55.8%。实施了限制销售、使用塑料袋和一次性塑料餐具的管理办法，塑制餐具回收率达60%。

2.3 城市危险源和灾害隐患

(1)声环境

建成区的噪声达标覆盖率为66.21%。与1998年相比，1999年建成区道路交通噪声平均值基本持平，区域环境噪声平均值下降。建筑施工噪声和社会生活噪声污染扰民是市民投诉的热点问题。1999年监测道路交通噪声平均等效声级为71.0 dB(A)，其中城区为68.4 dB(A)，近郊区72.5 dB(A)，与1998年持平。建成区区域环境噪声平均值为54.2 dB(A)，比1998年下降0.3 dB(A)。其中城区区域环境噪声平均值为55.8 dB(A)，比1998年上升0.4 dB(A)；近郊区为53.7 dB(A)，比1998年下降0.5 dB(A)。

(2)城市火灾

1985年北京市发生火灾367起，居全国各大城市之首。[5]随着居民房屋建筑标准提高和民用煤炉的逐渐淘汰，城市火灾发生频率有所下降。但由于住宅装修大量使用易燃化学品和高层建筑的烟囱效应，恶性火灾事故仍不断发生。1993年8月12日夜隆福商厦发生新中国成立以来最大的一次火灾，直接经济损失2100多万元，加上间接损失实际过亿元。1998年5月初南郊玉泉营环岛家具市场又被一把大火烧光。

(3)交通事故

每年发生交通事故数以万计，死亡数百至上千人。全市机动车已达160万辆，道路建设仍然赶不上车流量的增加。我国对交通堵塞带来的经济损失缺少统计分析，世界资源报告(1996—1997)对亚洲一些大城市因交通堵塞延误造成的经济损失估计如下表：[6]

表1 交通堵塞造成的经济损失

交通堵塞	曼谷	香港	雅加达	吉隆坡	马尼拉	首尔	新加坡
延误损失(百万美元)	272	293	68	68	51	154	306
占GNP的比例(%)	2.1	0.6	0.9	1.8	0.7	0.4	1.6

(4)其他城市灾害源

随着城市建设和居住条件的改善，传染病、居室火灾、洪涝等灾害有所减轻，但同时又形成和出现了一些新的灾害源，如燃气泄漏、电击、雷电、电磁污染等，房屋室内装修材料释放多种有害物质，化工区还存在易燃易爆或有毒品泄漏或爆炸、燃烧的隐患。特别是供电、通信、上下水、燃气管网等城市生命线系统在受灾时容易发生连锁反应和次生灾害，具有一定的脆弱性。由于野蛮施工造成地下电缆挖断导致恶劣政治影响的事故在北京市区已多次发生。仅1990年到1996年25 mm以上自来水管和燃气、热力管线泄漏事故就达2110起。[7]

2.4　温室效应和城市气候灾害

(1)热岛效应

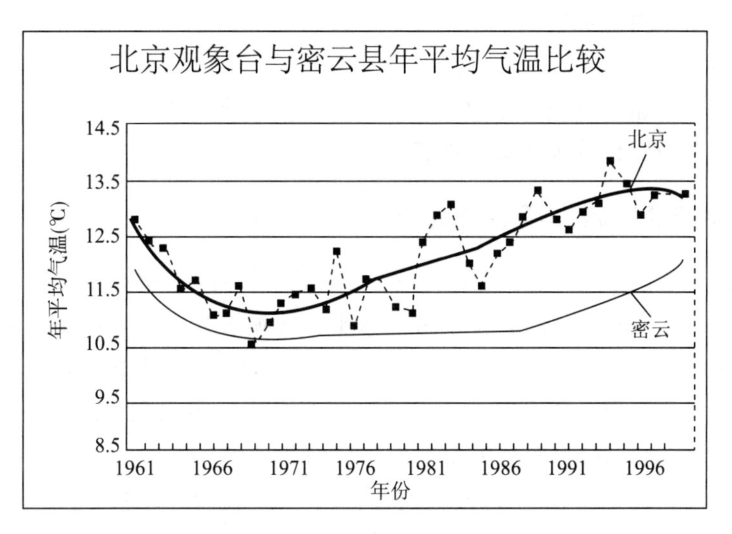

图 2　北京城区与远郊密云县的年平均气温对比

美国曾统计 15 个城市高温期间死亡率为平时的 4～7 倍。北京夏季高温除危害人体健康外，还造成用水用电的紧张，1981 年夏季持续 19 天的高温曾造成三层楼房以上住户断水。1997 年的夏季高温使各大商场空调脱销和不少地区拉闸断电。从图 2 可以看出市区与远郊气温的差距越来越大。据统计城区候平均气温 25.0～27.9 ℃的炎热期和 28.0～29.9 ℃的暑热期比郊区长的天数呈逐年增加的趋势。[8]

值得注意的是近年来北京春夏气温经常出现全国最高值，表明城市热岛效应已相当严重。这是全球温室效应、北京城市膨胀、机动车迅速增加释放尾气和北京地区特殊地形共同作用的结果。20 世纪 90 年代后期的 1997 年、1999 年和 2000 年北京连续出现夏季持续酷热天气，华北经常处于大陆副热带高压控制之下。如果成为未来气候的突变模式，将意味着整个华北的持续干暖化和沙漠化，后果不堪设想。

表 2　北京城区炎热期和暑热期比郊区多天数的 10 年平均值变化趋势[8]

年代	1960—1969	1970—1979	1980—1989	1990—1994
城区比郊区多天数(d)	9.0	10.5	22.0	30.0

(2)风廊效应

城市建筑虽然在总体上削弱了风速，但由于沿街高楼的狭管效应造成局部地区的风廊，风速可突然增大，如 1992 年 4 月 9 日的 11 级大风使北京站前的巨型广告牌倒塌，压死 2 人伤 15 人。[7]

(3)城市内涝

美国调查城市化后单位过程的洪峰流量为城市化前的 3 倍，历时缩短 1/3。由于滞时缩短和不透水面积增加，洪峰流量为原来的2～8倍。估计北京城市由于沥青和水泥等不透水路面和地面增加，中雨产生的径流量为过去的4倍以上，近年来大雨过后立交桥下经常出现汽车熄火堵塞交通。未来北京城区主要扩展方向都是低洼地区，如排水管道建设跟不上，将面临更加严重的城市内涝灾害。[7]

(4)城市雾灾

大雾经常造成高速公路交通事故和机场关闭。1992年2月16日大雾造成大面积电网污闪断电，首钢、燕山石化等大企业不能正常生产。

2.5 土地资源锐减和不合理开发

北京市的总面积虽然有1.68万km^2之多，但平原只有约6000 km^2。1998年旧城区人口密度已达31850人/km^2，居世界城市最高水平。按城8区1998年人口和规划市区面积1040 km^2计，人口密度也将达到6702人/km^2。而发达国家老城市中心区人口密度一般1万/km^2左右，新城市只有几千/km^2。像墨西哥这样的发展中国家首都人口多达1560万，人口密度也只有4134人/km^2。发达国家人均居住面积为30～50 m^2，北京只有十多平方米，老城区内尤其狭窄。北京要在2030年左右达到国际一流大都市的设施水平，必须打破目前摊大饼式的扩展模式，在郊区建设一大批卫星城镇，人均占地必然要大大超过旧城区。未来增加人均绿地、道路面积和停车场还将占用大量土地。近50年来北京耕地面积已减少近400万亩，其中1982年到1998年全市耕地面积减少120多万亩，估计未来10年由于城市扩展、农村人口加速城镇化和水资源的限制，耕地面积还将加速减少。

目前土地资源的不合理利用突出表现在城乡接合部的无序开发和对规划绿地的蚕食。由于外来人口垃圾堆放集中，已成为环境污染、社会治安、交通堵塞和违章建筑最严重的地区。

2.6 地质灾害对城市环境的影响

(1)水土流失

由于北京建城历史几千年，特别是建都上千年过程的滥伐和开垦，北京山区的天然林早已不复存在，水土流失日益严重。官厅水库原设计库容22.7亿m^3，到1985年泥沙淤积达6.18亿m^3。密云水库每年入库泥沙572万t，年均土壤侵蚀模数1950 t/km^2。[8]水土流失造成北京山区到处荒山秃岭，山洪、滑坡、泥石流灾害十分严重，大部分深山区人均耕地和水资源明显少于平原，加上交通和通信闭塞，社会、经济发展严重滞后，成为全市最贫困的地区。有的深山区由于近亲繁殖，呆傻和聋哑人较多。

根据北京市政府2000年3月公布的《关于划分水土流失重点防治区的通知》，原生的水土流失较为严重，对当地和下游造成严重水土流失危害的为重点治理区，主要分布在深山区，总面积4396 km^2。资源开发和基本建设活动较集中和频繁，损坏原地貌并易造成水土流失，危害后果较为严重的为重点监督区，总面积2862 km^2。目前水土流失较轻，林草覆盖度较大，但存在潜在水土流失危险为重点预防保护区，主要在平原、山区植被较好的林区及水库蓄水线周边，总面积9549 km^2。

(2)山洪、滑坡和泥石流

北京山区的山洪、滑坡和泥石流十分严重,有记载的1861—1991年间,有24年发生特大山洪和泥石流。1950—1991年间共造成515人和2627头牲畜死亡,7361间房屋和107551 hm^2 耕地被毁,财产损失数十亿元。根据对总面积8211.5 km^2 的2280条荒溪的普查,强泥石流和泥石流沟共273条1308.3 km^2,受威胁人口有2367户8453人。[9]

(3)地震灾害

北京及附近地区从公元前1831年至公元1990年共发生5级以上破坏性地震80次,其中8级1次,7～7.9级5次,6～6.9级21次。1057年的固安地震、1679年的平谷-三河地震和1976年的唐山地震都给北京带来极大损失。目前正处于第4活动期的剩余释放期,未来30年不排除发生6级左右地震的危险,特别是京西北方向。[7]

(4)地面下沉

由于超采地下水造成城近郊1000多 km^2 的漏斗区和约800 km^2 的地面沉降区,其中东郊有约260 km^2 下沉超过1 m,最深处达8 m。[7]

2.7　生物多样性减少的环境后果

北京山区面积有1万余 km^2,海拔2000 m以上的山峰有3座,生态系统包括森林、草地、农田、湿地和水面,为生物多样性提供了良好条件,从周口店猿人遗址的考古发掘看,远古时期的生物是十分繁茂的。据调查北京地区主要生物类群数目如下表:[10]

表3　北京地区主要生物种类数与全国和世界的比较

类群	哺乳类	鸟类	爬行类	两栖类	鱼类	昆虫类	苔藓	蕨类	裸子植物	被子植物	真菌	藻类	细菌
北京	53	243	17	8	84	不明	不明	65	33	1800	不明	不明	不明
全国	499	1186	376	279	2804	4000	2200	2600	200	25000	8000	500	5000
世界	4000	9040	6300	4184	19056	75.1万	16600	1万	750	22万	46983	3060	26900

由于几千年来人类活动强度日益加大,北京地区的大量野生动物灭绝,天然林被砍伐殆尽,近几十年大量农家作物、果树和牲畜品种被淘汰,加上人工建筑面积不断扩张和环境污染、使生物多样性日益下降。1958年全市总动员,连续3天抓捕麻雀,是对生物多样性最大的一次破坏行动,所有益鸟受到株连,直接导致了三年困难时期的虫害猖獗。

2.8　生态环境建设是北京城市可持续发展和安全减灾的根本保障

上述种种问题反映了北京城市人口增长、城市扩展、经济发展与资源、环境矛盾的尖锐化。1949年以来,北京市辖区内的人口总数从400余万增加到1300多万,经济总量增长数百倍,耕地面积却减少了40%多,水资源紧缺和环境污染日益严重。20世纪90年代以后北京市加速建设现代化国际大都市,对资源的消耗强度和对环境的干预强度空前加大,导致原有的矛盾进一步尖锐化,已经严重制约着北京城市的进一步发展。1998年部分国家已经开始向驻华人员每日发放“环境补贴”,理由是北京的空气污染程度已经超出了维持正常工作和生活的范围。在这种情况下，北京市要建成现代化的国际一流大都市是不可能的。如同西部大开发要把生态环境建设放在首位一样，生态环境建设应该是北京城市可持续发展和安全减灾的根本保障。

3 北京城市21世纪可持续发展和安全减灾对策

3.1 城乡布局和改善环境质量的关系

(1)关于城市建设规划的理论和实践

1889年E. Howard提出了田园城市的理论，1925年R. W. Burgess提出城市的同心圆增长理论，1933年H. Hoyt提出扇型理论，以后Harris和Uiman又提出多核理论。受上述理论的影响，战前在英国和法国出现了最初的卫星城，位于附属的近郊，仅供居住。以后又发展成半独立的卫星城，有一批工业与服务设施。20世纪60年代产生了完全独立的卫星城，拥有自己工业和全套服务设施，达到了疏散人口的目的。当代发达国家已进入城乡一体化的城市发展阶段，生态环境显著好转，中心城市也不再无限膨胀，而是形成城市群和网络，经济辐射功能更加完善。[5]

(2)北京城市建设已进入城乡一体化的新阶段

1949年以来北京的城市发展既在某些方面吸收了发达国家的成功经验，同时也存在一些发展中国家城市盲目发展的通病。1957—1979年间北京市以住房和就业问题最为突出。20世纪80年代以后有所缓解，但环境污染和交通拥挤又日益严重。90年代北京城市加速扩展，城市设施日益现代化。但随着建成区“摊大饼”式的膨胀，空气质量日益恶化，交通堵塞日益严重，旧城区出现衰退和空心化，近郊成为经济最发达和消费最集中的地区。城乡接合部流动人口集中居住，成为环境污染最严重，治安问题最突出的地区，绿化隔离带被不断蚕食，违章建筑也最多，是城市管理和建设的难点。这些现象表明，北京的城市建设必须审时度势，调整规划布局，尽快转入城乡一体化发展的新阶段。

(3)关于北京城市21世纪发展布局的若干设想

由于城乡接合部绿地蚕食严重和北京市高新技术产业、知识经济的迅速发展，原有规划的边缘集团设计已落后于形势。目前中国科学院、北京大学、清华大学和其他许多科研机构和高等院校已受到周边土地城市化的严重束缚，无法扩大规模。北京应参考日本首都东京地区的城市规划，跳出中心区，在远郊建设若干个高新技术产业城和大学城、科学城。与中心区可通过高速公路、轻轨铁路和信息网保持快捷的联络。

北京应成为21世纪中国最大的旅游城市和世界最有吸引力的国际活动中心及旅游城市之一。中心区应恢复古都风貌，基本不承担工业生产功能，也不作为主要的居民区，主要用作国家核心机关所在地和国际交流场所，发展旅游、商业和服务业。

3.2 产业结构升级和资源高效利用

(1)自然资源对城市产业结构的制约

北京的水资源紧缺，矿产资源也不占优势，在近代一直是作为政治和文化中心，以天津作为华北的工商业中心。1949 年以后由于计划经济体制下按行政区域的财税制度，导致京津产业结构趋同，两败俱伤。特别是 1958—1978 年期间，北京重工业投资竟达工业投资比重的 89.6%，到 20 世纪 70 年代，重工业比重近 64%，超过上海和天津，仅次于沈阳，居国内大城市第 2 位。一大批高耗能、高耗水和高污染的重化工业企业，特别是首钢和燕山石化成为北京市政府的主要财政支柱，但同时也使得北京市的环境污染和水资源紧缺日益严重。90 年代随着经济体制改革的深入，国有重化企业的体制弊病日益显露，历史包袱日益沉重，经济效益不断下滑，产业结构到了非调整不可的地步。

(2)北京市发展知识经济和高新技术产业是适应资源和环境条件的唯一选择

北京市的产业结构调整，必须按照中央关于北京市工作的方针和北京市的总体发展目标，大力发展适合北京特点的经济。根据北京市资源承载力和环境容量的制约，必须优先发展知识经济和高新技术产业，大力发展第三产业，促进工业的升级和转型，积极发展城郊型现代化农业。人才和技术密集是北京市最大的优势和最宝贵的资源，以中关村为中心的半径 10 km 以内，集中了全国一半以上的院士和一大批国家最高学府和科研机构，高等教育、科研和高新技术产业应该成为北京市最重要的经济支柱和先导产业。作为具有 3000 年建城史和上千年建都史的古都，全国的政治文化中心和对外开放的国际大都市，北方最大城市和全国的交通枢纽，还应该建立起服务首都，面向全国和世界，结构优化、功能齐全、布局合理的第三产业体系，提高综合服务能力和现代化水平，并成为国民经济的主导产业，特别是成为全国最大的旅游中心城市。[2]

(3)知识经济和高新技术产业的减灾对策

文化、科技、教育等知识经济和高新技术产业虽然具有耗能少、污染轻和资源节约的特点，使得环境污染、交通事故、火灾、热岛效应、有毒有害物质泄露等城市灾害大大减轻，但对另一些城市灾害又十分敏感，一旦发生灾害或事故极易形成连锁反应，如供电和通信系统故障、雷击、噪声、电磁干扰、电脑病毒等。对于高新技术产业开发区应制定专门的减灾规划，针对可能发生的各种灾害和事故隐患制定防范措施，健全安全和保障制度。

3.3 采取坚决措施扭转环境质量的恶化趋势

(1)整治大气污染

中央领导十分重视北京市的环境治理。1999 年 3 月 13 日，江泽民总书记在中央召开的人口、环境、资源座谈会上强调：北京市一定要抓紧搞好环境保护工作，努力改善首都的环境质量。1999 年 3 月 5 日，朱镕基总理在《政府工作报告》中特别指出："首都北京今年把治理大气污染作为政府的一项突出任务，国务院各有关部门要给予有力支持。"为让市民了解自己生活的环境质量，从 1998 年 2 月 28 日起，北京市开始向社会公开发布空气质量周报。自 1998 年底开始实施了控制大气污染三个阶段共 68 项措施。1998 年 12 月 17 日，北京市召开控制大气污染动员大会，提出了 18 项紧急措施，主要内容是：加大推广使用低硫优质煤；三环路以内所有炉灶、茶炉一律改用清洁燃料；取缔三环路以内的露天烧烤。朱镕基总理就此批示："国务院完全支持北京市为控制大气污染所采取的紧急措施。国务院各部门和中央在京单位必须全力支持和严格遵守。希望北京市加大执法力度,切实监督执行,造福北京人民。"最近江泽民主席在给萨马兰奇的信中又号召北京市在全国人民的支持下为申办奥运做出非凡的努力,必将进一步促进北京的城市现代化建设和环境整治。

北京市政府的主要措施有三个方面:

①控制煤烟型污染。全市燃煤总量由1998年的2800万t下降到1999年的2651万t。加大推广低硫优质煤力度,三环路以内的炉灶和茶炉一律改用清洁燃料,坚决取缔了三环路以内的露天烧烤。

②控制机动车排气污染。1999年初开始实行的欧洲一号排放标准,相当于欧洲20世纪90年代初的水平,使新车的氮氧化物排放平均下降了80%。通过加强检测劝阻超标车辆进京,改造尾气超标车,使12万辆1995年以后上牌照的机动车经改造基本达到了新的排放标准,出租、公交、邮政和环卫车辆改为双燃料车或纯天然气车,3万多辆超过使用年限的车辆报废。

③防治尘污染。1999年市区完成绿地面积800 hm^2,郊区新增林地面积2.4万hm^2。市区植树224万株,种草300多万m^2,整治裸露地面728万m^2。扩大道路机扫面积,市区道路机械清扫面积达到2000万m^2,道路冲刷、喷雾压尘面积增加到1301万m^2。加强建筑、道路及水利施工管理,创建文明工地2042个。

1999年以控制大气污染为重点开展大规模环境综合整治,使首都环境面貌明显改观,以天蓝、地绿、水清的优美环境,保证了新中国成立50周年庆典和澳门回归等大型活动的顺利进行。由于加大控制大气污染力度,主要污染指数均有不同程度下降,全年空气污染指数三级和好于三级的天数占75%,比1998年提高了14个百分点。2000年除春季一度沙尘暴严重外全年空气质量继续好转。

目前这种城市扩展摊大饼的做法不利于污染空气的扩散,在绿地建设规划中应有数条具有相当宽度的绿色走廊楔入中心区,以打破中心区密集的高层城市建筑物封闭的格局。

(2)水环境治理

在水环境方面,认真落实了《北京市海河流域水污染防治规划》,完成密云水库和怀柔水库的围网工程,基本实现了半封闭管理。水库周边大力推广无磷洗衣粉使用,扩大生物防治病虫害,减少农药施用量,开展小流域综合治理。加快了水厂防护区的设施改造工程。综合整治城市中心水系,清淤和铺设污水管线,衬砌护坡,绿化两岸,基本实现了"水清、岸绿、流畅、通航"的目标。城市污水处理能力已达到40%。

3.4 都市园林业与城郊农业的一体化

(1)郊区农业必须服务和服从北京城市系统的总体目标和功能

郊区作为城市系统的一个子系统,郊区农业作为城市经济系统的一个子系统,都必须服从和服务于城市系统的功能和需要。北京郊区及农业的功能主要有四项,即作为城市发展的腹地、生态屏障、副食品供应基地和满足农民的部分自给需要。在市场经济逐步完善和城乡一体化发展的今天,过去十分强调的后两项功能的地位已经明显下降,逐步为外地农区所替代。现在北京市场上的大部分副食品都来自京外,转向非农产业的农民和兼业农户的粮食和副食品都主要靠从市场上购买。但郊区前两项功能是外地农区无法替代的。

由于北京的土地资源和水资源在可预见的将来更加紧缺，等量土地资源或水资源用于工业，特别是高新技术产业或城市建设的价值要比用于农业高出数十到数千倍，大部分土地资源和水资源将不可阻挡地转向非农产业。由于我国人均耕地不足，城市建设人均占地不可能达到西方国家的水平，卫星城镇之间仍应留出足够的绿色间隔，农田也应包括在内。西欧国家的经验表明，人工绿地与田园风光的巧妙组合，要比单纯绿地经济的生态效益更高，在城市外围完全取消农田是不可取的。按照中等发达国家的城市建设水平，估计北京的平原地区将要占用一半，还有一半可作为农用。因此，北京市的农业在今后数十年内还不会完全消失。

(2)北京郊区的农业发展方向

在国内外农产品市场开放的条件下，郊区农业不再以保证城市充足的副食品供应为第一功能，生态屏障功能和提高农民收入变得日益重要。加入世界贸易组织后，北京郊区必须发展劳动密集与技术密集相结合的农业产业。打时间差的精品创汇农业，观光和休闲农业也将具有一定的发展前景。

从防灾减灾的角度还应大力发展绿色安全食品。北京郊区单位面积化肥用量已接近世界最高水平，牲畜粪便上千万吨，大量有未经检测的农药残留蔬菜水果天天上市，农业自身已成为重要的污染源，必须制定相应的技术标准和严格的检测制度。应该充分利用北京市的技术密集优势，加强对鲜活农产品的检测，使产地与定点市场直接挂钩，实行优质优价和安全食品的信誉保证。

虽然加入世贸对于发展畜牧业是一个机遇，也是迅速提高农民收入的重要渠道。但畜牧业又是主要的农业环境污染源，必须将城郊畜牧业的总体规模控制在环境容量许可的范围以内。过去北京郊区发展大规模猪鸡场背离了我国国情和北京市情，特别是猪场水冲式排粪的污染严重、后患无穷。发达国家都已放弃了大规模工厂化的饲养方式，对饲养规模与农田面积的匹配和厩肥施用量及次数、时间都有严格的限制。在北京的自然条件下和当前科技水平下，应该参考国外方法对北京市的农业环境容量及季节变化，设立专题研究确定。

(3)都市园林业与农业的一体化发展趋势

未来北京郊区的农业将与城市绿化美化融为一体，郊区平原应保持田园风光，生态屏障将成为郊区及其农业的首要功能，苗木、草坪、花卉和观赏动植物将成为北京郊区农业的主要成分。在城市绿化中应打破传统的只重视植树作法，把种草和立体绿化放在重要地位，把中国的古典园林美与西方现代建筑及环境美学结合起来。其中，培育和筛选适应北京气候和土壤的耐旱、节水和美观的草坪草品种已是当务之急。北京是干旱和缺水的城市，大量栽植高耗水的冷季型草坪是不可持续的。发展都市园林业及与之相配套的农业必须考虑本地区的生态条件，设计人工生态系统应尽可能接近当地的自然生态系统，不要盲目大量引进国外和外地的品种，特别是要防止生物种群过于单一，以免出现生物灾害的严重泛滥。

3.5 水资源开源途径和建设节水型社会

(1)缓解北京城市水资源紧缺的基本对策

由于城市发展用水增加、上游来水减少和气候趋于干旱，未来北京城市水资源形势将更加严峻。最近中国工程院院士、清华大学环境科学与工程系钱易教授向市政府建议：缓解水危机战略措施要同时考虑质、量两个属性。①控制对水的需求——节约用水。建设节水型工、农业和节水型社会。农业和农村占总用水量的60%,全面推广节水技术可使农业用水利用率提高15%~20%,每年节约3.75亿~5亿 m^3 水。工业用水占31.7%,目前用水重复率已处国内先进,但与国外相比还有很大潜力,可提高5~10个百分点。家庭卫生设备漏水普遍,应严厉打击假冒伪劣设备的产销。②发展城市污水处理和回用,实现“优水优用,劣水劣用”。③充分重视雨水拦蓄和利用。西郊的地下水库库容有10亿 m^3,丰水年或雨季可用于回灌,枯水年及旱季再抽取,其他地区可安排小范围的雨水拦蓄与利用工程。以上三项战略措施可同时缓解水危机的量与质两个方面,而所需投资和运行的费用较少。

(2)开源途径

在基本立足北京市现有水资源的基础上,还应积极开辟新的水源。从长远看,南水北调或从大西南调水势在必行,但近期北京附近水系已无水可调。除与河北省协调现有河流径流的合理分配外,比较可行的办法是从空中取水,北京市气象局近十年在水库上游实施人工增雨已取得显著成效。

北京市的地表水源主要是两大水库。官厅水库上游是永定河水系,流域面积43400 km^2,年降水380~450 mm,径流深50~100 mm。密云水库上游为潮河与白河水系,流域面积15788 km^2,年降水500~700 mm,径流深100~200 mm。[11]利用雨季有利天气进行人工增雨作业增加水库来水,具有很多有利条件:由于季风气候的特点,北京的夏季总会出现有利天气,增雨作业成功的机会较多;密云水库上游是华北的多雨区,地势陡峭,多是石质山区,降中到大雨后易形成径流;上游地广人稀,只要将山区居民迁移到安全地带,增雨造成的山洪和泥石流等灾害的损失不大;密云水库的库容量很大,大多数年份蓄不满,潜力较大;与南水北调相比,人工增雨作业成本要低得多。国内外资料表明增雨催化剂所造成的污染可忽略不计。

(3)建设节水型社会

缓解北京的缺水单靠工程措施是不够的,必须全民动员,发展节水型产业,建设节水型社会。①大力加强宣传教育,树立全民节水意识。②调整水价政策和排污收费制度,利用市场机制调节供需。③加快全市水资源可持续利用规划的制定和加强统一管理。

3.6 建设新的绿色长城

(1)北京山区的地位和功能

万余平方公里的山区既是北京的独特优势,可形成城市的生态屏障,但也带来了特殊的环境问题。现实状况是山区与平原的差距在继续拉大,至今还有少数贫困山村。山区还成为平原洪涝、干旱缺水、水污染、冰雹、风沙、生物多样性下降等多种灾害的源头。作为北京郊区的一部分,北京山区主要应发挥生态屏障的作用,生产功能要以不妨碍生态保护功能的发挥为前提。京郊应加快农村人口城镇化的步伐,山区人口应大部下山,留在山区的主要从事水源涵养、植树造林和旅游业,只在条件有利的山间河谷适度发展特色农业。

(2)冀北山区的水土保持和综合治理

仅靠北京山区的绿化是远远不够的,目前冀北山区的水土流失和环境污染都很严重。

北京市应打破行政分割，充分发挥中心城市对周边地区的辐射作用，支援和带动张家口、承德两地区的经济发展和生态环境建设，以保障北京的水源安全和减轻风沙危害。

（3）内蒙古农牧交错带和沙区边缘的综合治理

由于沙粒比重大不能进入高空，刮到北京的主要是退化草原和耕地的尘粒。其中农牧交错带的生态尤其脆弱，是我国受荒漠化威胁最严重和主要的连片贫困地区之一。这一地区邻近北京，土地辽阔，又是农区与牧区的桥梁和纽带，具有发展草食畜牧业和特色种植业的极大潜力。北京市应把这一地区作为主要的农业腹地，帮助当地农牧民发展经济和脱贫致富。内蒙古的沙漠和沙地都离北京不远，是历次沙尘暴的源头。北京还应大量支援沙区边缘的防沙固沙工程。只有建成我国的北方生态防线，才能遏止荒漠化的蔓延势头和从根本上消除北京春季的风沙危害。

3.7　拓宽腹地，减轻环境压力，优化资源配置

（1）解决“大城市、小郊区”的矛盾必须拓宽城市发展腹地

北京许多城市环境问题的产生都与“大城市、小郊区”的矛盾相联系。北京作为一个拥有一千几百万人口的超级特大城市，需要经济拓展的广阔腹地，狭小的郊区早已不足以容纳城市经济辐射的能量。山区面积虽大，但适宜城市建设利用的土地并不多，而且主要应作为生态屏障。由于东北已存在以沈阳和大连为核心的城市群和经济增长极，华北中南部也已有石家庄、济南、太原、郑州、青岛等大中城市构成辐射黄淮海平原的经济增长极和轴。作为华北最大经济中心城市的北京和天津除向临近的廊坊、保定、沧州、唐山、秦皇岛等地市辐射外，应该把河北北部和内蒙古自治区作为经济拓展的主要腹地。从京津向西北和东北方向，张家口—集宁—呼和浩特—包头—临河—乌海及承德—赤峰—通辽—乌兰浩特—海拉尔—满洲里两条铁路干线贯穿了冀北和内蒙古的主要城市和经济密集带。京津应把冀北和内蒙古作为资源宝库、原料产地、环境屏障、产品市场和产业转移地，冀北和内蒙古则应把京津作为最大的经济辐射中心、产业转移源地、初级产品主要市场、信息源地、金融和科技中心。两地区经济势差明显，互补性极强，有着极好的经济合作前景。即使是为了发展本地区的经济，京津两市也应把支援冀北和内蒙古的生态环境建设和社会经济发展当作己任。[12]

（2）建立京津与冀北、内蒙古共同开展生态环境建设和协同发展经济的机制

长期以来的计划经济体制造成地区和条块的分割，不利于跨地区跨部门重大工程的实施。要使京津沙尘源区的生态治理工程取得良好效果，必须打破旧的管理体制，探讨上风与下风、沙尘源区与被保障地区之间建立联合开展生态环境建设与促进社会经济协同发展的机制。

首先，上风的河北省张家口、承德两地市和内蒙古自治区应与京津两大都市之间建立起经济发展腹地与经济增长极的紧密关系。由于产业结构和资源优势互补，具有合作两利的良好前景。

其次，冀北和内蒙古进行生态环境建设，受益的主要是内地下风地区，首当其冲的是京津两大都市。进行生态环境建设必须付出相当大的投入，而由于生态环境改善带来的巨大和潜在的经济效益将主要体现在京津两市未来的经济发展中。作为主要受益地区，理应为付出代价的上风地区提供适当的支援和补偿。

第三，内蒙古作为我国北部边疆地区和重要的民族自治区域之一，这一地区的生态环境建设还关系到边疆的稳定和民族团结，首都和内地也应该给予必要的支持。

(3)拓宽腹地与缓解资源紧缺，改善环境质量及城市减灾的关系

首先可以缓解水资源和土地资源的紧缺。冀北和内蒙古虽然气候干旱，但地域辽阔，人均水资源比较丰富。利用水库上游实施人工增雨可增加入库水量。北京郊区高耗水的作物和工业产业可转移到冀北和内蒙古一些水资源相对丰富的地区。其次，可以增大北京城市的环境容量。北京市的一些扩散型污染企业可以向北转移，利用人少地多的广阔空间实行自然净化，但积累型有害物质和有毒污染物仍应严格控制。第三，由于北京处于下水和下风向，发展冀北和内蒙古的经济和治理其生态环境，将有利于减轻沙尘暴、洪涝、干旱、冰雹、寒潮和生物多样性下降等灾害。

3.8 社区建设和城市安全减灾

(1)城市贫民社区的环境和灾害问题

社区又称住区(Settlement)，是城市的基本构成单元之一。当今世界城市社区环境灾害和安全隐患最为严重的莫过于一些发展中国家迅速膨胀大城市的贫民区。世界银行估计2000年发展中国家绝对贫困人口的一半将生活在城市中。发达国家的城市贫民一般居住在老城市衰退了的中心区，发展中国家的贫民区一般集中在城乡接合部。美国的一些大城市，富人纷纷搬到环境优美住房宽敞的郊区，放弃了对旧市区改造的投资，由于年久失修，下水道断裂，净化水不足，垃圾四溢，害虫和老鼠出没，失业、犯罪、吸毒和暴力破坏着社会的稳定。破烂不堪的单元楼里油漆剥落铅底暴露和通风不良，导致170多万儿童血液含铅量增高。堪萨斯城非洲裔青少年受火器伤害的危险是白人青少年的13倍。发展中国家估计有30%～60%的人口居住在不合标准的房屋里，许多穷人用厚板纸、胶合板或废金属搭盖临时住房，常常没有供水、卫生和垃圾收集设施。印度的孟买市区人口密度是世界上最高的，每平方千米超过6万。在德里曾发现在一个典型两层公寓的49个房间中生活着106个家庭的518人，人均住房面积只有1.5 m^2。马尼拉贫民区的婴儿死亡率和营养不良儿童数比其他地区高出3倍，结核病发病率高出9倍。许多贫民被迫选择易遭受灾的低地或易受山洪和泥石流危害的山坡居住。[6]我国城市在新中国成立前也同样存在大量的贫民窟，新中国成立后实行的城乡分割户籍制度控制了城市的发展规模，原有的贫民区大部被改造成新区。但近20年来农村人口重新大量涌入城市，在城乡接合部租用或搭建临时简易房屋，同样存在严重的环境与社会问题。

(2)21世纪的城市社区建设发展趋势

联合国环境与发展世界大会通过的《21世纪议程》把人类住区工作的总目标归纳为“改善人类住区的社会、经济和环境质量和所有人(特别是城市和乡村贫民)的生活和工作环境。”《中国21世纪议程》提出“人类住区发展的目标是通过政府部门和立法机构制定并实施促进人类住区可持续发展的政策法规、发展战略、规划和行动计划，动员所有的社会团体和全体民众积极参与，建设成规划布局合理、配套设施齐全、有利工作、方便生活、住区环境清洁、优美、安静，居住条件舒适的人类住区。”发达国家社区建设的实践表明，人类住区的可持

续发展重点是住房和基础设施改善，主要实施手段是社区综合管理。[13]一些发展中国家在改善城市贫民社区的环境和减轻灾害危险方面也做出了巨大努力。由非政府组织实施的巴基斯坦卡拉奇西北郊的奥兰奇示范项目表明，当把社区的积极性和资源动员起来时，低收入居民区也能大大改善他们自己获得的环境服务设施、医疗保健和就业机会。地方政府和非政府组织应帮助社区建立自己的组织机构。在此基础上应制定社区信贷计划以解决社区改造的资金困难。许多经验证明，一旦社区被组织起来，就能够并且愿意在财力上出一份自己应尽的力量，并将偿还贷款。[6]

我国过去城市建设往往按照“先生产，后生活”的模式，基础设施建设严重滞后，修建住宅区往往急功近利，忽视配套设施建设，尤其忽视社区文化娱乐、教育、医疗、体育、商业服务、绿地建设和环境综合整治。现有的居民委员会和街道办事处，行政色彩浓，民间自治和互助的作用不足。在进入信息社会和老龄社会后，如不及时采取措施，有可能出现居民之间老死不相往来，缺少人际交流，社会保障和治安水平下降，精神文明和公共道德滑坡的情况。人们从狭窄拥挤的大杂院或筒子楼搬进单元楼后，相互联系和交往的机会场所少了，反而增加了居室灾害救援和治安管理的困难。缺乏正常健康的社区活动，法轮功等邪教就容易乘虚而入。一些发达国家在二战后重视社区建设，使社会矛盾得到很大缓解。由于实行社区自治，大量组织非政治性的文化、体育、娱乐活动，提倡居民互助，减轻了搬进单元住宅后的孤独感，增强了居民对于社区的归属感和社会责任心。居民自发进行环境整治，并非什么都靠政府掏钱。我们作为社会主义国家，理应做得更好。特别是应该逐步转变街道办事处和居民委员会的功能，弱化其行政职能，增强组织居民自治互助的功能，提高社区的生活质量和安全水平。

(3)加强城市社区居民的减灾教育和培训

城市环境综合治理和防灾减灾关系到全体市民，必须加强社区居民的减灾教育和培训，以动员全社会的力量减灾。与日本、美国等发达国家相比，我国城市居民的受教育年限、科技素质和安全文化素养都比较低。20世纪90年代初哈尔滨白天鹅宾馆火灾，死亡数十人，唯有日本人全部安全逃生，这与日本注重国民安全减灾教育和培训是分不开的。我国1976年夏季的地震恐慌导致许多地方社会秩序混乱，地震谣言峰起，迷信活动抬头，造成一些人为的经济损失和额外伤亡，很大程度是由于公众缺乏安全文化素养。进行居民环境保护和减灾教育可以采取多种方式。如发动居民参与社会建设和整治规划，组织防灾演习，组织青少年绿色行动志愿队，在中小学校开设环保和减灾课程，通过报刊、广电、互联网等媒体宣传报道，以及融入文化娱乐活动等。

3.9　加强城市的减灾综合管理

(1)城市减灾和环境整治、治安、消防、民防管理应实现一体化

城市减灾涉及社会生活的各个方面，我国目前大多数城市缺乏统一的减灾管理常设机构，使减灾工作缺乏有效协调、科学性、连续性和长远性。与减灾有关的各个业务部门分兵把守，对于一些影响面大的灾害和环境问题，缺乏统一的技术标准，环境和灾害信息不能相互联网及时交换，影响了减灾总体效能的发挥。由于重大城市灾害具有一定的偶发性，城市

减灾应与环境整治、治安、消防、民防等专业队伍的管理实现一体化，平时分工负责各自领域，重大灾害发生时在市政府指挥下统一行动，实现减灾和救援的高效率。

(2)21 世纪城市的减灾管理

按照《北京城市总体规划》的要求，到 2010 年北京的社会发展和经济、科技的综合实力达到并在某些方面超过中等发达国家首都城市水平，人口、产业和城镇体系布局基本得到合理调整，城市设施现代化水平有很大提高，城市环境清洁优美，历史传统风貌得到进一步的保护和发扬，为在 21 世纪中叶把北京建设成为具有第一流水平的现代化国际城市奠定基础。[6] 与此相应，北京市的减灾管理也必须达到国际先进水平，否则无法保障上述目标的实现。

21 世纪北京城市的减灾管理，首先应建立和健全各级减灾管理机构——从市级的北京市减灾中心和区县级到社区级的减灾机构。配合新一轮城市总体规划的制定，组织力量制定城市减灾规划。针对重大自然灾害和城市事故隐患制定减灾预案，建立减灾决策支持系统。运用现代信息技术做到对大多数重大灾害做出比较准确及时的预报。城市各类减灾工程趋于完善和配套，具备充足的救灾器材物资储备。全民的环境意识和减灾意识极大增强，形成浓厚的城市安全文化氛围。城市减灾和环保法制更加完善。灾害保险业务普及到城市经济和生活的各个领域。

(3)21 世纪城市现代化减灾管理的信息技术

目前我国的各类减灾业务部门之间信息不能共享，资料费高得惊人，对科技进步和减灾、环保事业的发展都十分不利。随着国家财政的好转，应该逐步废除向社会有偿提供公益服务信息的制度。各减灾业务部门的灾害监测信息和历史资料应通过互联网实现资源共享，建立全市性的灾害信息中心并与各减灾和环保部门联网，运用遥感技术和地理信息系统实现社区灾害的动态监测和管理。逐步屏弃人海战术的险情调查，代之以先进的检测手段。

3.10 扩大对外开放，促进首都的环境建设与城市减灾

(1)北京与发达国家首都的城市环境和安全减灾的差距

作为发展中国家的首都，北京与发达国家的环境建设和城市减灾还存在不小的差距。大气污染列入世界十大污染城市之列，人均绿地相差数到十倍，城乡接合部和旧城区部分居民的居住条件还很差，道路建设赶不上交通流量的增加，水资源危机不断加深，沙尘暴连年发生，生物多样性继续下降，城市气候负面效应日益显著，消防、防洪、排污、净化处理等救灾和环保设施落后。在软件方面，社区管理体制不健全，行政职能过多，市政和生活管理职能不足。缺乏统一的减灾管理机构和信息中心，大部分社区和行业没有制定减灾规划和主要灾害的应急救灾预案。灾害保险只限于城市和少数险种。全民环境意识和减灾意识都很淡薄。

(2)开放是促进城市建设与发展的必由之路

城市是一个开放的人工生态系统，一方面对周围农村和城镇具有很强的经济辐射功能，另一方面又高度依赖于周围地区的物质、能量、信息输入和城市废弃物向周围的输出。任何城市一旦封闭起来，就一天也维持不下去。在过去的计划经济体制下，只在市区和郊区之间形成一定的开放和物质、能量、信息双向流动，除国家指令性产品调拨外，与其他地区之间很少发生经济联系，形成一个放大的封闭系统。对北京市产品实行政策性地方保护，封锁外地

产品进入北京市场。城市资金只投向本地企业,“肥水不流外人田”。道路修到边界为止,人为阻隔地区之间的经济来往。对境内水资源及其他自然资源进行掠夺性的开采,将致灾因素向外地转嫁。不但在经济上造成效益的损失,而且也加大了环境破坏和发生灾害的风险。如河流上游尽量拦蓄大水漫灌,中游在行政边界筑坝,遇涝向下游排水,遇旱则点滴不漏。下游只好拼命抽取地下水,导致地面下沉和海水倒灌。在市场经济体制完善的国家,早已实现区域性专业化生产,不存在地区之间市场分割和城乡分离的现象,资源得以优化配置,城市经济发展较快,环境整治成效显著。

(3)扩大开放,促进首都的环境建设与城市减灾

北京是一个多灾和环境质量较差的城市,加强北京的城市减灾和环境保护,必须实行对外开放,与国际大城市的发展接轨。学习发达国家城乡一体化的城市规划布局,采用国际先进的城市环境质量与灾害防御标准,先进的灾害管理体制,引进环保和减灾的高新技术,建立和发展环保和减灾产业。在与国外友好城市的交往中,除经济、技术、文化合作外,也应将环保和减灾领域的合作纳入计划。

参考文献

[1]北京市计委.北京城市总体规划(1991年至2010年),1993.

[2]欧阳文安.跨世纪的发展思路,1996—2010年北京市经济发展战略研究(上册).北京:社会科学文献出版社,1997.

[3]颜昌远.北京的水利.北京:科学普及出版社,1997.

[4]北京市环境保护局.1999年北京市环境状况公报,2000-6-1.

[5]杨小波,等.城市灾害学.北京:科学出版社,2000.

[6]世界资源研究所,联合国环境规划署,联合国开发计划署,世界银行.世界资源报告1996－1997.北京:中国环境科学出版社,1996.

[7]欧阳文安.跨世纪的发展思路,1996－2010年北京市经济发展战略研究(下册).北京:社会科学出版社,1997

[8]王晓云,等.城市高温与都市绿化//首都绿化委员会办公室、北京市科学技术协会.21世纪的首都绿化.北京:中国林业出版社,1999.

[9]谢宝元,等.北京山区山洪泥石流危险区制图技术研究//首都绿化委员会办公室、北京市科学技术协会.21世纪的首都绿化.北京:中国林业出版社,1999.

[10]宋朝枢.北京森林与湿地生物多样性保护问题//首都绿化委员会办公室、北京市科学技术协会.21世纪的首都绿化.北京:中国林业出版社,1999.

[11]中国水利百科全书编辑部.水利百科图集.北京:水利电力出版社,1991.

[12]郑大玮,等.内蒙古阴山北麓旱农区综合治理与增产配套技术.呼和浩特:内蒙古人民出版社,2000.

[13]金磊.城市灾害学原理.北京:气象出版社,1997.

治理北京地区的沙尘污染必须从源头抓起

郑大玮　潘志华

（中国农业大学资源与环境学院，北京　100094）

摘要　新中国建立以来北京的风沙总的趋势是减少的，近年沙尘天气突增与北方气候干暖化和人口、资源、环境的矛盾尖锐化有关。从西北刮到北京的主要是尘而不是沙，多来自退化草原和裸露农田。本文指出当前关于沙尘源地研究的存在问题和退耕还林草中的短期行为，提出了从源头治理北京地区沙尘污染的战略构想和若干具体措施建议。

关键词　沙尘源地；植被恢复；生态综合治理；可持续发展

1　近年北京地区沙尘增加的原因

1.1　北京地区总的趋势是风沙在减少

1949 年以来北京的城市和生态环境建设取得很大成就，总的趋势是风沙天气明显减少的。

表 1　北京观象台 3—4 月每 10 年平均各类风沙天气的出现日数　　单位：d

年代	大风日数		沙尘暴日数		浮尘日数		扬沙日数	
	3 月	4 月	3 月	4 月	3 月	4 月	3 月	4 月
1951—1960	1.9	2.2	1.0	1.1	1.7	4.9	4.0	9.2
1961—1970	3.2	3.5	0.7	0.6	1.0	1.1	2.7	2.9
1971—1980	5.7	6.0	0.1	0.7	0.6	2.7	3.2	4.7
1981—1990	1.8	2.6	0.0	0.2	0.5	1.7	2.2	3.5
1991—2000	1.7	2.2	0.3	0.4	0.6	0.9	1.1	1.7

1.2　北京地区风沙灾害减轻的原因

（1）城市绿化水平有很大提高

1949 年北京市森林覆盖率仅 2.6%（一说为 1.3%），远低于全国平均的 12.5%。1999 年林木覆盖率已提高到 42%，城市绿化率 36%，均居全国城市的前列。[1]

(2)灌溉面积扩大,土壤肥力提高

1949年灌溉面积仅占耕地2.7%,1985年有效灌溉面积扩大80.5%,[2]土壤肥力也有很大提高。结构良好和湿润的土壤是不可能起沙尘的。

(3)越冬作物覆盖率提高和保护地面积扩大

越冬作物扩大到原来的3倍多,保护地扩大几十倍,冬春裸露土壤大大减少。

(4)城市扩大和道路建设也使硬化土地面积增加和风力减弱。

1.3　近年沙尘天气陡然增加的原因

(1)近年来北京地区浮尘和扬沙天气突然增多

除沙尘暴日数略减外,浮尘和扬沙都比20世纪90年代前中期增加数倍。过去进入5月不再统计风沙天气,农谚有“立夏鹅毛不起”之说。但2001年5月浮尘和扬沙分别达5次和3次,空气质量4级以上天数达到7天,都是创纪录的。

近年北京地区沙尘天气陡增,有多种原因。

表2　北京观象台近年风沙天气日数

年代	大风日数		沙尘暴日数		浮尘日数		扬沙日数	
	3月	4月	3月	4月	3月	4月	3月	4月
1951—1990年	3.2	3.6	0.5	0.7	1.0	2.6	3.0	5.1
1991—1999年	1.3	1.8	0.3	0.3	0.6	0.9	0.7	1.2
2000年	5	6	0	1	1	1	5	6
2001年3—5月	9		0		12		9	

(2)北方生态环境持续恶化提供了沙尘暴的物质条件

尽管北京市的生态环境有很大改善,但整个北方人口增长与资源、环境的矛盾加剧,突出表现在土地荒漠化的蔓延。据内蒙古科技厅的研究报告,20世纪90年代出现第三次垦荒高潮,1998年耕地面积比1989年扩大了47.1%,被开垦的都是优质草场。由于无霜期短和冬季严寒不能种植越冬作物,冬春土壤裸露时间长达8～9个月。1998年退化草地已占70%,平均产草量比1985年下降30%,牲畜超载率高达108.1%。滥挖发菜、甘草等屡禁不止。上游层层拦截和超量低效用水使下游水资源趋于枯竭,干涸河床、湖盆和荒漠化的绿洲也提供了新的沙尘源地。事实上从20世纪50年代到90年代西北和内蒙古的沙尘暴日数是一直在增加的。

(3)气候干暖化和冬冷春暖天气的影响

20世纪90年代末全球气候突变也是北方沙尘日益频繁的重要原因,我国北方连年发生大范围严重干旱,农作物大面积绝收,草原蝗虫猖獗,植被覆盖状况很差。近两年又连续出现冬季严寒,冻土较深。春季迅速增温又使冻土迅速融化、十分疏松,比一般年份更加容易起沙尘。

(4)本地沙尘源近年来有所增加

北京近年城市建设施工规模很大,调整种植结构使越冬作物减少近百万亩,都使裸露土壤有所增加,水资源紧缺和成本提高使冬春实际灌溉面积下降很多。

2 当前沙尘源地研究的存在问题和退耕还林草中的短期行为

近年有些媒体炒作和个别耸人听闻之说造成一些混乱,需要予以澄清。

2.1 刮到北京的是尘而不是沙

根据联合国防治荒漠化公约,荒漠化指“包括气候变化和人类活动在内的多种因素造成的干旱、半干旱及半湿润偏旱区的土地退化。”与此相联系的天气现象包括扬沙、沙暴、浮尘、尘暴和沙尘暴,区别在于物质组成和强度。北京地处半湿润气候区,植被状况较好,一般不会发生沙暴,沙尘暴次数也较少,以浮尘和扬沙为主。通常大于 0.2 mm 的沙粒只能近地面蠕移或跃移,离地 10 cm 以上几乎没有大于 0.1 mm 的沙粒。能够悬浮到数百米空中飘移的只能是极细的尘粒,包括相当多的黏粒和腐殖质。[3] 沙漠及附近地区以扬沙和沙暴为主,产尘远少于退化草地和农牧交错带的裸露农田,刮风带进北京和内地上空的主要是尘而不是沙。

2.2 沙漠会爬过燕山和军都山吗?

北京以及以北年降水 500 mm 以上的半湿润地区基本不存在土地沙漠化问题,主要是沙尘影响空气环境质量。北方一些河流历史上多次泛滥改道,河滩或旧河床局地沉积沙堆在植被破坏后也能影响附近,但面积和沙量都很有限,一般沿河谷向下游移动。这类沙化较易治理,黄泛区和京郊大兴县沙区的生态环境建设都取得了很大成效。有的文章耸人听闻地说“如果流沙一旦爬上军都山的山脊,居高临下,就将长驱直入北京城。”这在风沙物理学上是找不到依据的,世界上还没有任何一座作为气候分界线的高大山脉被沙丘爬上来过。从减轻对北京环境质量影响的角度,不应夸大桑干河边“天漠”和丰宁小坝子等少数山区沟谷河滩积沙的作用,应把投资和工作重点放在真正造成重大影响的退化草地和农牧交错带,同时也要抓紧城近郊沙尘源的治理。当然,从风沙区综合治理的角度,也不应忽视对受到流沙威胁的绿洲、交通线、村庄和农田的保护。

2.3 科学确定沙尘源地和重点治理区域

运用现代信息技术和同位素示踪技术不难确定沙尘源地,中国环境科学院和气象部门已取得不少成果,初步确定影响我国有多个源地,包括境外、西部沙漠、退化草原、农牧交错带裸露农田和内地自身的沙尘源。这里需要分清导致风沙现象的天气系统和物质来源两个问题。引起风沙的天气系统主要是低涡,源地主要是蒙古,其次是俄罗斯和中亚。初始沙尘量并不大,在移动过程中如下垫面植被破坏,低涡又增强,可不断补充沙尘物质。我国大多数沙漠的沙粒组成以 0.25~0.1 mm 细沙为主,细小尘粒主要来自退化草原和农牧交错带。

北京有时发生扬沙，沙粒来自本地。发生沙尘暴时低空物质一般来自本地，中高空黄尘来自西北。

沙漠和戈壁是干旱气候形成的地貌景观，除水资源丰富的局部地区外，人力无法改变或经济上不可行，主要应防止沙漠扩展和蚕食绿洲。尘土主要来自半干旱气候区的退化草原和裸露农田，半干旱和半湿润气候区河流泛滥或地表植被破坏浮沙外露形成的次生沙地上，植被较易恢复。因此，沙区应以防为主，绿洲边缘和流沙侵蚀地区要兼顾治；对于尘源则应以治为主。"防沙治沙"的口号宜改为"防沙治尘"，否则容易使人忽视退化草原和农牧交错带的生态治理。

2.4　坚决克服当前退耕还林还草中的急于求成的短期行为

当前各地实施退耕还林还草普遍存在急于求成和热衷于做表面文章的倾向：第一，大搞"形象工程"。公路立牌坊，两边挖树坑，垒石刷白。远山则很少种树种草，种了也缺乏管理。不顾地形、坡向和土层厚度的差别，盲目要求集中连片形成规模，有的还提出整座山连体退耕。甘肃省平凉和定西有的高质量水平梯田也种草，还作为样板。第二，违背生态适宜性规律，重树轻草，重乔木轻灌木，重落叶树轻针叶树。呼和浩特市有的县规定山上一律种油松，为的是好看。实际如种适应性强的落叶松，成活率要高得多。有的县规定路边一律种垂柳和杨树，一年需浇四次水才能成活，地广人稀的地区根本做不到。第三，结构单一，极少采取不同乔木混种或乔灌、灌草间作的，生态极其脆弱。林业部门宣称已有足够的树种和苗木，但实际适应高寒干旱地区的耐旱耐瘠灌木种子和草种奇缺。更有甚者，有人鼓吹用原产湿润地区的优质高产多汁饲料作物鲁梅克斯来治沙，如果不是无知，就是在炒卖种子发不义之财。

3　治理北京本地沙尘污染源的对策

3.1　像重视植树那样重视种草

北京城市绿化美化虽然取得很大成绩，但与发达国家相比，差距仍很大，突出表现在草坪上。在城市绿化美化中，树、草、花三者是相辅相成的，缺一不可。目前许多人对草坪的作用还认识不足。虽然在同样的冠层覆盖度下，在吸收二氧化碳、消除噪声等方面的作用，草不如树，但树木在固定表土和拦截雨水、尘土等方面的作用却远不如草。只有树没有草，自然景观将缺乏连续性和美感。[4]硬化地面虽覆盖了土壤，但有点尘土就极易刮起。沥青和水泥地面多了还会加重城市热岛效应和内涝，现在一下雨许多立交桥下就积水，交通一时断绝。只有树木，没有草坪或面积很少，到处是裸露土壤，这绝不是现代化大都市的形象。北京市应该力争到2008年前做到城镇内所有裸露土壤都种上草。

有些人指出草坪平均每亩耗水量上千立方米，对于一个水资源十分紧缺的城市是无法承受的，因而强烈反对在北京种草。其实世界上半干旱地区的天然植被就是草原，通常树要比草更耗水。问题是现在都在引种欧美湿润地区极不耐旱的草种，导致亩耗水量达千立方米以上。必须加快选育适应北京气候的草种，除天安门广场、国家机关和使馆区、高级宾馆等重点区域外，居民区和公共绿地要以基本无须灌溉的节缕草、野牛草等耐旱草种为主。

3.2 调整种植结构不要把越冬作物全部砍光

由于种植小麦成本高效益差，耗水又多，适当调减是必要的。但越冬作物对于减少冬春本地沙尘的作用确实很大。为了弥补小麦面积减少以后生态效益的下降，应提倡种植苜蓿、燕麦、黑麦等越冬牧草，以及菠菜等越冬蔬菜和多年生作物。不种越冬作物的地块，大秋作物至少应部分留茬或秸秆还田，以尽量减少裸露土壤。必须秋耕的也要在冬前耙耱和及时镇压，有条件的还应浇好底墒水，以最大限度地减少起尘量。

3.3 抓好建设工地的沙尘源头防治

2008 年以前北京还将有大量工程上马，必须制定建筑工地防治沙尘的技术规范，如暂时不破土动工的必须种草，已挖开的应避免在大风天气作业，挖土施工中要及时喷水或覆盖以控制起尘等。建议气象部门针对建筑工地扬尘开展专项预报服务。

3.4 利用城市建筑的屋顶种草绿化

城市楼房的屋顶应以草为主尽量绿化，可利用中水少量回灌，既可拦截空中的沙尘，还可减轻热岛效应。

3.5 继续抓好山区植树和永定河、潮白河等地的固沙工程

京郊山区首先应建成首都的生态屏障，继续抓好山区的植树绿化，虽然直接拦截空中沙尘的作用有限，但至少可以大大减少山区向平原的水土流失。永定河滩和潮白河滩及其旧河道是北京主要的本地沙源，虽然在 20 世纪 60 年代和 70 年代的农田基本建设和根治海河工程中已基本拉平了全部沙丘，但在干旱年份和植被稀疏的情况下仍有可能起沙。

4 京外沙尘源地综合治理的对策

4.1 建设京北山区的绿色长城

在京郊山区和张家口、承德两地区以防护林和水源涵养林为主大规模退耕还林。这里大多是石质山区，人工造田往往得不偿失，又处上风上水，应建成北京的生态屏障。深山区人口应大部吸引下山，留在山区的少数劳力主要营林和保护水源，有条件的可开展旅游，浅山区发展果树。上游来水减少已成为北京市水资源紧缺和干旱日益严重的第一位原因。在提高水库蓄水能力和安全系数的前提下，应利用雨季在水库上游大范围实施人工增雨，增加入库水量。

4.2 对农牧交错带实施全面综合治理，恢复丰美草原

农牧交错带已成为我国最贫困落后地区之一，如不迅速扭转越垦越荒，越荒越垦的恶性

循环，荒漠化继续扩展和华北内地气候恶化、沙尘日益频繁将无法避免，对这一地区实施全面综合治理已迫在眉睫。

农牧交错带不应作为重点垦荒的商品粮基地，而应建成北方生态屏障和畜产品及特色农产品基地。发展战略应建设基本农田以支撑整个社会经济系统，变广种薄收为精种高产，调整和建立以饲料作物为中心的三元种植结构，大面积退耕还草恢复丰美草原。以畜牧业及畜产品加工为主导产业，带动二、三产业发展和农村人口城镇化。基本农田实行条播作物留茬与穴播作物带状间作轮作，以留茬带保护非留茬带；退耕地和荒坡灌草带状间作，以较窄灌木带保护较宽牧草带，可减轻风蚀量40%～70%。退耕还林草应遵循生态适应性原理，坚持适地适树适草。遵循生态演替规律，合理选择先锋植物和后续植物，避免重复20世纪80年代初期动员全国青少年向西北寄树种草种，违背科学的劳民伤财做法。

4.3 牧区生产要实行从数量型到质量效益型和可持续发展的战略转变

50多年来草原严重退化缩小，使牧区生产肉类占全国比重已下降到不足3%。如果说为了控制江河上游水土流失，要下决心禁止对天然林的砍伐；那么为了遏止荒漠化扩展势头和减轻沙尘暴危害，保护现有草原已刻不容缓。

与天然林区不同的是，草原居住着大量牧民，还要兼顾民族团结和边疆稳定，不能简单禁牧，而应把放牧控制在草原可持续利用的基础上。为此，必须坚决摈弃多年来的数量扩张型低效益发展模式，把草原畜牧业转移到质量效益型和可持续发展的轨道上。牧区应发挥广阔草场的优势发展季节性放牧业，主要用于繁育优良种畜和健壮幼畜，育肥任务基本转移到农区和农牧交错带，使牧区的夏秋牧草与农区的冬春饲料等互补资源实现优化配置。实施这一战略转变，可减少牲畜越冬数量，做到牧草与幼畜同步生长，加上适量储备饲草料，就不会发生春季超载过牧破坏草原的现象。在减轻牲畜承载压力的同时，要大力建设人工草场，实行围栏轮牧，促进草原植被恢复。此外还必须在政策和技术上给予必要的支持，探索农区与牧区经济合作两利的有效形式。交通方便和具有人文、景观优势的地方可发展民族风情、生态和避暑旅游，多方开辟就业渠道，减轻草原人口承载压力。

4.4 沙区边缘和流沙侵蚀地区实施固沙工程

要整体改变沙漠是不现实的，但在沙区边缘和流沙侵蚀地区采取措施固沙，控制其扩展蔓延是可以做到和必要的。有水源地区应提倡植树，水源不足的以耐旱沙生植物为主，无水源沙区可实行草格子固沙或黏土、沥青层压沙。

5 北京市支援冀北和内蒙古建设生态屏障责无旁贷

长期以来的计划经济体制造成地区和条块分割，不利于跨地区跨部门重大工程实施。要使北京沙尘源区生态治理取得良好效果，必须打破旧的管理体制，探讨沙尘源区与被保障地区联合开展生态环境建设与促进社会经济协同发展的机制。[5]

首先，上风的河北省张家口、承德两市和内蒙古自治区应与北京建立紧密的经济合作关系。北京作为一个特大都市，又是我国高新技术产业和知识经济中心，狭小的郊区早已不足容纳城市经济辐射的能量。由于东北和华北中南部已存在其他城市群和经济增长极，北京除向邻近地市辐射外，应把河北北部和内蒙古自治区作为经济拓展的主要腹地，即资源宝库、原料产地、生态屏障、产品和劳动力市场及产业转移地。从北京向西北和东北方向的两条铁路干线贯穿冀北和内蒙古的主要城市群和经济密集带，应把北京作为最大的经济辐射中心，包括产业转移源地、初级产品主要市场、信息源地、金融和科技依托中心。双方经济势差明显，互补性极强，有着极好的经济合作前景。即使为了发展本地区经济，北京市也应把支援冀北和内蒙古生态环境建设和社会经济发展当作己任。

其次，冀北和内蒙古进行生态环境建设，受益的主要是内地下风地区，特别是北京。进行生态环境建设要付出大量投入，由于生态环境改善带来的巨大和潜在的经济效益主要体现在北京的城市经济发展。作为主要受益地区，理应为付出代价的上风地区提供适当的支援和补偿。

第三，内蒙古作为我国北部边疆地区和重要的民族自治区域，其生态环境建设还关系到边疆稳定和民族团结，首都和内地也应该给予必要的支持。

因此，首都支援冀北和内蒙古的生态环境建设责无旁贷。

参考文献

[1]沈国舫. 21 世纪——中国绿化的新纪元及首都绿化的新高地//首都绿化委员会办公室、北京市科学技术协会. 21 世纪的首都绿化. 北京：中国林业出版社，1999.

[2]邬翊光. 北京市经济地理. 北京：新华出版社，1988.

[3]孙保平. 荒漠化防治工程学. 北京：中国林业出版社，2000.

[4]胡林，郑大玮，李敏. 草坪在 21 世纪首都绿化中的作用和地位//首都绿化委员会办公室、北京市科学技术协会. 21 世纪的首都绿化. 北京：中国林业出版社，1999.

[5]郑大玮，妥德宝，王砚田. 内蒙古阴山北麓旱农区综合治理与增产配套技术. 呼和浩特：内蒙古人民出版社，2000.

加强北京能源供应体系应对自然灾害能力*

郑大玮
（北京减灾协会，北京　100089）

1　历史上影响北京市能源供应的自然灾害及发生频率

1.1　气象灾害

气象灾害指因气象因素或与其他因素相结合直接危害人类生命财产和生存条件的各类事件，具有种类多、范围广、频率高、群发性突出与连锁反应等特点。

（1）暴雨

①北京地区暴雨可出现在春夏秋三季，但主要在夏季，尤其是7月下旬、8月上旬。

②暴雨的空间分布与地形关系密切，暴雨落区主要在密云西北部、怀柔中南部和房山中部，此外还经常发生城区局地暴雨，西北部山区相对较少。

③最大暴雨强度多出现在山脉的迎风坡及喇叭形谷地及城近郊。

④暴雨的主要天气系统有蒙古低涡低槽、切变线、内蒙低涡、西来槽、西北低涡、东北低涡、西南低涡、台风外围影响等。其中以蒙古低槽和蒙古低涡出现频率最高；台风外围影响及西南低涡引起的暴雨虽然较少，但所造成的暴雨过程强度大、范围广、持续时间长，都是其他天气系统所不能比的。

暴雨除造成人员伤亡、冲毁农田、使交通瘫痪、物资浸泡受损外，还经常使地下电缆浸泡受损，电杆倒折，影响正常输电和供电。久旱之后突降暴雨，经常造成局部地面塌陷，损坏地下电缆、燃气管道及其他管网系统。

1963年8月8日受西南低涡影响出现特大暴雨，最大24小时雨量达464 mm，市区平均约300 mm。城近郊区积水面积200多km^2，积水地点398处，其中水深0.5 m以上约263处，死亡27人，倒塌房屋1万余间。城市交通处于瘫痪。铁路干线以及专用铁路被冲毁桥涵路基82处。市区295家工厂受损，其中全部停产有85家，部分停产186家。这种全市性或大范围的大暴雨在1959、1969、1972、1991、1994等年也都出现过。近十年来虽然很少发生全市性的大暴雨，但城区局地暴雨影响交通却经常发生。2004年7月10日城区平均2小时降雨81 mm，以中心区和西南部雨量最大，其中玉渊潭1小时降雨90 mm，日降雨

* 本文为2008年6月24日北京减灾协会为能源部门提供的咨询报告。

159 mm,立交桥下积水严重,导致全市交通大瘫痪。2007 年 8 月 7 日下午城区局部突降暴雨,最大降雨在安华桥一带,为一小时 83 mm,最深积水 1.7 m,交通中断 4 小时。

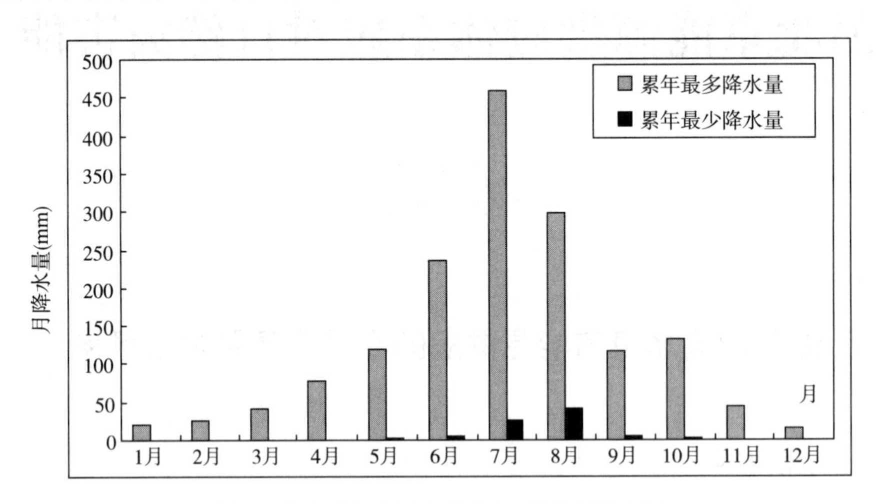

图 1　北京观象台历史最多年、最少年降水量

1996 年北京市天然气供应仅靠华北油田一条管线,规模仅为现在的 1/10。汛期华北油田出现较大汛情,许多油井被淹,供应首都燃气骤然吃紧,本市只能低压供应,许多市民反映燃气灶打不着火或仅有很弱的黄火苗。

(2)风灾

中央气象台规定风速≥17 m/s 即 8 级以上为大风,根据 1971—2004 年北京地区 20 个气象站逐日资料和城区 5 个气象站 1993—2004 年逐时极大风速资料及实例,主要分为冬春寒潮大风和夏季强对流雷雨大风及龙卷风三类,后者自 1949 年以后曾出现 5 次,虽然风速极大,但影响范围很小。

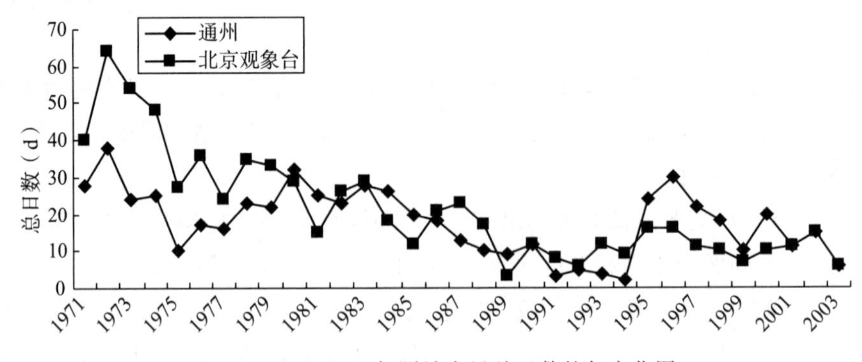

图 2　1971—2003 年测站大风总日数的年变化图

大风日数从 1971 年到 2003 年总体呈波动下降趋势。春季大风日数比较多,以 4 月份最多,7—9 月较少。

大风多发区位于西部,门头沟、昌平、海淀、石景山、朝阳多年平均大风日数达 20 多天,其中门头沟多达 35 天(图 4)。

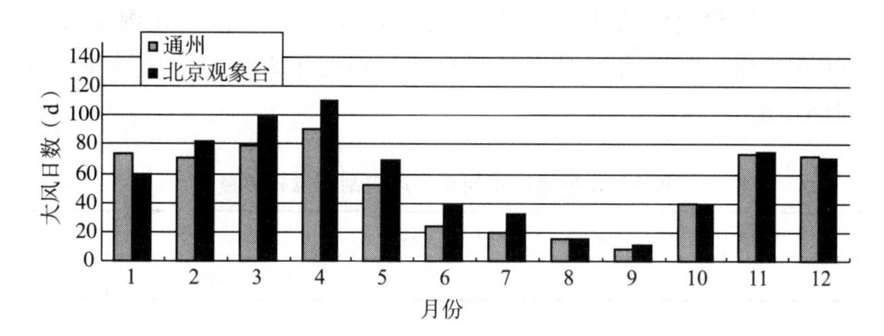

图 3 北京观象台 1971—2003 年测站大风总日数的月分布图

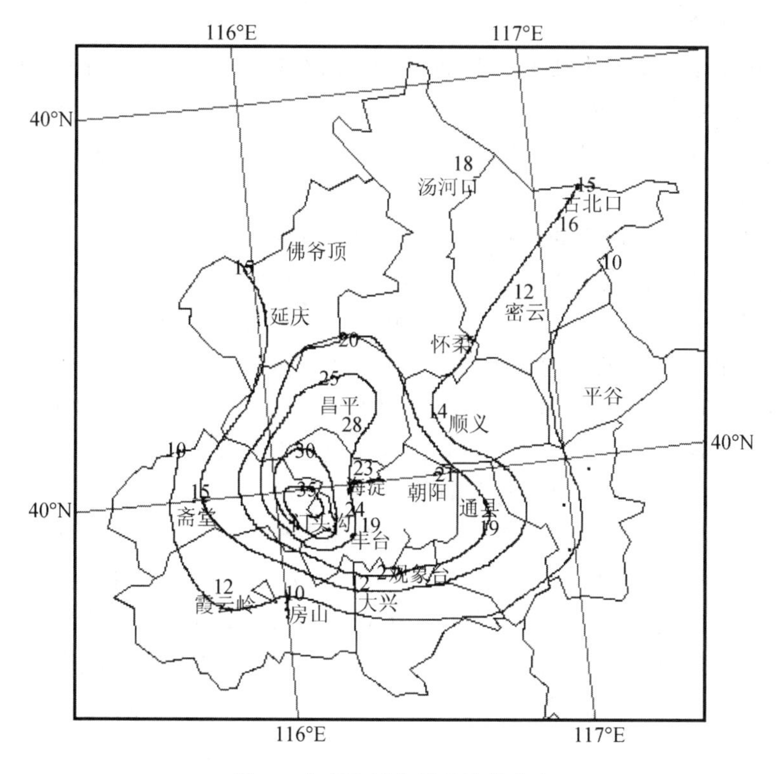

图 4 北京地区大风日数的分布

大风的危害：引发沙尘暴，影响交通和室外作业，刮倒建筑物，摧残树木和农作物，对于供电系统的危害主要是刮倒电杆和刮断电线，引起局部停电。强风对电网的破坏有线间短路、接地短路，所造成的损失包括电弧烧伤、放电、断线、杆塔损坏、倒塔等。

1993 年 4 月 10 日强冷空气南下，阵风 10 级，北京站前广场的巨型广告牌倒塌，死亡 2 人，伤数人，高楼窗台杂物和花盆掉落伤人无数。

1999 年 9 月 24 日登陆日本九州地区的 18 号台风最大瞬时风速超过 70 m/s，造成 4 个输电线路的 15 基输电塔倒塌，3 个输电线路的 6 条断线。2005 年登陆美国的“卡特里娜”飓风造成 290 万户用户停电、“威尔玛”飓风造成 600 万户用户停电。2004 年 8 月 12 日“云娜”

台风在浙江登陆，损坏输电线路达 3342 km，浙江电网 500 kV 线路跳闸 10 次，全省共有 9 座 220 kV 变电所失电。2001 年 4 月新疆阿克苏遭遇近年来最大一次强沙尘暴和狂风，引发大面积长时间停电。

表 1　北京地区不同年代风灾刮倒电杆数量

年代	1961—1970	1971—1980	1981—1990	1991—2000
倒杆(个)	26	460	3718	1530

(3)雷电

雷电灾害随着城市化发生频度呈上升态，是 20 世纪 90 年代“联合国减灾十年”公布的最严重的十大灾害之一。

①自然雷电活动主要发生在 16—17 时及 20 时；22 时虽是自然雷电高发期，但大部市民回家，雷电灾害发生相对较少。

②雷电灾害主要发生在夏季，自然雷电发生最多是 7 月，但雷电灾害的峰值月份却是在 8 月。

③闪电密度具有北多南少的分布特点，雷电灾害近郊多，远郊少。

雷电灾害既取决于自然雷电的强度，同时也取决于下垫面特征。北京市在 20 世纪 70 年代以前一直是直击雷伤害人畜和损坏建筑物为主，连中山公园里的音乐堂都曾被雷击起火烧毁。90 年代以后随着城市建设的加速发展，高楼林立、电子设备的大量应用和家用电器的迅速普及，感应雷和雷电波入侵成为主要的危害形式，如 2001 年城区发生的 30 起雷击灾害中，后者有 27 起。2002—2004 年每年分别发生雷击灾害 52、47 和 34 起，绝大多数仍然是感应雷和雷电波入侵对电子电器设备的损坏。

雷电感应经常造成北京市供电系统的故障甚至发生停电事故。如 2002 年 6 月 2 日某工厂遭雷击，雷电感应造成 11 万伏高压系统掉闸，导致 6 台儿组供电掉闸。2002 年 6 月 18 日晚顺义区北京医学院高等专科学校附近 1 万伏高压线被雷击断，由于路面积水发生对地放电击穿围墙。2002 年 8 月 22 日晚昌平区某电站遭雷击感应造成大范围停电。2004 年通州区永顺商场后街一变电箱遭雷击造成附近居民区停电，经一小时抢修后恢复。

(4)高温

中国气象局 2005 年下发规范对高温预警信号等级划分如下：一级为一般高温，日最高气温 $T_{max} \geq 35$ ℃；二级为较严重高温，日最高气温 $T_{max} \geq 37$ ℃；三级为严重高温(橙色预警)，日最高气温 $T_{max} \geq 40$ ℃；四级为特别严重高温(红色预警)，日最高气温 $T_{max} \geq 42$ ℃。

本市高温灾害风险分区如下：

高风险区：东城、西城、宣武、崇文、昌平、海淀、观象台、大兴，年均 $T_{max} \geq 35$ ℃的高温天数超过 5 天，年均 $T_{max} \geq 37$ ℃天数约 3.3 天。为人口高密度、高层建筑物密集、机动车行驶、工业生产等集中区。

中等风险区：怀柔、顺义、门头沟、朝阳、石景山、西斋堂，年均 $T_{max} \geq 35$ ℃的高温天数超过 3.7 天，年均 $T_{max} \geq 37$ ℃天数约 2 天。为人口较为密集、新发展的卫星城、机动车行驶、工业生产集中区。

低风险区：远郊区、山区（通州、密云、平谷、汤河口、上甸子、霞云岭），年均 $T_{max}\geqslant 35$ ℃的高温天数不超过 1～3.5 天，年均 $T_{max}\geqslant 37$ ℃天数约不超过 2 天。

最高气温达 40 ℃以上为 6～12 年一遇，与 35 ℃以上连续高温 6 天均为较严重的连续性高温天气，对城市有较严重的影响和危害。

高温除造成人员中暑和引发多种疾病外，还严重影响各类生产活动和交通运输，且容易引发火灾。高温季节常造成供水供电紧张。如 2002 年 7 月 11—16 日持续高温闷热，北京观象台 14 日最高气温 41.1 ℃。10 日全市用电负荷 727 万 kW，11 日晚达 782 万 kW，11 日全市用水 222 万 m^3，达入夏以来最高峰。12 日中午用电达 806 万 kW。比上年最高时增加 101 万 kW，创历史之最。

（5）雹灾

气象观测规范中冰雹指直径 5 mm 以上的固体降水，小于 2 mm 的为冰粒，2～5 mm 的松软颗粒为霰，后两种危害较小。

历史上北京年最多降雹日数达 46 天，最少年也有 8 天，年平均 23.6 天。最早初雹日 3 月 22 日，最晚终雹日 11 月 7 日。北京位于华北多雹区的东侧。冰雹对工农业、航空、地面交通、输变电系统甚至人身安全均造成危害。

从 20 世纪 70—90 年代北京地区年降雹日数呈下降趋势，60 年代年均 25 天，70 年代为 30 天，80 年代为 25 天，90 年代为 15 天。城区年降雹日数最多 4 个，明显偏少；降雹日年际变化较大。

降雹主要出现在 5—9 月，以 6 月最多，平均 6.6 天。7 月、8 月、5 月、9 月分别为 6.0 天、5.0 天、3.0 天、2.4 天。以旬计则 7 月中旬最多，6 月下旬次之。

地域分布：西北部多，东南部少；山区多，平原少。高值区从延庆沿东北和西南两个侧翼向东南扩展绕开城近郊区，城区及东南下风方为少雹区。

冰雹常与大风、暴雨相结合，有时可造成局地电杆倒折，影响供电。

（6）雾灾

雾是在贴地面层大气中水汽凝结成的小水滴，直径 2～15 μm，使水平能见度降到 1 km 以下的物理现象。满足下述 3 个条件时通常就有灾情出现，因此可把出现雾灾的气象条件定义为：①全市一半以上测站能见度小于 1000 m；②部分地区观测到能见度达到 100 m 或小于 100 m；③持续时间 6 小时或以上。

根据 1985—2004 年 15 个气象站的观测，年平均大雾日数平原明显多于山区，南部和东部较多，西部和北部较少。各区县年年雾日数见图 5。

以观象台为例，大雾年平均 15 天，秋季最多为 6 天，冬季次之为 5.3 天，春季最少为 1.2 天。各月之中以 11 月最多，4、5 月最少。

存在空气污染时，大雾可对供电系统造成严重威胁。1990 年 2 月 16—17 日大雾和空气污染导致京津塘区域电网大面积污闪，数十条高压输电线路和高压线路先后掉闸断电，8 个枢纽变电站发生故障，为保证居民用电和取暖，不得不对 200 个工业大户拉闸停电和对郊区限电，造成严重的经济损失。1999 年 11 月 22—24 日大雾导致的电网事故使“迎回归北京一澳门自行车拉力赛”中途被迫停止。

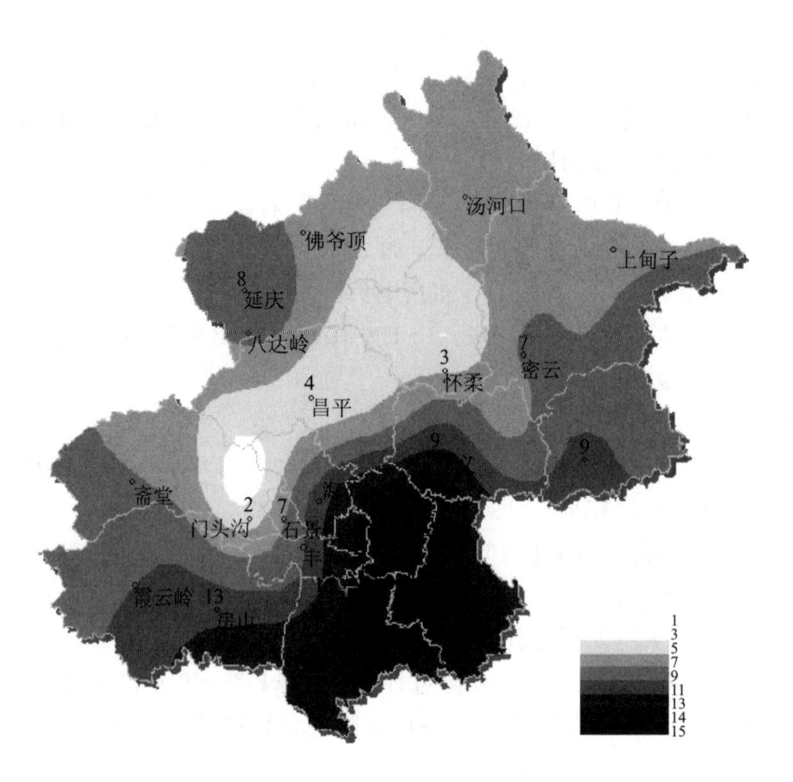

图 5 北京地区年平均雾日分布

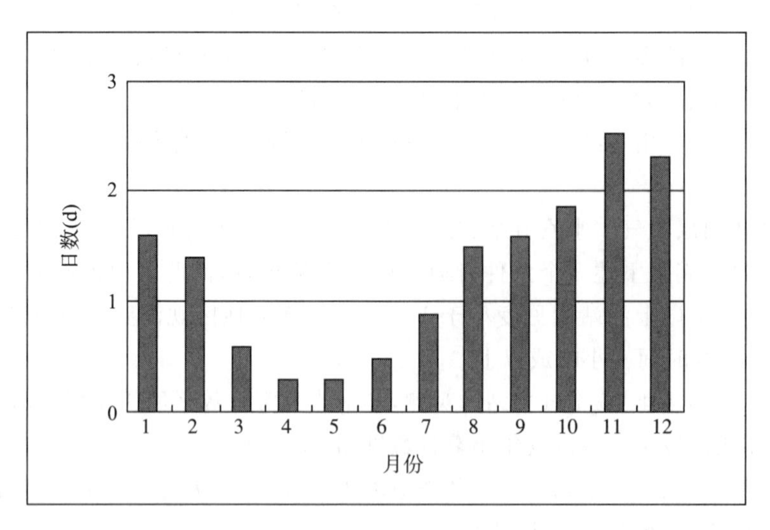

图 6 北京观象台各月平均雾日分布

(7)低温冰雪灾害

北京市冬季多次发生强寒潮袭击，1966 年 2 月 22 日在大兴还出现过－27.4 ℃的极端最低气温。路面积雪，特别是融雪后再结冰，对交通运输的影响极大，2002 年 12 月 7 日的 1.8 mm 小雪就曾造成北京全市交通瘫痪。风雪还常常造成平房倒塌和树木倒折。南方城市在2008年初由于冻雨造成大量高压线塔和电杆倒塌或折断，并造成路面积雪结冰，严重影响电煤运输，导致大面积停电。北京的冬季一般不会发生严重的冻雨天气，但积雪对供电系统仍能造成一定损害，如2003年11月6日夜北京大雪，虽然由于及时启动应急预案，未对交通产生大的影响，但积雪使100多条供电线路受到影响，造成45起供电故障。1998年1月加拿大冻雨持续1周，输电设施最大覆冰厚达75 mm，导致116条高压输电线破坏和1300基输电塔倒塌，停电人口占加拿大10%以上。2005年2月7—20日，我国华中雪淞天气使输电线路大范围覆冰导致电力系统灾害。1972年12月1日日本北海道普降暴风雪，裹雪后的导线直径最大18 cm，造成56基输电塔倒塌。

冬季严寒还造成取暖耗电急增，如再遇供气紧张，还会严重影响发电和供电。2004年12月中旬末强寒潮袭击华北，气温骤然下降，以后一直到2005年3月中旬气温都低于常年，出现了自1986年以来唯一的偏冷冬季，全市供热用燃气量从12月20日寒潮前的每日1700万m^3猛升到12月22日的2000万m^3，月底更达到2441万m^3，创历史最高。与此同时，上游却发生故障供气不足。为确保市民安全过冬，被迫减少向工业用户供气和停开部分燃气锅炉，使部分工业部门蒙受了相当大的经济损失。同时还停开了使用天然气的公共汽车和出租车，对公交运输造成了很大影响。供气最紧张时，由于管网气压不足，部分管线已低于红色报警的气压标准，处于危险状态。如继续降压，一旦降到低于正常大气压的负压状态，管外空气就会渗入，形成天然气与氧气的混合气，极易引发爆炸。

1.2　地震灾害

地震是伤亡人数最多、最易引起社会恐慌的自然灾害。20世纪全球死于地震灾害的人数高达100多万人，进入21世纪，印尼苏门答腊地震海啸和我国汶川地震也已造成数十万人死亡。

(1)地震的直接灾害

由地震的直接作用如地震波引起强烈振动、断层错动和地面变形等所造成，包括建筑物破坏、生命线工程破坏和地面破坏。其中对于能源供应影响最大的是交通、通讯、供电、供气、输油系统的破坏。强烈地震可能使桥梁断裂、路面开裂下陷、铁路扭曲、电缆拉断、管道破裂，也可能使发电厂、变电站、水库、大坝、配气站、油库、自来水厂、电信局、电视台、电台等要害部门遭到破坏。1995年日本阪神7.2级地震，高架桥部分倒塌，三条高速公路和著名的“新干线”铁路完全中断，造成100万户停电，120万户停水。

(2)次生灾害

在城市中主要是由地震引发的火灾、水灾、有毒物质泄漏、疫病流行等，在山区还可以引发滑坡、崩塌、泥石流等地质灾害，以及因崩落的土石形成的堰塞湖溃决形成的突发性山洪。近海或海洋地震还可引发海啸。

地震时，由于电线短路、煤气泄漏、油管破裂、炉灶倒等原因，往往造成火灾。1906年美国旧金山8.3级大地震，全城五十多处起火。大火烧了三天三夜，整个市区几乎全部烧光。

北京地处华北地震带，是地震多发区，有着长期和丰富的地震史料记载。已知最早的地震记载是公元294年9月(西晋元康四年八月)的上谷地震，即今怀来和延庆，估计震级为6

级，震中烈度Ⅶ度。史载北京地区共发生13次大于等于4.7级地震，最大6.7级为1057年大兴和1484年居庸关一带。小震活动主要集中在中部，南部和北部相对较弱。1990年9月22日昌平县沙河镇东Ms 4.0地震有感范围波及全市，震中烈度为Ⅴ度，震中一些老旧房出现裂缝。1996年12月16日顺义高丽营Ms 4.0地震各区县普遍有感，震中烈度为Ⅴ度。震中区建筑物有不同程度破坏，有6人受伤。

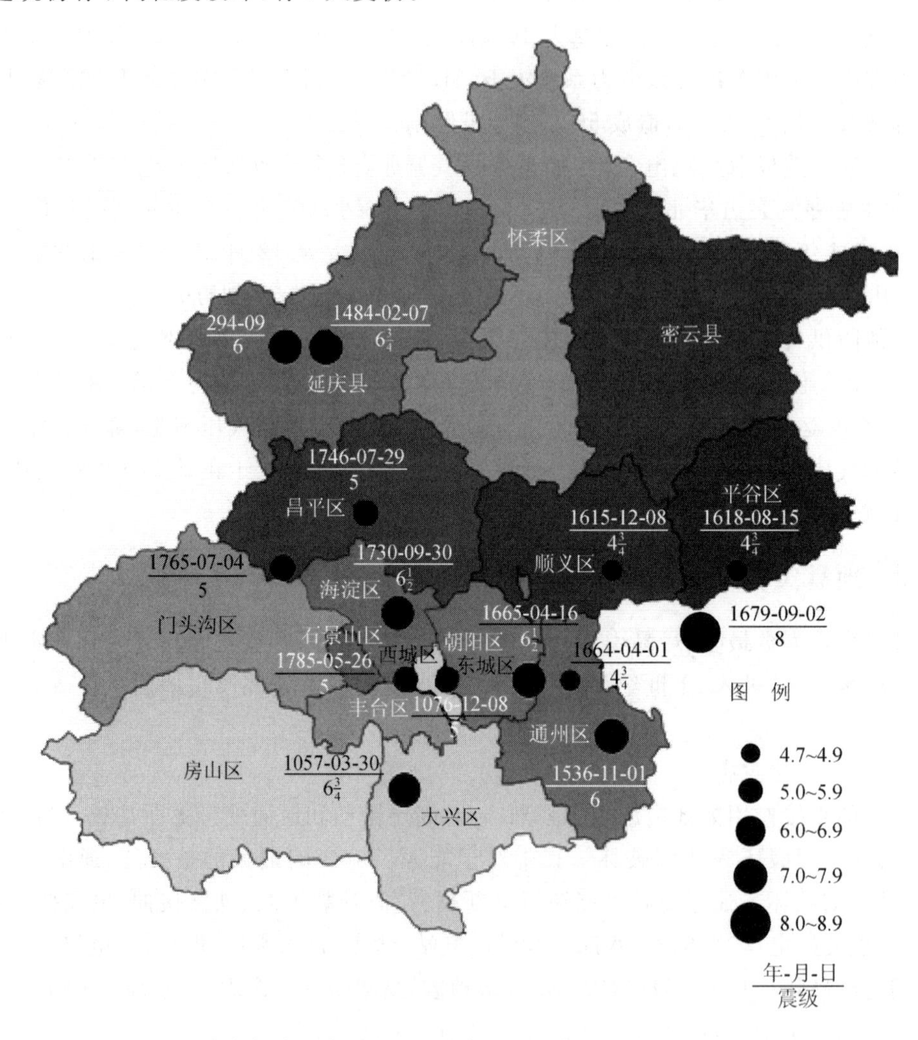

图7 北京市行政区内历史地震分布图(294年至今大于Ms4.7地震)

北京市还曾遭受多次周边破坏性地震影响，烈度大于或等于Ⅵ度约20多次。以1679年9月2日平谷-三河8级地震对北京破坏最严重，最小烈度为Ⅶ度，最大Ⅺ度，其中Ⅶ度区约占全市面积33%，Ⅷ度区占43%，Ⅸ度区占13%，Ⅹ度区占8%，Ⅺ度区占2%。

1976年7月28日唐山7.8级地震造成北京死亡189人(其中城区35人，郊区县154人)，受伤5250人(城区2879人，郊区县2353人)。其中通州区死亡112人。北京地区最大烈度为Ⅷ度，Ⅵ度区面积约1.1万 km^2 平方公里，Ⅶ度区面积110 km^2，Ⅷ度区面积128 km^2。

图 8 北京地区范围内小震分布图(1960 年至今,M 4.7)

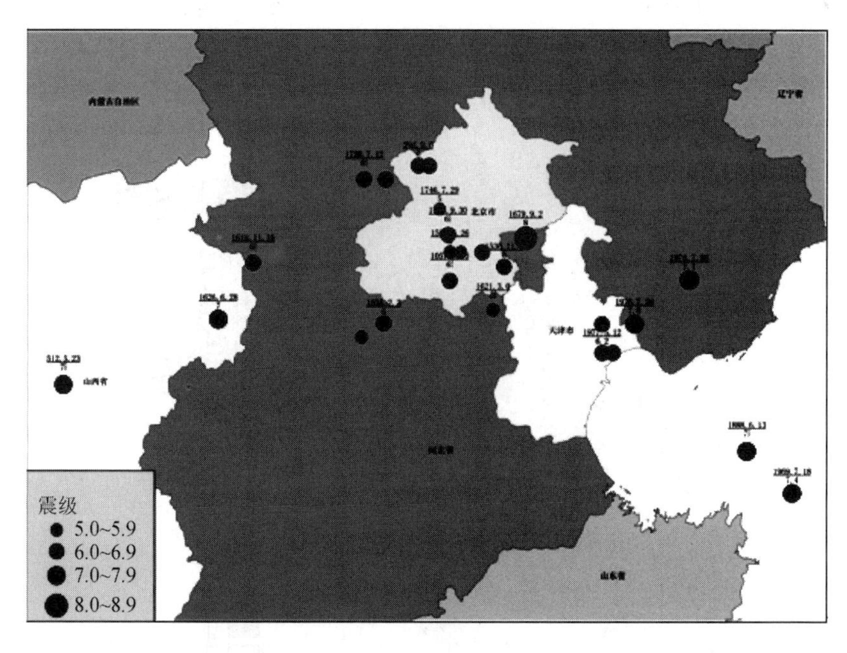

图 9 对北京市行政区范围造成大于或等于Ⅵ度地震分布图(294 年一至今大于 Ms5 地震)

地震对电力系统的破坏极大。2004 年 10 月日本新潟地震，造成 28 万户居民停电。1996 年我国内蒙古包头地震，张家营变电站停止供电达 11 小时，虽地震未造成人员重伤和死亡，但损失电量 304 万 kW·h，30 多万 m^2 设施受损，仅电力部门直属单位停电直接损失就达 1 亿元以上。

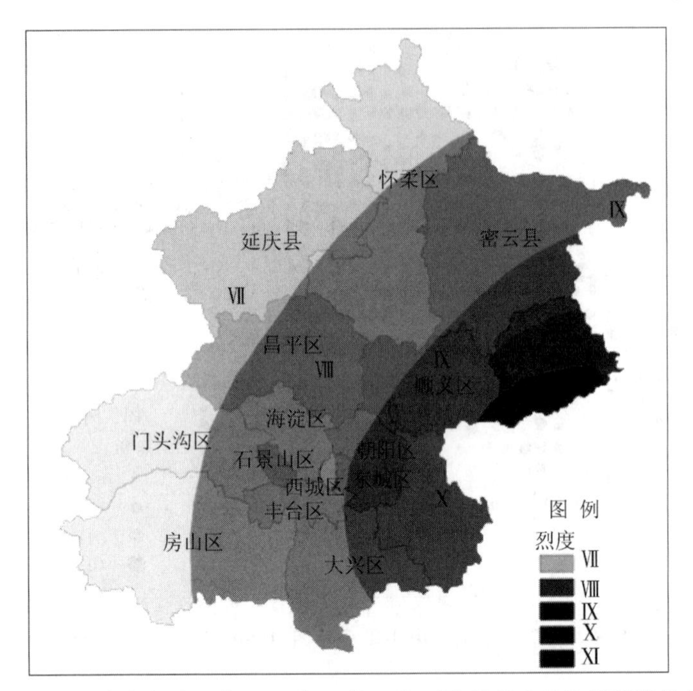

图 10　北京市行政区内 1679 年 9 月 2 日三河-平谷 8 级地震烈度分布

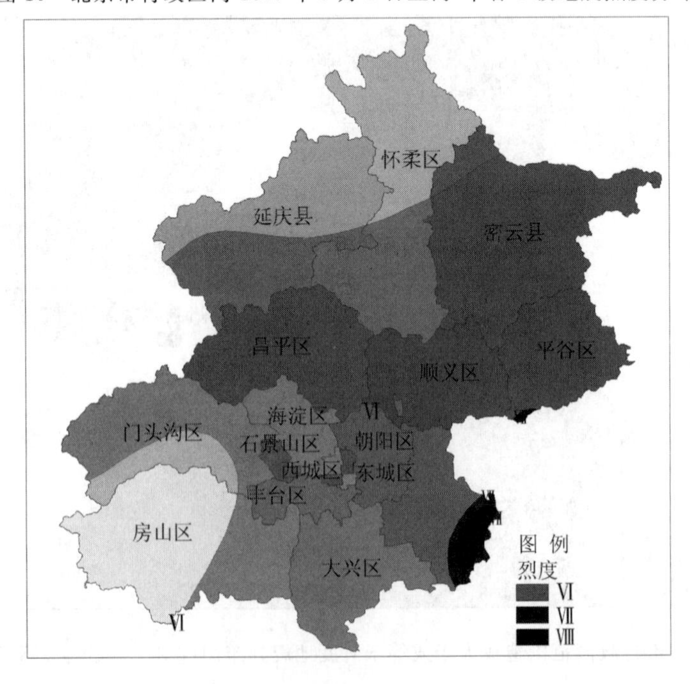

图 11　北京市行政区内 1976 年 7 月 28 日河北唐山 7.8 级地震烈度分布

1.3　地质灾害

地质灾害指自然作用和人类活动造成的恶化地质环境、降低环境质量，直接或间接危害人类安全和生态，给社会生产造成损失的地质事件。按致灾速度可划分为突发性与缓变性两大类。突发性地质灾害通常指崩塌、滑坡、泥石流、地面塌陷和地裂缝等，而缓变性的则是一些区域性的地面沉降、荒漠化、水土流失等。

地质灾害与气象灾害、生物灾害等一样，是灾害的一个重要类型。并以其造成的人员伤亡较多、经济损失巨大、具有突发性、多发性、群发性和渐变影响持久的特点，在现代城市灾害中占有突出的地位。

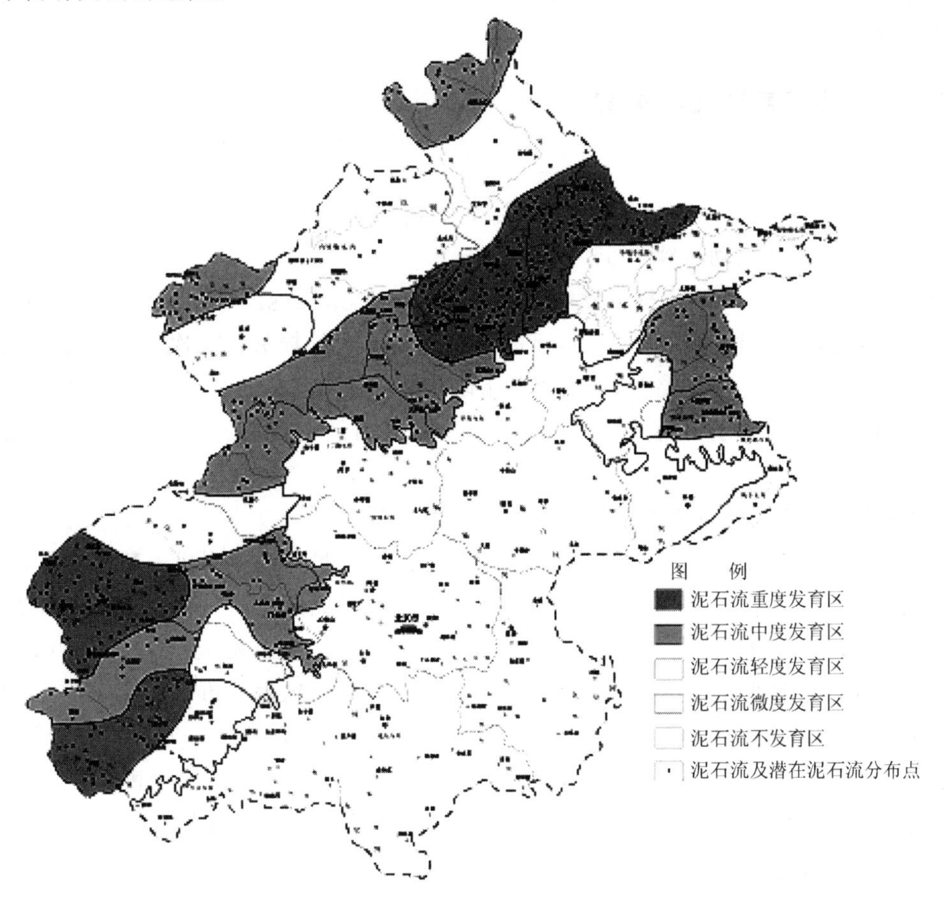

图 12　北京市泥石流不同发育等级的分布

北京地区由于自然条件和强烈的人类经济活动，发育多种地质灾害，尤其是泥石流与采矿塌陷这两种突发性地质灾害对北京市的人民生命财产造成过严重危害。经调查统计，五十余年来泥石流造成 502 人死亡、60 多人受伤，经济损失达数亿元。西山采矿塌陷使 42 个村庄受到不同程度的破坏，地下采空的存在制约着门头沟区门城镇的社会发展与经济建设。这两种灾害是迄今造成本市死亡人数最多、经济损失最大的地质灾害，为本区突发性重大地质灾害。本课题重点研究泥石流灾害及采矿塌陷灾害灾情评估指标及评估体系。

(1)泥石流的分布与危害

泥石流是北京地区最严重和最具破坏性的地质灾害。1867—1998 年北京市山区共发生灾害性泥石流 27 次。1949 年以来发生 14 次,其中较严重的有 10 次。北京市山区发育泥石流沟 584 条,潜在泥石流沟 232 条,二者流域面积为 1348.06 km^2,占整个山区面积的 12.96%。

(2)采矿塌陷分布与灾害

采矿塌陷发生在西山采煤区,以房山和门头沟区最严重,是典型的人为地质灾害。截止到 1993 年底,发现塌坑 1232 个、地裂缝 577 条、不均匀沉降 47 处。地面塌陷危害着 20 多个乡镇及 9 个国营矿区,已有 42 个村庄受到不同程度危害。随着地下采空的发展,塌陷灾害还会出现。

1.4 人为因素造成的灾害

(1)火灾与爆炸

1997 年 6 月,北京东方化工厂罐区发生特大火灾,造成 8 人死亡、40 人受伤,直接经济损失 1.17 亿元,扑救行动持续了 55 个多小时。

2004 年 1 月,西三环魏公桥下发生天然气泄漏事故,造成魏公桥下和东侧马路中断三个小时。由于消防队伍过硬的处置能力,事故没有造成更大的损失。此次事故的原因是由于重型车辆从此处经过压坏了路基,造成路基下陷挤破了天然气管线。2006 年 5 月,北京通州一居民小区天然气泄漏引发爆炸 10 人受伤。事故原因是室内燃气泄漏,但是没有及时发现,导致开灯时产生爆炸。

(2)重大交通事故诱发供电事故

1996 年 1 月 19 日 1 时 18 分,首钢公司民用建筑公司吊车实习司机王某违章作业,误碰石景山热电厂至八里庄变电站 220 kV 石八双回线,引起北京西部大范围停电。造成一个 220 kV 变电站、一个电厂、七个 110 kV 变电站、十个 35 kV 变电站全停;两个 110 kV 变电站、一个 35 kV 变电站部分停电;全部停电负荷约 310 MW,约占全市 8%,直接影响到二热机组所供包括中南海在内的中心城区大范围用户的用电和取暖,是 1949 年以来政治影响最严重的停电事故。据不完全统计,电力线路损坏修复费用 83 万元;电网少售电量 37 万千瓦时,损失 10 万元;发电厂损失 67 万元;北京市社会产值损失约 175 万元。

(3)重大技术责任事故

特别是建筑工地野蛮施工挖断电缆已多次发生。

(4)能源供应系统历来是恐怖袭击的首要目标。

2 北京市中长期自然灾害发生的可能性及对能源设施的影响

2.1 地震

有的地震专家认为 2001 年苏门答腊地震海啸、2007 年昆仑山口 8.1 级地震和 2008 年汶川地震等标志着全球及我国正在进入一个新的地震活跃期。首都圈经唐山地震之后虽然总体上相对平静，但如全球进入新的地震活跃期，也不排除周边地区发生6级以上破坏性地震的可能。

从国内外地震灾情看，损害最严重的是在地质断裂带。需要对北京市地处断裂带附近的输电系统及地下供电供气管网严格管理加强维护，骨干管线尽可能避开断裂带，必须经过的要采取特殊加固措施。

2.2　全球气候变化

全球气候变暖的基本趋势仍在延续，加上城市热岛效应强度已达2～3 ℃，特殊天气下可达6～8 ℃，加上市民生活水平提高，空调更加普及，夏季高温耗能将更加突出。华北地区气候的干暖化趋势将使水资源更加紧缺，但大风、沙尘暴等灾害总体上呈减弱趋势。

2.3　气候的周期变化

在全球气候总体变暖的同时，气候的波动也在加剧。有人认为目前已进入拉马德雷现象的冷相位，拉尼娜现象将更加频繁并超过厄尔尼诺现象，冷空气活动将增强，降水量将增加，地震也比较活跃。2008年初南方的大范围低温冰雪灾害就是拉马德雷现象的一种反映。2008年的相对低温也与处于太阳活动的低谷年有关。拉马德雷现象的周期约50年，冷相位与暖相位各占一半。20世纪的头20多年为冷相位，30到40年代为暖相位，50到70年代为冷相位，80和90年代为暖相位，目前正在进入一个新的冷相位时期。

北京市自1999年以来已连续9年降水偏少，干旱与水资源紧缺形势严峻，不但水力发电量骤减，提取地下水的耗电量也剧增。但久旱之后通常会发生转折。有可能在不久的将来进入一个相对多雨期，对久违的洪涝灾害要保持高度的警惕。土壤在长期干旱和浅层地下水被疏干的情况下如突降暴雨，上层土壤充水负载加重，有可能发生多处地面塌陷，从而损坏地下供电供气等管线系统。

2.4　城市发展带来的自然灾害新特点

北京作为一个具有逾千万人口的超级特大城市，已经形成明显的城市气候，经常发生城市的局地暴雨，对局部地区的供电形成威胁。此外，现代城市的能源管理日益电子化数字化，雷击灾害的主要形式也已由直击雷转变为感应雷。现代城市下垫面多为不透水的水泥或沥青路面，过去穿越城区的河流大多被封盖，使得北京城区的排洪能力大幅度下降。雨后的径流系数比过去增大3～5倍，一场中雨就可以造成局部地区的积水。

3　北京市能源系统应对自然灾害的防灾减灾措施

世界石油涨价，国内能源消费水平急剧提高和国际对于我国的减排压力增大，都严重影响着我国的能源安全。除提高能源生产能力和大力开展节能减排外，增强应对影响能源供应的自然灾害的能力也是重要的一环。

3.1 建立具有权威的安全减灾综合管理机构

汶川地震之后有专家已提出整合有关业务部门成立减灾部的设想。国家减灾委员会和各地的应急委都不应该只是一个协调机构，而应该成为各级政府的一个实体部门，有权统筹各有关业务部门，实现减灾资源的优化配置和科学高效地减灾。

3.2 建立和加强减灾物资、人才与技术储备

从2008年相继发生的南方低温冰雪与汶川地震两大灾害看，能源供应系统的备灾储备都不很充分。为应对未来可能发生的重大自然灾害，必须建立系统和区域性减灾物资、人才和技术储备，其中物资储备包括应急抢险维修、应急备用供电设备、储备油库、备用替代能源等。汶川地震之后，数十万志愿者满腔热情奔赴灾区做出很大贡献。但也有不少志愿者缺乏必要的救灾技能，而灾区的接待能力和工作条件都很差，以至四川省政府恳求各地志愿者不要再去灾区，尽量留在本地以适当的方式支援灾区。今后应有计划地培训一大批具有不同专业技能的志愿者队伍，同时还要培养一批能源供应保障领域的安全减灾专业技术人员。

3.3 全面组织编制能源安全保障的减灾预案

目前北京市已完成突发事件应急总体预案和若干个专项预案，但仅有市级预案是远远不够的。高层次的预案主要解决指挥协调、调度和责任问题，并不能代替基层和重要部位的减灾预案。应针对影响能源供应保障的各类自然灾害和人为因素，结合具体的岗位和部门，全面编制各类预案，并加强预案的可操作性。预案编制后应经过专家论证与审定，并在实践的过程中进行演练和定期修改完善。

3.4 全面排查能源系统的安全隐患，采取应对措施

能源系统的安全关系到整个社会的安全和城市整体功能的运转，应组织全面排查，特别是地震断裂带、地质不稳定地区、地下建筑施工场所、变电站与高压输电系统、输油输气管道、邻近能源系统的易燃易爆物品存放点等，针对存在的隐患采取严格的防范措施，并完善安全管理责任制。

3.5 大力加强节能减排和应对气候变化工作

我国已成为温室气体排放第一大国，减排国际压力日益增大。在坚持作为发展中国家的生存权和发展权的同时，也要抓好节能减排，体现负责任大国的形象。北京作为我国的首都，关系到整个国家的形象，北京市的行动还极大影响着全国各地。北京市应按照应对气候变化国家方案的精神，制定相应的规划，在应对气候变化和节能减排方面做出贡献和树立榜样。抓好节能减排，杜绝浪费能源，也就为减轻影响能源供应的自然灾害创造了条件和打好了基础。

城市突发事件频发，应急能力亟待提升*

郑大玮　明发源　韩淑云
（北京减灾协会，北京　100089）

北京市突发公共事件应急管理体系自2005年建立以来，经过几年的努力，已形成应急体系的基本框架，并在突发事件和综合减灾实践中，特别是在为2008年北京奥运会和国庆60周年活动提供全方位高效有力的应急指挥和安全保障方面，收到了明显的成效。北京的应急管理水平已有很大改进，但仍不能适应现代化大城市的社会、经济发展需要，与建设世界城市的长远目标相比，仍有较大差距，存在的问题主要有以下几方面：①常态化的应急管理未得到全面落实。虽然中心城区已建成10个世界卫生组织标准的安全社区，但城乡接合部的安全隐患仍很突出。一些应急预案的针对性和可操作性不强，基层社区和企事业单位大多尚未编制，远未实现国务院提出的编制预案"横向到边，纵向到底"的要求。②城市的生命线系统脆弱，存在隐患。北京的道路和交通设施建设赶不上车辆的增加，交通拥堵成为老大难问题；气候的突变常造成电力和能源供应的紧张，持续严寒曾造成燃气供应的一度紧张；久旱之后突降暴雨容易导致道路或建筑工地的局部地面塌陷。③减灾应急监控信息尚未实现充分及时的共享交换，预警会商与联动不够。2003年SARS事件和2009年中央电视台新址火灾的应急处置都表明，北京地区的属地应急管理原则还未能充分落实。④缺乏高层建筑抢险装备与技术，包括超高层建筑的灭火、救援装备与消防直升机。2009年央视大楼发生火灾，消防队员只能人为攀高灭火，面对着三四十层高的大楼，消防水枪鞭长莫及，灭火效率很低。⑤抢险救灾人力资源不足。抢险救援专业人员的技术素质和现场救助能力有待强化，应急抢险救援队伍的布局不够合理，在非传统安全的许多领域中，减灾技术与管理人才奇缺，志愿者队伍的应急管理能力有待提高。⑥市民防灾减灾教育培训薄弱。对市民自救自护能力的培训未达到系统化、标准化，安全文化教育尚未全面纳入中小学和高校教育体系及教学课程。部分人群几乎没有接受安全培训，特别是流动人口和农民工。

与现有的世界城市相比，北京城市硬件建设的差距在迅速缩小，但在城市的软件建设方面，即城市应急管理与市民安全素质方面的差距，要经过长期艰苦的努力才能逐步缩小，建议在以下几方面着力解决：

(1)加强综合应急管理能力的建设，努力实现防灾备灾前移。提高对自然灾害与突发公共事件的预警、监测能力，加强灾害信息管理与信息共享，建立和完善科学的灾情监测预警、

* 本文原载于2011年29(01)期《科技导报》。

风险评估与信息发布制度；救援应对前移，健全应急管理组织机构，提高应急管理能力和水平；健全专业应急救援队伍，建立市民广泛参与的志愿者队伍；经常开展应急演练，提高城市抢险救援和市民自救互救能力；加强灾害风险与损失评估、资源承载力与环境容量评价等工作，加强减灾应急科技支撑能力建设。

(2)编制城乡综合应急规划。面对21世纪城市重大突发公共事件的新特点，修订前期编制的减灾规划，结合世界城市建设目标，开展城市安全承载力和风险区划研究；新城和卫星城镇建设规划必须增加安全减灾风险评估与安全设施建设，特别是生命线工程安全保障的内容。加快城乡接合部村镇的改造，解决低收入人群和进城务工人员的安居保障，降低社会风险。

(3)全面编制各级应急预案，实现“横向到边，纵向到底”的目标。结合北京市在工程建设和城市运行诸方面所暴露出的事故灾祸经验教训，抓紧制定并完善能源、物资等应急保障预案和工作规程，修订和完善现有各类市级应急预案。同时要组织北京市各区县、街道办事处、乡镇、各企事业单位和城乡社区，针对当地可能发生的各类突发事件，编制具有充分可操作性的应急预案，并定期组织评审和修订，使应急管理和行动落实到每个基层单位和每个市民。

(4)建设应急管理科技支撑系统。北京城市的迅速发展为城市安全带来了许多新问题，建设世界城市的目标给城市应急管理提出了新要求，为此必须建立城市应急管理的科技支撑系统，建立北京安全减灾研究中心。要充分应用现代化信息技术，汲取北京奥运会安保系统的高科技成果，编制北京减灾应急科技发展与产业振兴计划。积极引进与自主研发并举，大力提高应急抢险救援设备器材的科技水准与救援技术水平。

(5)加快建设应急救援物资保障体系。继续修建和完善布局合理的灾害避险场所，加强救灾物资储备网络建设，提升救灾物资仓储保管和运输保障能力，提高应急期食品、衣物、药品、帐篷等维持灾民基本生活的救灾物资和能源保障能力。建立北京市应对巨灾的基金和巨灾再保险系统。

(6)加强公众安全文化素质培育。编制减灾应急科普计划，组织编写系列科普教材，建设安全减灾师资队伍，实现安全减灾培训进课堂、进企事业单位、进社区，组建社区应急救援志愿者队伍，定期组织应急避险、互救技能的演练，使多数社区达到世界卫生组织的安全社区标准。

(7)加快京津冀社会经济发展一体化进程，缓解首都圈资源环境压力。北京市在1949年的人口只有300多万，现在加上流动人口已近2000万，城市面积也扩大了十余倍，原有的郊区与一个超级特大城市匹配已远远不够，资源承载力与环境容量不足的矛盾日益突出。与此同时，环渤海城市群也在迅速崛起。为适应北京建设世界城市的发展目标，必须把整个京津冀都市圈统筹规划，一方面充分发挥京津两大核心都市对周边的辐射作用，另一方面要把京津辖区以外的河北省邻近区域作为城市发展的辐射区，以缓解资源、环境的矛盾，增强北京城市建设的资源、环境安全保障水平。

北京建设世界城市必须大力加强安全减灾科普教育*

郑大玮　张少泉

（北京减灾协会，北京　100089）

1　世界城市必须具有一流的安全保障

随着中国综合实力的增强和国际政治、经济地位的提高，北京作为崛起中新兴大国的首都，建设世界城市的历史任务已经提上日程。世界城市是指对全球政治、经济、文化具有控制力和影响力的国际化城市。[1]成为世界城市，必须具备强大的经济实力与政治、文化影响，必须有完善的城市基础设施和优良的环境质量作为宜居的前提，还必须具备一流的安全保障。

虽然世界城市是人们向往的地方，但并非不存在安全隐患。这是因为：

(1)世界城市既然对全球政治、经济、文化等具有强大的控制力，也就容易成为各类国际矛盾的聚焦点，无论是纽约、伦敦、东京或巴黎，都发生过由国内外社会矛盾引发的恐怖袭击或政治动乱，如 2001 年发生在美国纽约的“9・11”恐怖袭击和 2005 年英国伦敦地铁的恐怖袭击，2005 年 10 月法国巴黎和 2011 年 8 月英国伦敦的社会骚乱，1995 年东京地铁沙林投毒事件等，[2]最近美国发生的“占领华尔街”运动有向世界各国扩展的趋势。

(2)世界城市一般都具有上千万以上的人口，城市功能运转和市民生活高度依赖地下管线组成的生命线系统。一旦发生故障或因灾受损，极易形成放大效应。如 2003 年 8 月 14 日包括纽约在内的美国东北部和加拿大东部的大停电，受影响人口达 5000 万，平均每天的经济损失达 300 亿美元。[2]日本 2011 年 3 月 11 日的东北部大地震导致东京分区停电，交通和商业活动也受到巨大冲击，福岛核电站泄漏事故导致部分居民的极大恐慌。

(3)世界城市由于人口与经济规模庞大，资源消耗与污染物排放数量都很大，虽然拥有发达的交通运输业和环境保护设施，但在发生地震、特大暴雨洪涝、台风与海啸、暴雪、高温热浪等重大灾害时，仍然会造成一时的资源短缺或恶性环境污染事件，如美国纽约 2010 年底的特大暴雪、日本 1995 年的阪神地震和 2011 年的“3・11”大地震、法国巴黎等地 2003 年的热浪都是如此。

---

* 本文原载于北京减灾协会主编的《首都北京综合减灾与应急管理文集》，由天津大学出版社 2012 年 9 月出版。本文也是 2011 年 11 月 4 日在北京减灾协会“首都圈巨灾应对与生态安全高峰论坛”上的发言。

(4)世界城市与外界的人流、物流、信息流等具有高度的流动性,极易加剧灾害事故的扩散与蔓延。如禽流感、非典(SARS)等疾病在世界范围的传播,病毒对计算机系统的破坏,金融危机的传递等,都往往以对世界城市的冲击最大。

由于世界城市的上述特殊脆弱性,必须建立高于一般城市的安全保障能力。

2 北京建设世界城市过程中的风险因素

发达国家现有的世界城市是在完成工业化和城市化进程之后,随着资本主义向全世界扩张和经济全球化过程逐步形成的。但是北京提出建设世界城市的历史任务时,整个中国仍然处于社会主义初级阶段和工业化、城市化的中期,也是社会、经济发展的转型期,社会矛盾错综复杂。中国又是一个人均自然资源比较贫乏的发展中大国。这些都决定了北京建设世界城市的过程中,将存在比现有世界城市更多的风险因素。

2.1 国际反华势力的破坏

北京是以坚持社会主义制度的发展中国家首都的身份提出建设世界城市的历史任务,这在世界历史上尚无先例,国际敌对势力的破坏活动一直没有停止,而且主要集中在北京。

2.2 国内的社会不稳定因素

处于社会经济发展转型期的中国,由于贫富差距在一段时期内不断扩大,社会不公现象比较普遍,加上各种腐败现象没有得到有效遏制,不同利益群体之间的社会矛盾,不同地区之间的经济纠纷都比较突出。大量农民进城务工,以极大的劳动强度仅获得很低的劳动报酬,且难以融入城市社会,不能享受与市民同等待遇的社会保障。北京的城乡接合部与地下空间是外来人口集中居住地,居住拥挤,环境恶劣,私拉乱接电线十分普遍,刑事犯罪率也较高。[3]国内外敌对势力还经常利用民族矛盾挑起事端。一些低素质人群还容易受到法轮功等邪教、封建迷信活动和非法传销组织的影响。上述矛盾如处理不当,很容易引发重大社会突发事件。

2.3 北京的自然资源禀赋先天不足,尤其是水资源十分有限

目前北京人均水资源量仅 120 m^3,几乎低于所有国际化大都市。由于多年连续超采,地下水位下降数十米,昔日的众多西山泉水已全部消失。北京类似盆地的地形对污染空气的稀释扩散也十分不利。

2.4 北京所在地区的自然灾害比较严重

北京地处华北地震带,历史上多次发生破坏性地震。山区泥石流灾害频发,新中国成立以来累计死亡五百多人。[4]历史上永定河洪水多次冲进北京城。干旱、寒潮、霜冻、冰雹、大风、沙尘暴、暴雪等灾害也多次发生。

2.5 气候变化带来的灾害新风险

全球气候变换和城市热岛效应的叠加，使得热浪和城市局地暴雨的发生更加频繁。近60年来北京及周边地区的降水量不断减少，干旱与水资源短缺日益突出。

2.6 城市发展过程中的失误和欠账

北京长期以来摊大饼式的扩张模式带来严重的环境恶果和交通拥堵等城市病；北京市区建成大量不透水地面和把大多数城市河流封盖，使排水能力大幅度下降，城市内涝的危害日益突出；北京部分地下管线陈旧且多年失修，泄漏、爆裂、漏电、起火等隐患严重。

3 北京市民的安全文化素质亟待提高

虽然北京市民的学历和科学文化素质在全国主要城市中是最高的，但与建设世界城市的要求相比，还有很大的距离。日本东京市民在"3·11"大地震发生后能保持稳定的社会秩序，纽约世贸中心大楼里的工作人员在"9·11"恐怖袭击发生之后能有序撤离，伦敦市民在二战期间有序进入地铁防御空隙。但像2004年元宵节北京市密云县灯会拥挤踩踏伤亡事件和2010年5月印度首都新德里火车站发生的扒车拥挤踩踏伤亡事故，在发达资本主义国家的世界城市几乎不可能出现。

北京市民的安全文化素质尚待提高表现在以下几个方面：

3.1 发生重大突发事件时的恐慌混乱

1976年唐山地震波及北京期间，地震谣传一度闹得人心惶惶，有人甚至听到地震谣传急于逃命跳楼摔死。2003年非典(SARS)流行期间一度流传封城谣言，抢购食品成风。2011年日本地震海啸引发福岛核电站特大泄漏事故，一些市民出于对核污染的恐慌，碘盐被抢购一空。2004年密云县踩踏事故也是由于恐慌导致秩序失控所造成。

3.2 科学常识的缺失

近年来多次流传三峡工程引发南方低温冰雪灾害、汶川地震、西南大旱、长江中下游干旱等等，虽然三峡工程在长江自净能力下降、泥沙淤积、库区地质灾害加重等方面存在一些隐患，但稍有气候常识的人都知道，三峡工程只能对库区附近的气候产生很小的影响，不可能左右整个大气环流。福岛核泄漏虽已构成特大核事故，但北京与福岛所在纬度的上空，西风环流占绝对优势，海洋中黑潮暖流也是向东北流去的。即使有小股气流携带核污染物质过来，经过数千千米的稀释扩散，沾染到京郊蔬菜上的放射性强度已微不足道。但仍有不少市民不相信国家发布的信息，导致绿叶菜一时滞销。1996年12月下旬北京曾一度流行将在房山区的百花山一带发生地震的谣言，中国政法大学等高校许多学生彻夜在楼外避震，许多人得了感冒。稍微懂得一点地震常识的就不难鉴别，目前国内外地震预报都是规定必须由国家地震部门通过政府发布，凡是把预报地震地点说得非常具体和小范围，如果不是故意造谣，起码也是外行人在瞎预报。

3.3 缺乏社会责任感和道德水准的滑坡

少数北京市民缺乏社会责任感和公共道德，如路遇伤病人员或遇被歹徒侵犯者不但不施援手，反而冷漠围观，对见义勇为者说风凉话；公交车上年轻人不给老弱病残者让座；随地吐痰和扔脏物；笑贫不笑娼；商业欺诈层出不穷等等。社会道德水准的滑坡是市场经济发育初期的特征，与资本主义的原始积累初期类似，与大量存在的社会不公现象相关。同时也与过去一段时期有些人在纠正左的错误时，淡化了正确的价值观念，背离了新中国成立以来树立的良好党风和民风，对腐败现象始终打击不力，对人民内部矛盾处理不当等有关。

4 北京减灾协会开展的安全减灾科普工作

北京减灾协会成立于 1994 年，其宗旨是广泛团结组织社会各界人士和专家学者，积极开展减灾活动，综合研究首都地区的各种重大灾害，提高全社会的减灾意识和北京市防、抗、救灾能力和工作水平，以减轻灾害损失，保障北京城乡现代化建设。

关于如何开展减灾科普工作，已发表的文章介绍了一些经验。[5~8]北京减灾协会成立十多年来开展了一系列科普宣传活动，为保障首都的社会稳定和经济发展，尤其是为奥运会安全保障做出一定贡献，在开展社团减灾科普工作方面做了一些探索，取得了一些经验。

4.1 积极组织参与北京市的大型科普活动

每年结合北京科技周、国家减灾日、国际减灾日等，组织各种专题展览、现场咨询、发放科普宣传材料等活动。如 2009 年 5 月 18 日在北京科技周主会场日坛公园举办“安全·减灾·防汛·抗旱”防灾减灾专题活动，6 月 18 日参加北京市科协在人定湖公园举办的“迎国庆展示科协魅力 促和谐科普惠及民生”主题活动，举办了科普知识有奖问答，并在主会场展示由北京减灾协会编制的“防灾减灾安全素质教育”展板。北京减灾协会还多次承担北京市民政局和民防局安全减灾知识竞赛活动的出题并担任评委。

4.2 以社区为重点，举办多种形式的安全减灾科普讲座

北京减灾协会以西城区、朝阳区为试点，近两年为社区、企业、事业单位、学校、党校干部等开展讲座 30 余次，内容包括地震防范与自救互救、科学应对突发事件、火灾防范与火场逃生、心肺复苏与外伤救护，听讲者达 7000 余人。2011 年还首次深入山区为打工农民子弟培训。由北京减灾协会编制了两套 40 余块防灾减灾科普宣传展板，在朝阳区、海淀区的居民小区进行巡回展出。展板内容包括气象灾害、地震灾害、地质灾害、火灾、交通事故、社会安全、医疗卫生、心肺复苏、远离游戏厅、远离毒品等。北京减灾协会专家还多次应邀到北京电视台和中央台教育频道宣讲安全减灾知识。

科普讲座听众的文化层次、生活阅历和对内容的需求差别很大，但期望值都很高。要做好报告，满足公众的要求，关键是做好课件。课件的取材、编写和宣讲都必须因地制宜，因人

而异，并且要不断修改、不断完善。对不同的听众群体，如大中学生、社区居民、机关干部等，讲座的素材要针对不同人群的特点各有侧重。在讲座内容上要重点把握三个环节："突然发生的事件怎么应对""对事件的发展怎么分析""今后如何吸取教训"。为此，通常要将课件分为三块：公共安全理念、典型事件分解、自我保护图解。在巡回讲座的过程中，要抓住当前公众关心的热点问题，如 2011 年先后发生的日本地震海啸引发的核泄漏及抢购碘盐风潮、温州动车追尾事故、长江流域旱涝急转、北京城市局地暴雨内涝等，边讲、边改、边完善，才能取得较为满意的效果。

4.3 编写和录制多种形式的安全减灾科普书和音像教材

十几年来北京减灾协会组织编写了多种减灾科普书籍，如《责任重于泰山——减灾科学管理指南》、《农村应急避险手册》、《气象与减灾》等。承担了北京市民防局委托的《北京市公共安全培训系列教材》的编写任务，其中社区版已基本完成即将出版，公务员版正在编写中。协会专家还参与了北京市市政府主办的社会公益项目"居民紧急避险知识讲座"和"居民紧急救助知识讲座"两档系列节目的制作。

目前北京减灾协会的科普宣传还远不能适应为北京建设世界城市提供安全保障的需要。现有科普讲座大多是专业性的，能综合各类灾害事故进行减灾科普的人才不多，尤其缺乏中青年人才。某些领域的科普教育素材积累不足。各部门各地区之间发展很不平衡，朝阳区党校已将减灾列入每期培训课程计划，多数区县尚未列入计划。安全隐患较多的城乡接合部与弱势群体，减灾科普宣传更缺乏有效的组织。

5 加强市民安全减灾科普教育的几点建议

北京建设世界城市在安全减灾领域也必须达到世界一流水平。虽然北京城市减灾工程和基础设施建设与发达国家有差距但已不大，而市民安全文化素质与发达国家的差距相对更大。大力加强减灾科普队伍与教材建设和改进减灾科普工作的组织协调势在必行。

(1)结合"十二五"规划编制加强市民安全减灾文化素质科普教育的总体规划；

(2)组织编制针对不同类型群体的安全减灾科普教育系列教材与声像制品；

(3)加强社区安全文化建设，开展安全社区评选活动；

(4)加强安全减灾志愿者队伍建设，要求每个志愿者承担对周围人群，特别是弱势群体的一定数量科普任务；

(5)编制针对不同层次学生的安全知识教育大纲，正式列入教学计划。

参考文献

[1]连玉明. 重新认识世界城市. 北京日报，2010-6-1.

[2]金磊. 北京建设世界城市必须安全减灾研究为先. 城市与减灾，2010(3)：2-5.

[3]栗占勇. 警惕城市产生贫民窟. 燕赵都市报，2009-11-08.

[4]王海芝. 北京山区基于历史资料的泥石流临界雨量研究. 城市地质，2008，(1)：20-23.

[5]邹文卫，洪银屏，翁武明，等. 北京市社会公众防震减灾科普认知、需求调查研究. 国际地震动态，

2011,(6):15-31.

[6]孙国学,孙晶岩.论防震减灾科普宣传与培训教育工作.山西地震,2007,(4):34-39.

[7]成海民,王跃峰,薛玉敏.谈气象防灾减灾知识的普及.中国科技信息,2010,(18):18-19.

[8]聂文东,刘学敏,张杰平.城市和农村社区防灾减灾手册和挂图的设计与编制.灾害学,2011,**26**(2):107-113.

北京“7·21”暴雨洪涝的灾害链分析与经验教训*

郑大玮　阮水根

（北京减灾协会，北京　100089）

摘要　城市暴雨内涝频繁发生，严重威胁城市的社会经济发展和市民生命财产安全。结合北京市2012年7月21日特大暴雨洪涝的灾情，分别进行了城区与山区的承灾体脆弱性与灾害链分析，并归纳出采取断链减灾的几条基本路径。在总结“7·21”暴雨洪涝灾害经验教训的基础上，提出了若干减轻城市暴雨洪涝灾害的对策建议：用科学发展观反思北京城市发展战略，加强城市基础设施建设；纠正山区发展沟域经济中的短期行为；全面部署基层各类应急预案的编制；完善细化现有市和区县级预案；全面部署救灾志愿者队伍建设；健全灾害预警和信息发布系统。结合北京市提出建设有中国特色世界城市的宏伟目标，强调要处理好建设中国特色世界城市的长远目标与做好当前工作的关系，针对北京市当前存在的安全隐患和与世界城市安全管理的差距，提出了关于加强北京建设世界城市安全保障的若干建议。

关键词：北京暴雨洪涝灾害；灾害链分析；断链减灾途径；建设世界城市的安全保障

1　“7·21”特大暴雨洪涝的承灾体脆弱性和灾害链分析

城市建设中的短期行为和全球气候变化导致近年来我国城市暴雨内涝灾害频繁发生。住房和城乡建设部2010年对351个城市排涝能力的专项调研结果显示，2008—2010年间，有62%的城市发生过不同程度的内涝，其中超过3次的有137个。有57个城市的最大积水时间超过12小时。城市暴雨内涝已经成为涉及全国的问题，严重影响着城市的经济社会发展和市民的日常生活。[1] 2012年7月21日，北京市遭遇有气象记录以来最大暴雨，平均雨量170 mm，最大点房山区河北镇541 mm。引发城区严重内涝和房山等地山洪暴发、拒马河上游洪峰下泄。北京市受灾人口190万人，其中房山区80万人。初步统计全市经济损失116.4亿元，79人遇难。

这一场灾害之所以造成如此严重的后果，固然与暴雨的强度极大和范围广泛有关，同时也与承灾体的脆弱性及灾害链的复杂性有关。在突发的巨灾面前，北京市政府立即启动了应急预案，消防、水务、市政、气象、公安、交通等专业部门全力以赴，动员了十几万人的抢险救灾队伍，市领导亲临第一线，涌现出一批自动参与救灾无私奉献的市民和数名因公殉职的好干部，但也暴露出不少存在问题，加上2013年初严重的雾霾污染，表明北京市要建成具有中国特色的世界城市，还有很长的路要走。在痛定思痛之余，全面总结这次灾害的经验教

* 本文为2012年10月25日在“首都圈巨灾应对高峰论坛——建设中国特色世界城市的安全保障”会议上的发言稿。

训，对于加强北京建设世界城市的环境建设与安全保障是很有意义的。

1.1 城区在“7·21”特大暴雨洪涝灾害中的脆弱性

(1)下垫面特征：长期以来摊大饼式的城市扩张发展战略形成大面积不透水地面，雨后径流迅速形成并数倍加大，如张炜等对北京市 1959 年和 1983 年发生的两场雨量相似的降雨洪峰流量进行监测对比，总降雨量分别为 103.3 mm 和 97.0 mm，最大 1 h 降雨量为 39.4 mm和 38.4 mm，但两者洪峰流量分别为 202 m^3/s 和 398 m^3/s，后者几乎倍增。[2] 尤其是 20 世纪 90 年代以来北京市修建的许多立交桥的低槽路段更成为险区。连续多年超采地下水和长期干旱导致局部地面下沉，突降暴雨渗入土壤后更容易诱发局部坍塌。

(2)水文与植被：城市建设的短期行为导致排水管网建设标准过低，原有城区河流大部被掩盖或淤积，泄洪能力严重下降。几乎所有绿地都高于路面，拦蓄雨洪作用甚微。

(3)应急机制：虽然编制了应急预案并立即启动，调动十几万人专业抢险救灾队伍，但没有落实到基层，大多数企事业单位没有预案。现有预案原则规定多，行动细节规定少，预警到位率低，没有充分利用各类媒体和电子屏幕，一些公共文体活动照常进行，不按车位应急停靠照常罚款，高速公路照样收费，甚至个别急救车拉运遇难者尸体也要收费。

(4)市民素质：许多市民缺乏城市洪涝自救互救知识技能，以致发生多起溺水、落井、触电、窒息伤亡事故。虽然有些人通过微博联络以私车参与救援，但多数市民缺乏组织与指导无所适从，没有形成全民有序的救援行动。有些市民中还流传一些谣言或不实信息。

(5)补偿机制：发达国家的灾害保险通常可补偿一半以上的经济损失。我国 2008 年南方低温冰雪与汶川地震两大巨灾的保险赔付都只占到直接经济损失的 1%左右，微不足道。此次北京“7·21”暴雨洪涝经济损失高达 116.4 亿元，截至 7 月 29 日，保险公司估损金额仅 9 亿元，而且绝大部分是强制性的车辆保险。

1.2 山区在“7·21”暴雨中的脆弱性

这场暴雨洪涝灾害中以房山区的损失最为惨重，一方面与暴雨中心的位置有关，但北京市山区在大灾中尤其脆弱是根本原因。

(1)气候：北京市山区在历史上一直是山洪、泥石流的重灾区，北部山区和西部山区各有一暴雨中心区。新中国成立以来累计死亡约 600 余人，超过其他任何一种自然灾害。20 世纪 50 年代山洪、泥石流造成的群死群伤以西部山区居多，尤其是门头沟；60 年代到 90 年代初以北部山区居多。[3]

(2)地质：西部为石灰岩山区，与北部山区相比，地势更加陡峭，土层更薄，植被更差，发生同样强度的暴雨，山洪和泥石流成灾风险更大。

(3)人类活动：近十几年来山区大力发展沟域经济取得显著经济效益，但也有一些地区追求短期利益，在靠近河谷的地方兴建各种旅游设施，在山洪冲击下损失惨重。

(4)应急机制：近几十年来持续干旱，房山区对于可能出现的气候转折缺乏思想准备，对山洪、泥石流灾害的预防、预警不如北部山区和门头沟抓得认真，村民缺乏在山洪、泥石流灾害中自救、互救的知识与技能，山区应急救援技术手段与装备也相对落后。

1.3 灾害链概念的提出

1987 年郭增建首先提出灾害链概念，指出“灾害链是研究不同灾害相互关系的学科，是由这一灾害预测另一灾害的学科”。[4]目前多数学者把灾害链看成由原生灾害引发次生或衍生灾害的关系。郑大玮在2009年提出把灾害链的内涵拓宽如下：灾害链是指孕灾环境中致灾因子与承灾体相互作用，诱发或酿成原生灾害及其同源灾害，并相继引发一系列次生或衍生灾害，以及灾害后果在时间和空间上链式传递的过程。[5]

重大灾害链通常有一个主链和若干支链，每个链又由若干环节组成，各链及各环节之间具有复杂的相互联系。同时发生的几种灾害，通常其中某种灾害处于原生或主导地位，从孕育到危害成灾形成主链，同源次要灾害或原生灾害的次生灾害及其后果则构成支链。重大灾害链由于存在主链和若干支链，又具有复杂的相互联系和反馈，实际形成了灾害链网。

灾害链由两部分组成。前半部分由孕灾环境中的致灾因子开始作用于承灾体到灾害高潮期，称为灾害发生链；由灾害高潮期到灾害后果完全消退的后半部分称为灾害影响链。

研究灾害链的目的在于探索在其关键环节或薄弱环节断链减灾的对策。

1.4 “7·21”暴雨洪涝的灾害链分析

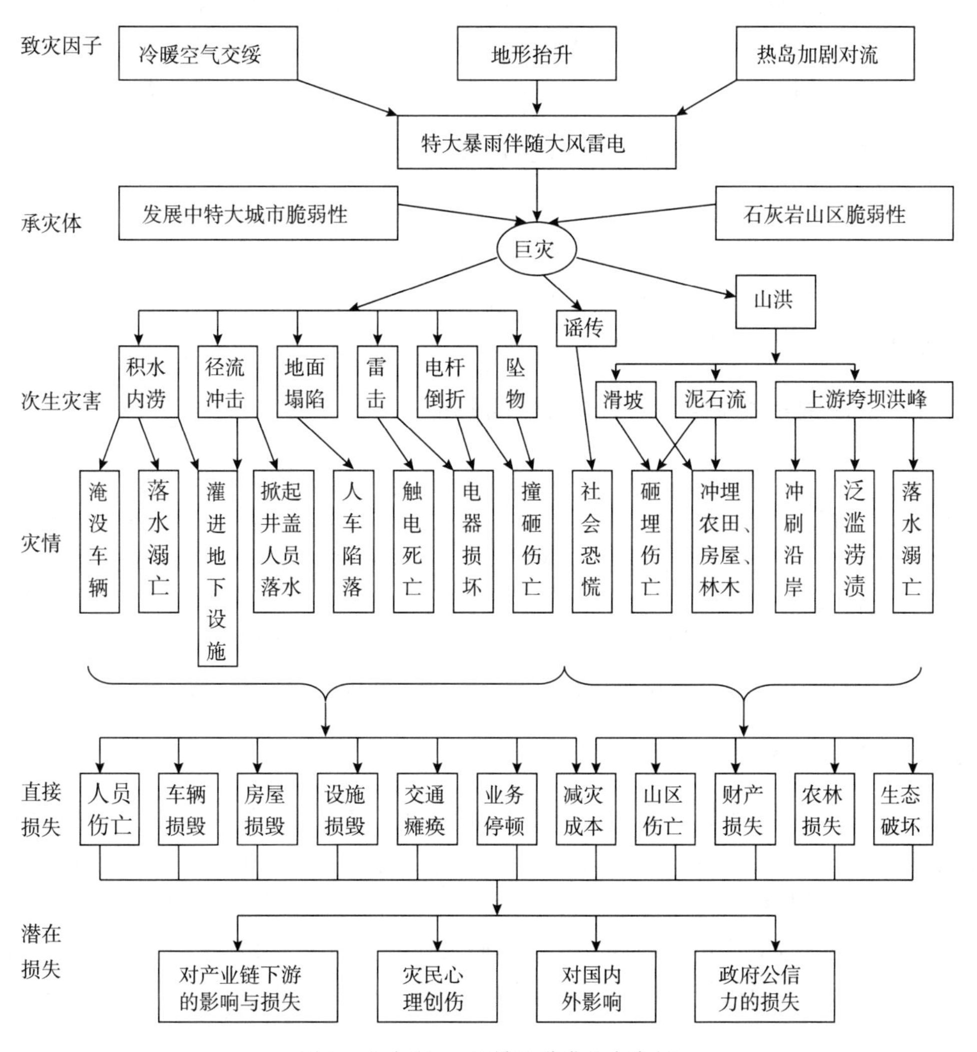

图1　北京“7·21”暴雨洪涝的灾害链

1.5 阻断或削弱灾害链的途径

①通过拦蓄工程、水土保持工程和雨洪利用工程削弱洪水；②根据预警提前对承灾体采取规避措施，如尽量不要出行和停课、停业等；③对承灾体的薄弱环节如低洼路段、变压器、危房等采取临时疏导、加固或保护措施；④公开灾害信息，以正确信息阻断扭曲信息和谣言的传播；⑤保险理赔虽然不能阻止灾情的发生，但可以有效阻断灾害后续影响的延伸和加速灾区重建及生产恢复。

2 “7·21”洪灾的经验教训与对策建议

2.1 用科学发展观反思北京城市发展战略，加强城市基础设施建设

尽快修订《北京城市总体规划(2004—2020年)》，扭转超出城市资源承载力和环境容量的城市无限膨胀态势，调整、修订城市基础设施，特别是排水系统的建设标准，重点加强低洼路段和地下设施的排水能力。健全和疏通城市水系，修建城区雨洪拦蓄和集雨系统。

2.2 纠正山区发展沟域经济中的短期行为

目前北京市沟域经济的发展过于超前，缺乏科学规划与前瞻性的管理。[6]应按流域重新规划山区沟域经济布局，整治河道与沟谷，恢复和加固堤防，清除侵占河道的违章建筑和设施，迁移沿河与沟旁险区的企业和民居，所有山区公路和沟域旅游点都应建立洪灾预警制度与应急救援体系，重点景区应修建临时避险场所。

2.3 全面部署基层各类应急预案的编制

应对巨灾必须调动全社会的力量。应在现有市、区县级应急预案的基础上，层层落实到每个企事业单位和所有城乡社区，针对当地主要灾种编制预案。基层的预案要突出可操作性，应急措施必须落实到具体地点、对象和人员。如在城市洪涝中，每个社区都应负责对所在范围的被困人员和危房住户进行救援和临时安置，对附近被淹车辆实施救助，对井盖冲走、电杆和大树倒折、断头电线、积水过深路段等危险源派人监视并竖立警示标志，尽快报告和协助市政部门抢修。所有山区乡村都应建立灾害预警体系和临时避险场所。

2.4 完善细化现有市和区县级预案

结合本次洪灾的经验教训修订预案，还应责成相关部门编制与此衔接的实施细则。如在发生巨灾时，有关部门应调动公交资源并临时征用附近单位车辆救援，疏散机场、车站和公路被困旅客，利用附近影剧院、体育馆等公共场所及部分旅馆临时安置灾民，无偿提供饮食、御寒用品和医药，事后由市财政补偿。明确灾时各种收费、罚款规定的临时调整办法。对趁灾讹诈收取高额费用的出租车与哄抬物价的餐馆、商店、修车行等应予以揭露和惩处。

2.5 全面部署救灾志愿者队伍建设

历次灾害救援实践都证明以自救与就近互救的存活率最高。专业队伍对于整个巨灾往往是杯水车薪,应主要用于重灾区救援。一般灾区应充分发挥当地社区作用。一方面要加强对社区居民灾害应急知识技能的培训,另一方面要加快灾害救援志愿者队伍的建设。争取3年内在所有城乡社区建成占当地人口适当比例的志愿者队伍,并在专业部门指导下开展系统的培训和演练。可根据不同灾种和技术专长有所分工,有些侧重医疗急救,有些侧重工程抢险,有些侧重心理辅导,有些侧重救灾物资输送。具有较高水平或多种技能的,可颁发专业证书。做出重要贡献的要给予表彰奖励。

2.6 健全灾害预警和信息发布系统

发生巨灾后要充分利用各种媒体和公共场所电子屏幕向广大公众提供预警,及时发布灾害与救灾信息。市应急办与宣传口应有人专门收集和分析市民反应和心理,对网络上出现的无理责难和谣传要迅速解释和澄清。

3 加强北京建设世界城市的安全减灾保障

3.1 处理好建设中国特色世界城市的长远目标与做好当前工作的关系

北京市提出建设有中国特色世界城市的宏伟目标是必要的,也是北京城市总体规划中明文规定的。但是我们也要看到,全面建设小康任务尚未完成,中国还将长期处于社会主义初级阶段。作为发展中大国的首都,北京建设世界城市的进程不可避免要受到国情的制约。不能因为2008年北京奥运的成功举办和一些豪华现代建筑的落成就盲目乐观。无论从城市结构与功能、城市经济发展水平、社会组织化水平与市民素质,特别是环境质量与安全保障方面,北京与现有世界城市还有很大的差距。在明确发展目标和制定长远规划的同时,主要精力还要放在解决当前制约北京城市发展的经济、社会、资源、环境、安全等紧迫问题上,为未来的长远发展打下坚实基础。

3.2 北京城市发展的安全隐患

北京建设世界城市存在许多安全隐患:

以气候变化为主要驱动力的全球变化导致气候的波动加剧,超常规模的人类活动和城市扩展造成生态环境的破坏,使资源危机与环境污染加重。关键在于树立可持续发展观,处理好人与自然的关系。

由于处于社会转型期和工作中的某些失误,现阶段社会矛盾比较尖锐,不稳定因素增加。作为全国的政治文化中心,既要发挥北京市历史上引领全国社会变革与进步的先驱作用,又要防止北京的社会动荡波及全国。关键在于以人为本,处理好改革与维稳的关系。不改革,就不可能消除社会不稳定的根源;不稳定,也难以实施有效的改革举措。

3.3 北京与世界城市安全减灾管理的差距

2009 年 12 月下旬召开的中共北京市委十届七次全会明确提出了北京建设世界城市的发展目标。[7] 2010 年 7 月 19 日，北京市社会科学界联合会等单位主办了“建设世界城市提高首都软实力”论坛，但论坛的重点在世界城市对北京的社会影响、增强北京文化影响力和魅力研究等方面，对于以人口、资源、环境、安全等可持续发展的核心问题与未来压力、差距分析等基本未涉及。[8]

与纽约、伦敦、东京等现有世界城市相比，除在国际政治事务、经济与金融、科技、文化等领域的影响力与辐射力有较大差距外，在安全减灾领域也存在很大差距。

表 1 北京与世界城市安全减灾领域的主要差距

类别	世界城市的应急管理	中国现状
管理阶段	单灾种→多灾种→全面危机管理	单灾种管理，开始启动综合应急管理
组织机构	1.统一协调实体化的国家危机管理机构；2.综合指挥救援专业化队伍	1.有应急管理机构但未实体化；2.应急救援队伍不完善
减灾法规	1.部门法→国家基本法或综合法；2. 城市中长期应急规划；3.较完备的安全减灾城市规划设计标准体系	1.缺乏城市综合减灾法规；2.缺少与世界城市目标相匹配的中长期应急规划；3.只有单灾种城市设施建设标准，缺少系统性、综合性
发展理念	1.兼顾发展与防灾备灾；2.有序发展与防灾规划相协调	1.追求快速与规模，超越资源承载力与环境容量；2.地面建筑豪华，基础设施建设滞后，标准过低
公众参与	政府主导与企业、社区相结合，非政府组织、慈善机构与志愿者队伍积极开展自救、互救、公救，市民素质高	政府强势主导，公众参与度有所提高，但非政府组织与慈善机构发展缓慢作用有限，志愿者专业化与组织水平不高
信息沟通	1.政府为主管制，信息公开透明；2.预警信息准确反馈传播	1.透明度不足；2.没有充分利用各类传媒，传播通道有时受阻
救灾资金	1.政府有危机财政预算；2.慈善机构健全，社会救助普遍；3.灾害保险发达，可补偿 1/2 以上的灾损	1.政府应急财政支出为主，各地财政支援；2.社会救助比重偏低，机制不完善；3.灾害保险刚起步，补偿率仅百分之几
经济效益	预防为主，减灾讲究效率，降低成本	预防投入不足，救灾不惜代价

注：此表根据金磊文献，但有所调整[9]

3.4 加强北京建设世界城市安全保障的建议

(1)按照世界城市的安全保障水平，修订北京城市总体规划，根据北京地区的资源承载力、环境容量和北京城市功能发挥的需要，确定城市的发展规模与城市布局。

(2)参照世界城市的基础设施建设标准，制定规划，分阶段逐步改造城市生命线系统。

(3)制定城市综合减灾法规，建立统筹协调，实体化的应急指挥体系，各类应急预案编制达到“纵向到底，横向到边”的要求，并配套编制实施细则，落实到所有部门、基层社区和企事业单位。

（4）研制和引进包括空中救援系统在内的世界最先进抢险救援设备，各类专业减灾队伍的技术装备与人员素质逐步达到世界最先进水平。

（5）加强安全文化建设，所有社区达到世界卫生组织的“安全社区”标准。建立上百万人具有专业救援技能的安全减灾志愿者队伍，安全教育覆盖所有学校，科普宣传覆盖城乡全部社区。扶持相关民间社团发展，慈善机构数量与人均捐款达到发达国家特大城市的水平。

（6）建立高效的灾害预警与信息发布系统，确保发生巨灾时预警信息能通过各种传媒在第一时间迅速达到所有单位与所有市民，并优先服务脆弱人群。

（7）加强重大灾害避险场所和救灾储备物资库的规划建设，逐步实现全体市民能够迅速安置和短期生存。

（8）建立市政府应对巨灾的财政预算，逐年积累形成特别基金，重点用于重灾区和薄弱环节的应急救援与恢复重建。逐步普及各类灾害保险与再保险，实现发生巨灾后，企业和市民在灾害中的经济损失的大部分能通过市场机制得以补偿。

上述措施中的硬件工程耗资巨大，可根据财力逐步分批实施。软件行动则应加快实施，逐步构建政府主导、全社会广泛参与和充分发挥市场机制的安全减灾模式，实现科学、高效的减灾。

参考文献

[1]辛玉玲，张学强．城市内涝的成因浅析．城镇供水，2012，(5)：91-93.

[2]张炜，李思敏，时真男．我国城市暴雨内涝的成因及其应对策略．自然灾害学报，2012，**21**(5)：180-184.

[3]王海芝．北京山区基于历史资料的泥石流临界雨量研究．城市地质，2008，**3**(1)：18-21.

[4]郭增建，秦保燕．灾害物理学简论．灾害学，1987，**2**(2)：26-33.

[5]高建国．苏门答腊地震海啸影响中国华南天气的初步研究——中国首届灾害链学术研讨会文集．北京：气象出版社，2007：43-56.

[6]彭文新，彭美丽，胡乐心．北京山区沟域经济发展优势与问题研究．生态经济(学术版)，2011，(1)：40-45.

[7]汤一原，周奇．北京市委确定 2010 年发展目标 称瞄准建设世界城市目标．北京日报，2009-12-27.

[8]北京文化论坛文集编委会．建设世界城市提升首都软实力——2010 北京文化论坛文集．北京：首都师范大学出版社，2011.

[9]金磊，韩笑，韩淑云．北京市公共安全知识读本(公务员版)．北京：北京出版集团公司、北京出版社，2013.

Disaster Chain Analysis and Experiences on Rain Storm and Huge Flood on July 21st, 2012 in Beijing City

Zheng Dawei, Ruan Shuigen

(Beijing Society of Disaster Reduction, Beijing 100089)

Abstract Frequent rainstorms and floods have been threatened life and property of citizens and social/economical development of cities in recent years in China. As a case study, disaster situation, vulnerability and disaster chain of big rainstorm and huge flood on July 21st, 2012 in Beijing was reviewed and analyzed. Based on the experiences of relief practice, some countermeasures of disaster relief and disaster chain cutting were suggested: strengthening construction of basic urban facilities following scientific principles; avoiding short term action of economy development in mountainous valley areas; working out emergent pre-plans coping with different disasters in all communities; improving and detailing existing pre-plans of city and county governments; arranging construction of volunteer teams of disaster relief; perfecting disaster pre-warning and information announce systems. Considering the great objective of World City construction of Beijing, it is emphasized that we should pay more attention to the present problems. In view of exist risks and the disparity between Beijing and acknowledged world cities, some countermeasures of strengthening ability construction of urban safeguard were suggested.

Key words: rain storm and flood disaster in Beijing; analysis of disaster chain; ways of disaster chain cutting; safeguard of world city construction

加强首都圈综合减灾的精细化管理势在必行*

郑大玮　韩淑云
（北京减灾协会，北京　100089）

1　精细化管理的由来

1.1　精细化管理的提出

精细管理，就是运用程序化、标准化、数字化和信息化手段，使各级组织和单元精确、高效、协同、持续运行的一种管理方式；使复杂的事情简单化，简单的事情规范化，规范化的事情程序化，程序化的事情标准化。[1]

精细化管理起初作为现代企业管理方法，源于发达国家的企业管理实践，随着社会分工和服务质量的精细化，以“精确、细致、深入、规范”为特征，以最大限度减少管理占用资源和降低管理成本为主要目标。

精细化管理最早可追溯到19世纪美国的泰勒，他在1881年通过对钢铁厂工人操作的研究分析，总结出一套合理的操作方法和工具，使大多数人经培训都能达到和超过定额。1911年发表了世界第一本精细化管理著作《科学管理原理》并被誉为“科学管理之父”。

列宁早在1918年就认识到泰勒管理制的重要意义，在《苏维埃政权的当前任务》一文中指出：“资本主义在这方面的最新发明泰罗制”“一方面是资产阶级剥削的最巧妙的残酷手段，另一方面是一系列的最丰富的科学成就”“应该在俄国研究与传授组织泰罗制，有系统地试行这种制度，并且使它适应下来。”[2]

1.2　精细化管理的内涵

现代管理学认为科学化管理有三个层次：规范化、精细化、个性化。

精细化管理要求贯彻到企业所有管理活动，包括操作、控制、核算、分析、规划等。

精细化管理的原则：化繁为简，专注细节；流程管理，控制细节；细节入手，培养习惯。

---

* 本文为2013年10月31日“首都圈应对巨灾高峰论坛”上的发言。

精细化管理的主要方法：各就各位，建立专业化的岗位职责体系；各干各事，建立目标管理体系；各考各评，建立科学的考评体系；各拿各钱，建立考评结果应用体系。[3]

1.3 精细化管理在我国的兴起

我国长期以来计划经济体制下形成的平均主义大锅饭严重束缚了职工积极性，导致企业缺乏活力。改革开放以来，特别是国有企业改制建立现代企业制度后，学习、借鉴和实行精细化管理提上日程并已在许多企业实施，最早从事精细化管理培训的北京博士德管理顾问有限公司建立了中国精细化管理网。

精细化管理虽然源于企业管理，但基本理念和方法同样适用于其他管理。2013 年 1 月 22 日，北京市长王安顺在北京市政府工作报告中明确把“切实提高城市精细化管理水平”作为政府工作总体要求的一项内容。[4] 2 月 19－20 日，民政部副部长姜力在全国减灾救灾工作会议上要求，完善减灾救灾政策体系，进一步加强灾害救助规范化、精细化管理，确保各项制度有序衔接。[5]山东省地震局在 2012 年开展了“精细化管理年”活动。各地气象部门运用 GIS 打造精细化公共气象服务平台，显著提高了灾害性天气预报的时间和空间精度。[6]

2 城市综合减灾精细化管理势在必行

2.1 现代城市管理的特征

随着现代城市的快速发展，传统管理手段和方式远不能满足现代城市管理的要求，必须融入现代工业化时代的精细化管理理念。

现代城市管理要求具备：城市管理理念的先进性与科学性，体现在社会主导型管理理念与模式；城市管理体系的完整性与系统性，形成既有专业分工又有综合协调的分层分类管理模式；城市管理的法治化与规范化，要求建立系统的城市管理法律法规体系、执法机构与社会监督机制；城市管理的社会化要求政府机构和非政府组织、社会团体、社会各界和广大市民发挥各自主体作用，积极参与城市管理活动；城市管理的市场化运作可以降低城市管理成本，提高管理效率；城市管理的专业化使城市管理更加科学、规范和具有效率。[3]

2.2 快速城市化和全球变化带来的城市安全问题

我国正处于农村人口快速城市化发展阶段，人与自然矛盾和社会矛盾比较突出。北京作为自然资源禀赋先天不足的超级特大都市和聚焦国内外各种矛盾的发展中大国首都，加上城市基础设施建设、环境整治、安全减灾工作滞后于城市建设发展和全球气候变化，存在多种安全隐患与风险。

(1)自然风险

北京市人口由 1949 年的 300 多万增加到目前的 2100 多万，人均水资源不足 100 m^3，长期超采地下水造成几乎所有河流干涸，浅层地下水疏干，深层地下水有些也濒临枯竭。

城市扩建和以不透水地面代替自然植被和土壤，径流系数增加数倍，加上城市气候形成的局地暴雨，使得城市内涝日益突出，热岛效应和气候变暖使得高温热浪对人体健康和城市水电供应的威胁越来越大。

(2)技术风险

高层建筑的烟囱效应和化学装修材料使得城市火灾扑救难度加大。基础设施建设欠账较多，城市生命线系统脆弱，事故频发。外来人口集中的城乡接合部居住拥挤，设备简陋，火灾和电器事故隐患多。城市局地环流和机动车迅速增加使大气污染日益严重，水污染和垃圾污染也比较突出。

(3)社会风险

作为具有世界影响的发展中大国首都，是国内外敌对势力关注和企图破坏的首要目标。处于社会经济转型期，存在各种社会不公，地方上的不稳定因素也往往转移到北京。农村人口大量涌入，资源承载力与环境容量严重不足，难以融入城市社会。人口构成迅速老龄化，尤其低收入人群缺乏社会保障。建设世界城市是北京市的长远战略目标，安全隐患不解决，建设世界城市就是一句空话。

2.3　从"7·21"暴雨洪涝看城市综合减灾管理精细化的必要性

2012年的"7·21"暴雨洪涝造成了重大人员伤亡和财产损失，虽然市政府和有关部门紧急动员全力以赴，仍有许多经验教训：

虽然早已编制多种应急预案并实施，但大都是市和区县两级，侧重领导责任和指挥协调，大多数企事业单位没有制定。面对席卷全市的巨灾，紧急出动十几万人仍难以应付。如消防局接到2万多求救电话，但数千消防队员已全部派出。虽然开通了手机预警，但因容量限制大多数市民没有收到，也没有充分利用各类媒体和电子屏幕发布警示。由于缺乏巨灾时如何变通的具体规定，公共文体活动仍照常进行，许多公共场所未能向遇险公众开放，受阻私车紧急停靠照常贴条罚款，高速公路照样收费，甚至个别急救车拉运遇难者尸体也要收费。虽然开展了安全减灾科普宣传，许多市民仍缺乏自救互救知识技能，以致发生多起溺水、落井、触电、窒息伤亡事故。虽然有人通过微博联络自发组织私车参与救援，但多数市民缺乏组织指导无所适从，没有形成全民有序的救援行动。

上述问题归结到一点就是细节决定成败。现有预案原则规定多，行动细节规定少。编制预案停留在政府层面，没有深入基层社区和企事业单位。科普宣传停留在媒体，没有覆盖全体市民。救援行动基本限于专业队伍，缺乏全民动员应对机制。

在特大灾害面前，再高明的领导也能力有限，水平再高的专业队伍也捉襟见肘，再完善的预案也不可能面面俱到，只有通过精细化的综合减灾管理，调动全社会的力量并落实到所有社区和环节，才能做到最大限度减轻灾害损失。

3　综合减灾精细化管理的内涵

综合减灾精细化管理应遵循系统工程原理，覆盖减灾全过程和所有环节。

3.1 组织机构和岗位责任的精细化

目前市和区县级应急机构都已建立和完善，但基层社区和单位的应急组织机构还不够健全，许多单位对日常工作职责规定十分具体，缺乏干部、职工和居民应对突发事件的职责和义务的规定。精细化管理要求贯彻到系统所有层次和单元，虽然基层单位不可能设置专业机构，但至少要有专人负责应急工作，充分认识到保一方安全的责任重于泰山。

3.2 灾害风险识别、监测、预报和预警的精细化

要充分运用卫星遥感、航摄、GIS、GPS、互联网和物联网等现代信息和通信技术，掌握各类灾害事故风险精确的时空分布，根据防灾减灾紧迫程度确定监测密度和时限，提高预测预警的时空准确率和人群覆盖率。北京市目前已有良好开端，如北京市水务局监测雨后积水严重的立交桥并发出警示信号；北京市气象局在北京奥运会期间按场馆发布预报，运用多普勒雷达监测强对流天气，制作中小尺度超短时预报；北京市交通委安设数万摄像头实时掌握主要路段拥堵情况，以便及时疏导。今后应逐步推广到所有领域的重大风险源和隐患的监测和预警。

3.3 备灾防灾的精细化

北京市虽已建立若干灾害避险场所，但主要针对地震、洪水等。今后还需要针对不同区域的人群分布、自然地理条件和不同类型的风险隐患进行分类建设的规划设计。许多灾害还可以利用现有公共设施，如何科学、合法、合理征用，应在精细化调研基础上做出具体规定。

我国已建成若干救灾物资库并有效管理。发生特大灾害时，本地物资储备往往杯水车薪，外地物资到达尚需时日，效率最高的还是尽量利用身边现有资源，但也要防止哄抢盗窃。紧急情况下可以动用哪些公共资源，需经什么程序批准，都需要事先做出具体规定。灾害风险较大地区的社区和居民还应自已储备必要数量的救生器具和物资。

3.4 应急响应和救援的精细化

虽然北京的市区两级和部分乡镇、街道已编制一系列应急预案，但发生巨灾时政府的响应和救援只能覆盖能够到达的部分重灾区，按照精细化管理的要求，还应在所有社区和单位，甚至每个家庭都建立应急响应和救援机制，形成全社会有序应对突发事件的氛围。

3.5 恢复重建的精细化

恢复重建是减灾管理的最后一环，北京市在唐山地震后由于管理不善和多年积累的居住困难，到处乱搭乱建给城区改造带来大量后遗症。重大灾害发生后，对于灾民从临时安置向过渡性安置和永久居住的安排要做出原则性规定，按照受灾情景、区位特点和资源禀赋，分别制定恢复重建方案。在真实灾害发生后再根据实际灾情进行修正和补充。

4　加强城市综合减灾精细化管理的若干建议

与发达国家相比，我国政府的应急响应和管理能力并不逊色，防灾技术和救灾能力也处于较先进水平，但公民科学素质和社会公共道德水平相对偏低，先进技术应用覆盖度也不够，灾害事故损失仍然偏大。为提高城市综合减灾精细化管理水平，缩小与世界城市安全管理的差距，提出以下几点建议：

(1)全面编制基层预案

按照"横向到边，纵向到底"的要求，针对北京市主要风险源，组织企事业单位和城乡社区编制各类应急预案，明确公务人员的安全减灾管理职责和各类人员应遵循的行动准则。

(2)全民安全减灾素质教育计划

编制北京市安全减灾素质教育中长期规划，针对主要灾害事故风险和不同类型人群分别制定培训计划，制作书面和声像科普材料，覆盖所有企事业单位和城乡社区。

(3)专群结合的志愿者队伍建设

继承发扬群众路线光荣传统，建立专群结合的安全减灾志愿者队伍。其中由水务、地震、气象、地质、卫生、市政等部门建立的专业志愿者队伍要求精干和经过专门培训，具有一定专业技术水平，发生重大灾害事故时能弥补专业队伍的不足；城乡社区建立的志愿者队伍数量广大，经适当培训后一专多能，熟悉当地自然与社会环境，能就地组织自救互救和协助专业队伍抢险救援，成员以高年级学生和年富力强刚退休人员为主。两类志愿者队伍都要建立严格的登记、宣誓、发证、培训、演练、考核、奖惩等制度。有灾时积极参与抢险救援，无灾时做好宣传、预防、环境整治、调解纠纷、帮助困难人群等工作。

(4)应用物联网和现代信息技术盘查和标示灾害事故风险

北京市已组织几次风险盘查，但还远没有覆盖所有部门和社区。目前水务、公安、交通等部门应用物联网和现代信息技术标示风险隐患取得良好效果，应逐步推广到所有部门和领域。以"7・21"特大暴雨为例，如果每个社区都能及时掌握辖区内冲开井盖、倒折大树、断头电线、积水深度等险情，报告有关部门并立即设置警示，可大大减少人员伤亡和财产损失。

(5)重视薄弱环节和脆弱人群

灾害事故的重大损失通常发生在薄弱环节和脆弱人群，安全减灾的精细化管理特别要求加强对薄弱环节的管理和对脆弱人群的保护。如外来人口集中居住的城乡接合部、尚未完成改造的城中村、白天上班空无一人的近郊住宅小区、青壮年外出后只留下老人小孩的远郊农村、偏僻深山区农村等。

随着北京市人口迅速老龄化和独生子女占绝对多数，空巢老人和儿童成为城市中的脆弱人群，近年来各地发生多起老人和幼儿死亡多日才被发现的惨剧。要针对这几类人群所面临的安全隐患组织调研，研究加强监测和联络，迅速报警和就地救援的措施。

参考文献

[1]王卫国，姚士洪. 精细化管理的认识与实践. 石油科技论坛，2010,(4):43-46,86.

[2]列宁. 苏维埃政权的当前任务. 中译本列宁选集第三卷(第二版). 北京:人民出版社,1972,511.

[3]郭理桥. 现代城市精细化管理的决策思路. 中国建设信息,2010,(2):10-15.

[4]王安顺. 2013 年北京市政府工作报告. 北京日报,2013-1-31.

[5]全国减灾救灾工作会议召开. 城市规划通讯, 2013,(5):16.

[6]姚楠,陈哲,刘玉林. 基于 GIS 的电网气象灾害监测预警系统的研制. 电力信息化,2013,(3):46-50.

气候变化影响与适应对策

气候变化对小麦生产的影响*

郑大玮　刘中丽

（北京市气象局，北京　100089）

摘要　本文分析了我国小麦产区的生态气象条件，运用积分回归方法对1961—1988年各地小麦生育期间逐旬气温、降水对产量的影响进行了统计分析，由此推算气候进一步变化后各地小麦产量的变化趋势，并讨论了气候变暖对我国小麦生产布局、品质和生育期的影响，指出应充分利用气候资源，调整品种布局，将黄淮和华北建成小麦高产基地；在冬小麦种植北界地带推广压轮沟播，为气候变暖后向北扩种打好基础；将西北建成我国优质硬粒小麦的生产基地；气候变暖对南方小麦生产不利，江淮地区要高度重视湿害的防御。

关键词：气候变化；小麦；产量；布局

引言

小麦是世界上播种面积最大、产量最多的谷物[1]，在我国则仅次于水稻居第二位，总产约占全年粮食产量的1/4。小麦是北方人民的主粮，又是主要的夏收作物，抓好以小麦为主的夏粮生产，对于全年农业增产具有重要意义。

新中国成立以来我国小麦生产发展快于世界大多数国家，从1949年到1990年播种面积扩大42.9%，单产提高近4倍，总产增加6.1倍。1978年以来年增长率5.1%，远高于世界平均增长率。

近十多年来我国小麦生产的迅猛发展，主要是由于政策调动了农民的积极性、增加了物质投入和提高了科技水平，但20世纪80年代的气候相对有利也是应予注意的因素。目前世界气候变暖的趋势仍在发展，温室效应和城市热岛效应继续扩大，北半球中高纬度冬季变暖尤为突出。1920年以后，北半球0°～30° N纬带年平均气温约上升了0.4 ℃，30°～60° N约上升1 ℃，60°～90° N则上升2 ℃之多。我国20世纪80年代后期北方连续出现暖冬，1992年东北、华北和西北大部1－2月平均气温比常年偏高2～3 ℃。与此同时，南方冬季变暖却并不突出，西南地区还有冬季变冷的趋势。在北方冬季奇暖的同时，长江流域1991年初冬却出现了1977年以来最强的寒潮，太湖一度封冻。在降水方面，据赵宗慈等统计，近40年我国降水有减少的趋势，以夏季为最明显，冬春季次之。华北减少最为突出，长江中下游和西北地区降水有所回升[2]。

对于未来气候的进一步演变，国内外有不同的预测，大多数认为将进一步变暖，但对变

* 本文原载于邓根云主编《气候变化对中国农业的影响》，北京科学技术出版社1993年9月出版。

暖的程度则估计不一。气候的进一步变化必然对我国小麦生产产生较大影响，本文将试对这些可能的影响进行分析评估，并提出若干对策建议。

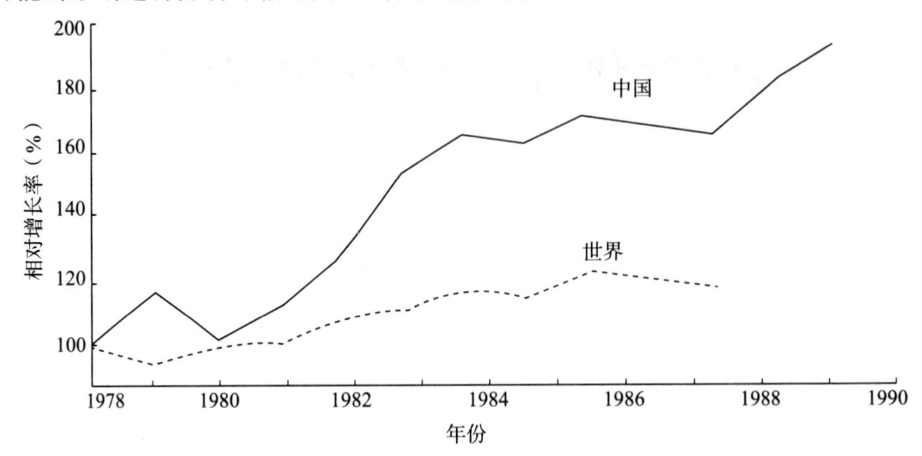

图1　1978年以来中国和世界小麦总产的相对增长

表1　我国小麦主产区小麦生育期间气温、降水的变化

年代	生育期平均温度(℃)						
	喀什	石家庄	哈尔滨	山东	江苏	武汉	成都
1952－1960	8.7	8.4	15.5	8.3		10.6	11.6
1961－1970	8.7	8.5	15.9	10.8	9.7	10.4	11.0
1971－1980	8.8	8.7	14.9	10.7	9.7	10.6	11.0
1981－1988	8.9	8.8	15.4	10.7	9.8	10.8	10.8
年代	冬季12月—翌年2月平均温度(℃)						
	喀什	石家庄	山东	江苏	武汉	成都	
1952－1960	－4.0	－1.5	－0.3		4.6	7.1	
1961－1970	－3.9	－1.4	3.7	2.1	4.2	6.6	
1971－1980	－4.3	－1.1	3.8	2.5	4.7	6.7	
1981－1988	－2.8	－1.1	3.6	2.3	4.6	6.5	
年代	生育期降水总量(mm)						
	西安	石家庄	山东	江苏	哈尔滨	武汉	成都
1952－1960	256.0		245.7	494.1	311.7	659.5	175.5
1961－1970	293.5	61.9	203.3	397.8	291.2	566.6	155.6
1971－1980	267.4	53.2	196.6	405.8	255.0	507.3	187.9
1981－1988	243.4	52.0	184.5	405.5	280.7	551.0	128.2

注：山东为潍坊、济南、兖州三地平均值，江苏为徐州、南京两地平均值

1　气象条件对我国小麦生产的影响

1.1　我国小麦产区的生态条件

我国除海南岛和台湾南部外都有小麦种植，但种植最集中的是黄淮麦区，总产约占全国1/2，若再加上华北平原和长江流域，总产可占全国80%，构成我国冬小麦的主产区。春小麦约占小麦总产10%，主要分布在黑龙江、内蒙古、甘肃、新疆、宁夏、青海等高寒地区。

与其他谷物相比，小麦需要相对冷凉干旱的气候，从图2可看出，由于我国大陆性季风气候的特点，冬半年较为干燥寒冷，使得我国小麦产区生长季的平均气温偏低，降水偏少，但大部分主产区仍处于小麦适宜气候范围之内，即生长季平均气温5～20 ℃，年降水量400～1000 mm之间。其中黄淮麦区小麦生育期间的生态气象条件要更为适宜。

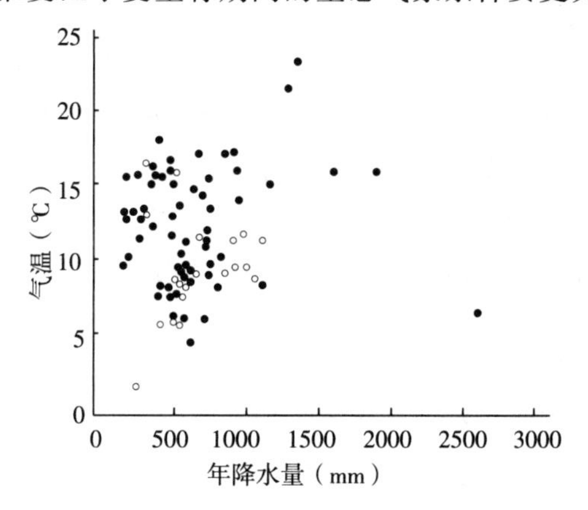

图2　中国和世界小麦生长季平均气温和年降水量

（据 Bunting A. W. 1982[3]，图中中国部分以圈表示为笔者所点绘）

1.2　我国小麦种植的限制因子

小麦虽然是我国分布最广的谷物，但有些地区存在着某些限制因子，使得小麦产量低而不稳，生产效益差，实际种植的很少。

(1)越冬条件限制冬小麦种植的北界和上界

冬小麦虽然比大多数谷物耐寒，但生产上可推广品种，包括冬性很强的品种，一般也不耐－20 ℃以下的分蘖节最低温度，因此在冬季严寒干燥的长城以北和青藏高原大部难以越冬，大致以最冷月平均温度－8℃等温线构成了目前我国冬小麦种植的北界或海拔高度上界。

当冬季有稳定积雪，最低气温－25 ℃～－30 ℃时，超过5 cm积雪下的麦苗也能安全越冬。但积雪期过长则雪害严重，因此新疆北部实际上是以积雪期长度5个月为种植北界，大致在阿勒泰到塔城一线。东北南部积雪不稳定，东北北部则过于严寒，很少种植冬小麦。

从图3可以看到，由于我国冬季风特别强盛，冬小麦种植北界和越冬休眠带的纬度均明显低于世界其他小麦主产国。

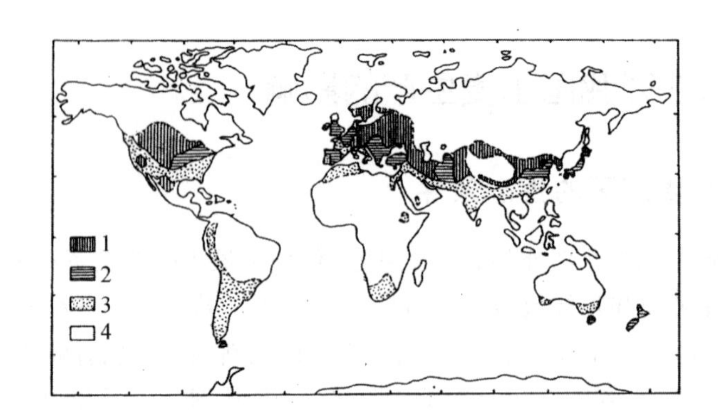

图 3 世界小麦冬眠区分布(据 A. гольчберт,其中中国部分作了修改[4])
(1.有稳定冬眠;2.无稳定冬眠;3.无冬眠;4.不适于冬小麦生育)

(2)干旱少雨限制小麦种植面积

我国大部地区冬小麦生育期处于旱季,春小麦则是主要分布在干旱地带。干旱成为限制小麦分布的主要因素。据崔读昌分析,小麦生育期间水分亏缺最严重的是西北内陆、华北平原和华南[5]。华北和西北小麦几乎全部种在水浇地上,如无灌溉产量极低。

黄土高原小麦生育期间降水多于华北平原,但也不能充分满足需要,要靠夏季休闲蓄墒来保证春夏小麦耗水。春小麦产区中除黑龙江东部多雨外也都需要补充灌溉。

(3)积温不足影响高寒地区春小麦种植上界

春小麦全生育期需积温 1500～1600 ℃·d,灌浆期应在平均气温 18 ℃以上。我国仅少数高海拔山区和高原存在春小麦种植上界。

(4)气候湿热生长不良限制南方小麦生产

高温高湿条件下小麦生长不良病害严重,国外以收获前两个月平均气温高于 20 ℃,年雨量≥1250 mm 为不利于小麦的界限,相当于美国小麦的东南界限,阿根廷小麦的北界和印度小麦的东界[6]。

在我国仅用年降水量尚不能充分说明问题,同样是年雨量超过 1250 mm 的地区,沿海的杭嘉湖和宁绍平原夏秋台风季节降雨较多,而小麦生育期间降雨过多尚不突出;但江南的南昌、长沙等地伏旱严重,小麦生育后期则正值桃汛,是全年降雨高峰,湿害和病害严重。江西、湖南两省 1990 年小麦总产仅占全国 0.38%,亩产仅为全国平均值的 42.7%,反映出这一地区不适于种植小麦。

华南虽然小麦生育期间降水没有江南多,但温度过高,生育期过短,后期也进入雨季存在湿害问题,不利于小麦生长。两广小麦总产仅占全国 0.05%。

黄淮麦区冬季不十分严寒,春季温度降水适中,冻害、干旱、湿害等灾害均较轻,最宜于种植小麦,成为我国小麦的主产区和相对高产区。

1.3 我国小麦产量波动的气候原因

新中国成立以来全国小麦平均单产以 4%的年率递增,其中 1970—1990 年更高达 5%。但也有少数年份单产下降,除 1960、1985 年主要是由于政策因素外,其他减产年主要都是由

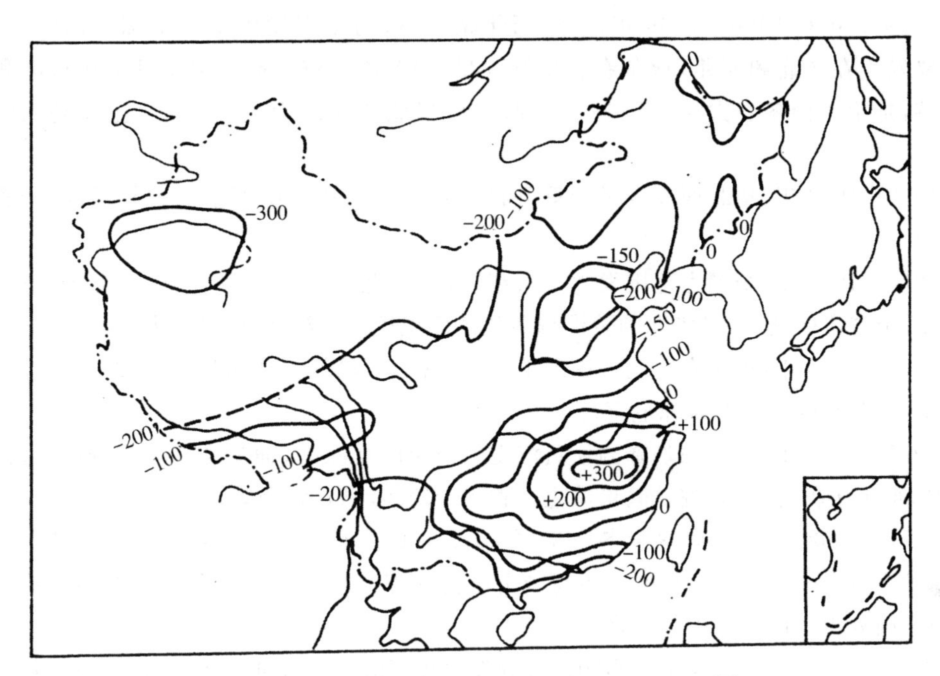

图 4　小麦生育期间水分供需差(单位:mm,据崔读昌[5])

于不利气象条件引起的。程延年等曾对于小麦产量的历次负波动年做过分析。[7]

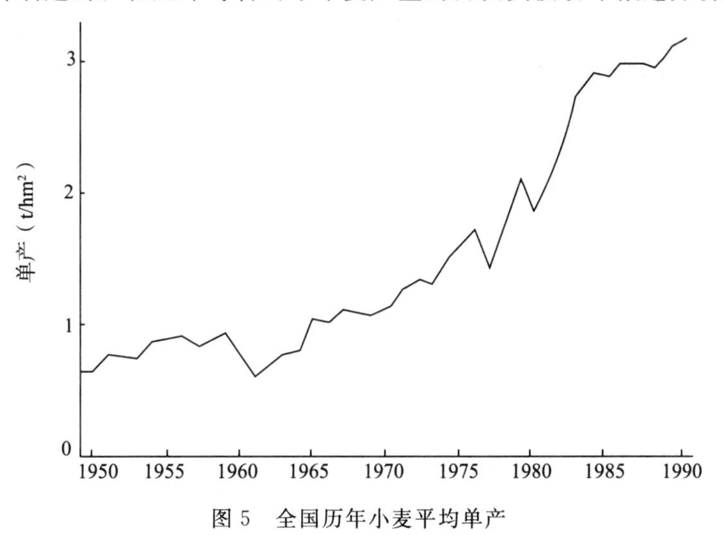

图 5　全国历年小麦平均单产

1952—1953 年,4 月 10—12 日黄淮和华北发生几十年来最严重的霜冻,死苗 10%~12%,严重的全田毁灭,是导致黄淮、华北等主产区减产的主要原因。

1956—1957 年,华北夏秋涝播种质量差,秋凉入冬旱,麦苗长势弱。冬季全国大范围持续严寒冻害较重。春季北方又严重干旱。该年全国 3/4 以上省市区小麦减产。

1960—1961 年,除政策原因外,北方持续严重干旱,华北越冬冻害严重,该年全国平均亩产下降 24%,而旱冻严重的冀鲁豫三省减产达 43%~49%,占全国减产量的大半。

1967—1968 年和 1968—1969 年，连续两年减产，这两年都发生了严重冻害，1967—1968 年主要发生在华北和西北，秋冬春又持续大旱。1968—1969 年则主要发生在黄淮和长江中下游，加上西南冬春大旱。1968 年的减产以华北和西北为主，1969 年主要是长江流域减产。

1972—1973 年，华北西北春旱严重，四川冬春连旱，长江中下游湿害较重，减产省市区约占 60%。

1976—1977 年，全国大范围发生严重越冬冻害，北方冬春干旱较重，南方湿害严重，全国有 25 个省市区减产，以华北和黄淮越冬死苗面积较大，减产幅度也最大。

1979—1980 年，再次发生大范围严重冻害，以华北和黄土高原为最严重，而且伴随着冬春干旱，部分地区还有春霜冻危害。

1987—1988 年，初冬强烈降温使黄淮麦区遭受严重冻害，加上冬春干旱，减产省区虽不到 1/3，但由于鲁、豫、苏、皖、鄂、川等主产省减产较多，仍导致全国夏粮减产。

1991—1992 年，黄淮麦区秋冬干旱严重，小麦缺苗断垄多长势弱。江淮大涝后又遇秋旱，播种质量也较差，12 月下旬强寒潮袭击小麦受冻。尽管春季气象条件好转长势有所恢复，但全国夏粮仍低于历史最高水平。

综上所述，对全国小麦单产影响最大和发生较多的灾害首推越冬冻害，影响面最大的则是冬春干旱，影响较重的灾害还有北方的霜冻和长江流域的湿害，其他灾害可对当地产量造成影响，一般不会全国大范围发生导致全国夏粮减产。

从全国看，冬暖有利于增产(图 6)，秋冬降水多有利于增产，春季降水增多对北方以正效应为主，对于南方和黄淮麦区则往往形成负效应。

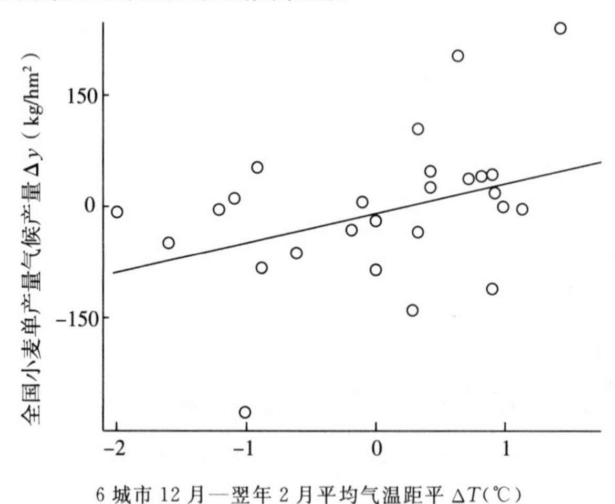

图6　全国小麦单产气候产量与北京、郑州、济南、西安、南京、成都 6 城市冬季平均气温距平的关系[8]

(1953－1959，1965－1980 年共 26 年，$\Delta y=3.66+45.3525\Delta T$，$n=26$，$R=0.4493$，$P=0.05$)

1.4　小麦不同生态气候区温度和降水变化对产量的影响

为探讨气候变化引起温度和水分条件改变对我们各地小麦产量的影响，我们以各省历年小麦亩产与生育期间逐旬平均气温和降水量进行积分回归，并分析气温和降水量的变化对该省小麦单产的影响。由于计算量太大，我们只在各小麦生态气候区选取代表省进行统计分析，对每个省区气象资料则取其几个代表城市的平均值。

关于小麦生态区的划分，我们采用金善宝等的区划[9]，即分为以下10区：北部冬麦区、黄淮冬麦区、长江中下游冬麦区、西南冬麦区、华南冬麦区、东北春麦区、北部春麦区、西北春麦区、青藏春麦区和新疆冬春麦区。考虑到北部冬麦区的东部为华北平原以水浇地为主，西部为黄土高原以旱地小麦为主，将这两部分地区分别进行分析和讨论。华南冬麦区和青藏春麦区因产量在全国所占比重很小，均在1%以下，未进行统计分析。

(1)华北冬麦区

以北京市和山西省为代表。从图7a、c可以看出，播种—出苗和抽穗灌浆期温度偏高对产量不利，而深秋到早春则以温度偏高为有利。山西由于包含了一部分黄土高原旱地小麦，故趋势虽与北京相似但秋冬温度的正效应不如北京突出。春凉可延长穗分化期且缓解春旱有利于增产。灌浆后期以温度偏高为有利，这可能与山西小麦生产区在南部，麦收后怕遇雨有关。

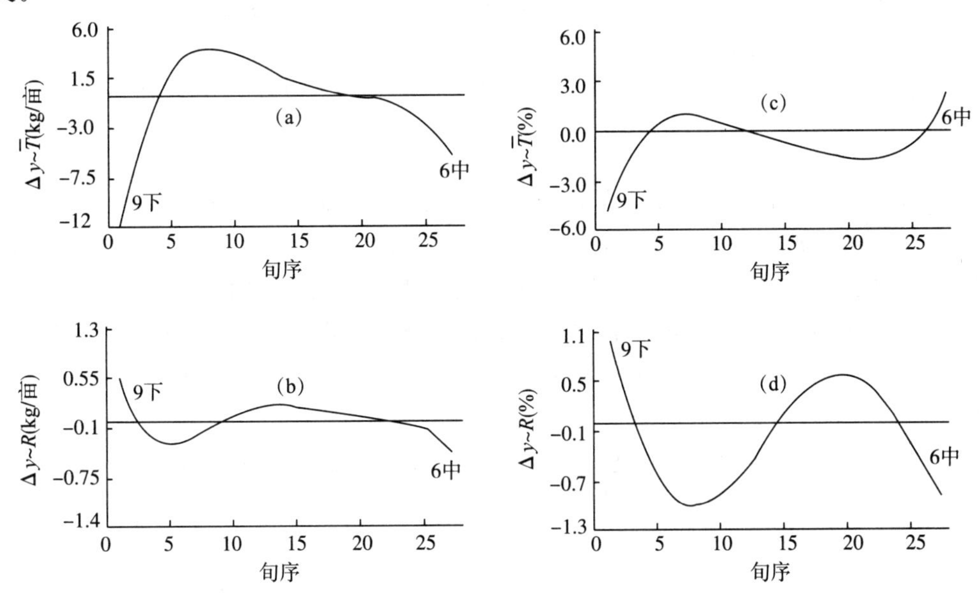

图7　旬平均气温和降水变化对北京、山西小麦产量的影响

[a、b、c、d图分别表示的意义如下：

a. 旬平均气温升高1 ℃对北京小麦亩产的影响(kg，1971—1991年，$R=0.748$，$F=2.970$，$P=0.05$)；

b. 旬降水增加1 mm对北京小麦亩产的影响(kg，1971—1991年，$R=0.407$，不显著)；

c. 旬平均气温升高1 ℃对山西小麦亩产的影响(%.1961—1988年，$R=0.592$，$F=11.889$，$P=0.10$)；

d. 年降水增加1 mm对山西小麦亩产的影响(%，1961—1988年，$R=0.680$，$F=3.014$，$P=0.05$)]

由于几乎全部是水浇地，降水对北京小麦产量的影响不显著。从图7b可以看出播种出苗和冬春降水对产量有正效应，冬前和收获前降水有负效应。山西由于旱地小麦比重大，水浇地保浇条件亦不如北京，降水对产量的效应十分显著，且曲线轮廓与北京相似。播种出苗降水增加有利全苗，深秋初冬降水增加易使小麦徒长不利于抗寒锻炼，早春到灌浆初期需水量大降水增加增产效应显著，收获期多雨易发生青枯和烂场。与北京不同的是冬雪增加并不表现出增产效应，这可能与山西小麦主产区偏南冬季不停止生长，冬雪融化快可能促进徒长有关。

如全生育期各旬气温均升高 1 ℃，北京早播麦亩产可下降 1.85 kg，晚播麦(10 月 1 日以后)可增产 9.7 kg。山西早播麦减产 4.8 kg，晚播麦增产 9.75 kg。全生育期各旬降水如都增加 20%，则北京亩产几乎不变，山西可增产 2.65 kg。

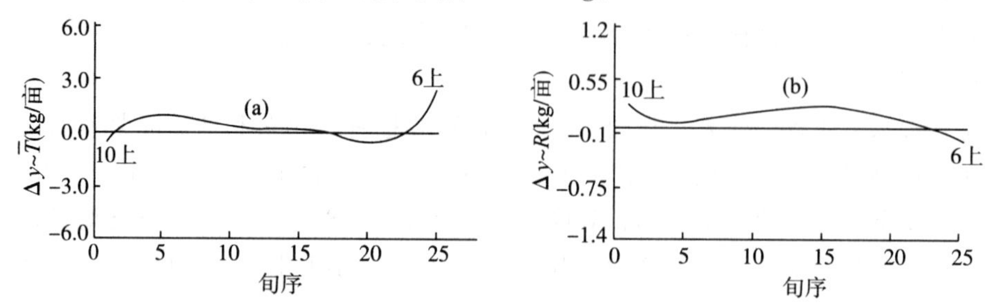

图 8　旬平均气温升高 1 ℃和旬降水量增加 1 mm 对山东小麦亩产的影响

[(a)旬平均气温升高 1 ℃对山东小麦亩产的影响(kg，1961—1988 年，$R=0.448$，不显著)；

(b)旬降水增加 1 mm 对山东小麦亩产的影响(kg，1961—1988 年，$R=0.547$，$F=1.495$，$P=0.25$)]

(2)黄淮冬麦区

以山东省为例。温度对小麦产量的影响与华北相似，即秋冬暖有利于壮苗增产，春季则以温度偏低有利穗分化，收获期温度偏高有利于脱粒。但温度对产量的效应不显著，表明该区温度条件已较有利，稍有变动仍基本处于适宜范围之内，对产量影响较小。降水的效应则比温度显著，除收获期怕遇雨外，全生育期降水增加对产量均表现出正效应，又以播种和冬春的效益为最大，表明这一地区小麦生育期间降水仍然不足需求且灌溉条件又不及华北。

测算结果，如全生育期平均升高 1 ℃，亩产可增 1.25 kg；降水如平均增 20%，亩产可增 3.2 kg。降水的增产效应大于华北平原。

(3)黄土高原冬麦区

以甘肃省为代表，因该省冬小麦集中产于陇东黄土高原区。该区以旱地小麦为主，温度和降水的效应都显著。

从图 9 可以看出，由于黄土高原冬小麦多为夏闲一熟播种较早，幼苗期温度偏高易徒长、抗寒力下降且耗水过多，冬前到初冬则以偏暖有利于壮苗锻炼安全越冬，春夏以温度偏低有利于延长穗分化期和灌浆期可增粒增重。由于以旱地小麦为主，除收获怕雨外全生育期降水增加均表现为正效应，又以秋雨增产效应为最突出，春雨次之。

如各旬气温均升高 1 ℃，则甘肃省冬小麦亩产将下降 17.0 kg；各旬降水量均+20%，则亩产可增 8.5%约 12 kg。

(4)长江中下游冬麦区

以江苏和湖北两省为例，分别代表长江下游和中游。

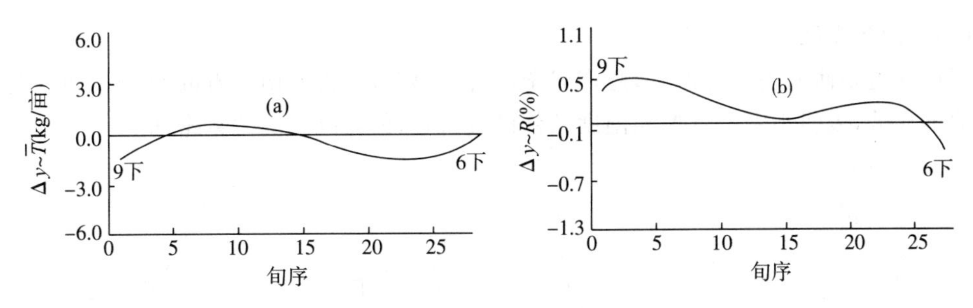

图 9　旬平均气温和降水变化对甘肃冬小麦产量影响

[(a)为旬平均气温升高 1 ℃对甘肃冬小麦亩产的影响(kg,1971—1988 年,$R=0.653$,$F=1.785$,$P=0.25$);(b)为旬降水增加 1 mm 对甘肃冬小麦亩产的影响(%,1971—1988 年,$R=0.643$,$F=1.693$,$P=0.25$)]

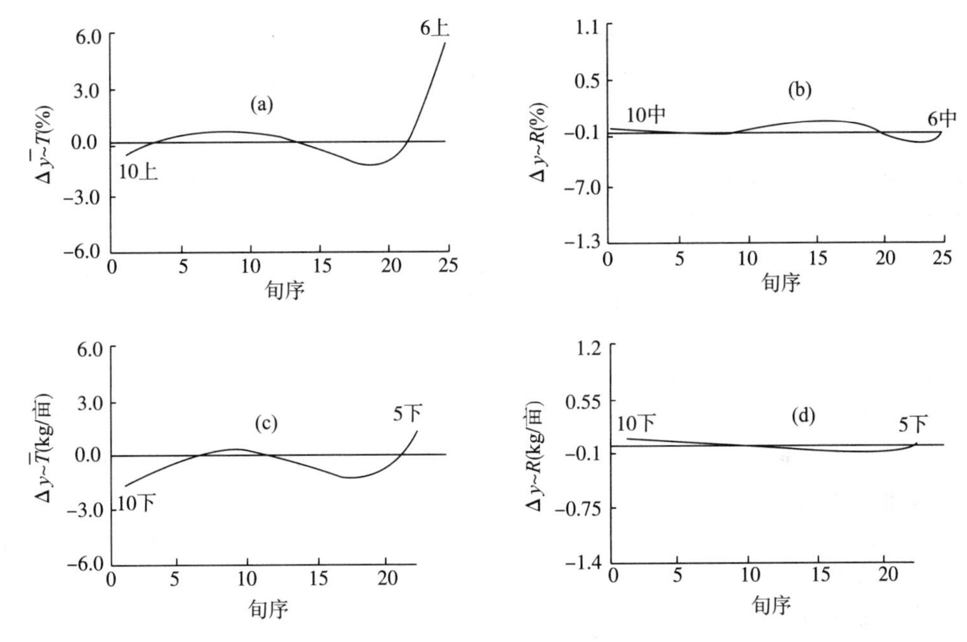

图 10　旬平均气温升高 1 ℃和降水增加 1 mm 对江苏、湖北冬小麦亩产的影响

[(a)旬平均气温升高 1 ℃对江苏小麦亩产的影响(%,1961—1988 年,$R=0.608$,$F=2.054$,$P=0.25$);
(b)旬降水增加 1 mm 对江苏小麦亩产的影响(%,1961—1988 年,$R=0.584$,$F=1.807$,$P=0.25$);
(c)旬平均气温升高 1 ℃对湖北小麦亩产的影响(kg/亩,1961—1988 年,$R=0.653$,$F=3.275$,$P=0.05$);
(d)旬降水增加 1 mm 对湖北小麦亩产的影响(kg/亩,1961—1988 年,$R=0.550$,$F=1.519$,$P=0.25$)]

从图 10a、c 可以看出,冬暖有利壮苗和安全越冬。春凉有利延长穗分化和增粒。灌浆后期到收获以温度偏高有利成熟和脱粒,如偏低意味着多雨。播种出苗如温度偏高表土易板结不利于全苗。秋季降水增加对湖北小麦有正效应,对江苏则影响不大。后冬早春降水增加对江苏小麦产量有正效应,对湖北则影响较小,且具有一定负效应。这与江苏春雨比湖北少,桃汛比湖北轻有关。抽穗灌浆期两省降水增加均表现为明显的负效应,表明后期湿害和病害是生产上的突出问题。

小麦生育期各旬气温如升高 1 ℃,江苏小麦可增加 9.15 kg/亩或 5.1%,湖北则降低3.05 kg 或 3.8%。各旬降水增加 20%则江苏亩产减少 1.8%约减少 4.5 kg,湖北减产 1.3 kg/亩。

(5)西南冬麦区

四川盆地是西南小麦主产区,总产居全国各省第5位,占西南三省的80%。单产与温度的相关不显著,表明小麦生育期间温度条件已较适宜,但与降水的关系密切。

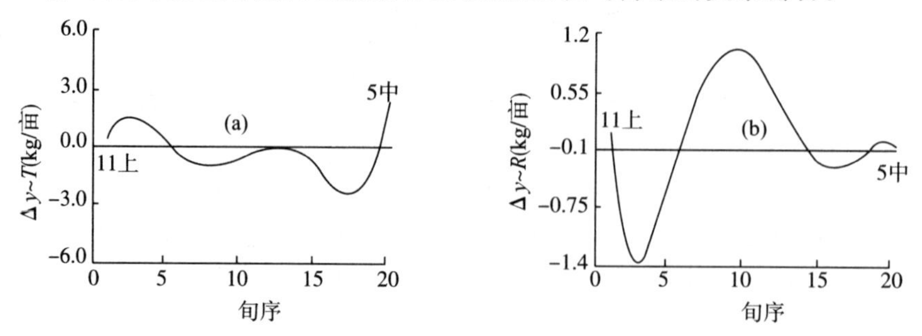

图11 旬平均气温升高1℃与旬降水增加1 mm对四川小麦亩产的影响

[(a)旬平均气温升高1℃对四川小麦亩产的影响(kg,1961—1988年,$R=0.469$,不显著);
(b)旬降水增加1 mm对四川小麦亩产的影响(kg/亩,1961—1988年,$R=0.701$,$F=3.390$,$P=0.05$)]

从图11可以看出冬前偏暖有利壮苗,冬季则不希望过暖以免过早拔节抽穗,春季以气温偏低有利于形成大穗和增加粒重,但收获期要求较高温度可减轻病害和利于脱粒。

降水的效应不但比温度显著,且相位也大致相反。秋季是四川多雨季节,降水增加对产量有负效应,冬季和早春是四川的干旱季节,雨量增加有巨大增产效应,这一效应大于国内其他麦区的同期。孕穗期要求光照充足,降水不宜过多,灌浆期降水增加有利,这是因为四川盆地春雨不太多,湿害不严重。

如生育期各旬气温升高1℃,单产下降2.85 kg;但各旬降水如增加20%,对单产的影响几乎为零,这是由于秋季和春季过湿的负效应和冬季增雨的正效应差不多正好抵消了。

(6)东北春麦区

以黑龙江省为代表,占东北三省小麦总产的89%且全部是春小麦。从图12可以看出除出苗后、孕穗和收获期外,温度升高均有明显的正效应。降水则出苗和拔节孕穗期正效应突出,分蘖期和灌浆降水偏多有不利影响,前者可能是因降水多不利于根系下扎,后者是因恰逢雨季高峰,降水再增加必然日照少,不利于光合作用和养分向籽粒输送。黑龙江省纬度高,盛夏气温仍在小麦灌浆适宜温度范围内,如前期温度偏低,小麦成熟延迟,将遇上8月雨季高峰,且由于温度下降很快和日照缩短,小麦贪青晚熟使损失加重。

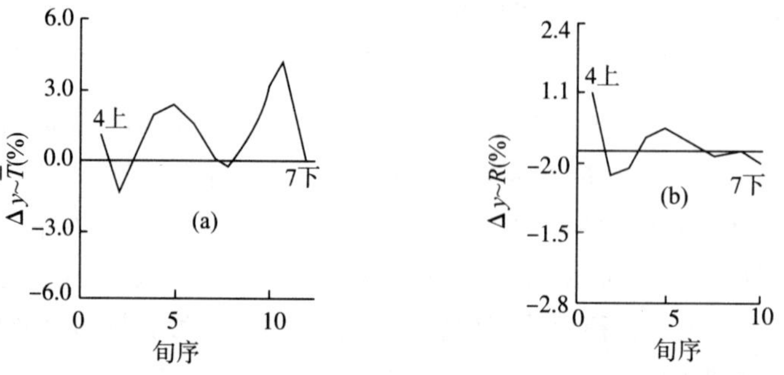

图12 旬平均气温升高1℃与降水增加1 mm对黑龙江省小麦亩产的影响

[(a)旬平均气温升高1℃对黑龙江省小麦亩产的影响(%,1961—1988年,$R=0.663$,$F=2.748$,$P=0.05$);
(b)旬降水增加1 mm对黑龙江省小麦亩产的影响(%,1961—1988年,$R=0.686$,$F=3.103$,$P=0.05$)]

如各旬气温升高 1 ℃黑龙江省亩产可增 8.25 kg 或 13.5%，各旬降水增加 20%则亩产可减 0.75 kg。

(7)北部春麦区

以内蒙古为代表，全部种植春小麦，热量条件好于东北，水分条件则比东北要差得多。从图 13 可以看出，温度升高以负效应为主，而降水几乎全部为正效应。

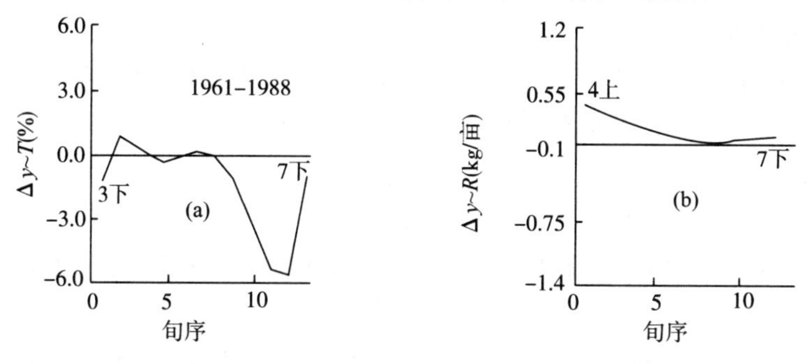

图 13　旬平均气温升高 1 ℃与降水增加 1 mm 对内蒙小麦亩产的影响

[(a)旬平均气温升高 1 ℃对内蒙小麦亩产的影响(%，1961—1988 年，$R=0.671$，$F=2.881$，$P=0.05$)；

(b)旬降水增加 1 mm 对内蒙小麦亩产的影响(kg/亩，1961—1988 年，$R=0.508$，$F=1.531$，$P=0.25$)]

除出苗后温度偏高有利早发外，各旬均以偏低为有利，特别是孕穗灌浆期温度偏高会加重干旱并形成逼熟。由于内蒙古春季干燥多风又缺少灌溉，降水增加有利于增产，特别是幼苗期降水增加促苗早发，可增加根量提高中后期抗旱能力，降水的效应特别突出。各旬气温如升高 1 ℃，亩产可下降 10.65 kg。各旬降水增加 20%则可增产 2.55 kg。

(8)西北春麦区

包括甘肃中西部、宁夏和青海，全年降雨稀少，春小麦主要分布在黄河等大中河流的河谷和荒漠中的绿洲，完全依靠灌溉，因而降水对产量的效应不显著，而温度的影响很突出。

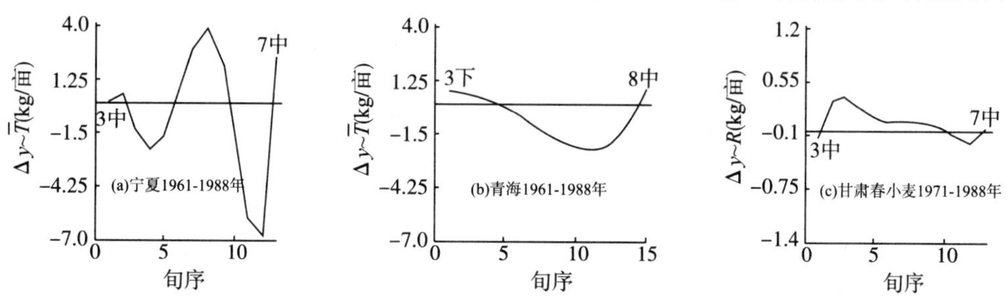

图 14　旬平均气温升高 1 ℃与旬降水增加 1 mm 对宁夏、青海、甘肃小麦亩产的影响

[(a)旬平均气温升高 1 ℃对宁夏小麦亩产的影响(kg，1961—1988 年，$R=0.769$，$F=2.663$，$P=0.10$)；

(b)旬平均升高 1 ℃对青海小麦亩产的影响(kg，1961—1988 年，$R=0.614$，$F=2.123$，$P=0.10$)；

(c)旬降水增加 1 mm 对甘肃春小麦亩产的影响(kg，1971—1988 年，$R=0.430$，不显著)]

从图 14 可以看出，除收获前遇雨可能导致青干枯熟外，全生育期降水增加都呈正效应。宁夏、青海的情况大体相同。

宁夏要求分蘖到拔节温度偏低有利于增蘖和延长穗分化期。由于靠近沙漠春夏升温过快，灌浆期如温度偏低可避免高温逼熟有利籽粒增重。为了使灌浆期避开高温，拔节孕穗期以温度偏高争取提早抽穗为有利。

青海春小麦以东部为主产区，其积温完全能满足生长发育所需并有余。由于地处高原夏季凉爽降水不太多，小麦生育期明显延长。除播种出苗以温度偏高促进早出早发为有利外，从幼苗期到成熟前都以温度偏低有利于延长穗分化期和灌浆期可增粒增重。但收获期如温度继续偏低易遇早霜。

各旬气温如升高 1 ℃，宁夏小麦单产将下降 6.25 kg/亩，青海则下降 12.8 kg/亩。各旬降水量如增加 20%，甘肃省春小麦亩产仅增加 0.225 kg，影响不大。

(9)新疆冬春小麦区

春小麦以北疆为主，冬小麦以南疆为主，但北疆天山北麓冬季积雪稳定地区也有不少。全疆各地降水均很少，仅西北部冬雪较多。小麦依靠灌溉，因而降水与冬春麦产量的相关均不显著，与温度的关系则十分显著。

新疆春小麦要求早春回暖早、后春升温慢，以利延长穗分化期。拔节抽穗灌浆都以温度偏高为有利。降水则相反，出苗到拔节以降水增加有利发苗，孕穗灌浆则降水增加有负效应，表明后期光照的影响更为突出。

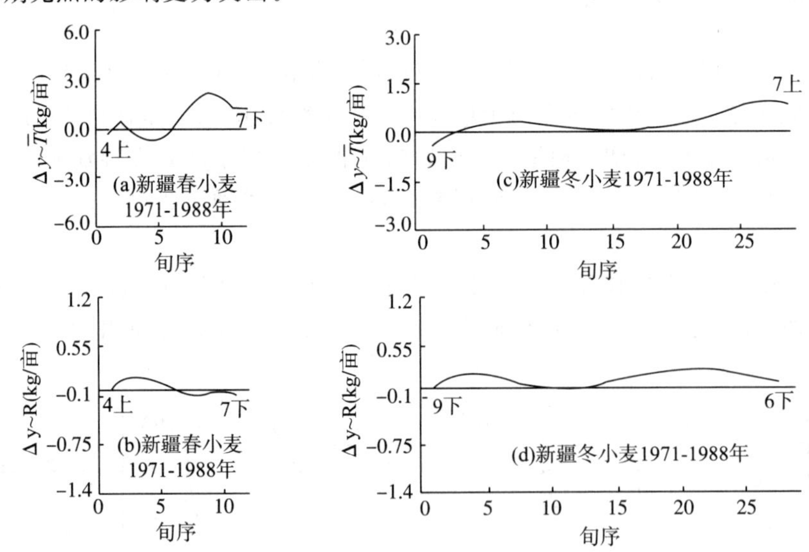

图 15　旬平均气温升高 1 ℃与旬降水增加 1 mm 对新疆春小麦与冬小麦亩产的影响

[(a)旬平均气温升高 1 ℃对新疆春小麦亩产的影响(kg，1971—1988 年，$R=0.827$，$F=3.978$，$P=0.05$)；
(b)旬降水增加 1 mm 对新疆春小麦亩产的影响(kg，1971—1988 年，$R=0.241$，不显著)；
(c)旬平均气温升高 1 ℃对新疆冬小麦的影响(kg，1971—1988 年，$R=0.783$，$F=2.917$，$P=0.10$)；
(d)旬降水增加 1 mm 对新疆冬小麦亩产的影响(kg，1971—1988 年，$R=0.381$，不显著)]

冬小麦的温度效应曲线与华北、黄淮相似，播种出苗温度不宜过高以免发生徒长，冬前和初冬温度偏高有利于壮苗和养分积累，后冬以温度稍偏低为有利，春夏则以温度偏高为有利，其原因可能是有利于高山雪水融化保证灌溉，春小麦由于发育较晚耐旱能力差，春夏温度偏高促进融雪灌溉的正效应更为突出。降水对于冬小麦的作用主要是正效应，以冬前和春夏为最突出。隆冬降雪增加有微小的负效应,原因尚不清楚。

全生育期各旬气温如升高1℃,春小麦可增产8.3 kg/亩,冬小麦增产7.65 kg/亩。各旬降水如增加20%对产量影响甚微,计算结果冬小麦增产0.4 kg/亩,春小麦增产0.125 kg/亩。

西藏小麦产量和华南、江南7省区冬小麦产量分别只占全国0.17%和0.9%,因此本文未作进一步统计分析,估计如气温升高降水增多将有利于西藏小麦增产,对江南、华南小麦生产则更加不利。

2 气候变化对我国小麦生产的影响

2.1 气候变化对小麦产量的影响

从图8~图15可以看出,由于各地生态条件不同,气候变化对小麦产量的影响是不同的,有的地区增产,有的地区减产,气候变化对全国小麦产量的影响将取决于各地区特别是对主产区的正负效应的总和。假定前述代表省区的积分回归分析结果能代表各生态气候区,则可由此推算对全国小麦总产的影响。

实际上未来可能的气候变化在不同季节和不同地区都是不同的,20世纪80年代以来北方和南方的气候变化趋势就有很大差别。我们利用前述积分回归结果,参照赵宗慈分析的CO_2倍增后我国各地冬夏气温降水变化综合模式模拟结果[10],计算各生态区可能的单产变化,结果如表2所示。计算时已考虑了气温升高后生育期的缩短,但未考虑气候变化后品种和栽培技术的调整与改进。

表2 温度和降水变化对全国小麦产量影响

生态区	东北春麦区	西北春麦区	北部春麦区	华北冬麦区	黄淮冬麦区	黄土高原冬麦区
占全国小麦面积百分比(%)	6.4	4.7	3.8	11.4	39.6	3.8
升高1℃后亩产增减幅度(kg)	+8.25	−9.5	−10.65	+9.75	+1.25	−17.0
降水增加20%亩产增减幅度(kg)	−0.75	+0.25	+2.55	+1.15	+3.2	+12.0
生态区	长江中下游冬麦区	西南冬麦区	新疆冬小麦	新疆春小麦	合计	加权平均
占全国小麦面积百分比(%)	14.1	10.5	2.6	1.3	98.2	
升高1℃后亩产增减幅度(kg)	+3.05	−2.85	+7.65	+8.3		+1.1
降水增加20%亩产增减幅度(kg)	−2.65	0	+0.4	+0.125		+1.55

从表2看,全国小麦产量总的趋势仍将是增加的,如果对品种、作物布局进行调整,并改进栽培技术,还可望增产更多。增产突出的地区是东北、华北和新疆,可能减产的地区是黄土高原、长江中下游、西北和北部春麦区。

从计算结果看,如气候变暖、降水增加,对全国小麦总产量增加仍是有利的。

表 3 CO_2 倍增后气候的可能变化及对小麦单产的影响

生态区	东北春麦区	西北春麦区	北部春麦区	华北冬麦区	黄淮冬麦区	黄土高原冬麦区
冬季气温增幅(℃)	+5.3	+4.0	+4.5	+4.5	+4.0	+4.5
夏季气温增幅(℃)	+3.6	+3.5	+3.5	+3.5	+3.5	+3.5
冬季降水变幅(mm/日)	+0.3	+0.2	+0.3	+0.2	+0.2	+0.2
夏季降水变幅(mm/日)	+0.25	0	+0.1	-0.25	+0.4	-0.2
气温变化对产量影响(kg/亩)	+26.25	-11.95	-9.55	+53.35	-6.45	-57.8
降水变化对产量影响(kg/亩)	+1.35	+1.15	+2.8	-0.1	+7.15	+2.85
综合影响(kg/亩)	+28.3	-10.8	-6.75	+53.25	+0.7	-54.85

生态区	长江中下游冬麦区	西南冬麦区	新疆冬小麦	新疆春小麦	加权平均
冬季气温增幅(℃)	+4.0	+3.0	+4.5	+4.5	
夏季气温增幅(℃)	+3.5	+3.6	+4.0	+4.0	
冬季降水变幅(mm/日)	+0.1	+0.2	+0.3	+0.3	
夏季降水变幅(mm/日)	+0.5	-0.2	+0.4	+0.4	
气温变化对产量影响(kg/亩)	-9.3	-6.8	+25.5	+14.2	+0.95
降水变化对产量影响(kg/亩)	-1.0	+6.05	+5.1	+0.95	+3.85
综合影响(kg/亩)	-10.3	-0.75	+30.6	+15.15	4.8

注：冬夏气温、降水变化值均据赵宗慈文[10]文中图1粗略估计算出

至于 CO_2 倍增本身对于小麦光合生产能力的影响，伊文思已指出在较高 CO_2 浓度下小麦光呼吸有受抑制趋向。MacDowall 1972 年发现 CO_2 浓度提高后在低光强下要比高光强更能刺激小麦生长[11]。小麦叶面积在强光下不随 CO_2 浓度增加，在弱光下则随之增加。试验表明增加 CO_2 浓度可减少小麦蒸腾约 80%，产量增长近一倍[6]。因此，CO_2 浓度增加本身对小麦的直接增产效应是毋庸置疑的。以上分析都是从现有生产条件和技术出发的，随着气候的变化，冬春小麦及品种生态型的布局、播种期和复种指数、水肥管理等都要进行相应的调整改进，以充分利用气候变化对小麦生产有利的因素，克服或减轻其不利影响，这样，气候变化对小麦产量的增产效应可以比表 3 所列计算结果大得多，前景应是乐观的。

2.2 气候变化对我国小麦生产布局的影响

(1)气候变化对冬小麦种植北界的影响

王宏[12]提出以 1 月平均气温 -8 ℃等温线为冬小麦种植北界，龚绍先补充提出以 1 月平均气温 -10 ℃为可能种植北界，笔者曾以 1 月平均气温 -8 ℃为主要指标，并综合积雪状况、水分条件及冬春麦比较经济效益等绘制我国冬小麦种植北界(图 16)[13]。

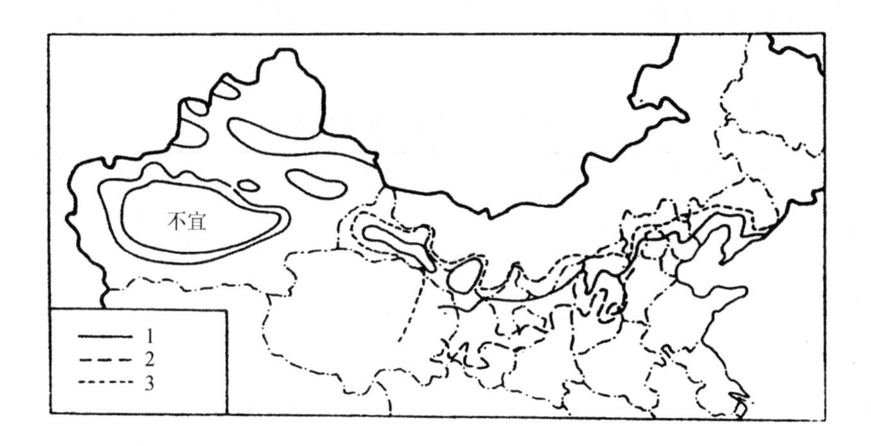

图 16　冬小麦种植界限和冬季气温升高 3 ℃后的可能种植北界

（1. 种植北界或上界；2. 旱地冬小麦种植北界；3. 冬季升高 3 ℃后可能种植北界）

由于山脉屏障，冬小麦种植北界附近冬季等温线密集，冬季升温 3 ℃后冬小麦种植北界也不过北推 50～100 km，且由于山地和荒漠较多，冬小麦可扩种面积不太大，主要在辽宁南部、桑干河谷、银川平原和青海东部、河西走廊。

温度升高会加剧失墒，而黄土高原在 CO_2 倍增后夏季降水还可能减少[10]，因此旱地冬小麦种植北界向北推进不多。新疆冬小麦主要分布在南疆的绿洲和北疆积雪较稳定地区。温度升高后融雪增加，但目前南疆已超量用水，河流日趋干涸，因此面积扩大也很有限。北疆冬季升温 3 ℃也不能使无积雪麦田安全越冬，冬小麦仍只能在积雪较稳定地区种植。

(2)气候变化对南方小麦布局的影响

20 世纪 80 年代长江中下游降水增加，小麦病害加重，使得这一地区小麦产量增长速度慢于华北、西北和黄淮。如果气候进一步变暖变湿，对这一地区的小麦生产是不利的，但对发展双季稻有利。这样长江中下游的小麦面积将要减少，甚至可能超过冬小麦向北扩种的面积。西南麦区由于冬季少雨，降水增加将是有利的，但气温升高将更加缩短小麦生育期，使这一地区小麦生育期间的生态条件趋近目前的华南，也将使小麦产量下降。由于夏季将更加炎热干旱，相比之下冬半年的气候条件还不算太差，小麦面积不致下降太多。四川的小麦将进一步向川西、川北集中，云贵的小麦则将向高海拔地区发展。

(3)气候变化对小麦品种布局的影响

不同地区小麦的品种生态型不同，一是因为通过春化阶段的环境条件不同，二是由于越冬条件不同。一般情况下品种的冬性越强，通过春化阶段所要求的条件越严格，越冬抗寒性也越强，但也有少数品种的冬性与抗寒性并不协调。

如冬季平均气温升高 4 ℃，1 月平均气温 0 ℃线将北推到大连、京津、阳泉、临汾、铜川、天水一线，成为不稳定冬眠区。虽然该地区目前推广的强冬性品种仍能通过春化，但也将被增产潜力更大的冬性品种所取代。强冬性品种将只在长城以北、甘肃、新疆等地应用，且抗寒性标准可比目前品种下降 4～5 ℃。目前应用冬性、弱冬性品种的黄淮麦区 1 月平均气温将上升到 3～4 ℃，冬季基本不休眠，满足春化条件的天数减少，将改用半冬性或春性品种。

目前应用弱冬性或春性品种的长江中下游麦区，月平均气温上升到 5～7 ℃，将全部采用春性品种。

表 4 不同生态品种的抗寒性

生态型	极强冬性	强冬性	较强冬性	冬性	弱冬性	春性
代表品种	东方红 3 号、新冬 1 号	新冬 2 号、京 411	济南 13 号、京花 1 号	泰山 4 号	郑引 1 号、阿夫	宁夏 3 号、南大 2419
分蘖节临界半致死温度(℃)	−16～−19	−14～−17	−12～−14	−10～−12	−8～−10	−6～−8
现种植区域	长城以北、西北内陆	北部冬麦区、新疆南部	华北南部、黄淮北部	黄淮北部	黄淮南部、长江流域	春麦区、长江流域

2.3 气候变化对小麦生育期的影响

假定 CO_2 倍增引起气温升高 3～4 ℃，则小麦生育期将明显缩短，冬小麦一般可缩短 30～50 d，播种可推迟 15～25 d，收获则提前 15～25 d。南方缩短较少，北方缩短较多。冬季休眠期明显缩短，北京将从目前的 90 d 减少到不到 10 d，太原从 100 d 减少到约 95 d，沈阳从 120 d 减少至约 95 d。

图 17 表示 CO_2 倍增前后冬小麦播种期和收获期的变化，可以看出等值线的走向变化不大，主要是播种和收获日期分别推迟和提早了。春小麦则播种可提早 15～20 d，收获提早10～15 d。

2.4 气候变化对冬小麦品质的影响

蛋白质含量是衡量小麦品质的主要指标，干旱、高温、日照充足、日较差大的条件下有利于提高小麦蛋白质含量。中国农科院分析小麦蛋白质含量与气温年较差及抽穗到成熟的平均气温成正相关，与年降水量成负相关[5]。苏联的研究指出春小麦籽粒蛋白质含量与抽穗到蜡熟期的总日照时数高度正相关[6]。由此看来，气候变暖对改善我国北方及大部分麦区的籽粒蛋白质含量将是有利的。

(1)气候变暖后我国冬小麦种植区域将向北扩展，在较高纬度下种植日照较长。同时这些新扩种区也是较为干旱、气温年较差较大的。

(2)气候变暖后北方麦区大部分夏季降水量增加不多，有些地区还有所减少，小麦灌浆期变得温度更高和更干旱。

(3)气候变暖后春小麦也将向更高纬度和更高海拔地区扩展。

(4)青藏高原由于灌浆期气温偏低，是目前我国小麦蛋白质含量最低的产区，气候变暖后可望明显改善。

但是长江流域小麦生育期提前后日照将变短，华东的降水还可能增加较多，将使小麦品质进一步下降。

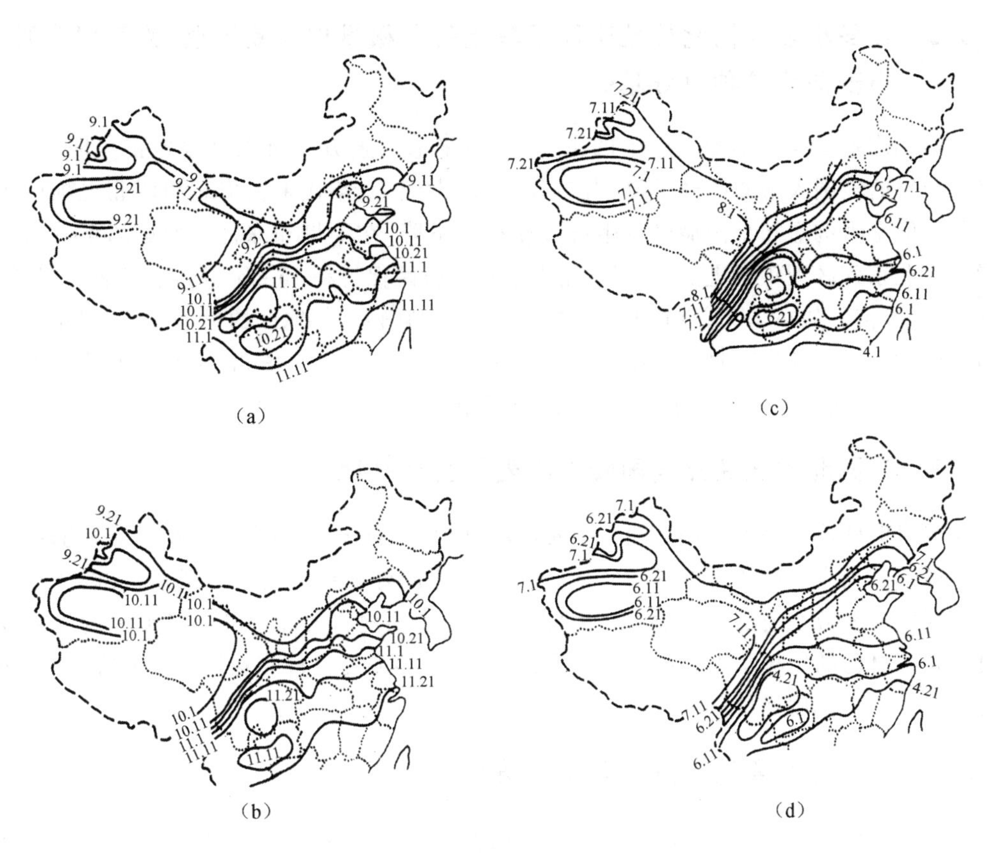

图 17 气候变化对冬小麦生育期的影响

[(a)冬小麦现播种期;(b)CO_2 倍增后的冬小麦播种期;(c)冬小麦现收获期;(d)CO_2 倍增后冬小麦收获期;图中数字表示日期,以"月.日"表示]

3 气候变化与我国小麦生产发展战略及对策

气候变化对我国小麦生产将产生一系列影响,如能采取适当的对策,可以充分利用气候变暖带来的各种有利因素,尽量减轻其不利方面,加速我国小麦生产的发展。

3.1 调整品种布局,将黄淮和华北建设成我国小麦生产的高产基地

在气候进一步变暖后,黄淮麦区大部仍将是我国小麦最适宜种植区,华北平原则将与目前黄淮麦区的气候条件相近。要大力推进这一地区小麦生产过程的机械化和现代化。在小麦育种上往往难于兼顾丰产性与抗寒性。20 世纪 80 年代以来北方冬季明显变暖,加上肥力水平提高和栽培技术改进,可以应用一部分抗寒性稍差但丰产潜力更大的品种,但要相应加强防冻保苗措施,近期内品种抗寒性的标准放宽以临界致死温度上升 2 ℃为限,上升太多则风险过大。将来气候进一步变暖后可进一步放宽并改变推广品种的生态型。

3.2 在冬小麦种植北界地带和干旱地带积极推广压轮沟播，为气候变暖后小麦向北扩种打好基础

干旱和冻害是北方小麦生产上的主要威胁，采取沟播方式可以有效地抗旱防冻[14,15]。沟播在干旱的美国大平原西部早已推广，我国 20 世纪 70 年代末在华北和西北也推广了较大面积。但畜力沟播和小沟播机行距过大使穗数下降，在干旱和冻害不严重的年份反而得不偿失。北京郊区近年引进的 24 行压轮沟播机将行距保持在 15 cm，开沟和播种质量较高，已推广 70 万亩。如在华北、西北进一步推广，可大大减轻这一地区的旱冻灾害，将小麦生产提高到新的水平。气候变暖后冬小麦向北扩种的地区将与目前华北、西北的大部分麦区气候相似，压轮沟播将为未来冬小麦的向北扩种提供有力的技术保障。

3.3 在西北地区建立我国硬粒小麦的生产基地

我国目前种植的差不多都是软粒小麦，蛋白质和面筋含量低，做面包和通心粉的面粉则主要靠进口。其实我国西北地区的气候条件并不比国外硬粒小麦生产区差，气候变暖后对这一地区发展硬粒小麦将更加适宜。因此，应该有步骤地将西北内陆干旱地区的水浇麦田建设成我国自己的硬粒小麦生产基地。为此，应进行相应的育种和栽培技术研究，并从价格政策上真正体现优质优价。

3.4 江淮地区要高度重视湿害的防御

气候变暖后江淮麦区的降水可能进一步增加，湿害加重，目前湿害尚不太严重的淮北淮南一带也会发展，因此从现在起就要吸取 1991 年洪涝的教训，加强农田基本建设，减轻湿害威胁。在努力提高水稻机械化作业水平的基础上，应压缩低洼易涝地区的小麦面积，恢复一部分双季稻。在将来气候进一步变暖后，长江流域中下游的小麦面积不可避免地将要压缩。

参考文献

[1]联合国粮农组织. 1989 年粮食及农业状况.

[2]赵宗慈，丁一汇. 近年中国的人口发展与气候变化//气候异常对农业影响的试验研究课题组. 中国气候变化对农业影响的试验与研究. 北京：气象出版社，1991.

[3]韩湘玲，等. 作物生态学. 北京：气象出版社，1991.

[4]Гольчберг И А. Агроклиматический атлас мила. Л. Гилрометеоиздат，1972.

[5]崔读昌. 中国农林作物气候区划. 北京：气象出版社，1987.

[6]刘汉中. 普通农业气象学. 北京：北京农业大学出版社，1990.

[7]程延年，等. 气候变化与作物产量波动. 北京：知识出版社，1990.

[8]郑大玮，刘中丽. 我国小麦越冬冻害的监测和减灾对策//中国科协. 中国减轻自然灾害研究. 北京：中国科学技术出版社，1990.

[9]金善宝. 中国小麦品种及其系谱. 北京：农业出版社，1983.

[10]赵宗慈. 人类活动与温室气体增加对全球和我国气候变化的影响//邓根云. 气候变化对中国农业的影响. 北京：北京科学技术出版社，1993，19-35.

[11]伊文思 L T. 作物生理学. 江苏省农科院情报室译. 北京:农业出版社,1979.
[12]王宏. 辽京冀冬麦农业气候北界的研究. 地理研究,1982,(4):39-46
[13]郑大玮,龚绍先,等. 冬小麦冻害及其防御. 北京:气象出版社,1985.
[14]郑大玮,等. 沟播小麦防冻保苗生态效应的探讨. 农业气象,1984(1):33-38.
[15]郑大玮,刘中丽. 小麦抗旱防冻技术. 北京:农业出版社,1993.

Effects of Climatic Change on Wheat Production in China

Zheng Dawei, Liu Zhongli

(Beijing Meteorological Bureau, Beijing 100089)

Abstract In this paper ecological－meteorological conditions of wheat growing areas in China are analysed. The effects of air temperature and precipitation from 1961 to 1988 on wheat yield are estimated and analysed in ten-day period, and the trend of yield due to further changes climate is calculated. It is also discussed that the climate is going to be warmer, and the distribution of production, quality and development of wheat will be affected. The strategy of production is to utilize climate resource and to adjust distribution of wheat varieties in order to establish wheat bases with high yield in North China and Huang-Huai Plain. In the boundary zone of winter wheat, furrow sowing should be popularized to expand wheat growing area. The Northwest is probably the best base for flint wheat in China. It will be unfavourable for wheat growing in Southern China if the climate becomes warmer. People must pay more attention to wet stress in Jiang-Huai Plain.

Keywords climate change; wheat production; distribution; strategy.

我国对于全球气候变化的农业适应对策*

郑大玮

（中国农业大学，北京　100094）

虽然低纬度变暖并不明显，城市热岛效应也使气象记录对变暖的程度有所夸大，扣除这些因素后，人类活动释放大量温室气体导致的全球变暖仍然是明显的，特别是在中高纬度，我国北方近40年来年平均气温已上升0.13～0.15 ℃。世界环发大会制定《气候变化框架公约》旨在采取全球一致的协调行动制止温室气体的无节制排放。即使做到这一点，在未来几十年内全球气温仍将升高1～2 ℃。

气候变暖对世界农业的影响是有利有弊，几家欢乐几家愁。高寒地区将具有巨大的增产潜力，中、低纬度国家干旱、热害和病虫害都可能加重，低地国家则担心极冰融化使海平面上升后的灭顶之灾。不同生物对环境条件的要求各异，这是气候资源具有相对性和可塑性的根本原因。一地农业生产模式不变的情况下，只要气候的变动超出一定幅度都会造成农业生物的不适应而形成灾害。目前许多分析研究都是以各地农业生产的模式不变为前提的，对气候变暖的后果大多持悲观态度。如能采取正确的适应措施，则有可能变害为利，前景未必悲观。

我国自20世纪80年代以来已由“南粮北调”变成“北粮南调”，除社会经济因素外，北方变暖后生产潜力增大和依靠科技进步采取正确的适应对策也是重要的因素。如使用生育期更长的品种，增加复种指数，越冬作物北界进一步北推西移，高纬地区扩大玉米、水稻等喜温作物面积，棉花主产区向新疆西移，春播和移栽期提前等。科技进步的作用也不亚于气候变暖的效应，如地膜覆盖和保护地栽培，东北推广垄作，华北推广秸秆覆盖、小麦沟播和铁茬夏播，推广全盘机械化作业减少了农耗，培育早熟耐冷品种，通过水肥运筹和施用生长调节剂控制生育进程等。针对气候变暖带来的干旱及某些病虫害加重，80年代以来各地加强了对于节水农业、集水农业、旱地农业及病虫害综合防治技术的研究并取得了突破。

也有一些地区的措施超出气候变暖和科技进步所允许的范围而人为加重了低温灾害。如华南热带、亚热带经济作物种植界限过分北推，在1996年2月的寒潮中损失数十亿元；华北冬小麦育种中有的片面追求丰产性，使有些品种的抗寒性下降过多；春季蔬菜移栽过早导致霜冻严重；东北有的地方跨区引种导致不能正常成熟等。过量或超前利用热量的后果适

* 本文原载于1997年1～2期《地学前缘》。本项目受“九五”旱作农业研究国家重点项目基金资助，作者为项目主持人。

得其反，会使气候资源转化为气象灾害。

总之，我认为关于气候变化对农业影响的研究，重点应从未来可能的气候变化前景及其农业影响，转移到对未来一二十年气候演变的短期预测及其农业适应对策上。因为前者的不确定因素较多，对策措施尚不明朗，后者则比较明确。我国的短期气候预测工作已接近实际应用，提出适应对策将具有比较明确的针对性和可操作性，生产上易实际应用。从 20 世纪 80 年代以来已经实行的农业适应措施中我们不难寻到中、长期气候变动后合理的农业适应对策的轨迹。

气候变化与波动对中国农业影响的适应对策*

郑大玮[1]　潘志华[1]　张厚瑄[2]　雷水玲[2]
(1.中国农业大学资源与环境学院,北京　100094;2.中国农业科学院农业气象研究所,北京　100081)

摘　要　20世纪80年代以来,气候变化对我国农业产生了深刻的影响。对于气候变化的响应策略有减缓(主要是减排温室气体)和适应两种。由于气候变化的滞后性及与气候波动相交织,仅有减排措施是不够和来不及的。生物气象学是气候变化农业适应对策的重要理论依据,农业气象学家应主要着眼适应对策的研究。文章分析了农业适应对策的分类、内容和途径,认为总结近20年我国不同区域农业生产上适应气候变化与波动的成功范例,对于今后一个时期的农业可持续发展具有重要的指导价值。

关键词　气候变化与波动;农业适应对策;可持续发展

1　气候变化对中国农业的潜在影响

温室效应导致全球变暖在中国同样很突出,尤其在中高纬度。中国地处东亚季风区,是世界上主要的"气候脆弱区"之一,也是农业气象灾害严重和多发的地区。全球气候变暖使气候异常事件发生频率增高,随着生产水平的提高,气候异常和灾害造成损失的绝对量越来越大,20世纪90年代比新中国成立初期约高出两倍多。从目前看,气候异常变化、厄尔尼诺现象频繁发生与农业气象灾害的频繁加重是互相联系的,今后我国农业将继续面临西北地区干旱化、华北干暖化及水资源短缺、东部旱涝及低温、人类活动加重气候变化影响等重大的气候问题。张明庆等[1](1994)研究了中国1951—1990年气温变化的地域类型,定义气温变化率≥0.05 ℃/10年为上升型,主要分布在北方;≤−0.05 ℃/10年为下降型,主要包括江南、四川盆地和云贵高原;其间为平缓型,主要包括华南和青藏高原。其中大兴安岭北部的寒温带以0.48 ℃/10年,东北和内蒙古大部以0.35 ℃/10年,黄淮海平原、辽南、晋中南和关中以0.20 ℃/10年,西北干旱区以0.06 ℃/10年的速率上升。江南和四川以0.07 ℃/10年,云贵以0.18 ℃/10年的速率下降。全国总趋势仍以升温为主。毛恒青等[2](2000)研究了华北、东北1956—1995年积温变化,指出20世纪80年代中期以后≥0 ℃持续期普遍延长,年平均气温每升高1 ℃,≥0 ℃积温相应增加117～252 ℃·d,持续期延长5～13.5 d。

* 本文原载于《中国农业气象》2006年7月(增刊)。

龚道益等[3](1999)分析了1880—1998年中国年平均气温序列，指出1998年是近一个世纪以来最暖的一年。

中国北方气候的干暖化趋势对农业产生了极大影响。1999—2002年中国北方夏季连续出现大范围的酷暑和严重的干旱，2003年南方又出现了空前严重的伏旱和热浪，1998年和2003年江淮严重洪涝，上述重大灾害导致全国粮食连年减产。生物灾害的发生趋势也随气候而变化，原已基本绝迹的蝗灾十几年来死灰复燃愈演愈烈，原来主要在南方发生的小麦白粉病等在北方已是常见病害。中国经济包括农业在内的相对发达地区集中在东部沿海，全球气候变暖导致海平面上升，其后果也将是灾难性的。

2　原有的农业系统已不适应变化了的环境

气候资源与气象胁迫在农业生产上具有一定的相对性，对于此种农业生物有利的气象条件，对于另一种农业生物则可能不利。如喜温作物的冷害天气对于耐寒作物却可能是有利的。这种相对性源于农业生物和农业系统对于环境的适应性。除生物自身的适应性外，在农业系统中，人们还可以选择适宜物种或改良局地生境，从而增强农业系统对环境的适应能力。

生物对环境的适应性是有限的，环境变化超过系统适应能力就会形成灾害。如苗期轻度水分胁迫对许多作物的产量并无明显影响，但持续干旱，特别是需水临界期的干旱往往造成绝收，2000年中国春夏持续干旱造成的绝收面积就达400万hm^2。

环境条件剧烈变化时单靠生物自身的调节能力已不能适应。通常认为每10年平均气温上升0.1 ℃是自然生态系统能够承受的阈值。但农业是一种人工生态系统，通过调整系统结构，或改变生物种类，或改变品种组成，或调整生育期，或局部改善生境等人工干预行为，有可能使农业系统对环境变化的适应能力超过自然生态系统。

因此，环境变化是否形成灾难性的后果，不仅取决于环境胁迫的强度，更取决于农业系统对环境变化的适应性，而后者是可以通过人为措施调节的。农业系统能够适应的良好环境条件可成为宝贵的农业自然资源；不能适应的环境条件则可以形成胁迫甚至灾害。

3　气候变化的对策选择

3.1　气候变化的两种对策

对于全球变化，特别是气候变暖的农业对策，一是减缓对策，包括减源增汇(减少温室气体排放和增加对其吸收)和局部直接降温措施。二是适应性对策，使农业生物或农业系统适应变化了的气候环境。

气候变化的滞后效应使得仅采取减缓对策是不够和来不及的。即使人类开始削减温室气体的排放，温室效应仍将持续相当长时期。全球温室气体降低到工业革命以前水平至少需要上百年。我们不能等待灾难性后果的发生，必须提前采取适应对策以减轻其负面效应。

马世铭等[4](2003)综述了国际有关气候变化适应性和适应能力的研究进展，包括气候变化适应的概念表述、气候适应性研究的两个方向和目的、类型，并介绍了IPCC有关研究的主要结论。林而达等[5](2002)编制了"中国粮食生产对全球气候变化的适应性对策及费用决策系统"软件，进行适应对策分析及投资分析，但不够具体和明确。

3.2 生物气象学本质上是一门适应的科学

1993年国际生物气象学会第13届大会首次冠以"适应全球大气的变化与波动"的主题，前主席Weihe[6](1993)的开幕词指出："适应"是"生物对环境变化产生的应激的被动适应中与不平衡有关的过程"，"生物气象学主要是一门适应的科学，是关于两个动力系统相互作用的科学：大气设定变化的时期和决定变化的韵律，生物通过斗争调节使其生存本领和所需生存繁殖能力达到最佳。"因此，生物气象学应该成为人类对于气候变化适应对策的一个理论依据。

3.3 农业气象学家主要应着眼适应对策的研究

农业气象学是研究农业生产与气象条件关系的一门科学。减排温室气体的任务主要在工业。农业尤其种植业基本上是温室气体的汇，仅水稻田和反刍动物饲养存在甲烷释放问题。农业气象学家除研究甲烷减排途径和降低农业耗能外，主要应着眼于适应对策的研究。只要人类采取正确的适应对策，是可以对气候变化趋利避害的。

近几十年来的气候变化与波动相互交织，在全球变暖的总趋势中，不排除局部地区和部分时段的低温灾害，气候变化还往往加剧了气候的波动。农业适应对策还应包括对于气候波动的适应措施。

由于存在生物及农业生态系统自身的调控和适应，气候变化对未来农业生产的影响是复杂的。人们都以为气候变暖后作物生育期必然缩短而不利于增产，实际由于冬季升温超过夏季，越冬作物在扣除休眠期后的有效生长期却是延长的。冬季变暖后农民必然采用冬性减弱而丰产性更好的品种，冬前所需积温也减少了。只要还存在越冬休眠期，气候变暖后越冬作物有效生育期间的平均气温将是下降的，有利于壮苗增蘖和扎根，增加养分积累和抗寒锻炼，早春提早返青还延长了穗分化期，对增产极为有利。当然，气候变暖带来的降水量变化和气象灾害频率增加所产生的负面影响也值得重视。

4 农业适应对策的内容

4.1 适应的分类和层次

Smit *et al*[7]等(1999)将气候变化适应性分为预期适应与反应适应、私人适应与公共适应、自发适应和计划适应等类型。我们从行为主体上将对于气候变化和波动的农业适应对策分为生物自身适应和人为适应措施两大类。生物自身适应又可分为生物学特性范围内的适应和遗传变异适应。前者适应范围较窄，不易巩固，但适应速度快，成本也较低。后者适应性一旦形成就比较巩固，成本更低，但通过遗传变异产生适应的速度是很慢的。

人为适应措施也分为两类，一类是对农业生物施加影响，增强其适应能力；另一类是改变局地生境以满足生物的需要。人为适应措施的成本要比生物自身适应要高，通常用于超出生物适应能力范围的环境变化。

适应的层次在微观水平上分为基因、个体、群体、复合群体到农田生态系统，在宏观水平上从地方、国家、大区域到全球生态系统。

4.2　适应的途径

(1)育种：改变遗传基因

育种是最基本和廉价的适应措施。随着气候变化，育种目标也要相应改变。如20世纪80年代以来北方冬小麦育种对冬性和抗寒性的要求有所下降，对丰产和抗病的要求提高了，北方玉米和南方水稻要求更强的耐热性，南方小麦对抗病性的要求明显提高。

(2)锻炼：增强种子和幼苗的抗性

气候变化要求种子和幼苗具有更强的耐热、耐旱和抗病虫能力。种子锻炼通常采取物理或化学方法，如晒种、低温或高温处理种子，使之萌芽后再干燥，拌抗旱剂、防冻剂等，幼苗锻炼采取蹲苗控制土壤水分、防风、喷施防寒剂、抗旱剂等。

(3)时间适应：调整播期、移栽期和收获期

随着气候变暖，春季提早播种或移栽，秋季延迟收获和播种；或为躲避干旱、高温等不利时期而调整播期。如北京郊区过去春番茄定植期在4月中旬，随着气候变暖和推广地膜，现已提前到4月上旬。华北低山丘陵过去抗旱春播以座水点播为主，费工且保苗效果不好。现在推广中早熟或早熟品种等雨晚播，降低了干旱风险。长江中下游为防止早稻灌浆期热害和晚稻开花灌浆期冷害，改双季稻为稻麦两熟，春雨多的地区为减轻湿害改三麦为油菜。

(4)空间适应：调整作物和品种布局、熟制、轮作或间套作方式

作物、品种种植及多熟制分布区域随气候变暖普遍北移，如东北玉米从南向北引种，棉花主产区从华北移到新疆，苹果主产区移到陕西渭北。气候变暖还使作物生育进程和土壤养分循环加快，需调整轮作或间套作方式。原来实行套种两熟制的有可能实行平作两茬，原来只能一年一熟的，有可能通过套种充分利用增加的热量。

(5)结构调整：包括种植结构和产业结构

当前各地调整农业结构主要是市场引导，但如忽视气候变化和波动盲目调整也会带来重大经济损失。如有人把原产俄罗斯湿寒地区的饲料作物鲁梅克斯引进干旱地区普遍生长不良，20世纪80年代中期号召全国各地青少年向西北寄树种草种也是违背生态规律的。

(6)改善局地生境

微观生境改善包括农田、温室和畜舍光照、水分、温度和通风等，如地膜沟植垄盖、集雨节水补灌、保护地遮阴、日光温室、畜舍通风调温降湿等；宏观生态改善包括水土保持、水利工程和退耕还林、还草、还湿、还湖等。

(7)其他技术调整

华北冬季变暖和迁居进楼使传统的户贮大白菜成为历史，20世纪90年代以来推广大型

菜窖，在外界气温 0 ℃时自动通风，使贮存期大大延长，冬贮菜质量也明显改善。适应居民对新鲜蔬菜周年均衡上市的要求，在气候变暖不利于夏季蔬菜生产的情况下，采取塑料大棚遮阴栽培，并在高海拔、高纬度地区建立夏淡季生产基地。利用冬季变暖在北方推广日光温室栽培，在华南建立冬淡季蔬菜生产基地。目前全国城市蔬菜供应已显著改善，基本消除了淡旺季差别。

4.3 重视总结近 20 年来各地采取适应对策的经验

(1)近 20 年来各地已经采取不少对于气候变化和波动的适应措施，积累了丰富经验

20 世纪 80 年代以来北方气候加速变暖，除西南外全国冬季都在变暖。各地农民自发调整采取适应措施，农业技术人员也研究和推广了行之有效的适应技术。农业适应对策的基本原则是趋利避害，即把气候变化所带来的机遇作为资源充分利用，同时尽量减轻气候变化带来的不利影响和后果。这些经验为我们制定今后一个时期的适应对策提供了基础和借鉴。

(2)错误估计气候变化会人为造成经济损失

全球气候变化在各地的表现和程度不同，最常见的错误是不考虑各地具体情况而高估气候变暖。如北方冬季近 20 年气温约升高 1 ℃，种植带适度北移可充分利用所增加的热量资源。但有些冬小麦北移地冬季平均气温比原冬麦北界下降了 5～8 ℃，即使引种俄罗斯高抗寒品种使临界致死温度下降 4～6 ℃后仍不安全。这是因为这些品种通常只耐稳定低温而不耐强烈变温和干旱，发生融冻型或旱冻型冻害时死苗仍不可避免。华南冬季日益严重的低温灾害也是热作和喜温作物北移幅度大大超过冬季变暖程度造成的。

气候变化与气候波动不能混为一谈。由于温室气体导致气候变暖是一个长时间渐进的过程，其间还交织着气候的自然周期变化和波动，气候变化还往往加剧天气和气候极端事件的发生，加上生态环境的迅速改变使生物不能很快适应，农业防灾减灾的任务更加重了。

(3)应该注重未来一二十年农业适应对策的研究

长期气候变化趋势和程度的预测具有很大的不确定性，以此为根据制定今后 50 年乃至 100 年的农业适应对策，很难做到明确的针对性和可操作性。但气候变化具有一定惯性，未来一二十年沿前期变化基本趋势继续发展的可能性较大。总结以往一二十年对于气候变化的农业适应对策，也就为今后一二十年的对策指出了方向和提供了基础。以下我们介绍以往一二十年中国各地采取有效适应对策的一些范例。

5 不同区域的有效适应对策

5.1 东北

情景:20 年来气候显著变暖，尤其冬春升温幅度在 1 ℃以上。

农业适应对策的中心:充分利用增加了的热量资源，提高转化效益，巩固商品粮豆基地，确保国家粮食安全。主要适应对策:

(1)按照积温带选用生育期更长的品种

冷害曾是东北最严重的自然灾害,重灾年减产50亿kg以上。虽然气候变暖有利于减轻冷害,但一些农民片面追求高产盲目引进低纬度生育期更长的品种,冷害威胁仍然严重,玉米在秋霜前往往不能正常成熟,籽粒含水率过高,不利于销售和贮存,经济损失巨大。20世纪90年代以来东北各地普遍进行气候区划细化,利用GIS技术和小网格分析,按每100 ℃·d积温间隔分区,严格控制跨区引种,提高了玉米成熟度和品质。

(2)冬小麦种植界限适度北移

过去冬小麦种植北界大体在长城一线。随着气候变暖,种植北界推进到辽南和辽西,尤其是河滩地沟播可避开夏秋洪涝。但积雪不稳定和冬季干旱限制了冬小麦的进一步北移,只在完达山东麓积雪稳定地区有一定效果。

(3)防止黑土带肥力下降

气候变暖使黑土地腐殖质加速分解肥力下降。采取农牧结合、秸秆还田、轮作豆科作物和绿肥,可以延缓土壤肥力的下降。

(4)东北部退耕还湿,保护生物多样性;西北部节水抗旱,退耕还林还草,防治风沙

三江平原开垦后沼泽湿地大量减少对生态环境造成严重影响,特别是造成气候干旱化和候鸟减少。在粮食总量有余的情况下没有必要继续大量开荒,应部分退耕还湿,保护生态环境和生物多样性。东北西部近年来趋于干旱,风沙加重,草地严重退化,同样应控制开垦,部分退耕还林还草,基本农田应实行节水灌溉和推广旱作增产技术。

(5)中南部避免重蹈华北平原地下水枯竭的覆辙

中南部松辽平原城市密集,近年来井灌面积增加很快,已出现地下水位下降,部分地区水资源日益紧缺。应注意适度开采和保护水资源,防止重蹈华北平原地下水枯竭的覆辙。辽西和辽南部分地区实行严厉的节水措施已是当务之急。

(6)辽西辽南利用有利光温条件发展熟菜保护地生产成效显著。

5.2 华北和内蒙古

情景:气候干暖化趋势明显,20世纪80年代冬季变暖,夏季不明显。90年代后期夏季干热突出。低温灾害有所减轻,干旱和热害加重。内蒙古草原严重退化,荒漠化蔓延。

农业适应对策的中心:发展节水高效农业,内蒙古建设北方生态屏障。主要适应对策:

(1)推广节水灌溉技术

20世纪80年代以来华北平原降水持续减少,工业和城市生活用水剧增,水资源日趋枯竭,农业灌溉已连续二三十年超采地下水。为此,华北各地广泛推广节水灌溉,北京郊区普及小麦喷灌,大力发展蔬菜保护地;河北省改渠灌为管灌,在连续干旱条件下保持了产量持续增长。今后应实行农业用水合理收费,利用经济杠杆实现水资源的优化配置。要注重"真实节水",减少土壤蒸发和过强的植物蒸腾,控制渗漏和径流损失。按流域统一调度,优化配置水资源,兼顾上中下游利益,统筹城乡和各业用水。

(2)采取冬性较弱但丰产性状更好的冬小麦品种,重视防御冬旱

小麦生产上十多年来推广品种的冬性普遍减弱,丰产性状改善,但冬旱取代严寒已成为

越冬主要障碍,应提倡冬前适时浇足冻水,冬季反复镇压,冬末早春适时适量喷灌补墒。春季发育提前使霜冻风险增大,1995 年和 2002 年 4 月下旬黄河中下游小麦受害严重。传统的烧秸秆造烟幕已不可行,应研究开发冰核活性细菌抑制剂和抗冷剂等化学抗霜新技术。

(3)春季喜温蔬菜移栽期提前

春季变暖使霜冻提前终止。为争取早上市多赢利,菜农普遍将喜温蔬菜和瓜果定植期提前一两周。京津西瓜上市高峰已从 7 月中旬提前到 6 月底。大棚西瓜在 5 月底到 6 月上旬收获后还可再栽一茬西瓜 9 月下旬收获。但提早定植也增加了霜冻风险,必须采取保护和应变措施,避免过早定植。

(4)发展冬季保护地生产

冬季变暖有利于保护地生产,20 世纪 90 年代以来华北普遍推广了蔬菜日光温室冬季生产,尤其是太行山东麓可利用有利地形和煤矿资源。由于冬季晴天较多,采用薄膜覆盖采光和保温材料墙体建造的日光温室,基本不加温也能生产果菜,但应注意防御早春阴害和冷害。

(5)调整种植结构

气候变暖使棉花病虫害加重,20 世纪 90 年代初期棉花主产区战略西移收到了良好效果。水资源紧缺导致小麦和水稻种植面积压缩,旱作玉米、杂粮和牧草种植面积扩大。

(6)内蒙古牧区以草定畜控制超载,农牧交错带退耕还草控制风蚀沙化,建设北方生态屏障。

5.3 西北

情景:气候明显变暖,西部降水略有增加,总体上对实施西部大开发战略有利。

农业适应对策的中心:提高水分利用效率,充分利用有利光热资源发展区域特色农业。主要适应对策:

(1)西部节水灌溉,人工增雪,扩大绿洲;东部旱作集雨补灌;发展优质瓜果和特色农业

西部土地辽阔,降水稀少但人均水资源量较多。光照充足温差大,有一定水分保证的基本农田能够高产优质。应大力推广节水灌溉,山区冬季人工增雪作业,按流域统一管理,优化配置水资源,在节水和大幅提高水分利用效率的基础上适度扩大绿洲,拓展生存空间。黄土高原和农牧交错带改广种薄收为精种高产,推广旱作集雨补灌,结构调整以林牧为主。

(2)调整结构,发展优质产品和特色农业

棉花主产区西移新疆取得良好效果,但应注意随时间延长病虫害回升,或栽培不当密度过大人为造成品质下降。要充分发挥充足光热资源和温差大的有利条件,发展优质瓜果生产。河西走廊发挥冷凉干燥的优势发展夏淡季蔬菜生产。甘南、宁南建成西北的药材谷。

(3)遵循生态适应原理和生态演替规律恢复植被,遏制荒漠化扩展势头

西部地处我国上风上水,生态环境恶化将影响到整个中华民族可持续发展的基础。生态环境建设的核心是恢复植被。但目前许多地区存在做表面文章的短期行为,只在路边下功夫,且一味种植速生耗水树种,存活率很低。在生态脆弱地区造林必须首先创造良好的水土条件,遵循生态适应原理,合理布局树种草种。水土条件较差地区必须按照生态演替规律

慎重选择耐旱耐瘠的先锋植物和适当的后续植物。盲目种植事倍功半，甚至根本不能存活。

(4)西北大部地区目前的复种指数较低，随气候变暖应适当增加复种。

(5)开发风能和太阳能，省出秸秆还田增加有机质或发展畜牧业。

5.4　长江流域

情景：冬季稍变暖，夏季变化不大，中下游降水增多，上游减少。低温灾害减轻，中下游洪涝灾害加重，上游干旱加重。

农业适应对策的中心：东部防湿防涝，西部防旱和保持水土。主要适应对策：

(1)长江中下游针对热害，改双季稻为稻麦两熟

20世纪80年代以来长江中下游夏季高温热害有所加重，2003年的高温伏旱损失惨重。当地农民改早稻、晚稻双季稻为小麦、中稻两熟制，可避开早稻常见的抽穗灌浆期高温危害和晚稻灌浆期冷害，水旱轮作还有利于提高土壤肥力和减少甲烷排放。

(2)江南针对湿害，冬种改小麦为油菜和绿肥

20世纪80年代以来江南春季降水增加，洪涝和湿害严重，影响小麦的产量和品质。为此压缩了小麦，增加了相对耐湿的油菜和绿肥的面积。

(3)四川水路不通走旱路，压缩双季稻，发展旱三熟

20世纪80年代以来四川东部冬春趋于干旱，丘陵冬水田水稻面积压缩。农民自发采取"水路不通走旱路"的策略，扩大了小麦、玉米和番薯旱三熟面积，在不利气候条件下仍继续增产。低海拔地区发展再生稻，以充分利用气候变暖中稻收获后的热量。

(4)江南利用山区发展反季节蔬菜

夏季高温是南方夏秋蔬菜淡季的主要气候成因。在气候变暖和降水增加的条件下，夏季蔬菜生产更加困难。虽然20世纪80年代以来长城以北建立了夏秋淡季蔬菜基地，但运输条件仍较差。为缓解淡季市场新鲜蔬菜的供应不足，浙江等地在山区海拔较高地区利用相对冷凉的地形气候建立了淡季蔬菜生产基地，成为山区农民脱贫的有效途径。

5.5　华南

情景：稍变暖，变湿，台风和风暴潮灾害增加。

农业适应对策的中心：充分发挥气候资源优势，发展外向型高效农业。主要适应对策：

(1)压缩粮食作物面积，扩大冬季蔬菜生产

充分利用天然大温室的优越气候资源，调整种植结构，压缩水稻，扩大冬季蔬菜生产，如广东冬季蔬菜已扩大到1000万亩以上，成为北方冬春蔬菜主要供应基地。

(2)热带、亚热带作物适度北移，甘蔗西移

华南20世纪70年代到90年代平均气温有所上升，冬季更为明显。热带、亚热带作物北移50～100 km。但气温年际和季节变化也加剧了，其结果90年代连续发生了1991、1993、1996和1999—2000年四次大寒害，经济损失均以数十亿元计，2000年更达创纪录的108.5亿元。当地农民吸取教训调整作物布局，在北移地区选择背风向阳地形，营造防护林和采取覆盖、培土等应急防寒措施。甘蔗主产区从珠江三角洲移到广西东南部丘陵地区。

(3)利用山区立体气候发展经济林果和淡季蔬菜。

(4)加强沿海台风和风暴潮灾害的防御。

5.6 西南

情景:近20年来变凉变湿,光照变差。

农业适应对策的中心:充分利用山区立体气候资源和低纬度高海拔四季温差小的特点发展区域特色农业。主要适应对策:

(1)推广普及防御霜冻和冷害的技术

西南是中国近20年来唯一年平均气温略降的地区,冷害和霜冻有发展趋势,可能与大气污染导致云雾和酸雨增加有关。为此加强了防御冷害和霜冻的研究。如云南景东县将杂交水稻亲本播期适当提前,使花期由当地容易出现低温多雨的7月中旬提前到日照充足气温较高的6月下旬和7月初,提高了制种产量。

(2)按照不同海拔和地形种植不同作物和品种

西南又是中国地形最复杂的地区。贵州省铜仁市利用不同海拔的立体气候,分别在低热河谷和半高山建立春淡季和秋淡季生产基地,确保了蔬菜均衡上市。

(3)云贵高原纬度低海拔高,是我国季节温差最小的地区,有四季如春之誉,紫外线也比较丰富,有利于发展花卉生产。

(4)光照偏少地区有利于发展优质茶叶和烟草,注意防治酸雨。

(5)充分发挥气候与生物资源丰富多样优势建设我国植物基因资源库和中药材基地。

5.7 青藏高原

情景:气候变暖,冰川后退,草甸退化。

农业适应对策的中心:保护江河源生态环境,发展高原特色农牧业。主要适应对策:

(1)人工增雪,保持水土,涵养水源,控制开荒和放牧,保护江河源生态环境和生物多样性。

(2)利用高原作物没有光合作用“午睡”的特点,建设河谷农业高产基地。

(3)利用太阳能、风能和地热资源,发展转光薄膜温室生产。

6 利用短期气候预报和互联网向农民进行咨询服务

中国气候年际变化大的大陆性特征使得农民在安排全年农业生产时往往无所适从。有些地方片面强调吸取上年经验教训,但生产上重演上年气象事件的概率并不大。随着气象科技进步和互联网的逐步普及,有可能根据短期气候预报,利用互联网对农户进行调整品种和栽培措施的咨询服务。目前在黑龙江省已在大部分乡镇建立雨量测点和气象服务网,全国大多数县开办了有线电视气象预报服务,除地形复杂的山区外可传播到所有农户。陕西省杨凌区农业信息中心联网农户已有数千,沿海经济发达地区许多富裕农户已学会从互联网获取气象和市场信息。虽然在我国农村普及计算机和互联网还有很长的路,但首先在县乡两级农业技术推广站普及并对农民进行气候变化和波动的适应对策的咨询是可行的，天津市就已普及了村级计算机上网。

参考文献

[1]张明庆，刘桂莲．我国近40年气温变化及其对农业生产的影响．气象，1994，**25**(5)：36-41.

[2]毛恒青，万晖．华北、东北地区积温的变化．中国农业气象，2000，**21**(3)：2-6，19.

[3]龚道益，王绍武．1998年：中国近一个世纪以来最暖的一年．气象，1999，**25**(8)：3-5.

[4]马世铭，林而达．气候变化适应性和适应能力研究进展．中国农业气象，2003，增刊：46-51.

[5]林而达，等．全球气候变化对农业的影响及适应对策//见中国气候变化国别研究组．中国气候变化国别研究．北京：清华大学出版社，2002，105-119.

[6]Weihe W H. The role of biometeorology in society//Biometeorology Part 2, Vol. 1. Proceedings of the 13th International Congress of Biometeorology, September 12-18, Calgary, Alberta, Canada. 1993.

[7]Smit B, Burton I, Klein R J T, *et al*. The science of adaptation : gramework for assessment. Mitigation and Adaptation Strategies for Global Change, 1999, (4): 199-213.

[8]中国气象局．气象为高产优质高效农业服务100例．北京：气象出版社，1993.

Adaptation Strategies to Climate Change and Fluctuation in Agriculture of China

Zheng Dawei[1], **Pan Zhihua**[1], **Zhang Houxuan**[2], **Lei Shuiling**[2]

(1. College of Resources and Environment, China Agricultural University, Beijing 100094;

2. Institute of Agrometeorology, Chinese Academy of Agricultural Sciences, Beijing 100081)

Abstract Climate change or fluctuation has caused obvious influence on agriculture in China since 1980s because the traditional agricultural systems did not adapt it. There are two possible selectable strategies: mitigation and adaptation in which the former is reducing GHGs mainly, and agrometeorologists should consider more of the latter. Due to the lag effects of climatic change and combination of climate change with fluctuation, only reduction of GHGs is not enough and not in time. Biometeorology should be an important base theory of adaptation strategies in agriculture. Taxonomy, significance and the ways of adaptation strategies were analyzed in the paper. There are many successful experiences of adaptation obtained in agriculture of China recent 20 years. Output of cereals and other important products have been rapidly increased under the condition of frequent extreme meteorological events and obvious climate change. In this paper, some suggestions of adaptation in agriculture were provided for the scenario of climate warming in recent future in different parts of China.

Keywords: climate change and fluctuation; adaptation strategies of agriculture; sustainable development

科学面对气候变化的挑战*

张　蕾[1]　郑大玮[2]

(1.《农民日报》社,北京　100029;2.中国农业大学资源与环境学院,北京 100094)

主持人:《农民日报》记者　张蕾

嘉宾:中国农业大学资源与环境学院教授　郑大玮

2008年1月,我国南方地区遭遇了持续的大雪和暴雪天气,除交通受阻,农业所受影响巨大,截至2月1日上午,湖南、贵州、江西、湖北、上海等20省(区、市)因低温冻害作物受灾达到1.41亿亩,其中成灾6629万亩,绝收1628万亩。在全球变暖的大背景下,我国为什么会出现这样的变化,这其中是否有规律可循,今后应该加强哪些方面的准备和研究,以减少灾害带来的损失?本期对话,我们请来了中国农业大学资源与环境学院教授郑大玮来谈谈这个问题。

主持人:根据中国气象局提供的数据,1月在南方发生的雪灾降水量之大,持续时间之长在很多省份达到50年、70年一遇,有的省甚至超过了百年一遇。据分析,此次暴发的雪灾主要是由于"拉尼娜"现象下的大气环流异常造成的。据您研究,我国近几年的气候变化是否有比较明显的特点?

郑大玮:中国自古自然灾害就比较严重,除火山和海啸较少以外,其他各种自然灾害都有。20世纪80年代以后出现了一些明显的新特点,自然灾害有些减轻了,有些严重了。首先是气候整体变暖。与20世纪60－70年代相比,东北、华北北部的年均气温增加1 ℃,年积温能提高200～300 ℃·d。其次是全球中纬度大陆东岸有干暖化的趋势。近30年东北、华北、黄土高原降水不断下降。以北京为例,20世纪50年代北京年均降水量约700 mm,60年代600多mm,到90年代是500多mm,而2000年以来,没超过500 mm。1999—2007年平均是400 mm。气候干暖化使水分蒸发加大。北方水资源形势严峻。而同时,南方降水多,洪涝严重。西部降水增多,黄河以西,甘肃河西走廊一带新增降水15%左右。东北西部出现沙化现象,干旱化严重,但东北东部降水不少。另外,全球温室气体的增加也很快。现在大气中二氧化碳达到381 ppm,工业革命前是270 ppm,现在每年都要增加1.8 ppm,并且有加速的趋势。

主持人:为什么会发生这样的变化呢?

郑大玮:从自然因素来说,一是中国处于世界两大灾害带交叉处,就是环太平洋带和北

* 本文原载于2008年2月7日《农民日报》。

纬 30～40°。由于地球内部板块运动造成地震多，而且往往出现异常气象天气。二是我国是大陆性季风气候，不像海洋性气候那样稳定。我们常有冬季风和夏季风拉锯的情况，会导致气候的多变。根据季风活动强度和控制时间不同，有些年是干旱，有些年是推迟，有些年份长期停留在某个地域，会造成比较严重的自然灾害。

主持人：就像这次的雪灾。

郑大玮：是的。再者就是人为的因素了。我国生态环境的破坏自古存在。几千年的积累和现代的工业污染，最后导致草地大减，森林覆盖率很低，1949 年低至 9%，现在又恢复了些，有 18%，但还没有充分发挥作用，因为主要都是幼林，而且分布不均衡。一般认为森林覆盖率 30%以上才能有效果。而近几年来自然灾害加重的原因是人口的大量增加，环境越来越敏感。

主持人：那么这种变化对于农业的影响有哪些呢？积温增加对于农业应该是有些有利的作用。

郑大玮：气候的变化有利有弊。积温高有利于种植多种农作物，品种也可以改变，现在农作物品种布局都向北移而且生育期拉长。现在黑龙江种的品种相当于过去吉林的，吉林种的相当于原来辽宁的，辽宁种的相当于过去河北或黄河流域的。东北玉米比原来高大，而且增产。

北方小麦从种到收的时间缩短了，有效生长期延长了。华北播种期推后一周，收获期提前了一两天不等。北京原来是 9 月下旬种小麦，力争种完小麦过国庆节。现在如果在国庆节前种就危险了，会长势过旺，冬天容易受冻。黄淮流域推迟播种，气候变暖，冻害减轻。另外，品种改善了。在育种上，抗寒和丰产是有矛盾的，要兼得难度比较大。随着气候变暖，在抗寒性上可以降低要求。比如北京地区的小麦抗寒性要求下降了 2～3 ℃，这其中有气温的因素，还有技术进步的因素。南方进一步分化，有的在冬前就拔节。

主持人：对于农业生产不利的影响有哪些呢？

郑大玮：气候变化不利的因素更多些。我国对于春旱抗旱有一整套办法，能够保证墒情，保证出苗。但近几年夏季干旱日益严重，尤其是长江流域伏旱高温达到 40 ℃以上。在副热带高压笼罩下，如果有台风可以缓解，如果时间不长也问题不大，但近几年时间都比较长。如 2006 年副热带高压控制地区狭长，直到青藏高原，四川、重庆地区出现了最高达到 44.5 ℃的高温，是百年不遇的。在伏旱前湖南、江西南部、广东北部出现洪涝。2007 年在东南伏旱时间比较长，在江西、浙江、福建一带达到两个月，本来有 20～30 d 伏旱是正常的，正常年份有进退，有降雨过程，现在是一有伏旱就不降雨，东北也出现了 43 ℃的高温，东北三江平原干旱严重，造成减产。6 月下旬 7 月上旬，淮河流域涝得厉害，然后 7 月是山东、河南涝。

可以说是几乎年年都有难度。

主持人：近几年冬末春初还容易发生低温冻害，是什么原因？

郑大玮：低温冻灾不轻，主要有三个原因。一是气候整体上变暖，但气温变化剧烈，变化幅度比较大。二是气候变暖，农作物前期温暖，突然变冷不适应，原来是 2～3 ℃受冻，现在 5 ℃就受冻害了，因为它没有经过抗低温锻炼。第三是人为因素，如果过高估计变暖情况，选择品种耐寒性过低也容易受灾。

主持人:应对各种灾害和突发事件,我国目前已经建立起了一案三制,即应急预案,应急管理体制、运行机制和法制,已经发挥了一定的作用。在应对自然灾害上,我们还有哪些工作可做?

郑大玮:"一案三制"作用很大,减灾是科学,要有经常性工作,长期积累资料,要有医疗、帐篷等物资储备。一旦发生灾害,指挥者并不是马上到现场,而是先到减灾中心,有针对性地解决问题,确保安全。在我国不久的将来,至少10~20年内变暖的趋势不会改变。要准备对付干旱、高温、降水、台风等等自然灾害,一是减缓,二是适应。

减缓主要是减少温室气体排放,提高能源利用效率,我国单位GDP耗能高,与工艺落后有关,要从这方面入手。其次是发展清洁能源,如地热、太阳能、风能。第三是减排增汇。固定二氧化碳,可以用压缩方式深埋。

主持人:适应气候变化,不只是对经济部门,而是对整个社会包括人类的生活方式都提出了要求。

郑大玮:是的。因为全球生态在变化,微生物疾病在变,水资源布局在变,可能还有些影响未被认识到。要做好准备,进行调整。在农业上,要调整品种和播种期。需要算一算到底变暖了多少,相当于过去什么地带的,要把气象分析做得细一些,具体一些。

比如东北细化了积温带,广东也重新划了。气温变暖1 ℃相当于纬度的1°变化,向北推110 km左右。同时还要考虑海拔因素,海拔每增加100 m,温度下降0.5~0.6 ℃,比如广东冬天变暖不到1 ℃,按纬度最多允许它向北推进110 km,根据海拔打一个折扣,不到110 km。但实际上当地把热带作物的种植向北推进不止110 km,而且面积大。广东、福建都有这种现象,导致冻害空前严重。北方蔬菜移栽的时间提前,霜冻也没减。所以说要掌握好分寸,科技工作者要帮助做些这样的工作。

主持人:感觉现在天气预报还是比较准确的,尤其是短期的,那么能否在预报上下功夫,以便提前做好准备呢?

郑大玮:为农业服务是气象部门的重点,中心是预报,有短期和中长期预报。一个月至一年的中长期预报能够为人们提供参考,长期预报如果准确,可以从作物品种和布局上趋利避害。目前准确率50%~60%,因为影响因素比较多,有大气环流、太阳辐射、地热、板块运动等,其规律不容易搞清楚,国际上都没有解决,这方面的应用气象研究如果做好了,对农业、商业、工业、生活、国防都可以发挥作用。

主持人:在农业上,很多国家应对自然灾害会采取农业保险这种方式,我国是在6个省进行了试点。在这方面主要的研究应该是哪些?

郑大玮:农业保险在实际操作中困难比较多,需要国家扶持。一是灾损面积的确定难。一块地到底减收多少不容易测,需要专家鉴定与遥感相结合,现在能够比较靠谱地估计面积的专业人员不多。另外,因为农业产品价格低,鉴定保险程度要与经济合作组织相联系,如果全是一家一户的测产调查成本过高,发达国家由于经营规模比较大,所以普遍。我国在探索各种模式,有些是委托保险公司,有些是协会。农业保险是大势所趋。将来需要国家制订一些标准。

主持人:人类是自然生态系统的成员，面对长期存在的自然灾害，面对自然灾害在不同时期的不同特点，需要我们不断提高措施和技术水平，改变我们的生产和生活方式，争取与自然的和谐相处。

气候变化与构建华北低碳经济*

郑大玮
（中国农业大学资源与环境学院，北京　100094）

华北地区是我国对气候变化最为敏感和脆弱的地区之一，气候变化既对区域社会经济发展与生态环境造成很大影响，同时也给华北经济的转型升级带来机遇。低碳经济是以低能耗、低污染、低排放为基础的经济模式，发展低碳经济是一场涉及生产模式、生活方式、价值观念、国家权益和人类命运的全球性革命。低碳经济的内涵包括节能减排、开发低碳及无碳能源、增汇和适应等四方面，彼此相辅相成。华北作为未来中国经济增长的第三极，发展低碳经济势在必行。

1　气候变化对华北区域经济发展与生态环境的影响

1.1　全球与华北的气候变化

气候变化指相对于多年平均值的巨大改变或持续较长时间的气候变动，对人类生存和生态环境都能产生重大的影响。气候变化有自然的原因，也有人为的原因，但当代的气候变化主要由于人类活动所引起，特别是自工业革命以来，化石燃料燃烧、土地利用变化与毁林等人类活动导致大气中温室气体浓度增加了约 33%，温室效应增强。根据气候变化政府间委员会（IPCC）第 4 次评估报告，1906－2005 年全球平均地表温度升高了 0.74 ℃。虽然地质史上的间冰期都是生物繁茂的时期，人类历史上的相对温暖期也是社会经济发展较快的时期，但问题是如果气候变化的速率或程度达到一定的阈值，将会超出自然生态系统或人类社会的适应能力，从而产生灾难性的后果。IPCC 预计到 21 世纪末全球平均地表温度将比 1980－1999 年平均值升高 1.1 ～ 6.4 ℃，可能将是近万年中增温最快的。虽然这一预测还带有某些不确定性，但人类必须采取全球协调一致的行动来保护我们的地球家园。如果说，气候变化在 20 世纪 80 年代基本上是一个学术问题，到了 90 年代是关系全球社会经济可持续发展的重大战略，进入 21 世纪，则应成为全人类的自觉行动。

中国位于欧亚大陆的东部，是世界上受气候变化影响比较突出的地区。近百年平均气温上升 0.65±0.15 ℃，略高于全球平均，尤其是近 50 年来东北和华北的增温更为明显。

* 本文原载于 2010 年 1 月《城市与减灾》。

1951－2007 年华北地区地表平均气温每 10 年增温幅度为 0.33 ℃，高于全国 0.26 ℃的升温趋势。北京市更高达 0.39 ℃，即使扣除城市热岛效应的影响，升温趋势为 0.2 ℃，仍明显高于世界平均增温速率。虽然全国降水总量变化不大，但近 50 年来华北降水量的减少十分突出，大部分地区平均每 10 年减少 20 ～ 40 mm，呈明显的气候干暖化趋势，对华北地区社会经济发展产生了严重的影响。

1.2　对华北社会经济发展与生态环境的影响

(1)水资源日益枯竭。气候干暖化最直接的后果是导致华北地区水资源日益紧缺与枯竭。20 世纪 50 年代，华北地区还是比较湿润的，海河流域通航里程达 1700 km，黑龙港地区遍布湿地，内蒙古草原辽阔丰美，燕山和太行山森林密布。随着降水量的不断减少和对水资源的掠夺性开发，海河与滦河流域的大小支流几乎全部干涸，海河平原地下水位连年下降，出现多个数万平方千米的“大漏斗”，黄河也多次断流。北京官厅和密云两大水库在 20 世纪 60—70 年代平均每年来水 20 多亿立方米，能提供北京、天津、河北三方用水。现在每年入库径流只有一两亿立方米，扣除蒸发和渗漏所剩无几。水资源的日益枯竭严重影响了区域工农业生产，已成为华北社会经济发展的瓶颈。地下水位的下降还使部分地区发生了地面下沉。

(2)植被旱生化和生态系统的退化。气候干暖化直接导致了生态系统的退化。虽然华北各地多年来在生态环境建设上做出很大努力，但由于气候干暖化，无论是长城以内的山地森林植被还是内蒙古草原植被，都有向旱生化演替的趋势。缺水使河湖、池塘、水库等水体不能及时更新，气温升高使藻类繁殖加快，加上大量污染物的无序排放，导致水环境污染日益加重。

(3)气候变化使灾害发生态势有所改变。随着全球气候变化，某些极端天气、气候事件有增加的趋势。虽然冬季变暖，农作物和果树的越冬冻害有所减轻，但由于物候的相应改变和温度变率增大，春秋霜冻都有加重的趋势。干旱已成为华北地区最严重和最频繁的灾害，严重制约着本地区的工农业生产。高温热浪日益增多，在一些城市极端最高温度历史记录被不断刷新，下垫面性质的改变使局地暴雨内涝危害更加严重。

(4)气候变化对人民生活与健康的影响。水资源短缺给城乡居民生活带来种种不便，气温升高使有害生物的发生期延长，蔓延速度加快。炎热天气对人体健康带来不少危害，降低了工作效率，加大了生产事故和交通事故发生的危险。平均风速的降低虽然使沙尘暴次数明显减少，但同时也不利于城市大气污染物的扩散和稀释。

(5)气候变化对华北地区节能减排的压力空前增大。华北平原人口密集，是我国重要的能源与重化工业基地，能源消耗总量大于我国大多数地区，温室气体排放量大。虽然我国人均温室气体排放水平低于世界平均，但总量已跃居世界第一，而且增长速度很快，占到全球近年增量的过半。华北地区既有京津等国际开放大都市，又有国内最大的能源和重化工业基地，人均温室气体排放量明显高于全国水平，因而面临着国际社会越来越大的减排压力。

2 华北地区发展低碳经济势在必行

2.1 华北地区正在形成我国经济增长的第三极

华北五省(市、区)的人口和 GDP 分别占全国的 14.7% 和 14.5%,是我国重要的经济区。传统工业基础较好,经济结构层次较高,既有资金密集的重化工业,也有知识密集的高科技产业和现代服务业。京津两大都市圈形成整个华北的经济增长核,河北、山西、内蒙古有丰富的矿产和农业资源作为支撑,又有沿渤海的一系列海港和发达的陆路交通作为通道,五省(市、区)之间在资源、市场和产业梯度上都形成良好的互补,再加上北京的人才资源和科研力量,在整个北方有着巨大的优势。近年来,受到国际金融危机的影响,珠三角、长三角众多外资和私营企业纷纷向内陆迁移,对于华北地区更是一个难得的发展机遇。但长期以来,华北地区受传统的计划经济体制和集权分割的行政体制束缚,始终未能形成统一的市场,不能实现资源优化配置,严重阻碍了区域经济的一体化发展。

2009 年 5 月 10 日,由华北五省(市、区)政协讨论并签署了《京津冀晋蒙政协区域经济发展论坛共识》,包括华北地区开展经济合作的有利条件和战略目标,深化区域经济合作的主要任务和实现途径等内容。会议认为,华北地区完全有可能通过紧密合作,在改造传统产业和发展新兴产业的基础上,造就支撑全国未来经济持续发展的第三增长极。

2.2 华北地区发展低碳经济势在必行

虽然华北地区面临着经济跨越发展的形势,但气候变化带来的压力和挑战也十分严峻。根据对国家统计局和国家发改委统计数据的分析,华北地区平均每万元国内生产总值耗能折合 1.79 t 标准煤,比全国平均水平高出 0.57 t。其中山西和内蒙古分别达到 2.95 t 和 2.48 t,比全国平均高出 1 倍以上。根据计算,2000 年我国百万美元 GDP 耗能为 1274 t 标准煤,比世界平均高 2.4 倍,分别是美国、欧盟和日本的 2.4,4.9 和 8.7 倍。华北地区的能耗高,不但导致工业经济效益低下,而且严重污染了区域环境。华北气候的干暖化,固然是全球气候变化的基本格局所致,但也与本地区的高耗能、高排放不无关系。

山西和内蒙古是我国重要的能源基地。两省区 2005 年产煤占到全国的 36.8% 和全华北的 90%,输出电力 754.3 亿度,占全国发电总量的 3.3%。除支撑京津两市的经济与生活需求外,还可向辽宁和山东供电,使华北成为全国向区域外输电最多的一个大区。华北的原油自给率达 84%,天然气自给有余。

华北的能耗高与产业结构层次较低有关。据 2006 年《中国统计年鉴》和《中国能源统计年鉴》显示,2005 年除京津两市外,冀晋蒙三省(区)的一二产业比重都高于全国,而且第二产业中重化工业的比例大,导致单位 GDP 的能耗高于全国平均水平。同时,小企业多,产业集中度不高,工艺落后,资源浪费严重也是重要的原因。北京和天津虽然单位 GDP 能耗低于全国水平,但与发达国家仍有很大差距,作为对外开放的世界大都市,能否由高碳经济向低碳经济转变,直接关系到整个国家的形象。

2.3 华北地区发展低碳经济的条件

(1)有利条件。尽管华北地区是我国煤炭资源最丰富的地区,但作为一种高碳能源,每吨煤燃烧后排放的二氧化碳要比石油和天然气高出 30% 和 70%,华北地区具有一定的石油和天然气资源,应充分利用。华北是我国风能、太阳能与核能资源比较丰富的地区,未来具有开发低碳和无碳能源的良好前景。

华北拥有大面积山区和草原,通过持久开展植树造林和草地改良,实施增汇工程的潜力很大。山西的小煤矿和内蒙古的小电站数量较多,能源利用效率低,通过企业重组和技术改造,淘汰落后工艺,节能减排的潜力也很大。华北特别是北京是我国科技人才最为集中之地,有利于迅速吸收和应用先进的碳技术。

经过改革开放 30 多年的发展,区域经济一体化、资源优化配置和产业升级的条件逐渐成熟。

(2)不利条件。华北地区受传统计划经济体制与高度集权管理体制的长期影响,短期之内行政壁垒不易彻底打破。持续几十年的气候干暖化使得本地区水资源濒临枯竭,严重威胁区域社会经济的可持续发展与生态环境。科技与人才过分集中在大城市,各地经济实力、科技资源、人才数量和劳动者素质差异很大,不利于均衡发展。

2.4 华北地区构建低碳经济的思路

(1)充分利用世界和国内经济梯度转移扩散和环渤海经济圈开发的有利形势,加快区域经济一体化和产业升级进程。

(2)充分认识发展低碳经济是实现区域社会经济可持续发展的必由之路和落实科学发展观的重大举措,建立健全区域发展低碳经济的协调机构。

(3)加快立法和低碳经济标准化建设,对低碳经济给予政策倾斜和指导扶持。

(4)加强低碳技术的研究、引进吸收和开发应用,加快低碳和无碳能源的开发利用。

(5)统筹规划,全面开展区域生态环境建设;按流域合理配置水资源,治理水环境。

(6)建立低碳经济示范区和低碳示范社区。

(7)在全社会弘扬低碳文化意识,积极引导人们向低碳生活方式转变。

3 清洁发展机制、生态补偿与低碳经济

3.1 清洁发展机制的提出

《京都议定书》中规定了实现温室气体减排的三种灵活机制,其中与发展中国家最密切相关的就是清洁发展机制(Clean development mechanism,CDM)。随着《京都议定书》的生效,CDM 项目在全球迅速发展,成为发展中国家参与应对气候变化的主要方式。

由于许多发达国家在本国减排的成本较高,通常为同类项目在发展中国家实施成本的数倍,而温室气体的减排具有全球效益,在世界任何地方实现相同数量的减排都具有同等的

环境效益。通过实施 CDM 项目,由发达国家出资和提供技术,在发展中国家减排来核消在本国的减排量,可以大大降低在本国减排的成本。对于发展中国家,则可以获得先进技术和资金,促进本国的可持续发展,因而是一种双赢的机制。与排污权交易一样,温室气体排放权的交易已形成规模很大的碳市场。自 2005 年《京都议定书》正式生效以来,越来越多的发展中国家参与到国际碳市场交易中,中国目前获得的 CDM 项目数虽少于印度,但由于国家大力支持,CDM 减排总量已居世界第一。

随着国内经济的快速发展,建立国内碳市场和实施区域间 CDM 项目也已提到日程上来。东部发达地区与西部欠发达地区之间也存在通过 CDM 机制两利双赢的可能。

3.2 实施生态补偿政策,协调区域发展

多年来,一些自然保护区、水源保护区,以及退耕还林还草、封育禁牧禁伐的草原和林区,为全国和地区的生态环境建设做出了重大贡献,但也做出了重大的牺牲,常规产业发展受到限制,人民生活贫困。需要在进行生态系统服务功能评价的基础上,通过生态补偿来协调区域之间的平衡发展。北京市已实行种植冬小麦每亩 30 元防沙尘的生态补偿。从整个华北地区看,可考虑对水库上游水源地保护、退耕还林草制氧固土防沙、自然保护区生物多样性保护等采取生态补偿的措施。

我国适应气候变化的区域农业技术体系*

郑大玮　潘志华
（中国农业大学资源与环境学院农业气象系，北京 100094）

摘　要　气候变化对我国农业生产已经产生了重大影响，适应气候变化是促进我国农业可持续发展的根本途径。气候变化的农业适应对策与减缓对策是低碳农业相辅相成的两个方面，由于具有节省、替代和提高物质投入效率的作用，可以看成是一种间接减排。相对于减排，适应更加具有现实性和紧迫性。本文分析了气候变化农业适应对策的意义、本质、层次、类型与途径，针对各地气候变化的不同特点，提出了我国适应气候变化区域农业技术体系的框架。

关键词　低碳农业；气候变化；适应对策；区域农业技术体系

近 50 年来中国平均地表气温升高了 1.1 ℃，增温速率 0.22 ℃/10 a，比全球或北半球同期平均高得多，其中冬季和春季增温更为明显；降水分布格局发生了明显变化，西部和华南地区降水增加，而华北和东北大部分地区降水减少；高温、干旱、强降水等极端气候事件有频率增加、强度增大的趋势；夏季高温热浪增多，局部地区特别是华北地区干旱加剧，南方地区强降水增多，西部地区雪灾发生的概率增加[1]。

气候变化对我国农业产生了重要影响。我国已经观测到气候变化对农业生产的不利影响，如农业生产的不稳定性增加，局部干旱高温危害加重，春季霜冻的危害因气候变暖发育期提前而加大，气象灾害造成的农牧业损失加大；气温升高，导致农业病、虫、草害的发生区域扩大，使病虫害的生长季节延长，害虫的繁殖代数增加，危害时间延长，作物受害程度加重，使得化肥、农药的施用量加大，从而增加农业生产成本[4]。我国科学家预测，在现有作物品种和技术条件不变的情况下，随着气候变暖，未来中国农业生产除灌溉冬小麦外，水稻、春小麦、棉花等作物都会由于气候变暖而面临减产的危险，大致减产 5%～10%。为此，尽快采取措施应对气候变化是我国农业实现可持续发展的迫切需要，这其中适应气候变化是重要而根本的途径[2,3]。

1　适应的意义、本质与分类

1.1　适应的意义

由于温室气体在大气中滞留的周期很长，即使人类不再排放温室气体，温室效应仍将在

*　本文原载于《发展低碳农业应对气候变化——低碳农业研讨会论文集》，由中国农业出版社 2010 年 9 月出版。

全球持续上百年的时间。仅采取减排措施还不足以消除温室效应带来的严重后果，必须提前采取适应对策以减轻其负面效应。

由于农业生产的对象是有生命的生物，生物在进化的过程中适应不同地区的环境条件形成了不同的物种，人类也有意识地培育出适应不同地区气候条件的许多品种。因此，农业气候资源与农业气象灾害具有相对性，对此种生物不利的气象条件，对于彼种生物却可能是有利的。未来气候变暖将导致农业的减产，是建立在现有的作物、品种和技术不变的假设基础上的。如果我们适应气候的变化，调整作物的种类、布局、品种结构和栽培技术，气候变化所带来的有利因素就有可能成为主导方面。但另一方面，我们也不能低估气候变暖可能带来的不利影响。无论是生物自身的适应，还是人类活动的适应，都需要一定的时间。一般认为，全球每百年升温幅度在 2 ℃以上，就有可能超出生物和人类的现有适应能力，将导致灾难性的后果。

农业生产耗能通常少于工业、交通、建筑与生活等领域的耗能。由于农业生产的对象是有生命生物，使得农业成为对气候变化最为敏感和受影响最大的产业部门，但生物对于环境条件的变化又具有很强的适应能力，充分利用这种适应能力的成本明显低于减排增汇的成本。因此，在应对气候变化的农业对策中，适应对策具有更加重要的地位。

1.2　适应对策在低碳农业中的地位

由于农业是关系到人类生存条件的基础产业和农业源温室气体排放已占到总量的1/5～1/3，发展低碳农业势在必行。适应与减缓是低碳农业的相辅相成的两个方面。在气候变化的情景下，通过采取适应对策而保持农业生产力不下降，甚至有进一步的提高，能起到节省、替代或提高物质投入效率的作用，因而可看成是一种间接减排。即使人类能够在21世纪中期将温室气体排放降低到工业革命以前的水平，全球增温仍将延续相当长一个时期。对于受气候变化影响最大的绝大多数发展中国家，采取适应对策是更为紧迫和现实的任务。

1.3　适应的本质

适应的本质是通过对外界环境扰动做出的反馈和响应而趋利避害，使自组织系统在新的环境条件下能够正常运转和发挥其功能。

农业生产是一个开放的人工生态系统，无论是农业生物还是农业经营管理者都具有对外界输入的环境信息做出响应，通过调整自身的结构与功能以适应环境条件的变化，更好地生存和发展的能力，这种双重适应是其他产业部门所没有的。

1.4　适应的层次与分类

农业系统对于气候变化的适应对策可分为生物自身适应和人为的适应措施两大类，前者的适应范围较窄，但比较巩固，成本也较低；后者需要对农业生物人工施加影响，或改变局地的生境。由于气候变化的速率正在明显超过生物自身适应的速率，更需要增强人为适应措施来保持农业系统的稳定和正常运转。

适应的层次，在微观水平上可分成基因、个体、群体、复合群体、农田或畜舍生态系统的不同层次，在宏观水平上主要是指区域农业生态系统，从乡村到国家乃至全球。

2　适应的途径

适应的基本途径可以用图1表示。

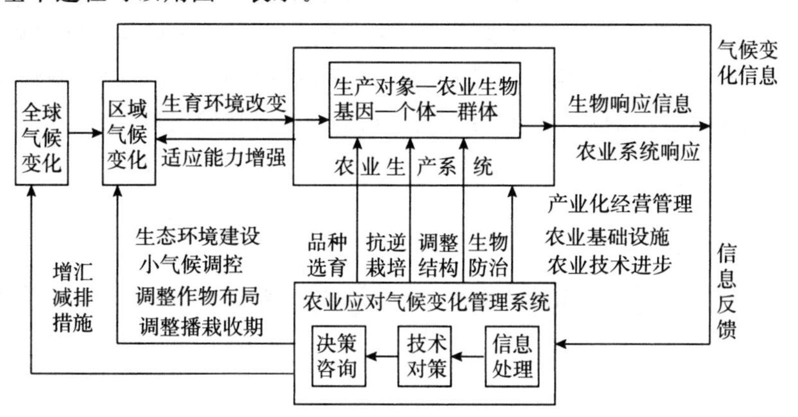

图1　气候变化的农业管理系统

(1)育种。改变遗传基因是最基本和廉价的适应措施。随着气候变化，育种目标也要相应改变。如北方冬小麦育种对冬性和抗寒性要求有所下降，对丰产和抗病的要求提高了。随着气候变暖，迫切需要提高南方水稻的耐热性。

(2)锻炼。在全球变暖的气候背景下，要求作物增强耐热、耐旱性和抗病虫能力。

(3)调整播期、移栽期和收获期。随着气候变暖，春播期或移栽期需要提早，秋季收获期或播期延迟；或为躲避干旱、高温等不利时期而调整播期。

(4)调整轮作或间套作方式。气候变暖使作物生育进程和土壤养分循环加快，从而需要调整轮作或间套作方式。如原来实行套种两熟制的有可能实行平作两茬，原来只能一年一熟的，有可能通过套种充分利用增加的热量。

(5)改善局部环境条件。如夏季畜舍的遮阳和降温，营建农田防护林，实行节水灌溉等。

(6)作物种植区域和布局的调整。气候变化有可能使适应原有环境的作物不能适应新的环境，或使某种生物的适应范围扩大。无论是回避胁迫还是充分利用气候变化带来的有利条件，都需要对种植区域和布局进行调整。

(7)应变栽培技术。根据气象条件和作物生育状况及时调整栽培技术措施。

(8)加强农业基础设施建设和改善生产条件。包括农田基本建设、水利、运输、仓储等。

3　我国适应气候变化的区域农业技术体系框架

农业生产有很强的区域性，全球气候变化在不同区域的表现形式也有所不同，这就决定了不同区域应有不同的适应气候变化的农业技术体系[5]。

我国各地区气候的变暖或干湿变化主要是从20纪80年代开始的。20多年来，各地农业技术部门已经研究和采取了一些卓有成效的适应措施，取得了显著的经济效益。如四川东部“水路不通走旱路”的种植结构调整，东北、玉米品种熟期的调整，西北、华北旱作节水农业与集雨补灌技术的发展，南方蔬菜生产遮阳网的推广，江淮对水稻涝后补救措施的研究等。只要认真总结20多年来各地适应气候变化的农业技术成果，再结合未来一二十年可能的气候变化趋势，就不难确定区域性应对气候变化的农业对策与技术体系的框架，再经过筛选提炼和必要的补充试验示范，就能够构筑起适应气候变化的区域农业技术体系。同时还应从战略上科学分析气候变化情景下我国农业所面临的各种有利条件和制约因素，制定符合我国国情和各地区区情的应对气候变化的中长期农业科技发展规划。

3.1 东北

(1)气候变化背景

20多年来气候显著变暖，尤其冬春季，升温幅度一般在1 ℃以上；东部降水增加，西部有减少趋势。

(2)适应对策的中心

充分利用增加了的热量资源。

(3)适应对策要点

①按照积温带采用生育期更长的品种。20世纪90年代以来东北各地普遍进行了农业气候区划的细化，按每100 ℃·d积温分带，合理选用高产品种，严格控制跨区引种，提高了玉米成熟度和品质。②冬小麦种植界限适度向北扩大，大豆种植带北移。③东部适应降水增加和市场需求扩大水稻种植，注意保护湿地和生物多样性。④西部防风治沙，保持黑土地肥力，开展沃土工程。⑤中南部推广节水农业技术，控制地下水的开采强度，避免重蹈华北水资源枯竭的覆辙。

3.2 华北

(1)气候变化背景

气候干暖化趋势明显。20世纪80年代冬季变暖，但夏季不明显。90年代后期夏季干热变得突出。低温灾害有所减轻，干旱和热害加重。

(2)适应对策的中心

节水抗旱。

(3)适应对策要点

①采取冬性略有下降但丰产性状更好的冬小麦品种，重视冬旱的防御。由于冬旱取代严寒成为越冬的主要障碍，应提倡冬前适时浇足冻水，冬季反复镇压，冬末早春适时适量喷灌补墒以减少旱冻死苗。②推广节水农业技术。20世纪80年代以来华北平原降水持续减少，工业和城市生活用水急剧增加，使农业水资源日益枯竭。各地广泛推广了节水农业技术，北京郊区大田作物普及了喷灌，河北省改渠灌为管灌。在连续干旱的条件下保持了粮食产量的持续增长。③春季喜温蔬菜移栽期提前。春季变暖使霜冻提前终止，为争取早上市卖高价，配合地膜技术的推广，喜温蔬菜和瓜果的定植期已提前一两周以上。④发展冬季保护地生产。⑤少雨和水资源缺乏的黑龙港地区压缩耗水的小麦和水稻，扩大棉花、玉米、谷

子等相对耐旱作物的生产。⑥农牧交错带控制垦荒，农田扩种饲料作物与优质牧草；牧区推广围栏轮牧，退化草地适度禁牧限牧，季节性放牧与舍饲相结合；调整建立市场与生态双重适应的农业结构与种植结构，促进植被恢复，综合治理京津风沙源地。

3.3　西北

(1)气候变化背景

气候明显变暖，尤其是冬季。风沙灾害总体减弱。黄土高原降水略减，西部干旱区降水增加15%左右。高山雪线上升，冻土变浅，冰川后退。

(2)适应对策的中心

提高水分利用效率。

(3)适应对策要点

①黄土高原建设淤地坝和基本农田，推广集雨补灌技术，遵循生态规律，适度退耕还林草。②棉花主产区西移。无霜期延长使得西部气候更加有利于棉花生产。③实施人工增雨和降雪。④按流域管理水资源，全面推广节水农业技术。⑤充分利用丰富的光热资源与较大的温差，种植优质瓜果，发展沙产业，如新疆已成为葡萄干、哈密瓜、番茄酱等的主要产区，宁夏枸杞也有很大的发展。⑥西北地区目前的复种指数较低，随着气候变暖，灌溉农田可适当增加复种。⑦开发风能和太阳能，省出秸秆用于还田提高土壤肥力或发展畜牧业。

3.4　长江流域

(1)气候变化背景

冬季稍变暖，夏季变化不大，中下游降水增多，上游减少；低温灾害减轻，中下游洪涝灾害加重，上游干旱加重；伏旱高温灾害加重；部分水体水质恶化。

(2)适应对策的中心

防洪排涝和防御伏旱热害。

(3)适应对策要点

①加固堤防，疏浚河道，退田还湖，整治滞洪区，上游控制水土流失，综合治理洪涝灾害。②川中川东丘陵水路不通走旱路，压缩双季稻，发展旱三熟。③长江中下游针对早稻热害改双季稻为稻麦两熟，上游发展再生稻。④20世纪80年代以来江南春季降水增加，洪涝和湿害加重，压缩小麦面积，增加相对耐湿的油菜面积。⑤江南、华南利用山区发展反季节蔬菜。⑥综合整治水体污染。污染企业的无序发展和季节性高温干旱的加剧，使长江流域一些水体不断发生富营养化和绿藻暴发，严重威胁湖区人民饮水安全与健康，也威胁着渔业生产。

3.5　东南沿海与华南

(1)气候变化背景

20世纪80年代以来稍变暖，降水增加；海平面上升，台风和咸潮灾害加重。

(2)适应对策的中心

充分发挥天然大温室的优势和防御海洋灾害。

(3)适应对策要点

①压缩粮食作物面积,扩大冬季蔬菜生产。②热带、亚热带作物适度北移,注意利用有利地形防御寒害。③加固堤防,编制预案,加强防御台风、咸潮等海洋灾害的应急能力。

3.6 西南

(1)气候变化背景

西南的升温幅度相对较小,降水有减少趋势,季节性干旱频繁发生;日照减少,酸雨增多。

(2)适应对策的中心

充分发挥立体气候和生物多样性丰富的优势。

(3)适应对策要点

①立体气候资源利用。西南是中国地形最复杂地区。云南利用坡面逆温层种植热带作物减轻了寒害。四川分别在金沙江低热河谷和半高山建立春淡季和秋淡季生产基地,确保了蔬菜均衡上市。云南拥有从热带北部到高原寒带的各种气候类型,生物多样性资源极为丰富,大力建设我国最大的植物基因资源库和道地中药材生产基地。②推广普及防御霜冻和冷害的技术。③云贵高原充分利用纬度低,海拔高,四季温差不大和高原紫外线较强的气候特点,成为我国最重要的花卉生产基地。④日照偏少的滇东北和黔西北可发展对光照要求不高的茶叶和烟草。⑤保持水土,推广生物篱,防治喀斯特地区的石漠化趋势。⑥加强水利工程与基本农田建设,提高应对冬春季节性干旱的能力。

3.7 青藏高原

(1)气候变化背景

气候变暖,雪线上升,冻土变浅,湿地萎缩。

(2)适应对策的中心

充分利用增加了的热量资源开发河谷农业,加强江河源生态保护。

(3)适应对策要点

①人工增雪,保持水土,控制放牧和垦荒,维护高原湿地,涵养水源,保护江河源生态环境和生物多样性。②利用高原作物没有光合作用“午睡”现象的优势,开发河谷农业,建成喜凉作物的高产优质高效生产基地。③充分利用太阳能、风能和地热能,发挥高原紫外线丰富的有利条件,发展转光薄膜温室生产。

参考文献

[1]气候变化国家评估报告编委会．气候变化国家评估报告．北京:科学出版社,2007:19-22.

[2]林而达．气候变化与农业可持续发展．北京:希望电子出版社,2001.

[3]林而达,等．全球气候变化对农业的影响及适应对策//中国气候变化国别研究组著．中国气候变化国别研究．北京:清华大学出版社,2000:105-119.

[4]王馥棠,赵宗慈,王石立,等.气候变化对农业生态的影响——全球变化热门话题丛书．北京:气象出版社,2005.

[5]郑大玮,潘志华,张厚瑄,等．气候变化与波动对中国农业影响的适应对策．中国农业气象,2006,27(增刊):10-15.

边缘适应：一个适应气候变化新概念的提出*

许吟隆[1] 郑大玮[2] 李 阔[1] 高新全[3]

（1.中国农业科学院农业环境与可持续发展研究所，北京 100081；2.中国农业大学资源与环境学院，北京 100094；3.中国21世纪议程管理中心，北京 100038）

气候变化已经并将继续对人类社会和生态系统产生重大影响，采取行动应对气候变化是人类社会面临的重大抉择。应对气候变化包括减缓和适应两个方面，由于采取减缓行动需要相当长的时间（几十年甚至上百年）才能从根本上遏制气候变暖的整体趋势，因而采取适应气候变化行动的现实性和紧迫性日益凸显。国际社会为应对气候变化做出了巨大努力，中国政府亦发布了多个有关气候变化的评估和对策报告[1~3]。但由于适应气候变化工作本身的艰巨性、复杂性，目前提出的气候变化适应措施的针对性还不是很强，问题所在就是对适应气候变化的科学认识不足，亟待适应理论上的突破以支撑适应气候变化的行动。在刚刚出版的《气候变化对中国生态和人体健康的影响与适应》学术专著[4]中，提出了适应气候变化的"边缘适应"的新概念，这是寻求适应气候变化理论突破的一个尝试。本文对"边缘适应"这个概念进行简要的介绍。

1 "边缘适应"概念的提出

从气候变化影响评估结果可以看出，随着气候变暖，血吸虫病分布北界线的北移[5]、广州管圆线虫分布的向北扩张[4,6]、植被潜在分布格局的改变[7]、农牧交错带边界的变化[8]等，都是发生在两个（或多个）系统或地域的边缘，这表明系统的边缘部分受气候变化的影响最大，对气候变化最为敏感和脆弱。因此，研究系统边缘对气候变化的响应和适应机理，对于探讨和制定有针对性的适应对策具有特别重要的意义。

基于以上科学事实，从适应气候变化的角度提出"边缘适应"的概念。其含义为：由于气候变化所产生的环境胁迫加剧了系统状态的不稳定性，两个或多个不同性质的系统边缘部分对气候变化的影响异常敏感和脆弱；在系统边缘的交互作用处优先采取积极主动的调控措施促使整个系统的结构及功能与变化了的气候条件相协调，从而达到稳定有序的新状态的过程。

* 本文原载于2013年第5期《气候变化研究进展》。

2 “边缘适应”概念对适应气候变化的意义

2.1 系统边缘是受气候变化影响的敏感区、脆弱区

任何系统都存在时空边缘。处于系统内部的子系统和单元相对稳定，处于系统边缘的子系统和单元则易受系统外部环境的影响，相对不稳定，尤其是在外部环境发生重大改变时。任继周等[9]认为外部干扰作用于生态系统时，界面首先承受这些压力。气候变化带来生态系统与社会经济系统外部环境的巨大变化，系统边缘首当其冲承受气候变化的影响，对气候变化非常敏感。在气候处于稳定状态时，这些系统边缘所处环境与系统内部的差异较小，能够基本保持稳定；但当气候发生显著改变时，系统边缘所处环境就有可能超出系统所能承受的阈值，使系统边缘部分的脆弱性显著增加，导致系统边缘功能的下降，严重时甚至可能导致系统的崩溃。

2.2 系统边缘适应气候变化是挑战，也是机遇

气候变化等环境条件改变必然会对系统边缘形成重大挑战，加剧系统边缘的不稳定性和脆弱性。但是，系统边缘作为系统与外界进行物质、能量和信息交换的前沿，负熵流的输入也为系统的进化演替提供了机遇。因此，系统边缘适应气候变化是挑战，也是机遇，关键在于能否及时调整自身的结构与功能，主动适应气候环境条件的改变。

2.3 系统边缘是适应气候变化的重点区域和优先议题

在系统内部（如原来的血吸虫病流行区、农牧交错带两侧的农区和牧区），适应气候变化的主要任务是在原来采取措施的基础上调整和加强，但在环境条件改变后受气候变化影响的新区域，适应的工作是全新的。比如像媒介传播疾病，一旦在流行区边缘地带蔓延，后果往往比传统流行区更加严重。在空间分布上边缘地带应作为适应工作的重点区域。从领域适应的角度来看，不同产业、部门、学科之间的交叉问题是适应的优先议题。

2.4 “边缘适应”是适应气候变化方法论创新的探索

“边缘适应”概念的提出，明确了适应工作的重点是在系统的区域交界处和领域的交叉点，这使适应气候变化的工作具有了明确的针对性，避免了适应工作的盲目性。以“边缘适应”作为适应气候变化工作的切入点与突破口，可以避免“事事皆适应，时时在适应，处处要适应”的认识上的误区。

“边缘适应”的要旨是因地制宜。系统边缘与环境的相互作用机制及演化过程错综复杂，既存在大量的研究难点，同时又具有巨大的适应潜力。区域情况不同，领域交叉问题各异，适应的问题也就千差万别，因而需要因地制宜制定适应气候变化的对策。

“边缘适应”充实了适应气候变化能力建设的内涵。能力建设是贯穿整个气候变化适应工作的一条主线，但如果能力建设的优先事项不清晰，基于“事事皆适应，时时在适应，处处

要适应”的认识误区，什么工作都需要做、各个方面都需要加强，那么就失去了工作的重心和焦点。“边缘适应”概念的提出，为加强适应气候变化的能力建设找到了“抓手”，加强领域交叉适应问题的研究、加强气候变化对边缘地带影响的研究与脆弱性分析、加强系统边缘区域的基础设施建设与技术储备、率先在边缘区域的发展规划中纳入适应气候变化内容、将适应气候变化政策“主流化”等，都是能力建设的重要内容。

“边缘适应”表明适应是一个过程。在气候变化的条件下，系统边缘是在不断变化的，因此，适应气候变化的工作也应不断调整、不断完善。

3　“边缘适应”的对策途径

系统边缘的子系统和单元与系统内部子系统和单元之间，最大的区别是外部环境的多变性和系统间物质、能量和信息的高强度交流，并由此导致其不稳定性和脆弱性。因此，系统边缘适应气候变化应遵循以下途径来实现：

第一，系统边缘的子系统要根据气候变化及时调整优化结构，使之具有一定的过渡性特征。

第二，系统边缘的子系统作为系统之间的桥梁和纽带，在保持自身稳定的前提下，要主动开放，善于从相邻系统吸收有用的物质、能量和信息，实现资源优化配置和优势互补。

第三，针对边缘子系统的脆弱性，在充分发挥自适应功能的同时，与系统内部相比，要更多地采取有针对性的人为适应措施，增强边缘子系统的适应能力，调节改善子系统的局部环境以减轻气候变化的胁迫。

第四，系统边缘所经受的气候变化胁迫多种多样，常常涉及多个领域和部门，需要多部门的协调合作，也需要系统内部子系统的合作与支援，有时还需要边缘以外其他系统的合作与支援。因此，加强适应行动的统筹管理尤为重要。

参考文献

[1]《气候变化国家评估报告》编写委员会. 气候变化国家评估报告. 北京：科学出版社，2007，1-422.

[2]《第二次气候变化国家评估报告》编写委员会. 第二次气候变化国家评估报告. 北京：科学出版社，2011，1-710.

[3]科学技术部社会发展科技司，中国 21 世纪议程管理中心. 适应气候变化国家战略研究. 北京：科学出版社，2011，1-115.

[4]许吟隆，吴绍洪，吴建国，等. 气候变化对中国生态和人体健康的影响与适应. 北京：科学出版社，2013，1-137.

[5]杨坤，潘婕，杨国静，等. 不同气候变化情景下中国血吸虫病传播的范围与强度预估. 气候变化研究进展，2010，**6**（4）：248-253.

[6]杨坤，王显红，吕山，等. 气候变暖对中国几种重要媒介传播疾病的影响. 国际医学寄生虫病杂志，2006，**33**(4)：182-187.

[7]赵东升，吴绍洪，尹云鹤. 气候变化情景下中国自然植被净初级生产力分布. 应用生态学报，2011，**22**（4）：897-904.

[8]李秋月,潘学标.气候变化对我国北方农牧交错带空间位移的影响.干旱区资源与环境,2012,**26**(10):1-6.
[9]任继周,南志标,郝敦元.草业系统中的界面论.草业学报,2000,**9**(1):1-8.

适应气候变化的内涵、机制与理论研究框架初探*

潘志华 郑大玮

（中国农业大学资源与环境学院，北京 100094）

摘 要 应对气候变化包括适应与减缓两大对策，二者相辅相成，缺一不可。适应气候变化是人类社会可持续发展面临的紧迫任务。目前适应气候变化的基础性研究相当薄弱，影响了适应工作的开展。文章综述了适应气候变化的国内外发展趋势，阐述了适应气候变化的内涵与机制，划分了适应对策的各种类型，初步提出了适应气候变化的理论研究框架和工作路线图。

关键词 气候变化；适应内涵；适应机制；理论研究框架

气候变化已成为当代世界最大的环境问题。应对气候变化是各国共同面临的紧迫任务，国际社会为此做出了巨大努力。应对气候变化包括适应和减缓两大对策。减缓和适应是人类应对气候变化行动中两种相辅相成的措施。以温室气体减排等为主要选择的减缓行动有助于减小气候变化的速率与规模，以提高防御和恢复能力为目标的适应行动可以将气候变化的影响降到最低。在全球气候变化影响日益突出，气候变化减缓行动难以很快奏效的情形下，适应气候变化已经成为世界各国更为紧迫的重要选择。如何适应气候变化是当前社会各界面临的紧迫任务。

1 适应气候变化的国内外发展趋势与问题分析

1992 年联合国环境与发展世界大会通过的《气候变化框架公约》（UNFCCC）在第四条中提出缔约方应“制定、执行、公布和经常更新国家以及适当情况下区域的计划”，其中包含能够“充分地适应气候变化的措施”；发达国家应“帮助特别易受气候变化不利影响的发展中国家缔约方支付为适应这些不利影响的费用”[1]。1995 年在柏林召开的《气候变化框架公约》第 1 次缔约方大会（COP1）上提出了适应气候变化的 3 个阶段的活动。1997 年《京都议定书》通过后设立了 2.2 亿美元的适应基金。2001 年在马拉喀什召开的《气候变化框架公约》第 7 次缔约方大会（COP7）决定成立与适应气候变化有关的基金。2004 年在布宜诺斯艾利斯召开的《气候变化框架公约》第 10 次缔约方大会（COP10）决定要求科技咨询机构制定气候变化影响、脆弱性和适应的五年工作计划，并在以后两次缔约方大会上进一步细化和具

* 本文原载于 2013 年第 6 期《中国农业资源与区划》。

体化。2007 年在印度尼西亚巴厘岛举行的《气候变化框架公约》第十三次缔约方会议(COP13)决定,通过加强国际合作促进适应气候变化的行动。2010 年在墨西哥坎昆《气候变化框架公约》第十六次缔约方会议(COP16)上建立了《坎昆适应框架》,通过增加资金和技术支持帮助发展中国家更好地规划和实施适应项目,并决定建立适应委员会。

鉴于适应的重要性,英、德、法、澳、芬兰等发达国家和印度先后编制了适应气候变化的国家战略或行动框架[2]。2010 年 10 月,美国机构间气候变化特别工作组向联邦政府提交了支持国家气候变化适应战略的行动建议。截至 2011 年底,UNFCCC 秘书处还帮助 47 个发展中国家制定了国家适应行动计划。

中国政府高度重视应对气候变化工作。2007 年成立了由总理亲任组长的国家应对气候变化领导小组,办公室设在国家发展与改革委员会,并在发改委内设立了应对气候变化司。2007 年和 2011 年先后两次发表了《气候变化国家评估报告》[3,4],2007 年发布了《应对气候变化国家方案》[5],2008 年发布了《中国应对气候变化的政策与行动》白皮书。上述文件都有专门的章节系统阐述了中国在适应气候变化领域开展的工作和面临的任务。科技部在"十一五"国家科技支撑计划"全球环境变化应对技术研究与示范"重大项目中,专门安排了"气候变化影响与适应的关键技术研究"课题,开展适应气候变化国家战略专题研究,并组织编写出版了《适应气候变化国家战略研究》一书[6]。2011 年全国人大审议通过的"十二五"规划纲要明确要求"制订国家适应气候变化战略"。根据这一要求,国家发改委组织编写了《国家适应气候变化战略》,作为我国第一部适应气候变化的国家战略。省级适应战略和行动计划的编制工作也已陆续启动。

随着国际社会的逐步重视,气候变化适应问题受到了学术界的关注,并开始了相关研究工作[7~11]。在国内,陈宜瑜[12]对开展气候变化适应研究提出了工作建议;陈迎[13]简述了气候变化适应问题研究的概念模型及其发展阶段;王雅琼等[14]根据国际上已有的研究成果和中国农业生产实践,分区域综述了中国已有的和潜在的适应技术;潘家华等[15]基于国内外对适应问题的探讨,提出了适应气候变化的基本分析步骤,即评估气候风险及脆弱性、甄别各种可能的适应对策、选择可行的适应措施、推荐"成功"的适应行动,还基于中国适应气候变化的基本需求及优先领域,提出了相应的政策建议,如开发农业适应技术、加强流域综合治理、开展健康风险监测、实施灾害保险计划等;房世波等[16]基于已有的科学认识,提出了优化我国农业种植制度、调整作物种植结构、加强农业基础设施建设和选育抗逆品种等农业适应气候变化策略;吴建国等[17]基于气候变化对生物多样性影响的总结分析,初步提出了我国生物多样性保护适应气候变化的对策;居辉等[18]初步提出了气候变化适应实施的框架流程,并以宁夏为例进行了实践研究。

但是,与减缓相比,国内外对适应工作的重视仍然不够,行动相对迟缓。原因之一是适应的基础性研究薄弱,对适应的内涵、机制、技术途径等都不甚明了。为此,有必要对适应气候变化的内涵、机制、类型、理论框架和技术途径等进行深入的研究,以促进我国的适应工作有序开展。

2　气候变化适应的内涵

适应最初的定义来自生物学，指生物在生存竞争中适合环境条件而形成一定性状的现象，是自然选择的结果。后来适应概念扩展到文化和社会经济等领域[19]。

政府间气候变化专门委员会(IPCC)在2007年第四次评估报告中把适应定义为“自然或者人类系统对实际或者预期的气候刺激及其影响的调整，从而缓解危害或利用有益的机会”[20]。该定义明确了三个方面的关键内容。

第一，明确了气候变化的受体，即自然或者人类系统。

第二，明确了适应气候变化的内容与途径，即对实际或者预期的气候刺激及其影响的调整。一般来说，气候刺激及其影响包括三个方面：(1)气候因素的趋势变化。从全球来看带有普遍性的是气候变暖和二氧化碳浓度增高，有些地区还有变干或变湿的趋势。此外，世界大多数地区的太阳辐射强度和风速在下降，并由此导致蒸散量的下降。(2)极端天气、气候事件危害加大。(3)气候变化引起的一系列生态后果，即气候变化的间接影响。其中最严重的是海平面上升，冰雪融化和冻土层变薄，海洋酸化，生态系统演替和生物多样性改变等。上述三个方面的影响，负面效应是主要的，需要高度警惕并采取有效适应措施来应对。

第三，适应的目标是避害趋利。避害指最大限度地减轻气候变化对自然系统和人类社会的不利影响，趋利则指充分利用气候变化带来的有益机会。避害趋利也是气候变化适应工作的基本准则[12]。

适应体现了人与自然和谐相处的理念，适应意味着人类必须按照自然规律调整和规范自己的行为，而不是盲目地改造和征服自然。减缓与适应两者相辅相成，同等重要，缺一不可，同时也不可相互替代。虽然减缓是应对气候变化的根本性对策，但由于气候变化是巨系统的行为，具有巨大的惯性，即使人类实现在不久的将来把全球温室气体排放强度降低到工业革命以前的水平，全球变暖仍然要延续一二百年甚至更长。何况目前世界上大多数发展中国家仍处于工业化和城镇化进程，能源消耗增长趋势短期内难以遏制。人类要最大限度减轻气候变化带来的不利影响，就必须采取适应对策。

适应是一个动态过程。事实上，自大气圈形成以来，全球气候就一直在演变中。几千年的文明进化史，也是人类通过对气候的不断适应取得技术与社会不断进步的过程。在这个意义上，我们也可以说，适应是生物进化和人类社会进步的一种动力。

3　气候变化适应的机制

系统的适应性源自组织系统对外界气候变化干扰的反馈。不同类型的系统对于外界环境扰动做出的反馈和响应有很大区别。

简单的非生命系统由于缺乏自组织性，对于外界环境的干扰做出反馈与响应的能力较差。在发生外界干扰时，仍表现出一定的弹性，即能够保持系统的结构不受破坏，功能不至丧失，当外界干扰减弱或消失时，系统能恢复原来的态势。但这种弹性是有限的，如外界干扰超过一定阈值，系统将受到破坏。

复杂的非生命系统和简单的生命系统具有一定的自组织能力，能根据外界环境干扰信息及时做出反馈和响应，采取一定的适应措施以减轻环境胁迫。但通常是被动的适应措施，不能做出有计划的预先适应。当外界干扰很强时，同样有可能超过一定的阈值，导致系统的破坏甚至崩溃。生物自适应可分为基因、细胞、组织、器官、个体、群体、生态系统等不同层次，不同层次具有不同的自组织适应机制，层次越高，生物多样性越丰富，自组织和适应能力就越强。

人类系统具有很强的自组织能力，能够有计划地收集环境信息，正确评估气候变化的影响和风险，制定正确有序的主动适应措施。但人类系统的适应能力仍然受到社会组织管理能力、经济发展水平、科技水平，特别是对气候变化及其影响的认知水平等多种因素的局限，国际学术界有人认为，如果每百年升温速率超过 2 ℃，就有可能超出人类系统的适应能力，造成灾难性的后果。人类系统适应可分为个人、家庭、社区、区域、国家、大区和全球等不同层次。系统越大，适应的难度越大，但适应能力也越强，适应机制更加复杂多样。

系统适应气候变化的机制可用图 1 表示。

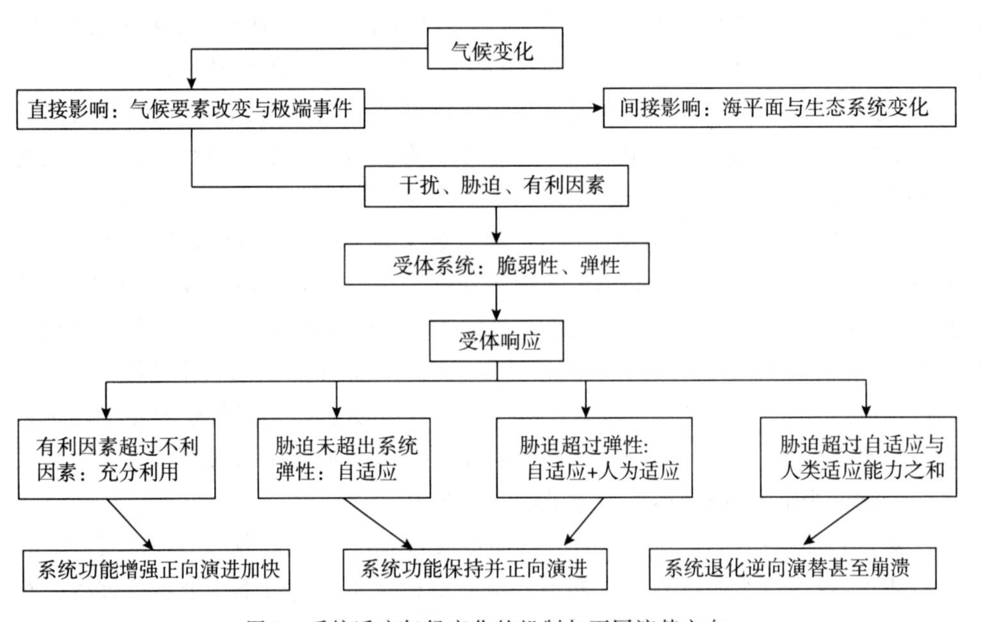

图 1　系统适应气候变化的机制与不同演替方向

4　气候变化适应的分类

从不同的角度出发，适应有不同的分类。

(1)按照对于适应的态度分类：主动适应、被动适应；

(2)按照适应行动的时间顺序分类：预先适应、补救适应；

(3)按照适应行动时效分类：长期适应、中期适应、近期适应、应急适应；

(4)按照适应行动的计划性分类：计划适应、盲目适应；

(5)按照对气候变化的适应程度分类：适应不足、适度适应、过度适应；

(6)按照适应行动的后果确定分类：后果不确定性适应、无悔适应；

(7)按照适应行动的主体分类：生物自适应、人类支持适应、人类系统适应；其中人类支持适应可分为加强受体适应能力和调节改善局部生境两类措施；

(8)按照适应机制分类：自发适应，自觉适应；

(9)按照适应行动的主要效果分类：趋利适应、避害适应；

(10)按照适应行动的内容分类：自然适应、经济适应、社会适应；

(11)按照适应行动的领域分类：生态系统的适应、水资源领域的适应、海洋领域的适应、人体健康领域的适应等等；

(12)按照适应行动涉及的产业分类：农业适应、林业适应、渔业适应、牧业适应、工业适应、商业和服务业适应、重大工程适应、文化产业适应等；

(13)按照适应行动的区域分类：城市化地区的适应、农业主产区的适应、生态保护区的适应、海岸带地区适应等；东北、华北、西北干旱气候区、长江流域、黄土高原、华南、西南、青藏高原等地区的适应；农村社区适应、城市社区适应、少数民族地区的适应、气候敏感脆弱地区的适应等；

(14)按照适应措施的性质分类：政策适应、技术适应、体制调整适应、机制调整适应、结构调整适应、工程性适应、非工程性适应等；

(15)按照适应行动的优先序分类：最优先、次优先、优先、常态应用、备选应用等，其中还要确定针对气候变化对于不同受体某种影响的关键适应措施。

上述各种适应类型，常用的主动适应、计划适应、适度适应、无悔适应和自觉适应。当然，各类适应措施要有机结合，组装配套，以取得最佳适应效果。

5　气候变化适应研究的基本框架

气候变化适应的国内外发展趋势表明，从提出适应一词（1992)，到明确适应的内涵(2007)，人们对气候变化适应的认识不断深化与完善。尽管也有一系列的研究成果，但还很初步，还没有揭示气候变化适应的基本内涵、基本理论与基本方法。当前，要把气候变化适应研究提升到可持续发展能力建设的高度[12]，尽快建立完善气候变化适应的理论与技术体系，以为开展气候变化适应工作提供科技支撑。

一般来说，要开展气候变化适应工作，首先要回答以下关键问题：气候发生了什么变化；受体系统发生了什么变化；气候变化对系统产生了什么影响及如何影响；系统对气候变化(不同变率、不同程度等)的适应机理是什么。回答好以上问题才能进一步提出适应气候变化的对策措施与行动方案。图 2 为气候变化适应工作的路线简图，图 3 为气候变化适应研究原理简图。

由图 2、图 3 可以看出，气候变化适应的研究工作可以分为影响识别、理论研究与技术措施研究三个方面的主要内容：

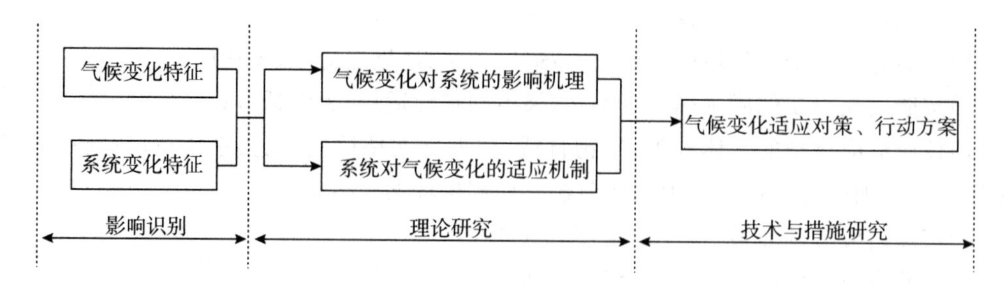

图 2　气候变化适应工作路线简图

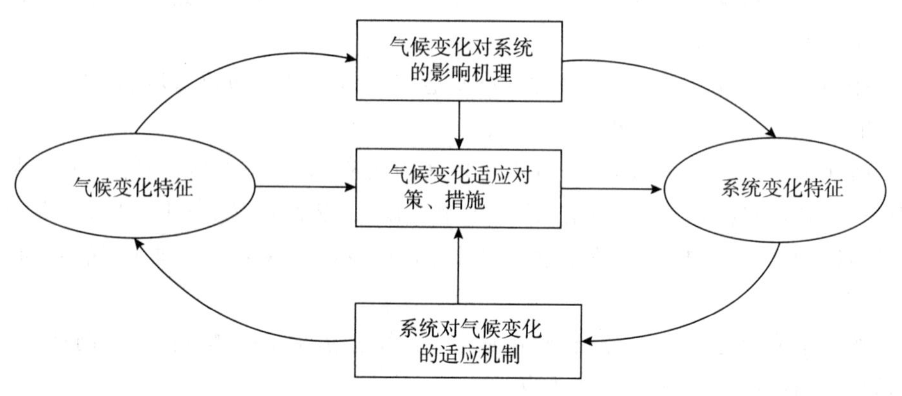

图 3　气候变化应对研究原理简图

(1)影响识别研究,这是开展适应工作的先决条件。只有明确气候发生了变化(变率、程度等),受体系统发生了变化(结构、功能等),才能开展适应工作,否则会造成盲目适应。

(2)理论研究,针对气候变化及受体系统的变化,开展气候变化对系统(结构、功能等)的影响机理及气候变化下系统适应机理(适应机制、适应阈值等)研究,为开展适应工作提供理论支撑。

(3)气候变化适应技术与措施研究,根据基本理论,研究提出气候变化适应的对策与措施,开展实验研究,评估适应对策与措施的效果,在此基础上提出具备可行性与可操作性的适应技术,并从中分解出关键技术与配套技术,逐步构建起不同产业或区域的适应技术体系。

适应研究可分为以下层次:①理论层次,主要包括适应依据、适应机制、适应潜力等方面的研究。②行动层次,主要包括适应战略、适应对策、适应技术、示范推广等方面的研究。③保障层次,主要包括适应政策、适应规划、适应资金、适应能力建设、适应效果评估等方面的研究。以上三个层次逐步递进,理论层次是基础。

进行适应研究的关键是对气候变化影响的利弊进行综合分析,区分有利和不利的变化,认识直接影响和间接影响。特别值得注意的是,气候变化影响的发生及其影响程度不仅与全球气候变化本身有关,而且与系统的脆弱性密切相关。

参考文献

[1] 联合国气候变化框架公约. 1992.

[2] 葛全胜，曲建升，曾静静，等. 国际气候变化适应战略与态势分析. 气候变化研究进展. 2009，**5**(6)：369-375.

[3]《气候变化国家评估报告》编写委员会. 气候变化国家评估报告. 北京：科学出版社. 2007-06-04.

[4]《第二次气候变化国家评估报告》编写委员会. 第二次气候变化国家评估报告. 北京：科学出版社，2011.

[5]中华人民共和国国家发展与改革委员会. 中国应对气候变化国家方案. 2007.

[6]科学技术部社会发展科技司，中国21世纪议程管理中心. 适应气候变化国家战略研究. 北京：科学出版社，2011.

[7]Dinar A，Hassan R R，Benhin M J. Climate change and agriculture in Africa：impact assessment and adaptation strategies. Earthscan，London，2008.

[8]Cooper P J M，Dimes J，Rao K P C，*et al*. Coping better with current climatic variability in the rain-fed farming systems of sub-Saharan Africa：an essential first step in adapting to future climate change. *Agriculture Ecosystems & Environment*，2008，**126**：24-35.

[9]Deressa T T，Hassan R M，Ringler C，*et al*. Determinants of farmers' choice of adaptation methods to climate change in the Nile Basin of Ethiopia. *Global Environmental Change*，2009，**19**：248-255.

[10]Chen C Q，Qian C R，Deng A X，*et al*. Progressive and active adaptations of cropping system to climate change in Northeast China. *European Journal of Agronomy*，2012，**38**：94-103.

[11] Waha K，Muller C，Bondeau A，*et al*. Adaptation to climate change through the choice of cropping system and sowing date in sub－Saharan Africa. *Global Environmental Change*，2013，**23**：130-143.

[12] 陈宜瑜. 对开展全球变化区域适应研究的几点看法. 地球科学进展，2004，**19**(4)：495-499.

[13] 陈迎. 适应问题研究的概念模型及其发展阶段. 气候变化研究进展，2005，**1**(3)：133-136.

[14] 王雅琼，马世铭. 中国区域农业适应气候变化技术. 选择中国农业气象，2009，**30**(增1)：51-56.

[15] 潘家华，郑艳. 适应气候变化的分析框架及政策涵义. 中国人口·资源与环境，2010，**20**(10)：1-5

[16] 房世波，韩国军，张新时，等. 气候变化对农业生产的影响及其适应. 气象科技进展，2011，**1**(2)：15-19.

[17] 吴建国，周巧富，李艳. 中国生物多样性保护适应气候变化的对策. 中国人口·资源与环境，2011，**21** (3)：435-439.

[18] 居辉，陈晓光，王涛明，等. 气候变化适应行动实施框架——宁夏农业案例实践. 气象与环境学报，2011，**27** (1)：58-64.

[19] 方一平，秦大河，丁永建. 气候变化适应性研究综述——现状与趋向 干旱区研究，2009，**26** (3)：299-305.

[20] IPCC. Summary for policymakers of the synthesis report of the IPCC fourth assessment report. Cambridge：Cambridge University Press，2007.

Preliminary Study on the Connotation, Mechanism And Theoretical Research Framework of Climate Change Adaptation

Pan Zhihua, Zheng Dawei

(College of Resources and Environmental Science, China Agricultural University, Beijing 100094)

Abstract There are two main countermeasures to address climate change by adaptation and mitigation, which can be supplement each other and both are indispensable. Adaptation to climate change is an urgent task for the sustainable development of human society. Now the works of adaptation to climate change are difficult to do because the basic research on adaptation to climate change is quite weak yet. This paper summarized the developing trend at home and abroad, expounded the connotation and mechanism, classified the different types, and suggested the theory research framework and work route diagram of climate change adaptation.

Keywords climate change; connotation of adaptation to climate change; mechanism of adaptation to climate change; theoretical research framework

适应气候变化的意义*

郑大玮
（中国农业大学，北京　100094）

1　近百年来世界与中国的气候变化

气候变化原来是指统计意义上气候平均状态的巨大改变。历史上的气候变化主要是地球运动和天文因素等自然原因造成的，但是自工业革命以来，人为因素在气候变化中起的作用越来越大。在联合国《气候变化框架公约》中所说的气候变化特指除自然气候变化之外，主要由人类活动直接和间接改变全球大气组成所导致的气候改变。由于发达国家长期大量排放二氧化碳等气体产生的温室效应，近百年来，全球经历了以变暖为主要特征的气候变化。政府间气候变化专门委员会（IPCC）于 2013 年 9 月 27 日公布了第五次评估报告（AR5）第一工作组报告决策者摘要的主要内容，指出全球地表平均气温 1880—2012 年约上升了0.85 ℃。气候变暖还导致极端天气、气候事件的危害加大和海平面的上升。世界气象组织 2013 年 7 月 3 日发布报告称，21 世纪最初 10 年是自 1850 年有现代测量数据以来最热的 10 年，这期间全球经历了前所未有的气候极端事件，导致约 37 万人死亡。

中国气候变化的总体趋势与全球一致，1951—2004 年年平均地表气温变暖幅度约为1.3 ℃，大于全球同期平均增幅。全国平均降水量的变化不显著，但时空变化特征明显。20 世纪 50 年代以来，华北和东北地区降水明显减少，干旱加剧，南方和西部地区降水量总体增加。大部地区极端高温增加，极端低温事件整体减少，但近年来局部地区频繁发生。20 世纪 80 年代以来，南方洪水频发，台风登陆次数虽然没有增加，但强度与危害明显增大。

2　气候变化对经济、社会发展和生态环境的影响

由于气候是最活跃的环境因素，气候变化对全球生态、水资源、粮食安全、人体健康和经济、社会发展等都产生了深刻的影响。

* 本文原载于 2014 年 2 月 27 日《中国改革报》。

2.1 气候变化对农业与粮食安全的影响

由于以生物为生产对象和主要在露天进行，农业是对气候变化最为敏感和相对脆弱的产业。虽然气候变暖使得农业生产的热量条件有所改善，二氧化碳浓度增高促进了光合作用，但华北、东北、黄土高原和西南地区的气候暖干化导致水资源日趋紧张，干旱对农业生产的威胁日益加重。南方降水增加和台风活动强度增大导致洪涝灾害及其诱发的滑坡、泥石流等地质灾害严重发生，西北则频繁发生融雪性洪水。高温热浪的危害加剧，低温灾害虽然总体减轻，但霜冻灾害却有所加重。气候变暖还使得病虫害的发生范围向北扩展，发生提前，危害期延长；土壤有机质、农药和化肥分解速度加快，农业生产的成本增加。有关科研表明，由于我国人均耕地资源和水资源相对贫乏，如不采取适应措施，气候变化将导致未来我国主要粮食作物一定程度的减产，对我国的粮食安全构成威胁。

2.2 气候变化对水资源和水环境的影响

气候变化导致不同区域和季节的降水分布更加不均。在气候暖干化地区，尤其是华北，可利用水资源量急剧减少，严重制约区域经济发展。南方降水量虽有所增加，但季节变化加大，既存在雨季严重洪涝，又存在季节性干旱，有时还发生旱涝急转，水资源的不稳定性增加，调度更加困难。气候变暖融雪加快虽然暂时缓解了近期西部地区水资源紧缺，但也增加了未来水资源的不确定因素。水温升高还加剧了水体富营养化和水环境恶化，各地已发生多起饮用水源污染事故。

2.3 气候变化对生态环境的影响

气候变化导致森林树种结构与分布改变，阔叶林向更北更高扩展，物种适生地整体北移。降水减少地区的森林向旱生化演替，草地退化，湿地萎缩，森林、草原火灾与虫鼠害加重，部分地区荒漠化加重。旱涝急转加剧了南方丘陵山区的水土流失。气候异常和极端事件频繁发生使生态系统的不稳定性增加，生物多样性减少，一些珍稀物种濒临灭绝。气候变暖和经济全球化使得外来有害物种入侵更加严重。

2.4 气候变化对海岸带和海洋的影响

沿海是我国人口最密集和经济最发达的地区。水体受热膨胀和极地冰雪融化造成全球海平面升高，风暴潮、海浪、海岸侵蚀和海水入侵对海岸带的威胁明显加重，沿海红树林整体北移，部分海岸的红树林退化。台风登陆次数增加虽不明显，但强度明显增大，对海洋经济活动造成严重威胁。二氧化碳浓度增高还导致海水酸化，影响海洋生物发育与导致珊瑚礁退化。海水温度升高加剧了近海赤潮灾害，海温异常还是极端气候事件发生的重要因素。

2.5 气候变化对人体健康的影响

气候变暖虽然有利于高寒地区人群出行与活动，与寒冷相关的某些疾病减少，但总体上对人体健康的负面影响较多，尤其是低纬度地区。热带风暴、热浪、洪涝等极端事件频发严重威胁人身安全与健康；气候变暖使媒传疾病分布范围扩大和整体北移，传播季节延长，强度增大。气候变化将改变农产品营养结构和优势产地分布，使人们的食欲和饮食习惯发生改变，从而影响到人体养分摄入和健康水平，尤其是气候变化敏感生态脆弱地区的居民。

2.6　气候变化对城市发展与工程建设的影响

气候变暖使城市热岛效应加剧，冷空气活动与风速减弱使雾霾天气增加，水温升高加速水体富营养化，使得城市环境更加脆弱，需要调整城市布局与规划，加强城市环境保护。气温升高，降水时空分布改变，冻土层变浅，以及极端天气事件多发对交通、供电、通信、供水、供热、供气等基础设施建设与运行产生显著影响。建筑工程的施工期延长，地基、防水、隔热、通风等许多工程技术标准需要修订。

2.7　气候变化对城乡经济与社会发展的影响

暴露性强的旅游、交通运输、采矿等产业对气候变暖与极端事件更加敏感。气候变暖有利于高寒地区交通运输和旅游业发展，对低纬度炎热地区不利。降水减少严重制约高耗水产业，雾霾天气增多和水体富营养化要求对高污染产业采取更加严格的限制措施。农业生产布局改变影响到以农产品为原料的加工业。降水时空分布、太阳辐射和风速的改变影响到水电、风能与太阳能发电等可再生能源生产的格局。气候变化导致以不利因素为主的产业就业机会减少。气候变化使不同区域之间资源禀赋与环境容量差异扩大，加剧国家间和区域间经济、社会发展及贸易的不平衡。气候变化敏感脆弱地区甚至产生气候贫困与气候难民。

综上所述，气候变化已经成为人类面临的最大环境危机。为此，联合国在 1992 年召开的环境与发展世界大会上通过了《气候变化框架公约》，成立了政府间气候变化专门委员会(IPCC)，正在采取全球协调一致的行动来应对气候变化对人类社会的巨大挑战。

3　适应气候变化的意义

适应和减缓是人类应对气候变化的两大对策，减缓是指二氧化碳等温室气体的减排与增汇，是解决气候变化问题的根本出路。适应是“通过调整自然和人类系统以应对实际发生或预估的气候变化或影响”(IPCC)，是针对气候变化影响趋利避害的基本对策。由于气候变化的巨大惯性，即使人类能够在不久的将来把全球温室气体浓度降低到工业革命以前的水平，全球气候变化及其影响仍将延续一二百年，人类必须采取适应措施，在气候变化的条件下保持社会经济的可持续发展。

减缓与适应二者相辅相成，缺一不可，但对于广大发展中国家应优先考虑适应。由于发展中国家现有温室气体排放水平很低，又处于工业化和城市化的历史发展阶段，对能源的需求迅速增长，减排是长期、艰巨的任务，而气候变化对发展中国家的不利影响更为突出，适应更具有现实性和紧迫性。

适应最初的定义来自生物学，指生物在生存竞争中适合环境条件而形成一定性状的现象，是自然选择的结果，后来适应概念扩展到文化和社会经济等领域。

适应的内涵包括适应全球与区域气候变化的基本趋势、应对极端天气气候事件和适应气候变化带来的一系列生态后果(如海平面上升、冰雪消融、海洋酸化、生物多样性改变、生态系统演替等)。

适应体现了人与自然和谐相处的理念,人类必须按照自然规律调整和规范自己的行为来适应环境,而不是盲目改造和征服自然。

适应是一个动态过程。自大气圈形成以来全球气候一直在演变,生物在不断地适应中实现物种进化。人类本身也是地质史上气候变化的产物:第四纪大冰期到来迫使类人猿从树上迁移到地面,在与恶劣气候的斗争中学会制造、使用工具并产生语言,形成原始的社会形态。几千年的文明史是人类对气候不断适应,科技与社会不断进步的过程。人类社会是在对气候不适应—适应—新的不适应—新的适应的循环往复过程中发展起来的。因此,适应并非都是消极和被动的,在一定的意义上,适应是生物进化和人类社会进步的一种动力。

适应涉及人类社会、经济和生态的方方面面,但并非所有人类活动都属于适应行为。按照IPCC的适应定义,必须是针对气候变化影响,对自然系统和人类系统进行调整的行为。

气候变化的影响有利有弊,总体上以负面影响为主。适应的核心是避害趋利。避害指最大限度减轻气候变化对自然系统和人类社会的不利影响,趋利指充分利用气候变化带来的某些有利机遇。

气候变化及其影响的长期性决定了必须长期坚持适应与减缓并重的方针。适应的长期目标是构建气候智能型经济和建成气候适应型社会,这也是全球可持续发展的一个重要内容。

寻求“两类适应”，发展气候智能型农业*

——专家学者解读《国家适应气候变化战略》之五

潘志华　郑大玮

（中国农业大学资源与环境学院，北京　100094）

全球气候变化主要表现为气温升高，降水时空分布改变，太阳辐射与风速减弱，海平面上升，极端天气气候事件频繁发生等，尤其是作为全球气候变化最主要特征的气候变暖改变了农业气候资源的时空分布，进而影响到农作物生长发育的环境条件。气候变化对农业的影响有利有弊，农业适应气候变化的核心是采取趋利避害的积极适应措施，促进我国农业的可持续发展。由于农业在国计民生中的特殊重要地位，《国家适应气候变化战略》（以下简称《战略》）在“重点任务”中以较多篇幅阐述了农业领域的适应工作。

1　气候变化对农业的影响

气候变化对农业气候资源的影响。农业气候资源是指对农业生产有利的气候条件和大气中可被农业利用的物质与能量。气候变化首先影响温度、水分、光照和二氧化碳等农业气候资源要素的时空分布。从热量资源看，1981—2007年与1961—1980年相比，我国年平均气温增加了0.6 ℃，以东北地区增幅最大，但喜温作物生长期≥10 ℃积温增幅最大是华南地区。从光照资源看，全国年日照时数平均减少125.7 h，以长江中下游减幅最大。从水分资源看，全国平均年降水量和参考作物蒸散量均为减少趋势，以华北地区年降水量和长江中下游地区参考作物蒸散量减幅最大，西南、华北和东北地区为气候暖干化趋势，长江中下游、西北和华南地区为暖湿化趋势。

气候变暖对作物布局和种植结构的影响。积温增多使中高纬度和高原地区的作物生长季延长，作物种植界限北移和上移，偏晚熟品种种植面积增加，复种指数提高，有利于农业增产。但在降水量减少地区热量条件的改善有可能因水资源匮乏而得不到充分利用，如华北降水减少已造成雨养冬小麦—夏玉米稳产北界向东南移动。

气候变暖对农作物生长发育及产量的影响。气候变暖使1951—2005年北方冬小麦成熟期平均提前5.9天，南方提前10.1天，越冬冻害减轻有利于提高分蘖成穗率，播期推迟，穗分化期延长和灌浆期提前有利于增加粒数和粒重，还为下茬复种腾出了更多积温。气候变暖使作

* 本文原载于2014年3月11日《中国改革报》。

物发育加快，呼吸消耗增加，将导致减产。试验表明，谷物结实期温度上升 1～2 ℃使产量下降 10%～20%。但由于可种植期明显延长，改用偏晚熟品种可显著增产。

气候变暖对极端天气、气候事件的影响。气候变化导致极端天气、气候事件发生频率增加，危害加重。如受强厄尔尼诺事件影响，1997 年长江以北出现历史少见的大范围持久干旱及高温，全国受旱面积 3351.4 万 hm^2，为 1978 年以来最重。1998 年东南沿海登陆台风异常集中，长江、嫩江流域发生特大洪涝，全国洪涝受灾面积 2229.1 万 hm^2，为 1949 年以来最大。近 50 年来北方大部降水持续减少，其中 2000 年受旱面积达创纪录的 4054 万 hm^2。半干旱地区的农牧过渡带向东南推移，潜在沙漠化土地扩展。进入 21 世纪以来，南方季节性干旱明显加重。如 2003 年长江中下游出现 150 年一遇的伏秋旱，水稻减产严重。2006 年 7 月中旬至 9 月上旬，重庆和川东发生百年不遇特大高温干旱，局部极端最高气温达 41～44 ℃，1800 多万人饮水困难，粮食减产约 500 万 t，直接经济损失 150 亿元。2010 年以来，云南和相邻省区连续发生严重冬春干旱。2008 年 1—2 月南方发生严重的低温冰雪天气，农林业损失逾千亿元。低温灾害总体有所减轻，但近几年小麦和果树越冬冻害有所反弹。各类低温灾害中霜冻危害反而加重，原因是随着气候变暖，植物物候同步改变，加上气候波动加剧，霜冻发生概率反而增大。加上作物品种与播期改变及有些地区种植作物过度北扩使植株的脆弱性增大。

气候变暖对病虫草害的影响。气温升高导致农业病、虫、草害的发生区域扩大，有害生物生长和危害期延长，繁殖代数增加，作物受害加重。由于 C_3 植物与 C_4 植物对二氧化碳浓度增加的响应不同，将使 C_3 类杂草的危害加重。大量施用杀虫剂和除草剂会造成严重的环境后果。如果全球平均气温增幅超过 1.5～2.5 ℃，已评估动植物物种有 20%～30%将面临灭绝，包括农业有害生物的许多天敌。

气候变暖对土壤肥力的影响。温度升高使土壤有机质分解加快，加上气温升高使化肥挥发加快，不得不施用更多化肥以满足作物需要，不但增加了成本，大量未被植物吸收利用的化肥进入环境，成为大气和水体的重要污染源，所释放的氧化亚氮还是重要的破坏臭氧层物质。

2 农业适应气候变化的内涵与机理

我国是耕地和水资源等人均农业自然资源严重不足的国家，又处于工业化和城市化的中期，气候变化给我国农业的可持续发展带来了严峻的挑战，同时也带来了某些机遇。

农业适应气候变化要以科学发展观和系统科学理论为指导，通过调整农业系统结构与农业技术措施，使农业生物能够适应变化了的气候环境。

农业适应气候变化对策的实质是趋利避害，即充分利用气候变化的有利因素，克服和减轻不利影响，变挑战为机遇。

农业适应战略的核心是通过农业生物自身适应与人工辅助适应两类适应机制的优化配置，实现气候变化背景下经济效益与环境效益的双赢。农业是开放的人工生态系统，具有双重适应是农业与其他产业的不同之处。农业生物自身具有一定的适应机制且比较巩固，成本较低，应充分利用，但其范围较窄，适应能力有限；人为适应措施指对农业生物施加影响以增强其适应能力或改善局地生境。但需要付出一定的成本。由于气候变化速率正在超过农业生物的自身适应速率，施加人为适应措施势在必行。

农业适应气候变化工作的目标是构建气候应变智能型农业结构与技术体系。

3　农业适应气候变化的重点任务

由于以生物为生产对象和主要在露天条件下生产，农业是对气候变化最为敏感和相对脆弱的产业。我国作为拥有十几亿人口的发展中大国，确保粮食安全和基本农产品供应始终是国家与全民的头等大事。针对气候变化带来的农业自然资源与环境条件的改变和气象灾害、生物灾害发生态势的改变，《国家适应气候变化战略》提出了农业领域适应工作的四项重点任务。

加强监测预警和防灾减灾措施。《国家适应气候变化战略》提出要"运用现代信息技术改进农情监测网络，建立健全农业灾害预警与防治体系。构建农业防灾减灾技术体系，编制专项预案。加强气候变化诱发的动物疫病的监测、预警和防控，大力提升农作物病虫害监测预警与防控能力，加强病虫害统防统治，推广普及绿色防控与灾后补救技术，增加农业备灾物资储备。"干旱缺水已成为我国农业发展最大的资源制约因素，建立科学抗旱的监测预警和技术体系势在必行。1998 年以后，大江大河综合治理取得显著成效，但强台风与中小河流暴雨洪涝及所引发的山洪、泥石流成为对人民生命财产威胁最大的灾害，急需加强预警和整治。

提高种植业适应能力。《国家适应气候变化战略》提出要"继续开展农田基本建设、土壤培肥改良、病虫害防治等工作，大力推广节水灌溉、旱作农业与保护性耕作等适应技术。利用气候变暖增加的热量资源，细化农业气候区划，适度调整种植北界、作物品种布局和种植制度；在熟制过渡地区适度提高复种指数，使用生育期更长的品种；培育高光效、耐高温和抗寒抗旱作物品种，建立抗逆品种基因库与救灾种子库。"值得注意的是，适应措施要适度，如果不顾水资源的承载能力过度垦荒或扩大水稻面积，不精确计算热量资源的增幅，过度向北扩种或使用生育期过长的品种，同样会给生产造成巨大损失。

引导畜牧养殖业合理发展。《国家适应气候变化战略》提出要"按照草畜平衡的原则，实行划区轮牧、季节性放牧与冬春舍饲；加大草场改良、饲草基地以及草地畜牧业等基础设施建设；鼓励农牧区合作，推行易地育肥模式。修订畜舍与鱼池建造标准，构建主要农区畜牧养殖适应技术体系；加强气候变化诱发动物疫病的监测、预警和防控；合理调整水产养殖品种、饲养周期与海洋捕捞业的布局；加强水环境保护、鱼病防控和泛塘预警；加强渔业基础设施和装备建设。"强调牧区在保护草地资源的基础上适度发展，农区畜牧业与水产业则要确保饲养动物与畜产品、水产品的安全。

加强农业发展保障力度。《国家适应气候变化战略》提出要"促进农业适度规模经营，提高农业集约化经营水平。扩大农业灾害保险试点与险种范围，探索适合国情的农业灾害保险制度。提高农业综合适应能力，加强农民适应技术培训，到 2020 年农村劳动力实用适应技术培训普及率达到 70%。"由于大量农村青壮年劳动力进城打工，农业劳动力素质与适应气候变化能力明显下降。加强各项适应保障措施尤为必要和紧迫。为此，要继续加强农业适应气候变化的技术与政策研究，提高农业适应气候变化的科技与政策支撑能力。由于不同地区的农业生产和气候变化特点不同，应开展区域农业对于气候变化的脆弱性分析，推进适应气候变化实用技术的研发与推广，逐步构建农业适应气候变化的区域技术体系。

/ 第八部分 / The eighth part

农业、气象与减灾**教育**

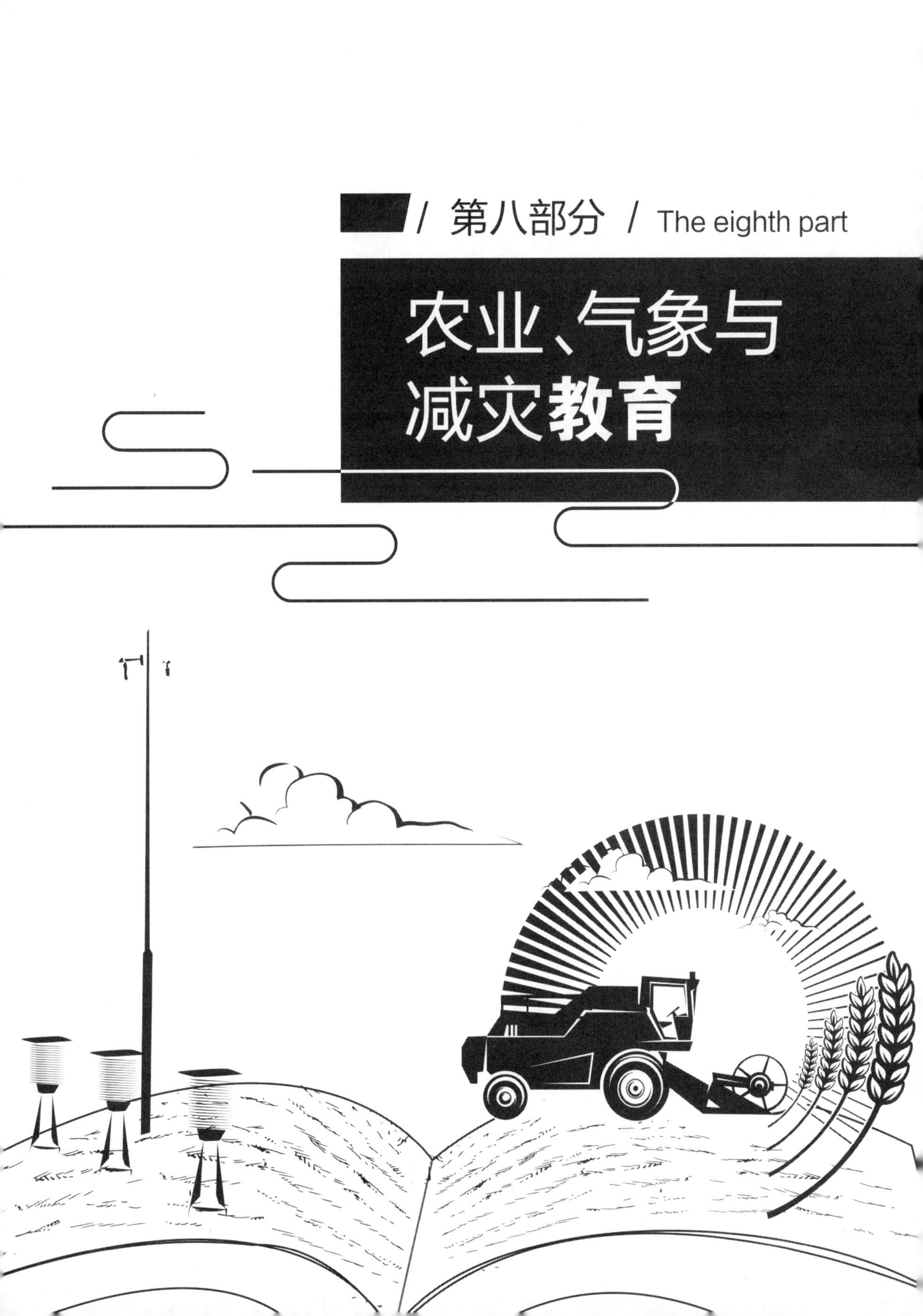

发展我国的农业减灾教育事业*

郑大玮
（中国农业大学，北京　100094）

1　发展农业减灾教育事业势在必行

地理、气候和历史原因使我国成为世界上自然灾害发生相当频繁和严重的国家，其中又以农业受自然灾害的影响最大。自然灾害是我国农业产量波动的主要原因，农业的丰歉又在很大程度上决定了整个国民经济能否持续健康发展，每当农业因灾出现大的歉收，国民经济都不得不进行必要的调整。

值得注意的是，由于人口与资源、环境的矛盾日益尖锐，加上全球生态环境的恶化，进入20世纪90年代以来，尽管国家加强了减灾工作，农业受灾损失的绝对值仍在逐年增大，南涝北旱在总体上有持续发展加重的趋势。

我国政府历来重视防灾减灾，40多年来的减灾投入3000多亿元，各类减灾措施取得的减灾经济效益通常是减灾投入的数倍到数十倍。但是，长期以来在减灾工作中存在着重减灾工程，轻减灾管理的倾向。发展中国家固然普遍存在减灾工程建设投资不足，防灾减灾技术水平较低，总体减灾能力差的问题，但与发达国家相比，最大的差距还是在减灾管理和公民的防灾减灾意识上。如日本在每年9月1日的全国减灾日都进行全民救灾演习，防灾救灾知识家喻户晓，在阪神地震中没有一个跳楼的，灾后社会秩序井然。在1985年哈尔滨天鹅饭店因美国人扔烟头起火事件中，外国宾客中唯有日本人全部脱险无一遇难。这与我国近年来包括京郊在内的一些农村有些人受地震谣传影响而惊慌失措形成了鲜明对比。1995年12月下旬，北京市平谷县大华山中学发生煤气中毒事件，缺乏经验的师生将生命垂危的学生放在寒风凛冽的操场上吹风，错过了宝贵的抢救时机。

按照《中国减灾规则（草案）》的要求，到2010年要基本建成系统化的中国农业防灾减灾体系，使全国50%以上的农业高风险区综合防灾能力有明显提高。但是，目前大多数地区还没有建立农业综合减灾管理机构，基层干部、农民的减灾意识还很薄弱，农业减灾技术也很不完善。以灾害诊断技术为例，目前各地的“植物医院”实际上只是专科医院，仅是对病虫草

* 本文原载于1997年第4期《中国减灾》。

鼠等生物灾害具备较为系统的诊断和防治方案，对于农业气象灾害、农业地质灾害、农业环境灾害等都还没有形成一套系统的灾害诊断技术和完整的防治方案，减灾技术也远没有系统化。我国农业灾害保险的覆盖率也在世界上属最低之列。

要实现《中国减灾规划》提出的农业减灾的宏伟目标，需要实施一系列的减灾工程、研究和推广各类农业自然灾害的减灾技术、制定区域性的减灾规划和预案、健全各级减灾管理机构和减灾法制、兴办和普及农业灾害保险……所有这些减灾工作的实施，关键是培养人才，大力发展农业减灾教育势在必行。

2 农业减灾教育的基本形式和内容

2.1 农业减灾专业教育

高等农林院校进行农业减灾专业教育的目标主要是培养农业减灾管理干部、减灾技术人员和灾害保险经营等专业人才，学生应系统掌握农业减灾技术理论及减灾管理的理论。同时，所有其他本科各专业和农林中专的学生也都应掌握农业减灾的基本知识。

2.2 农村中小学的减灾知识教育

在中小学的国情教育和乡土教材中，应增设区域减灾的内容，使学生了解当地经常出现的自然灾害的特点和防、抗、救灾的基本知识，并向周围农村辐射。

2.3 减灾科普教育

近年来一些地区的封建迷信有所回潮，农村减灾教育应与社会主义精神文明建设相结合，宣传科学知识和抗灾救灾中的英雄行为和模范事迹，通过实例体现党的领导和社会主义制度的优越性。

2.4 农村干部的减灾管理教育

在同样的灾害强度和抗灾物质条件下，进行科学减灾管理的农村受灾损失小，灾后恢复快。例如，北京郊区密云县西北部山区在 1991 年 6 月的特大泥石流灾害中，许多乡村的基层干部吸取了 1989 年泥石流成灾的教训，在可能诱发泥石流的特大暴雨发生后挨家挨户动员组织险区农民转移到相对安全地区，使伤亡大大降低。而灾害强度相同的邻县乡村，由于经验不足，缺乏组织，伤亡惨重。因此，需要结合各地的灾害特点，分别制定不同类型不同级别灾害的防抗救预案，对农村干部进行减灾管理基本知识的教育。

农业减灾教育的内容包括农业灾害的基本知识、农业的行业减灾技术（种植业、养殖业、乡镇企业等）、农村居室减灾知识、灾害救生知识、农村减灾管理知识等。总之，进行减灾科普教育是投资相对较少，而效益极为显著的一项减灾措施。

3 中国农业大学开展农业减灾教学的初步实践

中国农业大学是全国性重点大学。我们在 1996 年编写出《农业灾害学》的教材，面向全校各专业开设了《农业自然灾害与减灾对策》的选修课，计 36 个学时 2 个学分。有 79 名学生选修，来自 21 个专业，在选修课中是人数较多的。教材共分 16 章，内容包括农业灾害概论、农业的行业减灾和农业减灾系统工程三大部分。讲课中还放一些主要灾害的录像和幻灯片。考试采取开卷与闭卷相结合的方法，开卷部分要求每个学生结合自己所学专业或自己家乡的情况，写一篇区域或行业减灾的短文。闭卷部分则考核学生所学到的基本概念与知识。这门课受到绝大多数学生的欢迎，认为扩大了知识面，学到了一些实用的农业和农村减灾知识和技能。

在此基础上，我们已向校领导建议开办农业减灾专业，并将《农业自然灾害和减灾对策》作为"农业资源与环境学院"本科学生的必修课。

4 发展我国农业减灾专业教育事业的设想

农业教育必须适应农村经济发展的需要。由于我国多灾的国情，对农业减灾管理和技术人才的需求将是大量的，设置农业减灾专业就是为了适应这样一个人才市场。还应指出的是，农业灾害保险是即将在我国迅速崛起的产业。灾害保险是在市场经济条件下调动全社会的力量建立风险保障机制的基本方式，它有利于增强农民的减灾意识和社会意识，也有利于促进农村的减灾功能建设。我国过去虽然开展过一些农业灾害保险项目，但受计划经济体制下行政干预的影响，受灾地区经常夸大灾情谋求多获赔款，使得农业灾害保险严重亏损难以为继。目前国家正在研究农业保险事业的政策，建立农业风险基金，使农业保险事业能逐渐形成良性运行机制。开展农业保险涉及多方面的管理和技术问题，包括区域及行业灾害风险及灾情评估、防灾减灾工程、减灾管理、灾害保险的业务政策、灾害保险金融管理等。除经济金融类院校外，有关农业灾害风险及灾情评估和农业的行业减灾技术，由于与各专业的农业科技知识密切相关，所需人才主要应由农业院校培养。

设想首先在中国农业大学原农业气象专业基础上扩展改造，兴办我国第一个农业减灾专业。大部分基础课与原专业相似，主要专业骨干课程包括《农业灾害学概论》、《农业风险决策和灾害保险》、《农业减灾工程》、《农业减灾管理》，原有《农业气象情报预报》课扩展为《农业灾害监测与预测》。学生分配去向包括各地农业减灾管理和研究机构，农业保险公司，民政救灾系统和农业生产指挥系统等，也可以适应水利、气象、地矿、劳动等专业部门对减灾管理和减灾技术人才的需求。在农业减灾专业本科教学积累经验的基础上，逐步创造条件建立农业减灾的研究生硕士教学点。还可接受国家减灾委、农业部和农业保险公司的减灾业务委托培训。

在中国农业大学兴办农业减灾专业取得经验的基础上，根据农业科技人才市场的需求在各大区重点院校建立农业减灾专业，同时在全国农林院校普遍开设《农业减灾》大学和中专必修或选修课。

与此相应,在有条件的农业科研机构中陆续增设农业减灾的研究所室,形成全国性的农业减灾科教体系。

中华民族曾经是灾难深重的民族,目前我国农民生活虽已大有改善,但许多地区仍然没有摆脱自然灾害的威胁。大力发展我国的农业减灾科教事业,必将为促进我国在21世纪的农业可持续发展和农村社会全面进步做出应有的贡献。

关于办好农业资源与环境专业的几点思考*

郑大玮　徐祝龄

（中国农业大学资源与环境学院，北京　100094）

1　我国的农业资源与环境问题

人类自工业革命以来大规模地干预自然，使全球的资源短缺和环境破坏日益突出，严重影响着社会经济的可持续发展。中国近 20 年在改革开放取得巨大成就的同时，经济发展和人口增长与资源约束和环境容量的矛盾也在日趋加速，20 世纪 90 年代空前严重的自然灾害是这一矛盾激化的反映。美国布朗博士连续发表文章，提出“谁能供得起中国所需的粮食？”虽有其片面性，却也对中国严重的农业资源与环境问题敲响了警钟。

由于主要在露天作业和以生物为生产对象，与其他产业相比，农业更加依赖于自然资源与生态环境。未来数十年内，中国农业将面临严峻的资源与环境形势。

1.1　农业水资源

我国人均水资源只有世界平均拥有量的 1/4，时空分布又极不均匀。耕地面积占 58% 的北方，水资源只占 20%，华北平原已出现世界上最大的地下水漏斗，北方的大多数河流常年断流；未来气候变暖，工业和城市生活用水剧增，许多地方的农业用水将濒临枯竭。

1.2　土地资源

我国耕地总量虽居世界第三位，占总耕地面积的 7%；但人均耕地只有0.13 hm^2，相当于世界人均拥有量的 1/3，全国 2300 多个县级单位已有 666 个低于粮农组织确定的人均0.053 hm^2 的警戒线。在今后的 20～30 年，随着大量小城镇的兴起，还将有大量良田被占用。

1.3　生物资源

森林覆盖率虽有提高，但蓄积量仍在下降。草原退化严重，生产率极低，2 亿多 hm^2 的天然草场生产的肉类不足全国肉类总产的 4%。我国是世界动植物种质资源最丰富的国家之一，生物多样性居世界第 8 位，但目前已有 15%～20%的动植物种类濒临灭绝的威胁。包

* 本文原载于《中国林业教育》面向 21 世纪环境生态类专业教学改革论文集，1999 年 12 月出版。

括农家品种和野生动植物种质在内的生物多样性锐减，将使可利用的遗传资源日益枯竭。

1.4 气候资源

大部分地区匹配不良，南方缺光，东北和青藏高原缺少热量，西北缺少水源。未来的气候变化很可能使南方的洪涝与北方的干旱更为加重。

1.5 水土流失和荒漠化

全国水土流失面积为367万km^2，每年增加约1万km^2。进入江河的泥沙至少在50亿t以上，占世界流失总量的1/5。目前各类荒漠化土地面积有262万km^2，每年新增6700 km^2，其中沙化面积2460 km^2。每年因荒漠化造成的经济损失为540亿元，减产粮食30多亿kg，少养5000万头牧畜。

1.6 农业资源污染日益严重

除污水灌溉、垃圾和大气污染外，地膜、畜禽粪便和农药等农业自身污染也日益加重。仅农田污染每年损失粮食就达120亿kg。由于我国已成为世界氮肥头号消费国，大半国产氮肥为易挥发品种，利用率很低，不仅造成巨大浪费，还因约2/3的氮素未被植物吸收而进入环境导致污染，特别是在经济发达地区，已严重威胁饮用水的安全。

1.7 农业自然灾害有增无减

中国是世界上自然灾害最严重的国家之一。按1990年价格计，20世纪50年代农业自然灾害年均直接经济损失480亿元，60年代570亿元，70年代590亿元，80年代690亿元，1990—1998年平均上升到1123亿元，占当年国内生产总值的4%左右。农业是受灾害影响最大的产业，常年受灾面积在0.3亿～0.4亿hm^2。

1.8 若干重要的矿产资源趋于枯竭

我国人均矿产资源并不丰富，特别是磷矿的不足直接影响农业的发展。

加入世贸组织后，我国资源密集和粗放经营的农产品生产将面临严峻的市场竞争而处于不利地位；但同时会将有利于劳动密集和技术密集型农产品的出口。所以发展资源密集型农业、实行开放型的两个市场、两种资源和国内区域性的资源转换战略势在必行，这也将有利于促进我国农业的结构调整和科技进步。

资源短缺和环境破坏是全球性的问题，中国更是当今世界这一矛盾最为突出的国家。较好地解决经济发展、人口增长与资源、环境协调的矛盾，为发展中国家做出可持续发展的榜样，将是中国在21世纪对人类做出的最大贡献。

2 农业资源与环境学科的现状

农业资源与环境学科是通过资源的充分利用、合理配置、保护培育、生态环境的治理与优化以及资源与环境的协调，以保证农业的可持续发展为主线，将资源科学与环境科学中与农业有关的理论和技术有机综合在一起的一门新兴学科。教育部颁发的《普通高等院校农林本科专业目录》，在大幅度合并和减少专业数量的同时，将农业资源与环境单独列为一个专业，正是为了面向21世纪的全球可持续发展和适应中国国情及当前的形势。但是，迄今对于如何发展农业资源与环境学科和办好该专业的讨论还很不充分，本文仅是很不成熟的思考，供大家参考。

中国农业大学资源与环境学院成立于1992年，下设土壤和水科学、植物营养、土地资源与管理、农业气象、生态和环境科学、信息管理等6个系，有土壤学、植物营养学、气象学、环境工程、生态学、土地资源管理等6个硕士点，农业资源利用一级博士点和土壤学、植物营养学等两个二级博士点。国内其他高等农业院校也陆续建立了资源与环境学院。迄今为止，虽包含有各类与农业资源和生态环境有关的专业，但尚未建立起农业资源与环境学科自身的总体理论框架和完整的专业课程体系。1999年我院在原有土壤和水科学、植物营养两专业的基础上成立了农业资源与环境专业，初步设计了专业课程体系，在专业方向设置上，目前暂设土壤和植物营养专业方向，虚设农业环境工程、土地资源管理、气候资源利用、信息管理等专业方向(同时挂在其他门类的专业目录名下)，明年将增设农业生态工程专业方向，以后还将逐步增设和完善。

3　农业资源与环境学科的建设

3.1　关于农业资源与环境学科的理论框架

目前尚无成熟的方案。我们认为应以农业可持续发展理论为核心，以农业资源科学和农业生态环境科学为两翼展开。

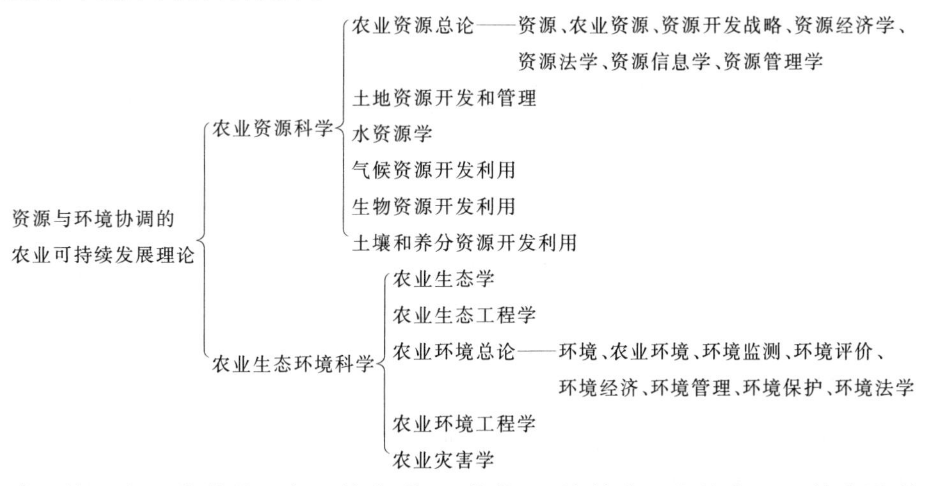

农业资源与环境科学是农业科学、资源科学、环境科学三者的交叉和综合学科，需要具备生物学、地学、系统科学、信息科学等方面的知识基础，还需要与具体的各门农业技术科学相结合。目前各分支领域的内容已存在于相关的学科中，急需构建的是农业资源与环境总

论，即资源与环境协调的可持续发展论、农业资源总论、农业生态环境总论等高层次、综合性的理论，并总结和归纳出农业资源与环境学的研究方法论。

3.2 关于农业资源与环境学科的应用领域

应针对我国农业生产上突出的资源与环境问题，研究各类农业资源的优化配置、合理开发利用、资源培育保护和资源转换战略，各类资源的相互协调；研究各种农业生态环境胁迫的形成机理和治理途径，农业环境监测和综合评价方法，农业生态环境优化和调控技术；研究农业资源与环境的相互协调和生态农业的建设。具体应用领域，除面向水利、气象、土壤肥料、土地管理、农业环保、农业减灾等部门的资源开发、利用、管理、保育和环境监测、评价、保护、治理的业务和科技工作外，还应集中体现在农业生态综合治理和区域开发的规划制定和实施上。

3.3 关于农业资源与环境学科的人才队伍建设

虽然农业资源与环境所涉及的分支领域大多是已有的传统学科，人才济济，但专科性人才还不能替代综合性人才。一方面应从各分支领域中选择知识面宽广、富于创新精神的人才；另一方面可从长期从事农业区域开发和生态治理的科技人员中选择具有现代系统理论知识的人才。两方面的人才相互融合，形成农业资源与环境学科的综合性人才和学科带头人，共同构建农业资源与环境科学的理论框架和学科体系。同时也要十分重视培养各分支领域的学术带头人，为农业资源与环境科学向纵深和广度发展奠定深厚的基础。

4 办好农业资源与环境专业和学科发展的措施

4.1 组织学术研讨

通过广泛的讨论，逐步明确农业资源与环境学科的研究对象、基本范畴、理论体系、分支学科、应用领域和研究方法。

4.2 试办专业

在重点农林高等院校中试办农业资源与环境专业，招收硕士生和博士生，加速造就一批农业资源与环境学科的综合性人才，并逐步培养成为学科带头人。

4.3 科研的重点

农业区域的综合开发和生态治理，应与各地现有的农业区域生态治理和环境综合整治、生态农业县建设、中低产田区域开发、农业现代化实验基地、小流域综合治理、农业高新技术应用示范区、农业可持续发展示范区建设等科研和开发项目紧密结合，以任务带动学科建设，在生产和治理的实践中检验和完善学科的理论和技术体系。应在现有各专业实验室的基础上，集中优势力量建设农业资源与环境综合实验室，争取几年后能成为农业部和国家的重点实验室。

4.4　处理好与分支学科或相关学科的关系

我院现有的土壤与水科学、土地资源管理、植物营养、农业生态环境工程、应用气象、信息管理等二级学科，既是农业资源与环境学科的分支，又是其他有关学科的分支(农业科学、环境科学、大气科学、管理科学等)，其他高校也有类似的情况。由于目前农业资源与环境学科完整的理论框架还未形成，而这些学科有多年的基础和相对稳定的应用领域，又分属农、理、工和管理等不同学科门类；如急于取消合并，不仅不利于这些学科的发展，影响其在国民经济相关领域中的应用，还将削弱农业资源与环境学科自身的基础。所以目前可采取双挂靠的办法，既要承认分支学科的现有基础和相对独立性，又要促进相互间的接近和融合，共同为农业资源与环境的总体开发、利用、治理、保育服务。

4.5　理论体系建设

作为一门综合性很强的新兴科学，应十分重视吸收现代化系统科学、经济科学、生态环境科学的理论和方法充实自身，同时要从总结我国重大的农业区域开发和生态综合治理的实践提炼升华出新的理论来构建自身。要重视运用计算机模拟、网络、遥感、地理信息系统、全球定位系统等现代信息技术分析和解决实际问题。

4.6　加强学术交流与合作

在条件成熟时创办农业资源与环境学科的学术刊物或学报，成立学会或研究会。注意掌握学科及分支领域的最新动态，加强与国外农业资源与环境或农业可持续发展领域的合作与交流，聘请国内外、校内外有卓越成就的农业资源与环境专家为我院的顾问。

4.7　逐步增加专业方向

除现有土壤与水、植物营养等专业方向外，明年增设农业生态工程专业方向，同时虚设若干专业方向。根据国民经济和农村经济的发展，还可灵活设置一些临时性的专业方向，如生态农业、农业减灾、旱作节水农业等，条件成熟的也可正式列入。以后随着学科理论体系和研究方法的逐步完善，将过渡到以综合性的专业方向为重点、兼顾行业性的专业方向。

4.8　建设农业资源与环境的专业课程体系

必修课分为通用基础课、专业基础课和专业方向课三个层次；选修课包括基本素质教育和扩大专业知识领域两类。现已有一初步方案，尚需在实践中不断修订。目前急需建设农业资源与环境总论与研究方法方面的课程，并争取近两三年内编写出教材。

校园安全减灾教育不容忽视*

郑大玮
（中国农业大学，北京　100094）

1　校园安全问题面面观

已往人们只重视战争、刑事犯罪、自然灾害等传统不安全因素的威胁。突如其来的SARS灾难使人们增强了防御非传统安全因素威胁的意识，包括经济安全、金融安全、生态环境安全、资讯安全、资源安全、恐怖主义、武器扩散、疾病蔓延、跨国犯罪、走私贩毒、非法移民、海盗等。

学校是社会的缩影。虽然校园在教学和学生管理方面具有一定的组织优势，但学校人群主要由缺乏生活经验的少年儿童或涉世未深的青年组成，加上大多数校园生活的活动空间狭窄，人群密集，校园生活存在不少安全隐患。

1.1　传染性疾病

无论宿舍、教室还是操场，单位面积的学生人数密度均高于其他区域。加上青少年和儿童活泼好动，学生之间和师生之间交往较多，一旦发生传染性疾病，很容易迅速蔓延。如2003年春季北京交通大学一宿舍孙某发烧，4月17日确诊为SARS患者。4月18日隔壁宿舍8人发烧，4月19日该楼12层一宿舍可能因在电梯内交叉感染集体发烧。到4月25日已发展到65例。后该楼被整体隔离。

1.2　集体食物中毒

许多中小学校在课间或午间供应营养餐，学生因食用腐败变质或严重污染的食物发生集体食物中毒事故时有发生。校门外小贩兜售伪劣变质食品屡禁不止，给学生们的健康带来了严重的危害。

1.3　突发性事故和灾害

20世纪90年代初新疆克拉玛依市就曾发生过在小学生集会联欢的会场发生火灾，因管

---

* 本文原载于2003年6月《城市与减灾》。

理人员失职导致会场混乱，造成严重伤亡的火灾事故。山东省公安部门对1913所各类学校的安全进行专项检查，结果发现各类火灾隐患和不安全因素竟达3738处。疏于管理的实验室也存在火灾、爆炸、化学腐蚀、有毒物质泄漏等隐患。1976年唐山等地地震及余震期间，多次发生因地震谣传而盲目跳楼或在楼梯、门口拥挤践踏人为造成的伤亡事故。2003年清华、北大食堂相继发生人为破坏的爆炸事故，一度造成恐慌。

1.4　校园设施不良导致的事故

贫困地区的学校缺乏办学资金，房屋多年失修，校舍教室倒塌事故频频发生，如缺少教师引导在突发事故和灾害发生时易惊慌失措，在楼梯或门口拥挤践踏而加重伤亡。体育设施不完善和场地质量差的学校，在运动和游戏时也容易发生跌打损伤。

1.5　野外活动中的事故

有组织的野外活动是学生了解大自然和社会的主要方式，有利于学生的全面成长。但这些活动应适合未成年人和涉世未深的青年人特点，而且要精心组织确保安全。2002年北京大学山鹰社攀登珠峰，有数人因雪崩遇难的教训表明，只有热情和勇气是不够的，危险地区的登山运动必须经过专业训练。学生春游和野营活动中要特别注意防止车祸、地质灾害、溺水、采食野菜野果中毒和有毒蛇虫的伤害等事故的发生。

1.6　由社会矛盾和心理障碍引发的事故

自杀、斗殴、伤害他人、制造事端等事件在学校中屡屡发生。2002年北京市海淀区蓝极速网吧纵火案和2003年春清华、北大接连发生的爆炸案即是极端的案例。社会上的黑恶势力和腐败分子也在把手伸向学校。

1.7　高科技犯罪现象

有些高校极少数高年级学生和研究生利用高科技手段犯罪成为一种新的趋势。不少高校屡屡发生偷盗计算机核心部件和其他贵重仪器设备的案件。有的在网上发表虚假信息诱骗别人。清华、北大爆炸案后，北航与此案无关的一名学生竟在网上声明对此爆炸事件负责。利用现代信息工具作弊的现象也已屡见不鲜。

2　学生灾害事故心理剖析

在市场激烈竞争和贫富差距扩大的背景下，各种社会矛盾也反映到学校中。青少年学生的心理尚不成熟，情绪容易失控，也容易受到社会上各种错误思潮的影响。

2.1　家庭背景差异导致的心理障碍

少数学生依靠父母的权势和财力，通过择校和拉关系，往往在一些学校中享有特殊地位，趾高气扬、讲排场、摆阔气，招致其他学生的反感。许多贫困生则交不起学费，生活十分困难。如中国农业大学的贫困生一度占到40%,有的学生基本不吃菜。两类学生之间很容易产生隔阂,处理不好,特别是不尊重贫困生的人格,还可能发生冲突。有的高校就曾发生贫困生深夜扎轿车轮胎以泄私愤的事件。

2.2 社会消极影响在学校中的反映

社会上的黑势力和腐败分子也把手伸到学校。高校来自不同地域和不同民族的学生之间有时也发生纠纷。尽管三令五申,学校周围仍有电子游戏厅和网吧吸引不少学生沉溺于游戏和网上的虚幻生活之中,导致学业荒废。许多高校网上BBS有不少低级趣味的东西。

2.3 升学和就业的心理压力

片面追求升学率和大学毕业生就业竞争日趋激烈,导致不少青少年学生产生严重的心理障碍,因高考失败或不堪学业重负而自杀的事件屡屡发生,如北京某高校的科研楼近4年每年都有一名学生跳楼。有些独生子女从小得到父母溺爱,缺乏独立生活能力,也缺乏集体和互助观念。一旦发生突发事故或灾害,容易惊慌失措。

2003年春季SARS疫病流行期间,有些高校相当多的学生在父母催促之下违纪离校回家,以低年级较多,高年级和研究生较少。有些高校要求研究生在校期间必须发表SCI论文才能获得学位,部分学生剽窃抄袭成风,甚至以极端手段对学校和导师发泄不满。

2.4 人生观和价值观引发的问题

在经济迅猛发展时期,一些青年人由于思想方法的片面性,缺乏对社会的全面认识,容易接受错误的人生观。如2003年春接连在清华和北大食堂制造爆炸事件的青年,其目的仅仅是为了引起社会轰动好出名。有的女学生盲目崇拜明星,在张国荣自杀后竟痛不欲生,要追随殉死。由于营养改善发育提前,中学生中早恋现象比过去明显增多,学校领导和教师如缺乏引导和粗暴处理,很容易导致悲剧事件的发生。

3 加强安全减灾教育和管理

3.1 健全法制,加强管理

全面贯彻《青少年保护法》、《突发公共卫生事件应急条例》、《学生伤害事故处理办法》等法律和法规,学校要制定和健全各项校规校纪,对学生进行遵纪守法的教育。如大学在"非典"期间先后发布了《关于离校学生停止返校和在校学生不要离校的通知》、《北京大学防治"非典"时期学生行为规范》,对发布之后违纪离校和擅自返校的5名学生给予了纪律处分,但对发布之前的离校学生以教育为主,一般不予处分。学校制定校规校纪应与国家法律相协调,不能违背常理。

3.2 加强对学生的安全减灾教育

学校应把安全减灾教育列入教学计划和素质教育范畴。除传授自然灾害与事故隐患及安全减灾的知识外，还应介绍在突发灾害和事故时的应急自救救护的知识。安全减灾教育还应与国情教育、爱国主义和社会公德与职业道德教育结合起来。既要提倡见义勇为、救死扶伤的行为，也要制止未成年青少年在突发灾害和事故中的盲目扑救举动。在课外活动中，应适当安排野外生存、遇险逃生、救灾演习和紧急救护等演练。清华大学和中国农业大学都开设了安全减灾的选修课，并紧密联系学校、社会和农村的安全减灾实际，受到学生的普遍欢迎。

3.3　加强学生的心理健康指导

首先要全面正确看待当代青少年。尽管这一代青少年以独生子女居多，独立生活能力较差，又处于社会经济迅猛发展，社会矛盾较多的时期，易受多种社会不良现象的影响；但另一方面，当代青少年又处于社会巨大进步的时期，改革开放和信息通畅使得他们能够比上几代人更快更全面地了解世界和掌握科学知识。只要学校和社会加以正确引导，当代青少年必将成为更加优秀的一代。各类学校都应从应试教育转向素质教育，重视学生全面素质的提高。家长应把对子女的溺爱转变为对子女锻炼成长的全面关怀和帮助。社会应为青少年的健康成长扫清障碍和创造条件。

针对不同学生的心理障碍，应采取不同方式进行教育。对缺乏生活实践和性格内向的独生子女，应鼓励他们融入集体生活，大胆锻炼，提高独立生存和处世待人的能力。对成绩一直优秀，成长道路一帆风顺的学生，要进行适当的挫折与困难的考验和锻炼。对学习吃力或具有某些生理缺陷的学生，要多予以鼓励，发现他们的长处，提高他们的信心。要尊重贫困生的人格，帮助他们克服实际生活中的困难。对于沉溺于早恋、网络游戏、追逐明星或染有其他不良习惯的学生都不要歧视，要引导他们积极参与健康活泼的文体活动、社会公益活动，把兴趣转移到学习文化科学知识上来。在高校中，研究生通常以个人自学和研究活动为主，除加强研究生会的活动外，指导教师应全面关心研究生的学习、工作与生活，除传授知识与技能外，还应以身作则，指导研究生树立良好的职业道德和正确的人生观和价值观。针对性早熟现象，还应及时开展性生理卫生的教育。对学校的网络要加强管理，控制有害信息在网络上的传播。

3.4　改进学校的基础设施条件

多年来，大多数学校的基础设施建设欠账很多，特别是西部贫困地区，许多安全隐患都与此有关。我国教育投资占国内生产总值的比例明显低于世界平均水平，社会投资水平尤其偏低。在保证学校基本的教学与办公设施的同时，也应注意必要的安全设施的建设，如供水、供电的安全，安全门和防火防盗设备，卫生防疫条件等。学生宿舍、教室和食堂都不应过分拥挤。中小学校的营养餐必须从卫生合格的指定供应商处定制购买。校园的绿化美化能陶冶师生的心灵，创造出宁静和谐的氛围，这也是校园安全减灾工作的重要一环。

3.5　加强学校与社区的安全减灾合作

中小学生除白天上课和校内活动外，大部分时间在家庭和社区。学生的安全，学校、家庭和社区都负有重要责任。学校与社区建立密切的联系，可以使在校的安全教育落实到课外，特别是减少交通事故和切断社会不良影响对学校的渗透。学生还可以成为社区精神文明建设的重要力量。大学生虽然只在假期回家，但学校周边环境对校内的安全也有很大的影响。各类学校都应与当地公安、卫生、工商等部门配合，对校园周围环境应进行清理，撤除违规设立的网吧，清除兜售伪劣不洁食品的不法摊贩，治理周边污染源。

温家宝总理指出："一个民族在灾难中失去的，必将在民族的进步中获得补偿。关键是要善于总结经验。"SARS灾难暴露出学校安全保障体系存在的许多问题，同时也是对学校应对突发危机能力的一次严峻考验。在SARS流行期间违纪学生的比例并不大，绝大多数学生表现出很高的觉悟。中国农业大学的学生倡议：为了国家，为了社会，也为了我们的父母家人，我们不要回家！北京大学医学部的部分学生到北京市120急救中心志愿接听热线电话，为社会各界开展咨询服务。北大全体青年志愿者还主动向校"非典办"申请选派优秀青年开展志愿服务活动。经过这一场危机，学生普遍更加重视环境卫生和公共安全，被人们称为"小皇帝"、"小太阳"的中国第一代独生子女在经历人生首次重大公共危机时，表现出很强的责任感与理性，使人们对一代新人的健康成长和改进学校的安全减灾教育增强了信心。

论建设一流大学，为解决中国三农问题做贡献*

郑大玮

（中国农业大学，北京　100094）

1　建设世界一流农业大学是为了更好地解决中国三农问题

1.1　办学目标要服从于国家的中心任务

温家宝总理2003年“五四”视察鼓励中国农大要为三农做贡献，指出“没有农业的现代化，就谈不上全国的现代化；没有农村的小康，就谈不上全国的小康。”要求同学们“树立毕生为农民服务的思想”“中国农民富裕之时、中国农村发达之时，就是整个国家强盛的时候！”温总理的讲话代表了党中央的关怀和期望，应该成为中国农大今后相当长时期内一切工作的根本出发点。贯彻温总理讲话精神，有一个如何处理为三农服务的中心任务与中国农大建设国际一流大学奋斗目标的关系问题。应该看到，解决农业和农村腿短的问题，是全面建设小康社会总目标中非常重要的一环。建设国际一流大学是中国农大的办学目标，应该服务和服从于国家的总体目标，并在解决三农问题的过程中实现这一自身建设目标。如果背离了国家的大目标，建设国际一流大学的自身发展目标也就失去了正确的方向和实践的物质基础。

1.2　从国情出发，解决好中国的三农问题就是世界一流水平

尽快赶超发达国家的农业大学是大家的心愿。但是也要清醒地认识到，我国农业和农村发展水平要比发达国家落后几十到上百年。我们面临的三农问题与发达国家有本质的不同，技术选择也必然有所区别。简单照搬发达国家的学科设置与技术体系，盲目跟踪发达国家的所有研究领域，必然会严重脱离中国三农的现实。最多在个别或少数领域接近发达国家的理论与技术水平，但对于缩短中国与发达国家农业与农村发展水平的总体差距裨益无多。当前首要的任务是发挥中国农业大学的科研与教学优势，解决国家三农的重大社会、经济、技术与可持续发展问题。

应该看到，中国的三农和可持续发展是一个世界难题，解决这一难题将为发展中国家树立榜样，就是对人类的极大贡献，这是真正的世界一流水平。

---

* 本文是2005年9月在中国农业大学百年校庆之际，针对高等教育和学术界一度盛行的浮躁风气，提出自己对于建设一流农业大学的若干建议，其中个别论点难免有偏颇之处，但总体上看，是与中央的方针一致的。

1.3 攀登国际农业科技高峰有助于解决中国的三农问题

强调要从中国的实际出发，并不是要否定建设国际一流农业大学的奋斗目标。要解决中国的三农问题，需要吸收世界农业和农村发展的最新理论成果及现代农业科技中的精华，关键是要与中国农业与农村发展的实际相结合。结合得好，才能解决问题，才能有所创新。与其他学科领域相比，农业科技尤其需要强调与生产实践的结合。

1.4 既要制定远景目标，也要确定切实步骤

要把办学目标与为三农服务统一起来，关键是在制定远景目标的同时，正确制定分阶段建设目标和发展步骤，包括不同学科的具体规划。一方面要选择国家急需，又有一定基础的农业高新技术领域重点装备和发展，力争尽快赶上世界先进水平，占领学科发展的制高点。另一方面，也要鼓励一大批教师，瞄准国家急需解决的三农问题深入实际研究，多出成果、出人才、出效益，构筑具有中国特色的三农理论和技术体系。两者不可偏废，对两类人才和成果都要尊重，以实际业绩来衡量每个人的贡献。

1.5 改校名之风不可长

发达国家由于农业在国民经济中的比重不断下降，许多农业大学向生命科学和资源环境等领域扩展，逐步转变成综合性大学，这可能是一个必然规律。但是中国的国情不同，农村社会发展水平比发达国家落后百年以上。在二元社会经济结构明显，农民社会地位低下，政策向城市倾斜，三农问题突出，涉农行业和学科也常常受到歧视和待遇低下。农业大学也有相当多的学生学农不爱农、不会农、不务农。在这种情况下，过早提出摘掉农业帽子，必然导致全国农业科学与教育的严重萎缩。在现阶段，戴着农大的帽子，肯定不如综合性大学神气，相对贫困也不是短期内能解决的。但我们不能因此就忘记了历史赋予中国农大的责任。我认为，改校名的问题20～30年内都应该免谈。什么时候中国的三农问题基本解决了，再考虑调整办学方向和改校名的问题。温家宝总理到中国农大关于要树立毕生为农民服务思想的语重心长的一番话值得我们深思。毛主席说过，人总是要有一点精神的。我们不能因为办学有困难就迎合社会上歧视农业、歧视农业大学的传统观念，也不能迁就部分学生不愿学农务农的思潮。

2 中国农大怎样为解决中国的三农问题做贡献

2.1 关于中国农大办学方向的定位

解决三农问题既涉及农业科技与农业生产的现代化，还涉及农村社会发展和农民素质的提高，需要农、工、理、管理等各种门类的学科。在这个意义上，中国农大必须向综合性大学的方向发展。更加齐全的学科门类和解决综合性重大三农问题的能力强，应是中国农大与国内其他农业院校的显著差别之处。

但另一方面，作为中国农业院校的最高学府，对解决国家三农问题负有历史责任，必须与农业部门保持密切的联系，又必然会保留一些单科或行业类大学的某些特点。在现阶段，中国农大仍应办成一所以农工为主体的，综合性很强的多科型大学，而不是北大、清华、浙大那样的综合性大学。

因此，在办学模式与理念上，中国农大应该学习和借鉴上述综合性大学的先进经验，但也不能完全照搬。社会需求是办好一所大学的决定因素，三农问题的严重性和国家、全社会对于解决三农问题的迫切需求，是中国农大发展的最大机遇。从现状看中国农大也不具备办成综合性大学的条件和实力。农业科技与农业工程是中国农大的优势，丢掉或削弱这一优势就没有中国农大的地位，更谈不上建设国际一流大学。

2.2 大量培养能够解决中国三农问题的各类优秀人才

解决中国的三农问题需要培养大量各类人才。既需要一部分基础性研究人才，更需要大批能够和善于解决中国农业和农村发展问题的高级技术人才，还需要一大批农业企业家和管理人才，不能都是一个模子。农业科技的大多数领域需要在田间试验与生产实践中长期积累，现在能到第一线解决生产问题并受到农民欢迎的技术型专家越来越少，长此下去会让广大农民失望，也会降低中国农大的实际地位。

2.3 围绕国家需要的多种类型产出

一所高水平的农业大学，最重要的产出是优秀人才，特别是要培养一大批有真才实学的高质量博士和硕士。

作为研究型大学，还应该出一大批高水平的理论与技术成果，包括权威专著、优良品种、技术专利、优秀论文、实用技术体系、示范样板等。还应能够围绕三农与可持续发展问题向国家提出重大的决策咨询建议。

2.4 产学研一体化，发展农业高新技术产业

教育、科研与高新技术产业的紧密结合是知识经济时代的显著特征，产学研一体化也是大学培育自身发展动力的发展方向。但是中国目前的农业产业化水平还不高，许多重要的生产资料产业和服务业处于垄断状态。在这种情况下，企图在所有科技领域实现产学研一体化是不现实的。中国农大应充分发挥现有科技成果的优势，选择市场前景好的项目大力开拓，逐步形成与学校紧密挂钩的高新技术企业群，成为中国农大建设与发展的有力支柱。

2.5 发挥多学科的综合优势，针对国家重大三农与可持续发展问题组织协作攻关

中国农大要在解决三农问题上有所作为，就必须像当年组织黄淮海中低产田综合治理会战那样，发挥多学科综合优势，抓住若干重大问题协作攻关。科研是一种创造性的劳动，必须充分发挥每个人的才智与激情，各用所长各得其所。学校提出的科技创新纲要，根据明确的任务和目标组建一系列创新中心，实行开放、流动和资源优化配置，能把相关研究领域的人才凝聚到一起，承担和完成重大攻关任务。应该鼓励和支持，成熟一个建立一个，并给

予指导和帮助。那些打着改革的旗号，并无明确的重大任务带动，既不开放，也不流动，缺乏学术民主氛围，抹杀学科特色和差别，抑制科技人员积极性与创造性，强行捏合和高度行政化的所谓中心或平台，是没有生命力和难以持久的。

3 解决科研、教学与生产脱节和科技成果转化慢的途径

3.1 脱节与转化慢的深层次原因

农业科技成果转化慢是一个老大难问题。其深层次原因在于城乡二元经济体制下对农业的长期掠夺，导致农村贫困和农业超小规模经营，使得农民难以承受技术改造的成本。农业科教系统长期得不到充分的经费支持也是成果转化慢的重要原因，近年来传统的农业技术推广体系已基本瓦解。高校也存在科研、教学与推广、生产应用的严重脱节，缺乏促进成果转化的激励机制。

目前国内盛行的浮躁空气也不利于出大成果。农业科研的周期较长，真正有分量的成果大多需要五到八年，甚至数十年的研究积累。五年不出成果就淘汰的政策只能适用于某些文科和周期很短的实验室研究，不适于育种、农业区域发展和其他重大三农问题的研究。目前的政策导向使人不再愿意深入生产第一线，热衷于短平快，搞包装和做表面文章。如此的急功近利是永远出不了大师和院士的。

3.2 建立教师科研、教学、推广的轮换制度

美国的农业院校规定教师都必须在科研、教学和推广三项任务中同时兼两项，但一般不要求三项全兼，这是符合马克思主义的认识论的。科研成果要在推广的实践中检验、完善和改进，在教学的过程中又可以提炼和上升为理论和技术体系，并传授给学生。如此轮换循环，既促进了成果转化为生产力，又有利于教学内容与时俱进不断创新，形成科研与教学相互促进的良性机制。现在一些教师中存在鄙薄教学工作的思潮，其实并不利于科研水平的提高。中国农大应该办成研究型大学，但研究型大学也是大学，按照研究所的方式办大学其效果势必适得其反。科研与教学具有各自的规律，科研好不等于教学自然就能搞好。除了极少数世界级的大师，绝大多数人只能在少数领域的科研工作中有所创新并总结出一些经验。教学则需要向学生传授系统的科学理论和方法。取得某些科研成果不等于就全掌握了整个学科的系统理论和技术体系。有的院领导扬言："课什么人都能讲，不能以教学需要为理由补充师资。""全院一百多人都是你们的师资，课讲不过来，可以拿到全院招标，让别人讲。""教学搞得再好，对你们提职称一点儿用都没有。"如果没有专业基础的人都可以随便开课，教学质量如何保证？这种提法如果不是无知，就是别有用心。如果听任这种鄙薄教学工作的导向发展下去，把中国农业大学建成一流大学就会完全变成一句空话。现在教师不认真备课和学生逃课的现象相当严重，不抓不行了。

3.3 建立新型的农业技术培训试验示范推广基地与体系

传统的农业技术推广系统高度行政化，缺少高素质人才和试验示范基地，加上经费极度

缺乏，早已难以为继。发达国家的农业技术推广体系以农业院校及试验基地为中心，试验、示范质量有保证，有利于学生深入生产与科研实践，值得我们借鉴。中国农大应积极探索和创办适合中国国情的新型农业技术推广体系，首先应把涿州、烟台、曲周、丰宁、武川等站建成集科研、教学、示范、推广于一体的试验基地，辐射周围农村。

3.4　培养一大批农民企业家、种养能手和管理干部

学农不爱农、不会农、不务农，是中国农业院校的通病和顽症，有其深层次的社会背景。只要农民的收入处于社会最低水平，基层农业科技工作者待遇极低的状况不改变，上述“三不”也就难以根本改变，但中国农大总不能长期对此无动于衷。

随着大学扩招，毕业后到科研或政府机构工作的机会越来越少。研究生扩招后也会出现同样的问题。发达国家的农业院校有相当多的学生来自农村，毕业后回去经营农场，既是种养能手，又是农业企业家。我20世纪80年代中期去英国诺丁汉大学农学院进修，该校就招收了不少农民子弟并按经营农场的需要设置课程。该校在英国排名第八，国内名次决不在中国农大以下。中国农大应适当调整培养目标，除继续培养一部分从事基础性农业科技研究的人才外，还要培养一大批农民企业家、种养能手和农村社会经济管理干部。这类人才的社会需求极其旺盛，是中国农大未来发展极大的市场空间。更加重要的是，有了这样一支大军，中国农大的研究人才与之结合有所依托，才能在农村生根发芽，使我们不负“中国农业大学”之名。现在有些地方党校或行政学院靠短期培训干部发廉价文凭赚钱，群众意见很大。中国农大必须办成解决中国三农问题的“黄埔军校”，出来的学生个个有真才实学。根据学员的文化基础和能力，可以办中专、大专、本科、硕士生直到博士生等不同层次，京外校区以中专和大专层次为主。只要合理分配师资力量，培养多层次的人才与建设研究型大学应该是不矛盾的。

3.5　与企业界合作建设农业高新技术成果的孵化基地

高新技术成果转化为生产力需要通过中试基地来孵化。北京市在上地建成了大规模的高新技术孵化基地。中国农大应与企业界联合，建设以中国农大科技成果为依托的高新技术产业园区。

3.6　改善科技成果与业绩评价机制

目前我国行政部门和科技界的浮躁空气和短期行为已经到了登峰造极的地步，这与目前盛行的科技成果与业绩评价体制有关。农业科研的周期较长，真正有价值和高水平的成果绝非两三年能拿得出来的。现有的评价机制促使人们片面追求论文数量，甚至发表论文重于科技成果，导致学术风气江河日下。抄袭、变相一稿多投、无须动笔而依靠权力署作者名甚至主编名等已是见怪不怪，难怪有的人竟可以发表数千篇论文。

遏制短期行为，绝非短期内可奏效。解决的办法，一是建立社会化的同行专家评议制度，二是建立再评价制度。一篇论文是不是学术成果，一项科技成果能不能解决生产、生态治理和社会经济发展中的问题，需要经过长期实践的检验。获得诺贝尔奖的科学成果都是

经过多年实践检验,又经过权威科学家严格的审查和投票表决选出的,总体上比较客观公正。我们有太多的论文和成果发表后无人问津,不能转化为生产力,成为学术垃圾,但都曾经作为业绩看待。论文只是发表学术观点和研究成果的一种方式。不同学科成果的主要发表途径也不一样,特别是具有中国特色的综合性或社会经济类研究成果,在国际会议上评价很高,但不一定能找到适合的 SCI 刊物来发表。评价科技人员的水平和业绩,首先是解决了哪些问题,其次才是怎样以高水平的论文表达出来,决不能本末倒置。有的科技人员创造了重大的成果,取得了显著的效益,如果没有发表出高水平的论文,固然是一种缺憾,但不等于业绩就差,总比发表了大量没有用处或用处不大论文的人强。应该帮助他们发表出来,以扩大社会影响和经济效益。中国农大过去发表 SCI 论文的数量太少,实行定量考核抓一下是必要的,但还是应尽快把重点转移到论文的质量上来,特别是要把重点转到抓科研实质性进展和成果上,为发表高水平和影响大的论文提供坚实的实践基础。

4 一流大学要有优良的校风和一流的大师

4.1 关于中国农大校风建设的继承与发展

随着学校三步走发展规划的制定,校风建设也提到日程上来。建设什么样的校风还需反复深入讨论,但无疑既要继承,也要发展。老农大的校风最可贵的是以解决中国三农问题为己任,艰苦奋斗,重视实践。在全国高校中,中国农大的经历也许是最坎坷的。无论是 20 世纪 60 年代初的饥荒、"文革"动乱和下放中的颠沛流离,还是 20 世纪 90 年代中期的相对贫困,中国农大的教师队伍都没有被困难压垮,这是主流。另一方面,受到整个农口政治环境的局限,使得中国农大师生的眼界往往不够开阔,观念相对封闭,改革开放步子不大,缺乏开拓创新和创建世界一流大学的勇气,即所谓"马连洼现象"。农民是中国的脊梁和社会基础,为新中国建立和工业化做出了极大贡献和牺牲,改革开放以来涌现的一大批农业科技能手和农民企业家更成为先进生产力的代表;但另一方面传统农业的落后生产力又必须改造。中国农大传统校风的精华与不足,很大程度上是中国农民二重性的一种折射。进入 21 世纪,有了新班子、新规划,我们应该继承优良的传统,抛弃陈旧的观念,建设无愧于时代的新校风。对中国的农民,首先应该尊重、热爱和同情,对于部分农民中的狭隘保守观念,应该满腔热情地去帮助他们,而绝不能把农民当作嘲笑的对象。现在有些所谓精英,以先进生产力代表自居,轻视和歧视工人、农民的基础性劳动,他们绝不是真正的社会精英,也有违中央"三个代表"重要思想的初衷。尤其在农业科技领域,真正的大师和学术泰斗,无不长期深入生产与科研实践,无不时刻关心农民的疾苦和农业生产,从未有把农民作为嘲笑对象的。

校园网的 BBS 对于活跃校园生活,反映师生意见和思想动态,启发学生独立思考都十分有益,但应加以正确引导,限制低级趣味的帖子,疏导偏激和非理性的言论,应以中国农大怎样培养高素质人才和为解决国家三农问题做贡献为主旋律。

4.2 怎样建设一流的教师队伍

建设一流大学需要一流的设施,但更要有一流的大师,20 世纪中国的科技精英就大半出自抗战时期设备简陋的西南联大。

一流大师必须具备一流的师德、广博的知识、高瞻远瞩的战略眼光、团队精神和高超的组织协调能力。鄙薄教学、家长制管理的学阀作风，出了虚名就不再亲自实践，热衷于依靠权术搞学术垄断，所指导的研究生求见都难，这是与大师的称谓格格不入的，也不可能有大的作为。真正有学问的科学家深知农业科学技术体系是知识的海洋，要成就一番大事业，必须把个人的才智与团队奋斗和群众智慧有机结合起来。导师与研究生之间应该是指导与帮助、合作的关系，目前在有些人心目中却成了老板与打工的关系，经常为计划内研究生指标争吵，实际是在争廉价劳动力。

建设一流的教师队伍，需要形成结构合理、关系协调的梯队，处理好老中青的关系，形成尊老爱幼、相互尊重、取长补短的风气。一般来说，老教师富于经验和组织才能，中年教师处于创造的鼎盛时期，青年教师富于朝气、勇于开拓。笼统地说老教师或中年教师已成为学科发展的障碍都是错误的，毕竟老教师中不思进取和中年教师中学阀作风强烈的都只是个别人。

建设一流教师队伍还必须处理好学科间的关系，同样要形成相互尊重、优势互补的风气，恰恰在学科结合点上最有可能创新和出成果。办任何事业都只能是有限目标，学科建设应有所为、有所不为，问题是标准掌握。首先是社会需求，其次看是否处于国内先进且不可替代，还要看发展前景和潜力。具备以上特征就应发展。如果除重点学科以外都不要，就好比只要红花不要绿叶。农业科技是一个体系，重大三农问题是需要多学科协同攻关才能解决的。对待学科发展还要历史地看，在计划经济部门分割体制下，边缘或交叉学科的发展更加困难是不争的事实。重点学科在给予特殊扶持后也应提出更高的要求和测算其产投比。

给予取得成就的教师以奖励和支持是必要的。但在他们最困难的时候却往往得不到支持，甚至得不到理解，就像农大 108 玉米育种的过程一样。学校应该创造一个宽松的学术环境，允许部分中青年教师冒数年内难以出成果和发表文章少的风险，“咬定青山不放松”，专攻科技难题，做出真正具有原创意义的重大成果。困难在于鱼目混珠难以识别，这就需要发挥专家的作用和学术民主。

4.3 寄希望于新一代学术带头人

“文革”浩劫使我校师资队伍出现一个大断层，建设世界一流农业大学，为解决中国三农问题做出应有贡献的历史任务，必然主要落在新一代学术带头人和广大青年教师身上。不像我们这些“文革”前的大学毕业生，被无数政治运动和动乱浪费了许多宝贵的青年时光。他们得改革开放风气于先，各方面的条件都十分有利，正是大有用武之地的时候。长江后浪推前浪，新一代必然会超过老一代。

但也并不是所有人单凭年龄优势就会天然超越的，特别是科研根基并不扎实者。学校在给予中青年学术带头人优厚待遇的同时，也要注意职业道德和科学素养的培育。历史上有重大成就的一代大师，无不博大精深又虚怀若谷，高瞻远瞩又始于足下。三农问题的复杂性和综合性，决定了重大农业科技难关的攻克需要高度的团队精神。有些人根基还没打扎实就急于出名，又经常目中无人、口出狂言。心胸狭隘的人才，至多能在狭隘的领域里取得某些成就，却永远不可能成为重大科技攻关的帅才。现在有一种思潮，似乎拔尖人才的涌现需要包装，其结果是华而不实，不利于人才的健康成长。最重要的是为拔尖人才创造团结和带领科技人员攻克国家重大科技难题的机会和条件。

近年来在强调尊重人才，注重创新能力培育的同时，也存在某些重才轻德的倾向。美国微软公司智囊之一李开复先生提出“在任何领域里，情商是智商的两倍，而在管理层中，情商要比智商重要九倍。”李先生解释说，“情商就是有自信，有自知之明，有自律，和人的关系处理很好，有同情心，做事情主动投入有热情。”他说的情商大致相当于我们所说的“德”。由于农业科技的实践性、艰苦性、周期长和难度大，德育对于农业科技工作者尤其重要。没有对振兴中国农业、改造农村社会的强烈责任感，没有对作为中国脊梁的广大农民深切的爱心，是不可能长期深入科研和生产实践，建立为农业科技现代化终生奋斗的奉献精神的。

在重视和支持拔尖人才的同时，更要注重调动广大中青年教师的积极性和创造性。如果造成拔尖人才享有无限的特权和特殊的地位，一点也碰不得，而广大教师的工作条件和待遇很差，不但不利于全校的总体发展，对拔尖人才的健康成长也是不利的。

总之，要像胡锦涛总书记在全国人才工作会议上讲的那样，“要牢固树立人人都可以成才的观念，坚持德才兼备原则，把品德、知识、能力和业绩作为衡量人才的主要标准，不唯学历，不唯职称，不唯资历，不唯身份，努力形成谁勤于学习、勇于投身时代创业的伟大实践，谁就能获得发挥聪明才智的机遇，就能成为对国家、对人民、对民族有用之才的社会氛围，创造人才辈出的生动局面。”

我相信绝大多数新一代的学术带头人是会健康成长起来，不辜负党和人民的期望，承担和完成历史的重任的。

全面建设小康社会和解决三农问题的历史任务，为中国农业大学的大发展提供了空前的历史机遇，温总理到中国农业大学的讲话极大地鼓舞了全校师生建设一流大学，为解决中国三农问题做贡献的决心。新班子给中国农大带来了新气象，正在开创出新的局面，我们应该有信心实现学校历史性的跨越。我希望对上述问题的讨论能够对中国农大的发展有所裨益。

中国农业气象教育的历程及贡献*

郑大玮
（中国农业大学资源与环境学院，北京　100094）

1　农业气象学科的地位

农业气象学是研究农业生产与气象条件相互关系和相互作用，由农业科学与大气科学及相关学科交叉、渗透、融汇而成的边缘性综合学科，既是应用气象学最重要的分支学科，也是农业科学体系不可缺少和不可替代的一门应用基础学科。由于生产对象是生物和主要在露天进行，农业是对环境气象条件最为敏感和依赖性最强的产业，农业生产和农业科研的几乎所有领域，都与气象环境有着密切的关系。尤其是气象灾害给农业造成巨大损失，全球气候变化更对未来的农业可持续发展带来巨大的威胁。

2　中国农业气象教育的发展历程

1922 年竺可桢在《科学》第 7 期发表“气象与农业之关系”，成为中国农业气象奠基人。1923 年徐金南著《实用气象》由商务印书馆发行作为农业学校教科书。1932 年陈遵妫开始在河北省立农学院讲授农业气象课程，1935 年商务印书馆出版教材《农业气象学》。

1953－1956 年北京农业大学培养我国第一批农业气象研究生 5 人，同年农业部委托军委气象局在江苏丹阳举办首届农业气象训练班（1953 年 9 月—1954 年 1 月），学员 70 人主要来自农业科研与教学单位。1954 年 9 月—1955 年 1 月在华北农业科研所举办农林气象学习班，学员 50 名，主要来自各大区农科所和华南热作研究单位。1955 年 4 月开始，一些气象学校开始设立农业气象观测、农业气象学等课程。

1956 年北京农业大学根据竺可桢、涂长望的建议，创办了农业气象专业；沈阳农学院 1958 年、南京气象学院 1960 年成立农业气象系。广西、安徽、吉林等地的其他一些院校和气象大中专院校也先后设立过农业气象专业，到 20 世纪 80 年代全国有 45 所农业院校设有农业气象教研组并开设了农业气象及相关课程。1957－1959 年北京农业大学农业气象专业聘请苏联专家举办两期农业气象讲习班，学院 200 余人。1979 年以后，北京农业大学、中国

* 本文为 2006 年 12 月 23 日在庆祝中国农业气象教育 50 周年研讨会上的发言。

农业科学院、南京气象学院、华中农业大学、西南农业大学、安徽农业大学、江苏省农科院、北京市农科院等先后招收农业气象研究生，1982年起农业气象列为硕士学位授予学科。2003年以来南京信息工程大学(原南京气象学院)、中国农业科学院、中国农业大学(原北京农业大学)先后设立了以农业气象为主要内容的博士点，南京信息工程大学还建立了应用气象系，标志着中国的农业气象教育事业已形成完整的体系。

50年来，我国已培养数千名农业气象本科毕业生和数百名研究生，他们已成为气象为农业服务的中坚力量和各条战线的骨干，为我国农业和农村经济的发展，为繁荣中国的气象事业做出了巨大贡献。

3 农业气象学科的贡献

新中国成立后，特别是改革开放以来，农业气象学科取得了巨大的发展与显著成就。

3.1 作物光能利用潜力理论在高产稳产栽培和耕作改制中的应用

针对20世纪50年代一度的浮夸风，竺可桢、黄秉维、汤佩松等提出了光能潜力理论，农业气象学家进一步提出作物的气候生产潜力理论，深刻影响了耕作与种植制度的改革，指导了多熟种植、间套复种、合理密植与吨粮田建设，为中低产田改造与作物高产优质做出了重大贡献。

3.2 广泛开展的农业气候资源考察和农业气候区划

提出中国农业气候界线和作物生态适应性理论，将生长界限温度和积温理论应用于农业实践，为作物合理布局、农业区划和气候资源利用提供了科学依据。20世纪90年代以来运用3S技术与计算机技术精细测算山区复杂地形气候要素分布。发展了农业气候相似分析理论，为作物引种、合理布局、防止有害生物入侵提供了理论依据和时空规避措施。

3.3 季风气候条件下的气候波动与农业气象灾害防御技术

研究旱、涝、冷、冻、干热风、冰雹等重大气象灾害发生规律与减灾途径，利用气候区划与灾害风险评估成果、地形气候与农业小气候及具有中国特色的趋利避害减灾对策与技术，取得显著的减灾效益，如农田节水保墒、水稻壮秧、蔬菜、水稻与冬小麦的安全播种期、移栽期和齐穗期、作物种植适宜性区划等。20世纪80年代以来首创黄腐酸应用具有开源节流的水分调控双重功能，为世界领先。

3.4 农田辐射、水分、热量、二氧化碳传输调控理论的应用

较早关注作物水分胁迫及机制利用，提出农田水热平衡与作物光能利用模式及水分利用调控途径。测量光能与水分利用率在国际上起步较早颇有建树，为20世纪90年代以来在半湿润和半干旱地区发展旱作节水农业和精准农业提供了科学基础。地膜覆盖、塑料大棚和日光温室小气候规律及调控途径的研究为我国实施农业的发展提供了重要理论依据和

技术基础。

3.5　在热带、亚热带区域引种战略物资橡胶和发展多种经济作物

20 世纪 50 年代在季风热带和亚热带南缘利用有利地形和坡地逆温带成功引种橡胶树，突破了 17° N 以北种植禁区的传统认识，有力支持了国防建设。20 世纪 90 年代亚热带丘陵山区气候资源考察农业气象专家提出不同作物种植上限与立体种植模式、行之有效的防寒避冻技术，扩大了柑橘、茶树等多种经济作物的种植区域，取得丰硕成果和重大经济效益。

3.6　作物产量与灾害监测预报及农业气象信息服务系统建设

20 世纪 70 年代末到 80 年代中期农业产量气象预报研究取得重大进展并在全国迅速推广，气象卫星冬小麦长势和遥感监测综合估产研究成果迅速形成业务能力，精度时效达国际先进水平。80 年代中后期开展了作物生长模拟和气候变化对农业生态影响研究，基本达到与国际前沿接轨。遥感技术成熟应用于干旱、洪涝、冻害、寒害等农业气象灾害的监测，国家气象中心干旱监测系统网上可随时查阅逐日旱情。90 年代以来建成世界先进水平的农业气象信息服务系统。

4　几条基本经验

(1)忠诚党的教育事业，坚定信念，不忘历史责任，坚持为国家培养农业气象高层次人才的方向。

(2)随着社会经济与科技的发展，调整专业方向，在保持特色的同时，适当拓宽专业理论和知识基础，以适应社会对人才多方面的需求。

(3)由于全国只有三家农业气象本科专业，必须坚持教学与研究并重的办学模式，逐步形成教学与科研相互促进的良性循环。

(4)坚持科学发展观，与背离国家与社会需求，违背教学与科研规律，追求虚假业绩的学术不端行为做斗争。

(5)坚持师德建设，敬业爱岗，以身作则，关心和爱护学生。

(6)珍惜系内外校内、外的团结合作，积极争取农业与气象部门的支持与合作。

5　农业气象教育面临的形势与任务

由于计划经济体制下的轻视农业和部门分割，中国农业气象学科和教育近几十年经过了一些曲折，但仍取得很大发展。总体水平居发展中国家前列，农业气象业务系统及服务效果处世界较先进水平。但基础理论研究较薄弱，研究手段和仪器设备不够先进，不能适应新时期的市场需求和建设社会主义新农村的新形势。根据国家中长期科技发展规划的精神，在不久前编写农业气象学科发展专题报告中提出，农业气象学科应力争到 2020 年在农业气象业务体系建设和服务效果上达到同期国际先进水平，在若干农业气象基础理论研究领域

取得重要突破。到2050年在农业气象业务、技术、仪器装备和基础理论研究等方面全面赶超世界先进水平。

尽管21世纪初大学扩招以后，许多专业的毕业生已经供大于求，但农业气象人才的社会需求仍然十分旺盛，一方面是由于随着社会经济的发展，气象部门的业务领域向全球变化、生态环境建设、农业减灾、气候资源高效利用、城市应用气象等领域不断拓展，气象科技的现代化也使得基层台站对气象工作人员的科学素质提出更高的要求，县气象站一般都要求本科以上学历，省市以上气象局大量需要研究生层次人才；另一方面也是由于农业气象专业的毕业生具有边缘学科较宽的知识面和比较扎实的理科基础，能够适应多种就业岗位的素质要求。农业部门对农业气象人才的需求也在增加，特别是全国大多数省(市、区)开始农业灾害保险试点以来，农业灾害识别诊断、风险与灾损评估以及减灾技术服务的人才几乎空白。目前设施农业环境调控的技术性人才也极其短缺。中央和省级气象部门急需补充既有坚实数理与气象理论基础，又具有地学与农学广博知识的高层次综合性人才。

大学办学的根本目的是为社会培养高素质的人才。一个专业是否要办，归根到底取决于社会需求，而不取决于个人的好恶与私利。在回顾和庆祝中国农业气象高等教育事业创办50周年的时候，我们对多年来，特别是去年中国农业大学百年校庆期间，各界朋友和校友们对农业气象教育事业给予了巨大的关心、支持和帮助，表示衷心的感谢。面对强劲的社会需求和蓬勃发展的新形势，我们有信心在学校领导和院党委的领导下，在全国同行的支持下，为振兴中国的农业气象教育事业做出新的更大的贡献。

参考文献

[1]中国农业百科全书农业气象卷.北京:农业出版社,1986.
[2]洪世年,刘昭民.中国气象史(近代前).北京:中国科学技术出版社,2006.
[3]中国农业科学院.中国农业气象学.北京:中国农业出版社,1999.

社区校园安全*

郑大玮
（北京减灾协会，北京　100089）

1　减灾始于学校，安全源自校园

1.1　从2006年国际减灾日的主题谈起

青少年与儿童在自然灾害与事故面前是最脆弱的群体，这是因为青少年与儿童处在迅速发育的时期，体力不强但活泼好动，又缺乏社会经验与自我保护意识。国内外校园安全事故层出不穷。我国中小学生每年非正常死亡14000人之多，据国家少年儿童“安康计划”和教育部的调查表明，我国中小学生因交通事故、建筑物倒塌、食物中毒、溺水、治安事故等死亡的，平均每天有40多人，相当于每天有一个班的学生在消失。一些贫困的发展中国家则更为严重。为此，联合国把“减灾始于学校，安全源自校园”确定为2006年国际减灾日活动的主题，旨在通过此项活动的开展，提高校园和社区的安全减灾意识和应对各类灾害事故的能力。

1.2　社区安全是整个社会安全减灾的基础

为什么要以社区为单元开展安全减灾活动？这是因为社区是整个社会的基本构成单元。社区通常可定义为以一定的地域为基础，由具有相互联系、共同交往、共同利益的社会群体、社会组织所构成的一个社会实体。

社区的要素构成：

社区
- 地域——空间范围
- 人口——数量、质量、构成、分布
- 社会心理——感情、风俗、习惯、成见、自发倾向、信念
- 社会组织——政治组织、经济组织、文化组织、福利组织、邻里、街道、家庭
- 公共设施——生活服务、商业、文化、医疗、交通、娱乐

社区的类型：

* 本文为2006年9月12日于北京月坛社区作的科普报告。

社区类型
- 按照地域划分——农村社区、城市社区
- 按照功能划分——工业社区、农业社区、商业社区、文化社区、旅游社区
- 按照发展水平——发达社区、不发达社区
- 按照贫富划分——富人社区、中产者社区、平民社区、贫民窟社区

不同类型的社区，灾害风险、安全隐患、保障重点和减灾对策都有所不同。社区是整个社会的细胞，整个社会的安全要建立在社区安全的基础上。

1.3 社区安全要从校园安全减灾做起

校园安全在整个社区安全体系建设中具有特殊重要的地位。

(1)校园是社会的缩影

学校的学生来自具有不同职业和地位的家庭，各种社会矛盾在学生的思想上和学生之间的相互关系上会得到一定反映，教师的思想也会受到社会的影响。各地校园建设水平与设施及教学经费的差异取决于不同地区的经济发展水平，校园安全保障能力也是一个地区安全减灾与可持续发展能力的一个重要标志。

(2)特殊性与脆弱性

校园又不同于一般社区，这里是教育的场所，又是儿童与青少年集中的地方，灾害与事故的发生有明显的特点，存在一定的脆弱性。如青少年活泼好动与活动场所相对狭窄的矛盾；人群密集与建筑质量低于住宅与工作场所的矛盾；心理不成熟，社会经验不足，缺乏自我防护意识与校园周围复杂社会因素的矛盾等等。

(3)校园安全教育的高效性

尽管学生群体与许多校园设施具有较多脆弱性，但青少年思想活跃，可塑性强，接受新知识的能力强，学校具有开展教育的良好设施与师资，安全减灾教育的效率通常要明显高于其他社会群体和场所。成年人由于工作繁忙和流动性大，很难组织有效的安全减灾教育。学生掌握了一定的安全减灾知识与技能，再向家长们扩散，可以取得事半功倍的效果。

(4)学生安全教育关系到社会的未来

青少年代表着国家和民族的未来，培养遇事冷静，心理健康，百折不挠，善于正确应对各种灾难与事故，乐于助人的品质，这正是中华民族振兴的希望所在。从人的成长与知识技能获取的意义上，减灾始于学校，安全源自校园。

2 影响社区安全的因素及减灾对策

2.1 城市社区的形成与特点

现代城市社区是国家与社会分离的产物，随着市场经济的发展而逐渐完善。中国在封建社会后期已出现市民社会与城市社区的萌芽，并在20世纪前半叶初步形成了社会对国家有限制衡型的市民社会模式。但后来由于实行高度统一集权的政治体制，国家与社会高度一体化。市民社会发展因政治文化建设停滞而完全处于沉寂消亡状态。

在计划经济时代，单位是城市政治、经济和社会生活的细胞，是国家对城市社会管理的

主要组织手段和基本环节。所有单位都有一定行政级别或隶属某政府部门，有一体化党组织领导。具有一套职工福利保障制度。单位对职工具有控制权力，职工无法随意选择或离开。改革开放以来经济的市场化使"单位人"逐步变成现在的"社会人"，社区居民中下岗、流动、老龄人口多了，无单位人员多了，包括社区的安全减灾在内，给基层社会管理带来一系列问题，仅依靠政府无法解决，必须有新的管理体制。同时为满足公民多层次多样性需要，积极有序扩大公民政治参与，推进基层社会民主化进程，也必须对城市基层管理体制改革，于是城市社区自治应运而生，同时也需要改变过去单纯以行政系统垂直指挥为主的传统的城市安全减灾体制，建立以社区为单元和基础的新型的城市安全减灾体制。

相对于农村社区，城市社区具有以下一些不同的特点：

(1)地理。处于交通要道，具有战略意义或具有某种丰富自然资源。土地较平坦，水资源比较充足且易获取。

(2)人口。密度高，来自不同地域，具有不同文化背景和职业。

(3)经济。分工细、工序多，需要不同生产阶段间的相互配合，技术水平与机械化程度高，多为无生命产品。

(4)文化。多元化现代文化，不存在唯一的生活习惯和价值取向，并且因人因职业因时而异。具有开放性、敢于创新、追求时尚和不易满足。

2.2　北京城市社区的特点

北京作为世界闻名的千年古都、现代化大都市和我国的政治文化中心，与国内其他城市相比，社区发展又具有某些不同的特点：

(1)计划经济体制的影响深，市民社会发育与社区建设滞后，至今不少社区仍然带有明显的行政单元色彩，社区更多地附属于单位，而不是社会。

(2)作为千年古都，周边自然资源长期受到掠夺性开采，植被和生物多样性破坏较重。旧城区基础设施落后，安全隐患较多。

(3)作为一个迅速发展的现代化国际大都市，人口和经济总量迅速增长，与资源枯竭、环境容量饱和及人群过于密集相关的风险与隐患日益增加，城市新技术新设施本身也带来了某些新的隐患，特别是城市生命线系统的事故带有明显的连锁性与放大效应。

(4)大量流动人口的涌入与社会矛盾的复杂也带来许多新的不安全因素，尤其是在城乡接合部的流动人口集中居住区。

城市社区既有自然灾害，也存在技术灾害、环境灾害及人为灾害事故的风险。

2.3　北京城市社区常见的自然灾害

北京城市社区较常发生的自然灾害有内涝、干旱、热浪、大风、冰雹、冰雪、大雾、雷电、地面下沉等。部分山区经常发生山洪、滑坡和泥石流。废矿有时发生陷落型地震。

(1)内涝

现代城市由于沥青、水泥等不透水地面增加，雨后径流系数约为过去的4倍。过去北京城内的许多河道绝大多数已被掩埋或改为暗河，使泄洪能力大大下降。尤其是立交桥下地势低洼，更容易积水。局地的大雨就可导致部分区域的交通瘫痪。郊区一些低洼地在特大暴雨时常被淹没。

(2)干旱缺水

北京是个缺水的城市，附近缺少大的江河与湖泊，随着人口数量的迅速增长，目前人均水资源只有200多m^3，自1999年以来已连续8年降水偏少，地下水位连年下降，有些地方已呈枯竭态势，东郊部分地区因地下水位下降导致地面下沉近1 m。春夏之交，部分山区经常发生人畜饮水困难。

(3)热浪

北京的城市热岛效应平均在2 ℃以上，盛夏的高温经常出现用水用电量急增甚至超负荷现象。2006年重庆市民高温中暑数以万计，北京市在1961年、1972年、1999等年也都出现过40 ℃以上的高温，使大批人中暑。

(4)大风

城市沿街成排的高层建筑因狭管效应形成风廊，使局地风速增大，1992年4月9日北京站前广场就曾发生过巨型广告牌被11级大风吹塌压死2人伤15人和高楼窗外花盆刮落砸伤行人的事件。2006年7月22日延庆县北部发生局地龙卷风，两人合抱的大树被连根拔起。

(5)冰雹

初夏和初秋是北京冰雹发生频繁的季节，在山前常出现冰雹带。历史上受灾范围最大的一次冰雹发生在1969年8月29日，长安街的路灯和王府井的橱窗大部被砸烂。

(6)冰雪和雾灾

冬季冰雪和大雾对城市交通影响极大，2002年12月7日一场小雪融化后又遇冷空气入侵使路面结冰，导致全市交通瘫痪，尤其是立交桥路面上冰冻严重，影响交通。雾天经常迫使高速公路和机场关闭，如伴随大气污染，还可造成跳闸和大面积断电事故，称为“雾闪”。

(7)雷电

雷电也是北京城市的常见自然灾害。虽然由于高楼林立，城市里直击雷伤人已很少发生，但感应雷摧毁电视机和计算机的事故却经常发生。

(8)地震

北京地处华北地震带，历史上多次发生破坏性地震。唐山地震波及北京，倒塌房屋数以千计，死亡数百人。西山矿区的废弃矿井还时常发生陷落型地震，对周边居民房屋有较大威胁。

(9)山地灾害

北京的东北部山区和西部山区的多雨带也是山洪、滑坡和泥石流的多发地带，1949年以来因灾死亡约600人。2006年7月香山就发生了局地山洪，冲垮山下房屋。

(10)急性传染病

大城市的人口密集，流动性大，一旦发生急性传染病很容易迅速蔓延扩散。20世纪80年代后期红眼病一度流行，2003年的SARS更造成数百人死亡和全市社会经济的重大损失。

2.4 城市居室灾害与事故

现代住宅虽然提高了生活质量，但也存在不少灾害与事故隐患。

(1)火灾

发生火灾需要具备可燃物、氧气与火源三个条件。现代住宅在装修中使用大量塑料与有机装饰材料，居室中的书籍与纺织品也都是可燃物。燃气管道或炉灶泄漏的危险就更大。乱扔烟头，小孩玩火，燃放烟花爆竹，家用电器的电路老化、接触不良，超负荷用电，电熨斗、电热毯、电热水器等使用不当都有可能产生电火花引发居室火灾。

(2)电器安全

家用电器除可能引发火灾外，使用或维护不当还可能发生触电事故。燃气热水器如安装在浴室极易发生CO中毒事件。大型家用电器附近或电器集中摆放处电磁污染较重影响人体健康。

(3)室内装修中毒

居室装修材料往往含有苯和甲醛等有毒有害物质，如未充分通风稀释就急于入住，很容易发生中毒事故。有些砖石材料含有放射性氡，已证明是仅次于吸烟的第二大肺癌致因。

(4)厨房安全

高压锅使用不当可发生爆炸，炊事作业不慎易发生烧伤或烫伤。

(5)宠物

家养宠物应注意保持卫生和定期防疫。现已发现人畜共患病200多种，经常过密接触容易传染。特别是一旦被咬应立即注射狂犬病疫苗。

2.5 城市社区灾害与事故

(1)火灾、爆炸与危险品泄漏

城市最容易发生火灾和爆炸的地方是大型商场、影剧院、化工厂、大型燃气储罐等，在这些地方要格外加强预防。城乡接合部外来人口集中居住区的消防设施不健全，人口密集，通道狭窄，一旦发生火灾扑救困难，也需要重点防范。

(2)公共场所拥挤践踏事故

国内外公共场所大型活动多次发生拥挤踩踏的重大伤亡事故，特别是体育场、宗教朝觐、游园与灯会、影剧院、商场与集市抢购物品等。2005年2月密云县元宵灯会就发生了拥挤踩踏导致数十人死亡的重大事故。

(3)交通事故

雨天、雾天、冰雪天和炎热天气易发生交通事故。儿童在路上打闹，老年人上街无人陪伴，青年人骑车或驾驶时开快车都是社区发生交通事故的隐患所在。

(4)食物中毒

中毒有细菌性、化学性、动植物性、真菌性等不同类型，有的是腐烂变质引起，有的是过量有害添加剂引起，有的是误食有毒动植物引起，极少数是投毒所致。具有时间集中，无传染性，夏秋多发。群体表现为短时间同时发病，恶心、呕吐、腹痛、腹泻、脱水、酸中毒甚至休克昏迷等症状，抢救不及时易导致群死。

(5)疫病

城市人口密集，流动性大，容易发生疫病的交叉传播，特别是呼吸道传染病。现代城市家庭豢养宠物数量日益增多，人畜共患急性传染病成为城市社区安全的极大威胁，2003 年 SARS 灾难记忆犹新，最近又连续发生狂犬袭人事故。

(6)重大环境污染事件

北京城市中心区与近郊的人口密度过大，绿地面积较小，一些工厂和燃气储罐周围存在若干污染源，不排除发生重大污染事件的可能。2006 年 2 月吉林化工厂有毒物质泄漏就给松花江沿岸城市的饮水安全一度带来极大威胁。北京市虽经多年努力，大气环境质量比 20 世纪 90 年代末有显著好转，但仍不能令人满意。遇特殊天气，冬季的有害气体污染和春季的沙尘污染仍很严重。

(7)社区刑事犯罪案件

随着城市开放度和人口流动性的加大，社区刑事犯罪也有所增加，偷盗、抢劫、诈骗案件层出不穷，贫富差距扩大也增加了社会的不稳定因素。

3 影响社区校园安全的因素

3.1 社区校园的不安全因素

北京市 2005 年有在校生 229.2 万人，其中研究生 14.4 万，大学本专科生 50 万，中专生 11.4 万，中学生 66.1 万，小学生 51.6 万。

大专学校的学生一般都住校，具有一定生活经验，但社会经验不足，复杂社会矛盾也会反映到大学生群体中来。许多大学往往自成一个社区，与周边居民的来往不多。中小学生还处在身心发育成长时期，生活经验不足，一般都不住校，与所在社区的关系密切。我们着重分析社区中小学校的安全情况。

(1)学校建筑设施的不安全因素

我国西部贫困地区许多校舍建筑质量差，有的甚至是危房，经常发生垮塌和漏雨事故。北京地处我国经济较发达地区，正规校舍的建筑质量较好，但一些专收打工子弟的民办学校的校舍简陋，存在不少隐患。操场地面不平和铺垫材料不合标准，体育运动器材质量差，也容易发生事故。消防器材不足易发生火灾。

(2)社会不安全因素

地处城乡接合部，周边无业和流动人口较多的学校易受到外来人员的侵扰。社会地位与贫富悬殊也常造成不同家庭学生之间的隔阂与矛盾。一些学校对外来人口子女的歧视也往往诱发突发事端。

(3)交通事故

学校离社区较远，学生上学和放学回家需穿越马路的，易发生交通事故。

(4)中小学生心理不成熟带来的脆弱性

长期的应试教育造成成绩优良学生的优越感和差生的自卑感与挫折感，在一定条件下可诱发极端行为。社会经验不足和自制力差，容易接受网络游戏和社会闲杂人员的诱导和欺骗。

3.2　社区校园开展安全减灾教育的有利条件

(1)青少年思想活跃，学习能力强，容易接受新事物。

(2)家长重视教育投资，欢迎开展安全减灾教育。

(3)以人为本的科学发展观日益深入人心，社区建设水平不断提高。

(4)学校具有进行系统知识和技能教育的设施与条件。

4　校园常见灾害与事故的防范

4.1　校园暴力

校园暴力分三种情况。一种是校外人员入校抢劫和斗殴，通常发生在小学和幼儿园。第二种是学生之间的打闹斗殴，发生最多，往往因无足轻重的小事引起。第三种是师生之间发生的暴力。教师对低龄学生的暴力在城市已不多见，但在经济不发达地区的农村学校仍常发生。学生对教师的暴力多发生在青年，与心理不健康相联系。

校园暴力事件不断发生的原因有多种。首先是社会转型期的矛盾错综复杂，特别是贫富悬殊反映到学生之间与师生之间的关系上来。应试教育与家长对独生子女的溺爱造成青少年的心理脆弱，自我中心观念强，缺乏对他人的宽容与关爱，缺乏艰苦环境与挫折的锻炼。社会上不健康的，特别是渲染暴力的文化对青少年的影响也不可低估。现今的青少年身体发育比过去加快，但心理却更加幼稚，缺乏自我管理与自制能力。在应试教育体制下，教师的精力主要放在教书和提高考试成绩上，对学生的思想教育和心理健康缺乏引导，教师在学生中的威信下降和缺乏管理能力也是一个重要原因。

校园暴力是青少年犯罪的温床，必须引起高度重视。为此，必须加强学校的政治思想教育和心理健康辅导，从根本上扭转应试教育体制，引导学生在德智体诸方面的全面成长。注意保护成绩较差学生的自尊心与上进心，不拘一格培育他们的创造性与专长。要教育学生正确看待和处理各种社会矛盾。教师不仅要传授知识，更要教育学生如何做人，要通过对学生的爱护和关怀，以身作则引导学生树立爱心和社会责任感。

制止校园暴力还要充分利用现代信息手段，有些学校已在教师和校园设立电子监视系统，防止校外可疑人物进入和及时发现学生中的不安全因素。建立与警方及学生家长的网络联系，及时掌握学生思想和行为动态，把不安全因素控制在萌芽状态。

教育学生不要搞恶作剧，避免因伤害自尊心而引起报复和斗殴。对青春期少男少女及时进行性教育，树立自尊自护意识，防止性暴力。

4.2　火灾

校园虽然可燃物和易爆危险品并不多，但由于青少年活泼好动与好奇，容易因玩火或实验操作不慎引发火灾。校园人员密集，一旦发生火灾极易造成群死群伤。一些打工子弟学校由于经费不足，消防设施不完善，火灾的隐患更大。

为预防火灾，首先要对各类学校一视同仁配齐消防器材和落实防火责任制。其次，学生宿舍严禁违章用电，严禁抽烟和在室内焚烧杂物。不乱接电源，不在蚊帐内点蜡烛，不使用电炉。台灯不要靠近枕头被褥。

除事故火灾外，还要注意防范人为纵火。2003年北京市蓝极速网吧发生的少年纵火案烧死三十余人是极深刻的教训。

青少年处于发育期，思维和体力弱，缺乏自我保护经验和能力。是被救助保护重点，大量学生进入火场救火反而增加难度。最好尽快离开火场。不能提倡未成年人去盲目救火。

要教育学生学会对付轻微火情的技能并懂得及时报警。

4.3 房屋与设施事故

校舍建筑设施达不到安全标准的要限期改造。教育学生不要在室内追逐打闹和剧烈活动以防磕碰。楼房高层教室擦拭窗户要注意保护，不要将身体探出阳台或窗户。课间活动和下课学生出教室和下楼梯要顺序外出，不要扎堆挤压，防止发生踩塌事故。教育学生不要在窗台、阳台和楼梯做游戏。

4.4 体育锻炼防意外

校园体育运动致学生严重外伤占50%以上，以球类和体操居多。要教育学生体育活动注意力要集中，不要相互嬉戏打闹。体操运动要有人保护。体育场地和器械应符合标准，如跑道不平，球场有石子砖头，沙坑不合规格等要及时修整。

上体育课时衣服不要别胸针、校徽、证章和佩带金属或玻璃装饰物。衣裤口袋不装钥匙小刀。不要穿塑料鞋底，衣服应宽松合体，不穿纽扣多的服装，有条件的穿运动服。

4.5 实验室事故

认真听讲课教师的安全指导。首先检查实验桌面有无金属片、玻璃片和洒出的水。实验中不要将试剂洒落。不要用一般方法擦化学品，最好由老师亲自处理。实验结束彻底清扫，离开时洗手。严禁在实验室内打闹。

正确使用玻璃器皿，轻拿轻放，玻璃棒搅拌要轻巧，用力均匀，逐渐加热，器皿破碎的要及时仔细处理。水银温度表打碎后绝对不能用手触摸。

严格按照老师讲解的实验规则和说明书使用电器。安装电器时要注意环境，不要接近热源和水源。勿在电源接通情况下接线路和装配零件。不要用湿手触摸电器。使用完毕要切断电源。

实验中接触到有毒或有害物质时要戴口罩、手套和穿实验服防护。实验结束要认真洗手和清洗、处理防护用品。

4.6 预防交通事故

首先要增强中小学生的交通法规意识。上下学预防交通意外，行走时要注意走人行道、斑马线、过街天桥和地下通道,没有人行道的要靠右走路边。外出时不要在马路上相互追逐打闹嬉戏,走路要专心,注意周围,不要东张西望,不要边走边看书。在没有交通民警的路段要避让机动车,不抢道。雾、雨、雪天要穿色彩鲜艳衣服,以引起司机的注意。横穿马路要看清交通信号灯,确认没有机动车才穿越。不要翻越马路上的安全护栏和隔离墩。

骑自行车注意经常检查及时修理。不满 12 岁的儿童不准骑车上街。在非机动车道靠右行驶不要逆行。转弯时不猛拐,要提前减速,看清四周,打手势示意再转弯。遇交叉路口要先减速,注意行人车辆。骑车不要双手离把,不要多人并骑,不要互相攀扶追逐打闹。不要在马路上攀扶机动车,不驮过重和体积超大物品。骑车不要带人,不要边骑边听广播音乐。

乘公交车要注意排队等候,顺序上下,先下后上。坐车不要把头、手和胳膊伸出窗外。不要向窗外乱扔杂物。要在规定的出租车停靠站打车,不要在机动车道上招呼出租车。

4.7 预防食物中毒

2005 年卫生部公布的数字显示,学校已成为发生食物中毒现象的重点地区,2005 年第二季度共发生食物中毒 20 起,中毒人数 1256 人,死亡 1 人。

学校发生食物中毒具有群体性和短时间同时发病的特征,无传染性,以夏秋多发。一旦发生要让中毒学生大量饮净水。用手指压咽喉催吐。封存吃过的食物以备检验。同时拨打 120 急救电话,否则超过 2 小时毒物一旦被吸收到血液里就很危险。

学校要经常检查餐厅卫生、厨师个人卫生和食物安全,生熟食品和红白案要分开。购买食物要选择信誉好的厂商。

教育学生不要到无照经营的街头摊贩购买食品,不要随便采摘野果、野蘑菇。生吃蔬菜瓜果要洗净,吃东西前后要洗手。

4.8 学生用品事故

严禁学生模仿武侠用尖利棍棒拼刺,武打格斗和用弹弓和弓箭对人射击。不要玩弄削铅笔刀具。不要把图钉留在椅子上。不要把铅笔头和其他文具放在嘴里。

经常检查学生是否携带弹簧刀、匕首、电工刀等危害学生安全的管制刀具,一旦发现要及时收缴。不许在教室里踢球。

注意学生用品是否质量合格,特别是塑料文具的含铅量,必要时抽样测定。

4.9 预防野外活动中的伤害

郊游要事先研究周密计划,负责人带队,事先派人了解场地及周边环境。需使用交通工具必须符合要求,不超员。游览区和游乐场考虑接待能力。必须有安全保障措施。在游乐场注意防止挤伤、碰撞、滚落、滑倒、夹伤、摔伤。

游戏时要远离公路、铁路、建筑工地、工厂生产区,不要进入枯井、地窖、防空设施,避开变压器、高压线,不攀爬水塔、电杆、屋顶、高墙,不要靠近深湖、水井、粪坑、沼气池等。不做危险游戏,不要模仿电影电视里的危险镜头,如扒车、攀高、刀棍打斗,投掷砖石,点燃废纸等。

要遵守纪律，听从指挥，统一行动。认真听取注意事项，在指定区域活动。

野营要事先对路线地点详细了解，制定活动纪律和确定负责人。要准备充足的食物和饮水。缺乏安全措施的活动学校应拒绝参加。

4.10 预防偷盗和诈骗

青少年缺乏社会经验，易受他人和网络诈骗，甚至被人口贩子拐卖。

注意宿舍安全，随手关门。不随便留宿外人。不把宿舍作为聚会、聚餐、打牌和会客场所。外来陌生人形迹可疑者要及时报告。保管好自己的钥匙，不要随便借人。宿舍钥匙丢失在附近要及时换锁。

中小学生在外遇有人强行索要财物应避免直接冲突，设法挣脱，或先交给部分钱物，同时记住歹徒体貌特征，回去后告诉老师家长并报警。报匪警110时应简明准确报告案发地点、时间、当时人和案情，但千万不要开玩笑。

如被歹徒盯上要保持镇静，迅速向人多处转移，或就近进入居民区寻求帮助。被纠缠时要大声喊话令其离开。外出尽量结伴，先经家长同意，并将去向和返回时间告诉家长，如不能按时回来要打电话或托人告知家长。

外出游玩购物不要接受生人的钱财、礼物、玩具或食品。不要把家中房门钥匙挂在明显处。不独自往返偏僻街巷和黑暗的地下通道。不要搭乘生人的便车。携带钱物要妥善保存，不要委托生人照看行李。不随便接受生人邀请同行或做客。

长时间玩电子游戏严重损害健康，影响学习。不良游戏充斥色情、暴力和凶杀内容，易诱发违法乱纪甚至犯罪行为。有的游戏以中奖为幌子引诱参赌。网吧和游戏厅内闲杂人员社会关系复杂，易发生打架斗殴，威胁学生安全。学校应提供健康和丰富多样的课后活动与游戏，教育学生不要去网吧和电子游戏厅。要配合有关部门对社区网吧和电子游戏厅严加整顿和管理，紧靠校园的应予取缔。

5 加强社区学校的安全减灾管理与教育

5.1 加强管理，建立校园安全管理网络

校园安全由校长负总责，分管政教的副校长为直接责任人，层层签订安全责任书，建立各处室分块负责的校园安全管理网络体系和岗位责任制。

(1)教务处负责学校教学设施与用具、各教学环节的安全管理，督促检查图书室、资料室、电教中心、实验室及实验用品的安全防范措施。

(2)政教处负责学生出操、集合、教室、寝室的财产及人身安全。加强对学生法律法规、思想道德、行为规范、安全防范及自救自护、心理调节等方面的教育，指导督促班主任和寝室管理员做好学生安全管理教育。结合防疫部门与卫生院做好防病治病。

(3)校办公室加强对校园及周边治安防范，做好校园夜间巡逻，指导督促门卫做好外来

人员入校查询登记。

(4)总务处负责学校建筑及施工、消防设施、电路、食堂设备器具安全,教室与楼道畅通,食品与饮用水安全等。

(5)班主任作为班级安全第一责任人,组建班级安全联防小组,掌握学生上课、往返学校、就餐、就寝过程中的突发状况,注意排解矛盾纠纷,并将情况及时上报。科任教师负责本课程学生安全。认真填写好教学日记,发现问题及时处理,迅速与班主任联系。

5.2　全社会关心校园安全

社区教育、公安、工商、市容、卫生、文化稽查等有关部门要协同配合,按照"属地管理"的原则,集中对社区所有中小学、幼儿园、托儿所的门卫、食品卫生、消防等进行全方位检查,消除隐患,建立和完善社区校园及周边环境建设的长效常态管理机制。分工负责,协同作战,开展对互联网服务营业场所、电子游戏经营场所等文化娱乐场所的整治;坚决取缔各种无证无照流动摊贩;公安部门要加强对校园周边的治安巡逻,在治安形势复杂的重点地段设置治安岗和报警点;交巡警部门在学生上学、放学重要时段要增派警力维护交通秩序,为学校营造良好的校园周边环境;各中小学、幼托园所要提高防卫的科技含量,并与110报警服务中心联网,建立健全学校突发事件预警预案体系。加强校舍工程质量安全的监督管理。

5.3　制定防范和处置各类灾害与突发事件应急预案

针对校园经常发生的各类灾害和突发事件,分别编制应急预案,明确负责机构与责任人,物资与器材储备,应采取的防范与应急对策,救护方法与善后处理等,做到有备无患。结合预案组织灾害事故防范与处置的演练,进行青少年安全减灾的技能训练。根据校园自然地理条件和面临的主要灾害风险,购置必要的防灾减灾设备,加强减灾防灾基础工程建设。设置逃生设备、逃生导向标志,准备逃生自救器材,配备简易挖掘工具、急救器材、照明器材、呼救装置。在校园内要划定特定区域(如操场、绿地)作为避难场所,按照规范设置明显标志。

5.4　开展"减灾始于学校,安全源自校园"的减灾宣传活动

在师生员工中、特别是新生中开展一次安全教育活动,切实增强师生安全防范意识和法律意识,提高防范能力。对学生的安全教育要做到进课堂、进教材、进宿舍。征集适宜青少年儿童阅读的科普读物和教材,将自然灾害的减灾教育纳入基础教育大纲,作为必修课程。

建立灾害事故的应急心理救助机制,增加青少年儿童心理辅导,引导学生在灾害发生时能保证正确应对危机,在灾害发生后能尽快克服心理上的影响,恢复正常学习。

5.5　狠抓重点时段和关键环节的安全管理与教育

大型考试前和放假前后组织以交通安全、消防安全、卫生安全、人身财产安全的专题教育。在校园内进行地毯式检查,收缴危害学生安全的管制刀具和各种低级趣味的音像制品及书籍。建立问题学生的跟踪成长档案,及时调适和监控问题学生的心理状况。

5.6 建立社区与学校和安全管理联动机制

中小学生白天主要是在学校上课，放学后主要在社区和家庭。社区应与学校建立安全管理的联动机制。社区要了解学生在校学习与活动情况，学校应了解学生所在社区及家庭的情况，及时发现安全隐患，做好防范工作。特别注意做好家庭经济困难、父母在外、单亲子女、社会关系复杂和学习成绩差的学生的思想工作，关心他们的实际困难并给予帮助，及时排解心理障碍。

附录一　郑大玮教授简介

一、简历

1944年生于重庆。中国农业大学教授,博士生导师。

工作、学习经历

1966年,北京农业大学农业气象系毕业。

1967—1971年,中国农业科学院农业气象室工作。

1971—1983年,北京市农林科学院农业气象室副主任。

1983—1991年,北京市农林科学院农业综合发展研究所工作,1986年任副所长,1987—1991年任所长。

1984年10—12月,于英国 The Bell School 进修英语(结业证书)。

1985年1月—1986年1月,在英国诺丁汉大学农学院进修农业环境物理(结业证书)。

1992—1995年,北京市气象局农业气象中心主任。

1995年至今,中国农业大学资源与环境学院农业气象系工作至退休,1997—1999年中国农业大学资源与环境学院副院长,1997—2003年农业气象系主任,2004年8月退休。

2010年至今,中国农业科学院农业环境与可持续发展研究所客座研究员。

现在主要社会兼职

北京减灾协会常务理事(1995年至今)。

《中国农业气象》编委(2002年至今)。

第二届农学名词审定委员会委员(2006年12月至今)。

国家适应气候变化战略专家组成员(2012年至今)。

《防灾科技学院学报》编委(2008年5月至今)。

北京市小麦专家顾问团成员(2011年至今)。

北京市气象局气候与气候变化方向专家顾问组成员(2012年5月至今)。

农业部农业减灾专家组(2012年至今)。

中国农业资源与区划学会农业自然灾害专业委员会理事(2007 年至今)。

中英瑞国际合作(ACCC)中国适应气候变化项目二期专家(2014 年至今)。

曾任社会兼职

中华全国青年联合会委员(1979—1983 年)。

世界气象组织农业气象委员会咨询工作组成员(1995—1999 年)。

中国气象学会农业气象学委员会副主任(1998—2002 年)。

北京气象学会常务理事(1993—2002 年)。

北京市星火奖第二届评审委员会专业组评审委员(1991—1994 年)。

北京市商品粮基地技术攻关组成员(1987—1990 年)。

农业部教学指导委员会成员(1997—2002 年)。

北京市学位委员会第一届学科评议组成员(1998—2002 年)。

北京市人民政府建议征集办公室特邀义务建议人(1999 年 8 月开始担任)。

北京市房山区周口店地区办事处科技副主任(1988—1991 年)。

《气象学报》常务编委(1996—2007 年)。

《自然资源学报》编委(1997—2014 年)。

中国农学会农业气象分会副理事长(1994—2009 年)。

中国农学会耕作分会常务理事(2002—2006 年)。

北京农学会副理事长(2001—2008 年)。

《中国农业大学学报》编委(2002—2006 年)。

北京市政府专家顾问团成员(1981—1996 年,1998—2010 年)。

第 29 届奥运会安全保卫工作顾问(2006—2008 年)。

中国灾害防御协会灾害风险专业委员会理事(2004—2008 年)。

中国农学会理事(2007—2012 年)。

中国农业大学老教授协会理事(2009—2013 年)。

农业部工程建设项目评估专家、监督管理专家(2006 年 3 月开始担任)。

二、教学与培训

讲授课程

1. **高级生物气象学**,硕士生学位课,中国农业大学 1997 年至今,主讲;中国农业科学院研究生院 2012 年至今,主讲。

2. **农业气候学**(部分),本科必修,1995 年,主讲。

3. **农业气象专题**,本科必修,1994—2008 年每年 3 月主讲。

4. **世界气候与农业**,本科选修,1995—1997 年,主讲。

5. **农业灾害学**,本科选修,1996—2004 年,主讲。

6. **农业资源与环境概论**,本科必修,1999－2001 年,专题讲座。

7. **全球变化与农业对策**,硕士生选修课,2004 年至今,专题讲座。

8. **自然灾害与农业对策**,硕士生选修课,中国农业大学 2000 年至今,主讲;中国农业科学院 2012 年至今,主讲。

9. **应用气象专论**,本科生选修课,2007 年至今,专题讲座。

编写教材

1. 主编《农业灾害学》,农业出版社,1999。

2. 主编《世界气候与农业》,气象出版社,2008。

3. 编《农业灾害与减灾》,中央广播电视大学出版社,2014。

4. 参编《农业资源与环境概论》,中国农业大学出版社,2011。

5. 参编《农业气象学》,科学出版社,2008。

6. 参编《应用气候学》,待出版。

培养学生

1997－1999 年任中国农业大学资源与环境学院副院长,分管本科生教学。

1997－2002 年任中国农业大学农业气象系主任 6 年,毕业生就业率、考研率全校领先。培养硕士生 11 人,博士生 12 人。

培训工作

40 年来为农民技术员、基层农业技术人员和气象工作者、农业保险工作者和社区居民培训农业气象、农业减灾与城市减灾近百次;曾用英语为亚非发展中国家科技人员培训旱地农业与减灾技术 4 次。

为中国气象局培训中心编制农业气象灾害教学课件 40 学时,为农业部广播电视远程教学编制农业减灾课件 15 学时,为北京市农林科学院编制农业减灾、气候变化与低碳农业课件 12 学时。

为国家开放大学“农业灾害与减灾”课程制作 28 个教学课件。

为国家发改委和省、市、区发改委、气象部门、农业部门培训适应气候变化课程十多次。

三、获奖和荣誉称号

获国家级奖及荣誉称号

1997 年,全国气象科普先进工作者。

1999 年,国务院颁发政府特殊津贴获得者。

2001 年，国家攻关计划课题“北方旱农区域治理与综合发展研究”获国家科技进步二等奖，郑大玮教授为中国农业大学参加该课题的专题主持人。

2006 年，关于做好 2008 年奥运安全保障工作的建议（2002 年提交），获中国科协优秀建议一等奖。

2010 年，全国优秀科技工作者，并获银质奖章。

省部级科技奖励 10 项

1. 北京地区小麦冻害防御对策的研究，农业部 1982 年技术改进二等奖，郑大玮为第 1 完成人。另获北京市 1982 年学术成果奖。国内领先。

2. 北京地区冬小麦冻害预报服务系统研究，北京市 1985 年科技进步三等奖，郑大玮为第 2 完成人。国内先进。

3. 北方冬小麦冻害及其防御措施，农业部 1989 年科技进步二等奖，郑大玮为第 2 完成人。国内领先。经济效益 2 亿多元。

4. 天文周期大气能量特征汛期旱涝效应 RPLF 实验研究，山东省 1991 年科技进步二等奖，郑大玮为第 2 完成人。国内领先。

5. 首都圈主要自然灾害综合分析和对策研究，北京市 1993 年科技进步二等奖，郑大玮为第 5 完成人。国内领先。

6. 北京市西南山区小流域综合治理示范研究，北京市 1998 年科技进步二等奖，郑大玮为第 2 完成人。国内领先。

7. 内蒙古阴山北麓坡耕地改造与建设稳产基本农田研究，农业部 1999 年科技进步三等奖，郑大玮为第 7 完成人。国内领先。

8. 农牧交错带农业综合发展和生态恢复重建技术体系与模式研究，内蒙古自治区 2004 年科技进步一等奖，郑大玮为第 1 完成人。另获教育部国家科技进步奖提名二等奖。国内领先。经济效益 4 亿多元。

9. 周口店星火技术密集区的开发与建设，北京市 1991 年星火科技一等奖，郑大玮为第 4 完成人。

10. 北京市农林科学院农业综合发展所农业气象研究室，获中国气象局、中国气象学会颁发的 1994－1995 年气象科技兴农、科技扶贫先进集体一等奖，郑大玮为主持人。

其他奖励

1. 1978 年，获北京市农林科学院科技成果奖二等奖。

2. 1978 年，获北京市农林科学院科技成果奖四等奖。

3. 1996 年，获北京市科学技术协会“为组织科学技术‘季谈会’做出突出贡献”荣誉证书。

4. 1997 年，获北京减灾协会发“1994－1996 年度北京减灾科技活动先进工作者”证书。

5. 1986 年，京津冀统一网络冬小麦遥感综合估产的方法与技术研究，获北京市农林科学院 1986 年科技成果证书（该项目同年获北京市科技进步二等奖，一级证书 6 人，郑大玮为第7完成人）。

6.1991年，获北京市农林科学院颁发“北京市商品粮基地建设技术攻关”成果证明（该项目后获北京市科技进步一等奖）。

7.1992年，获中国气象科学研究院发“‘北方冬小麦气象卫星遥感动态监测及估产系统’获1991年国家科技进步二等奖”的二级荣誉证书。

8.1995年，区域农业综合开发，北京市农林科学院1995年科技成果证书（该项目1994年获北京市科技进步二等奖）。

9.1995年，北京地区农业气象服务系统，北京市气象局1995年科技进步三等奖证书，郑大玮为第1完成人。

10.2002年，2008年北京奥运可能发生的自然灾害、事故隐患及防御对策——在北京市领导与专家季谈会上发言，获北京市科协专家建议一等奖。

11.1994年，获北京市气象局“爱国立功竞赛先进职工”荣誉证书。

12.1994年，《小麦抗旱防冻增产技术》一书获全国气象科普优秀作品三等奖，该书由郑大玮、刘中丽编著。

13.1994年，获公仆杯北京市机关第二届文化艺术大赛征文比赛二等奖。

14.1997年，中国农业大学校级先进工作者。

15.2000年4月，中国农业大学优秀共产党员。

16.2002年，获宝钢教育奖（优秀教师）。

17.2002－2003学年，中国农业大学杰出教师。

18.2005年，北京农业的生态效益评价和保护京郊农业的建议——在北京市领导与专家季谈会发言，获北京市科协优秀建议一等奖。

19.2005年，获中共呼和浩特市委员会、呼和浩特市人民政府授予的“呼和浩特市专业技术拔尖人才”称号。

20.2007年12月，参与创作录像片“风沙区可持续发展之路”获第13届北京科技声像作品银河奖二等奖。

21.2010年，中国农学会农业气象分会名誉理事。

22.2011年，获中国农业大学老教授协会，服务“三农”突出成绩荣誉证书。

23.2011年，获中国共产党中国农业大学离退休委员会优秀共产党员荣誉证书。

24.2011年3月，参与“北京建设世界城市综合应急能力提升的思考”编写，获北京市科协专家建议二等奖。

25.2012年3月，北京市科协北京市农民致富科技服务套餐配送工程办公室，2006－2011年科技套餐工程突出贡献专家。

26.2012年，对北方抗旱保麦失误的反思和建议，被北京市人民政府人民建议征集办公室评为：2009－2011年度优秀人民建议二等奖。

27.2012年，关于加强我市农业和园林植物越冬防护的建议，被北京市人民政府人民建议征集办公室评为：2009－2011年度优秀人民建议获三等奖。

28.2013年，关于提高我市中心城区绿化水平的建议，北京市科协系统优秀科技工作者建议一等奖(全市共 5 项),作者为北京减灾协会郑大玮。

29.2013 年,应对北京高温热浪天气的措施建议,北京市科协系统优秀科技工作者建议三等奖(全市共 19 项),作者为北京减灾协会阮水根、韩淑云、郑大玮。

四、主要学术成就与贡献

减灾领域

1.主持冬小麦冻害及防御研究协作,首次系统总结冻害规律与防冻保苗配套技术并发表专著,20 世纪 70 到 80 年代减灾效益 2 亿多元,两获农业部科技进步二等奖。

2.1981 年以来历任北京市政府专家顾问,6 次参加北京市领导与专家季谈会,其中 2002 年关于做好 2008 年北京奥运会安全保障工作的建议被采纳并促成奥运会延期两周,获中国科协 2006 年优秀建议一等奖。2005 年的建议指出京郊农业具有巨大生态效益且不可替代,为保护城郊农业提供了理论依据,获北京市科协优秀建议一等奖。

3.主编《农业灾害学》、《农业减灾实用技术手册》、《农业灾害与减灾对策》,初步建立我国农业减灾理论和技术体系框架。在国内高校首先开设农业减灾本科生与硕士生课程,为农民技术员、干部与保险人员培训数十次,为国外人员培训 4 次。

4.参加国家中长期科学与技术发展规划战略研究,主持"农业减灾对策"子课题。为国家防汛抗旱总指挥部主笔编制《抗旱预案导则》;为国家减灾中心和联合国国际减灾战略主笔和统稿《中国减轻旱灾风险报告》;主笔《北京市减灾规划纲要 1996—2010 年》和《北京市抗旱预案(前期)》。

5.任北京市政府科技顾问团成员近 30 年,现任农业部减灾专家组成员,长期深入生产第一线,国内市内重大农业灾害现场考察数十次,并提出减灾措施建议。

6.参与创建北京减灾协会,承担多项市政府委托城市减灾课题与科普创作,为社区干部、学生和居民培训二十余次,主编《城市气象灾害》。

农业生态治理与区域发展

1.主持农牧交错带农业综合发展和生态恢复重建技术体系与模式研究,针对风蚀、水蚀与干旱三大生态障碍取得系统创新、技术突破与 14 亿元效益,获内蒙古科技进步一等奖,所属项目获 2001 年国家科技进步二等奖。

2.1991—1995 年北京市西南山区小流域综合治理示范研究,为第二主持人,首次提出北方石灰岩山区综合治理和开发技术体系,获北京市科技进步二等奖。

3.2002—2005 年国家 863 课题"北方半干旱集雨补灌旱作区节水农业综合技术集成与示范",为第二主持人,获内蒙古科技进步一等奖和教育部 2002 年国家科技进步奖提名二等奖。

农业气象与气候变化

1. 长期担任国际国内重要学术职务，组织国内重大农业气象学术活动与国际交流。主笔中国农业气象学科发展战略研究，主持第二届农学名词审定的农业气象学分支。参编《中国农业气象学》、《中国农业百科全书农业气象卷》、《中国农业气候学》、《中国小麦学》等国家级专著。参编世界气象组织农业气象委员会前主席、国际农业气象学会主席 Stigter 主编的《Applied Agrometeorology》一书，参与了其中中国范例的收集、整理、审稿和编写工作。

2. 参加 2009—2012 年世界气候大会的中国非政府组织活动与学术活动，参加中国适应气候变化战略国家研究报告编写并担任统稿。参与《适应气候变化国家战略研究》(科学出版社，2011 年 7 月，科技部长万钢作序言)编写，为两个最终统稿人之一。参与国家发改委《适应气候变化国家整体战略研究》编制，负责农业与人体健康两部分编写及整体修改，撰写解读文章 3 篇发表于《中国改革报》上。

3. 1976—1995 主持北京市农业气象业务 20 年取得显著效益。

4. 多年来主编和参与编写十余部科普著作，组织或参与农业气象培训数十次，1997 年被中国气象局和中国气象学会评为全国气象科普工作先进工作者。

附录二　郑大玮教授发表论著目录

著作

第一作者 18 部：

1. 郑大玮、龚绍先等编著,《冬小麦冻害及其防御》,气象出版社,1985 年。

2. 郑大玮、唐广编著,《蔬菜生产的主要气象灾害及防御技术》, 农业出版社,1989 年。

3. 郑大玮、刘中丽编著,《小麦抗旱防冻增产技术》,农业出版社,1993 年。

4. 郑大玮、妥德宝、王砚田主编,《内蒙古阴山北麓旱农区综合治理与增产配套技术》,内蒙古人民出版社,2000 年 7 月。

5. 郑大玮、张波主编,《农业灾害学》,中国农业出版社,2000 年 10 月。

6. 郑大玮著,《寒潮与热浪》,商务印书馆,2001 年 9 月。

7. 郑大玮、郑大琼、刘虎城编著,《农业减灾实用技术手册》,浙江科技出版社,2005 年 4 月。

8. 北京市农村工作委员会、北京市科学技术学会编,郑大玮主编,《农村应急避险手册》,北京科学技术出版社,2008 年 2 月。

9. 郑大玮主编,《农村应急避险手册》,北京科学技术出版社,2008 年 2 月。

10. 郑大玮、姜会飞主编,《农村生活安全与减灾技术》,化学工业出版社,2009 年 4 月。

11. 郑大玮主编,《农村生活安全基本知识》,中国劳动社会保障出版社,2011 年 5 月。

12. 郑大玮主编,《新农村环境治理典型案例》,中国劳动社会保障出版社,2011 年 5 月。

13. 北京市民防局,《北京市公共安全知识读本》,北京出版集团公司、北京出版社,2011 年 9 月。郑大玮为第一执行主编。

14. 郑大玮、李茂松、霍治国主编,《农业灾害与减灾对策》,中国农业大学出版社,2013 年。

15. 郑大玮主编,《村干部安全管理知识读本》,中国劳动社会保障出版社,2014 年。

16. 郑大玮、韩冬荟编著,《看天种菜 60 问(北方版)》,东北林业大学出版社,2014 年。

17. 郑大玮、付晋峰编,《农业灾害与减灾》,中央广播电视大学出版社,2014 年。

18. 郑大玮等著,《农业发展与减灾对策建议选编》,气象出版社,2014 年。

副主编或第二主编 14 部：

1. 丁正熙、郑大玮编著,《蔬菜节水栽培》, 农业出版社,1990 年 9 月。

2. 唐广、蔡涤华、郑大玮编著,《蔬菜果树霜冻与冻害的防御技术》,农业出版社,1993 年。

3. Gao Liangzhi, Wu Lianhai, Zheng Dawei and Han Xiangling,《Proceedings of International Symposium on Climate Change, Natural Disasters and Agricultural Strategies》, 1993,Beijing. China Meteorological Press.

4. 张大力主编,袁士畴、曾晓光、郑大玮副主编,《2010 年北京农业发展战略研讨会论文集(一)》,北京农业科学增刊,1995 年。

5. 张大力主编,袁士畴、曾晓光、郑大玮副主编,《2010 年北京农业发展战略研讨会论文集(二)》,北京农业科学增刊,1995 年。

6. 金磊、明发源主编,郑大玮、蔡涤华副主编,《责任重于泰山——减灾科学管理指南》,气象出版社,1996 年 1 月。郑大玮负责统稿。

7. 姜会飞、郑大玮主编,《世界气候与农业》,气象出版社,2008 年 2 月。郑大玮负责大纲设计与统稿。

8. 姜会飞主编,郑大玮等副主编,《农业气象学》,科学出版社,2008 年 2 月。写作绪论、第 10 章。

9. 王迎春、郑大玮、李青春主编,《城市气象灾害》,气象出版社,2009 年。负责统稿及第 1、4、7 章写作。

10. 程满金、郑大玮、马兰忠等著,《北方半干旱黄土丘陵区集雨补灌旱作节水农业技术》,黄河水利出版社,2009 年。负责大纲设计与统稿。

11. 潘学标、郑大玮主编,《地质灾害及其减灾技术》,化学工业出版社,2010 年 8 月。负责第 6、7 章。

12. 陶铁男、明发源主编,袁士畴、郑大玮副主编,《主要农作物灾害评估》,中国农业科学技术出版社,2010 年 4 月。负责大部分篇幅撰写及统稿。

13. 科技部社会发展科技司、中国 21 世纪议程管理中心编著,《适应气候变化国家战略研究》,科学出版社,2011 年 5 月。参编第 3、5 章编写,为两个统稿者之一,列核心编写人员第二位。对应英文版为:Department of Social Development of the Ministry of Science and Technology, The Administrative Center of China's Agenda 21st century,《Studies on Climate Change Adaptation》. Beijing:Science Press, 2013.

14. 许吟隆、郑大玮、刘晓庆等著,《中国农业适应气候变化关键问题研究》,气象出版社,2014 年。

参编 24 部:

1.《中国农业百科全书农业气象卷》,农业出版社,1986 年。撰写 5 个条目和 5 个参见条目。该书被评为 1988 年第四届全国优秀科技图书一等奖。

2. 翟凤林、黄曾藩主编,《北农二号小麦节水高产栽培技术研究》,北京科学技术出版社,1990 年 8 月。任编委。

3. 北京市科协编,《首都圈自然灾害与减灾对策(首都圈自然灾害与减灾对策学术研讨会论文集)》,气象出版社,1992 年。任编委。

4. 卢良恕主编,《中国立体农业模式》,河南科技出版社,1993 年。任编委。

5. 宋秉彝主编，《现代化吨粮田技术与实践》，中国农业科技出版社，1995 年。写作第 2 章 13～30 页。

6. 金善宝主编，《中国小麦学》，撰写其中“小麦气候灾害”一章的一半约 2 万余字，中国农业出版社，1996 年 8 月。任编委。

7. 崔读昌主编，《中国农业气候学》，浙江科学技术出版社，1999 年 5 月。写作第 9 章。

8. 中国农业科学院主编，《中国农业气象》，中国农业出版社，1999 年 11 月。写作第 2 章农业气象基础第 2、3 节，任编委。

9. 王敬国主编，“面向 21 世纪课程教材”《资源与环境概论》，中国农业大学出版社，2000 年 8 月。写作第 4 章第 4 节，第 14 章。

10. 程延年主编，《农业抗灾减灾工程技术》，河南科学技术出版社，2000 年 10 月。撰写全书半数章节。

11. 信乃诠主编，《农业气象学》，重庆出版社，2001 年 1 月。撰写其中第 2 章共 5 万字。

12. 中国农业科学院编著，《中国北方旱区农业综合研究开发与示范工程》，中国农业出版社，2001 年 11 月。任编委并主笔第 9 章。

13. 马世青主编，《现代科技革命与中国农村发展》，中共中央党校出版社，2001 年 8 月。编委，参编第 1、2 章。

14. 段若溪、姜会飞主编，《农业气象学》，气象出版社，2002 年 1 月。撰写绪论部分。

15. 陈建华、魏百龄、苏大学主编，《农牧交错带可持续发展战略与对策》，化学工业出版社，2004 年 6 月。撰写第 5、6 章。

16. 秦大河主编，《中国气象事业发展战略研究》，气象出版社，2004 年 11 月。撰写第 5 卷第 2 部分第 1 章。

17. 霍治国、王石立等编著，《农业和生物气象灾害》，气象出版社，2009 年。撰写第 8 章和第 1、2、4 章的部分。

18. 郭书田主编，《神农之魂，大地长歌——中国工业化进程中的当代农业（1949－2009）》，金盾出版社，2009 年。撰写第 31 章。

19. 刘布春、梅旭荣主编，《农业保险的理论与实践》，科学出版社，2010 年 12 月。参编，撰写第 11 章。

20. Kees Stigter 主编，《Applied Agrometeorology》，参与中国应用范例编写，Springer Distribution Center，2010。

21. 胡耀高等编著，《大学生村官实用手册》，中国农业出版社，2011 年 4 月。参编，撰写第 4 篇第 4 章。

22. 国家减灾委办公室、国家减灾委专家委员会编，《2010 年国家综合防灾减灾与可持续发展论坛文集》，中国社会出版社，2011 年 6 月。撰写第 45～52 页，“从农业自然灾害的新特点看加强农业减灾的必要性”。

23. 丁一汇、朱定真主编，《中国自然灾害要览》，北京大学出版社，2013 年 3 月。任编委，执笔第 17 章，第 3 节，第 430～442 页。

24. 许吟隆、吴绍洪、吴建国、周晓农等著，《气候变化对中国生态和人体健康的影响与适应》，科学出版社，2013 年 6 月。参与第 6、7 章撰写及全书审稿修改。

论文

发表论文 200 余篇，其中 SCI 和 EI 可检索 5 篇：

Cai-Xia Zhao，Da-Wei Zheng，C. J. Stigter，Wen-Qing He，De-Bao Tuo，An Index Guiding Temporal Planting Policies for Wind Erosion Reduction，Arid Land Research and Management，20：233～244，2006（SCI 收录，第一作者为郑大玮教授指导的博士生）。

刘晓光、郑大玮、潘学标、郑秀琴、妥德宝，油葵秆生物篱和作物残茬组合抗风蚀效果研究，农业工程学报，2006 年第 22 卷第 12 期，60～64 页（EI 收录，第一作者为郑大玮教授指导的博士生）。

Zhang Jianxin，Zheng Dawei，Li Taoguang，Wang Yantian，Duan Yu，Rainwater harvest approaches and their effects on increasing soil water content and crop yield in North China，Transaction of the CSAE（农业工程学报），2006 年第 22 卷第 7 期，65～69 页（EI 收录，第一作者为郑大玮教授指导的博士生）。

张建新，郑大玮，武永利，基于"3S"技术的可收集雨水资源潜力和局地径流汇集能力的计算与分析，农业工程学报，2006，212（10）：48～52 页，281～282 页（EI 收录，第一作者为郑大玮教授指导的博士生）。

郑大玮、妥德宝、刘晓光，关于沙尘暴的若干误区和减轻沙尘风险的途径，应用基础与工程科学学报，2004 年增刊（EI 收录）。

起草重要文件

1. 北京市计委，《北京市减灾规划纲要 1996－2010 年》，1995 年 2－5 月。

2. 北京市《"九五"和 2010 年科技发展规划》农业资源开发利用和环境保护专题规划，1995 年 8 月。

3. 国家防汛抗旱总指挥部《抗旱预案导则》，2002 年。

4. 北京市防汛抗旱指挥部《抗旱预案（前期工作）》，2002 年。

5. 梅旭荣、郑大玮、孙忠富、尹燕芳，"专题报告之八——农业气象学学科发展专题报告"，收录于中国科学技术协会主编、中国农学会编著的《2006－2007 年农业学科发展报告：基础农学》，中国科学技术出版社，2007 年 3 月。郑大玮为专题报告之八的主笔人。

6. 国家减灾中心、联合国减灾战略，《中国减轻旱灾风险报告》，2010 年，统稿完成人。

7. 中国农学会，农学名词审定农业气象学部分，2009 年，主笔。

8. 北京市农委，《北京市农业自然灾害应急预案》，2011 年，主笔。

9. 北京市民防局，《地下空间综合整治工作风险评估报告》，2011 年，主笔。

10. 科技部社会发展司、中国 21 世纪议程管理中心，《适应气候变化国家战略研究》，2011 年，第二核心作者。

11. 国家发改委，《国家适应气候变化战略》，2013 年，核心作者之一。

12. 国家减灾中心，《中国畜牧业生产及灾害易损性研究报告》，2012 年，主笔。